2024 | 全国勘察设计注册工程师
执业资格考试用书

Zhuce Dianqi Gongchengshi (Gongpeidian) Zhiye Zige Kaoshi
Zhuanye Kaoshi Linian Zhenti Xiangjie

注册电气工程师（供配电）执业资格考试
专业考试历年真题详解

（2011～2023）

专业知识

蒋 徵 / 主编

微信扫一扫
里面有数字资源的获取和使用方法哟

人民交通出版社
北京

内 容 提 要

本书共 3 册，内容涵盖 2011～2023 年专业知识试题、案例分析试题及试题答案。

本书配有在线数字资源（有效期一年），读者可刮开封面红色增值贴，微信扫描二维码，关注"注考大师"微信公众号领取。

本书可供参加注册电气工程师（供配电）执业资格考试专业考试的考生复习使用。

图书在版编目（CIP）数据

2024 注册电气工程师（供配电）执业资格考试专业考试历年真题详解：2011～2023 / 蒋徵主编.— 北京：人民交通出版社股份有限公司，2024.6

ISBN 978-7-114-19216-6

Ⅰ.①2… Ⅱ.①蒋… Ⅲ.①供电系统—资格考试—题解 ②配电系统—资格考试—题解 Ⅳ.①TM72-44

中国国家版本馆 CIP 数据核字（2024）第 017123 号

书　　名：**2024 注册电气工程师（供配电）执业资格考试专业考试历年真题详解（2011～2023）**
著 作 者：蒋　徵
责任编辑：刘彩云
责任印制：刘高彤
出版发行：人民交通出版社
地　　址：（100011）北京市朝阳区安定门外外馆斜街 3 号
网　　址：http://www.ccpcl.com.cn
销售电话：（010）59757973
总 经 销：人民交通出版社发行部
印　　刷：北京印匠彩色印刷有限公司
开　　本：889×1194　1/16
印　　张：55.75
字　　数：1230 千
版　　次：2024 年 6 月　第 1 版
印　　次：2024 年 6 月　第 1 次印刷
书　　号：ISBN 978-7-114-19216-6
定　　价：188.00 元（含 3 册）
（有印刷、装订质量问题的图书，由本社负责调换）

目 录

（专业知识·试题）

2011 年专业知识试题（上午卷）

一、单项选择题（共 40 题，每题 1 分，每题的备选项中只有 1 个最符合题意）

1. 含有可充电蓄电池、通风较差的封闭区域，区域的通风情况满足通风良好条件的 20%，蓄电池的充电系统有防止过充电的设计，则该区域在爆炸性环境的分级中应被划为？　　　　（　　）

    （A）0 区

    （B）1 区

    （C）2 区

    （D）22 区

2. 下列哪项可作为功能性开关电器？　　　　（　　）

    （A）隔离器

    （B）半导体开关电器

    （C）熔断器

    （D）连接片

3. 某项目市政电源电压采用 35kV 进线，高压配电室设于地下一层，高压配电装置采用手车式金属封闭式开关柜，下列有关各种通道的最小宽度（净距）描述正确的是：　　　　（　　）

    （A）设备单列布置时，维护通道 1000mm

    （B）设备双列布置时，操作通道 2000mm

    （C）设备单列布置时，维护通道 800mm

    （D）设备双列布置时，操作通道双车长 + 1000mm

4. 某车间的一台起重机，电动机的额定功率为 120kW，电动机的额定负载持续率为 40%。采用利用系数法计算，该起重机的设备功率为下列哪项数值？　　　　（　　）

    （A）152kW

    （B）120W

    （C）76kW

    （D）48kW

5. 110kV 户外配电装置采用双母线接线时，下列表述中哪一项是错误的？　　　　（　　）

    （A）通过两组母线隔离开关的倒换操作，可以轮流检修一组母线而不致使供电中断

    （B）一组母线故障后，不能迅速恢复供电

    （C）检修任一回路的母线隔离开关，只切断该回路

    （D）各个电源和各回路负荷能任意分配到某一组母线上，调度灵活

6. 变压器的损耗主要有空载损耗和短路损耗两部分，下列有关空载损耗的表述错误的是？　　　　（　　）

    （A）空载损耗跟随负荷大小的波动而变化

    （B）空载损耗与铁芯材料的物理特性相关

    （C）当短路损耗与空载损耗相等时，变压器自身的能量损失率是最低的

    （D）变压器空载损耗一般占变压器总损耗的 20%～30%

7. 某钢铁厂 110kV 变电所装有两台主变压器，下列有关变电站的消防措施描述正确的是？　　　　（　　）

（A）蓄电池室的门应向疏散方向开启，当门外为公共走道时，应采用甲级防火门

（B）屋外油浸变压器与油量在 600kg 以上的本回路充油电气设备之间的防火净距，不应小于 3m

（C）消防控制室应与变电站控制室分别独立设置

（D）电缆竖井的出入口处、控制室与电缆层之间，应采取防止电缆火灾蔓延的阻燃及分隔措施

8. 下列有关 110kV 的供电电压正、负偏差符合规范要求的是？ （ ）

（A）+10%，−10% （B）+7%，−10%

（C）+7%，−7% （D）+6%，−4%

9. 在低压电网中，当选用 Y,yn0 接线组别的变压器时，除要求单相电流在满载时不得超过额定电流值外，其单相不平衡负荷引起的中性线电流不得超过低压绕组额定电流的多少？ （ ）

（A）10% （B）15%

（C）20% （D）25%

10. 气体绝缘金属封闭开关设备（GIS）配电装置宜采用多点接地方式，外壳和支架上的感应电压，正常运行和故障条件下分别不应大于多少？ （ ）

（A）24V，120V （B）24V，100V

（C）36V，120V （D）36V，100V

11. 火力发电厂与变电所中，建（构）筑物中电缆引至电气柜、盘或控制屏台的开孔部位，电缆贯穿隔墙、楼板的空洞应采用电缆防火封堵材料进行封堵，其防火封堵组件的耐火极限不应低于被贯穿物的耐火极限，且不应低于下列哪项数值？ （ ）

（A）1h （B）45min

（C）30min （D）15min

12. 下列关于爆炸性粉尘环境中的粉尘可分为三级，下列哪项属于IIIC级导电性粉尘？ （ ）

（A）硫磺 （B）面粉

（C）石墨 （D）聚乙烯

13. 下列有关配电装置中裸导体和电器的环境温度的表述不正确的是？ （ ）

（A）所谓取多年平均值，一般不应少于 10 年的平均值

（B）屋内该处若无通风设计温度资料时，可取最热月平均最高温度

（C）年最高（或最低）温度为一年中所测得的最高（或最低）温度的多年平均值

（D）最热月平均最高温度为最热月每日最高温度的月平均值，取多年平均值

14. 某 110kV 屋外配电装置位于抗震设防烈度为 8 度的地区，则下列有关配电装置抗震说法正确的是： （ ）

（A）开关柜、控制保护屏、通信设备等不宜在重心位置以上连接成为整体

（B）蓄电池在组架间的连线宜采用软导线或电缆连接，且不宜设置端电池

（C）在调相机、空气压缩机和柴油发电机附近不应设置无功补偿装置

（D）变压器的基础台面宜适当加宽

15. 照明回路配电系统中，配电干线的各相负荷宜平衡分配，最大、最小相负荷分别不宜大于或小于三相负荷平均值的哪项数值？　　　　　　　　　　　　　　　　　　　　　　（　　）

（A）115%，85%
（B）120%，80%

（C）110%，90%
（D）105%，95%

16. 某变电所中，设有一组单星形接线串联了电抗率 12% 电抗器的 35kV 电容器组，电容器组每组单联段数为 4，此电容器组中的电容器额定电压应选为：　　　　　　　　　　　　（　　）

（A）4kV
（B）5kV

（C）6kV
（D）6.6kV

17. 在跨越建筑物的沉降缝和伸缩缝时，额定电压为 0.4kV 的矿物绝缘电缆需敷设成"S"形，则其弯曲半径不应小于电缆外径的：　　　　　　　　　　　　　　　　　　　　　　（　　）

（A）5 倍
（B）6 倍

（C）8 倍
（D）10 倍

18. 某变电所的三相 35kV 电容器组采用单星形接线，每相由单台 500kvar 电容器并联组合而成，请选择允许的单组最大组合容量是：　　　　　　　　　　　　　　　　　　　　（　　）

（A）9000kvar
（B）10500kvar

（C）12000kvar
（D）13500kvar

19. 下列低压电缆布线原则的说法符合规范要求的是：　　　　　　　　　　　　　（　　）

（A）电缆严禁在有易燃、易爆及可燃的气体或液体管道的隧道或沟道内敷设

（B）电力电缆不应在有热力管道的隧道或沟道内敷设

（C）电缆在电缆隧道或电气竖井内明敷时，不应采用易延燃的外保护层

（D）电缆应在进户处、接头、电缆头处或地沟及隧道中留有一定长度的余量

20. 某变电站 10kV 回路工作电流为 1000A，采用单片规格为 80mm × 8mm 的铝排进行无镀层搭接，请问下列搭接处的电流密度哪一项是经济合理的？　　　　　　　　　　　　（　　）

（A）0.078A/mm^2
（B）0.147A/mm^2

（C）0.165A/mm^2
（D）0.226A/mm^2

21. 在电压互感器的配置方案中，下列哪种情况高压侧中性点是不允许接地的？　　　（　　）

（A）三个单相三绕组电压互感器
（B）一个三相三柱式电压互感器

（C）一个三相五柱式电压互感器
（D）三个单相四绕组电压互感器

22. 某高层建筑物裙房的首层设置了一台 10/0.4kV、1600kV·A油浸变压器，变电室首层外墙开口部分上方应设置不燃烧体防火挑檐或窗槛墙，不燃烧体防火挑檐的宽度或窗槛墙的高度分别不应小于下列哪项数值？ （ ）

（A）1.0m，1.2m   （B）1.0m，1.5m

（C）0.8m，1.5m   （D）0.8m，1.2m

23. 在电力电缆工程中，以下 10kV 电缆哪一种可采用直埋敷设？ （ ）

（A）地下单根电缆与市政管道交叉且不允许经常破路的地段

（B）地下电缆与铁路交叉地段

（C）同一通路少于 6 根电缆，且不经常性开挖的地段

（D）有杂散电流腐蚀的土壤地段

24. 架空线路杆塔的接地装置由较多水平接地极或垂直接地极组成时，垂直接地极的间距及水平接地极的间距应符合下列哪一项规定？ （ ）

（A）垂直接地极的间距不应大于其长度的 2 倍，水平接地极的间距不宜大于 5m

（B）垂直接地极的间距不应小于其长度的 2 倍，水平接地极的间距不宜大于 5m

（C）垂直接地极的间距不应大于其长度的 2 倍，水平接地极的间距不宜小于 5m

（D）垂直接地极的间距不应小于其长度的 2 倍，水平接地极的间距不宜小于 5m

25. 有关线性感温火灾探测器的设置，下列说法正确是？ （ ）

（A）探测器至墙壁的距离宜为 1.5～2m

（B）在顶棚下方的线型感温火灾探测器，至顶棚的距离宜为 0.3m

（C）缆式线型感温火灾探测器的探测区域长度，不宜超过 100m

（D）与线型感温火灾探测器连接的模块不应设置在温度变化大的场所

26. 10kV 配电室内设置继电保护和自动装置屏，其接地铜排环形连接形成接地网，并与主接地网连接，其截面积应不小于下列哪项数值？ （ ）

（A）50mm^2 （B）80mm^2

（C）100mm^2 （D）120mm^2

27. 某 110kV 变电所的变压器主保护采用纵联差动保护，若按末端金属性短路计算，其保护整定的最小灵敏度系数为下列哪项数值？ （ ）

（A）1.5   （B）1.2

（C）1.3   （D）2.0

28. 某 220kV 变电所的直流系统中，有 300A·h阀控式铅酸蓄电池两组，并配置三套高频开关电源模块做充电装置，如单个模块额定电流 10A，那么每套高频开关电流模块最少选几组？ （ ）

（A）2   （B）3   （C）4   （D）6

29. 关于信息显示系统中时钟系统的设计，下列哪项不满足规范要求？ （　　）

（A）母钟单元采用主机、备机的配置方式，主备机应能实现自动或手动切换

（B）子钟单元显示系统可为指针式或数字式，向母钟单元回送工作状态

（C）高精度时间基准要求的时钟系统应设置标准时间信号接收单元

（D）子钟单元不宜有独立计时功能，应跟踪母钟单元工作

30. TN-S 低压配电系统中，浪涌保护器若安装于每一相线与中性线之间，则电涌保护器的最大持续
运行电压应不小于下列哪项？ （　　）

（A）380V　　　　　　　　　　　　　　（B）220V

（C）437V　　　　　　　　　　　　　　（D）253V

31. 在 35kV 电力系统中，工频过电压水平一般不超过下列哪项数值？ （　　）

（A）30.4kV　　　　　　　　　　　　　（B）40.5kV

（C）23.4kV　　　　　　　　　　　　　（D）52.7kV

32. 利用基础内钢筋网作为接地体的第二类防雷建筑，接闪器成闭合环的多根引下线，每根引下线
在距地面 1.0m 以下所连接的有效钢筋表面积总和应不小于下列哪项数值？ （　　）

（A）0.37m^2　　　　　　　　　　　　（B）0.82m^2

（C）1.85m^2　　　　　　　　　　　　（D）4.24m^2

33. 某变电所中接地装置的接地电阻为 0.12Ω，计算用的入地短路电流 12kA，最大跨步电位差系数、最
大接触电位差系数计算值分别为 0.1、0.22，请计算最大跨步电位差、最大接触电位差分别为下列何值？
（　　）

（A）10V，22V　　　　　　　　　　　　（B）14.4V，6.55V

（C）144V，316.8V　　　　　　　　　　（D）1000V，454.5V

34. 某 35kV 中性点经消弧线圈接地的系统，年平均中性点电流大于 0.1%额定电流时，其电能计量
装置应采用下列哪种接线方式？ （　　）

（A）三相三线制　　　　　　　　　　　（B）三相四线制

（C）三相五线制　　　　　　　　　　　（D）三相四线制或三相五线制

35. 某商业广场项目拟设置集中控制型消防应急照明和疏散指示系统，系统采用 24V 电源供电，则
疏散照明灯具的端电压不宜低于额定电压的百分比为下列哪项数值？ （　　）

（A）80%　　　　　　　　　　　　　　（B）85%

（C）87%　　　　　　　　　　　　　　（D）90%

36. 反接制动是将三相交流异步电动机的电源相序反接或将直流电动机的电源极性反接而产生的制
动转矩的方法，下列有关反接制动的特性表述不正确的是？ （　　）

（A）在任何转送下制动都有较强的制动效果

（B）绕线转子异步电动机采用频敏变阻器进行反接制动最为理想

（C）制动转矩随转速的降低而减小

（D）制动到零时应及时切断电源，否则有自动逆转的可能

37.有关冷源系统中机组自带的控制系统通信接口可接受的控制和状态查询指令不包括下列哪项？　　　　（　　）

（A）机组综合效率的状态

（B）机组启停控制和状态

（C）机组制冷功率控制和状态

（D）机组工作状态、故障、报警信息

38.某 66kV 单回路架空电力线路采用三角形排列，导线水平投影距离为 3m，垂直投影距离为 4m，请计算 66kV 架空导线的等效水平线间距离为下列哪项数值？　　　　（　　）

（A）6.1m　　　　　　　　　　　　　（B）7.0m

（C）5.0m　　　　　　　　　　　　　（D）5.7m

39.某建筑物内综合布线电缆与电力电缆均在同一线槽中敷设，线槽设金属板隔开，电力电缆供电负荷为 10kV·A，则综合布线电缆与电力电缆的最小间距应为下列哪项数值？　　　　（　　）

（A）150mm　　　　　　　　　　　　（B）300mm

（C）500mm　　　　　　　　　　　　（D）600mm

40.66kV 架空电力线路耐张段设计中，某一有地线杆塔高 60m，则其耐张绝缘子片数应为下列哪项数值？　　　　（　　）

（A）5 片　　　　　　　　　　　　　（B）6 片

（C）7 片　　　　　　　　　　　　　（D）8 片

二、多项选择题（共 30 题，每题 2 分。每题的备选项中有 2 个或 2 个以上符合题意。错选、少选、多选均不得分）

41.下列哪些情况应考虑实施辅助等电位联结？　　　　（　　）

（A）具有防雷和信息系统抗干扰要求

（B）在特定场所，需要有更低接触电压要求的防电击措施

（C）在局部区域，当自动切断供电电压要求不能满足防电击要求时

（D）末端配电回路未设置剩余电流保护装置

42.在爆炸性气体环境中，释放源应按可燃物质的哪些特性分为连续级、一级、二级释放源？　（　　）

（A）释放频繁程度　　　　　　　　　（B）可燃物质物理特性

（C）释放气体体积容量　　　　　　　（D）释放持续时间长短

43. 发电厂中，油浸变压器外轮廓与汽机房的间距，下列哪几条是满足要求的？ （　　）

　　（A）2m（变压器外轮廓投影范围外侧各 2m 内的汽机房外墙上无门、窗和通风孔）

　　（B）4m（变压器外轮廓投影范围外侧各 3m 内的汽机房外墙上无门、窗和通风孔）

　　（C）6m（变压器外轮廓投影范围外侧各 5m 内的汽机房外墙上设有甲级防火门）

　　（D）10m

44. 一般情况下，三相短路电流较单相、两相短路电流更大，但下列哪些特殊情况单相、两相接地短路可能比三相短路更严重？ （　　）

　　（A）发电机出口两相短路

　　（B）中性点有效接地系统回路单相接地短路

　　（C）负荷过大时单相接地短路

　　（D）自耦变压器回路两相接地短路

45. 110kV 变电所，150m 长的电缆隧道，应采取防止电缆火灾蔓延的措施，还可以采取以下哪些措施？ （　　）

　　（A）采用耐火极限不低于 2h 的防火墙或隔板

　　（B）采用电缆防火材料封堵电缆通过的孔洞

　　（C）电缆局部采用防火带、防火槽盒

　　（D）电缆隧道局部涂防火涂料

46. 在低压配电设计中，所选用的电器应符合国家现行的有关产品标准，同时还应符合下列哪些规定？ （　　）

　　（A）电器应满足短路条件下的动稳定与热稳定的要求

　　（B）电器的额定电压不应小于所在回路的标称电压

　　（C）电器的额定电流不应小于所在回路的计算电流

　　（D）电器的额定频率应与所在回路的频率相适应

47. 某超高层写字楼消防电梯采用单控模式，电梯铭牌设备功率为48kW，功率因数为 0.7，则下列重型矿物绝缘电缆（BTTZ）的标称截面积及其额定电流满足规范要求的有哪些？ （　　）

　　（A）BTTZ-750-4×(1×25)mm^2，额定电流 112A

　　（B）BTTZ-750-4×(1×35)mm^2，额定电流 131A

　　（C）BTTZ-750-4×(1×50)mm^2，额定电流 168A

　　（D）BTTZ-750-4×(1×70)mm^2，额定电流 205A

48. 当应急电源装置（EPS）用作系统备用电源时，下列哪些表述符合规范规定？ （　　）

　　（A）EPS 逆变工作效率不大于 90%

　　（B）当负荷过载 120%时，EPS 应能长期工作

　　（C）EPS 的额定输出功率不应小于所连接的应急照明负荷总容量的 1.5 倍

（D）EPS 单机容量不应大于 90kV·A

49. 某二次侧电压为 6kV 的所用变压器，其二次侧总开关在下列哪些情况下应采用断路器？　（　　）

（A）变压器有并列运行要求或需要转换操作
（B）变压器采用有载调压功能时
（C）二次侧总开关有继电保护要求
（D）二次侧总开关有自动装置要求

50. 检修时，对导线跨中有引下线的 110kV 电压的架构，应计算导线上人荷载，并分别验算单相和三相作业的受力状态，下列哪些导线集中荷载符合规范规定？　（　　）

（A）单相作业时，110kV 取 1800N
（B）单相作业时，110kV 取 1500N
（C）三相作业时，110kV 每相取 1000N
（D）三相作业时，110kV 每相取 1200N

51. 投切控制器无相关显示功能时，低压并联电容器柜应装设下列哪些仪表？　（　　）

（A）电流表　　　　　　　　　　　　（B）无功功率表
（C）电压表　　　　　　　　　　　　（D）功率因数表

52. 冲击负荷引起的电网电压波动和电压闪变时，对其他设备的影响下列哪些表述是正确的？　（　　）

（A）电动机负荷转矩变化　　　　　　（B）降低照明质量
（C）汽轮机叶片断裂　　　　　　　　（D）显像管图像变形

53. 某 110/35kV 的枢纽变电站进线开关柜采用 SF6 断路器，则下列有关 SF6 开关室表述正确的是：　（　　）

（A）应采用机械通风
（B）室内空气应循环处理
（C）正常通风量不应少于 2 次/h
（D）事故通风量不应少于 4 次/h

54. 当断路器的两端为互不联系的电源时，设计中应按下列哪些要求校验？　（　　）

（A）断路器同极断口间的公称爬电比距与对地公称爬电比距之比一般取为 1.3
（B）母联断路器断口的公称爬电比距与对地公称爬电比距之比，一般不低于 1.2
（C）断路器断口间的绝缘水平满足另一侧出线工频反相电压的要求
（D）在失步情况下操作时的开断电流不低于断路器的额定反相开断性能

55. 电子巡查系统应根据建筑物的使用性质、功能特点及安全技术防范管理要求设置，其巡查站点应在下列哪些地点设置？　（　　）

（A）消防电梯机房、排烟机房、消防水泵房

（B）标准层办公单元门口、主要机房门口

（C）电梯前室、停车场

（D）建筑物出入口、楼梯前室、主要通道

56. 选用 10kV 及以下电力电缆，规范要求下列哪些情况不宜选用聚氯乙烯绝缘电缆？（ ）

（A）高、低温环境

（B）直流输电系统

（C）明确需要与环境保护协调时

（D）防火有低毒性要求时

57. 某 110kV 电缆采用单芯电缆金属层单点直接接地，下列哪些情况时，应沿电缆邻近设置平行回流线？（ ）

（A）需抑制电缆邻近弱电线路的电气干扰强度

（B）系统短路时电缆金属层产生的工频过电压，超过护层电压限制器的工频耐压

（C）系统短路时电缆金属层产生的工频过电压，超过电缆护层绝缘耐受强度

（D）需与架空线接驳并引入 110kV 及以下变电站时

58. 对母线电压短时降低和中断，下列哪些电动机应装设 0.5s 时限的低电压保护，保护动作电压为额定电压的 65%～70%？（ ）

（A）有备用自动投入机械的I类负荷电动机

（B）在电源电压长时间消失后需自动断开的电动机

（C）根据生产过程不允许或不需自启动的电动机

（D）当电源电压快速恢复时，需断开的次要电动机

59. 某变电所中有一照明灯塔上装有避雷针，照明灯电源线采用直接埋入地下带金属外皮的电缆，电缆外皮埋地长度为下列哪几种时，不允许与 35kV 电压配电装置的接地网及低压配电装置相连？（ ）

（A）15m   （B）12m   （C）10m   （D）8m

60. 电力工程的直流系统中，常选择高频开关电源整流装置作为充电设备，下列哪些要求属于高频开关模块的基本性能？（ ）

（A）均流   （B）稳压

（C）功率因数   （D）谐波电流含量

61. 在独立接闪杆、架空接闪线、架空接闪网的支柱上，严禁悬挂下列哪些线路？（ ）

（A）电话线、广播线   （B）低压架空线

（C）高压架空线   （D）电视接收天线

62. 有关建筑物易受雷击的部位，下列哪些项表述是正确的？（ ）

（A）平屋面或坡度不大于 1/10 的屋面，檐角、女儿墙、屋檐为其易受雷击的部位

（B）坡度大于 1/10 且小于 1/2 的屋面，屋角、屋脊、檐角、屋檐为其易受雷击的部位

（C）坡度不小于 1/2 的屋面，屋角、屋脊、檐角、女儿墙为其易受雷击的部位

（D）在屋脊有接闪带的情况下，当屋檐处于屋脊接闪带的保护范围内时，屋檐上可不设接闪带

63. 下列有关火灾自动报警系统的供电线路、通信线路和控制线路等线缆选型表述正确的是？（　　）

（A）供电线路应采用耐火铜芯电线电缆

（B）消防联动控制线路可采用阻燃铜芯电线电缆

（C）消防应急广播传输线路可采用阻燃电缆

（D）报警总线应采用阻燃或阻燃耐火电线电缆

64. 下列有关蓄电池充电的表述哪些是正确的？（　　）

（A）除固定型阀控式密闭铅酸蓄电池、镉镍蓄电池外，铅酸蓄电池与其充电用整流设备不宜装设在同一房间内

（B）酸性蓄电池与碱性蓄电池应存放在不同房间充电

（C）蓄电池车充电时，每辆车宜采用单独充电回路，并分别进行调节

（D）整流设备的选择应根据蓄电池组容量确定

65. 在照明供电设计中，下列镇流器的选择原则哪些项是正确的？（　　）

（A）电压偏差较大的场所，高压钠灯应配用节能电感镇流器

（B）荧光灯应配用电子镇流器或节能电感镇流器

（C）对频闪效应有限制的场合，应采用高频电子镇流器

（D）金属卤化物灯应配置恒功率镇流器

66. PLC 数据通信的基本方式有并行通信和串行通信两种，下列有关数据通信的描述哪些项是正确的？（　　）

（A）串行通信传送速度慢，优点是需要线缆较少，适于远距离传输

（B）并行通信传输速率快，不宜于远距离通信，常用于近距离、高速度的数据传输

（C）串行通信常用于主机与扩展模块之间

（D）并行通信常用于计算机与 PLC 之间

67. 下列哪些项符合电磁转差离合器调速系统的特点？（　　）

（A）对电网有谐波影响

（B）适用于恒转矩负载，不适用于恒功率负载

（C）运行平稳，不存在机械振动及共振

（D）调速平滑，调速范围大

68. 出入口控制系统工程的设计，应符合下列哪些项规定？（　　）

（A）执行机构的有效开启时间应满足出入口流量及人员、物品的安全要求

（B）系统设置应满足消防紧急逃生时人员疏散的要求

（C）系统前端设备的选型与设置，应满足现场条件和防破坏、防技术开启的要求

（D）供电电源断电时系统闭锁装置的启闭状态应满足消防用电要求

69. 对于不同设计覆冰厚度，上下层导线间或导线与地线间的最小水平偏移，下列哪些项符合规范规定？ （　　）

（A）设计覆冰厚度 10mm，35kV 架空线路：0.35m

（B）设计覆冰厚度 15mm，66kV 架空线路：0.5m

（C）设计覆冰厚度 20mm，35kV 架空线路：0.8m

（D）设计覆冰厚度 25mm，66kV 架空线路：1.0m

70. 66kV 及以下架空线路的平均运行张力和防震措施，下面哪些是不正确的？（T_p 为电线的拉断力） （　　）

（A）档距不超过 500m 的开阔地区、不采取防震措施时，镀锌钢绞线的平均运行张力上限为 $12\%T_p$

（B）档距不超过 500m 的开阔地区、不采取防震措施时，钢绞线的平均运行张力上限为 $18\%T_p$

（C）档距不超过 500m 的非开阔地区、不采取防震措施时，镀锌钢绞线的平均运行张力上限为 $22\%T_p$

（D）钢芯铝绞线的平均运行张力为 $25\%T_p$ 时，均需用防震（阻尼线）或另加护线条防震

2011 年专业知识试题（下午卷）

一、单项选择题（共 40 题，每题 1 分，每题的备选项中只有 1 个最符合题意）

1. 对于处理生产装置用冷却水的机械通风冷却塔，当划分为爆炸危险区域时，以回水管顶部烃放空管管口为中心，半径为 1.5m 和冷却塔及其上方高度为 3m 的范围可划为？ （　　）

（A）0 区 　　　　　（B）1 区 　　　　　（C）2 区 　　　　　（D）附加 2 区

2. 下列关于变电所消防的设计原则，哪一条是错误的？ （　　）

（A）变电所建筑物（丙类火灾危险性）体积 3001～5000m³，消防给水量为 10L/s
（B）一组消防水泵的吸水管设置两条
（C）吸水管上设检修用阀门
（D）应设置备用泵

3. 自耦变压器采用公共绕组调压时，应验算第三绕组电压波动不超过允许值，在调压范围大，第三绕组电压不允许波动范围大时，建议采用下列哪种调压方式？ （　　）

（A）高压侧线端调压 　　　　　　　　（B）中压侧线端调压
（C）低压侧线端调压 　　　　　　　　（D）高、中压侧线端调压

4. 两台或多台变压器的变电所，各台变压器通常采取分列运行方式，如需采取变压器并列运行方式，下列哪项运行条件是错误的？ （　　）

（A）电压相同，变压比差值不得超过 0.5%，调压范围与每级电压要相同
（B）连续组别相同，包括连接方式、极性、相序都必须相同
（C）阻抗电压相等，阻抗电压差值不得超过 ±10%
（D）容量差别不宜过大，容量比不宜超过 3∶1

5. 20kV 及以下变电所设计中，一般情况下，动力和照明宜共用变压器，在下列关于设置照明专用变压器的表述中哪一项是正确的？ （　　）

（A）采用 660（690）V 交流三相配电系统时，应设照明专用变压器
（B）采用配出中心线的交流三相中性点不接地系统（IT 系统）时，应设照明专用变压器
（C）当照明负荷较大或动力和照明采用共用变压器严重影响照明质量及灯泡寿命时，宜设照明专用变压器
（D）负荷随季节性变化不大时，宜设照明专用变压器

6. 直流换流站的直流电流测量装置和直流电压测量装置的综合误差分别应为下列哪项数值？ （　　）

（A）±1.0%，±0.5% 　　　　　　　（B）±0.5%，±1.0%
（C）±1.0%，±1.0% 　　　　　　　（D）±0.5%，±0.5%

7. 10kV 配电装置室的门和变压器室的门的高度和宽度，宜按最大不可拆卸部件尺寸，适当增加高度和宽度确定，其疏散通道的门最小高度和最小宽度宜为下列哪些数值？ （　　）

（A）2.0m，1.0m
（B）2.5m，1.0m
（C）2.0m，0.75m
（D）2.5m，0.75m

8. 并联电容器组三相的任何两相之间的最大与最小电容之比，电容器组每组各串联段之间的最大与最小电容之比，均不宜超过： （　　）

（A）1.0
（B）1.02
（C）1.05
（D）1.08

9. 无功补偿装置的投切方式，下列哪种情况不宜采用手动投切的无功补偿装置？ （　　）

（A）补偿低压基本无功功率的电容器组
（B）常年稳定的无功功率
（C）经常投入运行的变压器
（D）每天投切次数至少为三次的高压电动机及高压电容器组

10. 某企业 110kV 馈线断路器采用室内安装的油断路器，可满足就地操作要求，按规范要求，其操作机构处应设置隔板，则该防护隔板高度不应小于： （　　）

（A）1.5m
（B）1.8m
（C）1.9m
（D）2.0m

11. 在抗震设防烈度为 7 度及以上的电气设施中，下列旋转电机类设备安装中，可不必在附近设置补偿装置的是哪一项？ （　　）

（A）柴油发电机
（B）高压笼型电动机
（C）调相机
（D）空气压缩机

12. 向低压电气装置供电的配电变压器高压侧工作于低电阻接地系统时，若低压系统电源中性点与该变压器保护接地共用接地装置，请问下列哪一个条件是错误的？ （　　）

（A）变压器的保护接地装置的接地电阻应符合$R \leqslant 120/I_g$
（B）建筑物内低压电气装置采用 TN-C 系统
（C）建筑物内低压电气装置采用 TN-C-S 系统
（D）低压电气装置采用（含建筑物钢筋的）保护总等电位联结系统

13. 根据规范要求，35kV 变电所电缆隧道内的照明电压应不宜高于？ （　　）

（A）50V
（B）36V
（C）24V
（D）12V

14. 110kV 电缆线路在系统发生单相接地故障对临近弱电线路有干扰时，应沿电缆线路平行敷设一根回流线，其回流线的选择与设置应符合下列哪项规定？ （　　）

（A）当线路较长时，可采用电缆金属护套回流线

（B）回流线的截面积应按系统最大故障电流校验

（C）回流线的排列方式，应使电缆正常工作时在回流线上产生的损耗最小

（D）电缆正常工作时，在回流线上产生的感应电压不得超过 150V

15. 电缆与直流电气化铁路交叉时，电缆与铁路路轨间的距离应满足下列哪项数值？ （　　）

（A）1.5m

（B）5.0m

（C）2.0m

（D）1.0m

16. 在低压配电设计中，过负荷断电将引起严重后果的线路，其过负荷保护不应切断电源，可作用于信号，下列哪项不属于引起严重后果的供电回路？ （　　）

（A）电流互感器的一次回路

（B）旋转电机的励磁回路

（C）消防水泵的供电回路

（D）起重电磁铁的供电回路

17. 在照明配电线路的中，若三相计算电流为 39A，含有 20% 三次谐波，采用铜芯供电电缆，按规范要求中性线规格应为下列哪一项？ （　　）

（A）$4mm^2$

（B）$6mm^2$

（C）$10mm^2$

（D）$16mm^2$

18. 所用变压器高压侧选用熔断器作为保护电器时，下列哪些表述是正确的？ （　　）

（A）熔断器熔管的电流应小于或等于熔体的额定电流

（B）限流熔断器可使用在工作电压低于其额定电压的电网中

（C）熔断器只需按额定电压和开断电流选择

（D）熔体的额定电流应按熔断器的保护熔断特性选择

19. 关于低压交流电动机的短路保护，下列有关短路保护器件选择哪项表述是错误的？ （　　）

（A）当采用短延时过电流脱扣器作保护时，短延时脱扣器整定电流宜躲过启动电流周期分量最大有效值，延时不宜小于 0.1s

（B）瞬动过电流脱扣器的整定电流应取电动机启动电流周期分量最大有效值的 2～2.5 倍

（C）过电流继电器瞬动元件的整定电流应取电动机启动电流周期分量最大有效值的 2～2.5 倍

（D）熔断体的安秒特性曲线应略高于电动机启动电流时间特性曲线，且其额定电流应大于电动机额定电流

20. 已知短路的热效应 $Q_d = 1245(kA)^2s$，供电导体采用铜裸导体，且不与其他电缆成束敷设，导体绝缘采用最高工作温度为 90℃ 的聚氯乙烯，则按热稳定校验选择裸导体最小截面积不应小于下列哪项数值？ （　　）

（A）$40mm \times 4mm$

（B）$50mm \times 5mm$

（C）$63mm \times 6.3mm$

（D）$63mm \times 8mm$

21. 1000V 及以下电压的低压电缆屋内布线，下列描述正确的是： （ ）

（A）相同电压的电缆并列敷设时，电缆之间的净距不应小于 35mm，且不应小于电缆外径

（B）无铠装的电缆水平明敷时，与地面的距离不应小于 2.5m

（C）电缆穿管敷设，其穿管的内径不应小于电缆外径的 1.5 倍

（D）电缆托盘和梯架距地面的高度不宜低于 2.5m

22. 关于电缆支架选择，以下哪项是不正确的？ （ ）

（A）工作电流大于 1500A 的单芯电缆支架不宜选用钢制

（B）金属制的电缆支架应有防腐处理

（C）电缆支架的强度，应满足电缆及其附件荷重和安装维护的受力要求，有可能短暂上人时，计入 1000N 的附加集中荷载

（D）在户外时，计入可能有覆冰、雪和大风的附加荷载

23. 变电所内，用于 110kV 直接接地系统的母线型无间隙金属氧化物避雷器的持续运行电压和额定电压应不低于下列哪项数值？ （ ）

（A）57.6kV，71.8kV 　　　　　　（B）69.6kV，90.8kV

（C）72.7kV，94.5kV 　　　　　　（D）63.5kV，82.5kV

24. 35～110kV 变电所设计，下列有关配电装置形式的选择哪一项要求不正确？ （ ）

（A）城市中心变电站宜选用小型化紧凑型电气设备

（B）变电站主变压器应布置在运行噪声对周边环境影响较小的位置

（C）屋外变电站实体围墙不应低于 2.2m

（D）电缆沟及其他类似沟道的沟底纵坡，不宜小于 0.5%

25. 变配电所二次测量回路中，变送器模拟量输出回路和电能表脉冲量输出回路，宜选用对绞芯分屏蔽加总屏蔽的铜芯电缆，芯线截面积不应小于下列哪项数值？ （ ）

（A）$0.75mm^2$ 　　　　　　　（B）$1.0mm^2$

（C）$1.5mm^2$ 　　　　　　　（D）$2.5mm^2$

26. 规范规定 110kV 及以下的继电保护和自动装置用电流互感器宜选用 P 类产品，下列理由表述正确的是： （ ）

（A）系统时间常数偏小 　　　　　（B）短路电流偏小

（C）较大直流偏移 　　　　　　　（D）铁芯剩磁偏小

27. 某 110kV 枢纽变电站，直流系统采用控制和动力负荷合并供电方式，设两组 220V 阀控蓄电池，蓄电池容量为 1800A·h、103 只。每组蓄电池供电的经常负荷为 60A，均衡充电时蓄电池不与母线相连，在充电设备参数选择计算方面，下列哪组数据是不正确的？ （ ）

（A）充电装置额定电流满足浮充电要求为 61.8A

（B）充电装置额定电流满足初充电要求为 180～225A

（C）充电装置直流输出电压为 247.2V

（D）充电装置额定电流满足均衡充电要求为 240～285A

28. 在电力系统中，R-C 阻容吸收装置用于下列哪种过电压的保护？　　　　　（　　）

（A）雷电过电压　　　　　　　　　　（B）操作过电压

（C）谐振过电压　　　　　　　　　　（D）工频过电压

29. 民用建筑物防雷设计中，10kV 架空线的地线采用热镀锌钢绞线，其最小截面积宜为：（　　）

（A）16mm²　　　　　　　　　　　　（B）35mm²

（C）50mm²　　　　　　　　　　　　（D）75mm²

30. 某建筑物内含有两类的防雷建筑物，其中第一类防雷建筑物的面积占建筑总面积的 15%，第二类防雷建筑物的面积占总面积的 19%，则该建筑物宜确定为：　　　　　（　　）

（A）第一类防雷建筑物

（B）第二类防雷建筑物

（C）第三类防雷建筑物

（D）第一类防雷建筑物和第二类防雷建筑物分别设计

31. 某钢铁企业内 110kV 架空线路某跨线档，导体悬挂点高度为 25m，弧垂为 12m，在此档 100m 处发生了雷云对地放电，雷电流幅值为 60kA，该线路档上产生的感应过电压最大值为下列哪个数值？　　　　　（　　）

（A）375kV　　　　　　　　　　　　（B）255kV

（C）195kV　　　　　　　　　　　　（D）180kV

32. 根据规范要求，有关航空障碍灯的设置，下列哪项表述是不正确的？　　　　　（　　）

（A）障碍标志灯的电源应按主体建筑中最高负荷等级要求供电

（B）障碍标志灯应装设在建筑物或构筑物的最高部位，或在其外侧转角的顶端分别设置

（C）障碍标志灯的水平、垂直距离不宜大于 50m

（D）障碍标志灯宜采用自动通断电源的控制装置，并宜设有变化光强的措施

33. 主要供给气体放电灯的三相配电线路，其中中性线截面积应满足不平衡电流及谐波的要求，且不应小于相线截面积，当 3 次谐波电流超过下列何值时，应按中性线电流选择线路截面？　（　　）

（A）基波电流的 25%　　　　　　　　（B）基波电流的 33%

（C）基波电流的 40%　　　　　　　　（D）基波电流的 50%

34. 有关疏散照明的地面平均水平照度值，下列表述不正确的是：　　　　　（　　）

（A）垂直疏散区域不应低于 5lx

（B）疏散通道中心线的最大值和最小值之比不应大于 40：1

（C）需要救援人员协助疏散的场所不应低于 5lx

（D）水平疏散通道不应低于 1lx，人员密集场所、避难层不应低于 5lx

35. 电子控制设备抗干扰的基本任务是：使系统或装置既不因外界电磁干扰的影响而误动作或丧失功能，也不向外界发送过大的噪声干扰，下列有关抗干扰的原则，哪一项是错误的？ （ ）

（A）抑制噪声源

（B）切断电磁干扰的传递途径

（C）降低传递途径对电磁干扰的衰减作用

（D）加强受扰设备抵抗电磁干扰能力，降低其噪声敏感度

36. 交—交变频调速系统是一种不经中间直流环节直接将较高固定频率的电压变换为频率较低而可变的输出电压的变频调速系统，通常输出频率为电源频率的： （ ）

（A）33%～50%

（B）25%～50%

（C）20%～50%

（D）33%～50%及以下

37. 关于感烟探测器在格栅吊顶场所的设置原则，下列描述哪项是不正确的？ （ ）

（A）镂空面积与总面积比例不大于 15%时，探测器应设置在吊顶下方

（B）镂空面积与总面积比例不大于 30%时，探测器应设置在吊顶上方

（C）镂空面积与总面积比例不大于 15%～30%时，探测器宜同时设置在吊顶上方和下方

（D）镂空面积与总面积比例不大于 30%～70%时，地铁站台的探测器宜同时设置在吊顶上方和下方

38. 下列有关火灾报警各系统及消防设施运行状态信息的表述完整且正确的是？ （ ）

（A）火灾探测报警系统：火灾报警信息、可燃气体探测报警信息、电气火灾监控报警信息、故障信息

（B）消防电源监控系统：系统内各消防用电设备的供电电源和备用电源工作状态和欠压报警信息

（C）消防应急照明和疏散指示系统：本系统的手自动、故障状态和应急工作状态信息

（D）消防应急广播系统：本系统的手自动、启动、停止和故障状态

39. 下列有关报警系统的入侵探测器的设置原则，哪项是正确的？ （ ）

（A）防护对象应在入侵探测器的有效探测方位内，入侵探测器覆盖范围内应无盲区，覆盖范围边缘与防护对象间的距离宜大于 5m

（B）应当避免多个探测器的探测范围有交叉覆盖

（C）周界的每一个独立防区长度不宜大于 250m

（D）需设置紧急报警装置的部分宜不少于 2 个独立防区，每一个独立防区的紧急报警装置数量不应大于 4 个，且不同单元宜作为一个独立防区

40. 架空电力线路边导线与不在规划范围内的建筑物间的水平距离，在无风偏情况下，下列哪项符合规范要求？ （　　）

（A）3kV 及以下：1.2m　　　　　　　　（B）10kV：0.75m

（C）35kV：3.0m　　　　　　　　　　　（D）66kV：3.0m

二、多项选择题（共 30 题，每题 2 分。每题的备选项中有 2 个或 2 个以上符合题意。错选、少选、多选均不得分）

41. 当裸带电体采用遮拦或外护物防护有困难时，可采用设置阻挡物进行防护，下列直接接触保护中有关设置阻挡物措施表述哪几项是正确的？ （　　）

（A）应能防止人体无意识地接近裸带电体

（B）应能防止在操作设备过程中人体无意识地触及裸带电体

（C）阻挡物高度不应小于 1.5m

（D）阻挡物与裸带电体的水平净距不应小于 1.25m

42. 爆炸性气体环境的电力装置设计中，环境温度可采用下列哪些项？ （　　）

（A）最热月平均最高温度

（B）工作地带温度

（C）根据相似地区同类型的生产环境实测数据确定

（D）除特殊情况外，一般取 40℃

43. 某企业 110kV 变电站，下列哪些建（构）筑物其火灾危险性分类为丁类，耐火等级为二级？ （　　）

（A）干式变压器室　　　　　　　　　　（B）电缆夹层

（C）单台设备油量 50kg 的配电装置室　　（D）消防水泵房

44. 在民用建筑中，关于医用放射线设备的供电线路设计，下列哪些表述是符合规范要求的？ （　　）

（A）X 射线管的管电流大于或等于 500mA 射线机，应采用专用回路供电

（B）X 射线机不应与其他电力负荷共用同一回路供电

（C）CT 机和附属设备应分别供电，供电回路不少于两个，主机部分应采用专用回路供电

（D）X 射线机应不少于两个回路供电，其中主机部分应采用专用回路供电

45. 低压配电系统设计时，应降低三相配电系统的不对称度，下列哪些措施是正确的？ （　　）

（A）线路电流不大于 60A 时，采用 220V 单相供电

（B）线路电流大于 60A 时，宜采用 220/380V 三相四线制供电

（C）容量大的单相负荷宜采用专线供电

（D）宜采用配出中性线的 IT 系统进行配电

46. 供电方式有放射式、树干式及链式配电等，下列哪些条件下的设备可采用链式配电方式？ （　　）

（A）容量很小的次要用电设备

（B）设备距供电点较远，分别供电经济不合理时

（C）容量小且为三级负荷用电设备

（D）设备距供电点较远，彼此相距较近

47. 下列哪些场所宜选择点型感烟火灾探测器？　　　　　　　　　　　　　（　　）

（A）地下车库　　　　　　　　　　　　　（B）电视放映室

（C）列车载客车厢　　　　　　　　　　　（D）锅炉房

48. 某 110/10kV 的变电所，在下列哪些条件下，其总开关应采用断路器，而不采用负荷开关、隔离开关或隔离触头？　　　　　　　　　　　　　　　　　　　　　　　　（　　）

（A）有大量一级负荷和二级负荷时

（B）有继电保护或自动装置要求

（C）变压器有并列运行要求或需要转换操作时

（D）配电出线回路较多

49. 某工程 10kV 变电所设置高压电容补偿装置，电容器额定电流为 160A，其内部故障采用专用熔断器保护，则下列哪些熔丝额定电流不满足规范要求？　　　　　　　　　（　　）

（A）160A　　　　　　　　　　　　　　（B）200A

（C）240A　　　　　　　　　　　　　　（D）250A

50. 某高层建筑设备用柴油发电机，其切换接入低压配电系统时，应符合下列哪些规定？　（　　）

（A）接入开关与供电电源网络之间应有电气联锁，防止并网运行

（B）应避免与供电电源网络的计费混淆

（C）接线应有一定的灵活性，并满足在特殊情况下对消防负荷的用电

（D）与变配电所变压器中性点接地形式不同时，电源接入开关的选择应满足接地形式的切换条件

51. 选用隔离开关应具有切合电感、电容性小电流的能力，在正常情况下，下列哪些项应能可靠切断？　　　　　　　　　　　　　　　　　　　　　　　　　　　　　　　　（　　）

（A）励磁电流不超过 5A 的空载变压器

（B）空载母线

（C）电容电流不超过 5A 的空载线路

（D）断路器的旁路电流及母线环流

52. 有关电力系统中性点的各种接地方式的特点，下列表述不正确的是哪些？　　　　（　　）

（A）中性点不接地系统易导致间歇性（暂态）弧光接地过电压

（B）中性点不接地系统中变压器等设备的绝缘要求较低，可采用分段绝缘

（C）中性点有效接地系统中单相接地故障时的电磁感应，在不发展为不同地点的双重故障时较小

（D）中性点有效接地系统中接地故障继电保护方式不易迅速消除故障，可采用微机信号装置

53. 干式空心串联电抗器布置和安装时，应满足防电磁感应要求，电抗器对其周围不形成闭合回路的铁磁性金属构件的最小距离以及电抗器相互之间的最小中心距离，下列表述哪些是符合规范要求的？（　　）

（A）电抗器对上部和基础中的铁磁性构件距离，不宜小于电抗器直径的 0.5 倍

（B）电抗器对下部和基础中的铁磁性构件距离，不宜小于电抗器直径的 0.6 倍

（C）电抗器中心对侧面的铁磁性构件的距离，不宜小于电抗器直径的 1.2 倍

（D）电抗器相互之间的中心距离，不宜小于电抗器直径的 1.7 倍

54. 为了提高自然功率因数，可采用多种方式，请判断下列哪几种方法可以提高自然功率因数？（　　）

（A）正确选择电动机、变压器容量，提高负荷率

（B）在布置和安装上采取适当措施

（C）采用同步电动机

（D）选用带空载切除的间歇工作制设备

55. 某市地震烈度为 9 度，拟建设一座 110kV 变电站，对于 110kV 配电装置的布置型式，下列哪些描述满足规范要求？（　　）

（A）不宜采用气体绝缘金属封闭开关设备

（B）双母线接线，当采用管型母线配双柱式隔离开关时，屋外敞开式宜采用半高型布置

（C）双母线接线，当采用管型母线配双柱式隔离开关时，屋内敞开式宜采用双层布置

（D）当采用管型母线时，管型母线宜选用单管结构，管型母线固定方式宜采用悬吊式

56. 电力工程中，电缆在空气中固定敷设时，其护层的选择应符合下列哪些规定？（　　）

（A）小截面挤塑绝缘电缆在电缆桥架敷设时，宜具有钢带铠装

（B）电缆处于高落差的受力条件时，多芯电缆应具有钢带铠装

（C）敷设在桥架等支撑较密集的电缆，可不含铠装

（D）明确需要与环境保护相协调时，不得采用聚氯乙烯外护套

57. 某 35kV 变电所用电经多年运行测算后，发现能耗较高，下列关于降低耗能指标的措施哪些是正确的？（　　）

（A）空气调节设备应纳入楼宇自控系统，根据室内环境温度和相对湿度变化自动合理调节

（B）户内安装电气设备，常规运行条件下宜采用自然通风

（C）合理选用所用变压器容量，尽量提高变压器负载率

（D）设备操作机构中的防露干燥加热，宜采用温、湿自动控制

58. 对 3kV 及以上异步电动机单相接地故障的继电保护设置原则，下列哪些项描述是正确的？（　　）

（A）接地电流大于 5A 时，应装设有选择性的单相接地保护

（B）接地电流小于 5A 时，可装设接地监测装置

（C）单相接地电流为 5A 及以上时，保护装置应动作于跳闸

（D）单相接地电流为 5A 以下时，保护装置宜动作于信号

59. 电力工程直流系统中，当按允许压降选择电缆截面时，下列哪些要求是符合规程的？（   ）

（A）蓄电池组与直流柜之间的连接电缆长期允许载流量的计算电流应大于事故停电时间的蓄电池放电率电流

（B）采用集中辐射形供电方式时，直流柜与直流负荷之间的电缆允许电压降宜取直流电源系统标称电压的 3%～5%

（C）采用分层辐射形供电方式时，直流柜与直流分电柜之间的电缆允许电压降宜取直流电源系统标称电压的 3%～5%

（D）采用分层辐射形供电方式时，直流分电柜布置在负荷中心时，与直流终端断路器之间的允许电压降宜取直流电源系统标称电压的 1%～1.5%

60. 固定在建筑物上的节日彩灯、航空障碍信号灯及其他用电设备和线路应采取相应的防止闪电电涌侵入的措施，同时还应符合下列哪些规定？（   ）

（A）在配电箱内应在开关的电源侧装设Ⅱ级试验的电涌保护器，其电压保护水平不应小于 2.5kV

（B）穿线钢管的一端应与配电箱和 PE 线相连；另一端应与用电设备外壳、保护罩相连，并应就近与屋顶防雷装置相连

（C）从配电箱引出的配电线路应穿钢管，钢管中间不应断开

（D）无金属外壳或保护网罩的用电设备应处在接闪器的保护范围内

61. 某照明灯塔上装有避雷针，其照明灯电源线的电缆金属外皮直接埋入地下，下列哪几种埋地长度，允许电缆金属外皮与 35kV 电压配电装置的接地网及低压配电装置相连？（   ）

（A）15m   （B）12m

（C）10m   （D）8m

62. 下列哪几种表述属于屏蔽接地的目的？（   ）

（A）为了防止形成环路产生环流而发生磁干扰

（B）为了减少电磁感应的干扰和静电耦合

（C）为了防止高频设备工作时向外辐射高频电磁波

（D）为了把金属屏蔽上感应的静电干扰信号直接导入地中，同时减少分布电容的寄生耦合

63. 电缆工程中，电缆直埋敷设于非冻土地区时，其埋置深度应符合下列哪些规定？（   ）

（A）电缆外皮至地下构筑物基础，不得小于 0.3m

（B）电缆外皮至地面深度，不得小于 0.7m，当位于车行道或耕地下时，应适当加深，且不宜小于 1.0m

（C）电缆外皮至地下构筑物基础，不得小于 0.7m

（D）电缆外皮至地面深度，不得小于 0.7m，当位于车行道或耕地下时，应适当加深，且不宜小于 0.7m

64.减震体系通过增加结构阻尼达到增加地震耗能，降低结构反应的目的，电气设备常用的隔振器和减振器包括下列哪些项？ （ ）

（A）铝合金减振器 （B）防振锤

（C）护线条 （D）橡胶阻尼器

65.下列哪些属于非爆炸危险区域？ （ ）

（A）设有为爆炸性粉尘环境服务，并用墙隔绝的送风机室，其通向爆炸性粉尘环境的风道设有能防止爆炸性粉尘混合物侵入的安全装置

（B）正常运行时，空气中的可燃粉尘云一般不可能出现于爆炸性粉尘环境中的区域

（C）装有良好除尘效果的除尘装置，当该除尘装置停车时，工艺机组能联锁停车

（D）区域内使用爆炸性粉尘的量不大，且在排风柜内或风罩下进行操作

66.下列有关转子侧高效调速系统的描述，哪些项是正确的？ （ ）

（A）转子侧串极调速和双馈调速系统都属于转子侧高效调速系统

（B）只适用于绕线式异步电动机

（C）电动机转子绕组接电网，定子绕组经调速装置 VF 接电网

（D）调速装置一端接转子绕组，频率和电压随转差率变化而变化，另一端接电网，频率和电压固定

67.交—直—交变频器根据直流的中间环节滤波方法不同，可分为电压型和电流型两种，下列哪项符合电压型的特点？ （ ）

（A）直流滤波环节采用电抗器

（B）输出电压波形为矩形，即为恒压源

（C）输出动态阻抗较大

（D）适用于稳频稳压电源及不间断电源

68.在民用建筑中下面哪些场所应设置备用照明？ （ ）

（A）人员经常停留且无自然采光的场所

（B）正常照明失效将导致无法工作和活动的场所

（C）正常照明失效可能延误抢救工作的场所

（D）正常照明失效妨碍灾害救援工作进行的场所

69.大型公共建筑设计中，一般公共区均采用智能照明控制系统集中控制，以降低运行损耗，下列系统宜具备的功能哪些是正确的？ （ ）

（A）宜预留与其他系统的联动接口

（B）宜与楼宇自控系统联网，共享数据及控制方式

（C）宜具备信息采集功能和多种控制方式

（D）宜具备移动感应或红外感应功能

70. 不同电压等级的架空电力线路的导线排列和杆塔型式，下列哪几项符合规范规定？　　（　　　）

（A）3kV 单回路杆塔的导线采用三角形排列

（B）10kV 多回路杆塔的导线采用垂直排列

（C）35kV 单回路杆塔的导线采用双三角形排列

（D）66kV 多回路杆塔的导线采用双三角形排列

2012 年专业知识试题（上午卷）

一、单项选择题（共 40 题，每题 1 分，每题的备选项中只有 1 个最符合题意）

1. 对所有人来说，在手握电极时 15～100Hz 交流电流通过人体，能自行摆脱的电极的电流有效值应为下列哪一项？　　　　　　（　　）

（A）50mA　　　　　　　　　　　　（B）30mA
（C）10mA　　　　　　　　　　　　（D）5mA

2. 在电气专用房间，为防止人体直接接触位于其上方的低压裸带电导体引起的直接接触电击事故，应将此导体置于伸臂范围以外，裸带电体至地面的垂直净距不小于下列哪一个值？　　（　　）

（A）2.2m　　　　　　　　　　　　（B）2.5m
（C）2.8m　　　　　　　　　　　　（D）3.0m

3. 下述哪一项电流值在电流通过人体的效应中被称为"反应阀"？　　　　（　　）

（A）通过人体能引起任何感觉的最小电流
（B）能引起肌肉不自觉收缩的接触电流的最小值
（C）大于 30mA 的电流值
（D）能引起心室纤维性颤动的最小电流值

4. "防间接电击保护"是针对人接触下面哪一部分？　　　　　　　　（　　）

（A）电气装置的带电部分
（B）在故障情况下电气装置的外露可导电部分
（C）电气装置外（外部）可导电部分
（D）电气装置的接地导体

5. 下列哪一项不可以用作低压配电装置的接地极？　　　　　　　　（　　）

（A）埋于地下混凝土内的非预应力钢筋
（B）条件允许的埋地敷设的金属水管
（C）埋地敷设输送可燃液体或气体的金属管道
（D）埋于基础周围的金属物，如护坡桩等

6. 一栋 25 层普通住宅楼，建筑高度为 73m，根据当地航空部门要求需设置航空障碍标志灯，已知该楼内消防设备用电按一级负荷供电，客梯、生活水泵电力及楼梯照明按二级负荷供电，除航空障碍标志灯外，其余用电设备按三级负荷供电，该楼的航空障碍标志灯按下列哪一项要求供电？　　（　　）

（A）一级负荷　　　　　　　　　　（B）二级负荷
（C）三级负荷　　　　　　　　　　（D）一级负荷中特别重要负荷

7. 校验 3～110kV 高压配电装置中的导体和电器的动稳定、热稳定以及电器的短路开断电流时，应按下列哪项短路电流验算？ （   ）

（A）按单相接地短路电流验算

（B）按两相接地短路电流验算

（C）按三相短路电流验算

（D）按三相短路电流验算，但当单相、两相接地短路较三相短路严重时，应按严重情况验算

8. 建筑物内消防及其他防灾用电设备，应在下列哪一处设自动切换装置？ （   ）

（A）变电所电压出线回路端

（B）变电所常用低压母线与备用电母线端

（C）最末一级配电箱的前一级开关处

（D）最末一级配电箱处

9. 已知一台 35/10kV 额定容量为 5000kV·A 的变压器，其阻抗电压百分值 $u_k\% = 7.5$，基准容量为 100MV·A，该变压器电抗标幺值应为下列哪一项数值？（忽略电阻值） （   ）

（A）1.5　　　　　　　　　　　　　（B）0.167

（C）1.69　　　　　　　　　　　　　（D）0.015

10. 某配电回路中选用的保护电器符合《低压断路器》（JB 1284—1985）的标准，假设所选低压断路器瞬时或短延时过电流脱扣器的整定电流值为 2kA，那么该回路的适中电流值不应小于下列哪个数值？ （   ）

（A）2.4kA　　　　　　　　　　　　（B）2.6kA

（C）3.0kA　　　　　　　　　　　　（D）4.0kA

11. 某企业的 10kV 供配电系统中含有总长度为 25km 的 10kV 电缆线路和 35km 的 10kV 架空线路，请估算该系统线路产生的单相接地电容电流应为下列哪一项数值？ （   ）

（A）26A　　　　　　　　　　　　　（B）25A

（C）21A　　　　　　　　　　　　　（D）1A

12. 以下是 10kV 变电所布置的几条原则，其中哪一组是符合规定的？ （   ）

（A）变电所宜单层布置，当采用双层布置时，变压器应设在上层，配电室应布置在底层

（B）当采用双层布置时，设于二层的配电室应设搬运设备的通道、平台或孔洞

（C）有人值班的变电所，由于 10kV 电压低，可不设单独的值班室

（D）有人值班的变电所如单层布置，低压配电室不可以兼作值班室

13. 某变电站 10kV 母线短路容量 250MV·A，如要将某一电缆出线短路容量限制在 100MV·A 以下，所选择限流电抗器的额定电流为 750A，该电抗器的额定电抗百分数应不小于下列哪一项数值？ （   ）

（A）5　　　　　（B）6　　　　　（C）8　　　　　（D）10

14. 油重为 2500kg 以上的屋外油浸变压器之间无防火墙，变压器之间要求的防火净距，下列哪一组数据是正确的？ （　　　）

（A）35kV 以下为 5m，63kV 为 6m，110kV 为 8m

（B）35kV 以下为 6m，63kV 为 8m，110kV 为 10m

（C）35kV 以下为 5m，63kV 为 7m，110kV 为 9m

（D）35kV 以下为 4m，63kV 为 5m，110kV 为 6m

15. 某变电所有 $110 \pm 2 \times 2.5\%/10.5kV$、$25MV \cdot A$ 主变压器一台，校验该变压器低压侧的计算工作电流值应为下列哪一项数值？ （　　　）

（A）1375A　　　　　　　　　　　　（B）1443A

（C）1788A　　　　　　　　　　　　（D）2750A

16. 35kV 屋外配电装置，不同时停电检修的相邻两回路边相距离（不考虑海拔修正措施）不得小于下列哪一项数值？ （　　　）

（A）2900mm　　　　　　　　　　　（B）2400mm

（C）1150mm　　　　　　　　　　　（D）500mm

17. 10kV 及以下电缆采用单根保护管埋地敷设时，按规范规定其埋置深度距排水沟底不宜小于下列哪一项数值？ （　　　）

（A）0.3m　　　　（B）0.5m　　　　（C）0.8m　　　　（D）1.0m

18. 选择高压电气设备时，对额定电压、额定电流、机械荷载、额定开断电流、热稳定、动稳定、绝缘水平，均应考虑的是下列哪种设备？ （　　　）

（A）隔离开关　　　　　　　　　　（B）熔断器

（C）断路器　　　　　　　　　　　（D）接地开关

19. 低压控制电缆在桥架敷设时，电缆总截面积与桥架横断面面积之比，按规范规定不应大于下列哪一项数值？ （　　　）

（A）20%　　　　（B）30%　　　　（C）40%　　　　（D）50%

20. 某企业变电所，长 20m、宽 6m、高 4m，欲利用其不远处（10m）的金属杆作防雷保护，该杆高 20m，位置如图所示，试计算该变电所能否被金属杆保护？ （　　　）

（A）没有被安全保护

（B）能够被金属杆保护

（C）不知道该建筑物的防雷类别，无法计算

（D）不知道滚球半径，无法计算

21. 当高度在 15m 及以上烟囱的防雷引下线采用圆钢明敷时，按规范规定其直径不应小于下列哪一项数值？ （　　）

（A）8mm
（B）10mm
（C）12mm
（D）16mm

22. 计算 35kV 线路电流保护时，计算人员按如下方法计算，请问其中哪一项计算是错误的？ （　　）

（A）主保护整定值按被保护区末端金属性三相短路计算

（B）校验主保护灵敏系数时采用系统最大运行方式下本线路三相短路电流除以整定值

（C）后备保护整定值按相邻电力设备和线路末端金属性短路计算

（D）校验后备保护灵敏系数用系统最小运行方式下相邻电力设备和线路末端产生最小短路电流除以整定值

23. 在建筑物防雷击电磁脉冲设计中，380/220V 三相配电系统中家用电器的绝缘耐冲击过电压额定值，可按下列哪一项数值选取？ （　　）

（A）6kV
（B）4kV
（C）2.5kV
（D）1.5kV

24. 选择户内电抗器安装处的环境最高温度应采用下列哪一项？ （　　）

（A）最热月平均最高温度
（B）年最高温度
（C）该处通风设计最高温度
（D）该处通风设计最高排风温度

25. 某湖边一座 30 层的高层住宅，其外形尺寸长、宽、高分别为 50m、23m、92m，所在地年平均雷暴日为 47.4d，在建筑物年预计雷击次数计算中，与建筑物截收相同雷击次数的等效面积为下列哪一项数值？ （　　）

（A）0.2547km²
（B）0.0399km²
（C）0.0469km²
（D）0.0543km²

26. 某电流互感器的额定二次负荷为 10V·A，二次额定电流 5A，它对应的额定负荷阻抗为下列何值？ （　　）

（A）0.4Ω
（B）1Ω
（C）2Ω
（D）10Ω

27. 当避雷针的高度为 35m 时，请用折线法计算室外配电设备被保护物高度为 10m 时单支避雷针的保护半径为下列哪一项数值？ （　　）

（A）23.2m
（B）30.2m
（C）32.5m
（D）49m

28. 用于中性点经消弧线圈接地系统的电压互感器，其第三绕组（开口三角）电压应为下列哪一项？ （　　）

（A）100/3V

（B）100/√3V

（C）67V

（D）100V

29. 已知某配电线路保护导体预期故障电流 I_d 为 23.5kA，故障电流的持续时间 t 为 0.2s，计算系数 k 取 143，根据保护导体最小截面积公式计算，下列保护导体最小截面积哪一项符合规范要求？ （　　）

（A）50mm²

（B）70mm²

（C）95mm²

（D）120mm²

30. 某第一类防雷建筑物，当地土壤电阻率为 300Ω·m，其防直击雷的接地装置围绕建筑物设置成环形接地体，当该环形接地体所包围的面积为 100m² 时，请判断下列问题，哪一个是正确的？ （　　）

（A）该环形接地体需要补加垂直接地体 4m

（B）该环形接地体需要补加水平接地体 4m

（C）该环形接地体不需要补加接地体

（D）该环形接地体需要补加两根 2m 水平接地体

31. 请计算如图所示架空线简易铁塔水平接地装置的工频接地电阻值最接近下面哪个数值？（假定土壤电阻率 $\rho = 500Ω·m$，水平接地极采用 50mm×5mm 的扁钢，深埋 $h = 0.8m$） （　　）

$L_1 = L_2 = 2m$

（A）10Ω

（B）30Ω

（C）50Ω

（D）100Ω

32. 封闭式母线在室内水平敷设时，支持点间距不宜大于下列哪一项数值？ （　　）

（A）1.0m

（B）1.5m

（C）2.0m

（D）2.5m

33. 按规范要求下列哪项电气设备外露可导电部分可以接地？ （　　）

（A）采用设置导电场所保护方式的电气设备外露可导电部分

（B）采用不接地的等电位连接方式的电气设备外露可导电部分

（C）采用电气分隔保护方式的电气设备外露可导电部分

（D）采用双重绝缘及加强绝缘保护方式中的绝缘外护物里面的外露可导电部分

34. 电缆保护管的内径不宜小于电缆外径或多根电缆包络外径的多少倍？　　　　（　　）

（A）1.3 倍　　　　　　　　　　　　　（B）1.5 倍

（C）1.8 倍　　　　　　　　　　　　　（D）2.0 倍

35. 室内外一般环境污染场所灯具污染的维护系数取值与灯具擦拭周期的关系，下列哪一项表述与国家标准规范的要求一致？　　　　（　　）

（A）与灯具擦拭周期有关，规定最少 1 次/年

（B）与灯具擦拭周期有关，规定最少 2 次/年

（C）与灯具擦拭周期有关，规定最少 3 次/年

（D）与灯具擦拭周期无关

36. 应急照明不能选用下列哪种光源？　　　　（　　）

（A）白炽灯　　　　　　　　　　　　　（B）卤钨灯

（C）荧光灯　　　　　　　　　　　　　（D）高强度气体放电灯

37. 博物馆建筑陈列室对光特别敏感的绘画展品表面应按下列哪一项照明标准值设计？　　（　　）

（A）不大于 50lx　　　　　　　　　　（B）100lx

（C）150lx　　　　　　　　　　　　　（D）300lx

38. 下列有关异步电动机启动控制的描述，哪一项是错误的？　　　　（　　）

（A）直接启动时校验在电网形成的电压降不得超过规定值，还应校验其启动功率不得超过供电设备和电网的过载能力

（B）降压启动方式即启动时将电源电压降低加到电动机定子绕组上，待电动机接近同步转速后，再将电动机接至电源电压上运行

（C）晶闸管交流调压调速的主要优点是简单、便宜、使用维护方便，其缺点为功率损耗高、效率低、谐波大

（D）晶闸管交流调压调速，常用的接线方式为，每相电源各串一组双向晶闸管，分别与电动机定子绕组连接，另外电源中性线与电动机绕组的中心点连接

39. 直接型气体放电灯具，平均亮度不小于 500kcd/m²，其遮光角不应小于下列哪一项数值？　（　　）

（A）10°　　　　　　（B）15°　　　　　　（C）20°　　　　　　（D）30°

40. 关于可编程控制器 PLC 的 I/O 接口模块，下列描述哪一项是错误的？　　　　（　　）

（A）I/O 接口模块是 PLC 中 CPU 与现场输入、输出装置或其他外部设备之间的接口部件

（B）PLC 系统通过 I/O 模块与现场设备连接，每个模块都有与之对应的编程地址

（C）为满足不同需要，有数字量输入输出模块、模拟量输入输出模块、计数器等特殊功能模块

（D）I/O 接口模块必须与 CPU 放置在一起

二、多项选择题（共 30 题，每题 2 分。每题的备选项中有 2 个或 2 个以上符合题意。错选、少选、多选均不得分）

41. 在 TN 系统内做总等电位联结的防电击效果优于仅做人工的重复接地，在下列概念中哪几项是正确的？ （　　）

（A）在建筑物以低压供电，做总等电位联结时，发生接地故障，人体接触电压较低

（B）总等电位联结能消除自建筑物外沿金属管线传导来的危险电压引发的电击事故

（C）总等电位联结的地下部分接地装置，其有效寿命大大超过人工重复接地装置

（D）总等电位联结能将接触电压限制在安全值以下

42. 关于总等电位联结的论述中，下面哪些是错误的？ （　　）

（A）电气装置外露可导电部分与总接地端子之间的连接线是保护导体

（B）电气装置外露可导电部分与装置外可导电部分之间的连接线是总等电位联结导体

（C）总接地端子与金属管道之间的连接线是辅助等电位导体

（D）总接地端子与接地极之间的连接线是保护导体

43. 供配电系统短路电流计算中，在下列哪些情况下，可不考虑高压异步电动机对短路峰值电流的影响？ （　　）

（A）在计算不对称短路电流时

（B）异步电动机与短路点之间已相隔一台变压器

（C）在计算异步电动机附近短路点的短路峰值电流时

（D）在计算异步电动机配电电缆处短路点的短路峰值电流时

44. 下列哪些条件不符合 35kV 变电所所址选择的要求？ （　　）

（A）与城乡或工矿企业规划相协调，便于架空线和电缆线路的引入和引出

（B）所址标高宜在 30 年一遇的高水位之上，否则变电所应有可靠的防洪措施

（C）周围环境宜无明显污秽，如空气污秽时，所址宜设在受污源影响最小处

（D）可不考虑变电所与周围环境、邻近设施的相互影响

45. 远离发电机端的网络发生短路时，可认为下列哪些项相等？ （　　）

（A）三相短路电流非周期分量初始值

（B）三相短路电流稳态值

（C）三相短路电流第一周期全电流有效值

（D）三相短路后 0.2s 的周期分量有效值

46. 下列电力负荷中哪些属于一级负荷？ （　　）

（A）建筑高度为 32m 的乙、丙类厂房的消防用电设备

（B）建筑高度为 60m 的综合楼的电动防火门、窗、卷帘等消防设备

（C）人民防空地下室二等人员隐蔽所、物资库的应急照明

（D）民用机场的机场宾馆及旅客过夜用房用电

47. 在电气工程设计中，采用下列哪些项进行高压导体和电器校验？ （　　）

（A）三相短路电流非周期分量初始值

（B）三相短路电流持续时间 t 时的交流分量有效值

（C）三相短路电流全电流最大瞬时值

（D）三相短路超瞬态电流有效值

48. 变配电所中，当 6～10kV 母线采用单母线分段接线时，分段处宜装设断路器，但属于下列哪几种情况时，可装设隔离开关或隔离触头组？ （　　）

（A）母线上短路电流较小

（B）不需要带负荷操作

（C）继电保护或自动装置无要求

（D）出线回路较少

49. 在电力系统中，下列哪些因素影响短路电流计算值？ （　　）

（A）短路点距电源的远近

（B）系统网的结构

（C）基准容量的取值大小

（D）计算短路电流时采用的方法

50. 对冲击性负荷供电需要降低冲击性负荷引起的电网电压波动和电网闪变时，宜采取下列哪些措施？ （　　）

（A）采用专线供电

（B）对较大功率的冲击性负荷或冲击性负荷群与对电压波动、闪变敏感的负荷，分别由不同变压器供电

（C）与其他负荷共用配电线路时，加大配电线路阻抗

（D）对大功率电弧炉的炉用变压器由短路容量较大的电网供电

51. 某大型民用建筑内需设置一座 10kV 变电所，下列哪几种形式比较适宜？ （　　）

（A）户内变电所 　　　　　　　　（B）预装式变电站

（C）半露天变电所 　　　　　　　（D）户外箱式变电站

52. 电容器组额定电压的选择，应符合下列哪些要求？ （　　）

（A）宜按电容器接入电网处的运行电压进行计算

（B）电容器运行承受的长期工频过电压，应不大于电容器额定电压的 1.1 倍

（C）应计入接入串联电抗器引起的电容器运行电压升高

（D）应计入电容器分组回路对电压的影响

53. 选择电流互感器时，应考虑下列哪些技术参数？　　　　　　　　　　　　（　　）

（A）短路动稳定性　　　　　　　　　　（B）短路热稳定性
（C）二次回路电压　　　　　　　　　　（D）一次回路电流

54. 对于配电装置室的建筑要求，下列哪些表述是正确的？　　　　　　　　　（　　）

（A）配电装置室应设防火门，并应向外开启
（B）配电装置室不宜装设事故通风装置
（C）配电装置室的耐火等级不应低于二级
（D）配电装置室可开窗，但应采取防止雨、雪、小动物、风沙及污秽尘埃进入的措施

55. 民用建筑中消防用电设备的配电线路应满足火灾时连续供电的需要，下列哪些敷设方式是符合
规范规定的？　　　　　　　　　　　　　　　　　　　　　　　　　　　　　（　　）

（A）暗敷设时，应穿管并应敷设在不燃烧体结构内且保护层厚度不应小于 30mm
（B）明敷设时，应穿有防火保护的金属管或有防火保护的封闭式金属线槽
（C）当采用阻燃或耐火电缆时，敷设在电缆井内可不采取防火保护措施
（D）当采用矿物绝缘类不燃性电缆时，可直接敷设

56. 当一级负荷用电由同一配电室两个回路电源所供给时，下列哪几种做法符合规范的要求？
　　　　　　　　　　　　　　　　　　　　　　　　　　　　　　　　　　　（　　）

（A）配电装置宜分列设置，当不能分列设置时，其母线分段处应设防火隔板或有门洞的隔墙
（B）供给一级负荷用电的两路电缆不应同沟敷设，当无法分开时，该电缆沟内的两路电缆宜采
　　用绝缘和护套均为难燃 B1 级电缆，分别敷设在电缆沟两侧的支架上
（C）供给一级负荷用电的两路电缆不应同沟敷设，当无法避免时，允许采用阻燃性电缆，分别
　　敷设在电缆沟一侧不同层的支架上
（D）供给一级负荷用电的两路电缆应同沟敷设

57. 人民防空地下室电气设计中，下列哪些项表述符合国家规范要求？　　　　（　　）

（A）进、出防空地下室的动力、照明线路，应采用电缆或护套线
（B）电缆和电线应采用铜芯电缆和电线
（C）当防空地下室内的电缆或导线数量较多，且又集中敷设时，可采用电缆桥架敷设的方式。
　　电缆桥架可直接穿过临空墙、防护密闭隔墙、密闭隔墙
（D）电缆、护套线、弱电线路和备用预埋管穿过临空墙、防护密闭隔墙、密闭隔墙，除平时有
　　要求外，可不做密闭处理，临战时采取防护密闭或密闭封堵，在 30d 转换时限内完成

58. 保护 35kV 以下变压器的高压熔断器的选择，下列哪几项要求是正确的？　　（　　）

（A）当熔体内通过电力变压器回路最大工作电流时不误熔断

（B）当熔体通过电力变压器回路的励磁涌流时不误熔断

（C）当高压熔断器的断流容量不满足被保护回路短路容量要求时，不可在被保护回路中装设限流电阻来限制短路电流

（D）高压熔断器还应按海拔高度进行校验

59. 下列哪些建筑物应划为第二类防雷建筑物？　　　　　　　　　　　　　　　　　（　　）

（A）有爆炸危险的露天钢质封闭气罐

（B）预计雷击次数为 0.05 次/a 的省级办公建筑物

（C）国际通信枢纽

（D）具有 20 区爆炸危险场所的建筑物

60. 对电线、电缆导体截面的选择，下列哪几项符合规范要求？　　　　　　　　　　（　　）

（A）按照敷设方式、环境温度确定的导体截面，其导体载流量不应小于预期负荷的最大计算电流和按保护条件所确定的电流

（B）绝缘导体敷设在跨距小于 2m 的绝缘子的铜导体的最小允许截面积为 $1.5mm^2$

（C）线路电压损失不应超过允许值

（D）生产用的移动式用电设备采用铜芯软线的线芯最小允许截面积 $0.75mm^2$

61. 某一般性 12 层住宅楼，经计算预计雷击次数为 0.1 次/a，为防直击雷，沿屋角、屋脊、屋檐和檐角等易受雷击的部分敷设接闪带、接闪网，并在整个屋面组成接闪网格，按规范规定接闪网格应不大于下列哪些项数值？　　　　　　　　　　　　　　　　　　　　　　　　　　　　　（　　）

（A）12m × 8m　　　　（B）10m × 10m　　　　（C）24m × 16m　　　　（D）20m × 20m

62. 对于变压器引出线、套管及内部的短路故障，下列保护配置哪几项是正确的？　（　　）

（A）变电所有两台 2.5MV·A 变压器，装设纵联差动保护

（B）两台 6.3MV·A 并列运行变压器，装设纵联差动保护

（C）一台 6.3MV·A 重要变压器，装设纵联差动保护

（D）8MV·A 以下变压器装设电流速断保护和过电流保护

63. 10kV 配电系统，系统接地电容电流 30A，采用消弧线圈接地，该系统下列哪些项满足规定？　　　　　　　　　　　　　　　　　　　　　　　　　　　　　　　　　　（　　）

（A）系统故障点的残余电流不大于 5A

（B）消弧线圈的容量为 250kV·A

（C）在正常运行情况下，中性点的长时间电压位移不超过 1000V

（D）消弧线圈接于容量为 500kV·A、接线为 YN,d 的双绕组变压器中性点上

64. 为了限制 3～66kV 不接地系统中的中性点接地的电磁式电压互感器因过饱和可能产生的铁磁谐振过电压，可采取的措施有下列哪几项？　　　　　　　　　　　　　　　　　　（　　）

（A）选用励磁特性饱和点较高的电磁式电压互感器

（B）增加同一系统中电压互感器中性点接地的数量

（C）在互感器的开口三角形绕组装设专门消除此类铁磁谐振的装置

（D）在 10kV 及以下的母线上装设中性点接地的星形接线电容器

65. 某一 10/0.4kV 车间变电所，配电变压器安装在车间外，高压侧为小电阻接地方式，低压侧为 TN 系统，为防止高压侧接地故障引起低压侧工作人员的电击事故，可采取下列哪些措施？　　（　　）

（A）高压保护接地和低压侧系统接地共用接地装置

（B）高压保护接地和低压侧系统接地分开独立设置

（C）高压系统接地和低压侧系统接地共用接地装置

（D）在车间内，实行总等电位联结

66. 在电气设计中，以下哪几项做法符合规范要求？　　（　　）

（A）TT 系统中当电源进线有中性导体时应采用四极开关

（B）TN-C 系统中使用四极开关

（C）TN-S 系统中电源转换开关应采用切断相导体和中性导体的四级开关

（D）IT 系统与 TT 系统之间的电源转换开关，应采用切断相导体和中性导体的四极开关

67. 接地网的接地导体与接地导体，以及接地导体与接地极连接采用搭接时，其符合规范要求的搭接长度不应小于下列哪些项数值？　　（　　）

（A）扁钢宽度的 1.5 倍　　　　　　　　（B）圆钢直径的 4 倍

（C）扁钢宽度的 2 倍　　　　　　　　　（D）圆钢直径的 6 倍

68. 某建筑群的综合布线区域内存在高于国家标准规定的干扰时，布线方式选择下列哪些措施符合国家标准规范要求？　　（　　）

（A）宜采用非屏蔽缆线布线方式

（B）宜采用屏蔽缆线布线方式

（C）宜采用金属管线布线方式

（D）可采用光缆布线方式

69. 某办公室照明配电设计中，额定工作电压为 AC220V，已知末端分支线负荷有功功率为 500W（$\cos\varphi = 0.92$），请判断下列保护开关整定值和分支线导线截面积，哪些数值符合规范规定？（不考虑电压降和线路敷设方式的影响，导线允许持续载流量按下表选取）　　（　　）

导线截面积（mm²）	0.75	1.0	1.5	2.5
导线载流量（A）	8	11	16	21

（A）导线过负荷保护开关整定值 3A，分支线导线截面积选择 0.75mm²

（B）导线过负荷保护开关整定值 6A，分支线导线截面积选择 1.0mm²

（C）导线过负荷保护开关整定值 10A，分支线导线截面积选择 1.5mm²

（D）导线过负荷保护开关整定值 16A，分支线导线截面积选择 2.5mm²

70. 关于电动机的启动方式的特点比较，下列描述中哪些是正确的？ （   ）

（A）电阻降压启动适用于低压电动机，启动电流较大，启动转矩较小，启动电阻消耗较大

（B）电抗器降压启动适用于低压电动机，启动电流较大，启动转矩较小

（C）延边三角形降压启动要求电动机具有 9 个出线头，启动电流较小，启动转矩较大

（D）星形—三角形降压启动要求电动机具有 6 个出线头，适用于低压电动机，启动电流较小，启动转矩较小

2012 年专业知识试题（下午卷）

一、单项选择题（共 40 题，每题 1 分，每题的备选项中只有 1 个最符合题意）

1. 在低压配电系统变压器选择中，一般情况下，动力和照明宜共用变压器，在下列关于设置专用照明变压器的表述中哪一项是正确的？　　　　　　　　　　（　　）

　（A）在 TN 系统的低压电网中，照明负荷应设专用变压器

　（B）当单台变压器的容量小于 1250kV·A 时，可设照明专用变压器

　（C）当照明负荷较大或动力和照明采用共用变压器严重影响照明质量及灯泡寿命时，可设照明专用变压器

　（D）负荷随季节性负荷变化不大时，宜设照明专用变压器

2. 下面哪种属于防直接电击的保护措施？　　　　　　　　　　（　　）

　（A）自动切断供电　　　　　　　　　　（B）接地

　（C）等电位联结　　　　　　　　　　（D）将裸露导体包以合适的绝缘防护

3. 关于中性点经电阻接地系统的特点，下列表述中哪一项是正确的？　　　　（　　）

　（A）当电网接有较多的高压电动机或较多的电缆线路时，中性点经电阻接地可减少单相接地发展为多重接地故障的可能性

　（B）当发生单相接地时，允许带接地故障运行 1～2h

　（C）单相接地故障电流小，过电压高

　（D）继电保护复杂

4. 某建筑高度为 36m 的普通办公楼，地下室平时为Ⅲ类普通汽车库，战时为防空地下室，属二等人员隐蔽所，下列楼内用电设备哪一项为一级负荷？　　　　　　　　　　（　　）

　（A）防空地下室战时应急照明　　　　　　　　　　（B）自动扶梯

　（C）消防电梯　　　　　　　　　　（D）消防水泵

5. 110kV 配电装置当出线回路数较多时，一般采用双母线接线，其双母线接线的优点，下列表述中哪一项是正确的？　　　　　　　　　　（　　）

　（A）当母线故障或检修时，隔离开关作为倒换操作电器，不易误操作

　（B）操作方便，适于户外布置

　（C）一条母线检修时，不致使供电中断

　（D）接线简单清晰，设备投资少，可靠性最高

6. 在城市供电规划中，10kV 开关站最大供电容量不宜超过下列哪个数值？　　（　　）

　（A）10000kV·A　　　　　　　　　　（B）15000kV·A

（C）20000kV·A   （D）无具体要求

7. 以下是为某工程 10kV 变电所电气部分设计确定的一些原则，请问其中哪一条不符合规范要求？
                                                              （   ）

（A）10kV 变电所接在母线上的避雷器和电压互感器合用一组隔离开关
（B）10kV 变电所架空进、出线上的避雷器回路中不装设隔离开关
（C）变压器 0.4kV 低压侧有自动切换电源要求的总开关采用隔离开关
（D）变电所中单台变压器（低压为 0.4kV）的容量不宜大于 1250kV·A

8. 低压并联电容器装置应采用自动投切，下列哪种参数不属于自动投切的控制量？   （   ）

（A）无功功率   （B）功率因素
（C）电压或时间   （D）关合涌流

9. 20kV 及以下的变电所的电容器组件中，放电器件的放电容量不应小于与其并联的电容器组容量，其中高、低压电容器的放电器件应满足断开电源后电容器组两端的电压从 $\sqrt{2}$ 倍额定电压降至 50V 所需的时间分别不应大于下列哪项数值？   （   ）

（A）5s、1min   （B）5s、3min
（C）1min、5min   （D）1min、10min

10. 10kV 配电所高压电容器装置的开关设备及导体载流部分的长期允许电流不应小于电容器额定电流的多少倍？   （   ）

（A）1.2   （B）1.25
（C）1.3   （D）1.35

11. 容量为 2000kV·A 的油浸变压器安装于变压器室内，请问变压器的外轮廓与变压器室后壁、侧壁的最小净距是下列哪一项数值？   （   ）

（A）600mm   （B）800mm
（C）1000mm   （D）1200mm

12. 总油量超过 100kg 的 10kV 油浸变压器安装在室内，下面哪一种布置方案符合规范要求？
                                                              （   ）

（A）为减少房屋面积，与 10kV 高压开关柜布置在同一房间内
（B）为方便运行维护，与其他 10kV 高压开关柜布置在同一房间内
（C）宜装设在单独的防爆间内，不设置消防设施
（D）宜装设在单独的变压器间内，并应设置灭火设施

13. 电容器的短时限电流速断和过电流保护，是针对下列哪一项可能发生的故障设置的？   （   ）

（A）电容器内部故障

（B）单台电容器引出线短路

（C）电容器组和断路器之间连接线短路

（D）双星接线的电容器组，双星容量不平衡

14. 在设计远离发电厂的 110/10kV 变电所时, 校验 10kV 断路器分断能力（断路器开端时间为 0.15s ）, 应采用下列哪一项?（　　）

（A）三相短路电流第一周期全电流峰值

（B）三相短路电流第一周期全电流有效值

（C）三相短路电流周期分量最大瞬时值

（D）三相短路电流周期分量稳态值

15. 继电保护、自动装置的二次回路的工作电压最高不应超过下列哪一项数值?（　　）

（A）110V　　　　　　　　　　　　　　（B）220V

（C）380V　　　　　　　　　　　　　　（D）500V

16. 当电流互感器二次绕组的容量不满足要求时, 可以采取下列哪种正确措施?（　　）

（A）将两个二次绕组串联使用

（B）将两个二次绕组并联使用

（C）更换额定电流大的电流互感器，增大变流比

（D）降低准确级使用

17. 下列有关互感器二次回路的规定哪一项是正确的?（　　）

（A）互感器二次回路中允许接入的负荷与互感器精确度等级有关

（B）电流互感器二次回路不允许短路

（C）电压互感器二次回路不允许开路

（D）1.0 级及 2.0 级的电度表处电压降，不得大于电压互感器额定二次电压的 1.0%

18. 1kV 及其以下电源中性点直接接地时, 单相回路的电缆芯数选择, 下列叙述中哪一项符合规范要求?（　　）

（A）保护线与受电设备的外露可导电部分连接接地的情况，保护线与中性线合用同一导体时，应采用三芯电缆

（B）保护线与受电设备的外露可导电部分连接接地的情况，保护线与中性线各自独立时，应采用两芯电缆

（C）保护线与受电设备的外露可导电部分连接接地的情况，保护线与中性线各自独立时，应采用两芯电缆与另外的保护线导体组成，并分别穿管敷设

（D）受电设备的外露可导电部分连接接地与电源系统接地各自独立的情况，应采用两芯电缆

19. 标称电压为 110V 的直流系统，其所带负荷为控制、继电保护、自动装置，问在正常运行时，直

流母线电压应为下列哪一项数值？ （ ）

（A）110V （B）115.5V

（C）121V （D）大于 121V

20. 工业企业厂房内（配电室外），交流工频 500V 以下无遮拦的裸导体至地面的距离不应小于下列哪一项数值？ （ ）

（A）2.5m （B）3.0m

（C）3.5m （D）4.0m

21. 下列哪一项风机和水泵电气传动控制方案的观点是错误的？ （ ）

（A）一般采用母线供电，电器控制，为满足生产要求，实现经济运行，可采用交流调速

（B）变频调速的优点是调速性能好，节能效果好，可使用笼型异步电动机；缺点是成本高

（C）串级调速的优点是变流设备容量小，较其他无级调速方案经济；缺点为必须使用绕线转子异步电动机，功率因数低，电机损耗大，最高转速降低

（D）对于 100～200kW 容量的风机水泵传动宜采用交—交变频装置

22. 变压器的纵联差动保护应符合下列哪一条要求？ （ ）

（A）应能躲过外部短路产生的最大电流

（B）应能躲过励磁涌流

（C）应能躲过内部短路产生的不平衡电流

（D）应能躲过最大负荷电流

23. 在交流变频调速装置中，被普遍采用的交—交变频器，实际上就是将其直流输出电压按正弦波调制的可逆整流器，因此网侧电流中会含有大量的谐波分量。下列谐波电流描述中，哪一项是不正确的？ （ ）

（A）除基波外，在网侧电流中还含有 $k_m \pm 1$ 次的整数次谐波电流，称为特征谐波

（B）在网侧电流中还存在着非整数次谐波电流，称为旁频谐波

（C）旁频谐波直接和交—交变频器的输出频率及输出相数有关

（D）旁频谐波直接和交—交变频器电源的系统阻抗有关

24. 某电动机，铭牌上的负载持续率为 FC = 25%，现所拖动的生产机械的负载持续率为 28%，问负载转矩 M_l 与电动机铭牌上的额定转矩 M_m 应符合下列哪种关系？ （ ）

（A）$M_l \leqslant \dfrac{0.28}{0.25} M_m$ （B）$M_l \leqslant \sqrt{\dfrac{0.28}{0.25}} M_m$

（C）$M_l \leqslant \sqrt{\dfrac{0.25}{0.28}} M_m$ （D）$M_l = M_m$

25. 在环境噪声大于 60dB 的场所设置的火灾应急广播扬声器，按规范要求在其播放范围内最远点的播放声压级应高于背景噪声多少分贝？ （ ）

（A）3dB （B）5dB

（C）10dB （D）15dB

26. 等电位联结作为一项电气安全措施，它的目的是用来降低下列哪一项电压？ （ ）

（A）故障接地电压 （B）跨步电压

（C）安全电压 （D）接触电压

27. 在有梁的顶棚上设置感烟探测器、感温探测器，规范规定当梁间距为下列哪一项数值时不计梁对探测器保护面积的影响？ （ ）

（A）小于 1m （B）大于 1m

（C）大于 3m （D）大于 5m

28. 按照国家标准规范规定，布线竖井内的高压、低压和应急电源的电气线路，相互之间的距离应等于或大于多少？ （ ）

（A）100mm （B）150mm

（C）200mm （D）300mm

29. 火灾自动报警系统的传输线路采用铜芯绝缘导线敷设于线槽内时，应满足绝缘等级，还应满足机械强度的要求，下列哪一项选择符合规范规定？ （ ）

（A）采用电压等级交流 50V、线芯的最小截面积 $1.00mm^2$ 的铜芯绝缘导线

（B）采用电压等级交流 250V、线芯的最小截面积 $0.75mm^2$ 的铜芯绝缘导线

（C）采用电压等级交流 380V、线芯的最小截面积 $0.50mm^2$ 的铜芯绝缘导线

（D）采用电压等级交流 500V、线芯的最小截面积 $0.50mm^2$ 的铜芯绝缘导线

30. 按照国家标准规范规定，在有电视转播要求的体育场馆，比赛时观众席前排的垂直照度不宜小于场地垂直照度的多少？ （ ）

（A）0.25 （B）0.3

（C）0.4 （D）0.5

31. 在有线电视系统工程接收天线的设计中，规范规定两幅天线的水平或垂直间距不应小于较长波长天线的工作波长的 1/2，且不应小于下列哪一项数值？ （ ）

（A）0.6m （B）0.8m （C）1.0m （D）1.2m

32. 下列有关变频启动的描述，哪一项是错误的？ （ ）

（A）可以实现平滑启动，对电网冲击小

（B）启动电流大，需考虑对被启动电机的加强设计

（C）变频启动装置的功率仅为被启动电动机功率的 5%～7%

（D）适用于大功率同步电动机的启动控制，可若干电动机共用一套启动装置，较为经济

33. 规范规定综合布线系统的配线子系统当采用双绞线电缆时，其信道敷设长度不宜超过下列哪一项数值？ （   ）

（A）70m
（B）80m
（C）90m
（D）100m

34. 仅供笼型异步电动机启动用的普通晶闸管软启动装置，按变流种类可归类为下列哪一种？
（   ）

（A）整流
（B）交流调压
（C）交—直—交间接变频
（D）交—交直接变频

35. 规范规定综合布线区域内存在的电磁干扰场强高于下列哪一项数值时，宜采用屏蔽布线系统进行防护？ （   ）

（A）3V/m
（B）4V/m
（C）5V/m
（D）6V/m

36. 可编程控制器 PLC 控制系统中的中枢是中央处理单元（CPU），它包括微处理器和控制接口电路。下面列出的有关 CPU 主要功能的描述，哪一条是错误的？ （   ）

（A）以扫描方式读入所有输入装置的状态和数据，存入输入映像区中
（B）逐条解读用户程序，执行包括逻辑运算、算数运算、比较、变换、数据传输等任务
（C）随机将计算结果立即输出到外部设备
（D）扫描程序结束后，更新内部标志位，将结果送入输出映像区或寄存器；随后将映像区内的各输出状态和数据传送到相应的输出设备中

37. 35kV 架空电力线路耐张段的长度不宜大于下列哪个数值？ （   ）

（A）5km
（B）5.5km
（C）6km
（D）8km

38. 系统总线上应设置总线短路隔离器，每只总线短路隔离器保护的火灾探测器、手动火灾报警按钮和模块等消防设备的总数不应超过下列哪项？ （   ）

（A）24 点
（B）32 点
（C）36 点
（D）48 点

39. 10kV 架空电力线路在最大计算风偏条件下，边导线与城市多层建筑或规划建筑线间的最小水平距离应为下列哪一项数值？ （   ）

（A）1.0m
（B）1.5m
（C）2.5m
（D）3.0m

40. 闭路电视监控系统中图像水平清晰度，对于彩色摄像机的水平清晰度的要求，下列表述中哪一项是正确的？ （   ）

（A）不应低于 270TVL
（B）不应低于 400TVL
（C）不应低于 450TVL
（D）不应低于 550TVL

二、多项选择题（共 30 题，每题 2 分，每题的备选项中有 2 个或有 2 个以上符合题意。错选、少选、多选均不得分）

41. 用电单位的供电电压等级与用电负荷的下列哪些因素有关？　　　　　　　（　　）

（A）用电容量　　　　　　　　　　　　（B）供电距离

（C）用电单位的运行方式　　　　　　　（D）用电设备特性

42. 安全特低电压配电回路 SELV 的外露可导电部分应符合以下哪些要求？　　（　　）

（A）安全特低电压回路的外露可导电部分不允许与大地连接

（B）安全特低电压回路的外露可导电部分不允许与其他回路的外露可导电部分连接

（C）安全特低电压回路的外露可导电部分不允许与装置外可导电部分连接

（D）安全特低电压回路的外露可导电部分允许与其他回路的保护导体连接

43. 电力系统的电能质量主要指标包括下列哪几项？　　　　　　　　　　　　（　　）

（A）电压偏差和电压波动

（B）频率偏差

（C）系统容量

（D）电压谐波畸变率和谐波电流含有率

44. 下列关于供电系统负荷分级的叙述，哪几项符合规范的规定？　　　　　　（　　）

（A）火力发电厂与变电站设置的消防水泵、自动灭火系统、电动阀门应按二级负荷供电

（B）室外消防用水量为 20L/s 的可燃材料堆场的消防用电设备应按三级负荷供电

（C）单机容量为 25MW 以上的发电厂，消防水泵应按二级负荷供电

（D）以石油、天然气及其产品为原料的石油化工厂，其消防水泵房用电设备的电源，应按一级负荷供电

45. 当采用低压并联电容器作无功补偿时，低压并联电容器装置回路，投切控制器无显示功能时，应具有下列哪些表计？　　　　　　　　　　　　　　　　　　　　　　　　（　　）

（A）电流表　　　　　　　　　　　　　（B）电压表

（C）功率因数表　　　　　　　　　　　（D）有功功率表

46. 在供配电系统设计中，计算电压偏差时，应计入采取某些措施后的调压效果，下列所采取的措施，哪些是应计入的？　　　　　　　　　　　　　　　　　　　　　　　（　　）

（A）自动或手动调整并联补偿电容器的投入量

（B）自动或手动调整异步电动机的容量

（C）改变供配电系统运行方式

（D）自动或手动调整并联电抗器的投入量

47. 设计供配电系统时，为了减小电压偏差应采取下列哪些措施？　　　　　　　　（　　　）

（A）降低系统阻抗

（B）采取补偿无功功率措施

（C）大容量电动机采取降压启动措施

（D）尽量使三相负荷平衡

48. 下列关于 35kV 高压配电装置中导体最高工作温度和最高允许温度的规定，哪几条符合规范的要求？　　　　　　　　（　　　）

（A）裸导体的正常最高工作温度不应大于+70℃，在计及日照影响时，钢芯铝线及管型导体不宜大于+80℃

（B）当裸导体接触面处有镀锡的可靠覆盖层时，其最高工作温度可提高到+85℃

（C）验算短路热稳定时，裸导体的最高允许温度，对硬铝及铝锰合金可取+200℃，硬铜可取+250℃

（D）验算短路热稳定时，短路前的导体温度采用额定负荷下的工作温度

49. 某机床加工车间 10kV 变电所设计中，设计者对防火和建筑提出下列要求，请问哪些不符合规范的要求？　　　　　　　　（　　　）

（A）变压器、配电室、电容器室的耐火等级不应低于二级

（B）油浸变压器室位于地下车库上方，可燃油油浸变压器的门按乙级防火门设计

（C）变电所的油浸变压器室应设置容量为 100%变压器油量的储油池

（D）高压配电室设不能开启的自然采光窗，窗台距室外地坪不宜低于 1.6m

50. 计算低压侧短路电流时，有时需计算矩形母线的电阻，其电阻值与下列哪些项有关？（　　　）

（A）矩形母线的长度　　　　　　　　（B）矩形母线的截面积

（C）矩形母线的几何均距　　　　　　（D）矩形母线的材料

51. 变电所内各种地下管线之间和地下管线之间与建筑物、构筑物、道路之间的最小净距，应满足下列哪些要求？　　　　　　　　（　　　）

（A）应满足安全的要求

（B）应满足检修、安装的要求

（C）应满足工艺的要求

（D）应满足气象条件的要求

52. 适用于风机、水泵作为调节压力和流量的电气传动系统有下列哪几项？　　　　（　　　）

（A）绕线电动机转子串电阻调速系统

（B）绕线电动机串级调速系统

（C）直流电动机的调速系统

（D）笼型电动机交流变频调速系统

53. 某 35kV 变电所设计的备用电源自动投入装置有如下功能，请指出下列哪些项是不正确的？（　　）

（A）手动断开工作回路断路器时，备用电源自动投入装置动作投入备用电源断路器

（B）工作回路上的电压一旦消失，自动投入装置应立即动作

（C）在检定工作电压确实无电压而且工作回路确实断开后才投入备用电源断路器

（D）备用电源自动投入装置动作后，如投到故障上，再自动投入一次

54. 在有关 35kV 及以下电力电缆终端和接头的叙述中，下列哪些项符合规范的规定？（　　）

（A）电缆终端的额定电压及其绝缘水平，不得低于所连接电缆额定电压及其要求的绝缘水平

（B）电缆接头的额定电压及其绝缘水平，不得低于所连接电缆额定电压及其要求的绝缘水平

（C）电缆绝缘接头的绝缘环两侧耐受电压，不得低于所连电缆护层绝缘水平的 2 倍

（D）电缆与电气连接具有整体式插接功能时，电缆终端的装置类型应采用不可分离式终端

55. 对于无人值班变电所，下列哪些直流负荷统计时间和统计负荷系数是正确的？（　　）

（A）监控系统事故持续放电时间为 1h，负荷系数为 0.5

（B）监控系统事故持续放电时间为 2h，负荷系数为 0.8

（C）直流应急照明事故持续放电时间为 2h，负荷系数为 1.0

（D）交流不间断电源事故持续放电时间为 1h，负荷系数为 0.8

56. 一台 10/0.4kV 容量为 0.63MV·A 的星形—星形连接的配电变压器，低压侧中性点直接接地，请问下列哪几项保护可以作为其低压侧单相接地短路保护？（　　）

（A）高压侧装设三相式过电流保护

（B）低压侧中性线上装设零序电流保护

（C）低压侧装设三相过电流保护

（D）高压侧由三相电流互感器组成的零序回路上装设零序电流保护

57. 下列有关交流电动机能耗制动的描述，哪些项是正确的？（　　）

（A）能耗制动转矩随转速的降低而增加

（B）能耗制动是将运转中的电动机与电源断开，向定子绕组通入直流励磁电流，改接为发电机使电能在其绕组中消耗（必要时还可消耗在外接电阻中）的一种电制动方式

（C）能耗制动所产生的制动转矩较平滑，可方便地改变制动转矩值

（D）能量不能回馈电网，效率较低

58. 关于 35kV 变电所蓄电池组的容量选择，以下哪些条款是正确的？（　　）

（A）蓄电池组的容量应满足全所事故停电 1h 放电容量

（B）事故放电容量取全所经常性直流负荷

（C）事故放电容量取全所事故照明负荷

（D）蓄电池组的容量应满足事故放电末期最大冲击负荷容量

59. 有关火灾探测器的规定应符合下列哪些项？ （　　）

（A）线型光束感烟火灾探测器的探测区域长度不宜超过 100m

（B）不易安装点型探测器的夹层、闷顶宜选择缆式感温火灾探测器

（C）线型可燃气体探测器的保护区域长度不宜大于 60m

（D）管路采样式吸气感烟火灾探测器，一个探测单元的采样管总长不宜大于 150m

60. 请判断下列问题中哪些是正确的？ （　　）

（A）粮、棉及易燃物大量集中的露天堆场，无论其大小都不是建筑物，不必考虑防直击雷措施

（B）粮、棉及易燃物大量集中的露天堆场，当其年计算雷击次数大于或等于 0.06 次时，宜采取防直击雷措施

（C）粮、棉及易燃物大量集中的露天堆场，采取独立避雷针保护时其保护范围的滚球半径 h_r 可取 60m

（D）粮、棉及易燃物大量集中的露天堆场，采取独立避雷针保护时其保护范围的滚球半径 h_r 可取 100m

61. 根据规范要求，下列哪些建筑或场所应设置火灾自动报警系统？ （　　）

（A）每座占地面积大于 $1000m^2$ 的棉、毛、丝、麻、化纤及其制品的仓库，占地面积超过 $500m^2$ 或总建筑面积超过 $1000m^2$ 的卷烟库房

（B）建筑面积大于 $500m^2$ 的地下、半地下商店

（C）净高 2.2m 的技术夹层，净高大于 0.8m 的闷顶或吊顶内

（D）2500 个座位的体育馆

62. 对 Y,yn0 接线组的 10/0.4kV 变压器，常利用在低压侧装设零序电流互感器（ZCT）的方法实现低压侧单相接地保护，如为此目的，如下图所示 ZCT 安装位置正确的是哪些？ （　　）

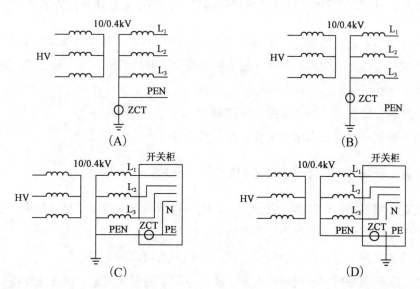

63. 对于安防监控中心的设计，下列哪项不符合规范设计要求？ （　　）

（A）应远离产生粉尘、油烟、有害气体、强震源和强噪声源自己生产或储存具有腐蚀性、易燃、

易爆物品的场所

（B）为保证安全性，监控中心内可不设置视频监控装置

（C）监控中心的疏散门应保证双向开启，且应自动关闭，并应保证在任何情况下均能双向开启

（D）应对设置在监控中心的出入口控制系统管理主机、网络接口设备、网络线缆等采取一般保护措施

64.《建筑照明设计标准》（GB 50034—2013）中，下列条款哪些是强制性条文？　　　　　　（　　）

（A）6.1.1　6.1.2　6.1.3　　　　　　　　　（B）6.3.3　6.3.4　6.3.5

（C）6.3.6　6.3.7　6.3.9　　　　　　　　　（D）6.3.13　6.3.14　6.3.15

65. 在建筑工程中设置的公共广播系统，下列哪些说法符合规范要求？　　　　　　（　　）

（A）衰减不应小于 3dB（1000Hz 时）

（B）采用定压输出，输出电压采用 80A

（C）分区广播扬声器的总功率 250W

（D）消防应急广播的分区应与建筑防火分区相适应

66. 下列有关交流电动机反接制动的描述，哪些是正确的？　　　　　　（　　）

（A）反接制动时，电动机转子电压很高，有很大制动电流，为限制反接电流，必须在转子中再串联反接电阻

（B）能量消耗不大，较经济

（C）制动转矩较大且基本稳定

（D）笼型电动机因转子不能接入外接电阻，为防止制动电流过大而烧毁电动机，只有小功率（10kW 以下）电动机才能采用反接制动

67. 下列 4 条关于 10kV 架空电力线路路径选择的要求，哪些是符合规范要求的？　　　　　　（　　）

（A）应避开洼地、冲刷地带、不良地质地区、原始森林区以及影响线路安全运行的其他地区

（B）应减少与其他设施交叉。当与其他架空线路交叉时，其交叉点不应选在被跨越线路的杆塔顶上

（C）不应跨越存储易燃、易爆物的仓库区域

（D）跨越二级架空弱电线路的交叉角应大于或等于 15°

68. 在设计整流变压器时，下列考虑的因素哪些是正确的？　　　　　　（　　）

（A）整流变压器短路机会较多，因此变压器绕组和结构应有较大的机械强度，在同等容量下整流变压器体积将比一般电力变压器大些

（B）晶闸管装置发生过电压机会较多，因此变压器有较高的绝缘强度

（C）整流变压器的漏抗可限制短路电流，改变电网侧的电流波形，因此变压器的漏抗越大越好

（D）为了避免电压畸变和负载不平衡时中点浮动，整流变压器一次和二次绕组中的一个应接成三角形或附加短路绕组

69. 在设计 35kV 交流架空电力线路时，最大设计风速采用下列哪些是正确的？　　　　　（　　）

　　（A）架空电力线路通过市区或森林等地区，如两侧屏蔽物的平均高度大于塔杆高度 2/3，其最大设计风速宜比当地最大设计风速减小 20%

　　（B）架空电力线路通过市区或森林等地区，如两侧屏蔽物的平均高度大于塔杆高度 2/3，其最大设计风速宜比当地最大设计风速增加 20%

　　（C）山区架空电力线路的最大设计风速，应根据当地气象资料确定，当无可靠资料时，最大设计风速可按附近平地风速减少 10%，且不应低于 25m/s

　　（D）山区架空电力线路的最大设计风速，应根据当地气象资料确定，当无可靠资料时，最大设计风速可按附近平地风速增加 10%，且不应低于 25m/s

70. 建筑与建筑群的综合布线系统基本配置设计中，用铜芯对绞电缆组网，在干线电缆的配置中，对有关计算机网络的配置原则，下列表述中哪些是正确的？　　　　　（　　）

　　（A）宜按 24 个信息插座配 2 对对绞线
　　（B）宜按 48 个信息插座配 2 对对绞线
　　（C）主接口为电接口，每个交换机 2 对对绞线
　　（D）主接口为电接口，每个交换机 4 对对绞线

2013 年专业知识试题（上午卷）

一、单项选择题（共 40 题，每题 1 分，每题的备选项中只有 1 个最符合题意）

1. 相对地电压为 220V 的 TN 系统配电线路或仅供给固定设备用电的末端线路，其间接接触防护电器切断故障回路的时间不宜大于下列哪一项数值？ （ ）

（A）0.4s （B）3s （C）5s （D）10s

2. 人体的"内阻抗"是指下列人体哪个部位间阻抗？ （ ）

（A）在皮肤上的电极与皮下导电组织之间的阻抗

（B）是手和双脚之间的阻抗

（C）在接触电压出现瞬间的人体阻抗

（D）与人体两个部位相接触的二电极间的阻抗，不计皮肤阻抗

3. 爆炸性粉尘环境内，应尽量减少插座和局部照明灯具的数量，且安装的插座开口的一面应朝下，且与垂直面的角度不应大于多少？ （ ）

（A）30° （B）36° （C）45° （D）60°

4. 在建筑物内实施总等电位联结时，应选用下列哪一项做法？ （ ）

（A）在进线总配电箱近旁安装接地母排，汇集诸连接线

（B）仅将需连接的各金属部分就近互相连通

（C）将需连接的金属管道结构在进入建筑物处连接到建筑物周围地下水平接地扁钢上

（D）利用进线总配电箱内 PE 母排汇集诸连接线

5. 下列电力负荷分级原则中哪一项是正确的？ （ ）

（A）根据对供电可靠性的要求及中断供电在政治、经济上所造成损失或影响的程度

（B）根据中断供电后，对恢复供电的时间要求

（C）根据场所内人员密集程度

（D）根据对正常工作和生活影响程度

6. 某 35kV 架空配电线路，当系统基准容量取 100MV·A、线路电抗值为 0.43Ω时，该线路的电抗标幺值应为下列哪一项数值？ （ ）

（A）0.031 （B）0.035 （C）0.073 （D）0.082

7. 断续或短时工作制电动机的设备功率，当采用需要系数法计算负荷时，应将额定功率统一换算到下列哪一项负荷持续率的有功功率？ （ ）

（A）$\varepsilon = 25\%$ （B）$\varepsilon = 50\%$ （C）$\varepsilon = 75\%$ （D）$\varepsilon = 100\%$

8. 在考虑供电系统短路电流问题时，下列表述中哪一项是正确的？ （ ）

（A）以 100MV·A 为基准容量的短路电路计算电抗不小于 3 时，按无限大电源容量的系数进行短路计算

（B）三相交流系统的远端短路的短路电流是由衰减的交流分量和衰减的直流分量组成

（C）短路电流计算的最大短路电流值，是校验继电保护装置灵敏系数的依据

（D）三相交流系统的近端短路时，短路稳态电流有效值小于短路电流初始值

9. 并联电容器装置设计，应根据电网条件、无功补偿要求确定补偿容量，在选择单台电容器额定容量时，下列哪种因素是不需要考虑的？ （ ）

（A）电容器组设计容量

（B）电容器组每相电容器串联、并联的台数

（C）宜在电容器产品额定容量系数的优先值中选取

（D）电容器组接线方式（星形、三角形）

10. 当基准容量为 100MV·A 时，系统电抗标幺值为 0.02；当基准容量取 1000MV·A 时，系统电抗标幺值应为下列哪一项数值？ （ ）

（A）20 （B）5 （C）0.2 （D）0.002

11. 成排布置的低压配电屏，其长度超过 6m 时，屏后的通道应设两个出口，并宜布置在通道两端，在下列哪种条件下应增加出口？ （ ）

（A）当屏后通道两出口之间的距离超过 15m 时

（B）当屏后通道两出口之间的距离超过 30m 时

（C）当屏后通道内有柱或局部凸出

（D）当屏前操作通道不满足要求时

12. 一个供电系统由两个无限大电源系统 S1、S2 供电，其短路电流设计时的等值电抗如图所示，计算 d 点短路时，电源 S1 支路的分布系数应为下列哪一项数值？ （ ）

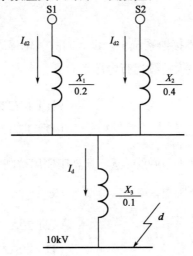

（A）0.67　　　　　（B）0.5　　　　　（C）0.37　　　　　（D）0.25

13. 对于低压配电系统短路电流的计算，下列表述中哪一项是错误的？　　　　　（　　）

（A）当配电变压器的容量远小于系统容量时，短路电流可按无限大电源容量的网络进行计算

（B）计入短路电路各元件的有效电阻，但短路点的电弧电阻、导线连接点、开关设备和电器的接触电阻可忽略不计

（C）当电路电阻较大，短路电流直流分量衰减较快，一般可不考虑直流分量

（D）可不考虑变压器高压侧系统阻抗

14. 某 10kV 线路经常输送容量为 1343kV·A，该线路测量仪表用的电流互感器变比宜选用下列哪一项数值？　　　　　（　　）

（A）50/5　　　　　　　　　　　　　　（B）75/5

（C）100/5　　　　　　　　　　　　　（D）150/5

15. 某变电所用于计算短路电流的接线示意图见下图，已知电源 S 为无穷大系统；变压器 B 的参数为 $S_e = 20000kV·A$，110/38.5/10.5kV，$u_{k1-2}\% = 10.5$，$u_{k1-3}\% = 17$，$u_{k2-3}\% = 6.5$；K_1 点短路时 35kV 母线不提供反馈电流，试求 10kV 母线的短路电流与下列哪一个值最接近？　　　　　（　　）

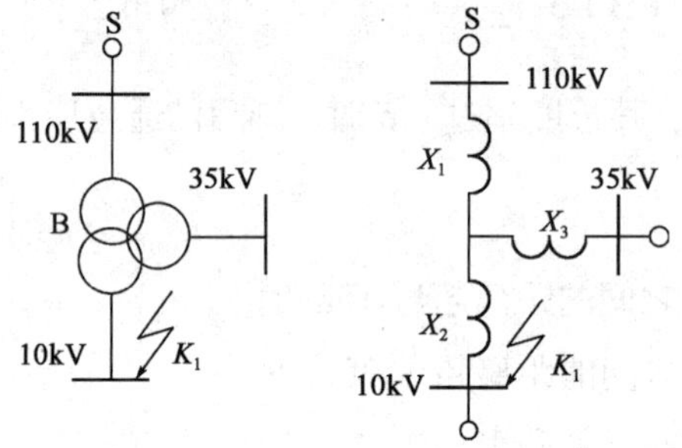

（A）16.92kA

（B）6.47kV

（C）4.68kV

（D）1.18kA

16. 某变电所的 10kV 母线（不接地系统）装设无间隙氧化锌避雷器，此避雷器应选定下列哪组参数？（氧化锌避雷器的额定电压/最大持续运行电压）　　　　　（　　）

（A）13.2/12kV　　　　　　　　　　　（B）14/32kV

（C）15/12kV　　　　　　　　　　　　（D）17/13.2kV

17. 一台 35/0.4V 变压器，容量为 1000kV·A，其高压侧用熔断器保护，可靠系数取 2，其高压熔断器熔体的额定电流应选择下列哪一项？　　　　　（　　）

（A）15A　　　　　　　　　　　　　　（B）20A

（C）30A　　　　　　　　　　　　　　（D）40A

18. 爆炸性环境电缆和导线的选择，除需满足电缆配线与钢管配线的技术要求外，在选择绝缘导线和电缆截面时，导体允许截流量不应小于熔断器熔体额定电流的倍数，下列数值中哪项是正确的？　　　　　　　　　　　　　　　　　　　　　　　　　　　（　　）

（A）1.00　　　　　　　　　　　　　　（B）1.25
（C）1.30　　　　　　　　　　　　　　（D）1.50

19. 交流系统中，35kV 及以下电力电缆缆芯的相间额定电压，按规范规定不得低于使用回路的下列哪一项数值？　　　　　　　　　　　　　　　　　　　　　　　　　　　　　　（　　）

（A）工作线电压　　　　　　　　　　　（B）工作相电压
（C）133%工作相电压　　　　　　　　　（D）173%工作线电压

20. 某六层中学教学楼，经计算预计雷击次数为 0.07 次/a，按建筑物的防雷分类属下列哪类防雷建筑物？　　　　　　　　　　　　　　　　　　　　　　　　　　　　　　　　　（　　）

（A）第一类防雷建筑物　　　　　　　　（B）第二类防雷建筑物
（C）第三类防雷建筑物　　　　　　　　（D）以上都不是

21. 一座桥形接线的 35kV 变电所，若不能从外部引入可靠的低压备用电源，考虑所用变压器的设置时，下列哪一项选择是正确的？　　　　　　　　　　　　　　　　　　　　　　　（　　）

（A）宜装设两台容量相同可互为备用的所用变压器
（B）只装设一台所用变压器
（C）应装设三台不同容量的所用变压器
（D）应装设两台不同容量的所用变压器

22. 粮、棉及易燃物大量集中的露天堆场，当其年计算雷击次数大于或等于 0.05 次时，应采用独立接闪杆或架空接闪线防直击雷，独立接闪杆和架空接闪线保护范围的滚球半径 h，可取下列哪一项数值？　　　　　　　　　　　　　　　　　　　　　　　　　　　　　　（　　）

（A）30m　　　　　　　　　　　　　　（B）45m
（C）60m　　　　　　　　　　　　　　（D）100m

23. 户外配电装置中的穿墙套管、支持绝缘子，在承受短路引起的荷载短时作用时，其设计的安全系数不应小于下列哪个数值？　　　　　　　　　　　　　　　　　　　　　　　　（　　）

（A）4　　　　　　　　　　　　　　　（B）2.5
（C）2　　　　　　　　　　　　　　　（D）1.67

24. 某医院 18 层大楼，预计雷击次数为 0.12 次/a，利用建筑物的钢筋作为引下线，同时建筑物的钢筋、钢结构等金属物连接在一起、电气贯通，为了防止雷电流流经引下线和接地装置时产生的高电位对附近金属物或电气和电子系统线路的反击，金属物或线路与引下线之间的距离要求中，下列哪一项与规范要求一致？　　　　　　　　　　　　　　　　　　　　　　　　　　　　　　　　　（　　）

（A）大于 1m   （B）大于 3m

（C）大于 5m   （D）可无要求

25. 一建筑物高 90m、宽 25m、长 180m，建筑物为金属屋面的砖木结构，该地区年平均雷暴日为 80 天，求该建筑物年预计雷击次数为下列哪一项数值？   （　　）

（A）1.039 次/a   （B）0.928 次/a

（C）0.671 次/a   （D）0.546 次/a

26. 10kV 中性点不接地系统，在开断空载高压感应电动机时产生的过电压一般不超过下列哪一项数值？   （　　）

（A）12kV   （B）14.4kV   （C）24.5kV   （D）17.3kV

27. 每组蓄电池宜设置蓄电池自动巡检装置，蓄电池自动巡检装置宜监测下列哪些信息？（　　）

（A）总蓄电池电压、单体蓄电池电压、蓄电池组温度、噪声

（B）总蓄电池电压、单体蓄电池电压、蓄电池组温度

（C）单体蓄电池电压、蓄电池组温度、噪声

（D）单体蓄电池电压、蓄电池组温度

28. 某民用居住建筑为 16 层，高 45m，其消防控制室、消防水泵、消防电梯等应按下列哪级要求供电？   （　　）

（A）一级负荷   （B）二级负荷

（C）三级负荷   （D）一级负荷中特别重要负荷

29. 对于采用低压 IT 系统供电要求场所，其故障报警应采用哪种装置？   （　　）

（A）绝缘监视装置   （B）剩余电流保护器

（C）零序电流保护器   （D）过流脱扣器

30. 请用简易计算法计算如图所示水平接地极为主边缘闭合的复合接地极（接地网）的接地电阻值最接近下面的哪一项数值？（假定土壤电阻率 $\rho = 1000\Omega \cdot m$）   （　　）

（单位：m）

（A）1Ω   （B）4Ω

（C）10Ω   （D）30Ω

31. 正常环境下的屋内场所，采用护套绝缘电线直敷布线时，下列哪一项表述与国家标准规范的要求一致？ （　　）

  （A）其截面积不应大于 1.5mm²

  （B）其截面积不宜大于 2.5mm²

  （C）其截面积不宜大于 4mm²

  （D）其截面积不宜大于 6mm²

32. 按照国家标准规范规定，下列哪类灯具需要有保护接地？ （　　）

  （A）0 类灯具   （B）I 类灯具

  （C）II 类灯具   （D）III 类灯具

33. 电缆竖井中，宜每隔多少米设置阻火隔层？ （　　）

  （A）5m   （B）6m

  （C）7m   （D）8m

34. 根据规范要求，判断下述哪一项可以做接地极？ （　　）

  （A）建筑物钢筋混凝土基础桩

  （B）室外埋地的燃油金属储罐

  （C）室外埋地的天然气金属管道

  （D）供暖系统的金属管道

35. 按现行国家标准规定，设计照度值与照度标准值比较，允许的偏差是哪一项？ （　　）

  （A）−5%～+5%   （B）−7.5%～+7.5%

  （C）−10%～+10%   （D）−15%～+15%

36. 某办公室长 8m、宽 6m、高 3m，选择照度标准值 500lx，设计 8 盏双管 2×36W 荧光灯，计算最大照度 512lx，最小照度 320lx，平均照度 446lx，针对该设计下述哪条描述正确？ （　　）

  （A）平均照度低于照度标准值，不符合规范要求

  （B）平均照度低于照度标准值偏差值，不符合规范要求

  （C）照度均匀度值，不符合规范要求

  （D）平均照度、平均照度与照度标准值偏差值、照度均匀度均符合规范要求

37. 关于电动机的交—交变频调速系统的描述，下列哪一项是错误的？ （　　）

  （A）用晶闸管移相控制的交—交变频调速系统，适用于大功率（3000kW 以上）、低速（600r/min 以下）的调速系统

  （B）交—交变频调速电动机可以是同步电动机或异步电动机

  （C）当电源频率为 50Hz 时，交—交变频装置最大输出频率被限制为 $f_{o.max} \leqslant 16\sim20Hz$

  （D）当输出频率超过 16～20Hz 后，随输出频率增加，输出电流的谐波分量减少

38. 无彩电转播需求的羽毛球馆，下列哪一项指标符合比赛时的体育建筑照明质量标准？ （　　）

（A）GR 不应大于 30，Ra 不应小于 65

（B）GR 不应小于 30，Ra 不应大于 65

（C）UGR 不应大于 30，Ra 不应小于 80

（D）UGR 不应小于 30，Ra 不应大于 80

39. 民用建筑内，设置在走道和大厅等公共场所的火灾应急广场扬声器的额定功率不应小于 3W，对于其数量的要求，下列的表述中哪一项符合规范的规定？ （　　）

（A）从一个防火分区的任何部位到最近一个扬声器的距离不大于 15m

（B）从一个防火分区的任何部位到最近一个扬声器的距离不大于 20m

（C）从一个防火分区的任何部位到最近一个扬声器的距离不大于 25m

（D）从一个防火分区的任何部位到最近一个扬声器的距离不大于 30m

40. 照明灯具电源的额定电压为 AC220V，在一般工作场所，规范允许的灯具端电压波动范围为下列哪一项？ （　　）

（A）185～220V （B）195～240V

（C）210～230V （D）230～240V

二、多项选择题（共 30 题，每题 2 分，每题的备选项中有 2 个或 2 个以上符合题意，错选、少选、多选均不得分）

41. 下列有关探测区域的划分表述正确的是哪些？ （　　）

（A）空气管差温火灾探测器的探测区域长度宜为 50～100m

（B）从主要入口可以看清其内部，且面积不超过 1000m² 的房间

（C）探测区域应按独立房（套）间划分

（D）一个探测区域的面积不宜超过 400m²

42. 低压配电接地装置的总接地端子，应与下列哪些导体连接？ （　　）

（A）保护联结导体 （B）接地导体

（C）保护导体 （D）中性线

43. 提高车间电力负荷的功率因数，可以减少车间变压器的哪些损耗？ （　　）

（A）有功损耗 （B）无功损耗 （C）铁损 （D）铜损

44. 当 35/10kV 终端变电所需限制 10kV 侧短路电流时，一般情况下可采取下列哪些措施？ （　　）

（A）变压器分列运行

（B）采用高阻抗的变压器

（C）10kV 母线分段开关采用高分断能力断路器

（D）在变压器回路中装设电抗器

45. 二级电力负荷的供电系统，采用以下哪几种供电方式是正确的？　　　　　　　　　（　　）

（A）宜由两回线路供电

（B）在负荷较小或地区供电条件困难时，可由一回 6kV 及以上专用架空线路供电

（C）当采用一回电缆线路时，应采用两根电缆组成的电缆线路供电，其每根电缆应能承受 100%
　　　的二级负荷

（D）当采用一回电缆线路时，应采用两根电缆组成的电缆线路供电，其每根电缆应能承受 50%
　　　的二级负荷

46. 在进行短路电流计算时，如满足下列哪些项可视为远端短路？　　　　　　　　　　（　　）

（A）短路电流中的非周期分量在短路过程中由初始值衰减到零

（B）短路电流中的周期分量在短路过程中基本不变

（C）以供电电源容量为基准的短路电路计算电抗标幺值不小于 3

（D）以供电电源容量为基准的短路电路计算电抗标幺值小于 2

47. 为减少供配电系统的电压偏差，可采取下列哪些措施？　　　　　　　　　　　　　（　　）

（A）正确选用变压器变比和电压分接头

（B）根据需要，增大系统阻抗

（C）采用无功补偿措施

（D）宜使三相负荷平衡

48. 在电气工程设计中，短路电流的计算结果的用途是下列哪些项？　　　　　　　　　（　　）

（A）确定中性点的接地方式

（B）继电保护的选择与整定

（C）确定供配电系统无功功率的补偿方式

（D）验算导体和电器的动稳定、热稳定

49. 低压配电网络中，对下列哪些项宜采用放射式配电网络？　　　　　　　　　　　　（　　）

（A）用电设备容量大

（B）用电负荷性质重要

（C）有特殊要求的车间、建筑物内的用电负荷

（D）用电负荷容量不大，但彼此相距很近

50. 对 3～20kV 电压互感器，当需要零序电压时，一般选用下列哪些项？　　　　　　　（　　）

（A）两个单相电压互感器 V-V 接线

（B）一个三相五柱式电压互感器

（C）一个三相三柱式电压互感器

（D）三个单相三线圈互感器，高压侧中性点接地

51. 选择 35kV 及以下变压器的高压熔断器熔体时，下列哪些要求是正确的？　　　　（　　）

（A）当熔体内通过电力变压器回路最大工作电流时不熔断

（B）当熔体内通过电力变压器回路的励磁涌流时不熔断

（C）跌落式熔断器的断流容量仅需按短路电流上限校验

（D）高压熔断器还应按海拔高度进行校验

52. 选择低压接触器时，应考虑下列哪些要求？　　　　　　　　　　　　　　　　（　　）

（A）额定工作制　　　　　　　　　　　（B）使用类别

（C）正常负载和过载特性　　　　　　　（D）分断短路电流的能力

53. 某 10kV 架空线路向一台 500kV·A 变压器供电，该线路终端处装设了一组跌落熔断器，该熔断器具有下列哪些作用？　　　　　　　　　　　　　　　　　　　　　　　　（　　）

（A）限制工作电流　　　　　　　　　　（B）投切操作

（C）保护作用　　　　　　　　　　　　（D）隔离作用

54. 对于 35kV 及以下电力电缆绝缘类型的选择，下列哪些项表述符合规范规定？　　（　　）

（A）高温场所不宜选用普通聚氯乙烯绝缘电缆

（B）低温环境宜选用聚氯乙烯绝缘电缆

（C）防火有低毒性要求时，不宜选用聚氯乙烯电缆

（D）100℃以上高温环境，宜选用矿物绝缘电缆

55. 有关交流调速系统的描述，下列哪些项是错误的？　　　　　　　　　　　　　（　　）

（A）转子回路串电阻的调速方法为变转差率，用于绕线型异步电动机

（B）变极对数的调速方法为有级调速，作用于转子侧

（C）定子侧调压为调转差率

（D）液力耦合器及电磁转差离合器调速均为调电机转差率

56. 低压配电设计中，有关绝缘导线布线的敷设要求，下列哪些表述符合规范规定？　（　　）

（A）直敷布线可用于正常环境的屋内场所，当导线垂直敷设至地面低于 1.8m 时，应穿管保护

（B）直敷布线应采用护套绝缘导线，其截面积不宜大于 $6mm^2$

（C）在同一个槽盒里有几个回路时，其所有的绝缘导线应采用与最高标称电压回路绝缘相同的绝缘

（D）明敷或暗敷于干燥场所的金属管布线时，应采用管壁厚度不小于 1.2mm 的电线管

57. 下面是一组有关接地问题的叙述，其中正确的是哪些项？　　　　　　　　　　（　　　）

（A）接地装置的对地电位是零电位

（B）电力系统中，电气装置、设施的某些可导电部分应接地，接地装置按用途分为工作（系统）接地、保护接地、雷电保护接地、防静电接地四种

（C）一般来说，同一接地装置的冲击接地电阻总不小于工频接地电阻

（D）在 3～10kV 变配电所中，当采用建筑物基础做自然接地极，且接地电阻又满足规定值时，可不另设人工接地网

58. 对于 35kV 及以下电缆，下列哪些项敷设方式符合规定？　　　　　　　　　　（　　　）

（A）地下电缆与公路交叉时，应采用穿管

（B）有防爆、防火要求的明敷电缆，应采用埋砂敷设的电缆沟

（C）在载重车辆频繁经过的地段，可采用电缆沟

（D）有化学腐蚀液体溢流的场所，不得用电缆沟

59. 某变电所 35kV 备用电源自动投入装置功能如下，请指出哪几项功能是不正确的？（　　　）

（A）手动断开工作回路断路器时，备用电源自动投入装置动作，投入备用电源断路器

（B）工作回路上的电压一旦消失，自动投入装置应立即动作

（C）在鉴定工作电压确定无电压而且工作回路确实断开后才投入备用电源断路器

（D）备用电源自动投入装置动作后，如投到故障上，再自动投入一次

60. 建筑物防雷设计，下列哪些表述与国家规范一致？　　　　　　　　　　　　（　　　）

（A）当独立烟囱上的防雷引下线采用圆钢时，其直径不应小于 10mm

（B）架空接闪线和接闪网宜采用截面积不小于 $50mm^2$ 的热镀锌钢绞线

（C）当建筑物利用金属屋面作为接闪器，金属板下面无易燃物品时，其厚度不应小于 0.4mm

（D）当独立烟囱上采用热镀锌接闪环时，其圆钢直径不应小于 12mm；扁钢截面积不应小于 $100mm^2$，其厚度不应小于 4mm

61. 综合布线系统设备间机架和机柜安装时宜符合的规定，下列哪些项表述与规范的要求一致？

（　　　）

（A）机柜单排安装时，前面的净空不应小于 800mm，后面的净空不应小于 800mm

（B）机柜单排安装时，前面的净空不应小于 1000mm，后面的净空不应小于 800mm

（C）机柜单排安装时，前面的净空不应小于 600mm，后面的净空不应小于 800mm

（D）多排安装时，列间距不应小于 1200mm

62. 某中学教学楼属第二类防雷建筑物，下列屋顶上哪些金属物宜作为防雷装置的接闪器？

（　　　）

（A）高 2.5m、直径 80mm、壁厚为 4mm 的钢管旗杆

（B）直径为 50mm，壁厚为 2.0mm 的镀锌钢管栏杆

（C）直径为 16mm 的镀锌圆钢爬梯

（D）安装在接收无线电视广播的功用天线的杆顶上的接闪器

63. 在变电所设计和运行中应考虑直接雷击、雷电反击和感应雷电过电压对电气装置的危害，其直击雷过电压保护可采用避雷针或避雷线，下列设施应装设直击雷保护装置的有哪些？ （   ）

（A）露天布置的 GIS 的外壳

（B）有火灾危险的建（构）筑物

（C）有爆炸危险的建（构）筑物

（D）屋外配电装置，包括组合导线和母线廊道

64. 下列哪些消防用电设备应按一级负荷供电？ （   ）

（A）室外消防用水量超过 30L/s 的工厂、仓库

（B）建筑高度超过 50m 的乙、丙类厂房和丙类库房

（C）一类高层建筑的电动防火门、窗、卷帘、阀门等

（D）室外消防用水量超过 25L/s 的企业办公楼

65. 关于静电保护的措施及要求，下列叙述有哪些是正确的？ （   ）

（A）静电接地的接地电阻一般不应大于 100Ω

（B）对非金属静电导体不必做任何接地

（C）为消除静电非导体的静电，宜采用静电消除器

（D）在频繁移动的器件上使用的接地导体，宜使用 $6mm^2$ 以上的单股线

66. 下列关于电子设备信号电路接地系统接地导体长度的规定哪些是正确的？ （   ）

（A）长度不能等于信号四分之一波长

（B）长度不能等于信号四分之一波长的偶数倍

（C）长度不能等于信号四分之一波长的奇数倍

（D）不受限制

67. 某设计院旧楼改造，为改善设计室照明环境，下列哪几种做法符合国家标准规范的要求？

（   ）

（A）增加灯具容量及数量，提高照度标准到 750lx

（B）加大采光窗面积，布置浅色家具，白色顶棚和墙面

（C）每个员工工作桌配备 20W 节能工作台灯

（D）限制灯具中垂线以上等于和大于 65° 高度角的亮度

68. 某市有彩电转播需求的足球场场地平均垂直照度为 1870lx，满足摄像照明要求，下列主席台前排的垂直照度，哪些数值符合国家规范标准规定的要求？ （   ）

（A）200lx   （B）300lx   （C）500lx   （D）750lx

69. 关于可编程序控制器 PLC 循环扫描周期的描述，下列哪几项是错误的？ （ ）

（A）扫描速度的快慢与控制对象的复杂程度和编程的技巧无关

（B）扫描速度的快慢与 PLC 所采用的处理器型号无关

（C）PLC 系统的扫描周期包括系统自诊断、通信、输入采样、用户程序执行和输出刷新等用时的总和

（D）通信时间的长短，连接的外部设备的多少，用户程序的长短，都不影响 PLC 扫描时间的长短

70. 采取下列哪些措施可降低或消除气体放电灯的频闪效应？ （ ）

（A）灯具采用高频电子镇流器

（B）相邻灯具分接在不同相序

（C）灯具设置电容补偿

（D）灯具设置自动稳压装置

2013 年专业知识试题（下午卷）

一、单项选择题（共 40 题，每题 1 分，每题的备选项中只有 1 个最符合题意）

1. 国家标准中规定，在建筑照明设计中对照明节能评价指标采用的单位是下列哪一项？ （　　）

　　（A）W/lx　　　　　　（B）W/lm　　　　　　（C）W/m²　　　　　　（D）lm/m²

2. 高压配电系统可采用放射式、树干式、环式或其他组合方式配电，其放射式配电的特点在下列表述中哪一项是正确的？ （　　）

　　（A）投资少、事故影响范围大
　　（B）投资较高、事故影响范围较小
　　（C）切换操作方便、保护配置复杂
　　（D）运行比较灵活、切换操作不便

3. 在三相配电系统中，每相均接入一盏交流 220V、1kW 的碘钨灯，同时在 A 相和 B 相间接入一个交流 380V、2kW 的全阻性负载，请计算等效三相负荷，下列哪一项数值是正确的？ （　　）

　　（A）5kW　　　　　　（B）6kW　　　　　　（C）9kW　　　　　　（D）10kW

4. 35kV 变电所主接线一般有单母线分段、单母线、外桥、内桥、线路变压器组几种形式，下列哪种情况宜采用内桥接线？ （　　）

　　（A）变电所有两回电源线路和两台变压器，供电线路较短或需经常切换变压器
　　（B）变电所有两回电源线路和两台变压器，供电线路较长或不需经常切换变压器
　　（C）变电所有两回电源线路和两台变压器，且 35kV 配电装置有一至二回转送负荷的线路
　　（D）变电所有一回电源线路和一台变压器，且 35kV 配电装置有一至二回转送负荷的线路

5. 10kV 及以下变电所设计中，一般情况下，动力和照明宜共用变压器，在下列关于设置专用变压器的表述中哪一项是正确的？ （　　）

　　（A）在 TN 系统的低压电网中，照明负荷应设专用变压器
　　（B）当单台变压器的容量小于 1250kV·A 时，可设照明专用变压器
　　（C）当照明负荷较大或动力和照明采用共用变压器严重影响照明质量及灯泡的寿命时，可设照明专用变压器
　　（D）负荷随季节性变化不大时，宜设照明专用变压器

6. 具有 3 种电压的 110kV 变电所，通过主变压器各侧线圈的功率均达到该变压器容量的下列哪个数值以上时，主变压器宜采用三线圈变压器？ （　　）

　　（A）10%　　　　　　　　　　　　　（B）15%
　　（C）20%　　　　　　　　　　　　　（D）30%

7. 下列哪一项为供配电系统中高次谐波的主要来源？ （　　）

（A）工矿企业中各种非线性用电设备

（B）60Hz 的用电设备

（C）运行在非饱和段的铁芯电抗器

（D）静补装置中的容性无功设备

8. 20kV 及以下的变电所的电容器组件中，放电器件的放电容量不应小于与其并联的电容器组容量，其中低压电容器的放电器件应满足断开电源后电容器组两端的电压从 $\sqrt{2}$ 倍额定电压降至 50V 所需的时间不应大于下列哪项数值？ （　　）

（A）1min　　　　　　　　　　　　（B）3min

（C）5min　　　　　　　　　　　　（D）10min

9. 下列关于高压配电装置设计的要求中，哪一条不符合规范的规定？ （　　）

（A）63kV 敞开式配电装置中，每段母线上不宜装设接地刀闸或接地器

（B）63kV 敞开式配电装置中，断路器两侧隔离开关的断路器侧和线路隔离开关的线路侧，宜配置接地开关

（C）气体绝缘金属封闭开关设备宜设隔离断口

（D）屋内、外配电装置的隔离开关与相应的断路器和接地刀闸之间应装设闭锁装置

10. 110kV 屋外配电装置的设计时，按下列哪一项确定最大风速？ （　　）

（A）离地 10m 高，30 年一遇 15min 平均最大风速

（B）离地 10m 高，20 年一遇 10min 平均最大风速

（C）离地 10m 高，30 年一遇 10min 平均最大风速

（D）离地 10m 高，30 年一遇 10min 平均风速

11. 已知一条 50km 长的 110kV 架空线路，其架空导线每公里电抗为 0.409Ω，若计算基准容量为 100MV·A，该线路电抗标幺值是多少？ （　　）

（A）0.204　　　　　　　　　　　　（B）0.169

（C）0.155　　　　　　　　　　　　（D）0.003

12. 某 10/0.4kV 变电所低压侧设并联电容器装置，下列相关描述中哪一项是不正确的？ （　　）

（A）投切开关应具有可以频繁操作的性能

（B）宜采用具有选相功能的开关器件

（C）宜采用具有功耗较小的开关器件

（D）分断能力和短路强度应符合设备装设点的电网条件

13. 某远离发电厂的变电所 10kV 母线最大三相短路电流为 7kA，请指出 10kA 开关柜中的隔离开关的动稳定电流，选用下列哪一项最合理？ （　　）

（A）16kA （B）20kA

（C）31.5kA （D）40kA

14. 下列哪一项变压器可不装设纵联差动保护？ （ ）

（A）10MV·A 及以上的单独运行变压器

（B）6.3MV·A 及以上的并列运行变压器

（C）2MV·A 及以上的变压器，当电流速断保护灵敏系数满足要求时

（D）3MV·A 及以上的变压器，当电流速断保护灵敏系数不满足要求时

15. 按低压电器的选择原则规定，下列哪一项电器不能用作功能性开关电器？ （ ）

（A）负荷开关 （B）继电器

（C）半导体开关电器 （D）熔断器

16. 根据回路性质确定电缆芯线最小截面积时，下列哪一项不符合规定？ （ ）

（A）电压互感器至保护和自动装置屏的电缆芯线截面积不应小于 $1.5mm^2$

（B）电流互感器二次回路电缆芯线截面积不应小于 $2.5mm^2$

（C）操作回路电缆芯线截面积不应小于 $4mm^2$

（D）弱电控制回路电缆芯线截面积不应小于 $0.5mm^2$

17. 在 10kV 及以下电力电缆和控制电缆的敷设中，下列哪一项叙述符合规范的规定？ （ ）

（A）在隧道、沟、线槽、竖井、夹层等封闭式电缆通道中，不得含有可能影响环境温升持续超过 10℃的供热管路

（B）直埋敷设于非冻土地区时，电缆外皮至地面深度不得小于 0.5m

（C）敷设于保护管中，使用排管时，管路纵向排水坡度不宜小于 0.2%

（D）电缆沟、隧道的纵向排水坡度不应大于 0.5%

18. 采用蓄电池组的直流系统，正常运行时其母线电压应与蓄电池组的下列哪种运行方式下的电压相同？ （ ）

（A）初充电电压 （B）均衡充电电压

（C）浮充电电压 （D）放电电压

19. 某 380/220V 照明回路，灯具全部采用荧光灯、铁芯镇流器且不设电容补偿（功率因数为 0.5），假定该回路的照明负荷三相均衡，计算负荷为 9kW，请计算该回路的计算电流最接近下列哪个数值？

（ ）

（A）13.7A （B）27.3A

（C）47.2A （D）47.4A

20. 为直流电动机、直流应急照明负荷提供电源的直流系统，下列哪个电压值宜选为其标称电压？

（ ）

（A）380V　　　　（B）220V　　　　（C）110V　　　　（D）48V

21. 对双绕组变压器的外部相间短路保护，以下说法哪一项是正确的？　　　　　　（　　）

（A）单侧电源的双绕组变压器的外部相间短路保护宜装于各侧

（B）单侧电源的双绕组变压器的外部相间短路保护电源侧保护可带三段时限

（C）双侧电源的双绕组变压器的外部相间短路保护应装于主电源侧

（D）三侧电源的双绕组变压器的外部相间短路保护应装于低压侧

22. 某厂有一台交流变频传动异步机，额定功率 75kW，额定电压 380V，额定转速 985r/min，额定频率 50Hz，最高弱磁转速 1800r/min，采用通用电压型变频装置供电。如果电机拖动恒转矩负载，当电机运行在 25Hz 时，变频器输出电压最接近下列哪一项数值？　　　　　　（　　）

（A）400V　　　　　　　　　　　　　　（B）380V

（C）220V　　　　　　　　　　　　　　（D）190V

23. 应用于标称电压为 10kV 的中性点不接地系统中的变压器的相对地雷击冲击耐受电压和短路时工频耐受电压分别是下列哪一项？　　　　　　（　　）

（A）75kV，35kV　　　　　　　　　　　（B）75kV，28kV

（C）60kV，35kV　　　　　　　　　　　（D）60kV，28kV

24. 根据现行的国家标准，下列哪一项指标不属于电能质量指标？　　　　　　（　　）

（A）电压偏差和三相电压不平衡度限值

（B）电压波动和闪变限值

（C）谐波电压和谐波电流限值

（D）系统短路容量限值

25. 综合分析低压配电系统的各种接地形式，对于有自设变电所的智能型建筑最适合的接地形式是下列哪一种？　　　　　　（　　）

（A）TN-S　　　　　　　　　　　　　　（B）TT

（C）IT　　　　　　　　　　　　　　　（D）TN-C-S

26. 火灾自动报警系统中，各避难层设置一个消防专用电话分机或电话塞孔间隔应为下列哪一项数值？　　　　　　（　　）

（A）20m　　　　（B）25m　　　　（C）30m　　　　（D）40m

27. 按照国家标准规范规定，每套住宅进户线截面积不应小于多少？　　　　　　（　　）

（A）4mm^2　　　（B）6mm^2　　　（C）10mm^2　　　（D）16mm^2

28. 在进行火灾自动报警系统设计时，对于报警区域和探测区域的划分不符合规范规定的是下列哪一项？　　　　　　（　　）

（A）报警区域可按防火分区划分，也可以按楼层划分

（B）报警区域既可将一个防火分区划分为一个报警区域，也可以将两层数个防火分区划分为一个报警区域

（C）探测区域应按独立房（套）间划分，一个探测区域的面积不宜超过 500m²，从主要入口能看清其内部，且面积不超过 1000m² 的房间，也可划分为一个探测区域

（D）敞开或封闭楼梯间应单独划分探测区域

29. 请问下列哪款光源必须选配电子镇流器？ （　　）

（A）T8，36W 直管荧光灯 　　　　（B）400W 高压钠灯

（C）T5，28W 超细管荧光灯 　　　　（D）250W 金属卤化灯

30. 火灾报警控制器容量和每一总线回路分别所连接的火灾探测器、手动火灾报警按钮和模块等设备总数和地址总数，宜留有一定余量，下列哪项选择是正确的？ （　　）

（A）任一台火灾报警控制器连接的设备总数和地址总数均不应超过 2400 点，每一总线回路连接的设备总数不宜超过 160 点，且应留有不少于额定容量 10% 的余量

（B）任一台火灾报警控制器连接的设备总数和地址总数均不应超过 3200 点，每一总线回路连接的设备总数不宜超过 200 点，且应留有不少于额定容量 20% 的余量

（C）任一台火灾报警控制器连接的设备总数和地址总数均不应超过 3200 点，每一总线回路连接的设备总数不宜超过 200 点，且应留有不少于额定容量 10% 的余量

（D）任一台火灾报警控制器连接的设备总数和地址总数均不应超过 2400 点，每一总线回路连接的设备总数不宜超过 160 点，且应留有不少于额定容量 20% 的余量

31. 根据他励直流电动机的机械特性，由负载力矩引起的转速降落 Δn 符合下列哪一项关系？ （　　）

（A）Δn 与电动机工作转速成正比

（B）Δn 与电枢电流平方成正比

（C）Δn 与电动机磁通成反比

（D）Δn 与电动机磁通平方的倒数成正比

32. 在进行民用建筑共用天线电视系数设计时，对系统的交扰调制比、载噪比和载波互调比有一定的要求，下列哪一项要求符合规范规定？ （　　）

（A）交扰调制比 ≥44dB，载噪比 ≥47dB，载波互调比 ≥58dB

（B）交扰调制比 ≥45dB，载噪比 ≥58dB，载波互调比 ≥54dB

（C）交扰调制比 ≥52dB，载噪比 ≥45dB，载波互调比 ≥44dB

（D）交扰调制比 ≥47dB，载噪比 ≥44dB，载波互调比 ≥58dB

33. 改变定子电压可以实现异步电动机的简易调速，当向下调节定子电压时，电动机的电磁转矩按下列哪一项关系变化？ （　　）

（A）随定子电压值按一次方的关系下降

（B）随定子电压值按二次方的关系下降

（C）随定子电压值按三次方的关系下降

（D）随电网频率按二次方的关系下降

34. 按规范要求，综合布线系统配线子系统水平缆线的最大长度不应大于下列哪项数值？（　　）

（A）100m　　　　　（B）95m　　　　　（C）90m　　　　　（D）85m

35. 消防控制室内设备的布置，下列哪一项表述与规范的要求一致？　　　　　　　　（　　）

（A）设备面盘前的操作距离：单列布置时不应小于最小操作空间 1.0m，双列布置时不应小于 1.5m

（B）设备面盘前的操作距离：单列布置时不应小于最小操作空间 1.5m，双列布置时不应小于 2.0m

（C）设备面盘前的操作距离：单列布置时不应小于最小操作空间 1.8m，双列布置时不应小于 2.5m

（D）设备面盘前的操作距离：单列布置时不应小于最小操作空间 2.0m，双列布置时不应小于 2.5m

36. 按规范规定，100m³乙类液体储罐与 10kV 架空电力线的最近水平距离不应小于电杆（塔）高度的倍数应为下列哪一项数值？　　　　　　　　　　　　　　　　　　　　　　　（　　）

（A）1.0 倍　　　　　　　　　　　　（B）1.2 倍

（C）1.5 倍　　　　　　　　　　　　（D）2.0 倍

37. 有线电视系统工程在系统质量主观评价时，若电视图像上出现垂直、倾斜或水平条纹，即"网纹"，请判断是由下列哪一项原因引起的？　　　　　　　　　　　　　　　　　　（　　）

（A）载噪比　　　　　　　　　　　　（B）交扰调制比

（C）载波互调比　　　　　　　　　　（D）载波交流声比

38. 在最大计算弧垂情况下，35kV 架空电力线路导线与建筑物之间的最小垂直距离，应符合下列哪一项数值的要求？　　　　　　　　　　　　　　　　　　　　　　　　　　　（　　）

（A）2.5m　　　　　　　　　　　　（B）3.0m

（C）4.0m　　　　　　　　　　　　（D）5.0m

39. 有线电视系统中，对系统载噪比（C/N）的设计值要求，下列的表述中哪一项是正确的？
　　　　　　　　　　　　　　　　　　　　　　　　　　　　　　　　　　　　（　　）

（A）应不小于 38dB　　　　　　　　（B）应不小于 40dB

（C）应不小于 44dB　　　　　　　　（D）应不小于 47dB

40. 某 10kV 架空电力线路采用铝绞线，在下列跨越高速公路和一、二级公路时，跨越档（交叉档）

的导线接头、导线最小截面积、绝缘子固定方式、至路面的最小垂直距离的描述中,哪组符合规定要求? （　　）

（A）跨越档不得有接头,导线最小截面积 35mm²,交叉档绝缘子双固定,至路面的最小垂直距离为 7m

（B）跨越档允许有一个接头,导线最小截面积 25mm²,交叉档绝缘子双固定,至路面的最小垂直距离为 7m

（C）跨越档不得有接头,导线最小截面积 35mm²,交叉档绝缘子固定方式不限,至路面的最小垂直距离为 7m

（D）跨越档不得有接头,导线最小截面积 25mm²,交叉档绝缘子双固定,至路面的最小垂直距离为 6m

二、多项选择题（共 30 题,每题 2 分。每题的备选项中有 2 个或 2 个以上符合题意,错选、少选、多选均不得分）

41. 在 TN-C 系统中,当部分回路必须装设漏电保护器（RCD）保护时,应将被保护部分的系统接地形式改成下列哪几种形式? （　　）

（A）TN-S 系统　　　　　　　　　　（B）TN-C-S 系统
（C）局部 TT 系统　　　　　　　　　（D）IT 系统

42. 下列哪些电源可作为应急电源? （　　）

（A）供电网络中独立于正常电源的专用馈电线路
（B）与系统联络的燃气轮机发电机组
（C）独立于正常电源的发电机组
（D）蓄电池组

43. 某建筑高度 60m 的普通办公楼,下列楼内用电设备哪些为一级负荷? （　　）

（A）消防电梯　　　　　　　　　　　（B）自动扶梯
（C）公共卫生间照明　　　　　　　　（D）楼梯间应急照明

44. 下列关于 10kV 变电所并联电容器装置设计方案中哪几项不符合规范的要求? （　　）

（A）低压电容器组采用三角形接线
（B）单台高压电容器设置专用熔断器作为电容器内部故障保护,熔丝额定电流按电容器额定电流的 1.5 倍考虑
（C）因采用非可燃介质的电容器且电容器组容量较小时,高压电容器装置设置在高压配电室内
（D）如果高压电容器装置在单独房间内,当成套电容器柜单列布置时,柜正面与墙面距离不应小于 1.0m

45. 与高压并联电容器装置配套的断路器选择,除应符合断路器有关标准外,尚应符合下列哪几条规定? （　　）

（A）合、分时触头弹跳不应大于限定值，开断时不应出现重击穿

（B）应具备频繁操作的性能

（C）应能承受电容器组的关合涌流

（D）总回路中的断路器，应具有切除所连接的全部电容器组和开端总回路电容电流的能力

46. 某 110/35/10kV 全户内有人值班变电所，依据相关流程下列哪几项电气设备宜采用就地控制？ （　　）

（A）主变压器各侧断路器

（B）110kV 母线分段、旁路及母线断路器

（C）35kV 馈电线路的隔离开关

（D）10kV 配电装置的接地开关

47. 35kV 室外配电装置架构的荷载条件，应符合下列哪些要求？ （　　）

（A）确定架构设计应考虑断线

（B）连续架构可根据实际受力条件，分别按终端或中间架构设计

（C）计算用气象条件应按当地的气象资料

（D）架构设计计算其正常运行、安装、检修时的各种荷载组合

48. 在 10kV 变电所所址选择条件中，下列哪些描述不符合规范的要求？ （　　）

（A）装有油浸电力变压器的 10kV 车间内变电所，不应设在四级耐火等级的建筑物内，当设在三级耐火等级的建筑物内时，建筑物应采取局部防火措施

（B）多层建筑中，装有可燃性油的电气设备的 10kV 变电所应设置在底层靠内墙部位

（C）高层主体建筑内不宜设置装有可燃性油的电气设备的变电所

（D）附近有棉、粮及其他易燃、易爆物品集中的露天堆场，不应设置露天或半露天的变电所

49. 在进行低压配电线路的短路保护设计时，关于绝缘导体的热稳定校验，当短路持续时间为下列哪几项时，应计入短路电流非周期分量的影响？ （　　）

（A）0.05s （B）0.08s

（C）0.15s （D）0.2s

50. 110kV 变电所所址选择应考虑下列哪些条件？ （　　）

（A）靠近生活中心

（B）节约用地

（C）周围环境宜无明显污秽，空气污秽时，站址宜设在受污秽源影响最小处

（D）便于架空线路和电缆线路的引入和引出

51. 验算高压断路器开断短路电流的能力时，应按下列哪几项规定？ （　　）

（A）按系统 10～15 年规划容量计算短路电流

（B）按可能发生最大短路电流的所有可能接线方式

（C）应分别计及分闸瞬间的短路电流交流分量和直流分量

（D）应计及短路电流峰值

52. 在选择用于I类和II类计量的电流互感器和电压互感器时，下列哪些选择是正确的？　　（　　）

（A）110kV 及以上的电压等级电流互感器二次绕组额定电流宜选用 1A

（B）电压互感器的主二次绕组额定二次线电压为 $100\sqrt{3}$V

（C）准确级为 0.2S 的电流互感器二次绕组中所接入的负荷应保证实际二次负荷在 25%～100%

（D）电流互感器二次绕组中所接入的负荷应保证实际二次负荷在 30%～90%

53. 在外部火势作用一定时间内需维持通电的下列哪些场所或回路，明敷的电缆应实施耐火防护或选用具有耐火性的电缆？　　（　　）

（A）公共建筑设施中的回路

（B）计算机监控、双重化继电保护、保安电源或应急电源及双回路合用同一通道未相互隔离时其中一个回路

（C）油罐区、钢铁厂中可能有熔化金属溅落等易燃场所

（D）消防、报警、应急照明、断路器操作直流或发电机组紧急停机的保安电源等重要回路

54. 下面所列出的直流负荷哪些是动力负荷？　　（　　）

（A）交流不停电电源装置　　　　　　　（B）断路器电磁操动的合闸机构

（C）直流应急照明　　　　　　　　　　（D）继电保护

55. 下列哪几项电测量仪表精准度选择不正确？　　（　　）

（A）馈线电缆回路电流表综合准确度选为 2.0 级

（B）蓄电池回路电流表综合准确度选为 1.5 级

（C）发电机励磁回路仪表的综合误差选为 2%

（D）电测量变送器二次仪表的准确度选为 1.5 级

56. 下列有关绕线异步电动机反接制动的描述，哪些项是正确的？　　（　　）

（A）反接制动时，电动机转子电压很高，有很大的制动电流，为限制反接电流，在转子中须串接反接电阻或频敏变阻器

（B）在绕线异步电动机的转子回路接入频敏变阻器进行反接制动，可以较好地限制制动电流，并可取得近似恒定的制动力矩

（C）反接制动开始时，一般考虑电动机的转差率 $s = 1.0$

（D）反接制动的能量消耗较大，不经济

57. 为了防止在开断高压感应电动机时，因断路器的截流，三相同时开断和高频重复重击穿等会产生过电压，一般在工程中常用的办法有下列哪几种？　　（　　）

（A）采用少油断路器

（B）在断路器与电动机之间装设旋转电机型金属氧化物避雷器

（C）在断路器与电动机之间装设 R-C 阻容吸收装置

（D）过电压较低，可不采取保护措施

58. 对于交流变频传动异步机，额定电压为 380V，额定频率为 50Hz，采用通用电压型变频装置供电，当电机实际速度超过额定转速运行在弱磁状态时，下列变频器输出电压和输出频率值哪些项是正确的？ （   ）

（A）532V，70Hz   （B）380V，70Hz

（C）380V，60Hz   （D）228V，30Hz

59. A 类变、配电电气装置中下列哪些项目中的金属部分均应接地？ （   ）

（A）电机、变压器和高压电器等的底座和外壳

（B）配电、控制、保护用的屏（柜、箱）及操作台灯的金属框架

（C）安装在配电屏、控制屏和配电装置上的电测量仪表、继电器盒等其他低压电器的外壳

（D）装在配电线路杆塔上的开关设备、电容器等电气设备

60. 在宽度小于 3m 的建筑物内走道顶棚上设置探测器时，应满足下列哪几项要求？ （   ）

（A）感温探测器的安装间距不应超过 10m

（B）感烟探测器的安装间距不应超过 15m

（C）感温及感烟探测器的安装间距均不应超过 20m

（D）探测器至端墙的距离，不应大于探测器安装间距的一半

61. 在绝缘导线布线时，不同回路的线路不应穿于同一根管路内，但规范规定了一些特定情况可穿在同一根管路内，某工程中下列哪些项表述符合国家标准规范要求？ （   ）

（A）消防排烟阀 DC24V 控制信号回路和现场手动联动启排烟风机的 AC220V 控制回路，穿在同一根管路内

（B）某台 AC380V 功率为 5.5kW 的电机的电源回路和现场按钮 AC220V 控制回路穿在同一根管路内

（C）消火栓箱内手动起泵按钮 AC24V 控制回路和报警信号回路穿在同一根管路内

（D）同一盏大型吊灯的 2 个电源回路穿在同一根管路内

62. 有线电视系统在一般室外无污染区安装的部件应具备的性能，根据规范要求，下列哪些提法是正确的？ （   ）

（A）应具备防止电磁波辐射和电磁波侵入的屏蔽性能

（B）应有良好的防潮措施

（C）应有良好的防雨和防霉措施

（D）应具有抗腐蚀能力

63. 下列哪几项照度标准值分级表述与国家标准规范的要求一致？ （ ）

　　（A）0.5、1、3、4、10（lx）

　　（B）10、20、30、50、70、100（lx）

　　（C）100、200、300、500、700、1000（lx）

　　（D）1500、2000、3000、5000（lx）

64. 当有线电视系统传输干线的衰耗（以最高工作频率下的衰耗值为准）大于 100dB 时，可采用以下哪些传输方式？ （ ）

　　（A）甚高频（VHF） 　　　　　　　　（B）超高频（UHF）

　　（C）邻频 　　　　　　　　（D）FM

65. 下列对电动机变频调速系统的描述中哪几项是错误的？ （ ）

　　（A）交—交变频系统，直接将电网工频电源变换为频率、电压均可控制的交流，由于不经过中间直流环节，也称直接变频器

　　（B）交—直—交变频系统，按直流电源的性质，可分为电流型和电压型

　　（C）电压型交—直—交变频的储能元件为电感

　　（D）电流型交—直—交变频的储能元件为电容

66. 综合布线系统的缆线弯曲半径应符合下列哪几项要求？ （ ）

　　（A）主干光缆的弯曲半径不小于光缆外径的 10 倍

　　（B）4 对非屏蔽电缆的弯曲半径不小于电缆外径的 4 倍

　　（C）大对数主干电缆的弯曲半径不小于电缆外径的 10 倍

　　（D）室外光缆的弯曲半径不小于光缆外径的 15 倍

67. 在闭路监视电视系统中，对于摄像机的安装位置及高度，下列论述中哪些项是正确的？ （ ）

　　（A）摄像机宜安装在距监视器目标 5m 且不易受外界损伤的地方

　　（B）安装位置不应影响现场设备运行和人员正常活动

　　（C）室内宜距地面 3～4.5m

　　（D）室外应距地面 3.5～10m，并不得低于 3.5m

68. 下面哪些项关于架空电力线路在最大计算弧垂情况下导线与地面的最小距离符合规范规定？ （ ）

　　（A）线路电压 10kV，人口密集地区 6.5m

　　（B）线路电压 35kV，人口稀少地区 6.0m

　　（C）线路电压 66kV，人口稀少地区 5.5m

　　（D）线路电压 66kV，交通困难地区 5.0m

69. 对于建筑与建筑群综合布线系统指标之一的多模光纤波长，下列的数据中哪几项是正确的？

（　　）

（A）1310nm　　　　　　（B）1300nm　　　　　　（C）850nm　　　　　　（D）650nm

70. 在架空电力线路设计中，下列哪些措施符合规范规定？　　　　　　　　　　（　　）

（A）市区 10kV 及以下架空电力线路，在繁华街道等人口密集地区，可采用绝缘铝绞线

（B）35kV 及以下架空电力线路导线的最大使用张力，不应小于绞线瞬时破坏张力的 40%

（C）10kV 及以下架空电力线路的导线初伸长对弧垂的影响，可采用减少弧垂补偿

（D）35kV 架空电力线路的导线与树干（考虑自然生长高度）之间的最小垂直距离为 3.0m

2014 年专业知识试题（上午卷）

一、单项选择题（共 40 题，每题 1 分，每题的备选项中只有 1 个最符合题意）

1. 在低压配电系统中，当采用隔离变压器作故障保护措施时，其隔离变压器的电气隔离回路的电压不应超过以下所列的哪项数值？　　　　　　　　　　　　　　　　（　　）

（A）500V （B）220V

（C）110V （D）50V

2. 易燃物质可能出现的最高浓度不超过爆炸下限的哪项数值，可划为非爆炸危险区域？（　　）

（A）5% （B）10%

（C）20% （D）30%

3. 在低压配电系统中 SELV 特低电压回路内的外露可导电部分应符合下列哪一项？　（　　）

（A）不接地 （B）接地

（C）经低阻抗接地 （D）经高阻抗接地

4. 二级负荷的供电系统，宜由两回线路供电，在负荷较小或地区供电条件困难时，规范规定二级负荷可由下列哪项数值的一回专用架空线路供电？　　　　　　　　　　　　（　　）

（A）1kV 及以上 （B）3kV 及以上

（C）6kV 及以上 （D）10kV 及以上

5. 石油化工企业中的消防水泵应划为下列哪一项用电负荷？　　　　　　　　　　　（　　）

（A）一级负荷中特别重要 （B）一级

（C）二级 （D）三级

6. 某大型企业几个车间负荷均较大，当供电电压为 35kV，能减少配电级数、简化接线且技术经济合理时，配电电压宜采用下列哪个电压等级？　　　　　　　　　　　　　　（　　）

（A）380/220V （B）6kV

（C）10kV （D）35kV

7. 35kV 户外配电装置采用单母线分段接线，这种接线有下列哪种缺点？　　　　　（　　）

（A）当一段母线故障时，该段母线回路都要停电

（B）当一段母线故障时，分段断路器自动切除故障段，正常段会出现间断供电

（C）当重要用户从两段母线引接时，对重要用户的供电量会减少一半

（D）任一元件故障，将会使两端母线失电

8. 在 TN 及 TT 系统接地形式的低压电网中，当选用 Yyn0 接线组别的三相变压器时，其中任何一

相的电流在满载时不得超过额定电流值，由单相不平衡负荷引起的中性线电流不得超过低压绕组额定电流的多少？ （　　）

（A）30%　　　　　　　　　　　　（B）25%

（C）20%　　　　　　　　　　　　（D）15%

9. 35kV 变电所主接线一般有单母线分段，单母线、外桥、内桥、线路变压器组几种形式，下列哪种情况宜采用外桥接线？ （　　）

（A）变电所有两回电源线路和两台变压器，供电线路较短或需经常切换变压器

（B）变电所有两回电源线路和两台变压器，供电线路较长或不需经常切换变压器

（C）变电所有两回电源线路和两台变压器，且 35kV 配电装置有一至两回转送负荷的线路

（D）变电所有一回电源线路和一台变压器

10. 在 35～110kV 变电站设计中，有关并联电容器装置的选型，下列哪一项要求是不正确的？ （　　）

（A）布置和安装方式

（B）电容器投切方式

（C）电容器对短路电流的抑制效应

（D）电网谐波水平

11. 下列哪种观点不符合爆炸危险环境的电力装置设计的有关规定？ （　　）

（A）爆炸性气体环境危险区域内，应采取消除或控制电气设备和线路产生火花、电弧和高温的措施

（B）爆炸性气体环境中，在满足工艺生产及安全的前提下，应减少防爆电气设备的数量

（C）爆炸性粉尘环境的工程设计中为提高自动化水平，可采用必要的安全联锁

（D）产生爆炸的条件同时出现的可能性宜减到最小程度

12. 直埋 35kV 及以下电力电缆与事故排油管交叉时，它们之间的最小垂直净距为下列哪项数值？ （　　）

（A）0.25m　　　　　　　　　　　（B）0.3m

（C）0.5m　　　　　　　　　　　（D）0.7m

13. 在 110kV 变电所内，关于屋外油浸变压器之间的防火隔墙尺寸，以下哪项为规范要求？ （　　）

（A）墙长应大于储油坑两侧各 0.8m　　　（B）墙长应大于变压器两侧各 0.5m

（C）墙高应高出主变压器油箱顶　　　　（D）墙高应高出主变压器油枕顶

14. 某 35kV 屋外充油电气设备，单个油箱的油量为 1200kg，设置了能容纳 100%油量的储油池，下列关于储油池的做法，哪一组符合规范的要求？ （　　）

（A）储油池的四周高出地面 120mm，储油池内铺设了厚度为 200mm 的卵石层，其卵石直径宜为 50～60mm

（B）储油池的四周高出地面 100mm，储油池内铺设了厚度为 150mm 的卵石层，其卵石直径宜为 60～70mm

（C）储油池的四周高出地面 80mm，储油池内铺设了厚度为 250mm 的卵石层，其卵石直径宜为 40～50mm

（D）储油池的四周高出地面 200mm，储油池内铺设了厚度为 300mm 的卵石层，其卵石直径为 60～70mm

15. 下列限制短路电流的措施，对终端变电所来说，哪一项是有效的？　　　　　　（　　）

（A）变压器并列运行　　　　　　　　（B）变压器分列运行
（C）选用低阻抗变压器　　　　　　　（D）提高变压器负荷率

16. 一台额定电压为 10.5kV，额定电流为 2000A 的限流电抗器，其阻抗电压 $X_k\% = 8$，则该电抗器电抗标幺值应为下列哪项数值？（$S_j = 100MV \cdot A$，$U_j = 10.5kV$）　　　　　（　　）

（A）0.0002　　　　　　　　　　　（B）0.0004
（C）0.2199　　　　　　　　　　　（D）0.3810

17. 变压器的零序电抗与其构造和绕组连接方式有关，对于 YNd 接线、三相四柱式双绕组变压器，其零序电抗为下列哪一项？　　　　　　　　　　　　　　　　　　　　　　　（　　）

（A）$X_0 = \infty$　　　　　　　　　　（B）$X_0 = X_1 + X_0''$
（C）$X_0 = X_1$　　　　　　　　　　（D）$X_0 = X_1 + 3Z$

18. 10kV 配电所专用电源线的进线开关可采用隔离开关的条件为下列哪一项？　　　（　　）

（A）无继电保护要求
（B）无自动装置要求
（C）出线回路数为 1
（D）无自动装置和继电保护要求，出线回路少且无须带负荷操作

19. 在选择隔离开关时，不必校验的项目是下列哪一项？　　　　　　　　　　　　（　　）

（A）额定电压　　　　　　　　　　　（B）额定电流
（C）额定开断电流　　　　　　　　　（D）热稳定

20. 在民用建筑中，关于高、低压电器的选择，下列哪项描述是错误的？　　　　　（　　）

（A）对于 0.4kV 系统，变压器低压侧开关宜采用断路器
（B）配变电所 10（6）kV 的母线分段处，宜装设与电源进线开关相同型号的断路器
（C）采用 10（6）kV 固定式配电装置时，应在电源侧装设隔离电器
（D）两个配变电所之间的电气联络线，当联络容量较大时，应在两侧装设带保护的负荷开关电器

21. 电缆土中直埋敷设处的环境温度应按下列哪项确定？ （　　）

（A）最热月的日最高温度平均值

（B）最热月的日最高温度平均值加 5℃

（C）埋深处的最热月平均地温

（D）最热月的日最高温度

22. 在室外实际环境温度 35℃，海拔高度 2000m 敷设的铝合金绞线，计及日照影响，规范规定其长期允许载流量的综合校正系数应采用下列哪项数值？ （　　）

（A）1.00　　　　　　　　　　　　（B）0.88

（C）0.85　　　　　　　　　　　　（D）0.81

23. 选择电力工程中控制电缆导体最小截面积，规范规定不应小于下列哪项数值？ （　　）

（A）强电控制回路截面积不应小于 2.5mm² 和弱电控制回路不应小于 1.5mm²

（B）强电控制回路截面积不应小于 1.5mm² 和弱电控制回路不应小于 0.75mm²

（C）强电控制回路截面积不应小于 2.5mm² 和弱电控制回路不应小于 1.0mm²

（D）强电控制回路截面积不应小于 1.5mm² 和弱电控制回路不应小于 0.5mm²

24. 一根 1kV 标称截面积 240mm² 聚氯乙烯绝缘四芯电缆直埋敷设的环境为：湿度大于 4% 但小于 7% 的沙土，环境温度 30℃，导体最高工作温度 70℃，问根据规范规定此电缆实际允许载流量为下列哪项数值？（已知该电缆在导体最高工作温度 70℃，土壤热阻系数 $1.2K \cdot m/W$，环境温度 25℃ 的条件下直埋敷设时，允许载流量 310A） （　　）

（A）219A　　　　　　　　　　　　（B）254A

（C）270A　　　　　　　　　　　　（D）291A

25. 常用电测量装置中，数字式仪表测量部分的标准度不应低于下列哪项？ （　　）

（A）0.5 级　　　　　　　　　　　（B）1.0 级

（C）1.5 级　　　　　　　　　　　（D）2.0 级

26. 3kV 及以上异步电动机和同步电动机设置的继电保护，下列哪一项不正确？ （　　）

（A）定子绕组相间短路　　　　　　（B）定子绕组单相接地

（C）定子绕组过负荷　　　　　　　（D）定子绕组过电压

27. 无人值班变电所交流事故停电时间应按下列哪个时间计算？ （　　）

（A）1h　　　　　　　　　　　　　（B）2h

（C）3h　　　　　　　　　　　　　（D）4h

28. 三相电流不平衡的电力装置回路应测量三相电流的条件是哪一项？ （　　）

（A）三相负荷不平衡率大于 5% 的 1200V 及以上的电力用户线路

（B）三相负荷不平衡率大于 10% 的 1200V 及以上的电力用户线路

（C）三相负荷不平衡率大于 15% 的 1200V 及以上的电力用户线路

（D）三相负荷不平衡率大于 20% 的 1200V 及以上的电力用户线路

29. 设有电子系统的建筑物中，220/380V 三相配电系统安装在最后分支线路的断路器的绝缘耐冲击电压额定值，按现行国家标准可采用下列哪项数值？ （ ）

（A）1.5kV

（B）2.5kV

（C）4.0kV

（D）6.0kV

30. 在建筑物防雷设计中，当树木邻近第一类防雷建筑物且不在接闪器保护范围内时，树木与建筑物之间的净距不应小于下列哪项数值？ （ ）

（A）3m

（B）4m

（C）5m

（D）6m

31. TT 系统中，漏电保护器额定漏电动作电流为 100mA，被保护电气装置的外露可导电部分与大地间的电阻不应大于下列哪项数值？ （ ）

（A）3800Ω

（B）2200Ω

（C）500Ω

（D）0.5Ω

32. 在多雷区，经变压器与架空线路连接的非直配电机，下列关于在其电机出线上装设避雷器的说法哪项是正确的？ （ ）

（A）如变压器高压侧标称电压为 110kV 及以下，宜装设一组旋转电机阀式避雷器

（B）如变压器高压侧标称电压为 66kV 及以下，宜装设一组旋转电机阀式避雷器

（C）如变压器高压侧标称电压为 66kV 及以上，宜装设一组旋转电机阀式避雷器

（D）如变压器高压侧标称电压为 110kV 及以上，宜装设一组旋转电机阀式避雷器

33. 某 66kV 不接地系统，当土壤电阻率为 375Ω·m，表层衰减系数为 0.8 时，其变电所接地装置的跨步电压不应超过下列哪项值？ （ ）

（A）50V

（B）65V

（C）110V

（D）220V

34. 规范规定下列哪项金属部分可作为保护接地导体？ （ ）

（A）金属水管、柔性的金属部件

（B）固定安装的裸露的或绝缘的导体

（C）含有气体或液体的金属导管

（D）柔性或可弯曲的金属导管

35. 有关比赛场地的照明照度均匀度，下列表述不正确的是哪一项？ （ ）

（A）无电视转播业余比赛时，场地水平照度最小值与最大值之比不应小于 0.4

（B）无电视转播专业比赛时，场地水平照度最小值与平均值之比不应小于 0.7

（C）有电视转播时，场地水平照度最小值与最大值之比不应小于 0.4

（D）有电视转播时，场地水平照度最小值与平均值之比不应小于 0.7

36. 医院手术室的一般照明灯具在手术台四周布置，应采用不积灰尘的洁净型灯具，照明光源一般应选用下列哪项色温的直管荧光灯？ （　　）

（A）3000K

（B）4500K

（C）6000K

（D）6500K

37. 在高度为 120m 的建筑中，电梯井道的火灾探测器宜设在什么位置？ （　　）

（A）电梯井、升降机井的顶板上

（B）电梯井、升降机井的侧墙上

（C）电梯井、升降机井道口上方的机房顶棚上

（D）电梯、升降机轿厢下方

38. 在交流电动机、直流电动机的选择中，下列哪项是直流电动机的优点？ （　　）

（A）启动及调速特性好

（B）价格便宜

（C）维护方便

（D）电动机的结构简单

39. 在建筑物中下列哪个部位应设置消防专用电话分机？ （　　）

（A）生活水泵房

（B）电梯前室

（C）特殊保护对象的避难层

（D）电气竖井

40. 安全防范系统的线缆敷设，下列哪项符合规范的要求？ （　　）

（A）明敷的信号线路与具有强磁场、强电场的电器设备之间的净距离，宜大于 0.8m

（B）电缆线与信号线交叉敷设时，应呈直角

（C）电缆和电力线平行或交叉敷设时，其间距不得小于 0.5m

（D）线缆穿管敷设截面利用率不应大于 40%

二、多项选择题（共 30 题，每题 2 分。每题的备选项中有 2 个或 2 个以上符合题意。错选、少选、多选均不得分）

41. 在电击防护的设计中，下列哪些基本保护措施可以在特定条件下采用？ （　　）

（A）带电部分用绝缘防护的措施

（B）采用阻挡物的防护措施

（C）置于伸臂范围之外的防护措施

（D）采用遮拦或外护物的防护措施

42. 在电击防护设计中，下列哪些措施可用于所有情况（直接接触防护和间接接触防护）的保护措施？ （ ）

（A）安全特低电压 SELV （B）保护特低电压 PELV
（C）自动切断电源 （D）总等电位联结

43. 采用提高功率因数的节能措施，可达到下列哪些目的？ （ ）

（A）减少无功损耗 （B）减少变压器励磁电流
（C）增加线路输送负荷能力 （D）减少线路电压损失

44. 在民用建筑中，自备柴油发电机组布置在建筑物地下一层时，下列有关储油设施的描述哪些符合规范规定？ （ ）

（A）当燃油运输不便时，可在建筑物主体外设置 $10m^3$ 的储油池
（B）储油间总储存量为 $1m^3$，并采取相应的防火措施
（C）日用燃油箱宜低位布置，但出油口应高于柴油机的高压射油泵
（D）卸油泵和供油泵共用，电动和手动各一台，容量应按最大卸油量或供油量确定

45. 下列哪几项应视为二级负荷？ （ ）

（A）中断供电将造成大型影剧院、大型商场等较多人员集中的重要的公共场所秩序混乱者
（B）50m 高的普通住宅的消防水泵、消防电梯、应急照明等消防用电
（C）室外消防用水量为 20L/s 的公共建筑的消防用电设备
（D）建筑高度超过 50m 的乙、丙类厂房的消防用电设备

46. 关于单个气体放电灯设备功率，下列表述哪些是正确的？ （ ）

（A）荧光灯采用普通型电感镇流器时，荧光灯的设备功率为荧光灯管的额定功率加 25%
（B）荧光灯采用节能型电感镇流器时，荧光灯的设备功率为荧光灯管的额定功率加 10%～15%
（C）荧光灯采用电子型镇流器时，荧光灯的设备功率为荧光灯管额定功率加 10%
（D）荧光高压汞灯采用节能型电感镇流器时，荧光高压汞灯的设备功率为荧光灯管的额定功率加 6%～8%

47. 当需要降低波动负荷引起电网电压波动和电压闪变时，宜采取下列哪些措施？ （ ）

（A）采用专线供电
（B）与其他负荷共用配电线路时，增加配电线路阻抗
（C）较大功率的波动负荷或波动负荷群与对电压波动、闪变敏感的负荷，分别由不同的变压器供电
（D）对于大功率电弧炉的炉用变压器，由短路容量较大的电网供电

48. 在 110kV 及以下供配电系统无功补偿设计中，考虑并联电容器分组时，下列哪些与规范要求一致？ （ ）

（A）分组电容器投切时，不应产生谐振

（B）适当增加分组组数和减少分组容量

（C）应与配套设备的技术参数相适应

（D）在电容器分组投切时，母线电压波动应满足国家现行有关标准的要求，并应满足系统无功功率和电压调控的要求

49. 110V 变电站的站区设计中，下列哪些不符合设计规范要求？　　　　　（　　）

（A）屋外变电站实体墙不应高于 2.2m

（B）变电站内为满足消防要求的主要道路宽度应为 3.0m

（C）电缆沟及其他类似沟道的沟底纵坡坡度不应小于 0.5%

（D）变电站建筑物内地面标高，宜高出屋外地面 0.3m

50. 下列关于 10kV 变电所并联电容器装置设计方案中，哪几项不符合规范的要求？　（　　）

（A）高压电容器组采用中性点接地星形接线

（B）单台高压电容器设置专用熔断器作为电容器内部故障保护，熔丝额定电流按电容器额定电流的 2.0 倍考虑

（C）因电容器组容量较小，高压电容器装置设置在高压配电室内，与高压配电装置的距离不小于 1.0m

（D）如果高压电容器装置设置在单独房间内，成套电容器柜单列布置时，柜正面与墙面距离不应小于 1.5m

51. 在变电所的导体和电器选择时，若采用《短路电流实用计算》，可以忽略的电气参数是下列哪些项？　　　　　　　　　　　　　　　　　　　　　　　　（　　）

（A）输电线路的电抗

（B）输电线路的电容

（C）所有元件的电阻（不考虑短路电流的衰减时间常数）

（D）短路点的电弧阻抗和变压器的励磁电流

52. 关于爆炸性环境电气设备的选择，下列哪些项符合规定？　　　　　　（　　）

（A）安装在爆炸性粉尘环境中的电气设备应采取措施防止热表面点可燃性粉尘层引起的火灾危险

（B）选用的防爆电气设备的级别和组别，不应低于该爆炸性气体环境内爆炸气体混合物的级别和组别

（C）当存在由两种以上易燃性物质形成的爆炸性气体混合物时，应按危险程度较高的级别和组别选用防爆电气设备

（D）电气设备的结构应满足电气设备在规定的运行条件下不降低防爆性能的要求

53. 需要校验动稳定和热稳定的高压电气设备有下列哪些项？　　　　　　（　　）

（A）断路器 　　　　　　　　　　（B）穿墙套管

（C）接地变压器 　　　　　　　　（D）熔断器

54. 供配电系统短路电流计算中，在下列哪些情况下，可不考虑高压异步电动机对短路峰值电流的影响？ 　　　　　　　　　　　　　　　　　　　　　　　　　　　（　　）

（A）在计算不对称短路电流时

（B）异步电动机与短路点之间已相隔一台变压器

（C）在计算异步电动机附近短路点的短路峰值电流时

（D）在计算异步电动机配电电缆处的短路峰值电流时

55. 用于保护高压电压互感器的一次侧熔断器，需要校验下列哪些项目？ 　　　　　（　　）

（A）额定电压 　　　　　　　　　（B）额定电流

（C）额定开断电流 　　　　　　　（D）短路动稳定

56. 在 1kV 及以下电源中性点直接接地系统中，关于单相回路的电缆芯数的选择，下列表述哪些是正确的？ 　　　　　　　　　　　　　　　　　　　　　　　　　　　（　　）

（A）保护线与受电设备的外露可导电部位连接接地时，保护线与中性线合用一导体时，应选用两芯电缆

（B）保护线与受电设备的外露可导电部位连接接地时，保护线与中性线各自独立时，宜选用三芯电缆

（C）受电设备外露可导电部位的接地与电源系统接地各自独立时，应选用二芯电缆

（D）受电设备外露可导电部位的接地与电源系统接地不独立时，应选用四芯电缆

57. 下列哪些不是规范强制性条文？ 　　　　　　　　　　　　　　　　　　　　　（　　）

（A）在隧道、沟、浅槽、竖井、夹层等封闭式电缆通道中，不得布置热力管道，严禁有易燃气体成易燃液体的管道穿越

（B）在工厂和建筑物的风道中，严禁电缆敞露式敷设

（C）直接敷设的电缆，严禁位于地下管道的正上方或正下方

（D）电缆线路中间不应有接头

58. 钢带铠装电缆适用于下列哪些情况？ 　　　　　　　　　　　　　　　　　　　　（　　）

（A）鼠害严重的场所 　　　　　　（B）白蚁严重的场所

（C）敷设在电缆槽盒内 　　　　　（D）为移动式电气设备供电

59. 容量为 0.8MV·A 及以上的油浸变压器装设瓦斯保护时，下列哪些做法不符合设计规范要求？ 　　　　　　　　　　　　　　　　　　　　　　　　　　　　　　　　（　　）

（A）当壳内故障产生轻微瓦斯或油面下降时，应瞬时动作于信号

（B）当壳内故障产生轻微瓦斯或油面下降时，应瞬时动作于断开变压器的电源侧断路器

（C）当产生大量瓦斯时，应动作于瓦斯断开变压器的各侧断路器

（D）当产生大量瓦斯时，应瞬时动作于信号

60. 10kV 馈电线路应测量下列哪些参数？　　　　　　　　　　　　　　　（　　）

（A）电流　　　　　　（B）电压　　　　　　（C）有功电能　　　　（D）无功电能

61. 采用蓄电池组的直流系统，蓄电池组的下列哪些电压不是直流系统正常运行时的母线电压？
　　　　　　　　　　　　　　　　　　　　　　　　　　　　　　　　　　　（　　）

（A）初充电电压　　　　　　　　　　　　（B）均衡充电电压

（C）浮充电电压　　　　　　　　　　　　（D）放电电压

62. 在建筑物防雷设计中，下列表述哪些是正确的？　　　　　　　　　　　（　　）

（A）架空接闪器和接闪网宜采用截面积不小于 25mm² 的镀锌钢绞线

（B）除第一类防雷建筑物外，金属屋面的金属物宜利用其屋面作为接闪器，金属板应无绝缘被
覆层

（C）当独立烟囱上采用热镀锌接闪环时，其圆钢直径不应小于 12mm，扁钢截面积不应小于
100mm²，其厚度不应小于 4mm

（D）当一座防雷建筑物中兼有第一、二、三类防雷建筑物，且第一类防雷建筑物的面积占建筑
物总面积的 25% 及以上时，该建筑物宜确定为第一类防雷建筑物

63. 某座 33 层的高层住宅，其外形尺寸长、宽、高分别为 60m、25m、98m，所在地年平均雷暴日
为 30d，校正系数 $k = 1.5$，下列关于该建筑物的防雷设计的表述中正确的是哪些？　（　　）

（A）该建筑物年预计雷击次数为 0.22 次

（B）该建筑物年预计雷击次数为 0.35 次

（C）该建筑物划为第三类防雷建筑物

（D）该建筑物划为第二类防雷建筑物

64. 下列关于流散电阻和接地电阻的说法，哪些是正确的？　　　　　　　（　　）

（A）流散电阻大于接地电阻　　　　　　（B）流散电阻小于接地电阻

（C）通常可将流散电阻作为接地电阻　　（D）两者没有任何关系

65. 按现行国家标准中照明种类的划分，下列哪些项属于应急照明？　　　（　　）

（A）疏散照明　　　（B）警卫照明　　　（C）备用照明　　　（D）安全照明

66. 在照明设计中应根据不同场所的照明要求选择照明方式，下列描述哪些是正确的？（　　）

（A）工作场所通常应设置一般照明

（B）同一场所内的不同区域有不同的照度要求时，应采用不分区一般照明

（C）对于部分作业面照度要求较高，只采用一般照明不合理的场所，宜采用混合照明

（D）在一个工作场所内不应只采用局部照明

67. 下图为某厂一斜桥卷扬机选配传动电动机，有关机械技术参数：料车重 $G = 3t$，平衡重 $G_{ph} = 2t$，料车卷筒半径 $r_1 = 0.4m$，平衡重卷筒半径 $r_2 = 0.3m$，斜桥倾角 $\alpha = 60°$，料车与斜桥面的摩擦因数 $\mu = 0.1$，卷筒效率 $\eta = 0.97$，为确定卷扬机预选电动机的功率，除上述资料外，还需补充下列哪些参数？ （　　）

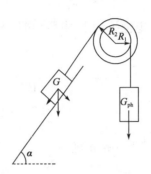

（A）料车的运行速度

（B）运动部分的飞轮距

（C）要求的起、制动及稳速运行时间

（D）现场供配电系统资料

68. 正确选择快速熔断器，可使晶闸管元件得到可靠保护，下述描述哪些是正确的？ （　　）

（A）快速熔断器的 I^2t 值应小于晶闸管元件允许的 I^2t 值

（B）快速熔断器的断流能力必须大于线路可能出现的最大短路电流

（C）快速熔断器分断时的电弧电压峰值必须小于晶闸管元件允许的反向峰值电压

（D）快速熔断器的额定电流应等于晶闸管器件本身的额定电流

69. 气体灭火系统、泡沫灭火系统采用直接连接火灾探测器的方式，下列有关联动控制信号的表述符合规范的是哪些？ （　　）

（A）启动气体灭火装置及其控制器、泡沫灭火装置及其控制器，设定 15s 的延时喷射时间

（B）联动控制防护区域开口封闭装置的启动，包括关闭防护区域的门、窗

（C）停止通风和空气调节系统及开启设置在该防护区域的电动防火阀

（D）关闭防护区域的送（排）风机及送（排）风阀门

70. 在入侵报警系统设计中，下列关于入侵探测器的设置与选择，哪些项符合规范的规定？ （　　）

（A）被动红外探测器的防护区内，不应有影响探测的障碍物，并应避免热源干扰

（B）红外、微波复合入侵探测器，应视为二种探测原理的探测装置

（C）采用室外双光束或多光束主动红外探测器时，探测器最远警戒距离不应大于其最大探测距离的 70%

（D）围墙顶端与最下一道光束的距离不应大于 0.3m

2014 年专业知识试题（下午卷）

一、单项选择题（共 40 题，每题 1 分，每题的备选项中只有 1 个最符合题意）

1. 在低压配电系统的交流 SELV 系统中，在正常干燥环境内标称电压不超过下列哪一项电压值时，不必设置基本保护（直接接触保护）？　　　　　　　　　　　　　　　　　（　　）

（A）50V　　　　　　　　　　　　　　　（B）25V

（C）15V　　　　　　　　　　　　　　　（D）6V

2. 对于易燃物质重于空气，通风良好且为第二级释放源的主要生产装置区，以释放源为中心，半径为 15m，地坪上的高度为 7.5m 及半径为 7.5m，顶部与释放源的距离为 7.5m 的范围内，宜划分为爆炸危险区域的下列哪个区？　　　　　　　　　　　　　　　　　　　　　　（　　）

（A）0 区　　　　　　　　　　　　　　　（B）1 区

（C）2 区　　　　　　　　　　　　　　　（D）3 区

3. 游泳池水下电气设备的交流电压不得大于下列哪项数值？　　　　　　　　　　（　　）

（A）12V　　　　　　　　　　　　　　　（B）24V

（C）36V　　　　　　　　　　　　　　　（D）50V

4. 单相负荷应均衡分配到三相上，规范规定当单相负荷的总计算容量小于计算范围内三相对称负荷总计算容量的多少时，应全部按三相对称负荷计算？　　　　　　　　　　　　（　　）

（A）10%　　　　　　　　　　　　　　　（B）15%

（C）20%　　　　　　　　　　　　　　　（D）25%

5. 在低压配电系统的设计中，同一电压等级的配电级数不宜多于几级？　　　　（　　）

（A）一级　　　　　　　　　　　　　　　（B）二级

（C）三级　　　　　　　　　　　　　　　（D）四级

6. 高压配电系数宜采用放射式、树干式、环式或其他组合方式配电，其放射式配电的特点在下列表述中哪一项是正确的？　　　　　　　　　　　　　　　　　　　　　　　　（　　）

（A）投资少、事故影响范围大　　　　　　（B）投资较高、事故影响范围较小

（C）切换操作方便、保护配置复杂　　　　（D）运行比较灵活、切换操作不便

7. 在 10kV 及以下变电所设计中，一般情况下，动力和照明宜共用变压器，在下列关于设置照明专用变压器的表述中，哪一项是正确的？　　　　　　　　　　　　　　　　　（　　）

（A）在 TN 系统低压电网中，照明负荷应设专用变压器

（B）当单台变压器的容量小于 1250kV·A 时，可设照明专用变压器

（C）当照明负荷较大或动力和照明采用共用变压器严重影响照明质量及灯泡寿命时，可设照明专用变压器

（D）负荷随季节性变化不大时，宜设照明专用变压器

8. 下列哪一种应急电源适用于允许中断供电时间为毫秒级的负荷？ （ ）

（A）快速自启动的发电机组

（B）UPS 不间断电源

（C）独立于正常电源的手动切换投入的柴油发电机组

（D）独立于正常电源的专用馈电线路

9. 已知某三相四线 380/220V 配电箱接有如下负荷：三相 10kW，A 相 0.6kW，B 相 0.2kW，C 相 0.8kW，试用简化法求出该配电箱的等效三相负荷应为下列哪项数值？ （ ）

（A）2.4kW   （B）10kW   （C）11.6kW   （D）12.4kW

10. 下列哪一项是一级负荷中特别重要的负荷？ （ ）

（A）国宾馆中的主要办公室用电负荷

（B）铁路及公路客运站中的重要用电负荷

（C）特级体育场馆的应急照明

（D）国家级国际会议中心总值班室的用电负荷

11. 下列关于爆炸性气体环境中变、配电所的设计原则中，哪一项不符合规范的要求？ （ ）

（A）变、配电所应布置在 2 区爆炸危险区域范围以外

（B）变、配电所可布置在 2 区爆炸危险区域范围以内

（C）当变、配电所为正压室时，可布置在 1 区爆炸危险区域范围以内

（D）当变、配电所为正压室时，可布置在 2 区爆炸危险区域范围以内

12. 民用建筑中，配电装置室及变压器门的宽度和高度宜按电气设备最大不可拆卸部件宽度和高度分别加多少考虑？ （ ）

（A）0.3m，0.5m   （B）0.3m，0.6m   （C）0.5m，0.5m   （D）0.5m，0.8m

13. 下列有关电缆外护层的选择，哪一项符合规范的要求？ （ ）

（A）地下水位较高的地区，不宜选用聚乙烯外护层

（B）明确需要与环境保护相协调时，可采用聚氯乙烯外护层

（C）直埋在白蚁危害严重地区的塑料电缆，可采用钢丝铠装

（D）敷设在保护管中的电缆应具有挤塑外层

14. 110kV 变电所屋内布置的 GIS 通道应满足安装、检修和巡视的要求，主通道的宽度宜为下列哪个数值？ （ ）

（A）1.5m　　　　　（B）1.7m　　　　　（C）2.0m　　　　　（D）2.2m

15. 在计算短路电流时，最大运行方式下的稳态短路电流可用于下列哪项用途？　　　（　　）

（A）确定设备的检修周期　　　　　　　　（B）确定断路器的开断电流

（C）确定设备数量　　　　　　　　　　　（D）确定设备布置形式

16. 当短路保护电器为断路器时，低压断路器瞬时或短延时过电流脱扣器的整定电流值为 2kA，那么该回路线路末端的最小短路电流值不应小于下列哪项数值？　　　（　　）

（A）2.0kA　　　　　（B）2.6kA　　　　　（C）3.0kA　　　　　（D）4.0kA

17. 在电力系统零序短路电流计算中，变压器的中性点若经过电抗接地，在零序网络中，其等值电抗应为原电抗值的多少？　　　（　　）

（A）$\sqrt{3}$倍　　　　　（B）不变　　　　　（C）3 倍　　　　　（D）增加 3 倍

18. 3～110kV 屋外高压配电装置架构设计时，应考虑下列哪一项荷载的组合？　　　（　　）

（A）运行、地震、安装、断线　　　　　　（B）运行、安装、检修、地震

（C）运行、安装、检修　　　　　　　　　（D）运行、安装、检修、断线

19. 高压单柱垂直开启式隔离开关在分闸状态下，动静触头间的最小电气距离不应小于配电装置的最小安全净距为下列哪一项？　　　（　　）

（A）A1 值　　　　　　　　　　　　　　　（B）A2 值

（C）B 值　　　　　　　　　　　　　　　（D）C 值

20. 10kV 负荷开关应具有切合电感、电容性小电流的能力，应能开断不超过多大的电缆电容电流或限定长度的架空线充电电流？　　　（　　）

（A）5A　　　　　　　　　　　　　　　　（B）10A

（C）15A　　　　　　　　　　　　　　　（D）20A

21. 10kV 配电室内敷设无遮拦裸导体距地面的高度不应低于下列哪项数值？　　　（　　）

（A）2.3m　　　　　　　　　　　　　　　（B）2.5m

（C）3.0m　　　　　　　　　　　　　　　（D）3.5m

22. 在 TN-C 三相交流 380/220V 平衡系统中，负载电流为 39A，采用 BV 导线穿钢管敷设，若每相三次谐波电流为 50％时，中性线导体截面积选择最低不应小于下列哪项数值？（不考虑电压器、环境和线路敷设方式等影响，导线允许持续载流量按下表选取。）　　　（　　）

BV 导线三相回路穿钢管敷设允许持续载流量表

导线截面积（mm²）	4	6	10	16
导线载流量（A）	1	39	52	67

（A）4mm²   （B）6mm²   （C）10mm²   （D）16mm²

23. 中性点直接接地的交流系统中，当接地保护动作不超过 1min 切除故障时，电力电缆导体与绝缘屏蔽之间额定电压的选择，下列哪项符合规范规定？   （　　）

（A）应按不低于 100% 的使用回路工作相电压选择

（B）应按不低于 133% 的使用回路工作相电压选择

（C）应按不低于 150% 的使用回路工作相电压选择

（D）应按不低于 173% 的使用回路工作相电压选择

24. 变电所的二次接线设计中，下列哪项要求不正确？   （　　）

（A）配电装置应装设防止电器误操作闭锁装置

（B）防止电器误操作闭锁装置宜采用机械闭锁

（C）闭锁连锁回路的电源，应采用与继电保护、控制信号回路同一电源

（D）屋内间隔式配电装置，应装设防止误入带电间隔的设施

25. 变压器保护回路中，将下列哪项故障装置成预告信号是不正确的？   （　　）

（A）变压器过负荷   （B）变压器湿度过高

（C）变压器保护回路断线   （D）变压器重瓦斯动作

26. 采用数字式仪表测量谐波电流、谐波电压时，测量仪表的准确度（级）宜采用下列哪一项？   （　　）

（A）A 级   （B）B 级

（C）1.0 级   （D）1.5 级

27. 下列哪一项不是选择变电所蓄电池容量的条件？   （　　）

（A）满足全站事故全停电时间内的放电容量

（B）满足事故初期（1min）直流电动机启动电流和其他冲击负荷电流的放电容量

（C）满足蓄电池组持续放电时间内随机冲击负荷电流的放电容量

（D）满足事故放电末期全所控制负荷放电容量

28. 在变电所直流操作电源系统设计时，为控制负荷和动力负荷合并供电的 DC 220V 直流系统，在均衡充电运行情况下，直流母线电压不高于下列哪个数值？   （　　）

（A）268V   （B）247.5V

（C）242V   （D）192V

29. 压敏电阻、抑制二极管属于下列哪种类型 SPD？   （　　）

（A）电压开关型   （B）组合型

（C）限压型   （D）短路保护型

30. 当年雷击次数大于或等于N时，棉、粮及易燃物大量集中露天堆场，应采用独立接闪器或架空接闪线作为防直击雷的措施，关于雷击次数N和独立接闪器或架空接闪线保护范围的滚球半径h，应取下列哪项数值？ （　　）

（A）0.05，100m

（B）0.05，60m

（C）0.012，60m

（D）0.012，45m

31. 发电机额定电压 10.5V，额定容量 100MW，发电机内部发生单相接地故障电流不大于 3A，当不要求瞬时切机时，应采用怎样的接地方式？ （　　）

（A）不接地方式

（B）消弧线圈接地方式

（C）高电阻接地方式

（D）直接或小电阻接地方式

32. 某地区海拔高度 800m 左右，35kV 配电系统采用中性点不接地系统，35kV 开关设备相对地雷电冲击耐受电压的取值应为下列哪项？ （　　）

（A）95kV

（B）118kV

（C）185kV

（D）215kV

33. 在建筑物内实施总等电位联结的目的是下列哪一项？ （　　）

（A）为了减小跨步电压

（B）为了降低接地电阻值

（C）为了防止感应电压

（D）为了减小接触电压

34. 在满足眩光限制和配光要求条件下，应选用效率高的灯具，当荧光灯灯具出光口形式选用格栅时，灯具效率不应低于下列哪项数值？ （　　）

（A）80%

（B）70%

（C）65%

（D）50%

35. 移动式和手提式灯具应采用Ⅲ类灯具，用安全特低电压供电，其电压值的要求，下列表述哪项符合现行国家标准的规定？ （　　）

（A）在干燥场所不大于 50V，在潮湿场所不大于 12V

（B）在干燥场所不大于 50V，在潮湿场所不大于 25V

（C）在干燥场所不大于 36V，在潮湿场所不大于 24V

（D）在干燥场所不大于 36V，在潮湿场所不大于 12V

36. 关于 PLC 编程语言的描述，下列哪项是错误的？ （　　）

（A）各 PLC 都有一套符合相应国际或国家标准的编程软件

（B）图形化编程语言包括功能块图语言、顺序功能图语言及梯形图语言

（C）顺序功能图语言是一种描述控制程序的顺序行为特征的图像化语言

（D）指令表语言是一种人本化的高级编程语言

37.一栋 65m 高的酒店，有一条宽 2m，长 50m 的走廊，若采用感烟探测器，至少应设置多少个？
（   ）

（A）3
（B）4
（C）5
（D）6

38.交流充电桩供电电源采用单相、交流 220V 电压，电压偏差不应超过标称电压的百分比为下列哪项数值？
（   ）

（A）−7%、+7%
（B）−7%、+10%
（C）−10%、+7%
（D）−10%、+10%

39.在 35kV 架空电力线路设计中，最低气温工况应按下列哪种情况计算？
（   ）

（A）无风、无冰
（B）无风、覆冰厚度 5mm
（C）风速 5m/s，无冰
（D）风速 5m/s，覆冰厚度 5mm

40.按规范规定，在移动通信信号室内覆盖系统中，在首层室外 12m 处，关于室内辐射到室外的泄漏信号强度值，以下哪项数值不符合规范要求？
（   ）

（A）−75dB·m
（B）−80dB·m
（C）−82dB·m
（D）−85dB·m

二、多项选择题（共 30 题，每题 2 分。每题的备选项中有 2 个或 2 个以上符合题意，错选、少选、多选均不得分）

41.在建筑物低压电气装置中，下列哪些场所的设备可以省去间接接触防护措施？
（   ）

（A）道路照明的金属灯杆
（B）处在伸臂范围以外的墙上架空线绝缘子及其连接金属件（金具）
（C）尺寸小的外露可导电体（约 50mm×50mm），而且遇保护导体选择困难时
（D）触及不到钢筋的混凝土电杆

42.在 TN 系统中作为间接接触保护，下列哪些措施是不正确的？
（   ）

（A）TN 系统中采用过电流保护
（B）TN-S 系统中采用剩余电流保护器
（C）TN-C 系统中采用剩余电流保护器
（D）TN-C-S 系统中采用剩余电流保护器，且保护导体与 PEN 导体应在剩余电流保护器的负荷侧连接

43.用电单位设置自备电源的条件是下列哪些项？
（   ）

（A）用电单位有大量一级负荷时
（B）需要设置自备电源作为一级负荷中特别重要负荷的应急电源时

（C）在常年稳定余热、压差、废气可供发电、技术可靠、经济合理时

（D）所在地区偏僻，远离电力系统，设置自备电源经济合理时

44. 建筑物谐波源较多的供配电系统设计中，下列哪些措施是正确的？ （　　）

（A）选用 Dyn11 接线组别的配电变压器

（B）选择配电变压器容量使负载率不大于 70%

（C）设置滤波装置

（D）设置不配电抗器的功率因数补偿电容器组

45. 在低压配电系统设计中，下列哪几种情况下宜选用接线组别为 Dyn11 的变压器？ （　　）

（A）需要提高单相短路电流值，确保低压单相接地保护装置动作灵敏度者

（B）需要限制三次谐波含量者

（C）需要限制三相短路电流者

（D）在 IT 系统接地形式的低压电网中

46. 在 10kV 配电系统中，关于中性点经高电阻接地系统的特点，下列表述中哪几项是正确的？

（　　）

（A）可以限制单相接地故障电流

（B）可以消除大部分谐振过电压

（C）单相接地故障电流小于 10A，系统可在接地故障下持续运行不中断供电

（D）系统绝缘水平要求较低

47. 下列关于 110kV 屋外配电装置设计中最大风速的选取哪些项是错误的？ （　　）

（A）地面高度，30 年一遇，10min 平均最大风速

（B）离地 10m 高，30 年一遇，10min 平均瞬时最大风速

（C）离地 10m 高，30 年一遇，10min 平均最大风速

（D）离地 10m 高，30 年一遇，10min 平均风速

48. 110kV 及以下供配电系统中，用电单位的供电电压应根据下列哪些因素经技术经济比较确定？

（　　）

（A）用电容量及用电设备特性　　　　　　（B）供电距离及供电线路的回路数

（C）用电设备过电压水平　　　　　　　　（D）当地公共电网现状及其发展规划

49. 远离发电机端的网络发生短路时，可认为下列哪些项相等？ （　　）

（A）三相短路电流非周期分量初始值

（B）三相短路电流稳态值

（C）三相短路电流第一周期全电流有效值

（D）三相短路后 0.2s 的周期分量有效值

50. 爆炸性气体环境内钢管配线的电气线路应做隔离密封，下列表述正确的是哪些？ （   ）

（A）密封内部采用纤维作填充层的底层和隔层，填充层的有效厚度不应小于钢管内径，且不得小于 16mm

（B）直径 50mm 及以上的钢管距引入的接线箱 450mm 以内处应隔离密封

（C）正常运行时，所有点燃源外壳的 450mm 范围内应做隔离密封

（D）相邻的爆炸性环境之间应进行隔离密封

51. 在按回路正常工作电流选择裸导体截面时，导体的长期允许载流量，应根据所在地区的下列哪些条件进行修正？ （   ）

（A）海拔高度　　　（B）环境温度　　　（C）日温差　　　（D）环境湿度

52. 在进行低压配电线路的短路保护设计时，关于绝缘导体的热稳定校验，当短路持续时间为下列哪几项时，应计入短路电流非周期分量的影响？ （   ）

（A）0.05s　　　（B）0.08s　　　（C）0.15s　　　（D）0.2s

53. 选择高压电器时，下列哪些电器应校验其额定开断电流的能力？ （   ）

（A）断路器　　　（B）负荷开关　　　（C）隔离开关　　　（D）熔断器

54. 高压并联电容器装置的电器和导体，应满足下列哪些项的要求？ （   ）

（A）在当地环境条件下正常运行要求

（B）短路时的动热稳定要求

（C）接入电网处负载的过负荷要求

（D）操作过程的特殊要求

55. 电缆导体实际载流量应计及敷设使用条件差异的影响，规范要求下列哪些敷设方式应计入热阻的影响？ （   ）

（A）直埋敷设的电缆

（B）敷设于保护管中的电缆

（C）敷设于封闭式耐火槽盒中的电缆

（D）空气中明敷的电缆

56. 规范要求非裸导体应按下列哪些技术条件进行选择或校验？ （   ）

（A）电流和经济电流密度　　　　　（B）电晕

（C）动稳定和热稳定　　　　　　　（D）允许电压降

57. 电压为 10kV 及以下，容量为 10MV·A 以下单独运行的变压器装设电流速断保护时，下列哪些项不符合设计规范？ （   ）

（A）保护装置应动作于断开变压器的各侧断路器

（B）保护装置可仅动作于断开变压器的高压侧断路器

（C）保护装置可仅动作于断开变压器的低压侧断路器

（D）保护装置应动作于信号

58.对 3～66kV 线路的下列哪些故障及异常运行方式应装设相应的保护装置？　　　（　　）

（A）相间短路　　　　　　　　　　　　（B）过负荷

（C）线路电压低　　　　　　　　　　　（D）单相接地

59.对电压为 3kV 及以上电动机单相接地故障，下列哪些项为设计规范规定？　　　（　　）

（A）接地电流大于 10A 时，应装设有选择性的单相接地保护

（B）接地电流为 10A 及以上时，保护装置动作于跳闸

（C）接地电流小于 10A 时，可装设接地检测装置

（D）接地电流为 10A 以下时保护装置宜动作于信号

60.在变电所直流操作电源系统设计中，选择充电装置时，充电装置应满足下列哪些条件？

（　　）

（A）额定电流应满足浮充电的要求

（B）有初充电要求时，额定电流应满足初充电要求

（C）充电装置直流输出均衡充电电流调整范围应为 40%～80%

（D）额定电流应满足均衡充电要求

61.下列关于变电所 10kV 配电装置装设阀式避雷器位置和形式的说法哪些是正确的？　（　　）

（A）架空进线各相上均应装设配电型 MOA

（B）每组母线各相上均应装设配电型 MOA

（C）架空进线各相上均应装设电站型 MOA

（D）每组母线各相上均应装设电站型 MOA

62.图示笼型异步电动机的启动特性，其中曲线 1、2 是不同定子电压时的启动机械特性，直线 3 是电机的恒定静阻转矩线，下列哪些解释是正确的？　　　　　　　　　　　　　　　　　（　　）

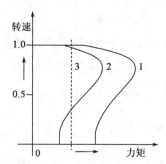

（A）曲线 2 的定子电压低于曲线 1 的定子电压

（B）曲线 2 的定子电源频率低于曲线 1 的定子电源频率

（C）电机在曲线 2 时启动成功

（D）电机已启动成功，然后转变至曲线 2 的定子电压，可继续运行

63. 关于变电所电气装置的接地装置，下列叙述哪些项是正确的？ （   ）

（A）对于 10kV 变电所，当采用建筑物的基础作接地极且接地电阻又满足规定值时，可不另设
人工接地

（B）当需要设置人工接地网时，人工接地网的外缘应闭合，外缘各角应做成直角

（C）发电厂和变电站的人工接地网应以水平接地极为主

（D）GIS 置于建筑物内时，设备区域专用接地网可采用铜导体

64. 下列关于电梯接地的表述，哪些项是正确的？ （   ）

（A）与建筑物的用电设备不能采用同一接地体

（B）与电梯相关的所有用电设备及导管、线槽的外露可导电部分均应可靠接地

（C）电梯的金属件，应采取等电位联结

（D）当轿厢接地线利用电缆芯线时，应采用 1 根铜芯导体，截面积不得小于 2.5mm^2

65. 应急照明的照度标准值，下列表述哪些项符合现行国家标准规定？ （   ）

（A）建筑物公用场所安全照明的照度值不低于该场所一般照明照度值的 10%

（B）建筑物公用场所备用照明的照度值除另有规定外，不低于该场所一般照明照度值的 5%

（C）建筑物公用场所疏散通道的地面最低水平照度不应低于 0.5lx

（D）人民防空地下室疏散通道照明的地面最低照度值不低于 5lx

66. 下列关于道路照明开、关灯时天然光的照度水平的说法，哪些项是不正确的？ （   ）

（A）主干路照明开灯时宜为 15lx

（B）主干路照明关灯时宜为 30lx

（C）次干路照明开灯时宜为 10lx

（D）次干路照明关灯时宜为 20lx

67. 下列关于直接接于电网的同步电动机的运行性能表述中，哪些是正确的？ （   ）

（A）不可以超前的功率因数输出无功功率

（B）同步电动机无功补充的能力与电动机的负荷率、励磁电流及额定功率因数有关

（C）在电网频率恒定的情况下，电动机的转速是恒定的

（D）同步电动机的力矩与电源电压的二次方成正比

68. 下列交流电动机调速方法中，哪些不属于高效调速？ （   ）

（A）变极数控制   （B）转子串电阻

（C）液力耦合器控制   （D）定子变压控制

69. 根据规范规定，下列哪些项表述符合安防系统设计要求？ （   ）

（A）入侵和紧急报警系统应具备防拆、断路、短路报警功能

（B）系统传输线路的出入端线应屏蔽，并具有保护措施

（C）系统供电暂时中断恢复供电后，系统应能自动恢复原有工作状态，该功能应能人工设定

（D）系统宜有自检功能，对系统、设备、传输链路进行监测

70.关于数字微波通信系统，下列哪些项符合规范要求？　　　　　　　　　　　　（　　　）

（A）使用频段应避开雷达和卫星地面通信等大功率发射机所使用的频率，可采用 2400～2483.5MHz

（B）点与点通信时，可选用直径 0.1m 的微波天线

（C）使用频段应避开雷达和卫星地面通信等大功率发射机所使用的频率，可采用 5752～5850MHz

（D）点对多点通信时，可选用小型内置高增益扇形微波天线

2016 年专业知识试题（上午卷）

一、单项选择题（共 40 题，每题 1 分，每题的备选项中只有 1 个最符合题意）

1. 一般情况下配电装置各回路的相序排列宜一致，下列哪项表述与规范的要求一致？　　（　　）

（A）配电装置各回路的相序可按面对出线，自左至右、由远而近、从上到下的顺序，相序排列为 A、B、C

（B）配电装置各回路的相序可按面对出线，自右至左、由远而近、从上到下的顺序，相序排列为 A、B、C

（C）配电装置各回路的相序可按面对出线，自左至右、由近而远、从上到下的顺序，相序排列为 A、B、C

（D）配电装置各回路的相序可按面对出线，自左至右、由远而近、从下到上的顺序，相序排列为 A、B、C

2. 下面有关 35～110kV 变电站电气主接线的表述，哪一项表述与规范要求不一致？　　（　　）

（A）在满足变电站运行要求的前提下，变电站高压侧宜采用断路器较少或不设置断路器的接线

（B）35～110kV 电气主接线宜采用桥形、扩大桥形、线路变压器组或线路分支接线、单母线或单母线分段接线

（C）110kV 线路为 8 回及以上时，宜采用双母线接线

（D）当变电站装有两台及以上变压器时，6～10kV 电气接线宜采用单母线分段，分段方式应满足其中一台变压器停运时，有利于其他主变压器的负荷分配的要求

3. 电气火灾监控系统在无消防控制室且电气火灾监控探测器的数量不超过多少只时，可采用独立式电气火灾监控探测器？　　（　　）

（A）6 只　　　　　　（B）8 只　　　　　　（C）10 只　　　　　　（D）12 只

4. 下面有关电力变压器外部相间短路保护设置的表述中哪一项是不正确的？　　（　　）

（A）单侧电源双绕组变压器和三绕组变压器，相间短路后备保护宜装于主变的电源侧；非电源侧保护可带两段或三段时限；电源侧保护可带一段时限

（B）两侧或三侧有电源的双绕组变压器和三绕组变压器，相间短路应根据选择性的要求装设方向元件，方向宜指向本侧母线，但断开变压器各侧断路器的后备保护不应带方向

（C）低压侧有分支，且接至分开运行母线段的降压变压器，应在每个分支装设相间短路后备保护

（D）当变压器低压侧无专业母线保护，高压侧相间短路后备保护对低压侧母线相间短路灵敏度不够时，应在低压侧配置相间短路后备保护

5. 在 35kV 系统中，当波动负荷用户产生的电压变动频度为 500 次/h 时，其电压波动的限值应为下列哪一项？　　（　　）

（A）4%   （B）2%

（C）1.25%   （D）1%

6. 控制各类非线性用电设备所产生的谐波引起的电网电压正弦波形畸变率，宜采取相应措施，下列哪项措施是不合适的？ （   ）

（A）各类大功率非线性用电设备变压器由短路容量较大的电网供电

（B）对大功率静止整流器，采用增加整流变压器二次侧的相数和整流器的整流脉冲数

（C）对大功率静止整流器，采用多台相数相位相同的整流装置

（D）选用 Dyn11 接线组别的三相配电变压器

7. 10kV 电网某公共连接点的全部用户向该点注入的 5 次谐波电流允许值下列哪一项数值是正确的？ （假定该公共连接点处的最小短路容量为 50MV·A） （   ）

（A）40A   （B）20A

（C）10A   （D）6A

8. 假设 10kV 系统公共连接点的正序阻抗与负序阻抗相等，公共连接点的三相短路容量为 120MV·A，负序电流值为 150A，其负序电压不平衡度为多少？ （可近似计算确定） （   ）

（A）100%   （B）2.6%

（C）2.16%   （D）1.3%

9. 在低压电气装置中，对于不超过 32A 交流、直流的终端回路，故障时最长切断时间下列哪一项是正确的？ （   ）

（A）对于 TN_{ac} 系统，当 $120V < V_0 \leqslant 230V$ 时，其最长切断时间为 0.4s

（B）对于 TT_{dc} 系统，当 $120V < V_0 \leqslant 230V$ 时，其最长切断时间为 0.2s

（C）对于 TN_{ac} 系统，当 $230V < V_0 \leqslant 400V$ 时，其最长切断时间为 0.07s

（D）对于 TT_{dc} 系统，当 $230V < V_0 \leqslant 400V$ 时，其最长切断时间为 5s

10. 某变电所，低压侧采用 TN 系统，高压侧接地电阻为 R_E，低压侧的接地电阻为 R_B，在高压接地系统和低压接地系统分隔的情况下，若变电所高压侧有接地故障（接地故障电流为 I_E），变电所内低压设备外露可导电部分与低压母线间的工频应力电压计算公式下列哪一项是正确的？ （   ）

（A）$R_E \times I_E + U_0$ （B）$R_E \times I_E + U_0 \times \sqrt{3}$

（C）$U_0 \times \sqrt{3}$ （D）U_0

11. 某地区 35kV 架空输电线路，当地的气象条件如下：最高温度 +40.7℃、最低温度 −21.3℃、年平均气温 +13.9℃、最大风速 21m/s、覆冰厚度 5mm、冰比重 0.9。关于 35kV 输电线路设计气象条件的选择，下列哪项表述是错误的？ （   ）

（A）最高气温工况：气温 40℃，无风，无冰

（B）覆冰工况：气温 −5℃，风速 10m/s，覆冰 5mm

（C）带电作业工况：气温 15℃，风速 10m/s，无冰

（D）长期荷载工况：气温为 10℃，风速 5m/s，无冰

12.对户外严酷条件下的电气设施间接接触（交流）防护，下列哪一项描述是错误的？　（　　）

（A）所有裸露可导电部件都必须接到保护导体上

（B）如果需要保护导体单独接地，保护导体必须采用绝缘导体

（C）多点接地的接地点应尽可能均匀分布，以保证发生故障时，保护导体的电位接近地电位

（D）在电压为 1kV 以上的系统中，对于在切断过程中可能存在较高的预期接触电压的特殊情况，切断时间必须尽可能地短

13.航空障碍标志灯的设置应符合相关规定，当航空障碍灯装设在建筑物高出地面 153m 的部位时，其障碍标志灯类型和灯光颜色，下列哪项是正确的？　（　　）

（A）高光强，航空白色　　　　　　　　（B）低光强，航空红色

（C）中光强，航空白色　　　　　　　　（D）中光强，航空红色

14.50Hz/60Hz 交流电流路径（大的接触表面积）为手到手的人体总阻抗，下列哪一项描述是错误的？　（　　）

（A）在干燥条件下，当接触电压为 100V 时，95% 被测对象的人体总阻抗为 3125Ω

（B）在水湿润条件下，当接触电压为 125V 时，50% 的被测对象的人体总阻抗为 1550Ω

（C）在盐水湿润条件下，当接触电压为 200V 时，5% 被测对象的人体总阻抗为 770Ω

（D）在盐水湿润条件下，人体总阻抗被舍入到 5Ω 的整数倍数值

15.已知同步发电机额定容量为 12.5MV·A，超瞬态电抗百分值$x_d''\% = 12.5$，额定电压为 10.5kV，则在基准容量为$S_j = 100$MV·A下的超瞬态电抗标幺值为下列哪项数值？　（　　）

（A）0.01　　　　　　（B）0.1　　　　　　（C）1　　　　　　（D）10

16.关于静电的基本防护措施，下列哪项描述是错误的？　（　　）

（A）对接触起电的物料，应尽量选用在带电序列中位置较临近的，或对产生正负电荷的物料加以适当组合，使最终达到起电最小

（B）在生产工艺的设计上，对有关物料应尽量做到接触面和压力较小，接触次数较少，运动和分离速度较慢

（C）在气体爆炸危险场所 0 区，局部环境的相对湿度宜增加至 50% 以上

（D）在静电危险场所，所有属于静电导电的物体必须接地

17.正常操作时不必触及的配电柜金属外壳的表面温度限制，下列哪项符合要求？　（　　）

（A）55℃　　　　　　　　　　　　　　（B）65℃

（C）70℃　　　　　　　　　　　　　　（D）80℃

18.电气设备的选择和安装中，关于总接地端子的设置和连接，下列哪一项不符合要求？　（　　）

（A）在采用保护联结的每个装置中都应配置有总接地端子

（B）接到总接地端子上的每根导体应连接牢固可靠不可拆卸

（C）建筑物的总接地端子可用于功能接地的目的

（D）当保护导体已通过其他保护导体与总接地端子连接时，则不需要把每根保护导体直接接到总接地端子上

19. 在城市电力规划中，城市电力详细规划阶段的一般负荷预测宜选用下列哪项方法？ （ ）

（A）电力弹性系数法 （B）人均用电指标法
（C）单位建筑面积负荷指标法 （D）回归分析法

20. 在均衡充电运行情况下，关于直流母线电压的描述，下列哪一项是错误的？ （ ）

（A）直流母线电压应为直流电源系统标称电压的 105%

（B）专供控制负荷的直流电源系统，直流母线电压不应高于直流电源系统标称电压的 110%

（C）专供动力负荷的直流电源系统，直流母线电压不应高于直流电源系统标称电压的 112.5%

（D）对控制负荷和动力负荷合并供电的直流电源系统，直流母线电压不应高于直流电源系统标称电压的 110%

21. 假如所有导体的绝缘均能耐受可能出现的最高标称电压，则允许在同一导管或电缆管槽内敷设缆线回路数的规定是下列哪项？ （ ）

（A）1 个回路 （B）2 个回路
（C）多个回路 （D）无规定

22. 在建筑照明设计中，符合下列哪项条件的作业面或参考平面的照度标准可按标准值的分级降低一级？ （ ）

（A）视觉作业对操作安全有重要影响

（B）识别对象与背景辨认困难

（C）进行很短时间的作业

（D）视觉能力显著低于正常能力

23. 假定独立避雷针高度为 $h = 30m$，被保护电气装置高度为 5m，请用折线法计算被保护物高度水平面上的保护半径，其结果最接近下列哪个数值？ （ ）

（A）25m （B）30m
（C）35m （D）45m

24. 假定变电站母线运行电压为 10.5kV，并联电容器组每相串联 2 段电容器，为抑制谐波装设串联电抗器电抗率为 12%，电容器的运行电压下列哪项是正确的？ （ ）

（A）3.44kV （B）3.70kV
（C）4.23kV （D）4.87kV

25. 为了便于对各种灯具的光强分布特性进行比较，灯具的配光曲线是按下列哪项数值编制的？
（　　）

（A）发光强度 1000cd
（B）照度 1000lx
（C）光通量 1000lm
（D）亮度 1000cd/m²

26. 在供配电系统设计中，关于减小电压偏差，下列哪项不符合规范要求？
（　　）

（A）应加大变压器的短路阻抗
（B）应降低系统阻抗
（C）应采取补偿无功功率措施
（D）宜使三相负荷平衡

27. 下列单相或三相交流线路，哪项中性线导体截面选择不正确？
（　　）

（A）BV-2×6
（B）YJV-4×35+1×16
（C）BV-1×50+1×25
（D）V-5×10

28. 对于第一类防雷建筑物防闪电感应的设计，平行敷设的管道、构架和电缆金属外皮等长金属物，其净距小于 100mm 时，应采用金属线跨接，关于跨接点的间距，下列哪个数值是正确的？
（　　）

（A）不应大于 30m
（B）不应大于 40m
（C）不应大于 50m
（D）不应大于 60m

29. 自跑道中点起、沿跑道延长线双向各 15km、两侧散开度各 15％的区域内，以下哪个建筑物应设置航空障碍灯？
（　　）

（A）建筑物顶部与跑道中点连线与水平面夹角为 0.5°
（B）建筑物顶部与跑道中点连线与水平面夹角为 0.6°
（C）建筑物顶部与跑道端点连线与水平面夹角为 0.5°
（D）建筑物顶部与跑道端点连线与水平面夹角为 0.6°

30. 一个点型感烟或感温探测器保护的梁间区域的个数，最多不应大于几个？
（　　）

（A）2
（B）3
（C）4
（D）5

31. 当民用建筑接收卫星电视信号时，有关接收天线的选择下列哪项不符合规范的要求？（　　）

（A）当天线直径不小于 4.5m，且对其效率及信噪比均有较高要求时，宜采用后馈式抛物面天线
（B）当天线直径小于 4.5m 时，宜采用前馈式抛物面天线
（C）当天线直径小于 1.5m 时，Ku 频段电视接收天线宜采用偏馈式抛物面天线
（D）当天线直径不小于 5m 时，宜采用内置伺服系统的天线

32. LED 视频显示屏系统的设计，根据规范下列哪项是正确的？
（　　）

（A）显示屏的水平左视角不宜小于 90°
（B）显示屏的水平右视角不宜小于 80°

（C）垂直上视角不宜小于 20°

（D）垂直下视角不宜小于 20°

33. 晶闸管元件额定电流的选择，整流线路为六相零式时，电流系数 K_i 为下列哪个数值？（　　）

（A）0.184

（B）0.26

（C）0.367

（D）0.45

34. 对 IT 系统的安全防护，下列哪一项描述是错误的？（　　）

（A）在 IT 系统中，带电部分应对地绝缘或通过一足够大的阻抗接地，接地可在系统的中性点或中间点，不可在人工中性点

（B）IT 系统不宜配出中性导体

（C）外露可导电部分应单独地、成组地或共同地接地

（D）IT 系统可采用绝缘监视器、剩余电流监视器和绝缘故障定位系统

35. 为防止人举手时触电，布置在屋外的 3kV 级以上配电装置的电气设备外绝缘体最低部位距地小于下列哪个数值时应装设固定遮拦？（　　）

（A）2300mm

（B）2500mm

（C）2800mm

（D）3000mm

36. 在电气设备中，下列哪一项是外部可导电部分？（　　）

（A）配电柜金属外壳

（B）灯具金属外壳

（C）金属热水暖气片

（D）电度表铸铝合金外壳

37. 某 35kV 线路采用合成绝缘子，绝缘子的型号为 FXBW1-35/70，则该合成绝缘子运行工况的设计荷载为下列哪项值？（　　）

（A）23.3kN

（B）28kN

（C）35kN

（D）46.7kN

38. 在气体爆炸危险场所外露静电非导体部件的最大宽度及表面积，下列哪项表述是正确的？

（　　）

（A）在 0 区，II 类 A 组爆炸性气体，最大宽度为 0.4cm，最大表面积为 50cm^2

（B）在 0 区，II 类 C 组爆炸性气体，最大宽度为 0.1cm，最大表面积为 4cm^2

（C）在 1 区，II 类 A 组爆炸性气体，最大宽度为 3.0cm，最大表面积为 120cm^2

（D）在 1 区，II 类 C 组爆炸性气体，最大宽度为 2.0cm，最大表面积为 30cm^2

39. 当移动式和手提式灯具采用 III 类灯具时，应采用安全特低电压（SELV）供电，在潮湿场所其电压限值应符合下列哪项规定？（　　）

（A）交流供电不大于 36V，无波纹直流供电不大于 60V

（B）交流供电不大于 36V，无波纹直流供电不大于 100V

（C）交流供电不大于 25V，无波纹直流供电不大于 60V

（D）交流供电不大于 25V，无波纹直流供电不大于 100V

40. 对于第一类防雷建筑物防直击雷的措施应符合有关规定，独立接闪杆，架空接闪线或架空接闪网应设独立的接地装置，每一根引下线的冲击接地电阻不宜大于 10Ω，在土壤电阻率高的地区，可适当增大冲击接地电阻，但在 3000Ω·m 以下的地区，设计规范规定的冲击接地电阻不应大于下列哪项数值？ （　　）

（A）20Ω　　　　　　　（B）30Ω　　　　　　　（C）40Ω　　　　　　　（D）50Ω

二、多项选择题（共 30 题，每题 2 分，每题的备选项中有 2 个或 2 个以上符合题意，错选、少选、多选均不得分）

41. 低压电气装置的每个部分应按外界影响条件分别采用一种或多种保护措施，通常允许采用下列哪些保护措施？ （　　）

（A）自动切断电源

（B）单绝缘或一般绝缘

（C）向单台用电设备供电的电气分隔

（D）特低电压（SELV 和 PELV）

42. 关于架空线路路径的选择，下列哪些表述是正确的？ （　　）

（A）3kV 及以上至 66kV 及以下架空电路线路，不应跨越储存易燃、易爆危险品的仓库区域

（B）丙类液体储罐与电力架空线接近水平距离不应小于电杆（塔）高度

（C）35kV 以上的架空电力线路与储量超过 200m³ 的液化石油气单罐（地面）的最近水平距离不应小于 40m

（D）架空电力线路不宜通过林区，当确需通过林区时应结合林区道路和林区具体条件选择线路路径，并应尽量减少树木砍伐。10kV 及以下架空电力线路的通道宽度，不宜小于线路两侧向外各延伸 2.5m

43. 户外严酷条件下的电气设施的直接接触防护，通常允许采用下列哪些保护措施？ （　　）

（A）用遮拦或壳体防止人身或家畜与电气装置的带电部分接触

（B）采用 50V 以下的安全低电压

（C）用绝缘防止人员或家畜与电气装置的带电部件接触

（D）当出于操作和维修的目的进出通道时，可以提供防止直接接触的最小距离

44. 关于接于公共连接点的每一个用户引起该点负序电压不平衡度允许值的规定，以下表述哪几项是不正确的？ （　　）

（A）允许值一般为 1.3%，短时不超过 2.6%

（B）根据连接点的负荷状况可作适当变动，但允许值不超过 1.5%

（C）电网正常运行时，负序电压不平衡度不超过 2%，短时不得超过 4%

（D）允许值不得超过 1.2%

45. 电视型视频显示屏的设计，视频显示屏单元宜采用 CRT、PDP 或 LCD 等显示器，并应符合下列哪些要求？ （　　）

（A）应具有较好的硬度和质地

（B）应具有较大的热膨胀系数

（C）应能清晰显示分辨力较高的图像

（D）应保证图像失真小、色彩还原真实

46. 每个建筑物内的接地导体、总接地端子和下列哪些可导电部分应实施保护等电位连接？ （　　）

（A）进入建筑物的供应设施的金属管道，例如燃气管、水管等

（B）在正常使用时可触及的非导电外壳

（C）便于利用的钢筋混凝土结构中的钢筋

（D）通信电缆的金属护套

47. 下列 110kV 供电电压偏差的波动数值中，哪些数值是满足规范要求的？ （　　）

（A）标称电压的 +10%，−5%

（B）标称电压的 +7%，−3%

（C）标称电压的 +5%，−5%

（D）标称电压的 −4%，−7%

48. 下面有关直流断路器选择要求的表述中，哪些项是正确的？ （　　）

（A）额定电压应大于或等于回路的最高工作电压 1.1 倍

（B）额定电流应大于回路的最大工作电流

（C）断流能力应满足安装地点直流系统最大预期短路电流的要求

（D）各级断路器的保护动作电流和动作时间应满足上、下级选择性配合要求，且应有足够的灵敏系数

49. 关于交流电动机能耗制动的性能，下述哪些是能耗制动的特点？ （　　）

（A）制动转矩较平滑，可方便地改变制动转矩

（B）制动转矩基本恒定

（C）可使生产机械较可靠地停止

（D）能量不能回馈单位，效率较低

50. 50Hz/60Hz 交流电流路径（小的接触表面积）为手到手的人体总阻抗，下列哪些描述是正确的？ （　　）

（A）在干燥条件下，当接触电压为 25V 时，5% 被测对象的人体总阻抗为 91250Ω

（B）在水湿润条件下，当接触电压为 100V 时，50% 的被测对象的人体总阻抗为 40000Ω

（C）在盐水湿润条件下，当接触电压为 200V 时，95% 被测对象的人体总阻抗为 6750Ω

（D）在干燥、水湿润和盐水湿润条件下，人体总阻抗被舍入到 25Ω 的整数倍数值

51. 下列关于典型静电放电的特点或引燃性中，哪些描述是正确的？　　　　　（　　）

（A）电晕放电：有时有声光，气体介质在物体尖端附近局部电离，不形成放电通道

（B）刷形放电：有声光，放电通道在静电非导体表面附近形成许多分叉，在单位空间内释放的能量较小，一般每次放电能量不超过 4mJ，引燃、引爆能力中等

（C）火花放电：放电时有声光，将静电非导体上一定范围内所带的大量电荷释放，放电能量大，引燃、引爆能力强

（D）传播性刷形放电：有声光、放电通道不形成分叉，电极上有明显放电集中点，释放能量比较集中，引燃、引爆能力很强

52. 下列有关人民防空地下室战时应急照明的连续供电时间，哪些项符合规范规定？（　　）

（A）一等人员掩蔽所不应小于 6h

（B）专业队队员掩蔽部不应小于 6h

（C）二等人员掩蔽所、电站控制室不应小于 3h

（D）生产车间不应小于 3h

53. 可燃气体和甲、乙、丙类液体的管道严禁穿过防火墙，其他管道不宜穿过防火墙，确需穿过时，应采用下列哪些材料将墙与管道之间的空隙紧密填实？　　　　　（　　）

（A）防火封堵材料　　　　　　　　　　（B）水泥砂浆

（C）不燃材料　　　　　　　　　　　　（D）硬质泡沫板

54. 任何一个波动负荷用户在电力系统公共连接点产生的电压变动，其限值与下列哪些参数有关？

（　　）

（A）电压变动频度　　　　　　　　　　（B）系统短路容量

（C）系统电压等级　　　　　　　　　　（D）电网的频率

55. 关于静电的基本防护措施，下列哪些项描述是正确的？　　　　　　　　　（　　）

（A）带电体应进行局部或全部静电屏蔽，或利用各种形式的金属网，减少静电的积聚，同时屏蔽体或金属网应可靠接地

（B）在遇到分层或套叠的结构时应使用静电非导体材料

（C）在气体爆炸危险场所禁止使用金属链

（D）使用静电消除器迅速中和静电

56. 敷设缆线槽盒若需占用安全通道，下列哪些措施符合火灾防护要求？　　　（　　）

（A）选择耐火 1h 的槽盒

（B）选择槽盒的火灾防护按安全通道建筑构件所规定允许的时间

（C）槽盒安装位置应在伸臂范围以内

（D）敷设在安全通道内的槽盒尽可能短

57. 下列作用于电气装置绝缘上的过电压哪些属于暂时过电压？ （　　）

（A）谐振过电压 　　　　　　　　　　（B）特快速瞬态过电压（VFTO）

（C）工频过电压 　　　　　　　　　　（D）雷电过电压

58. 某一 10/0.4kV 车间变电所，高压侧保护接地和低压侧系统接地共用接地装置，下列关于变压器的保护接地电阻值的要求哪些是正确的？ （　　）

（A）当高压侧工作于低电阻接地系统，低压侧为 TN 系统，且低压电气装置采用保护总等电位连接系统，接地电阻不大于 2000/I_g，且不大于 4Ω（其中 I_g 为计算用经接地网入地的最大接地故障不对称电流有效值）

（B）当高压侧工作于不接地系统，低压电气装置采用保护总等电位联结时，接地电阻不大于 50/I，且不大于 4Ω（其中 I 为计算用单相接地故障电流）

（C）当高压侧工作于不接地系统，低压电气装置采用保护总等电位联结时，接地电阻不大于 120/I_g，且不大于 4Ω（其中 I_g 为计算用单相接地故障电流）

（D）接地电阻不大于 10Ω

59. 对非熔断器保护回路的电缆，应按满足短路热稳定条件确定电缆导体允许最小截面，下列关于选取短路计算条件的原则哪些是正确的？ （　　）

（A）计算用系统接线，应按正常运行方式，且考虑工程建成后 3～5 年发展规划

（B）短路点应选取在通过电缆回路最大短路电流可能发生处

（C）应按三相短路计算

（D）短路电流作用时间应与保护动作时间一致

60. 电器的正常使用环境条件为：周围空气温度不高于 40℃，海拔不超过 1000m，在不同的环境条件下，可以通过调整负荷允许长期运行，下列调整措施哪些是正确的？ （　　）

（A）当电器使用在周围温度高于 40℃（但不高于 60℃）时，推荐周围空气温度每增高 1K，减少额定电流负荷的 1.8%

（B）当电器使用在周围温度低于 40℃时，推荐周围空气温度每降低 1K，增加额定电流负荷的 0.5%，但其最大过负荷不得超过额定电流负荷的 20%

（C）当电器使用在海拔超过 1000m（但不超过 4000m），且最高周围空气温度为 40℃时，其规定的海拔高度每超过 100m（以海拔 1000m 为起点），允许温升降低 0.3%

（D）当电器使用在海拔低于 1000m，且最高周围空气温度为 40℃时，海拔高度每低于规定海拔 100m，允许温升提高 0.3%

61. 下列哪些项符合埋在土壤中的接地导体的要求？ （　　）

（A）40mm×4mm 扁钢

（B）直径 6mm 裸铜线

（C）无防机械损伤保护的 2.5mm² 铜芯电缆

（D）30mm×30mm×4mm 角铁

62. 下列哪些情况时，可燃油浸变压器室的门应为甲级防火门？   （   ）

（A）有火灾危险的车间内

（B）容易沉积可燃粉尘、可燃纤维的场所

（C）附设式变压器室

（D）附近有粮、棉及其他易燃物大量集中的露天场所

63. 选择电动机时应考虑下列哪些条件？   （   ）

（A）电动机的全部电气和机械参数

（B）电动机的类型和额定电压

（C）电动机的重量

（D）电动机的结构形式、冷却方式、绝缘等级

64. 关于用电安全的要求，在下列表述中哪几项是正确的？   （   ）

（A）在预期的环境条件下，不会因外界的非机械的影响而危及人、家畜和财产

（B）在可预见的过载情况下，不应危及人、家畜和财产

（C）在正常使用条件下，对人、家畜的直接触电或间接触电所引起的身体伤害及其他危害应采取足够的防护

（D）长期放置不用的用电产品在进行必要的检修后，即可投入使用

65. 火灾报警区域的划分，下列哪些符合规范的规定？   （   ）

（A）一个火灾报警区域只能是一个防火分区

（B）一个火灾报警区域只能是一个楼层

（C）一个火灾报警区域可以是发生火灾时需要同时联动消防设备的几个相邻防火分区

（D）一个火灾报警区域可以是发生火灾时需要同时联动消防设备的几个相邻楼层

66. 下面有关限制变电站 6～20kV 线路短路电流的措施中，表述正确的是哪几项？   （   ）

（A）变压器分列运行

（B）采用有载调压变压器

（C）采用高阻抗变压器

（D）在变压器回路中串联限流装置

67. 综合布线系统工作区适配器的选用，下列哪些项符合规范的规定？   （   ）

（A）设备的连接插座应与连接电缆的插头匹配，同类插座与插头之间应加装适配器

（B）在连接使用信号的数模转换、光、电转换，数据传输速率转换等相应的装置时，采用适配器

（C）对于网络规程的兼容，采用协议转换适配器

（D）各种不同的终端设备或适配器均安装在工区的适当位置，并应考虑现场的电源与接地

68. 规范规定下列哪些情况下中性导体和相导体应等截面？　　　　　　　　　　（　　）

（A）各相负荷电流均衡分配的电路

（B）单相两线制电路

（C）相线导体截面积小于或等于 $16mm^2$（铜导体）的多相回路

（D）中性导体中存在谐波电流的电路

69. 采用支持式管型母线时，为消除母线对端部效应、微风振动及热胀冷缩对支持绝缘子产生的内应力，应采取下面哪些措施？　　　　　　　　　　　　　　　　　　　　（　　）

（A）加装动力双环阻尼消振器

（B）管内加装阻尼线

（C）增大母线支撑间距

（D）改变支持方式

70. 根据规范要求，下列哪些是二级业务广播系统应具备的功能？　　　　　　（　　）

（A）编程管理

（B）自动定时运行（允许手动干预）

（C）支持寻呼台站

（D）功率放大器故障告警

2016 年专业知识试题（下午卷）

一、单项选择题（共 40 题，每题 1 分，每题的备选项中只有 1 个最符合题意）

1. 假定某 10/0.4kV 变电所由两路电源供电，安装了两台变压器，低压侧采用 TN 接地系统，下列有关实施变压器接地的叙述，哪一项是正确的？　　　　　　　　　　　　　（　　）

（A）两变压器中性点应直接接地

（B）两变压器中性点间相互连接的导体可以与用电设备连接

（C）两变压器中性点间相互连接的导体与 PE 线之间，应只一点连接

（D）装置的 PE 线只能一点接地

2. 为防止人举手时触电，布置在屋内配电装置的电气设备外绝缘体最低部位距地小于下面哪个数值时，应装设固定遮拦：　　　　　　　　　　　　　　　　　　　　　　　（　　）

（A）2000mm　　　　　　　　　　　　（B）2300mm

（C）2500mm　　　　　　　　　　　　（D）3000mm

3. 数字程控用户交换机的工程设计，有关用户电话交换系统的直流供电，下列哪项不满足规范要求？　　　　　　　　　　　　　　　　　　　　　　　　　　　　　　　　（　　）

（A）通信设备直流电源电压为 48V

（B）当建筑物内设有发电机组时，蓄电池组的初装容量应满足系统 0.5h 的供电时间

（C）当建筑物内无发电机组时，根据需要蓄电池组应满足系统 3～8h 的放电时间要求

（D）当电话交换系统对电源有特殊要求时，应增加电池组持续放电时间

4. 110kV 电力系统公共连接点，在系统正常运行的较小方式下确定长时间闪变限制 P_{lt} 时，对闪变测量周期的取值下列哪一项是正确的？　　　　　　　　　　　　　　　　（　　）

（A）168h　　　　　　　　　　　　　（B）24h

（C）2h　　　　　　　　　　　　　　（D）1h

5. 电网正常运行时，电力系统公共连接点负序电压不平衡度限值，下列哪组数值是正确的？　　　　　　　　　　　　　　　　　　　　　　　　　　　　　　　　　　　　（　　）

（A）4%，短时不超过 8%　　　　　　（B）2%，短时不超过 4%

（C）2%，短时不超过 5%　　　　　　（D）1%，短时不超过 2%

6. 对于具有探测线路故障电弧功能的电气火灾监控探测器，其保护线路的长度不宜大于下列哪个值？　　　　　　　　　　　　　　　　　　　　　　　　　　　　　　　　（　　）

（A）60m　　　　　　　　　　　　　（B）80m

（C）100m　　　　　　　　　　　　（D）120m

7. 对于剩余电流保护器（RCD）的用途，下列哪项描述是错误的？ （ ）

（A）剩余电流保护器可作为 TN 系统的间接接触防护

（B）剩余电流保护器应用于 TN-C 系统

（C）在 TN-C-S 系统中采用剩余电流保护器（RCD）时，在 RCD 的负荷侧不得出现 PEN 导线，应在 RCD 的电源侧将 PE 导体从 PEN 导体分接出来

（D）在 TT 系统中通常应采用剩余电流保护器（RCD）作故障保护

8. 根据规范的要求，建筑物或建筑群综合布线系统配置设备之间（FD 与 BD、FD 与 CD、BD 与 BD、BD 与 CD 之间）组成的信道出现 4 个连接器件时，主干缆线的长度不应小于下列哪项数值？ （ ）

（A）5m （B）10m

（C）15m （D）20m

9. 对泄漏电流超过 10mA 的数据处理设备用电，下列接地要求哪项是错误的？ （ ）

（A）当采用独立的保护导体时，应是一根截面积不小于 10mm^2 的导体或两根有独立端头的，每根截面积不小于 4mm^2 的导体

（B）当保护导体与供电导体合在一根多芯电缆中时，电缆中所有导体截面积的总和应不小于 6mm^2

（C）应设置一个或多个在保护导体出现中断故障时能按要求切断设备供电的电器

（D）当设备是通过双绕组变压器供电或通过其他输入与输出回路相互隔开的机组（如电动发电机）供电时，其二次回路建议采用 TN 系统，但在特定应用中也可采用 IT 系统

10. 正常运行和短路时，电气设备引线的最大作用力不应大于电气设备端子允许的荷载，屋外配电装置的套管、支持绝缘子在荷载长期作用时的安全系数不应小于下列哪项数值？ （ ）

（A）1.67 （B）2.00

（C）2.50 （D）4.00

11. 人民防空地下室中一等人员掩蔽所的正常照明，按战时常用设备电力负荷的分级应为下列哪项负荷等级？ （ ）

（A）一级负荷中特别重要的负荷 （B）一级负荷

（C）二级负荷 （D）三级负荷

12. 关于高压接地故障时低压系统的过电压，下列哪项描述是错误的？ （ ）

（A）若变电所高压侧有接地故障，工频故障电压将影响低压系统

（B）若变电所高压侧有接地故障，工频应力电压将影响低压系统

（C）在 TT 系统中，当高压接地系统R_E和低压接地系统R_B连接时，工频接地故障电压不需考虑

（D）在 TN 系统中，当高压接地系统R_E和低压接地系统R_B分隔时，工频接地故障电压需要考虑

13. 关于架空线路的防振措施，下列哪项表述是错误的？ （ ）

（A）在开阔地区档距＜500m，钢芯铝绞线的平均运行张力上限为瞬时破坏张力的16%时，不需要防振措施

（B）在开阔地区档距＜500m，镀锌钢绞线的平均运行张力上限为瞬时破坏张力的16%时，不需要防振措施

（C）档距＜120m，镀锌钢绞线的平均运行张力上限为瞬时破坏张力的18%时，不需要防振措施

（D）不论档距大小，镀锌钢绞线的平均运行张力上限为瞬时破坏张力的25%时，均需装防振锤（线）或另加护线条

14. 关于电力通过人体的效应，在15Hz至100Hz范围内的正弦交流电流，不同电流路径的心脏电流系数，下列哪个值是错误的？ （ ）

（A）从左脚到右脚，心脏电流系数为0.04

（B）从背脊到右手，心脏电流系数为0.70

（C）从左手到右脚、右腿或双脚，心脏电流系数为1.0

（D）从胸膛到左手，心脏电流系数为1.5

15. 某办公室长9.0m、宽7.2m、高3.3m，要求工作面的平均照度 $E_{av} = 300lx$，$R_a \leqslant 80$，灯具维护系数为0.8，采用T5直管荧光灯，每支28W，$R_a = 85$，光通量2800lm，利用系数 $U = 0.54$，该办公室需要灯管数量为下列哪项数值？ （ ）

（A）12支 （B）14支

（C）16支 （D）18支

16. 关于固态物料的静电防护措施，下列哪项描述是错误的？ （ ）

（A）非金属静电导体或静电亚导体与金属导体相互连接时，其紧密接触的面积应大于 $20cm^2$

（B）防静电接地线不得利用电源零线，不得与防直击雷地线共用

（C）在进行间接接地时，可在金属导体与非金属静电导体和静电亚导体之间，加设金属箱，或涂导电性涂料或导电膏以减小接触电阻

（D）在振动和频繁移动的器件上使用的接地导体禁止用单股线及金属链，应采用 $4mm^2$ 以上的裸绞线或编织袋

17. 下列 PEN 导体的选择和安装哪一项不正确？ （ ）

（A）PEN 导体只能在移动的电气装置中采用

（B）PEN 导体应按它可能遭受的最高电压加以绝缘

（C）允许 PEN 导体分接出来保护导体和中性导体

（D）外部可导电部分不应用作 PEN 导体

18. 下列哪项不属于选择变压器的技术条件？ （ ）

（A）容量 （B）系统短路容量

（C）短路阻抗　　　　　　　　　　　　　（D）相数

19. 预期短路电流 20kA，用动作时间小于 0.1s 的限流型断路器做线路保护，计算线路导体截面积应大于下列哪项数值？（查断路器允许的能量 I^2t 为 1.17kA^{2}s，线路导体的 k 值取 100）　　　　（　　）

（A）6.33mm^2　　　　　　　　　　　　　（B）10.8mm^2

（C）11.7mm^2　　　　　　　　　　　　　（D）63.3mm^2

20. 固定敷设的低压布线系统中，下列哪项表述不符合带电导体最小截面的规定？　　　（　　）

（A）火灾自动报警系统多芯电缆传输线路导体最小截面积 0.5mm^2

（B）照明线路绝缘导体铜导体最小截面积 1.5mm^2

（C）电子设备用的信号和控制线路铜导体最小截面积 0.1mm^2

（D）供电线路铜裸导体最小截面积 10mm^2

21. 安全照明是用于确保处于潜在危险之中的人员安全的应急照明，医院手术室安全照明的照度标准值应符合下列哪项规定？　　　　（　　）

（A）应维持正常照明的照度

（B）应维持正常照明的 50% 照度

（C）应维持正常照明的 30% 照度

（D）应维持正常照明的 10% 照度

22. 平战结合的人民防空地下室电站设计中，下列哪项表述不符合规范规定？　　　（　　）

（A）中心医院、急救医院应设置固定电站

（B）防空专业队工程的电站当发电机总容量大于 200kW 时宜设置移动电站

（C）人员掩蔽工程的固定电站内设置柴油发电机组不应少于 2 台，最多不宜超过 4 台

（D）柴油发电机组的单机容量不宜大于 300kW

23. 户外配电装置采用避雷线做防雷保护，假定两根等高平行避雷线高度为 $h = 20$m，间距 $D = 5$m，请计算两根避雷线间保护范围边缘最低点的高度，其结果为下列哪项数值？　　　（　　）

（A）15.78m　　　　　　　　　　　　　　（B）18.75m

（C）19.29m　　　　　　　　　　　　　　（D）21.23m

24. 假定某垂直接地极所处的场地为双层土壤，上层土壤电阻率为 $\rho_1 = 70\Omega \cdot m$，土壤深度为 0～−3m，下层土壤电阻率为 $\rho_2 = 100\Omega \cdot m$，土壤深度为 −3～−5m；垂直接地极长 3m，顶端埋设深度为 −1m，等效土壤电阻率最接近下列哪项数值？　　　（　　）

（A）70$\Omega \cdot m$　　　　　　　　　　　　（B）80$\Omega \cdot m$

（C）85$\Omega \cdot m$　　　　　　　　　　　　（D）100$\Omega \cdot m$

25. 电气设备的选择和安装，下列哪项不符合剩余电流保护电器要求？　　　（　　）

（A）剩余电流保护电器应保证能断开所保护回路的所有带电导体

（B）保护导体不应穿越剩余电流保护电器的磁回路

（C）安装剩余电流保护电器的回路，负荷正常运行时，其预期可能出现的任何对地泄漏电流均不致引起保护电器的误动作

（D）在没有保护导体的回路中应采用剩余电流保护电器作为防止间接接触的保护措施

26. 用于交流系统中的电力电缆，有关导体与绝缘屏蔽或金属层之间额定电压的选择，下列哪项叙述是正确的？ （ ）

（A）中性点不接地系统，不应低于使用回路工作相电压

（B）中性点直接接地系统，不应低于 1.33 倍的使用回路工作相电压

（C）单相接地故障可能持续 8h 以上时，宜采用 1.5 倍的使用回路工作相电压

（D）中性点不接地系统，安全性要求较高时，宜采用 1.73 倍的使用回路工作相电压

27. 在设计并联电容器时，为了限制涌流或抑制谐波，需要装设串联电抗器，请判断下列电抗率取值，哪项在合理范围内？ （ ）

（A）仅用于限制涌流时，电抗率取 0.3%

（B）用于抑制 5 次及以上谐波时，电抗率取值 12%

（C）用于抑制 3 次及以上谐波时，电抗率取值 5%

（D）用于抑制 3 次及以上谐波时，电抗率取值 12%

28. 电压互感器应根据使用条件选择，下列关于互感器形式的选择哪项是不正确的？ （ ）

（A）3～35kV 户内配电装置，宜采用树脂浇注绝缘结构的电磁式电压互感器

（B）35kV 户外配电装置，宜采用油浸绝缘结构的电磁式电压互感器

（C）110kV 及以上配电装置，当容量和准确度等级满足要求时，宜采用电容式电压互感器

（D）SF6 全封闭组合电器的电压互感器，应采用电容式电压互感器

29. 对波动负荷的供电，除电动机启动时允许的电压下降情况外，当需要降低波动负荷引起的电网电压波动和电压闪变时，宜采取相应措施，下列哪项措施是不宜采取的措施？ （ ）

（A）采用专线供电

（B）与其他负荷共用配电线路时，降低配电线路阻抗

（C）较大功率的波动负荷或波动负荷群与对电压波动、闪变敏感的负荷分别由不同的变压器供电

（D）尽量采用电动机直接启动

30. 对于第二类建筑物，在电子系统的室外线路采用光缆时，其引入的终端箱处的电气线路侧，当无金属线路引出本建筑物至其他有自己接地装置的设备时可安装 B2 类慢上升率试验类型的电涌保护器，其短路电流宜选用下述的哪个数值？ （ ）

（A）70A （B）75A

（C）80A（D）85A

31. 建筑楼梯间内消防应急照明灯具的地面最低水平照度不应低于多少？（　　）

（A）10.0lx（B）5.0lx

（C）3.0lx（D）1.0lx

32. 对于雨淋系统的联动控制设计，下面哪项可作为雨淋阀组开启的联动触发信号？（　　）

（A）其联动控制方式应由不同报警区域内两只及以上独立感烟探测器的报警信号，作为雨淋阀组开启的联动触发信号

（B）其联动控制方式应由同一报警区域内一只感烟探测器与一只手动火灾报警按钮的报警信号，作为雨淋阀组开启的联动触发信号

（C）其联动控制方式应由同一报警区域内一只感烟探测器与一只感温探测器的报警信号，作为雨淋阀组开启的联动触发信号

（D）其联动控制方式应由同一报警区域内两只及以上独立感温探测器的报警信号，作为雨淋阀组开启的联动触发信号

33. 建筑设备监控系统控制网络层（分站）的 RAM 数据断电保护，根据规范规定，下列哪个时间符合要求？（　　）

（A）8h（B）24h

（C）48h（D）72h

34. 综合布线系统设计时，当采用 OF-500 光纤信道等级时，其支持的应用长度不应小于下列哪一项？（　　）

（A）90m（B）300m

（C）500m（D）2000m

35. 管型母线的固定方式可分为支持式和悬吊式两种，当采用支持式管型母线时，需要控制管母线挠度，请问按规范要求，支持式管型母线在无冰无风状态下的跨中挠度应满足下面哪项要求？（　　）

（A）不宜大于管型母线外直径的 0～0.5 倍

（B）不宜大于管型母线外直径的 0.5～1.0 倍

（C）不宜大于管型母线外直径的 1.0～1.5 倍

（D）不宜大于管型母线外直径的 1.5～2.0 倍

36. 对 TN 系统的安全防护，下列哪项描述是错误的？（　　）

（A）在 TN 系统中，电气装置的接地是否完好，取决于 PEN 或 PE 导体对地的可靠有效连接

（B）供电系统的中性点或中间点应接地，如果该系统没有中性点或中间点或中间点未从电源设备引出，则应将一个线导体接地

（C）在 PEN 导体中不应插入任何开关或隔离器件

（D）过电流保护电器不可用作 TN 系统的故障保护（间接接触防护）

37.关于架空线路导线和地线的初伸长，下列哪项表述是错误的？ （ ）

（A）35kV 线路导线的初伸长对弧垂的影响可采用降温法补偿，钢芯铝绞线可降低 15～25℃

（B）35kV 线路地线的初伸长对弧垂的影响可采用降温法补偿，钢绞线可降低 15℃

（C）10kV 及以下架空电力线路的导线初伸长对弧垂的影响可采用减少弧垂法补偿，铝绞线的减少率为 20%

（D）10kV 及以下架空电力线路的导线初伸长对弧垂的影响可采用减少弧垂法补偿，钢芯铝绞线的减少率为 12%

38.关于液体物料的防静电措施，下列哪项表述是错误的？ （ ）

（A）在输送和灌装过程中，应防止液体的飞散喷溅，从底部或上部入罐的注油管末端应设计成不易使液体飞散的倒 T 形等形状或另加导流板，上部灌装时，使液体沿侧壁缓慢下流

（B）对罐车等大型容器灌装烃类液体时，宜从底部进油，若不得已采用顶部进油时，则其注油管宜伸入罐内离罐底不大于 300mm，在注油管末浸入液面前，其流速应限制在 2m/s 以内

（C）在储存罐、罐车等大型容器内，可燃性液体的表面，不允许存在不接地的导电性漂浮物

（D）当液体带电很高时，例如在精细过滤器的出口，可先通过缓和器后再输出进行灌装，带电液体在缓和器内停留时间，一般可按缓和时间的 3 倍来设计

39.下列哪个场所室内照明光源宜选用 < 3300K 色温的光源？ （ ）

（A）卧式 （B）诊室
（C）仪表装配 （D）热加工车间

40.民用建筑有线电视系统采用 HFC 接入分配网时，关于光节点端口与用户终端之间的链路损耗指标，下列哪项不符合规范的规定？ （ ）

（A）光节点端口与用户终端之间的上行信号，链路损耗不应大于 30dB

（B）光节点同一端口下任意两个用户终端之间的下行信号，链路损耗差值不应大于 10dB

（C）光节点同一端口下任意两个用户终端之间的上行信号，链路损耗差值不应大于 6dB

（D）光节点设备可选用 2 端口或 4 端口型，每个端口覆盖用户终端不宜超过 200 个

二、多项选择题（共 30 题，每题 2 分，每题的备选项中有 2 个或 2 个以上符合题意，错选、少选、多选均不得分）

41.下列哪些低压设施可以省去间接接触防护措施？ （ ）

（A）附设在建筑物上，且位于伸臂范围之外的架空线绝缘子的金属支架

（B）架空线钢筋混凝土电杆内可触及的钢筋

（C）尺寸很小（约小于 50mm × 50mm），或因其部位不可能被人抓住或不会与人体部位有大面积的接触，而且难于连接保护导体或即使连接，其连接也不可靠的外露可导电部分

（D）敷设线路的金属管或用于保护设备的金属外护物

42. 关于电力系统三相电压不平衡度的测量和取值，下列哪些表述是正确的？ （   ）

（A）测量应在电力系统正常运行的最小方式（或较小方式），不平衡负荷处于正常、连续工作状态下进行，并保证不平衡负荷的最大工作周期包含在内

（B）对于电力系统的公共连接点，测量持续时间取 2d（48h），每个不平衡度的测量间隔为 1min

（C）对电力系统的公共连接点，供电电压负序不平衡度测量值的 10min 方均根值的 95% 概率大值应不大于 2%，所有测量值中的最大值不大于 4%

（D）对于日波动不平衡负荷也可以时间取值，日累计大于 2% 的时间不超过 96min，且每 30min 中大于 2% 的时间不超过 5min

43. 关于低压系统接地的安全技术要求，下列哪几项表述是正确的？ （   ）

（A）为保证在故障情况下可靠有效地自动切断供电，要求电气装置中外露可导电部分都应通过保护导体或保护中性导体与接地极连接，以保证故障回路的形成

（B）建筑物内的金属构件（金属水管）可用作保护导体

（C）系统中应尽量实施总等电位联结

（D）不得在保护导体回路中装设保护电器，但允许设置手动操作的开关和只有用工具才能断开的连接点

44. 某地区 35kV 架空输电线路，当地的气象条件如下：最高温度+40.7℃、最低温度−21.3℃，年平均气温+13.9℃、最大风速 21m/s、覆冰厚度 5mm、冰比重 0.9，关于 35kV 输电线路设计气象条件的选择，下列哪些项表述是正确的？ （   ）

（A）年平均气温工况：气温 15℃，无风，无冰

（B）安装工况：气温−5℃，风速 10m/s，无冰

（C）雷电过电压工况：气温 15℃，风速 10m/s，无冰

（D）最大风速工况：气温−5℃，风速 20m/s，无冰

45. 下列建筑照明节能措施，哪些项符合标准规定？ （   ）

（A）选用的照明光源、镇流器的能效应符合相关能效标准的节能评价值

（B）一般场所不应选用卤钨灯，对商场、博物馆显色要求高的重点照明可采用卤钨灯

（C）一般照明不应采用荧光高压汞灯

（D）一般照明在满足照度均匀度条件下，宜选用单灯功率较小的光源

46. TT 系统采用过电流保护器时，应满足下列条件：$Z_s \times I_k = U_k$，式中 Z_s 为故障回路的阻抗，它包括下列哪些部分的阻抗？ （   ）

（A）电源和电源的接地极

（B）电源至故障点的线导体

（C）外露可导电部分的保护导体

（D）故障点和电源之间的保护导体

47. 户外严酷条件下的电气设施为确保正常情况下的防触电，常采用设置屏障的方法，下列哪些屏障措施是正确的？ （　　）

（A）用屏障栏杆防止物体无意识接近带电部件

（B）采用对熔断器加设网屏或防护手柄

（C）屏障可随意异动

（D）不使用工具即可移动此屏障，但必须将其固定在其位置上，使其不致被无意移动

48. 关于感知阀和反应阀的描述，下列哪些描述是正确的？ （　　）

（A）直流感知阀和反应阀取决于若干参数，如接触面积、接触状况（干燥、湿度、压力、温度），通电时间和个人的生理特点

（B）交流感知阀只有在接通和断开时才有感觉，而在电流流过时不会有其他感觉

（C）直流的反应阀约为 2mA

（D）交流感知阀和反应阀取决于若干参数，如与电极接触的人体的面积、接触状况（干燥、湿度、压力、温度），而且还取决于个人的生理特性

49. 在下列哪些环境下，更易发生引燃、引爆等静电危害？ （　　）

（A）可燃物的温度比常温高

（B）局部环境氧含量比正常空气中高

（C）爆炸性气体的压力比常压高

（D）相对湿度较高

50. 下列关于绝缘配合原则或绝缘强度要求的叙述，哪些项是正确的？ （　　）

（A）35kV 及以下低电阻接地系统计算用相对地最大操作过电压标幺值为 3.0p.u.

（B）110kV 及 220kV 系统计算用相对地最大操作过电压标幺值为 4.0p.u.

（C）海拔高度 1000m 及以下地区，35kV 断路器相对地额定雷电冲击耐受电压不应小于 185kV

（D）海拔高度 1000m 及以下地区，66kV 变压器相间额定雷电冲击耐受电压不应小于 350kV

51. 计算电缆持续允许载流量时，应计及环境温度的影响，下列关于选取环境温度的原则哪些项是正确的？（用 T_m 代表最热月的日最高温度平均值，T_f 代表通风设计温度） （　　）

（A）土中直埋：$T_m + 5℃$

（B）户外电缆沟：T_m

（C）有机械通风措施的室内：T_f

（D）无机械通风的户内电缆沟：$T_m + 5℃$

52. 高压系统接地故障时低压系统为满足电压限值的要求，可采取以下哪些措施？ （　　）

（A）将高压接地装置和低压接地装置分开

（B）改变低压系统的系统接地

（C）降低接地电阻

（D）减少接地极

53. 在有电视转播要求的体育场馆，其比赛时，下列哪些场地照明符合标准规定？　　（　　）

（A）比赛场地水平照度最小值与最大值之比不应小于 0.5
（B）比赛场地水平照度最小值与平均值之比不应小于 0.7
（C）比赛场地主摄像机方向的垂直照度最小值与最大值之比不应小于 0.3
（D）比赛场地主摄像机方向的垂直照度最小值与平均值之比不应小于 0.5

54. 关于人体带电电位与静电电击程度的关系，下列哪些表述是正确的？　　（　　）

（A）人体电位为 1kV 时，电击完全无感觉
（B）人体电位为 3kV 时，电击有针触的感觉，有哆嗦感，但不疼
（C）人体电位为 5kV 时，电击从手掌到前腕感到疼，指尖延伸出微光
（D）人体电位为 7kV 时，电击手指感到剧痛，后腕感到沉重

55. 并联电容器组应设置不平衡保护，保护方式可根据电容器组的接线方式选择不同的保护方式，下列不平衡保护方式哪些是正确的？　　（　　）

（A）单星形电容器组可采用开口三角电压保护
（B）单星形电容器组串联段数两段以上时，可采用相电压保护
（C）单星形电容器组每相能接成四个桥臂时，可采用桥式差电流保护
（D）双星形电容器组，可采用中性点不平衡电流保护

56. 在建筑物引线下附近保护人身安全需采取的防接触电压的措施，关于防接触电压，下列哪些方法不符合规定？　　（　　）

（A）利用建筑物金属构架和建筑物互相连接的钢筋在电气上是贯通且不少于 10 根柱子组成的自然引下线，作为自然引下线的柱子包括位于建筑物四周和建筑物内的
（B）引下线 2m 范围内地表层的电阻率不小于 50kΩ·m，或敷设 5cm 厚沥青层或 15cm 厚砾石层
（C）外露引下线，其距地面 2m 以下的导体用耐 1.2/50μs 冲击电压 100kV 的绝缘层隔离，或用至少 3mm 厚的交联聚乙烯层隔离
（D）用护栏、警告牌使接触引下线的可能性降低最低限度

57. 低压电气装置安全防护，防止电缆过负荷的保护电器的工作特性应满足以下哪些条件？　　（　　）

（A）$I_a \leqslant I_n \leqslant I_Z$　　　　　　　　　　（B）$I_2 \leqslant 1.45 I_Z$
（C）$I_B \geqslant I_n \geqslant I_Z$　　　　　　　　　　（D）$I_2 \leqslant 1.3 I_Z$

其中，I_a 为回路的实际电流，I_B 为回路的设计电流，I_Z 为电缆的持续载流量，I_n 为保护电器的额定电流，I_2 为保证保护电气在约定的时间内可靠动作的电流

58. 下列哪几种情况下，电力系统可采用不接地方式？　　（　　）

（A）单相接地故障电容电流不超过 10A 的 35kV 电力系统

（B）单相接地故障电容电流超过 10A，但又需要系统在接地故障条件下运行时的 35kV 电力系统

（C）不直接连接发电机的由钢筋混凝土杆塔架空线路构成的 10kV 配电系统，当单相接地故障电容电流不超过 10A 时

（D）主要由电缆线路构成的 10kV 配电系统，且单相接地故障电容电流大于 10A，但又需要系统在接地故障条件下运行时

59. 直流负荷按功能可分为控制负荷和动力负荷，下列哪些负荷属于控制负荷？ （　　）

（A）电气控制、信号、测量负荷

（B）热工控制、信号、测量负荷

（C）高压断路器电磁操动合闸机构

（D）直流应急照明负荷

60. 下列哪些项可用作接地极？ （　　）

（A）建筑物地下混凝土基础结构中的钢筋

（B）埋地排水金属管道

（C）埋地采暖金属管道

（D）埋地角钢

61. 有一高度为 15m 的空间场所，当设置线性光束感烟火灾探测器时，下列哪些符合规范的要求？ （　　）

（A）探测器应设置在建筑顶部

（B）探测器宜采用分层组网的探测方式

（C）宜在 6～7m 和 11～12m 处各增设一层探测器

（D）分层设置的探测器保护面积可按常规计算，并宜与下层探测器交错布置

62. 关于供电电压偏差的测量，在下列哪些情况下应选择 A 级性能的电压测量仪器？ （　　）

（A）为解决供用电双方的争议

（B）进行供用电双方合同的冲裁

（C）用来进行电压偏差的调查统计

（D）用来排除故障以及其他不需要较高精确度测量的应用场合

63. 下列关于用电产品的安装与使用，在下列表述中哪些项是正确的？ （　　）

（A）用电产品应该按照制造商提供的使用环境条件进行安装，并应符合相应产品标准的规定

（B）移动使用的用电产品，应在断电状态移动，并防止任何降低其安全性能的损坏

（C）任何用电产品在运行过程中，应有必要的监控或监视措施，用电产品不允许超负荷运行

（D）当系统接地形式采用 TN-C 系统时，应在各级电路采用剩余电流保护器进行保护，并且各

级保护应具有选择性

64. 关于建筑物内通信配线电缆的保护导管的选用，下列哪些项符合规范的要求？　　　　（　　）

（A）在地下层、首层底板、屋面板、出屋面的墙体和潮湿场所暗敷及直埋于素土时，应采用壁厚不小于 1.5mm 的热镀锌钢管

（B）在屋内二层底板及以上各层楼板、墙内暗敷时，可采用壁厚不小于 1.5mm 的热镀锌钢管

（C）当在 1 根直线导管内敷设时，其管径利用率不宜大于 50%

（D）当在 1 根弯曲段导管内敷设时，其管径利用率不宜大于 40%

65. 下面有关配电装置配置的表述中哪几项是正确的？　　　　（　　）

（A）66～110kV 敞开式配电装置，断路器两侧隔离开关的断路器侧、线路隔离开关的线路侧，宜配置接地开关

（B）屋内、屋外配电装置的隔离开关与相应的断路器和接地刀闸之间应装设闭锁装置

（C）66～110kV 敞开式配电装置，母线避雷器和电压互感器不宜装设隔离开关

（D）66～110kV 敞开式配电装置，为保证电气设备和母线的检修安全，每段母线上应配置接地开关

66. 布线系统为避免外部热源的不利影响，下列哪些项保护方法是正确的？　　　　（　　）

（A）安装挡热板

（B）缆线选择与线路敷设考虑导体发热引起的环境温升

（C）天窗控制线路应选择和敷设合适的布线系统

（D）局部加装隔热材料，如增加隔热套管

67. 交通隧道内火灾自动报警系统的设置应符合下列哪些规定？　　　　（　　）

（A）应设置火灾自动探测装置

（B）隧道出入口和隧道内每隔 200m 处，应设置报警电话和报警按钮

（C）应设置火灾应急广播

（D）每隔 100～150m 处设置发光报警装置

68. 下面有关导体和电气设备环境条件选择的表述中哪几项是正确的？　　　　（　　）

（A）导体和电器的环境相对湿度，应采用当地湿度最高月份的平均相对湿度

（B）设计屋外配电装置及导体和电器时的最大风速，可采用离地 10m 高，50 年一遇 10min 平均最大风速

（C）110kV 的电器及金具，在 1.1 倍最高相电压下，晴天夜晚不应出现可见电晕

（D）110kV 导体的电晕临界电压应大于导体安装处的最高工作电压

69. 继电保护和自动装置应满足可靠性、选择性、灵敏性和速动性的要求，并应符合下列哪些规定？

　　　　（　　）

（A）继电保护和自动装置应具有自动在线检测、闭锁和装置异常或故障报警功能

（B）对相邻设备和线路有配合要求时，上下两级之间的灵敏系数和动作时间应相互配合

（C）当被保护设备和线路在保护范围内发生故障时，应具有必要的灵敏系数

（D）保护装置应能尽快地切除短路故障，当需要加速切除短路故障时，不允许保护装置无选择性地动作，但可利用自动重合闸或备用电源和内用设备的自动投入装置缩小停电范围

70. 下面有关直流系统中高频开关电源模块的基本性能要求的表述中哪些项是正确的？　（　　　）

（A）在多个模块并联工作状态下运行时，各模块承受的电流应能做到自动均分负载，实现均流；在 2 个及以上模块并联运行时，其输出的直流电流为额定值，均流不平衡度不大于±5%额定电流值

（B）功率因数应不小于 0.90

（C）在模块输入端施加的交流电源符合标称电压和额定频率要求时，在交流输入端产生的各高次谐波电流含有率应不大于 35%

（D）电磁兼容应符合现行国家标准《电力工程直流电源设备通用技术条件及安全要求》（GB/T 19826—2014）的有关规定

2017 年专业知识试题（上午卷）

一、单项选择题（共 40 题，每题 1 分，每题的备选项中只有 1 个最符合题意）

1. 某工业厂房，长 60m、宽 30m，灯具距作业面高度为 8m，宜选用下列哪项灯具？　　（　　）

（A）宽配光灯具　　　　　　　　　　（B）中配光灯具
（C）窄配光灯具　　　　　　　　　　（D）特窄配光灯具

2. 校核电缆短路热稳定时，下列哪项描述不符合规程规范的规定？　　（　　）

（A）短路计算时，系统接线应采用正常运行方式，且按工程建成后 5～10 年发展规划
（B）短路点应选取在电缆回路最大短路电流可能发生处
（C）短路电流的作用时间，应取主保护动作时间与断路器开断时间之和
（D）短路电流的作用时间，对于直馈电动机应取主保护动作时间和断路器开断时间之和

3. 35kV 不接地系统，发生单相接地故障后，当无法迅速切除故障时，变电站接地装置的跨步电位差不应大于下面哪项数值？（已知地表层电阻率为 40Ω·m，表层衰减系数为 0.8）　　（　　）

（A）51.6V　　　　　　　　　　　　（B）56.4V
（C）65.3V　　　　　　　　　　　　（D）70.1V

4. 某 110kV 变电所，当地海拔高度为 850m，采用无间隙金属氧化物避雷器作为 110kV 不接地系统各相工频过电压的限制措施，一般条件下避雷器的额定电压应不大于下列哪项数值？　　（　　）

（A）82.5kV　　　　　　　　　　　　（B）94.5kV
（C）151.8kV　　　　　　　　　　　（D）174.0kV

5. 中性点经消弧线圈接地的电网，当采用欠补偿方式时，下列哪项描述是正确的？　　（　　）

（A）脱谐度小于零
（B）电网的电容电流大于消弧线圈的电感电流
（C）电网为容性
（D）电网为感性

6. 系统额定电压为 660V 的 IT 供电系统中选用的绝缘监测电器，其相地绝缘电阻的整定值应低于下列哪项数值？　　（　　）

（A）0.1MΩ　　　　　　　　　　　　（B）0.5MΩ
（C）1.0MΩ　　　　　　　　　　　　（D）1.5MΩ

7. 需要保护和控制雷电电磁脉冲环境的建筑物应划分为不同的雷电防护区，关于雷电防护区的划分，下列哪项描述是错误的？　　（　　）

（A）LPZ0A 区：受直接雷击和全部雷击电磁场威胁的区域。该区域的内部系统可能受到全部或部分雷电浪涌电流的影响

（B）LPZ0B 区：直接雷击的防护区域，但该区域的威胁是部分雷电电磁场。该区域的内部系统可能受到部分雷电浪涌电流的影响

（C）LPZ1 区：由于边界处分流和浪涌保护器的作用使浪涌电流受到限制的区域。该区域的空间屏蔽可以衰减雷电电磁场

（D）LPZ2～n 后续防雷区：由于边界处分流和浪涌保护器的作用使浪涌电流受到进一步限制的区域。该区域的空间屏蔽可以进一步衰减雷电电磁场

8. 某变电所屋外配电装置高 10m，拟采用 2 支 35m 高的避雷针防直击雷，则单支避雷针在地面上的保护半径为下列哪项数值？　　　　　　　　　　　　　　　　　　　　　　　　（　　）

（A）26.3m　　　　　　　　　　　　　　　（B）35m

（C）48.8m　　　　　　　　　　　　　　　（D）52.5m

9. 某周长 100m 的二类防雷建筑物，利用基础内钢筋网作为接地体，采用网状接闪器和多根引下线，在周围地面以下距地面不小于 0.5m 处，每根引下线所连接的钢筋表面积总和不小于下列哪一项数值？　　　　　　　　　　　　　　　　　　　　　　　　　　　　　　　　　　　　（　　）

（A）0.25m^2　　　　　　　　　　　　　　（B）0.32m^2

（C）0.50m^2　　　　　　　　　　　　　　（D）0.82m^2

10. 某 10kV 变压器室，变压器的油量为 300kg，有将事故油排至安全处的设施，则该变压器室的贮油设施的最小储油量为下列哪项数值？　　　　　　　　　　　　　　　　　　　　（　　）

（A）30kg　　　　　　　　　　　　　　　（B）60kg

（C）180kg　　　　　　　　　　　　　　　（D）300kg

11. 某 10kV 变压器室，变压器尺寸为 2000mm×1500mm×2300mm（长×宽×高），则该变压器室门的最小尺寸为下列哪项数值（宽×高）？　　　　　　　　　　　　　　　　　　（　　）

（A）1500mm×2800mm　　　　　　　　　（B）1800mm×2800mm

（C）2300mm×2600mm　　　　　　　　　（D）2300mm×2800mm

12. 下列电力装置或设备的哪个部分可不接地？　　　　　　　　　　　　　　　　　（　　）

（A）变压器的底座　　　　　　　　　　　（B）发电机出线柜

（C）10kV 开关柜外壳　　　　　　　　　（D）室内 DC36V 蓄电池支架

13. 某变电站采用直流电源成套装置，蓄电池组为阀控式密封铅酸蓄电池，下述容量配置中哪项不符合规定？　　　　　　　　　　　　　　　　　　　　　　　　　　　　　　　（　　）

（A）350A·h　　　　　　　　　　　　　　（B）200A·h

（C）100A·h　　　　　　　　　　　　　　（D）40A·h

14. 在电流型变频器中采用由几组具有不同输出相位的逆变器并联运行的多重化技术，以降低输出电流的谐波含量。三重输出直接并联的逆变器的 5 次谐波可能达到的最低谐波含量应为下列哪项数值？　　　　　　　　　　　　　（　　　）

（A）3.83%　　　　　　　　　　　　　　（B）4.28%

（C）4.54%　　　　　　　　　　　　　　（D）5.36%

15. 下述哪个场所应选用聚氯乙烯外护层电缆？　　　　　　　　　　　　　（　　　）

（A）人员密集的公共设施　　　　　　　　（B）−15℃以下低温环境

（C）60℃以上高温场所　　　　　　　　　（D）放射线作用场所

16. 某车间环境对铝有严重腐蚀性，车间内电炉变压器二次侧母线电流为30000A，该母线宜采用下述哪种材质？　　　　　　　　　　　　　　　　　　　　　　（　　　）

（A）铝　　　　　　　　　　　　　　　　（B）铝合金

（C）铜　　　　　　　　　　　　　　　　（D）钢

17. 闪点不小于 60℃的液体或可燃固体，其火灾危险性分类正确的是下列哪项？　（　　　）

（A）乙类　　　　　　　　　　　　　　　（B）丙类

（C）丁类　　　　　　　　　　　　　　　（D）戊类

18. 从手到手流过 225mA 的电流与左手到双脚流过多少 mA 的电流有相同的心室纤维性颤动可能性？　　　　　　　　　　　　　　　　　　　　　　　　　　　（　　　）

（A）70mA　　　　（B）80mA　　　　（C）90mA　　　　（D）100mA

19. 下列关于对 TN 系统的描述，错误的是哪一项？　　　　　　　　　　　（　　　）

（A）过电流保护器可用作 TN 系统的故障保护

（B）剩余电流保护器（RCD）可用作 TN 系统的故障保护

（C）剩余电流保护器（RCD）可应用于 TN-C 系统

（D）在 TN-C-S 系统中采用 RCD 时，在 RCD 的负荷侧不得再出现 PEN 线

20. 并联电容器装置的合闸涌流限制超过额定电流的多少倍时，应采取下列哪项措施予以限制？　　　　　　　　　　　　　　　　　　　　　　　　　　　　（　　　）

（A）20 倍，并联电抗器　　　　　　　　（B）20 倍，串联电抗器

（C）10 倍，并联电抗器　　　　　　　　（D）10 倍，串联电抗器

21. 某广场照明采用投光灯，安装 1000W 金属卤化物灯，投光灯中光源的光通量 $\Phi_1 = 200000\text{lm}$，灯具效率$\eta = 0.69$，安装高度为 21m，被照面积为 10000m²。当安装 8 盏投光灯，且有 4 盏投光灯的光通量全部入射到被照面上时，查得利用系数$U = 0.7$，灯具维护系数 0.7，被照面上的水平平均照度值为下列哪项数值？　　　　　　　　　　　　　　　　　　　　　　　　　　　　（　　　）

（A）27.0lx   （B）54.1lx

（C）77.3lx   （D）112lx

22. 某变电所 10kVI 段母线接有两组整流设备，整流器接线均为三相全控桥式，已知 1 号整流设备 10kV 侧 5 次谐波电流值为 35A，2 号整流设备 10kV 侧 5 次谐波电流值为 25A，则该变电所 10kVI 段母线的 5 次谐波电流值应为下列哪项数值？   （   ）

（A）43A   （B）49.8A

（C）54.5A   （D）57.2A

23. 下列哪种措施对降低冲击性负荷引起的电网电压波动和电压闪变是无效的？   （   ）

（A）采用专线供电

（B）与对电压不敏感的其他负荷共用配电线路时，降低线路阻抗

（C）选择高一级电压或由专用变压器供电，将冲击负荷接入短路容量较大的电网中

（D）较大功率的冲击性负荷或冲击性群与对电压波动、闪变敏感的负荷由同一台变压器供电

24. 下列哪些措施可以限制变电站 6～10kV 线路的三相短路电流？   （   ）

（A）将分裂运行的变压器改为并列运行

（B）降低变压器的短路阻抗

（C）在变压器中性点加小电抗器

（D）在变压器回路串联限流电抗器

25. 安全防范系统设计中，要求系统的电源线、信号线经过不同防雷区界面处，宜安装电涌保护器；系统的重要设备应安装电涌保护器。电涌保护器接地端和防雷接地装置应做等电位连接。等电位连接带应采用铜质线，按规范规定其截面积不应小于下列哪项数值？   （   ）

（A）10mm^2 （B）16mm^2

（C）25mm^2 （D）50mm^2

26. 公共广播系统设计中，对于二级背景广播系统，其电声性能指标中的系统设备信噪比，下列哪项符合规范的规定？   （   ）

（A）≥65dB   （B）≥55dB   （C）≥50dB   （D）≥45dB

27. 某地下室平时车库，战时人防物资库，平时和战时通风、排水不合用，照明合用。用电负荷统计见下表，计算人防战时负荷总有功功率为下列哪项数值？   （   ）

序 号	用电负荷名称	数 量	有功功率	备 注
1	车库送风机兼消防排烟补风机	1	11kW	单台有功功率
2	车库排风机兼消防排烟风机	1	15kW	单台有功功率
3	诱导风机	15	100W	单台有功功率

续上表

序　号	用电负荷名称	数　量	有功功率	备　注
4	车库排水泵	2	5.5kW	单台有功功率
5	正常照明		12kW	总有功功率
6	应急照明		1.5kW	总有功功率
7	防火卷帘门	1	3kW	单台有功功率
8	物资库送风机	1	4kW	单台有功功率
9	电葫芦（战时安装）	1	1.5kW	单台有功功率
10	电动汽车充电桩	4	60kW	单台有功功率

（A）19kW　　　　　　　　　　　　（B）20.5kW

（C）22kW　　　　　　　　　　　　（D）30kW

28. 复励式440V、150kW起重用直流电动机，在工作制$F_{CN}=25\%$时、额定电压及相应转速下，电动机允许的最大转矩倍数应为下列哪项数值？　　　　　　　　（　　　）

（A）3.6　　　　　　　　　　　　　（B）3.2

（C）2.64　　　　　　　　　　　　（D）2.24

29. 某制冷站两台用电功率406kW的制冷机组，辅助设备总功率300kW。制冷机组Y/△启动，额定电流698A，Y接线时启动电流1089A，△接线时启动电流3400A，辅助设备计算负荷为80%设备总功率，设备功率因数均为0.8，假定所有设备逐台不同时启动运行，计算最大尖峰电流为下列哪项数值？

（　　　）

（A）1544.8A　　　　　　　　　　（B）2242.8A

（C）2356.8A　　　　　　　　　　（D）4553.8A

30. 下列哪类修车库或用电负荷应按一级负荷供电？　　　　　　　　（　　　）

（A）I类修车库

（B）II类修车库

（C）III类修车库

（D）采用汽车专用升降机作为车辆疏散出口的升降机用电

31. 下列哪项场所不宜选用感应式自动控制的发光二极管？　　　　　　　　（　　　）

（A）无人长时间逗留的排烟机房

（B）地下车库的行车道、停车位

（C）公共建筑的走廊、楼梯间、厕所等场所

（D）只进行检查、巡视和短时操作的工作场所

32. 接地导体与接地极应可靠连接，且应有良好的导电性能，下列哪项不符合规范要求？（　　）

（A）放热焊接　　　　　　　　　（B）搭接绑扎

（C）夹具　　　　　　　　　　　（D）压机器

33. 下列有关线性光束感烟火灾探测器的设置，有关设备及设备与建筑物距离的描述哪项是正确的？（　　）

（A）探测器至侧墙水平距离不应大于 8m，且不应小于 0.5m

（B）探测器的发射器和接收器之间不应超过 100m

（C）相邻两组探测器的水平距离不应大于 14m

（D）探测器光束轴线至顶棚的垂直距离宜为 0.5～1.0m

34. 某数据中心的设计过程中，下列哪项做法是不正确的？（　　）

（A）采用不间断电源系统供电的空调设备和电子信息设备分别由不同的不间断电源供电

（B）测试电子信息的电源和电子信息设备的正常工作电源分别由不同的不间断电源供电

（C）电子信息设备应由不间断电源系统供电

（D）不间断电源系统应有自动和手动旁路装置

35. 某 35kV 变电站内的消防水泵房与油浸式电容器相邻，两建筑物为砖混结构，屋檐为非燃烧材料，相邻面两墙体上均为开小窗，则这两建筑物之间的最小距离不得小于下列哪个数值？（　　）

（A）5m　　　　　　　　　　　　（B）7.5m

（C）10m　　　　　　　　　　　（D）12m

36. 在架空输电线路设计中，当 35kV 线路在最大计算弧垂情况下，人口稀少地区导线与地面的最小距离为下列哪项数值？（　　）

（A）6.0m　　　　　　　　　　　（B）5.5m

（C）5.0m　　　　　　　　　　　（D）4.5m

37. 采用并联电力电容器作为就地无功补偿装置时，下列原则哪项是不正确的？（　　）

（A）容量较大，负荷平稳且经常使用的用电设备的无功功率，宜单独就地补偿

（B）在环境正常的建筑物内，低压电容器宜集中设置

（C）补偿基本无功功率电容器组，应在配变电所内集中补偿

（D）高压部分的无功功率，宜由高压电容器补偿

38. 某山区需安装架空线杆塔，经现场测量可知设计用 10min 平均风速为 35m/s，全年风向与线路方向的夹角平均为 65°，悬垂绝缘子串风偏角计算时，风压不均匀系数应取下列哪项数值？（　　）

（A）1.124　　　　　　　　　　　（B）1.092

（C）0.434　　　　　　　　　　　（D）0.655

39.某甲级办公楼高 99m，设置有 1 个电气竖井，面积为 5.2m²，竖井内安装 4 个配电箱，面对面挂墙布置，请问配电箱前的操作维护尺寸不应小于下列哪项数值？　　　　　　（　　）

（A）0.6m　　　　　　　　　　　（B）0.8m

（C）1.0m　　　　　　　　　　　（D）1.1m

40.下列有关不同额定电压等级的普通交联聚乙烯电力电缆导体的最高允许温度，哪项是正确的？
　　　　　　　　　　　　　　　　　　　　　　　　　　　　　　　　（　　）

（A）额定电压 10kV，持续工作时 70℃，短路暂态 160℃

（B）额定电压 35kV，持续工作时 80℃，短路暂态 250℃

（C）额定电压 66kV，持续工作时 80℃，短路暂态 160℃

（D）额定电压 110kV，持续工作时 90℃，短路暂态 250℃

二、多项选择题（共 30 题，每题 2 分。每题的备选项中有 2 个或 2 个以上符合题意。错选、少选、多选均不得分）

41.在可能发生对地闪击的地区，下列哪些建筑是二类防雷建筑物？　　　　　　（　　）

（A）国家特级和甲级大型体育馆

（B）省级重点文物保护的建筑物

（C）预计雷击次数大于 0.05 次/a 的部、省级办公建筑物

（D）预计雷击次数大于 0.25 次/a 的一般性工业建筑物

42.在施工图设计阶段，应按下列哪些方法计算的最大容量确定柴油发电机的容量？　　（　　）

（A）按需要供电的稳定负荷计算发电机容量

（B）按尖峰负荷计算发电机容量

（C）按配电变压器容量计算发电机容量

（D）按启动发电机时，发电机母线允许压降计算发电机容量

43.某 0.4kV 配电所，不计反馈时母线短路电流为 10kA，用电设备均布置在配电所附近。在进行电源进线断路器分断能力校验时，下列 0.4kV 配出负荷哪些项应计入其影响？　　（　　）

（A）一台额定电压为 380V、功率为 55kW 的交流弧焊机

（B）一台三相 80kV·A 变压器

（C）一台功率为 55kW、功率因数为 0.87、效率为 93% 的电动机

（D）两台功率为 30kW、功率因数为 0.86、效率为 91.4% 的电动机

44.交流调速方案按其效率高低，可分为高效和低效两种，下述哪些是高效调速方案？　　（　　）

（A）变级数控制　　　　　　　　　（B）液力耦合器控制

（C）串级（双馈）控制　　　　　　（D）定子变压控制

45.人民防空工程防火电气设计中，下列哪些项符合现行规范的规定？　　　　　　（　　）

（A）建筑面积大于 5000m² 的人防工程，其消防备用照明的照度值不宜低于正常照明照度值的 50%

（B）沿墙面设置的疏散标志灯距地面不应大于 1m，间距不应大于 15m

（C）设置在疏散走道上方的疏散标志灯的方向指示应与疏散通道垂直，其大小应与建筑空间相协调；标志灯下边缘距室内地面不应大于 2.5m，且应设置在风管等设备管道的下部

（D）沿地面设置的灯光型疏散方向标志的间距不宜大于 3m，蓄光型发光标志的间距不宜大于 2m

46. 在建筑防火设计中，按现行国家标准，建筑内下列哪些场所应设置疏散照明？ （   ）

（A）建筑面积大于 100m² 的地下或半地下公共活动场所

（B）公共建筑内的疏散走道

（C）人员密集的厂房内的生产场所及疏散走道

（D）建筑高度 25.8m 的住宅建筑电梯间的前室或合用前室

47. 户外严酷条件下，电气设施的直接接触防护，实现完全防护需采用下列哪些项措施？ （   ）

（A）采用遮拦或壳体

（B）对带电部件采用绝缘

（C）将带电部件置于伸臂范围之外

（D）设置屏蔽

48. 下列哪些项符合节能措施要求？ （   ）

（A）尽管电网电能充足，但用户也应设置自备电源

（B）35kV 不宜直降至低压配电电压

（C）较大容量的制冷机组，冬季不使用，宜配置专用变压器

（D）按经济电流密度选择电力电缆导体截面

49. 防空地下室战时各级负荷电源应符合下列哪些要求？ （   ）

（A）战时一级负荷，应有两个独立的电源供电，其中一个独立电源应是该防空地下室的内部电源

（B）战时二级负荷，应引接区域电源，当引接区域电源有困难时，应在防空地下室内设置自备电源

（C）战时三级负荷，应引接电力系统电源

（D）为战时一级、二级负荷供电专设的 EPS、UPS 自备电源设备，平时必须安装到位

50. 交—直—交变频调速分电压型和电流型两大类，下述哪些是电流型变频调速的主要特点？ （   ）

（A）直流滤波环节为电抗器　　　　　（B）输出电流波形为矩形
（C）输出动态阻抗小　　　　　　　　（D）再生制动方便

51. 下列低压配电系统接地表述中，哪些是正确的？ （   ）

（A）对用电设备采用单独的 PE 和 N 的多电源 TN-C-S 系统，应在变压器中性点或发电机星形点直接接地

（B）TT 系统中，装置的外露可导电部分应与电源系统中性点接至统一接地线上

（C）IT 系统可经足够高的阻抗接地

（D）建筑物处的低压系统电源中性点，电气装置外露可导电部分的保护接地，保护等电位联结的接地极等，可与建筑物的雷电保护接地共用同一接地装置

52. 某变电站的接地网均压带采用等间距布置，接地网的外缘各角闭合，并做成圆弧型，如均压带间距为 20m，圆弧半径可为下列哪些数值？   （   ）

（A）20m   （B）15m

（C）10m   （D）8m

53. 下列关于消防联动控制的表述中，哪几项是正确的？   （   ）

（A）消防联动控制器应能按规定的控制逻辑向各相关的受控设备发出联动控制信号，并接受相关设备的联动反馈信号

（B）消防水泵、防烟和排烟风机的控制设备，除应采用联动控制方式外，还应在消防控制室设置手动直接控制装置

（C）启动电流较大的消防设备宜分时启动

（D）需要火灾自动报警系统联动控制的消防设备，其联动触发信号应采用两个独立的报警触发装置报警信号的"或"逻辑组合

54. 铝钢截面比一定的钢芯铝绞线，在下列哪些条件下需要采取防振措施？   （   ）

（A）档距不超过 500m 的开阔地区，平均运行张力的上限小于拉断力的 16%

（B）档距不超过 500m 的非开阔地区，平均运行张力的上限小于拉断力的 18%

（C）档距不超过 120m 的地区，平均运行张力的上限小于拉断力的 22%

（D）无论档距大小，平均运行张力的上限小于拉断力的 25%

55. 发电厂、变电站中，在均衡充电运行情况下，直流母线电压应满足下列哪些要求？   （   ）

（A）对专供动力负荷的直流系统，应不高于直流系统标称电压的 112.5%

（B）对专供控制负荷的直流系统，应不高于直流系统标称电压的 110%

（C）对控制和动力合用的直流系统，应不高于直流系统标称电压的 110%

（D）对控制和动力合用的直流系统，应不高于直流系统标称电压的 112.5%

56. 电力工程中，当 500kV 导体选用管形导体时，为了消除管形导体的端部效应，可采用下列哪些措施？   （   ）

（A）适当延长导体端部   （B）管形导体内部加装阻尼线

（C）端部加装消振器   （D）端部加装屏蔽电极

57. 对于 FELV 系统及其插头和插座的描述，下列描述哪些项是正确的？   （   ）

（A）FELV 系统为标称电压超过交流 50V 或直流 120V 的系统

（B）插头不可能插入其他电压系统的插座

（C）插座不可能被其他电压系统的插头插入

（D）插座应具有保护导体接点

58. 反接制动是将交流电动机的电源相序反接，产生制动转矩的一种电制动方式，下述哪些是绕线型异步电动机反接制动的特点？　　　　　　　　　　　　　　　　　　（　　　）

（A）有较强的制动效果

（B）制动转矩较大且基本稳定

（C）能量能回馈电网

（D）制动到零时应切断电源，否则有自动反向启动的可能

59. 民用建筑的防火分区最大允许建筑面积，下列描述哪些项是正确的？　（　　　）

（A）设有自动灭火系统的一级或二级耐火的高层建筑：3000m²

（B）一级耐火的地下室或半地下建筑的设备用房：500m²

（C）三级耐火的单、多层建筑：1200m²

（D）设有自动灭火系统的一级或二级耐火的单、多层建筑：5000m²

60. 关于电缆类型的选择，下列描述哪些项是正确的？　　　　　　　　（　　　）

（A）电缆导体与绝缘屏蔽层之间额定电压不得低于回路工作线电压

（B）中压电缆不宜选用交联聚乙烯绝缘类型

（C）移动式电气设备等经常弯移或有较高柔软性要求的回路，应选用橡皮绝缘等电缆

（D）高温场所不宜选用普通聚氯乙烯绝缘电缆

61. 某车间配电室采用机械通风，通风设计温度为 35℃，配电室内高压裸母线工作电流为 1500A，按工作电流选择矩形铝母线（平放），下述哪些项是正确的？　　　（　　　）

（A）125 × 6.3mm²　　　　　　　　（B）125 × 8mm²

（C）2 × (63 × 6.3)mm²　　　　　　（D）2 × (80 × 6.3)mm²

62. 交直流一体化电源系统具有下述哪些特征？　　　　　　　　　　　（　　　）

（A）由站用交流电源，直流电源与交流不间断电源（UPS）、逆变电源（INV）、直流变换电源（DC/DC）装置构成，各电源统一监视控制

（B）直流电源与 UPS、INV、DC/DC 直流变换装置共享直流蓄电池组

（C）直流与交流配电回路同柜配置

（D）交流屏与 UPS 共享同一交流进线电源

63. 关于变电站接地装置，下列论述哪些项是正确的？　　　　　　　　（　　　）

（A）在有效接地系统中，接地导体截面应按接地故障电流进行动稳定校验

（B）接地极的截面不宜小于连接至该接地装置的接地导体截面的 75%

（C）考虑腐蚀影响，接地装置的设计使用年限应与地面工程的设计年限一致

（D）接地网可采用钢材，但应采用热镀锌

64. 关于露天或半露天变电所的位置，下列描述哪些项是正确的？ （　　）

（A）露天或半露天变电所的变压器四周应设高度不低于 1.8m 的固定围栏或围墙，变压器外廓与围栏或围墙的净距不应小于 0.6m，变压器底部距地面不应小于 0.2m

（B）油重小于 1000kg 的相邻变压器外廓之间的净距不应小于 1.5m

（C）油重 1000～25000kg 的相邻变压器外廓之间的净距不应小于 3m

（D）油重大于 2500kg 的相邻变压器外廓之间的净距不应小于 5m

65. 干式空心串联电抗器布置与安装时，应符合下列哪些规定？ （　　）

（A）干式空心串联电抗器布置与安装时，应满足防电磁感应要求

（B）电抗器对上部、下部和基础中的铁磁性构件距离，不宜小于电抗器直径的 0.5 倍

（C）电抗器中心对侧面的铁磁性构件距离，不宜小于电抗器直径的 1 倍

（D）电抗器相互之间的中心距离，不宜小于电抗器直径的 1.5 倍

66. 关于防雷引下线，下列描述哪些项是正确的？ （　　）

（A）明敷引下线（镀锌圆钢）的固定支架间距不宜大于 1000mm

（B）当独立烟囱上的引下线采用圆钢时，其直径不应小于 10mm

（C）专设引下线应沿建筑物外墙外表面明敷，并应经最短路径接地；建筑外观要求较高时可暗敷，但其圆钢直径不应小于 10mm，扁钢截面积不应小于 80mm^2

（D）采用多根专设引下线时，应在各引下线距地面 0.3～1.8m 处装设断接卡

67. 关于 110kV 变电所的防雷措施，下列描述哪些项是正确的？ （　　）

（A）强雷区的变电站控制室和配电室宜有直击雷保护

（B）主控制室、配电装置室的屋顶上装设直击雷保护装置时，应将屋顶金属部分接地

（C）峡谷地区的变电站不宜用避雷线保护

（D）露天布置的 GIS 的外壳可不装设直击雷保护装置，但外壳应接地

68. 某低压 TN-C 系统，系统额定电压 380V，用电设备均为单相 220V，且三相负荷不平衡，当保护接地中性线断开时，下列描述哪些项是正确的？ （　　）

（A）会造成负载侧各相之间的线电压均升高

（B）可能会造成接于某相上的用电设备电压升高

（C）可能会造成接于某相上的用电设备电压降低

（D）可能会造成用电设备的金属外壳接触电压升高

69. 关于电能计量表计接线方式的说法，下列哪些项是正确的？ （　　）

（A）直接接地系统的电能计量装置应采用三相四线的接线方式

（B）不接地系统的电能计量装置宜采用三相三线的接线方式

（C）经消弧线圈等接地的计费用户且年平均中性点电流大于 0.1%额定电流时，应采用三相三线的接线方式

（D）三相负荷不平衡大于10%的1200V 及以上的电力用户线路，应采用三相四线的接线方式

70. 人防战时电力负荷分级，下列哪些条件符合二级负荷规定？ （　　）

（A）中断供电将造成人员秩序严重混乱或恐慌

（B）中断供电将影响生存环境

（C）中断供电将严重影响医疗救护工程、防空专业队工程、人员隐蔽工程和配套工程的正常工作

（D）中断供电将严重影响通信、警报的正常工作

2017 年专业知识试题（下午卷）

一、单项选择题（共 40 题，每题 1 分，每题的备选项中只有 1 个最符合题意）

1. 设计要求 150W 高压钠灯镇流器的 BEF ≥ 0.61，计算选择镇流器的流明系数不应低于下列哪项数值？ （　　）

    （A）0.610   （B）0.855

    （C）0.885   （D）0.915

2. 在可能发生对地闪击的地区，下列哪类建筑不是三类防雷建筑物？ （　　）

    （A）在平均雷暴日大于 15d/a 的地区，高度 15m 的孤立水塔

    （B）省级档案馆

    （C）预计雷击次数大于 0.05 次/a，且小于或等于 0.25 次/a 的住宅

    （D）预计雷击次数大于 0.25 次/a 的一般性工业建筑物

3. 中性点经低电阻接地的 10kV 电网，中性点接地电阻的额定电压与下列哪项最接近？ （　　）

    （A）10.5kV   （B）10kV

    （C）6.6kV   （D）6.06kV

4. 某办公建筑，供电系统采用三相四线制，三相负荷平衡，相电流中的三次谐波分量为 30%，采用五芯等截面电缆供电，该电缆载流量的降低系数为下列哪项数值？ （　　）

    （A）1.0   （B）0.9

    （C）0.86   （D）0.7

5. 海拔 900m 的某 35kV 电气设备的额定雷电冲击耐受电压，下列哪项描述是错误的？ （　　）

    （A）35kV 变压器相对地内绝缘额定冲击耐受电压为 185kV

    （B）35kV 变压器相间内绝缘额定冲击耐受电压为 200kV

    （C）35kV 断路器断口额定冲击耐受电压为 185kV

    （D）35kV 隔离开关断口额定冲击耐受电压为 215kV

6. 关于并联电容器的布置，下列哪项描述是错误的？ （　　）

    （A）并联电容器组的布置，宜分相设置独立的框（台）架

    （B）屋内布置的并联电容器组，应在其四周或一侧设置维护通道，维护通道的宽度不宜小于 1m

    （C）电容器在框（台）架上单排布置时，框（台）架可靠墙布置

    （D）电容器在框（台）架上双排布置时，框（台）架相互之间或与墙之间，应留出距离设置检修走道，走道宽度不宜小于 1m

7. 某 110kV 配电装置采用室外布置，110kV 中性点为有效接地系统，带电作业时，不同相带电部

分之间的 B_1 值最小为下列哪项数值？ （ ）

（A）1650mm   （B）1750mm

（C）1850mm   （D）1950mm

8. 35/10kV 变电所的场地由双层不同土壤构成，上层土壤电阻率为 $40\Omega \cdot m$，土壤厚度为 2m，下层土壤电阻率为 $100\Omega \cdot m$，垂直接地极为 3m，请计算等效土壤电阻率为下列哪项数值 （ ）

（A）$30\Omega \cdot m$ （B）$40\Omega \cdot m$

（C）$50\Omega \cdot m$ （D）$60\Omega \cdot m$

9. 下列直流负荷中，哪项属于事故负荷？ （ ）

（A）正常及事故状态皆运行的直流电动机

（B）高压断路器事故跳闸

（C）发电机组直流润滑油泵

（D）交流不间断电源装置及远动和通信装置

10. 某厂房内具有比空气重的爆炸性气体，在该厂房内下述哪种电缆敷设方式不符合规定？ （ ）

（A）在电缆沟内敷设

（B）埋地敷设

（C）沿高处布置的托盘桥架敷设

（D）在较高处沿墙穿管敷设

11. 某建筑物内有 220/380V 的配电设备，这些配电设备绝缘耐冲击电压设计取值下列哪项是错误的？ （ ）

（A）计算机的耐冲击电压额定值为 1.5kV

（B）洗衣机的耐冲击电压额定值为 2.5kV

（C）配电箱内断路器的耐冲击电压额定值为 4kV

（D）电动机的耐冲击电压额定值为 3kV

12. 二级耐火的丙类火灾危险的地下或半地下室厂房内，任意一点到安全出口的直线距离，正确的是下列哪一项？ （ ）

（A）30m   （B）45m

（C）60m   （D）不受限制

13. TN 系统中配电线路的间接接触防护电器切断故障回路的时间，对于仅供固定式电气设备用电的某端线路，正确的是下列哪一项？ （ ）

（A）不宜大于 5s   （B）不宜大于 8s

（C）不宜大于 10s   （D）不宜大于 15s

14. 爆炸性环境（1区）内电气设备的保护级别应为下列哪一项？（　　）

（A）Ga 或 Gb

（B）Da

（C）Da 或 Db

（D）De

15. 电气系统与负荷公共连接点负序电压不平衡度的要求，下列描述哪项是正确的？（　　）

（A）电网正常运行时，负序电压不平衡度不超过 2%，短路不得超过 5%

（B）电网正常运行时，负序电压不平衡度不超过 3%，短路不得超过 4%

（C）电网正常运行时，负序电压不平衡度不超过 3%，短路不得超过 5%

（D）电网正常运行时，负序电压不平衡度不超过 2%，短路不得超过 4%

16. 交流回路指示仪表的综合准确度，直流回路指示仪表的综合准确度，接于电测量变送器二次侧仪表的准确度，分别不应低于下列哪组数据？（　　）

（A）2.5 级，2.0 级，1.5 级

（B）2.5 级，1.5 级，1.5 级

（C）2.5 级，2.0 级，2.0 级

（D）2.5 级，1.5 级，1.0 级

17. 消弧线圈接地系统中的单侧电源 10kV 电缆线路的接地保护装置，下列哪项描述是错误的？（　　）

（A）在变电所母线上装设接地监视装置，动作于信号

（B）线路上装设有选择性的接地保护

（C）出线回路较多时，采用一次断开线路的方法寻找故障线路

（D）装设有选择性的接地保护

18. 在供电部门与用户产权分界处，35kV 及以上供电电压正、负偏差绝对值之和不超过标称电压的数值，以及电网容量在 3000MW 以下的供电系统频率偏差最大允许值应选择下列哪组数值？（　　）

（A）10%，±0.5Hz

（B）10%，±0.2Hz

（C）7%，±0.5Hz

（D）7%，±0.2Hz

19. 火灾自动报警系统设计时，采用非高灵敏型管路采样式吸气感烟火灾探测器，下列哪项符合规范的设置要求？（　　）

（A）安装高度不应超过 8m

（B）安装高度不应超过 10m

（C）安装高度不应超过 12m

（D）安装高度不应超过 16m

20. 工程中设计乙级投影型视频显示系统，其任一显示模式间的显示切换时间，规范规定是下列哪项数值？（　　）

（A）≤ 1s

（B）≤ 2s

（C）≤ 5s

（D）≤ 10s

21. 关于电缆支架的选择，下列哪项说法是不正确的？

（A）某单芯电缆工作电流为 2500A，其电缆支架选用钢制

（B）在强腐蚀环境，电缆支架采用热浸锌处理

（C）户外敷设时，计入可能出现的覆冰、雪和大风附加荷载

（D）钢制托臂在允许承载下的偏斜和臂长比值小于 1/50

22. 会议电视会场系统的传输敷设时，当与大于 5kV·A 的 380V 电力电缆平行敷设时，其最小间距下列哪项符合规范的规定？ （　　）

（A）130mm
（B）150mm

（C）300mm
（D）600mm

23. 综合布线系统设计中，对于信道为 OF-2000 的 1300nm 多模光纤的衰减值，下列哪项符合规范的规定？ （　　）

（A）2.25dB
（B）3.25dB

（C）4.50dB
（D）8.50dB

24. 某场所的面积 160m²，照明灯具总安装功率 2080W（含镇流器功率），其中装饰性灯具的安装功率 800W，其他灯具安装功率 1280W，该场所的照明功率密度值为下列哪项数值？ （　　）

（A）8W/m²
（B）10.5W/m²

（C）13W/m²
（D）18W/m²

25. 对于数据中心机房的设计，在考虑后备柴油发电机时，下列哪项说法是不正确的？ （　　）

（A）B 级数据中心发电机组的输出功率可按限时 500h 运行功率选择

（B）A 级数据中心发电机组应连续和不限时运行

（C）柴油发电机周围设置检修照明和电源，宜由应急照明系统供电

（D）A 级数据中心发电机组的输出功率应满足数据中心最大平均负荷的需要

26. 容量被人、畜所触及的裸带电体，当标称电压超过方均根值多少时，应设置遮拦或外护物？ （　　）

（A）25V
（B）50V

（C）75V
（D）86.6V

27. 笼型电动机采用延边三角形降压启动时，抽头比 $K = 1：1$ 时，启动性能的启动电压与额定电压之比应为下列哪项数值？ （　　）

（A）0.62
（B）0.64

（C）0.68
（D）0.75

28. 下列哪个建筑物的电子信息系统的雷电防护等级是错误的？ （　　）

（A）三级医院电子医疗设备的雷电防护等级为 B 级

（B）五星及更高星级宾馆电子信息系统的雷电防护等级为 B 级

（C）大中型有线电视系统医疗设备的雷电防护等级为 C 级

（D）大型火车站的雷电防护等级为 B 级

29. 下列哪一项要求符合人防配电设计规范规定？ （ ）

（A）人防汽车库内无清洁区，电源配电柜（箱）可设置在染毒区内

（B）人防内、外电源的转换开关应为 ATSE 应急自动转换开关

（C）人防内防排烟风机等消防设备的供电回路应引自人防电源配电箱

（D）人防单元内消防电源配电箱宜在密闭隔墙上嵌墙暗装

30. 自动焊接机（$\varepsilon = 100\%$）单相380V，46kW，$\cos\varphi = 0.60$，换算其等效的 2 单相220V 有功功率为下列哪项数值？ （ ）

（A）23kW 和 23kW

（B）38.64kW 和 7.36kW

（C）40.94kW 和 5.06kW

（D）44.16kW 和 17.48kW

31. 测量住宅进户线处单相电源电压值为 236V，计算电压偏差值，并判断是否符合规范规定？ （ ）

（A）1.07%，符合规定

（B）−7.3%，符合规定

（C）7.3%，不符合规定

（D）16V，不符合规定

32. 某办公室长 10m、宽 6.6m，吊顶高 2.8m，照度设计标准值为 300lx，维护系数 0.8，选用单管格栅荧光灯具，光源光通量为 3300lm，利用系数为 0.62，需要光源数为下列哪项数值？（取整数） （ ）

（A）6 支

（B）10 支

（C）12 支

（D）14 支

33. 人民防空工程防火电气设计中，下列哪项不符合现行标准的规定？ （ ）

（A）建筑面积大于 5000m² 的人防工程，其消防用电应按一级负荷要求供电；建筑面积小于或等于 5000m² 的人防工程可按二级负荷要求供电

（B）消防疏散照明和消防备用照明可用蓄电池作备用电源；其连续供电时间不应少于 30min

（C）消防疏散照明灯应设置在疏散走道、楼梯间、防烟前室、公共活动场所等部位的墙面上部或顶棚下，地面的最低照度不应大于 3lx

（D）消防疏散照明和消防备用照明在工作电源断电后，应能自动投合备用电源

34. 晶闸管整流装置的功率因数与畸变因数有关，忽略换向影响，整流相数 $q = 6$ 的三相整流电路的畸变因数为哪一项？ （ ）

（A）0.64

（B）0.83

（C）0.96

（D）0.99

35. 某 10kV 配电室，采用移开式高压开关柜单排布置，高压开关柜尺寸为800×1500×2300mm（宽×深×高），手车长度为950mm，则该高压配电室的最小宽度为下列哪项数值？　　（　　）

（A）4150mm

（B）4450mm

（C）4650mm

（D）5150mm

36. 地下 35/0.4kV 变电所由两路电源供电，低压侧单母线分段，采用 TN-C-S 接地系统，下列有关接地的叙述哪一项是正确的？　　（　　）

（A）两变压器中性点应直接接地

（B）两变压器中性点间相互连接的导体可以与用电设备连接

（C）两变压器中性点间相互连接的导体与 PE 线之间，应只一点连接

（D）装置的 PE 线只能一点接地

37. 设计应选用高效率灯具，下列选择哪项不符合规范的规定？　　（　　）

（A）带棱镜保护罩的荧光灯灯具效率应不低于 55%

（B）开敞式紧凑型荧光灯、筒灯灯具效率应不低于 55%

（C）带保护罩的小功率金属卤化物筒灯灯具效率应不低于 55%

（D）色温 2700K 带格栅的 LED 筒灯灯具效率应不低于 55%

38. 在下列哪些场所，应选用具有耐火性的电缆？　　（　　）

（A）穿管暗敷的应急照明电缆

（B）穿管明敷的备用照明电缆

（C）沿桥架敷设的应急电源电缆

（D）沿电缆沟敷设的断路器操作直流电源

39. 建筑内疏散照明的地面最低水平照度，下列描述不正确的是哪一项？　　（　　）

（A）疏散走道，不应低于 1lx

（B）避难层，不应低于 1lx

（C）人员密集场所，不应低于 3lx

（D）楼梯间，不低于 5lx

40. 在配置电压测量和绝缘监测的测量仪表时，可不监测交流系统绝缘的回路是下列哪一项？　　（　　）

（A）同步发电机的定子回路

（B）中性点经消弧线圈接地系统的母线

（C）同步发电/电动机的定子回路

（D）中性点经小电阻接地系统的母线

二、多项选择题（共 30 题，每题 2 分。每题的备选项中有 2 个或 2 个以上符合题意。错选、少选、多选均不得分）

41. 关于 3～110kV 配电装置的布置，下列哪些描述是正确的？　　（　　）

（A）3～35kV 配电装置采用金属封闭高压开关设备时，应采用屋内布置

（B）35～110kV 配电装置，双母线接线，当采用软母线配普通双柱式或单柱式隔离开关时，屋外敞开式配电装置宜采用中型布置，断路器宜采用单列式布置或双列式布置

（C）110kV 配电装置，双母线接线，当采用管型母线配双柱式隔离开关时，屋外敞开式配电装置宜采用半高型布置，断路器不宜采用单列式布置

（D）35～110kV 配电装置，单母线接线，当采用软母线配普通双柱式隔离开关时，屋外敞开式配电装置宜采用中型布置，断路器应采用单列式布置或双列式布置

42. 无换向器电动机变频器按其换流方式分为自然换流型和强迫换流型两种，下述哪些是强迫换流型晶体管逆变器的特点？　　　　　　　　　　　　　　　　　　（　　）

（A）由于能可靠进行换流，因而过载能力强

（B）需要强迫换相电路

（C）对元件本身的容量和耐压有要求

（D）适用于小型电动机

43. 学校教学楼照明设计中，下列灯具的选择哪些项是正确的？　　　　　　（　　）

（A）普通教室不宜采用无罩的直射灯具及盒式荧光灯具，宜选用有一定保护角、效率不低于 75% 的开启式配照型灯具

（B）有要求或有条件的教室可采用带格栅（格片）或带漫射罩型灯具，其灯具效率不宜低于 65%

（C）具有蝙蝠翼式光强分布特性灯具一般有较大的遮光角，光输出扩散性好，布灯间距大，照度均匀，能有效地限制眩光和光幕反射，有利于改善教室照明质量和节能

（D）宜采用带有高亮度或全镜面控光罩（如格片、格栅）类灯具，不宜采用低亮度、漫射或半镜面控光罩（如格片、格栅）类灯具

44. 工程中下述哪些叙述符合电缆敷设要求？　　　　　　　　　　　　　　（　　）

（A）电力电缆直埋平行敷设于油管下方 0.5m 处

（B）电力电缆直埋敷设于排水沟旁 1m 处

（C）同一部门控制电缆平行紧靠直埋敷设

（D）35kV 电缆直埋敷设，不同部门之间电缆间距 0.25m

45. 闪变的术语表述，下列哪些项不符合规范规定？　　　　　　　　　　　（　　）

（A）闪变指灯光照度不稳定造成的视感

（B）闪变指电压的波动

（C）闪变指电压的偏差

（D）闪变指电压的频率变化

46. 下列哪些项是选择光源、灯具及其附件的节能指标？　　　　　　　　　（　　）

（A）I 类灯具　　　　　　　　　　　　　　（B）单位功率流明 lm/W

（C）IP 防护等级　　　　　　　　　　（D）镇流器的流明系数

47. 平时引接电力系统的两路人防电源同时工作，任一路电源应满足下列哪些项的用电需要？（　　）

（A）平时一级负荷　　　　　　　　　（B）平时二级负荷
（C）消防负荷　　　　　　　　　　　（D）不小于 50% 正常照明负荷

48. 对于某 380V I 类设备的电击防护措施中，下列哪些是适宜的？（　　）

（A）把设备置于伸臂范围之外
（B）在设备周围增设阻挡物
（C）在该设备的供电回路设置间接接触防护电器
（D）将设备的外露可导电部分与保护导体相连接

49. 电动机额定功率的选择及需要系数法计算负荷时，下列哪些项是正确的？（注：下列公式中 P_e 为有功功率，kW；P_r 为电动机额定功率，kW；ε_r 为电动机额定负载持续率；S1、S2、S3 为电动机工作制的分类。）（　　）

（A）S1 应按机械的轴功率选择电动机额定功率
（B）S2 应按允许过载转矩选择电动机额定功率
（C）S2 电动机，$P_e = P_r \sqrt{\dfrac{\varepsilon_r}{25\%}} = 2P_r\sqrt{\varepsilon_r}$（kW）
（D）S3 电动机，$P_e = P_r\sqrt{\varepsilon_r}$（kW）

50. 影响人体阻抗数值的因素主要取决于下列哪些项？（　　）

（A）人体身高、体重、胖瘦
（B）皮肤的潮湿程度、接触的表面积、施加的压力和温度
（C）电流路径及持续时间、频率
（D）接触电压

51. 建筑照明设计中，应按相应条件选择光源，下列哪些项符合现行标准的规定？（　　）

（A）灯具安装高度较低的房间宜采用细管直管形三基色荧光灯
（B）商店营业厅的一般照明宜采用细管直管形三基色荧光灯、小功率陶瓷金属卤化物灯，重点照明宜采用小功率陶瓷金属卤化物灯、发光二极管灯
（C）灯具安装高度较高的场所，应按使用要求，采用金属卤化物灯、高压钠灯或高频大功率细管直管荧光灯
（D）旅馆建筑的客房不宜采用发光二极管灯或紧凑型荧光灯

52. 在会议系统的设计中，其功率放大器的配置，下列哪些项符合规范的规定？（　　）

（A）功率放大器额定输出功率不应小于所驱动扬声器额定功率的 1.25 倍
（B）功率放大器输出阻抗及性能参数应与被驱动的扬声器相匹配

（C）功率放大器与扬声器之间连线的功率损耗应小于扬声器功率的 20%

（D）功率放大器应根据扬声器系统的数量、功率等因素配置

53.在数据机房的等电位联结和接地设计中，有关等电位联结带、接地线和等电位联结导体的材料和最小截面积的选择，下列哪些项符合规范的规定？　　　　　　　　　　（　　　）

（A）当利用建筑内的钢筋做接地线时，其最小截面积为 100mm²

（B）当采用铜单独设置的接地线时，其最小截面积为 50mm²

（C）当采用铜做等电位连接带时，其最小截面积为 50mm²

（D）当从机房内各金属装置至等电位联结带或接地汇集排，从机柜至等电位联结网格采用铜做等电位联结导体时，其最小截面积为 6mm²

54.某一微波枢纽站由铁塔、机房、室外 10/0.4kV 箱式变电站构成，一字排列，之间间隔皆为 10m。该站采用联合接地体，下列哪些做法是正确的？　　　　　　　　　　　　（　　　）

（A）铁塔避雷针引下线接地点与微波站信号电路接地点的距离是 15m

（B）变电所接地网与机房接地网每隔 5m 相互焊接连通一次，共有两处连通

（C）变电所低压采用 TN 系统，低压入机房处 PE 线重复接地，接地电阻为 8Ω

（D）该站采用联合接地网，工频接地电阻为 10Ω

55.在综合布线系统设计中，对于信道的电缆导体的指标要求，下列哪些项符合规范的规定？

（　　　）

（A）信道每一线对中两个导体之间的直流环路电阻不平衡度对所有类别不应超过 5%

（B）在所有温度下，D、E、E_A、F、F_A 类信道每一导体最小载流量应为 0.175A（DC）

（C）在工作环境温度下，D、E、E_A、F、F_A 类信道应支持任意导体之间 72V（DC）工作电压

（D）在工作环境温度下，D、E、E_A、F、F_A 类信道每个线对应支持承载 5W 功率

56.建筑照明设计中，光源颜色的选用场所，下列哪些项符合现行国家标准规定？　　（　　　）

（A）工业建筑仪表装配的照明光源相关色温宜选用 >5300K，色表特征为冷的光源

（B）长期工作或停留的房间或场所，照明光源的显色指数（Ra）不应小于 80

（C）在灯具安装高度大于 8m 的工业建筑场所，Ra 可低于 80，但必须能够辨别安全色

（D）当选用发光二极管灯光源时，长期工作或停留的房间或场所，色温不宜高于 4000K，特殊显色指数 R9 应大于零

57.下列哪些情况下，无功补偿装置宜采用手动补偿投切方式？　　　　　　　　　　（　　　）

（A）补偿低压基本无功功率的电容器组

（B）常年稳定的无功功率

（C）经常投入运行的变压器

（D）每天投切三次的高压电动机及高压电容器组

58.晶闸管变流器供电的可逆调速系统实现四个象限运动有三种方法，与电枢用一套变流装置，切

换主回路开关方向的可逆调速方法，与电枢用两套变流装置可逆运行的可逆调速方法相比，下述哪些是电枢用一套变流装置，磁场反向的可逆调速方法的特点？　　　　　　　　　　　　（　　）

（A）系统复杂

（B）投资大

（C）有触点开关，维护工作量大

（D）要求有可靠的可逆励磁回路

59. 关于公用电网谐波的检测，下列描述正确的是哪些项？　　　　　　　　　　　　（　　）

（A）10kV 无功补偿装置所连接母线的谐波电压需设置谐波检测点进行检测

（B）一条供电线路上接有两个及以上不同部门的谐波源用户时，谐波源用户受电端需设置谐波检测点进行检测

（C）用于谐波测量的电流互感器和电压互感器的准确度不宜低于 1.0 级

（D）谐波测量的次数为 5 次/min

60. 建筑物中的可导电部分，应做总等电位联结，下列描述正确的是哪些项？　　　　（　　）

（A）总保护导体（保护导体、保护接地中性导体）

（B）电气装置总接地导体或总接地端子排

（C）建筑物内的水管、燃气管、采暖和通风管道等各种非金属干管

（D）可接用的建筑物金属结构部分

61. 1000V 交流/1500 直流系统在爆炸危险环境电力系统接地和保护接地设计时，下列描述正确的是哪些项？　　　　　　　　　　　　　　　　　　　　　　　　　　　（　　）

（A）电源系统接地中的 TN 系统应采用 TN-S 系统

（B）电源系统接地中的 TT 系统应采用剩余电流动作的保护电器

（C）电源系统接地中的 IT 系统应设置绝缘监测装置

（D）在不良导电地面处，不需要做保护接地

62. 关于自动灭火系统的场所设置，下列描述正确的是哪些项？　　　　　　　　　　（　　）

（A）高层乙、丙类厂房

（B）建筑面积 > 500m² 的地下或半地下厂房

（C）单台容量在 40MV·A 及以上的厂矿企业油浸变压器

（D）建筑高度大于 100m 的住宅建筑

63. 关于交流单芯电缆接地方式的选择，下列哪些描述是正确的？　　　　　　　　　（　　）

（A）电缆金属层接地方式的选择与电缆长度相关

（B）电缆金属层接地方式的选择与电缆金属层上的感应电势大小相关

（C）电缆金属层接地方式的选择与是否采取防止人员接触金属层的安全措施相关

（D）电缆金属层接地方式的选择与输送容量无关

64. 3～110kV 三相供电回路中，关于单芯电缆选择描述下列哪些项是正确的？ （ ）

（A）回路工作电流较大时可选用单芯电缆

（B）电缆母线宜选择单芯电缆

（C）35kV 电缆水下敷设时，可选用单芯电缆

（D）110kV 电缆水下敷设时，宜选用三芯电缆

65. 某直流系统，设一组阀控式铅酸蓄电池，容量为 100A·h，蓄电池个数 104 只，单体 2V，系统经常负荷为 20A，均衡充电时不与直流母线相连，下述关于该直流系统充电装置额定电流描述正确的哪些项？ （ ）

（A）充电装置额定电流需满足浮充电要求，大于或等于 20.1A

（B）充电装置额定电流需满足蓄电池充电要求，充电输出电流为 10～12.5A

（C）充电装置额定电流需满足均衡充电要求，充电输出电流为 30～32.5A

（D）充电装置额定电流为 15A，可满足要求

66. 关于 35kV 变电站的站区布置，下列哪些描述是正确的？ （ ）

（A）屋外变电站的实体围墙不应低于 2.2m

（B）变电站的场地设计坡度，应根据设备布置、土质条件、排水方式确定，坡度宜为 0.5%～2%，且不应小于 0.3%

（C）道路最大坡度不宜大于 6%

（D）电缆沟及其他类似沟道的沟底纵坡，不宜小于 0.3%

67. 在建筑物引下线附近保护人身安全需采取防接触电压和跨步电压的措施，下列哪些做法是正确的？ （ ）

（A）利用建筑物金属构架和建筑互相连接的钢筋在电气上是贯通且不小于 10 根柱子组成的自然引下线，作为自然引下线的柱子包括位于建筑物四周和建筑物内的

（B）引下线 3m 范围内地表层的电阻率不小于 50kΩ·m，或敷设 5cm 厚沥青层或 15cm 厚砾石层

（C）用护栏、警告牌使接触引下线的可能性降至最低限度

（D）用网状接地装置对地面做均衡电位处理是防接触电压的措施

68. 按年平均雷暴日数划分地区雷暴日等级，下列哪些描述是正确的？ （ ）

（A）少雷区：年平均雷暴日在 30d 及以下地区

（B）中雷区：年平均雷暴日大于 30d，不超过 40d 的地区

（C）多雷区：年平均雷暴日大于 40d，不超过 90d 的地区

（D）强雷区：年平均雷暴日超过 90d 的地区

69. 在 380/220V 配电系统中，某回路采用低压 4 芯电缆供电，关于截面选择时需要考虑的因素中，下列哪些项是正确的？ （ ）

（A）导体的材质和相导体的截面

（B）正常工作时，中性导体预期的最大电流（包括谐波电流）

（C）导体应满足热稳定和动稳定的要求

（D）铝保护接地中性导体的截面积不应小于 10mm²

70. 下列哪些高压设备的选择需要进行动稳定性能校验？　　　　（　　）

（A）高压真空接触器　　　　　　　　（B）避雷器

（C）并联电抗器　　　　　　　　　　（D）穿墙套管

2018 年专业知识试题（上午卷）

一、单项选择题（共 40 题，每题 1 分，每题的备选项中只有 1 个最符合题意）

1. 低电阻接地系统的高压配电电气装置，其保护接地的接地电阻应符合下列哪项公式的要求，且不应大于下列哪项数值？ （   ）

　（A）$R \leqslant 2000/I_G$，10Ω　　　　　　　　（B）$R \leqslant 2000/I_G$，4Ω

　（C）$R \leqslant 120/I_G$，4Ω　　　　　　　　　（D）$R \leqslant 50/I_G$，1Ω

2. 直流负荷按性质可分为经常负荷、事故负荷和冲击负荷，下列哪项不是经常负荷？ （   ）

　（A）连续运行的直流电动机　　　　　　　　（B）热工动力负荷

　（C）逆变器　　　　　　　　　　　　　　　（D）电气控制、保护装置等

3. 配电设计中，计算负荷的持续时间应取导体发热时间常数的几倍？ （   ）

　（A）1 倍　　　　　　　　　　　　　　　　（B）2 倍

　（C）3 倍　　　　　　　　　　　　　　　　（D）4 倍

4. 某学校教室长 9.0m，宽 7.4m，灯具安装高度离地 2.60m，离工作面高度 1.85m，则该教室的室形指数为下列哪项数值？ （   ）

　（A）1.6　　　　　　　　　　　　　　　　　（B）1.9

　（C）2.2　　　　　　　　　　　　　　　　　（D）3.2

5. 已知同步发电机额定容量为 $25MV \cdot A$，超瞬态电抗百分值 $X_d''\% = 12.5$，标称电压为 10kV，则超瞬态电抗有名值最接近下列哪项数值？ （   ）

　（A）0.55Ω　　　　　　　　　　　　　　（B）5.5Ω

　（C）55Ω　　　　　　　　　　　　　　　（D）550Ω

6. 10kV 电能计量应采用下列哪一级精度的有功电能表？ （   ）

　（A）0.2S　　　　　　　　　　　　　　　　（B）0.5S

　（C）1.0S　　　　　　　　　　　　　　　　（D）2.0S

7. 继电保护和自动装置的设计应满足下列哪一项要求？ （   ）

　（A）可靠性、经济性、灵敏性、速动性

　（B）可靠性、选择性、灵敏性、速动性

　（C）可靠性、选择性、合理性、速动性

　（D）可靠性、选择性、灵敏性、安全性

8. 当 10/0.4kV 变压器向电动机供电时，全压直接经常启动的笼型电动机功率不应大于电源变压器

容量的百分数是多少？　　　　　　　　　　　　　　　　　　　　　　　　　（　　）

（A）15%　　　　　　　　　　　　　　（B）20%

（C）25%　　　　　　　　　　　　　　（D）30%

9. 在系统接地形式为 TN 及 TT 的低压电网中，当选用 Yyn0 接线组别的三相变压器时，其由单相不平衡负荷引起中性线电流不得超过低压绕组额定电流的多少（百分数表示），且其一相的电流在满载时不得超过额定电流的多少（百分数表示）？　　　　　　　　　　　　　　　　　　　　（　　）

（A）15%、60%　　　　　　　　　　　（B）20%、80%

（C）25%、100%　　　　　　　　　　　（D）30%、120%

10. 在爆炸性粉尘环境内，下列关于插座安装的论述哪一项是错误的？　　　　　（　　）

（A）不应安装插座

（B）应尽量减少插座的安装数量

（C）插座开口一面应朝下，且与垂直面的角度不应大于 60°

（D）宜布置在爆炸性粉尘不宜积聚的地点

11. 某 IT 系统额定电压为 380V，系统中安装的绝缘监测电气的测试电压和绝缘电阻的整定值，下列哪一项满足规范要求？　　　　　　　　　　　　　　　　　　　　　　　　（　　）

（A）测试电压应为 250V，绝缘电阻整定值应低于 0.5MΩ

（B）测试电压应为 500V，绝缘电阻整定值应低于 0.5MΩ

（C）测试电压应为 250V，绝缘电阻整定值应低于 1.0MΩ

（D）测试电压应为 1000V，绝缘电阻整定值应低于 1.0MΩ

12. 变电所的系统标称电压为 35kV，配电装置中采用的高压真空断路器的额定电压下列哪一项是最适宜的？　　　　　　　　　　　　　　　　　　　　　　　　　　　　　　　（　　）

（A）35.0kV　　　　　　　　　　　　　（B）37.0kV

（C）38.5kV　　　　　　　　　　　　　（D）40.5kV

13. 关于无人值班变电站直流系统中蓄电池组容量选择描述，下列哪一项是正确的？　（　　）

（A）满足事故停电 1h 内正常分合闸的放电容量

（B）满足全站事故停电 1h 的放电容量

（C）满足事故停电 2h 内正常分合闸的放电容量

（D）满足全站事故停电 2h 的放电容量

14. 建筑中消防应急照明和疏散指示的联动控制设计，根据规范的规定，下列哪项是正确的？

（　　）

（A）集中控制型消防应急照明和疏散指示系统，应由应急照明控制器联动控制火灾报警控制器实现

（B）集中电源集中控制型消防应急照明和疏散指示系统，应由应急照明控制器控制消防联动控制器实现

（C）集中电源非集中控制型消防应急电源和疏散指示系统，应由消防联动控制器联动应急照明集中电源和应急照明分配电装置实现

（D）自带电源非集中控制型消防应急照明和疏散指示系统，应由消防应急照明配电箱联动控制消防联动控制器实现

15. 有线电视的卫星电视接收系统设计时，对卫星接收站站址的选择，下列哪项不满足规范的要求？　（　　）

（A）应远离高压线和飞机主航道

（B）应考虑风沙、尘埃及腐蚀性气体等环境污染因素

（C）宜选择在周围无微波站和雷达站等干扰源处，并应避开同频干扰

（D）卫星信号接收方向应保证卫星接收天线接收面 1/3 无遮挡

16. 视频显示系统的工作环境以及设备部件和材料选择，下列哪项符合规范的规定？　（　　）

（A）LCD 视频显示系统的室内工作环境温度应为 0～40℃

（B）LCD、PDP 视频显示系统的室外工作环境温度为 −40～55℃

（C）LED 视频显示系统的室外工作环境温度应为 −40～55℃

（D）系统采用设备和部件的模拟视频输入和输出阻抗以及同轴电缆的特性阻抗均为 100%

17. 实测用电设备的端子电压偏差如下，下列哪项不满足规范的要求？　（　　）

（A）电动机：3%　　　　　　　　　　（B）一般工作场所照明：+5%

（C）道路照明：−7%　　　　　　　　（D）应急照明：+7%

18. 在两个防雷区的界面上进行防雷设计时，下列哪项不符合规范的规定？　（　　）

（A）在两个防雷区的界面上宜将所有通过界面的金属物做等电位连接

（B）当线路能承受所发生的电涌电压时，电容保护器应安装在线路进线处

（C）线路的金属保护层宜首先于界面处做等电位连接

（D）线路的屏蔽层宜首先于界面处做一次等电位连接

19. 在室内照明设计中，按规范规定下列哪个场所宜选用 3300～5300K 的相关色温的光源？　（　　）

（A）病房　　　　　　　　　　　　　（B）教室

（C）酒吧　　　　　　　　　　　　　（D）客房

20. 20kV 及以下变配电室设计选择配电变压器，下述哪项措施能节约电缆和减少能源损耗？　（　　）

（A）动力和照明不共用变压器

（B）设置 2 台变压器互为备用

（C）低压为 0.4kV 的单台变压器的容量不宜大于 1250kV·A

（D）选用 Dyn11 接线组别变压器

21. 在一般照明设计中，宜选用下列哪种灯具？　　　　　　　　　　　　　（　　）

（A）荧光高压汞灯　　　　　　　　　　（B）卤钨灯

（C）大于 25W 的荧光灯　　　　　　　　（D）小于 25W 的荧光灯

22. 用户端供配电系统设计中，下列哪项设计满足供电要求？　　　　　　　　（　　）

（A）一级负荷采用专用电缆供电

（B）二级负荷采用两回线路供电

（C）选择阻燃型 10kV 高压电缆在城市交通隧道内敷设

（D）消防设备配电箱不必独立设置

23. 当 1000kV·A 变压器负荷率≤85%时，概率计算变压器中的无功功率损耗占计算负荷的百分比为下列哪项数值？　　　　　　　　　　　　　　　　　　　　　　　　（　　）

（A）1%　　　　　　　　　　　　　　　（B）2%

（C）3%　　　　　　　　　　　　　　　（D）5%

24. 建筑照明设计中，下列哪项是灯具效能的单位？　　　　　　　　　　　　（　　）

（A）cd/m^2　　　　　　　　　　　　　（B）lm/sr

（C）lm/W　　　　　　　　　　　　　（D）W/m^2

25. 关于接闪器的描述，下列哪一项正确？　　　　　　　　　　　　　　　　（　　）

（A）接闪杆杆长 1m 以下时，圆钢不应小于 12mm，钢管不应小于 20mm

（B）接闪杆的接闪端宜做成半球状，其最小弯曲半径宜为 4.8mm，最大宜为 12.7mm

（C）当独立烟囱上采用热镀锌接闪环时，其圆钢直径不应小于 12mm，扁钢截面积不应小于 $100mm^2$，其厚度不应小于 4mm

（D）架空接闪线和接闪网采用截面积不小于 $50mm^2$ 热镀锌钢绞线或铜绞线

26. 同级电压线路相互交叉或与较低电压线路、通信线路交叉时的两交叉线路导线间或上方线路导线与下方线路地线的最小垂直距离，不得小于下列哪一项数值？　　　　　　　　（　　）

（A）6～10kV，2m　　　　　　　　　　（B）20～110kV，3m

（C）220kV，4m　　　　　　　　　　　（D）330kV，6m

27. 供配电系统设计规范规定允许低压供配电级数是多少？　　　　　　　　　（　　）

（A）一级负荷低压供配电级数不宜多于一级

（B）二级负荷低压供配电级数不宜多于两级

（C）三级负荷低压供配电级数不宜多于三级

（D）负荷分级无关，低压供配电级数不宜多于三级

28.10kV 配电室，采用移开式高压开关柜背对背双排布置，其最小操作通道最小应为下列哪项数值？ （　　）

（A）单手车长度+1200mm　　　　　　　　（B）双手车长度+900mm

（C）双手车长度+1200mm　　　　　　　　（D）2000mm

29.考虑到电网电压降低及计算偏差，则设计可采用交流电动机最大转矩 M_{max} 为下列哪一项？ （　　）

（A）$0.95M_{max}$　　　　　　　　　　　　（B）$0.90M_{max}$

（C）$0.85M_{max}$　　　　　　　　　　　　（D）$0.75M_{max}$

30.某低压配电室，配电室长度为 9m，关于该配电室的布置，下列哪一项描述不符合规范的规定？ （　　）

（A）配电室应设置两个出口，并宜布置在配电室两侧

（B）配电室的门应向外开启

（C）配电室内的电缆沟，应采取防水和排水措施

（D）配电室的地面宜与本层地面平齐

31.关于 35kV 变电站的布置，下列哪项描述不符合规范的规定？ （　　）

（A）变电站主变压器布置除应满足运输方便外，还应布置在运行噪声对周边环境影响较小的位置

（B）变电站内未满足消防要求的主要道路宽度应为 3.5m

（C）屋外变电站实体围墙不应低于 2.2m

（D）电缆沟的沟底纵坡不宜小于 0.5%

32.在均衡充电运行情况下，关于直流母线电压的描述，下列哪一项不符合规范的规定？（　　）

（A）直流母线电压应为直流电压系统标称电压 105%

（B）专供控制负荷的直流电源系统，直流母线电压不应高于直流电源系统标称电压的 110%

（C）专供动力负荷的直流电源系统，直流母线电压不应高于直流电源系统标称电压的 112.5%

（D）对控制负荷和动力负荷合并供电的直流电源系统，直流母线电压不应高于直流电源系统标称电压 110%

33.埋入土壤中与低压电气装置的接地装置连接的接地导体（线）在既无机械损伤保护又无腐蚀保护时的最小界面剂为下列哪项数值？ （　　）

（A）铜：2.5mm^2，钢：10mm^2　　　　　　（B）铜：16mm^2，钢：16mm^2

（C）铜：25mm^2，钢：50mm^2　　　　　　（D）铜：40mm^2，钢：60mm^2

34. 交流电力电子开关保护电器，当过电流倍数为 1.2 时，动作时间应为下列哪项数值？（　　）

（A）5min
（B）10min
（C）15min
（D）20min

35. 已知地区 10kV 电网电抗标幺值 $X_{*S} = 0.5$，经 8km 架空线路送至某厂，每千米电抗标幺值 $X_{*L} = 0.4$，电网基准容量为 100MV·A，若不考虑线路电阻，则线路末端的三相短路电流为下列哪项数值？（　　）

（A）1.16kA
（B）1.49kA
（C）2.12kA
（D）2.32kA

36. 油浸式电抗器装设下列哪项保护时，应带延时动作于跳闸？（　　）

（A）瓦斯保护
（B）电流速断保护
（C）过电流保护
（D）过负荷保护

37. 为了改善用电设备端子电压偏差，电网有载调压宜采用逆调压方式，下列逆调压的范围哪项符合规范规定？（　　）

（A）110kV 以上的电网：额定电压的 0～+3%
（B）35kV 以上的电网：额定电压的 0～+5%
（C）0.4kV 以上的电网：额定电压的 0～+7%
（D）照明负荷专用低压网络：额定电压的 −10%～+5%

38. 在建筑照明设计中，作业面临近周围照度可低于作业面照度，规范规定作业面临近周围是指作业面外宽度不小于下列哪项数值的区域？（　　）

（A）0.5m
（B）1.0m
（C）1.5m
（D）2.0m

39. 各类防雷建筑物应设内部防雷装置，在建筑物的地下室或地面层处，下列哪项物体不应与防雷装置做防雷等电位连接？（　　）

（A）建筑物金属体
（B）金属装置
（C）建筑物内系统
（D）进出建筑物的所有管线

40. 气体绝缘金属封闭开关设备区域专用接地网与变电站总接地网的连接线，不应小于几根，连接面的热稳定校验电流，应按单相接地故障时最大不对称电流有效值的百分之多少取值，下列哪项数值满足规范的要求？（　　）

（A）4 根，35%
（B）3 根，25%
（C）2 根，15%
（D）1 根，5%

二、多项选择题（共 30 题，每题 2 分。每题的备选项中有 2 个或 2 个以上符合题意。错选、少选、多选均不得分）

41. 电力负荷符合下列哪些情况的应为二级负荷？（　　）

（A）中断供电将造成人身伤害

（B）中断供电将在经济上造成较大损失

（C）供电将影响较重要用电单位的正常工作

（D）中断供电将造成重大设备损坏

42.三相短路电流发生在下列哪些情况下时，短路电流交流分量在整个短路过程中的衰减可忽略不计？ （ ）

（A）有限电源容量的网络

（B）无限大电源容量的网络

（C）远离发电机端

（D）$X_{*c} \geqslant 3\%$（X_{*c}为以电源容量为基准的计算电抗）

43.为控制电网中各类非线性用电设备产生的谐波引起的电网电压正弦波畸变率，宜采取下列哪些项措施？ （ ）

（A）设置无功补偿装置

（B）短路容量较大的电网供电

（C）选用 Dyn11 接线组别的三相配电变压器

（D）降低整流变压器二次侧的相数及整流脉冲数

44.电容器分组时，应满足下列哪些项的要求？ （ ）

（A）分组电容器投切时，不产生谐波

（B）应适当增加分组数和减小分组容量

（C）应与配套设备的技术参数相适应

（D）应满足电压偏差的范围

45.某 35/10kV 变电站，主变压器为两台，为了降低某 10kV 电缆线路末端的短路电流，下列哪些措施是可行的？ （ ）

（A）变压器并列运行

（B）变压器分列运行

（C）在该 10kV 回路出线处串联限流电抗器

（D）在变压器回路中串联限流电抗器

46.油浸变压器 10/0.4kV，800kV·A，单独运行时必须装设下列哪些保护装置？ （ ）

（A）温度保护 （B）纵联差动保护

（C）瓦斯保护 （D）电流速断保护

47.下列哪些项设备在选择时需要同时进行动稳定和热稳定校验？ （ ）

（A）高压真空接触器 （B）高压熔断器

（C）电力电缆 （D）交流金属封闭开关设备

48. 关于某 380V 异步电动机断相保护的论述，下列哪些项是正确的？ （ ）

（A）连续运行的电动机，当采用熔断器保护时，应装设断相保护

（B）连续运行的电动机，当采用熔断器保护时，宜装设断相保护

（C）短时工作的电动机，可装设断相保护

（D）当采用断路器保护兼做控制电器时，可不装设断相保护

49. 在爆炸性环境下，变电所的设计应符合下列哪些项规定？ （ ）

（A）变电所应布置在爆炸性环境以外，当为正压室时，可布置在 1 区、2 区

（B）变电所应布置在爆炸性环境以外，当为负压室时，可布置在 0 区、20 区

（C）对于可燃物质比空气重的爆炸性气体环境，位于爆炸危险区附加 2 区的变电所的电器和仪表的设备层地面应高出室外地面 0.6m

（D）对于可燃物质比空气重的爆炸性气体环境，位于爆炸危险区附加 2 区的变电所的电缆室可以与室外地面平齐

50. 关于 35kV 变电站的站址选择，下列哪些项描述是正确的？ （ ）

（A）应靠近负荷中心

（B）通道运输应方便

（C）周围环境宜无明显污秽，当空气污秽时，站址宜设在受污染源影响最小处

（D）站址标高宜在 30 年遇高水位上，若无法避免时，站区应有可靠的防洪措施或与地区（工业企业）的防洪标准相一致，并应高于内涝水位

51. TN 系统可分为单电源系统和多电源系统，对于具有多电源的 TN 系统，下列哪些项要求是正确的？ （ ）

（A）不应在变压器中性点或发电机的星形点直接对地连接

（B）变压器的中性点或发电机的星形点之间相互连接的导体应绝缘，且不得将其与用电设备连接

（C）变压器的中性点相互连接的导体与 PE 线之间，应只一点连接，并应设置在配电屏内

（D）装置的 PE 不允许另外增设接地

52. 闪电电涌侵入建筑物内的途径，正确的说法是下列哪些项？ （ ）

（A）架空电力线路 （B）电力电缆线路

（C）电信线路 （D）各种工艺管道

53. 关于变电所主接线形式的优缺点，下列哪些项叙述是正确的？ （ ）

（A）母线分段接线的优点是：当一段母线故障时，可保证正常母线不间断供电

（B）桥接线的缺点是：桥连断路器检修时，两路电源需解列运行

（C）外桥接线的优点是：桥连断路器检修时，两路电源不需解列运行

（D）桥接线的缺点是：线路断路器检修时，对应的变压器需要较长时间停电

54. 海拔高度 1000m 及以下地区 6～20kV 户内高压配电装置的最小相对地或相间空气间隙，下列哪些项符合规范的规定？　　　　　　　　　　　　　　　　　（　　　）

    （A）6kV，100mm　　　　　　　　　　（B）20kV，120mm

    （C）15kV，150mm　　　　　　　　　　（D）20kV，180mm

55. 下列哪几项可作为隔离电器？　　　　　　　　　　　　　　　　　　　（　　　）

    （A）半导体开关　　　　　　　　　　　（B）16A 以下的插头和插座

    （C）熔断器　　　　　　　　　　　　　（D）接触器

56. 第二类防雷建筑物的防雷措施，下列哪些项符合规范的要求？　　　　　（　　　）

    （A）第二类防雷建筑物外部防雷的措施，宜采用装设在建筑物上的接闪器、接闪带或接闪杆，也可采用由接闪网、接闪带或接闪杆混合组成的接闪器

    （B）专设引下线不应少于 2 根，并且应沿建筑物四周和内庭院四周均匀对称布置，其间距沿周长计算不宜大于 18m

    （C）外部防雷装置的接地应和防雷电感应、内部防雷装置、电气和电子系统等接地共用接地装置，并应与引入的金属管线做等电位连接，外部防雷装置的专设接地装置宜围绕建筑物敷设成环形接地体

    （D）有爆炸危险的露天钢质封闭气罐，在其高度小于或等于 60m、罐顶壁厚不小于 3mm 时，或其高度大于 60m 的条件下、罐顶壁厚和侧壁壁厚均不小于 3mm 时，可不装设接闪器，但应接地，且接地点不应少于 2 处，两接地点间距离不宜大于 30m，每处接地点的冲击接地电阻不应大于 30Ω

57. 下列哪些项的消防用电应按二级负荷供电？　　　　　　　　　　　　　（　　　）

    （A）一类高层民用建筑　　　　　　　　（B）二类高层民用建筑

    （C）三类城市交通隧道　　　　　　　　（D）四类汽车库和修车库

58. 电力系统、装置或设备应按规定接地，接地按功能可分为下列哪些项？　（　　　）

    （A）系统接地　　　　　　　　　　　　（B）保护接地、雷电保护接地

    （C）重复接地　　　　　　　　　　　　（D）防静电接地

59. 笼型电动机允许全压启动的功率与电源容量之间的关系，下列说法中哪些项是正确的？　　　　　　　　　　　　　　　　　　　　　　　　　　　　（　　　）

    （A）电源为小容量发电厂时，每 1kV·A 发电机容量为 0.1～0.12kW

    （B）电源为 10/0.4kV 变压器，经常启动时，不大于变压器额定容量的 20%

    （C）电源为 10kV 线路时，不超过电动机供电线路上短路容量的 5%

（D）电源为变压器—电动机组时，电动机功率不大于变压器额定容量的 80%

60. 建筑中设置的火灾声光警报器，对声光警报器的控制，下列哪些项符合规范的规定？（   ）

（A）区域报警系统，火灾声光警报器应由消防联动控制器控制

（B）集中报警系统，火灾声光警报器应由手动控制

（C）设置消防联动控制器的火灾自动报警系统，火灾声光警报器应由火灾报警控制器控制

（D）设置消防联动控制器的火灾自动报警系统，火灾声光警报器应由消防联动控制器控制

61. 视频显示系统中当采用光缆传输视频信号时，光缆传输的距离，下列哪些项符合规范的规定？
（   ）

（A）选用多模光缆时，传输距离宜大于 2000m

（B）选用多模光缆时，传输距离宜小于 2000m

（C）选用单模光缆时，传输距离不宜小于 2000m

（D）选用单模光缆时，传输距离不宜大于 2000m

62. 电力系统、装置或设备的下列哪些项应接地？（   ）

（A）电机、变压器和高压电器等的底座和外壳

（B）电机控制和保护用的屏（柜、箱）等的金属框架

（C）电力电缆的金属护套或屏蔽层，穿线的钢管和电缆桥架等

（D）安装在配电屏、控制屏和配电装置上的电测量仪表、继电器和其他低压电气等的外壳

63. 对会议电视会场功率放大器配置设计时，下列哪些项符合规范的规定？（   ）

（A）功率放大器应根据扬声器系统的数量、功率等因素配置

（B）功率放大器额定输出功率不应小于所驱动扬声器额定功率的 1.3 倍

（C）功率放大器输出阻抗的性能参数应与被驱动的扬声器相匹配

（D）功率放大器与扬声器之间连线的功率损耗应小于扬声器功率的 15%

64. 防空地下室的应急照明设计，下列哪些项符合规范规定？（   ）

（A）疏散照明应由疏散指示标志照明和疏散通道照明组成，疏散通道照明的地面最低照度值不低于 5lx

（B）二等人员隐蔽所，电站控制室、战时应急照明的连续供电时间不应小于 3h

（C）战时防空地下室办公室 0.75m 水平面的照度标准值为 300lx

（D）人防工程沿墙面设置的疏散指示标志灯距地面不应大于 1m，间距不应大于 15m

65. 按规范规定，下列建筑照明设计的表述，哪些项是正确的？（   ）

（A）长期工作或停留的房间或场所，照明光源的显色指数（R_a）不应小于 80

（B）选用同类光源的色容差不应大于 5

（C）长时间工作的房间，作业面的反射比宜限制在 0.7～0.8

（D）在灯具安装高度大于 8m 的工作建筑场所，R_a 可低于 80，但必须能够辨别安全色

66. 关于串级调速系统特点，下述哪些项是正确的？ （ ）

（A）可平滑无级调速

（B）空载速度能平滑下移，无失控区

（C）转子回路接有整流器，能产生制动转矩

（D）合于大容量的绕线型异步电动机，其转差功率可以返回电网或加以利用，效率较高

67. 看片灯在医院中应用比较广泛，均为定型产品，选择看片灯箱时，下列哪些项是正确的？

（ ）

（A）光源色温不应大于 5300K

（B）灯箱光源不能有频闪现象

（C）灯箱发光面亮度要均匀

（D）箱内的荧光灯不应采用电子镇流器

68. 消防配电线路应满足火灾时连续供电的需要，其敷设应符合下列哪些项规定？ （ ）

（A）明敷时（包括敷设在吊顶内），应穿金属导管或采用封闭式金属槽保护

（B）当采用阻燃或耐火电缆敷设时，可不穿金属导管或采用封闭式金属槽盒保护

（C）消防配电线路与其他配电线路同一电缆井、沟内敷设时，应采用矿物绝缘类不燃性电缆

（D）暗敷时，应穿管并应敷设在不燃性结构内且保护层厚度不应小于 30mm

69. 供配电系统设计为减小电压偏差，依据规范规定应采取下列哪些项措施？ （ ）

（A）补偿无功 （B）采用同步电动机

（C）采用专线供电 （D）相负荷平衡

70. 关于变电所可采取的限制短路电流的措施，下列哪些项不正确？ （ ）

（A）变压器并列运行

（B）采用高阻抗变压器

（C）在变压器回路中装设电容器

（D）采用大容量变压器

2018 年专业知识试题（下午卷）

一、单项选择题（共 40 题，每题 1 分，每题的备选项中只有 1 个最符合题意）

1. 在可能发生对地闪击的地区，下列哪项应划为第一类防雷建筑物？　　　　（　　）

（A）国家级重点文物保护的建筑物

（B）国家级的会堂、办公建筑物、大型展览和博览建筑物、大型火车站和飞机场、国宾馆、国家级档案馆、大型城市的重要给水泵房等特别重要的建筑物

（C）制造、使用或储存火炸药及其制品的危险建筑物，且电火花不易引起爆炸或不致造成巨大破坏和人身伤亡者

（D）具有 0 区或 20 区爆炸危险场所的建筑物

2. 当广播系统采用无源广播扬声器时，下列哪项符合规范的规定？　　　　（　　）

（A）传输距离大于 100m 时，应选用外置线间变压器的定压式扬声器

（B）传输距离大于 100m 时，宜选用外置线间变压器的定阻式扬声器

（C）传输距离大于 200m 时，宜选用内置线间变压器的定压式扬声器

（D）传输距离大于 200m 时，应选用内置线间变压器的定阻式扬声器

3. 配电系统的雷电过电压保护，下列哪项不符合规范的规定？　　　　（　　）

（A）10～35kV 配电变压器，其高压侧应装设无间隙金属氧化物避雷器，但应远离变压器装设

（B）10～35kV 配电系统中的配电变压器低压侧宜装设无间隙金属氧化物避雷器

（C）装设在架空线路上的电容器宜装设无间隙金属氧化物避雷器

（D）10～35kV 柱上断路器和负荷开关应装设无间隙金属氧化物避雷器

4. 6～220kV 单芯电力电缆的金属护套应至少有几点直接接地，且在正常满载情况下，未采取防止人员任意接触金属护套或屏蔽层的安全措施时，任一非接地处金属护套或屏蔽层上的正常感应电压不应超过下列哪项数值？　　　　（　　）

（A）一点接地，50V　　　　　　　　（B）两点接地，50V

（C）一点接地，100V　　　　　　　（D）两点接地，100V

5. 在建筑照明设计中，下列哪项表述不符合规范的规定？　　　　（　　）

（A）照明设计的房间或场所的照明功率密度应满足标准规定的现行值的要求

（B）应在满载规定的照度和照明质量要求的前提下，进行照明节能评价

（C）一般场所不应选用卤钨灯，对商场、博物馆显色要求高的重点照明可采用卤钨灯

（D）采用混合照明方式的场所，照明节能应采用混合照明的照明功率密度值（LPD）作为评价指标

6. 当电源为 10kV 线路时，全压启动的笼型电动机功率不超过电动机供电线路上的短路容量的百

分比为下列哪项数值？（　　）

（A）3%
（B）5%

（C）7%
（D）10%

7. 已知同步发电机额定容量为 12.5MV·A，超瞬态电抗百分值 $X_d''\% = 12.5$，额定电压为 10.5kV，则在基准容量为 $S_j = 100MV·A$ 下的超瞬态电抗有名值最接近下列哪项数值？（　　）

（A）0.11Ω
（B）1.1Ω

（C）11Ω
（D）110Ω

8. 准确度 1.5 级的电流表应配备精度不低于几级的中间互感器，下列哪项数值是正确的？（　　）

（A）0.1 级
（B）0.2 级

（C）0.5 级
（D）1.0 级

9. 某车间设置一台独立运行的 10/0.4kV，800kV·A 干式变压器，高压侧采用断路器进行投切，不装设下列哪项保护满足规范的要求？（　　）

（A）温度保护
（B）纵联差动保护

（C）过电压保护
（D）电流速断保护

10. 下列哪项情形不是规范规定的一级负荷中特别重要负荷？（　　）

（A）中断供电将造成人身伤害时

（B）中断供电将造成重大设备损坏时

（C）中断供电将发生中毒、爆炸或火灾时

（D）特别重要场所的不允许中断供电的负荷

11. 在高土壤电阻率地区，在发电厂和变电站多少米以内有较低电阻率的土壤时，可敷设引外接地极，引外接地极应采用不少于几根导线在不接地点与水平接地网相连接，下列哪项符合规范的规定？（　　）

（A）5000m，3 根
（B）2000m，2 根

（C）1000m，2 根
（D）500m，1 根

12. 某低压配电回路设有两级保护装置，为了上下级动作相互配合，下列参数整定中哪项整定不宜采用？（　　）

（A）下级动作电流为 100A，上级动作电流为 125A

（B）上级定时限动作时间比下级反时限工作时间多 0.3s

（C）上级定时限动作时间比下级反时限工作时间多 0.5s

（D）上级定时限动作时间比下级反时限工作时间多 0.7s

13. 某采用高压真空断路器控制额定电压为 10kV 电动机回路，拟采用旋转电机用 MOA 作为限制操作过电压的措施，回路切除时故障时间为 5min，相对地 MOA 的额定电压选择下列哪一项是正确的？ （　　）

（A）≥10.0kV   （B）≥10.5kV

（C）≥11.0kV   （D）≥13.0kV

14. 某变电站高压 110kV 侧设备采用室外布置，对应于破坏荷载，连接设备用悬式绝缘子在长期和短时作用时的安全系数应分别不小于下列哪项数值？ （　　）

（A）2.0，2.5   （B）2.5，1.67

（C）4.0，2.5   （D）5.3，3.3

15. 气体灭火装置启动及喷放各阶段的联动控制系统的反馈信号，应反馈至消防联动控制器，下列各阶段的联动控制系统的反馈信号哪项符合规范规定？ （　　）

（A）气体灭火控制间连接的火灾探测器的报警信号

（B）气瓶的压力信号

（C）压力开关的故障信号

（D）选择阀的动作信号

16. 确定无功自动补偿的调节方式时，不宜采用下列哪项调节方式？ （　　）

（A）以节能为主进行补偿时，宜采用无功功率参数调节

（B）无功功率随时间稳定变化时，宜按时间参数调节

（C）以维持电网电压水平所必要的无功功率，应按电压参数调节

（D）当采用变压器自动调压时，应按电压参数调节

17. 在低压配电系统中，关于剩余电流动作保护电器额定剩余不动作电流，下列哪一项的论述是正确的？ （　　）

（A）不大于 30mA

（B）不大于 500mA

（C）应大于在负荷正常运行的预期出现的对地泄漏电流

（D）应小于在负荷正常运行的预期出现的对地泄漏电流

18. 对于公共广播系统室内广播功率传输线路的衰减量，下列哪项满足规范的要求？ （　　）

（A）衰减不宜大于 1dB（100Hz）   （B）衰减不宜大于 3dB（100Hz）

（C）衰减不宜大于 5dB（100Hz）   （D）衰减不宜大于 7dB（100Hz）

19. 安全照明是用于确保处于潜在危险之中的人员安全的应急照明，关于医院手术室安全照明的照度标准值，下列哪项符合规范的规定？ （　　）

（A）应维持正常照明的 10%照度   （B）应维持正常照明的 30%照度

（C）应维持正常照明的照度 （D）不应低于 15lx

20. 10kV 架空电力线电杆高度 12m，附近拟建汽车加油站，按建筑设计防火规范允许直埋地下的汽油储罐与该架空电力线路最近的水平距离为下列哪项数值？ （　　）

（A）7.2m （B）9m

（C）14.4m （D）18m

21. 对波动负荷的供电，除电动机启动时允许的电压下降情况下，当年需要降低波动负荷引起的电网电压波动和电压闪变时，依据规范规定宜采取下列哪一项措施？ （　　）

（A）调整变压器的变压比和电压分接头

（B）与其他负荷共用配电线路时，增加配电线路阻抗

（C）使三相负荷平衡

（D）采用专线供电

22. 下列哪项建筑物的消防用电应按一级负荷供电？ （　　）

（A）建筑高度 49m 的住宅建筑

（B）粮食仓库及粮食筒仓

（C）室外消防用水量大于 30L/s 的厂房（仓库）

（D）藏书 150 万册的图书馆、书库

23. 某高档商店营业厅面积为 120m² 照明灯具总安装功率为 2400W（含整流器功耗）中装饰性灯具的安装功率为 1200W，其他灯具安装功率为 1200W，该营业厅的计算 LPD 值为下列哪项数值？ （　　）

（A）10W/m² （B）15W/m²

（C）18W/m² （D）20W/m²

24. 规范规定：单相负荷的总计算容量超过计算范围内三相对称负荷总计算容量的百分之几时应将单相负荷换算为等效三相负荷，再与三相负荷相加？ （　　）

（A）10% （B）15%

（C）20% （D）25%

25. 工作于不接地、谐振接地和高电阻接地系统，向 1kV 及以下低压电气装置供电的高压配电电气装置，其保护接地的接地电阻应符合下列哪项公式的要求，且不应大于下列哪项数值？ （　　）

（A）$R \leqslant \frac{2000}{I}$，30Ω （B）$R \leqslant \frac{120}{I}$，10Ω

（C）$R \leqslant \frac{50}{I}$，4Ω （D）$R \leqslant \frac{50}{I}$，1Ω

26. 1000kV 变压器负荷 72% 时，概率计算变压器有功和无功损耗是下列哪项数值？ （　　）

（A）7.2kW，36kvar （B）10kW，45kvar

（C）648kW，314kvar   （D）720kW，300kvar

27. 直流电动机的供电电压为 DC220V，$F_{CN}=25\%$，励磁方式为并励电动机主极励磁电压为电动机的额定电压，在额定电压及相应转速下的大于 50kW 的直流电动机允许的最大转矩倍数为下列哪项数值？ （ ）

（A）2.5   （B）2.8

（C）3.0   （D）3.3

28. 各级电压的架空线路，采用雷电过电压保护措施时，下列哪项不符合规范的规定？ （ ）

（A）220kV 和 750kV 线路应沿全线架设双地线，但少雷区除外

（B）110kV 线路一般沿全线架设地线，在山区及强雷区，宜架设双地线

（C）双地线线路，杆塔处两根地线间的距离不应超过导线与地线垂直距离的 5 倍

（D）35kV 及以下线路，应沿全线架设地线

29. 第三类防雷建筑物的防雷措施中关于引下线的要求，下列哪项符合规范的规定？ （ ）

（A）专设引下线不应少于 2 根

（B）应沿建筑物背面布置，不宜影响建筑物立面外观

（C）引下线的间距沿周长计算不应大于 25m

（D）当无法在跨距中间设引下线时，应在跨距两端设引下线并减小其他引下线的间距，专设引下线的平均间距不应大于 25m

30. 某 35kV 配电装置采用室内布置，其出线穿墙套管应至少离室外道路路面多少米高？ （ ）

（A）3m   （B）3.5m

（C）4m   （D）4.5m

31. 爆炸性环境中，在采用非防爆型设备作隔墙机械传动时，下列哪项描述不符合规范的规定？ （ ）

（A）安装电气设备的房间应采用非燃烧体的实体墙与爆炸危险区域隔开

（B）安装电气设备房间的出口应通向非爆炸危险区域的环境

（C）当安装设备的房间必须与爆炸性环境相通时，应对爆炸性环境保持相对的负压

（D）传动轴传动通过隔墙处，应采用填料函密封或有同等效果的密封措施

32. 直流系统专供动力负荷，在正常运行情况下，直流母线电压宜为下列哪项数值？ （ ）

（A）110V   （B）115.5V

（C）220V   （D）231V

33. 均匀土壤中等间距布置的发电厂和变电站接地系统的最大跨步电压差出现在平分接地网边角直线上，从边角点开始向外多少米远的地方，下列哪项数值正确？ （ ）

（A）2m

（B）1.5m

（C）1m

（D）0.5m

34. 晶闸管额定电压的选择，整流线路为六相零式时，电压系数 K_u 为下列哪项数值？ （ ）

（A）2.82

（B）2.83

（C）2.84

（D）2.85

35. 10kV 电动机接地保护中，单相接地电流小于下列哪项数值时，保护装置宜动作于信号？

（ ）

（A）1A

（B）2A

（C）5A

（D）10A

36. 在选择高压断路器时，需要验算断路器的短路热效应，下列关于短路热效应的计算时间哪项是正确的？ （ ）

（A）宜采用主保护动作时间加相应的断路器的全分闸时间

（B）宜采用后备保护动作时间加相应的断路器的全分闸时间

（C）当主保护有死区时，应采用对该死区起保护作用的后备保护动作时间

（D）采用断路器保护时，不需要验算热稳定

37. 由地区公共地区电网供电的 220V 负荷，线路电流小于或等于多少安培时，可采用 220V 单相供电，大于多少安培时，宜采用 380/220V 三相四线制供电，下列哪项数值符合规范的规定？ （ ）

（A）30A，30A

（B）30A，60A

（C）60A，60A

（D）60A，90A

38. 某工业场所根据其通用使用功能设计照度值应选择为 500lx，相应的照明功率密度限值为 17.0W/m²，但实际上该作业精度要求很高，且产生差错会造成很大损失，按照标准规定，设计照度值需要提高一级为 750lx，则该场所的 LPD 限值应为下列哪项数值？ （ ）

（A）17.0W/m²

（B）22.1W/m²

（C）24.0W/m²

（D）25.5W/m²

39. 供配电系统设计中，下列哪项要求符合规范的规定？ （ ）

（A）一级负荷应由两回线路供电

（B）一级负荷应按一个电源系统检修或故障的同时另一电源又发生故障进行设计

（C）负荷较小的二级负荷，可由一回 6kV 及以上专用的架空线路供电

（D）建筑物、储罐（区）、堆场等的消防用电均应按一、二级负荷供电

40. 110kV 屋内气体绝缘金属绝缘设备配电装置两侧应设置安装、检修和巡视的通道，巡视通道宽度不应小于下列哪项数值？ （ ）

（A）800mm   （B）900mm

（C）1000mm   （D）1200mm

二、多项选择题（共 30 题，每题 2 分。每题的备选项中有 2 个或 2 个以上符合题意。错选、少选、多选均不得分）

41. 建筑电气节能设计应选用下列哪些项节能产品？   （ ）

（A）Dyn11 接线组别的三相变压器   （B）I 类灯具

（C）高光效 LED 光源   （D）交流变频调速电动机

42. 在高压系统短路电流计算中，设全电流最大有效值为 I_p，对称短路电流初始值为 I_g''，I_p/I_g'' 比值错误的为下列哪些项？   （ ）

（A）$0 \leqslant I_p/I_g'' \leqslant 1$ （B）$\sqrt{2} \leqslant I_p/I_g'' \leqslant 2\sqrt{2}$

（C）$1 \leqslant I_p/I_g'' \leqslant \sqrt{3}$ （D）$1 \leqslant I_p/I_g'' \leqslant 3$

43. 可控串联补偿装置宜测量并记录下列哪些参数？   （ ）

（A）电容器电压   （B）电容器电流

（C）金属氧化物避雷器电流   （D）等值电抗

44. 下列哪项是供配电系统设计的节能措施要求？   （ ）

（A）变配电所深入负荷中心

（B）用电容器组做无功补偿装置

（C）选用 I 级能效的变压器

（D）采用用户自备发电机组供电

45. 下列哪些电动机应装设 0.5s 时限的低电压保护，保护动作电压为额定电压的 65%～70%？

                   （ ）

（A）当电源电压短时降低时，需断开的次要电动机

（B）当电源电压短时中断又恢复时，需断开的次要电动机

（C）根据生产过程不允许自启动的电动机

（D）在电源电压长时间消失后需自动断开的电动机

46. 视频显示系统线路敷设时，信号电缆与具有强磁场、强电场电气设备之间的净距，下列哪项满足规范的要求？   （ ）

（A）采用非屏蔽线缆在封闭金属线槽内敷设，应为 0.5m

（B）采用非屏蔽电缆直接敷设时应大于 1.5m

（C）采用非屏蔽电缆穿金属保护管敷设时，应为 0.8m

（D）采用屏蔽电缆时，宜大于 0.8m

47. 建筑消防应急照明和疏散指示标志设计中，按规范要求下列哪些建筑应设置灯光疏散指示标志？ （ ）

（A）医院病房楼
（B）丙类单层厂房
（C）建筑高度 36m 的住宅
（D）建筑高度 18m 的宿舍

48. 在交流异步电动机、直流电动机的选择中，下列说法中哪些项不是直流电动机的优点？ （ ）

（A）调速性能好
（B）价格便宜
（C）启动、制动性能好
（D）电动机的结构简单

49. 下列哪些项电源可以作为应急电源？ （ ）

（A）正常与电网并联运行的自备电站
（B）独立于正常电源的专用馈电线路
（C）UPS
（D）EPS

50. 某新建 35/10kV 变电站，10kV 配电系统全部采用钢筋混凝土电杆线路，单相接地电容电流为 20A，为了提高供电可靠性，10kV 系统拟按照发生接地故障时继续运行设计，下列关于变电所 10kV 系统中性点接地方式及中性点设备的叙述哪些项是正确的？ （ ）

（A）采用中性点谐振接地方式
（B）宜采用中性点不接地方式
（C）正常运行时，自动跟踪补偿功能的消弧装置应保证中性点的长时间电压位移不超过系统标称相电压的 20%
（D）宜采用具有自动跟踪补偿功能的消弧装置

51. 一台 110/35kV 电力变压器，高压侧中性点电流互感器一次电流的选择，下列哪些设计原则是正确的？ （ ）

（A）应大于变压器允许的不平衡电流
（B）安装在放电间隙回路中的，一次电流可按 100A 选择
（C）按变压器额定电流的 25%选择
（D）应按单相接地电流选择

52. 低压电气装置的接地极，材料可采用下列哪些项？ （ ）

（A）用于输送可燃液体或气体的金属管道
（B）金属板
（C）金属带或线
（D）金属棒或管子

53. 下列哪些项的电气器件可作为低压电动机的短路保护器件？ （ ）

（A）热继电器 （B）电流继电器

（C）接触器 （D）断路器

54. 建筑物的防雷措施，下列哪些项符合规范的规定？ （ ）

（A）各类防雷建筑物应设防直击雷的外部防雷装置，并应采取防闪电电涌侵入的措施

（B）第一类建筑物尚应采取防雷电感应的措施

（C）第一类防雷建筑物应装设独立接闪杆或架空接闪线或网，架空接闪网的网格尺寸不应大于
5m×5m 或 6m×4m

（D）由于设置了外部防雷措施，第三类防雷建筑物可不设置内部防雷装置

55. 3～110kV 高压配电装置，下列哪些项屋外配电装置的最小净距应按规范规定的 B_1 值校验？
（ ）

（A）栅状遮拦至绝缘体和带电部分之间

（B）交叉的不同时停电检修的无遮拦带电之间

（C）不同相的带电部分之间

（D）设备运输时，其设备外扩至无遮拦带电部分之间

56. 采用并联电力电容器作为无功功率补偿装置时，下列哪些选项符合规范的规定？ （ ）

（A）低压部分的无功功率，应由低压电容器补偿

（B）高、低压均产生无功功率时，宜由高压电容器补偿

（C）基本无功功率较小时，可不针对基本无功功率进行补偿

（D）容量较大，负荷平稳且经常使用的设备，宜单独就地补偿

57. 在照明配电设计中，下列哪项表述符合规范的规定？ （ ）

（A）当照明装置采用安全特低电压供电时，应采用安全隔离变压器，且二次侧应接地

（B）气体放电灯的频闪效应对视觉作业有影响的场所，采用的措施之一是相邻灯分接在不同
相序

（C）移动式和手提式灯具采用Ⅲ类灯具时，应采用安全特地电压（SELV）供电，在干燥场所，
电压限值对于无纹波直流供电不大于 120V

（D）1500W 及以上的高强度气体放电灯的电源电压宜采用 380V

58. 建筑物内电子系统的接地和等电位连接，下列哪些项符合规范的规定？ （ ）

（A）电子系统的所有外露导电物应与建筑物的等电位连接网络做功能性等电位连接

（B）电子系统应设独立的接地装置

（C）向电子系统供电的配电箱的保护地线（PE 线）应就近与建筑物的等电位连接网络做等电位
连接

（D）当采用 S 型等电位连接时，电子系统的所有金属组件应与接地系统的各组件可靠连接

59. 关于 3～110kV 高压配电装置内的通道与围栏，下列哪项描述是正确的？　　　（　　）

（A）就地检修的室内油浸变压器，室内高度可按吊芯所需的最小高度再加 600mm 考虑，宽度可按变压器两侧各加 800mm 考虑

（B）设置于屋内的无外壳干式变压器，其外廓与四周墙壁的净距不应小于 600mm，干式变压器之间的距离不应小于 1000mm，并应满足巡视维修的要求

（C）配电装置中电气设备的栅状遮拦高度不应小于 1200mm，栅状遮拦最低栏杆至地面的净距不应大于 200mm

（D）配电装置中电气设备的网状遮拦高度不应小于 1700mm，网状遮拦网孔不应大于 40mm × 40mm，围栏门应上锁

60. 低压配电室配电屏成排布置，关于配电屏通道的最小宽度描述，下列哪些说法是错误的？

（　　）

（A）配电室不受限制时，固定式配电屏单排布置，屏前通道的最小宽度为 1.3m

（B）配电室不受限制时，固定式配电屏单排布置，屏后操作通道的最小宽度为 1.2m

（C）配电室不受限制时，抽屉式配电屏单排布置，屏前通道的最小宽度为 1.8m

（D）配电室不受限制时，抽屉式配电屏双排面对面布置，屏前通道的最小宽度为 2m

61. 直流系统的充电装置宜选用高频开关电源模块型充电装置，也可选用相控式充电装置，关于充电装置的配置描述，下列哪项是正确的？　　　（　　）

（A）1 组蓄电池采用相控式充电装置的，宜配置 1 套充电装置

（B）1 组蓄电池采用高频开关电源模块型充电装置时，宜配置 1 套充电装置，也可配置 2 套充电装置

（C）2 组蓄电池采用相控式充电装置时，宜配置 2 套充电装置

（D）2 组蓄电池采用高频开关电源模块型充电装置时，宜配置 2 套充电装置，也可配置 3 套充电装置

62. 在建筑照明设计中，下列哪些项符合标准的术语规定？　　　（　　）

（A）疏散照明是用于确保疏散通道被有效地辨认和使用的应急照明

（B）安全照明是用于确保正常活动继续或暂时继续进行的应急照明

（C）直接眩光是视觉对象的镜面反射，它使视觉对象的对比降低，以致部分地或全部地难以看清细部

（D）反射眩光是由视野中的反射引起的眩光，特别是在靠近视线方向看见反射像产生的眩光

63. 交流电力电子开关的过电流保护，关于过电流倍数与动作时间的关系，下述哪些项叙述是正确的？　　　（　　）

（A）过电流倍数 1.2 时，动作时间 10min

（B）过电流倍数 1.5 时，动作时间 3min

（C）过电流倍数 1.2 时，动作时间 3～30s 可调

（D）过电流倍数 10 时，动作时间瞬动

64. 10kV 变电所配电装置的雷电侵入波过电压保护应符合下列哪些项要求？　　　（　　）

（A）10kV 变电所配电装置，应在每组母线上架空线上装设配电型无间隙金属氧化物避雷器

（B）架空进线全部在厂区内，且受到其他建筑物屏蔽时，可只在母线上装设无间隙氧化物避雷器

（C）有电缆段的架空线路，无间隙金属氧化物避雷器应装设在电缆头附近，其接地端应与电缆金属外皮相连

（D）10kV 变电所，当无站用变压器时，可仅在末端架空进线上装设无间隙金属氧化物避雷器

65. 建筑物引下线附近保护人身安全需采取的防接触电压和跨步电压的措施，下列哪些项符合规范的规定？　　　（　　）

（A）引下线 3m 范围内地表层的电阻率不小于 50kΩ·m，或敷设 5cm 厚沥青层或 15cm 厚砾石层

（B）外露引下线，其距地面 2.5m 以下的导体用耐 1.2/50μs 冲击电压 100kV 的绝缘层隔离，或用至少 3mm 厚的交联聚乙烯层隔离

（C）用护栏、警告牌使接触引下线的可能性降低至最低限度

（D）用网状接地装置对地面做均衡电位处理

66. 根据规范规定，下列哪些场所或部分宜选择缆式感温火灾探测器？　　　（　　）

（A）不易安装典型探测器的夹层、闷顶

（B）其他环境恶劣不适合点型探测器安装的场所

（C）需要设置线型感温火灾探测器的易燃易爆场所

（D）公路隧道、敷设动力电缆的铁路隧道和城市地铁隧道等

67. 高压电气装置接地的一般要求，下列描述哪项是正确的？　　　（　　）

（A）变电站内不同用途和不同额定电压的电气装置或设备，应分别设置接地装置

（B）变电站内不同用途和不同额定电压和电气装置或设备，除另有规定外应使用一个总的接地网

（C）变电站内总接地网的接地电阻应符合其中最小值的要求

（D）设计接地装置时，雷电保护接地的接地电阻，可只采用在雷季中土壤干燥状态下的最大值

68. 控制非线性设备所产生谐波引起的电网电压波形畸变率，可以采取下列哪项措施？　　　（　　）

（A）减小配电变压器的短路阻抗

（B）对大功率静止整流器，增加整流变压器二次侧的相数和整流器的整流脉冲数

（C）对大功率静止整流器采用多台相数相同的整流器，并使整流变压器二次侧有适当的相角差

（D）采用 Dyn11 接线组别的三相配电变压器

69. 在当前和远景的最大运行方式下，设计人员应根据下列哪些情况确定设计水平年的最大接地故障不对称电流有效值？　　　（　　）

（A）一次系统电气接线

（B）母线连接的送电线路状况

（C）故障时系统的电抗与电阻比值

（D）电气装置的选型

70. 在学校照明设计中，教室照明灯具的选择，下列哪些项是正确的？ （　　）

（A）普通教室不宜采用无罩的直射灯具及盒式荧光灯具

（B）有要求或有条件的教室可采用带格栅（格片）或带漫射罩型灯具

（C）宜采用带有高亮度或全镜面控光罩（如格片、格栅）类灯具

（D）如果教室空间较高，顶棚反射比高，可以采用悬挂间接或半间接控照灯具

2019 年专业知识试题（上午卷）

一、单项选择题（共 40 题，每题 1 分，每题的备选项中只有 1 个最符合题意）

1. 关于柴油发电机供电系统短路电流的计算条件，下列正确的是哪项？　　　　（　　）

　　（A）励磁方式按并励考虑
　　（B）短路计算采用标幺制
　　（C）短路时，设故障点处的阻抗为零
　　（D）短路电流应按短路点远离发电机的系统短路进行计算

2. 变电站二次回路的工作电压最高不应超过下列哪项数值？　　　　（　　）

　　（A）250V　　　　　　　　　　　　　　（B）400V
　　（C）500V　　　　　　　　　　　　　　（D）750V

3. 关于 10kV 变电站的二次回路线缆选择，下列说法不正确的是哪项？　　　　（　　）

　　（A）二次回路应采用铜芯控制电缆和绝缘导线
　　（B）控制电缆的绝缘水平宜选用 450/750V
　　（C）在最大负荷下，操作母线至设备的电压降，不应超过额定电压的 10%
　　（D）当全部保护和自动装置动作时，电流互感器至保护和自动装置屏的电缆压降不应超过额定电压的 3%

4. 在变电站的电压互感器二次接线设计中，下列设计原则不正确的是哪项？　　　　（　　）

　　（A）对中性点直接接地系统，电压互感器星形接线的二次绕组应采用中性点接地方式
　　（B）对中性点非直接接地系统，电压互感器星形接线的二次绕组宜采用中性点不接地方式
　　（C）电压互感器开口三角形绕组的引出端之一应接地
　　（D）35kV 以上贸易结算用计量装置的专用电压互感器二次回路不应装设隔离开关辅助接点

5. 关于 35～110kV 变电站的站址选择，下列说法错误的是哪项？　　　　（　　）

　　（A）应靠近负荷中心
　　（B）应与城乡或工矿企业规划相协调，并应便于架空和电缆线路的引入和引出
　　（C）站址标高宜在 50 年一遇高水位上，当无法避免时，需采用可靠的防洪措施，此时可低于内涝水位
　　（D）变电站主体建筑应与周边环境相协调

6. 某 10kV 室内变电所内有一台 1250kV·A 的油浸变压器，采用就地检修方式。设计采用的下列尺寸中，不符合规范要求的是哪项？　　　　（　　）

　　（A）变压器与后壁间 800mm

（B）变压器与侧壁间 1000mm

（C）变压器与门间 800mm

（D）室内高度按吊芯所需的最小高度加 700m

7. 某变电站内设置一台单台容量为 750kvar 的 10kV 电容器，其内部故障保护采用专业熔断器，该熔断器的熔丝额定电流宜选择下列哪项？　　　　　　　　　　　　　　　　　　　　（　　）

（A）40A
（B）50A

（C）63A
（D）80A

8. 某住宅楼有四个单元，地下 1 层（面积 2500m²），地上 16 层，建筑高度 50.2m，该住宅楼地下消防泵房内的消防水泵为几级用电负荷？　　　　　　　　　　　　　　　　　　　　（　　）

（A）一级负荷中特别重要负荷
（B）一级负荷

（C）二级负荷
（D）三级负荷

9. 当采用利用系数法进行负荷计算时，下列为无关参数的是哪项？　　　　　　　　（　　）

（A）用电设备组平均有功功率
（B）总利用系数

（C）用电设备有效台数
（D）同时系数

10. 采用需要系数法对某一变压器所带负荷进行计算后，其视在功率为 1880kV·A，功率因数为 0.78，欲在变压器低压侧进行集中无功功率补偿，补偿后的功率因数达到 0.95，则无功功率补偿量应为下列哪项数值？　　　　　　　　　　　　　　　　　　　　　　　　　　　（　　）

（A）542kvar
（B）695kvar

（C）847kvar
（D）891kvar

11. 在供配电系统的设计中，关于电压偏差的描述，下列描述不正确的是哪项？　　　（　　）

（A）正确选择供电元件和系统结构，可以在一定程度上减少电压偏差

（B）适当提高系统阻抗可缩小电压偏差范围

（C）合理补偿无功功率可缩小电压偏差范围

（D）尽量使三相负荷平衡

12. 关于电能质量，以下指标与电能质量无关的是哪项？　　　　　　　　　　　　（　　）

（A）波形畸变
（B）频率偏差

（C）三相电压不平衡
（D）电网短路容量

13. 高压系统采用中性点不接地系统时，下列描述正确的是哪项？　　　　　　　　（　　）

（A）发生单相接地故障时，单相接地电流很大，必然会引起断路器跳闸

（B）发生单相接地故障时，通常不会产生弧光重燃过电压

（C）与中性点直接接地系统相比，不接地系统的过电压水平和输变电设备所需的绝缘水平较低

（D）单相接地故障电流很小，可以带故障运行一段时间

14. 当系统中并联电容器装置的串联电抗器用于抑制 5 次及以上谐波时，其电抗率取值宜为下列哪项？ （　　）

（A）1%　　　　　　　　　　　　　　（B）5%

（C）9%　　　　　　　　　　　　　　（D）12%

15. 关于消防负荷分级，下列错误的是哪项？ （　　）

（A）一级负荷：一类高层民用建筑

（B）二级负荷：二类高层民用建筑

（C）二级负荷：室内消防用水量大于 300L/s 的仓库

（D）二级负荷：粮食仓库

16. 下列哪个场合可选用聚氯乙烯外护层电缆？ （　　）

（A）移动式电气设备　　　　　　　　（B）人员密集场所

（C）有低毒阻燃性防火要求的场所　　（D）放射线作用场所

17. 校核电缆短路热稳定时，下列说法不符合规定的是哪项？ （　　）

（A）短路计算时，系统接线应采用正常运行方式，且按工程建成后 5~10 年发展规划

（B）短路点应选取在电缆回路最大短路电流可能发生处

（C）短路电流的作用时间，应取主保护动作时间与断路器开断时间之和

（D）短路电流作用的时间，对于直馈的电动机应取主保护动作时间与断路器开断时间之和

18. 某 110kV 无人值守变电所直流系统，事故放电时间为 2h，配有一组 300A·h 阀控式铅酸蓄电池组，其与直流柜之间的连接电缆的长期允许载流量的计算电流最少应大于下列哪项数值？（设蓄电池容量换算系数为 0.3/h） （　　）

（A）30A　　　　　　　　　　　　　　（B）90A

（C）150A　　　　　　　　　　　　　（D）987.5A

19. 关于爆炸性环境内电压 1000V 以下的钢管配线的技术要求，下列错误的是哪项？ （　　）

（A）1 区电力线路：铜芯绝缘导线截面积为 2.5mm² 及以上

（B）20 区电力线路：铜芯绝缘导线截面积为 2.5mm² 及以上

（C）21 区控制线路：铜芯绝缘导线截面积为 2.5mm² 及以上

（D）22 区电力线路：铜芯绝缘导线截面积为 1.5mm² 及以上

20. 某 220/380V 馈电线路上有一台 20kV·A 的三相全控整流设备，三、五、七次谐波含量分别为 9%、40%、30%，馈电线路的相电流为下列哪项数值？ （　　）

（A）32A　　　　　　　　　　　　　　（B）34A

（C）36A （D）38A

21. 下列有关电压型交—直—交变频器主要特点的描述，错误的是哪项？ （ ）

（A）直流滤波环节采用电抗器

（B）输出电压波形是矩形

（C）输出动态阻抗小

（D）再生制动时需要在电源侧设置反并联逆变器

22. 关于爆炸性气体环境中，非爆炸危险区域的划分，下列错误的是哪项？ （ ）

（A）没有释放源且不可能有可燃物侵入的区域

（B）可燃物质可能出现的最高浓度不超过爆炸下限值的 15 倍

（C）在生产过程中使用明火的设备附近，或炽热部件的表面温度超过区域内可燃物质引燃温度的设备附近

（D）在生产装置区外，露天或敞开设置的输送可燃物质的架空管道地带（但其阀门处按具体情况确定）

23. 一类、二类、三类防雷类别对应的滚球半径分别为 30m、45m、60m，可拦截的最小雷电电流分别为下列哪组数值？ （ ）

（A）5kA，10kA，16kA （B）3kA，10kA，16kA

（C）50kA，37.5kA，25kA （D）200kA，150kA，50kA

24. 当采用独立的架空接闪线保护一类防雷建筑物时，受场地限制，架空接闪线的接地装置距离被保护建筑物的地下入户水管（金属材质）的间隔为 3m，已知该建筑物高 10m，场地土壤电阻率为 $300\Omega \cdot m$，接地装置的冲击电阻不应超过下列哪项数值？ （ ）

（A）10Ω （B）9Ω

（C）7.5Ω （D）6.5Ω

25. 一座 35/10kV 变电站，35kV、10kV 侧均采用高电阻接地方式，当变电站地表层土壤电阻率为 $500\Omega \cdot m$，衰减系数取 0.4，当发生单相接地故障时，系统并不马上切断故障，这时变电站接地网的接触电位差不应超过下列哪项数值？ （ ）

（A）60V （B）70V

（C）90V （D）130V

26. 按电气设备的电击防护措施分类，低压配电柜属于下列哪类？ （ ）

（A）0 类 （B）I 类

（C）II 类 （D）III 类

27. 容易被触及的裸带电体，其标称电压超过交流方均根值多少时，应设置遮拦或外护物？ （ ）

（A）50V
（B）25V

（C）24V
（D）6V

28.校验跌落式高压熔断器开端能力和灵敏性时，不对称短路分断电流计算时间应取下列哪项数值？   （   ）

（A）0.5s
（B）0.3s

（C）0.1s
（D）0.01s

29.某企业 35kV 变电所，设计将部分 35kV 电气设备布置在建筑物 2 层，当地的抗震设防烈度为多少度以上时，应进行抗震设计？   （   ）

（A）6
（B）7

（C）8
（D）9

30.某 10kV 配电系统采用不接地运行方式，避雷器柜内选用无间隙金属氧化物避雷器，该避雷器的额定电压应不低于下列哪项数值？   （   ）

（A）6.0kV   （B）9.6kV   （C）13.8kV   （D）16.67kV

31.下列不属于气体放电光源的是哪项？   （   ）

（A）霓虹灯
（B）氙灯

（C）低电压石英杯灯
（D）氖灯

32.在建筑照明设计中，作业面临近周围照度可低于作业面照度，规范规定作业面临近周围是指作业面外宽度不小于下列哪项数值的区域？   （   ）

（A）0.5m   （B）1.0m   （C）1.5m   （D）2.0m

33.28W 的 T5 荧光灯，其中 28W 代表下列哪项含义？   （   ）

（A）光源耗电量
（B）灯具耗电量

（C）额定功率
（D）标称功率

34.下列哪项不是机动车交通道路照明评价指标？   （   ）

（A）道路平均亮度
（B）路面亮度纵向均匀度

（C）环境比
（D）平均水平照度

35.为防止或减少光幕反射眩光，不应采取下列哪项措施？   （   ）

（A）采用低光泽度的表面装饰材料
（B）限制灯具出光口表面发光亮度

（C）墙面的平均照度不低于 50lx
（D）顶棚的平均照度不宜高于 30lx

36.某接替会议室所设的主席摄像机的 CCD 靶面尺寸为 1 英寸，则其像场宽高尺寸与下列哪组数值最接近？   （   ）

（A）宽 25.4mm，高 19.1mm   （B）宽 20.1mm，高 15.0mm

（C）宽 12.7mm，高 9.5mm   （D）宽 8.8mm，高 6.6mm

37. 当系统管理主机发生故障或通信线路故障时，出入口控制器应能独立工作，当正常电源失去时，重要场合的 UPS 应能连续工作不少于下列哪项数值？   （   ）

（A）24h   （B）48h

（C）72h   （D）96h

38. 关于星形会议讨论系统的设计，下列描述错误的是哪项？   （   ）

（A）传声器可设置静音或开关按钮

（B）传声器宜具有相应指示灯

（C）传声器控制装置应能支持传声器的数量

（D）传声器数量大于 20 只时，应采用星形会议讨论系统

39. 关于特低电压的描述，下列正确的是哪项？   （   ）

（A）相间电压不超过交流最大值 50V 的电压

（B）相间电压不超过交流最大值 36V 的电压

（C）相间电压或相对地不超过交流方均根值 50V 的电压

（D）相间电压或相对地不超过交流最大值 50V 的电压

40. 交流电力电子开关保护电路，当过电流倍数为 1.2 时，动作时间应为下列哪项数值？ （   ）

（A）5min   （B）10min

（C）15min   （D）20min

二、多项选择题（共 30 题，每题 2 分。每题的备选项中有 2 个或 2 个以上符合题意，错选、少选、多选均不得分）

41. 电力系统可采取下列哪些措施限制短路电流？   （   ）

（A）在允许的范围内，增大系统的零序阻抗

（B）降低电力系统的电压等级

（C）变压器的运行方式由并列运行改为分列运行

（D）采用限流电抗器

42. 下列电力负荷中，哪些属于一级负荷？   （   ）

（A）建筑高度 64m 的写字楼地下室的排污泵、生活水泵

（B）大型商场及超市营业厅的备用照明

（C）甲等剧场的空调机房及锅炉房电力和照明

（D）甲等电影院的照明与放映

43. 在进行负荷计算时，关于设备功率的确定，下列说法正确的有哪些？ （　　）

（A）不同工作制的用电设备功率应统一换算为连续工作制的功率

（B）不同物理量的设备功率统一换算为有功功率

（C）用电设备组的设备功率应包括专门用于检修的设备功率

（D）在计算范围内，不同时使用的设备功率不叠加

44. 一级负荷中特别重要的负荷，除应由双重电源供电外，尚应增设应急电源，下列哪些电源可以作为应急电源？ （　　）

（A）独立于正常电源的发电机组

（B）正常电源的专用馈电线路

（C）蓄电池

（D）干电池

45. 无功功率装置的投切方式，下列哪些情况宜装设无功自动补偿装置？ （　　）

（A）避免过补偿，且在经济上合理时

（B）避免在轻载时电压过高，造成某些用电设备损坏，且在经济上合理时

（C）常年稳定的无功功率

（D）每天投切次数少于三次的高压电动机和高压电容器组

46. 当需要降低波动负荷引起的电网电压波动和电压闪变，可采取下列哪些措施？ （　　）

（A）与其他负荷共用配电回路时，提高配电线路阻抗

（B）较大功率的波动负荷与对电压波动、闪变敏感的负荷，分别由不同的变压器供电

（C）采用专线供电

（D）采用动态无功补偿装置

47. 变电所中有载调压变压器的使用，下列说法正确的有哪些？ （　　）

（A）大于 35kV 的变电所的降压变压器，直接向 35kV、10kV、6kV 电网送电时，应采用有载调压变压器

（B）35kV 降压变电所的主变压器，在电压偏差不能满足要求时，应采用有载调压变压器

（C）6kV 变压器不能采用有载调压变压器

（D）用户有对电压要求严格的设备，单独设置调压装置技术经济不合理时 10kV 配电变压器亦可采用有载调压变压器

48. 选择控制电缆时，下列哪些回路不应合用一根控制电缆？ （　　）

（A）弱电信号控制回路与强电信号控制回路

（B）同一电流互感器二次绕组的三相导体及其中性导体

（C）交流断路器分相操作的各相弱电控制回路

（D）弱电回路的一对往返回路

49. 某 110/35kV 变电站中的一回 35kV 馈出回路应至少对下列哪些电气参数进行测量？　（　　）

（A）交流电流 　　　　　　　　　　　（B）交流电压

（C）有功功率 　　　　　　　　　　　（D）频率

50. 某 35/10kV 变电站，采用两回电源进线，站内有两台 35/10kV 主变压器，下列关于本站用电的说法正确的有哪些？　　　　　　　　　　　　　　　　　　　　　　（　　）

（A）设置两台容量相同、可互为备用的站用变压器

（B）每台变压器容量按全站计算负荷的 80%选择

（C）装设一台站用变压器，并从变电站外引入一路可靠的低压备用电源

（D）站用电低压配电采用 TN-S 系统

51. 110kV 变电所中，对户内配电装置室的通风要求，下列选项正确的有哪些？　（　　）

（A）事故排风每小时换气次数不应少于 10 次

（B）按通风散热要求，装设事故通风装置

（C）通风机应与火灾探测系统连锁，火灾时应开启事故风机

（D）宜采用自然通风，自然通风不能满足要求时，可设置机械排风

52. 露天或半露天的变电所，不应设置在下列哪些场所？　　　　　　　　　　　（　　）

（A）有腐蚀性气体的场所

（B）附近有棉、粮及其他易燃、易爆物品集中的露天堆旁

（C）耐火等级为四级的建筑物旁

（D）负荷较大的车间和动力站旁

53. 钢铁企业关于按电源容量允许全压启动的笼型异步电动机功率，下列描述正确的有哪些？

（　　）

（A）小容量发电厂，每 1kV·A 发电机容量为 0.1～0.12kW

（B）10/0.4kV 变压器，经常启动时，不大于变压器额定容量的 20%

（C）高压线路，不超过电动机供电线路上短路容量的 5%

（D）变压器—电动机组，电动机容量不大于变压器容量的 80%

54. 下列有关电流型交—直—交变频器主要特点的描述，正确的有哪些？　　　（　　）

（A）直流滤波环节采用电容

（B）输出电流波形是矩形

（C）输出动态阻抗大

（D）再生制动方便，主回路不需附加设备

55. 在选择电压互感器时，需要考虑下列哪些技术及条件？　　　　　　　　　（　　）

（A）一次和二次回路电压　　　　　　　（B）系统的接地形式

（C）二次回路电流　　　　　　　　　　（D）准确度等级

56. 关于 TN 系统中配电线路的间接接触防护电器切断故障回路的时间，下列说法正确的有哪些？　（　　）

（A）配电线路或仅供给固定式电气设备用电的末端线路，不宜大于 5s

（B）配电相电压 220V 手持式电气设备用电的插座回路，不宜大于 0.4s

（C）配电相电压 380V 移动式电气设备用电的末端线路，不宜大于 0.2s

（D）配电相电压 660V 移动式电气设备用电的末端线路，不宜大于 0.15s

57. 某大型国际会议厅，需设置同声传译室，以下同声传译室的设置位置符合规范要求的有哪些？　（　　）

（A）会议厅前部　　　　　　　　　　　（B）会议厅后部

（C）会议厅左侧面　　　　　　　　　　（D）会议厅右侧面

58. 下列哪些选项的消防用电应按二级负荷供电？　（　　）

（A）一类高层民用建筑　　　　　　　　（B）二类高层民用建筑

（C）三类城市交通隧道　　　　　　　　（D）IV类汽车库和修车库

59. 在 380/220V 配电系统中，下列关于选择隔离器的说法正确的有哪些？　（　　）

（A）额定电流小于所在回路计算电流

（B）应满足短路条件下的动稳定和热稳定要求

（C）根据隔离器不同的安装位置，选择不同的冲击耐受电压

（D）隔离器严禁作为功能性开关电器

60. 关于电力电缆截面的选择，下列说法错误的有哪些？　（　　）

（A）多芯电缆导体最小截面积，不宜小于 2.5mm²

（B）敷设于水下的电缆，应按抗拉要求选择截面

（C）最大工作电流作用下的电缆导体温度，不得超过电缆绝缘最高允许值

（D）对于熔断器保护回路可不按满足短路热稳定条件确定电缆导体最小截面

61. 工程中下列哪些选项不符合电缆敷设要求？　（　　）

（A）电力电缆直埋平行敷设于油管正下方 1m 处

（B）电力电缆直埋平行敷设于排水沟 1m 处

（C）同一部门使用的控制电缆平行紧靠直埋敷设

（D）35kV 电力电缆直埋敷设，不同部门之间电缆间距为 0.25m

62. 下列关于直流系统充电装置技术参数描述，不符合要求的有哪些？　（　　）

（A）充电装置纹波系数 0.4%

（B）高频开关电源模块交流侧功率因数为 0.89

（C）双高频开关电源模块并联工作时，根据负荷需要自动投入或退出模块

（D）充电装置稳压精度为 1.2%

63. 表征照明质量的要素有下列哪些选项？ （ ）

（A）照明均匀度 （B）色温

（C）反射比 （D）光通量

64. 关于照明设计的说法，下列选项不正确的有哪些？ （ ）

（A）进行很短时间的作业场所，其作业面或参考平面的照度标准值可降低一级照度标准值

（B）设计照度与照度标准值的偏差不应超过±10%，但当房间或场所的室形指数值等于或小于 1 时，可适当增加，但不应超过±20%

（C）当房间或场所的照度标准值提高或降低一级时，其照明功率密度值应按比例提高或折减

（D）设装饰性灯具的场所，可将实际采用的装饰型灯具总功率的 50%计入照度计算

65. 关于教室黑板专用照明灯，下列说法正确的有哪些？ （ ）

（A）教室内如果仅设一般照明灯具，黑板上的垂直照度很低，均匀度差，因此对黑板应设置专用灯具

（B）黑板照明不应对教师产生直接眩光，也不应对学生产生反射眩光

（C）教室内设置黑板专用灯，确保黑板的混合照明照度达到 500lx

（D）为避免产生眩光，教室内的黑板照明灯具不应采用壁装方式

66. 利用系数是计算平均照度的重要指标，下列哪些选项的各因素均与利用系数有关？ （ ）

（A）房间形状、光通量、室内墙面材料

（B）灯具光强分布、有效顶棚反射比、灯具安装高度

（C）工作面高度、地面材料、灯具效率

（D）灯具安装方式、墙面开窗面积、房间高度

67. 某厂房车间变电所内设置一台 1600kV·A 变压器，变压器低压侧母线上带有多台大功率电焊机，当电焊机工作时，母线电压下降为正常电压的 85%，为了保证母线上其他用电设备的正常工作，需要采取措施将母线电压提升至正常电压的 95%。下列措施中错误的有哪些？ （ ）

（A）采用有载调压变压器

（B）采用带有±5%分接头的变压器，将分接头调至−5%

（C）采用晶闸管投切的电容器

（D）采用手动投切的电容器

68. 下列关于发电厂和变电站的水平接地网的做法哪些是正确的？ （ ）

（A）水平接地网可只利用自然接地极

（B）水平接地网应采用 2 根以上的导线在不同地点与自然接地极或人工接地极连接

（C）水平接地网应与 110kV 架空线路的地线直接相连

（D）水平接地网应与 66kV 架空线路的地线直接相连

69. 关于 SPD，下列说法正确的有哪些？　　　　　　　　　　　　　　　（　　　）

（A）限压型 SPD 无电涌时呈现高阻抗特性，当出现电压电涌时突变为低阻抗

（B）限压型 SPD 具有连续的电压、电流特性

（C）电压保护水平值应大于所测量的限制电压最高值

（D）限压型 SPD 的有效电压保护水平值大于或等于其电压保护水平值

70. 关于火灾自动报警系统的供电及传输线路，下列说法正确的有哪些？　（　　　）

（A）不同防火分区的火灾自动报警系统供电及报警总线穿管水平敷设时，不应传入同一根管内

（B）消防联动控制器电源容量需满足受控消防设备同时启动所需的容量，当其供电线路电压降超过 5%时，应由现场提供其直流 24V 电源

（C）火灾自动报警系统的供电线路和传输线路设置在室外时，应埋地敷设

（D）不同电压等级的线缆不应传入同一根保护管内

2019 年专业知识试题（下午卷）

一、单项选择题（共 40 题，每题 1 分，每题的备选项中只有 1 个最符合题意）

1. 关于高压断路器的选择校验和短路电流计算的选择，下列表述错误的是哪项？ （　　）

　（A）校验动稳定时，应计算短路电流峰值

　（B）校验动稳定时，应计算分闸瞬间的短路电流交流分量和直流分量

　（C）校验关合能力，应计算短路电流峰值

　（D）校验开断能力，应计算分闸瞬间的短路电流交流分量和直流分量

2. 用于电能计量装置的电压互感器二次回路电压降应符合下列哪项规定？ （　　）

　（A）二次回路电压降不应大于额定二次电压的 5%

　（B）二次回路电压降不应大于额定二次电压的 3%

　（C）二次回路电压降不应大于额定二次电压的 0.5%

　（D）二次回路电压降不应大于额定二次电压的 0.2%

3. 在某 10/0.4kV 变电所内设置一台容量为 1600kV·A 的油浸变压器，接线组别为 Dyn11，下列变压器保护配置方案满足规范要求的是哪项？ （　　）

　（A）电流速断 + 瓦斯 + 单相接地 + 温度

　（B）电流速断 + 纵联差动 + 过电流 + 单相接地

　（C）电流速断 + 瓦斯 + 过电流 + 单相接地

　（D）电流速断 + 过电流 + 单相接地 + 温度

4. 下列关于单侧线路重合闸保护的表述中，正确的是哪项？ （　　）

　（A）自动重合闸装置应采用一次重合闸

　（B）只要线路保护动作跳闸，自动重合闸就应该动作

　（C）母线保护线路断路器跳闸，自动重合闸就应动作

　（D）重合闸动作与否，与断路器状态无关

5. 关于 10kV 变电站的站址选择，下列不正确的是哪项？ （　　）

　（A）不应设在有剧烈振动或高温的场所

　（B）油浸变压器的变电所，当设在二级耐火等级的建筑物内时，建筑物应采取局部防火措施

　（C）应布置在爆炸性环境以外，当为正压室时，可布置在 1 区、2 区内

　（D）位于爆炸危险区附加 2 区的变电所、配电所和控制室的电气和仪表的设备层和地面应高出室外地面 0.3m

6. 某 110kV 户外配电装置，为防止外人随便进入，其围栏高度至少宜为下列哪项数值？ （　　）

（A）1.5m　　　　　　　　　　　　　（B）1.7m

（C）2.0m　　　　　　　　　　　　　（D）2.3m

7. 某 10kV 配电室选择屋内裸导体及其他电器的环境温度，若该处无通风设计温度资料时，可选择下列哪项作为环境温度？　　　　　　　　　　　　　　　　　　　　　　　　　　（　　）

（A）最热月平均最高温度　　　　　　　（B）年最高温度

（C）最高排风温度　　　　　　　　　　（D）最热月平均最高温度加 5℃

8. 在民用建筑中，大型金融中心的关键电子计算机系统和防盗报警系统，应分别划分为哪级负荷？　　（　　）

（A）均为一级负荷中特别重要负荷

（B）电子计算机系统为一级负荷当中特别重要负荷，防盗报警系统为一级负荷

（C）电子计算机系统为一级负荷，防盗报警系统为一级负荷当中特别重要负荷

（D）均为一级负荷

9. 关于二级负荷的供电电源的要求，依据规范下列正确的是哪项？　　　　　　　　（　　）

（A）应由双重电源供电

（B）不可单回路供电

（C）必须由两回线路供电，且两回线路不应同时发生故障

（D）某些情况下，可由一回 6kV 及以上专用架空线路供电

10. 对于一级负荷当中特别重要负荷设置应急电源时，以下应急电源与正常电源之间采取的正确措施是哪项？　　　　　　　　　　　　　　　　　　　　　　　　　　　　　　　　　　　（　　）

（A）应采取防止分列运行的措施

（B）应采取防止并列运行的措施

（C）任何情况下，都禁止并列运行

（D）应各自独立运行，禁止发生任何电气联系

11. 关于无功功率自动补偿的调节方式，下列说法不正确的是哪项？　　　　　　　（　　）

（A）以节能为主进行补偿时，宜采用无功功率参数调节

（B）当三相负荷平衡时，可采用功率因数参数调节

（C）如供电变压器采用了自动电压调节，则可按电压参数调节

（D）无功功率随时间稳定变化时，宜按时间参数调节

12. 发电机额定电压为 6.3kV，额定容量为 25MW，当发电机内部发生单相接地故障不要求瞬时切机且采用中性点不接地方式时，发电机单相接地故障电容电流最高允许值为下列哪项数值？大于该数值时，应采用何种接地方式？　　　　　　　　　　　　　　　　　　　　　　　　　（　　）

（A）最高允许值为 4A，大于该值时，应采用中性点谐振接地方式

（B）最高允许值为 4A，大于该值时，应采用中性点直接接地方式

（C）最高允许值为 3A，大于该值时，应采用中性点谐振接地方式

（D）最高允许值为 3A，大于该值时，应采用中性点直接接地方式

13. 当低压配电系统采用 TT 接地系统形式时，下列说法正确的是哪项？　　　（　　）

（A）电力系统有一点直接接地，电气装置的外露可导电部分通过保护线与该接地点相连

（B）电力系统与大地间不直接连接，电气装置的外露可导电部分通过接地极与该接地点相连

（C）电力系统有一点直接接地，电气装置的外露可导电部分通过保护线接至与电力系统接地点无关的接地极

（D）电力系统与大地间不直接连接，电气装置的外露可导电部分与大地也不直接连接

14. 某 35kV 变电站采用双母线接线形式，与单母线接线形式相比，其优点为下列哪项？　（　　）

（A）接线简单清晰，操作方便

（B）设备少，投资少

（C）供电可靠性高，运行灵活方便，便于检修和扩建

（D）占地少，便于扩建和采用成套配电装置

15. 计算分裂导线次档距长度和软导线短路摇摆时，应选择下列哪项短路点？　　　（　　）

（A）弧垂最低点　　　　　　　　　　　（B）导线断点

（C）计算导线通过最大短路电流的短路点　　（D）最大受力点

16. 电缆经济电流密度和下列哪项无关？　　　　　　　　　　　　　　　　　　（　　）

（A）相线数目　　　　　　　　　　　　（B）电缆电抗

（C）回路类型　　　　　　　　　　　　（D）电缆价格

17. 空气中敷设的 1kV 电缆在环境温度为 40℃时载流量为 100A，其在 25℃时的载流量为下列哪项数值？（电缆导体最高温度为 90℃，基准环境温度为 40℃）　　　　　　　　　（　　）

（A）100A　　　　　（B）109A　　　　　（C）113A　　　　　（D）114A

18. 关于电缆终端的选择，下列做法不正确的是哪项？　　　　　　　　　　　　（　　）

（A）电缆与 GIS 相连时，采用封闭式 GIS 终端

（B）电缆与变压器高压侧通过裸母线相连时，采用封闭式 GIS 终端

（C）电缆与充气式中压配电柜相连时，采用封闭式终端

（D）电缆与低压电动机相连时，采用敞开式终端

19. 下列直流负荷中，属于事故负荷的是哪项？　　　　　　　　　　　　　　　（　　）

（A）正常及事故状态皆运行的直流电动机

（B）高压断路器事故跳闸

（C）只在事故运行时的汽轮发电机直流润滑泵

（D）DC/DC 变换装置

20. 下列直流负荷中，不属于控制负荷的是哪项？　　　　　　　　　　　　（　　）

（A）控制继电器

（B）用于通信设备的 220/48V 变换装置

（C）继电保护装置

（D）功率测量仪表

21. 下列实测用电设备端子电压偏差，不满足规范要求的是哪项？　　　　　（　　）

（A）电动机+3%　　　　　　　　　　　（B）一般工作场所照明−5%

（C）道路照明−7%　　　　　　　　　　（D）应急照明+7%

22. 入侵报警系统设计时，关于入侵探测器的选择和设置，下列不满足规范要求的是哪项？

　　　　　　　　　　　　　　　　　　　　　　　　　　　　　　　　　　（　　）

（A）报警区域应按不同目标区域相对独立性划分，当防护区域较大、报警点分散时，应采用带有地址码的探测器

（B）被动红外探测器的防护区域内，不应有影响探测的障碍物，并应避免受热源干扰

（C）拾音器的安装位置应与摄像机彼此独立，保证信道信息

（D）紧急报警按钮的设置应隐蔽、安全和便于操作

23. 某办公楼 220/380V 低压配电系统谐波含量主要包括三次、五次、七次，其中三次谐波的含量超过 30%，为了减少三次及以上谐波的谐振影响，下列无功补偿措施正确的是哪项？　　（　　）

（A）采用电抗率为 6%的电抗，电容的额定电压为 480V

（B）采用电抗率为 12%的电抗，电容的额定电压为 525V

（C）采用电抗率为 6%的电抗，电容的额定电压为 525V

（D）采用电抗率为 12%的电抗，电容的额定电压为 480V

24. 某山区内建设有一座生产炸药的厂房，电源采用低压架空线路，建设地点的土壤电阻率为 300Ω·m。下列电源引入方式描述正确的是哪项？　　　　　　　　　　　（　　）

（A）架空线路在入户处改为电缆直接埋地敷设，电缆的金属外皮、钢管接到等电位联结带或防止闪电感应的接地装置上

（B）架空线路转为铠装电缆埋地引入，埋地敷设的长度不小于 15m

（C）架空线路与建筑物的距离应大于 15m

（D）架空线路应转为铠装电缆埋地引入，铠装电缆与独立防雷接地装置的距离不小于 2m

25. 某室外路灯采用 220/380V、TT 系统供电，设置 RCD 保护，为了避免其误动作，RCD 额定电流为 100mA。假设路灯的 PE 线电阻可忽略不计，安全电源限值按正常环境考虑，则路灯的接地电阻最大不应超过下列哪项数值？　　　　　　　　　　　　　　　　　　　　（　　）

（A）500Ω   （B）250Ω

（C）50Ω   （D）4Ω

26. 一座 10/0.4kV 变电站低压屏某照明回路，回路计算电流为 23A，保护电器的整定值为 32A，单相接地短路电流为 3kA，保护动作时间为 1s，k 取 143。PE 线的截面积最小为下列哪项数值？   （   ）

（A）6mm²   （B）16mm²

（C）25mm²   （D）32mm²

27. 某建筑使用 16A 插座为某固定用电设备供电，用电设备保护接地端子最大连接导体为 4mm²，当该设备正常运行时，保护导体电流的最大限值为下列哪项数值？   （   ）

（A）30mA   （B）10mA

（C）5mA   （D）0.5mA

28. 额定电压为 380V 的隔离电器，在新的、清洁的、干燥的条件下断开触头之间的泄漏电流每级不得超过下列哪项数值？   （   ）

（A）0.5mA   （B）0.2mA

（C）0.1mA   （D）0.01mA

29. 如果房间的面积为 48m²，周长为 28m，灯具安装高度距地 2.8m，工作面 0.75m，则室型指数为下列哪项数值？   （   ）

（A）1.22   （B）1.67

（C）2.99   （D）4.08

30. 下列哪类光源已不再使用？   （   ）

（A）中显色高压钠灯   （B）自镇流荧光高压钠灯

（C）白炽灯   （D）低压钠灯

31. 36W 的 T8 荧光灯，配置调光电子镇流器，问在调光电子镇流器光输出时，其能效限定值不应低于下列哪项数值？   （   ）

（A）79.5%   （B）84.2%

（C）88.9%   （D）91.4%

32. 道路照明灯具按照配光分为截光、半截光和非截光三种类型，在快速路上不能使用下列哪种灯具？   （   ）

（A）截光型   （B）半截光型

（C）非截光型   （D）截光型和半截光型

33. 下列哪个场所的照度标准值参考的平面不是地面？   （   ）

（A）宴会厅

（B）展厅

（C）观众休息厅

（D）售票大厅

34. 视频显示系统的工作环境以及设备部件和材料选择，下列符合规范要求的是哪项？　（　　）

（A）LCD 视频显示系统的室内工作环境温度应为 0～40℃

（B）LCD、PDP 视频显示系统的室外工作环境温度应为 −40～55℃

（C）LED 视频显示系统的室外工作环境温度应为 −40～55℃

（D）系统采用设备和部件的模拟视频输入和输出阻抗以及同轴电缆的特性阻抗均为 100Ω

35. 进行公共广播系统功放设备的容量计算时，若广播线路功耗为 2dB，则其线路衰耗补偿系数取值应为下列哪项数值？　（　　）

（A）1.12

（B）1.20

（C）1.44

（D）1.58

36. 在光纤到用户通信系统的设计中，用户接入点是光纤到用户单元工程特定的一个逻辑点，对其设置要求的描述，下列错误的是哪项？　（　　）

（A）每一个光纤配线区应设置一个用户接入点

（B）用户光缆和配线光缆应在用户接入点进行互联

（C）不允许在用户接入点处进行配线

（D）用户接入点处可设置光分路器

37. 关于隔离电器的选用，下列错误的是哪项？　（　　）

（A）插头与插座

（B）连接片

（C）熔断器

（D）半导体开关电器

38. 继电保护和自动装置的设计应满足下列哪项要求？　（　　）

（A）可靠性、经济性、灵敏性、速动性

（B）可靠性、选择性、灵敏性、速动性

（C）可靠性、选择性、合理性、速动性

（D）可靠性、选择性、灵敏性、安全性

39. 考虑到电网电压降低及计算偏差，若同步电动机的最大转矩为 M_{max}，则设计可采用的下限最大转矩为多少？　（　　）

（A）$0.95M_{max}$

（B）$0.9M_{max}$

（C）$0.85M_{max}$

（D）$0.75M_{max}$

40. 关于交—交变频调速器的特点，下列描述不正确的是哪项？　（　　）

（A）容易启动

（B）启动转矩大

（C）快速性好   （D）不适用于大容量电机

二、多项选择题（共 30 题，每题 2 分。每题的备选项中有 2 个或 2 个以上符合题意，错选、少选、多选均不得分）

41.采用现行《三相交流系统短路电流计算》（GB/T 15544）短路电流计算方法，下列说法正确的有哪些？ （   ）

（A）可不考虑电机的运行数据

（B）在各序网中，线路电容和非旋转负载的并联导纳都可忽略

（C）同步发电机、同步电动机和异步电动机的电势均视为零

（D）计算三绕组变压器的短路阻抗时，应引入阻抗校正系数

42.下列哪些建筑的消防用电应按二级负荷供电？ （   ）

（A）省（市）级及以上的广播电视.电信和财贸金融建筑

（B）室外消防用水量大于 25L/s 的公共建筑

（C）二类高层民用建筑

（D）一类高层建筑的公共走道应急疏散照明

43.关于负荷计算，下列说法正确的有哪些？ （   ）

（A）计算负荷为实际负荷经适当的转换后得到的假想的持续性负荷

（B）需要负荷可用于按发热条件选择电器和导体，计算电压偏差、电网损耗

（C）只有平均负荷才能用于计算电能消耗量和无功补偿量

（D）尖峰电流可用于校验电压波动和选择保护电器

44.对于电网供电电压的限值要求，下列表述正确的有哪些？ （   ）

（A）35kV 及以上供电电压正、负偏差绝对值之和不超过标称电压的 10%

（B）20kV 及以下三相供电电压偏差为标称电压的 ±7%

（C）220V 单相供电电压偏差为标称电压的 +5%～−10%

（D）对供电点短路容量较小、供电距离较长以及对供电电压偏差有特殊要求的用户

45.为降低由谐波引起的电网电压正弦波形畸变率，可采取下列哪些措施？ （   ）

（A）大功率非线性用电设备变压器，由短路容量较大的电网供电

（B）对大功率静止整流器，采用增加整流变压器二次侧的相数和整流器的整流脉冲数

（C）对大功率静止整流器，按谐波次数设分流滤波器

（D）选用 Y,yn0 接线组别的三相配电变压器

46.供配电系统采用并联电力电容器作为无功补偿装置时，宜就地平衡补偿，并应符合下列哪些要求？ （   ）

（A）低压部分的无功补偿，应由低压电容器补偿

（B）高压部分的无功补偿，宜由高压电容器补偿

（C）容量较大，符合平稳且经常使用的用电设备的无功功率，应在变电所内集中补偿

（D）补偿基本无功功率的电容器组，宜单独就地补偿

47. 关于应急电源，下列说法正确的有哪些？　　　　　　　　　　　　　　　　（　　）

（A）应急电源的类型，应根据允许中断供电的时间来选择，与负荷性质及容量的大小无关

（B）允许中断供电时间为 15s 以上的供电，可选择快速自启动的发电机组

（C）允许中断供电时间为毫秒级的供电，可选用蓄电池静止型不间断供电装置

（D）对于需要设置备用电源的负荷，可根据需要接入应急电源供电系统

48. 关于变电站中继电保护和自动装置的控制电缆，下列正确的选项有哪些？　　（　　）

（A）控制电缆应选择屏蔽电缆

（B）电缆屏蔽应单端接地

（C）弱电回路和强电回路不应共用同一根电缆

（D）低电平回路和高电平回路不应共用同一根电缆

49. 变电站设计中，下列哪些回路应检测直流系统的绝缘？　　　　　　　　　　（　　）

（A）同步发电机的励磁回路　　　　　　（B）重要的直流回路

（C）UPS 逆变器输出回路　　　　　　　（D）高频开关电源充电装置输出回路

50. 某变电站中，设置两台 110kV 单台油量为 4t 的室外油浸主变压器，主变压器本体之间净距为 7m，下列关于变压器之间防火墙的设计不正确的有哪些？　　　　　　　　　　　（　　）

（A）不设置防火墙

（B）设置高度高于变压器油箱顶端的防火墙

（C）设置高度高于变压器油枕的防火墙

（D）设置长度大于变压器两侧各 1.0m 的防火墙

51. 某 10kV 变电站，高压柜采用成套金属封闭开关设备，下列关于高压柜的说法正确的有哪些？

　　　　　　　　　　　　　　　　　　　　　　　　　　　　　　　　　　　（　　）

（A）需具备防止误分、误合断路器的功能

（B）需具备防止带负荷拉合负荷开关的功能

（C）需具备防止带地线关（合）断路器（隔离开关）的功能

（D）需具备防止误入带电间隔的功能

52. 关于电动机的选择，应优先考虑下列哪些基本要求？　　　　　　　　　　　（　　）

（A）电动机的类型和额定电压

（B）电动机的体积和重量

（C）电动机的结构形式、冷却方式、绝缘等级

（D）电动机的额定容量

53. 相对于直流电动机，下列哪些是交流电动机的优点？ （　　）

（A）电动机的结构简单 （B）价格便宜

（C）启动、制动性能好 （D）维护方便

54. 下列属于间接接触电击防护的有哪些选项？ （　　）

（A）采用Ⅱ类电气设备 （B）采用特低电压供电

（C）自动切断电源 （D）将裸带电体置于伸臂范围之外

55. 在工程设计中应先采取消除或减少爆炸性粉尘混合物产生和积聚的措施，下列说法正确的有
哪些？ （　　）

（A）工艺设备宜将危险物料密封在防止粉尘泄漏的容器内

（B）宜采用露天或敞开式布置，或采用机械除尘设施

（C）提高自动化水平，可采用必要的安全联锁

（D）可适当降低物料湿度

56. 位于下列哪些场所的油浸变压器室的门应采用甲级防火门？ （　　）

（A）无火灾危险的车间内 （B）容易沉积可燃粉尘的场所

（C）民用建筑内，门通向其他相邻房间 （D）油浸变压器室下面设置地下室

57. 电力系统装置或设备的下列哪些选项应接地？ （　　）

（A）电机变压器和高压电器等的底座和外壳

（B）配电、控制和保护用的屏（柜、箱）等的金属框架

（C）电力电缆的金属护套或屏蔽层，穿线的钢管和电缆桥架等

（D）安装在配电屏、控制屏和配电装置上的电测量仪表继电器和其他低压电器等的外壳

58. 在下列哪些场合不宜选用铝合金电缆？ （　　）

（A）不重要的电机回路 （B）核电厂常规岛

（C）中压回路 （D）应急照明回路

59. 关于电缆类型的选择，下列说法正确的有哪些？ （　　）

（A）电缆导体与绝缘屏蔽层之间额定电压不得低于回路工作线电压

（B）10kV 交联聚乙烯绝缘电缆应选用内、外半导电屏蔽层与绝缘层三层共挤工艺特征的形式

（C）敷设在桥架内的电缆可不需要铠装

（D）海底电缆不宜选用铝铠装

60. 关于交流单芯电缆金属层接地方式的选择，下列说法正确的有哪些？ （　　）

（A）电缆金属层接地方式的选择与电缆长度无关

（B）电缆金属层接地方式的选择与电缆金属层上的感应电势相关

（C）电缆金属层接地方式的选择与是否采取防止人员接触金属层安全措施相关

（D）电缆金属层接地方式的选择与输送容量相关

61. 关于直流系统保护电器，下列说法不正确的有哪些？ （ ）

（A）直流熔断器的下级不应使用断路器

（B）充电装置直流侧出口宜按直流进线选用直流断路器

（C）直流馈线断路器宜选用带短延时保护特性的直流断路器

（D）当直流断路器有极性要求时，对充电装置回路应采用反极性接线

62. 关于灯具的选择，下列选项正确的有哪些？ （ ）

（A）室外场所应选用防护等级不低于 IP54 的灯具

（B）多尘埃的场所，应选用防护等级不低于 IP4X 的灯具

（C）游泳池水下灯具，应选用标称电压不超过 12V 的安全特低电压

（D）灯具安装高度大于 8m 的工业建筑场所，其显色指数 R_a 可低于 80，但必须能够辨别安全色

63. 在气体放电灯的频闪效应对视觉作业有影响的场所，可采取的措施有哪些？ （ ）

（A）采用窄光束的灯具 （B）提高灯具安装高度

（C）相邻灯具分接在不同相序 （D）采用高频电子镇流器

64. 下列选项中的照度值不符合照度标准值的有哪些？ （ ）

（A）0.5lx、15lx、75lx、1500lx

（B）2lx、50lx、1000lx、3000lx

（C）3lx、150lx、400lx、3000lx

（D）30lx、200lx、1500lx、2500lx

65. 关于照明灯具布置、照明配电、照明控制，下列说法正确的有哪些？ （ ）

（A）多媒体教室、报告厅等场所的一般照明宜沿外窗平行方向控制或分区控制

（B）在照明分支回路中，不宜采用三相低压断路器对三个单相分支回路进行控制和保护

（C）大空间办公室的工作区域，可按座位使用需求自动开关灯或调光

（D）门厅、大堂、电梯厅等场所，宜采用夜间定时提高照度的自动控制装置

66. 某厂房为一类防雷建筑物，长 50m、宽 30m、高 35m，当采用滚球法时，下列关于雷电防护措施的描述正确的有哪些？ （ ）

（A）该建筑物装设独立的架空接闪线

（B）该建筑物装设独立的架空接闪网，网格尺寸不大于 5m×5m 或 4m×6m

（C）该建筑物在屋面装设不大于 5m×5m 或 4m×6m 的接闪网，还应采取防侧击雷的措施

（D）每一防雷引下线的冲击电阻应小于 10Ω

67. 当广播扬声器为无源扬声器，传输距离与传输功率的乘积大于 1km·kW 时，根据规范要求，额定传输电压可优先选用下列哪些数值？ （　　）

（A）100V （B）150V

（C）200V （D）250V

68. 在综合布线系统设计中，根据规范要求，下列用户数符合一个光纤配线区所辖用户数量要求的有哪些？ （　　）

（A）100 （B）200

（C）250 （D）300

69. 关于建筑物引下线，下列措施正确的有哪些？ （　　）

（A）引下线的附近应采取措施防接触电压和跨步电压

（B）防直击雷的专设引下线与建筑物出口的距离不小于 5m

（C）外露引下线应套钢管防止机械损伤导致断线

（D）建筑物有不少于 10 根的柱子内电气上贯通的主筋作为引下线时，不必采取其他的防止接触电压和跨步电压的措施

70. 某三相四线制低压配电系统，变压器中性点直接接地，负荷侧用电设备外露可导电部分与附近的其他用电设备共用接地装置，且与电源侧接地无直接电气连接。该配电系统的接地形式不属于下列哪几种类型？ （　　）

（A）TN-S （B）TN-C

（C）TT （D）IT

2020 年专业知识试题（上午卷）

一、单项选择题（共 40 题，每题 1 分，每题的备选项中只有 1 个最符合题意）

1. 220/380V 配电系统，接地形式为 TN-S，安装在每一相线与 PE 线之间的 SPD 的最低持续运行电压 U_C，U_C 值应不小于以下哪项数值？　　　　　　　　　（　　）

　　（A）220V　　　　　　　　　　　　（B）253V
　　（C）380V　　　　　　　　　　　　（D）437V

2. 某办公楼内的 220/380V 分配电箱为一台家用电热水壶供电，配电箱与电热水壶的耐冲击电压额定值不应小于以下哪组数值？　　　　　　　　　　　　　　　（　　）

　　（A）6kV、4kV　　　　　　　　　　（B）4kV、2.5kV
　　（C）4kV、1.5kV　　　　　　　　　（D）2.5kV、1.5kV

3. 某总配电箱的电源由户外引入，该配电箱设置电压开关型 SPD，$U_p = 2.5$kV，SPD 两端引长度为 0.5m，配电箱母线处的有效电压保护水平为以下哪项数值？　　　　　（　　）

　　（A）4kV　　　　　　　　　　　　　（B）3kV
　　（C）2.5kV　　　　　　　　　　　　（D）0.5kV

4. 下列哪些场所不应选用铝导体？　　　　　　　　　　　　　　　　　　　　（　　）

　　（A）加工氨气的场所　　　　　　　　（B）储存硫化氢的场所
　　（C）储存二氧化硫的场所　　　　　　（D）户外工程的布电线

5. 某 10kV 母线，工作电流为 3200A，宜选用哪种形式的导体？　　　　　　　（　　）

　　（A）矩形　　　　　　　　　　　　　（B）槽形
　　（C）圆管形　　　　　　　　　　　　（D）以上均可

6. 某 110kV 铜母排，其对应于屈服点应力的荷载短时作用时安全系数不应小于下列哪项数值？

　　　　　　　　　　　　　　　　　　　　　　　　　　　　　　　　　　　（　　）

　　（A）2.00　　　　　　　　　　　　　（B）1.67
　　（C）1.60　　　　　　　　　　　　　（D）1.40

7. 蓄电池组引出线为电缆时，下列哪项做法是错误的？　　　　　　　　　　　（　　）

　　（A）选用耐火电缆明敷
　　（B）选用阻燃电缆暗敷
　　（C）采用单芯电缆，正负极在同一通道敷设
　　（D）采用单根多芯电缆，正负极分配在同一电缆的不同芯

8. 某变电站采用直流电源成套装置，蓄电池组为中倍率铬镍碱性蓄电池，下列容量配置中哪项不符合规定？ （　　）

（A）40A·h
（B）50A·h
（C）100A·h
（D）120A·h

9. 数台电动机共用一套短路保护器件，且允许无选择切断时，回路电流不应超过下列哪项数值？ （　　）

（A）10A
（B）15A
（C）20A
（D）25A

10. 正常运行情况下，电动机端子处电压偏差允许值宜为下列哪项数值？ （　　）

（A）±5%
（B）±10%
（C）−5%
（D）−10%

11. 接在电动机控制设备侧用于无功补偿的电容器额定电流，不应超过电动机励磁电流的多少倍？ （　　）

（A）1.0
（B）0.9
（C）0.5
（D）0.3

12. 控制电缆宜采用多芯电缆，并应留有适当的备用芯，下列有关控制电缆截面积与芯数的说法哪项符合规范要求？ （　　）

（A）截面积为1.5mm²，不应超过40芯
（B）截面积为2.5mm²，不应超过24芯
（C）截面积为4.0mm²，不应超过12芯
（D）截面积为6.0mm²，不应超过10芯

13. 爆炸性环境1区内电气设备的保护级别应为下列哪一项？ （　　）

（A）G_a或G_b
（B）G_c
（C）D_a或D_b
（D）D_c

14. 关于10kV变电站的二次回路线缆选择，下列哪项说法是不正确的？ （　　）

（A）二次回路应采用铜芯控制的电缆和绝缘导线，在绝缘可能受到油侵蚀的地方，应采用耐油的绝缘导线或电缆
（B）控制电缆的绝缘水平宜采用450/750V
（C）在最大负荷下，操作母线至设备的电压降，不应超过额定电压的12%
（D）当全部保护和自动装置时，电压互感器至保护和自动装置屏的电缆压降不应超过额定电压的3%

15. 电力装置继电保护中，变压器纵联差动保护的差流元件按被保护区末端金属性短路计算式，其最小灵敏系数应为下列哪项数值？ （   ）

    （A）1.3   （B）1.5

    （C）1.2   （D）1.0

16. 根据现行国家标准，下列哪项不属于电能质量指标？ （   ）

    （A）电压偏差和三相电压不平衡度限值

    （B）电压被动和闪变限值

    （C）谐波电压和谐波电流限值

    （D）系统短路容量限值

17. 建筑内疏散照明的地面最低水平照度，下列说法不正确的是哪一项？ （   ）

    （A）室内步行街不应低于 1lx

    （B）避难层不应低于 1lx

    （C）人员密集厂房内的生产场所不应低于 3lx

    （D）病房楼梯间不应低于 10lx

18. 下列哪个建筑物电子信息系统的雷电防护等级不符合规范的规定？ （   ）

    （A）四星级宾馆的雷电防护等级为 C 级

    （B）二级医院电子医疗设备的雷电防护等级为 B 级

    （C）三级金融设施的雷电防护等级为 C 级

    （D）火车枢纽站的雷电防护等级 B 级

19. 交流电力电子开关保护电路，当过流倍数为 1.2 时，动作时间应为下列哪项数值？ （   ）

    （A）5min   （B）10min

    （C）15min   （D）20min

20. 如果房间面积为 48m²，周长 28m，灯具安装高度距地 2.8m，工作面高度 0.75m，室空间比为下列哪项数值？ （   ）

    （A）1.22   （B）1.67   （C）2.99   （D）4.08

21. 初始照度是指照明装置新装时在规定表面上的下列哪一项？ （   ）

    （A）平均照度   （B）平面照度

    （C）垂直面照度   （D）平均柱面照度

22. 在室外场所，灯具的防护等级不应低于下列哪一项？ （   ）

    （A）IP44   （B）IP54

    （C）IP65   （D）IP67

23. 设计照度与照度标准值的偏差不应超过下列哪项数值？ （ ）

（A）±50% （B）±10%

（C）±15% （D）±20%

24. 关于灯具光源和附件的描述，下列哪项是错误的？ （ ）

（A）在电压偏差较大的场所，宜配用恒功率镇流器

（B）用同类光源的色容差不应大于 5SDCM

（C）在灯具安装高度大于 8m 的工业建筑场所，在能够辨别安全色的情况下，显色指数可低于 80

（D）闪效应有限制的场合，应选用低频电子镇流器

25. 下列哪一场所的照明标准值参考的不是垂直面？ （ ）

（A）靶心 （B）化妆台

（C）总服务台 （D）书架

26. 某普通办公楼，地下 2 层，地上 5 层，建筑高度 21m，室外消火栓用水量 30L/s，地下消防泵房内消防水泵的负荷等级为下列哪一项？ （ ）

（A）一级负荷中特别重要负荷

（B）一级负荷

（C）二级负荷

（D）三级负荷

27. 关于杭州 G20 国际峰会计算机系统用电和主会场照明的负荷等级，下列哪一项描述是正确的？ （ ）

（A）均为一级负荷中特别重要负荷

（B）计算机系统用电为一级负荷，主会场照明为一级负荷中特别重要负荷

（C）计算机系统用电为一级负荷中特别重要负荷，主会场照明为一级负荷

（D）均为一级负荷

28. 当采用需要系数法进行负荷计算时，无须考虑以下哪个参数？ （ ）

（A）用电设备的设备功率 （B）功率因数

（C）尖峰电流 （D）同时系数

29. 时钟系统设计中，有关子钟的显示器及安装地点，以下哪一项是不正确的？ （ ）

（A）子钟的安装高度，室内不应低于 2.0m

（B）子钟的安装高度，室外不应低于 3.5m

（C）子钟钟面直径 60cm，室外最佳视距为 60m，可辨视距为 100m

（D）子钟钟面直径 80cm，室外最佳视距为 100m，可辨视距为 150m

30. 关于会议系统讨论的功能设计要求，以下哪一项描述是不正确的？ （ ）

（A）传声器应具有抗射频干扰能力

（B）宜采用双向性传声器

（C）大型会场宜具有内部通话功能

（D）系统可支持同步录音、录像功能，可具备发言者独立录音功能

31. 光纤到用户单元通信设施中缆线与配线设备选择要求，以下描述哪一项是正确的？ （ ）

（A）用户接入点至楼层光纤配线箱（分纤箱）之间的室内用户光缆应采用 G.657 光纤

（B）楼层光纤配电箱（分纤箱）至用户单元信息配电线箱之间的室内用户光缆应采用 G.652 光纤

（C）室内光缆宜采用干式非延燃外护层结构的光缆

（D）室外管道至室内的光缆宜采用抽油式防潮的室外用光缆

32. 火灾自动报警系统的手动火灾报警按钮的设置要求，以下描述哪一项是错误的？ （ ）

（A）每个防火分区应至少设置一只手动火灾报警按钮

（B）从一个防火分区内的任何位置到最邻边的手动火灾报警按钮的步行距离不应大于 25m

（C）手动火灾报警按钮宜设置在疏散通道式出入口处

（D）列车上设置的手动火灾报警按钮，应设置在每节车厢的出入口和中间部位

33. 下列哪项从左手到双脚流过的电流值，与从手到手流过 225mA 的电流具有相同的心室纤维颤动可能性？ （ ）

（A）70mA （B）80mA

（C）90mA （D）100mA

34. 关于 TN 系统故障防护的描述，下列哪一项是错误的？ （ ）

（A）过流保护器可用作 TN 系统的故障维护

（B）剩余电流保护器（RCD）可用于 TN 系统的故障保护

（C）剩余电流保护器（RCD）可用于 TN-C 系统

（D）TN-C-S 系统中采用剩余电流保护器时，在剩余电流保护器的负荷侧不得再出现 PEN 导体

35. 在 TN 系统中供给固定式电气设备的末端线路，其故障防护、电器切断故障回路时间的规定，下列哪一项是正确的？ （ ）

（A）不宜大于 5s （B）不宜大于 8s

（C）不宜大于 10s （D）不宜大于 15s

36. 与强迫换流型变频器相比，交—直—交电流型自然换流型变频器的特点，下列描述哪一项是正确的？ （ ）

（A）过载能力强 （B）适用于中小型电动机

（C）适用于大容量电动机 （D）启动转矩大

37. 在大于或等于 100kW 的用电设备中，电能计量器具配备效率应不低于下列哪项数值？（　　）

（A）85%

（B）90%

（C）95%

（D）100%

38. 与自然换流型变频器相比，关于交—直—交晶闸管强迫换流型变频器的特点，下列描述哪一项是正确的？（　　）

（A）启动转矩不够大，对负载随速度提高而增加有利

（B）需要强迫换相电器

（C）适用于大容量电动机

（D）用电源频率和电动机频率之间的关系来改变晶闸管的利用率

39. 我国标准对工频 50Hz，公共暴露电场强度控制限值是下列哪项数值？（　　）

（A）80V/m

（B）100V/m

（C）400V/m

（D）4000V/m

40. 关于消防控制室，下列描述哪项是正确的？（　　）

（A）不应布置在电磁干扰较强的设备用房正上方

（B）不宜穿过与消防无关的管路

（C）回风管穿墙处宜设置防火阀

（D）不宜穿过与控制室无关的小容量配电线路

二、多项选择题（共 30 题，每题 2 分。每题的备选项中有两个或两个以上符合题意。错选、少选、多选均不得分）

41. 某办公楼为三类防雷建筑，屋面设有接闪带，还有冷却塔、配电箱等设备，其外壳均为金属，CD 配电箱尺寸为 0.6m（宽）×0.4m（厚）0.4m（高），冷却塔尺寸为 2.5m（长）×（宽）×3.5m（高），则以下哪些防雷措施是正确的？（　　）

（A）设置接闪杆保护配电箱、冷却塔，并将配电箱、冷却塔外壳与屋面防雷装置相连接

（B）设置接闪杆保护配电箱、冷却塔，当配电箱、冷却塔在空气中的间隔距离满足要求时，其外壳不必与屋面防雷装置连接

（C）配电箱与屋面防雷装置连接，不必采取其他措施

（D）利用冷却塔外壳做接闪器，冷却塔外壳与屋面防雷装置相连接

42. 电力系统的装置或设备的下列哪些部分不需要接地？（　　）

（A）电缆沟的金属支架

（B）装有避雷线的架空线路杆塔

（C）标称电压 220V 以下的蓄电池室内支架

（D）安装在金属外壳已接地的配电屏上的电测量仪表外壳

43. 关于变电站接地装置的设计，下列哪些做法是正确的？ （ ）

（A）人工接地水平敷设时采用扁钢，垂直敷设时采用角钢或钢管

（B）人工接地极采用 25mm×4mm 扁钢

（C）接地极应计及腐蚀的影响，并保证设计使用年限与地面工程设计使用年限一致

（D）接地装置中接地极的截面积，不宜小于连接至该接地装置的接地导体截面积的 50%

44. 某 110kV 变电站位于海拔高度不超过 1000m 的地区，在常用相间距情况下采用下列哪几种导体可不进行电晕校验？ （ ）

（A）软导线型号 LGJ-50 　　　　（B）软导线型号 LGJ-70

（C）管导体外径 20mm 　　　　（D）管导体外径 30mm

45. 下列关于直流回路电缆选用的说法哪些是正确的？ （ ）

（A）低压直流供电线路每极选用两芯电缆

（B）低压直流供电线路选用单芯电缆

（C）蓄电池的正负极引出线共用一根两芯电缆

（D）蓄电池组与直流柜之间连接电缆长期允许载流量的计算电流应大于事故停电时间蓄电池放
电率电流

46. 下列直流负荷中，哪些属于事故负荷？ （ ）

（A）直流应急照明

（B）高压断路器事故跳闸

（C）发电机组直流润滑油泵

（D）交流不断电流装置

47. 当布线采取了防机械损伤的保护措施，且布线靠近时，下列哪些连接线或回路可不装设短路保
护器？ （ ）

（A）整流器、蓄电池与配电控制屏之间的连接线

（B）电流互感器的二次回路

（C）测量回路

（D）高压开关柜断路器的控制回路

48. 某低压交流电动机拟采用瞬动元件的过电流继电器作为短路及接地故障保护，关于电流继电器
的接线和整定，下列哪些要求是正确的？ （ ）

（A）应在每个不接地的相线上装设

（B）可只在两相上装设

（C）瞬动元件的整定电流应取电动机起动电流周期分量最大有效值的 2～2.5 倍

（D）瞬动元件的整定电流应取电动机额定电流的 2～2.5 倍

49. 下列关于电能计量表接线方式的说法哪些是正确的？ （   ）

（A）直接接地系统的电能计量装置应采用三相四线制的接线方式

（B）不接地系统电能计量装置宜采用三相三线制的接线方式

（C）经消弧线接地的计费用户年平均中性点电流不大于 0.1%额定电流时应采用三相三线制的接线方式

（D）三相负荷不平衡率大于 10%的 1200V 及以上的电力用户线路应采用三相四线制的接线方式

50. 下列哪些回路应进行频率测量？ （   ）

（A）接有发电机变压器组的母线

（B）终端变电站内的主变压器回路

（C）电网有可能解列运行的母线

（D）交流不停电电源配电屏的母线

51. 下列哪些措施可以减小供配电系统的电压偏差？ （   ）

（A）降低系统阻抗 　　　　　　　（B）采取无功补偿措施

（C）在回路中装设限流电抗器 　　（D）尽量使三相负荷平衡

52. 当公共连接点的实际最小短路容量与基准短路容量不同时，关于谐波电流的允许值，下列哪些说法是正确的？ （   ）

（A）当公共连接点的实际最小短路容量小于基准短路容量时谐波电流允许值应按比例降低

（B）当公共连接点的实际最小短路容量大于基准短路容量时谐波电流允许值应按比例增加

（C）当公共连接点的实际最小短路容量小于基准短路容量时谐波电流允许值应按比例降低，但当公共连接点的实际最小短路容量大于基准短路容量时谐波电流允许值不应增加

（D）谐波电流允许值与实际最小短路容量无关

53. 关于并联电容器装置的接线方式，下列哪些说法是正确的？ （   ）

（A）高压电容器组可接三角形

（B）高压电容器组可接星形

（C）低压电容器组可接三角形

（D）低压电容器组可接星形

54. 照明场所统一眩光值 UGR 与下列哪些因素直接相关？ （   ）

（A）背景亮度

（B）每个灯具的发光部分在观察者眼睛方向上的亮度

（C）灯具的安装位置

（D）照明功率密度值

55. 下列关于建筑内消防应急照明和灯光疏散指示标准的备用电源的连续供电时间的说法哪些是正确的？ （ ）

（A）180m 高的办公建筑：1.0h

（B）建筑面积 3000m² 的地下建筑：1.5h

（C）建筑面积 10000m² 的六层医疗建筑：1.5h

（D）建筑面积 60000m² 的四层商业建筑：1.0h

56. 下列关于照明设计的说法哪些是正确的？ （ ）

（A）作业面背景区域一般照明的照度不宜低于作业面临近周围照度的 1/3

（B）视觉作业对操作安全有重要影响时其作业照面度可提高一级照度标准值

（C）医院手术室的安全照明的照度值应维持正常照明 20% 的照度

（D）建筑面积大于 400m² 的办公大厅，其疏散照明的地面平均水平照度不应低于 3lx

57. 下列哪些建筑物的消防用电应按照二级负荷？ （ ）

（A）室外消防用水量 30L/s 的多层办公楼

（B）室外消防用水量 25L/s 的厂房（仓库）

（C）建筑高度 35m 的普通办公楼

（D）建筑面积 3200m² 的单层商店

58. 关于综合布线系统中室内光缆预留长度要求，下列描述正确的有哪些？ （ ）

（A）光缆在配线柜处预留长度应为 3～5m

（B）缆在楼层配线箱处长度应为 0.5～0.8m

（C）光缆在信息配线箱处终端连接时预留长度不应小于 0.5m

（D）光缆纤芯不做终接时，不做预留

59. 电子巡查系统设计内容应包括巡查线路设置、巡查报警设置、巡查状态监测、统计报表联动等，对系统功能的要求下列哪些是正确的？ （ ）

（A）应能对巡查线路轨迹、时间、巡查人员进行设置，以免形成多条并发线路

（B）应能设置巡查异常报警规则

（C）应能在预先设定的在线巡查路线中，对人员的巡查活动状态进行监督和记录；应能在发生意外情况时及时报警

（D）系统可对设置内容、巡查活动情况进行统计，形成报表

60. 火灾自动报警模式系统的模块设置要求，下列描述哪些是正确的？ （ ）

（A）每个报警区域内的模块宜相对集中设置在本报警区域内的金属模块箱中

（B）模块设置在配电（控制）柜（箱）内时应有保护措施

（C）本报警区域内的模块不应控制其他报警区域的设备

（D）未集中设置的模块附近应有尺寸不小于 100mm × 100mm 的标识

61. 在 15～100Hz 范围内的正弦交流电流的效应，下列说法哪些是正确的？ （　　）

（A）感知阈：通过人体能引起感觉的接触电流的最小值

（B）反应阈：能引起肌肉不自觉收缩的接触电流的最小值

（C）摆脱阈：人手握电极能自行摆脱电极时接触电流的最小值

（D）心室纤维性颤动阈：通过人体引起心室纤维性颤动的接触电流的最小值

62. 关于 FELV 系统及其插头、插座的规定，下列哪些是正确的？ （　　）

（A）FELV 系统为标称电压超过交流 50V 或直流 120V 的系统

（B）插头不可能插入其他电压系统的插座

（C）插座不可能被其他电压系统的插头插入

（D）插座应具有保护导体接点

63. 建筑物的可导电部分，下列哪些应做总电位连接？ （　　）

（A）总保护导体（保护导体，保护接地中性导体）

（B）电气装置总接地导体或总接地端子排

（C）建筑物内的水管，采暖和通风管道的各种非金属管

（D）可接用的建筑物金属结构部分

64. 关于火灾危险性分类，下列描述哪些是正确的？ （　　）

（A）油量为 100kg 的油浸变压器室，火灾危险类别为丙类

（B）油量为 60kg 的油浸变压器室，火灾危险类别为丁类

（C）干式电容器室，火灾危险类别为丁类

（D）柴油发电机室，火灾危险类别为丙类

65. 与自然换流变频器相比，关于晶闸管式强迫换流型变频器的特点，下列描述哪些是正确的？

（　　）

（A）过载能力强

（B）适用于中、小型电动机

（C）适用于大容量电动机

（D）需要强迫换相电路

66. 下列哪些做法可以降低电磁干扰？ （　　）

（A）对于电磁干扰敏感的电气设备设置电涌保护器

（B）电力、信号、数据电缆宜布置在同一封闭金属桥梁内

（C）电力、信号、数据电缆布置在同一路径，宜避免形成封闭感应环

（D）为降低在保护导体中的感应电流，采用同芯电缆

67. 民用建筑的绿色建筑评价标准中，下列哪些项是得分项？ （　　）

（A）电气管线缺陷保险

（B）夜景照明光污染的限制符合标准《室外照明干扰光限制规范》（GB/T 35626—2017）、《城市夜景照明设计规范》（JGJ/T 163—2008）规定

（C）采取人车分流措施，且步行和自行车交通系统有充足照明

（D）公共建设停车场应具备电动汽车充电设施

68. 配电系统中，下列哪些措施可以抑制电压暂降和短时中断？ （　　）

（A）不间断电源 UPS

（B）动态电压调节器 DVR

（C）电流速断保护

（D）静止无功补偿

69. 与强迫换流变频器相比，关于晶闸管式自然换流型变频器的特点，下列描述哪些是正确的？ （　　）

（A）适用于大容量电动机

（B）无需换流电路，可靠性高

（C）对元件本身的容量和耐压有要求

（D）适用于小型电动机

70. 关于直流电动机可逆方式的比较，当采用电枢—套变流装置方案时，下列关于该方案主要特点的描述，哪些是正确的？ （　　）

（A）采用切换逻辑

（B）快速性好

（C）主回路不会产生环流

（D）适用于正反转调速不频繁的场合

2020 年专业知识试题（下午卷）

一、单项选择题（共 40 题，每题 1 分，每题的备选项中只有一个最符合题意）

1. 供 220/380V 配电系统总进线箱采用I级试验电压的 SPD，$I_{imp} = 50kA$ 连接 SPD 的铜导体最小截面积应为下列哪项数值？　　　　　　　　　　　　　　　　　　　　　　　　　　（　　）

（A）16mm² 　　　　（B）10mm² 　　　　（C）6mm² 　　　　（D）4mm²

2. 某山区土壤电阻为 1000～1200Ω·m，有架空地线的 35kV 线路金属杆塔的工频接地电阻最大值及接地极埋深度最小值宜为下列哪组数值？　　　　　　　　　　　　　　　　　　　　（　　）

（A）10Ω，0.5m 　　　　　　　　　　　（B）10Ω，0.6m

（C）25Ω，0.5m 　　　　　　　　　　　（D）25Ω，0.6m

3. 某丁类单层工业厂房，年预计雷击次数为 0.06 次，爆炸危险分区为 2 区的车间靠近外墙，面积不超过厂房总面积的 15%，其余为普通车间，下列说法正确的是哪项？　　　　　　　　（　　）

（A）该厂房为二类防雷建筑，应按照二类防雷建筑采取防雷措施

（B）该厂房为三类防雷建筑，应按照三类防雷建筑采取防雷措施

（C）该厂房内 2 区车间和其他部分宜按各自类别采取防雷措施

（D）以上都不对

4. YJLV-0.6/1kV 电缆在某车间内水平明敷，距地最小距离为下列哪项数值？　　　　　（　　）

（A）1.8m 　　　　（B）2.4m 　　　　（C）2.5m 　　　　（D）3.5m

5. 某耐火等级为三级的建筑，其楼板耐火极限为 0.5h，贯穿该楼板的电缆井的防火封堵材料的耐火时间应不低于下列哪项数值？　　　　　　　　　　　　　　　　　　　　　　　　　　（　　）

（A）0.5h 　　　　（B）1.0h 　　　　（C）2.0h 　　　　（D）3.0h

6. 对电缆可能着火蔓延导致严重后果的回路，下列说法错误的是哪项？　　　　　　　（　　）

（A）同通道中数量较多的电缆敷设于耐火电缆槽盒内，耐火槽盒采用透气壁

（B）同通道中数量较多的明敷电缆敷设于同一通道的两侧，两侧间设置耐火极限为 0.5h 的防火封堵板材

（C）在外部火势作用一定时间内需要维持通电的回路采用耐火电缆时，可不再做防火分隔

（D）用于防火分隔的材料、产品不得对电缆有腐蚀和损害

7. 对于 35kV 架空线海拔高度为 1000m 及以上的地区，海拔高度每增高 100m，内部过电压和运行电压的最小间隙比 1000m 以下地区增加的百分比为下列哪项数值？　　　　　　　　（　　）

（A）1% 　　　　（B）3% 　　　　（C）2% 　　　　（D）4%

8. 某个有人值班的变电站统计直流负荷时，交流不间断电源的事故计算时间为下列哪项数值？ （   ）

（A）0.5h   （B）1.0h   （C）1.5h   （D）2.0h

9. 下列关于蓄电池组设计正确的是哪项？ （   ）

（A）110kV 变电站装设 1 组蓄电池   （B）220kV 变电站装设 1 组蓄电池
（C）相邻变电站共用蓄电池组   （D）2 组蓄电池配 1 套充电装置

10. 用于中性点非直接地系统的电压互感器，剩余绕组的额定电压为下列哪项数值？ （   ）

（A）100V   （B）$100/\sqrt{2}$V   （C）$100/\sqrt{3}$V   （D）100/3V

11. 某电气设备最高标称电压按照交流 36V 设计，按照电流防护措施分类，该设备属于哪一类设备？ （   ）

（A）0   （B）I   （C）II   （D）III

12. 电缆经济电流密度和下列哪项无直接关联？ （   ）

（A）环境温度   （B）电价   （C）回路类型   （D）电缆价格

13. 额定电压为 380V 的隔离电器，在新的、清洁的、干燥的条件下断开时，触头之间的泄漏电流每极不得超过下列哪项数值？ （   ）

（A）0.5mA   （B）0.2mA   （C）0.1mA   （D）0.01mA

14. 某 10kV 配电系统采用不接地运行方式，避雷器柜内选用无间隙金属氧化物避雷器，该避雷器的相地额定电压应不低于下列哪项数值？ （   ）

（A）8.0kV   （B）13.8kV
（C）14.5kV   （D）16.6kV

15. 与隔离开关相比，35kV 固定式开关柜断路器的操作顺序是下列哪一项？ （   ）

（A）先合后断   （B）先断后合
（C）后合先断   （D）后合后断

16. 计算机监控系统中的测量部分、常用电测量和综合保护测控装置的测量部分，用于测量的电压互感器的二次回路允许压降与额定二次电压的比值不应大于下列哪项数值？ （   ）

（A）1.5%   （B）2.0%   （C）3.0%   （D）5.0%

17. 某 110/10kV 变电站内设置一套为通信设备专用的直流电源系统，该直流电源系统的额定电压应为下列哪项数值？ （   ）

（A）−24V   （B）−48V   （C）−110V   （D）−220V

18. 变电所中不同接线的并联补偿电容器组，下列哪种保护配置是错误的？　　　（　　）

（A）中性点不接地单星形接线的电容器组，可装设中性点电流不平衡保护

（B）中性点接地单星形接线的电容器组，可装设中性点电流不平衡保护

（C）中性点不接地双星形接线的电容器组，可装设中性点电流不平衡保护

（D）中性点接地双星形接线的电容器组，可装设中性回路电流差不平衡保护

19. 关于人体总阻抗的描述，下列哪项不符合规范规定？　　　（　　）

（A）人体的总阻抗是由电阻性和电容性分量组成的

（B）对于比较高的接触电压，则皮肤阻抗对总阻抗的影响越来越小

（C）关于频率的影响，计及频率与皮肤阻抗的依从关系，人体总阻抗在直流时较高，且随着频率增加而增加

（D）对比较低的接触电压，皮肤阻抗具有显著的变化，而人体总阻抗也随之有很大的类似变化

20. 关于三阶闭环调节系统的品质指标，三阶闭环系统为标准形式，当输入端加有给定滤波器时，三阶闭环调节系统标准的稳定裕度为下列哪项？　　　（　　）

（A）2 倍　　　　　（B）3 倍　　　　　（C）4 倍　　　　　（D）5 倍

21. 爆炸性气体混合物应按引燃温度分组，下列哪一项是错误的？　　　（　　）

（A）T2 组，300℃＜引燃温度 t ≤ 450℃

（B）T3 组，200℃＜引燃温度 t ≤ 300℃

（C）T4 组，145℃＜引燃温度 t ≤ 200℃

（D）T5 组，100℃＜引燃温度 t ≤ 135℃

22. 在并联电容器组中，下列关于放电线圈选择哪项是错误的？　　　（　　）

（A）放电线圈的放电容量不应小于与其并联的电容器组容量

（B）放电线圈的放电性能应能满足电容器组脱开电源后，在 5s 内将电容器组的剩余电压降至 50V 及以下

（C）放电线圈的放电性能应能满足电容器组脱开电源后，在 30s 内将电容器组的剩余电压降至 50V 及以下

（D）低压并联电容器装置的放电期器件应满足电容器断电后，在 3min 内将电容器的剩余电压降至 50V 及以下

23. 装有两台及以上变压器的变电所，当任意一台变压器断开时，其余变压器的容量应满足下列哪项负荷的用电要求？　　　（　　）

（A）一级负荷和二级负荷

（B）仅一级负荷，不包括二级负荷

（C）一级负荷和三级负荷

（D）全部负荷

24. 两座 10kV 变电所之间设有一条 10kV 联络电源线，该联络线有可能向另一侧变电所供电，下列联络线回路开关设备的配置哪一项是正确的？ （　　）

（A）两侧都装设断路器

（B）两侧都装设隔离开关

（C）一侧装设断路器，另一侧装设隔离开关

（D）一侧装设带熔断器的负荷开关，另一侧装设隔离开关

25. 在受谐波含量较大的用电设备影响的线路上装设电容器组时，宜采用下列哪项措施？ （　　）

（A）串联电抗器　　　　　　　　　　（B）加大电容器容量

（C）采用手动投切方式　　　　　　　（D）减小电容器容量

26. 配光特性为直接间接型的灯具，其上射光通与下射光通关系符合下列哪项？ （　　）

（A）上射光通远大于下射光通　　　　（B）上射光通远小于下射光通

（C）上射光通与下射光通几乎相等　　（D）出射光通量全方位均匀分布

27. 下列哪项不是 LED 光源的特点？ （　　）

（A）发光效率高　　　　　　　　　　（B）使用寿命长

（C）调节范围窄　　　　　　　　　　（D）易产生眩光

28. 人在夜晚路上行走时，为尽可能迅速识别出对面走来的其他行人，应采取下列哪项作为面部识别照明的评价指标？ （　　）

（A）半柱面照度　　　　　　　　　　（B）照度均匀度

（C）路面平均亮度　　　　　　　　　（D）路面亮度纵向均匀度

29. 道路有效宽度 6m，单侧布置道路照明灯具，灯具安装高度 8m，采用半截光型灯具，灯具间距不应超过下列哪项数值？ （　　）

（A）20m　　　　（B）24m　　　　（C）28m　　　　（D）32m

30. 关于一级负荷用户供电电源要求，以下哪项正确？ （　　）

（A）应由双重电源供电

（B）除应由双重电源供电外，尚应增设自备电源

（C）可由两回路供电，无须增设自备电源

（D）可由一回 6kW 以上专用架空线路供电，无须增设自备电源

31. 采用需要系数法对某一变压器所带负荷进行计算后，其有功计算功率为 1000kW，无功计算功率为 800kvar，不考虑同时系数。在变压器的低压侧进行集中无功率补偿，补偿后功率因数达到 0.95。则无功功率补偿量应为下列哪项数值？ （　　）

（A）207kvar　　　（B）474kvar　　　（C）574kvar　　　（D）607kvar

32.在供配电系统中，下列关于应急电源的说法哪项正确？ （ ）

（A）除一级负荷中特别重要负荷外，其他负荷也可接入此应急电源供电系统中
（B）应急电源与正常电源之间，应采取防止并列运行的措施
（C）接入备用电源的负荷根据需要也可接入应急供电系统
（D）应急电源与正常电源应各自独立运行，禁止发生任何电气联系

33.当广播扬声器为无源扬声器时，当传输距离与传输功率的乘积大于1km·kW时，其额定时传输电压选择不正确的是下列哪项？ （ ）

（A）70V （B）150V （C）200V （D）250V

34.关于空调系统的节能措施，下列描述哪项不正确？ （ ）

（A）在不影响舒适度的情况下，温度设定值宜根据作息时间、室外温度等条件自动再设定
（B）根据室内外空气焓值条件，自动调节新风量的节能运行
（C）空调设备的最佳启、停时间控制
（D）在建筑物预冷或预热期间，按照预先设定的自动控制程序开启新风供应

35.视频安防监控系统工程的方案论证对提交资料的要求，下列哪项不正确？ （ ）

（A）应提交设计任务书
（B）应提交现场勘察报告
（C）应提交方案设计文件
（D）应提交主要设备材料的型号、生产厂家检验报告或认证证书

36.闪点不小于60℃的液体或可燃固体，其火灾危险性分类属于下列哪一项？ （ ）

（A）乙类 （B）丙类 （C）丁类 （D）戊类

37.二级耐火的丙类火灾危险的地下或地下室内，任意一点到安全出口的直线距离为下列哪项数值？ （ ）

（A）30m （B）45m （C）60m （D）不受限制

38.关于10kV配电线路主保护的电流保护和电压保护计算，下列哪项是正确的？ （ ）

（A）被保护区末端金属性短路计算
（B）按相邻电力设备和线路末端金属性短路计算
（C）按正常运行下保护安装金属性短路计算
（D）以上均不正确

39.医院照明中，看片灯在医院诊室中应用广泛，下列哪项不符合看片灯箱光源的要求？ （ ）

（A）色温应小于5600K （B）显色指数应大于85
（C）不应有频闪现象 （D）可采用无极调光方式

40. 变压器周围环境空气温度为 57℃，额定耐受电压的环境温度修正因数是下列哪项数值？

（　　）

　（A）1.0561　　　　　　（B）1.0726　　　　　（C）1.1056　　　　　（D）1.1221

二、多项选择题（共 30 题，每题 2 分。每题的备选项中有两个或两个以上符合题意。错选、少选、多选均不得分）

41. 下列哪些导体可以作为保护接地导体（PE）？

（　　）

　（A）多芯电缆中的导体

　（B）具有电气连续性且截面积满足要求的电缆金属导管

　（C）金属水管

　（D）电缆梯架

42. 当输送可燃气体液体的金属管道从室外埋地入户时，下列哪些做法是正确的？

（　　）

　（A）不能利用该金属管道做接地极

　（B）该金属管道在入户外设置绝缘段时，绝缘段处跨接隔离放电间隙

　（C）该金属管道在入户外设置绝缘段时，绝缘段处跨接II级试验的压敏型电涌保护器

　（D）该金属管道在入户外设置绝缘段时，绝缘段之后进入室内的这一段金属管道应进行防雷电位连接

43. 下列哪些因素可能影响电缆的载流量？

（　　）

　（A）环境温度

　（B）绝缘体材料长期允许的最高工作温度

　（C）回路允许电压降

　（D）谐波因素

44. 关于低压配电线路的敷设，下列哪些说法是错误的？

（　　）

　（A）直接布线应采用护套绝缘导线

　（B）布线系统通过地板、墙壁、屋顶、天花板、隔墙等建筑构件时，其孔隙应按等同建筑构件耐火等级的规定封堵，槽盒内部不必封堵

　（C）同一设备的电力回路和控制回路可穿在同一根导管内

　（D）配电通道上方裸带电体距地面的高度不应低于 2.5m

45. 下列哪些做法是正确的？

（　　）

　（A）某二类高层住宅的消防风机线路采用 NHBV 型电线穿钢管在前室明敷，钢管采取防火保护措施

　（B）某车间的防火卷帘的消防风机线路采用 BV 型电线穿聚氯乙烯（PVC）管敷设在混凝土墙内，混凝土保护层厚度为 30mm

（C）某多层厂房消防及非消防负荷均由主、备两路电缆供电，主、备电缆分别敷设在电井的同一主用电缆槽盒与同一备用电缆槽盒内，两个槽盒分别布置在电井两侧

（D）某多层旅馆的消防风机配电线路采用 BTTZ 型电缆明敷

46. 下列关于电缆的说法哪些是正确的？ （　　）

（A）NH-YJV 型电缆可以代替 ZA-YJV 型电缆使用

（B）阻燃的概念是相对的，在数量较少时呈阻燃特性，在数量较多时呈不阻燃特性

（C）WDZ 型电缆不适合直埋

（D）对于重要的工业设施，明敷的供配电回路应选用耐火电缆

47. 交流电动机启动时，关于配电母线的电压水平，下列哪些做法符合规定要求？ （　　）

（A）配电母线接有照明负荷时，为额定电压的 85%

（B）配电线路未接照明或其他对电压波动较敏感的负荷时，为额定电压的 85%

（C）电动机频繁启动时，为额定电压的 90%

（D）电动机不频繁启动时，为额定电压的 80%

48. 下列关于无功补偿的设计原则，哪些是正确的？ （　　）

（A）补偿基本无功功率的电容器值，应在变电所内集中补偿

（B）当采用高、低压自动补偿装置效果相同时，宜采用高压自动补偿

（C）电容器分组时，应适当减少分组数量和加大分组容量

（D）补偿低压基本无功功率的电容器阻值，宜采用手动投切的无功补偿装置

49. 某企业 110/35kV 变电所，拟采用在变压器中性点安装消弧线圈的方法减小电网电容电流的损害，下列关于消弧线圈的选择原则哪些是正确的？ （　　）

（A）采用过补偿方式

（B）脱谐度不宜超过±30%

（C）电容电流的计算应考虑电网 5～10 年的规划

（D）电容电流大于消弧线圈的电感电流

50. 某三相四线制低压配电系统，电源侧变压器中性点直接接地，负荷侧用电设备，外露可导电部分与附近的其他用电设备共用接地装置，且与电源侧接地无直接电气连接，该配电系统的接地形式不属于下列哪几种？ （　　）

（A）TN-S　　　　　　　　　　　（B）TN-C

（C）TT　　　　　　　　　　　　（D）IT

51. 在选择电压互感器时，需要考虑下列哪些技术条件？ （　　）

（A）一次和二次回路电压　　　　　（B）系统的接地方式

（C）电网的功率因数　　　　　　　（D）准确度等级

52. 测量仪表装置宜采用垂直安装，当测量仪表装置安装在 2200mm 高的标准屏柜上时，下列哪些测量仪表的中心线距地面的安装高度符合要求？ （ ）

（A）常用电测量仪表安装高度为 0.8m

（B）电能计量仪表和变送器安装高度为 1.5m

（C）记录型仪表安装高度为 1.8m

（D）开关柜上和配电盘上的电能表安装高度为 1.5m

53. 对 3kV 及以上电动机母线电压短时降低或中断，应装设低电压保护，下列关于电动机低电压保护的说法哪些正确？ （ ）

（A）生产过程中不允许自启动的电动机应装设 0.5s 时限的低电压保护，保护动作电压应为额定电压的 65%～70%

（B）在电源电压时间消失后需自动断开的电动机应装设 9s 时限的低电压保护，保护动作电压应为额定电压的 45%～50%

（C）在备用自动投入机械的I类负荷电动机应装设 0.5s 时限低电压保护，保护动作电压应为额定电压的 65%～70%

（D）保护装置应动作于跳闸

54. 功率为 2500kW、单相接地电流为 20A 的电动机，配置的下列哪些保护是正确的？ （ ）

（A）电流速断保护

（B）单相接地保护，动作于信号

（C）单相接地保护，动作于跳闸

（D）纵联差动保护

55. 对于一级负荷中特别重要负荷，下列哪些可作为应急电源？ （ ）

（A）独立于正常电源的发电机组

（B）同一区域变电所不同母线上引来的另一专用馈电线路

（C）供电网络中独立于正常电源的专用馈电线路

（D）蓄电池

56. 当一级负荷中特别重要负荷的允许中断供电时间为毫秒级时，下列哪些可作为应急电源？ （ ）

（A）快速自启动的发电机组

（B）带有自动投入装置的独立于正常电源的专用馈电线路

（C）蓄电池静止型不间断供电装置

（D）柴油机不间断供电装置

57. 关于照明灯具的端电压，下列哪些叙述是正确的？ （ ）

（A）照明灯具的端电压不宜大于其额定电压的 105%

（B）安全特低电压供电的照明不宜低于电压的 95%

（C）一般工作场所的照明不宜低于电压的 95%

（D）应急照明不宜低于电压的 90%

58. 下列哪些选项是照明节能的技术措施？　　　　　　　　　　　　　　　　（　　）

（A）采用不产生眩光的高效灯具

（B）室内表面采用低反射比的装饰材料

（C）合理降低灯具安装高度

（D）室外指数较小时，应选用较窄配光灯具

59. 下列哪些组别中的照度标准是不一致的？　　　　　　　　　　　　　　　（　　）

（A）中餐厅，西餐厅　　　　　　　　　　（B）洗衣房，健身房

（C）书房，化妆台　　　　　　　　　　　（D）影院观众厅，剧场观众厅

60. 关于光源照度的叙述，下列哪些是正确的？　　　　　　　　　　　　　　（　　）

（A）被照面通过点光源的法线与入射线的夹角越大，被照面上该点的水平照度越大，垂直照度越小

（B）点光源在与照射方向垂直的平面某点产生的照度与光源至被照面的距离成反比

（C）点光源照射在水平面的某点上的水平照度，其方向与水平面垂直

（D）在多光源照射下，在水平面上某点总照度是各光源照射下的该点照度的和

61. 下列哪些需要设置疏散照明？　　　　　　　　　　　　　　　　　　　　（　　）

（A）建筑面积 180m² 的营业厅

（B）24m 高的住宅建筑楼梯间

（C）人员密集的厂房内的生产场所

（D）四层教学楼的疏散走道

62. 下列电力负荷中，哪些属于一级负荷特别重要负荷？　　　　　　　　　　（　　）

（A）甲剧场的舞台灯光用电

（B）大型博物馆安防系统用电

（C）四星级旅游饭店的经营及设备管理用计算系统用电

（D）大型商场营业厅的备用照明用电

63. 供配电系统采用并联电力电容器作为无功补偿装置时，宜就地平衡补偿并符合下列哪些要求？

（　　）

（A）低压部分的无功功率应由低压电容器补偿

（B）高压部分的无功功率宜由高压电容器补偿

（C）容量较大、负荷平稳且经常使用的用电设备的无功功率，应在变电所内集中补偿

（D）补偿基本无功功率的电容器组，应在配电所内集中补偿

64. 计算最小短路电流时应考虑的条件，下列哪些是正确的？　　　　　　（　　）

（A）不计电弧的电阻

（B）不计电动机的影响

（C）选择电网结构，考虑电厂与馈电网络可能的最大馈入电流

（D）电网结构不随短路持续时间变化

65. 关于智能化集成系统的功能要求，下列描述哪些是正确的？　　　　　（　　）

（A）以实现绿色建筑为目标应满足建筑的业务功能物业运营及管理模式的应用需求

（B）应采用智能化信息资源共享和独立运行的结构形式

（C）应具有实用、规模和高效的监督功能

（D）宜适应信息化综合应用功能的延伸及增强

66. 民用闭路电视系统采用数字系统时，系统的图像和声音的相关设备宜具有模拟输出能力，对设备和部件的阻抗造成要求，下列描述哪些是正确的？　　　　　　　　　　（　　）

（A）系统采用设备和部件的视频输入和输出阻抗应为 75Ω、5Ω

（B）系统采用视频输入和输出阻抗应为 75Ω、75Ω

（C）系统采用音频设备的输入和输出阻抗应为高阻抗或 600Ω、600Ω

（D）系统采用四对对绞电缆的特性阻抗应为 75Ω、75Ω

67. 关于光伏发电系统逆变器，下列描述哪些是正确的？　　　　　　　　（　　）

（A）逆变器的直流侧应设置隔离开关

（B）同一个逆变器接入的光伏组件串的电压、方阵朝向、安装倾角应一致

（C）逆变器应设置通信接口

（D）逆变器最大功率的工作电压变化范围应在光伏组件串的最大功率跟踪电压范围内

68. 1000V 交流系统和 1500V 直流系统在爆炸危险环境电力系统和保护接地设计时，下列哪些说法是正确的？　　　　　　　　　　　　　　　　　　　　　　　　　　　（　　）

（A）TN 系统应采用 TN-S 系统

（B）TT 系统应采用剩余电流动作的保护电器

（C）IT 系统应设置绝缘监测装置

（D）在不良导电地面处，设备正常不带电的金属外壳不需要做保护接地

69. 关于民用建筑的防火分区最大允许建筑面积，下列哪些说法是正确的？　　　（　　）

（A）设有自动灭火系统的一级或二级耐火的高层建筑的每层面积：3000m²

（B）一级的耐火的地下室或地下室建筑的设备用房：500m²

（C）三级耐火的单多层建筑：1200m²

（D）有自动灭火系统的一级或二级耐火的单多层建筑：5000m²

70. 下列哪些场所应设置自动灭火系统？   （   ）

（A）高层乙、丙类厂房

（B）建筑面积大于 500m² 的地下室或半地下厂房

（C）单台容量在 40MV·A 以上的厂矿企业油浸变压器室

（D）建筑高度大于 100m 的住宅建筑

2021 年专业知识试题（上午卷）

一、单项选择题（共 40 题，每题 1 分，每题的备选项中只有一个最符合题意）

1. 关于负荷分级的规定，下列哪项是正确的？ （　　）

（A）当主体建筑中有大量一级负荷时确保其正常运行的空调设备宜为一级负荷

（B）住宅小区换热站的用电负荷可为三级负荷

（C）室外消防用水量为 25L/s 的仓库，其消防负荷应按二级负荷供电

（D）重要电信机房的交流电源，其负荷级别应不低于该建筑中最高等级的用电负荷

2. 在设计供配电系统时，下列说法正确的是哪项？ （　　）

（A）一级负荷，应按一个电源系统检修时，另一个电源又发生故障进行设计

（B）需要两回电源线路的用户，应采用同级电压供电

（C）同时供电的 3 路供配电线路中，当有一路中断供电时，另 2 路线路应能满足全部负荷的供电要求

（D）供电网络中独立于正常电源的专用馈电线路可作为应急电源

3. 当双绕组变压器负荷率为 75% 时，变压器中的有功功率损耗与无功功率损耗的比值约为下列哪项数值？ （　　）

（A）0.15 　　　　　　　　　　　（B）0.2

（C）0.37 　　　　　　　　　　　（D）0.5

4. 0.4kV 的母线上安装的电容器容量为 240kvar，已知电容器安装处的母线短路容量为 $16MV \cdot A$，问并联电容器接入后，该母线电压升高值占电容器投入前的母线电压值的百分比是下列哪项数值？ （　　）

（A）0.35% 　　　　　　　　　　（B）0.6%

（C）1.04% 　　　　　　　　　　（D）1.5%

5. 长期工作或停留的房间选用直接型灯具，光源平均亮度为 $300kcd/m^2$，灯具的遮光角不应小于下列哪项数值？ （　　）

（A）10° 　　　　　　　　　　　（B）15°

（C）20° 　　　　　　　　　　　（D）30°

6. 在满足眩光限制和配光要求条件下，当选用色温为 3000K 的 LED 格栅筒灯时，其效能不应低于下列哪项数值？ （　　）

（A）55lm/W 　　　　　　　　　（B）60lm/W

（C）65lm/W 　　　　　　　　　（D）70lm/W

7. 当移动式和手提式灯具采用Ⅲ类灯具时，应采用安全特低电压供电，其安全电压限值应符合以下哪项要求？　　　　　　　　　　　　　　　　　　　　　　　　　　　　　（　　）

（A）在干燥场所交流供电不大于 25V，无波纹直流供电不大于 50V
（B）在干燥场所交流供电不大于 50V，无波纹直流供电不大于 120V
（C）在潮湿场所交流供电不大于 25V，无波纹直流供电不大于 50V
（D）在潮湿场所交流供电不大于 50V，无波纹直流供电不大于 120V

8. 在应急照明和疏散指示系统中，B 型灯具的防护等级不应低于下列哪项？　（　　）

（A）IP34　　　　　　（B）IP44　　　　　　（C）IP54　　　　　　（D）IP55

9. 低压配电系统中，采用哪种接地形式时，照明应设专用变压器供电？　　　（　　）

（A）TN-C 系统　　　（B）TN-S 系统　　　（C）TT 系统　　　（D）IT 系统

10. 有线电视城域干线网物理网络的拓扑结构类型，以下哪项描述是不正确的？　（　　）

（A）路由走向环型/物理连接星型
（B）路由走向星型/物理连接环型
（C）环型
（D）网格型或者部分网格型

11. 进行视频监控系统集成联网时，以下通过管理平台实现设备的集中管理和资源共享的方式，错误的方式是哪项？　　　　　　　　　　　　　　　　　　　　　　　　　　　（　　）

（A）模拟视频多级汇聚方式，各级监控中心管理平台之间采用专线级联，本地监控中心管理平台实现本级的视频资源的视频切换、存储、显示等，上级管理平台可对本级和下级的实时和历史视频进行查阅
（B）数字视频逐级汇聚方式，可采用视频信号接入统一的监控中心集中管理，禁止授权多级客户端调用模式
（C）数字视频逐级汇聚方式，可采用视频信号逐层汇聚，实现下级监控中心的本地管理，上级监控中心的资源共享调用
（D）基于云平台的视频统一管理方式，通过云存储架构对所有视频图像信息进行统一存储、管理和共享应用

12. 对通信网络系统光纤用户接入点设置位置的要求，以下描述不正确的是哪项？　（　　）

（A）单层或多层建筑的用户接入点，可设置在建筑的信息接入机房或综合布线系统设备间（BD）内，不可设置于楼层电信间内
（B）单体高层建筑的用户接入点，可设置在建筑进线间附近的信息接入机房内
（C）单体高层建筑的用户接入点，可设置在综合布线系统设备间（BD）内
（D）单体建筑高度大于 100m 时，用户接入点可分别设置在建筑不同业态区域避难层的通信设施机房内

13. 工业电视系统工程的设计要求，以下描述不正确的是哪项？ （ ）

（A）在正常监控情况下应保证工业电视系统独立、连续运行

（B）在不同现场的环境条件下，应清晰传送监视目标的图像信息，与企业其他视频系统宜预留接口

（C）当监视目标的视频信号有实时性传输要求时，宜采用数字视频系统

（D）利用互联网、局域网等网络传输时，应符合网络传输、通信协议、网络安全的相关要求

14. 35/10kV 室外变电站实体围墙不应低于下列哪项数值？ （ ）

（A）2.2m （B）2.3m （C）2.5m （D）4.0m

15. 同型号的固定式低压配电屏双排布置，不受场地限制，屏后通道仅作维护用时，面对面布置与背对背布置的配电室最小宽度比较结果符合下列哪项？ （ ）

（A）面对面布置比背对背布置宽度小 （B）面对面布置比背对背布置宽度大

（C）面对面布置与背对背布置宽度相等 （D）不确定

16. 设计接地电阻时应计及土壤干燥或降雨和冻结等季节变化的影响，对于雷电保护接地的接地电阻，可采用下列哪项值？ （ ）

（A）雷季中土壤干燥状态下的最大值

（B）雷季中土壤潮湿状态下的最大值

（C）四季中土壤干燥状态下的最大值

（D）四季中土壤潮湿状态下的最大值

17. 关于建筑物人工接地体在土壤中埋设深度的最小值和距离基础的最小值，下列哪项是正确的？ （ ）

（A）0.3m，0.8m （B）0.3m，1m

（C）0.5m，0.8m （D）0.5m，1m

18. 单独建造的消防控制室耐火等级不应低于下列哪项？ （ ）

（A）一级 （B）二级 （C）三级 （D）四级

19. 关于爆炸危险场所的电气设备与管线的说法，下列哪项是错误的？ （ ）

（A）1 区内采用"e"型荧光灯

（B）爆炸危险区域内不得采用油浸型设备

（C）2 区内采用铝芯电缆时，截面积不得小于 16mm^2

（D）1 区内可采用铜芯阻燃型电缆沿梯架敷设

20. 护层电压限制器要求在可能最大冲击电流累积作用多少次后不得损坏？ （ ）

（A）10 次 （B）20 次 （C）30 次 （D）40 次

21. 某第三类防雷建筑物，突出屋面的天然气金属放散管只有在发生事故的时候排放的天然气才会达到爆炸浓度，以下防雷措施哪项是错误的？ （ ）

（A）金属放散管应装设接闪针，接闪针不必与屋面防雷装置连接

（B）金属放散管可不装设接闪针，但应和屋面防雷装置连接

（C）建筑物屋面设置接闪带，组成不大于 10m × 10m 的网格

（D）建筑物屋面设置接闪带，组成不大于 20m × 20m 的网格

22. 关于建筑物防雷引下线做法的描述，以下哪项是正确的？ （ ）

（A）专设引下线可采用直径为 8mm 的热镀锌圆钢沿建筑物外墙暗敷

（B）利用建筑物混凝土内的钢筋作引下线，并同时采用基础接地体时，在引下线距离地面 0.3m 处应设断接卡

（C）利用建筑物混凝土内的钢筋作引下线时，可不设置接地连接板

（D）明敷的专设引下线在地面上 1.7m 至地面下 0.3m 的一段采取防止机械损伤的保护措施

23. 以下哪种导体不能用作保护接地导体？ （ ）

（A）单独敷设的、有防机械损伤保护的截面积为 16mm² 的铝导体

（B）配电回路 YJV-5 × 2.5mm² 中的一根导体

（C）无防机械损伤保护的截面积为 16mm² 的铜导体

（D）可弯曲的金属导管

24. 以下关于各接地形式及故障防护电器选择的描述，哪项是正确的？ （ ）

（A）爆炸危险环境只应采用 TN-S 系统

（B）室外路灯采用 TT 系统时，可采用 RCD 作为间接接触防护的保护电器，RCD 的额定动作电流不应大于 30mA

（C）TT 系统间接接触防护的保护电器不应采用过电流保护电器

（D）某建筑物采用 TN 系统供电，进线为 4 芯电缆（L1、L2、L3、PEN），为防止雷击电磁脉冲，在建筑物总配电箱内将 PEN 分成 PE 排及 N 排，出线回路采用 5 芯电缆（L1、L2、L3、PE、N）

25. 某车间 10/0.4kV 变电所内设置两台 630kV·A 的油浸变压器，下列关于变压器瓦斯保护的设计不满足规范要求的是哪项？ （ ）

（A）当变压器壳内故障产生轻微瓦斯或油面下降时，延时动作于信号

（B）当变压器壳内故障产生大量瓦斯时，断开变压器电源侧断路器

（C）瓦斯保护应采用防止因震动、瓦斯继电器的引线故障等引起瓦斯保护误动作的措施

（D）当变压器上口电源侧无断路器时，保护应动作于信号并发出远跳命令，同时应断开线路对侧断路器

26. 电气二次回路的工作电压不应超过下列哪项数值？ （ ）

（A）250V   （B）380V

（C）400V   （D）500V

27. 下列关于电测量装置准确度的说法哪项符合规范要求？   （   ）

（A）计算机监控系统的交流采样回路电测量装置的准确度不低于 1.0 级

（B）常用数字式电测量仪表的准确度不低于 1.5 级

（C）常用指针式交流电测量仪表的准确度不低于 1.5 级

（D）综合保护测控装置中的电测量装置的准确度不低于 1.0 级

28. 中性点经消弧线圈接地的发电机，下列关于中性点位移电压的说法正确的是哪项？   （   ）

（A）在正常情况下，长时间中性点位移电压不应超过额定相电压的 15%

（B）在正常情况下，长时间中性点位移电压不应超过额定相电压的 10%

（C）在正常情况下，长时间中性点位移电压不应超过额定线电压的 10%

（D）在正常情况下，长时间中性点位移电压不应超过额定线电压的 15%

29. 设计屋外 35kV 配电装置时的最大风速，可采用 30 年一遇、离地多少的平均最大风速？

（   ）

（A）10m   （B）12m

（C）15m   （D）18m

30. 10kV 架空电力线路通过林区时，下列关于线路通道宽度的设计原则哪项是正确的？   （   ）

（A）不宜小于杆塔基础两侧向外各延伸 0.5m

（B）不宜小于线路两侧向外各延伸 2.5m

（C）不宜小于线路两侧向外各延伸杆塔的倒杆距离

（D）不宜小于线路两侧向外各延伸 15m

31. 35kV 架空电力线路导线的安全系数不应小于下列哪项？   （   ）

（A）2   （B）2.5

（C）3   （D）3.4

32. 某 35kV 架空电力线路，地区海拔高度为 1200m，请计算该线路在运行电压工况下带电部分与杆塔构件的最小间隙为下列哪项？   （   ）

（A）0.1m   （B）0.45m

（C）0.102m   （D）0.459m

33. 我国标准对 2000Hz，公共暴露磁场强度控制限值是下列哪项？   （   ）

（A）0.1A/m   （B）3.3A/m

（C）4.1A/m   （D）40A/m

34. 关于数据中心选址，下列表述中哪项是正确的？ （　　）

（A）中型数据中心可建在公共停车库的正上方
（B）不应布置在电磁强干扰的设备用房附近
（C）兼顾电力充足可靠，可接近粉尘、油烟
（D）当通信快捷畅通时可接近强噪声源

35. 10/0.4kV，200kV·A 电工钢带三相油浸配电变压器，组别 Dyn11 短路阻抗 4%，下列哪组数据满足节能评价值？ （　　）

（A）空载损耗 230W，负载损耗 2740W
（B）空载损耗 300W，负载损耗 2680W
（C）空载损耗 270W，负载损耗 2700W
（D）空载损耗 240W，负载损耗 2730W

36. 某办公区选用发光二极管平面灯，下列哪项灯具效能不符合标准要求？ （　　）

（A）直射式，3000K，70lm/W 　　　（B）反射式，3000K，70lm/W
（C）直射式，4000K，70lm/W 　　　（D）反射式，4000K，70lm/W

37. 关于低压配电系统的描述，下列说法错误的是哪项？ （　　）

（A）在 TN-C 系统中严禁将保护接地中性导体接入开关电器
（B）采用剩余电流动作保护电器作为间接接触防护电器的回路时，必须装设保护导体
（C）装置外可导电部分严禁作为保护接地中性导体的一部分
（D）当从电气系统某点一起，由保护接地中性导体改为单独的中性导体和保护导体时，保护接地中性导体应首先接到为中性导体设置的端子或母线上

38. 直流电动机调速系统，与调节对象有积分环节的三阶调节系统相比，下列关于二阶调节系统的特点描述正确的是哪项？ （　　）

（A）对调节对象输入端的干扰影响，输出量波动持续时间短
（B）调节对象的标准形式为一个小惯性群和一个积分
（C）无差度为 1 阶
（D）最大超调量为 8.1%

39. 关于变压器的节电，降低变压器负载损耗的措施，下列哪项是正确的？ （　　）

（A）采用优质硅钢片 　　　（B）改进铁芯结构
（C）改进绝缘结构 　　　（D）降低工艺系数

40. 关于变压器综合功率的经济运行，当系统负载最小时的无功经济当量值，不正确的是哪项？ （　　）

（A）直接由发电厂母线以发电机电压供电的变压器为 0.02

（B）由区域线路供电的 35～110kV 降压变压器为 0.06

（C）由区域线路供电的 6～10kV 降压变压器为 0.1

（D）由区域线路供电的降压变压器，但其无功负荷由同步调相机担负时为 0.05

二、多项选择题（共 30 题，每题 2 分。每题的备选项中有两个或两个以上符合题意。错选、少选、多选均不得分）

41. 正常运行情况下，用电设备端子处的电压偏差允许值宜为±5%的设备有以下哪些？　　（　　　）

（A）一般电动机　　　　　　　　　　（B）景观照明

（C）一般的室内照明场所　　　　　　（D）应急照明

42. 为限制电压波动在合理的范围内，对冲击性低压负荷宜采取下列哪些措施？　　（　　　）

（A）设置动态无功补偿装置

（B）与其他负荷共用配电线路时，宜提高配电线路的阻抗

（C）专线供电

（D）设置动态电压调节装置

43. 下列哪些项的消防负荷不属于一级负荷？　　（　　　）

（A）建筑高度 60m 的住宅建筑　　　　（B）建筑高度 40m 的乙类厂房

（C）乙级体育场　　　　　　　　　　（D）粮食仓库

44. 下列场所照明光源的相关色温，哪些项符合现行标准规定？　　（　　　）

（A）诊室的照明光源选用 3500K

（B）办公室的照明光源选用 5500K

（C）病房的照明光源选用 3000K

（D）热加工车间的照明光源选用 5000K

45. 关于建筑内消防应急照明和疏散指示系统的配电设计，下列叙述正确的有哪些？　　（　　　）

（A）系统配电应根据系统的类型、灯具的设置部位、灯具的供电方式进行设计

（B）灯具的电源应由主电源和蓄电池电源组成，且主电源和蓄电池电源均由集中电源提供

（C）集中电源的输入输出回路不应装设剩余电流动作保护器

（D）集中电源的输出回路严禁接入系统以外的开关装置、插座及其他负载

46. 对于长期工作的办公场所的照明设计，下列叙述正确的有哪些？　　（　　　）

（A）照明光源的显色指数 R_a 不应小于 80

（B）选用 LED 光源时，色温不宜高于 4000K，特殊显色指数 R_9 应大于零

（C）应选用遮光角大于 60°的直接型灯具

（D）作业面的反射比宜限制在 0.2～0.6

47. 光纤到用户单元通信设施的用户接入点的设置要求，以下描述正确的有哪些？ （ ）

（A）每一个光纤配线区应设置一个用户接入点

（B）用户光缆和配线光缆应在用户接入点进行互联

（C）用户接入点和用户侧可进行配线管理

（D）用户接入点处可设置光分路器

48. 关于消防专用电话的设置要求，以下描述正确的有哪些？ （ ）

（A）消防专用电话网络应为独立的消防通信系统，消防控制室应设置消防专用电话总机

（B）多线制消防专用电话系统中的每个电话分机应与总机单独连接

（C）各避难层应每隔 15m 设置一个消防专用电话分机或电话插孔

（D）当建筑物内的消防电话为多线制调度主机时，也可用消防电话替代电梯多方通话系统

49. 以下智能化机房，相对湿度要求在 30%～75% 范围内的有哪些？ （ ）

（A）电话站的电力电池室 　　　　　（B）信息网络机房

（C）消防控制室 　　　　　　　　　（D）信息设施系统总配线机房

50. 关于数字无线对讲系统的室内天馈线分布系统的缆线设计要求，以下描述正确的有哪些？

（ ）

（A）高度为 100m 及以下的建筑，宜采用系统主干路由光缆与分支路由电缆分布方式

（B）室内主干路由馈线宜采用直径不小于 7/8in 及以上规格的 50Ω 低损耗无卤低烟阻燃射频同轴电缆

（C）室内水平分支馈线宜采用直径不小于 1/2in 及以上规格的 50Ω 低损耗无卤低烟阻燃射频同轴电缆

（D）建筑内狭长通道与井道，宜采用直径不大于 1/2in 的 50Ω 低损耗无卤低烟阻燃射频同轴电缆

51. 某建筑物为第三类防雷建筑，关于进出该建筑物的金属水管，以下哪些说法是正确的？ （ ）

（A）金属水管应作防雷等电位连接 　　（B）金属水管应作总等电位连接

（C）金属水管允许用作保护连接导体 　（D）金属水管不允许用作保护接地导体

52. 关于第一类防雷建筑物的防雷措施，下列哪些描述是错误的？ （ ）

（A）应装设独立的接闪杆，接闪杆地下部分与被保护建筑物的间隔距离与建筑物的高度、接闪杆的冲击接地电阻有关，且不得小于 3m

（B）当采用独立的架空接闪线时，接闪线每根支柱处应至少设一根引下线

（C）在土壤电阻率为 $3000\Omega \cdot m$ 以上的地区，独立接闪杆的每一根引下线的冲击接地电不应大于 30Ω

（D）不允许在屋面上设置接闪杆或网格不大于 5m × 5m 或 6m × 4m 的接闪网做外部防雷装置

53. 某第二类防雷建筑物为钢筋混凝土现浇结构，钢筋连接成电气通路，下列关于防雷引下线的描述哪些是正确的？ （　　）

（A）不必考虑引下线与周围金属物的间隔距离

（B）雷电流流经引下线时，会对周围的电子系统发生反击

（C）当自然引下线的数量少于 10 根时，可设置警告牌避免人接触引下线

（D）当设置防直击雷的专设引下线时，引下线距离出入口的边沿不宜小于 3m

54. 关于 110kV 配电装置裸露带电部分的描述，下列哪些说法是正确的？ （　　）

（A）屋外配电装置裸露带电部分的上面不应有照明、信号线路架空跨越

（B）屋外配电装置裸露带电部分的下面不应有照明、信号线路穿过

（C）屋内配电装置裸露带电部分的上面不应有照明、动力线路跨越

（D）屋内配电装置裸露带电部分的下面不应有照明、动力线路穿过

55. 电力系统、装置或设备的下列哪些部分应接地？ （　　）

（A）电机、变压器的底座和外壳

（B）发电机中性点柜的外壳、封闭母线的外壳和开关柜（配套）的金属母线槽

（C）配电、控制和保护用的屏（柜）等的金属框架

（D）安装在配电屏、控制屏和配电装置上的电测量仪表、继电器的外壳

56. 下列哪些金属部分不能作为 PE 导体？ （　　）

（A）金属水管 　　　　　　　　　　（B）与带电导体共用外护物的绝缘导线

（C）支撑线 　　　　　　　　　　　（D）固定安装的裸露的导体

57. TN-S 系统中，关于三相 380V 移动式设备故障防护电器切断时间，以下哪些项满足要求？ （　　）

（A）0.1s 　　　　（B）0.2s 　　　　（C）0.4s 　　　　（D）0.5s

58. 下列说法中哪几项是错误的？ （　　）

（A）控制电缆的额定电压不得低于所接回路的工作电压，宜选用 300/500V

（B）数量较多的导体工作温度大于 70℃的电缆敷设在有机械通风的隧道中时，计算持续允许载流量时应计入对环境温升的影响

（C）0.4kV 电缆与 10kV 电缆敷设在同一侧支架上时，10kV 电缆宜敷设在上层

（D）当受条件限制时，燃油管可垂直穿过电缆隧道，但应做好防护措施

59. 下列哪些做法是正确的？ （　　）

（A）采用集中辐射型供电方式时，直流柜与直流负荷之间的电缆长期允许载流量的计算电流大于回路最大工作电流

（B）采用分层辐射型供电方式时，直流柜与直流终端断路器之间总电压降不大于标称电压的 6%

（C）直流柜与直流电动机之间的电缆长期允许载流量的计算电流大于电动机回路断路器的额定电流

（D）蓄电池组与直流柜之间连接电缆长期允许载流量的计算电流大于事故停电时间的蓄电池放电率电流

60. 某变电站中设置两台 110kV 室外油浸主变压器，每台主变油量为 3t，主变之间净距为 7m，下列关于变压器之间防火墙的设置哪些项不满足规范要求？　　　　　　　（　　）

（A）主变之间不设置防火墙

（B）设置高度高于主变油枕的防火墙

（C）设置耐火极限为 5h 的防火墙

（D）设置长度大于主变储油池两侧各 0.8m 的防火墙

61. 对电压在 3kV 及以上的发电机定子绕组及引出线的相间短路故障，应装设相应的保护装置作为发电机的主保护。下列关于主保护的说法正确的有哪些？　　　　　　　（　　）

（A）保护装置动作于停机

（B）1MW 及以下单独运行的发电机，如中性点侧有引出线，应在中性点侧装设低电压保护

（C）1MW 及以下单独运行的发电机，如中性点侧无引出线，应在发电机端装设低电压保护

（D）1MW 以上的发电机，应装设纵联差动保护

62. 在各种气象条件下，地线的张力弧垂计算可采用下列哪些参数作为控制条件？　（　　）

（A）最大使用张力　　　　　　　　　（B）平均运行张力

（C）地线的瞬时破坏张力　　　　　　（D）导线与地线间的距离

63. 下列哪些措施属于架空电力线路的过电压保护措施？　　　　　　　　　　　（　　）

（A）线路全程架设地线　　　　　　　（B）线路进出线段架设地线

（C）在三角排列的中线上装设避雷器　（D）在变电所母线上装设避雷器

64. 下列情况的电力电缆，应采用铜导体的是哪些选项？　　　　　　　　　　　（　　）

（A）爆炸危险场所　　　　　　　　　（B）耐火电缆

（C）低温设备附近布置　　　　　　　（D）人员密集场所

65. 关于常用电力电缆的护层选择，下列说法正确的有哪些？　　　　　　　　　（　　）

（A）交流系统单芯电力电缆，当需要增强电缆抗外力时，应选用非磁性金属铠装层

（B）在人员密集场所，应选用聚氯乙烯外护层电缆

（C）外护套材料应与电缆最高允许工作温度相适应

（D）应符合电缆耐火与阻燃要求

66. 关于电力电缆截面积的选择，下列说法正确的有哪些？　　　　　　　　　　（　　）

（A）多芯电力电缆铜导体最小截面积不宜小于 2.5mm²

（B）1kV 及以下电源中性点直接接地系统，有谐波电流影响的气体放电灯为主的回路，中性导体截面积不宜小于相导体截面积

（C）1kV 及以下电源中性点直接接地系统，配电干线采用单芯电缆作为保护接地中性导体时，铜导体截面积不应小于 6mm²

（D）施加在电缆上的防火涂料厚度大于 1.5mm 时应计入其热阻影响

67. 某交流 50Hz 架空输电线路下园地的电场强度限值，下列表述中哪些是正确的？　　　　（　　）

（A）不大于 4kV/m，未给出警示和防护指示标志

（B）不大于 6kV/m，未给出警示和防护指示标志

（C）不大于 8kV/m，未给出警示和防护指示标志

（D）不大于 10kV/m，并且应给出警示和防护指示标志

68. 某民用建筑的绿色建筑评价要达到基本级，下列哪些项是控制项？　　　　（　　）

（A）主要功能房间照明功率密度不应高于《建筑照明设计标准》（GB 50034—2013）规定的目标值

（B）公共区域的照明系统应采用分区、定时、感应等节能控制

（C）采光区域的照明控制应独立于其他区域的照明控制

（D）建筑设备管理系统应具有分类、分级的自动监控和自动远传的管理功能

69. 下列哪些做法可以降低低压电气装置的电磁干扰？　　　　（　　）

（A）设置滤波器

（B）建筑内有大量信息设备可采用 TN-C 系统，也可采用 TN-S 系统

（C）电力和信号电缆交叉时采用直角交叉

（D）等电位连接线宜尽可能降低阻抗

70. 下列哪些因素可能影响电缆的载流量？　　　　（　　）

（A）环境温度

（B）绝缘材料的长期允许最高工作温度

（C）回路允许电压降

（D）谐波因素

2021 年专业知识试题（下午卷）

一、单项选择题（共 40 题，每题 1 分，每题的备选项中只有一个最符合题意）

1. 下列属于二级负荷的是哪项？ （　　）

  （A）省部级办公楼的主要办公室用电
  （B）高度 60m 的住宅消防电梯用电
  （C）特大型剧场的观众厅照明用电
  （D）四星级宾馆的排污泵用电

2. 某一线路由 3 台电动机供电，3 台电动机的额定电流分别为 15A、30A、100A，启动电流均为其额定电流的 7 倍，问只考虑一台电动机启动（其他正常工作），该线路的尖峰电流最大值最接近下列哪项数值？ （　　）

  （A）745A　　　　（B）1015A　　　　（C）325A　　　　（D）235A

3. 关于并联电容器装设的避雷器，下列说法正确的是哪项？ （　　）

  （A）装设避雷器的目的是抑制操作过电压
  （B）可采用三台避雷器星形连接后经第四台避雷器接地的接线方式
  （C）避雷器的接入位置应远离电容器组的电源侧
  （D）避雷器的连接采用相对地方式

4. 某双绕组变压器空载有功损耗为 1500W，短路有功损耗为 8720W，变压器全年投入运行，年最大负荷损耗小时数为 1400h，变压器计算负荷与额定容量之比为 70%，问该变压器年有功电能损耗最接近下列哪项数值？ （　　）

  （A）19121920W　　　　　　　　（B）21685600W
  （C）39529728W　　　　　　　　（D）55571040W

5. 关于各类建筑的照明质量要求，以下描述错误的是哪项？ （　　）

  （A）有电视转播的可举办国际比赛的羽毛球馆的相关色温不应小于 4000K
  （B）金融建筑交易大厅的统一眩光值不宜高于 25
  （C）美术馆绘画展厅的一般照明照度均匀度不应低于 0.6
  （D）医疗建筑手术室的显色指数不应低于 90

6. 同一场所内的不同区域有不同的照度要求时，应采用下列哪种照明方式？ （　　）

  （A）一般照明　　　　　　　　　（B）分区一般照明
  （C）混合照明　　　　　　　　　（D）局部照明

7. 关于医疗建筑中的安全照明和备用照明，以下哪项描述是正确的？ （　　）

（A）重症监护室安全照明的照度标准值应维持正常照明的 50% 照度
（B）重症监护室备用照明的照度标准值应维持正常照明的照度
（C）手术室备用照明的照度标准值应维持正常照明的 30% 照度
（D）手术室安全照明的照度标准值应维持正常照明的照度

8. 建筑内设置应急照明和疏散指示系统，在具有两种及以上疏散指示方案的场所，标志灯光源点亮、熄灭要求的响应时间不应大于下列哪项数值？ （　　）

（A）0.25s
（B）0.5s
（C）2.5s
（D）5.0s

9. 关于消火栓系统的联动控制设计要求，以下描述错误的是哪项？ （　　）

（A）消火栓系统内出水干管上的低压压力开关可以作为触发信号，直接控制启动消火栓泵，不受消防联动控制器处于自动或手动状态影响
（B）消火栓系统内高位消防水箱出水管上设置的流量开关可以作为触发信号，直接控制启动消火栓泵，不受消防联动控制器处于自动或手动状态影响
（C）消火栓系统内报警阀压力开关可以作为触发信号，直接控制启动消火栓，不受消防联动控制器处于自动或手动状态影响
（D）消火栓系统内出水干管上的水流指示器开关可以作为触发信号，直接控制启动消火栓泵，不受消防联动控制器处于自动或手动状态影响

10. 无线网络方案实施前，无线网络侧应确定的内容为下列哪项？ （　　）

（A）承载 AP 数据的有线网络拓扑结构
（B）设备之间 VLAN 及路由
（C）统一的 SSID 命名规则
（D）设备间冗余备份、负载均衡等其他功能的规划

11. 关于电梯多方通话系统的功能要求，以下描述错误的是哪项？ （　　）

（A）系统设置的通信终端均应具有多方通话功能
（B）系统应具有确定呼叫者地址的功能
（C）呼叫应直接接通通话
（D）当多路同时呼叫时，应能逐一记忆、可查

12. 室内外 35kV 电气设备外绝缘体最低部位距地小于下列哪项数值时，应装设固定遮拦？ （　　）

（A）室内 2.5m，室外 3.0m
（B）室内 2.5m，室外 2.5m
（C）室内 2.3m，室外 3.0m
（D）室内 2.3m，室外 2.5m

13. 10kV 户外无遮拦裸导体至地面的安全净距应为下列哪项数值？ （ ）

（A）2200mm
（B）2300mm
（C）2500mm
（D）2700mm

14. 下列哪种材料可以作为变电站的人工接地极埋设在腐蚀较重地区？ （ ）

（A）截面为40mm×4mm的扁钢
（B）φ12mm 的圆钢
（C）截面为30mm×3mm的铜覆扁钢
（D）φ10mm 的铜覆圆钢

15. 电子信息系统机房采用 M 型等电位连接，使用多股铜芯导体在防静电地板下做等电位连接网格时的截面积不小于下列哪项数值？ （ ）

（A）6mm^2
（B）16mm^2
（C）25mm^2
（D）50mm^2

16. 频率为 100kHz 的交流电流感知阈约为下列哪项数值（均方根值）？ （ ）

（A）0.5mA
（B）1.0mA
（C）10mA
（D）100mA

17. 某独立 110kV 变电站中，下列哪一项火灾危险性不属于丙类？ （ ）

（A）油浸变压器室
（B）柴油发电机室
（C）有含油设备的检修备品仓库
（D）事故贮油池

18. 具有爆炸性气体环境的房间内的接地做法，以下哪项是错误的？ （ ）

（A）安装在已接地的金属结构上的设备不须接地
（B）I类用电设备的外露可导电部分应接地
（C）不良导电地面上的交流 220/380V 的设备金属外壳应接地
（D）输送可燃物质的金属管道应做防静电接地

19. 配电系统中连接I级试验的 SPD 的铜导体最小截面积为下列哪项数值？ （ ）

（A）10mm^2
（B）6mm^2
（C）4mm^2
（D）2.5mm^2

20. 当 10kV 配电系统为中性点低阻抗接地时，建筑物内 220/380V 总进线配电箱允许的工频应力电压（工频过电压）值最接近以下哪项数值？ （ ）

（A）6.0kV
（B）4.0kV
（C）2.5kV
（D）1.5kV

21. 某固定安装永久连接的 380V 三相用电设备功率为 5kW，功率因数为 0.9，配电回路穿 PVC 管敷设。该设备保护接地导体的正常泄漏电流超过 10mA，请问以下哪一项是错误的？ （ ）

（A）保护接地导体采用 BV 线时，截面积不应小于 10mm^2
（B）保护接地导体采用 BLV 线时，截面积不应小于 16mm^2
（C）配电回路可采用 BV-4×2.5mm^2
（D）配电回路可采用 YJV-4×4.0mm^2

22. 下列关于备用电源的设计不符合规范要求的是哪一项？ （ ）

（A）工作电源断开后投入备用电源

（B）工作电源故障时，备用电源瞬时投入

（C）手动断开工作电源时，备用电源不应自动投入

（D）备用电源自动投入装置只动作一次

23. 计算机监控系统中的测量部分、常用电测量和综合装置的测量部分，用于测量的电压互感器的二次回路允许电压降与额定二次电压的比值不应大于下列哪项数值？ （ ）

（A）1.5%　　　　　（B）2.0%　　　　　（C）3.0%　　　　　（D）5.0%

24. 某民用建筑 10/0.4kV 变电所，位于多层建筑物的一层，所内设备最大不可拆卸部件的宽度为 2.0m，高度为 2.3m，关于该变电所设备运输门洞的最小尺寸，下列哪项符合规范的要求？ （ ）

（A）2.1m×2.4m（宽×高）　　　　　（B）2.1m×3.0m（宽×高）

（C）2.3m×2.7m（宽×高）　　　　　（D）2.3m×2.8m（宽×高）

25. 某 10kV 车间变电所内一段 0.4kV 裸母线距地面高度为 2.4m，采用可触及的网状遮拦作为防护。请确定遮拦与母线之间的净距、遮拦的防护等级不应低于下列哪项？ （ ）

（A）100mm，IP4X　　　　　（B）50mm，IP4X

（C）100mm，IP2X　　　　　（D）50mm，IP2X

26. 当 110kV 屋内电气设备的外绝缘体最低部位距地小于下列哪项数值时，应装设固定遮拦？ （ ）

（A）2300mm　　　　（B）2500mm　　　　（C）2600mm　　　　（D）3250mm

27. 某地区的年平均气温为 8.5℃，在该地区进行架空线路设计时，年平均气温应按下列哪项取值？ （ ）

（A）5℃　　　　　（B）8.5℃　　　　　（C）9℃　　　　　（D）10℃

28. 某耐张杆塔选用的悬式绝缘子在断线工况时的设计荷载为 10kN，请计算断线工况时的最小机械破坏荷载为下列哪一项？ （ ）

（A）15kN　　　　（B）18kN　　　　（C）27kN　　　　（D）30kN

29. 某 66kV 架空电力线路，与高速公路交叉的跨越档档距为 220m，已知该地区最高气温为 40℃，计算最大弧垂时导线温度应取下列哪项数值？ （ ）

（A）40℃　　　　（B）50℃　　　　（C）70℃　　　　（D）95℃

30. 某非远场区、非近场区的公共场所，有 50Hz、150Hz、250Hz、350Hz、450Hz 的电磁波，问以下哪一项应限制在标准限值内？ （ ）

（A）电场强度、磁场强度、磁感应强度、等效平面波功率密度

（B）电场强度、磁场强度

（C）电场强度、磁感应强度

（D）等效平面波功率密度

31. 关于电磁环境描述，下列哪一项是错误的？ （　　）

（A）移动通信发射基站不宜贴临幼儿园

（B）移动通信发射塔可贴临住宅

（C）民用建筑规划及选址应调查分析周边的电磁环境

（D）民用建筑电气工程设计应降低对周边的电磁环境的影响

32. 某企业仅使用电能，该企业有 1 回路电能进线，给 4 个次级用能单位分别配出 1 个馈线。馈线电能量分别是 5kW、10kW、50kW、100kW，问为满足用能单位电能源计量器具配备标准，该企业最少设置几处电能计量？ （　　）

（A）2　　　　　　（B）3　　　　　　（C）4　　　　　　（D）5

33. 某固定资产投资项目，仅用电能和天然气，年消费电能 560 万 kWh、气田天然气 180 万 m^3。该项目节能评估正确的是下列哪项？ （　　）

（A）编制节能评估报告书，其中计算年综合能耗消费量 2874t 标准煤

（B）编制节能评估报告表，其中计算年综合能耗消费量 2186t 标准煤

（C）填写节能登记表，其中计算年综合能耗消费量 688t 标准煤

（D）编制节能评估报告书，其中计算年综合能耗消费量 3000t 标准煤

34. 关于功能性开关电器的选择，下列说法错误的是哪项？ （　　）

（A）半导体开关电器可作为功能性开关电器

（B）断路器可作为功能性开关电器

（C）继电器可作为功能性开关电器

（D）熔断器可作为功能性开关电器

35. 关于耐火等级为二级的厂房内任一点至最近安全出口的直线距离，下列错误的是哪项？ （　　）

（A）火灾危险性为乙类的多层厂房为 50m

（B）火灾危险性为丙类的单层厂房为 80m

（C）火灾危险性为丁类的高层厂房为 60m

（D）火灾危险性为戊类的地下厂房为 60m

36. 关于消防用电负荷等级，下列说法错误的是哪项？ （　　）

（A）建筑高度大于 50m 的丙类仓库，应按一级负荷供电

（B）一类高层民用建筑，应按一级负荷供电

（C）室外消防用水量大于 35L/s 的可燃气体罐，应按二级负荷供电

（D）二类民用高层建筑，可按三级负荷供电

37. 关于消防应急照明非集中控制型系统，下列说法错误的是哪项？ （　　）

（A）非火灾状态下，非持续型照明灯具在主电源供电时可由声控感应方式点亮

（B）火灾状态下，只能手动启动应急照明控制系统

（C）火灾状态下，灯具采用集中电源供电时，集中电源接收到火灾报警输出信号后，应自动转入蓄电池电源输出

（D）火灾状态下，灯具采用自带蓄电池供电时，应急照明配电箱接收到火灾报警输出信号后，应自动切断主电源输出

38. 直流电动机调速系统，与调节对象无积分环节的三阶调节系统相比，下列关于二阶调节系统的特点描述正确的是哪项？ （　　）

（A）对调节对象输入端的干扰影响，输出量波动持续时间短

（B）调节对象的标准形式为一个小惯性群和一个大惯性群

（C）调整时间为 $18\sigma \sim 8.5\sigma$

（D）最大超调量为 4%

39. 关于变压器的节电，降低变压器空载损耗的描述正确的是哪项？ （　　）

（A）改善导线质量 （B）改进铁芯结构

（C）改进绝缘结构 （D）适当减小电流密度

40. 关于变压器综合功率的经济运行，当系统负载最大时的无功经济当量值，下列描述中错误的是哪项？ （　　）

（A）直接由发电厂母线以发电机电压供电的变压器为 0.02

（B）由区域线路供电的 35～110kV 降压变压器为 0.1

（C）由区域线路供电的 6～10kV 降压变压器为 0.08

（D）由区域线路供电的降压变压器，但其无功负荷由同步调相机担负时为 0.05

二、多项选择题（共 30 题，每题 2 分。每题的备选项中有两个或两个以上符合题意。错选、少选、多选均不得分）

41. 下列哪些负荷属于一级负荷？ （　　）

（A）住宅小区的给水泵房

（B）大型剧场的演员化妆室

（C）建筑高度 48m 的公共建筑主要通道照明

（D）I 类汽车库的消防用电

42. 下列哪些用电设备应按连续工作制考虑？ （　　）

（A）客用交流电梯　　　　　　　　（B）多头直流弧焊机

（C）自动扶梯　　　　　　　　　　（D）空调新风机组

43.下列哪些措施可以减小电压偏差？　　　　　　　　　　　　　　　　（　　）

（A）降低系统阻抗

（B）采取补偿无功功率的措施

（C）改变供配电系统运行方式

（D）增加变压器电压分接头的电压提升

44.关于建筑内消防应急照明和灯光疏散指示标志的备用电源（蓄电池）连续供电时间，下列叙述正确的有哪些？　　　　　　　　　　　　　　　　　　　　　　　（　　）

（A）建筑高度 200m 的商业办公建筑，不应小于 1.5h

（B）建筑面积 15000m² 的地下建筑，不应小于 1.0h

（C）建筑面积 5000m² 的多层医疗建筑，不应小于 1.0h

（D）建筑面积 50000m² 多层商业建筑，不应小于 1.0h

45.关于建筑内应急照明灯的设置部位及照度要求，下列叙述正确的有哪些？　　（　　）

（A）建筑面积大于 100m² 的地下公共活动场所，其地面水平最低照度为 3.0lx

（B）室内步行街及步行街两侧的商铺，其地面水平最低照度为 3.0lx

（C）老年人照料设施及其楼梯间、前室或合用前室，其地面水平平均照度为 10.0lx

（D）消防水泵房、配电室、消防控制室，其地面水平最低照度为 1.0lx

46.关于消防应急照明和疏散指示系统的灯具选择，下列叙述正确的有哪些？　　（　　）

（A）设置在距地面 8m 及以下的灯具，应选择 A 型灯具

（B）疏散路径上方设置的灯具面板和灯罩可采用厚度大于 4mm 的玻璃材质

（C）地面设置的标志灯应选择集中电源 A 型灯具

（D）在室外或地面上设置时，灯具及其连接附件的防护等级不应低于 IP65

47.关于入侵报警系统各组建模式，以下描述正确的有哪些？　　　　　　　　（　　）

（A）当系统采用分线制时，宜采用不少于 5 芯的通信电缆，每芯截面积不宜小于 0.5mm²

（B）当系统采用总线制时，总线电缆宜采用不少于 6 芯的通信电缆，每芯截面积不宜小于 1.0mm²

（C）当系统采用无线制时，其中一个防区内的紧急报警装置不得大于 2 个

（D）探测器、紧急报警装置通过现场报警控制设备和/或网络传输接入设备与报警控制主机之间采用公共网络相连

48.关于卫星电视接收天线的选择要求，以下描述错误的有哪些？　　　　　　（　　）

（A）当天线直径大于或等于 4.5m，且对其效率及信噪比均有较高要求时，宜采用后馈式抛物面天线

（B）当天线直径小于 4.5m 时，宜采用偏馈式抛物面天线

（C）当天线直径小于或等于 1.5m 时，Ku 频段电视接收天线宜采用前馈式抛物面天线

（D）当天线直径大于或等于 5m 时，宜采用外置伺服系统的天线

49. 以下哪些设施不能用作建筑物的接地极？ （   ）

（A）建筑物基础内采用压力连接器连接的钢筋

（B）土壤内垂直安装的直径为 10mm 的热浸锌圆钢

（C）设有绝缘段的金属燃气管道

（D）根据当地条件或要求设置的适用的地下金属网

50. 当利用建筑物的钢筋作为防雷装置时，关于建筑物钢筋之间的连接方式以下哪些项是正确的？

（   ）

（A）绑扎连接 （B）螺栓连接

（C）锡焊连接 （D）用螺栓紧固的卡接器连接

51. 以下建筑或设施应采取第一类防雷措施的是哪几项？ （   ）

（A）某爆炸危险品的生产厂房，生产时连续出现爆炸性气体混合物的环境

（B）某储存火炸药的建筑物

（C）有爆炸危险的露天钢质封闭气罐

（D）超过 100m 的超高层建筑

52. 某科研建筑地下 2 层，地上 10 层，设有裙房，根据用电容量估算，拟在本建筑内建设 20/0.4kV 变电所，下列关于所址选择的说法哪些是正确的？ （   ）

（A）高层建筑物的裙房中，不宜设置油浸变压器

（B）当采用油浸变压器时，应远离人员密集场所和疏散出口的部位

（C）当采用干式变压器时，可以设置在地下 2 层，但应采取抬高地面和防止积水的措施

（D）当采用干式变压器时，不能设置在地下 2 层

53. 下列关于爆炸性危险环境中接地及等电位连接的描述哪些是正确的？ （   ）

（A）所有裸露的装置外部可导电部件均应接入等电位系统

（B）安装在已接地的金属结构上的设备可以不再接地

（C）本质安全型设备的金属外壳可不与等电位系统连接

（D）TT 型电源系统应采用剩余电流动作的保护电器

54. 下列哪些说法是正确的？ （   ）

（A）一类隧道消防负荷按一级负荷供电，二类隧道消防负荷应按二级负荷供电

（B）单台油量为 3t 的 35kV 屋外油浸变压器之间的防火间距最小为 5m

（C）多层办公楼的封闭吊顶内采用 B1 级阻燃 PVC 塑料管敷设

（D）熔断器不得作为功能性开关

55. 下列关于电缆护层的选择哪些是正确的？　　　　　　　　　　　　　　　　　（　　）

（A）人员密集场所选用聚乙烯护套

（B）年最低为−20℃的低温环境选用聚氯乙烯护套

（C）B级数据中心选用B1级光缆垂直敷设

（D）核电厂选用聚烯烃护套

56. 某110kV变电站选择导体和电器的环境温度，宜采用下列哪些数值？　　　　　（　　）

（A）裸导体在屋外敷设时，最高环境温度取最热月平均最高温度

（B）裸导体在屋内敷设时，最高环境温度取通风设计温度，当无资料时，最高环境温度可取最
　　　热月平均最高温度加5℃

（C）屋内电抗器，最高环境温度取最热月平均最高温度加5℃

（D）电器在屋外设置时，采用年最低温度和年最高温度

57. 下列各图所示低压系统接地形式为TN-S系统的有哪些？　　　　　　　　　　（　　）

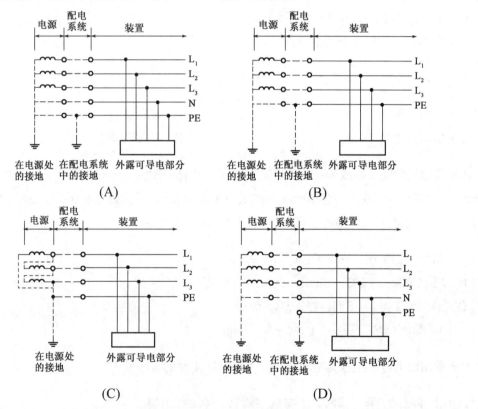

58. 某110/10kV变电所中，10kV采用金属铠装手车式开关柜，下列说法正确的有哪些？（　　）

（A）开关柜应具备防止带负荷分合断路器的功能

（B）开关柜应具备防止带电合接地开关的功能

（C）开关柜应具备防止带接地线送电的功能

（D）开关柜应具备防止误分合断路器的功能

59. 依据规范规定，下列哪些回路应测量双方向的无功功率？ （　　）

（A）电压等级为 6kV 的用电线路

（B）电压等级为 35kV 的并联电容器回路

（C）电压等级为 10kV，同时接有并联电容器和并联电抗器的总回路

（D）具有进相、滞相运行要求的同步发电机

60. 某变电所一路 10kV 供电回路采用电缆直埋敷设，选择该回路电缆时需按下列哪些环境条件校验？ （　　）

（A）环境温度 　　　　　　　　（B）海拔高度

（C）日照强度 　　　　　　　　（D）地震烈度

61. 某 110/35kV 变电站，110kV 设备室外敞开式布置，下列关于接地开关在进出线间隔内的安装位置，哪些是合理的？ （　　）

（A）变压器进线隔离开关的变压器侧

（B）出线间隔上隔离开关的电源侧

（C）出线间隔下隔离开关的负荷侧

（D）断路器两侧隔离开关的断路器侧

62. 在进行架空线路杆塔荷载计算时，下列哪些工况是必须要考虑的？ （　　）

（A）运行工况 　　　　　　　　（B）断线工况

（C）雷电过电压工况 　　　　　（D）内部过电压工况

63. 已知某地区的气象参数为：最高温度为 40℃，最低温度为−35℃，年平均气温为−1℃，覆冰厚度为 5mm，离地 10m 高 30 年一遇 10min 平均最大风速为 20m/s。当地地势平坦，在该地区设计架空线路时，下列各工况下的温度、风速、覆冰厚度选择哪些是正确的？ （　　）

（A）最低气温工况：−35℃，0m/s，0mm

（B）覆冰工况：−5℃，10m/s，5mm

（C）最大风工况：−5℃，23.5m/s，0mm

（D）年平均气温工况：−1℃，0m/s，0mm

64. 关于常用电力电缆绝缘类型的选择，下列说法正确的有哪些？ （　　）

（A）当环境保护有要求时，不得选用聚氯乙烯绝缘电缆

（B）高压交流电缆宜选用交联聚乙烯绝缘类型

（C）500kV 交流海底电缆可选用交联聚乙烯类型

（D）高压直流输电电缆不能选用不滴流浸渍纸绝缘类型

65. 关于电缆芯数的选择，下列说法正确的有哪些？ （　　）

（A）1kV 及以下三相回路 TN-C 系统，保护导体与中性导体合用同一导体时应选用 4 芯电缆

（B）1kV 及以下单相回路 TT 系统，受电设备外露可导电部位的保护接地与电源系统中性点接地各自独立时，应选用 4 芯电缆

（C）单相 220V 移动式电气设备的电源电缆应选用 3 芯软橡胶电缆

（D）蓄电池电缆的正极和负极应共用 1 根电缆

66. 关于控制电缆的选择，下列说法正确的有哪些？　　　　　　　　　　　　（　　）

（A）应选择铜导体

（B）来自同一电流互感器二次绕组的三相导体及其中性导体置于同一根控制电缆

（C）弱电控制回路电缆截面积不应小于 0.5mm²

（D）计算机监控系统的模拟量信号回路控制电缆屏蔽层应构成两点接地

67. 在照明设计中，下列哪些措施可以限制眩光？　　　　　　　　　　　　　（　　）

（A）同一场所有多个区域，采用分区一般照明

（B）设计照度与照度标准值的偏差不超过±10%

（C）房间墙面、顶棚、地面采用低光泽度的材料

（D）限制灯具出光口表面发光亮度

68. 在配电系统中，为同时改善电能质量和节省电能，可选择下列哪些措施？　（　　）

（A）选择更高配电电压等级

（B）缩短配电线路长度，加大电缆或导线截面积

（C）正确选择变压器分接头

（D）无功补偿

69. 与自然换流型变频器相比，关于晶间管式强迫换流型变频器的特点，下列描述哪些是正确的？

　　　　　　　　　　　　　　　　　　　　　　　　　　　　　　　　　　（　　）

（A）过载能力强　　　　　　　　　　（B）适用于中、小型电动机

（C）适用大容量电机　　　　　　　　（D）需要强迫换相电路

70. 在配电系统中，下列哪些措施可以抑制一次电压暂降和短时中断？　　　（　　）

（A）不间断电源（UPS）　　　　　　（B）动态电压调节器（DVR）

（C）电流速断保护　　　　　　　　　（D）静止无功补偿

2022 年专业知识试题（上午卷）

一、单项选择题（共 40 题，每题 1 分，每题的备选项中只有 1 个最符合题意）

1. 配电室通往室外的孔洞应设防止鼠、蛇类小动物进入的网罩，其最低防护等级为下列哪一项？ （　　）

    （A）IP3X   （B）IP4X

    （C）IP5X   （D）IP6X

2. 关于 35kV 架空电力线路耐张段长度的确定原则，下列哪一项是正确的？ （　　）

    （A）不宜大于 10km   （B）不宜大于 8km

    （C）不宜大于 5km   （D）不宜大于 2km

3. 3kV 导线的最大使用张力与绞线瞬时破坏张力的比值不应大于下列哪一项？ （　　）

    （A）50%   （B）40%

    （C）33.3%   （D）28.5%

4. 架空线路穿越道路时，改为电缆埋地敷设与架空线路相接，仅在其一端装设无间隙金属氧化物避雷器时，电缆的长度不应超过以下哪一项？ （　　）

    （A）50m   （B）100m

    （C）150m   （D）200m

5. 校验电器的热稳定性时，短路电流持续时间宜采用下列哪一项？ （　　）

    （A）主保护动作时间

    （B）主保护动作时间与断路器的开断时间之和

    （C）后备保护动作时间与断路器的开断时间之和

    （D）0.01s

6. 某铝导体的工作电流为 120A，其无镀层接头接触面的电流密度不应超过下列哪一项？ （　　）

    （A）0.12A/mm^2 （B）0.16A/mm^2

    （C）0.2A/mm^2 （D）0.31A/mm^2

7. 某回路拟采用准确度为 1.0 级的电测量装置，该回路的电压互感器的准确度不低于下列哪项？ （　　）

    （A）0.2 级   （B）0.5 级

    （C）1.0 级   （D）2.0 级

8. 某 10kV 车间变电所内一段 0.4kV 裸母线距地面高度为 2.4m,采用可触及的网状遮拦作为防护,该遮拦与母线之间的最小净距为以下哪一项? （   ）

  （A）50mm   （B）100mm

  （C）150mm   （D）200mm

9. 下列哪一项不是用来表述电能质量的? （   ）

  （A）电压偏差   （B）电压波动和闪变

  （C）三相电压不平衡度   （D）电压值

10. 下列电源不可作为应急电源的是哪一项? （   ）

  （A）独立于正常电源的发电机组

  （B）蓄电池

  （C）光伏组件

  （D）供电网络中独立于正常电源的专用馈电线路

11. 对于阀控式密封铅酸蓄电池,需设专用蓄电池室的最小容量为下列哪一项? （   ）

  （A）200Ah   （B）300Ah

  （C）400Ah   （D）500Ah

12. 电力装置二次回路的工作电压最高不应超过下列哪一项? （   ）

  （A）110V   （B）220V

  （C）400V   （D）500V

13. 爆炸危险环境 1 区内可选用下列哪种保护级别（EPL）的电气设备? （   ）

  （A）Gb   （B）Gc

  （C）Db   （D）Dc

14. 气体绝缘金属封闭开关设备区域专用接地网与变电站总接地网的连接线不应少于几根? （   ）

  （A）1 根   （B）2 根

  （C）3 根   （D）4 根

15. 有人值班的 35kV 变电站,直流电源事故放电持续时间应为下列哪一项? （   ）

  （A）15min   （B）30min

  （C）1.0h   （D）2.0h

16. 左手到右手的心脏电流系数为下列哪一项? （   ）

  （A）0.4   （B）0.751

（C）1.0   （D）1.3

17. 对于爆炸危险环境 2 区，380V 设备配用导线的截面积最小值，下列哪一项说法是正确的？   （   ）

（A）电力应不小于铜芯 $4mm^2$，照明应不小于铜芯 $2.5mm^2$，控制应不小于铜芯 $2.5mm^2$

（B）电力应不小于铜芯 $4mm^2$，照明应不小于铜芯 $2.5mm^2$，控制应不小于铜芯 $1.5mm^2$

（C）电力应不小于铜芯 $2.5mm^2$，照明应不小于铜芯 $2.5mm^2$，控制应不小于铜芯 $2.5mm^2$

（D）电力应不小于铜芯 $2.5mm^2$，照明应不小于铜芯 $1.5mm^2$，控制应不小于铜芯 $1.5mm^2$

18. 某车间内无防护的带电导体至地面的距离，不应小于下列哪一项？   （   ）

（A）1.8m   （B）2.4m

（C）2.5m   （D）3.5m

19. 35kV 电缆垂直敷设时，臂式支架最大间距为下列哪一项？   （   ）

（A）1.0m   （B）1.5m

（C）3.0m   （D）4.0m

20. 下列哪些建筑物或设施的防雷等级分类属于第二类？   （   ）

（A）具有爆炸危险的埋地钢制封闭气罐

（B）年预计雷击次数为 0.02 次的省级重点文物保护建筑

（C）故宫博物院

（D）具有 0 区爆炸场所的建筑物

21. 关于接闪器的说法，下列哪一项是正确的？   （   ）

（A）广播天线杆顶的接闪器可兼用于保护建筑物

（B）用于接闪器的金属屋面板不应有绝缘被覆层

（C）架空接闪线宜采用截面积不大于 $50mm^2$ 的热镀锌钢绞线

（D）明敷接闪导体固定支架的高度不宜大于 150mm

22. 首次正极性雷击的雷电流波头时间为下列哪一项？   （   ）

（A）10μs   （B）1μs

（C）0.5μs   （D）0.25μs

23. 某厂房采用 220/380V、TN-S 配电系统，某三相插座额定电流 6A，其配电回路电击防护措施的描述中，下列哪一项是正确的？   （   ）

（A）该插座回路切断电源的时间不允许超过 0.4s

（B）该插座回路切断电源的时间不允许超过 0.2s

（C）该插座回路切断电源的时间不允许超过 0.1s

（D）当采用 RCD 作附加防护时，RCD 的额定动作电流不应大于 10mA

24. 关于特低电压的定义，下列哪一项是正确的？　　　　　　　　　　　　　　　（　　）

（A）相间电压不超过交流最大值 50V 的电压

（B）相间电压或相对地电压不超过交流方均根值 36V 的电压

（C）相间电压或相对地电压不超过交流方均根值 50V 的电压

（D）相对地电压不超过交流最大 50V 的电压

25. 在配电线路中固定敷设的保护接地中性导体的最小截面选择，下列哪一项是正确的？（　　）

（A）铜导体 4mm²　　　　　　　　　　　　（B）铜导体 6mm²

（C）铜导体 10mm²　　　　　　　　　　　　（D）铝导体 10mm²

26. 若单一冷却回路电动机的冷却方式为 ICA41，下列哪一项说法是错误的？　　　（　　）

（A）冷却介质为空气　　　　　　　　　　　（B）机壳表面冷却

（C）自循环（由机轴自带风扇冷却）　　　　（D）外加强迫风冷

27. 关于直流电动机励磁的描述，下列哪一项是错误的？　　　　　　　　　　　　（　　）

（A）他励　　　　　　　　　　　　　　　　（B）串励

（C）永磁　　　　　　　　　　　　　　　　（D）无励磁

28. 某 20kV 变配电站，关于电测量的陈述，下列哪一项是错误的？　　　　　　　（　　）

（A）交流回路指示仪表的综合准确度不应低于 2.5 级

（B）指针式交流仪表准确度不应低于 1.5 级

（C）直流回路指示仪表的综合准确度不应低于 2.0 级

（D）数字式仪表准确度不应低于 0.5 级

29. 关于无功经济当量单位，下列哪一项是正确的？　　　　　　　　　　　　　　（　　）

（A）kW/kvar　　　　　　　　　　　　　　（B）kvar/kW

（C）kW·h/kvar　　　　　　　　　　　　　（D）kVA/kvar

30. 某个电网 50Hz、10kV 公共连接点，下列哪一项电压波动超过限值？　　　　　（　　）

（A）1 次/h，3%　　　　　　　　　　　　　（B）5 次/h，2.5%

（C）15 次/h，2.2%　　　　　　　　　　　（D）50 次/h，1.8%

31. 某公共建筑，地下 2 层，地上 10 层，建筑高度 48m，裙房为商业功能，3 层及以上为出租办公且每层建筑面积为 2500m²，该建筑地下消防泵房内的消防水泵属于下列哪类负荷等级？（　　）

（A）一级负荷中特别重要负荷　　　　　　　（B）一级负荷

（C）二级负荷　　　　　　　　　　　　　　（D）三级负荷

32. 某配电箱所带负荷只有相间负荷，经统计 $p_{uv} = 15kW$，$p_{vw} = 12kW$，$p_{wu} = 8kW$，该配电箱等效三相负荷为下列哪一项数值？　　　　　　　　　　　　　　（　　）

（A）26kW   （B）35kW

（C）41kW   （D）45kW

33. 采用需用系数法对某一变压器所带负荷进行计算后，其有功计算功率为 800kW，功率因数为 0.8，不考虑同时系数，欲在变压器低压侧进行集中无功功率补偿，补偿后的功率因数达到 0.95，则无功功率补偿量最接近下列哪一项数值？　　　　　　　　　　　　　（　　）

（A）143kvar   （B）338kvar

（C）401kvar   （D）422kvar

34. 关于二级负荷供电电源的要求，下列哪一项是正确的？　　　　　　　　　　（　　）

（A）应由双重电源供电

（B）不可用单回路供电

（C）必须由双回路供电，且两回线路不同时发生故障

（D）某些情况下，可由一回 6kV 及以上专用架空线路供电

35. 亮度与照度比、反射比的关系，下列哪一项是正确的？　　　　　　　　　（　　）

（A）亮度与反射比和照度比的乘积成正比

（B）亮度与反射比成正比，与照度比无关

（C）亮度与照度比成正比，与反射比无关

（D）亮度与反射比、照度比均无关

36. 会议室要求 UGR 为 19，其不舒适眩光的主观感受属于下列哪一项？　　　（　　）

（A）无眩光   （B）轻微眩光，可忽略

（C）轻微眩光，可忍受   （D）有眩光，刚好有不舒适感

37. 路面亮度纵向均匀度是指下列哪一项？　　　　　　　　　　　　　　　　（　　）

（A）同一车道中心线上最小亮度与最大亮度的比值

（B）同一车道中心线上最小亮度与平均亮度的比值

（C）相邻车道中心线上最小亮度与最大亮度的比值

（D）相邻车道中心线上最小亮度与平均亮度的比值

38. 关于安全照明的描述，下列哪一项是正确的？　　　　　　　　　　　　　（　　）

（A）应区别于正常照明单独设置   （B）须考虑整个场所的均匀性

（C）应选用瞬时点亮的灯具   （D）照度不应低于 20lx

39. 有关入侵报警系统的设计要求，下列哪一项描述是错误的？　　　　　　　（　　）

（A）当防护区域较大、报警点分散时，可采用不带地址码的探测器

（B）除特殊要求外，系统报警响应时间可为 4.5s

（C）报警控制器应设有备用电源，备用电源容量应保证系统正常工作 8h

（D）财务出纳室除应设置入侵探测器以外，还应设置紧急报警装置

40. 光纤到用户单元通信设施中缆线与配线设备的选择要求，下列哪一项描述是错误的？（　　）

（A）用户接入点至楼层光纤配线箱（分纤箱）之间的室内用户光缆应采用 G652 光纤

（B）楼层光缆配线箱（分纤箱）至用户单元信息配线箱之间的室内用户光缆应采用 G657 光纤

（C）光纤连接器件宜采用 SC 型，不宜采用 IC 型

（D）室内光缆宜采用非延燃外护层结构的光缆

二、多项选择题（共 30 题，每题 2 分。每题的备选项中有 2 个或 2 个以上符合题意。错选、少选、多选均不得分）

41. 35kV 室外配电装置使用软导线时，工频过电压下，不同相带电部分之间的最小安全净距应按下列哪些条件校验？（　　）

（A）雷电过电压和 10m/s 风速下的风偏

（B）雷电过电压和最大设计风速下的风偏

（C）最大工作电压、短路和 10m/s 风速下的风偏

（D）最大工作电压和最大设计风速下的风偏

42. 在各种气象条件下，导线的张力弧垂计算应采用下列哪些参数作为控制条件？（　　）

（A）最大使用张力　　　　　　　　　　（B）平均运行张力

（C）导线的瞬时破坏张力　　　　　　　（D）导线与地线的距离

43. 已知某地区的气象参数：最高温度 40℃，最低温度−40℃，年平均气温为−6℃，覆冰厚度为 5mm，离地 10m 高，30 年一遇 10min 平均最大风速 20m/s。当地势平坦，在该地区设计架空线时，下列几种工况下的温度、风速、覆冰厚度选择哪些是正确的？（　　）

（A）安装工况：−15℃、0m/s、0mm

（B）覆冰工况：−5℃、10m/s、5mm

（C）最大风工况：−5℃、23.5m/s、0mm

（D）年平均气温工况：−10℃、0m/s、0mm

44. 选择与高压并联电容器装置配套的分组回路断路器时，除应符合断路器有关标准外，尚应符合下列哪几项规定？（　　）

（A）分合时触头弹跳不应大于限定值

（B）应具备频繁操作的性能

（C）应能承受电容器组的关合涌流和工频短路电流，以及电容器高频涌流的联合作用

（D）应具有切除全部电容器组的开断总回路电容电流的能力

45. 在非爆炸危险环境下，选择电力工程中铜芯控制电缆线芯最小截面，下列哪些说法符合规范规定？ （　　）

（A）强电控制回路线芯最小截面不应小于 2.5mm²

（B）强电控制回路线芯最小截面不应小于 1.5mm²

（C）弱电控制回路线芯最小截面不应小于 1.5mm²

（D）弱电控制回路线芯最小截面不应小于 0.5mm²

46. 厂区配电网采用 10kV 及 400V 两个电压等级，下列哪些配电级数的选择是正确的？ （　　）

（A）10kV 配电级数不宜多于 3 级　　　　（B）400V 配电级数不宜多于 3 级

（C）10kV 配电级数不宜多于 2 级　　　　（D）400V 配电级数不宜多于 4 级

47. 关于电流互感器和电压互感器的描述，下列哪几项是正确的？ （　　）

（A）电流互感器二次绕组额定电流可选 5A 或 1A

（B）电流互感器的二次回路应只有一点接地

（C）电压互感器剩余绕组额定电压应为 100V

（D）电压互感器剩余绕组的引出端之一应接地

48. 关于爆炸危险环境电气线路设计的描述，下列哪几项是正确的？ （　　）

（A）爆炸危险环境 1 区内可采用铜芯 2.5mm² 及以上的绝缘导线和电缆

（B）爆炸危险环境 1 区防爆吊车配线可采用中型移动电缆

（C）爆炸危险环境 1 区单相网络中的相线及中性线均应装设短路保护

（D）爆炸危险环境 2 区内的电缆线路不应有中间接头

49. 关于抗震设防烈度 7 度及以上的电气设施安装设计，下列描述正确的有哪几项？ （　　）

（A）变压器应设置滚轮及其轨道安装，并适当加宽基础台面

（B）蓄电池应装设抗震架

（C）设备引线和设备连线当采用伸缩接头过渡时，可采用硬母线

（D）开关柜应采用螺栓或焊接的固定方式安装

50. 关于高层病房楼避难间的消防设施，下列哪些做法是正确的？ （　　）

（A）应设置消防专线电话

（B）应设置消防应急广播

（C）应设置地面最低水平照度不低于 5lx 的疏散照明

（D）入口处应设置明显的指示标志

51. 某多层门诊楼设置灯光疏散指示标志，下列哪些选项满足火灾时备用电源的连续供电时间要求？ （　　）

（A）3.0h　　　　　　（B）1.5h　　　　　　（C）1.0h　　　　　　（D）0.5h

52. 某办公楼建筑高度为 120m，关于空调设备配电电缆选型的最低要求，下列哪些说法是正确的？ （　　）

（A）采用燃烧性能 B1 级电缆　　　　　（B）采用产烟毒性为 t0 级电缆

（C）采用燃烧滴落物/微粒等级为 d0 级电缆　　（D）采用燃烧性能 A 级电缆

53. 某门房设有 4 根外露防雷引下线，为了防止接触电压，下列哪些做法是正确的？ （　　）

（A）引下线 3m 范围内地表层电阻率为 100kΩ·m

（B）引下线 3m 范围内敷设 5cm 厚的沥青层

（C）引下线周围 3m 范围内敷设 10cm 厚砾石层

（D）引下线距离地面 2.5m 以下的导体用 3mm 厚的交联聚乙烯层隔离

54. 下列不允许用作保护接地导体的是哪几项？ （　　）

（A）金属水管

（B）金属燃气管线

（C）电缆梯架

（D）满足动热稳定的具有电气连续性的电缆金属护套

55. 关于 SELV 系统的描述，下列哪几项是错误的？ （　　）

（A）SELV 回路内的外露可导电部分应与 PE 导体连接

（B）SELV 系统的插头不应插入其他电压系统的插座内

（C）SELV 系统的标称电压为交流 50V 或直流 120V

（D）SELV 回路为安全电压，回路导体可不设置绝缘

56. 下列关于交流同步电动机的描述，错误的是哪些项？ （　　）

（A）励磁接在定子上

（B）采用变频调速方式

（C）相同条件下，采用自耦变压器降压启动与电抗器降压启动，其"启动电流/全压启动电流"相同

（D）相同条件下，采用自耦变压器降压启动与电抗器降压启动，其"启动转矩/全压启动转矩"相同

57. 关于三相交流鼠笼型异步电动机电阻降压启动与自耦变压器降压启动的比较，"启动电压/额定电压"为 0.7 时，下列哪些项的说法是正确的？ （　　）

（A）两种启动方式的"启动电流/全压启动电流"相同

（B）自耦变压器降压启动方式的"启动电流/全压启动电流"为 0.7

（C）自耦变压器降压启动方式的"启动电流/全压启动电流"为 0.49

（D）两种启动方式的"启动转矩/全压启动转矩"相同

58. 关于交流异步电动机能耗制动方式的描述，下列哪些项是正确的？ （　　）

（A）可通过改变制动回路电阻，改变制动转矩

（B）制动回路是在电动机转子的某两相线圈之间加上合适的直流电源及电阻

（C）制动能力不能回馈到电网

（D）电动机转速越低，制动转矩越大，保证可靠停车

59. 某室内显示屏，显示屏面与顶棚照明灯具中垂线夹角 85°，下列哪些项满足照度设计标准？

（　　）

（A）显示屏亮度 220cd/m²，亮背景暗字体时，室内灯具平均亮度 2800cd/m²

（B）显示屏亮度 220cd/m²，暗背景亮字体时，室内灯具平均亮度 1900cd/m²

（C）显示屏亮度 180cd/m²，亮背景暗图像时，室内灯具平均亮度 1300cd/m²

（D）显示屏亮度 180cd/m²，暗背景亮图像时，室内灯具平均亮度 1100cd/m²

60. 照明灯具效率或效能，下列哪几项满足照明设计标准？ （　　）

（A）格栅式直观荧光灯，灯具效率 70%

（B）开敞式紧凑型荧光灯筒灯，灯具效率 53%

（C）格栅式 4000K 的 LED 筒灯，灯具效能 68lm/W

（D）格栅式 3000K 的 LED 平面灯，灯具效能 66lm/W

61. 下列电力负荷中，哪些属于一级负荷中特别重要负荷？ （　　）

（A）金融建筑的一级金融设施用电

（B）二级医院的术前准备室用电

（C）五星级旅游饭店的经营及设备管理用计算机系统用电

（D）建筑高度 120m 的超高层公共建筑的消防用电

62. 一级负荷应由双重电源供电，对于双重电源，下列哪些说法是正确的？ （　　）

（A）由上级站提供的两路电源可认为是双重电源

（B）来自不同电网的电源可以看作是双重电源

（C）来自同一电网但其间的电气距离较远，一路电源出现异常或故障时，另一路电源仍能不中断供电，两路电源可以看作是双重电源

（D）双重电源必须同时工作，各供一部分负荷

63. 关于防空地下室战时各级负荷的供电电源要求，下列描述哪些是正确的？ （　　）

（A）战时一级负荷，应有两个独立的电源供电，其中一个独立电源应是该防空地下室的内部电源

（B）战时一级负荷，应有两个独立的电源供电，其中一个独立电源应是该防空地下室的战时区域电源

（C）战时二级负荷，应引接区域电源，当引接区域电源有困难时，应在防空地下室内设置自备电源

（D）战时三级负荷，接电力系统电源

64. 避免反射眩光的有效措施有下列哪些项？　　　　　　　　　　　　　　　　　（　　）

（A）正确安排照明光源和工作人员的相对位置

（B）选用窄配光的灯具

（C）采用顶棚、墙和工作面无光泽的浅色饰面

（D）选用发光面大、亮度低的灯具

65. LED 光源具有下列哪些特点？　　　　　　　　　　　　　　　　　　　　　（　　）

（A）表面亮度低　　　　　　　　　　　　（B）谐波较大

（C）启动时间快　　　　　　　　　　　　（D）调光方便

66. 下列哪些场所应设置值班照明？　　　　　　　　　　　　　　　　　　　　　（　　）

（A）面积 300m² 的自选商场

（B）金融建筑的主要出入口

（C）通向保管库的通道

（D）单体建筑面积 2000m² 的库房周围通道

67. 设置消防应急照明和疏散指示系统的部位或场所，其疏散路径地面水平最低照度不低于 3lx 的有下列哪些项？　　　　　　　　　　　　　　　　　　　　　　　　　　　　（　　）

（A）电影院　　　　　　　　　　　　　　（B）自动扶梯上方

（C）150m² 的地下公共活动场所　　　　　（D）500m² 的会议室

68. 关于火灾自动报警系统的设计，下列哪几项描述是错误的？　　　　　　　　　（　　）

（A）超高层建筑设置的转输水泵，应由设置在避难层的转输水箱上的液位控制器控制，转输水泵的控制不应自成系统，应由主消防控制室直接控制

（B）当消防应急广播用扬声器加开关或设有调节器时，应采用两线式配线，火灾时强制消防应急广播播放

（C）高度超过 100m 的高层公共建筑，各避难层内的消防应急广播应采用独立广播分路

（D）高度超过 100m 的高层公共建筑，各避难层与消防控制室之间应设置独立的有线和无线呼救通信

69. 关于摄像机的设置要求，下列描述正确的是哪几项？　　　　　　　　　　　　（　　）

（A）电梯轿厢内设置的摄像机应安装在电梯厢门正对侧上部

（B）当摄像机必须逆光安装时，应选用遮光罩保护

（C）当摄像机需要隐蔽安装时，应采取隐蔽措施，可采用小孔镜头或棱镜镜头

（D）摄像机宜优先选用定焦距、定方向、固定/自动光圈镜头的摄像机

70. 关于卫星接收天线的选型要求，下列描述正确的是哪几项？　　　　　　　　（　　）

（A）当天线直径大于或等于 4.5m，且对效率及信噪比均有较高要求时，宜采用前馈式抛物面天线

（B）当天线直径小于 4.5m 时，宜采用后馈式抛物面天线

（C）当天线直径小于或等于 1.5m 时，Ku 频段电视接收天线宜采用偏馈式抛物面天线

（D）当天线直径大于或等于 5m 时，宜采用内伺服系统天线

2022 年专业知识试题（下午卷）

一、单项选择题（共 40 题，每题 1 分，每题的备选项中只有 1 个最符合题意）

1. 10kV 室内装配式电容器组双列布置时，网门之间的最小距离为下列哪一项？　　　（　　）

（A）1.3m
（B）1.5m
（C）1.8m
（D）2.0m

2. 某 66kV 架空电力线路所在地区统计所得的离地 10m 高、30 年一遇 10min 平均最大风速为 25m/s。该线路某耐张段穿过森林时，线路两侧的屏蔽物平均高度大于杆塔高度的 2/3，该耐张段的设计最大风速宜取下列哪一项数值？　　　（　　）

（A）25m/s
（B）23.5m/s
（C）20m/s
（D）5m/s

3. 某 35kV 线路悬式绝缘子在运行工况时的设计荷载为 15kN，该工况时的最小机械破坏荷载应为下列哪一项？　　　（　　）

（A）22.5kN
（B）27kN
（C）37.5kN
（D）40.5kN

4. 单回路单地线 35kV 架空线路在进行断线工况荷载计算时，地线张力与地线瞬时破坏张力的比值不应大于下列哪一项？　　　（　　）

（A）32%
（B）40%
（C）70%
（D）80%

5. 户内电抗器安装处的环境最高温度应采用下列哪一项数值？　　　（　　）

（A）最热月平均最高温度
（B）年最高温度
（C）最热月平均最高温度加 5℃
（D）该处通风设计最高排风温度

6. 关于 10kV 变电站的二次回路线缆选择，下列哪一项说法是不正确的？　　　（　　）

（A）二次回路应采用铜芯控制电缆和绝缘电线
（B）控制电缆的绝缘水平宜选用 450/750V
（C）在最大负荷下，操作母线至设备的电压降，不应超过额定电压的 10%
（D）当全部保护和自动装置动作时，电压互感器至保护和自动装置屏的电缆压降不应超过额定电压的 5%

7. 电压互感器应根据使用条件选择，下列关于互感器形式的选择，哪一项是错误的？　　　（　　）

（A）3～35kV 户内配电装置，宜采用树脂浇筑绝缘结构的电磁式电压互感器

（B）35kV 户外配电装置，宜采用油浸绝缘结构的电磁式电压互感器

（C）110kV 及以上配电装置，当容量和准确度等级满足要求时，宜采用电容式电压互感器

（D）SF6 全封闭组合电器的电压互感器宜采用电容式电压互感器

8. 接在电动机控制设备侧用于无功补偿的电容器额定电流，不应超过电动机励磁电流的多少倍？　　　　　　　　　　　　　　　　（　　）

（A）1.2　　　　　　　　　　　　　　（B）1.0

（C）0.9　　　　　　　　　　　　　　（D）0.8

9. 某车间变电所采用标称电压为 220V 的直流电源系统，在正常运行情况下，直流母线电压应为下列哪一项？　　　　　　　　　　（　　）

（A）220V　　　　　　　　　　　　　（B）231V

（C）242V　　　　　　　　　　　　　（D）248V

10. 选择 10kV 屋外电器时，最高环境温度应按下列哪一项选取？　　　　（　　）

（A）年最高温度　　　　　　　　　　（B）最热月平均最高温度

（C）最高日温度　　　　　　　　　　（D）最高月温度

11. 变电站 220V 直流操作电源系统应采用下列哪一种接地方式？　　　　（　　）

（A）直接接地　　　　　　　　　　　（B）不接地

（C）经小电阻接地　　　　　　　　　（D）经高电阻接地

12. 电子信息机房楼层等电位接地端子板的最小截面为下列哪一项？　　（　　）

（A）铜带 25mm²　　　　　　　　　　（B）铜带 50mm²

（C）铜带 100mm²　　　　　　　　　 （D）铜带 150mm²

13. 正常运行情况下，变电站直流母线电压应为下列哪一项？　　　　　（　　）

（A）直流电源系统标称电压　　　　　（B）直流电源系统标称电压的 105%

（C）直流电源系统标称电压的 110%　 （D）直流电源系统标称电压的 115%

14. 下列哪一项可作为独立烟囱上的热镀锌闪环？　　　　　　　　　　（　　）

（A）ϕ10mm 圆钢　　　　　　　　　（B）ϕ12mm 圆钢

（C）扁钢 30mm×3mm　　　　　　　（D）扁钢 40mm×3mm

15. 某 110kV 变电站采用户外油浸式变压器，单台变压器油量为 4t，则两台变压器间的最小间距应为下列哪一项？　　　　　　　　　　　　　　　（　　）

（A）5m　　　　　　　　　　　　　　（B）6m

（C）8m　　　　　　　　　　　　　　（D）10m

16. 下列哪一项说法是错误的？ （ ）

（A）建筑内电缆井壁的耐火极限不应低于 1.0h

（B）建筑内电缆井壁上的检查门应采用丙级防火门

（C）建筑内电缆井应每隔一层在楼板处采用不低于楼板耐火极限的不燃材料或防火封堵材料封堵

（D）电缆管线通过变形缝时应采取防变形措施及防火封堵材料封堵

17. 某门房用电设备计算电流为 20A，由室外箱式变电站直埋电缆为其供电，采用 TN-C-S 系统，在入户处设置重复接地，则该电缆的最小规格应为下列哪一项？ （ ）

（A）YJV_{22}-4×4

（B）YJV_{22}-4×6

（C）YJV_{22}-4×10

（D）YJV_{22}-4×16

18. 某地海拔 2000m，66kV 架空线路带电部分与杆塔构件的内部过电压最小间隔应为下列哪一项？ （ ）

（A）0.65m
（B）0.55m
（C）0.50m
（D）0.20m

19. 建筑物防雷要求中，下列哪一个说法是错误的？ （ ）

（A）各类防雷建筑物应设防直击雷的外部防雷措施

（B）内部防雷装置与进出建筑物的金属管道之间应满足间隔距离的要求

（C）各类防雷建筑物应采取防闪电电涌侵入的措施

（D）具有 2 区爆炸危险场所的第二类防雷建筑物应采取防闪电感应的措施

20. 第一类防雷建筑物对应最大负极性后续雷击电流的滚球半径为下列哪一项？ （ ）

（A）127m
（B）50m
（C）30m
（D）25m

21. 发电厂易燃、易爆品的储运设施中，关于防静电接地措施的要求，下列哪一项是错误的？ （ ）

（A）铁路轨道应在其始端、末端、分支处以及每隔 100m 处设置防静电接地

（B）净距小于 100mm 的平行管道，应每隔 20m 用金属线跨接

（C）不能保持良好电气接触的阀门采用 ϕ8mm 的圆钢跨接

（D）油槽车应设置防静电临时接地卡

22. 变压器低压侧母线带有多台大功率电焊机，当电焊机工作时，为了减少电压波动，可采取下列哪一项措施？ （ ）

（A）采用有载调压变压器

（B）用带±5%分接头的变压器，将分接头调至−5%

（C）采用晶闸管投切的电容器

（D）采用接触器投切的电容器

23. 关于消防配电系统，下列哪一项是错误的？   （   ）

    （A）多层办公建筑的消防应急照明的备用电源连续供电时间不应少于 30min

    （B）消防用电设备应采用专用的供电回路

    （C）防烟和排烟风机设备，应在其配电线路的最末级配电箱处设自动切换装置

    （D）配电线路暗敷时，应穿管并应敷设在不燃性结构内且保护层厚度不应小于 20mm

24. 爆炸性气体混合物应按引燃温度分组，下列哪一项是错误的？   （   ）

    （A）T2 组，引燃温度 $300℃ < t ⩽ 450℃$

    （B）T3 组，引燃温度 $200℃ < t ⩽ 300℃$

    （C）T5 组，引燃温度 $100℃ < t ⩽ 135℃$

    （D）T4 组，引燃温度 $145℃ < t ⩽ 200℃$

25. 关于电动机的工作制，下列哪一项是错误的？   （   ）

    （A）S1：连续周期工作制   （B）S2：短时工作制

    （C）S3：断续周期工作制   （D）S4：包括启动的断续周期工作制

26. 关于 10kV 公用电网谐波监测的描述，下列哪一项是不正确的？   （   ）

    （A）用于谐波测量的电流互感器和电压互感器的准确度可采用 1.0 级

    （B）谐波测量的次数不应少于 2~19 次

    （C）向谐波源用户供电的线路送电端宜设置谐波监测点

    （D）谐波的监测可采用连续监测或专项监测

27. 关于静电防护技术措施，下列哪一项是错误的？   （   ）

    （A）对接触起静电的物料，应尽量选用带电序列中位置较临近的

    （B）对有关物料尽量增加起静电物料的接触面积

    （C）对有关物料尽量做到接触压力较小

    （D）对有关物料尽量做到分离速度较慢

28. 下列哪一项满足电网供电电压偏差值要求？   （   ）

    （A）交流 50Hz、35kV，三相供电电压偏差为标称电压的 −2%、+13%

    （B）交流 50Hz、10kV，三相供电电压偏差为标称电压的 −5%、+6%

    （C）交流 50Hz、380V，三相供电电压偏差为标称电压的 −9%、+7%

    （D）交流 50Hz、220V，三相供电电压偏差为标称电压的 −11%、+5%

29. 关于变压器能效限定值的描述，下列哪一项是正确的？   （   ）

    （A）变压器空载损耗和负载损耗的允许最高限值

    （B）变压器空载电流和短路阻抗的允许最高限值

    （C）变压器空载损耗、负载损耗及空载电流的允许最高限值

（D）变压器空载损耗、负载损耗、空载电流及短路阻抗的允许最高限值

30. 2022 年北京冬奥会速度滑冰比赛场馆的现场影像采集及回放系统用电和冰场制冰系统用电，应分别划分为几级负荷？ （ ）

（A）均为一级负荷中特别重要负荷

（B）现场影像采集及回放系统用电为一级负荷中特别重要负荷，冰场制冰系统用电为一级负荷

（C）现场影像采集及回放系统用电为一级负荷，冰场制冰系统用电为一级负荷中特别重要负荷

（D）均为一级负荷

31. 五星级旅游饭店经营及设备管理用计算机系统的供电要求，以下哪一项是正确的？ （ ）

（A）可由双重电源供电

（B）除应由双重电源供电外，尚应增设应急电源

（C）宜由两回路供电

（D）某些情况下，可由一回 6kV 及以上专用架空线路供电

32. 一级负荷中特别重要负荷设置应急电源时，关于应急电源与设备允许中断时间的说法，下列哪一项描述是错误的？ （ ）

（A）设备供电电源的切换时间，应满足设备允许中断供电的要求

（B）允许中断供电时间为 15s 以下的供电，可选用快速自启动的发电机组

（C）自投装置的动作时间能满足允许中断供电时间的，可选用带有自动投入装置的独立于正常电源之外的专用馈电线路

（D）允许中断供电时间为毫秒级的供电，可选用蓄电池静止型不间断供电装置或柴油机不间断供电装置

33. 对光源显色性能要求按由高到低的排列顺序，下列哪一项是正确的？ （ ）

（A）商店、画廊、高大的工业生产场所、粗加工工业

（B）画廊、商店、粗加工工业、高大的工业生产场所

（C）画廊、商店、高大的工业生产场所、粗加工工业

（D）商店、画廊、粗加工工业、高大的工业生产场所

34. 下列哪一类灯具的外露导电部分应接地？ （ ）

（A）0 类灯具 （B）I 类灯具

（C）II 类灯具 （D）III 类灯具

35. 某厂房长 100m、宽 25m，灯具在工作面以上的高度为 12m，应选用下列哪一种配光形式的灯具？ （ ）

（A）特窄配光灯具 （B）窄配光灯具

（C）中配光灯具 （D）宽配光灯具

36. 关于消防疏散指示标志灯的设置，下列哪一项符合要求？ （ ）

（A）安全出口标志灯应安装在疏散口的内侧上方

（B）安装在墙上的疏散指示标志灯间距，直线段为侧向视觉时不应大于 20m

（C）安装在墙上的疏散指示标志灯间距，直线段为垂直视觉时不应大于 10m

（D）安装在地面上的疏散指示灯，可采用内置蓄电池或由集中蓄电池供电

37. 有关建筑设备一体化监控系统，下列哪一项描述是错误的？ （ ）

（A）应根据建筑的功能、重要性等确定采用冗余、容错技术

（B）应从硬件和软件两方面确定系统的可集成性和可兼容性

（C）当一体化控制箱（柜）与现场的传感器、执行器采用复合功能总线方式进行连接时，传感器和执行器的电源不宜由复合功能总线提供

（D）一体化控制箱（柜）内的控制设备应采用有效的抗干扰措施，设备和线路布置应避免强电对弱电控制元件的干扰

38. 火灾探测器的选择要求，下列描述正确的是哪一项？ （ ）

（A）产生醇类有机物质的场所，宜选择点型离子感烟火灾探测器

（B）高海拔地区的场所，宜选择点型光电感烟火灾探测器

（C）探测区域内可燃物是金属的场所，宜选择图像型火焰探测器

（D）可能发生液体燃烧等无引燃阶段的火灾，宜选择点型火焰探测器或图像型火焰探测器

39. 公共广播系统的设计，下列描述错误的是哪一项？ （ ）

（A）公共广播系统应有一个广播传声器处于最高广播优先级，供现场指挥员在紧急情况下实时发布命令

（B）现场指挥员在紧急情况下发布命令时，不得打断警笛的广播

（C）当有多个信号源对同一广播分区进行广播时，优先级别高的信号应能自动覆盖优先级别低的信号

（D）系统设计必须保证单个广场扬声器失效不应导致整个广播分区失效

40. 建筑设备监控系统现场执行机构和传感器的设置要求，下列描述错误的是哪一项？ （ ）

（A）中水系统的中水箱应设置液位计测量水箱液位，其上限信号用于停中水泵，下限信号用于启动中水泵

（B）水管道的两通阀宜选择等百分比流量特性

（C）执行器宜选用电动执行器

（D）当以安全保护和设备状态监视为使用目的时，宜使用模拟量信号输出的检测仪表

二、多项选择题（共 30 题，每题 2 分。每题的备选项中有 2 个或 2 个以上符合题意。错选、少选、多选均不得分）

41. 下列关于 110kV 变电站防雷的说法，哪些是正确的？ （ ）

（A）当采用露天布置的 GIS 时，GIS 的外壳可不装设直击雷保护装置

（B）当采用独立避雷针时，避雷针宜设独立的接地装置

（C）主变压器的门形构架上不得安装避雷针

（D）不得在装有避雷针的构筑物上架设未采取保护措施的低压线

42. 关于 110kV 线路减少雷电危害的措施中，哪些是正确的？　　　　　　　　（　　）

（A）线路全线架设地线

（B）杆塔上地线对边导线的保护角宜采用 20°～30°

（C）同塔双回杆塔上地线对边导线的保护角不宜大于 10°

（D）同塔双回线路时，在一回线路上适当增加绝缘

43. 单回路直线型杆塔的断线工况应计算下列哪些工况的荷载？　　　　　　　（　　）

（A）断 1 根导线、地线未断、无风、无冰

（B）断 2 根导线、地线未断、无风、有冰

（C）断 1 根地线、导线未断、无风、无冰

（D）断 2 根地线、导线未断、无风、无冰

44. 对于双绕组变压器的外部相间短路保护，以下哪些说法是正确的？　　　　（　　）

（A）单侧电源时，相间短路后备保护不宜装于电源侧

（B）单侧电源时，非电源侧保护可带两段或三段时限

（C）两侧电源时，相间短路应根据选择性的要求装设方向元件，方向元件宜指向电源侧母线

（D）两侧电源时，断开变压器各侧断路器的后备保护不应带方向

45. 依据规范规定，下列哪些回路应测量双方向的无功功率？　　　　　　　　（　　）

（A）电压等级为 10kV 的用电线路

（B）电压等级为 6kV 的并联电容器出线回路

（C）电压等级为 10kV，同时接有并联电容器和并联电抗器的总回路

（D）具有进相、滞相运行要求的同步发电机

46. 下列哪些直流负荷属于控制负荷？　　　　　　　　　　　　　　　　　　（　　）

（A）继电保护、自动装置和监控系统负荷　　　（B）DC/DC 变换装置

（C）电气控制、信号、测量负荷　　　　　　　（D）高压断路器电磁操作合闸机构

47. 火力发电厂中，下列哪些直流负荷属于经常负荷？　　　　　　　　　　　（　　）

（A）直流应急照明　　　　　　　　　　　　　（B）DC/DC 变换装置

（C）逆变器　　　　　　　　　　　　　　　　（D）热工电力负荷

48. 10kV 不接地系统，可采取下列哪些措施限制电磁式电压互感器铁磁谐振过电压？（　　）

（A）电压互感器高压绕组中性点接入消谐装置

（B）增加同一系统中电压互感器中性点接地的数量

（C）选用励磁特性饱和点较高的电磁式电压互感器

（D）在 10kV 母线上装设中性点接地的星形接线电容器组

49. 某建筑物屋面拟设置 1.5m 高接闪杆，设计中可以选用下列哪几项？ （　　）

（A）ϕ12mm 热镀锌圆钢　　　　　　　　（B）ϕ16mm 热镀锌圆钢

（C）ϕ20mm 热镀锌钢管　　　　　　　　（D）ϕ25mm 热镀锌钢管

50. 有爆炸危险的露天钢质封闭气罐高 20m，关于其防雷措施的描述，下列哪几项是正确的？

（　　）

（A）当其壁厚大于 4mm 时，可不采取防雷措施

（B）当其壁厚大于 4mm 时，应装设接闪器保护，且接地点不少于 2 处

（C）当其壁厚不小于 4mm 时，可不装设接闪器，但罐体应做接地，且接地点不少于 2 处

（D）其放散管和呼气阀的管口应处于接闪器保护范围内

51. 下列哪些措施可作为生产车间的直接接触防护措施？ （　　）

（A）将带电部分绝缘　　　　　　　　　（B）采用遮挡或外护物

（C）采用阻挡物　　　　　　　　　　　（D）置于伸臂范围之外

52. 室外安装的 10kV 电力变压器及其附属设备选型时，应考虑下列哪些使用环境条件？ （　　）

（A）环境温度　　　　　　　　　　　　（B）日温差

（C）最大风速　　　　　　　　　　　　（D）噪声

53. 下列电缆敷设方式，哪些是不正确的？ （　　）

（A）柴油管道局部穿越电缆隧道

（B）天然气管道穿越电缆竖井时，天然气管靠近顶部敷设，且在下方设置防火板

（C）电力电缆与自来水管并行敷设在室外管廊架上，两者净距 0.2m

（D）采取保温隔热措施的热力管穿越电缆夹层

54. 某生产车间内，下列哪些设备绝缘的耐冲压电压类别为Ⅲ类？ （　　）

（A）配电箱　　　　　　　　　　　　　（B）插座

（C）车床　　　　　　　　　　　　　　（D）与插座连接的计算机

55. 关于埋入土壤的接地极尺寸，下列哪几项不满足要求？ （　　）

（A）垂直安装的 ϕ12mm 热镀锌圆钢　　　　（B）垂直安装的 ϕ12mm 不锈钢圆钢

（C）水平安装的 ϕ10mm 热镀锌圆钢　　　　（D）水平安装的 ϕ10mm 不锈钢圆钢

56. 下列说法中，哪几项是错误的？ （　　）

（A）铝导体可用作接地装置

（B）铝导体可用作接闪器

（C）铝导体用作 PE 导体单独敷设且无机械损伤防护时，截面积不能小于 $10mm^2$

（D）铝导体用作 PE 导体单独敷设且有机械损伤防护时，截面积不能小于 $10mm^2$

57. 某厂房为一类防雷建筑，下列哪些说法是正确的？　　　　　　　　　（　　）

（A）该建筑物装设独立的架空接闪线，每根引下线的冲击接地电阻不宜大于 50Ω

（B）该建筑物装设的架空接闪网，网格尺寸不大于 $10m \times 10m$

（C）该建筑物可在屋面上装设不大于 $4m \times 6m$ 的接闪网

（D）当建筑物高于 30m 时，应采取防止侧击雷的措施

58. 关于交流鼠笼异步电动机启动方式，下列哪些项是正确的？　　　　　（　　）

（A）星-三角降压启动　　　　　　　（B）频敏变阻器启动

（C）全压启动　　　　　　　　　　　（D）电子元件（晶闸管）软启动

59. 三相交流鼠笼异步电动机采用星-三角启动时，下列哪些说法是错误的？　（　　）

（A）启动电压/额定电压等于 1/3

（B）启动电流/全压启动电流等于 1/3

（C）启动转矩/全压启动转矩等于 1/3

（D）电动机具有 6 个出线端子，正常运行应为星形接线

60. 关于交流电动机制动方式的描述，下列哪些项是正确的？　　　　　（　　）

（A）可采用机械制动及电制动

（B）经常正反向运行的绕线型电动机不采用反接制动，应采用再生制动

（C）同步电动机不采用反接制动，而采用能耗制动

（D）工作于位能负载场合的异步电动机不采用再生制动

61. 下列描述，哪些属于三相电压不平衡？　　　　　　　　　　　　　（　　）

（A）三相电压幅值上不同

（B）三相电压相位差不是 120°

（C）三相电压相位差是 120°

（D）幅值上不同，且三相电压相位差不是 120°

62. 下列哪些建筑物的消防用电应按二级负荷供电？　　　　　　　　　（　　）

（A）室外消防用水量大于 25L/s 的一类高层办公建筑

（B）粮食筒仓

（C）某二类高层民用建筑

（D）2000 个座位数的多层剧场建筑

63. 某个战时救护站的人防工程，下列哪几项为一级负荷？ （　　）

（A）基本通信设备　　　　　　　　（B）柴油电站配套的附属设备
（C）重要的风机、水泵　　　　　　（D）三种通风方式装置系统

64. 当采用利用系数法进行负荷计算时，需要用到下列哪些参数进行计算？ （　　）

（A）用电设备组平均有功功率　　　（B）总利用系数
（C）用电设备有效台数　　　　　　（D）同时系数

65. 应急照明包括下列哪几类？ （　　）

（A）备用照明　　　　　　　　　　（B）疏散照明
（C）安全照明　　　　　　　　　　（D）警卫照明

66. 关于教室照明设计，下列哪几项是正确的做法？ （　　）

（A）荧光灯的长轴垂直于学生主视线安装
（B）照明控制宜平行外窗方向顺序设置开关
（C）黑板上的混合照度为 500lx
（D）黑板照明不应对教室产生直接眩光，也不应对学生产生反射眩光

67. 关于长时间视觉工作场所内的照度分布，下列哪些说法或做法是正确的？ （　　）

（A）当作业面照度为 200lx 时，作业面临近周围照度可采用 300lx
（B）作业面背景区域一般照明的照度不宜低于作业面临近周围照度的 1/3
（C）当照明灯具采用嵌入式安装时，顶棚照度不宜小于工作区照度的 1/10
（D）墙面的平均照度不宜低于 30lx

68. 关于定风量空调系统监控设计，下列哪几项描述是错误的？ （　　）

（A）应根据送风或室内温度设定值，比例、积分连续调节冷水阀或热水阀开度，保持送风或室内温度不变
（B）应根据回风或室内温度设定值、开关量控制或连续调节加湿除湿过程，保持回风或室内温度不变
（C）宜根据回风或室内 CO_2 浓度设置控制排风的自动调节系统
（D）当采用单回路调节不能满足系统控制要求时，宜采用并联调节系统

69. 关于卫星接收系统，下列哪几项描述是正确的？ （　　）

（A）C 频段天线的接收频段为 3.7～4.2GHz
（B）Ku 频段天线的接收频段为 10.9～12.8GHz
（C）C 频段高频头的工作频段为 3.7～4.2GHz
（D）Ku 频段高频头的工作频段为 10.9～12.8GHz

70. 综合布线系统采用单模光纤时，光纤信道的标称波长可以为下列哪几项？　　　（　　　）

　（A）850nm

　（B）1300nm

　（C）1383nm

　（D）1550nm

2023 年专业知识试题（上午卷）

一、单项选择题（共 40 题，每题 1 分，每题的备选项中只有 1 个最符合题意）

1. 在供配电系统的设计中，为减少电压偏差，下列哪一项措施是不正确的？ （ ）

（A）正确选择供电元件和系统结构，可以在一定程度上减少电压偏差

（B）适当提高系统阻抗可缩小电压偏差范围

（C）合理补偿无功功率可缩小电压偏差范围

（D）宜使三相负荷平衡

2. 下列直流负荷中，哪一项不属于控制负荷？ （ ）

（A）控制继电器

（B）用于通信设备的 DC220V/DC48V 变换装置

（C）继电保护装置

（D）功率测量仪表

3. 悬式绝缘子的配套金具在荷载长期作用时的安全系数不应小于下列哪一项数值？ （ ）

（A）1.67
（B）2.0
（C）2.5
（D）4.0

4. 关于 10kV 变电站的二次回路线缆选择，下列哪一项说法是不正确的？ （ ）

（A）二次回路应采用铜芯控制电缆和绝缘导线

（B）控制电缆的绝缘水平宜选用 450/750V

（C）在长期负荷工况下，操作母线至设备的电压降，不应超过额定电压的 10%

（D）当全部保护和自动装置动作时，电压互感器至保护和自动装置屏的电缆压降不应超过额定电压的 3%

5. 交流回路指示仪表的综合准确度、直流回路指示仪表的综合准确度、接于电测变送器二次测量仪表的准确度不应低于下列哪一组数值？ （ ）

（A）2.5、2.0、1.5

（B）2.5、1.5、1.5

（C）2.5、2.0、2.0

（D）2.5、1.5、1.0

6. 在进行架空线路设计时，若最大设计风速为 25m/s，则雷电过电压工况时的风速（m/s）应采用下列哪一个数值？ （ ）

（A）35
（B）25
（C）15
（D）10

7. 在均衡充电运行情况下，为变电站继电保护负荷供电的直流母线电压不应高于下列哪一项？ （ ）

（A）直流电源系统标称电压

（B）直流电源系统标称电压的 105%

（C）直流电源系统标称电压的 110%

（D）直流电源系统标称电压的 115%

8. 某展览馆设有防直击雷专设引下线，采用扁钢在外墙内暗敷，该引下线最小截面积及其距出入口的最小距离为下列哪一项？ （ ）

（A）80mm²，1m

（B）80mm²，3m

（C）100mm²，1m

（D）100mm²，3m

9. 10kV 变电所的露天或半露天变压器给一级负荷供电时，相邻油浸变压器的净距不宜小于下列哪一项？ （ ）

（A）3m

（B）5m

（C）7m

（D）10m

10. 关于第一类防雷建筑物排放爆炸危险气体的排风管保护，下列哪一项描述是正确的？ （ ）

（A）当所排放的爆炸危险气体达不到爆炸浓度时，可不设接闪器保护

（B）当排风管无管帽时，接闪器的保护范围与装置内的压力和周围空气压力的压力差有关

（C）当排风管无管帽时，接闪器的保护范围应为管口上方半径 5m 的半球体

（D）所排放的爆炸危险气体比空气重的排风管，不需要设接闪器保护

11. 50Hz 正弦交流电流对人体的效应，左脚到右脚的心脏系数应为下列哪一项？ （ ）

（A）0.04

（B）0.4

（C）0.7

（D）1.0

12. 当采用铜导体时，总等电位联结用保护联结导体的截面积最大值应为下列哪一项？ （ ）

（A）25mm²

（B）配电线路的最大相导体截面积的 1/2

（C）配电线路的最大保护导体截面积的 1/2

（D）配电线路的最大保护导体截面积

13. 某 2 区爆炸危险场所内有一个额定电流为 6A 的三相电机，其保护断路器长延时整定为 16A，今采用铝芯电缆供电，此电缆最小规格为下列哪一项（电缆载流量按 6A/mm² 考虑）？ （ ）

（A）4×1.5mm²

（B）4×2.5mm²

（C）4×4.0mm²

（D）4×16mm²

14. 某地海拔高度为 3000m，在内部过电压工况下，66kV 架空线路带电部分与杆塔构件的最小间隙应为下列哪一项？ （　　）

 （A）0.60m   （B）0.55m

 （C）0.50m   （D）0.20m

15. 关于交流异步电动机再生制动，下列哪一项说法是错误的？ （　　）

 （A）通过再生制动，能可靠停车

 （B）转速大于同步转速时才能产生制动转矩

 （C）能量可回馈到电网

 （D）适用于位能负载场所

16. 关于交—交变频器，下列哪一项说法是错误的？ （　　）

 （A）一次换能，效率较高   （B）频率调节范围宽

 （C）功率元件使用较多   （D）适用于低速大功率传动

17. 整流线路为六相零式的晶闸管元件额定电压选择计算时，其电压系数 K_u 为下列哪一个选项？ （　　）

 （A）1.41   （B）2.45

 （C）2.83   （D）2.84

18. 在设计配电装置时，电器的最高环境温度应按下列哪一项选择？ （　　）

 （A）铜相导体截面积大于 16mm²，铜中性导体上包括谐波电流在内的预期最大电流小于其允许载流量，中性导体已进行了过电流保护

 （B）铜相导体截面积小于或等于 16mm² 的三相四线制线路

 （C）单相两线制线路

 （D）铝相导体截面积小于或等于 25mm² 的三相四线制线路

19. 关于低压交流电动机控制回路的规定，下列哪一项是正确的？ （　　）

 （A）自动控制的电动机应有手动控制和解除自动控制的措施

 （B）远方控制的电动机不须设置就地控制和解除远方控制的措施

 （C）当突然启动可能危及周围人员安全时，可只在控制室装设启动预告信号和紧急断电控制开关或自锁牢停止按钮

 （D）连锁控制的电动机不须设置手动控制和解除连锁控制的措施

20. 某车间配电母线上接有交流电动机及照明负荷，当电动机需频繁启动时，对于配电母线电压的规定，下列哪一项是正确的？ （　　）

 （A）不宜低于额定电压的 75%   （B）不宜低于额定电压的 80%

 （C）不宜低于额定电压的 85%   （D）不宜低于额定电压的 90%

21. 关于数据中心的电能利用效率的描述，下列哪一项是正确的？ （　　）

（A）数据中心内所有用电设备消耗的总电能与所有电子信息设备消耗的总电能之比

（B）数据中心内所有用电设备的装设总容量与所有电子信息设备的装设总容量之比

（C）数据中心内所有用电设备总计算有功功率与所有电子信息设备总计算有功功率之比

（D）数据中心内所有用电设备总计算视在功率与所有电子信息设备总计算视在功率之比

22. 关于新建建筑的可再生能源利用，按规范要求，下列哪一项表述是不正确的？ （　　）

（A）应安装太阳能系统

（B）太阳能建筑一体化应用系统的设计应与建筑设计同步完成

（C）太阳能光伏发电系统中的光伏组件设计使用寿命应高于 15 年

（D）太阳能光伏发电系统设计时，应给出系统装机容量和年发电总量

23. 不应划分为一个单独探测区域的是下列哪个场所？ （　　）

（A）敞开楼梯间 　　　　　　　　　　（B）消防电梯与防烟楼梯间合用的前室

（C）电气管道井 　　　　　　　　　　（D）1200m² 多功能厅

24. 关于入侵和紧急报警系统的集成联网方式，下列哪一种描述是不正确的？ （　　）

（A）专用传输网络条件下的多级联网方式

（B）通过公共通信网络的多级联网方式

（C）专用传输网络条件下，不能多级联网，公共通信网络可以多级联网

（D）专用传输网络和公共通信网络均可采用多级联网

25. 镇流器分为电子镇流器及节能电感镇流器，下列光源只能选配电子镇流器的是哪一项？

（　　）

（A）T8 三基色荧光灯 　　　　　　　（B）T5 直管荧光灯

（C）金属卤化物灯 　　　　　　　　　（D）高压钠灯

26. 下列哪种灯具在使用过程中不产生谐波？ （　　）

（A）卤钨灯 　　　（B）荧光灯 　　　（C）高压钠灯 　　　（D）金卤灯

27. 有个半径为 8m、高为 5m 的无窗圆形房间，已知室内空间的墙面面积为 186m²，工作面距地距离为 0.8m。当采用利用系数法计算该房间的平均照度时，该房间的室空间比为下列哪项数值？

（　　）

（A）0.93 　　　（B）1.08 　　　（C）2.31 　　　（D）2.70

28. 某工业厂房，长 108m、宽 27m，灯具在工作面以上的高度为 15m，采用金属卤化物灯照明应选用下列哪种配光形式的灯具？ （　　）

（A）宽配光灯具 　　　　　　　　　　（B）中配光灯具

（C）窄配光灯具 　　　　　　　　　　（D）特窄配光灯具

29. 关于视频安防监控系统控制功能的要求，以下哪一项描述是不正确的？　　　（　　）

（A）系统应能手动或自动操作，对摄像机、云台、镜头、防护罩等的各种功能进行遥控，控制效果平稳、可靠

（B）系统应能手动切换或编程自动切换，对视频输入信号在指定的监视器上进行固定或时序显示，切换图像显示重建时间应能在可接受的范围内

（C）矩阵切换和数字视频网络虚拟交换/切换模式的系统应具有系统信息存储功能，在供电中断或关机后，对所有编程信息和时间信息均应保持

（D）系统应具有与其他系统联动的接口，当其他系统向视频系统发出联动信号时，其联动响应时间不大于 5s

30. 对建筑设备监控系统控制网络层/设备控制器软件的设置要求，下列哪一项描述是正确的？　　　（　　）

（A）软件应为非模块化结构

（B）宜选择英文图形模块化的标准组态工具软件

（C）应提供设备控制器的自动诊断程序软件

（D）设备控制器仿真调试软件不得脱离系统独立运行

31. 关于有线电视系统的接入要求，下列哪一项描述是不正确的？　　　（　　）

（A）民用建筑有线电视系统的接入点宜有标识

（B）有线电视系统的自设前端设备宜设置在有线电视前端机房内

（C）光交接箱宜设置在建设用地红线外

（D）HFC 组网的光节点和 IP 组网的接入节点宜设置在建筑物内

32. 对手动火灾报警按钮的设置要求，下列哪一项描述是不正确的？　　　（　　）

（A）每个防火分区应至少设置 1 个手动火灾报警按钮，手动火灾报警按钮宜设置在疏散通道或出入口处

（B）从一个防火分区内的任何位置到最近的手动火灾报警按钮的步行距离不应大于 30m

（C）列车上设置的手动火灾报警按钮，不可设置在车厢的中间部位

（D）手动火灾报警按钮应设置在明显和便于操作的部位。当采用壁挂方式安装时，其底边距地高度宜为 1.3～1.5m，且应有明显的标志

33. 长度大于 a 的配电转置室，应设 2 个出口，并宜布置在配电室的两端；长度大于 c、小于 b 的配电转置室，应设 3 个出口，相邻安全出口的门间距离不应大于 6m。下列 a、b、c 的取值，哪一项是正确的？　　　（　　）

（A）7m，60m，40m 　　　　　　　　（B）6m，60m，40m

（C）6m，60m，60m 　　　　　　　　（D）7m，60m，50m

34. 建筑物内各电气系统采用了同一接地装置，各系统不能确定接地电阻值时，该接地装置的接地电阻值不应大于下列哪一项？　　　　　　　　　　　　　　　　　（　　）

（A）0.1Ω　　　　　　（B）0.5Ω　　　　　　（C）1.0Ω　　　　　　（D）4.0Ω

35. 用于单台三相 380V、50kvar 电容器保护的熔断器的熔丝，其额定电流为下列哪一项数值？　　　　　　　　　　　　　　　　　　　　　　　　　　　　　　　（　　）

（A）80A　　　　　　　（B）95A　　　　　　　（C）125A　　　　　　（D）160A

36. 下列哪项建筑的消防负荷属于一级负荷？　　　　　　　　　　　　　　　（　　）

（A）建筑高度 60m 的住宅建筑　　　　　（B）建筑高度 40m 的乙类厂房
（C）乙级体育场　　　　　　　　　　　　（D）粮食仓库

37. 采用需要系数法对某一变压器所带负荷进行计算后，其有功计算功率为 400kW，无功计算功率为 300kvar，不考虑同时系数，欲在变压器低压侧进行集中无功功率补偿，补偿后的功率因数达到 0.95，则无功功率补偿量最接近以下哪一项数值？　　　　　　　　　　　　　　　　　（　　）

（A）106kvar　　　　　（B）169kvar　　　　　（C）200kvar　　　　　（D）211kvar

38. 某供配电系统，在低压侧进行集中无功功率补偿，将功率因数从 0.9 提高到 1.0 所需的补偿容量，与将功率因数从 0.8 提高到 0.9 所需的补偿容量相比，哪一个选项正确？　　　　　　　　　　　　　　　　　　　　　　　　　　　　　　　（　　）

（A）两者一样多　　　　　　　　　　　　（B）前者更多些
（C）前者少一些　　　　　　　　　　　　（D）无法确定

39. 关于消防应急照明和疏散指示系统，下列哪一项描述是错误的？　　　　　（　　）

（A）消防控制室的疏散照明地面最低水平照度不低于 1lx
（B）建筑面积大于 100m² 地下或半地下公共活动场所应设置疏散照明
（C）疏散走道、通道地面上的标志灯应安装在疏散走道、通道的中心位置
（D）安全出口的外面可不设疏散照明

40. 66kV 屋外配电装置中，电气设备外绝缘体最低部位距地小于下列哪个数值时，应装设固定遮拦？　　　　　　　　　　　　　　　　　　　　　　　　　　　　　（　　）

（A）2.3m　　　　　　　（B）2.5m　　　　　　　（C）2.8m　　　　　　（D）3.0m

二、多项选择题（共 30 题，每题 2 分。每题的备选项中有 2 个或 2 个以上符合题意。错选、少选、多选均不得分）

41. 在设计配电装置时，电器的最高环境温度应按下列哪些项选择？　　　　　（　　）

（A）屋外电器的最高环境温度，按年最高温度选择
（B）屋外电器的最高环境温度，按最热月平均最高温度选择

（C）屋内电抗器的最高环境温度，按电抗器处通风设计温度选择

（D）屋内电抗器的最高环境温度，按电抗器处通风设计最高排风温度选择

42. 当一级负荷中特别重要负荷的允许中断供电时间为毫秒级时，下列哪几项可作为应急电源？
（　　）

（A）快速自启动的发电机组

（B）带有自动投入装置的独立于正常电源的专用馈电线路

（C）蓄电池静止型不间断供电装置

（D）柴油机不间断供电装置

43. 对于发电机定子绕组及引出线的相间短路，应装设相应的保护装置作为发电机的主保护，下列关于发电机主保护的说法哪些项是正确的？
（　　）

（A）保护装置应动作于报警

（B）1MW 及以下单独运行的发电机，如中性点侧有引出线，应在中性点侧装设过电流保护

（C）1MW 及以下单独运行的发电机，如中性点侧无引出线，应在发电机端装设低电压保护

（D）1MW 以上的发电机，应装设纵联差动保护

44. 一台有备用自动投入机械的 10kV、I 类负荷电动机，以下关于该电动机低电压保护的设置原则，哪些项是正确的？
（　　）

（A）应装设 5s 时限的低电压保护

（B）应装设 9s 时限的低电压保护

（C）保护动作电压应为额定电压的 65%～70%

（D）保护动作电压应为额定电压的 45%～50%

45. 下列关于电动机回路熔断器选择的规定，哪几项是正确的？
（　　）

（A）熔断器应能安全通过电动机的允许过负荷电流

（B）电动机的启动电流不应损伤熔断器

（C）电动机在频繁地投入、开断或反转时，其反复变化的电流不应损伤熔断器

（D）熔断器的额定开断电流应大于电动机回路的三相短路峰值电流

46. 某 10kV 供电系统，配电网络由架空线路构成，10kV 系统单相接地故障电容电流为 15A，若发生单相接地故障时要求系统持续运行，则该 10kV 配电系统不可以采用下列哪几种接地方式？（　　）

（A）中性点不接地　　　　　　　　（B）中性点低电阻接地

（C）中性点谐振接地　　　　　　　（D）中性点高电阻接地

47. 关于架空线路转角点的位置选择，下列哪些项是正确的？
（　　）

（A）宜尽量选择在山顶

（B）应放置在平地或山麓缓坡上

（C）应考虑有足够的施工场地和便于机械的到达

（D）宜选择在河岸

48. 关于架空线路的荷载，下列哪些项属于永久荷载？　　　　　　　　　　（　　）

（A）导线的张力荷载　　　　　　　　　　（B）杆塔的重力荷载

（C）杆塔的预应力　　　　　　　　　　　（D）绝缘子的风荷载

49. 下列防雷措施哪几项是正确的？　　　　　　　　　　　　　　　　　　（　　）

（A）有爆炸危险的露天钢质封闭气罐，当其高度大于 60m、罐顶及侧壁壁厚均不小于 4mm 时，可不装设接闪器，但应有接地措施

（B）第一类防雷建筑物金属屋面周边每隔 18～24m 应采用引下线接地一次

（C）高度为 45m 的非金属烟囱可设 1 根引下线

（D）当采用接闪器保护封闭气罐时，其外表面外的 2 区爆炸危险场所可不在滚球法确定的保护范围内

50. 在低压配电系统的电击防护中，下列哪几项措施可用作附加防护？　　　（　　）

（A）额定剩余动作电流为 10mA 的 RCD

（B）额定剩余动作电流为 30mA 的 RCD

（C）额定剩余动作电流为 300mA 的 RCD

（D）辅助等电位联结

51. 某建筑疏散照明采用集中电源集中控制型系统，则系统在非火灾状态下主电源断电时，下列哪几项应急照明灯具持续应急点亮时间满足规范要求？　　　　　　　　　　（　　）

（A）10min　　　　（B）20min　　　　（C）30min　　　　（D）60min

52. 与其他可逆系统比较，采用电枢反向可逆调速的晶闸管（SCR）变流器（直流）供电的调速系统具有下列哪些特点？　　　　　　　　　　　　　　　　　　　　　　　　（　　）

（A）系统简单　　　　　　　　　　　　　（B）投资少

（C）快速性好　　　　　　　　　　　　　（D）适合频繁正反转调速系统

53. 关于交流同步电动机的描述，下列哪些选项是正确的？　　　　　　　　（　　）

（A）稳定运行转速与负载大小无关

（B）功率角与负载无关

（C）稳定运行转速与供电频率及电动机极数有关

（D）只有当功率角超过 90°时，电动机才能稳定运行

54. 下列哪些低压电器可作为功能性开关电器？　　　　　　　　　　　　（　　）

（A）半导体开关电器　　　　　　　　　　（B）断路器

（C）接触器　　　　　　　　　　　（D）熔断器

55. 关于交流电动机的选择，下列哪些选项是正确的？　　　　　　　　（　　）

（A）连续工作负载平稳的机械应采用最小连续定额的电动机

（B）调速范围不大的机械，且低速运行时间较短时，宜采用绕线转子电动机

（C）机械对启动、调速及制动有特殊要求时，电动机类型及其调速方式应根据技术经济比较确定

（D）变负载运行的风机和泵类等机械，当技术经济上合理时，应采用调速装置，并选用相应类型的电动机

56. 关于建筑照明，下列哪些选项是正确的？　　　　　　　　　　　　（　　）

（A）当房间或场所的室形指数值大于 1 时，其照明功率密度限值应增加，但增加值不应超过限值的 20%

（B）当房间或场所的照度标准值提高或降低一级时，其照明功率密度限值应按比例提高或折减

（C）宜利用太阳能作为照明能源

（D）当有条件时，宜利用各种导光和反光装置将天然光引入室内进行照明

57. 对于信息技术系统及设备可引起过电压和电磁干扰的是下列哪些选项？　（　　）

（A）等电位联结　　　　　　　　　（B）雷击
（C）开关分、合　　　　　　　　　（D）短路

58. 会议电视会场系统摄像机及信号源的设置，以下哪些描述是不正确的？　（　　）

（A）会场应设置至少 1 台摄像机

（B）摄像机应根据会场的大小和安装位置配置变焦镜头

（C）摄像机传输电缆在 5.50MHz 衰减大于 6dB 时，应配置电缆补偿器

（D）宜配置放像机、播放器、图文摄像机等视频信号源设备

59. 关于长时间有人工作的场所 LED 光源的选用，下列哪些选项是正确的？（　　）

（A）显色指数（Ra）不应小于 80

（B）特殊显色指数 R9（饱和红色）> 0

（C）色温不宜低于 4000K

（D）同类光源的色容差不应超过 5SDCM

60. 关于查询电线、电缆流量时选取的环境温度，下列哪些说法是正确的？　（　　）

（A）环境温度指电线、电缆无负荷时的周围介质温度

（B）电缆在土中直埋时，选取的环境温度是埋深处的最热月平均地温

（C）未设计机械通风的电气竖井，内有数量较多且工作温度大于 70℃的电缆时，选取的环境温度按最热月的日最高温度平均值另加 5℃

（D）电线、电缆穿管暗敷在墙内，环境温度采用敷设地点的最热月平均最高温度

61. 建筑照明设计中，为防止或减少光反射和反射眩光所采取的措施，下列哪些项符合规范规定？　　（　　）

（A）应将灯具安装在不易形成眩光的区域内

（B）可采用高光泽度的表面装饰材料

（C）应限制灯具出光口表面的发光亮度

（D）墙面的平均照度不宜低于 50lx，顶棚的平均照度不宜低于 30lx

62. 照明配电设计中采用的供电电压，下列哪些项符合现行标准的规定？　　（　　）

（A）一般照明光源的电源电压应采用 220V，1500W 及以上的高强度气体放电灯的电源电压宜采用 380V

（B）安装在水下的灯具应采用安全特低电压供电，其交流电压值不应大于 25V，无纹波直流供电不应大于 60V

（C）当移动式和手提式灯具采用Ⅲ类灯具时，应采用安全特低电压（SELV）供电，在干燥场所交流供电不大于 50V，无纹波直流供电不大于 120V

（D）照明灯具的端电压不宜大于其额定电压的 105%，且一般工作场所不宜低于其额定电压的 95%

63. 照明配电系统设计中，下列哪些项符合现行标准的规定？　　（　　）

（A）使用电感镇流器的气体放电灯应在灯具内设置电容补偿，获光灯功率因数不应低于 0.85，高强气体放电灯功率因数不应低于 0.80

（B）当采用Ⅰ类灯具时，灯具的外露可导电部分应可靠接地

（C）当照明装置采用安全特低电压供电时，应采用安全隔离变压器，且二次侧不应接地

（D）照明分支线路应采用铜芯绝缘电线，分支线截面积不应小于 $1.5mm^2$

64. 关于有线电视 HFC 接入分配网的设计要求，以下哪些项的描述是正确的？　　（　　）

（A）光节点设备，每个端口覆盖用户终端不得超过 400 个

（B）光节点端口与用户终端之间的上行信号，链路损耗不应大于 30dB

（C）光节点同一端口下任意两个用户终端之间的下行信号，链路损耗差值不应大于 8dB

（D）光节点同一端口下任意两个用户终端之间的上行信号，链路损耗差值不应大于 6dB

65. 关于综合布线系统中对绞电缆连接器件基本电气特性的要求，以下哪些项的描述是正确的？　　（　　）

（A）配线设备模块工作环境的温度要求为 −10～+60℃

（B）应该具有唯一的标记或颜色

（C）连接器件支持导体为 0.4～0.8mm 线径的连接

（D）7/7A 类布线系统采用 RJ45 方式连接

66. 对火灾自动报警系统供电的要求，以下哪些项的描述是正确的？　　（　　）

（A）火灾自动报警系统的交流电源应采用消防电源，备用电源可采用火灾报警控制器和消防联动控制器自带的蓄电池电源

（B）消防控制室的图形显示装置的电源，宜由 UPS 电源装置或消防设备应急电源供电

（C）消防控制室的消防通信设备的电源，宜由 UPS 电源装置或消防设备应急电源供电

（D）由消防控制室接地板引至各消防电子设备的专用接地线应选用铜芯绝缘导线，其线芯截面积不应小于 2.5mm^2

67. 关于 35kV 变电站的描述，下面哪几项是正确的？　　　　　　　　　　　　（　　）

（A）变电站室内地面宜高出室外地面 0.1m

（B）变电站主变压器布置除应运输方便外，尚应布置在运行噪声对周边环境影响较小的位置

（C）周围环境宜无明显污秽；空气污秽时，站址宜设在受污染源影响最小处

（D）城市中心变电站宜选用小型化紧凑型电气设备

68. 关于额定电压为 10kV 及以下的柴油发电机组的设置，下面哪几项是正确的？　（　　）

（A）机房宜布置在建筑物的首层、地下室、裙房屋面，当地下室为三层及以上时，不宜设置在最底层

（B）不同电压等级的发电机组不可设置在同一发电机房内，当机组超过两台时，宜按相同电压等级相对集中设置

（C）机房门应为向外开启的甲级防火门

（D）机房宜靠建筑外墙布置，应采取通风、防潮、机组的排烟、消声和减振等措施并满足环保要求

69. 以下哪类电源满足特级负荷（一级负荷中特别重要负荷）的供电要求？　　　（　　）

（A）双重电源加独立于正常供电网络的馈电线路

（B）双重电源加分布式燃气内燃机电源

（C）双重电源

（D）双重电源加自备应急柴油发电机组

70. 下列哪些建筑物的消防用电应按二级负荷供电？　　　　　　　　　　　　　（　　）

（A）大型电影院的消防用电

（B）室外消防用水量 25L/s 的厂房（仓库）

（C）某建筑高度 50m 的高层住宅建筑

（D）建筑高度 150m 的办公建筑

2023 年专业知识试题（下午卷）

一、单项选择题（共 40 题，每题 1 分，每题的备选项中只有 1 个最符合题意）

1. 关于 35～110kV 变电站的站址选择，下列哪一项说法是错误的？　　　　（　　）

（A）应靠近负荷中心

（B）应与城乡或工矿企业规模相协调，并应便于架空和电缆线路的引入和引出

（C）站址标高应在 50 年一遇高水位上，当无法避免时，需采用可靠的防洪措施，此时可低于内涝水位

（D）变电站主体建筑应与周边环境相协调

2. 以下哪一指标与电能质量无关？　　　　（　　）

（A）波形畸变 　　　　　　　　　　　　（B）频率偏差

（C）三相电压不平衡 　　　　　　　　　（D）电网短路容量

3. 下列某直流系统高频开关电源模块的充电装置技术参数符合要求的是哪一项？　　　　（　　）

（A）充电装置纹波系数为 0.4% 　　　　　（B）高频开关电源模块交流侧功率因数为 0.8

（C）充电装置稳流精度为 ±1.5% 　　　　（D）充电装置稳压精度为 ±0.8%

4. 某铝导体的工作电流为 1500A，其无镀层接头接触面的电流密度不宜超过下列一项数值？

（　　）

（A）$0.14A/mm^2$ 　　　　　　　　　　（B）$0.17A/mm^2$

（C）$0.2A/mm^2$ 　　　　　　　　　　（D）$0.31A/mm^2$

5. 下列关于高压电器、开关设备、导体短路稳定校验的说法，哪一项是正确的？　　　　（　　）

（A）采用熔断器保护的高压电器和导体可不校验热稳定和动稳定

（B）校验开关设备的开断能力时，开断短路电流的持续时间宜采用开关设备的实际开断时间

（C）做短路电流动、热稳定校验时，对于带电抗器 6kV 出线，校验母线和断路器之间的引线时，应按短路点在电抗器后计算

（D）校验电器的热稳定时，短路电流持续时间应按主保护动作时间与断路器固有分闸时间之和计算

6. 按规范规定电压互感器用于计量的二次电压回路电缆芯线的截面积不应小于下列哪项数值？

（　　）

（A）$1.5mm^2$ 　　　（B）$2.5mm^2$ 　　　（C）$4mm^2$ 　　　（D）$6mm^2$

7. 110kV 供电系统中，满足绝缘配合要求的计算用相对地最大操作过电压（kV）应为下列哪一项？

（　　）

（A）218.2　　　　　　　　　　（B）308.6

（C）330.0　　　　　　　　　　（D）378.0

8. 35kV 钢管杆塔架空线路，在长期荷载作用下，无拉线直线单行杆顶的挠度不应大于杆全高的数值为下列哪一项？　　　　　　　　　　（　　）

（A）3%　　　　　　　　　　　（B）5%

（C）7%　　　　　　　　　　　（D）8%

9. 某变电站 110V 直流电源系统采用阀控式铅酸蓄电池，在浮充电时充电装置的直流输出电压调节范围为下列哪一项？　　　　　　　　　　（　　）

（A）99～132V　　　　　　　　（B）104.5～126.5V

（C）110～126.5V　　　　　　　（D）115.5～132V

10. 110V 直流电源系统中，直流柜与直流电动机之间的连接电缆允许的最大电压降不应超过下列哪一项？　　　　　　　　　　（　　）

（A）1.1V　　　　　　　　　　（B）3.3V

（C）5.5V　　　　　　　　　　（D）7.15V

11. 下列哪项应按第一类防雷考虑？　　　　　　　　　　（　　）

（A）具有制造、使用或储存火炸药及其制品，且电火花不易引起爆炸场所的建筑物

（B）具有 0 区或 20 区爆炸危险场所的建筑物

（C）具有 1 区或 21 区爆炸危险场所，且不会因电火花引起爆炸的建筑物

（D）具有爆炸危险的露天钢制封闭气罐

12. 以下哪类汽车库、修车库应设置火灾自动报警系统？　　　　　　　　　　（　　）

（A）I类修车库　　　　　　　　（B）II类地上汽车库

（C）I类地下汽车库　　　　　　（D）散开式汽车库

13. 10kV 户内变电所单台油浸变压器的油量大于或等于下列哪一项数值时，应设在单独的变压器室内？　　　　　　　　　　（　　）

（A）50kg　　　　　　　　　　（B）100kg

（C）150kg　　　　　　　　　（D）200kg

14. 某 35kV 变电站采用户外油浸式变压器，单台变压器油量 5t，则两台变压器间的最小间距应为下列哪一项？　　　　　　　　　　（　　）

（A）5m　　　　　　　　　　　（B）6m

（C）8m　　　　　　　　　　　（D）10m

15. 在配电线路中固定敷设的铜保护接地中性导体的最小截面积为下列哪项？　　　　　　（　　）

（A）1.5mm^2 （B）2.5mm^2

（C）10mm^2 （D）16mm^2

16. 关于交流异步电动机能耗制动，下列哪一项是错误的？   （   ）

    （A）可以准确停车

    （B）断开主交流电源，改接到能耗制动直流电源上

    （C）不断开主交流电源，需要制动时接到制动直流电源上

    （D）制动转矩不恒定

17. 考虑到电网电压降低及计算偏差，若交流异步电动机的最大转矩为M_{max}，设计可采用的最大转矩是下列哪个选项？   （   ）

    （A）0.95M_{max} （B）0.90M_{max}

    （C）0.85M_{max} （D）0.75M_{max}

18. 关于电动机的工作制，下列哪一项是错误的？   （   ）

    （A）S1：连续工作制   （B）S2：短时工作制

    （C）S7：不包括电制动的连续周期工作制   （D）S6：连续周期工作制

19. 某低压配电室内布置有一排低压配电柜，配电柜总长度为12m，柜后通道应最少设置的出口数为下列哪一项？   （   ）

    （A）1个   （B）2个   （C）3个   （D）4个

20. 某企业有一台10kV高压电动机，已知接地电流为11A，关于该电动机设置单相接地故障保护的说明，下列哪一项是正确的？   （   ）

    （A）只装设接地检测装置   （B）应装设有选择性的单相接地保护

    （C）无须装设单相接地保护   （D）保护装置只作用于信号

21. 关于广播分区的设置，以下哪一项描述是不正确的？   （   ）

    （A）紧急广播系统的分区应与消防分区相容

    （B）大厦可按楼层分区

    （C）管理部门与公共场所不应分别设区

    （D）重要部门宜单独设区

22. 关于屏蔽布线系统的选用，以下描述不正确的是哪一项？   （   ）

    （A）当综合布线区域内存在的电磁干扰场强为5V/m时，可采用非屏蔽布线系统

    （B）用户对电磁兼容性有电磁干扰和防信息泄漏等较高的要求时，宜采用屏蔽布线系统

    （C）安装现场条件无法满足对绞电缆的间距要求时，宜采用屏蔽布线系统

    （D）当布线环境温度影响到非屏蔽布线系统的传输距离时，宜采用屏蔽布线系统

23. 聚氯乙烯电缆（VV）、交联聚乙烯电缆（YJV）、矿物绝缘电缆（BTTZ）同路径在电缆桥架上敷设，下列说法哪一项是正确的？ （   ）

（A）三种电缆可以混装在同一桥架上

（B）电缆 YJV 与 BTTZ（工作温度 70℃）可以敷设在同一桥架上

（C）电缆 VV 与 BTTZ（工作温度 105℃）可以敷设在同一桥架上

（D）电缆 YJV 与 BTTZ（工作温度 105℃）可以敷设在同一桥架上

24. 36W 的 T8 荧光灯所配调光电子镇流器在 100% 光输出时，其能效限定值不应低于下列哪一项？ （   ）

（A）79.5%   （B）84.2%   （C）88.99%   （D）91.4%

25. 下列哪个场所或房间要求的照度均匀度最高？ （   ）

（A）医院的挂号厅   （B）美术教室

（C）图书馆老年阅览室   （D）高档办公室

26. 长时间视觉工作场所内照明光源的频闪指数不应大于下列哪一项数值？ （   ）

（A）5%   （B）10%

（C）15%   （D）20%

27. 某电子器件生产车间，长 11.2m、宽 7.2m，吊顶高 4.0m，工作面高度 0.75m，设计采用 24 支 36W 三基色直管荧光灯，若配用电子镇流器，每支灯的输入功率（含电子镇流器）为 37W，本设计的照明功率密度（LPD）为下列哪项数值？ （   ）

（A）11.0W/m²   （B）12.9W/m²

（C）14.7W/m²   （D）16.5W/m²

28. 对火灾报警控制器和消防联动控制器的设置要求，以下哪一项描述是错误的？ （   ）

（A）火灾报警控制器应设置在消防控制室内或有人值班的房间和场所

（B）火灾报警控制器安装在墙上时，其主显示屏高度宜为 1.5～1.8m

（C）消防联动控制器安装在墙上时，其靠近门轴的侧面距墙不应小于 0.5m

（D）火灾报警控制器安装在墙上时，其正面操作距离不应小于 1.0m

29. 对火灾警报器的设置要求，以下哪一项描述是错误的？ （   ）

（A）每个楼层的楼梯口、消防电梯前室的明显部位应设置火灾警报器，且不宜与安全出口指示标志灯具设置在同一面墙上

（B）每个楼层的建筑内部拐角等处的明显部位应设置火灾警报器，且不宜与安全出口指示标志灯具设置在同一面墙上

（C）每个报警区域内应均匀设置火灾警报器，其声压级不应小于 60dB

（D）当火灾警报器采用壁挂方式安装时，其底边距地面高度应大于 2.0m

30. 某一处 35kV 屋外变电站，该变电站实体围墙的高度不应低于 a，其变电站内满足消防要求时主要道路宽度应为 b。以下 a、b 的取值，哪一项是正确的？ （　　）

（A）a：2.3m，b：4.0m　　　　　　　（B）a：2.5m，b：4.2m

（C）a：2.2m，b：4.0m　　　　　　　（D）a：2.3m，b：4.2m

31. 采用低压塑壳断路器作为线路的短路保护电器，断路器瞬时过电流脱扣器整定电流为 1.6kA，该被保护线路末端最小短路电流值不应小于下列哪一项？ （　　）

（A）1.6kA　　　　（B）1.76kA　　　　（C）2.08kA　　　　（D）3.2kA

32. 110kV 的架空线路，长度为 50km，其电抗为 0.409Ω/km，取基准容量为 100MV·A，此线路电抗标幺值的近似值为下列哪一项？ （　　）

（A）0.155　　　　（B）0.169　　　　（C）0.204　　　　（D）0.882

33. 下列哪个选项不满足一类高层消防水泵房的备用照明供电要求？ （　　）

（A）引自市电与自备应急发电机电源切换后的电源供电

（B）采用持续放电时间达 3h 以上的专用 EPS 电源供电，EPS 由一路市电供电

（C）引自消防泵配电箱的分回路

（D）引自公共照明配电箱的分回路

34. 在设计供配电系统时，下列说法正确的是哪一个选项？ （　　）

（A）一级负荷，应按一个电源系统检修时，另一个电源又发生故障进行设计

（B）需要两回电源线路的用户，应采用同级电压供电

（C）同时供电的 3 路供配电线路中，当有一路中断供电时，另两路线路应能满足全部负荷的供电要求

（D）供电网络中独立于正常电源的专用馈电线路可作为应急电源

35. 某大型国际机场的航班信息、显示及时钟系统用电和行李处理系统用电的负荷等级及划分，下列哪一项是正确的？ （　　）

（A）均为一级负荷中特别重要负荷

（B）航班信息、显示及时钟系统用电为一级负荷中特别重要负荷，行李处理系统用电为一级负荷

（C）航班信息、显示及时钟系统用电为一级负荷，行李处理系统用电为一级负荷中特别重要负荷

（D）均为一级负荷

36. 以下对于各级用电负荷的供电电源，哪一项是正确的？ （　　）

（A）为一级负荷中的特别重要负荷设置应急电源，其供电时间，应满足用电设备持续运行时间的要求，且不小于 30min

（B）一级负荷均应由双重电源的两个低压回路在末端配电箱处切换供电

（C）二级负荷在满足一定条件时，可由任一段低压母线单回路供电

（D）三级负荷在建筑物由双重电源供电，且两台变压器低压侧设有母联开关时，才采用单电源单回路供电

37. 某供配电系统，在 400V 电压等级的无功功率补偿柜，设计有 6 个支路，每个支路采用 480V、30kvar 的电容器，为串联电抗器，该电容柜的输出容量为以下哪个选项中的数值？　　（　　）

（A）116kvar

（B）125kvar

（C）180kvar

（D）259kvar

38. 关于电气工程安全，下列描述中哪一项是错误的？　　（　　）

（A）高层民用建筑与室外变、配电站（其变压器总油量为 30t）之间的距离可以为 30m

（B）设置在建筑物内的柴油发电机，在燃料供给管道进入建筑物前和设备间内的管道上均应设置自动和手动切断阀

（C）屋内配电装置设备低式布置时，其隔离开关与相应的断路器和接地刀闸之间应装设闭锁装置，而不需设置防止误入带电间隔的闭锁装置

（D）屋内配电装置裸露的带电部分上面不应有明敷的照明、动力线路和管线跨越

39. 建筑防雷设计应符合下列哪项规定？　　（　　）

（A）电源采用 TN 系统的，从建筑物总配电箱起供电给本建筑物内的配电线路和分支线路必须采用 TN-S 系统

（B）具有 2 区或 22 区爆炸危险场所的建筑物应划为一类防雷建筑物

（C）利用建筑物的钢筋作为防雷装置时，单根圆钢与构件内钢筋应绑扎、螺栓或焊接连接

（D）第三类防雷建筑物每两根专设引下线间距不应大于 25m

40. 在多层建筑物首层布置装有可燃性油配电装置的变电所时，首层外墙开口部位的上方设置的不燃烧体防火挑檐宽度应不低于下列哪一项？　　（　　）

（A）0.6m

（B）0.8m

（C）1.0m

（D）1.2m

二、多项选择题（共 30 题，每题 2 分。每题的备选项中有 2 个或 2 个以上符合题意。错选、少选、多选均不得分）

41. 10kV 金属成套开关设备应具备"五防"功能，下列哪些描述是正确的？　　（　　）

（A）防止带电负荷分、合断路器

（B）防止带电挂接地线（合接地开关）

（C）防止带接地线关（合）断路器（隔离开关）

（D）防止误入带电间隔

42. 下列哪些直流负荷属于经常负荷？ （　　）

（A）直流应急照明　　　　　　　　　　（B）DC/DC 变换装置
（C）逆变器　　　　　　　　　　　　　（D）热工动力负荷

43. 选择与高压并联电容器装置配套的分组回路断路器时，除应符合断路器有关标准外，尚应符合下列哪几项规定？ （　　）

（A）分合时触头弹跳不应大于限定值
（B）应具备频繁操作的性能
（C）应能承受电容器组的关合涌流和工频短路电流，以及电容器高频涌流的联合作用
（D）应具有切除全部电容器组的能力

44. 选择控制电缆时，下列哪些回路相互间不应合用同一根控制电缆？ （　　）

（A）弱电控制回路与强电控制回路
（B）某一台断路器的信号和控制回路
（C）交流断路器分相操作的各相弱电控制回路
（D）低电平信号与高电平信号回路

45. 在进行架空线路设计时，终端杆塔应按以下哪几种工况计算荷载？ （　　）

（A）进线档已架线　　　　　　　　　　（B）进线档未架线
（C）断剩两相导线，地线未断，无风无冰　（D）断两相导线，地线未断，无风无冰

46. 关于架空电力线路导线换位的目的，下列哪些说法是正确的？ （　　）

（A）提高中性点不接地系统中线路的零序电流
（B）减小电力系统中的不对称电流
（C）减小电力系统中的不对称电压
（D）降低供电系统中电机过热的可能

47. 关于接地的描述，下列哪几项是正确的？ （　　）

（A）装在配电线路杆塔上的开关设备应接地
（B）标称电压 220V 的蓄电池室内支架可不接地
（C）110V 直流电源系统应接地
（D）爆炸危险环境内安装在已接地的金属结构上的设备仍应接地

48. 在考虑电击防护措施时，下列哪些电源可用于 SELV 系统？ （　　）

（A）用于电气分隔的隔离变压器
（B）符合相关产品标准的安全隔离变压器
（C）安全等级等同于安全隔离变压器的电源
（D）蓄电池

49.避难层应设置下列哪些消防设施？ （ ）

（A）消防专线电话和消防应急广播

（B）不低于正常照度的备用照明

（C）避难层进入楼梯间的入口处设置明显的指示标志

（D）疏散楼梯通向避难层的出入口处设置明显的指示标志

50.下列关于 SELV 系统说法正确的有哪几项？ （ ）

（A）符合现行国家标准的隔离变压器可以作为 SELV 系统电源

（B）在干燥场所内，当 SELV 系统的标称电压不超过交流方均根值 25V 时，除另有规定外，可不设直接接触防护

（C）SELV 系统的设备外露可导电部分应可靠接地

（D）SELV 系统的回路带电部分不应与地相连接

51.10kV 电缆敷设时，用于防火分隔的材料产品应符合下列哪些规定？ （ ）

（A）防火封堵材料不得对电缆有腐蚀和损害

（B）防火涂料应符合现行国家标准《电缆防火涂料》（GB 28374）的规定

（C）用于电力电缆的耐火电缆槽盒宜采用非透气型

（D）采用的材料应适用于工程环境，并应具有耐久可靠性

52.关于采用自然换流无换向器电动机的交—交变频器，下列哪些说法是正确的？ （ ）

（A）容易启动

（B）启动快速性差

（C）利用对应电源侧的相位来调节电枢电压，从而进行调速

（D）适用于低频大容量电动机

53.同容量交流电动机与直流电动机的比较，交流电动机的优点有下列哪些选项？ （ ）

（A）效率高 （B）价格便宜

（C）启动、制动性能好 （D）适用于环境恶劣场所

54.关于变电站直流电源系统标称电压的描述，下列哪些说法是正确的？ （ ）

（A）专供控制负荷的直流电源系统电压宜采用 110V，也可采用 220V

（B）专供控制负荷的直流电源系统电压宜采用 110V

（C）控制负荷和动力负荷合并供电的直流电源系统电压可采用 220V 或 110V

（D）全站直流控制电压应采用相同电压，扩建和改建工程宜与已有站直流电压一致

55.关于胶带运输线采取的安全措施，下列哪些选项是正确的？ （ ）

（A）沿线设置启动预告信号

（B）在值班点设置事故信号、设备运行信号、允许启动信号

（C）控制面板上设置事故断电开关或自锁式按钮

（D）胶带运输线宜每隔 50～70m 在连锁机械旁设置事故断电开关或自锁模式按钮

56. 关于变压器经济运行的基本要求，下列哪些选项是正确的？ （　　）

（A）应提高变压器负荷率，降低变压器设置容量

（B）应合理选择变压器组合的容量和台数

（C）应优选变压器综合功率损耗最低的经济运行方式

（D）应合理调整变压器负载，在综合功率损耗最低的经济运行区间运行

57. 关于电网电压监测的 D 类监测点，下列哪些项是正确的？ （　　）

（A）为 380/220V 低压网络供电电压

（B）应设在有代表性的低压配电网的首末两端和部分重要用户处

（C）每百台配电变压器应至少设一个

（D）每年应随供电网络变化进行调整

58. 关于火灾自动报警系统中控制中心报警系统的设计，以下哪几项是正确的？ （　　）

（A）有两个及以上消防控制室时，应确定一个主消防控制室

（B）主消防控制室应能显示所有火灾报警信号和联动控制状态信号

（C）各分消防控制室内消防设备之间可互相传输、显示状态信息

（D）各分消防控制室内消防设备之间可互相控制

59. 视频显示控制系统应具有下列哪些功能？ （　　）

（A）可任意编辑屏幕图像

（B）对屏幕的显示状态应进行控制和记忆

（C）应能制作所需预案效果，并可进行效果调用

（D）应为用户提供相关的接口，但不提供通信协议

60. 关于光源选用，下列哪几项是正确的？ （　　）

（A）自镇流荧光高压汞灯光效低，属于严禁使用的产品

（B）对电磁干扰有严格要求，且其他光源无法满足的特殊场所，可以采用白炽灯

（C）对商场、博物馆显色要求高的重点照明，可采用卤钨灯

（D）在电压低于额定值的场所，为了避免光源的光通量下降及照度降低，可采用恒流源驱动的 LED 光源

61. 在工程设计中选择温升限值 55K 的母线槽，与温升限值 70K 的母线槽相比，具有下列哪几项优点？ （　　）

（A）电能损耗小 　　　　　　　　　　（B）运行安全

（C）节约有色金属 　　　　　　　　　（D）负载率可以取 100%

62.某三级甲等医院的下列哪些场所或房间的备用照明，其作业面的最低照度不应低于正常照明的照度？ （　　）

（A）重症监护室　　　　　　　　　　（B）自备发电机房

（C）配电室　　　　　　　　　　　　（D）药房

63.关于照度均匀度的叙述，下列哪几项是正确的？ （　　）

（A）室内照度越均匀越好

（B）直接连接的两个相邻工作房间的平均照度差别不应大于5∶1

（C）一般室内作业场所的照度均匀度不应小于0.6

（D）工作房间中非工作区的平均照度不应低于工作区临近周围平均照度的1/3

64.在道路照明中，下列哪些项是机动车交通道路照明的评价指标？ （　　）

（A）路面平均亮度

（B）路面亮度总均匀度

（C）路面亮度纵向均匀度

（D）半柱面照度和垂直照度

65.有关卫星电视接收站站址的选择要求，下列哪几项是正确的？ （　　）

（A）宜选择在周围无微波站和雷达站等干扰源处，并应避开同频干扰

（B）应远离高压线和飞机主航道

（C）应考虑风沙、尘埃及腐蚀性气体等环境污染因素

（D）卫星电视接收站信号衰减不应超过15dB

66.下列哪几项属于电力系统可采取的短路电流限制（流）措施？ （　　）

（A）降低电力系统电压等级

（B）在电力系统主网加强联系后，将次级电网解环运行

（C）直流输电

（D）采用电力电子型故障电流限制器

67.以下哪类负荷应按一级负荷要求供电？ （　　）

（A）建筑高度为210m的超高层办公楼的重要办公用电

（B）建筑面积为21000m²的高层五星级酒店生活水泵

（C）建筑面积为21000m²的多层大型购物中心自动扶梯

（D）建筑面积为21000m²的中型会展客梯

68.下列用电负荷的供电要求，哪几项是正确的？ （　　）

（A）地下车库防火卷帘门的电源可由同一防火分区内的消防配电箱供电

（B）四星级酒店的地下室排污泵可由单回路电源供电

（C）超高层建筑航空障碍灯应采用双回路供电

（D）二级汽车客运站的公共区域照明按二级负荷供电

69. 一级负荷应由双重电源供电，对于双重电源，以下哪几种说法是正确的？ （ ）

（A）由上级站提供的两路电源可认为是双重电源

（B）来自不同电网的电源可以看作是双重电源

（C）来自同一电网但其间的电气距离较远，一个电源出现异常或者故障时，另一电源仍能不中断供电的两路电源可以看作是双重电源

（D）双重电源必须要同时工作，各供一部分负荷

70. 关于超高层建筑的供配电系统，以下哪些说法是正确的？ （ ）

（A）超高层公共建筑的消防负荷应为一级负荷中的特别重要负荷

（B）设置在避难层的变电所，其同一低压配电回路不宜跨越上下避难层供电

（C）供避难区域使用的用电设备，宜从变电所采用放射式专用线路配电

（D）宜按照超高层建筑内的不同功能分区及避难层划分设置相对独立的供配电系统

2024 | 全国勘察设计注册工程师
执业资格考试用书

Zhuce Dianqi Gongchengshi (Gongpeidian) Zhiye Zige Kaoshi
Zhuanye Kaoshi Linian Zhenti Xiangjie

注册电气工程师（供配电）执业资格考试
专业考试历年真题详解
（2011~2023）
案例分析

蒋 徵 / 主 编

微信扫一扫
里面有数字资源的获取和使用方法哟

人民交通出版社
北京

内 容 提 要

本书共 3 册，内容涵盖 2011～2023 年专业知识试题、案例分析试题及试题答案。

本书配有在线数字资源（有效期一年），读者可刮开封面红色增值贴，微信扫描二维码，关注"注考大师"微信公众号领取。

本书可供参加注册电气工程师（供配电）执业资格考试专业考试的考生复习使用。

图书在版编目（CIP）数据

2024 注册电气工程师（供配电）执业资格考试专业考试历年真题详解：2011～2023 / 蒋徵主编.—北京：人民交通出版社股份有限公司，2024.6

ISBN 978-7-114-19216-6

Ⅰ.①2… Ⅱ.①蒋… Ⅲ.①供电系统—资格考试—题解 ②配电系统—资格考试—题解 Ⅳ.①TM72-44

中国国家版本馆 CIP 数据核字（2024）第 017123 号

书　　　名：	**2024 注册电气工程师（供配电）执业资格考试专业考试历年真题详解（2011～2023）**
著　作　者：	蒋　徵
责任编辑：	刘彩云
责任印制：	刘高彤
出版发行：	人民交通出版社
地　　址：	（100011）北京市朝阳区安定门外外馆斜街 3 号
网　　址：	http://www.ccpcl.com.cn
销售电话：	（010）59757973
总 经 销：	人民交通出版社发行部
印　　刷：	北京印匠彩色印刷有限公司
开　　本：	889×1194　1/16
印　　张：	55.75
字　　数：	1230 千
版　　次：	2024 年 6 月　第 1 版
印　　次：	2024 年 6 月　第 1 次印刷
书　　号：	ISBN 978-7-114-19216-6
定　　价：	188.00 元（含 3 册）

（有印刷、装订质量问题的图书，由本社负责调换）

目 录

（案例分析·试题）

2011 年案例分析试题（上午卷）

[案例题是 4 选 1 的方式，各小题前后之间没有联系，共 25 道小题，每题分值为 2 分，上午卷 50 分，下午卷 50 分，试卷满分 100 分。案例题一定要有分析（步骤和过程）、计算（要列出相应的公式）、依据（主要是规程、规范、手册），如果是论述题要列出论点]

题 1～5：某电力用户设有 110/10kV 变电站一座和若干 10kV 车间变电所，用户所处海拔高度 1500m，其供电系统图和已知条件如下图。

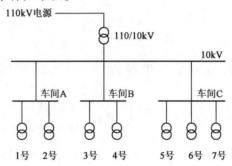

1）110kV 线路电源侧短路容量为 2000MV·A。

2）110kV 线路电源电抗值为 0.4Ω/km。

3）110/10kV 变电站 10kV 母线短路容量为 200MV·A。

4）110/10kV 变电站主变容量 20MV·A，短路电抗 8%，短路损耗 90kW，主变压器两侧额定电压分别为 110kV、10.5kV。

5）110/10kV 变电站主变压器采用有载调压。

6）车间 A 设有大容量谐波源，其 7 次谐波电流折算到 10kV 侧为 33A。

请回答下列问题。

1. 最大负荷时，主变压器负载率为 84%，功率因数 0.92，请问 110/10.5kV 变压器电压损失为下列哪个数值？ （　　）

（A）2.97%　　　　（B）3.03%　　　　（C）5.64%　　　　（D）6.32%

解答过程：

2. 计算车间 A 的 7 次谐波电流在 110/10kV 变电站 10kV 母线造成的 7 次谐波电压含有率为下列哪个数值？ （　　）

（A）2.1%　　　　（B）2.0%　　　　（C）2.5%　　　　（D）3.0%

解答过程：

3. 车间 C 电源线路为截面积 185mm² 架空线路，在高峰期间负荷为 2000kW，功率因数 0.7 左右（滞后），车间 C 高压母线电压偏差变化范围−2%～−7%，为提高车间 C 用电设备供电质量和节省电耗，请说明下列的技术措施中哪一项是最有效的？　　　　　　　　　　　　　　　（　　）

（A）向车间 C 供电的电源线路改用大截面导线

（B）提高车间 C 的功率因数到 0.95

（C）减少车间 C 电源线路的谐波电流

（D）加大 110/10kV 母线短路容量

解答过程：

4. 计算该 110/10kV 变电站的 110kV 供电线路长度大约为下列哪个数值？　　　　（　　）

（A）149km　　　　　　　　　　　　　（B）33km

（C）17km　　　　　　　　　　　　　　（D）0.13km

解答过程：

5. B 车间 10kV 室外配电装置裸带电部分与用工具才能打开的栅栏之间的最小电气安全净距为下列哪个数值？　　　　　　　　　　　　　　　　　　　　　　　　　　　　　　　（　　）

（A）875mm　　　　（B）950mm　　　　（C）952mm　　　　（D）960mm

解答过程：

题 6～10：某车间工段用电设备的额定参数及使用情况见下表：

设备名称	额定功率（kW）	需要系数	cos φ	备注
金属冷加工机床	40	0.2	0.5	
起重机用电动机	30	0.3	0.5	负荷持续率 $\varepsilon = 40\%$
电加热器	20	1	0.98	单台单相 380V
冷水机组、空调设备送风机	40	0.85	0.8	
高强气体放电灯	8	0.9	0.6	含镇流器功率损耗
荧光灯	4	0.9	0.9	含电感镇流器的功率损耗、有补偿

请回答下列问题。

6. 采用需要系数法计算本工段起重机用电设备组的设备功率为下列哪一项数值？ （　　）

（A）9kW

（B）30kW

（C）37.80kW

（D）75kW

解答过程：

7. 采用需要系数法简化计算本工段电加热器用电设备组的等效三相负荷应为下列哪一项数值？

（　　）

（A）20kW

（B）28.28kW

（C）34.60kW

（D）60kW

解答过程：

8. 假设经需要系数法计算得出起重机设备功率为 33kW，电加热器等效三相负荷为 40kW，考虑有功功率同时系数 0.85、无功功率同时系数 0.90 后，本工段总用电设备组计算负荷的视在功率为下列哪一项数值？ （　　）

（A）127.6kW

（B）110.78kW

（C）95.47kW

（D）93.96kW

解答过程：

9. 假设本工段计算负荷为 105kV·A，供电电压 220/380V，本工段计算电流为下列哪一项数值？

（　　）

（A）142.76A

（B）145.06A

（C）159.72A

（D）193.92A

解答过程：

10. 接至本工段电源进线点前的电缆线路为埋地敷设的电缆，根据本工段计算电流采用"gG"型，熔体额定电流为 200A 的熔断器作为该电缆线路保护电器，并已知该电器在约定时间内可靠动作电流为

1.6 倍的熔体额定电流，按照 0.6/1kV 铜芯交联聚乙烯绝缘电力电缆（见下表）截面积（mm²）应为下列哪一项数值？（考虑电缆敷设处土壤温度，热阻系数、并列系数等总校正系数为 0.8）　　（　　）

0.6/1kV 铜芯交联聚乙烯绝缘电力电缆的载流量

电力电缆的截面积（mm²）	载流量（A）	电力电缆的截面积（mm²）	载流量（A）
70	178	150	271
95	211	185	304
120	240	240	351

（A）3×70+1×35　　　　　　　　（B）3×95+1×50

（C）3×150+1×70　　　　　　　　（D）3×185+1×95

解答过程：

题 11～15：某用户根据负荷发展需要，拟在厂区内新建一座变电站，用于厂区内 10kV 负荷供电，该变电所电源取自地区 110kV 电网（无限大电源容量），采用 2 回 110kV 架空专用线路供电，变电站基本情况如下：

1）主变采用两台三相自冷型油浸有载调压变压器，户外布置。变压器参数如下：

型号　　　　　　　　SZ10-31500/110

电压比　　　　　　　110±8×1.25%/10.5kV

短路阻抗　　　　　　$u_k = 10.5\%$

接线组别　　　　　　YN,d11

中性点绝缘水平　　　60kV

2）每回 110kV 电源架空线路长度约 10km，导线采用 LGJ-240/25，单位电抗取 0.4Ω/km。

3）10kV 馈电线路均为电缆出线。

4）变电站 110kV 配电装置布置采用常规设备户外型布置，10kV 配电装置采用中置式高压开关柜户内双列布置。

请回答下列问题。

11. 根据规范需求，说明本变电站 110kV 配电装置采用下列哪种接线形式？　　（　　）

（A）线路—变压器组接线　　　　　（B）双母线接线

（C）分段双母线接线　　　　　　　（D）单母线接线带旁路

解答过程：

12. 假设该变电站 110kV 配电装置采用桥形接线，10kV 单母线分段接线，且正常运行方式为分列运行，变电站 10kV 母线三相短路电流为下列哪一项数值？ （ ）

（A）15.05kA

（B）15.75kA

（C）16.35kA

（D）16.49kA

解答过程：

13. 假定该变电站主变容量改为 $2 \times 50MV \cdot A$，110kV 配电装置采用桥形接线，10kV 采用单母线分段接线，且正常运行方式为分列运行，为将本站 10kV 母线最大三相短路电流限制到 20kA 以下，可采用高阻抗变压器，满足要求的变压器最小短路阻抗为下列哪一项数值？ （ ）

（A）10.5%

（B）11%

（C）12%

（D）13%

解答过程：

14. 有关该 110/10kV 变电站应设置的继电保护和自动装置，下列哪一项叙述是正确的？ （ ）

（A）10kV 母线应装设专用的母线保护

（B）10kV 馈电线路应装设带方向的电流速断

（C）10kV 馈电线路宜装设有选择性的接地保护，并动作于信号

（D）110/10kV 变压器应装设电流速断保护作为主保护

解答过程：

15. 选择该变电站 110kV 隔离开关设备时，环境最高温度宜采用下列哪一项？ （ ）

（A）年最高温度

（B）最热月平均最高温度

（C）安装处通风设计温度，当无资料时，可取最热月平均最高温度加 5℃

（D）安装处通风设计最高排风温度

解答过程：

题 16～20：某企业的 35kV 变电所，35kV 配电装置选用移开式交流金属封闭开关柜，室内单层布置，10kV 配电装置采用移开式交流金属封闭开关柜，室内单层布置，变压器布置在室外，平面布置示意图见下图。

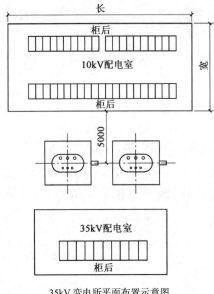

35kV 变电所平面布置示意图

请回答下列问题。

16. 如果 10kV 及 35kV 配电室是耐火等级为二级的建筑，下列关于变电所建筑物及设备的防火间距的要求中哪一项表述是正确的？   （   ）

（A）10kV 配电室面对变压器的墙在设备总高加 3m 及两侧各 3m 的范围内不设门窗不开孔洞时，则该墙与变压器之间的防火净距可不受限制

（B）10kV 配电室面对变压器的墙在设备总高加 3m 及两侧各 3m 的范围内不开一般门窗，但设有防火门时，则该墙与变压器之间的防火净距应大于或等于 5m

（C）两台变压器之间的最小防火净距应为 3m

（D）所内生活建筑与油浸变压器之间的最小防火净距，当最大单台油浸变压器的油量为 5～10t，对二级耐火建筑的防火间距最小为 20m

解答过程：

17. 如上图所示，10kV 配电室墙无突出物，开关柜的深度为 1500mm，则 10kV 配电室室内最小净宽为下列哪一项？   （   ）

（A）5500mm＋单车长   （B）5900mm＋双车长
（C）6200mm＋单车长   （D）7000mm

解答过程：

18. 如上图所示，35kV 配电室墙无突出物，手车开关柜的深度为 2800mm，则 35kV 配电室室内最小净宽为下列哪一项？ （ ）

（A）4700mm + 双车长
（B）4800mm + 单车长
（C）5000mm + 单车长
（D）5100mm

解答过程：

19. 如果 10kV 配电室墙无突出物，第一排高压开关柜共有 21 台，其中有三台高压开关柜宽度为 1000mm，其余为 800mm，第二排高压开关柜共有 20 台，其宽度均为 800mm，中间维护通道为 1000mm，则 10kV 配电室的最小长度为下列哪一项数值？ （ ）

（A）19400mm
（B）18000mm
（C）18400mm
（D）17600mm

解答过程：

20. 说明下列关于变压器事故油浸的描述中哪一项是正确的？ （ ）

（A）屋外变压器单个油箱的油量在 1000kg 以上，应设置能容纳 100% 油量的储油池，或 10% 油量的储油池和挡油墙

（B）屋外变压器当设置有油水分离装置的总事故储油池时，其容量不应小于最小一个油箱的 60% 的油量

（C）变压器储油池和挡油墙的长、宽尺寸，可按设备外廓尺寸每边相应大 1m 计算

（D）变压器储油池的四周，应高出地面 100mm，储油池内应铺设厚度不小于 250mm 的卵石层，其卵石直径应为 30～50mm

解答过程：

题 21～25：某座建筑物由一台 1000kV·A 变压器采用 TN-C-S 系统供电，线路材质、长度和截面如下图所示，图中小间有移动式设备由末端配电器供电，回路首端装有单相 $I_n = 20A$ 断路器，建筑物做总等电位联结，已知截面积为 50mm²、6mm²、2.5mm² 铜电缆每芯导体在短路时每公里的热态电阻值为 0.4Ω、3Ω、8Ω。

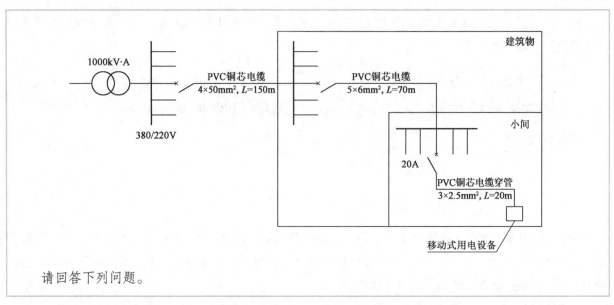

请回答下列问题。

21. 该移动式设备发生相线碰外壳接地故障时，计算回路故障电流 I_d 最接近下列哪一项数值？（故障点阻抗、变压器零序阻抗和电缆电抗可忽略不计）　　　　　　　　　（　　）

（A）171A
（B）256A
（C）442A
（D）512A

解答过程：

22. 假设移动设备相线碰外壳的接地故障电流为 200A，计算该移动设备金属外壳的预期接触电压 U_d 最接近下列哪一项数值？　　　　　　　　　　　　　　　　　　　　（　　）

（A）74V
（B）86V
（C）110V
（D）220V

解答过程：

23. 在移动设备供电回路的首端安装额定电流 I_n 为 20A 的断路器，断路器的瞬动电流为 $12I_n$，该回路的短路电流不应小于下列哪一项数值，才能使此断路器可靠瞬时地切断电源？　　　　（　　）

（A）240A
（B）262A
（C）312A
（D）360A

解答过程：

24. 如果在小间内做局部等电位联结，假设相线碰移动设备外壳的接地故障电流为 200A，计算该设备的接触电压 U_d 最接近下列哪一项数值？ （ ）

（A）32V

（B）74V

（C）310V

（D）220V

解答过程：

25. 如果在小间内移动式设备有带电裸露导体，作为防直接电击保护的措施，下列哪种处理方式最好？ （ ）

（A）采用额定电压为 50V 的特低电压电源供电

（B）设置遮挡和外护物以防止人体与裸露导体接触

（C）裸露导体包以绝缘，小间地板绝缘

（D）该回路上装有动作电流不大于 30mA 的剩余电流动作保护器

解答过程：

2011 年案例分析试题（下午卷）

一、专业案例题（共 40 题，考生从中选择 25 题作答，每题 2 分）

题 1～5：某一除尘风机拟采用变频调速，技术数据为：在额定风量工作时交流感应电动机计算功率 $P = 900kW$，电机综合效率 $\eta_{m100} = 0.92$，变频器效率 $\eta_{mp100} = 0.976$；50%额定风量工作时，电动机效率 $\eta_{m50} = 0.8$，变频器效率 $\eta_{mp50} = 0.92$；20%额定风量工作时 $\eta_{m20} = 0.65$，变频器效率 $\eta_{mp20} = 0.9$；工艺工作制度，年工作时间 6000h，额定风量下工作时间占 40%，50%额定风量下工作时间占 30%，20%额定风量下工作时间占 30%，忽略电网损失，请回答下列问题。

1. 采用变频调速，在上述工艺工作制度下，该风机的年耗电量与下述哪项值相近？ （   ）

（A）2645500kW·h　　（B）2702900kW·h　　（C）3066600kW·h　　（D）4059900kW·h

解答过程：

2. 若不采用变频器调速，风机风量 Q_i 的改变采用控制风机出口挡板开度的方式，在上述工艺工作制度下，该风机的年耗电量与下列哪个数值最接近？（设风机扬程为 $H_i = 1.4 - 0.4Q_i^2$，式中 H_i 和 Q_i 均为标幺值。提示：$P_i = \dfrac{PQ_iH_i}{\eta_m}$） （   ）

（A）3979800kW·h　　（B）4220800kW·h　　（C）4353900kW·h　　（D）5388700kW·h

解答过程：

3. 若变频调速设备的初始投资为 84 万元，假设采用变频调速时的年耗电量是 2156300kW·h，不采用变频调速时的年耗电量是 3473900kW·h，若电价按 0.7 元/kW·h 计算，仅考虑电价因素时预计初始投资成本回收期约为多少个月？ （   ）

（A）10 个月　　　（B）11 个月　　　（C）12 个月　　　（D）13 个月

解答过程：

4. 说明除变频调速方式外，下列风量控制方式中哪种节能效果最好？ （   ）

（A）风机出口挡板控制　　　　　　　　（B）电机变频调速加风机出口挡板控制

（C）风机入口挡板控制　　　　　　　　　　　（D）电机变频调速加风机入口挡板控制

解答过程：

5. 说明下列哪一项是采用变频调速方案的缺点？　　　　　　　　　　　（　　　）

　　（A）调速范围　　　　（B）启动特性　　　　（C）节能效果　　　　（D）初始投资

解答过程：

题 6～10：下图为一座 110/35/10kV 变电站，110kV 和 35kV 采用敞开式配电装置，10kV 采用户内配电装置，变压器三侧均采用架空套管出线。正常运行方式下，任一路 110kV 电源线路带全所负荷，另一路热备用，两台主变压器分别运行，避雷器选用阀式避雷器，其中：

110kV 电源进线为架空线路约 5km，进线段设有 2km 架空避雷线，主变压器距 110kV 母线避雷器最大电气距离为 60m。

35kV 系统以架空线路为主，架空线路进线段设有 2km 架空避雷线，主变压器距 35kV 母线避雷器最大电气距离为 60m。

10kV 系统以架空线路为主，主变压器距 10kV 母线避雷器最大电气距离为 20m。

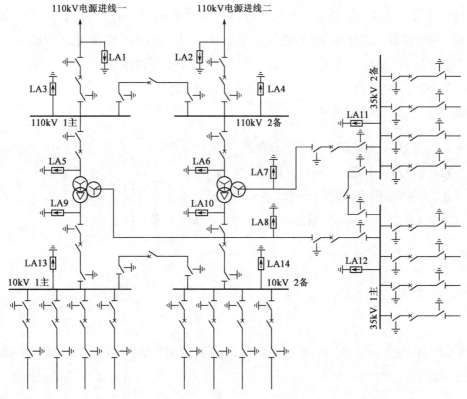

请回答下列问题。

6. 请说明下列关于 110kV 侧避雷器的设置哪一项是正确的？　　　　　　　　　（　　）

（A）只设置 LA3、LA4

（B）只设置 LA1、LA2、LA3、LA4

（C）只设置 LA1、LA2

（D）只设置 LA1、LA2、LA3、LA4、LA5、LA6

解答过程：

7. 主变压器低压侧有开路运行的可能，下列关于 10kV 侧、35kV 侧避雷器的设置哪一项是正确的？

（　　）

（A）只设置 LA7、LA8、LA9、LA10

（B）采用独立避雷针保护，不设置避雷器

（C）只设置 LA11、LA12、LA13、LA14

（D）只设置 LA7、LA8、LA9、LA10、LA11、LA12、LA13、LA14

解答过程：

8. 设 35kV 系统以架空线路为主，架空线路总长度为 60km，35kV 架空线路的单相接地电容电流均为 0.1A/km；10kV 系统以钢筋混凝土杆塔架空线路为主，架空线路总长度均为 30km，架空线路的单相接地电容电流均为 0.03A/km，电缆线路总长度为 8km，电缆线路的单相接地电容电流均为 1.6A/km。

请通过计算选择 10kV 系统及 35kV 系统的接地方式（假定 10～35kV 系统在接地故障条件下仍需短时运行），确定下列哪一项是正确的？　　　　　　　　　　　　　　　（　　）

（A）10kV 及 35kV 系统均采用不接地方式

（B）10kV 及 35kV 系统均采用经消弧线圈接地方式

（C）10kV 系统采用高电阻接地方式，35kV 系统采用低电阻接地方式

（D）10kV 系统采用经消弧线圈接地方式，35kV 系统采用不接地方式

解答过程：

9. 假定 10kV 系统接地电容电流为 36.7A，10kV 系统采用经消弧线圈接地方式，消弧线圈的计算容量为下列哪一项数值？　　　　　　　　　　　　　　　　　　　　　（　　）

（A）275kV·A　　　　（B）286kV·A　　　　（C）332kV·A　　　　（D）1001kV·A

解答过程：

10. 如果变电站接地网的外缘为 90m×60m 的矩形，站址土壤电阻率 $\rho = 100\Omega \cdot m$，请通过简易计算确定变电站接地网的工频接地电阻值为下列哪一项数值？　　　　（　　）

　　（A）$R = 0.38\Omega$　　　　（B）$R = 0.68\Omega$　　　　（C）$R = 1.21\Omega$　　　　（D）$R = 1.35\Omega$

解答过程：

题 11～15：某圆形办公室，半径为 5m，吊顶高 3.3m，采用格栅式荧光灯嵌入顶棚布置成 3 条光带，平面布置如下图所示。

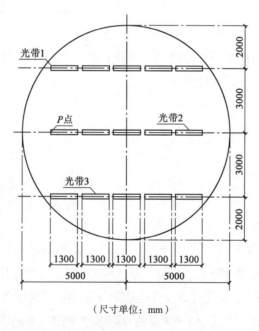

（尺寸单位：mm）

请回答下列问题。

---

11. 若该办公室的工作面距地面高 0.75m，则该办公室的室空间比为下列哪一项数值？　　（　　）

　　（A）1.28　　　　（B）2.55　　　　（C）3.30　　　　（D）3.83

解答过程：

12. 若该办公室的工作面距地面高 0.75m，选用 T5 三基色荧光灯管 36W。其光通量为 3250lm，要求照度标准值为 500lx，已知灯具利用系数为 0.51，维护系数为 0.8，需要光源数为下列哪一项数值（取

整数）？ （　　）

（A）15　　　　　（B）18　　　　　（C）30　　　　　（D）36

解答过程：

13. 在题干图中，若各段光源采用相同的灯具，并按同一轴线布置，计算光带 1 在距地面 0.75m 高的 P 点的直射水平照度时，当灯具间隔 S 小于下列哪一项数值时，误差小于 10%，发光体可以按连续光源计算照度？ （　　）

（A）0.29m　　　　（B）0.64m　　　　（C）0.86m　　　　（D）0.98m

解答过程：

14. 在题干图中，若已知光带 1 可按连续线光源计算照度，各灯具之间的距离 S 为 0.2m，此时不连续线光源光强的修正系数为下列哪一项数值？ （　　）

（A）0.62　　　　　（B）0.78　　　　　（C）0.89　　　　　（D）0.97

解答过程：

15. 若每套灯具采用 2 支 36W 直管型荧光灯，每支荧光灯通量为 3250lm，各灯具之间的距离 $S = 0.25m$，不连续线光源按连续光源计算照度的修正系数 $c = 0.87$，已知灯具的维护系数为 0.8，灯具在纵轴向的光强分布确定为 C 类灯具，荧光灯具发光强度值见下表，若距地面 0.75m 高的 P 点的水平方位系数为 0.662，试用方位系数计算法求光带 2 在 P 点的直射水平照度为下列哪一项数值？ （　　）

嵌入式格栅荧光灯发光强度值表

θ（°）	0	30	45	60	90
$I_{a(B-B)}$（cd）	278	344	214	23	0
$I_{o(B-B)}$（cd）	278	218	160	90	1

（A）194lx　　　　（B）251lx　　　　（C）289lx　　　　（D）379lx

解答过程：

题 16～20：某工程项目设计中有一台同步电动机，额定功率 $P_n = 1450kW$，额定容量 $S_n = 1.9MV \cdot A$，额定电压 $U_n = 6kV$，额定电流 $I_n = 183A$，启动电流倍数 $K_{st} = 5.9$，额定转速 $n_0 = 500r/min$，折算到电动机轴上的总飞轮转矩 $GD^2 = 80kN \cdot m^2$，电动机全压启动时的转矩相对值 $M_{*q} = 1.0$，电动机启动时的平均转矩相对值 $M_{*pq} = 1.1$，生产机械的电阻转矩相对值 $M_{*j} = 0.16$，6kV 母线短路容量 $S_{km} = 46MV \cdot A$，6kV 母线其他无功负载 $Q_{fh} = 2.95Mvar$，要求分别计算及讨论有关该同步电动机的启动电压及启动时间，请回答下列问题。

16. 如采用全压启动，启动前，母线电压相对值为 1.0，忽略电动机馈电线路阻抗，计算启动时电动机定子端电压相对值 U_{*q} 应为下列哪一项数值？ （　　）

（A）0 　　　　（B）0.803 　　　　（C）0.856 　　　　（D）1.0

解答过程：

17. 为满足生产机械所要求的启动转矩，该同步电动机启动时定子端电压相对值最小应为下列哪一项数值？ （　　）

（A）0.42 　　　　（B）0.40 　　　　（C）0.38 　　　　（D）0.18

解答过程：

18. 如上述同步电动机的允许启动一次的时间为 $t_{st} = 14s$，计算该同步电动机启动时所要求的定子端电压相对值最小应为哪一项数值？ （　　）

（A）0.50 　　　　（B）0.63 　　　　（C）0.66 　　　　（D）1.91

解答过程：

19. 下列影响同步电动机启动时间的因素，哪一项是错误的？ （　　）

（A）电动机额定电压
（B）电动机所带的启动转矩相对值
（C）折合到电机轴上的飞轮转矩
（D）电动机启动时定子端电压相对值

解答过程：

20. 如启动前母线电压 6.3kV，启动瞬间母线电压 5.4kV，启动时母线电压下降相对值为下列哪一项数值？ （　　）

　　（A）0.9　　　　　　（B）0.19　　　　　　（C）0.15　　　　　　（D）0.1

解答过程：

　　题 21～25：某 35kV 变电所 10kV 系统装有一组 4800kvar 电力电容器，装于绝缘支架上，星形接线，中性点不接地，电流互感器变比为 400/5，10kV 最大运行方式下短路容量为 300MV·A，最小运行方式下短路容量为 200MV·A，10kV 母线电压互感器二次额定电压为 100V，请回答下列问题。

---

21. 说明该电力电容器组可不设置下列哪一项保护？ （　　）

　　（A）中性线对地电压不平衡电压保护　　　　　（B）低电压保护
　　（C）单相接地保护　　　　　　　　　　　　　（D）过电流保护

解答过程：

22. 电力电容器组带有短延时速断保护装置的动作电流应为下列哪一项数值？ （　　）

　　（A）59.5A　　　　　　（B）68.8A　　　　　　（C）89.3A　　　　　　（D）103.1A

解答过程：

23. 电力电容器组过电流保护装置的最小动作电流和相应灵敏系数应为下列哪组数值？ （　　）

　　（A）6.1A，19.5　　　（B）6.4A，18.6　　　（C）6.4A，27.9　　　（D）6.8A，17.5

解答过程：

24. 电力电容器组过负荷保护装置的动作电流为下列哪一项数值？ （　　）

　　（A）4.5A　　　　　　（B）4.7A　　　　　　（C）5.1A　　　　　　（D）5.4A

解答过程：

25. 电力电容器组低电压保护装置的动作电压一般为下列哪一项数值？ （　　）

　　（A）40V　　　　　　（B）45V　　　　　（C）50V　　　　　（D）60V

解答过程：

题 26～30：某新建办公建筑，高 126m，设避难层和屋顶直升机停机坪，请回答下列问题。

---

26. 消防控制室内一台火灾报警控制器所连接的火灾探测器、手动火灾报警按钮和模块等设备总数和地址总数，不应超过下列哪项数值？ （　　）

　　（A）3200 点　　　　（B）4800 点　　　　（C）5600 点　　　　（D）无限制

解答过程：

27. 按规范规定，本建筑物的火灾自动报警系统形式应为下列哪一项？ （　　）

　　（A）区域报警系统　　　　　　　　　　（B）集中报警系统

　　（C）控制中心报警系统　　　　　　　　（D）总线制报警系统

解答过程：

28. 因条件限制，在本建筑物中需布置油浸电力变压器，其总容量不应大于下列哪一项数值？ （　　）

　　（A）630kV·A　　　（B）800kV·A　　　（C）1000kV·A　　　（D）1250kV·A

解答过程：

29. 说明在本建筑物中的下列哪个部位应设置备用照明？ （　　）

　　（A）库房　　　　　　　　　　　　　　（B）屋顶直升机停机坪

　　（C）空调机房　　　　　　　　　　　　（D）生活泵房

解答过程：

30.说明本建筑物的消防设备供电干线及分支干线，应采用哪一种电缆？　　（　　）

（A）有机绝缘耐火类电缆　　　　　　（B）阻燃型电缆

（C）矿物绝缘电缆　　　　　　　　　（D）耐热性电缆

解答过程：

题31～35：建筑物内某区域一次回风双风机空气处理机组（AHU），四管制送冷/热风＋加湿控制，定风量送风系统，空气处理流程如下图所示。

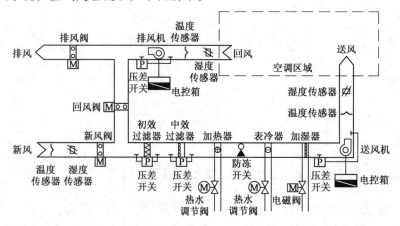

要求采用建筑设备监控系统（BAS）的DDC控制方式，监控功能要求见下表。

序号	监控内容	控制策略
1	检测内容	新风、回风、送风湿温度（PT1000，电容式）、过滤器差压开关信号、风机压差开关信号、新风、回风、排风风阀阀位（DC0～10V），冷/热电动调节阀阀位（DC0～10V），风机启停、工作、故障及手/自动状态
2	回风温度自动控制	串级PID调节控制冷/热电动调节阀，主阀回风温度，副阀送风温度，控制回风温度
3	回风温度自动控制	串级PID调节控制加湿电磁阀，主阀回风温度，副阀送风湿度，控制回风湿度
4	新风量自动控制	过渡季根据新风、回风的温湿度计算焓值，自动调节新风、回风、排风风阀的开度，设定最小新风量
5	过滤器堵塞报警	两级空气过滤器，分别设堵塞超压报警，提示清扫
6	机组定时启停控制	根据事先排定的工作及节假日作息时间表，定时启停机组，自动统计机组工作时间，提示定时维修
7	联锁及保护控制	风机启停、风阀、电动调节阀联动开闭，风机启动后，其前后压差过低时，故障报警并连锁停机，热盘管出口处设防冻开关，当温度过低时，报警并打开热水阀

请回答下列问题。

31.根据控制功能要求，统计输入DDC的AI点数为下列哪一项数值？（风阀、水阀均不考虑并联控制）　　（　　）

（A）9　　　　　　（B）10　　　　　　（C）11　　　　　　（D）12

解答过程：

32. 下列哪一项属于 DI 信号？ （ ）

（A）防冻开关信号　　　　　　　　　（B）新风温度信号
（C）回风湿度信号　　　　　　　　　（D）风机启停控制信号

解答过程：

33. 若要求检测及保障室内空气品质，宜根据下列哪一项参数自动调节控制 AHU 的最小新风量？

（ ）

（A）回风温度　　　　　　　　　　　（B）室内焓值
（C）室内 CO 浓度　　　　　　　　　（D）室内 CO_2 浓度

解答过程：

34. 若该 AHU 改为变风量送风系统，下列哪一项控制方法不适宜送风量的控制？ （ ）

（A）定静压法　　　　　　　　　　　（B）变静压法
（C）总风量法　　　　　　　　　　　（D）定温度法

解答过程：

35. 选择室内温湿度传感器时，规范规定其响应时间不应大于下列哪一项数值？ （ ）

（A）25s　　　　　　　　　　　　　（B）50s
（C）100s　　　　　　　　　　　　　（D）150s

解答过程：

题 36～40：某企业变电站拟新建一条 35kV 架空电源线路，采用小接地电流系统，线路采用钢筋混凝土电杆、铁横担、铜芯铝绞线。请回答下列问题。

36. 小接地电流系统中，无地线的架空电力线路杆塔在居民区宜接地，其接地电阻不宜超过下面哪一项数据？ （ ）

（A）1Ω　　　　　　　　　　　　（B）4Ω

（C）10Ω　　　　　　　　　　　　（D）30Ω

解答过程：

37. 如下图所示为架空线路某钢筋混凝土电杆环绕水平接地装置的示意图，已知水平接地极采用 $50\text{mm} \times 5\text{mm}$ 的扁钢，埋深 $h = 0.8\text{m}$，土壤电阻率 $\rho = 500\Omega \cdot \text{m}$，$L_1 = 4\text{m}$，$L_2 = 2\text{m}$，计算该装置工频接地电阻值最接近下列哪一项数值？　　　　（　　）

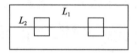

（A）48Ω　　　　　　　　　　　　（B）52Ω

（C）57Ω　　　　　　　　　　　　（D）90Ω

解答过程：

38. 在架空电力线路的导线力学计算中，如果用符号表示比载 γ_n（下角标代表导线在不同条件下），那么 γ_7 代表导线下列哪种比载？并回答导线比载的物理意义是什么？　　　　（　　）

（A）无冰时的风压比载　　　　　　　（B）覆冰时的风压比载

（C）无冰时的综合比载　　　　　　　（D）覆冰时的综合比载

解答过程：

39. 已知该架空电力线路设计气象条件和导线的参数如下：

①覆冰厚度 $b = 20\text{mm}$；　　　　　　　②覆冰时的风速 $V = 10\text{m/s}$；

③电线直径 $d = 17$；　　　　　　　　　④空气密度 $\rho = 1.2255\text{kg/m}^2$；

⑤空气动力系统 $K = 1.2$；　　　　　　　⑥风速不均匀系数 $\alpha = 1.0$；

⑦导线截面积 $A = 170\text{mm}^2$；　　　　　⑧理论风压 $W_0 = 0.5\rho V^2 \text{Pa}$。

计算导线覆冰时的风压比载 γ_5 与下列哪一项数值最接近？　　　　（　　）

（A）$3 \times 10^{-3}\text{N/(m} \cdot \text{mm}^2)$　　　　（B）$20 \times 10^{-3}\text{N/(m} \cdot \text{mm}^2)$

（C）$25 \times 10^{-3}\text{N/(m} \cdot \text{mm}^2)$　　　（D）$4200 \times 10^{-3}\text{N/(m} \cdot \text{mm}^2)$

解答过程：

40.已知某杆塔相邻两档导线等高悬挂，杆塔两侧导线最低点间的距离为 120m，导线截面积$A = 170mm^2$，出现灾害性天气时的比载$\gamma_3 = 100 \times 10^{-3}N/(m \cdot mm^2)$，计算此时一根导线施加在横挡上的垂直荷载最接近下列哪一项数值？ （ ）

（A）5000N （B）4000N

（C）3000N （D）2000N

解答过程：

2012 年案例分析试题（上午卷）

[案例题是 4 选 1 的方式，各小题前后之间没有联系，共 25 道小题，每题分值为 2 分，上午卷 50 分，下午卷 50 分，试卷满分 100 分。案例题一定要有分析（步骤和过程）、计算（要列出相应的公式）、依据（主要是规程、规范、手册），如果是论述题要列出论点]

题 1～5：某小型企业拟新建检修车间、办公附属房屋和 10/0.4kV 车间变电所各一处。变电所设变压器一台，车间的用电负荷及有关参数见下表。

设备组名称	单 位	数 量	设备组总容量	电压（V）	需要系数K_c	$\cos\varphi / \tan\varphi$
小批量金属加工机床	台	15	60kW	380	0.5	0.7/1.02
恒温电热箱	台	3	3 × 4.5kW	220	0.8	1.0/0
交流电焊机（$\varepsilon = 65\%$）	台	1	32kV·A	单相 380	0.5	0.5/1.73
泵、风机	台	6	20kW	380	0.8	0.8/0.75
5t 吊车（$\varepsilon = 40\%$）	台	1	30kW	380	0.25	0.5/1.73
消防水泵	台	2	2 × 4.5kW	380	1.0	0.8/0.75
单冷空调	台	6	6 × 1kW	220	1.0	0.8/0.75
电采暖器	台	2	2 × 1.5kW	220	1.0	1.0/0
照明			20kW	220	0.9	0.8/0.75

注：ε 为短时工作制设备的额定负载持续率。

请回答下列问题。

1. 当采用需要系数法计算负荷时，吊车的设备功率与下列哪个数值最接近？　　　　（　　）

（A）19kW　　　　　（B）30kW　　　　　（C）38kW　　　　　（D）48kW

解答过程：

2. 计算交流电焊机的等效三相负荷（设备功率）与下列哪个数值最接近？　　　　（　　）

（A）18kW　　　　　（B）22kW　　　　　（C）28kW　　　　　（D）39kW

解答过程：

3. 假定 5t 吊车的设备功率为 40kW、交流电焊机的等效三相负荷（设备功率）为 30kW，变电所低压侧无功补偿容量为 60kvar，用需要系数法计算的该车间变电所 0.4kV 侧总计算负荷（视在功率）与

下列哪个数值最接近？（车间用电负荷的同时系数取 0.9，除交流电焊机外的其余单相负荷按平均分配到三相考虑） （ ）

（A）80kV·A　　　　（B）100kV·A　　　　（C）125kV·A　　　　（D）160kV·A

解答过程：

4. 假定该企业变电所低压侧计算有功功率为 120kW、自然平均功率因数为 0.75，如果要将变电所 0.4kV 侧的平均功率因数提高到 0.9，计算最小的无功补偿容量与下列哪个数值最接近？（假定年平均有功负荷系数 $\alpha_{av} = 1$） （ ）

（A）30kvar　　　　（B）50kvar　　　　（C）60kvar　　　　（D）75kvar

解答过程：

5. 为了限制并联电容器回路的涌流，拟在低压电容器组的电源侧设置串联电抗器，请问此时电抗率宜选择下列哪个数值？ （ ）

（A）0.1%～1%　　　　（B）3%　　　　（C）4.5%～6%　　　　（D）12%

解答过程：

　　题 6～10：某办公楼供电电源 10kV 电网中性点为小电阻接地系统，双路 10kV 高压电缆进户，楼内 10kV 高压与低压电器装置共用接地网，请回答下列问题。

6. 低压配电系统接地及安全保护采用 TN-S 方式，下列常用机电设备简单接线示意图中哪一项不符合规范的相关规定？ （ ）

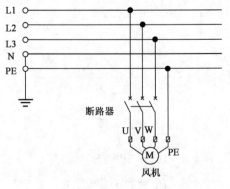

（A）风机接线示意图

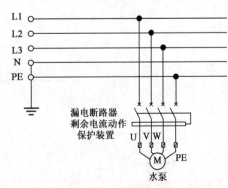

（B）水泵接线示意图

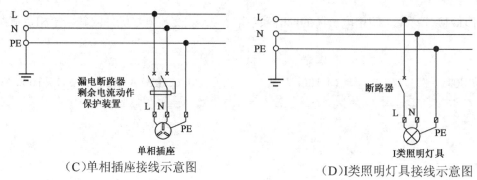

（C)单相插座接线示意图　　　　　　　（D)I类照明灯具接线示意图

解答过程：

7. 高压系统计算用的流经接地网的入地短路电流为 800A，计算高压系统接地网最大允许的接地电阻是下列哪一项数值？　　　　　　　　　　　　　　　　　　　　（　　）

（A）1Ω　　　　　　　　　　　　　　　　（B）2.5Ω

（C）4Ω　　　　　　　　　　　　　　　　（D）5Ω

解答过程：

8. 楼内安装 AC220V 落地式风机盘管（橡胶支撑座与地面绝缘），电源相线与 PE 线等截面，配电线路接线示意图如下图，已知：变压器电阻$R_T = 0.015\Omega$，中性点接地电阻$R_B = 0.5\Omega$，全部相线电阻$R_L = 0.5\Omega$，人体电阻$R_K = 1000\Omega$，人体站立点的大地过渡电阻$R_E = 20\Omega$，其他未知电阻、电抗、阻抗计算时忽略不计，计算发生如下图短路故障时人体接触外壳的接触电压U_K为下列哪一项？　　　　　　（　　）

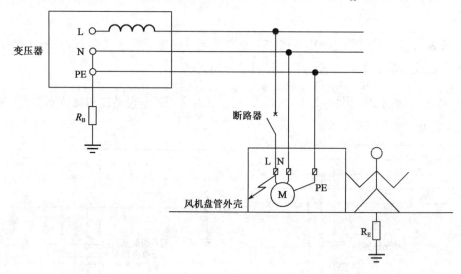

（A）$U_K = 106.146V$　　　　　　　　　（B）$U_K = 108.286V$

（C）$U_K = 108.374V$　　　　　　　　　（D）$U_K = 216.000V$

解答过程：

9. 建筑物基础为钢筋混凝土桩基，桩基数量800根，深度 $t = 36m$，基底长边 $L_1 = 180m$，短边 $L_2 = 90m$，土壤电阻率 $\rho = 120\Omega \cdot m$，若利用桩基基础做自然接地极，计算其接地电阻 R 是下列哪一项数值？（计算形状系数查图时，取靠近图中网格交叉点的近似值） （ ）

（A） $R = 0.287\Omega$ 　　（B） $R = 0.293\Omega$ 　　（C） $R = 0.373\Omega$ 　　（D） $R = 2.567\Omega$

解答过程：

10. 已知变电所地面土壤电阻率 $\rho_t = 1000\Omega \cdot m$，接地故障电流持续时间 $t = 0.5s$，高压电气装置发生单相接地故障时，变电所接地装置的接触电位差 U_t 和跨步电位差 U_s 不应超过下列哪一项数值？

（ ）

（A） $U_t = 100V$， $U_s = 250V$ 　　　　（B） $U_t = 550V$， $U_s = 250V$

（C） $U_t = 487V$， $U_s = 1236V$ 　　　　（D） $U_t = 688V$， $U_s = 1748V$

解答过程：

题11~15：某工程设计中，一级负荷中的特别重要负荷统计如下：

1）给水泵电动机：共3台（两用一备），每台额定功率45kW，允许断电时间5min；

2）风机用润滑油泵电动机：共4台（三用一备），每台额定功率10kW，允许断电时间5min；

3）应急照明安装容量：50kW，允许断电时间5s；

4）变电所直流电源充电装置安装容量：6kW，允许断电时间10min。

5）计算机控制与监视系统安装容量：30kW，允许断电时间5ms。

上述负荷中电动机的启动电流倍数为7，电动机的功率因数为0.85，电动机效率为0.92，启动时的功率因数为0.5，直接但不同时启动，请回答下列问题。

11. 下列哪一项不能采用快速自启动柴油发电机作为应急电源？ （ ）

（A）变电所直流电源充电装置 　　　　（B）应急照明和计算机控制与监视系统
（C）给水泵电动机 　　　　（D）风机用润滑油泵电动机

解答过程：

12. 若用不可变频的 EPS 作为电动机和应急照明的应急电源，其容量最小为下列哪一项？（　　　）

（A）170kW

（B）187kW

（C）495kW

（D）600kW

解答过程：

13. 采用柴油发电机为所有负荷供电，发电机功率因数为 0.8，用电设备的需要系数为 0.85，综合效率均为 0.9。那么，按稳定负荷计算，发电机的容量为下列哪一项？（　　　）

（A）229kV·A

（B）243.2kV·A

（C）286.1kV·A

（D）308.1kV·A

解答过程：

14. 当采用柴油发电机作为应急电源，最大一台电动机启动前，发电机已经带有负载 200kV·A、功率因数为 0.9，不考虑因尖峰负荷造成的设备功率下降，发电机的短时过载系数为 1.5，那么，按短时过负载能力校验，发电机的容量约为多少？（　　　）

（A）329kV·A

（B）343.3kV·A

（C）386.21kV·A

（D）553.3kV·A

解答过程：

15. 当采用柴油发电机作为应急电源，已知发电机为无刷励磁，它的瞬变电抗 $X'_d = 0.2$，当要求最大电动机启动时，满足发电机母线上的电压不低于 80%的额定电压，则该发电机的容量至少应是多少？（　　　）

（A）252kV·A

（B）272.75kV·A

（C）296.47kV·A

（D）322.25kV·A

解答过程：

题16～20：某110kV变电站有110kV、35kV、10kV三个电压等级，设一台三相三卷变压器，系统图如下图所示，主变110kV中性点采用直接接地，35kV、10kV中性点采用消弧线圈接地。（10kV侧无电源，且不考虑电动机的反馈电流）

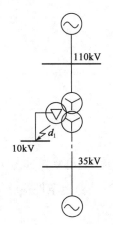

型号：SSZ10-31500/110
容量：31500kV·A
电压比：110±8×1.25%/35kV/10.5kV
阻抗电压：$u_{k1-2\%}$=11.5，$u_{k1-3\%}$=17，$u_{k2-3\%}$=6.5

请回答下列问题。

16. 假定该变电站110kV、35kV母线系统阻抗标幺值分别为0.025和0.12，请问该变电站10kV母线最大三相短路电流为下列哪一项？（$S_j = 100MV·A$，$U_{j110} = 115kV$，$U_{j35} = 37kV$，$U_{j10} = 10.5kV$）

（　　）

（A）9.74kA
（B）17.00kA
（C）18.95kA
（D）21.12kA

解答过程：

17. 该变电站10kV母线共接有16回10kV线路，其中，架空线路12回，每回线路长度约6km，单回路架设，无架空地线；电缆线路4回，每回线路长度为3km，采用标称截面积为150mm² 三芯电力电缆。问该变电站10kV线路的单相接地电容电流为下列哪一项？（要求精确计算并保留小数点后3位数）

（　　）

（A）18.646A
（B）19.078A
（C）22.112A
（D）22.544A

解答过程：

18. 假定该变电站 10kV 母线三相短路电流为 29.5kA，现需将本站 10kV 母线三相短路电流限制到 20kA 以下，拟采用在变压器 10kV 侧串联限流电抗器的方式，所选电抗器额定电压 10kV、额定电流 2000A，该限流电抗器电抗率最小应为下列哪一项？ （ ）

    （A）3%   （B）4%

    （C）5%   （D）6%

解答过程：

19. 该变电站某 10kV 出线采用真空断路器作为开断电器，假定 110kV、35kV 母线均接入无限大电源系统，10kV 母线三相短路电流初始值为 18.5kA，对该断路器按动稳定条件检验，断路器额定峰值耐受电流最小值应为下列哪一项？ （ ）

    （A）40kA   （B）50kA

    （C）63kA   （D）80kA

解答过程：

20. 变电站 10kV 出线选用的电流互感器有关参数如下：型号 LZZB9-10，额定电流 200A，短时耐受电流 24.5kA，短时耐受时间 1s，峰值耐受电流 60kA。当 110kV、35kV 母线均接入无限大电源系统，10kV 线路三相短路电流持续时间为 1.2s 时，所选电流互感器热稳定允许通过的三相短路电流有效值是下列哪一项数值？ （ ）

    （A）19.4kA   （B）22.4kA

    （C）24.5kA   （D）27.4kA

解答过程：

> 题 21～25：一座 35kV 变电所，有两回 35kV 进线，装有两台 35/10kV 容量为 5000kV·A 主变压器，35kV 母线和 10kV 母线均采用单母线分段接线方式，有关参数如图所示，继电保护装置由电流互感器、DL 型电流继电器、时间继电器组成，可靠系数为 1.2，接线系数为 1，继电器返回系数为 0.85。

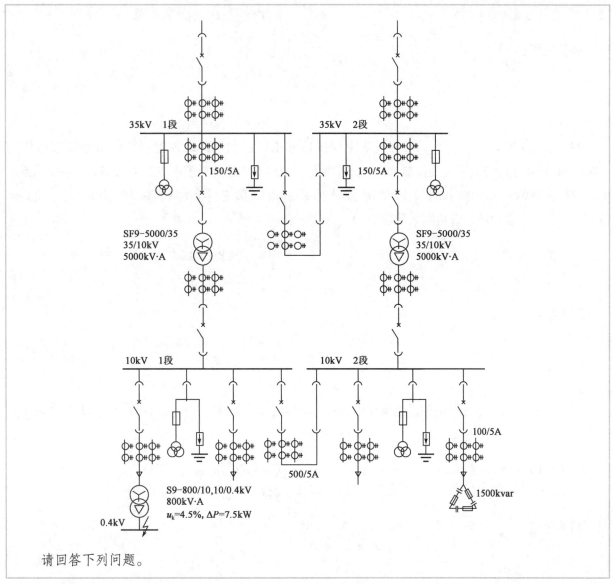

请回答下列问题。

21. 已知上图中 10/0.4kV, 800kV·A 变压器高压侧短路容量为 200MV·A, 变压器短路损耗为 7.5kW, 低压侧 0.4kV 母线上三相短路和两相短路电流稳态值为下列哪一项？（变压器阻抗平均值：$R_T = 1.88\text{m}\Omega$, $X_T = 8.8\text{m}\Omega$, 低压侧母线段阻抗忽略不计）   （   ）

（A）22.39kA, 19.39kA   （B）23.47kA, 20.33kA

（C）25.56kA, 22.13kA   （D）287.5kA, 248.98kA

解答过程：

22. 若该变电所两台 35/10kV 主变压器采用并联运行方式，当过电流保护时限>0.5s，电流速断保护能满足灵敏性要求时，在正常情况下主变压器的继电保护配置中下列哪一项可不装设？并说明其理由。
         （   ）

（A）带时限的过电流保护   （B）电流速断保护

（C）纵联差动保护 　　　　　　　　（D）过负荷保护

解答过程：

23. 假定该变电所在最大运行方式下主变压器低压侧三相短路时流过高压侧的超瞬态电流为 1.3kA。在最小运行方式下主变压器低压侧三相短路时流过高压侧的超瞬态电流为 1.1kA，主变压器过电流保护装置的一次动作电流和灵敏度系数为下列哪一项？（假定系统电源容量为无穷大，稳态短路电流等于超瞬态短路电流，过负荷系数取 1.1） 　　　　　　（ 　　 ）

（A）106.8A，8.92 　　　　　　　　（B）106.8A，12.17
（C）128.1A，7.44 　　　　　　　　（D）128.1A，8.59

解答过程：

24. 变电所 10kV 电容器组的过电流保护装置的动作电流为下列哪一项？（计算中过负荷系数取 1.3） 　　　　　　　　　　　　　　　　　　　　　　（ 　　 ）

（A）6.11A 　　　　　　　　　　　（B）6.62A
（C）6.75A 　　　　　　　　　　　（D）7.95A

解答过程：

25. 假定变电所的两段 10kV 母线在系统最大运行方式下母线三相短路超瞬态电流为 5480A，系统最小运行方式下母线三相短路超瞬态电流为 4560A，10kV 母线分段断路器电流速断保护装置的动作电流为下列哪一项？ 　　　　　　　　　　　　　　　　　（ 　　 ）

（A）19.74A 　　　　　　　　　　（B）22.8A
（C）23.73A 　　　　　　　　　　（D）26.32A

解答过程：

2012 年案例分析试题（下午卷）

一、专业案例题（共 40 题，考生从中选择 25 题作答，每题 2 分）

> 题 1～5：某城市拟在市中心建设一座 400m 高集商业、办公、酒店为一体的标志性公共建筑，当地海拔标高 2000m，主电源采用 35kV 高压电缆进户供电、建筑物内设 35/10kV 电站与 10/0.4kV 的变配电室，高压与低压电气装置共用接地网，请回答下列问题。

1. 本工程 TN-S 系统，拟采用剩余电流动作保护电器作为手持式和移动设备的间接接触保护电器，为确保电流流过人体无有害的电生理效应，按右手到双脚流过 25mA 电流计算，保护电器的最大分断时间不应超过下列哪一项数值？　　　　　　　　　　　　　　　　　　　　　（　　）

　　（A）0.20s　　　　　　　　　　　　　　（B）0.30s

　　（C）0.50s　　　　　　　　　　　　　　（D）0.67s

解答过程：

2. 楼内低压配电为 TN-S 系统，办公开水间设置 AC220/6kW 电热水器，间接接触保护断路器过电流额定值 $I_n = 32A$（瞬动 $I_a = 6I_n$），电热水器旁 500mm 处有一组暖气。为保障人身安全，降低电热水器发生接地故障时产生的接触电压，开水间做局部等电位联结，计算产生接触电压的那段线路导体的电阻最大不应超过下列哪一项数值？　　　　　　　　　　　　　　　　　　（　　）

　　（A）0.26Ω　　　　　　　　　　　　　　（B）1.20Ω

　　（C）1.56Ω　　　　　　　　　　　　　　（D）1.83Ω

解答过程：

3. 已知某段低压线路末端短路电流为 2.1kA，计算该断路器瞬动或短延时过流脱扣器整定值最大不超过多少？　　　　　　　　　　　　　　　　　　　　　　　　　　　　（　　）

　　（A）1.6kA　　　　　　　　　　　　　　（B）1.9kA

　　（C）2.1kA　　　　　　　　　　　　　　（D）2.4kA

解答过程：

4. 请确定变电所室内 10kV 空气绝缘母线桥相间距离最小不应小于多少？　　　　　（　　）

　　（A）125mm　　　　　　　　　　　　（B）140mm

　　（C）200mm　　　　　　　　　　　　（D）300mm

解答过程：

5. 燃气锅炉房内循环泵低压电机额定电流为 25A，请确定电机配电线路导体长期允许载流量不应小于下列哪一项数值？　　　　　　　　　　　　　　　　　　　　　　　　（　　）

　　（A）25A　　　　　　　　　　　　　（B）28A

　　（C）30A　　　　　　　　　　　　　（D）32A

解答过程：

　　题 6～10：某工程通信机房设有静电架空地板，用绝缘缆线敷设，室内要求有通信设备、网络、UPS 及接地设备，请回答下列问题。

---

6. 人体与导体内发生放电的电荷达到 2×10^{-7}cm 以上时就可能受到电击，当人体的电容为 100pF 时，依据规范确定静电引起的人体电击的电压大约是下列哪一项数值？　　　　　（　　）

　　（A）100V　　　　　　　　　　　　（B）500V

　　（C）1000V　　　　　　　　　　　　（D）3000V

解答过程：

7. 用电设备过电流保护器 5s 时的动作电流为 200A，通信机房内等电位联结，依据规范要求可能触及的外露可导电部分和外界可导电部分内的电阻应小于或等于下列哪一项数值？　　　　（　　）

　　（A）0.125Ω　　　　　　　　　　　（B）0.25Ω

　　（C）1.0Ω　　　　　　　　　　　　（D）4.0Ω

解答过程：

8. 若电源线截面积为 50mm²，接地故障电流为 8.2kA，保护电器切断供电的时间为 0.2s，计算系数 K 取 143，计算保护导体的最小截面积为下列哪一项数值？　　　　　　　　（　　）

（A）16mm²

（B）25mm²

（C）35mm²

（D）50mm²

解答过程：

9. 当防静电地板与接地导体采用导电胶粘接时，规范要求其接触面积不宜小于下列哪一项数值？

（　　）

（A）10cm²

（B）20cm²

（C）50cm²

（D）100cm²

解答过程：

10. 机房内设备最高频率 2500MHz，等电位采用 SM 混合型，设等电位联结网格，网格四周设等电位联结时，对高频信号设备接地设计应采用下列哪一项措施符合规范要求？　　　（　　）

（A）采用悬浮不接地

（B）避免接地导体长度为干扰频率波的 1/4 或奇数倍

（C）采用 2 根相同长度的接地导体就近与等电位联结网络连接

（D）采用 1 根接地导体汇聚连接至接地汇流排一点接地

解答过程：

> 题 11～15：某企业 10kV 变电所，装机容量为两台 20MV·A 的主变压器，2 回 110kV 出线（GIS），10kV 母线为单母线分段接线方式，每段母线均有 15 回馈线，值班室设置变电所监控系统，并有人值班，请回答下列问题。

11. 关于直流负荷的叙述，下列哪一项叙述是错误的？　　　　　　　　　　　　　（　　）

（A）电气和热工的控制、信号为控制负荷

（B）交流不停电装置负荷为动力负荷

（C）测量和继电保护、自动装置负荷为控制负荷

（D）断路器电磁操动合闸机构为控制负荷

解答过程：

12. 若变电所信号控制保护装置容量为 2500W（负荷系数为 0.6），UPS 装置为 3000W（负荷系数为 0.6），直流应急照明容量为 1500W（负荷系数为 1.0），断路器操作负荷为 800W（负荷系数为 0.6），各设备额定电压为 220V，功率因数取 1，那么直流负荷的经常负荷电流、0.5h 事故放电容量、1h 事故放电容量为下列哪一项数值？ （ ）

（A）6.82A，10.91A·h，21.82A·h

（B）6.82A，10.91A·h，32.73A·h

（C）6.82A，12.20A·h，24.55A·h

（D）9.09A，12.05A·h，24.09A·h

解答过程：

13. 如果该变电所事故照明、事故停电放电容量为 44A·h，蓄电池采用阀控式铅酸蓄电池（胶体）（单体 2V），单个电池的放电终止电压 1.8V，则该变电所的蓄电池容量宜选择下列哪一项？ （ ）

（A）80A·h

（B）100A·h

（C）120A·h

（D）150A·h

解答过程：

14. 如果该变电所 220V 直流电源选用 220A·h 的 GF 型铅酸蓄电池，蓄电池的电池个数为 108 个，经常性负荷电流 15A，事故放电末期随机（5s）冲击放电电流值为 18A，事故放电初期（1min）冲击电流和 1h 事故放电末期电流均为 36A，计算事故放电末期承受随机（5s）冲击放电电流的实际电压和事故放电初期 1min 承受冲击放电电流时的实际电压为下列哪一项？（查曲线时所需数据取整数） （ ）

（A）197.6V/210.6V

（B）99.8V/213.8V

（C）205V/216V

（D）217V/226.8V

解答过程：

15. 如果该变电所 1h 放电容量为 20A·h，该蓄电池拟仅带控制负荷，蓄电池个数为 108 个，选用阀控式铅酸蓄电池（贫液）（单体 2V），则该变电所的蓄电池容量为下列哪一项？（查表时放电终止电压据计算结果就近取值）　　　　　　　　　　　　　　　　　　　　　　　　（　　）

（A）65A·h　　　　　（B）110A·h　　　　　（C）140A·h　　　　　（D）150A·h

解答过程：

题 16～20：某企业供电系统计算电路如下图所示。

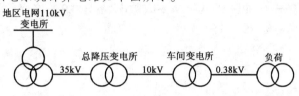

图中 35kV 电缆线路采用交联聚乙烯铜芯电缆，长度为 3.5km，电缆截面积为 150mm²，35kV 电缆有关参数见下表。

截面积（mm²）	电阻75℃（Ω/km）	电抗（Ω/km）	埋地25℃允许负荷	埋地30℃允许负荷	电压损失[%/（MW·km）]			电压损失[%/（kA·km）]		
					cosφ			cosφ		
					0.8	0.85	0.9	0.8	0.85	0.9
3×50	0.428	0.137	7.76	10.85	0.043	0.042	0.039	2.099	2.158	2.202
3×70	0.305	0.128	9.64	13.88	0.033	0.031	0.029	1.589	1.613	1.638
3×95	0.225	0.121	11.46	16.79	0.026	0.025	0.022	1.250	1.262	1.267
3×120	0.178	0.116	12.97	19.52	0.022	0.020	0.018	1.049	1.049	1.044
3×150	0.143	0.112	14.67	22.19	0.019	0.017	0.015	0.896	0.896	0.881
3×185	0.116	0.109	16.49	25.70	0.016	0.015	0.013	0.782	0.772	0.752
3×240	0.090	0.104	19.04	30.31	0.014	0.013	0.011	0.663	0.653	0.624
3×300	0.072	0.103	21.40	34.98	0.012	0.011	0.009	0.593	0.571	0.544
3×400	0.054	0.103	24.07	39.46	0.011	0.010	0.008	0.519	0.496	0.465

请回答下列问题。

16. 已知 35kV 电源线供电负荷为三相平衡负荷，至降压变电所 35kW 侧计算电流为 200A，功率因数为 0.8，请问该段 35kV 电缆线路的电压损失 Δu 为下列哪一项？　　　　　　　　　（　　）

（A）0.019%　　　　　　　　　　　　　　（B）0.63%

（C）0.72%　　　　　　　　　　　　　　（D）0.816%

解答过程：

17. 假定总降压变电所计算有功负荷为 15000kW，补偿前后的功率因数分别为 0.8 和 0.9，该段线路补偿前后有功损耗为下列哪一项？　　　　　　　　　　　　　　　（　　　）

（A）28/22kW　　　　　　　　　　　　（B）48/38kW

（C）83/66kW　　　　　　　　　　　　（D）144/113kW

解答过程：

18. 假定总降压变电所变压器的额定容量 $S_N = 20000kV \cdot A$，短路损耗 $P_s = 100kW$，变压器的阻抗电压 $u_k = 9\%$，计算负荷 $S_j = 15000kV \cdot A$，功率因数 $\cos\varphi = 0.8$，该变压器的电压损失 Δu 为下列哪一项？　　　　　　　　　　　　　　　　　　　（　　　）

（A）0.5%　　　　（B）4.35%　　　　（C）6.75%　　　　（D）8.99%

解答过程：

19. 假定车间变电所变压器额定容量为 $S_N = 20000kV \cdot A$，空载损耗为 $P_0 = 3.8kW$，短路损耗 $P_s = 100kW$，正常运行时的计算负荷 $S_j = 15000kV \cdot A$，该变压器在正常运行时的有功损耗 ΔP 为下列哪一项？　　　　　　　　　　　　　　　（　　　）

（A）9kW　　　　（B）12.8kW　　　　（C）15.2kW　　　　（D）19.2kW

解答过程：

20. 该系统末端有一台交流异步电动机，如果电动机端子电压偏差为 −5%，忽略运行中其他参数变化，该电动机电磁转矩偏差百分数为下列哪一项？　　　　　　　　　　　（　　　）

（A）10.6%　　　　（B）−9.75%　　　　（C）5.0%　　　　（D）0.25%

解答过程：

题 21～25：某炼钢厂除尘风机电动机额定功率 $P_e = 2100kW$，额定转速 $N = 1500r/min$，额定电压 $U_n = 10kV$；除尘风机额定功率 $P_n = 2000kW$，额定转速 $N = 1491r/min$，据工艺状况工作在高速或低速状态，高速时转速为 1350r/min，低速时为 300r/min，年作业 320 天，每天 24h，进行方案设计

时，做液力耦合器调速方案和变频器调速方案的技术比较，变频器效率为0.98，忽略风机电动机效率和功率因数影响，请回答下列问题。

21. 在做液力耦合器调速方案时，计算确定液力耦合器工作轮有效工作直径D是多少？　　（　　）

　　（A）124mm　　　　（B）246mm　　　　（C）844mm　　　　（D）890mm

解答过程：

22. 若电机工作在额定状态，液力耦合器输出转速为 300r/min 时，电动机的输出功率是多少？

　　　　　　　　　　　　　　　　　　　　　　　　　　　　　　　　（　　）

　　（A）380kW　　　　　（B）402kW　　　　　（C）420kW　　　　　（D）444kW

解答过程：

23. 当采用变频调速器且除尘风机转速为300r/min时，电动机的输出功率是多少？　　（　　）

　　（A）12.32kW　　　（B）16.29kW　　　（C）16.80kW　　　（D）80.97kW

解答过程：

24. 当除尘风机运行在高速时，试计算这种情况下用变频调速器调速比液力耦合器调速每天省多少度电？　　　　　　　　　　　　　　　　　　　　　　　　　　　　　（　　）

　　（A）2350.18kW·h　　　　　　　　　（B）3231.36kW·h
　　（C）3558.03kW·h　　　　　　　　　（D）3958.56kW·h

解答过程：

25. 已知从风机的供电回路测得，采用变频调速方案时，风机高速运行时功率1202kW，低速运行时功率为10kW，采用液力耦合器调速方案时，风机高速运行时功率为1406kW，低速时为56kW，若除尘风机高速和低速各占50%，问采用变频调速比采用液力耦合器调速每年节约多少电？　　（　　）

　　（A）688042kW·h　　　　　　　　　（B）726151kW·h

（C）960000kW·h　　　　　　　　　　　　（D）10272285kW·h

解答过程：

题 26～30：某工程设计一电动机控制中心（MCC），其中最大一台笼型电动机额定功率$P_{ed}=$ 200kW，额定电压$U_{ed}=380V$，额定电流$I_{ed}=362A$，额定转速$N_{ed}=1490r/min$，功率因数$\cos\varphi_{ed}=$ 0.89，效率$\eta_{ed}=0.945$，启动电流倍数$K_{IQ}=6.8$，MCC 由一台$S_B=1250kV\cdot A$的变压器（$U_d=4\%$）供电，变压器二次侧短路容量$S_{d1}=150MV\cdot A$，MCC 除最大一台笼型电动机外，其他负荷总计$S_{fh}=$ 650kV·A，功率因数$\cos\varphi=0.72$，请回答下列问题。

---

26. 关于电动机转速的选择，下列哪一项是错误的？　　　　　　　　　　　（　）

（A）对于不需要调速的高转速或中转速的机械，一般应选用相应转速的异步或同步电动机直接与机械相连接

（B）对于不需要调速的低转速或中转速的机械，一般应选用相应转速的电动机通过减速机来转动

（C）对于需要调速的机械，电动机的转速产生了机械要求的最高转速相适应，并留存 5%～8% 的向上调速的余量

（D）对于反复短时工作的机械，电动机的转速除能满足最高转速外，还需从保证生产机械达到最大的加减速度的角度选择最合适的传动比

解答过程：

---

27. 如果该电动机的空载电流$I_{kz}=55A$，定子电阻$R_d=0.12\Omega$，采用能耗制动时，外加直流电压$U_{zd}=60V$，忽略线路电阻，通常为获得最大制动转矩，外加能耗制动电阻值为下列哪一项？（　）

（A）0.051Ω　　　　（B）0.234Ω　　　　（C）0.244Ω　　　　（D）0.124Ω

解答过程：

---

28. 如果该电机每小时接电次数 20 次，每次制动时间为 12s，则制动电阻接电持续率为下列哪一项数值？　　　　　　　　　　　　　　　　　　　　　　　　　　　　　　（　）

（A）0.67%　　　　（B）6.67%　　　　（C）25.0%　　　　（D）66.7%

解答过程：

29.若忽略线路阻抗影响，按全压启动方案，计算该电动机启动时的母线电压相对值等于下列哪一项数值？ （ ）

（A）0.972 （B）0.946

（C）0.943 （D）0.921

解答过程：

30.若该电动机启动时的母线电压相对值为 0.89，该线路阻抗为 0.0323Ω，计算启动时该电动机端子电压相对值等于下列哪一项？ （ ）

（A）0.65 （B）0.84

（C）0.78 （D）0.89

解答过程：

题 31～35：某教室平面为扇形面积减去三角形面积，扇形的圆心角为 60°，布置见下图，圆弧形墙面的半径为 30m，教室中均匀布置格栅荧光灯具，计算中忽略墙体面积。

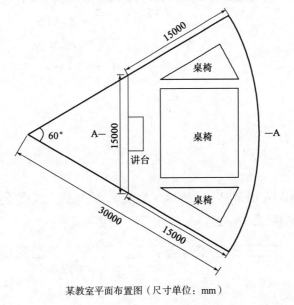

某教室平面布置图（尺寸单位：mm）

请回答下列问题。

31.若该教室按多媒体室选择光源色温,照明器具统一眩光值和照度标准值,下列哪一项是正确的?
（ ）

（A）色温 4500K，统一眩光值不大于 19，0.75m 水平面照度值 300lx

（B）色温 4500K，统一眩光值不大于 19，地面照度值 300lx

（C）色温 6500K，统一眩光值不大于 22，0.75m 水平面照度值 500lx

（D）色温 6500K，统一眩光值不大于 22，地面照度值 500lx

解答过程：

32. 教室黑板采用非对称光强分布特性的灯具照明，黑板照明灯具安装位置如下图所示。若在讲台上教师的水平视线距地 1.85m，距黑板 0.7m，为使黑板灯不会对教室产生较大的直接眩光，黑板灯具不应安装在教师水平视线 θ 角以内位置，黑板灯安装位置与黑板的水平距离 L 不应大于下列哪一项数值？
（　　）

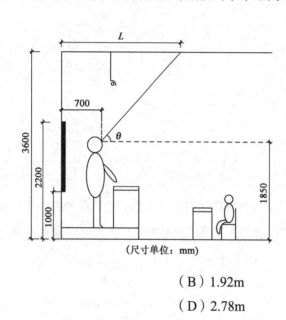

（尺寸单位：mm）

（A）1.85m

（B）1.92m

（C）2.45m

（D）2.78m

解答过程：

33. 若该教室室内空间 A-A 剖面如下图所示，无光源。采用嵌入式格栅荧光灯具，已知顶棚空间表面平均反射比为 0.77，计算顶棚的有效空间反射比为下列哪一项？
（　　）

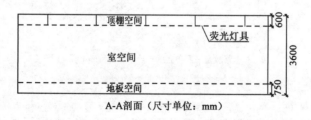

A-A 剖面（尺寸单位：mm）

（A）0.69

（B）0.75

（C）0.78

（D）0.83

解答过程：

34. 若该教室顶棚高度 3.6m，灯具嵌入顶棚安装，工作面高 0.75m，该教室室空间比为下列哪一项数值？ （　　）

（A）1.27 　　　　　　　　　　　　（B）1.34

（C）1.46 　　　　　　　　　　　　（D）1.54

解答过程：

35. 若该教室平均高度 3.6m，采用嵌入式格栅灯具均匀安装，每套灯具 2×20W，采用节能型荧光灯。若荧光灯灯管光通量为 3250lm，教室灯具的利用系数为 0.6，灯具效率为 0.7，灯具维护系数为 0.8，要求 0.75m 平均照度 300lx，计算需要多少套灯具（取整数）？ （　　）

（A）46 　　　　　　　　　　　　（B）42

（C）36 　　　　　　　　　　　　（D）32

解答过程：

题 36~40：某市有一新建办公楼，地下 2 层，地上 20 层，在第 20 层有一个多功能厅和一个大会议厅，其层高均为 5.5m，吊顶为平吊顶，高度为 5m，多功能厅长 35m、宽 15m，会议厅长 20m、宽 10m，请回答下列问题。

36. 在多功能厅设有 4 组扬声器音箱，每组音箱额定噪声功率 25W，配置的功率放大器峰值功率 1000W，如果驱动每组扬声器的有效值功率为 25W，试问工作时其峰值余量的分贝数为下列哪一项？ （　　）

（A）6dB 　　　　　　　　　　　　（B）10dB

（C）20dB 　　　　　　　　　　　　（D）40dB

解答过程：

37. 在会议厅设扬声器，为嵌入式安装，其辐射角为 100°，根据规范要求计算，扬声器的间距不应

超过下列哪一项？ （   ）

（A）8.8m
（B）10m
（C）12.5m
（D）15m

解答过程：

38. 在多功能厅中有一反射声是由声源扬声器经反射面（体）到测试点，整个反射声的声程为 18m，试问该反射声到达测试点的时间为下列哪一项？ （   ）

（A）56.25ms
（B）52.94ms
（C）51.43ms
（D）50ms

解答过程：

39. 在会议厅中，当会场中某一点位置两只扬声器单独扩声时，第一只扬声器在该点产生的声压级为 80dB，另一只扬声器在该点产生的声压级为 90dB，请判断当两只扬声器同时作用时，在该点测得的声压级为下面哪一项？ （   ）

（A）90dB
（B）90.414dB
（C）92.762dB
（D）120dB

解答过程：

40. 在会议厅将扬声器靠一墙角布置，已知会议厅平均吸声系数为 0.2，$D(\theta) = 1$，请计算扬声器的供声临界距离，并判断下列哪一个数值是正确的？ （   ）

（A）1.98m
（B）2.62m
（C）3.7m
（D）5.24m

解答过程：

2013 年案例分析试题（上午卷）

[案例题是 4 选 1 的方式，各小题前后之间没有联系，共 25 道小题，每题分值为 2 分，上午卷 50 分，下午卷 50 分，试卷满分 100 分。案例题一定要有分析（步骤和过程）、计算（要列出相应的公式）、依据（主要是规程、规范、手册），如果是论述题要列出论点]

题 1～5：某高层办公楼供电电源为交流 10kV，频率 50Hz，10/0.4kV 变电所设在本楼内，10kV 侧采用低电阻接地系统，400/230V 侧接地形式采用 TN-S 系统且低压电气装置采用保护总等电位联结系统。请回答下列问题。

1. 因低压系统发生接地故障，办公室有一电气设备的金属外壳带电，若已知干燥条件，大的接触表面积，50/60Hz 交流电流路径为手到手的人体总阻抗 Z_T 见下表，试计算人体碰触到该电气设备，交流接触电压 75V，干燥条件，大的接触表面积，当电流路径为人体双手对身体躯干成并联，接触电流应为下列哪一项数值？　　　　　　　　　（　　）

人体总阻抗 Z_T 表

接触电压（V）	人体总阻抗 Z_T 值（Ω）	接触电压（V）	人体总阻抗 Z_T 值（Ω）
25	3250	125	1550
50	2500	150	1400
75	2000	175	1325
100	1725	200	1275

（A）38mA　　　　　（B）75m　　　　　（C）150mA　　　　　（D）214mA

解答过程：

2. 办公楼 10/0.4kV 变电所的高压接地系统和低压接地系统相互连接，变电所的接地电阻为 3.2Ω，若变电所 10kV 高压侧发生单相接地故障，测得故障电流为 150A，在故障持续时间内低压系统线导体与变电所低压设备外露可导电部分之间的工频应力电压为下列哪一项数值？　　　　　　（　　）

（A）110V　　　　　（B）220V　　　　　（C）480V　　　　　（D）700V

解答过程：

3. 办公楼内一台风机采用交联铜芯电缆 YJV-0.6/1kV-3×25＋1×16 配电，该风机采用断路器的短路保护兼作单相接地故障保护，已知该配电线路保护断路器之前系统的相保电阻为 65mΩ，相保电抗为 40mΩ，保证断路器在 5s 内自动切断故障回路的动作电流为 1.62kA，线路单位长度阻抗值见下表，若不计该配电网络保护开关之后线路的电抗和接地故障点的阻抗，该配电线路长度不能超过下列哪一项数值？ （ ）

线路单位长度电阻值（mΩ/m）

R'①					
$S(mm^2)$②	50	35	25	16	10
铝	0.575	0.822	1.151	1.798	2.875
铜	0.351	0.501	0.702	1.097	1.754
$R'_{php} = 1.5(R'_{ph} + R'_p)$③					
$S_p = S(mm^2)$② 4×	50	35	25	16	10
铝	1.725	2.466	3.453	5.394	8.628
铜	1.053	1.503	2.106	3.291	5.262
$S_p \approx S/2$ (mm²) 3×	50	35	25	16	10
+1×	25	16	16	10	6
铝	2.589	3.930	4.424	7.011	11.364
铜	1.580	2.397	2.699	4.277	6.932

注：①R'为导线20℃时单位长度电阻：$R' = C_j \frac{\rho_{20}}{s} \times 10^3 mΩ$。

铝$\rho_{20} = 2.82 \times 10^{-6} Ω \cdot cm$，铜$\rho_{20} = 1.72 \times 10^{-6} Ω \cdot cm$，$C_j$为绞入系数，导线截面积 ≤ 6mm²时，$C_j$取 1.0；导线截面积 > 6mm²时，$C_j$取 1.02。

②S为相线线芯截面积，S_p为 PEN 线芯截面积。

③R'_{php}为计算单相对地短路电流用，其值取导线20℃时电阻的1.5倍。

（A）12m　　　　（B）24m　　　　（C）33m　　　　（D）48m

解答过程：

4. 楼内某办公室配电箱配电给除湿机，除湿机为三相负载，功率为15kW，保证间接接触保护电器在规定时间内切断故障回路的动作电流为 756A，为降低除湿机发生接地故障时与邻近暖气片之间的接触电压，在该办公室设置局部等电位联结，计算该配电箱除湿机供电线路中 PE 线的电阻值最大不应超过下列哪一项数值？ （ ）

（A）66mΩ　　　　（B）86mΩ　　　　（C）146mΩ　　　　（D）291mΩ

解答过程：

5. 该办公楼电源 10kV 侧采用低电阻接地系统，10/0.4kV 变电站接地网地表层的土壤电阻率$\rho = 200Ω \cdot m$，若表层衰减系数$C_s = 0.86$，接地故障电流的持续时间$t = 0.5s$，当 10kV 高压电气装置发生单相接地故障时，变电站接地装置的接触电位差不应超过下列哪一项数值？ （ ）

（A）59V   （B）250V

（C）287V   （D）416V

解答过程：

题 6～10：某省会城市综合体项目，地上 4 栋一类高层建筑，地下室连成一体，总建筑面积 280301m²，建筑面积分配见下表，设置 10kV 配电站一座。

建筑区域	五星级酒店	金融总部办公大楼	出租商务办公大楼	综合商业大楼	合计
建筑面积（m²）	58794	75860	68425	77222	280301

请回答下列问题。

6. 已知 10kV 电源供电线路每回路最大电流 600A，本项目方案设计阶段负荷估算见下表，请说明按规范要求应向电力公司最少申请几回路 10kV 电源供电线路？ （   ）

建筑区域	建筑面积（m²）	装机指标（V·A/m²）	变压器装机容量（kV·A）	预测负荷率（%）	预测一、二级负荷容量（kV·A）
五星级酒店	58794	97	2×1600 2×1250	60	2594
金融总部办公大楼	75860	106	4×2000	60	2980
出租商务办公楼	68425	105	2×2000 2×1600	60	2792
综合商业大楼	77222	150	6×2000	60	3600
合计	280301	117	32900	60	11966

（A）1 回供电线路   （B）2 回供电线路

（C）3 回供电线路   （D）4 回供电线路

解答过程：

7. 裙房商场电梯数量见下表，请按需要系数法计算（同时系数取 0.8）供全部电梯的干线导线载流量不应小于下列哪一项？ （   ）

设备名称	功率（kV·A）	额定电压（V）	数量（部）	需要系数
直流客梯	50	380	6	0.5
交流货梯	32①	380	2	0.5
交流食梯	4①	380	2	0.5

注：①持续运行时间 1h 额定容量。

（A）226.1A   （B）294.6A

（C）361.5A   （D）565.2A

解答过程：

8. 已知设计选用额定容量为 1600kV·A变压器的空载损耗 2110W、负载损耗 10250W、空载电流 0.25%、阻抗电压 6%，计算负载率 51%的情况下，变压器的有功及无功功率损耗应为下列哪组数值？ （　　）

（A）59.210kW，4.150kvar　　　　　　　（B）6.304kW，4.304kvar

（C）5.228kW，1.076kvar　　　　　　　（D）4.776kW，28.970kvar

解答过程：

9. 室外照明电源总配电柜三相供电，照明灯具参数及数量见下表，当需要系数$K_x = 1$时，计算室外照明总负荷容量为下列哪一项数值？ （　　）

灯具名称	额定电压	光源功率（W）	电器功率（W）	功率因数 $\cos\varphi$	数量（盏）	接于线电压的灯具数量		
						UV	VW	WU
大功率金卤投光灯	单相380V	1000	105	0.80	18	4	6	8

已查线间负荷换算系数：

$p_{(UV)U} = p_{(VW)V} = p_{(VW)V} = 0.72$

$p_{(UV)V} = p_{(VW)W} = p_{(VW)U} = 0.28$

$q_{(UV)U} = q_{(VW)V} = q_{(VW)V} = 0.09$

$q_{(UV)V} = q_{(VW)W} = q_{(VW)U} = 0.67$

（A）19.89kV·A　　　（B）24.86kV·A　　　（C）25.45kV·A　　　（D）29.24kV·A

解答过程：

10. 酒店自备柴油发电机组带载负荷统计见下表，请计算发电机组额定视在功率不应小于下列哪一项数值？（同时系数取1） （　　）

用电设备组名称	功率（kW）	需要系数K_x	$\cos\varphi$	备　注
照明负荷	56	0.4	0.9	火灾时可切除
动力负荷	167	0.6	0.8	火灾时可切除
UPS	120	0.8	0.9	功率单位kV·A
24h 空调负荷	125	0.7	0.8	火灾时可切除

续上表

用电设备组名称	功率（kW）	需要系数 K_x	$\cos\varphi$	备注
消防应急照明	100	1	0.9	
消防水泵	130	1	0.8	
消防风机	348	1	0.8	
消防电梯	40	1	0.5	

（A）705kV·A　　　　（B）874kV·A　　　　（C）915kV·A　　　　（D）1133kV·A

解答过程：

题 11～15：某企业新建 35/10kV 变电所，10kV 侧计算有功功率 17450kW，计算无功功率 11200kvar，选用两台 16000kV·A 的变压器，每单台变压器阻抗电压 8%，短路损耗为 70kW，两台变压器同时工作，分列运行，负荷平均分配，35kV 侧最大运行方式下短路容量为 230MV·A，最小运行方式下短路容量为 150MV·A，该变电所采用两回 35kV 输电线路供电，两回线路同时工作，请回答下列问题。

11. 该变电所的两回 35kV 输电线路采用经济电流密度选择的导线的截面积应为下列哪一项数值？（不考虑变压器损耗，经济电流密度取 0.9A/mm^2）　　　　　　　　（　　）

（A）150mm^2　　　　（B）185mm^2　　　　（C）300mm^2　　　　（D）400mm^2

解答过程：

12. 假定该变电所一台变压器所带负荷的功率因数为 0.7，其最大电压损失是为下列哪一项数值？

（　　）

（A）3.04%　　　　（B）3.90%　　　　（C）5.18%　　　　（D）6.07%

解答过程：

13. 请计算补偿前的 10kV 侧平均功率因数（年平均负荷系数 $\alpha_{av} = 0.75$、$\beta_{av} = 0.8$，假定两台变压器所带负荷的功率因数相同），如果要求 10kV 侧平均功率因数补偿到 0.9 以上，按最不利条件计算补偿容量，其计算结果最接近下列哪组数值？　　　　　　　　　　　　（　　）

（A）0.76，3315.5kvar　　　　　　　　　　（B）0.81，2094kvar

（C）0.83，1658kvar （D）0.89，261.8kvar

解答过程：

14. 该变电所 10kV 1 段母线皆有两组整流设备，整流器接线均为三相全控桥式，已知 1 号整流设备 10kV 侧 5 次谐波电流值为 20A，2 号整流设备 10kV 侧 5 次谐波电流值为 30A，则 10kV 1 段母线注入电网的 5 次谐波电流值为下列哪一项？（　　）

（A）10A　　　　　（B）13A　　　　　（C）14A　　　　　（D）50A

解答过程：

15. 该变电所 10kV 母线正常运行时电压为 10.2kV，请计算 10kV 母线的电压偏差为下列哪一项？（　　）

（A）−2.86%　　　（B）−1.9%　　　（C）2%　　　　　（D）3%

解答过程：

题 16～20：某企业新建 35/10kV 变电所，短路电流计算系统图如下图所示，其已知参数均列在图上，第一电源为无穷大容量，第二电源为汽轮发电机，容量为 30MW，功率因数 0.8，超瞬态电抗值 $X_d = 13.65\%$，两路电源同时供电，两台降压变压器并联运行，10kV 母线上其中一回馈线给一台 1500kW 的电动机供电，电动机效率 0.95，启动电流倍数为 6，电动机超瞬态电抗相对值为 0.156，35kV 架空线路的电抗为 0.37Ω/km（短路电流计算，不计及各元件电阻）。

汽轮发电机运算曲线数字表

X_c	t（s）						
	0	0.01	0.06	0.1	0.2	0.4	0.5
	I^*						
0.12	8.963	8.603	7.186	6.400	5.220	4.252	4.006
0.14	7.718	7.467	6.441	5.839	4.878	4.040	3.829
0.16	6.763	6.545	5.660	5.146	4.336	3.649	3.481
0.18	6.020	5.844	5.122	4.697	4.016	3.429	3.288
0.20	5.432	5.280	4.661	4.297	3.715	3.217	3.099
0.22	4.938	4.813	4.296	3.988	3.487	3.052	2.951
0.24	4.526	4.421	3.984	3.721	3.286	2.904	2.816

续上表

X_c	t (s)						
	0	0.01	0.06	0.1	0.2	0.4	0.5
	I^*						
0.26	4.178	4.088	3.714	3.486	3.106	2.769	2.693
0.28	3.872	3.705	3.472	3.274	2.939	2.641	2.575
0.30	3.603	3.536	3.255	3.081	2.785	2.520	2.463
0.32	3.368	3.310	3.063	2.909	2.646	2.410	2.360
0.34	3.159	3.108	2.891	2.754	2.519	2.308	2.264
0.36	2.975	2.930	2.736	2.614	2.403	2.213	2.175
0.38	2.811	2.770	2.597	2.487	2.297	2.126	2.093
0.40	2.664	2.628	2.471	2.372	2.199	2.045	2.017
0.42	2.531	2.499	2.357	2.267	2.110	1.970	1.946
0.44	2.411	2.382	2.253	2.170	2.027	1.900	1.879
0.46	2.302	2.275	2.157	2.082	1.950	1.835	1.817
0.48	2.203	2.178	2.069	2.000	1.879	1.774	1.759
0.50	2.111	2.088	1.988	1.924	1.813	1.717	1.704
0.55	1.913	1.894	1.810	1.757	1.665	1.589	1.581
0.60	1.748	1.732	1.662	1.617	1.539	1.478	1.474
0.65	1.610	1.596	1.535	1.497	1.431	1.382	1.381
0.70	1.492	1.479	1.426	1.393	1.336	1.297	1.298
0.80	1.301	1.291	1.249	1.223	1.179	1.154	1.159
0.90	1.153	1.145	1.110	1.089	1.055	1.039	1.047
1.00	1.035	1.028	0.999	0.981	0.954	0.945	0.954
1.50	0.686	0.682	0.665	0.656	0.644	0.650	0.662
2.00	0.512	0.510	0.498	0.492	0.486	0.496	0.508
2.20	0.465	0.463	0.453	0.448	0.443	0.453	0.464
2.30	0.445	0.443	0.433	0.428	0.424	0.435	0.444
2.40	0.426	0.424	0.415	0.411	0.407	0.418	0.426

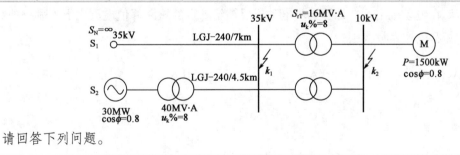

请回答下列问题。

16. k_1 点三相短路时，第一电源提供的短路电流和短路容量为下列哪组数值？ （   ）

（A）2.65kA，264.6MV·A

（B）8.25kA，529.1MV·A

（C）8.72kA，529.2MV·A

（D）10.65kA，684.9MV·A

解答过程：

17. k_2 点三相短路时，第一电源提供的短路电流和短路容量为下列哪组数值？　　　　（　　）

（A）7.58kA，139.7MV·A

（B）10.83kA，196.85MV·A

（C）11.3kA，187.3MV·A

（D）12.60kA，684.9MV·A

解答过程：

18. k_1 点三相短路时（0s），第二电源提供的短路电流和短路容量为下列哪组数值？　　　　（　　）

（A）0.40kA，25.54MV·A

（B）2.02kA，202MV·A

（C）2.44kA，156.68MV·A

（D）24.93kA，309MV·A

解答过程：

19. k_2 点三相短路时（0s），第二电源提供的短路电流和短路容量为下列哪组数值？　　　　（　　）

（A）2.32kA，41.8MV·A

（B）3.03kA，55.11MV·A

（C）4.14kA，75.3MV·A

（D）6.16kA，112MV·A

解答过程：

20. 假设短路点 k_2 在电动机附近，计算异步电动机反馈给 k_2 点的短路峰值电流为下列哪一项数值？
（异步电动机反馈的短路电流系数取 1.5）　　　　（　　）

（A）0.99kA　　　　（B）1.13kA　　　　（C）1.31kA　　　　（D）1.74kA

解答过程：

　　题 21～25：某企业从电网引来两路 6kV 电源，变电所主接线如下图所示，短路计算中假设工厂远离电源，系统电源容量为无穷大。

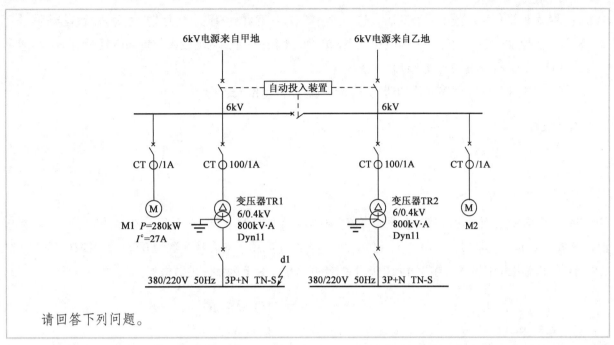

请回答下列问题。

21. 该企业的计算有功功率为 6800kW，年平均运行时间为 7800h，年平均有功负荷系数为 0.8，计算该企业的电能计量装置中有功电能表的准确度至少为下列哪一项数值？ （ ）

（A）0.2 （B）0.5 （C）1.0 （D）2.0

解答过程：

22. 设上图中电动机的额定功率为 280kW，额定电流为 27A，6kV 母线的最大短路电流 I_k 为 28kA。电动机回路的短路电流切除时间为 0.6s，此回路电流互感器 CT 的额定热稳定参数如下表，说明根据量程和热稳定条件选择的 CT 应为下列哪一项？ （ ）

编　号	一次额定电流（A）	准　确　度	额定热稳定电流（kA/s）
①	40	0.5	16/1
②	60	0.5	20/1
③	75	0.5	25/1
④	100	0.5	31.5/1

（A）① （B）② （C）③ （D）④

解答过程：

23.图中 6kV 系统的主接线为单母线分段，工作中两电源互为备用，在分段断路器上装设备用电源自动投入装置，说明下列哪一项不满足作为备用电源自动投入装置的基本要求？ （ ）

（A）保证任意一段电源开断后，另一段电源有足够高的电压时，才能投入分段断路器

（B）保证任意一段母线上的电压，不论因何原因消失时，自动投入装置均应延时动作

（C）保证自动投入装置只动作一次

（D）电压互感器回路断线的情况下，不应启动自动投入装置

解答过程：

24. 本变电所采用了含铅酸蓄电池的直流电器作为操作控制电源，经计算，在事故停电时，要求电池持续放电 60min，其容量为 40A·h，已知此电池在终止电压下的容量系数为 0.58，并且取可靠系数为 1.4，计算直流电源中的电池在 10h 放电率下的计算容量应为下列哪一项数值？　　　　（　　）

（A）32.5A·h

（B）56A·h

（C）69A·h

（D）96.6A·h

解答过程：

25. 变压器的过电流保护装置电流回路的接线如图所示，过负荷系数取 3，可靠系数取 1.2，返回系数取 0.9，最小运行方式下，变压器低压侧母线d_1点单相接地稳态短路电流$I_k = 13.6kA$。当利用此过流保护装置兼作低压侧单相接地保护时其灵敏系数为下列哪一项数值？　　　　（　　）

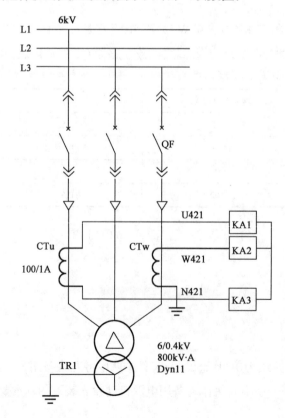

（A）1.7

（B）1.96

（C）2.1

（D）2.94

解答过程：

2013 年案例分析试题（下午卷）

一、专业案例题（共 40 题，考生从中选择 25 题作答，每题 2 分）

题 1～5：某 110/10kV 变电所，变压器容量为 $2 \times 25MV \cdot A$，两台变压器一台工作一台备用，变电所的计算负荷为 $17000kV \cdot A$，变压器采用室外布置，10kV 设备采用室内布置。变电所所在地海拔高度为 2000m，户外设备运行的环境温度为 $-25～45℃$，且冬季时有冰雪天气，在最大运行方式下 10kV 母线的三相稳态短路电流有效值为 20kA（回路总电阻小于总电抗的三分之一），请回答下列问题。

1. 若 110/10kV 变电所出线间隔采用 10kV 真空断路器，断路器在正常环境条件下额定电流为 630A，周围空气温度为 40℃时允许温升为 20℃，请确定该断路器在本工程所在地区环境条件下及环境温度 5℃时的额定电流和 40℃时的允许值为下列哪一项数值？　　　　　　（　）

　（A）740A，19℃　　　　　　　　　　　　（B）740A，20℃

　（C）630A，19℃　　　　　　　　　　　　（D）630A，20℃

解答过程：

2. 110/10kV 变电所 10kV 供电线路中，电缆总长度约为 32km，无架空地线的钢筋混凝土电杆架空线路 10km，若采用消弧线圈经接地变压器接地，使接地故障点的残余电流小于或等于 10A。请确定消弧线圈的容量（计算值）应为下列哪一项数值？　　　　　　（　）

　（A）$32.74kV \cdot A$　　　　　　　　　　（B）$77.94kV \cdot A$

　（C）$251.53kV \cdot A$　　　　　　　　　（D）$284.26kV \cdot A$

解答过程：

3. 若 110/10kV 变电所的 10kV 系统的电容电流为 35A，阻尼率取 3%，试计算当脱谐度和长时间中性点位移电压满足规范要求且采用过补偿方式时，消弧线圈的电感电流取值范围为下列哪一项数值？　　　　　　　　　　　　　　　　　　　　　　　　　　　　　（　）

　（A）31.50～38.5A　　　　　　　　　　　（B）35.0～38.50A

　（C）34.25～36.75A　　　　　　　　　　（D）36.54～38.50A

解答过程：

4. 110/10kV 变电所 10kV 出线经穿墙套管引入室内，试确定穿墙套管的额定电压、额定电流宜为下列哪组数值？ （   ）

（A）20kV，1600A

（B）20kV，1000A

（C）10kV，1600A

（D）10kV，1000A

解答过程：

5. 110/10kV 变电所 10kV 出线经穿墙套管引入室内，三相矩形母线水平布置，已知穿墙套管与最近的一组母线支撑绝缘子的距离为 800mm，穿墙套管的长度为 500mm，相间距离为 300mm，绝缘子上受力的折算系数取 1，试确定穿墙套管的最小弯矩破坏负荷为下列哪一项数值？ （   ）

（A）500N
（B）1000N
（C）2000N
（D）4000N

解答过程：

题 6～10：某 35kV 变电所，两回电缆进线，装有两台 35/10kV 变压器、两台 35/0.4kV 所用变，10kV 馈出回路若干。请回答下列问题。

---

6. 已知某 10kV 出线电缆线路的计算电流为 230A，采用交联聚乙烯绝缘铠装铜芯三芯电缆，直埋敷设在多石地层、非常干燥、湿度为 3% 的砂土层中，环境温度为 25℃，请计算按持续工作电流选择电缆截面积时，该电缆最小截面积为下列哪一项数值？ （   ）

（A）120mm²
（B）150mm²
（C）185mm²
（D）240mm²

解答过程：

7. 已知变电所室内 10kV 母线采用矩形硬铝母线，母线工作温度为 75℃，母线短路电流交流分量引起的热效应为 400(kA)²s，母线短路电流直流分量引起的热效应为 4(kA)²s，请计算母线截面积最小应该选择下面哪一项数值？ （   ）

（A）160mm²

（B）200mm²

（C）250mm²

（D）300mm²

解答过程：

8. 假定变电所所在地海拔高度为 2000m，环境温度为+35℃，已知 35kV 户外软导线在正常使用环境下的载流量为 200A，请计算校正后的户外软导线载流量为下列哪一项数值？ （ ）

（A）120A （B）150A

（C）170A （D）210A

解答过程：

9. 已知变电所一路 380V 所用电回路是以气体放电灯为主的照明回路，拟采用 1kV 交联聚乙烯等截面铜芯 4 芯电缆直埋敷设（环境温度 25℃，热阻系数 $\rho = 2.5$）见下表，该回路的基波电流为 80A，各相线电流中三次谐波分量为 35%，该回路的电缆最小截面积应为下列哪一项数值？ （ ）

交联聚乙烯绝缘电缆直埋敷设载流量表

敷设方式		三、四芯或单芯三角排列			二　芯		
线芯截面积（mm²）		不同环境温度的载流量（A）					
主线芯	中性线	20℃	25℃	30℃	20℃	25℃	30℃
铜	1.5		22	21	20	26	25	24
	2.5		29	28	27	34	33	32
	4	4	37	36	34	44	42	41
	6	6	46	44	43	56	54	52
	10	10	61	59	57	73	70	68
	16	16	79	76	73	95	91	88
	25	16	101	97	94	121	116	113
	35	16	122	117	118	146	140	136
	50	25	144	138	134	173	166	161
	70	35	178	171	166	213	204	198
	95	50	211	203	196	252	242	234
	120	70	240	230	223	287	276	267
	150	70	271	260	252	324	311	301
	185	95	304	292	283	363	311	301
	240	120	351	337	326	419	402	390
	300	150	396	380	368	474	455	441

（A）25mm² （B）35mm² （C）50mm² （D）70mm²

解答过程：

10.已知变电所另一路 380V 所用电回路出线采用聚氯乙烯绝缘铜芯电缆，线芯长期允许工作温度 70℃，且用电缆的金属护层作保护导体，假定通过该回路的保护电器预期故障电流为 14.1kA，保护电器自动切断电流的动作时间为 0.2s，请确定该回路保护导体的最小截面积应为下面哪一项数值？

（　　）

（A）25mm² （B）35mm² （C）50mm² （D）70mm²

解答过程：

题 11～15：某无人值班的 35/10kV 变电所，35kV 侧采用线路变压器组接线，10kV 侧采用单母线分段接线，设母联断路器：两台变压器同时运行、互为备用，当任一路电源失电或任一台变压器解列时，该路 35kV 断路器及 10kV 进线断路器跳闸，10kV 母联断路器自动投入（不考虑两路电源同时失电），变电所采用蓄电池直流操作电源，电压等级为 220V，直流负荷中，信号装置计算负荷电流为 5A，控制保护装置计算负荷电流为 5A，应急照明(直流事故照明)计算负荷电流为 5A，35kV 及 10kV 断路器跳闸电流均为 5A，合闸电流均为 120A（以上负荷均已考虑负荷系数），请回答下列问题。

11.请计算事故全停电情况下，与之相对应的持续放电时间的放电容量最接近下列哪一项数值？

（　　）

（A）15A·h （B）25A·h

（C）30A·h （D）50A·h

解答过程：

12.假定事故全停电情况下（全停电前充电装置与蓄电池浮充电运行），与之相对应的持续放电时间的放电容量为 40A·h，选择蓄电池容量为 150A·h，电池数 108 块，采用阀控式贫液铅酸蓄电池，为了确定放电初期（1min）承受冲击放电电流时，蓄电池所能保持的电压，请计算事故放电初期冲击系数K_{cho}值，其结果最接近下列哪一项数值？

（　　）

（A）1.1 （B）1.47 （C）9.53 （D）10.63

解答过程：

13.假定事故全停电情况下，与之相对应的持续放电时间的放电容量为 40A·h，选择蓄电池容量为 150A·h，电池数为 108 块，采用阀控式贫液铅酸蓄电池，为了确定事故放电末期承受随机（5s）冲击

放电电流时，蓄电池所能保持的电压，请分别计算任意事故放电阶段的 10h 放电率电流倍数 $K_{m.x}$ 值及 x_h 事故放电末期冲击系数 $K_{chm.x}$，其结果最接近下列哪组数值？ （　　）

（A）$K_{m.x} = 1.47$，$K_{chm.x} = 8.8$　　　　（B）$K_{m.x} = 2.93$，$K_{chm.x} = 17.6$

（C）$K_{m.x} = 5.50$，$K_{chm.x} = 8.8$　　　　（D）$K_{m.x} = 5.50$，$K_{chm.x} = 17.6$

解答过程：

14. 假定选择蓄电池容量为 120A·h，采用阀控式贫液铅酸蓄电池，蓄电池组与直流母线连接，不考虑蓄电池初充电要求，请计算变电所充电装置的额定电流，其结果最接近下列哪一项数值？（蓄电池自放电电流按最大考虑） （　　）

（A）15A　　　　（B）20A　　　　（C）25A　　　　（D）30A

解答过程：

15. 按上题条件，假设该变电所设一组蓄电池组，采用 2 套高频开关模块型充电装置，单个模块的额定电流为 2.2A，则高频开关电源模块的数量宜为下列哪一项？ （　　）

（A）10　　　　　　　　　　　　　　　（B）12

（C）14　　　　　　　　　　　　　　　（D）16

解答过程：

题 16～20：某新建项目，包括生产车间、66kV 变电所、办公建筑等，当地的年平均雷暴日为 20 天，预计雷击次数为 0.2 次/a，请回答下列问题。

---

16. 该项目厂区内有一个一类防雷建筑，电源由 500m 外 10kV 变电所通过架空线路引来，在距离该建筑物 18m 处改由电缆穿钢管埋地引入该建筑物配电室，电缆由室外引入室内后沿电缆沟敷设，长度为 5m，电缆规格为 YJV-10kV，$3 \times 35mm^2$，电缆埋地处土壤电阻率为 $200\Omega \cdot m$，电缆穿钢管埋地的最小长度宜为下列哪一项数值？ （　　）

（A）29m　　　　（B）23m　　　　（C）18m　　　　（D）15m

解答过程：

17. 该项目厂区内有一烟囱建筑，高 20m，防雷接地的水平接地体形式为近似边长 6m 的正方形，测得引下线的冲击接地电阻为 35Ω，土壤电阻率为 1000Ω·m，请确定是否需要补加水平接地体，若需要，补加的最小长度宜为下列哪一项数值？ （ ）

（A）需要 1.61m

（B）需要 5.61m

（C）需要 16.08m

（D）不需要

解答过程：

18. 该项目 66kV 变电所内有 A、B 两个电气设备，室外布置，设备的顶端平面为圆形，半径均为 0.3m，且与地面平行，高度分别为 16.5m 和 11m，拟在距 A 设备中心 15m、距 B 设备中心 25m 的位置安装 32m 高的避雷针一座，请采用折线法计算避雷针在 A、B 两个电气设备顶端高度上的保护半径应为下列哪组数值？并判断 A、B 两个电气设备是否在避雷针的保护范围内？ （ ）

（A）11.75m，18.44m，均不在

（B）15.04m，25.22m，均在

（C）15.04m，25.22m，均不在

（D）15.50m，26.0m，均在

解答过程：

19. 该项目 66kV 变电所电源线路采用架空线，线路全程架设避雷线，其中有两档的档距分别为 500m 和 180m，试确定当环境条件为 15℃无风时，这两档中央导线和避雷线间的最小距离分别宜为下列哪组数值？ （ ）

（A）3.10m，3.10m

（B）6.00m，3.16m

（C）6.00m，6.00m

（D）7.00m，3.16m

解答过程：

20. 该项目厂区内某普通办公建筑，低压电源线路采用带内屏蔽层的 4 芯电力电缆架空引入，作为建筑内用户 0.4kV 电气设备的电源，电缆额定电压为 1kV，土壤电阻率为 500Ω·m，屏蔽层电阻率为 17.24×10^{-9}Ω·m，屏蔽层每公里电阻为 1.4Ω，电缆芯线每公里的电阻为 0.2Ω，电缆线路总长度为 100m，电缆屏蔽层在架空前接地，架空距离为 80m，通过地下和架空引入该建筑物的金属管道和线路总数为 3，试确定电力电缆屏蔽层的最小面积宜为下列哪一项数值？ （ ）

（A）0.37mm²

（B）2.22mm²

（C）2.77mm²

（D）4.44mm²

解答过程：

题 21～25：某企业所在地区海拔高度为 2300m，总变电所设有 110/35kV 变压器，从电网用架空线引来一路 110kV 电源，110kV 和 35kV 配电设备均为户外敞开式；其中，110kV 系统为中性点直接接地系统，35kV 和 10kV 系统为中性点不接地系统，企业设有 35kV 分变电所，请回答下列问题。

---

21. 总变电所某 110kV 间隔接线平、断面图如下图所示，请问现场安装的 110kV 不同相的裸导体之间的安全净距不应小于下列哪一项数值？　　　　　　　　　　　　　　　（　　）

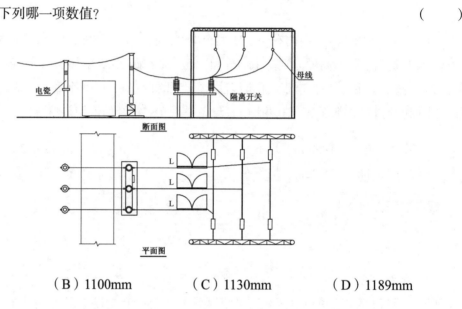

　　（A）1000mm　　　　　（B）1100mm　　　　　（C）1130mm　　　　　（D）1189mm

解答过程：

22. 上题图中，如果设备运输道路上方的 110kV 裸导体最低点距离地面高为 5000mm，请确定汽车运输设备时，运输限高应为下列哪一项数值？　　　　　　　　　　　　　（　　）

　　（A）1650mm　　　　　（B）3233mm　　　　　（C）3350mm　　　　　（D）3400mm

解答过程：

23. 企业分变电所布置如下图所示，为一级负荷供电，其中一路电源来自总变电所，另一路电源来自柴油发电机。变压器 T1 为 35/10.5kV，4000kV·A，油重 3100kg，高 3.5m；变压器 T2、T3 均为 10/0.4kV，1600kV·A，油重 1100kg，高 2.2m。高低压开关柜均为无油设备同室布置，10kV 电力电容器独立布置于一室，变压器露天布置，设有 1.8m 高的固定遮拦。请指出变电所布置上有几处不合乎规范要求？并说明理由。　　　　　　　　　　　　　　　　　　　　　　　　　　　　　　　（　　）

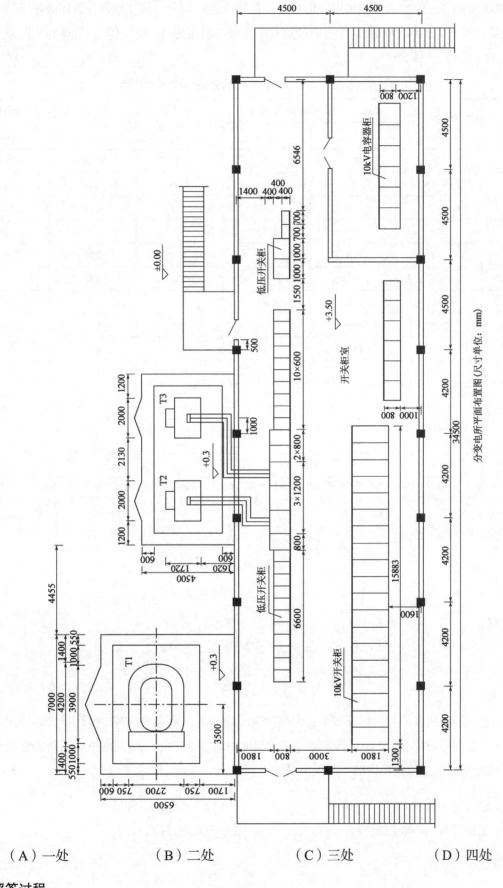

分变电所平面布置图（尺寸单位：mm）

（A）一处　　　　　（B）二处　　　　　（C）三处　　　　　（D）四处

解答过程：

24. 总变电所的 35kV 裸母线拟采用管形母线，该母线的长期允许载流量及计算用数据见下表，设计师初选的导体尺寸为 $\phi100/90$mm，若当地最热月平均最高温度为 35℃，计算该导体在实际环境条件下的载流量为下列哪一项数值？　　　　　　　　　　　　　　　　　　　　　　　（　　）

铝镁硅系（6063）管形母线长期允许载流量及计算用数据

导体尺寸 D/d （mm）	导体截面积 （mm²）	载流量（A）（导体最高允许温度）		截面系数 W （cm³）	惯性半径 r_1 （cm）	截面惯性矩 I （cm⁴）
		+70℃	+80℃			
$\phi30/25$	216	578	624	1.37	0.976	2.06
$\phi40/35$	294	735	804	2.60	1.33	5.20
$\phi50/45$	373	925	977	4.22	1.68	10.6
$\phi60/54$	539	1218	1251	7.29	2.02	21.9
$\phi70/64$	631	1410	1428	10.2	2.37	35.5
$\phi80/72$	954	1888	1841	17.3	2.69	69.2
$\phi100/90$	1491	2652	2485	33.8	3.36	169
$\phi110/100$	1649	2940	2693	41.4	3.72	228
$\phi120/110$	1806	3166	2915	49.9	4.07	299
$\phi130/116$	2705	3974	3661	79.0	4.36	513
$\phi150/136$	3145	4719	4159	107	5.06	806
$\phi170/154$	4072	5696	4952	158	5.73	1339
$\phi200/184$	4825	6674	5687	223	6.79	2227
$\phi250/230$	7540	9139	7635	435	8.49	5438

注：1. 最高允许温度+70℃的载流量，是按基准环境温度+25℃，无风、无日照，辐射散热系数与吸收系数为 0.5，不涂漆条件计算的。

　　2. 最高允许温度+80℃的载流量，是按基准环境温度+25℃，日照 0.1W/cm²，风速 0.5m/s 且与管形导体垂直，海拔 1000m，辐射散热系数与吸收系数为 0.5，不涂漆条件计算的。

　　3. 导体尺寸中，D 为外径，d 为内径。

（A）1975.6A　　　　　　　　　　　　（B）2120A

（C）2247A　　　　　　　　　　　　　（D）2333.8A

解答过程：

25. 总变电所所在地区的污秽特征如下，大气污染较为严重，重雾重盐碱，离海岸盐场 2.5km，盐密 0.2mg/cm²，总变电所中 35kV 断路器绝缘瓷瓶的爬电距离为 875mm，请判断下列断路器绝缘瓷瓶爬电距离检验结论中，哪一项是正确的？并说明理由。　　　　　　　　　　　（　　）

（A）经计算，合格　　　　　　　　　　（B）经计算，不合格

（C）无法计算，不能判定　　　　　　　（D）无须计算，合格

解答过程：

题 26～30：某变电所设一台 400kV·A 动力变压器，$U_d\% = 4$，二次侧单母线给电动机负荷供电，其中一台笼型电动机额定功率 $P = 132$kW，额定电压 380V，额定电流 240A，额定转速 1480r/min，$\cos\varphi_{ed} = 0.89$，额定效率 0.94，启动电流倍数 6.8，启动转矩倍数 1.8，接至电动机的沿桥架敷设的电缆线路电抗为 0.0245Ω，变压器一次侧的短路容量为 20MV·A，母线已有负荷为 200kV·A，$\cos\varphi_n = 0.73$。请回答下列问题。

26. 计算电动机启动时母线电压为下列哪一项数值？（忽略母线阻抗，仅计线路电抗）　（　　）

（A）337.32V

（B）338.81V

（C）340.79V

（D）345.10V

解答过程：

27. 若该低压笼型电动机具有 9 个出线端子，现采用延边三角形降压启动，设星形部分和三角形部分的抽头比为 2：1，计算电动机的启动电压和启动电流应为下列哪组数值？　（　　）

（A）242.33V，699.43A

（B）242.33V，720A

（C）242.33V，979.2A

（D）283.63V，699.43A

解答过程：

28. 若采用定子回路接入对称电阻启动，设电动机的启动电压与额定电压之比为 0.7，忽略线路电阻，计算每相外加电阻应为下列哪一项数值？　（　　）

（A）0.385Ω

（B）0.186Ω

（C）0.107Ω

（D）0.104Ω

解答过程：

29. 若采用定子回路接入单相电阻启动，设电动机的允许启动转矩为 $1.2M_{st}$，忽略线路电阻，计算流过单相电阻的电流应为下列哪一项数值？　（　　）

（A）1272.60A

（B）1245.11A

（C）1236.24A

（D）1231.02A

解答过程：

30. 当采用自耦变压器降压启动时，设电动机启动电压为额定电压的 70%，允许每小时启动 6 次，电动机一次启动时间为 12s，计算自耦变压器的容量应为下列哪一项数值？ 　　（　　）

（A）450.62kV·A

（B）324.71kV·A

（C）315.44kV·A

（D）296.51kV·A

解答过程：

题 31~35：某办公室平面长 14.4m、宽 7.2m、高 3.6m，墙厚 0.2m（照明计算平面按长 14.2m、宽 7.0m），工作面高度为 0.75m，平面图如下图所示，办公室中均匀布置荧光灯具。

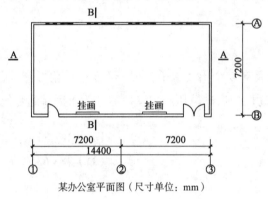

某办公室平面图（尺寸单位：mm）

请回答下列问题。

31. 若办公室无吊顶，采用杆吊式格栅荧光灯具，灯具安装高度 3.1m，其 A-A 剖面见下图，其室内顶棚反射比为 0.7，地面反射比为 0.2，墙面反射比为 0.5，玻璃窗反射比为 0.09，窗台距室内地面高 0.9m，窗高 1.8m，玻璃窗面积为 12.1m^2，若挂画的反射比与墙面反射比相同，计算该办公室空间墙面平均反射比 ρ_{wav} 应为下列哪一项数值？ 　　（　　）

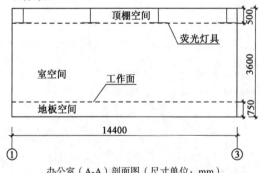

办公室（A-A）剖面图（尺寸单位：mm）

（A）0.40

（B）0.45

（C）0.51

（D）0.55

解答过程：

32. 若该办公室有平吊顶，高度 3.1m，灯具嵌入顶棚安装，已知室内有效顶棚反射比为 0.7，墙反射比为 0.5，地面反射比为 0.2，现均匀布置 8 套嵌入式 3×28W 格栅荧光灯具，用 T5 直管荧光灯配电子镇流器，28W 荧光灯管光通量为 2660lm，格栅灯具效率为 0.64，其利用系数见下表，计算中 RCR 取小数点后 1 位数值，维护系数为 0.8，求该房间的平均照度为下列哪一项？　　　（　　）

荧光灯格栅灯具利用系数表

有效顶棚反射比（%）	70			50			30		
墙反射比（%）	50	30	10	50	30	10	50	30	10
地面反射比（%）	20								
室空间比 RCR									
1	0.69	0.68	0.67	0.66	0.65	0.64	0.63	0.62	0.61
1.2	0.67	0.66	0.65	0.64	0.63	0.62	0.61	0.60	0.59
1.5	0.65	0.64	0.63	0.62	0.61	0.60	0.58	0.57	0.57
2.0	0.61	0.59	0.58	0.59	0.57	0.56	0.57	0.55	0.53
2.5	0.57	0.56	0.54	0.56	0.54	0.52	0.54	0.51	0.49
3.0	0.54	0.52	0.51	0.53	0.50	0.48	0.51	0.48	0.46

（A）275lx　　　　　（B）293lx　　　　　（C）313lx　　　　　（D）329lx

解答过程：

33. 若该办公室有平吊顶，高度 3.1m，灯具嵌入顶棚安装，为满足工作面照度为 500lx，经计算均匀布置 14 套嵌入式 3×28W 格栅荧光灯具，单支 28W 荧光灯管配的电子镇流器功耗为 4W，T5 荧光灯管 28W 光通量为 2660lm，格栅灯具效率为 0.64，维护系数为 0.8，计算该办公室的照明功率密度值应为下列哪一项数值？　　　（　　）

（A）9.7W/m² 　　　（B）11.8W/m² 　　　（C）13.5W/m² 　　　（D）16W/m²

解答过程：

34. 若该办公室平吊顶高度为 3.1m，采用嵌入式格栅灯具均匀安装，每套灯具 4×14W，采用 T5 直管荧光灯，每支荧光灯管光通量为 1050lm，灯具的利用系数为 0.62，灯具效率为 0.71，灯具维护系数为 0.8，要求工作面照度为 500lx，计算需要灯具套数为下列哪一项数值？（取整数）　　　（　　）

（A）14　　　　　（B）21　　　　　（C）24　　　　　（D）27

解答过程：

35. 若该办公室墙面上有一幅挂画，画中心距地 1.8m，采用一射灯对该画局部照明，灯具距地 3m，光轴对准画中心，与墙面成 30°角，位置示意如下图所示，射灯光源的光强分布如下表，试求该面中心点的垂直照度应为下列哪项数值？ （ ）

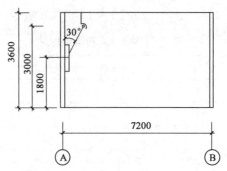

墙上挂画采用射灯照明位置（B-B）剖面图（尺寸单位：mm）

光源光强分布表

$\theta°$	0	10	20	25	30	35	40	45	90
I_θ（cd）	3220	2300	1150	470	90	23	15	9	5

（A）23lx （B）484lx （C）839lx （D）1452lx

解答过程：

题 36~40：有一栋写字楼，地下一层，地上 10 层，其中 1~4 层带有裙房，每层建筑面积 3000m²；5~10 层为标准办公层，每层面积为 2000m²，标准办公层每层公共区域面积占该层面积为 30%，其余为纯办公区域，请回答下列问题。

36. 在四层有一设有主席台的大型电视会议室，在主席台后部设有投影幕，观众席第一排至会议的投影幕布的距离为 8.4m，观众席设有 24 排座席，两排座席之间的距离为 1.2m，试通过计算确定为满足最后排的人能看清投影幕的内容，投影幕的最小尺寸（对角线）为下列哪一项数值？ （ ）

（A）7.0m （B）8.0m （C）9.0m （D）10.0m

解答过程：

37. 在第六层办公区域按照每 5m² 设一个语音点，语音点采用 8 位模块通用插座，连接综合业务数字网，并采用 S 接口，该层的语音主干线若采用 50 对的三类大对数电缆，在考虑备用后，请计算至少配置的语音主干电缆根数应为下列哪一项数值？ （ ）

（A）15 （B）14
（C）13 （D）7

解答过程：

38. 该办公楼第七层由一家公司租用，共设置了 270 个网络数据点，现采用 48 口的交换机，每台交换机（SW）设置一个主干端口，数据光纤按最大配置，试计算光纤芯数，按规范要求应为下列哪一项数值？（   ）

（A）8   （B）12   （C）14   （D）16

解答过程：

39. 在 2 层有一个数据机房，设计了 10 台机柜，每台机柜设备的计算负荷为 8kW（功率因数为 0.8），需要配置不间断电源（UPS），计算确定 UPS 输出容量应为下列哪一项数值？（   ）

（A）120kV·A   （B）100kV·A   （C）96kV·A   （D）80kV·A

解答过程：

40. 在首层大厅设置视频安防摄像机，已知该摄像机的镜头焦距为 24.99mm，物体成像的像距为 25.01mm，计算并判断摄像机观察物体的物距应为下列哪一项数值？（   ）

（A）25.65m   （B）31.25m   （C）43.16m   （D）51.5m

解答过程：

2014 年案例分析试题（上午卷）

［案例题是 4 选 1 的方式，各小题前后之间没有联系，共 25 道小题，每题分值为 2 分，上午卷 50 分，下午卷 50 分，试卷满分 100 分。案例题一定要有分析（步骤和过程）、计算（要列出相应的公式）、依据（主要是规程、规范、手册），如果是论述题要列出论点 ］

题 1～5：某车间变电所配置一台 1600kV·A，10±2×2.5%/0.4kV，阻抗电压为 6% 的变压器，低压母线装设 300kvar 并联补偿电容器，正常时全部投入，请回答下列问题。

1. 当负荷变化切除 50kvar 并联电容器时，试近似计算确定变压器电压损失的变化是下列哪一项？
（　　）

（A）0.19%　　　　（B）0.25%　　　　（C）1.88%　　　　（D）2.08%

解答过程：

2. 若从变电所低压母线至远端设备馈电线路的最大电压损失为 5%，至近端设备馈电线路的最小电压损失为 0.95%，变压器满负荷时电压损失为 2%，用电设备允许电压偏差在 ±5% 以内，计算并判断变压器分接头宜设置为下列哪一项？
（　　）

（A）+5%　　　　（B）0　　　　（C）−2.5%　　　　（D）−5%

解答过程：

3. 变电所馈出的照明线路三相负荷配置平衡，各相 3 次谐波电流为基波电流的 20%，计算照明线路的中性导体电流和相导体电流的比值是下列哪一项？
（　　）

（A）0.20　　　　（B）0.59　　　　（C）1.02　　　　（D）1.20

解答过程：

4. 该变电所低压侧一馈电线路为容量 26kV·A、电压 380V 的三相非线性负载供电，若供电线路电流 42A，计算此线路电流谐波畸变率 THD_I 为下列哪一项？
（　　）

（A）6%　　　　　（B）13%　　　　　（C）36%　　　　　（D）94%

解答过程：

5. 一台 UPS 的电源引自该变电所，UPS 的额定输出容量 300kV·A，整机效率 0.92，所带负载的功率因数 0.8，若整机效率提高到 0.93，计算此 UPS 年（365 天）满负荷运行节约的电量为下列哪一项？

（　　）

（A）30748kW·h　　　（B）24572kW·h　　　（C）1024kW·h　　　（D）986kW·h

解答过程：

题 6～10：某企业 35kV 总降压变电站设有两台三相双绕组变压器，容量为 2×5000kV·A，电压比为 35±2×2.5%/10.5kV，变压器空载有功损耗为 4.64kW，变压器阻抗电压为 7%，变压器负载有功损耗为 34.2kW，变压器空载电流为 0.48%，35kV 电源进线 2 回，每回线路长度约 10km，均引自地区 110/35kV 变电站，每台主变 10kV 出线各 3 回，供厂内各车间负荷，请回答下列问题。

---

6. 假定该企业年平均有功和无功负荷系数分别为 0.7、0.8，10kV 侧计算有功功率为 3600kW，计算无功功率为 2400kvar，该负荷平均分配于两台变压器，请计算企业的自然平均功率因数为多少？

（　　）

（A）0.74　　　　　（B）0.78　　　　　（C）0.80　　　　　（D）0.83

解答过程：

7. 请计算该变电站主变压器经济运行的临界负荷是多少？（无功功率经济当量取 0.1kW/kvar）

（　　）

（A）1750kV·A　　　（B）2255kV·A　　　（C）3250kV·A　　　（D）4000kV·A

解答过程：

8. 计算变压器负荷率为下列哪一项时，变压器的有功损失率最小？

（　　）

（A）37%　　　　　（B）50%　　　　　（C）65%　　　　　（D）80%

解答过程：

9. 假定变电站变压器负荷率为 60%，负荷功率因数为 0.9，计算每台主变压器电压损失最接近下列哪项数值？　　　　　　　　　　　　　　　　　　　　　　　　（　　）

（A）0.55%　　　　　（B）1.88%　　　　　（C）2.95%　　　　　（D）3.90%

解答过程：

10. 该站拟设置一台柴油发电机作为应急电源为一级负荷供电，一级负荷计算功率为 250kW，电动机总负荷 58kW，其中最大一台电动机的全压启动容量为 300kV·A，电动机启动倍数为 6，负荷综合效率 0.88，计算柴油发电机视在功率最小为下列哪一项？（负荷率按 1.0 考虑）　（　　）

（A）250kV·A　　　　　（B）300kV·A　　　　　（C）350kV·A　　　　　（D）450kV·A

解答过程：

题 11～15：某工厂变电所供电系统如下图所示，电网及各元件参数标明在图上，发电机的运算曲线数字见下表，请回答下列各题（计算时只计电抗、不计电阻）。

X_C	$t(s)$										
	0	0.01	0.06	0.1	0.2	0.4	0.5	0.6	1	2	4
	I_*										
0.12	8.963	8.603	7.186	6.400	5.220	4.252	4.006	3.821	3.344	2.795	2.512
0.14	7.718	7.467	6.441	5.839	4.878	4.040	3.829	3.673	3.280	2.808	2.526
0.16	6.763	6.545	5.660	5.146	4.336	3.649	3.481	3.359	3.060	2.706	2.490
0.18	6.020	5.844	5.122	4.697	4.016	3.429	3.288	3.186	2.944	2.659	2.476
0.20	5.432	5.280	4.661	4.297	3.715	3.217	3.099	3.016	2.825	2.607	2.462
0.22	4.938	4.813	4.296	3.988	3.487	3.052	2.951	2.882	2.729	2.561	2.444
0.24	4.526	4.421	3.984	3.721	3.286	2.904	2.816	2.758	2.638	2.515	2.425
0.26	4.178	4.088	3.714	3.486	3.106	2.769	2.693	2.644	2.551	2.467	2.404
0.28	3.872	3.705	3.472	3.274	2.939	2.641	2.575	2.534	2.464	2.415	2.378
0.30	3.603	3.536	3.255	3.081	2.785	2.520	2.463	2.429	2.379	2.360	2.347
0.32	3.368	3.310	3.063	2.909	2.646	2.410	2.360	2.332	2.299	2.306	2.316
0.34	3.159	3.108	2.891	2.754	2.519	2.308	2.264	2.241	2.222	2.252	2.283

续上表

X_C	$t(s)$										
	0	0.01	0.06	0.1	0.2	0.4	0.5	0.6	1	2	4
	I_*										
0.36	2.975	2.930	2.736	2.614	2.403	2.213	2.175	2.156	2.149	2.109	2.250
0.38	2.811	2.770	2.597	2.487	2.297	2.126	2.093	2.077	2.081	2.148	2.217
0.40	2.664	2.628	2.471	2.372	2.199	2.045	2.017	2.004	2.017	2.099	2.184
0.42	2.531	2.499	2.357	2.267	2.110	1.970	1.946	1.936	1.956	2.052	2.151
0.44	2.411	2.382	2.253	2.170	2.027	1.900	1.879	1.872	1.899	2.006	2.119
0.46	2.302	2.275	2.157	2.082	1.950	1.835	1.817	1.812	1.845	1.963	2.088
0.48	2.203	2.178	2.069	2.000	1.879	1.774	1.759	1.756	1.794	1.921	2.057
0.50	2.111	2.088	1.988	1.924	1.813	1.717	1.704	1.703	1.746	1.880	2.027
0.55	1.913	1.894	1.810	1.757	1.665	1.589	1.581	1.583	1.635	1.785	1.953
0.60	1.748	1.732	1.662	1.617	1.539	1.478	1.474	1.479	1.538	1.699	1.884
0.65	1.610	1.596	1.535	1.497	1.431	1.382	1.381	1.388	1.452	1.621	1.819
0.70	1.492	1.479	1.426	1.393	1.336	1.297	1.298	1.307	1.375	1.549	1.734
0.75	1.390	1.379	1.332	1.302	1.253	1.221	1.225	1.235	1.305	1.484	1.596
0.80	1.301	1.291	1.249	1.223	1.179	1.154	1.159	1.171	1.243	1.424	1.474
0.85	1.222	1.214	1.176	1.152	1.114	1.094	1.100	1.112	1.186	1.358	1.370
0.90	1.153	1.145	1.110	1.089	1.055	1.039	1.047	1.060	1.134	1.279	1.279
0.95	1.091	1.084	1.052	1.032	1.002	0.990	0.998	1.012	1.087	1.200	1.200

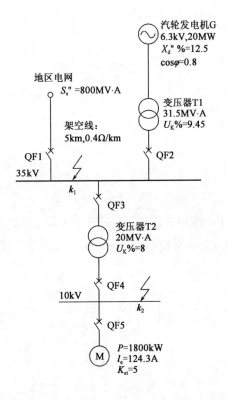

11. 当 QF3 断开，QF1，QF2 合闸时，K1 点三相短路时的超瞬态短路电流周期分量有效值 I''_{K1} 为下

列哪一项？ （　　）

（A）18.2kA （B）7.88kA

（C）7.72kA （D）7.32kA

解答过程：

12. 当 QF5 断开，QF1～QF4 合闸时，假设以基准容量 $S_j = 100MV \cdot A$，基准电压 $U_j = 10.5kV$ 计算并变换简化后的网络电抗见图，问 K2 点三相短路时，由地区电网提供的超瞬态短路电流周期分量有效值 I''_{K2W} 为下列哪一项？ （　　）

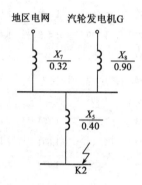

（A）2.24kA

（B）6.40kA

（C）7.64kA

（D）8.59kA

解答过程：

13. 当 QF5 断开，QF1～QF4 合闸时，假设以基准容量 $S_j = 100MV \cdot A$，基准电压 $U_j = 10.5kV$ 计算变换简化后的网络电抗见图，问 K2 点两相不接地短路时，总的超瞬态短路电流周期分量有效值 I''_{2K2} 为下列哪一项？ （　　）

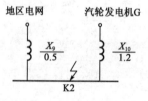

（A）9.5kA （B）13.9kA

（C）14.9kA （D）16kA

解答过程：

14. 题干中 QF3 断开，QF1 和 QF2 合闸，假设以基准容量 $S_j = 100\text{MV}\cdot\text{A}$，基准电压 $U_j = 37\text{kV}$，计算的发电机和变压器 T1 支路的总电抗为 0.8，当 K1 点三相短路时，保护动作使 QF2 分闸，已知短路电流的持续时间为 0.2s，直流分量的等效时间为 0.1s，计算短路电流在 QF2 中产生的热效应为下列哪项数值？　　　　　　　　　　　　　（　　）

（A）$1.03(\text{kA})^2\text{s}$　　　　　　　　　　　（B）$1.14(\text{kA})^2\text{s}$

（C）$1.35(\text{kA})^2\text{s}$　　　　　　　　　　　（D）$35.39(\text{kA})^2\text{s}$

解答过程：

15. 题干中，QF1～QF5 均合闸，当 K2 点三相短路时，设电网和发电机提供的超瞬态短路电流周期分量有效值 I_s'' 为 10kA，其峰值系数 $K_p = 1.85$，异步电动机 M 反馈电流的峰值系数查图，计算 K2 点三相短路时，该短路电流峰值应为下列哪项数值？　　　　　　　　（　　）

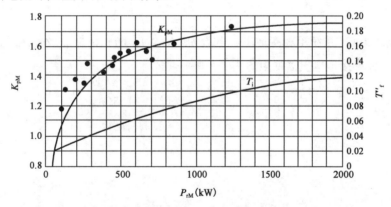

异步电动机额定容量 P_{rM} 与冲击系数 K_{pM} 的关系

T_f''——反馈电流周期分量衰减时间常数

（A）27.54kA　　　　　　　　　　　（B）26.16kA

（C）19.88kA　　　　　　　　　　　（D）17kA

解答过程：

题 16～20：某 35kV 变电所，设 35/10kV 变压器 1 台、10kV 馈出回路若干，请回答该变电所 10kV 系统考虑采用不同接地方式时所遇到的几个问题。

16.已知：变电所在最大运行方式下 10kV 架空线路和电缆线路的电容电流分别为 3A 和 9A，变电所设备产生的电容电流不计。生产工艺要求系统在单相接地故障情况下继续运行，请问按过补偿考虑消弧线圈补偿容量的计算值为下列哪一项？ （   ）

（A）60kV·A
（B）70kV·A
（C）94kV·A
（D）162kV·A

解答过程：

17.假定变电所 10kV 系统的电容电流为 44A，经计算选择的消弧线圈电感电流为 50A，计算采用消弧线圈后的系统中性点位移电压为下列哪一项？（阻尼率取 4%） （   ）

（A）800V
（B）325V
（C）300V
（D）130V

解答过程：

18.假定该变电所 10kV 系统单相接地电容电流为 5A，为了防止谐振对设备造成损坏，中性点采用经高电阻接地方式，计算接地电阻器的阻值为下列哪一项？ （   ）

（A）1050Ω
（B）1155Ω
（C）1818Ω
（D）3149Ω

解答过程：

19.假定 10kV 馈出线主要由电缆线路构成，变压器 10kV 侧中性点可以引出，拟采用经低电阻接地方式，如果系统单相接地电流值为 320A，计算接地电阻器的阻值和单相接地时最大消耗功率为下列哪一项？ （   ）

（A）18Ω，1939kW
（B）18Ω，3299kW
（C）31Ω，1939kW
（D）31Ω，3200kW

解答过程：

20. 假定变压器 10kV 侧中性点可以引出，拟采用经单相接地变压器电阻接地，已知变电所在最大运行方式下的单相接地电容电流为 16A（接地变压器过负荷系数为 1.2，接地变压器二次电压 220V），计算该接地变压器的最小额定容量和电阻器的阻值为下列哪一项？（精确到小数点后两位）（　　　）

（A）50kV·A，0.16Ω　　　　　　　　　　（B）100kV·A，0.48Ω

（C）60kV·A，0.52Ω　　　　　　　　　　（D）200kV·A，0.82Ω

解答过程：

题 21～25：某城区 110/10.5kV 无人值班变电站，全站设直流操作系统一套，直流系统电压采用 110V，蓄电池拟选用阀控式密封铝酸蓄电池组，按阶梯计算法进行的变电站直流负荷统计结果见表 1，阀控式密封铝酸蓄电池放电终止电压为 1.85V，蓄电池的容量选择系数见表 2，请回答下列问题。

变电站直流负荷统计　　　　　　　　　　　　　　　表 1

序号	负荷名称	设备电流（A）	负荷系数	计算电流（A）	经常负荷电流（A）	事故放电时间及放电电流（A）						随机
						初期	持续（min）					
						1min	1～30	30～60	60～120	120～180	180～480	5s
					I_{jc}	I_1	I_2	I_3	I_4	I_5	I_6	I_R
1	信号灯、位置继电器和位置指示器		0.6	√	√	√			√			
2	控制、保护、监控系统	3300	0.6	18.0	18.0	18.0	18.0	18.0	18.0			
3	断路器跳闸	6600	0.6	36.0		36.0						
4	断路器自投	600	0.6	2.73		2.73						
5	恢复供电断路器合闸	4200	1.0	38.18								38.18
6	氢密封油泵		0.8									
7	直流润滑油泵		0.9									
8	交流不停电电源装置	6000	0.6	32.73			32.73	32.73	32.73	32.73		
9	DC/DC变换装置		0.8	√	√	√			√			
10	直流长明灯		1	0	1	1	1	1	1			
11	事故照明	1000	1	9.09			9.09	9.09	9.09			
	合计	21700		136.73	18.00	98.55	59.82	59.82	50.73	0.00	0.00	38.18

阀控式密封铅酸蓄电池的容量选择系数 　　　　　表 2

放电终止电压（V）	容量系数和容量换算系数	不同放电时间t的K_{cc}和K_c值																
		5s	1.0(min)	29(min)	0.5(h)	59(min)	1.0(h)	89(min)	1.5(h)	2.0(h)	179(min)	3.0(h)	4.0(h)	5.0(h)	6.0(h)	7.0(h)	479(min)	8.0(h)
1.75	K_{cc}				0.492		0.615		0.719	0.774		0.867	0.936	0.975	1.014	1.071		1.080
	K_c	1.54	1.53	1.000	0.984	0.620	0.615	0.482	0.479	0.387	0.289	0.289	0.234	0.195	0.169	0.153	0.135	0.135
1.80	K_{cc}				0.450		0.598		0.708	0.748		0.840	0.896	0.950	0.996	1.050		1.056
	K_c	1.45	1.43	0.920	0.900	0.600	0.598	0.476	0.472	0.374	0.280	0.280	0.224	0.190	0.166	0.150	0.132	0.132
1.83	K_{cc}				0.412		0.565		0.683	0.714		0.810	0.868	0.920	0.960	1.015		1.016
	K_c	1.38	1.33	0.843	0.823	0.570	0.565	0.458	0.455	0.357	0.270	0.270	0.217	0.184	0.160	0.145	0.127	0.127
1.85	K_{cc}				0.390		0.540		0.642	0.688		0.786	0.856	0.900	0.942	0.980		0.984
	K_c	1.34	1.24	0.800	0.780	0.558	0.540	0.432	0.428	0.344	0.262	0.262	0.214	0.180	0.157	0.140	0.123	0.123
1.87	K_{cc}				0.378		0.520		0.612	0.668		0.774	0.836	0.885	0.930	0.959		0.960
	K_c	1.27	1.18	0.764	0.755	0.548	0.520	0.413	0.408	0.334	0.258	0.258	0.209	0.177	0.155	0.137	0.120	0.120
1.90	K_{cc}				0.338		0.490		0.572	0.642		0.759	0.800	0.850	0.900	0.917		0.944
	K_c	1.19	1.12	0.685	0.676	0.495	0.490	0.383	0.381	0.321	0.253	0.253	0.200	0.170	0.150	0.131	0.118	0.118

注：容量系数$K_{cc}=\dfrac{c_t}{c_{10}}=K_c \cdot t$（$t$—放电时间，h）；容量换算系数$K_c=\dfrac{I_t}{c_{10}}$（1/h）$=\dfrac{K_{cc}}{t}$（$t$—放电时间，h）。

21. 采用阶梯计算法进行变电站直流系统蓄电池容量选择计算，确定蓄电池 10h 放电率第三阶段的计算容量最接近下列哪一项？ 　　　　　　　（　　　）

（A）88.8A·h　　　　　　　　　　　　（B）109.1A·h

（C）111.3A·h　　　　　　　　　　　　（D）158.3A·h

解答过程：

22. 假定用阶梯计算法进行变电站直流系统蓄电池容量选择计算时，蓄电池 10h 放电率第一、二、三、四阶段计算容量分别为 228A·h、176A·h、203A·h、212A·h，计算蓄电池的最小容量为下列哪一项？ 　　　（　　　）

（A）180A·h　　　　　　　　　　　　（B）230A·h

（C）250A·h　　　　　　　　　　　　（D）300A·h

解答过程：

23. 该直流系统的蓄电池出口回路以及各直流馈线均采用直流断路器作为保护电器，其中直流馈线中直流断路器最大的额定电流为 100A，所采用的铅酸蓄电池 10h 放电率电流为 25A，计算蓄电池出口回路的断路器最小额定电流为下列哪一项？（按一般情况考虑，同时不考虑灵敏系数和保护动作时间的校验）   （   ）

    （A）100A   （B）120A

    （C）150A   （D）200A

解答过程：

24. 计算按阶梯计算法计算时，事故照明回路电缆的允许电压降的范围为下面哪一项？ （   ）

    （A）0.55～1.1V   （B）1.65～2.2V

    （C）2.75～3.3V   （D）2.75～5.5V

解答过程：

25. 本站直流系统设两组蓄电池，两组蓄电池分别接于不同的直流母线段，两段直流母线之间装设有联络用刀开关。计算联络用刀开关的最小额定电流为下列哪一项？   （   ）

    （A）63A   （B）100A

    （C）160A   （D）200A

解答过程：

2014 年案例分析试题（下午卷）

一、专业案例题（共 40 题，考生从中选择 25 题作答，每题 2 分）

题 1～5：某工厂 10/0.4k·V 变电所，内设 1000kV·A 变压器一台，采用 Dyn11 接线，已知变压器的冲击励磁涌流为 693A（0.1s），低压侧电动机自启动时的计算系数为 2，该变电所远离发电厂，最大运行方式下，10k·V 母线的短路全电流最大有效值为 10k·A，最大、最小运行方式下，变压器二次侧短路时折算到变压器一次侧的故障电流分别为 500A、360A，请回答下列问题。

1. 在变压器高压侧设限流型高压熔断器对低压侧的短路故障进行保护，熔断器能在短路电流达到冲击值前完全熄灭电弧，下表为熔断器产品的技术参数，计算确定高压熔断器应选择下列哪一项产品？（保护变压器高压熔断器熔体额定电流采用 $I_{rr} = kI_{gmax}$ 计算，k 取 2.0）　　　　　（　　）

产品编号	熔体的额定电流（A）	熔断器的额定最大开断电流（kA）	熔断器的额定最小开断电流（A）	熔断器允许通过的电流（A）
1	100	6.8	300	700（0.15s）
2	125	6.8	300	700（0.15s）
3	125	7.5	400	850（0.05s）
4	160	7.5	400	850（0.05s）

（A）产品编号 1　　　　　　　　　（B）产品编号 2
（C）产品编号 3　　　　　　　　　（D）产品编号 4

解答过程：

2. 10/0.4kV 变电所 0.4kV 母线的某配电回路采用熔断器作为保护，已知回路的计算负荷为 20kW，功率因数为 0.85，回路中启动电流最大一台电动机的额定电流为 15A，电动机启动电流倍数为 6，其余负荷计算电流为 26A，计算确定熔断器熔丝的额定电流，应选择下列哪一项？（假设熔断器特性可参考断路器定时限过电流脱扣器脱口曲线）　　　　　（　　）

（A）40A　　　　（B）63A　　　　（C）125A　　　　（D）160A

解答过程：

3. 10/0.4kV 变电所 0.4kV 母线的某电动机配电回路，采用断路器保护，已知电动机额定电流为 20A，启动电流倍数为 6，断路器的瞬时脱扣器以及短延时脱扣器的最小整定电流为下列哪一项？（忽略电动机启动过程中的非周期分量）　　　　　（　　）

（A）250A，125A　　　　　　　　　　（B）230A，230A

（C）160A，160A　　　　　　　　　　（D）120A，20A

解答过程：

4. 10/0.4kV 变电所某配电回路，采用断路器保护，回路中启动电流最大一台电动机的额定电压为 0.38kV，额定功率为 18.5kW，功率因数为 0.83，满载时的效率为 0.8，启动电流倍数为 6，除该电动机外，其他负荷的计算电流为 200A，系统最小运行方式下线路末端的单相接地短路电流为 1300A，两相短路电流为 1000A，按躲过配电线路尖峰电流的原则，计算断路器的瞬时脱扣器额定电流为下列哪一项？并校验灵敏系数是否满足要求？　　　　　　　　　　　　　　　　　　　　（　　）

（A）850A，不满足　　　　　　　　　（B）850A，满足

（C）728A，满足　　　　　　　　　　（D）728A，不满足

解答过程：

5. 10/0.4kV 变电所内某低压配电系数图如图所示，已知馈电线路末端预期故障电流为 2kA，弧前 $I^2 t_{min}$ 值和熔断 $I^2 t_{max}$ 值见下表。根据本题数据，选择熔断器 F 的最小额定电流应为下列哪一项？〔熔断器弧前时间电流特性参见《工业与民用供配电设计手册》（第四版）P620 图 11-11〕〔熔断器弧前时间电流特性参见《工业与民用供配电设计手册》（第四版）P1006～P1007 图 11.6-3、图 11.6-4〕（　　）

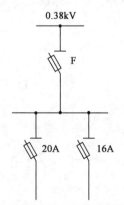

熔断器额定电流	16A	20A	25A	32A	40A	50A
熔断器弧前 $I^2 t_{min}$ 值（A²s）	300	500	1000	1800	3000	5000
熔断器熔断 $I^2 t_{max}$ 值（A²s）	1200	2000	3500	5500	10000	18000

（A）25A　　　　　　　　　　　　　（B）32A

（C）40A　　　　　　　　　　　　　（D）50A

解答过程：

题 6～10：某 35kV 架空配电电路设计采用钢筋混凝土电杆、铁横担、钢芯铝绞线、悬式绝缘子组成的绝缘子串，请回答下列关于架空电力线路设计和导线力学计算中的几个问题。

6. 已知该架空电力线路导线的自重比载、冰重比载、自重＋冰重综合比载、无冰时的风压比载、覆冰时的风压比载分别为［单位 N/（m·mm²）］：$\gamma_1 = 33 \times 10^{-3}$，$\gamma_2 = 74 \times 10^{-3}$，$\gamma_3 = 108 \times 10^{-3}$，$\gamma_4 = 29 \times 10^{-3}$，$\gamma_5 = 65 \times 10^{-3}$，请问导线覆冰综合比载为下列哪一项？ （ ）

（A）82×10^{-3} N/（m·mm²） （B）99×10^{-3} N/（m·mm²）

（C）112×10^{-3} N/（m·mm²） （D）126×10^{-3} N/（m·mm²）

解答过程：

7. 如果要求这条线路导线的最大使用应力（σ_m）不超过 80N/mm²，请计算该导线瞬时破坏应力的最小值为下列哪一项？ （ ）

（A）150N/mm² （B）200N/mm²

（C）250N/mm² （D）300N/mm²

解答过程：

8. 已知该线路最大一档的档距为 150m，请计算在无冰无风、气温＋15℃的情况下，在档距中央的导线与地线距离至少应为下列哪一项？ （ ）

（A）2.0m （B）2.4m

（C）2.8m （D）3.2m

解答过程：

9. 已知该线路悬式绝缘子在运行工况下的最大设计荷载为 3kN，请计算确定悬式绝缘子的机械破坏荷载最小值应为下列哪一项？ （ ）

（A）2.5kN （B）4.5kN

（C）6.0kN （D）8.1kN

解答过程：

10.已知 35kV 线路在海拔高度 1000m 以下空气清洁地区时，悬式绝缘子串的绝缘子数量为 3 片，假定该线路地处海拔高度 3000m 地区。请确定线路悬式绝缘子串的绝缘子数量最少应为下列哪一项？（　　）

（A）3 片　　　　　（B）4 片　　　　　（C）5 片　　　　　（D）6 片

解答过程：

题 11～15：有一台 10kV、2500kW 的异步电动机，$\cos\varphi = 0.8$，效率为 0.92，启动电流倍数为 6.5，本回路三相 Y 接线电流互感器变比为 300/5，容量为 $30V\cdot A$，该电流互感器与微机保护装置之间的控制电缆采用 $KVV-4\times 2.5mm^2$，10kV 系统接入无限大电源系统，电动机机端短路容量为 $100MV\cdot A$（最小运行方式）、$150MV\cdot A$（最大运行方式），继电保护采用微机型电动机成套保护装置。请回答下列问题。（所有保护的动作、制动电路均为二次侧的）

11.该异步电动机差动保护中比率制动差动保护的最小动作电流计算值为下列哪一项？（　　）

（A）0.48～0.96A
（B）0.65～1.31A
（C）1.13～2.26A
（D）39.2～78.4A

解答过程：

12.如果该电动机差动保护的差动电流为电动机额定电流的 5 倍，计算差动保护的制动电流值应为下列哪一项？（比率制动系数取 0.35）（　　）

（A）9.34A
（B）28A
（C）46.7A
（D）2801.6A

解答过程：

13.如果该电动机差动速断动作电流为电动机额定电流的 3 倍，计算差动保护的差动速断动作电流及灵敏系数应为下列哪一项？（　　）

（A）7.22A，12.3
（B）9.81A，8.1
（C）13.1A，9.1
（D）16.3A，5.6

解答过程：

14. 如果该微机保护装置的计算电阻与接触电阻之和为 0.55Ω，忽略电抗，计算电流互感器至微机保护装置电缆的允许长度应为下列哪一项？（铜导线电阻率 0.0184Ω·mm²/m） （ ）

（A）52m   （B）74m

（C）88m   （D）163m

解答过程：

15. 计算电动机电流速断保护的动作电流及灵敏系数为下列哪组数值？（可靠系数取 1.2）（ ）

（A）20.4A，2.3   （B）23.5A，3.4

（C）25.5A，3.1   （D）31.4A，2.5

解答过程：

题 16～20：在某市远离发电厂的工业区拟建设一座 110/10kV 变电所，装有容量为 20MV·A 的主变压器两台，110kV 配电装置室外布置，10kV 配电装置室内布置；主变压器 110kV 中性点直接接地，10kV 系统经消弧线圈接地，变电所所在场地土壤为均匀土壤，土壤电阻率为 100Ω·m，请回答下列问题。

---

16. 变电所场内敷设以水平接地极为主边缘闭合的人工复合接地网，接地网长×宽为 75m×60m，均压带间隔为 5m，水平接地极采用 Φ12 圆钢，埋设深度 1m，请采用简易计算式计算接地网的接地电阻值最接近的是下列哪一项？ （ ）

（A）30Ω   （B）3Ω

（C）0.745Ω   （D）0.01Ω

解答过程：

17. 变电所 10kV 高压配电装置室的基础由 10 个加钢筋的块状基础组成，每个块状基础面积为 16m²，整个建筑物基底平面积长边 $L_1 = 40m$、短边 $L_2 = 10m$、基础深度 $t = 4m$，计算该建筑物基础接地极的接地电阻最接近下列哪项数值？ （ ）

（A）1.65Ω   （B）2.25Ω   （C）3.75Ω   （D）9.0Ω

解答过程：

18.已知接地短路故障电流的持续时间为 0.5s，地表面的土壤电阻率为 $120\Omega\cdot m$，表层衰减系数为 0.85，经计算，该变电所当 110kV 系统发生单相接地故障时，其最大接触电位差 $U_{tmax}=180V$，最大跨步电位差 $U_{smax}=340V$，试分析确定该变电所接地网接触电位差和跨步电位差是否符合规范要求，下列哪种说法是正确的？   （   ）

（A）接触电位差和跨步电位差均符合要求

（B）仅最大接触电位差符合要求

（C）仅最大跨步电位差符合要求

（D）接触电位差和跨步电位差均不符合要求

解答过程：

19.当变电所 110kV 系统发生接地故障时，最大接地故障对称电流有效值为 9950A，流经变压器中性点的短路电流为 4500A，已知衰减系数为 1.06，变电所接地网的工频接地电阻为 0.6Ω，冲击接地电阻为 0.4Ω，变电所内、外发生接地故障时的分流系数分别为 0.6 和 0.7，请问发生接地故障时，接地网地电位的升高为下列哪一项？   （   ）

（A）2080V   （B）2003V

（C）1962V   （D）1386V

解答过程：

20.已知该变电所 110kV 系统发生接地故障时，流过接地线的短路电流稳定值为 4000A，变电所配有一套速动主保护，第一级后备保护的动作时间为 1.1s，断路器开断时间为 0.11s，接地线采用扁钢，试对变电所电气设备的接地线进行热稳定校验，当未考虑腐蚀时，其接地线的最小截面积和接地极的截面积应取下列哪一项？   （   ）

（A）$80mm^2$，$40mm^2$ （B）$80mm^2$，$60mm^2$

（C）$40mm^2$，$60mm^2$ （D）$20mm^2$，$60mm^2$

解答过程：

题 21～25：某新建工厂，内设 35/10kV 变电所一座，35kV 电源经架空线引入，线路长度 2km，厂区内有普通砖混结构办公建筑一座，预计雷击次数为 0.1 次/a，屋顶采用连成闭合环路的接闪带，共设 4 根引下线，办公建筑内设有电话交换设备，选用塑料绝缘屏蔽铜芯市话通信电缆架空引入，选用电涌保护器对电话交换设备进行雷击电磁脉冲防护，接闪带与建筑物内的电气设备、各种管线及电话交换设备电涌保护器共用接地装置，并在进户处做等电位联结。请回答下列问题。

21. 为减少因雷击架空线路避雷线、杆顶形成的作用于线路绝缘的雷电反击过电压的危害，规范规定宜采取下列哪项措施？并说明理由。 （ ）

（A）架设避雷线
（B）增加线路上绝缘子的耐压水平
（C）降低杆塔的接地电阻
（D）出入建筑物处设避雷器

解答过程：

22. 厂区内一台 10kV 电动机的供电回路开关采用真空断路器，当断开空载运行的电动机时，操作过电压一般不超过下列哪项数值？ （系统最高电压按 12kV 计） （ ）

（A）24.5kV
（B）19.6kV
（C）17.3kV
（D）13.9kV

解答过程：

23. 若办公楼高 30m，电话交换设备电涌保护器在首层进线处接地，试计算确定办公建筑的接闪带引下线与架空引入的通信电缆之间的最小空气间隔距离应为下列哪项数值？ （ ）

（A）0.53m
（B）0.79m
（C）1.19m
（D）1.25m

解答过程：

24. 办公建筑内电话交换设备的电涌保护器至进户等电位连接箱之间的导体采用铜材时，计算其最小截面积应为下列哪项数值？ （ ）

（A）16mm^2
（B）12.5mm^2
（C）6mm^2
（D）1.2mm^2

解答过程：

25. 厂区内有一露天场地，场地布置如图所示，图中二类防雷建筑物的高度为 5m，拟利用设在场地中央的一座 20m 高的灯塔上安装 6m 长的接闪杆作为防直击雷保护措施。请按滚球法计算，该接闪杆能否满足图中二类防雷建筑物的防雷要求，并确定下列表述哪项是正确的？　　　（　　）

（A）不满足此二类防雷建筑物和钢材堆放场地的防雷要求

（B）不满足此二类防雷建筑物的防雷要求，钢材堆放场地不需要防雷

（C）满足此二类防雷建筑物的防雷要求，钢材堆放场地不需要防雷

（D）满足此二类防雷建筑物和钢材堆放场地的防雷要求

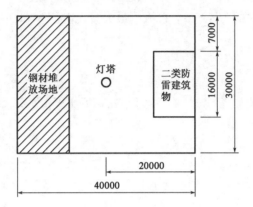

解答过程：

题 26～30：某台风机电动机拟采用电流型逆变器控制，选用串联二极管式电流型逆变器，见图。该风机电动机额定功率为 $P = 160\text{kW}$，额定电压 380V，额定电流 279A，额定效率 94.6%，额定功率因数 0.92，电动机为星形接线，每相漏感为 $L = 620\mu\text{H}$，要求调速范围 5～50Hz，请计算主回路参数。

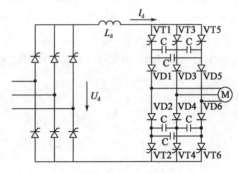

电流型变频器主回路图

26. 直流侧电压 U_d 为下列哪一项？　　　　　　　　　　　　　　　　　　　（　　）

（A）431V　　　　　　　　　　　　　　　（B）452V

（C）475V　　　　　　　　　　　　　　　（D）496V

解答过程：

27. 设计考虑变频器过载倍数 K 为 1.7 时，直流侧电流为下列哪一项？　　　　　　（　　）

(A) 573A

(B) 592A

(C) 608A

(D) 620A

解答过程：

28. 设晶闸管计算用反压时间为 400μs，直流侧最大直流电流为 600A，换相电容 C 的电容和峰值电压为下列哪一项？　　　　　　　　　　　　　　　　　　　　　　　（　　）

(A) 82μF，1820V

(B) 86μF，2071V

(C) 91μF，2192V

(D) 95μF，2325V

解答过程：

29. 设直流侧最大直流电流 $I_d = I_{dm} = 600A$，换相电容值为 90μF，逆变侧晶闸管承受的最大电压和电流有效值为下列哪一项？　　　　　　　　　　　　　　　　　　　　（　　）

(A) 1931V，325A

(B) 2029V，346A

(C) 2145V，367A

(D) 2196V，385A

解答过程：

30. 设直流侧最大直流电流 $I_d = I_{dm} = 600A$，换相电容值为 85μF，逆变侧隔离二极管承受的最大反向电压为下列哪一项？　　　　　　　　　　　　　　　　　　　　　　（　　）

(A) 2012V

(B) 2186V

(C) 2292V

(D) 2432V

解答过程：

题 31～35：某办公楼建筑 20 层，高 80m，内部布置有办公室、展示室、会议室等，请回答下列照明设计问题，并列出解答过程。

31. 某无窗办公室长 9m，宽 7.2m，高度 3.8m，工作面高度为 0.75m，该办公室平吊顶高度 3.15m，灯具嵌入顶棚安装，已知顶棚反射比为 0.7，墙面反射比为 0.5，有效地面反射比为 0.2，现在顶棚上均匀布置 6 套嵌入式3×28W 格栅荧光灯具，用 T5 直管荧光灯配电子镇流器，28W 荧光灯管光通量为 2600lm，格栅灯具效率为 0.64，其利用系数见下表，维护系数为 0.80，请问该房间的平均照度为下列哪一项？ （ ）

荧光灯格栅灯具利用系数表

顶棚反射比（%）	70			50			30		
墙面反射比（%）	50	30	10	50	30	10	50	30	10
地面反射比（%）	20								
室空间比 RCR									
1.00	0.69	0.68	0.67	0.66	0.65	0.64	0.63	0.62	0.61
1.25	0.67	0.66	0.65	0.64	0.63	0.62	0.61	0.60	0.59
1.5	0.65	0.63	0.62	0.63	0.61	0.60	0.58	0.57	0.57
2.0	0.61	0.59	0.58	0.59	0.57	0.56	0.57	0.55	0.53
2.5	0.57	0.56	0.54	0.56	0.54	0.52	0.54	0.51	0.49
3.0	0.54	0.52	0.51	0.53	0.50	0.48	0.51	0.48	0.46

（A）273lx   （B）312lx

（C）370lx   （D）384lx

解答过程：

32. 某会议室面积 100m²，装修中采用 9 套嵌入式3×28W 格栅荧光灯具，用 T5 直管荧光灯配电子镇流器，格栅灯具效率为 0.64，每支 T5 灯管配电子镇流器，每个电子镇流器损耗为 4W，装修中还采用 4 套装饰性灯具，每套装饰性灯具采用 2 支输入功率为 18W 的紧凑型荧光灯，计算该会议室的照明功率密度为下列哪一项？ （ ）

（A）8.28W/m²   （B）8.64W/m²

（C）9.36W/m²   （D）10.08W/m²

解答过程：

33. 某办公室照明计算平面长 13.2m，宽 6.0m，若该办公室平吊顶高度为 3.35m，采用格栅荧光灯具（长 1200mm，宽 300mm）嵌入顶棚布置成两条光带，如图所示，若各段光源采用相同的灯具，并按同一轴线布置，请问计算不连续光带在房间正中距地面 0.75m 高的 P 点的直射水平面照度时，灯具间隔 S 小于下列哪项数值，误差小于 10%，发光体可以按连续线光源计算照度？ （ ）

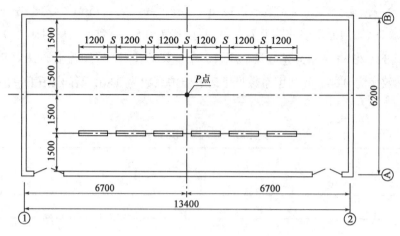

办公室照明布置平面图

（A）0.42m   （B）0.75m

（C）0.92m   （D）0.99m

解答过程：

34. 该建筑物一外墙面积为 900m²，墙面材料采用浅色大理石，反射比为 0.6，拟用 400W 的金属卤化物投光灯作泛光照明，要求立面平均照度为 50lx，投光灯光源光通量为 32000lm，灯具效率为 0.63，灯具维护系数为 0.65，若光通量入射到被照面上的投光灯盏数占总数的 50%，查得利用系数为 0.7，按光通法计算该墙面投光灯数量至少应为下列哪一项？   （   ）

（A）4 盏   （B）5 盏   （C）7 盏   （D）10 盏

解答过程：

35. 楼内展示室有一展示柜，如下图所示，长 2.0m，高 1.0m，深 0.8m，展示柜正中嵌顶安装一盏 12W 点光源灯具，灯具配光曲线为旋转轴对称，灯具光轴垂直对准柜下表面，柜内下表面与光轴成 30° 角 P 点处放置一件均匀漫反射率 $\rho = 0.8$ 的平面展品（厚度忽略不计），光源光通量为 900lm，光源强度分布（1000lm）见下表，灯具维护系数为 0.8，若不计柜内反射光影响，问该灯具照射下展品 P 点的亮度为下列哪一项？   （   ）

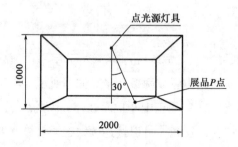

光源光强分布表

θ°	0	5	10	20	25	30	35	40	50	60	70	80	90
I_θ（cd）	489	485	473	428	397	361	322	282	199	119	52	9.8	0.3

（A）24.8cd/m² 　　　　　　　　　　（B）43.0cd/m²

（C）47.8cd/m² 　　　　　　　　　　（D）58.3cd/m²

解答过程：

题 36~40：有一会议中心建筑，首层至四层为会议楼层，首层有一进门大厅，三层设有会议电视会场，五至七层为办公层，试回答下列问题。

36. 在首层大厅设有一 LED 显示屏，已知理想视距为 10m，计算并判断在理想视距时，LED 的像素中心距为下列哪一项？ 　　　　（　　）

（A）1.8mm 　　　（B）3.6mm 　　　（C）7.2mm 　　　（D）28.98mm

解答过程：

37. 在 6 层弱电间引出槽盒（线槽），其规格为 200mm×100mm，试问在该槽盒中布放 6 类综合布线水平电缆（直径为 6.2mm），最多能布放根数为下列哪一项？ 　　　　（　　）

（A）198 　　　（B）265 　　　（C）331 　　　（D）397

解答过程：

38. 在该建筑的会议中心公共走廊中设置公共广播，从广播室至现场最远的距离为 1000m，共计有 80 个无源扬声器，每个无源扬声器的功率为 10W。试计算并根据规范判断额定传输电压宜采用下面哪一项？ 　　　　（　　）

（A）100V 　　　　　　　　　　（B）150V

（C）200V 　　　　　　　　　　（D）250V

解答过程：

39. 该会议中心非紧急广播系统共计有 200 个扬声器，每个扬声器 10W，试计算其广播功率放大器的额定输出功率最小应为下列哪一项？ （ ）

（A）2000W （B）2600W

（C）3000W （D）4000W

解答过程：

40. 该会议中心三层有一中型电视会场，需在墙上安装主显示器，已知主显示器高 1.5m，参会人员与主显示器之间的水平距离为 9m，参会者坐姿平均身高 1.40m，参与者与主显示器中心线的垂直视角为 15°，无主席台，问主显示器底边距地的正确高度为下列哪一项？ （ ）

（A）2.41m （B）3.06m

（C）3.81m （D）4.56m

解答过程：

2016 年案例分析试题（上午卷）

［案例题是 4 选 1 的方式，各小题前后之间没有联系，共 25 道小题，每题分值为 2 分，上午卷 50 分，下午卷 50 分，试卷满分 100 分。案例题一定要有分析（步骤和过程）、计算（要列出相应的公式）、依据（主要是规程、规范、手册），如果是论述题要列出论点］

题 1～5：请解答下列与电气安全相关的问题。

1. 50Hz 交流电通过人身达一定数量时，将引起人身发生心室纤维性颤动现象，如果电流通路为左手到右脚时这一数值为 50mA，那么，当电流通路变为右手到双脚时，引起发生心室纤维性颤动相同效应的人身电流是多少？ （ ）

（A）30mA （B）50mA

（C）62.5mA （D）100mA

解答过程：

2. 一建筑物内的相对地标称电压 AC220V，低压配电系统采用 TN-S 接地形式，对插座回路采用额定电流为 16A 的断路器作馈电保护，且瞬动脱扣倍数为 10 倍，现需在此插座上使用标识为 1 类防触电类别的手电钻，手电钻连接电缆单位长度相保阻抗为 $Z_{php} = 8.6\Omega/km$（不计从馈电开关到插座之间的线路阻抗及系统阻抗）。问手电钻连接电缆长度不大于多少时，才能满足防间接接触保护的要求？ （ ）

（A）28m （B）123m

（C）160m （D）212m

解答过程：

3. 用标称相电压为 AC220V，50Hz 的 TT 系统为一户外单相设备供电，设备的防触电类型为 1 类，TT 系统电源侧接地电阻为 4Ω，供电电缆回路电阻为 0.8Ω，采用带漏电模块的断路器作馈电保护，断路器脱扣器瞬动电流整定为 100A，额定漏电动作电流为 0.5A，不计设备侧接地线的阻抗。问设备侧接地电阻最大为下列哪项数值时，就能满足防间接接触保护的要求？ （ ）

（A）0.5Ω （B）95.6Ω

（C）100Ω （D）440Ω

解答过程：

4. 某变电所地处海拔高度为 1500m，变电所内安装了 10/0.4kV 干式变压器和低压开关柜等设备，变压器与低压柜之间用裸母线连接，在裸母线周围设有带锁的栅栏，则该栅栏的最小高度和栅栏到母线的最小安全净距应为下列哪组数值？　　　　　　　　　　　　　　　　　　（　　）

（A）1700mm，800mm　　　　　　　　　（B）1700mm，801mm

（C）2200mm，801mm　　　　　　　　　（D）2200mm，821mm

解答过程：

5. 某工厂生产装置，爆炸性气体环境中加工处理的物料有两种，其爆炸性气体混合物的引燃温度分别是 240℃和 150℃，则在该环境中允许使用的防爆电气设备的温度组应为下列哪项？请说明理由。

　　（　　）

（A）T3　　　　　　　　　　　　　　　（B）T4

（C）T3，T4，T5，T6　　　　　　　　　（D）T4，T5，T6

解答过程：

题 6～10：某城市综合体设置一座 10kV 总配电室及若干变配电室，10kV 总配电室向各变配电室和制冷机组放射式供电，10kV 制冷机组无功功率就地补偿，各变配电室无功功率在低压侧集中补偿。各个变配电室和制冷机组补偿后的功率因数均为 0.9。请回答下列电气设计过程中的问题，并列出解答过程。

6. 综合体内共设 8 台 10/0.4kV 变压器（计算负荷率见下表）和 3 台 10kV 制冷机组，制冷机组的额定功率分别为 2 台 1928kW（$\cos\varphi = 0.80$）和 1 台 1260kW（$\cos\varphi = 0.80$），按需要系数法计算综合体的总计算负荷是下列哪项数值？（同时系数取 0.9，计算不计及线路、母线及变压器损耗）（　　）

变压器编号	TM1	TM2	TM3	TM4	TM5	TM6	TM7	TM8
容量（kV·A）	2000	2000	1600	1600	1250	1250	1000	1000
负荷率（%）	67	61	72	60	70	65	76	71

（A）11651kV·A　　　（B）12163kV·A　　　（C）12227kV·A　　　（D）12802kV·A

解答过程：

7. 某 1000kV·A 变压器空载损耗 1.7kW，短路损耗（或满载损耗）10.3kW，阻抗电压 4.5%，空载电流 0.7%，负荷率 71%，负载功率因数 0.9，计算变压器实际运行效率为下列哪项数值？　（　　　）

　　（A）98.89%　　　　　　　　　　　　（B）98.92%

　　（C）99.04%　　　　　　　　　　　　（D）99.18%

解答过程：

8. 某 2000kV·A 变压器低压侧三相四线，额定频率为 50Hz，母线运行线电压为 0.4kV，总计算负荷合计有功功率 1259kW，无功功率 800kvar，现在该母线上设置 12 组星形接线的 3 相并联电容器组，每组串联电抗率 7% 的电抗器，电容器组铭牌参数：三相额定线电压为 0.48kV，额定容量为 50kvar，按需要系数法确定无功补偿后的总计算容量是下列哪项数值？（$K_{\Sigma p} = 0.9$，$K_{\Sigma q} = 0.95$）　（　　　）

　　（A）1144kV·A　　　　　　　　　　　（B）1151kV·A

　　（C）1175kV·A　　　　　　　　　　　（D）1307kV·A

解答过程：

9. 若每户住宅用电负荷标准为 6kW，255 户均匀分配接入三相配电系统，需要系数见下表，三相计算容量应为下列哪项数值？（$\cos\varphi = 0.8$）　（　　　）

户数	13～24	25～124	125～259	260～300
需要系数	0.5	0.45	0.35	0.3

注：表中户数是指单相配电时接于同一相上的户数，按三相配电对连接的户数应乘以 3。

　　（A）1913kV·A　　　　　　　　　　　（B）1530kV·A

　　（C）861kV·A　　　　　　　　　　　　（D）669kV·A

解答过程：

10. 在确定并联电容器分组容量时，应避免发生谐振，为躲开谐振点，需根据电抗器的电抗率合理选择电容器分组容量，避开谐振容量。假定 10kV 制冷机组电源母线短路容量为 100MV·A，电容器组串联电抗率为 6% 的电抗器，计算发生 3 次谐波谐振的电容器容量是下列哪项数值？　（　　　）

　　（A）5.111Mvar　　　　　　　　　　　（B）2Mvar

　　（C）−2Mvar　　　　　　　　　　　　（D）−5.111Mvar

解答过程：

题 11～15：某企业有 110/35/10kV 主变电所一座，两台主变，户外布置。110kV 设备户外敞开式布置，35kV 及 10kV 设备采用开关柜户内布置，主变各侧均采用单母线分段接线方式，采用 35kV、10kV 电压向企业各用电点供电。请解答下列问题：

11. 企业生产现场设置有 35/10kV 可移动式变电站，主变连接组别为 Dyn11，负责大型移动设备供电，10kV 供电电缆长度为 4.0km，10kV 侧采用中性点经高电阻接地，试计算确定接地电阻额定电压和电阻消耗的功率（单相对地短路时电阻电流与电容电流的比值为 1.1）。 （ ）

（A）6.06kV，25.4kW   （B）6.06kV，29.5kW

（C）6.37kV，29.4kW   （D）6.37kV，32.5kW

解答过程：

12. 某 35/10kV 变电所，变压器一次侧短路容量为 80MV·A，为无限大容量系统，一台主变压器容量为 8MV·A，变压器阻抗电压百分数为 7.5%，10kV 母线上接有一台功率为 500kW 的电动机，采用直接启动方式，电动机的启动电流倍数为 6，功率因数为 0.91，效率为 93.4%。10kV 母线上其他预接有功负荷为 5MW，功率因数为 0.9，电动机采用长 1km 的电缆供电。已知电缆每公里电抗为 0.1Ω（忽略电阻），试计算确定，当电动机启动时，电动机的端子电压相对值与下列哪项最接近？ （ ）

（A）99.97%   （B）99.81%   （C）93.9%   （D）93.0%

解答过程：

13. 某 10kV 配电系统，系统中有两台非线性用电设备，经测量得知，一号设备的基波电流为 100A，3 次谐波电流含有率为 5%，5 次谐波电流含有率为 3%，7 次谐波电流含有率为 2%；二号设备的基波电流为 150A，3 次谐波电流含有率为 6%，5 次谐波电流含有率为 4%，7 次谐波电流含有率为 2%。两台设备 3 次谐波电流之间的相位角为 45°，基波和其他各次谐波的电流同相位，试计算该 10kV 配电系统中 10kV 母线的电流总畸变率应为下列哪项数值？ （ ）

（A）6.6%   （B）7.0%   （C）13.6%   （D）22%

解答过程：

14. 某新建 35kV 变电所，已知计算负荷为 15.9MV·A，其中一、二级负荷为 11MV·A，节假日时运行负荷为计算负荷的 1/2，设计拟选择容量为 10MV·A 的主变两台。已知变压器的空载有功损耗为

8.2kW，负载有功损耗为 47.8kW，空载电流百分数 $I_0\% = 0.7$，阻抗电压百分数 $U_k\% = 7.5$，变压器的过载能力按 1.2 倍考虑，无功功率经济当量取 0.1kW/kvar。试校验变压器的容量是否满足一、二级负荷的供电要求，并确定节假日时两台变压器的经济运行方式。　　　　　　　　（　　）

（A）不满足，两台运行　　　　　　　　　（B）满足，两台运行

（C）不满足，单台运行　　　　　　　　　（D）满足，单台运行

解答过程：

15. 某 UPS 电源，所带计算机网络设备额定容量共计 50kW（$\cos\varphi = 0.95$），计算机网络设备电源效率 0.92，当 UPS 设备效率为 0.93 时，计算该 UPS 电源的容量最小为下列哪项数值？　　　（　　）

（A）61.5kV·A　　　　　　　　　　　　　（B）73.8kV·A

（C）80.0kV·A　　　　　　　　　　　　　（D）92.3kV·A

解答过程：

题 16～20：某企业新建 110/35/10kV 变电所，设 2 台 SSZ11-50000/110 的变压器，$U_{k12}\% = 10.5$，$U_{k13}\% = 17$，$U_{k23}\% = 6.5$，容量比为 100/50/100，短路电流计算系统图如图所示。第一电源的最大短路容量 $S_{1max} = 4630MV\cdot A$，最小短路容量 $S_{1min} = 1120MV\cdot A$；第二电源的最大短路容量 $S_{2max} = 3630MV\cdot A$，最小短路容量 $S_{2min} = 1310MV\cdot A$。110kV 线路的阻抗为 0.4/km。（各元件有效电阻较小，不予考虑）请回答下列问题：

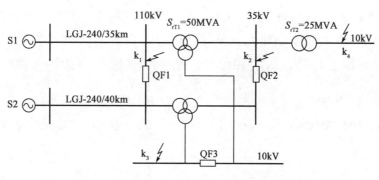

16. 主变压器三侧绕组（高、中、低）以 100MV·A 为基准容量的电抗标幺值应为下列哪项数值？　　　　　　　　　　　　　　　　　　　　　　　　　　　　（　　）

（A）0.21、0、0.13　　　　　　　　　　　（B）0.21、0.13、0.34

（C）0.26、0、0.16　　　　　　　　　　　（D）0.42、0、0.26

解答过程：

17. 断路器 QF1、QF2、QF3 均断开，k_1 点的最大和最小三相短路电流应为下列哪组数值？　　　　　　　　　　　　　　　　　　　　　　　　　　　　　（　　）

（A）2.5kA，1.5kA　　　　　　　　　　　　（B）3.75kA，2.74kA

（C）3.92kA，2.56kA　　　　　　　　　　　（D）12.2kA，7.99kA

解答过程：

18. 假定断路器 QF1、QF2 断开，QF3 断路器闭合，短路电流计算阻抗图如下图所示。（图中电抗标幺值均以 100MV·A 为基准容量），则 k_3 点的三相短路电流为下列哪项数值？　　　　（　　）

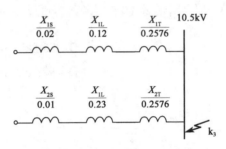

（A）6.94kA　　　　　　　　　　　　　　　（B）10.6kA

（C）24.46kA　　　　　　　　　　　　　　　（D）33.6kA

解答过程：

19. 假设第一电源和第二电源同时工作，QF1、QF3 断路器断开，QF2 断路器闭合，第一和第二电源 35kV 侧短路容量分别为 378MV·A 和 342MV·A，35kV 变压器 S_{rT1} 以基准容量 100MV·A 的电抗标幺值 $X_T = 0.42$，则第二电源提供给 k_4 点的三相短路电流和短路容量为下列哪项数值？　　　　（　　）

（A）2.57kA，70.26MV·A　　　　　　　　　（B）4.67kA，84.96MV·A

（C）5.66kA，102.88MV·A　　　　　　　　　（D）9.84kA，178.92MV·A

解答过程：

20. 假设变压器 S_{rT} 高压侧装设低电压启动的带时限过电流保护，110kV 侧电流互感器变比为 300/5，电压互感器变比为 110000/100，电流互感器和电流继电器接线图如下图所示，则保护装置的动作电流和动作电压为下列哪组数值（运行中可能出现的最低工作电压取变压器高压侧母线额定电压的 0.5 倍）？

（　　）

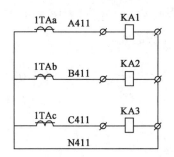

（A）5.25A，41.7V   （B）6.17A，36.2V

（C）6.7A，33.4V   （D）7.41A，49V

解答过程：

题 21～25：一座 35/10kV 变电站附属于某公共建筑物内并为该建筑物供电，建筑物内下级 10/0.4kV 变压器兼站用变，35kV 系统采用高电阻接地方式，10kV 侧单相接地电容电流为 15A，采用经消弧线圈接地，0.4kV 侧采用 TN-S 系统，各变电所及建筑物共用接地系统，利用建筑物桩基础钢筋作自然接地体，并围绕建筑物设置以水平接地体为主边缘闭合的人工接地体，建筑物底板平面为 30m×21m，放在钻孔中的钢筋混凝土杆形桩按 6×4 的矩阵布置，闭环接地体包围的面积为：36×24m²，水平接地体埋深 1.0m，请回答（解答）下列有关问题：

21. 建筑物场地为陶土，假定在测量土壤电阻率时，土壤具有中等含水量，测得的土壤电阻率为 35Ω·m，请计算该自然接地装置的工频接地电阻最接近下列哪项数值？（基础接地极的形状系数 $K_2 = 0.5$）   （   ）

（A）0.52Ω   （B）1.03Ω

（C）1.14Ω   （D）1.53Ω

解答过程：

22. 假定该场地土壤电阻率为 120Ω·m，其中某一根建筑物防雷引下线连接到四边形闭合人工接地体的顶点，接地体采用扁钢，其等效直径为 15mm，请根据场地及接地网条件计算该引下线的冲击接地电阻最接近下列哪项数值？（不考虑自然接地体的散流作用，接地极形状系数取−0.18）   （   ）

（A）3.2Ω   （B）5.05Ω

（C）7.4Ω   （D）10.5Ω

解答过程：

23. 假定变电站地表层土壤电阻率为 $800\Omega \cdot m$，请计算变电站接地网的接触电位差和跨步电位差不应超过下列哪组数值？（地表层衰减系数取 0.5） （ ）

（A）$U_t = 70V$，$U_s = 130V$ （B）$U_t = 70V$，$U_s = 150V$

（C）$U_t = 90V$，$U_s = 130V$ （D）$U_t = 90V$，$U_s = 150V$

解答过程：

24. 假定站用变低压侧某出线回路采用铜芯多芯电缆，其中一芯作为 PE 线，电缆绝缘材料为 85℃ 橡胶，回路预期的单向短路故障电流有效值为 2kA，保护电器动作时间考虑最不利情况 5s，请通过计算确定作为 PE 线的电缆芯线截面积最小为下列哪项数值。 （ ）

（A）$16mm^2$ （B）$25mm^2$ （C）$35mm^2$ （D）$50mm^2$

解答过程：

25. 假定低压接地故障回路的阻抗为 $25m\Omega$，请计算变电所低压侧该配电回路间接接触防护电器的动作电流，其结果最接近下列哪个数值？ （ ）

（A）8.8kA   （B）9.2kA   （C）15.2kA   （D）16kA

解答过程：

2016 年案例分析试题（下午卷）

一、专业案例题（共 40 题，考生从中选择 25 题作答，每题 2 分）

题 1～5：某普通工厂的车间平面为矩形加两个半圆形，如下图所示，其中矩形为长 36m，宽 18m，半圆形的直径为 18m（计算中不计墙的厚度），车间高 16m，工厂内有办公室和材料堆场。请问下列照明设计问题，并列出解答过程

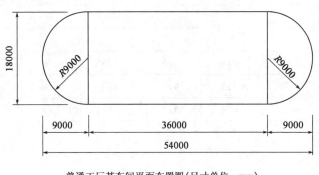

普通工厂某车间平面布置图(尺寸单位：mm)

1. 若车间内均匀布置 400W 金属卤化物灯作为一般照明，灯具距地面高 14.75m，工作面高 0.75m，金属卤化物的光源光通量为 32000lm，灯具效率为 0.75，计算该车间室形指数为下列哪项数值？ （　　　）

（A）0.7 　　　　　　　　　　　（B）0.9
（C）1.0 　　　　　　　　　　　（D）1.2

解答过程：

2. 若车间内均匀布置 400W 金属卤化物灯作为一般照明，灯具距地面高 12m，工作面高 0.75m，金属卤化物的光源光通量为 36000lm，灯具效率为 0.77。若已知有效顶棚反射比为 0.5，墙面反射比为 0.3，地面反射比为 0.2，维护系数按 0.7，灯具的利用系数见表 1，要求工作面上的一般照明的照度为 300lx，计算该车间需要多少盏 400W 金卤灯？（灯具数量取整数） （　　　）

（A）11 盏　　　　　　　　　　　（B）14 盏
（C）20 盏　　　　　　　　　　　（D）26 盏

金属卤化物灯具利用系数表　　　　　　　　　　　　　　　　表 1

有效顶棚反射比（%）	70			50		30		0
墙反射比（%）	50	30	10	30	10	30	10	0
地面反射比（%）	20							0

室形指数RI								
0.6	0.41	0.35	0.31	0.34	0.31	0.34	0.30	0.29
0.8	0.50	0.44	0.40	0.43	0.39	0.43	0.39	0.37
1.0	0.55	0.49	0.45	0.48	0.45	0.48	0.44	0.42
1.25	0.61	0.55	0.51	0.54	0.51	0.53	0.50	0.48
有效顶棚反射比（%）	70			50		30		0
墙反射比（%）	50	30	10	30	10	30	10	0
地面反射比（%）	20							0
室形指数RI								
1.5	0.66	0.60	0.56	0.59	0.56	0.58	0.56	0.52
2.0	0.71	0.65	0.61	0.64	0.70	0.63	0.62	0.56
2.5	0.74	0.70	0.67	0.68	0.65	0.69	0.66	0.61

解答过程：

3. 若车间局部采用 4 盏 400W 金卤灯灯具进行照明，光源 400W 金卤灯的光通量为 36000lm，工作面离地 0.75m，灯具的出口面到工作面的高度为 12m，维护系数 $K = 0.7$，光源光强分布（1000lm）见表 2，灯具布置见下图，试求工作面上 P 点的水平面照度为下列哪个数值？（不计反射光及其他灯具的影响） （　　　）

光源光强分布表（1000lm） 表 2

$\theta°$	0	7.5	12.5	17.5	22.5	27.5	32.5	37.5
I_θ（cd）	346.3	338.7	329.4	321.8	306.9	283.6	261.3	239.6
$\theta°$	42.5	47.5	52.5	57.5	62.5	67.5	72.5	77.5
I_θ（cd）	219.6	197	170.8	108.8	54.2	34.8	22.2	13.3

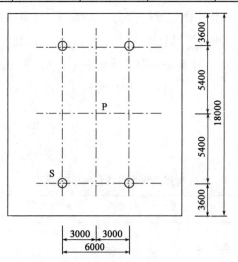

车间局部灯具布置方案图(尺寸单位：mm)

（A）72lx
（B）140lx
（C）157lx
（D）200lx

解答过程：

4. 工厂内某办公室长 9m，宽 7.2m，高 3.6m，工作面高 0.75m，在 3.2m 高顶棚上均匀嵌入 8 盏 $2 \times 28W$ 的 T5 格栅荧光灯，已知室空间四周墙上门窗所占面积占室空间墙总面积（包括门窗面积）的 20%。已知墙面反射比 $\rho_w = 30\%$，门窗反射比为 9%，计算墙面平均反射比是下列哪项数值？ （ ）

（A）4%
（B）26%
（C）32%
（D）42%

解答过程：

5. 工厂内材料堆场面积 $A = 6000\text{m}^2$，要求堆场被照面上的水平平均照度为 15lx，采用 400W 金卤灯（光源的光通量 $\Phi_1 = 36000\text{lm}$）作场地投光照明。若已知灯具效率 $\eta = 0.637$，利用系数 $U = 0.7$，灯具维护系数 $K = 0.7$，则该堆场需要多少盏金卤灯？ （ ）

（A）4 盏
（B）5 盏
（C）8 盏
（D）10 盏

解答过程：

题 6～10：某企业有 110kV 主变电站一座，设有两台容量同型号的主变，户外布置，主变容量为 $50\text{MV} \cdot \text{A}$，电压等级为 110/35/10kV，单台变压器油重 13.5t。110kV 设备采用户外敞开式布置，35kV 及 10kV 采用户内开关柜布置，主变低压各侧均采用单母线分段接线方式，110kV 系统为有效接地系统。采用 35kV、10kV 电压向企业各个用电点供电。当地海拔高度 800m，请解答下列问题：

6. 该变电站系统图见下图，请指出图中有几处隔离开关和接地开关的配置不满足规范要求，并说明依据。 （ ）

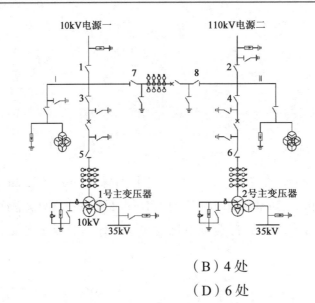

（A）3 处   （B）4 处

（C）5 处   （D）6 处

解答过程：

7. 该变电站室外部分设备平面布置图见下图，变压器储油池按能容纳 100% 油量设计，请指出图中不符合规范要求的有几处？并说明依据。   （   ）

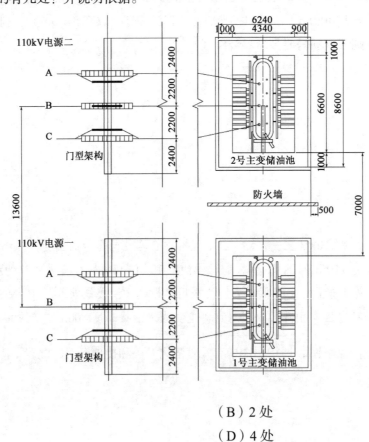

（A）1 处   （B）2 处

（C）3 处   （D）4 处

解答过程：

8. 该变电站 35kV 和 10kV 配电室平面图见下图，穿墙套管采用水平排列。35kV 和 10kV 配电设备全部采用移开式交流金属封闭式开关设备，柜前操作、柜后维护，35kV 和 10kV 手车长分别为 1500mm 和 750mm。请指出图中不符合规范要求的有几处，并说明依据。 （ ）

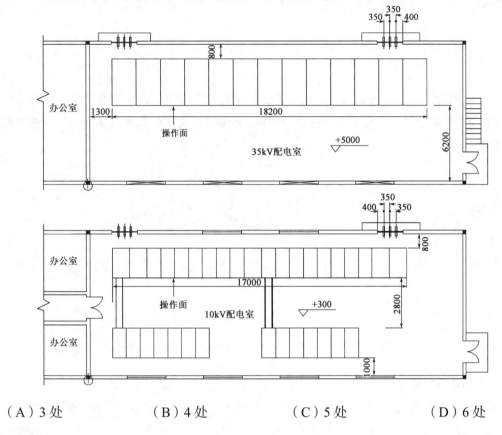

（A）3 处　　　　　　（B）4 处　　　　　　（C）5 处　　　　　　（D）6 处

解答过程：

9. 该变电所设计为独立场所，四周有实体围墙，场地内室外布置的全部电器设备不单独设置固定遮拦。变压器储油池按能容纳 100％ 油量设计，室外部分设备里面布置图见下图，在变压器外轮廓投影到 35kV 配电室、10kV 配电室以及办公辅助室外墙各侧向外 3000mm 范围内有窗户。请确定图中 L_1、L_2 和 L_3 的最小尺寸（mm），并说明依据。 （ ）

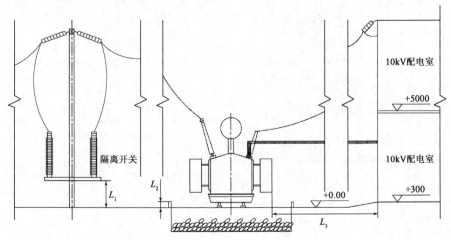

（A）2500、100、10000　　　　　　　　（B）2500、100、8000

（C）3400、0、10000　　　　　　　　　（D）3400、100、8000

解答过程：

10. 该变电站内除主变压器外无其他有油设备，根据规划在变电站内设置有油水分离设施的总事故储油池。当主变压器的储油池容量均为变压器油重的 40% 时，请计算总事故储油池的储油量最小值为下列哪项数值？　　　　　　　　　　（　　）

（A）16.2t　　　　　　　　　　　　　（B）10.8t

（C）8.1t　　　　　　　　　　　　　　（D）5.4t

解答过程：

题 11～15：某企业工业场地内有办公楼、10kV 变电站等建筑群，请解答下列问题：

11. 在工业场地内空旷地带设 10kV 室外变电所一座，见下图，变电站占地尺寸为 10m × 5m（长×宽），变电站设备最高点为 A 点，高度 3m。该变电站 10kV 电源进线采用电缆直埋地敷设的方式，为了防止 10kV 变电站遭受雷击，设计选用独立避雷针作为防直击雷保护措施。10kV 变电站和独立避雷针接地装置单独设置，室外地面位于同一标高，接地装置埋深相同。当独立避雷针的冲击接地电阻设计为 8Ω 时，计算避雷针接地装置与变电所接地装置之间的最小距离和独立避雷针的最小高度应为下列哪组数值？　　　　　　　　　　　　　　（　　）

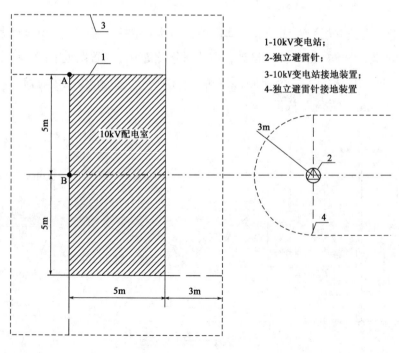

1-10kV变电站；
2-独立避雷针；
3-10kV变电站接地装置；
4-独立避雷针接地装置

（A）3.2m，19.5m   （B）3.2m，12.58m

（C）2.4m，13.53m   （D）2.4m，12.93m

解答过程：

12. 工业场地内某建筑物采用水平敷设的多根人工接地体作为防雷接地装置，该地区土壤电阻率为 $500\Omega \cdot m$，最长支线长 19m，接地装置埋深距地面 1.0m，工频接地电阻为 R（Ω），则该接地体的冲击接地电阻正确的是下列哪项数值？   （   ）

（A）$1.4R$ （B）R

（C）$R/1.4$ （D）$R/1.5$

解答过程：

13. 附近山坡下有一栋综合办公楼建筑，附近土壤电阻率较小，10kV 变电站提供一回 380V 电源给综合办公楼，进线电缆采用 1kV，YJV-3×240＋1×120，采用穿 PVC 管理地敷设。综合办公楼尺寸为长 60m，宽 13m，高 16m。当地年平均雷暴日 75d/a，地下引入的外来金属管道和线路的总数 n 为 4，综合办公楼电源总配电箱处装设有I级试验的电涌保护器，其每一保护模式的冲击电流值应为下列哪项数值？   （   ）

（A）6.25kA   （B）4.688kA

（C）4.167kA   （D）3.125kA

解答过程：

14. 某独立建筑物防雷接地采用人工接地装置，接地装置为一根水平敷设的接地体，该地区土壤电阻率为 $1000\Omega \cdot m$，为降低接地电阻采用换土的方式，引下线与接地体连接点两侧沿水平接地体方向各 5m 范围内采用 $500\Omega \cdot m$ 土壤进行更换，计算该接地体的总有效长度应为下列哪项数值？   （   ）

（A）59.10m   （B）61.17

（C）73.25m   （D）107.97

解答过程：

15. 工业场地内有一综合楼为框架结构，二类防雷建筑物，采用屏蔽格栅，钢筋直径为 16mm，网格宽度为 2.0m，该建筑 LPZ1 区内某环路宽为 0.5m，长为 1.0m，当距离综合楼 100m 处发生首次正极性雷闪击（10/350μs）时，计算该环路的最大感应电压应为下列哪项数值？并说明理由 （ ）

（A）0.114V

（B）3.995V

（C）19.957V

（D）39.913V

解答过程：

题 16～20：某企业 35kV 电源线路，选用 JL/G1A-240mm² 导线，导线的参数如下：重量 g_1 为 964.3kg/km，计算总截面积 A 为 277.75mm²，计算直径 d 为 21.66mm，最大风速 30m/s，覆冰厚度 b 为 5mm，最大拉断力 83370N，安全系数为 3。请回答以下问题：

---

16. 计算该导线的自重加冰重比载为下列哪项值？ （ ）

（A）13.29×10⁻³N/（m·mm²）

（B）34.02×10⁻³N/（m·mm²）

（C）47.31×10⁻³N/（m·mm²）

（D）58.42×10⁻³N/（m·mm²）

解答过程：

17. 该线路 12 号杆塔一侧档距为 150m，高差为 35m，另一侧档距为 180m，高差为 40m，则 12 号杆塔的水平档距应为下列哪项数值？ （ ）

（A）150m （B）165m （C）169m （D）180m

解答过程：

18. 该线路 15 号杆塔一侧档距为 160m，15 号比 14 号杆塔高 10m，垂直比载为35.46 × 10⁻³N/（m·mm²），应力为78.24N/mm²；另一侧档距为190m，15 号比 16 号杆塔低 6m，垂直比载为35.46 × 10⁻³N/（m·mm²），应力为83.85N/mm²，计算 15 号杆塔的垂直档距应为下列哪项数值？ （ ）

（A）175.00m （B）238.23m （C）243.23m （D）387.57m

解答过程：

19. 该线路某一耐张段内，各档距分别为 120m，138m，150m，160m，180m，140m，则该耐张段的代表档距为下列哪项数值？ （ ）

（A）140.00m   （B）148.00m

（C）151.58m   （D）155.94m

解答过程：

20. 若该线路平均运行应力为 71.25kN，振动风速上限值为 4m/s，则该线路导线防振锤的安装距离应为下列哪项数值？ （ ）

（A）0.093～0.099m   （B）0.105～0.111

（C）0～0.116m   （D）0.421～0.445

解答过程：

题 21～25：某车间 10kV 变电所，设 1 台 SCB9-2000/10 的变压器，10/0.4kV，Dyn11，$U_d\% = 6$，低压网络系统图如图所示。变压器高压侧系统短路容量 $S'_S = 75MV \cdot A$，低压配电线路 L_1 选用铜芯电缆 $VV_{22} - 3 \times 35 + 1 \times 16$，长度为 30m 电动机 M 额定功率为 50kW，额定电流 Ir = 90A，低压配电线路 L_2 所带负荷计算电流为 410A，其中最大一台电动机的额定电流为 60A、启动倍数为 6，（忽略母线的阻抗），请回答下列问题。

[SCB9-2000 的变压器的阻抗及相保阻抗参考《工业与民用配电设计手册》（第三版）中相关参数]

21. 计算线路 L_1 的相保阻抗值应为下列哪项数值？ （ ）

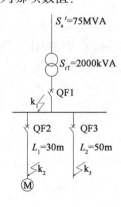

（A）45.34mΩ   （B）61.06mΩ

（C）72.13mΩ   （D）100.96mΩ

解答过程：

22. 不计电动机反馈电流的影响，求 k_1 点的三相短路电流应为下列哪项数值？ （ ）

(A) 23.1kA

(B) 33.24kA

(C) 47.99kA

(D) 108.66kA

解答过程：

23. 不计电动机反馈电流的影响，求 k_1 点的单相接地故障电流应为下列哪项数值？ （ ）

(A) 24.5kA

(B) 31.66kA

(C) 35.27kA

(D) 45.71kA

解答过程：

24. 假设 k_2 点的三相短路电流为 24.5kA 且 L_2 回路只带一台额定电流为 60A 的电动机，关于 k_1 和 k_2 点短路电流是否计入电动机的影响，下列说法中哪项是正确的？ （ ）

(A) k_1 点短路电流需计入电动机的影响，k_2 点短路电流不考虑电动机的影响

(B) k_1 点短路电流不考虑电动机的影响，k_2 点短路电流需计入电动机的影响

(C) k_1、k_2 点短路电流均不考虑电动机的影响

(D) k_1、k_2 点短路电流均需计入电动机的影响

解答过程：

25. 假设低压断路器 QF3 是保护配电线路的，则该断路器定时限过电流和瞬时过电流脱扣器的整定值为下列哪组数值？ （ ）

(A) 650A，1068A

(B) 710A，1284A

(C) 852A，1284A

(D) 975A，1313A

解答过程：

题 26～30：有一大型超高层办公建筑，高 300m，总建筑面积 20 万 m²，地下 4 层、地上 78 层，有 4 层裙房，地下 1、2 层层高 5.5m，主要为设备机房和功能性用房，地下 3、4 层层高 3.5m；在裙

房 4 层有一大型会议室，能召开国际会议，预计在楼内办公人员 1.1 万人。

26. 裙房 4 层大型会议室，长 30m、宽 20m，具备召开国际会议功能、会场设置数字红外线同声传译系统，使用调频副载波频率（中心频率）编号为 CC5，需在会场红外服务区安装红外辐射单元。已知会场共设置了 4 个红外辐射单元，两个负责会场前区，2 个负责会场后区，从红外发射主机到红外辐射单元采用同轴电缆。从红外发射主机至后区第一个红外辐射单元的同轴电缆长度为 25m。试计算从红外发射主机至后区第二个红外辐射单元的同轴电缆长度，并判断下列哪项数值符合规范要求？（　　）

（A）15m
（B）30m
（C）35m
（D）40m

解答过程：

27. 裙房 4 层大型会议室，长 30m、宽 20m，地面至吊顶 6.5m，为平吊顶，需设置火灾探测器，请计算确定至少应设置多少个点型感烟探测器？（　　）

（A）10 个
（B）12 个
（C）14 个
（D）16 个

解答过程：

28. 在建筑中设置的公共广播系统，传输线缆采用铜芯导线，其电阻率为 $1.75 \times 10^{-8} \Omega \cdot m$，采用 100V 定压输出，当某一路线路接有 30 个扬声器，每个扬声器的功率为 5W，这 30 个扬声器沿线路均匀布置，长度达到 650m，要求线路的衰减为 2dB，试计算在 1000Hz 时，传输线路的截面积至少不小于下列哪项数值？（　　）

（A）0.132mm²
（B）1.32mm²
（C）13.2mm²
（D）132mm²

解答过程：

29. 对于本建筑的电子信息系统雷击风险评估，已知裙房长 108m、宽 81m、高 21m；主楼长 81m、宽 45m、高 300m，见下图（尺寸单位：mm）。当地雷暴天数取 34d/a，年预计雷击次数的校正系数按一般情况考虑。请计算本建筑预计雷击次数应为下列哪项数值？（　　）

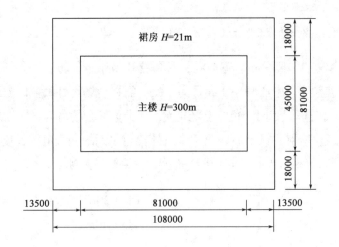

（A）0.148 次/a   （B）1.23 次/a

（C）1.37 次/a   （D）12.3 次/a

解答过程：

30. 在建筑中有一视频会议室，其中安装了一台摄像机用于对主席台及演讲嘉宾的摄像。摄像机安装高度为 3m，距离主席台 7m，要求摄像机能拍摄主席台全景 4m 高画面，也能对嘉宾拍摄高度为 0.5m 个人特写镜头，已知摄像机像场高 20mm。请计算摄像机要满足上述需求至少需要几倍变焦？（　　　）

（A）8 倍   （B）11.4 倍

（C）35 倍   （D）280 倍

解答过程：

题 31～35：某小型轧机传动电机型号为 Z560-4B，额定功率 800kW，额定电压 660V，额定转速 410r/min，最高转速 1100r/min，极对数 $p=3$，电枢电流 1305A，电枢电阻 0.028Ω，电机过载倍数 2.5 倍，效率 91.9%。Z 系列电动机有补偿；整流变压器 Y/Y，$U_d\% = 5$，整流桥为三相桥式反并联接线，$\alpha_{zx} = 30°$，设均衡电流为额定电流的 5%，交流电源为三相 10kV，电网波动系数 $\beta = 0.95$，控制方式为速度反馈可逆系统。请回答下列问题：

31. 整流变压器计算容量应为下列哪项数值？   （　　　）

（A）1217.08kV·A   （B）1275.04kV·A

（C）1329.52kV·A   （D）1338.79kV·A

解答过程：

32. 若整流变压器次级相电压 $U_2 = 410V$，电机允许的电流脉动率 $V_d = 5\%$，此时按限制电流脉动选择电抗器，计算的电抗器电感应为下列哪项数值？　　　　　　　　　（　　）

（A）4.60mH

（B）5.65mH

（C）5.77mH

（D）5.83mH

解答过程：

33. 若整流变压器次级相电压 $U_2 = 410V$，取最小工作电流 $I_{min} = 5\%I_{nd}$（I_{nd} 为变流器的额定电流），此时按电流连续选择电抗器，计算的电抗器电感应为下列哪项数值？　　（　　）

（A）2.68mH

（B）3.74mH

（C）3.86mH

（D）3.92mH

解答过程：

34. 若整流变压器次级相电压 $U_2 = 410V$，取最小工作电流 $I_{jh} = 5\%I_{nd}$（I_{nd} 为变流器的额定电流），此时按限制均衡电流选择电抗器，计算的电抗器电感应为下列哪项数值？　　（　　）

（A）9.37mH

（B）17.36mH

（C）17.48mH

（D）17.54mH

解答过程：

35. 若整流变压器次级相电压 $U_2 = 410V$，交流侧相电流 $I_2 = 1050A$，计算系数 K_j 取 50，计算交流侧进线电抗器电感应为下列哪项数值？　　　　　　　　　　　　　　　（　　）

（A）0.05mH　　　　（B）0.06mH　　　　（C）0.07mH　　　　（D）0.10mH

解答过程：

题 36～40：某 10kV 变电所变压器高压侧采用通用负荷开关-熔断器组合电器保护，低压侧线路和用电设备采用断路器或熔断器保护，供电系统如图所示，请解答下列问题。

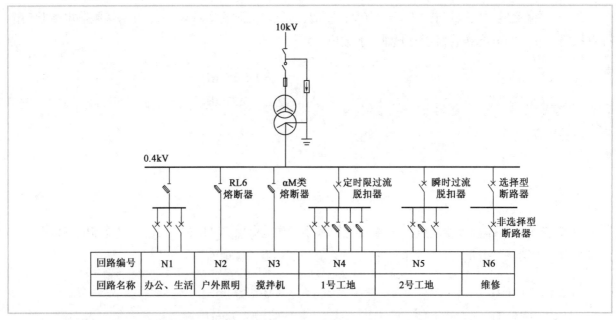

36. 请判断下列对通用负荷开关的要求哪一项是错误的？并说明理由和依据。（   ）

（A）当负荷开关与熔断器组合使用时，负荷开关应能关合组合电器中熔断器的最大截止电流

（B）负荷开关应能开断 1250kV·A 及以下的配电变压器的空载电流

（C）负荷开关应能开断不大于 10A 的电缆电容电流

（D）选择负荷开关时，也要校验其开断能力，负荷开关的额定开断电流应不小于所在回路的最大三相对称短路电流初始值 I''

解答过程：

37. 已知低压侧 N1 配电回路采用熔断器保护，回路计算电流为 200A，最大的电动机的额定电流为 50A，除去最大的电动机以外的回路计算电流为 160A，请计算熔断器熔体的额定电流（计算值）最接近下列哪个数值？（假设熔断器的保护特性与断路器定时限过电流脱扣器相似，可靠系数 $K_r = 1$）

（   ）

（A）210A   （B）231A   （C）252A   （D）273A

解答过程：

38. 已知低压侧户外照明回路 N2 采用 RL6 熔断器保护，负荷均为金属卤化物灯，该回路的计算电流为 40A，请计算熔断器熔体的额定电流最接近下列哪个数值？（   ）

（A）40A   （B）48A   （C）60A   （D）68A

解答过程：

39. 已知低压侧混凝土搅拌机回路 N3 的电机短路和接地故障采用 aM 类熔断器保护（部分范围分断），且电动机的额定电流为 50A，启动电流为 350A，请计算熔体额定电流最小应选择下列哪项数值？　　　　（　　）

　　（A）50A　　　　　　（B）63A　　　　　　（C）80A　　　　　　（D）100A

解答过程：

40. 已知低压侧 N6 配电回路上下两级分别采用选择型和非选择型断路器保护，夏季断路器长延时脱扣器电流整定值为 100A，瞬时脱扣器电流整定值为 1000A，上级断路器长延时脱扣器电流整定值为 300A，请确定上级断路器短延时脱扣器电流整定值的计算结果最接近下列哪项数值？　　　　（　　）

　　（A）1000A　　　　　（B）1300A　　　　　（C）1600A　　　　　（D）2000A

解答过程：

2017 年案例分析试题（上午卷）

［案例题是 4 选 1 的方式，各小题前后之间没有联系，共 25 道小题，每题分值为 2 分，上午卷 50 分，下午卷 50 分，试卷满分 100 分。案例题一定要有分析（步骤和过程）、计算（要列出相应的公式）、依据（主要是规程、规范、手册），如果是论述题要列出论点］

题 1～5：请按下列描述回答问题，并分别说明理由。

1. 在某外部环境条件下，交流电流路径为手到手的人体总阻抗 Z_T 如下表所示。已知偏差系数 $F_D(5\%) = 0.74$，$F_D(95\%) = 1.35$。一手到一脚的人体部分内阻抗百分比分布中膝盖到脚占比为 32.3%，电流流过膝盖时的附加内阻抗百分比为 3.3%。电流路径为一手到一脚的人体总阻抗为手到手人体总阻抗的 80%。请计算在相同的外部环境条件下，当接触电压为 1000V，人体总阻抗为不超过被测对象 5%，且电流路径仅为一手到一膝盖时的接触电流值与下列哪项数值最接近？（忽略阻抗中的电容分量及皮肤阻抗） （   ）

接触电压	不超过被测对象的 95% 的人体总阻抗 Z_T 值（Ω）
400	1340
500	1210
700	1100
1000	1100

（A）2.34A （B）2.45A

（C）2.92A （D）3.06A

解答过程：

2. 某变电所采用 TN-C-S 系统给一建筑物内的用电设备供电，配电线路如下图所示，变压器侧配电柜至建筑内配电箱利用电缆第四芯作为 PEN 线，建筑内配电箱至用电设备利用电缆第四芯作为 PE 线，用电设备为三相负荷，线路单位长度阻抗如下表，忽略电抗以及其他未知电阻的影响。当用电设备电源发生一相与外壳单相接地故障时（金属性短路），计算该供电回路的故障电流应为下列哪项数值？ （   ）

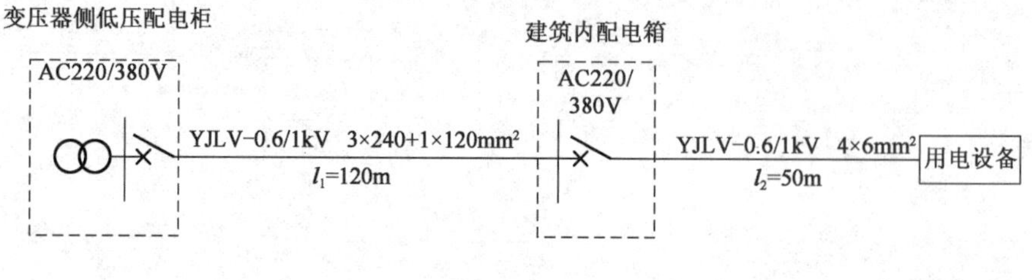

线路单位长度阻抗值（单位：mΩ/m）

R'[1]					
$S(\text{mm}^2)$[2]	150	95	50	16	6
铝	0.192	0.303	0.575	1.798	4.700
铜	0.117	0.185	0.351	1.097	2.867

R'_{php}[3]						
$S_p = S(\text{mm}^2)$[2] $4 \times$		150	95	50	16	6
铝		0.576	0.909	1.725	5.394	14.100
铜		0.351	0.555	1.053	3.291	8.601
$S_p = S/2$ (mm^2)	$3\times$	150	95	50	16	6
	$+1\times$	70	50	25	10	4
铝		0.905	1.317	2.589	7.011	17.625
铜		0.552	0.804	1.580	4.277	10.751

注：①R'为导线 20°C 时单位长度电阻值，$R' = C_j \frac{\rho_{20}}{S} \times 10^3$（mΩ/m），铝$\rho_{20} = 2.82 \times 10^{-6} \Omega \cdot \text{cm}$，铜$\rho_{20} = 1.72 \times 10^{-6} \Omega \cdot \text{cm}$。$C_j$为纹入系数，
导线截面积 $\leqslant 6\text{mm}^2$ 时，C_j取为 1.0；导线截面积 $> 6\text{mm}^2$，C_j取为 1.02。

②S为相线线芯截面积，S_p为 PEN 线线芯截面积。

③R'_{php}为计算单相对地短路电流用的相保电阻，其值取导线 20°C 时电阻的 1.5 倍。

（A）286A （B）294A

（C）312A （D）15027A

解答过程：

3. 某变压器的配电线路如下图所示，已知变压器电阻$R_1 = 0.02\Omega$，图中为设备供电的电缆相线与 PEN 线截面积相等，各相线单位长度电阻值均为 6.5Ω/km，忽略其他未知电阻、电抗的影响，当设备 A 发生相线对设备外壳短路故障时，计算设备 B 外壳的对地故障电压应为下列哪项数值？ （ ）

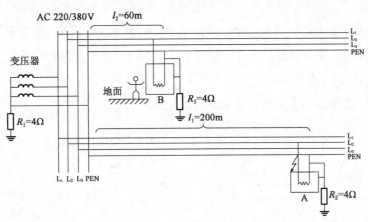

（A）30.80V　　　　　　　　　　　　（B）33.0V

（C）33.80V　　　　　　　　　　　　（D）50.98V

解答过程：

4. 某 10kV 变电所的配电接线如下图所示，R_E 和 R_B 相互独立，R_E 与 R_A 相互连接，低压侧 IT 系统采用经高电阻接地，R_D 远大于 R_A、R_B 及 R_E，低压侧线电压为 AC380V。变电所内高压侧发生接地故障时，流过 R_E 的故障电流 $I_E = 10A$，计算高压侧发生接地故障时低压电气装置相线与外壳间的工频应力电压 U_1 应为下列哪项数值？（忽略线路、变压器及未知阻抗）　　　　　（　　）

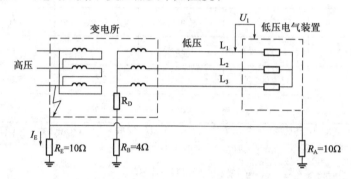

（A）100V　　　　　　　　　　　　（B）220V

（C）250V　　　　　　　　　　　　（D）320V

解答过程：

5. 请判断下列设计方案的描述哪几条不符合规范的要求，并分别说明正确与错误的原因？

　　　　　　　　　　　　　　　　　　　　　　　　　　　　（　　）

a. 某企业室外降压变电站的变压器的总油量为 6t，该变电站与单层三级耐火等级的内类仓库的防火间距设计为 12m。

b. 某民用建筑内油浸变压器室位于地面一层，变压器室下面有地下室，该变压器室设置挡油池时，挡油池的容积可按容纳 20% 变压器油量设计，并有能将事故油排到安全场所的设施。

c. 某住宅楼与 10kV 预装式变电站（干式）的防火间距设计为 2m。

d. 某民用建筑内柴油发电机储油间，其柴油总储存量不大于 $1m^3$。

（A）1 条　　　　　　　　　　　　（B）2 条

（C）3 条　　　　　　　　　　　　（D）4 条

解答过程：

题6～10：某科技园位于寒冷地区，其中规划有科研办公楼高99m，酒店高84m，住宅楼高49.5m，员工宿舍楼高24.5m，以及配套商业、车库等建筑物。请回答下列电气设计过程中的问题，并列出解答过程。

6. 根据下表列出的几栋建筑的技术指标，同时系数取0.9，$\cos\varphi = 0.92$，计算总负荷容量应为下列哪项数值？ （   ）

序号	建筑名称	建筑面积（m²）	户数	计算负荷指标	需要系数
1	科研办公楼	31400	—	42W/m²	—
2	员工宿舍楼	2800	27	2.5kW/户	0.65
3	住宅楼	12122	117	6kW/户	0.4
4	配套商业、车库及设施	14688	—	36W/m²	—

（A）1799kV·A
（B）1955kV·A
（C）2125kV·A
（D）2172kV·A

解答过程：

7. 某栋住宅楼用电设备清单见下表，同时系数取1，$\cos\varphi = 0.85$，分别计算二、三级负荷容量为下列哪一项？ （   ）

序号	用电设备名称	设备容量（kW）	数量	需要系数	备注
1	住户用电	6kW	99户	0.4	三相配电
2	应急照明	5		1	
3	走道照明	10		0.5	
4	普通照明	15		0.5	
5	消火栓水泵	30	2	1	一用一备
6	喷淋水泵	15	2	1	一用一备
7	消防电梯	17.5	1	1	
8	普通客梯	17.5	1	1	
9	生活水泵	7.5	2	1	一用一备
10	排污泵	3	4	0.9	
11	消防用排水泵	3	4	1	
12	消防加压装置	5.5	2	1	
13	安防系统用电	20		0.85	
14	通风机	7.5	4	0.6	

续上表

序号	用电设备名称	设备容量（kW）	数量	需要系数	备注
15	公共小动力电源	10		0.6	
16	集中供暖热交换系统	50		0.7	

注：所有用电设备不计及损耗，即效率均取 1。

（A）二级负荷 156kV·A，三级负荷 376kV·A

（B）二级负荷 169kV·A，三级负荷 364kV·A

（C）二级负荷 175kV·A，三级负荷 358kV·A

（D）二级负荷 216kV·A，三级负荷 317kV·A

解答过程：

8. 科研办公楼用电量统计见下表，设计要求变压器负荷率不大于 65%，无功补偿后的功率因数按 0.92 计算，同时系数取 0.9，不计及变压器损耗，计算选择变压器容量应为下列哪项数值？（变压器容量只按负荷率选择，不必进行其他校验）　　　　　　　　　（　　　）

序号	用电负荷名称	容量（kW）	需要系数 K_x	$\cos\varphi$	备注
1	照明用电	316	0.70	0.9	
2	应急照明	40	1	0.9	平时用电 20%
3	插座及小动力用电	1057	0.35	0.85	
4	新风机组及风机盘管	100	0.6	0.8	
5	动力设备	105	0.6	0.8	
6	制冷设备	960	0.6	0.8	
7	采暖热交换设备	119	0.6	0.8	
8	出租商业及餐饮	200	0.6	0.8	
9	建筑立面景观照明	57	0.6	0.7	
10	控制室及通信机房	100	0.6	0.85	
11	信息及智能化系统	20	0.6	0.85	
12	防排烟设备	550	1	0.8	
13	消防水泵	215	0.5	0.8	
14	消防卷帘门	20	1	0.8	
15	消防电梯	30	1	0.8	
16	客梯、货梯	150	0.65	0.8	
17	建筑立面擦窗机	52	0.6	0.8	

注：所用用电设备不计及损耗，即效率均取 1。

（A）2×1000kV·A （B）2×1250kV·A

（C）2×1600kV·A （D）2×2000kV·A

解答过程：

9. 自备应急柴油发电机组设置 20m³ 室外埋地储油罐，附近有杆高为 10m 的架空电力线路，请计算确定该储罐与架空电力线路的最小水平距离应为下列哪项数值？ （　　）

（A）6m （B）7.5m

（C）12m （D）15m

解答过程：

10. 某低压配电系统，无功功率补偿设备选用额定容量 480kvar，额定线电压 480V 的三相并联电容器组，角形连接，回路要求串 7% 电抗器组，母线运行电压为 0.4kV，如图所示。请计算确定串联电抗器组的容量最接近下列哪项数值？ （　　）

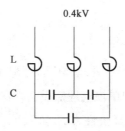

（A）33.60kvar （B）26.98kvar

（C）23.33kvar （D）8.99kvar

解答过程：

题 11～15：某 110kV 变电站，配置有两台变压器，变压器铭牌为 SF11-50000/110，50MV·A，110±2×2.5%/10.5kV。正常情况下每台主变负荷率为 50%，一台主变故障检修情况下另一台主变负荷率为 100%。变压器户外布置，110kV 侧采用电缆进线，10kV 侧采用裸母线出线（阳光直射无遮拦），母线为铝镁硅系（6063）管型母线，规格为 Φ120/110。变电站所在位置最热月平均最高环境温度为 30℃，年最高温度为 40℃，海拔高度 2000m。请回答下列问题，并列出解答过程。

11. 计算该主变压器 10kV 侧母线的允许载流量应为下列哪项数值？并判断是否满足运行要求。[假

定变压器 10kV 侧电压维持在 10kV 不变，母线载流量数据参见《导体和电器选择设计技术规定》
（DL/T 5222—2005）] （ ）

  （A）2565.2A，满足   （B）2566.2A，不满足

  （C）2786.1A，满足   （D）2786.1A，不满足

  解答过程：

12. 该变电站向某 10kV 用户配电站提供电源，采用一回电缆出线，已知该电缆回路电阻为 0.118Ω/km，感抗为 0.090Ω/km，电缆长度为 2km。用户配电站实际运行有功功率变化范围为 5～10MW，功率因数为 0.95.假设变电站 10kV 母线电压偏差范围为±2%，计算用户配电站 10kV 母线电压偏差范围应为下列哪项数值？若产权分界点为用户配电站 10kV 进线柜出线端头，判断其电压偏差是否满足供电电压偏差限制要求，并说明依据。 （ ）

  （A）1.418%～2.95%，满足   （B）−0.52%～4.95%，满足

  （C）−3.48%～−0.89%，满足   （D）−4.95%～0.52%，满足

  解答过程：

13. 该变电站设有一台 380V 消防专用水泵，其工作电流为 220A，采用一根 1kV 三芯交联聚乙烯绝缘铜芯钢带铠装电缆配电，电缆在土壤中单根直埋敷设，埋深处的最热月平均地温为 30℃，土壤热阻系数为 1.5K·m/W。如仅从电缆载流量和经济性方面考虑，计算该配电电缆的最小截面积应为下列哪项数值？［设电缆经济电流密度选为 1.8A/mm²，电缆直埋时的允许载流量参见《电力工程电缆设计标准》GB 50217—2007）] （ ）

  （A）70mm² （B）95mm² （C）120mm² （D）150mm²

  解答过程：

14. 已知该变电所 110kV 进线电缆内绝缘额定雷电冲击耐受电压（峰值）为 450V，求其终端内、外绝缘雷电冲击耐受电压（峰值）最低值应分别为下列哪项数值？ （ ）

  （A）450kV，450kV   （B）450kV，509kV

  （C）450kV，550kV   （D）509kV，509kV

  解答过程：

15.若该变电站采用一回 110kV 电缆进线，电缆长度为 500m，采用 3 根单芯电缆直线并列紧靠敷设。电缆金属层平均半径为 20mm，电缆外半径为 25mm。若回路正常工作电流为 400A，请通过计算确定电缆金属层宜采用下述哪种接地方式？　　　　　　　　　　（　　）

（A）线路一端或中央部分单点直接接地

（B）分区段交叉互联接地

（C）不接地

（D）线路两端直接接地

解答过程：

题 16~20：某钢厂配电回路中电动机参数如下：额定电压 $U_e = 380V$，额定功率 $P_e = 45kW$，额定效率 $\eta = 0.9$，额定功率因数 $\cos\varphi = 0.8$，启动电流倍数 $\lambda = 6$。变压器高压侧系统短路容量为 $100MV \cdot A$，其他参数如图所示。请回答下列问题，并列出解答过程。

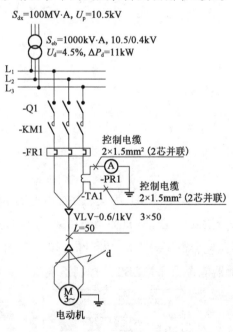

16.已知断路器 Q1 的瞬时动作电流倍数为 10 倍，动作时间小于 20ms，不考虑温度补偿系数。计算图中断路器 Q1 的额定电流和瞬时动作电流整定值最小宜为下列哪项数值？　　　　　　　　　（　　）

（A）80A，800A　　　　　　　　　　（B）100A，1000A

（C）125A，1250A　　　　　　　　　（D）160A，1600A

解答过程：

17. 题图中电流互感器 TA1 为 ALH-0.66，150/5A，在准确度 1.0 级时，额定容量为 5V·A；机房操作箱上电流表 PA1 额定容量为 0.55V·A，TA1 到 PA1 的距离为 50m，忽略柜内导线及所有接触电阻，不计电抗，铜导体电阻率为 $0.0184\Omega \cdot mm^2/m$。计算在电动机额定工作状态下，整个电流检测外部回路的损耗应为下列哪项数值？并判断电流互感器的容量能否满足电流表的指示精度要求。　　（　　）

（A）3.31W，满足　　　　　　　　　（B）4.53W，满足

（C）6.38W，不满足　　　　　　　　（D）7.38W，不满足

解答过程：

18. 已知 $VLV-0.6/1kV-3 \times 50mm^2$ 电缆的电阻及电抗分别为 0.754mΩ/m 和 0.075mΩ/m，在忽略系统电阻，不忽略回路电阻的条件下，计算题图中 d 点的三相短路冲击电流与下列哪项数值最接近？（忽略母线及低压主回路元件的阻抗，三相短路电流冲击系数 $K_{ch} = 1$）　　（　　）

（A）0.47kA

（B）5.59kA

（C）7.90kA

（D）8.47kA

解答过程：

19. 右图中低压交流 220V 控制回路中 KM1 为安装在配电室内 MCC 低压开关柜中的交流接触器（吸持功率 20W），SB1、SB2 为分别安装在远程机旁操作箱上的启动、停止按钮，配电柜与机旁操作箱之间的距离为 500m。若考虑线路电容电流对 KM1 断开的影响，计算配电柜与机旁操作箱的临界距离应为下列哪项数值？并判定接触器能否受开关 SB2 的控制正常断开。　　（　　）

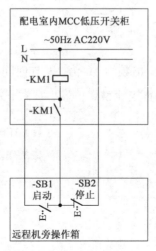

（A）344m，不能 　　　　（B）450m，不能 　　　　（C）688m，能 　　　　（D）860m，能

解答过程：

20. 下图为某移动设备的正、反方向运行原理系统图及接线图，该移动设备运行区间受 PLC（可编程控制器）控制，达到两端位置受限位开关（LS1、LS2）控制停止。请对图中标注的 a、b、c、d 环节中原理、逻辑或电缆接线进行分析，判断错误有几处，并对错误环节的原因进行解释说明。（　　）

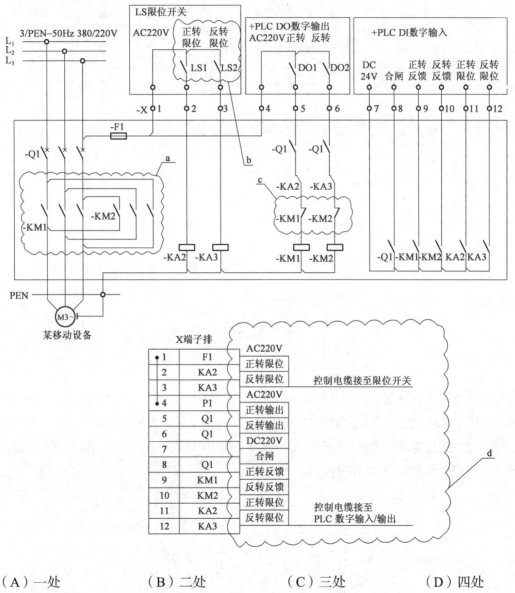

（A）一处 　　　　（B）二处 　　　　（C）三处 　　　　（D）四处

解答过程：

题 21～25：请按下列描述回答问题，并分别说明理由。

21. 某 110kV 室外变电站的部分场地布置初步设计方案见下图，变电站的外围采用 2m 高的实体外墙，场地内设有消防和运输通道。110kV 和 35kV 配电装置均选用不含油电气设备，室内布置，110kV 和 35kV 配电室靠近变压器一侧均设有通风用窗户和供人员出入的门。变电站设总事故油池一座，两台 110/35kV 主变选用油浸变压器，单台变压器油重 6.5t。图中标注的尺寸单位均为 m，均指建（构）筑物外缘的净尺寸。请判断该设计方案有几处不符合规范的要求？并分别说明理由。　　　　（　）

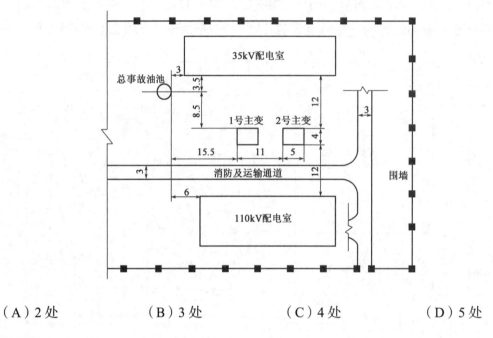

（A）2 处　　　　　　（B）3 处　　　　　　（C）4 处　　　　　　（D）5 处

解答过程：

22. 某 110/35kV 变电站部分设计方案如下图所示，已知当地海拔高度小于 1000m，110kV 系统为有效接地系统。该变电站为独立场地，四周有实体围墙，场地内室外布置的全部电气设备不单独设置固定遮拦，变压器储油池按能容纳 100% 油量设计，图中标注的尺寸单位均为 mm，请判断该设计方案中共有几处不符合规范的要求？并分别说明理由。　　　　（　）

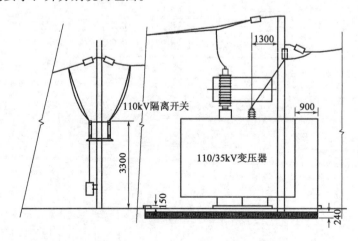

（A）2 处　　　　　　（B）3 处　　　　　　（C）4 处　　　　　　（D）5 处

解答过程：

23. 某变电站 35kV 配电室的剖面图如下图所示。35kV 母线经穿墙套管进入室内后沿母线支架敷设，配电室内沿垂直于母线支架方向设计两列照明灯具，照明线路沿屋顶结构明敷。35kV 设备选用手车式开关柜，车长 950mm。图中标注的尺寸单位均为 mm。请判断该设计方案中共有几处不符合规范的要求？并分别说明理由。　　　　　　　　　　　　　　（　　）

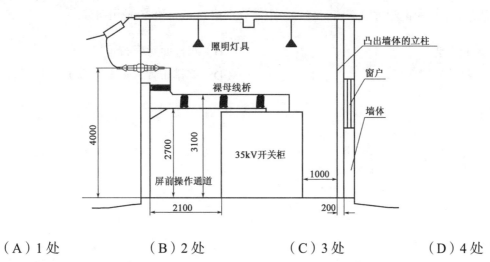

（A）1 处　　　　　　（B）2 处　　　　　　（C）3 处　　　　　　（D）4 处

解答过程：

24. 某 10kV 变电所的部分布置图如下图所示，图中 10kV 配电柜选用柜前操作、柜前柜后维护结构的移开式开关柜，手车长度为 650mm，10kV 油浸变压器额定容量为 800kV·A，油重 380kg，不考虑变压器在室内检修。挂墙式配电箱为本变电所内的照明、通风等小型 380/220V 用电设备供电，并在配电箱前面板实施操作。10kV 配电柜和挂墙式配电箱的防护等级不低于 IP3X。图中标注的尺寸单位均为 mm，请判断该设计方案中有几处违反规范的要求？并分别说明理由。　　　　　　（　　）

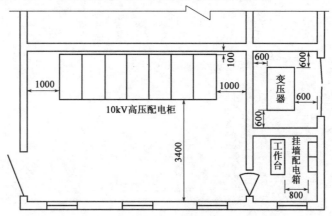

（A）2 处   （B）3 处

（C）4 处   （D）5 处

解答过程：

25. 某 10/0.4kV 变电所需要布置 15 台低压抽屉式配电柜，柜前柜后操作，配电柜外形尺寸为 800mm（宽）×800mm（深）×2200mm（高），在不考虑房间受限且均采用直线布置时，请画出草图并计算确定采用下列哪种方式布置时所占用的房间面积最小？   （   ）

注：若配电柜柜后和柜侧可以靠墙安装时，距离分别按 60mm 和 300mm 计算。

（A）单排布置   （B）双排面对面布置

（C）双排背对背布置   （D）多排布置（大于两排）

解答过程：

2017 年案例分析试题（下午卷）

[案例题是 4 选 1 的方式，各小题前后之间没有联系，共 25 道小题，每题分值为 2 分，上午卷 50 分，下午卷 50 分，试卷满分 100 分。案例题一定要有分析（步骤和过程）、计算（要列出相应的公式）、依据（主要是规程、规范、手册），如果是论述题要列出论点]

题 1～5：无人值守 110kV 变电站，直流系统标称电压为 220V，采用直流孔子与动力负荷合并供电。蓄电池采用阀控式密封铅酸蓄电池（贫液），容量为 300A·h，单体 2V。直流系统接线如下图所示，其中电缆 L_1 压降为 0.5%（计算电流取 1.05 倍蓄电池 1h 放电率电流时），电缆 L_2 压降为 4%（计算电流取 10A 时）。请回答下列问题，并列出解答过程。

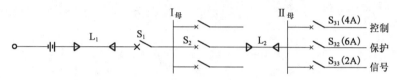

1. 设控制、保护和信号回路的计算电流分别为 2A、4A 和 1A，若该系统断路器皆不具备短延时保护功能，请问直流系统图中直流断路器 S_2 的额定电流值宜选取下列哪项数值？（S_2 采用标准型 C 型脱扣器，S_{31}、S_{32} 及 S_{33} 采用标准型 B 型脱扣器）　　　　（　　）

（A）6.0A　　　　（B）10A　　　　（C）40A　　　　（D）63A

解答过程：

2. 某直流电动机额定电流为 10A，电源取自该直流系统 I 母线，母线至该电机电缆长度为 120m，求电缆截面积宜选取下列哪项数值？（假设电缆为铜芯，载流量按 4A/mm² 电流密度计算）　　（　　）

（A）2.5mm²

（B）4mm²

（C）6mm²

（D）10mm²

解答过程：

3. 若该系统直流负荷统计如下：控制与保护装置容量 2kW，断路器跳闸装置容量 0.5kW，恢复供电重合闸装置容量 0.8kW，直流应急照明装置容量 2kW，交流不停电装置（UPS）容量 1kW。采用简化计算法计算蓄电池 10h 放电率容量时，其计算容量值最接近下列哪项数值？（放电终止电压取 1.85V）

（　　）

（A）70A·h （B）73A·h

（C）85A·h （D）88A·h

解答过程：

4. 若该系统直流负荷统计如下：控制与保护装置容量 8kW，断路器跳闸装置容量 0.5kW，恢复供电重合闸装置容量 0.2kW，直流应急照明装置容量 10kW。充电装置采用一组高频开关电源，每个模块电流为 20A，充电时蓄电池与直流母线不断开，请计算充电装置所需的最少模块数量应为下列哪项数值？ （ ）

（A）2 （B）3

（C）4 （D）5

解答过程：

5. 某高压断路器，固有合闸时间为 200ms，保护装置动作时间为 100ms，其电磁操动机构合闸电流为 120A，该合闸回路配有一直流断路器，该断路器最适宜的参数应选择下列哪项？ （ ）

（A）额定电流为 40A，1 倍额定电流下过载脱扣时间大于 200ms

（B）额定电流为 125A，1 倍额定电流下过载脱扣时间大于 200ms

（C）额定电流为 40A，3 倍额定电流下过载脱扣时间大于 200ms

（D）额定电流为 125A，1 倍额定电流下过载脱扣时间大于 300ms

解答过程：

题 6~10：某新建 110/10kV 变电站设有两台主变，110kV 采用内桥接线方式，10kV 采用单母线分段接线方式。110kV 进线及 10kV 母线均分别运行，系统接线如图所示。电源 1 最大运行方式下三相短路电流为 25kA，最小运行方式下三相短路电流为 20kA；电源 2 容量为无限大，电源进线 L_1 和 L_2 均采用 110kV 架空线路，变电站基本情况如下：

1）主变压器参数如下：

容量：50000kV·A；电压比：$110 \pm 8 \times 1.25\%/10.5kV$；

短路阻抗：$U_k = 12\%$；空载电流为 $I_0 = 1\%$；

接线组别：YN,d11；变压器允许长期过载 1.3 倍。

（2）每回 110kV 电源架空线路长度约 40km；导线采用 LGJ-300/25，单位电抗取 0.4Ω/km。

（3）10kV 馈电线路均为电缆出线，单位电抗为 0.1Ω/km。

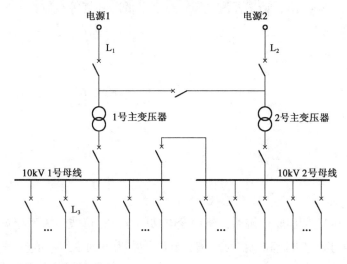

请回答下列问题，并列出解答过程。

6. 请计算 1 号 10kV 母线发生最大三相短路时，其短路电流为下列哪项数值? （   ）

（A）15.23kA   （B）17.16kA

（C）18.30kA   （D）35.59kA

解答过程：

7. 假定本站 10kV 1 号母线的最大运行方式下三相短路电流为 23kA，最小运行方式下三相短路电流为 20kA，由该母线馈出一回线路L₃为下级 10kV 配电站配电。线路长度为 8km，采用无时限电流速断保护，电流互感器变比为 300/1A，接线方式如右图所示，请计算保护装置的动作电流及灵敏系数应为下列哪项数值? （可靠系数为 1.3）   （   ）

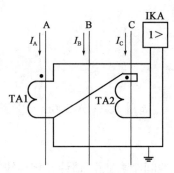

（A）2.47kA，2.34   （B）4.28kA，2.34

（C）24.7A，2.7   （D）42.78A，2.34

解答过程：

8. 若 10kV 1 号母线的最大三相短路电流为 20kA，主变高压侧主保护用电流互感器（安装于变压器高压套管处）的变比为 300/1A，请选择该电流互感器最低准确度等级应为下列哪项？（可靠系数取 2.0） （　　）

（A）5P10
（B）5P15
（C）5P20
（D）10P20

解答过程：

9. 若通过在主变 10kV 侧串联电抗器，将该变电站的 10kV 母线最大三相短路电流由 30kA 降到 20kA，请计算该电抗器的额定电流和电抗百分值，其结果应为下列哪组数值？ （　　）

（A）2887A，5.05%
（B）2887A，5.55%
（C）3753A，6.05%
（D）3753A，6.57%

解答过程：

10. 所内两段 10kV 母线上的预计总负荷为 40MW，所有负荷均匀分布在两段母线上，未补偿前 10kV 负荷功率因数为 0.86，当地电力部门要求变电站入口处功率因数达到 0.96。请计算确定全站 10kV 侧需要补偿的容性无功容量，其结果应为下列哪项数值？（忽略变压器有功损耗） （　　）

（A）12000kvar
（B）13541kvar
（C）15152kvar
（D）16500kvar

解答过程：

题 11～15：某企业 35kV 电源线路，选用 JL/G1A-300mm² 导线，导线计算总截面积为 338.99mm²，导线直径为 23.94mm，请回答以下问题：

11. 若该线路杆塔导线水平排列，线间距离 4m，请计算相导线间的几何均距最接近下列哪项数值？ （　　）

（A）2.05m
（B）4.08m
（C）5.04m
（D）11.3m

解答过程：

12. 该线路的正序电抗为 0.399Ω/km，电纳为2.85×10^{-6}（$1/\Omega \cdot km$），请计算该线路的自然功率最接近下列哪项数值？ （ ）

　　（A）3.06MW　　　　　　　　　　　　（B）3.3MW

　　（C）32.3MW　　　　　　　　　　　　（D）374.2MW

解答过程：

13. 已知线路某档距 300m，高差为 70m，最高气温时导线最低点应力为 $50N/mm^2$，垂直比载为 $27 \times 10^{-3}N/$（$m \cdot mm^2$），用斜抛物线公式计算在最高气温时，档内线长最接近下列哪项数值？ （ ）

　　（A）300m　　　　　　　　　　　　　（B）308.4m

　　（C）318.4m　　　　　　　　　　　　（D）330.2m

解答过程：

14. 该线路某档水平档距为 250m，导线悬挂点高差 70m，导线最大覆冰时的比载为$57 \times 10^{-3}N/$（$m \cdot mm^2$），应力为$55N/mm^2$，按最大覆冰气象条件校验，高塔处导线悬点处的应力最接近下列哪项值（按平抛物线公式计算）？ （ ）

　　（A）$55.5N/mm^2$　　　　　　　　　　（B）$59.6N/mm^2$

　　（C）$65.5N/mm^2$　　　　　　　　　　（D）$70.6N/mm^2$

解答过程：

15. 假设该线路悬垂绝缘子长度为 0.8m，导线最大弧垂 2.4m，导线垂直排列，则该线路导线垂直线间距离最小应为下列哪项数值？ （ ）

　　（A）1.24m　　　　　　　　　　　　　（B）1.46m

　　（C）1.65m　　　　　　　　　　　　　（D）1.74m

解答过程：

题 16～20：某培训活动中心工程，有报告厅、会议室、多功能厅、客房、健身房、娱乐室、办公室、餐厅、厨房等。请回答下列电气照明设计过程中的问题，并列出解答过程。

16. 多功能厅长 36m，宽 18m，吊顶高度 3.4m，无窗。设计室内地面照度标准 200lx，拟选用嵌入式 LED 灯盘（功率 40W，光通量 4000lm，色温 4000K），灯具维护系数为 0.80，已知有效顶棚反射比为 0.7，墙面反射比为 0.5，地面反射比为 0.1，灯具利用系数见下表，计算多功能厅所需灯具为下列哪项数值？　　　　　　　　　　　　　　　　　　　　　　　　　　　　　　　（　　）

灯具利用系数表

室形指数 RI	顶棚、墙面和地面反射系数（表格从上往下顺序）										
	0.8	0.8	0.7	0.7	0.7	0.7	0.5	0.5	0.3	0.3	0
	0.5	0.5	0.5	0.5	0.5	0.3	0.3	0.1	0.3	0.1	0
	0.3	0.1	0.3	0.2	0.1	0.1	0.1	0.1	0.1	0.1	0
0.6	0.62	0.59	0.62	0.60	0.59	0.53	0.53	0.49	0.52	0.49	0.47
0.8	0.73	0.69	0.72	0.70	0.68	0.62	0.62	0.58	0.61	0.58	0.56
1.0	0.82	0.76	0.80	0.78	0.75	0.70	0.69	0.65	0.68	0.65	0.63
1.25	0.90	0.82	0.88	0.84	0.81	0.76	0.76	0.72	0.75	0.72	0.70
1.5	0.95	0.86	0.93	0.89	0.86	0.81	0.80	0.77	0.79	0.76	0.75
2.0	1.04	0.92	1.01	0.96	0.92	0.88	0.87	0.84	0.86	0.83	0.81
2.5	1.09	0.96	1.06	1.00	0.95	0.92	0.91	0.89	0.90	0.88	0.86
3.0	1.12	0.98	1.09	1.03	0.97	0.95	0.93	0.92	0.92	0.90	0.88
4.0	1.17	1.04	1.13	1.06	1.00	0.98	0.96	0.95	0.95	0.93	0.91
5.0	1.19	1.02	1.16	1.08	1.01	1.00	0.98	0.96	0.96	0.95	0.93

（A）40 盏　　　　　　　　　　　　　（B）48 盏

（C）52 盏　　　　　　　　　　　　　（D）56 盏

解答过程：

17. 健身房的面积为 500m²，灯具数量及参数统计见下表，灯具额定电压均为 AC220V，计算健身房 LPD 值应为下列哪项数值？　　　　　　　　　　　　　　　　　　（　　）

序号	灯具名称	数量	光源功率	输入电流	功率因数	用途
1	荧光灯	48 套	2×28W/套	0.29A/套	0.98	一般照明
2	筒灯	16 套	1×18W/套	0.09A/套	0.98	一般照明
3	线型 LED	50m	5W/m	0.05A/m	0.56	暗槽装饰灯

续上表

序号	灯具名称	数量	光源功率	输入电流	功率因数	用途
4	天棚造景	100m²	10W/m²	0.1A/m²	0.56	装饰灯
5	艺术吊灯	1套	16×2.5W/套	0.4A/套	0.56	装饰灯
6	枝形花灯	10套	3×1W/套	0.03A/套	0.56	装饰灯
7	壁灯	15套	3W/套	0.03A/套	0.56	装饰灯

（A）7.9W/m² （B）8.3W/m²

（C）9.5W/m² （D）10W/m²

解答过程：

18. 客房床头中轴线正上方安装有 25W 阅读灯见下图（图中标注的尺寸单位均为 mm），灯具距墙 0.5m，距地 2.7m，灯具光通量为 2000lm，光强分布见下表，维护系数为 0.8，假定书面 P 点在中轴线上方，书面与床面水平倾角 70°，P 点距墙水平距离为 0.8m，距地垂直距离为 1.2m，按点光源计算书面 P 点照度值应为下列哪项数值？　　　　　　（　　）

灯具光强分布表（1000lm）

$\theta°$	0	3	6	9	12	15	18	21	24	27	30	90
I_θ（cd）	396	384	360	324	276	231	186	150	117	90	72	0

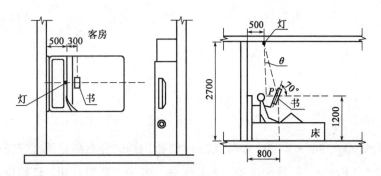

客房光源照射位置示意图（尺寸单位：mm）

（A）64lx （B）102lx

（C）111lx （D）196lx

解答过程：

19. 某办公室长 6m、宽 3m、高 3m，布置见下图（图中标注的尺寸单位均为 mm），2 张办公桌长 1.5m、宽 0.8m、高 0.8m，距地 2.8m，连续拼接吊装 4 套 LED 平板盒式灯具构成光带，每套灯具长 1.2m、宽 0.1m、高 0.08m，灯具光强分布值见下表，单灯功率为 40W，灯具光通量为 4400lm，维护系数为 0.8，按线光源方位系数法计算桌面中 P 点表面照度值最接近下列哪项数值？　　　　　　（　　）

灯具光强分布表（1000lm）

$\theta°$		0	5	15	25	35	45	55	65	75	85	95
I_θ（cd）	A-A	361	383	443	473	379	168	42	46	18	2	0
	B-B	361	360	398	433	389	198	46	19	12	9	12

注：A-A 横向光强分布，B-B 纵向光强分布，相对光强分布属 C 类灯具。

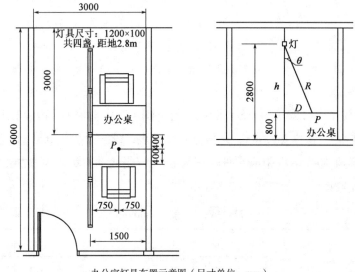

办公室灯具布置示意图（尺寸单位：mm）

（A）117lx　　　　　　（B）359lx　　　　　　（C）595lx　　　　　　（D）712lx

解答过程：

20. 室内挂墙广告灯箱宽 3m×高 2m×深 0.2m，灯箱内均匀分布高光效直管荧光灯，每套荧光灯功率为 32W，光通量为 3400lm，色温 6500K，效率 90%，维护系数为 0.80。灯箱设计表面亮度不宜超过 100cd/m²，广告表面透光材料入射比为 0.5，反射比为 0.5，灯具利用系数为 0.78，计算广告灯箱所需灯具数量为下列哪项数值？　　　　　　（　　）

（A）2　　　　　　　　　　　　（B）3
（C）4　　　　　　　　　　　　（D）6

解答过程：

题 21～25：某车间变电所设 10/0.4kV 供电变压器一台，变电所设有低压配电室，用于布置低压配电柜。变压器容量 1250kV·A，$U_d\% = 5$，Δ/Y 接线，短路损耗 13.8kW；变电所低压侧总负荷为 836kW，功率因数为 0.76。低压用电设备中电动机 M_1 的额定功率为 45kW，额定电流为 94.1A，额定转速为 740r/min，效率为 92.0%，功率因数为 0.79，最大转矩比为 2。电动机 M_1 的供电电缆型号为 VV-0.6/1.0，$3 \times 25 + 1 \times 16 mm^2$，长度为 220m，单位电阻为 $0.723 \Omega/km$。请回答下列问题，并列出解答过程。（计算中忽略变压器进线侧阻抗和变压器至低压配电柜的母线阻抗）

21. 拟在低压配电室设置无功功率自动补偿装置，将功率因数从 0.76 补偿至 0.92，计算补偿后该变电所年节能量应为下列数值？（变电所的年运行时间按 365d × 24h 计算）　　　（　　　）

（A）29731kW·h

（B）31247kW·h

（C）38682kW·h

（D）40193kW·h

解答过程：

22. 拟采用就地补偿的方式将电动机 M_1 的功率因数补偿至 0.92，计算补偿后该电动机馈电线路的年节能量接近下列哪项数值？（电动机年运行时间按 365d × 24h 计算）　　　（　　　）

（A）6350kW·h

（B）7132kW·h

（C）8223kW·h

（D）9576kW·h

解答过程：

23. 对电动机 M_1 进行就地补偿时，为防止产生自励磁过电压，补偿电容的最大容量是下列哪项数值？（电动机空载电流按电动机最大转换倍数推算的方法计算）　　　（　　　）

（A）18.26kvar

（B）20.45kvar

（C）23.68kvar

（D）25.75kvar

解答过程：

24. 车间内设有整流系统，整流变压器额定容量 118kV·A，$U_d\% = 5$，Δ/Y 接线，额定电压 380/227V，二次相电流 300A，接三相桥式整流电路。求额定直流输出电流 LED 计算值为下列哪项数值？（　　　）

（A）259A

（B）300A

（C）367A

（D）519A

解答过程：

25. 车间设有整流系统，整流变压器额定容量 118kV·A，$U_d\% = 5$，Δ/Y 接线，额定电压 380/227V，接三相桥式整流电路。若三相桥式整流电路直流输出电压平均值 $U_d = 220$V，直流输出电流 I_d 为额定直流输出电流 I_{de} 的 1.5 倍时，计算的换相角 r 应为下列哪项数值？ （ ）

（A）4.36° （B）5.23°

（C）6.18° （D）7.32°

解答过程：

题 26～30：某普通多层工业办公楼，长 72m、宽 12m、高 20m，为平屋面、砖混结构、混凝土基础，当地年平均雷暴日为 154.5d/a。请解答下列问题。

26. 若该建筑物周边为无钢筋闭合条形混凝土基础，基础内敷设人工接地体的最小规格尺寸应为下列哪项？ （ ）

（A）圆钢 2 × ϕ8mm

（B）扁钢 4 × 25mm

（C）圆钢 2 × ϕ12mm

（D）扁钢 5 × 25mm

解答过程：

27. 该办公楼内某配电箱供 6 个 AC220V 馈出回路，每回路带 25 盏 T5-28W 灯具，设计依据规范三相均衡配置。T5 荧光灯用电子镇流器，电源电压 AC220V，总输入功率 32W，功率因数 0.97，3 次谐波电流占总输入电流 20%。计算照明配电箱电源中性线上的 3 次谐波电流应为下列哪项数值？ （ ）

（A）0A （B）0.03A

（C）0.75A （D）4.5A

解答过程：

28. 假设本办公楼为第二类防雷建筑物，在 LPZ0 区与 LPZ1 区交界处，从室外引来的线路上总配电箱处安装I级实验 SPD，若限压型 SPD 的保护水平为 1.5kV，两端引线的总长度为 0.4m，引线电感为 1.1μH/m，当不计反射波效应时，线路上出现的最大雷电流电涌电压为下列哪项值？（假定通过 SPD 的雷电流陡度di/dt为 9kA/μs） （　　）

（A）1.8kV
（B）2.0kV
（C）5.1kV
（D）5.46kV

解答过程：

29. 建筑物钢筋混凝土基础，由 4 个长×宽×高为 11m×0.8m×0.6m 和 2 个长×宽×高为 72m×0.8m×0.6m 的块状基础组成，基础埋深 3m，土壤电阻率为 72Ω·m。请计算此建筑物的接地电阻值为下列哪项数值？ （　　）

（A）0.551Ω
（B）0.975Ω
（C）1.125Ω
（D）1.79Ω

解答过程：

30. 假设建筑物外引一段水平接地体，长度为 100m，先经过长 50m 电阻率为 2000Ω·m 的土壤，之后经过电阻率为 1500Ω·m 的土壤。请计算此段水平接地体的有效长度为下列哪项？ （　　）

（A）77.46m
（B）84.12m
（C）89.4m
（D）100m

解答过程：

题31～35：某轧钢车间 6kV 配电系统向轧钢机电动机配电，假设其配电距离很短，可忽略配电电缆阻抗，6kV 系统参数如下：

6kV 母线短路容量：$S_{d1} = 48MV \cdot A$。6kV 母线预接无功负荷：$Q_{fh} = 2.9Mvar$。

轧钢机电动机参数如下：

电动机额定容量：$P_e = 1500kW$，电动机额定电压：$U_e = 6kV$，电动机效率：$\eta = 0.95$，电动机功率因数：$\cos\varphi = 0.8$，电动机全电压启动时的电流倍数：$K_{iq} = 6$

电动机的全启动电压标幺值：$U_{qe}^* = 1$

电动机静阻转矩标幺值：$M_j^* = 0.15$

电动机全压启动时转矩标幺值：$M_q^* = 1$

电动机启动时平均矩标幺值：$M_{qp}^* = 1.1$

电动机额定转速：$n_e = 500r/min$

电动机启动时要求母线电压不低于母线额定电压的 85%，$U_m^* = 0.85$。

请回答下列问题，并列出解答过程。

31. 计算该电动机的启动容量及母线最大允许启动容量应为下列哪组数值？并判断是否满足直接启动条件。 （　　）

　　（A）11.84MV·A，8.94MV·A，不满足

　　（B）12.14MV·A，9.76MV·A，不满足

　　（C）7.5MV·A，9.76MV·A，满足

　　（D）7.5MV·A，8.96MV·A，满足

解答过程：

32. 计算该电动机直接启动时的母线电压应为下列哪项数值？ （　　）

　　（A）4.56kV 　　　　　　　　　　（B）4.86kV

　　（C）5.06kV 　　　　　　　　　　（D）5.56kV

解答过程：

33. 计算确定该电动机电抗器启动的可能性及电抗器电抗值？ （　　）

　　（A）可以，1.99Ω 　　　　　　　　（B）可以，0.99Ω

　　（C）不可以，0.55Ω 　　　　　　　（D）不可以，0.49Ω

解答过程：

34. 如果该电动机采用电抗器启动，请计算电动机启动时母线的电压及电动机的端电压。（启动电抗器按 1.0Ω 计算） （　　）

　　（A）4.5kV，3.67kV 　　　　　　　（B）4.8kV，3.87kV

　　（C）5.1kV，3.67kV 　　　　　　　（D）5.1kV，3.87kV

解答过程：

35. 如果该电动机采用电抗器启动，当电动机旋转体等效直径为 1.2m、重量为 10000kg 时，该电动机的启动时间应为下列哪项数值？　　　　　　　　　　　　　　　　　　　　　（　　　）

（A）10.7s　　　　　　　　　　　　　　（B）13.7s

（C）14.7s　　　　　　　　　　　　　　（D）15.7s

解答过程：

题 36～40：有一综合建筑，总建筑面积 110000m²，总高度 98m，地下 3 层，每层建筑面积 7830m²，地上 25 层，其中 1～4 层为裙房，每层建筑面积 4000m²，5～24 层每层 3470m²，第 25 层 1110m²。该建筑能容纳 2000 人以上，不超过 10000 人。请回答下列火灾报警等弱电设计问题，并列出解答过程。

36. 设建筑地下 2、3 层设有 20 只 5W 扬声器，地下 1 层设有 21 只 5W 扬声器，首层设有 20 只 3W 扬声器，4 只 5W 扬声器，2 至 4 层每层设有 14 只 3W 扬声器，5 至 24 层各层设有 8 只 3W 扬声器，顶层设有 3 只 3W 扬声器。试计算当广播系统业务广播和消防应急广播合用时，其功率放大器应为下列哪项数值？　　　　　　　　　　　　　　　　　　　　（　　　）

（A）1500W　　　　　　　　　　　　　　（B）1460W

（C）1300W　　　　　　　　　　　　　　（D）1269W

解答过程：

37. 建筑中的数据中心，其视频安防监控系数采用数字信号在 IP 网络中传输，当采用 704×576 分辨率，计算其视频编码应为下列哪项数值？　　　　　　　　　　　　　　　　（　　　）

（A）256kbit/s　　　　　　　　　　　　　（B）512kbit/s

（C）1024kbit/s　　　　　　　　　　　　（D）2048kbit/s

解答过程：

38. 在建筑中 4 层有一个会议厅，根据建筑装修设计的情况，将扬声器箱安装布置在吊顶，间距为 9m，安装高度为 4.75m。试计算，根据此布置的扬声器箱，其辐射角应为下列哪项数值？　（　　　）

（A）94.5°　　　　　　（B）98.4°　　　　　　（C）101°　　　　　　（D）105°

解答过程：

39. 建筑中设置有视频安防监控系统，已知某处设置一台摄像机，摄像机的焦距为 50mm，像场高 15mm，视场高 4.5m，试计算该台摄像机监测的距离应为下列哪项数值？ （ ）

（A）15m   （B）13.3m   （C）4.5m   （D）1.35m

解答过程：

40. 在该建筑 5～10 层为某分支机构办公用房，每层建筑面积的 70% 为纯办公面积，按照 10m² 一个工位，每个工位均设有一个语音点和一个普通数据点，另外在 70% 的工位设置了内部网络数据点。试计算建筑设备间 BD 至上述楼层的楼层配线架 FD 的内网按最大量配置需要多少芯的光缆？（内网网络交换机每台按 36 口计算） （ ）

（A）26 芯   （B）18 芯   （C）14 芯   （D）12 芯

解答过程：

2018 年案例分析试题（上午卷）

[案例题是 4 选 1 的方式，各小题前后之间没有联系，共 25 道小题，每题分值为 2 分，上午卷 50 分，下午卷 50 分，试卷满分 100 分。案例题一定要有分析（步骤和过程）、计算（要列出相应的公式）、依据（主要是规程、规范、手册），如果是论述题要列出论点。]

题 1～5：某科技园区有办公楼、传达室、燃气锅炉房及泵房、变电所等建筑物，变电所设置两台 10/0.4kV，Dyn11，1600kV·A 配电变压器，低压配电系统接地方式采用 TN-S 系统。请回答下列问题，并列出解答过程。

1. 办公室内设置移动柜式空气净化机，低压 AC220V 供电，相导体与保护导体等截面，假定空气净化机发生单相碰壳故障电流持续时间不超过 0.1s，下表为 50Hz 交流电流路径手到手的人体总阻抗值，人站立双手触及故障空气净化机带电外壳时，电流路径为双手到双脚，干燥的条件。双手的接触表面积为中等，双脚的接触表面积为大的。忽略供电电源内阻，计算接触电流是下列哪项数值？ （ ）

50Hz 交流电流路径手到手的人体总阻抗 Z_T

接触电压 U_T（V）	25	55	75	110	145	175	200	220	380	500
人体总阻抗 Z_T 值（Ω）	干燥条件，大的接触面积									
	3250	2500	2000	1655	1430	1325	1275	1215	980	850
	干燥条件，中等的接触面积									
	20600	13000	8200	4720	3000	2500	2200	1960	—	—

（A）15mA

（B）77mA

（C）151mA

（D）327mA

解答过程：

2. 某配电柜未做辅助等电位联结，电源由变电所低压柜直接馈出，线路长 258m，相线导体截面积 35mm²，保护导体截面积 16mm²，负荷有固定式、移动式或手持式设备。由配电柜馈出单相照明线路导体截面积采用 2.5mm²，若照明线路距配电柜 30m 处灯具发生接地故障，忽略低压柜至总等电位联结一小段的电缆阻抗，阻抗计算按近似导线直流电阻值，导体电阻率取 0.0172Ω·mm²/m，计算配电柜至变电所总等电位联结保护导体的阻抗是下列哪项数值？并判断其是否满足规范要求？ （ ）

（A）0.2774Ω，不满足规范要求

（B）0.2774Ω，满足规范要求

（C）0.127Ω，不满足规范要求

（D）0.127Ω，满足规范要求

解答过程：

3. 变电所至传达室有一段较远配电线路长 250m。相线导体截面积 25mm²，保护导体截面积 16mm²，导体电阻率取 0.0172Ω·mm²/m，采用速断整定 250A 电子脱扣器断路器做间接接触防护，瞬时扣器动作误差系数取 1.1，断路器动作系数取 1.2，近似计算最小接地电流是下列哪项数值？并校验该值的保护灵敏系数是否满足规范要求？ （ ）

（A）266A，不满足规范要求 （B）341A，不满足规范要求

（C）460A，满足规范要求 （D）589A，满足规范要求

解答过程：

4. 爆炸性环境 2 区内照明单相支路断路器长延时过电流脱扣器整定电流 16A，照明线路采用 BYJ-450/750V 铜芯绝缘导线穿镀锌钢管 SC 敷设，计算导管截面占空比不超过 30%，穿管导线敷设环境载流量选择见下表，计算选择照明敷设线路是下列哪项值？ （ ）

BYJ-450/750V 铜芯导体穿管敷设允许持续载流量选择表

铜芯导体截面积（mm²）	1.5	2.5	4	6
允许持续载流量（A）	12	16	22	28
导线外径（mm）	3.5	4.5	5.0	5.5

（A）BYJ-3×2.5，SC15 （B）BYJ-3×2.5，SC20

（C）BYJ-3×4，SC15 （D）BYJ-3×4，SC20

解答过程：

5. 屋顶水箱设超高水位浮球液位传感器，开关信号采用 2×1.5mm² 控制线路敷设至控制箱，2 芯控制线路电容 0.3μF/km，电压降 29V/A·km，控制电路 AC24V 继电器额定功率 1.6V·A，计算控制线路最大允许长度是下列哪组数值？ （ ）

（A）55m （B）104m

（C）1.24km （D）4.63km

解答过程：

题 6～10：某新建 35/10kV 变电站，两回电源可并列运行，其系统接线如下图所示，已知参数标列在图上，采用标幺制法计算，不计各元件电阻，忽略未知阻抗，汽轮发电机相关数据参见《工业与

民用供配电设计手册》（第四版），请回答下列问题，并列出解答过程。

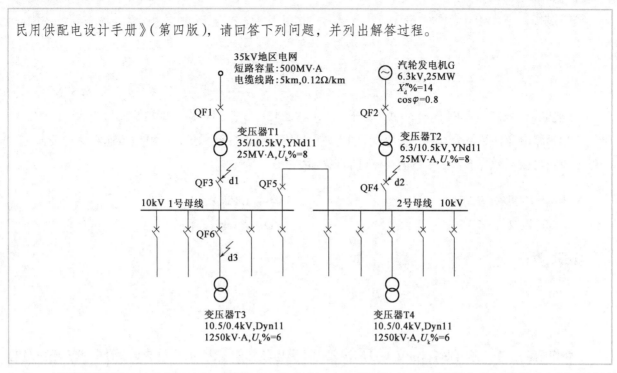

6. 假设断路器 QF1 闭合、QF5 断开，d1 点发生三相短路时，该点的短路电流初始值及短路容量最接近下列哪组数值？　　　　　　　　　　　　　　　　（　　）

（A）9.76kA，177.37MV·A　　　　　　（B）10.32kA，187.59MV·A

（C）12.43kA，225.99MV·A　　　　　　（D）15.12kA，274.94MV·A

解答过程：

7. 假设断路器 QF2 闭合，QF5 断开，d2 点发生三相短路时，该点的短路电流初始值及短路容量最接近下列哪组数值？　　　　　　　　　　　　　　　　（　　）

（A）4.53kA，82.18kA　　　　　　（B）6.22kA，113.15kA

（C）7.16kA，130.24kA　　　　　　（D）7.78kA，141.49kA

解答过程：

8. 假设断路器 QF1～QF5 闭合，两路电源同时运行。当 d3 点发生三相短路故障时，地区电网电源提供的短路电流交流分量初始有效值为 12kA 不衰减，直流分量衰减时间常数为 30；发电机电源提供的短路电流交流分量初始有效值为 6kA 不衰减，直流分量衰减时间常数为 60。请计算断路器 QF6 的额定关合电流最小值最接近下列哪项数值？　　　　　　　　　　　　（　　）

（A）16.54kA　　　　（B）32.25kA　　　　（C）34.50kA　　　　（D）48.79kA

解答过程：

9. 当断路器 QF1～QF4 闭合，QF5 断开时，10kV 1 号母线三相短路电流初始值为 9kA，10kV 2 号母线三相短路电流初始值为 6kA，若变压器 T3 高压侧安装电流速断保护，计算电流速断保护装置一次动作电流及灵敏系数为下列哪组数值？（可靠系数取 1.3）　　　　　　　　（　　）

　　（A）1.39kA，3.75　　　　　　　　　　（B）1.45kA，3.58

　　（C）2.41kA，2.17　　　　　　　　　　（D）2.85kA，1.82

解答过程：

10. 当断路器 QF5 断开时，10kV 1 号母线三相短路电流初始值为 9kA，10kV 2 号母线三相短路电流初始值为 6kA，若在变压器 T3 高压侧安装带的时限的过电流保护作为变压器低压侧后备保护，请计算过电流保护装置一次动作电流及灵敏系数为下列哪组数值？（过负荷系数取 1.5）　　　（　　）

　　（A）144.34A，6.06　　　　　　　　　　（B）144.34A，7.0

　　（C）250A，3.5　　　　　　　　　　　　（D）250A，4.04

解答过程：

题 11～15：某工厂厂址所在地最热月的日最高温度平均值为 30℃，电缆埋深处最热月平均地温为 25℃，土壤干燥，少雨。请回答以下问题，并列出解答过程。

---

11. 某 10kV 配电回路，出线采用一根截面积 185mm^2 的三芯铝芯交联聚乙烯绝缘铠装电缆，电缆敷设由高压配电柜起始，经户内电缆桥架引至户外综合管网桥架，沿综合管网敷设一段距离后，经桥架引下并在土壤中直埋至设备。假设桥架采用梯架型（有遮阳措施），桥架内电缆采用单层无间距并行敷设，电缆直埋时不与其他回路并敷，求该回路电缆的实际允许持续截流量最接近下列哪项数值？（参考《电力工程电缆设计规范》提供的相关数据进行计算）　　　　　　（　　）

　　（A）215A　　　　　（B）247A　　　　　（C）252A　　　　　（D）279A

解答过程：

12. 某厂房内设一台单梁起重机，计算电流为 20A，尖峰电流为计算电流的 10 倍，采用

50mm × 50mm × 5mm 的角钢滑触线供电，供电电源箱在滑触线中部。若起重机要求供电网路的电压降不高于 10%，求该滑触线的最大长度最接近下列哪项数值？（设该角钢滑触线的交流电阻和电抗分别为 1.26Ω/km 和 0.87Ω/km，忽略除滑触线以外的供电回路阻抗）　　　　　　　　　　　　　（　　）

（A）71m　　　　　　（B）79m　　　　　　（C）159m　　　　　　（D）790m

解答过程：

13. 某梯架型桥架内敷设了 10 根 1kV 铜芯交联聚乙烯绝缘电缆，其中 4 根电缆导体截面积为 95mm^2（每根电缆外径为 40mm），另外 6 根电缆导体截面积为 185mm^2（每根电缆外径为 65mm）。电缆并列无间距布置，电缆载流量校正系数均按 0.8 设计，求满足敷设要求的最小桥架规格为下列哪项数值？

（　　）

（A）400mm × 100mm　　　　　　　　　（B）400mm × 160mm

（C）600mm × 100mm　　　　　　　　　（D）600mm × 150mm

解答过程：

14. 某车间属于爆炸性气体环境 2 区，车间内设有一台鼠笼型感应电动机，额定电压为 380V，额定功率为 110kW，功率因数为 0.85，运行效率为 0.9。只考虑载流量要求时，下列电缆规格中哪项满足该电动机配电的最低要求？（假设铝芯和铜芯电缆的载流量分别按照电流密度为 1.6A/mm^2 和 2A/mm^2 选取）　　　　　　　　　　　　　　　　　　　　　　　　　　　　　　　　（　　）

（A）4 × 185mm^2 铝芯　　　　　　　　　（B）4 × 150mm^2 铝芯

（C）4 × 120mm^2 铜芯　　　　　　　　　（D）4 × 95mm^2 铜芯

解答过程：

15. 某车间配置两台 380V 给水泵，一备一用，给水泵工作电流为 160A，正常运行小时数为 4000 小时。当仅考虑载流量和经济性的时，备用给水泵的配电电缆截面积最小值为下列哪项？（电缆的载流量按照电流密度 3.2A/mm^2 考虑，电缆在运行小时数为 2000、4000、6000 时对应的经济电流密度分别按 2.2A/mm^2、1.6A/mm^2、1.4A/mm^2 考虑）　　　　　　　　　　　　　　（　　）

（A）50mm^2　　　　　　（B）70mm^2　　　　　　（C）95mm^2　　　　　　（D）120mm^2

解答过程：

题 16～20：某矿山企业业主工业场地设 110/35kV 变电站一座，110kV 侧采用桥型接线，站内设主变压器两台，采用 YNd11 接线，35kV 侧采用单母分段接线，分列运行，每段母线设置接地变压器加自动跟踪补偿消弧接地装置一套（单套额定电流为 60A），35kV 侧发生单相接地故障时可以持续运行。35kV 配电设备和 35/0.4 站用电布置在建筑物内，站用变采用 TN-S 系统，低压电器装置采用保护总电位联结系统（包括建筑物钢筋）。110kV 线路全部采用架空敷设，并全程架设避雷线，35kV 配电采用电缆和架空（全程架设避雷线）混合敷设。110kV 侧采用一套速动主保护和远后备保护作为单相接地继电保护设备，主保护时间 0s，后备保护时间 0.5s，断路器开断时间 0.15s。110kV 和 35kV 配电装置公用同一接地网，变电站采取一系列措施使得接地网电位升高至 5kV 时，站内设备和人身安全得到保障。假设 110kV 侧发生接地故障时电流衰减系数为 1.05，35kV 系统发生接地故障时电流衰减系数为 1.05，变电站及 35kV 线路所在的地区土壤电阻率为250Ω·m。回答下列问题，并列出解答过程。

16. 假设在工程设计年水平最大运行方式下 110kV 系统发生接地故障时，接地网最大入地对称电流有效值为 1.1kA。计算该变电站接地网接地电阻最大值为下列哪项数值？　　　（　　）

（A）4.33Ω　　　　（B）1.7Ω　　　　（C）1.6Ω　　　　（D）0.8Ω

解答过程：

17. 110/35kV 变电站接地网如图所示。图中标注的单位尺寸均为 m，水平接地网采用等间距布置，接地导体规格为直径 10mm 的镀锌圆钢，水平接地网埋深 1.0m，表层土壤衰减系数为 0.8。假设变电站 110kV 和 35kV 系统发生接地故障时，接地网最大入地不对称电流分别为 1.2kA 和 0.01kA，计算该变电站接地网的最大跨步电位差为下列哪项数值？　　　（　　）

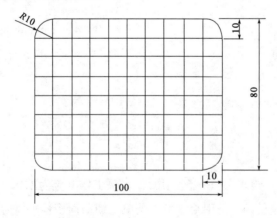

（A）389.58V　　　（B）108.33V　　　（C）90V　　　　（D）0.9V

解答过程：

18. 110/35kV 变电站 110kV 设备拟选用户内型 SF6 气体绝缘金属封闭开关设备，并在设备布置区域设置 110kV 设备专用接地网络，该接地网络与室外的主接地网通过 4 根扁钢导体连接。在工程设计水平年最大运行方式下变电站 110kV 侧发生单相接地故障时的接地网最大故障对称电流有效值为 1.5kA。计算确定这 4 根连接线的最小截面积为下列哪项数值？ （ ）

（A）18.14mm² 　　（B）10.58mm² 　　（C）6.35mm² 　　（D）3.05mm²

解答过程：

19. 该企业某车间 35kV 电源用架空线路引自工业场地 110/35kV 变电站，该线路全程架设避雷线，直线杆塔采用无拉线的钢筋混凝土电杆，经计算直线杆塔的自然接地极工频接地电阻不满足规范的要求，因此采用增加水平接地装置的设计方案降低接地电阻，接地极采用直径为 10mm 的镀锌圆钢，水平接地装置埋深为 1.0m，如下图所示，图中标注的尺寸单位均为 m，请计算该方案实施后的电杆的工频接地电阻并判断是否满足规范要求？（忽略人工接地体和自然接地体之间的相互屏蔽影响，不计电杆至水平接地极之间的导体影响）？ （ ）

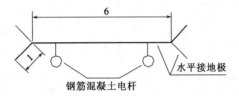

（A）50Ω，不满足要求　　　　　　　　（B）44.6Ω，不满足要求

（C）23.57Ω，不满足要求　　　　　　　（D）7.5Ω，满足要求

解答过程：

20. 在工业厂区内设有 10/0.4kV 箱式变电站一座。变压器采用 Dyn11 接线，变压器 10kV 侧不接地，低压侧采用 TN-S 系统，箱式变电站及由该变电站供电的建筑物设施、外露可导电部分全部做等电位联结。变压器 10kV 侧发生接地故障时的电容电流为 15A，请判断变压器低压侧中性点能否与高压侧共用接地装置，并计算该接地装置的最大接地电阻为下列哪项数值？ （ ）

（A）8Ω，不可共用　　　　　　　　　　（B）8Ω，可以共用

（C）3.33Ω，不可共用　　　　　　　　　（D）3.33Ω，可以共用

解答过程：

题 21~25：某水泵站水泵电动机及阀门电动机的控制系统分别由以下两种典型原理系统图（图 1 及图 2）组成，运行系统及状态受 PLC 控制及监测。

PLC 控制系统主要硬件参数如下：

（1）输入电源：AC110~220V；

（2）开关量输入模块点数：32，模块电源为 DC24V；

（3）开关量输出模块点数：32，模块电源为 DC24V，开关量输出模块输出接点为内置继电器无源接点，接点容量 AC220V，2A；

（4）模拟量输入模块通道数：8；

（5）模拟量输出模块通道数：8。

请回答下列问题，并列出解答过程。

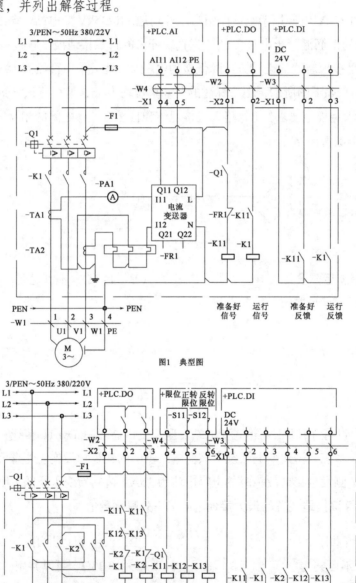

图1 典型图

图2 典型图

21. 图 1 回路数 18 个，图 2 回路数 20 个，若 PLC 系统的开关量输入、输出模块不能互换接线，按要求各类模块的总备用点（通道）数至少为已用点（通道）数的 15%。计算开关量输入、输出模块，模拟量输入模块的最少配置数量为下列哪个选项？ （   ）

(A) 4 个，2 个，2 个　　　　　　　　　　(B) 4 个，3 个，2 个
(C) 5 个，3 个，2 个　　　　　　　　　　(D) 5 个，3 个，3 个

解答过程：

22. 若 PLC 系统运行的开关量输入点数为 200 点，开关量输出点数为 88 点，模拟输入通道为 15 个通道，模拟量输出通道为 6 个通道；PLC 系统通信数据占有内存 1kB，计算 PLC 系统内存容量至少是多少？（各类计算数均按最小值取值） （   ）

(A) 4kB　　　　　　　　　　　　　　(B) 5kB
(C) 6kB　　　　　　　　　　　　　　(D) 7kB

解答过程：

23. 若 PLC 系统主机与编程器通信时间为 6ms，与网络通信时间为 12ms，用户程序运行时间为 12ms，读写 I/O 时间为 6.1ms，输入输出模块的滤波时间均为 8ms；计算实际运行编程器不接入时 PLC 系统的扫描周期，以及实际运行编程器接入时 PLC 系统的最大响应时间是下列哪项数值？ （   ）

(A) 30.1ms，88.2ms　　　　　　　　　(B) 32.1ms，90.2ms
(C) 34.1ms，92.2ms　　　　　　　　　(D) 36.1ms，94.2ms

解答过程：

24. 如图 1 所示，若 K1 线圈的吸持功率为 80W，吸持时功率因数为 0.8，计算 K1 线圈的吸持电流并判断 PLC 输出接点容量能否满足 K1 线圈吸持电流回路要求？ （   ）

(A) 0.45A，满足　　　　　　　　　　(B) 0.65A，满足
(C) 3.3A，不满足　　　　　　　　　　(D) 4.2A，不满足

解答过程：

25. 设 PLC 开关量输入模块 0-1 的触发阈值电压为额定电压的 80%，若图 2S11 两端（不经过 K12 转换）直接接入 PLC 模块，其回路电流为 100mA，回路采用 0.5mm² 的铜芯电缆接线，S11 触点电阻 2Ω，为保证 PLC 输入接点 0-1 的正确触发，计算开关量 PLC 输入点到 S11 的理论最大距离为下列哪项数值？（不计模块输入点内阻以及其他接触电阻，铜导体电阻率为0.00184Ω·mm²/m）　　（　　）

（A）625m

（B）652m

（C）679m

（D）1250m

解答过程：

2018 年案例分析试题（下午卷）

[案例题是 4 选 1 的方式，各小题前后之间没有联系，共 25 道小题，每题分值为 2 分，上午卷 50 分，下午卷 50 分，试卷满分 100 分。案例题一定要有分析（步骤和过程）、计算（要列出相应的公式）、依据（主要是规程、规范、手册），如果是论述题要列出论点。]

题 1~5：某企业变电所低压供电系统简化结构如图所示，电网及各元件参数标明在图上，电动机 M1 由变频器 AF1 供电，电阻性加热器 E1、E2 分别由调压器 AU1、AU2 供电。短路电流计算中不计电阻及其他未知阻抗，请回答下列问题，并列出解答过程。

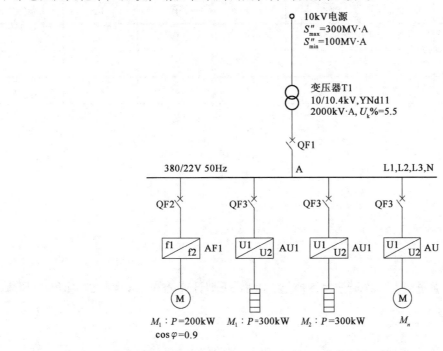

1. 若将 380V 母线 A 视为低压用电设备的公共连接点，计算 380V 母线上所有电气设备注入该点的 5 次谐波电流最大允许值是多少安培？　　　　　　　　　　　　　（　　）

（A）12.4A　　　　　　　　　　　　（B）62A

（C）165.4A　　　　　　　　　　　（D）201.3A

解答过程：

2. 设每个支路用电设备的额定容量为该用户的用电协议容量，并且 380V 母线上所有电气设备注入 A 点的 7 次谐波电流最大允许值是 117A。问用户 M1 和 E1 支路允许注入该点的 7 次谐波电流分别为多少安培？　　　　　　　　　　　　　（　　）

（A）22.59A，30.18A （B）24.18A，30.18A

（C）31.39A，42.8A （D）49.5A，67.5A

解答过程：

3. 系统中为电动机 M1 供电的变频器 AF1 和为 E1、E2 供电的调压器 AU1、AU2 说明书中分别提供了电气设备注入电网谐波电流，见下表，不计其他设备产生的谐波电流，求 380V 系统进线电源线路上 11 次谐波电流值是多少安培？（   ）

电气设备	谐波次数及注入电网谐波电流值（A）						
	3	5	7	9	11	13	其他各次
AF1	2	32	24	1	18	16	0
AU1	3	42	33	2	25	22	0
AU2	3	42	33	2	25	22	0

（A）39.67A （B）42.5A

（C）54.6A （D）68A

解答过程：

4. 如果 380V 系统电源进线上 5 次谐波电流值是 240A，近似计算 380V 母线上 5 次谐波电压含有率最大是多少？最小是多少？（   ）

（A）39.5%，7.9% （B）2.96%，2.43%

（C）0.79%，0.26% （D）0.6%，0.49%

解答过程：

5. 已知 A 点的短路容量为 38MV·A，如果 380V 系统进线电源线路上基波及各次谐波电流值见下表，计算 380V 母线上电压总谐波畸变率是多少？（   ）

谐波次数及注入电网的谐波电流值（单位：A）

基波	3	5	7	9	11	13	其他各次
600	8	116	90	5	68	13	0

（A）0.54% （B）0.9% （C）2.39% （D）28.8%

解答过程：

> 题 6～10：某变电所用电负荷情况：10kV 高压电动机 1 台，功率 1250kW，额定电流 88.5A，功率因数 0.86，额定转速 1475r/min；其他负荷均为 0.4kV 低压负荷，运行功率 210kW，运行功率因数 0.76；高压电动机与除尘风机直联；电动机在高速运行时的效率为 0.95，低速运行时的效率为 0.88，除尘风机采用变频器驱动，高速运行频率为 47Hz，变频器效率为 0.96，运行时间比例为 60%；低速运行频率为 30Hz，变频器效率 0.95，运行时间比例为 40%。已知风机工频运行时的输入轴功率为 1000kW，假定风机效率恒定，风机年运行时间为 340d（每天不间断运行）。请回答下列问题，并列出解答过程。

6. 采用变频器调速时的年耗电量为下列哪项数值？　　　　　　　　　　　（　　）

　　（A）4667824kW·h　　　　　　　　　　　　（B）5302205kW·h

　　（C）6386457kW·h　　　　　　　　　　　　（D）6724683kW·h

解答过程：

7. 风机在高速运行时，假设变频器的功率因数为 0.92，计算包括低压负荷在内的整个系统的功率因数为下列哪项数值？　　　　　　　　　　　　　　　　　　　（　　）

　　（A）0.82　　　　　（B）0.85　　　　　（C）0.89　　　　　（D）0.93

解答过程：

8. 风机在低速运行时，假设变频器的功率因数为 0.91，计算包括低压负荷在内的整个系统的功率因数为下列哪项数值？　　　　　　　　　　　　　　　　　　（　　）

　　（A）0.825　　　　（B）0.844　　　　（C）0.872　　　　（D）0.895

解答过程：

9. 若要求高低压整个系统的功率因数为 0.93 时，假设变频器的功率因数为 0.91，除尘风机低速运行时 10kV 侧需设置多少 kvar 电容器补偿？　　　　　　　　　（　　）

（A）98.8kvar （B）106.2kvar

（C）112.3kvar （D）243.6kvar

解答过程：

10. 假设该除尘风机采用液力耦合器调速，风机高速运行时，转速为1387r/min，运行时间60%。风机低速运行时，转速为885r/min，运行时间为40%，忽略液力耦合器滑差率变化的影响，计算采用液力耦合器调速时的年耗电量为下列哪项数值？ （ ）

（A）4937592kW·h （B）5295725kW·h

（C）5311237kW·h （D）5893984kW·h

解答过程：

题 11～15：为驱动负荷平稳连续工作的机械设备，选择鼠笼型电动机，$P_n = 550\text{kW}$，$N_n = 2975\text{r/min}$，最小启动转矩倍数$T_{min} = 0.73$，最大转矩倍数$\lambda = 2.5$，启动过程中的最大负荷力矩$M_{l\max} = 560\text{N·m}$，请根据下列条件对电动机的参数选择进行计算及校验，并列出解答过程。

---

11. 在电动机全压启动的情况下，计算机械负荷要求的最小启动转矩及电动机的最小启动转矩，并判断该电动机启动转矩能否满足要求？（保证电动机启动时有足够加速转矩的系数K_s取上限值） （ ）

（A）969N·m，1289N·m，满足要求 （B）969N·m，605N·m，不满足要求

（C）982N·m，1289N·m，满足要求 （D）982N·m，605N·m，不满足要求

解答过程：

12. 已知传动机械折算到电动机轴上的总飞轮矩$GD^2_{mec} = 2002\text{N·m}^2$，电动机转子飞轮力矩$GD^2_m = 445\text{N·m}^2$，整个传动系统允许的最大飞轮力矩$GD^2_0 = 3850\text{N·m}^2$，计算电动机允许的最大飞轮力矩，并判断能否满足传动机械的飞轮力矩？（按电动机全压启动计算，计算平均转矩系数取下限值） （ ）

（A）1909N·m²，不满足 （B）1959N·m²，不满足

（C）224N·m²，满足 （D）2343N·m²，满足

解答过程：

13. 若电动机为 F 级绝缘，额定工作环境温度 40℃，允许温升 100℃，额定可变损耗与固定损耗比值为 1.176，当环境温度变化并维持在 55℃时，计算电动机的可用功率为下列哪项数值？　　　（　　　）

（A）437.5kW
（B）467.5kW
（C）487.5kW
（D）507.5kW

解答过程：

14. 下表为某车间传动系统特定时间段的生产负荷，若该异步电动机（不带飞轮）额定功率P_N = 1300kW，额定转速N = 975r/min，最大转矩倍数λ = 2.5，计算该电动机的等效功率、可用的最大转矩，并判断电动机的转矩能否满足生产要求？　　　（　　　）

负荷转矩M_1（kN·m）	3.9	1.9	7.6	6.0	14	19	7.5	3.5
持续时间t（s）	0.6	6.5	3	2	1.8	1.7	2.2	3.5

（A）0.831kW，20.7kN·m，满足要求
（B）1.852kW，24.4kN·m，满足要求
（C）831kW，20.7kN·m，满足要求
（D）1250kW，24.4kN·m，不满足要求

解答过程：

15. 某生产线一台电动机驱动负荷平稳连续工作的机械设备，转速为 2975r/min，折算到电动机轴上的负荷转矩为 1450N·m，若负荷功率为电动机功率的 85%，计算电动机额定功率为下列哪项数值？
　　　（　　　）

（A）384kW
（B）532kW
（C）552kW
（D）632kW

解答过程：

题 16～20：某厂区分布有门卫、办公楼、车间及货场等，请回答下列电气照明设计过程中的问题，并列出解答过程。

16. 办公室长 24m、宽 9m，吊顶距地高 3.2m，墙上玻璃窗面积 60m²。已知室内吊顶反射比为 0.7，墙面反射比为 0.52，地面反射比为 0.17，玻璃窗反射比为 0.35。选用正方形 600mm × 600mm × 120mm 嵌入式 40W/LED 灯盘均匀对称布置照明，灯具效能 120lm/W，最大允许距高比 1.4，其利用系数见下表，维护系数 0.8。设计照度标准值 300lx，计算 0.75m 办公桌面上的平均照度和灯具数量是下列哪组数值？
　　　（　　　）

嵌入式 40W/LED 灯具利用系数表

室形指数 RI	顶棚、墙面和地面反射系数（表格从上往下顺序）								
	0.7	0.7	0.7	0.5	0.5	0.5	0.3	0.3	0.3
	0.5	0.3	0.1	0.5	0.3	0.1	0.5	0.3	0.1
	0.2	0.2	0.2	0.2	0.2	0.2	0.2	0.2	0.2
0.75	0.64	0.56	1.51	0.62	0.55	0.50	0.60	0.54	0.50
1.00	0.73	0.66	0.61	0.71	0.65	0.61	0.69	0.64	0.60
1.25	0.80	0.73	0.68	0.78	0.72	0.68	0.75	0.71	0.67
1.50	0.85	0.79	0.74	0.82	0.77	0.73	0.80	0.75	0.72
2.00	0.91	0.86	0.81	0.88	0.84	0.80	0.86	0.82	0.78
2.50	0.96	0.91	0.87	0.92	0.88	0.85	0.89	0.86	0.83
3.00	0.99	0.94	0.91	0.95	0.92	0.88	0.92	0.89	0.86
4.00	1.03	0.99	0.86	0.99	0.96	0.93	0.95	0.93	0.91
5.00	1.05	1.02	0.99	1.01	0.99	0.96	0.97	0.95	0.93

（A）274lx，16 盏　　　　　　　　　　（B）291lx，17 盏

（C）308lx，18 盏　　　　　　　　　　（D）311lx，19 盏

解答过程：

17. 机电装配车间长 54m、宽 30m、高 10m，照度标准值 500lx，布置 120 盏 100W/LED 灯，灯具效能 130lm/W，模拟计算结果平均照度 510lx，最小照度值 420lx 和最大照度值 600lx，分别计算照度均匀度和照明功率密度 LPD 是下列哪组数值？　　　　　　（　　　）

（A）0.4，7.4W/m^2　　　　　　　　　（B）0.7，9.6W/m^2

（C）0.8，7.4W/m^2　　　　　　　　　（D）0.9，9.6W/m^2

解答过程：

18. 会客室净高 3.5m，房间正中吊顶布置表面亮度为 500cd/m^2，平面尺寸 4m×4m 的发光天棚，亮度均匀，按面光源计算房间地面正中点垂直照度是下列哪项数值？　　　　　　（　　　）

arctan 弧度值速算表

arctan	0.500	0.169	0.873	1.000	1.237	1.750	2.000
弧度值	0.464	0.554	0.719	0.785	0.891	1.052	1.107

（A）81lx （B）240lx （C）419lx （D）466lx

解答过程：

19. 货场面积 10000m²，设计最低照度 5lx，选用 180WLED 投光灯，灯具效率 95%，光源能效 120lm/W，利用系数 0.7，维护系数 0.7，照度均匀度 0.5，LED 灯具分置驱动电源耗电 1W，线缆损耗不计，求灯具数量和总功率为下列哪组数值？ （ ）

（A）5 盏，900W
（B）5 盏，905W
（C）10 盏，900W
（D）10 盏，1810W

解答过程：

20. 厂区道路宽 6m，选用 40W、4000lm LED 灯杆，灯杆间距 18m，已知利用系数为 0.54，维护系数 0.65，计算路面平均照度为下列哪项数值？ （ ）

（A）13lx
（B）16lx
（C）20lx
（D）24lx

解答过程：

题 21～25：根据以下已知条件，回答下面防雷接地相关问题，并列出解答过程。

21. 假设某多层办公楼长 72m、宽 12m、高 20m，为平屋顶、砖混结构、混凝土基础。办公楼位于山顶，周围无其他建筑，土壤电阻率为 1550Ω·m，办公楼屋顶设防直击雷保护装置，办公楼基础通过扁钢相连构成环形接地体作为防雷接地装置。测得办公楼四周的防雷引下线的冲击电阻为 25Ω。当地年平均雷暴日 T_d 为 154.5d/a。请问此建筑物是否需要补加接地体，若需要，对其补加垂直接地体时其最小总长度为下列哪项数值？ （ ）

（A）不需要
（B）需要，1.71m
（C）需要，3.41m
（D）需要，4.56m

解答过程：

22. 假设本办公楼为第二类防雷建筑物，需引入低压屏蔽电缆一根，金属给水、排水管共三条，这些管线在入户处均与防雷系统做了等电位联结。低压屏蔽电缆为 4 芯电缆，从电源点埋地敷设 300m 至建筑物内，为办公楼内的电气设备供电电缆屏蔽层采用两端接地。已知土壤电阻率为 $400\Omega \cdot m$，屏蔽层采用铝制材料，电阻为 $1.9\Omega/km$，电缆芯线电阻为 $0.2\Omega/km$。请确定低压屏蔽电缆的屏蔽层最小面积为下列哪项数值？ （   ）

　　（A）$2.23mm^2$　　　　　　　　　　　（B）$5.83mm^2$

　　（C）$8.27mm^2$　　　　　　　　　　　（D）$11.02mm^2$

解答过程：

23. 假设某办公楼为二类防雷建筑，钢筋混凝土结构，所有结构柱均作为防雷引下线。楼顶装设多联机空调系统，为其供电的配电箱设于空调附近楼面上，采用 TN-S 系统。配电箱装设有 SPD，空调配电采用 5 芯电缆，回路采用钢管穿线方式，钢管规格为 $\phi40mm$，长度为 25m，钢管两端分别与设备外壳和配电箱 PE 线相连，并就近与屋顶的防雷装置相连。当雷击在空调设备上时，已知流经钢管的雷电流分流系数 K_{c1} 为 0.44，再流经 SPD 的分流系数 K_{c2} 为 0.2，请计算流经 SPD 每个模块的分流雷电流为下列哪项数值？ （   ）

　　（A）1.68kA　　　　　　　　　　　　（B）2.64kA

　　（C）7.82kA　　　　　　　　　　　　（D）13.2kA

解答过程：

24. 某 110/10kV 变电站采用架空进线，该架空进线杆塔的接地装置由水平接地极连接的三根垂直接地极组成，垂直接地极为 $\phi50mm$ 的钢管，每根长 2.5m，间距 5m，水平接地极为 $40mm \times 4mm$ 的扁钢，埋设深度 0.8m，计算长度 10m；土壤电阻率为 $100\Omega \cdot m$。若单根垂直接地极的冲击系数取 0.65，水平接地极的冲击系数取 0.7，计算该架空进线杆塔接地装置中冲击接地电阻接近下列哪项数值？ （   ）

　　（A）3.91Ω　　　　（B）5.59Ω　　　　（C）7.07Ω　　　　（D）9.29Ω

解答过程：

25. 假设一建筑物外设环型接地体，接地体形状为正方形 15m×15m，土壤电阻率为 $5000\Omega \cdot m$，建筑物防雷引下线与接地体可靠连接，水平接地体采用锁锌扁钢，其等效直径 20mm，埋深 0.8m。已知冲

击电阻的换算系数A为 1.45，请计算引下线的冲击电阻最接近下列哪项数值？ （ ）

（A）5.81Ω

（B）12.19Ω

（C）17.68Ω

（D）25.64Ω

解答过程：

题 26～30：某企业 35kV 电源线路，选用 JL/G1A-240mm² 导线，导线的参数如下：重量为 964.3kg/km，计算总截面积为 277.75mm²，导线直径为 21.66mm，本线路在某档需跨越高速公路，在档距中央跨越高速公路路面，两侧铁塔处高程相同，该档档距为 220m，导线 40℃时最低点应力为 76.7N/mm²，导线 70℃时最低点应力为 68.8N/mm²，两塔均为直线塔，导线悬垂绝缘子串长度为 0.75m。弧垂按平抛物线公式计算，$g = 9.8$N/kg，请回答以下问题，并列出解答过程。

---

26. 若某气象条件下（无冰）单位风荷载为3N · m，则该导线无冰时的综合比载为下列哪项数值？

（ ）

（A）10.8×10^{-3}N/(m · mm²)

（B）34.02×10^{-3}N/(m · mm²)

（C）35.69×10^{-3}N/(m · mm²)

（D）54.09×10^{-3}N/(m · mm²)

解答过程：

---

27. 假设该线路跨越高速公路时，两侧跨越直线塔呼称高相同，两基杆塔间地面标高与杆塔立杆处标高致，则两侧直线塔呼称高应至少为下列哪项数值？ （ ）

（A）8.8m

（B）10m

（C）11m

（D）11.8m

解答过程：

---

28. 已知该档距 40℃时最大弧垂为 2.6m，求在跨越档中距铁塔 8m 处，40℃时导线弧垂应为下列哪项数值？（假设坐标O点位于左侧杆塔的导线悬挂点） （ ）

（A）2.11m

（B）2.41m

（C）2.60m

（D）3.78m

解答过程：

29. 该线路某档水平档距为 250m，垂直档距为 270m，若导线在工频电压下风速为 15m/s，导线的风荷载为 8N/m，导线的自重力为 9N/m，导线绝缘子串由 4 片单盘盘径为 254mm 的绝缘子组成，悬垂绝缘子串重力为 1.5N/m，则该塔悬垂绝缘子串在工频电压下的摇摆角（即风偏角）为下列哪项数值？
（　　）

（A）32.9°
（B）39.5°
（C）42.9°
（D）50.6°

解答过程：

30. 若最大风时导线自重比载为 $28 \times 10^{-3} \text{N/(m} \cdot \text{mm}^2)$，风荷载比载为 $18 \times 10^{-3} \text{N/(m} \cdot \text{mm}^2)$，请计算在最大风时导线的风偏角应为下列哪项数值？
（　　）

（A）20.5°
（B）25.2°
（C）32.7°
（D）57.3°

解答过程：

题 31～35：在某市开发区拟建设一座 110/10kV 变电所。该变电所有两回 110kV 架空进线。两台主变压器布置在室外，型号为 SFZ10-20000/110。高压配电装置采用屋内双层布置，10kV 配电室、电容器室、维修间、备件库等布置在一层，110kV 配电室、控制室布置在二层。请回答下列问题，并列出解答过程。

31. 该变电所一层 10kV 配电室布置有 40 台 KYN28A-12 型手车式高压开关柜，双列背对背布置。开关柜外形尺寸（深 × 宽 × 高）为 1500mm × 800mm × 2300mm，小车长度为 800mm，开关柜需进行就地检修，室内墙面无局部突出部位，柜后设维护通道。请计算确定 10kV 配电室最小宽度（净距）为下列哪一项？并说明其依据及主要考虑的因素是什么？
（　　）

（A）9000mm
（B）8000mm
（C）7800mm
（D）7000mm

解答过程：

32. 该变电所屋内、外配电装置布置如下图所示。变电所 110kV 系统为直接接地系统，变电站所处地海拔 1000m 以下，母线和连接导线均为裸导体，屋外两台主变压器（每台变压器油量 10t）之间净距

$L_7 = 7500mm$，无防火墙；110kV 配电室中设高度 1700mm 网状遮拦，图中$L_1 = 1500mm$，$L_2 = 1000mm$，$L_3 = 900mm$，$L_4 = 3500mm$，$L_5 = 5000mm$，$L_6 = 10000mm$，请分析判断$L_1 \sim L_7$中有几处不满足安全净距要求？并说明理由。　　　　　　　　　　　　　　（　　）

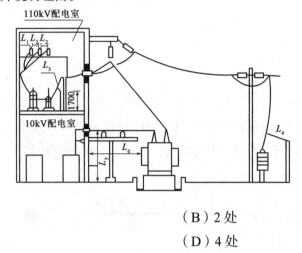

（A）1 处　　　　　　　　　　　　　　　（B）2 处
（C）3 处　　　　　　　　　　　　　　　（D）4 处

解答过程：

33. 在配电装置楼的一层设有一个变压器室，室内装有一台 S9-1000/10，$10 \pm 0.5\%/0.4kV$，$1000kV \cdot A$ 配电变压器，变压器空载损耗P_0为 1.7kW，负载损耗P_k为 10.3kW。变压器室通风采用自然通风，进出风口有效面积之比按 1：1 考虑，进风口空气密度为$1.173kg/m^3$，局部阻力系数为 2.7，出风口空气密度$1.11kg/m^3$，局部阻力系数 2.5，因太阳辐射热面增加热量修正系数取 1.1，当进风窗与出风窗中心高差为 2.5m 时，请计算该变压器室通风窗的有效面积F为下列哪项数值？（计算时，进风温度为 28℃，出风温度为 45℃，负载损耗按满载考虑）　　　　　　　　　　　（　　）

（A）$1.18m^2$　　　　　　　　　　　　　（B）$1.04m^2$
（C）$0.90m^2$　　　　　　　　　　　　　（D）$0.15m^2$

解答过程：

34. 该变电所至污水处理厂的 10kV 交联聚氯乙烯绝缘铝芯电缆（其载流量和电缆参数见下表）长 12km，污水处理厂的负荷$2MV \cdot A$，功率因数 0.9，电缆的热稳定系数为 77，载流量校正系数为 0.8，该变电所 10kV 母线的短路电流为 15kA，短路故障切除时间为 0.15s，要求电缆的末端电压降不大于 7%，该 10kV 电缆截面积应为下列哪项数值？　　　　　　　　　　　　　　　（　　）

截面积（mm²）	50	70	95	120
载流量（A）	145	190	215	240
r（Ω/km）	0.64	0.46	0.34	0.253
x（Ω/km）	0.082	0.079	0.076	0.076

（A）50mm²

（B）70mm²

（C）95mm²

（D）120mm²

解答过程：

35. 某 35/0.4kV 变电所，35kV 高压开关柜选用气体绝缘固定式，交流屏选用固定式；低压柜选用抽屉式，单侧操作。干式低压变压器 T1 和 T2 带防护外壳，不考虑移出外壳和所内检修，容量为 1000kV·A。平面布置如下图所示（图中标注单位均为 mm），请判断图中有几处不符合规范要求？并说明理由。
（　　）

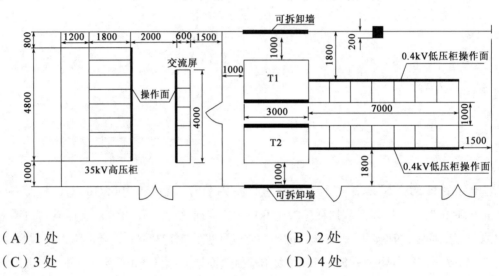

（A）1 处

（B）2 处

（C）3 处

（D）4 处

解答过程：

36. 在该建筑安防系统设计时，其视频安防监控系统采用数字信号在 IP 网络中传输，系统选用 1280×720 图形分辨率的摄像机 100 台，请计算 100 台摄像机接入监控中心，同时并发互联的网络带宽至少应为下列哪项数值？（不考虑预留网络带宽余量）
（　　）

（A）51.2Mbit/s

（B）204.8Mbit/s

（C）465.5Mbit/s

（D）1047.3Mbit/s

解答过程：

37. 在该建筑四层有一多功能厅，长 22.5m、宽 15m，层高 4.8m，在吊顶均匀安装了 6 组扬声器，已知安装高度为 4.5m，安装间距为 7.5m，试计算要满足扬声器声场的均匀覆盖，扬声器的辐射角为下

列哪项数值？ （   ）

（A）50°   （B）94°

（C）99°   （D）134°

解答过程：

38. 在该建筑物二层有一会议室厅共设置了 4 组扬声器，每组扬声器为 25W，如果驱动扬声器的有效值功率为 25W，按规定留有 6dB 的工作余量，试计算所配置的功率放大器的峰值功率应为多少瓦？

（   ）

（A）130W   （B）150W

（C）158W   （D）398W

解答过程：

39. 该建筑中一般办公区域按照开放型办公室进行布线系统设计，已知工作区设备电缆长 6m，电信间内跳线和设备电缆长度为 4m，所采用的电缆是非屏蔽电缆，线规为 26AWG。请计算水平电缆最大长度为下列哪项数值？

（   ）

（A）87m   （B）88.5m

（C）90m   （D）92m

解答过程：

40. 该建筑作为一个独立配线区，从用户接入点用户侧配线设备至最远端用户单元信息配线箱采用的光纤，在 1310nm 波长窗口时，采用的是 G625 光纤，长度为 500m，全程光纤有两处接头，采用热熔接方式。请计算从用户接入点用户侧配线设备至最远端用户单元信息配线箱的光纤链路全程衰减值为下列哪项数值？

（   ）

（A）0.44dB   （B）0.66dB

（C）0.76dB   （D）0.98dB

解答过程：

2019 年案例分析试题（上午卷）

[案例题是 4 选 1 的方式，各小题前后之间没有联系，共 25 道小题，每题分值为 2 分，上午卷 50 分，下午卷 50 分，试卷满分 100 分。案例题一定要有分析（步骤和过程）、计算（要列出相应的公式）、依据（主要是规程、规范、手册），如果是论述题要列出论点]

题 1～5：某大型综合体商业项目，包括回迁住宅、公寓、写字楼和五星级酒店等建筑，项目设置有多座 10/0.4kV 变电所。请回答以下问题并列出解答过程。

1. 回迁住宅为一栋 7 层的建筑，3 个单元，每个单元一梯两户，共计 42 户，每户用电负荷按 6kW 计算，采用 380/220V 供电，需要系数见下表。

按单相配电计算时所连接的基本户数	按三相配电计算时所连接的基本户数	需要系数 K_x
1～3	3～9	0.9
4～8	12～24	0.8
9～12	27～36	0.6
13～24	39～72	0.45
25～124	75～372	0.4

住宅干线配电系统见下图。

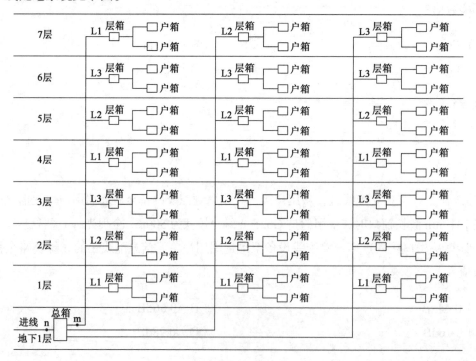

请用需要系数法计算 m 点三相有功计算负荷和 n 点位置的计算电流分别应为下列哪组数值？（功率因数 $\cos\varphi$ 取 0.9）
( )

（A）67.2kW，170A   （B）86.4kW，170A

（C）67.2kW，191A　　　　　　　　　　（D）86.4kW，191A

解答过程：

2. 该综合体内的五星级酒店设置独立的 10/0.4kV 变电所，该变电所中的一台变压器所带负荷见下表。

用电设备组别	设备功率P_e（kW）	需 要 系 数	功 率 因 数	
			$\cos\varphi$	$\tan\varphi$
客房照明	630	0.6	0.9	0.48
排水泵	150	0.5	0.8	0.75
客梯	80	0.8	0.5	1.73
厨房	280	0.5	0.8	0.75
空调机组及送排风	150	0.8	0.8	0.75
洗衣房	160	0.6	0.8	0.75
消防泵房	300	0.9	0.8	0.75
排烟风机	95	0.9	0.8	0.75

计算在正常情况下，当有功同时系数为 0.8 时，此变压器低压侧计算有功功率应为下列哪项数值？
（　　）

（A）573.61kW　　　　　　　　　　（B）698.4kW
（C）801.1kW　　　　　　　　　　（D）982.8kW

解答过程：

3. 某 10kV 变电所一台变压器计算有功功率为 786kW，无功功率为 550kvar，采用并联电容器进行无功补偿，补偿后的功率因数为 0.95，变压器负载率不大于 70%，忽略变压器损耗，计算无功补偿后的无功功率及最小变压器容量最接近下列哪组数值？
（　　）

（A）260kvar，1000kV·A　　　　　　　　　　（B）290kvar，1000kV·A
（C）260kvar，1250kV·A　　　　　　　　　　（D）290kvar，1250kV·A

解答过程：

4. 该综合体地下 1 层有商场及写字楼设置的设备机房，设备容量见下表。

用电设备组别	设备电量参数（380V）	利用系数 k_u	功率因数 $\cos\varphi$
泵组 A	15kW×3 两用一备	0.85	0.8
泵组 B	55kW×3 两用一备	0.80	0.8
泵组 C	75kW×3 两用一备	0.80	0.8
泵组 D	37kW×3 两用一备	0.85	0.8

2h 最大系数 k_m 见下表。

n_{eq}	0.1	0.15	0.2	0.3	0.4	0.5	0.6	0.7	0.8
4	3.43	2.06	1.82	1.57	1.44	1.33	1.23	1.15	1.07
5	3.23	1.94	1.71	1.50	1.38	1.29	1.21	1.13	1.06
6	3.04	1.82	1.62	1.44	1.33	1.26	1.19	1.12	1.05
7	2.88	1.74	1.55	1.40	1.29	1.23	1.17	1.11	1.04
8	2.72	1.66	1.50	1.36	1.26	1.20	1.15	1.10	1.03

采用利用系数法进行负荷计算，取 2h 最大系数，计算过程中用电设备有效（换算）台数 n_{eq} 要求精确计算，n_{eq} 按如下原则取整数：介于两个相邻整数之间的 n_{eq} 值，按两个整数对应的 k_m 值较大者确定 n_{eq} 值。则该设备机房的计算功率最接近下列哪项数值？   （   ）

（A）296kW   （B）311kW   （C）317kW   （D）364kW

解答过程：

5. 某变电所内有一台干式变压器，规格为 10/0.4kV、1600kV·A。其空载有功损耗为 2.2kW，短路有功损耗为 10.2kW，变压器 0.4kV 侧的计算视在功率为 1378kV·A，功率因数为 0.95。忽略其他损耗，计算该变压器 10kV 侧的计算有功功率最接近下列哪项数值？   （   ）

（A）1297kW   （B）1319kW
（C）1305kW   （D）1390kW

解答过程：

题 6～10：某厂区内设一座 10kV 配电站和多座 10/0.4kV 变电所。低压配电系统采用 TN-S 系统，采用单一制电价 0.540 元/（kW·h）。请回答下列问题。

6. 某低压三相馈线回路采用一根五芯铜芯交联聚乙烯绝缘铠装电缆，各相线基波电流为 50A，3 次谐波电流为 20A。则满足载流量要求的电缆规格最接近下列哪项数值？（电缆载流量按照电流密度 1.9A/mm² 选取）   （   ）

（A）（$3 \times 35 + 2 + 16$）mm^2 （B）（$4 \times 35 + 1 + 16$）mm^2

（C）（$3 \times 50 + 2 + 25$）mm^2 （D）（$4 \times 50 + 1 + 25$）mm^2

解答过程：

7. 某车间变电所三相380V电机配电回路，实际运行有功功率为160kW，功率因数为0.8，出线采用一根长度为100m、截面积为185mm^{2}的四芯电缆。为提高系统功率因数，在变电所母线处设置120kvar的电容进行补偿。求该回路电缆的实际有功损耗最接近下列哪项数值？［设该电缆阻抗为(0.16 + j0.09)Ω/km］   （ ）

（A）0.95kW   （B）1.47kW

（C）2.84kW   （D）4.43kW

解答过程：

8. 某380V配电回路经常年实测运行负荷为120kV·A，实际运行时间为2000h，采用一根四芯铝芯交联聚乙烯绝缘铠装电缆供电。当仅考虑载流量和经济性时，上述配电电缆截面积最小为下列哪项数值？［电缆载流量按照电流密度 1.3A/mm^2 考虑，经济电流密度参照《电力工程电缆设计标准》（GB 50217—2018）附录B］   （ ）

（A）95mm^2 （B）150mm^2

（C）185mm^2 （D）240mm^2

解答过程：

9. 以厂区10kV配电站内10kV配电柜为起点，敷设一回电缆至某车间变压器高压侧，实际路径长度为120m，中间无接头，若计算电缆长度时考虑2%的路径地形高差变化和5%的伸缩节及迂回容量，则该电缆的长度最接近下列哪项数值？［计算方法依据《电力工程电缆设计标准》（GB 50217—2018）］   （ ）

（A）128.4m   （B）132.4m

（C）133.4m   （D）138.4m

解答过程：

10. 由上级变电站向 10kV 用户配电站提供电流，采用一回电缆出线，回路阻抗为 0.118Ω/km，电阻为 0.09Ω/km，电缆长度为 2km。用户配电站实际运行有功功率变化范围为 5～10MW，功率因数为 0.95。假设上级变电站 10kV 母线电压偏差范围为 ±2%，求用户配电站 10kV 母线电压偏差范围为多少？

                                                       （   ）

    （A）−3.29%～−0.58%   （B）−4.58%～0.71%

    （C）−4.95%～0.52%   （D）−5.58%～1.72%

解答过程：

题 11～15：某工厂新建 35/10kV 变电站，其系统接线如图 1 所示，已知参数均列在图上。变压器 T2 高压侧的 CT 接线方式及变比如图 2 所示。请回答下列问题，并列出解答过程。（采用实用短路计算法，计算过程采用标幺制，不计各元件电阻，忽略未知阻抗）

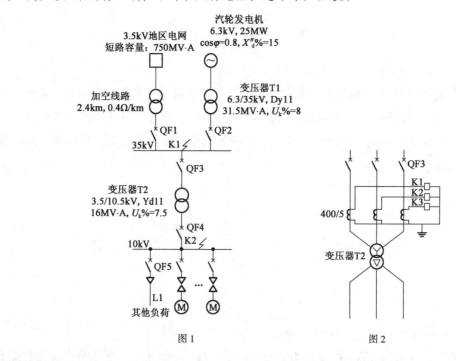

图 1   图 2

11. 假设系统运行过程中，断路器 QF1 闭合，QF2 断开，此时 K1 点发生三相短路，该点的短路电路初始值最接近下列哪项数值？（不考虑电动机反馈电流）

                                                       （   ）

    （A）2.31kA   （B）7.69kA

    （C）10.00kA   （D）12.42kA

解答过程：

12. 假设 K1 点发生三相短路时，由地区电网提供的短路电流初始值为 12.5kA。参与电路反馈的 10kV 电动机均为异步电动机，其总功率为 2000kW，效率为 0.8，功率因数为 0.8，启动电流倍数为 5。若汽轮发电机退出运行，此时 K2 点发生三相短路，该点的短路电路初始值最接近下列哪项数值？ （ ）

    （A）0.90kA   （B）2.31kA

    （C）6.05kA   （D）6.95kA

解答过程：

13. 假定汽轮发电机系统不参与运行，最大运行方式下 35kV 母线的短路容量为 550MV·A，最小运行方式下 35kV 母线的短路容量为 500MV·A。断路器 QF5 采用无时限电流速断保护作为 10kV 馈电线路 L1 的主保护，L1 线路长 6km，单位电抗为 0.2Ω/km。请计算速断保护装置的一次动作电流最接近下列哪项数值？ （可靠系数为 1.3，忽略电动机反馈电流） （ ）

    （A）3.79kA   （B）4.11kA

    （C）47.34kA   （D）51.29kA

解答过程：

14. 假定汽轮发电机系统不参与运行，最小运行方式下 35kV 母线的短路容量为 500MV·A，若在变压器 T2 高压侧安装带时限的过电流保护，请计算过流保护装置动作整定电流和灵敏系数最接近下列哪组数值？ （过负荷系数取 1.5，忽略电动机反馈电流） （ ）

    （A）6.24A，2.47   （B）6.24A，4.94

    （C）6.60A，2.34   （D）6.60A，4.67

解答过程：

15. 假定仅采用汽轮发电机为本站供电，地区电网不参与本站连接，短路电流持续时间为 2s，校验断路器 QF2 热稳定时，其短路电流热效应最接近下列哪项数值？ （ ）

    （A）0.53(kA)^{2}s   （B）4.01(kA)^{2}s

    （C）4.27(kA)^{2}s   （D）4.54(kA)^{2}s

解答过程：

题 16～20：某建筑物防雷等级为一类，单层建筑，长、宽、高分别为 50m、30m、10m，电源线路埋地引入建筑物。

16. 该建筑物采用独立的架空接闪线，引下线的冲击接地电阻为 10Ω，架空接闪线的支柱高为 15m。请问接闪线支柱与建筑物、接闪线与建筑物屋面的最小距离应为下列哪组数值？　　　　（　　）

　　（A）3m，3.33m　　　　　　　　　　（B）3m，4m

　　（C）4.4m，3.3m　　　　　　　　　　（D）4.4m，4m

　　解答过程：

17. 受场地限制，独立加架空接闪线的支柱与建筑物外立面的距离为 4m，如果场地土壤电阻率为 100Ω·m，架空接闪线接地装置的工频接地电阻为下列哪项数值？　　　　（　　）

　　（A）1Ω　　　　　　　　　　　　　　（B）4Ω

　　（C）9Ω　　　　　　　　　　　　　　（D）10Ω

　　解答过程：

18. 如果土壤电阻率为 500Ω·m，采用 ϕ16mm 钢管作为架空接闪线的水平接地极。接地极 12m，埋深为 1m，水平接地极的形状系数为 −0.6，则接地极的冲击电阻最接近下列哪项数值？　　　　（　　）

　　（A）7.5Ω　　　　　　　　　　　　　（B）15Ω

　　（C）38Ω　　　　　　　　　　　　　（D）56Ω

　　解答过程：

19. 该建筑物采用 TN-S 接地系统，某 220/380V 回路发生单相接地故障时，故障回路阻抗为 40mΩ，该回路保护电器的整定值为 63A，请问该回路的单相接地故障电流为下列哪项数值？　　　　（　　）

　　（A）0.82kA　　　　　　　　　　　　（B）4.2kA

　　（C）5.5kA　　　　　　　　　　　　（D）7.2kA

　　解答过程：

20. 该建筑物埋地引入 3 根 YJV（3×95+1×50）mm² 的电缆，3 根金属水管，1 根金属压缩空气管。总进线配电箱设置 SPD，SPD 的冲击电流 I_{imp} 最接近下列哪项数值？ （   ）

（A）2.5kA   （B）4kA   （C）5kA   （D）12.5kA

解答过程：

题 21～25：某 10kV 室内变电所设有变配电室和 10kV 开关柜室，10kV 配电装置采用 SF6 气体绝缘固定式开关柜，0.4kV 配电装置采用抽屉式开关柜，采用 10/0.4kV、1250kV·A 的干式变压器，防护等级为 IP2X，与 0.4kV 配电装置相邻布置，室内墙体无局部突出物，平面布置如图所示，图中尺寸单位均为 mm。低压开关柜屏侧通道最小宽度为 1m，在建筑平面不受限制的情况下，请回答下列问题并列出解答过程。

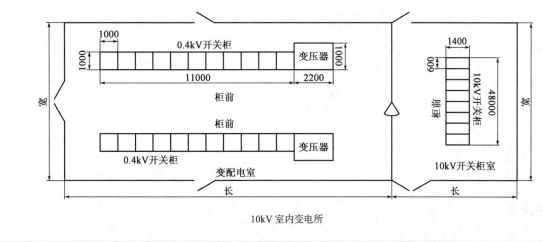

10kV 室内变电所

21. 开关柜均采用柜前操作、柜后维护的方式，变配电室与 10kV 开关柜室宽度保持一致，变压器与 0.4kV 开关柜操作面平齐布置，整个变电所需要的最小面积应为下列哪项数值？（忽略墙体厚度） （   ）

（A）127.18m²   （B）129.03m²

（C）136.51m²   （D）137.97m²

解答过程：

22. 若变配电室中设备外形尺寸及布置方式保持不变，当该房间净长度为 17m 时，0.4kV 开关柜最多可以排列多少面？ （   ）

（A）28   （B）26   （C）24   （D）22

解答过程：

23. 本变电所低压配电系统如图所示，系统采用 TN-S 接地形式，各阻抗值（归算到 400V 侧）如下表所示，忽略其他未知阻抗，配电箱进线处的三相短路电流最接近下列哪项数值？　　（　　）

序号	元件名称	单位	电阻		电抗	
			R	R_{php}	X	X_{php}
1	变压器 S_T	mΩ	0.93	0.93	7.62	7.62
2	铜芯电缆 $5 \times 16mm^2$	mΩ/m	1.097	3.291	0.082	0.174

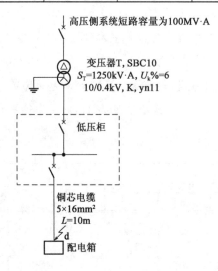

（A）6.18kA
（B）14.72kA
（C）15.04kA
（D）15.83kA

解答过程：

24. 某低压配电回路如图所示，其中电动机参数为：额定电压 380V，额定功率 132kW，额定容量 150kV·A，启动电流倍数为 7，其配电线路 L 总电抗为 8mΩ。请计算电动机全压启动时，低压母线相对值与下列哪项数值最接近？〔依据《工业与民用供配电设计手册》（第四版）计算〕　　（　　）

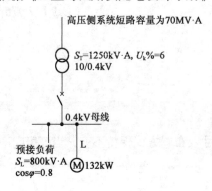

（A）0.85
（B）0.88
（C）0.91
（D）0.96

解答过程：

25.某车间一台电动机，额定功率为 132kW，额定电压为 380V，额定运行时效率为 90%，功率因数为 0.88，采用一根 YJV-0.6/1kV-（3×95+1×50）mm² 电缆配电，电缆长度为 100m，电缆电阻率取 0.02×10⁻⁶Ω·m。当电动机额定运行时，电缆的散热量最接近下列哪项数值？　　（　　）

（A）3.28×10^{-3}W　　　　　　　　　（B）4.05×10^{-3}W

（C）3.28×10^{3}W　　　　　　　　　（D）4.05×10^{3}W

解答过程：

2019 年案例分析试题（下午卷）

［案例题是 4 选 1 的方式，各小题前后之间没有联系，共 25 道小题，每题分值为 2 分，上午卷 50 分，下午卷 50 分，试卷满分 100 分。案例题一定要有分析（步骤和过程）、计算（要列出相应的公式）、依据（主要是规程、规范、手册），如果是论述题要列出论点］

题 1～5：某多层普通办公楼，其中一间办公室长 16m、宽 8m，顶棚距地面高度 3.2m，工作面高度 0.75m，灯具均匀布置于顶棚，请回答下列问题并列出解答过程。

1. 下列每组选项中的 3 个参数分别表示光源的色温、一般显色指数和统一眩光值，问其中哪组适合该办公室？并说明理由。 （　　）

（A）3000K，70，19　　　　　　　　　　（B）3000K，70，22

（C）4000K，80，19　　　　　　　　　　（D）4000K，80，22

解答过程：

2. 若该办公室有吊顶，距地高度 2.85m，灯具嵌入式安装，LED 每盏 28W，光通量 2800lm，办公室照度标准 300lx，顶棚反射比 0.7，墙面平均反射比 0.5，地面有效反射比 0.2，灯具维护系数 0.8，利用系数如下表所示（利用 RI 查表确定利用系数时，可不采取插值法，直接取表中最接近的数值），若要满足照度要求，计算所需灯具最少数量为下列哪项数值？ （　　）

顶棚有效反射比（%）	70				50			20
墙面平均反射比（%）	50	50	30	30	50	30	30	30
地面有效反射比（%）	20	10	20	10	20	20	10	10
室形指数 RI	利用系数（%）							
0.6	53	52	46	45	52	45	45	44
0.8	64	62	56	55	62	55	55	54
1.0	71	69	64	62	69	63	62	61
1.3	80	77	73	71	78	72	70	70
1.5	85	82	79	76	82	77	75	74
2.0	92	87	86	83	89	84	82	81
2.5	96	92	92	88	93	90	87	85
3.0	100	95	96	93	97	93	90	89
4.0	104	97	100	95	100	97	93	92
5.0	106	100	103	97	102	100	96	94

（A）16 盏　　　　　（B）18 盏　　　　　（C）19 盏　　　　　（D）20 盏

解答过程：

3. 与办公室贴邻的卫生间长 5m、宽 2.8m，顶棚高度 2.8m，灯具嵌入式安装，采用 15W LED 筒灯，每盏光通量 1000lm，利用系数 0.5，维护系数 0.75，通常卫生间照度标准值为 75lx，功率密度限值目标值为 3.0W/m²，关于灯具数量、照度和功率密度值的要求，下列正确的是哪项？　　　　（　　）

（A）安装 2 盏 LED 筒灯，不满足照度标准值和功率密度限值目标值的要求

（B）安装 2 盏 LED 筒灯，满足照度标准值，但不满足功率密度限值目标值的要求

（C）安装 3 盏 LED 筒灯，满足照度标准值，但不满足功率密度限值目标值的要求

（D）安装 3 盏 LED 筒灯，满足照度标准值和功率密度限值目标值的要求

解答过程：

4. 该办公楼内有一带有装饰性照明的普通用途功能房间，房间面积 200m²，安装灯具的总功率为 2800W，其中装饰性照明灯具 800W，其他照明灯具 2000W，下列关于该房间照度标准值和功率密度限值的要求，正确的是哪项？　　　　（　　）

（A）计算功率密度值为 12W/m²，此场所为带有装饰性照明场所，照度标准应该增加一级，功率密度值也应该按比例提高

（B）计算功率密度值为 12W/m²，此场所为带有装饰性照明场所，但照度标准和功率密度限值均不应增加

（C）计算功率密度值为 14W/m²，此场所为带有装饰性照明场所，照度标准应该增加一级，功率密度值也应该按比例提高

（D）计算功率密度值为 14W/m²，此场所为带有装饰性照明场所，但照度标准和功率密度限值均不应增加

解答过程：

5. 该办公楼有一展厅，长 16m、宽 14m，顶棚高度 3.0m，展厅内表面反射比分别为顶棚 0.7、墙面 0.5、地板面 0.1。外墙玻璃总面积 40m²，反射比 0.35。LED 平面灯具吸顶安装，则该房间墙面平均反射比为下列哪项数值？　　　　（　　）

（A）0.43　　　　　　　　　　　　（B）0.47

（C）0.52　　　　　　　　　　　　（D）0.56

解答过程：

> 题 6～10：某无人值守的 110kV 变电站，直流系统标称电压为 220V，采用直流控制与动力负荷合并供电。蓄电池采用阀控式密封铅酸蓄电池（贫液），单体 2V，放电终止电压区 1.85V，电池相关参数见《电力工程直流电源系统设计技术规程》（DL/T 5044—2014）附录部分。

6. 直流系统负荷电流曲线如下图所示，随机（5s）冲击负荷电流为 5A，采用阶梯计算法计算蓄电池 10h 放电率计算容量最接近以下哪项数值？ （ ）

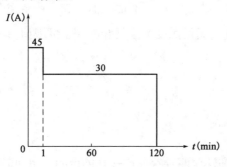

（A）54A·h
（B）122.6A·h
（C）126.3A·h
（D）127.9A·h

解答过程：

7. 如下图所示，其中熔断器 F1 额定电流应为下列哪项数值？（配合系数取 2.0） （ ）

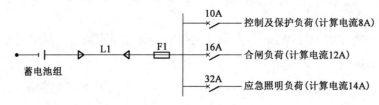

（A）40A
（B）63A
（C）80A
（D）100A

解答过程：

8. 直流系统接线如下图所示，其中蓄电池出口短路电流值为 1.2kA，电缆 L1 长度 120m，电阻系数 $\rho = 0.0184\Omega \cdot mm^2/m$，断路器 S1 额定电流为 50A，采用标准型 C 型脱扣器，该断路器的灵敏系数为下列哪项数值？（标准型 C 型脱扣器瞬时脱扣范围为 $7I_n \sim 15I_n$，忽略图中其他未知阻抗）（ ）

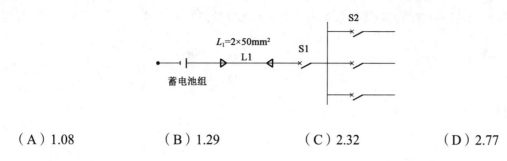

（A）1.08 　　　　（B）1.29 　　　　（C）2.32 　　　　（D）2.77

解答过程：

9. 系统直流负荷统计如下：控制与保护装置容量 5kW，断路器跳闸装置容量 0.1kW，恢复重合闸装置容量 0.3kW，事故照明装置容量 6kW，DC/DC 变换装置容量 5kW。充电装置采用一组单个模块，电流为 10A 的高频开关电源，充电时蓄电池与直流母线不脱开，蓄电池容量为 200A·h。计算充电装置所需模块数量为下列哪项数值？　　　　　　　　（　　）

（A）4 　　　　　　　　　　　　　　　　（B）5

（C）7 　　　　　　　　　　　　　　　　（D）11

解答过程：

10. 某 10kV 开关柜，断路器合闸电源由直流配电屏直接配出，配电电缆采用单根铜芯电缆，长度为 300m，合闸线圈电流为 3A，该配电电缆截面积最小值应为下列哪项数值？（电缆载流量取 1A/mm²，允许电压降取规范允许最大值）　　　　　　　　　　　　　　　　（　　）

（A）1.5mm² 　　　　　　　　　　　　　（B）2.5mm²

（C）4mm² 　　　　　　　　　　　　　　（D）6mm²

解答过程：

题 11～15：某厂房内设置一座 10/0.4kV 变电所，10kV 电源引自上级 35/10kV 变电站，该变电站为独立建筑物，建筑物长 48m、宽 24m，土壤电阻率为 100Ω·m。10kV 系统为不接地系统，厂房内 10/0.4kV 变压器中性点接地与保护接地共用一个接地装置，接地电阻 R_b 为 1Ω，厂房内采用等电位连接。请回答下列相关问题，并列出解答过程。（计算接地电阻时，不采用简易算法）

11. 35/10kV 变电站采用独立的人工接地装置，距离建筑物基础 1m 处围绕建筑物设置一圈 40mm×4mm 扁钢的水平环形接地体埋深 1.0m，水平接地极的形状系数取 1，忽略自然接地体的影响，

计算该变电所人工接地装置的工频接地电阻最接近下列哪项数值？　　　　（　　）

（A）0.51Ω

（B）1.00Ω

（C）1.57Ω

（D）1.80Ω

解答过程：

12. 距离 35/10kV 变电站基础外 1m 处设有一圈水平环形接地体，接地体采用 40mm × 4mm 扁钢接地体，埋深 1.0m，防雷专用引下线连接到环形接地体，计算该引下线的冲击接地电阻最接近下列哪项数值？（水平接地极的形状系数取−0.18，忽略自然接地体的影响）　　　　（　　）

（A）1.44Ω

（B）4.44Ω

（C）5.16Ω

（D）10.05Ω

解答过程：

13. 如果厂房内 10kV 侧出现单相接地故障，接地故障电流为 15A，下图中用电设备的相导体与设备外壳之间的电压U_1、设备外壳与所在地面之间的电压U_f为下列哪组数值？　　　　（　　）

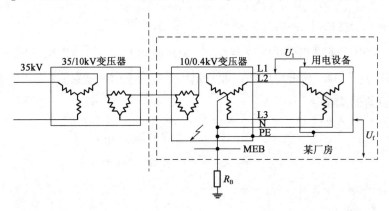

（A）$U_1 = 235V$，$U_f = 15V$

（B）$U_1 = 220V$，$U_f = 15V$

（C）$U_1 = 235V$，$U_f = 0V$

（D）$U_1 = 220V$，$U_f = 0V$

解答过程：

14. 室外用电设备采用 TN-S 系统供电，若厂房内 10kV 侧出现单相接地故障，接地故障电流为 15A，下图中用电设备的相导体与设备外壳之间的电压U_1、设备外壳与地面之间的电压U_f为下列哪组数值？

　　　　（　　）

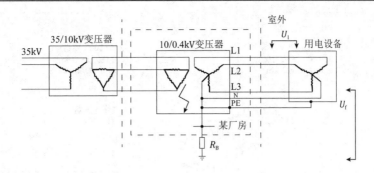

（A）$U_1 = 220V$, $U_f = 0V$

（B）$U_1 = 220V$, $U_f = 15V$

（C）$U_1 = 235V$, $U_f = 0V$

（D）$U_1 = 235V$, $U_f = 15V$

解答过程：

15. 室外用电设备采用 TT 系统供电，用电设备就地设置接地极，接地电阻 R_a 为 2Ω，若厂房内 10kV 侧出现单相接地故障，接地故障电流为 15A，下图中用电设备的相导体与设备外壳之间的电压 U_1、设备外壳与地面之间的电压 U_f 为下列哪组数值？（   ）

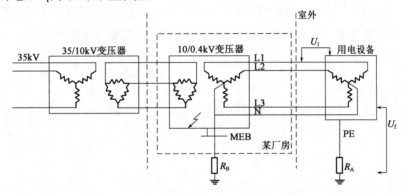

（A）$U_1 = 220V$, $U_f = 0V$

（B）$U_1 = 235V$, $U_f = 0V$

（C）$U_1 = 280V$, $U_f = 0V$

（D）$U_1 = 235V$, $U_f = 15V$

解答过程：

题 16～20：某变电站安装两台 110/10kV、31.5MV·A 变压器，110kV 配电装置采用线路变压器组接线，10kV 采用单母线分段接线，分列运行，请回答下列相关问题，并列出解答过程。（忽略未知阻抗）

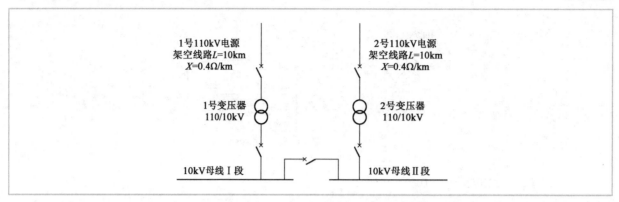

16. 若将该变电站变压器扩容至 50MV·A，配变压器选用相同规格，并将 10kV 母线最大三相短路电流限制在 20kA 以下，新装变压器的最小短路阻抗电压应不小于下列哪项数值？（假定电源侧为无限大系统）　　　（　　）

　　（A）9.25%　　　　　　　　　　　　（B）10.75%

　　（C）12.25%　　　　　　　　　　　（D）12.75%

解答过程：

17. 该变电站 10kV 馈线采用电缆线路，总长度为 22km，10kV 系统采用消弧线圈接地方式，每段 10kV 母线配置一台消弧线圈，单台消弧线圈按全站考虑，其容量最接近下列哪项数值？　　（　　）

　　（A）180kV·A　　　　　　　　　　（B）200kV·A

　　（C）250kV·A　　　　　　　　　　（D）300kV·A

解答过程：

18. 某 35/10kV 变电站接线如下图所示，变压器出线侧 10kV 断路器的额定关合电流应不小于下列哪项数值？（忽略未知阻抗）　　　（　　）

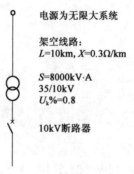

　　（A）4.5kA　　　　　　　　　　　　（B）6.8kA

　　（C）9.0kA　　　　　　　　　　　　（D）11.5kA

解答过程：

19. 某厂房位于海拔 1500m 处，其应急照明电源由一台专用 EPS 装置提供，应急照明总容量为 5kW，关于 EPS 额定输出功率应为下列哪项数值？ （   ）

（A）5.5kW

（B）6.0kW

（C）6.5kW

（D）7.0kW

解答过程：

20. 一台交流弧焊机，额定电压为单相 380V，容量为 20kV·A，额定负载持续率为 60%，采用断路器保护，计算断路器长延时和瞬时过电流脱扣器的最小整定值应为下列哪组数值？ （   ）

（A）31A，113A

（B）42A，117A

（C）42A，151A

（D）53A，195A

解答过程：

题 21～25：请回答以下关于电动机启动、制动及控制相关问题。

---

21. 断续周期工作制的某轧钢机输入辊道交流绕线型电动机技术数据为：$P_e = 75$kW，$FC = 40\%$，$U_{2e} = 325$V，$I_{2e} = 105$A，按 S4 及 S6 工作制 $Z = 310$次/h，采用频敏变阻器实现启动控制，计算铜导线频敏变阻器 2 串 2 并星形接线使用时的每台铁芯片数、绕组匝数和绕组导体截面积应为下列哪组数值？ （   ）

（A）6 片，28 匝，8mm²

（B）8 片，32 匝，12mm²

（C）8 片，40 匝，20mm²

（D）32 片，40 匝，20mm²

解答过程：

22. 交流鼠笼型异步电动机参数为：$U_e = 380$V，$P_e = 22$kW，$\cos\varphi = 0.8$，$\eta = 0.85$，$I_{kz}/I_{ed} = 45\%$，$FC = 40\%$，定子相电阻 $R_d = 0.19\Omega$，制动电源（距电动机 50m），$U_{zd} = DC110V$，制动回路采用一根 2×10mm² 电缆（$\rho = 0.018 \times 10^{-6}\Omega \cdot m$），能耗制动电流按 $3I_{kz}$ 考虑，不计其他电阻，计算制动回路外

加电阻 R_{zl} 应为下列哪项数值？ （ ）

（A）1.1Ω

（B）1.19Ω

（C）1.29Ω

（D）1.38Ω

解答过程：

23.某离心式水泵所配异步交流电动机数据为：额定电压 $U_e = 10kV$，额定功率 400kW，定子绕组级数 4，最大转矩/额定转矩 $M_{max}/M_e = 2$，额定转速 1475r/min，假设电压降低时电动机的最大转矩（临界转矩）标幺值与电动机在临界转差率时的机械静组转矩标幺值的差值为 0.15 时，是电动机稳定运行的最低端电压，计算该电压值为下列哪项数值？ （ ）

（A）7246V

（B）7756V

（C）8250V

（D）8500V

解答过程：

24.下图为交流异步电动机星—三角启动原理图，该电动机受 PLC（可编程控制器）控制。请分析判断原理图中 I、II、III、IV 有几个环节存在错误？并说明理由。 （ ）

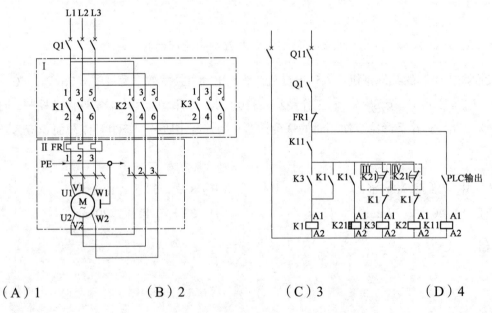

（A）1 （B）2 （C）3 （D）4

解答过程：

182

25. 某交流异步电动机采用自耦变压器降压启动，电动机主回路接线、PLC 系统接线和 PLC 系统控制逻辑梯形图如下图所示，T1 为 PLC 系统内部计时器。梯形图中的 a、b、c 三处正确的编码为下列哪个选项？请说明理由。（　　）

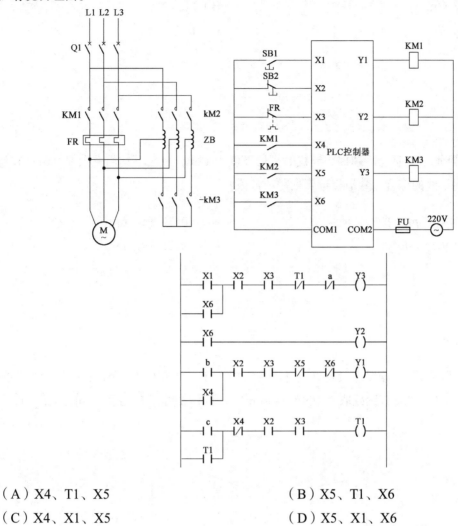

（A）X4、T1、X5　　　　　　　　　　　（B）X5、T1、X6

（C）X4、X1、X5　　　　　　　　　　　（D）X5、X1、X6

解答过程：

题 26～30：某企业用 110kV 架空线路供电，全程设单避雷线（无耦合线），导线选用 LGJ-150/25，外径 17.1mm，计算截面积 173.11mm²，单位质量 601kg/km，破坏强度 29kg/mm²，按第七典型气象区设计。

26. 假定距离线路 70m 处的地面受雷击，离雷击点最近一档的导线平均高度为 10m，计算导线上的感应电压最大值最接近下列哪项数值？（　　）

（A）196.43kV　　　　（B）235.71kV　　　　（C）307.14kV　　　　（D）357.14kV

解答过程：

27. 该线路在陆地上某耐张段导线的平均高度为 12m，为确定杆塔的水平荷载，试计算最大风速且覆冰为 10mm 时导线单位长度上的风荷载最接近下列哪项数值？　　　　　　　　　　（　　）

（A）13.03N/m
（B）14.24N/m
（C）16.04N/m
（D）17.51N/m

解答过程：

28. 该线路在陆地某处有一跨越档，导线的平均高度为 18m，风压不均匀系数取 0.61，在最大风无冰条件下，该档内导线的综合比载最接近下列哪项数值？　　　　　　　　　　　（　　）

（A）$0.04N/(m \cdot mm^2)$
（B）$0.043N/(m \cdot mm^2)$
（C）$0.05N/(m \cdot mm^2)$
（D）$0.052N/(m \cdot mm^2)$

解答过程：

29. 下图为该线路某一耐张段内三基直线杆塔的塔头部分示意图（尺寸单位：m），已知该耐张段导线的安全系数为 3，导线的垂直比载取 $9.77N/(m \cdot mm^2)$，计算直线塔杆 B 的垂直档距为下列哪项数值？　　　　　　　　　　　　　　　　　　　　　　　　　　　　　　　　（　　）

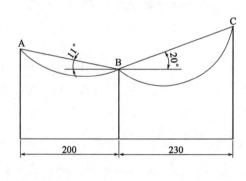

（A）209.59m
（B）214.35m
（C）214.45m
（D）220.41m

解答过程：

30. 如图所示，A、B、C 为某耐张段施工的三基直线塔杆（尺寸单位：m），导线悬挂高度相同，该耐张段的代表档距为 150m，各种代表档距下不同温度条件下的百米弧垂见下表（已考虑导线初伸长对弧垂的影响），架线施工时的温度为 20℃，确定 A-B 档和 B-C 档的架线弧垂为下列哪组数值？　　　　　　　　　　　　　　　　　　　　　　　　　　　　　　　　　　　　　（　　）

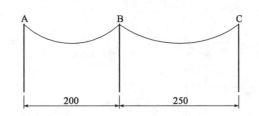

代表档距（m）	100			150			200			250		
温度（℃）	10	20	30	10	20	30	10	20	30	10	20	30
弧垂（m）	0.65	0.72	0.82	0.51	0.56	0.62	0.55	0.61	0.66	0.63	0.67	0.71

（A）0.61m，0.67m （B）2.04m，3.19m

（C）2.04m，3.19m （D）2.88m，4.5m

解答过程：

题 31～35：请回答以下问题。

31. 某企业工业场地内有乙类仓库、消防水泵房的建筑群。拟采用如下设计方案：企业 10kV 电源架空线路经过厂区附近，线路杆高 12m，线路距乙类厂房最近点的水平距离为 15m，如下图所示。消防水泵选用矿物绝缘类不燃性电力电缆沿水泵房两侧墙壁明敷设。低压配电室备用照明在 0.75m 水平面的照度为 100lx。请分析判断该设计方案有几处不符合规范要求，并给出依据。（　　）

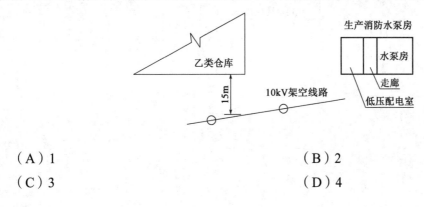

（A）1 （B）2

（C）3 （D）4

解答过程：

32. 某 380/220V TN-S 低压配电系统如下图所示，变压器中性点接地电阻为 4Ω，由一级配电箱向 A、B 供电的电缆均为 5 芯，相线、N 线与 PE 线截面相等，PE 线在二级配电箱处均做重复接地，接地电阻均为 4Ω。已知变压器电阻为 0.02Ω，各相线单位长度电阻均为 5.5Ω/km，忽略大地及其他未知导体电阻与电抗影响，当配电箱 B 处发生相线对设备外壳单相接地故障时，计算一级配电箱外壳处的接触

电压值最接近下列哪项数值？　　　　　　　　　　　　　　　　　　　　　　　（　　）

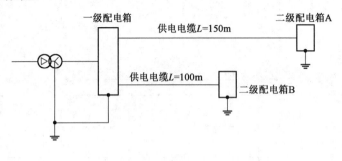

（A）36.72V　　　　　　　　　　　　　　　（B）51.94V

（C）102.68V　　　　　　　　　　　　　　（D）108.04V

解答过程：

33. 某 660V 低压配电系统图如下图所示，变压器中性点接地电阻 R 为 60Ω。三相用电设备 A、B 在设备安装处做保护接地，接地电阻均为 10Ω。由配电箱向用电设备 A、B 供电的电缆均为 3 芯，截面相等。已知变压器电阻为 0.02Ω，各相线单位长度电阻均为 5.5Ω/km，忽略其他未知电阻、电抗以及设备和电缆泄漏电流的影响。当设备 B 处发生相线对设备外壳接地故障时，设备 B 外壳故障电压最接近下列哪项数值？　　　　　　　　　　　　　　　　　　　　　　　　　　　　　　　　　　　　　（　　）

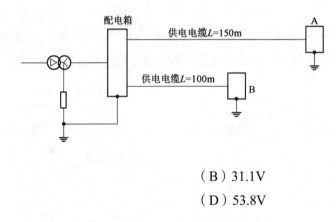

（A）7.1V　　　　　　　　　　　　　　　　（B）31.1V

（C）47.2V　　　　　　　　　　　　　　　（D）53.8V

解答过程：

34. 某车间 10/0.4kV 变电所供配电系统示意图见下图，采用 TN-S 系统给车间内设备供电，设备间设置二级配电箱 1 个，为动力设备供电，电缆芯线中不含保护导体，保护导体单独敷设，以点划线表示。四芯电缆线路各导体单位长度的阻抗值为 0.86mΩ/m，三芯电缆线路各导体单位长度的阻抗值为 1.35mΩ/m，保护导体单位长度阻抗值为 0.97mΩ/m，总等电位联结箱接地电阻为 4Ω，忽略电抗以及其他未知电阻影响。当固定用电设备发生接地故障时，ab 间保护导体的最大长度为下列哪项数值？　　　　　　　　　　　　　　　　　　　　　　　　　　　　　　　　　　　（　　）

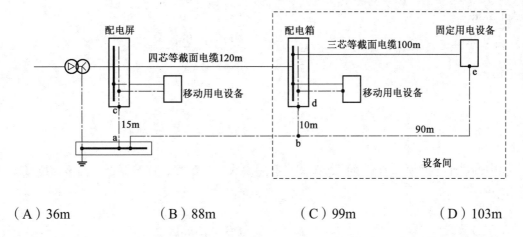

（A）36m　　　　　（B）88m　　　　　（C）99m　　　　　（D）103m

解答过程：

35. 已知交流电流路径为手到手的人体总阻抗见下表，偏差系数 F_D（5%）= 0.8，F_D（95%）= 1.4。当接触电压为 400V，人体总阻抗为不超过被测对象 5%，电路路径仅为双手到双脚时，接触电流最接近下列哪项数值？（忽略阻抗中的电容分量及皮肤阻抗）　　　　（　　）

接触电压（V）	不超过被测对象的 95% 的人体阻抗值（Ω）
400	1275
500	1150

（A）1.1A　　　　　（B）0.63A　　　　　（C）0.55A　　　　　（D）0.32A

解答过程：

题 36～40：请回答下列关于消防与安防的问题。

36. 某烘干车间地面面积为 3150m², 室内高度为 8m，屋顶坡度为 17.5°，使用 A1 型点型感温火灾探测器保护。已知探测器安装间距 $a = 4$m，采用矩形等距布置，则安装间距 b 的极限值最接近下列哪项数值？　　　　（　　）

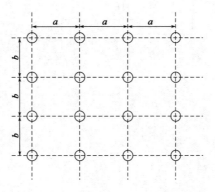

（A）5.0m   （B）7.5m

（C）10.2m   （D）10.9m

解答过程：

37. 上题中的烘干车间屋顶有热屏障，车间设有感温火灾探测器，探测器下表面至顶棚或屋顶距离最小值为多少？   （　　　）

（A）吸顶安装   （B）250mm

（C）400mm   （D）500mm

解答过程：

38. 某省级博物馆地下二层为库区和机电设备用房，机电设备用房由物业管理单位管理，库区由安保人员管理。库区外设置出入口控制的房间为同权限受控区，所有藏品库为同权限受控区，所有珍品库为同权限受控区，库区内需另外授权进入，珍品库的权限高于藏品库。下图配置的双门门禁控制器安装位置有几处错误？请说明理由。   （　　　）

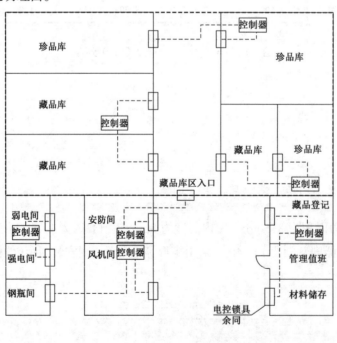

（A）0   （B）1

（C）2   （D）3

解答过程：

39.上题中所述的博物馆库区选用非编码信号直接驱动电控锁具的联网门禁控制器，上题图中有几处执行部分输入线缆有可能成为被实施攻击的薄弱点，需针对其严格防护？ （　　）

（A）2　　　　　　　　（B）3　　　　　　　　（C）4　　　　　　　　（D）5

解答过程：

40.该博物馆建筑消防及安防控制室设在一层，地下二层主要为藏品库房、楼控值班室及安防设备主机房。下列关于安防设计的方案哪项是错误的？请说明理由。 （　　）

（A）本设计布线距离不大于 80m 的 IP 安防摄像机采用 1 根六类非屏蔽 4 对双绞线，布线距离大于或等于 80m 的 IP 安防摄像机采用 1 根 4 芯单模光纤完成视频信号传输，在安防专用桥架内敷设，接入安防接入层交换机（楼层安防井内）

（B）楼层安防井内设置的接入层交换机采用 1 根多芯单模光缆在安防竖井的安防专用桥架内敷设，接入安防核心层交换机（安防设备主机房内）

（C）该项目进行视频监控系统集成联网时，可采用数字视频逐级汇聚方式

（D）安防设备主机机房内信号采用 1 根多芯单模光缆在安防竖井内的安防专用桥架内敷设，与消防及安防控制室内的安防监控设备相连

解答过程：

2020 年案例分析试题（上午卷）

［案例题是 4 选 1 的方式，各小题前后之间没有联系，共 25 道小题，每题分值为 2 分，上午卷 50 分，下午卷 50 分，试卷满分 100 分。案例题一定要有分析（步骤和过程）、计算（要列出相应的公式）、依据（主要是规程、规范、手册），如果是论述题要列出论点］

题 1～5：某中心城区有一五星级旅游宾馆，建筑面积 42000m²，地下两层，地上 20 层，建筑高度 80m，4～20 层为客房层，每层 18 间客房。空调系统主要用电设备清单见下表，请回答以下问题。

序号	设备名称	单台（套）设备功率（kW）	台数和控制要求	额定电压	功率因数	所属楼层
1	制冷机组	300	3 台，自带启动装置	380V，三相	0.85	地下二层
2	冷冻泵	45	4 台，三用一备，直接启动，启动电流为 5 倍额定电流	380V，三相	0.8	地下二层
3	冷却泵	37	4 台，三用一备，直接启动，启动电流为 5 倍额定电流	380V，三相	0.8	屋顶层
4	冷却塔	18.5	3 台，直接启动，启动电流为 5 倍额定电流	380V，三相	0.8	屋顶层
5	屋顶 VRV 机组	60	1 套	380V，三相	0.8	屋顶层
6	空调机组	11	10 台	380V，三相	0.8	1～3 层

1. 请判断下列哪组负荷不全是一级负荷？并说明理由。　　　　　　　　（　　　）

（A）厨房照明、后勤走道照明、生活水泵、电子信息设备机房用电、安防系统用电

（B）值班照明、高级客房照明、排污泵、新闻摄影用电、消防电梯用电

（C）障碍照明、客房走道照明、计算机系统用电、客梯用电、应急疏散照明

（D）门厅照明、宴会厅照明、康乐设施照明、厨房用电、客房照明

解答过程：

2. 位于地下一层的厨房，装有三相 380V 的电烤箱 2 台，各 30kW；三相 380V 的电开水炉 2 台，各 15kW；三相 380V 冷库 3 套，各 8kW。同时装有单相 380V 电烤箱 1 台，30kW，功率因数为 1；单相 220V 的面火炉 3 台，各 4kW；单相 220V 的绞肉机 2 台，各 3kW。该厨房设置一台总动力配电箱，总配电箱的功率因数取 0.75，需要系数取 0.6，忽略同时系数，该箱的主开关长延时整定值应不小于下列哪项数值？（单相负荷分配尽量按三相平衡考虑）　　　　　（　　　）

（A）241A　　　　　（B）204A　　　　　（C）197A　　　　　（D）173A

解答过程：

3. 变配电引出一路电源负担冷冻机房的冷冻泵、冷却泵以及冷却风机（电动机均为鼠笼电动机），该回路采用断路器保护，其瞬时过流脱扣器的可靠系数取 1.2，电动机的全启动电流取启动电流 2 倍，各设备需要系数按 0.9 考虑，忽略同时系数，该断路器的瞬时过电流整定值不应小于下列哪项数值？ （ ）

（A）1040A （B）1554A （C）1612A （D）3423A

解答过程：

4. 客房采用风机盘管系统，每间客房的风机盘管额定功率为 80W，需要系数为 0.45；VRV 系统的室内机总功率为 800W，VRV 系统（含室内室外机）需要系数取 0.8；空调系统其他设备需要系数取 0.7，忽略同时系数。空调系统年平均有功负荷系数取 0.14，该空调系统年有功电能消耗量最接近下列哪项数值？ （ ）

（A）987865kW·h （B）1139326kW·h
（C）1151393kW·h （D）1199051kW·h

解答过程：

5. 该建筑地下二层设有人防工程，分四个防护单元，平时用途为汽车库，防护单元 1、2 战时用途为二等人员掩蔽所；防护单元 3、4 的战时用途为人防物资库，每个防护单元战时用电负荷见下表。设置柴油发电机作为人防工程战时内部电源，仅为本项目人防战时用电负荷供电。忽略同时系数，请计算战时一级负荷的计算功以及柴油发电机组供电的用电负荷计算有功功率最接近下列哪项数值？ （ ）

项目	防护单元 1（kW）	防护单元 2（kW）	防护单元 3（kW）	防护单元 4（kW）	需要系数
正常照明	13	13	12	12	0.8
应急照明	2	2	2	2	1
重要风机	7.5	7.5	5.5	5.5	0.9
重要水泵	13.2	13.2	10.2	10.2	0.8
三种通风方式系统	1	1	—	—	1
柴油发电站配套附属设备	10	—	—	—	0.9
基本通信、应急通信设备	3	3	3	3	0.8

（A）26.6kW，26.6kW （B）28.6kW，28.6kW
（C）26.6kW，129.4kW （D）28.6kW，129.4kW

解答过程：

题 6～10：某工厂低压配电电压为 220/380V，请回答下列问题。

6. 某车间采用一根 VV-0.6/1kV-4 × 70m² 电缆供电，该电缆有一部分在湿度小于 4% 的沙土中直埋敷设，埋深 0.8m，有一部分在户内电缆沟内敷设，该电缆持续载流量最接近下列哪项数值？［电缆相关参数参考《电力工程电缆设计标准》（GB 50217—2018），不考虑其他电缆并敷影响。工厂所在地气象参数为：干球温度极端最高 40℃，极端最低-20℃；最冷月平均值-5℃，最热月平均值 25℃，最热月日最高温度平均值 30℃；最热月 0.8m 埋深土壤温度 20℃ ］   （   ）

（A）123.6A   （B）154.4A

（C）159.5A   （D）179.7A

解答过程：

7. 某照明回路计算电流为 150A，保护电器选用额定电流为 200A 的 gG 型熔断器，其动作特性见下表，该回路电缆最小截面积应为下列哪项数值？（电缆载流量按 2.2A/m² 考虑）   （   ）

gG 型熔断器 额定电流 I_n（A）	约定时间 （h）	约定电流（A）	
		约定不动作电流	约定动作电流
$16 \leqslant I_n < 63$	1		
$63 \leqslant I_n < 160$	2	$1.25I_n$	$1.6I_n$
$160 \leqslant I_n < 400$	3		

（A）70mm²   （B）95mm²

（C）120mm²   （D）150mm²

解答过程：

8. 某动力站低压进线电缆为单根 VV$_{22}$-0.6/1kV 4 × 120 ＋ 1 × 70mm²，各出线回路电缆规格均不大于进线电缆，本动力站总等电位连接用铜导体的截面积最小值为下列哪项数值？   （   ）

（A）25mm²   （B）35mm²

（C）70mm²   （D）120mm²

解答过程：

9. 某车间为 2 区爆炸危险场所，车间中某鼠笼电动机采用星—三角形启动，其一次接线图如下图所示，电动机额定容量为 45kW，额定电流为 85A，断路器 QF 长延时脱扣器额定电流为 125A，瞬时脱扣器为 1600A，若仅从载流量考虑，该电动机启动转换回路（loop2）的导线最小截面积为下列哪项数值？（导线载流量按 2.0A/m² 考虑） （ ）

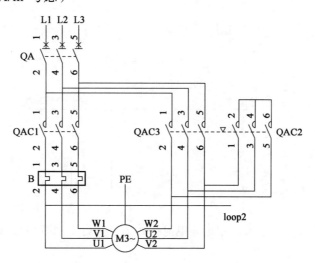

（A）70mm²   （B）50mm²

（C）35mm²   （D）25mm²

解答过程：

10. 变电所 0.4kV 侧短路电流为 35kA，保护电器为断路器，瞬时脱扣器全分断时间为 10ms，允许通过能量为 $7 \times 105A^2 \cdot s$，出线采用 YJV 型电缆，按短路热稳定校验电缆截面积时，其最小为下列哪项数值？（热稳定系数 k 取 143） （ ）

（A）6mm²   （B）10mm²

（C）16mm²   （D）25mm²

解答过程：

题 11～15：某远离发电厂的终端 35/10kV 变电站，电气接线如下图所示。主变压器采用分列运行方式，电源 1 及电源 2 的短路容量均为无限大，变电站基本情况如下：

（1）主变压器参数：35/10.5kV，20MV·A，短路阻抗 $U_k\% = 8\%$，接线组别为 Dyn11。

（2）35kV 电源线路电抗为 0.15Ω/km，L1 长度为 10km，L2 长度为 8km。

请回答下列问题，并列出解答过程。（采用实用短路电流计算法，计算过程采用标幺值，不计各元件电阻，忽略未知阻抗）

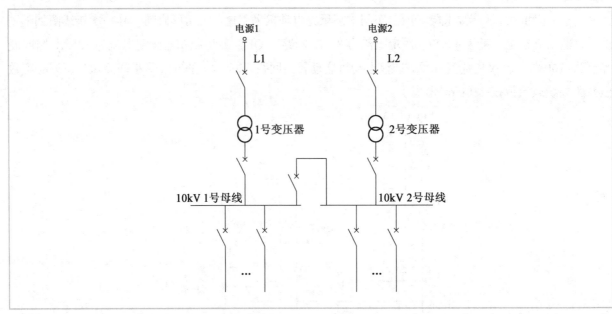

11. 请计算 10kV 1 号母线的最大三相短路电流初始值最接近下列哪项数值？ （ ）

（A）10.791kA

（B）11.27kA

（C）22.06kA

（D）27.26kA

解答过程：

12. 假定 1 号变压器出线侧短路电流持续时间为 3s，校验 1 号变压器出线侧 10kV 断路器热稳定时，其短路电流（产生的）热效应最接近下列哪项数值？ （ ）

（A）349.27(kA)²s

（B）355.09(kA)²s

（C）342.71(kA)²s

（D）551.75(kA)²s

解答过程：

13. 假定 10kV 1 号母线供电系统单相接地电容电流为 8A，变压器 10kV 侧中性点采用高电阻接地，计算 1 号变压器接地电阻器的阻值以及电阻器消耗功率的最小值最接近下列哪项数值？（10kV 1 号母线和 2 号母线按分列运行考虑） （ ）

（A）656.08Ω，46.19kV·A

（B）656.08Ω，50.81kV·A

（C）688.89Ω，46.19kV·A

（D）688.89Ω，53.34kV·A

解答过程：

14. 假定本站 1 号变压器最大可能工作负荷为变压器额定负荷的 1.2 倍，其 10kV 侧的最大短路电流为 25kA，两台主变压器正常工作时的负荷率均为 65%，现采用在 1 号变压器 10kV 侧串联限流电抗器的方式将该短路电流限制在 15kA 以下，请计算并选择该电抗器的电抗百分数最小值为下列哪项数值？
（　　）

（A）2%　　　　　　（B）3%　　　　　　（C）3.5%　　　　　　（D）4%

解答过程：

15. 本站内设置一间 10kV 高压开关柜室，16 面 10kV 固定式开关柜分 2 组布置，每组 8 面，单台开关柜外形尺寸为600mm × 1250mm × 2300mm（宽×深×高），柜前操作柜后维护，要求两排布置，开关柜两端距墙 0.8m，柜后通道 1.2m。开关柜室最小面积为下列哪项数值？
（　　）

（A）40.96m^2　　　　　　　　　　　（B）42.88m^2

（C）44.16m^2　　　　　　　　　　　（D）50.56m^2

解答过程：

题 16～20：某二类防雷建筑物，长 100m、宽 50m、高 32m，请回答以下问题。

---

16. 建筑物为钢筋混凝土结构，将其视为一个屏蔽空间，当雷击在建筑物附近时（按正极性首次雷击考虑），雷击点与该屏蔽空间的最小平均距离应为下列哪项数值？
（　　）

（A）175m　　　　　　　　　　　　（B）148m

（C）125m　　　　　　　　　　　　（D）60m

解答过程：

17. 该建筑物由室外引来 1 根金属压缩空气管、2 根金属冷冻水管、1 根 PVC 污水管及 1 根 YJV-0.6/1kV-3 × 95 + 1 × 50低压电缆。该电缆接入低压总配电箱，配电箱母排上 SPD 每一保护模式下的允许冲击电流最小值最接近以下哪项数值？
（　　）

（A）3.75kA　　　　　　　　　　　（B）5.0kA

（C）6.25kA　　　　　　　　　　　（D）12.5kA

解答过程：

18. 该建筑物有一个总配电箱，电源由室外架空引来，该总配电箱为一层某设备机房的配电箱配电，后者设有Ⅰ级分类试验的限压型 SPD，电压保护水平 U_p 为 1.8kV，其有效电压保护水平最接近以下哪项数值？ （　　）

（A）1.8kV　　　　（B）2.2kV　　　　（C）2.5kV　　　　（D）4.0kV

解答过程：

19. 假定该建筑物采用40mm×4mm 的热镀锌扁钢作为人工环形接地体沿基础四周敷设，敷设深度为 1m，土壤电阻率为 300Ω·m，该环形接地体的冲击电阻最接近以下哪项数值？ （　　）

（A）2.1Ω　　　　（B）2.6Ω　　　　（C）8.5Ω　　　　（D）9.2Ω

解答过程：

20. 该建筑物旁设置有一个堆放大量易燃物的露天堆场，堆场预计雷击次数为 0.052 次/a，当采用独立闪接杆防直击雷时，闪接杆保护范围滚球半径最大可为下列哪项数值？ （　　）

（A）30m　　　　（B）45m　　　　（C）60m　　　　（D）100m

解答过程：

题 21～25：某建筑物由附近的变电所采用 220/380V 供电，接地形式为 TN-C-S，在总配电箱处将 PEN 线分为 PE 排与 N 排，请回答以下问题，忽略各题中未知阻抗。

21. 已知线路阻抗如下图所示，当设备发生碰壳事故时，设备外壳的接触电压 U_f 最接近以下哪项数值？ （　　）

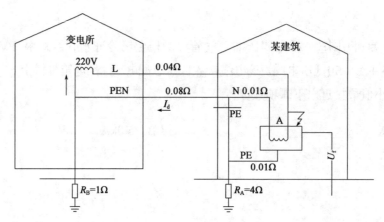

（A）8.8V （B）17.09V （C）124.7V （D）152.3V

解答过程：

22. 建筑物采用总等电位连接（见下图），当设备发生碰壳事故时，设备外壳的接触电压 U_f 最接近以下哪项数值？ （ ）

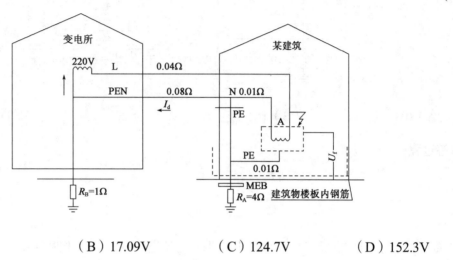

（A）8.8V （B）17.09V （C）124.7V （D）152.3V

解答过程：

23. 如下图所示，变电所至建筑物的低压线路采用架空线路，当 L1 相断线接地时，为了保证设备外壳接触电压小于 50V，在不计线路阻抗的情况下，线路接地阻抗 R_C 允许的最小值最接近以下哪项数值？ （ ）

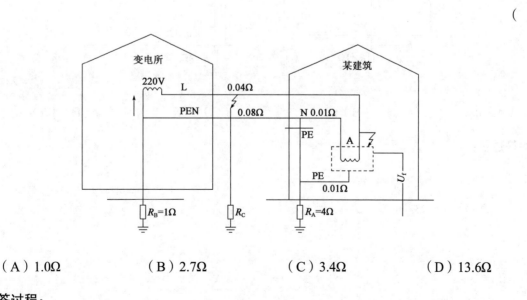

（A）1.0Ω （B）2.7Ω （C）3.4Ω （D）13.6Ω

解答过程：

24.如下图所示，变电所供建筑物的低压线路采用架空线路，当 L1 相断线接地时，在不计线路阻抗的情况下，设备外壳接触电压最接近以下哪项数值？ （　　）

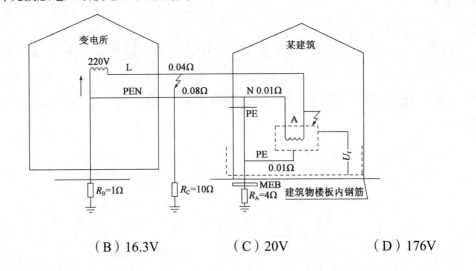

（A）0V　　　　　　（B）16.3V　　　　　（C）20V　　　　　　（D）176V

解答过程：

25.如下图所示，变电站至建筑物的低压线路采用架空线路，当 L1 相断线接地时，在不计线路阻抗的情况下，户外设备外壳接触电压U_f最接近以下哪项数值？ （　　）

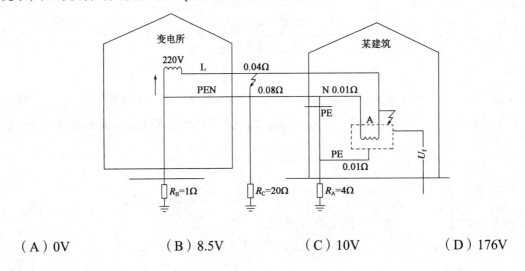

（A）0V　　　　　　（B）8.5V　　　　　　（C）10V　　　　　　（D）176V

解答过程：

2020 年案例分析试题（下午卷）

专业案例题（共 40 题，考生从中选择 25 题作答，每题 2 分）

题 1～5：某二类高层民用建筑，地下层包括活动室、健身房、库房、机房等场所，地上包含小型展厅，请回答以下问题。

1. 下图为地下层公共活动场所的照明设计（尺寸单位为 mm），分别为双管 T5 荧光灯、5W 的 LED 筒灯和 1W 的疏散出口灯，荧光灯及筒灯采用I类灯具，疏散出口采用 A 型灯具，其满足活动室 200lx 照度和照明功率密度限值的要求。图中灯具安装方式皆满足规范要求，未注明的导线根数为 3。请查找图中有几种类型的错误，并说明理由。　　　　（　　）

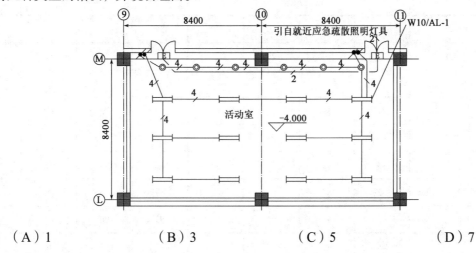

（A）1　　　　　　（B）3　　　　　　（C）5　　　　　　（D）7

解答过程：

2. 地下层有一库房，如下图所示（尺寸单位为 mm）。安装 9 只完全相同的旋转轴对称点光源，灯具安装高度 5m，当只点亮四个角的四只灯具 1～4 时（这四只光源中的每只光源照射到距地 1m 水平面的 A 点方向实测的光强均为 500cd），此时 1m 水平面上 A 点的总照度为下列哪项数值？（不考虑维护系数）　　　　　（　　）

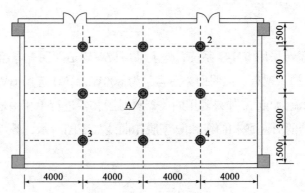

（A）7.6lx （B）9.5lx

（C）30.4lx （D）38lx

解答过程：

3. 地下层健身房长 22m、宽 10m、高 4.5m，工作面高度 0.75m。健身房有吊顶距地高度 3.5m，LED 灯具嵌入式安装，每盏 LED 灯具的光源参数为 28W，光通量 2800lm。健身房照度标准值为 200lx，有效顶棚反射比 0.7，墙面平均反射比为 0.5，地面空间有效反射比为 0.2，灯具维护系数为 0.8，该灯具利用系数见下表，计算该房间所需灯具数量为下列哪项数值时，工作面上的平均照度最接近照度标准值？（ ）

有效顶棚反射比（%）	70				50			30
墙面平均反射比（%）	50	50	30	30	50	30	30	30
地面有效反射比（%）	20	10	20	10	20	20	10	10
室形指数 RI	利用系数（%）							
1.0	71	69	64	62	69	63	62	61
1.3	80	77	73	71	78	72	70	70
1.5	85	82	79	76	82	77	75	74
2.0	92	87	86	83	89	84	82	81
2.5	96	92	92	88	93	90	87	85
3.0	100	95	96	93	97	93	90	89
4.0	104	97	100	95	100	97	93	92
5.0	106	100	103	97	102	100	96	94

（A）16 盏 （B）18 盏

（C）20 盏 （D）22 盏

解答过程：

4. 该建筑低压配电系统采用 TN-S 系统，地上某层设有走道照明配电箱，采用微型断路器进行照明线路的过负荷和短路保护。现有一照明回路总容量为 800W，导线选用 BV-3×2.5mm²，经计算，该线路末端单相接地故障电流为 90A，如果利用断路器瞬时脱扣器进行单相接地故障保护，断路器动作灵敏系数为 1.3，微型断路器的 B 型脱扣曲线和 C 型脱扣曲线如下图所示，下列哪些断路器能实现该故障下的可靠动作？（ ）

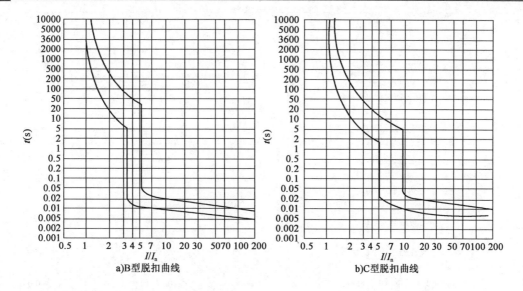

a)B型脱扣曲线　　　　　b)C型脱扣曲线

（A）仅额定电流 10A 的 B 型曲线断路器

（B）额定电流 10A 的 B 型曲线、C 型曲线断路器

（C）额定电流 10A 和 16A 的 B 型曲线断路器

（D）额定电流 10A 和 16A 的 C 型曲线断路器

解答过程：

5. 该建筑的某展厅长 14m、宽 14m，灯具安装高度 2.8m，室内有效顶棚反射比 0.7，墙面反射比 0.5，地面反射比 0.2，展厅水平面照度 200lx，水平面照度 E_h 和平均球面照度（标量照度）E_s 的简易换算见下表，则展厅的平均柱面照度为下列哪项数值？　　　　　　　　　　　　（　　）

室形指数 RI	1.0～1.6			2.5			4.0		
地面反射比	0.1	0.2	0.3	0.1	0.2	0.3	0.1	0.2	0.3
E_h/E_s	2.6	2.4	2.1	2.6	2.3	2.05	2.5	2.2	2.0

　　（A）86lx　　　　　　（B）70lx　　　　　　（C）67lx　　　　　　（D）50lx

解答过程：

题 6～10：某用电企业配电变压器，已知参数见下表，请回答以下问题。

参　数	单　位	数　值
高峰负荷容量	kV·A	750
配电变压器数量	台	1

续上表

参　数	单　位	数　值
变压器额定容量S_e	kV·A	1000
额定空载损耗P_0	kW	1.415
额定负载损耗P_k	kW	8.130
额定空载电流I_0	%	0.4
额定短路电流阻抗U_k	%	6
变压器初始费C_1	元/台	165000
企业支付的单位电量电费E_e	元/(kW·h)	0.6
企业支付的单位容量电费，即两部制电价中按最大需量收取的月基本电费E_d	元/kW	20
企业支付的单位容量电费，即两部制电价中按变压器容量收取的月基本电费E_c	元/(kV·A)	15
年带电小时数H_{py}	h	8760
年最大负载利用小时数T_{max}	h	8000
年最大负载损耗小时数t	h	4549
负载损耗的温度矫正系数K_t		1
谷峰比L		0.5
初始年高峰负载率β_0	%	0.75
年贴现率i	%	0.12
高峰负荷年增长率g		0.02
经济使用期n	年	10

6. 在计算该企业配电变压器经济使用期的综合能效费用时，连续 10 年费用现值系数最接近下列哪项数值？　　　　　　　　　　　　　　　　　　　　　　　　（　　　）

（A）4.35　　　　　　（B）5.65　　　　　　（C）6.43　　　　　　（D）7.35

解答过程：

7. 在计算该企业配电变压器经济使用期的综合能效费用时，变压器经济使用期的年负载等效系数的平方最接近下列哪项数值？　　　　　　　　　　　　　　　　　　（　　　）

（A）2.24　　　　　　（B）2.86　　　　　　（C）3.69　　　　　　（D）4.81

解答过程：

8. 在计算该企业配电变压器经济使用期的综合能效费用时，按照变压器容量计算基本电费，若连续 10 年费用现值系数为 6，空载损耗等效初始费用系数最接近下列哪项数值？　　　　（　　）

（A）27176　　　　（B）28910　　　　（C）31536　　　　（D）34346

解答过程：

9. 在计算该企业配电变压器经济使用期的综合能效费用时，按照变压器容量计算基本电费，若变压器经济使用期的年负载等效系数的平方为 3，负载损耗等效初始费用系数最接近下列哪项数值？
　　　　　　　　　　　　　　　　　　　　　　　　　　　　　　（　　）

（A）7373　　　　（B）8188　　　　（C）9113　　　　（D）9833

解答过程：

10. 该企业按照变压器容量计算基本电费，若连续 10 年费用现值系数为 6，空载损耗等效初始费用系数为 32300，负载损耗等效初始费用系数为 9400，该企业配电变压器经济使用期的综合能效费最接近下列哪项数值？　　　　　　　　　　　　　　　　　　　　（　　）

（A）1337137 元　　　　　　　　　　（B）1443940 元
（C）1554508 元　　　　　　　　　　（D）1665108 元

解答过程：

　　题 11～15：某企业接入 10kV 电网，公共连接点处的最小短路容量为 560MV·A，电网供电设备容量为 40MV·A，该企业协议容量 4MV·A。该企业 10kV 系统设有 1 路 10kV 电源，2 回 10kV 馈线，其中馈线 1 的 7 次谐波电流为 9A，馈线 2 的 7 次谐波电流为 5A，请回答下列问题。

11. 若企业馈线 1 和馈线 2 的 7 次谐波电流相角为 45°，该企业在公共连接点处注入电网的 7 次谐波电流最接近下列哪项数值？（计算公式以相关规范为准）　　　　　　　　（　　）

（A）11.20A　　　　（B）14.00A　　　　（C）15.64A　　　　（D）16.22A

解答过程：

12. 公共连接点处 7 次谐波电流总量允许值最接近下列哪项数值？ （ ）

　　（A）15A　　　　　　　　　　　　　　（B）24A

　　（C）44A　　　　　　　　　　　　　　（D）84A

解答过程：

13. 若公共连接处 7 次谐波电流总量允许值是 90A，该企业允许注入的 7 次谐波电流值最接近下列哪项数值？ （ ）

　　（A）15A　　　　　　　　　　　　　　（B）17A

　　（C）44A　　　　　　　　　　　　　　（D）84A

解答过程：

14. 该企业扩产，增加 1 路 10kV 馈线，其 7 次谐波电流为 7A，扩产后该企业协议容量增加到 6MV·A，若扩产前该企业在公共点注入电网 7 次谐波电流为 16A，扩产后该企业在公共连接点注入电网的 7 次谐波电流最接近下列哪项数值？ （ ）

　　（A）15.00A　　　　　　　　　　　　　（B）17.76A

　　（C）19.64A　　　　　　　　　　　　　（D）23.00A

解答过程：

15. 若该企业 10kV 公共连接点处的 3 次谐波电流为 9A，5 次谐波电流为 13A，7 次谐波电流为 23A，9 次谐波电流为 8A，11 次谐波电流为 12A，忽略其他次谐波，该企业在公共连接点处注入电网谐波电流含量最接近下列哪项数值？ （ ）

　　（A）31.42A　　　　　　　　　　　　　（B）54.03A

　　（C）65.00A　　　　　　　　　　　　　（D）84.00A

解答过程：

题 16~20：某远离发电厂的工厂拟建一座 110kV 终端变电站，电压等级为 110/10kV，由两路独立的 110kV 电源供电，站内设两台相同容量的主变压器，接线组别为 YNd11，变压器的过负荷倍数为 1.3，110kV 配电装置为户内 GIS，10kV 采用户内成套开关柜，两台变压器分列运行。10kV 侧采用单母线分段接线，每段母线有 8 回电缆出线，平均长度 4km，变电站 10kV 负荷均匀分布在两个母线段，其中一级负荷 10MW，二级负荷 35MV，三级负荷 10MW。10kV 负荷总自然功率因数为 0.86，经补偿后功率因数为 0.96，110kV 母线最大三相短路电流为 31.5kA，10kV 母线最大三相短路电流为 20A，请回答下列问题。

16. 不考虑经济运行时，通过计算确定主变压器的最小容量为下列哪项数值？ （   ）

（A）31.5MV·A   （B）40MV·A   （C）50MV·A   （D）63MV·A

解答过程：

17. 主变压器容量为 63MV·A，短路阻抗电压百分数为 16，空载电流百分数为 1，在一台主变压器检修，另一台主变压器带全部负荷的情况下，若 10kV 侧功率因数为 0.92，此时本站在 110kV 侧的无功负荷最接近下列哪项数值？ （   ）

（A）9707kvar   （B）33136kvar   （C）23430kvar   （D）42842kvar

解答过程：

18. 若该变电所 10kV 系统中性点采用消弧线圈接地方式，单台消弧线圈按补偿变电站全部电容电流考虑，试分析其安装位置，并计算补偿容量计算值。 （   ）

（A）在主变压器 10kV 中性点接入消弧线圈，计算容量为 498kV·A
（B）在主变压器 10kV 中性点接入消弧线圈，计算容量为 579kV·A
（C）在 10kV 母线上接入接地变压器和消弧线圈，计算容量为 498kV·A
（D）在 10kV 母线上接入接地变压器和消弧线圈，计算容量为 579kV·A

解答过程：

19. 变电站 10kV 户内配电装置室的通风设计温度为 30℃，10kV 主母线选用矩形铝母线竖放安装，假如主变压器容量为 50MV·A，10kV 侧最大持续工作电流出现一台主变故障，另一台主变负担变电站的全部负荷时，请计算变压器 10kV 侧各相主母线的最小规格为下列哪项数值？［母线相关数据参照《导

体和电器选择设计技术规定》（DL/T 5222—2005）] （ ）

（A）3×(100mm×8mm)　　　　　（B）3×(100mm×10mm)

（C）3×(125mm×10mm)　　　　　（D）4×(125mm×10mm)

解答过程：

20. 本变电站 10kV 户内成套开关柜某间隔内的分支母线规格为 80mm×8mm 铝排，三相母线，母线布置在同一平面，相间中心距离 30cm，母线相邻支持绝缘子间中心跨距 120cm，请按照《工业与民用供配电设计手册》（第四版）计算该分支母线相间最大短路电动力最接近下列哪项数值？（矩形截面导体的形状系数取 1，采用短路电流实用计算方法） （ ）

（A）1771N　　　　　　　　　　（B）1800N

（C）1900N　　　　　　　　　　（D）2003N

解答过程：

题 21～25：请解答以下问题。

21. 某变电所内的变压器室为附设式、封闭高式布置，安装 2000kV·A、10/0.4kV 的变压器，并设置 100%变压器油量的储油设施。已知该变压器油重 1250kg，油密度为 0.85×10³kg/m³，卵石缝隙容油率为 20%，墙厚 240mm，计算图中储油设施的卵石层最小厚度应为下列哪项数值？ （ ）

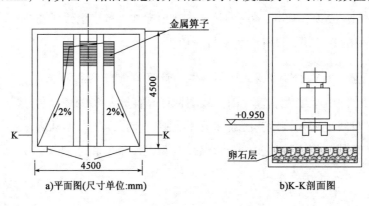

a)平面图(尺寸单位:mm)　　　　　b)K-K剖面图

（A）200mm　　　　　　　　　　（B）250mm

（C）365mm　　　　　　　　　　（D）405mm

解答过程：

22. 某低压电室内一段明敷钢管内合穿下表中 BV-450/750 导线，钢管敷设路径共有 100 度弯 3 个，管长 14m，中间不设拉线箱，忽略壁厚，计算并选择该钢管的最小公称直径为下列哪项数值？（　　）

导线根数	截面积（mm²）	外径（mm）
2	2.5	4.2
2	4	4.8
2	6	5.4
2	16	8

（A）25mm

（B）32mm

（C）40mm

（D）50mm

解答过程：

23. 下图 1、图 2、图 3 分别为电动运输车运行示意图、主回路图、PLC 系统接线图的概要图。该电动运输车受 PLC（可编程控制器）控制。设前进、后退 2 个启动按钮和 1 个停止按钮负责手动启停，启动后系统做自动往复运动。图 a、图 b、图 c、图 d 为 PLC 系统编程梯形图，判断其中正确的是哪项？并简要说明其他 3 个梯形图的错误原因。（　　）

（A）图 a

（B）图 b

（C）图 c

（D）图 d

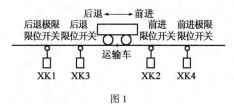

图 1

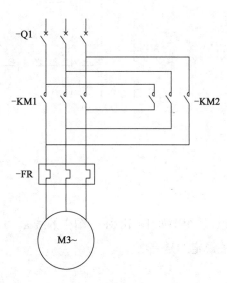

图 2

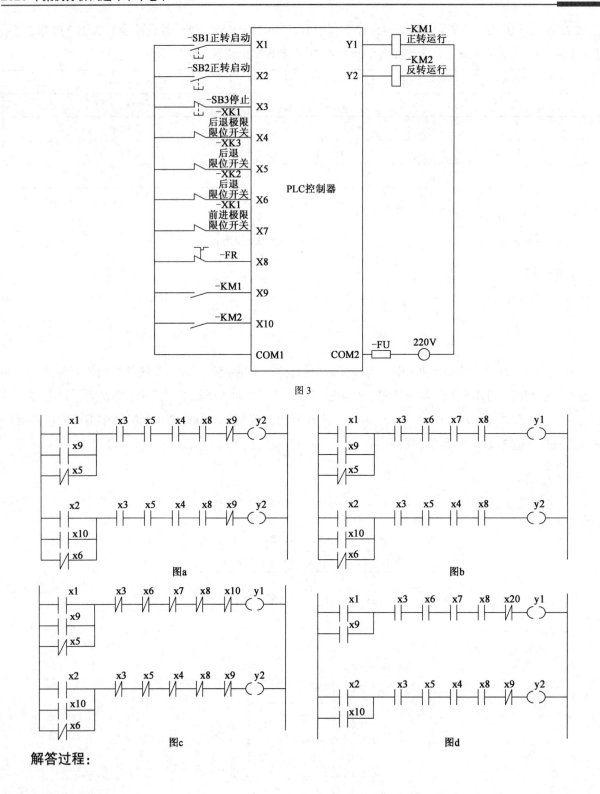

图 3

图a

图b

图c

图d

解答过程：

24. 某低压配电箱为固定安装，系统图如下图所示，图中的线 a、b、c、d 处，不符合《低压配电设计规范》（GB 50054—2011）有关规定的是哪项？　　　　　　　　　　　　　　　　　（　　　）

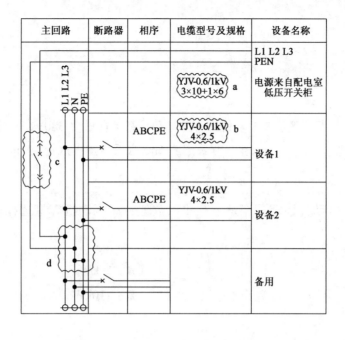

（A）a　　　　　　　（B）b　　　　　　　（C）a、d　　　　　　（D）b、c

解答过程：

25. 下图为某 110/35kV 变电站 110kV 出线间隔的一次回路系统及该主回路中断路器（CB）、隔离开关（1DS、2DS）和接地开关（1ES、2ES、FES）分合闸操作回路的部分联锁关系图，该联锁回路分别串接于断路器、隔离开关和接地开关的分合闸操作回路中。110kV 设备室外分散布置。图中 CB1、CB2 为断路器 CB 的辅助触点，1DS1、1DS2 为隔离开关 1DS 的辅助触点，2DS1、2DS2、2DS3 为隔离开关 2DS 的辅助触点，1ES1、1ES2 为接地开关 1ES 的辅助触点，2ES1、2ES2 为接地开关 2ES 的辅助触点，FES1、FES2 为快速接地开关 FES 的辅助触点。请判断 5 个联锁回路中有几个回路不符合规范要求，并分别说明理由。　　　　　　（　　）

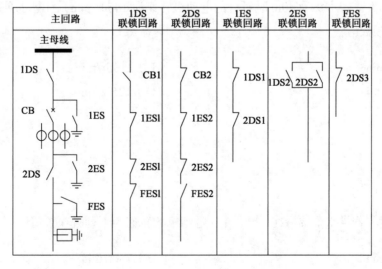

（A）1　　　　　　　（B）2　　　　　　　（C）3　　　　　　　（D）4

解答过程：

题 26～30：采用变频调速装置驱动的离心泵电动机额定电压为 380V，额定转速为 1450r/min，电动机与水泵直接连接。水头为 49m，主管损失水头 5m，水泵额定出水量 504m³/h，水的密度为 1t/m³，水泵的效率为 0.75。

---

26. 计算最合适的电动机额定功率是下列哪项数值？（电动机容量选择裕量 k 按 1.05 考虑）
（　　）

（A）55kW　　　　　　　　　　　　（B）75kW

（C）90kW　　　　　　　　　　　　（D）110kW

解答过程：

27. 若电动机额定功率为 90kW，效率为 93%，功率因数为 0.88，变频调速装置的主要参数应为下列哪组数值？
（　　）

（A）90kW，155A　　　　　　　　　（B）95kW，160A

（C）100kW，165A　　　　　　　　（D）105kW，170A

解答过程：

28. 不计水头损失，若水头为 49m 时对应的电动机转速为 1450r/min，计算水泵水头为 30m 时电动机的转速是下列哪项数值？
（　　）

（A）987r/min　　　　　　　　　　（B）1135r/min

（C）1000r/min　　　　　　　　　　（D）1250r/min

解答过程：

29. 用水低谷时，若供水量维持在 250m³/h，电动机的转速为下列哪项数值？
（　　）

（A）719r/min　　　　　　　　　　（B）750r/min

（C）910r/min　　　　　　　　　　（D）960r/min

解答过程：

30. 当电动机转速为 1450r/min 时，设此时电动机的输出功率为 100kW，电动机效率为 0.9，与转速为 1100r/min（设此时电动机效率为 0.85）相比，电网侧消耗的有功功率差值最接近以下哪项数值？（变频调速装置效率为 0.95，不计线路其他损耗）　　　　　　　　　　　　　　　（　　）

（A）48.5kW　　　　　（B）58.5kW　　　　　（C）62.5kW　　　　　（D）66.5kW

解答过程：

题 31～35：某企业处于空旷地区，地势平坦、空气清洁，海拔高度 1500m，最低气温−34℃，线路设计时覆冰厚度取 5mm。某企业 35kV 变电站采用双回 35kV 架空线路供电，线路采用双回路同塔分两侧架设，全程架设避雷线，导线选用 LGJ-150/25，导线外径 17.1mm，计算截面积 173.11mm²，单位质量 601kg/km，导线的破坏强度 290N/mm²，电线风压不均匀系数取 0.75，请回答下列问题。

31. 根据当地气象局提供的资料，企业所在地多年来统计计算的距地 15m、连续 10min 平均的历年最大风速统计样本见下表，请计算该企业 35kV 架空线路的设计最大风速计算值为下列哪项数值？

（　　）

年　份	2015	2016	2017	2018
最大风速（m/s）	28	32	35	31

（A）37.8m/s　　　　　（B）35.43m/s　　　　　（C）35m/s　　　　　（D）31.5m/s

解答过程：

32. 该架空线路的绝缘子选用 XP-70 型，线路用铁塔单位高度均小于 30m，计算该线路悬垂绝缘子串和耐张绝缘子串的最小数量应为下列哪组数值？　　　　　　　　　　　　　（　　）

（A）3 片，3 片　　　　（B）3 片，4 片　　　　（C）4 片，5 片　　　　（D）4 片，4 片

解答过程：

33. 该线路某一耐张段内的两基相邻直线塔之间档距为 220m，两侧悬挂点等高，悬垂绝缘子串的长

度为 820mm，该档在最高气温工况下出现最大弧垂，此时最低点的水平应力为 78.14N/mm²，请计算两回电源线路不同回路不同相之间的最小水平距离为下列哪项数值？   （   ）

（A）1.7m   （B）2.0m   （C）2.2m   （D）3.0m

解答过程：

34. 计算该线路在气象条件为带电作业工况下的导线比载为下列哪项数值？   （   ）

（A）0.005N/（m·mm²）   （B）0.032N/（m·mm²）

（C）0.0344N/（m·mm²）   （D）0.8817N/（m·mm²）

解答过程：

35. 下表为该线路某一耐张段内射杆塔编号及档距，各杆塔上导体的悬挂点高度相等，导线的安全系数取 3，假设该线路代表档距小于 230m 时控制气象条件为最低气象工况，大于 230m 时控制气象条件为覆冰工况。该耐张段电线的状态方程式为下列哪项？   （   ）

杆塔编号	A		B		C		D		E
档距（m）		230		150		270		200	

$$（A）96.67 - \frac{0.034^2 \times l^2 E}{24 \times 96.67^2} = 6 - \frac{\gamma^2 l^2 E}{24\sigma^2} - \alpha E(-34 - t)$$

$$（B）96.67 - \frac{0.053^2 \times l^2 E}{24 \times 96.67^2} = 6 - \frac{\gamma^2 l^2 E}{24\sigma^2} - \alpha E(-5 - t)$$

$$（C）290 - \frac{0.034^2 \times l^2 E}{24 \times 290^2} = 6 - \frac{\gamma^2 l^2 E}{24\sigma^2} - \alpha E(-34 - t)$$

$$（D）290 - \frac{0.053^2 \times l^2 E}{24 \times 290^2} = 6 - \frac{\gamma^2 l^2 E}{24\sigma^2} - \alpha E(-5 - t)$$

解答过程：

题 36～40：某公路客运交通枢纽楼建筑高度为 15m，地下 1 层，地上主体 1 层，局部办公 4 层，整个建筑的最大容纳人数为 2500 人，请回答下列问题，并列出解答过程。

36. 该建筑办公部门的第 4 层有一条宽 3.5m、长 42m 的直内走道，走道吊顶为密闭平吊顶，吊顶内无可燃物，吊顶下空间高 4m，在该走道采用火灾自动探测器保护，最经济的方案是采用下列哪种火灾探测器，数量为多少？并说明理由。   （   ）

（A）点型感烟探测器，3 只　　　　（B）点型感烟探测器，4 只

（C）点型感温探测器，5 只　　　　（D）点型感温探测器，8 只

解答过程：

37. 该项目设置综合布线系统，在大开间办公室采用 6 类屏蔽多用户信息插座的方式进行布线，其工作区电缆的最大长度为 20m，请计算配线电缆的最大长度最接近下列哪项数值？并说明理由。

（　　）

（A）64.5m　　　　（B）72m　　　　（C）70m　　　　（D）75m

解答过程：

38. 该项目设置公共广播系统，当采用 70V 传输电压时，回路的线路衰减损耗为 2dB。当传输电压为 100V 时，其他条件不变，该回路的线路衰减损耗与下列哪项数值最接近？并说明理由。　　（　　）

（A）0.52dB　　　　（B）1.04dB　　　　（C）1.85dB　　　　（D）1.69dB

解答过程：

39. 该项目高层设置了一个 LED 显示屏，设计要求最小视距为 10m，请计算 LED 的像素中心距最接近下列哪个数值？　　　　　　　　　　　　　　　　　　　　　（　　）

（A）1.8mm　　　　（B）3.6mm　　　　（C）7.2mm　　　　（D）10mm

解答过程：

40. 该项目四层会议室设置扩声系统，有一只音箱电功率为 120W，在离音箱 20m 处测得其工作时的最大声压级为 90dB，请计算该音箱在该方向上的灵敏程度最接近下列哪项数值？并说明理由。

（　　）

（A）92dB　　　　（B）95dB　　　　（C）124dB　　　　（D）137dB

解答过程：

2021年案例分析试题（上午卷）

[案例题是4选1的方式，各小题前后之间没有联系，共25道小题，每题分值为2分，上午卷50分，下午卷50分，试卷满分100分。案例题一定要有分析（步骤和过程）、计算（要列出相应的公式）、依据（主要是规程、规范、手册），如果是论述题要列出论点]

> 题1~5：某五星级酒店，建筑面积50000m²，地下2层，地上9层，建筑高度40m。采用两路独立10kV市政电源供电，单母线分段，不设母联。正常状态时，两路10kV电源同时供电。在地下一层设置一座10/0.4kV变电所，同时设置低压柴油发电机组作为自备电源。请回答以下问题，并列出解答过程。

1. 变电所设有编号为1号、2号的2台1250kV·A节能型干式变压器，分别由不同的10kV母线供电，变压器低压侧采用单母线分段（分别为母线1和2，之间设母联开关），各母线段的负荷计算结果如下表所示。计算变电所一路10kV电源失电后，单台变压器需承受的最小负荷率接近下列哪项数值？（不考虑柴油机投入）　　　　　　（　　　）

低压母线	负荷等级	负荷统计				母联开关断开时			母联开关闭合时		
		P_e（kW）	P_{js}（kW）	Q_{js}（kvar）	S_{js}（kV·A）	$K_{\Sigma p}$	$K_{\Sigma q}$	Q_C（kvar）	$K_{\Sigma p}$	$K_{\Sigma q}$	Q_C（kvar）
母线1	一级	165	120	70	140	0.8	0.85	300	0.7	0.75	375
	二级	1075	890	560	1055						
	三级	175	120	65	135						
母线2	一级	60	45	22	50	0.8	0.85	300			
	二级	1085	925	575	1040						
	三级	175	120	65	135						

注：P_e为设备功率，P_{js}为有功计算功率，Q_{js}为无功计算功率，S_{js}为视在计算功率，$K_{\Sigma p}$和$K_{\Sigma q}$分别为有功同时系数和无功同时系数，Q_C为无功补偿容量。

（A）119%　　　　　　　　　　　　（B）122%

（C）128%　　　　　　　　　　　　（D）133%

解答过程：

2. 下表为酒店管理公司要求的柴油发电机组保障负荷明细，计算该柴油发电机组需要考虑的总有功计算功率接近下列哪项数值？（不考虑同时系数）　　　　　　（　　　）

用电设备组名称	设备容量（kW）	需要系数K_x	$\cos\varphi$
消防应急照明和疏散指示系统用电（非消防状态时其用电可忽略）	30	1	0.9
消防排烟风机	300	0.9	0.8

续上表

用电设备组名称	设备容量（kW）	需要系数K_x	$\cos\varphi$
消防泵	320	1	0.8
消防电梯	90	0.8	0.6
消防控制室用电设备	30	1	0.9
经营管理计算机系统及网络机房设备	200	0.9	0.8
公共区域、全日餐厅、宴会厅等备用照明	150	0.8	0.9
客用电梯	120	0.6	0.6
康体中心	80	0.8	0.9
厨房冷库	80	1	0.9
全日厨房	280	0.6	0.85

（A）684kW

（B）722kW

（C）786kW

（D）816kW

解答过程：

3. 假设该酒店某台变压器的有功计算负荷为1168kW，无功计算负荷为731kvar，在变压器低压母线段设置集中无功补偿装置，共8组三相并联电容器组全部投入，每组串联电抗率为7%的电抗器，电容器额定电压为480V，每组额定容量为60kvar，问无功补偿后的视在功率最接近以下哪项数值？

（ ）

（A）1171kV·A

（B）1194kV·A

（C）1231kV·A

（D）1242kV·A

解答过程：

4. 酒店采用TN-S系统，某配电箱的某一支路，采用16A的B曲线微型断路器，断路器的瞬时脱扣器为3～5倍额定电流（不再考虑断路器的其他动作系数）。采用截面积为2.5mm²的单根多芯铜芯电缆，20℃的电阻率为$18.5\times10^{-3}\Omega\cdot mm^2/m$。问线路发生接地故障时，为保证断路器可靠动作，该导线最大允许长度为下列哪项数值？（考虑等电位连接外的供电回路部分阻抗的约定系数取0.8）（ ）

（A）66m

（B）98m

（C）110m

（D）164m

解答过程：

5. 酒店采用中央空调系统，其中一台空调冷冻水泵的轴功率为 43kW。该水泵配套额定功率为 75kW 的交流电动机，电源电压为 380V，运行时电流表读数为 94A，功率因数为 0.81。若将水泵配套的 75kW 电动机替换为额定功率 55kW 的交流电动机，此时电动机效率为 95%，替换后电动机负载功率不变。若该空调冷冻水泵每年以恒功率运行 4000h，水泵更换为 55kW 电动机比配用 75kW 电动机时，全年的节电量最接近下列哪项数值？（忽略各项未知损耗）　　　　（　　）

（A）19360kW·h　　　　　　　　　　（B）28400kW·h

（C）48000kW·h　　　　　　　　　　（D）80000kW·h

解答过程：

题 6~10：某远离发电厂的终端变电站，电压等级为 110/35/10kV，系统接线如图所示。主变采用分别运行方式，变电站基本情况如下：

（1）电源 1 最大运行方式下三相短路电流为 20kA，电源 2 最大运行方式下三相短路电流为 25kA。电源进线 L1 及 L2 均采用单回 110kV 架空线路，架空线路单位电抗取 0.32Ω/km，L1 长度约为 25km，L2 长度约为 36km。

（2）主变压器参数：电压等级为 $110 \pm 2 \times 2.5\%/38.5 \pm 2 \times 1.25\%/10.5$ kV，容量为 50/50/25MV·A，短路阻抗 $U_{k高·中} = 10.5\%$，$U_{k高·低} = 17.5\%$，$U_{k中·低} = 6.5\%$（归算到高压侧绕组额定容量下的数值），接线组别为 YN,yn0,d11，高压侧中性点直接接地。

（3）10kV 的 I 段母线上共接有 3 台异步电动机及其他负荷，每台异步电动机的额定功率为 2.5MW，额定功率因数为 0.85，额定效率为 0.8，启动电流倍数为 7，计算 10kV 母线短路电流初始值时需考虑上述电动机反馈电流。

请按上述条件计算下列各小题(计算中采用短路电流实用计算法，忽略馈线及元件的电阻对短路电流有影响)。

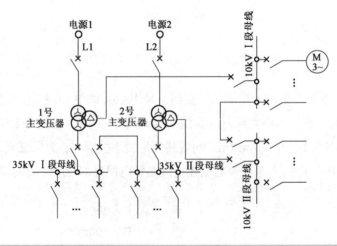

6. 请计算主变压器 10kV 出线的持续工作电流最接近下列哪项数值？（不考虑承担另一台变压器事故或检修时转移负荷）　　　　（　　）

（A）1374A　　　　　　　　　　　　　（B）1443A

（C）1516A　　　　　　　　　　　　　（D）2886A

解答过程：

7. 请计算 2 号变压器 35kV 出线侧断路器的额定关合电流不应小于下列哪项数值？（不考虑 10kV 侧异步电动机的反馈电流）　　　　　　　　　　　　　　　（　　　）

（A）4.92kA　　　　　　　　　　　　（B）5.28kA

（C）12.55kA　　　　　　　　　　　（D）13.46kA

解答过程：

8. 请计算 10kV 的Ⅱ段母线最大三相短路电流初始值最接近下列哪项数值？　　（　　　）

（A）12.63kA　　　　　　　　　　　（B）14.12kA

（C）16.49kA　　　　　　　　　　　（D）17.09kA

解答过程：

9. 本变电站室外水平敷设的人工接地极采用镀锌扁钢，假定流过连接至室外接地极的接地导体的最大接地故障不对称电流有效值为 4.25kA，接地故障的等效持续时间为 0.7s，请计算确定该室外人工接地极的最大截面积最接近下列哪项数值？　　　　　　　　　　　　　（　　　）

（A）38.1mm^2　　　　　　　　　　（B）48mm^2

（C）50mm^2　　　　　　　　　　　（D）50.8mm^2

解答过程：

10. 假定主变采用电流差动保护作为主保护，差动继电器 35kV 侧线圈电阻为 0.05Ω，35kV 侧电流互感器接线方式为三角形接线，与差动继电器采用 KYJYP-5×4mm^2 的电缆连接，电缆电阻为 5.50Ω/km，电缆长度为 50m，接触电阻为 0.1Ω，35kV 侧差动保护电流互感器的二次侧负荷接近下列哪项数值？　　　　　　　　　　　　　　　　　　　　　　　　　　　　（　　　）

（A）0.425Ω （B）0.75Ω

（C）1.08Ω （D）1.28Ω

解答过程：

题 11～15：请解答以下问题。

---

11. 一座丁类多层厂房建在河边，长 80m、宽 60m、高 18m，该厂房周围没有其他建筑，所在地区年平均雷暴日为 24d/a，该厂房一层有一生产间，爆炸危险分区为 2 区，面积占整个厂房的 10%，该生产间不会遭受直击雷。请问该厂房的年预计雷击次数最接近下列哪项数值？防雷等级最低可划分为第几类？ （ ）

（A）0.112 次，三类

（B）0.112 次，二类

（C）0.074 次，三类

（D）0.074 次，二类

解答过程：

12. 某五层建筑为第二类防雷建筑物，各层层高为 5m、长 90m、宽 24m，结构形式为现浇钢筋混凝土框架结构。接闪器采用闭合网状，四周均匀设置 14 根防雷引下线（内部无引下线），引下线之间在每层楼板内环形互连，该厂房利用建筑物基础内的钢筋作为防雷接地装置的接地体，在地面以下距地面不小于 0.5m，每根引下线连接的钢筋表面积总和应不小于下列哪项数值？ （ ）

（A）4.24m^2 （B）1.85m^2

（C）0.82m^2 （D）0.021m^2

解答过程：

13. 某厂房为单层厂房，砖混结构，厂房尺寸为 75m×25m×6m（长×宽×高），为第三类防雷建筑物。屋面设置网络接闪带，沿建筑物四周明敷防雷引下线，厂房某一条防雷引下线附近布置了一台设备，设备高度 1.8m，金属外壳与就近的 LEB 进行连接，LEB 与防雷引下线、环形人工接地极连接于同一点，剖面如图所示。若不计墙体厚度，根据理论计算该设备与防雷引下线允许的最小距离最接近以下哪项数值？ （ ）

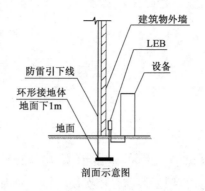

剖面示意图

（A）0.032m （B）0.049m
（C）0.106m （D）0.123m

解答过程：

14. 某厂房四周距外墙 1m 处辐射环形人工接地极，埋深为 1m，如下图所示，厂房所处位置的均匀土壤电阻率为500Ω·m，环形人工接地极采用40mm×4mm 的热镀锌扁钢，请计算环形人工接地极的冲击电阻值最接近以下哪项数值？（不采用简易计算方法） （ ）

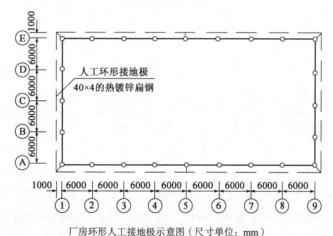

厂房环形人工接地极示意图（尺寸单位：mm）

（A）7.00Ω （B）7.22Ω
（C）7.84Ω （D）11.32Ω

解答过程：

15. 某厂房尺寸为100m×100m×8m（长×宽×高），为第三类防雷建筑物，该厂房无屏蔽设施，当附近遭受首次正极性雷击时，请问该厂房内无衰减的磁场强度最接近以下哪项数值？ （ ）

（A）150.22A/m （B）178.54A/m
（C）199.21A/m （D）300.44A/m

解答过程：

题 16～20：请解答以下问题。

---

16. 某厂房由室外引来一路 220/380V 电源的 4 芯电缆，电缆在总进线配电箱处的接线如下图所示。请说明下图云线部分有几处错误，并按照云线编号依次说明错误原因。　　　　（　　）

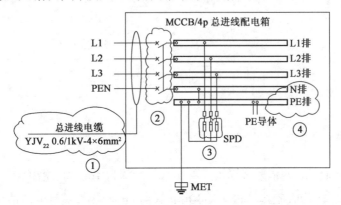

总进线配电箱接线示意图

（A）1 处错误　　　　　　　　　　　　（B）2 处错误

（C）3 处错误　　　　　　　　　　　　（D）4 处错误

解答过程：

17. 某车间配电系统为 TN-S，一台三相设备额定电压为 380V，其配电采用单芯电缆，相线型号为 YJV-1×120mm²，当设备相线对金属外壳发生绝缘故障时，最大故障电流有效值为 7.5kA，保护电器的动作时间为 0.4s。请计算确定符合要求的 PE 导体最小截面积接近下列哪项数值？（PE 导体采用铜芯电缆，计算系数 k 取 143）　　　　　　　　　　　　　　　　　　　　　　　（　　）

（A）16mm²　　　　　　（B）35mm²　　　　　　（C）50mm²　　　　　　（D）70mm²

解答过程：

18. 某厂房内一配电回路采用 MCCB 限流型断路器，断路器额定（整定）电流为 32A，出线电缆承受的预期短路电流为 20kA，MCCB 的热磁脱扣曲线及允通能量曲线分别如下图所示。请确定电缆截面积最小值应为下列哪项数值？（电缆采用 YJV 型，载流量见下表，忽略各项校正系数，计算系数 k 取 143）

（　　）

电缆截面积（mm²）	载流量（A）
4	42
6	54
25	127
50	192

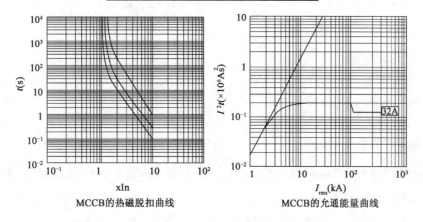

MCCB的热磁脱扣曲线　　　　MCCB的允通能量曲线

（A）4mm²　　　　　　　　　　　　　（B）6mm²

（C）25mm²　　　　　　　　　　　　　（D）50mm²

解答过程：

19. 已知设备 1～3 为I类电阻性设备，且电阻相等，采用 220/380V 的 IT 系统供电，IT 系统配出中性线，如下图所示。设备 1～3 的外壳接至各自的接地极，其接地电阻如图所示，其他未知阻抗可忽略。当设备 1、设备 2 同时发生相线碰壳故障时，请计算设备外壳的故障电压U_{f1}、U_{f2}为下列哪项数值？

（　　　）

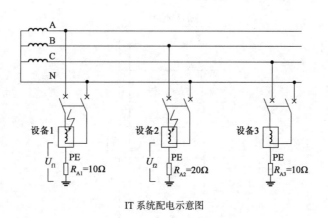

IT 系统配电示意图

（A）$U_{f1} = 0V$，$U_{f2} = 0V$　　　　　　　（B）$U_{f1} = 73.3V$，$U_{f2} = 146.7V$

（C）$U_{f1} = 126.7V$，$U_{f2} = 253.3V$　　　（D）$U_{f1} = 220V$，$U_{f2} = 220V$

解答过程：

20. 某办公楼内的变压器容量为 1000kV·A，白天负荷率为 70%，补偿后低压侧功率因数为 0.95，实际补偿的无功功率为 360kvar，夜间负荷率为 5%，补偿后低压侧功率因数为 0.9，若白天、夜间的自然功率因数相同，则夜间需要的无功补偿容量最接近下列哪项数值？　　（　　）

（A）15.5kvar　　　　　　　　　　　　　（B）16.7kvar

（C）21.7kvar　　　　　　　　　　　　　（D）25.4kvar

解答过程：

题 21～25：请解答以下问题。

---

21. 某长期运行的 380V 三相电动机额定电流 I_e，额定功率因数为 0.84，电动机过载保护采用热继电器，热继电器整定按线路电流的 100% 整定，若在电动机端子侧加装固定容量的电容器补偿，补偿后的功率因数为 0.96，加装电容器之后的热继电器整定值最接近下列哪个选项？　　（　　）

（A）$0.825I_e$　　　　　　　　　　　　（B）$0.875I_e$

（C）$0.925I_e$　　　　　　　　　　　　（D）$0.975I_e$

解答过程：

---

22. 如图中接触器 K1 的吸持功率为 20W（假定功率因数为 1），S0 和 S1 分别为停止及启动按钮，若低压配电柜到机旁操作箱距离为 400m，为避免线路受电容电流最小的电压降，最合理的交流控制电压为下列哪项数值？（控制线截面积为 2.5mm²）　　（　　）

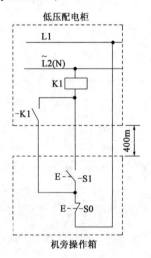

（A）48V　　　　　　　　　　　　　　　（B）110V

（C）220V　　　　　　　　　　　　　　　（D）380V

解答过程：

23. 如图所示，电流互感器 LH1 参数为：额定容量为 P（W），变比为 100/1（A）；电流互感器 LH2 参数为：额定容量为 $2P$（W），变比为 100/5（A）。电流表 A1 额定容量为 0.2P（W），电流表 A2 额定容量为 0.4P（W）。假定电流表及电流互感器二次侧电流皆为额定，同时确保电流表的测量准确性，两个互感器至两个电流表允许的最大距离分别为 L_1 和 L_2，则 L_1/L_2 最接近下列哪项数值？（忽略电流互感器二次回路电抗，线路均采用相同型号规格铜芯电缆）　　　　（　　）

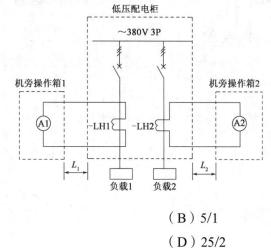

（A）1/10　　　　　　　　　　　　　（B）5/1

（C）10/1　　　　　　　　　　　　　（D）25/2

解答过程：

24. 某库房设置 3 台 25/5t 起重机，起重机负荷持续率均为 40%，拟采用 50mm×50mm×5mm 的角钢作为滑触线供电，滑触线总长 150m，中间供电。滑触线交流电阻 0.86Ω/km，内感抗 0.49Ω/km，滑触线相间中心间距为 250mm。起重机的电动机均选用 3 相 380V 绕线型，功率因数为 0.5，每台电动机在额定负载持续率下的功率为：行走电动机功率为 25kW，主起升电动机功率为 30kW，副钩电动机功率为 15kW，起重机的最大一台电动机额定电流为 65A，计算滑触线的最大压降百分数最接近下列哪项数值？（按综合系数法计算）　　　　（　　）

（A）6.46%　　　　　　　　　　　　（B）7.52%

（C）12.98%　　　　　　　　　　　　（D）15.04%

解答过程：

25. 如图所示为某变压器布置安装图（尺寸单位：mm），包含平面图及 1-1、2-2 剖面图（变压器室墙厚 240mm，门内侧与内墙平齐，忽略母线厚度；变压器安装海拔高度 165m）。图中标注 1~4 及尺寸代号 R~W 如下表所示。

判断图中尺寸代号 R、S、T、U、V、W 不符合规范要求的有几处？并给出依据。　　　（　）

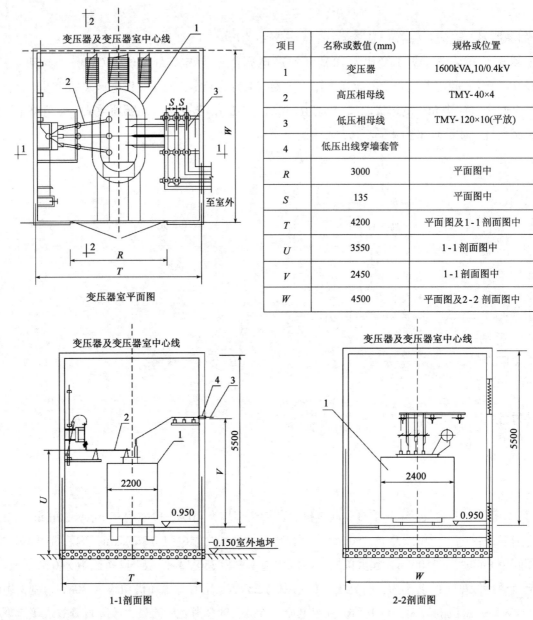

项目	名称或数值(mm)	规格或位置
1	变压器	1600kVA,10/0.4kV
2	高压相母线	TMY-40×4
3	低压相母线	TMY-120×10(平放)
4	低压出线穿墙套管	
R	3000	平面图中
S	135	平面图中
T	4200	平面图及1-1剖面图中
U	3550	1-1剖面图中
V	2450	1-1剖面图中
W	4500	平面图及2-2剖面图中

（A）1 处　　　　　　（B）2 处　　　　　　（C）3 处　　　　　　（D）4 处

解答过程：

2021 年案例分析试题（下午卷）

专业案例题（共 40 题，考生从中选择 25 题作答，每题 2 分）

题 1～5：某二类高层民用建筑包括办公、会议、展厅、库房等场所，请回答以下问题，并写出解答过程。

---

1. 该建筑内有一 6.5m 高的库房，照明灯具布置如图所示（尺寸单位：mm），采用点光源吸顶安装，请确定采用下列哪种类型的灯具能获得合理的较均匀照度？并说明理由。（　　　）

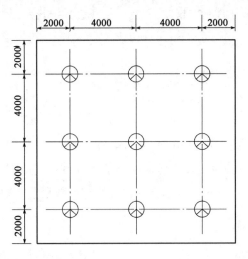

（A）窄照型灯具　　　　（B）中照型灯具　　　　（C）广照型灯具　　　　（D）特广照型灯具

解答过程：

2. 某办公层走道消防应急照明灯具采用吊顶下吸顶安装，吊顶距地面高度 2.5m，该吸顶灯具为对称配光，灯具配光长轴与短轴光强值相同，光源光通量 400lm，光源光强分布（1000lm）如下表所示。下图中（尺寸单位：mm）B、C 点光轴对准地面，灯具维护系数 0.8，A 点位于 B、C 灯具正中间的地面，仅考虑 B、C 灯具对 A 点照度计算产生的影响，求图中 A 点处的水平面照度值为多少？（　　　）

θ (°)		0	5	10	15	20	25	30	35	40
$I_{\theta(cd)}$	长轴	191	191	189	188	183	177	169	160	151
	短轴	191	191	189	188	183	177	169	160	151
θ (°)		45	50	55	60	65	70	75	80	85
$I_{\theta(cd)}$	长轴	143	131	119	105	85	70	54	35	12
	短轴	143	131	119	105	85	70	54	35	12

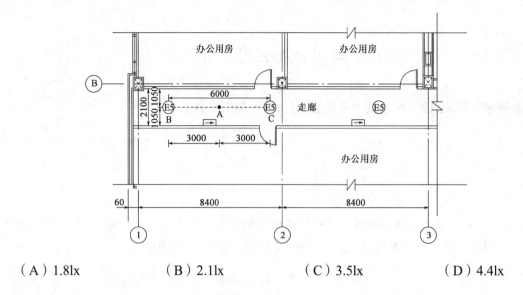

（A）1.8lx　　　　　（B）2.1lx　　　　　（C）3.5lx　　　　　（D）4.4lx

解答过程：

3. 在四层有一大开间办公室，面积120m³，采用40W的LED灯盘嵌入式安装，灯具效能为80lm/W，利用系数0.6，维护系数0.8，办公室工作面照度标准值为300lx，如均匀布置灯具后实测该房间工作面最低照度为280lx，最高照度为340lx，该办公室布置的灯具数量及其对应的照度均匀度U_0应为下列哪项数值？　　　　　　　　　　（　　）

（A）22盏灯，$U_0 = 0.93$　　　　　　　　　　（B）23盏灯，$U_0 = 0.98$

（C）24盏灯，$U_0 = 0.98$　　　　　　　　　　（D）25盏灯，$U_0 = 0.88$

解答过程：

4. 位于最顶层的67m² 会议室，四周没有采光窗，采用导光管采光系统在顶部均匀布置，已知会议室的室空间比RCR为2.5，要求工作面的平均水平照度不低于300lx，会议室内表面发射比分别为顶棚0.8、墙面0.5、地面0.2。室外天然采光设计照度值16500lx，导光管直径530mm，导光管采光系统的效率为0.74，维护系数为0.9，采光利用系数CU见下表，问至少需要设置多少套导光管采光系统？　　　　（　　）

顶棚反射比（%）	室空间比RCR	墙面反射比（%）		
		50	30	10
80	0	1.19	1.19	1.19
	1	1.05	1.00	0.97
	2	0.93	0.86	0.81
	3	0.83	0.76	0.7
	4	0.76	0.67	0.6

注：地面发射比为20%。

（A）4 （B）7 （C）9 （D）10

解答过程：

5. 该建筑物附近有一两侧设有隔离带的车行道（主路），路宽12.5m，灯杆高度10m，灯杆上的灯具采用相同光源对称安装，道路两侧灯杆对称安装，同一侧的灯杆间距40m，选用150W/16000lm高压钠灯，仰角15°，维护系数0.65，灯具安装示意图及灯具利用系数曲线分别如图所示，计算车行道（主路）路面平均照度为下列哪项数值？（忽略地面厚度） （ ）

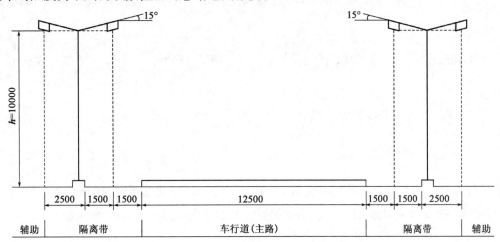

灯具安装示意图（尺寸单位：mm）

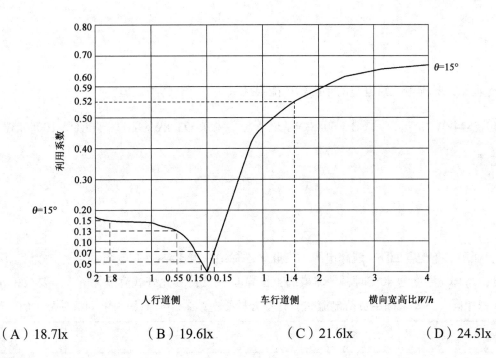

（A）18.7lx （B）19.6lx （C）21.6lx （D）24.5lx

解答过程：

题 6～10：某两班制企业，年最大负荷利用小时为 4000h，空气环境温度为 35℃，土壤环境温度为 30℃，土壤热阻系数 2.0K·m/W，有 3 条交流 50Hz、380V 配电线路。第一条配电线路为 1 台三相电动机供电，电动机额定功率 110kW，功率因数为 0.8，电动机效率假设为 1；第二条配电线路为某车间供电，采用三相电缆，长度 150m，电阻为 0.14Ω/km，计算电流为 200A，功率因数为 0.8；第三条配电线路的计算电流为 165A，其中三次谐波分量为 52%，忽略其他频次谐波。三条线路分别敷设，无并列理由。请回答以下问题，并给出依据。题中电缆未给出的相关数据参见《电力工程电缆设计标准》（GB 50217—2018）。

6. 该企业第一条配电线路选择聚氯乙烯绝缘铜质3＋1芯钢带铠装电缆，直埋敷设。已知经济电流密度为 1.22A/mm²，考虑满足满载负荷和经济截面要求时，下列哪项电缆相线截面积选择是正确的？（　）

（A）120mm²　　　　（B）150mm²　　　　（C）185mm²　　　　（D）240mm²

解答过程：

7. 为节能需要，该企业第一条配电线路，在用电设备电动机就地增设 50kvar 无功补偿，增设无功补偿后，该设备满载时电源电缆线路有功功率损耗降低的比例最接近下列哪项数值？（　）

（A）30%　　　　（B）44%　　　　（C）56%　　　　（D）69%

解答过程：

8. 该企业第二条配电线路电缆的年有功电能损耗最接近下列哪项数值？（　）

（A）5544kW·h　　　（B）6048kW·h　　　（C）6930kW·h　　　（D）10080kW·h

解答过程：

9. 该企业第三条配电回路，线路电缆为交联聚乙烯绝缘铜质4＋1芯电缆，空气中敷设，该电缆在空气中敷设，当环境温度为 40℃时，导体最高工作温度 90℃持续允许载流量见下表。要求相导体与中性导体截面积相同，只要求满足负荷电流时，计算并校验电缆最小截面积为下列哪项数值？（　）

电缆导体截面积（mm²）	50	70	95	120
电缆载流量（A）	182	228	273	314

（A）50mm² （B）70mm² （C）95mm² （D）120mm²

解答过程：

10. 该企业某次技改计划新增 6 根三芯电缆，直埋通过草坪，电缆信息如下表所示。与电缆通道平行的左侧为地下燃气管道，右侧为地下排水管，请问燃气管道与排水管外壁的间距至少为多少米时，可满足此 6 根电缆单层直埋敷设要求？ （　　）

电缆编号	1	2	3	4	5	6
电压等级（kV）	35	35	35	10	0.4	0.4
外径（mm）	100	100	50	50	50	50
所属部门	一分厂	一分厂	二分厂	二分厂	二分厂	二分厂

（A）1.90m （B）2.40m （C）2.80m （D）2.85m

解答过程：

题 11～15：请回答以下问题，并说明理由。

11. 某车间生产工段通过一段 220/380V 裸母排，其下方设有一防护等级为 IP1X 的网状遮拦，遮拦底边距地 2.30m，遮拦厚度为 50mm，此裸母排距地最小高度为下列哪项数值？ （　　）

（A）2.40m （B）2.45m （C）2.50m （D）3.50m

解答过程：

12. 室外某三相 380V 设备采用 TN 系统供电，设备外壳接地电阻为 10Ω，假设其供电线路中间某相发生对大地接地故障，故障点处对地接触电阻为 10Ω，为使保护导体对地电压不超过接触电压限值 25V，则为其供电的变压器中性点接地电阻允许的最大值最接近以下哪项数值？（要求解答过程绘制简易电路图，忽略未知阻抗） （　　）

（A）0.8Ω （B）1.3Ω （C）1.47Ω （D）2.9Ω

解答过程：

13. 某设备用 TT 系统供电，电压为 AC 380/660V，额定电流为 25A，经测量，TT 系统电源侧接地电阻为 4Ω，线路电阻为 0.8Ω，设备侧接地电阻为 5.0Ω，PE 线电阻为 0.2Ω，采用剩余电流保护器（RCD）作为馈线保护电器，如不计未知阻抗，则要满足间接接触保护要求，额定剩余动作电流 $I_{\Delta n}$ 的最大值接近下列哪项数值？（RCD 满足切断时间的动作值取 $5I_{\Delta n}$）   （   ）

    （A）1.0A   （B）1.7A

    （C）1.9A   （D）9.6A

    解答过程：

14. 某泵区内有两台相互靠近的水泵，A 号泵电动机进线电缆为 YJV-0.6/1kV-$3 \times 70 + 1 \times 35mm^2$，B 号泵电动机进线电缆为 YJV-0.6/1kV-$4 \times 2.5mm^2$，若过电流防护电器不能满足间接接触防护在规定时间内切除电源的要求，则 A 号、B 号水泵电动机与水管之间，及 A 号、B 号水泵电动机之间设置的辅助等电位连接线最小截面积分别为下列哪项数值？（辅助等电位连接线采用 BV 导线明敷）   （   ）

    （A）$16mm^2$，$2.5mm^2$，$2.5mm^2$ （B）$16mm^2$，$4mm^2$，$4mm^2$

    （C）$25mm^2$，$4mm^2$，$4mm^2$ （D）$25mm^2$，$2.5mm^2$，$2.5mm^2$

    解答过程：

15. 判断下列说法有几项是正确的，并说明判断理由与依据。   （   ）

（1）布置在民用建筑内的柴油发电机房均应设置火灾报警装置。

（2）某人防地下室设置有 $2000m^2$ 的救护站及 $4000m^2$ 的人防物资库，应在其内部设置柴油电站。

（3）某三级医院采用市政双重电源供电，另设有一台柴油发电机作为一级负荷中特别重要负荷的应急电源，则贵重药品冷库双电源切换箱的其中一路电源应引自应急母线段。

（4）独立设置的 110kV 变电站内事故贮油池与主控制楼的防火间距不应小于 5m。

    （A）1   （B）2   （C）3   （D）4

    解答过程：

    题 16~20：某企业 110/35/10kV 降压变电站，110kV 系统为中性点有效接地系统。变电站的外围设置实体围墙，站内的屋外配电装置不再装设固定遮拦。请回答下列问题。

16. 该 110/35/10kV 变电站的部分场地布置初步设计方案见下图（尺寸单位：m），变电站的外围设置 2.3m 高的实体围墙，场地内设有消防和运输通道。配电装置和无功补偿设备均选用无油电气设备，变电站设总事故油池一座，两台 110/35/10kV 主变选用油浸变压器，单台变压器油重 6.5t，两台变压器之间设防火墙，图中标注的尺寸单位均为 m，均指建（构）筑物外缘的净尺寸。请判断该设计方案有几处不符合规范的要求，并分别说明理由。 （   ）

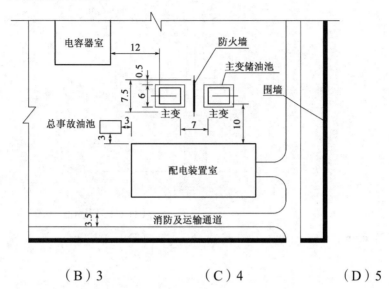

（A）2   （B）3   （C）4   （D）5

解答过程：

17. 该变电站 110kV 室外某间隔局部剖面图如图所示，图中标注的尺寸单位均为 mm，110kV 主母线至隔离开关端子的引下线为裸软导体，请确定隔离开关支架的最小高度 H（隔离开关外绝缘最低部位距地面的距离），并说明理由。 （   ）

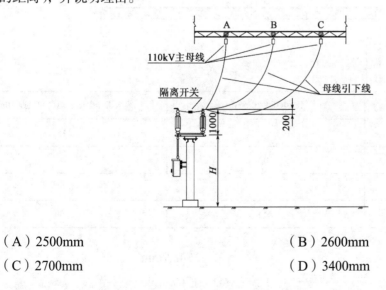

（A）2500mm   （B）2600mm
（C）2700mm   （D）3400mm

解答过程：

18. 该 110kV 变电站室外 110kV 和 35kV 共用双层门形架构，35kV 线路的构架横梁按照上人检修考虑，如图所示，图中标注的尺寸单位均为 mm。已知导线全部为裸软导体，请计算 110kV 线路的构架横梁的最小高度 H。　　　　　　　　　　　　　　　　　　　　　　（　　）

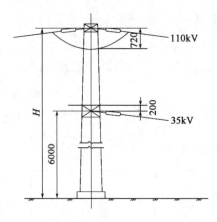

（A）7820mm　　　　　　　　　　　　　（B）10120mm

（C）10220mm　　　　　　　　　　　　　（D）10320mm

解答过程：

19. 该 110/35/10kV 变电站的室外 110kV 进线门形架如图所示，导线的规格为 LGJ-150，半径为 9mm，图中 α 为绝缘子串的风偏摇摆角，β 为导体的风偏摇摆角。绝缘子串和导体的风偏摇摆角及弧垂见下表。请计算仅考虑下表的两种条件时相邻两相在门形架上的最小间距 L。　（　　）

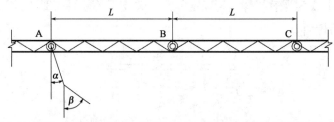

项　目	大气过电压和风速 10m/s	最大工作电压、短路和风速 10m/s
绝缘子串的摆摆角（°）	10	15
绝缘子串的弧垂（mm）	300	300
导线的摇摆角（°）	20	30
导线的弧垂（mm）	800	900

（A）1000mm　　　　　　　　　　　　　（B）1343.7mm

（C）1669.4mm　　　　　　　　　　　　　（D）1769.4mm

解答过程：

20. 该变电站室内某段电缆沟的剖面图设计如图所示，图中标注的尺寸均按照净尺寸考虑，单位均为 mm。请判断该设计有几处不符合规范的要求，并说明理由。（忽略支架厚度）　　　（　　）

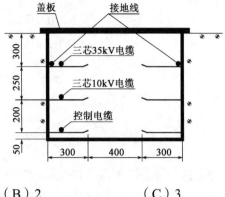

（A）1　　　　　　（B）2　　　　　　（C）3　　　　　　（D）4

解答过程：

题 21～25：下列为两种容量变压器的技术参数：

（1）1600kV·A 变压器：电源侧额定电压为 10kV，空载电流百分数为 0.6，空载有功损耗为 1.64kW，短路有功损耗为 14.5kW，阻抗电压百分数为 6。

（2）2000kV·A 变压器：电源侧额定电压为 10kV，空载电流百分数为 0.4，空载有功损耗为 2.10kW，短路有功损耗为 17.8kW，阻抗电压百分数为 6。

不考虑负载波动、负载系数和变压器无功功率引起的有功功率损耗，请回答下列问题，并说明理由。

---

21. 已知低压侧计算负荷为 960kW，功率因数为 0.9，当采用单台 2000kV·A 变压器供电时，其有功功率损失率最接近下列哪项数值？　　　（　　）

（A）0.54%　　　　（B）0.64%　　　　（C）0.74%　　　　（D）0.84%

解答过程：

---

22. 已知低压侧计算负荷为 960kW，功率因数为 0.9，按变压器年运行时间为 350d，全年最大负荷损耗小时数为 7000h，电费按 0.8 元/（kW·h）计，计算当采用单台 2000kV·A 变压器供电时，其相比于单台 1600kV·A 变压器时年节电费最接近下列哪项数值？　　　（　　）

（A）5359.2 元　　　（B）5874.4 元　　　（C）6713.6 元　　　（D）11541.6 元

解答过程：

23. 若总计算负荷为 960kV·A，计算当使用单台 1600kV·A 变压器和使用 2 台 1600kV·A 变压器并列运行时相比，变压器的功率损耗差最接近下列哪项数值？　　　（　　　）

（A）0.48kW
（B）0.97kW
（C）1.64kW
（D）2.61kW

解答过程：

24. 该变压器室附近有开敞式办公区，办公区附近用电设备产生 5 次谐波、7 次谐波。实测开敞式办公区电磁场强度如表所示，请计算确定该办公区的电磁环境评价结论，并说明理由。　（　　　）

频率 f（Hz）	50	250	350
电场强度 E（V/m）	325	58	215
磁感应强度 B（μT）	11	4.2	11.3

（A）电场强度未超过限值，磁感应强度未超过限值
（B）电场强度未超过限值，磁感应强度超过限值
（C）电场强度超过限值，磁感应强度未超过限值
（D）电场强度超过限值，磁感应强度超过限值

解答过程：

25. 某动力中心，地上一层为变压器及高低压配电室，地下一层为制冷机房，位于变压器室和高低压配电室下方，变压器室内设有 10/0.4kV、2000kV·A 油浸变压器及挡油池，已知该变压器油重 1250kg，油密度为 $0.85 \times 10^3 kg/m^3$，该挡油池的最小容积为下列哪项数值？　　　（　　　）

（A）0.294m³
（B）0.882m³
（C）1.470m³
（D）2.205m³

解答过程：

题 26～30：请解答以下问题。

26. 某 PLC 系统控制三种形式的典型控制回路 A、B、C，其回路数及各类输入、输出点（通道）数见下表。若 PLC 系统的内存为 10kB，在无数据通信及典型控制回路 A、B 全部接入的情况下，为了满足 PLC 系统内存（留有 20% 的裕量）的要求，估算典型控制回路 C 允许接入的最多回路最接近下列哪项数值？（所有计算系数取上限值）　　　（　　　）

回路形式	回路数	DI 点数	DO 点数	AI 通道数	AO 通道数
A	10	2	2	1	0
B	4	2	1	2	1
C	？	4	2	0	0

（A）0　　　　　　　　　　　　　　（B）23

（C）32　　　　　　　　　　　　　（D）44

解答过程：

27.某改造项目的小型 PLC 控制系统利旧，共有 16 点 DI 模块 10 个，16 点 DO 模块 5 个。其所控制的 2 种控制回路为新增，其中第一种共计 12 个回路，每个回路包括 4 个 DI 点、2 个 DO 点；第二种每个回路包括 5 个 DI 点、2 个 DO 点。要求各种模块备用点数为该类模块总点数的 10%，在满足第一种回路全部接入的情况下，计算该系统最多接入第二种回路数最接近下列哪项数值？（DI 与 DO 点不能转换使用）　　　　　　　　　　　　　　　　　　　　　（　　）

（A）15　　　　　　　　　　　　　　（B）19

（C）24　　　　　　　　　　　　　（D）32

解答过程：

28.图 1、图 2 分别为某水泵电动机的主回路接线图及 PLC 控制器接线示意图，用梯形图编制该电动机启动（运行）、停止及运行、停止的状态指示，图 3～图 6 中正确的梯形图为下列哪个选项？并简要说明错误项的原因（输入点逻辑未经转换）。　　　　　　　　　　　　　　（　　）

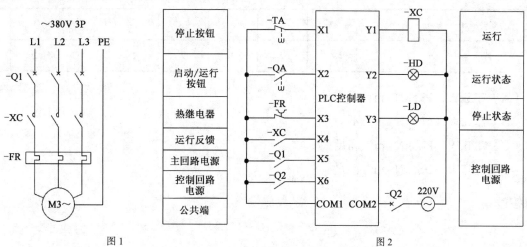

图 1　　　　　　　　　　　　　　　　　　　　图 2

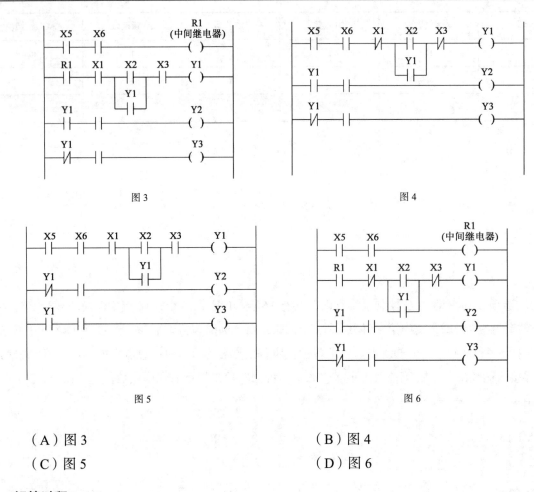

图 3　　　　　　　　　　图 4

图 5　　　　　　　　　　图 6

（A）图 3　　　　　　　　　　　（B）图 4

（C）图 5　　　　　　　　　　　（D）图 6

解答过程：

29. 根据下表传动系统特定时间段的生产负荷，初选异步电动机（不带飞轮）额定功率 1100kW，额定转速 975r/min，最大转矩倍数为 2.5。计算负荷等效功率及电动机最大可利用转矩，并判断该电动机能否满足生产要求，正确的是下列哪个选项？　　　　　　　　　　　　　　（　　　）

负载转矩 M_L（kN·m）	2	4	8	18	14	8	4	2
持续时间 t（s）	6	2	3	2	2	3	2	6

（A）755kW，15.5kN·m，不满足

（B）785kW，17.5kN·m，不满足

（C）785kW，17.5kN·m，满足

（D）785kW，20.6kN·m，满足

解答过程：

30. 某交流接触器线圈的吸合功率为 300V·A，该接触器正常工作的最低电压为额定电压的 85%，控制电缆回路为 2 芯 1.5mm²。若网络的电压波动为±10%，按电压降校验～220V 控制回路在网络电压波动最不利时，控制电缆的最大允许长度最接近下列哪项数值？［假定控制线路单位长度的电压降为 29V/（A·km）］ （　）

（A）139m （B）278m （C）556m （D）834m

解答过程：

题 31～35：某企业 35kV 变电站采用一回 35kV 架空线路供电，线路全程架设避雷线。导线和避雷线均采用防震锤作为防震措施。线路经过的区域为空旷地区，地势平坦，海拔高度 1500m，最低气温为−40℃，最高气温为 40℃，地区年平均气温为−6℃，覆冰厚度取 10mm，最大风速为 18m/s。导体选用 LGJ-150，导线外径 17.1mm，计算截面积 173.11mm²，单位质量 601kg/km，导线的破坏强度 290N/mm²，弹性系数取 80000N/mm²，线膨胀系数取 17.8×10⁻⁶/℃，计算时电线风压不均匀系数取 1。请回答下列问题。

31. 请计算该线路导线在覆冰工况时综合比载为下列哪项数值？ （　）

（A）0.077N/（m·mm²） （B）0.079N/（m·mm²）
（C）13.408N/（m·mm²） （D）3.694N/（m·mm²）

解答过程：

---

32. 该线路某一耐张段的代表档距为 150m，当导线的安全系数取 2.75 时，控制气象条件为最低气温工况。该耐张段内的两基相邻直线塔之间档距为 100m，两侧悬挂点等高。请计算该档导线在 0℃无风无冰时最低点的应力最接近下列哪项数值？ （　）

（A）105.5N/mm² （B）72.5N/mm²
（C）62.76N/mm² （D）56.96N/mm²

解答过程：

---

33. 该线路中三基杆塔的纵断面和平面布置图如图所示，其中杆塔 A 和 C 为直线杆塔，杆塔 B 为耐张杆塔，线路在杆塔 B 处的转角为 30°。请计算在最大风工况下，当风向与线路的内转角等分线方向一致时，作用于杆塔 B 的导线水平荷载为下列哪项数值？ （　）

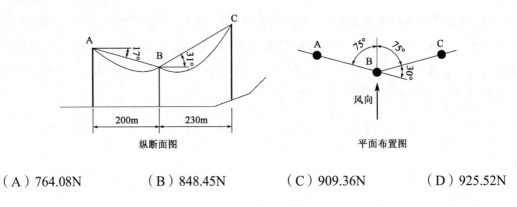

纵断面图　　　　　　　　　　平面布置图

（A）764.08N　　　（B）848.45N　　　（C）909.36N　　　（D）925.52N

解答过程：

34. 若线路的导线安全系数取 2.75，最低气温工况时最大使用应力，年平均气温时取平均运行应力。计算最低气温工况和年平均气温工况两种可能的控制气象条件的临界档距应为下列哪项数值？（　　　）

（A）158.1m　　　　　　　　　　（B）199.1m

（C）249.1m　　　　　　　　　　（D）无穷大

解答过程：

35. 如图所示，A、B、C 为某耐张段内新施工的三基直线杆塔，导线的悬挂高度相同，该耐张段的代表档距为150m，各种代表档距不同温度条件下的百米弧垂（未考虑导线的塑性伸长）见下表。采用降温法对导线的塑性伸长进行补偿，降低的温度按照 10℃考虑。架线施工时的温度为20℃，请确定 A-B 档和 B-C 档的架线弧垂分别为下列哪项数值？（　　　）

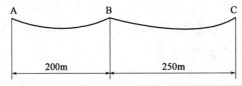

代表档距（m）	100			150		
温度（℃）	10	20	30	10	20	30
弧垂（m）	0.65	0.72	0.82	0.51	0.56	0.62
代表档距（m）	200			250		
温度（℃）	10	20	30	10	20	30
弧垂（m）	0.55	0.61	0.66	0.63	0.67	0.71

（A）0.61m，0.67m　　　　　　（B）2.04m，3.19m

（C）2.24m，3.50m　　　　　　（D）2.60m，4.06m

解答过程：

题 36～40：某公路客运交通枢纽楼，门前广场 50m×50m，枢纽楼建筑高度 17m，地下 1 层，其上部主楼 1 层、附楼 4 层，整个建筑的最大容纳人数为 2500 人；地上主楼为单层候车大厅，大厅长 55m、宽 40m、层高 15m，吊顶为封闭式（吊顶内无可燃物），吊顶高度 13m，有单独的出入口，5m 以上无外窗。附楼的第 4 层有一办公室，其面积为 480m²，吊顶为密闭平吊顶，吊顶高 4.5m，该办公室外是一条 3.5m 宽、42m 长的内走道，走道吊顶为密闭平吊顶，吊顶高 4m。请回答下列问题，并列出解答过程。

36. 在候车大厅内拟设置红外线型光束火灾探测器作为火灾自动探测的一种装置，最经济的方案需要设置几组，并说明理由。　　　　　　　　　　　　　　　　　　　　　（　　）

（A）3 组　　　　　　　　　　　　　　（B）4 组
（C）6 组　　　　　　　　　　　　　　（D）8 组

解答过程：

37. 若该项目采用模拟视频监视器播放监控的视频，每帧图像为 625 行，采用隔行扫描，请计算其垂直清晰度接近下列哪项数值？并说明理由。　　　　　　　　　　　　　（　　）

（A）241 电视线　　　　　　　　　　（B）403 电视线
（C）438 电视线　　　　　　　　　　（D）500 电视线

解答过程：

38. 该建筑的应急广播系统中，地下室设有 30 只 5W 扬声器，主楼设置有 20 只 8W 扬声器，附楼设置有 20 只 3W 扬声器，计算应急广播扩音机容量时线路衰耗补偿系数按 1.5dB 选取，老化系数取 1.3。请计算火灾应急广播系统扩音机的容量最接近下列哪项数值？并说明理由。　　　　　　（　　）

（A）555W　　　　　　　　　　　　　（B）678W
（C）683W　　　　　　　　　　　　　（D）760W

解答过程：

39. 本项目门前广场设置了公共广播系统，按要求设置了符合规定的 4 处漏出声衰减测量点，这 4 点分别测得的宽带稳态有效值声压级分别为 60dB、61dB、63dB、66dB，该广场公共广播的应备声压级为 83dB，请计算广场公共广播系统的漏出声衰减值应为下列哪项数值？并说明理由。　　　　　（　　）

（A）17dB

（B）20dB

（C）20.5dB

（D）23dB

解答过程：

40. 该项目附楼门厅拟设置一面播放 XGA 制式图像的 LED 显示屏，设计最佳视距约 8.28m，请计算此 LED 显示屏所需最小面积最接近下列哪项数值？并说明理由。　　　　　　　（　　）

（A）1.8m²

（B）4.3m²

（C）7.1m²

（D）28.3m²

解答过程：

2022 年案例分析试题（上午卷）

［案例题是 4 选 1 的方式，各小题前后之间没有联系，共 25 道小题，每题分值为 2 分，上午卷 50 分，下午卷 50 分，试卷满分 100 分。案例题一定要有分析（步骤和过程）、计算（要列出相应的公式）、依据（主要是规程、规范、手册），如果是论述题要列出论点］

> 题 1～5：某酒店地下一层设置一座 10/0.4kV 变电所，由两路独立 10kV 市政电源供电，10kV 采用单母线分段接线，设置 10/0.4kV 节能干式变压器，同时设置低压柴油发电机组作为自备电源。请回答下列问题，并列出解答过程，解答依据参考《工业与民用供配电设计手册》（第四版）。

1. 该酒店变电所某台变压器的负荷计算书如下表所示，表格中"×××"为已知数据，变压器低压侧经无功补偿后，功率因数为 0.95，若使该变压器负荷率在 70%～85% 之间，则选用的变压器额定容量 S_t 及对应的负荷率 β 分别为多少？ （ ）

序号	用电设备组	设备功率 P_e（kW）	需要系数 K_x	计算负荷					
				$\cos\varphi$	$\tan\varphi$	P_j（kW）	Q_j（kvar）	S_j（kV·A）	I_j（A）
1	客房	600	0.6	0.9	0.484	360.0	174.4	400.0	606.1
2	首二层照明	×××	×××	×××	×××	×××	×××	×××	×××
3	公区照明	200	0.8	0.9	0.484	160.0	77.5	177.8	269.4
4	餐厅照明	100	0.8	0.9	0.484	80.0	38.7	88.9	134.7
5	空调	200	0.8	0.8	0.75	160.0	120.0	200.0	303.0
6	宴会厨房	×××	×××	×××	×××	×××	×××	×××	×××
7	送排风机	150	0.8	0.8	0.75	120	90.0	150.0	227.3
8	厨房冷库	×××	×××	×××	×××	×××	×××	×××	×××
9	客梯	60	1	0.5	1.732	60.0	103.9	120.0	181.8
10	消防电梯	30	1	0.5	1.732	30.0	52.0	60.0	90.9
	合计	×××				×××	×××	1616.1	
P_{j1}（$k_{\Sigma p}=0.9$）						×××			
Q_{j1}（$k_{\Sigma q}=0.9$）							×××		
无功补偿容量 Q_c							×××		
变压器低压侧				0.95			×××	1272.9	
变压器损耗							×××		
变压器高压侧							×××	1305.3	
变压器容量（kV·A）	S_t								
变压器负荷率	β								

表中，P_j为有功计算功率，Q_j为无功计算功率，S_j为视在计算功率，I_j为计算电流，k_p和k_q分别为有功同时系数和无功同时系数，P_{j1}和Q_{j1}分别为某一同时系数下的有功计算功率和无功计算功率。

（A）$S_t = 1600\text{kV} \cdot \text{A}$，$\beta = 79.6\%$ （B）$S_t = 1600\text{kV} \cdot \text{A}$，$\beta = 81.6\%$

（C）$S_t = 2000\text{kV} \cdot \text{A}$，$\beta = 72.7\%$ （D）$S_t = 2000\text{kV} \cdot \text{A}$，$\beta = 80.1\%$

答案：

解答过程：

2. 该酒店变电所某台变压器的负荷计算书如题目 1 中所示，表格中"×××"为已知数据，在正常运行时，变压器低压侧的计算电流I_{j2}最接近以下哪项数值？（   ）

（A）1837A   （B）1934A

（C）1983A   （D）2063A

答案：

解答过程：

3. 酒店变电所某台变压器的负荷计算书如下表所示，表格中"×××"为已知数据，无功补偿容量为 300kvar，请计算变压器低压侧的功率因数$\cos\varphi_2$为多少？（   ）

序号	用电设备组	设备功率 P_e（kW）	需要系数 K_x	计算负荷					
				$\cos\varphi$	$\tan\varphi$	P_j（kW）	Q_j（kvar）	S_j（kV·A）	I_j（A）
1	客房	500	0.6	0.9	0.484	300.0	145.3	×××	×××
2	地下层照明	160	0.8	0.9	0.484	128.0	62.0	×××	×××
3	公区照明	200	0.8	0.9	0.484	160.0	77.5	×××	×××
4	弱电机房	60	0.8	0.9	0.484	48.0	23.2	×××	×××
5	地下层水泵	100	0.8	0.8	0.750	80.0	60.0	×××	×××
6	全日厨房	200	0.6	0.8	0.750	120.0	90.0	×××	×××
7	送排风机	150	0.8	0.8	0.750	120.0	90.0	×××	×××
8	泳池机房	30	0.8	0.8	0.750	24.0	18.0	×××	×××
9	消防控制室	50	1	0.9	0.484	50.0	24.2	×××	×××
10	消防电梯	50	1	0.5	1.732	50.0	86.6	×××	×××
11	消防风机	80	1	0.8	0.750	80.0	60.0	×××	×××
12	消防泵房	150	1	0.8	0.750	150.0	112.5	×××	×××
	合计	×××				×××	×××	×××	

序号	用电设备组	设备功率 P_e（kW）	需要系数 K_x	计算负荷					
				$\cos\varphi$	$\tan\varphi$	P_j（kW）	Q_j（kvar）	S_j（kV·A）	I_j（A）
P_{j1}（$k_{\Sigma p}=0.85$）						×××			
Q_{j1}（$k_{\Sigma q}=0.9$）							×××		
无功补偿容量Q_c							300		
变压器低压侧				$\cos\varphi_2$		×××	×××	×××	×××
变压器损耗						×××	×××		
变压器高压侧						×××	×××	×××	
变压器容量（kV·A）		×××							
变压器负荷率		×××							

表中，P_j为有功计算功率，Q_j为无功计算功率，S_j为视在计算功率，I_j为计算电流，k_p和k_q分别为有功同时系数和无功同时系数，P_{j1}和Q_{j1}分别为某一同时系数下的有功计算功率和无功计算功率。

（A）0.72　　　　　　　　　　　　（B）0.85

（C）0.92　　　　　　　　　　　　（D）0.95

答案：

解答过程：

4. 该酒店变电所某台变压器的负荷计算书如下表所示，表格中"×××"为已知数据，变压器低压侧无功补偿容量为330kvar时，变压器负荷率为80%，请计算变压器高压侧的视在计算功率S_{j2}最接近下列哪项数值？（变压器损耗采用概略计算）　　　　　　　　　　（　　　）

序号	用电设备组	设备功率 P_e（kW）	需要系数 K_x	计算负荷					
				$\cos\varphi$	$\tan\varphi$	P_j（kW）	Q_j（kvar）	S_j（kV·A）	I_j（A）
1	客房	500	0.6	0.9	0.484	300.0	145.3	333.3	505.1
2	地下层照明	160	0.8	0.9	0.484	128.0	62.0	142.2	215.5
3	公区照明	×××	×××	×××	×××	×××	×××	×××	×××
4	弱电机房	60	0.8	0.9	0.484	48.0	23.2	53.3	80.8
5	地下层水泵	100	0.8	0.8	0.750	80.0	60.0	100	151.5
6	全日厨房	×××	×××	×××	×××	×××	×××	×××	×××
7	送排风机	150	0.8	0.8	0.750	120.0	90.0	150	227.3
8	泳池机房	30	0.8	0.8	0.750	24.0	18.0	30	45.5
9	消防控制室	50	1	0.9	0.484	50.0	24.2	55.6	84.2
10	消防电梯	50	1	0.5	1.732	50.0	86.6	100	151.5

续上表

序号	用电设备组	设备功率 P_e（kW）	需要系数 K_x	计算负荷					
				$\cos\varphi$	$\tan\varphi$	P_j（kW）	Q_j（kvar）	S_j（kV·A）	I_j（A）
11	消防风机	80	1	0.8	0.750	80.0	60.0	100	151.5
12	消防泵房	150	1	0.8	0.750	150.0	112.5	187.5	284.1
	合计	×××				×××	×××	×××	
P_{j1}（$k_{\Sigma p}=0.9$）						972			
Q_{j1}（$k_{\Sigma q}=0.95$）							643		
无功补偿容量 Q_c							330		
变压器低压侧			×××			×××	×××	×××	×××
变压器损耗						×××	×××		
变压器高压侧						×××	×××	S_{j2}	
变压器容量（kV·A）		×××							
变压器负荷率		×××							

表中，P_j为有功计算功率，Q_j为无功计算功率，S_j为视在计算功率，I_j为计算电流，k_p和k_q分别为有功同时系数和无功同时系数，P_{j1}和Q_{j1}分别为某一同时系数下的有功计算功率和无功计算功率。

（A）997kV·A

（B）1048kV·A

（C）1318kV·A

（D）1434kV·A

答案：

解答过程：

5. 下表为该酒店柴油发电机组保障负荷明细，总负荷的计算效率η为0.88，负荷率α为1，发电机额定功率因数为0.8，有功同时系数取1，按稳定负荷计算柴油发电机组的最小容量最接近于下列哪项？

（　　　）

用电设备组	设备功率 P_e（kW）	需要系数 K_x	$\cos\varphi$	$\tan\varphi$	备注
消防应急照明和疏散指示系统	100	1	0.9	0.48	平时节电模式，需要系数取0.3
消防风机	200	0.9	0.8	0.75	
消防泵房	300	1	0.8	0.75	
消防电梯	90	0.8	0.6	1.33	
消防控制室	30	1	0.6	1.33	
经营管理计算机系统及网络机房用电	200	0.9	0.8	0.75	

续上表

用电设备组	设备功率 P_e（kW）	需要系数 K_x	$\cos \varphi$	$\tan \varphi$	备注
非消防备用照明	250	0.8	0.9	0.48	
客用电梯	120	0.6	0.6	1.33	
冷库用电	100	1	0.9	0.48	
工程部用电	50	0.9	0.9	0.48	

（A）802kV·A   （B）933kV·A

（C）969kV·A   （D）1036kV·A

答案：

解答过程：

题 6～10：某远离发电厂的终端 110/10kV 变电站系统接线如下图所示。主变采用分列运行方式，变电站基本情况如下：

（1）电源 1 最大运行方式下三相短路容量为 500MV·A，最小运行方式下三相短路容量为 400MV·A。电源 2 短路容量为无限大。

（2）电源进线 L1、L2 均采用单回 LGJ-300/25 架空线路，单位电抗取 0.4Ω/km。L1 长度约为 20km，L2 长度约为 15km。

（3）主变压器型号 SFZ11-40000，40MV·A，110±8×1.25%/10.5kV，短路阻抗 U_k = 10.5%，接线组别为 Ynd11，高压侧中性点直接接地。

（4）10kV 馈电线路均为电缆出线，单位电抗为 0.12Ω/km。

请按上述条件计算下列各题。（采用实用短路电流计算法，忽略馈线及元件的电阻对短路电流的影响）

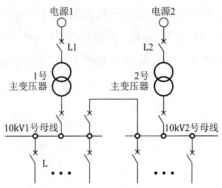

6. 1 号变压器 10kV 出线侧断路器的额定关合电流不应小于下列哪项数值？   （   ）

（A）10.5kA   （B）17.8kA

（C）26.8kA   （D）45.4kA

答案：

解答过程：

7. 在 1 号变压器高压侧设置带时限的过电流保护，请计算过电流保护装置的一次动作电流最接近下列哪项数值？（过负荷系数取 1.3） （   ）

（A）209.9A　　　　　　　　　　　　（B）279.9A

（C）327A　　　　　　　　　　　　　（D）363.9A

答案：

解答过程：

8. 假定设置比率制动差动保护作为 1 号变压器主保护，其高压侧电流互感器变比为 250/5A。低压侧电流互感器变比为 2500/5A。请计算 110kV 侧及 10kV 侧制动保护的电流平衡系数最接近下列哪项数值？［依据《工业与民用供配电设计手册》（第四版）计算］ （   ）

（A）0.138，0.217　　　　　　　　　（B）0.144，0.217

（C）0.138，0.227　　　　　　　　　（D）0.144，0.227

答案：

解答过程：

9. 假定 1 号变压器出线侧 10kV 母线的最大三相短路电流为 15kA，最小三相短路电流为 13kA。馈出回路 L 接于 1 号变压器出线侧 10kV 母线上，线路长度为 6km。L 线路采用无时限电流速断保护作为主保护，电流互感器变比为 300/5A，请计算该保护装置的动作电流最接近下列哪项数值？（可靠系数为 1.2，接线系数为 1） （   ）

（A）102.23A　　　　　　　　　　　（B）107.84A

（C）6.13A　　　　　　　　　　　　（D）6.47A

答案：

解答过程：

10. 本站 10kV 系统采用小电阻接地方式，选定单相接地电流为 600A。小电阻装置通过 Z 形接线的接地变压器接入 10kV 系统，接地变压器的过负荷能力如下表所示。请计算该接地变压器的最小容量最接近下列哪项数值？ （   ）

过负荷量/额定容量	1.2	1.3	1.4	1.5	1.6	10.5
过负荷持续时间	60min	45min	32min	18min	5min	10s

（A）400kV·A

（B）600kV·A

（C）4000kV·A

（D）6000kV·A

答案：

解答过程：

题 11～15：某火工品厂房会因电火花引起爆炸，造成巨大破坏。厂房长 50m、宽 16m、高 10m，所在地区土壤电阻率为 500Ω·m，无冻土层。请回答下列问题并列出解答过程。

11. 该厂房采用独立架空接闪线，接闪线支柱高度 16m，保护范围可覆盖整个厂房，接地装置的冲击接地电阻为 10Ω。厂房防雷装置布置剖面如下图，请问①～④的距离标注中有几项是错误的，并在解答过程中说明错误项的编号及错误原因。（图中长度单位为 mm） （   ）

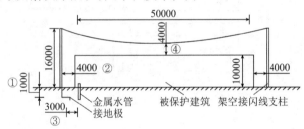

（A）1 项

（B）2 项

（C）3 项

（D）4 项

答案：

解答过程：

12. 该厂房由室外架空线路引来一路低压电源，在靠近厂房处转换为金属铠装电线直埋敷设，请问埋地最小长度最接近以下哪项数值？ （   ）

（A）3m

（B）15m

（C）20m

（D）45m

答案：

解答过程：

13.该厂房四周道路设置路灯，配电电压为 220V，采用 TT 接地形式，采用 RCD 作为故障保护电器。每个路灯杆设置一根 100mm×100mm 的角钢作为垂直接地极，长度为 3m。请根据《交流电气装置的接地设计规范》（GB/T 50065—2011）计算灯杆接地电阻值最接近以下哪项数值？（　　）

（A）25Ω　　　　　　　　　　　　　　（B）100Ω

（C）123Ω　　　　　　　　　　　　　　（D）333Ω

答案：

解答过程：

14.该厂房 220/380V 低压配电系统接地形式采用 TN-S，B 相、C 相分别接有 1 台单相电阻性设备，其中设备 1 的电阻值为 30Ω，设备 2 的电阻值为 70Ω，A 相未接设备。当发生中性线断线事故时，请问设备 1、设备 2 的工作电压最接近以下哪项？（忽略其他位置因素）（　　）

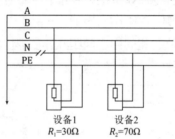

（A）220V，220V　　　　　　　　　　　（B）114V，266V

（C）66V，154V　　　　　　　　　　　（D）0V，0V

答案：

解答过程：

15.某生产车间环境温度为 30℃，爆炸性气体环境分区为 2 区，爆炸性气体包括洗涤汽油及乙醇。导线载流量见下图，导线所穿钢管 SC 为低压流体输送用的镀锌焊接钢管。（忽略其他未知因素）（　　）

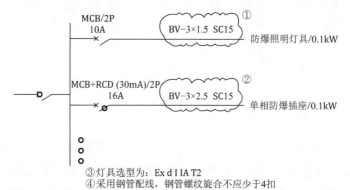

③灯具选型为：Ex d ⅡA T2
④采用钢管配线，钢管螺纹旋合不应少于4扣

请问①~④中有几项是错误的，并在解答过程中说明错误项的编号及错误原因。

（A）1项   （B）2项

（C）3项   （D）4项

答案：

解答过程：

题 16~20：请解答以下问题。

16. 某车间变电所有一排 10kV 开关柜，柜宽 0.8m，共 10 台，10kV 母线每相采用一根 80mm × 8mm 的矩形铜排，三相水平排列，铜排竖放，相间中心间距 0.2m，固定绝缘子间距 0.8m。已知三相对称短路电流初始值 $I = 20kA$，短路电流的冲击系数 $K_{ch} = 1.8$，矩形导体形状系数为 $K_x = 1$，80mm × 8mm 矩形铜排截面系数 $W = 0.855 \times 10^{-6}$（平放时），$W = 0.8555 \times 10^{-6}$（竖放时）。试计算该母排弯曲应力。[不考虑其他未知因素对弯曲应力的影响，采用《工业与民用供配电设计手册》（第四版）计算]（   ）

（A）83.9MPa   （B）167.8MPa

（C）839.1MPa   （D）1678.1MPa

答案：

解答过程：

---

17. 某车间改造需要新增设一台 10kV 变压器，采用单根 YJV-8.7/10kV-3 × 120 电缆直接接入厂区 110kV 变电所 10kV 配电柜，该电缆全程采用排管敷设，排管埋深为 1.0m，电缆路径水平长度为 200m，若考虑订货裕量 10%，请问本次改造此电缆所需最小订货长度最接近下列哪项数值？（不考虑电缆弯曲半径及其他未知因素）   （   ）

（A）207m   （B）224m

（C）226m   （D）228m

答案：

解答过程：

18.某车间 380V 配电箱所带负荷为三相平衡负荷，计算容量为 60kV·A，功率因数为 0.9，经检测谐波含量为 40%（均为三次谐波），若此箱进线由旁边变电站采用带钢铠护套的 5 芯 VV_{22} 电缆直埋引来，上级保护元件为四级断路器，当按载流量选择此电缆时，最小应采用何种规格电缆？〔断路器整定序列按 100A、160A、200A 考虑，电缆载流量按《电力工程电缆设计标准》（GB 50217—2018）附录中的 4 芯电缆载流量表考虑，不考虑各种敷设校正系数〕 （　　）

（A）VV_{22}-4×35+1×16　　　　　　　（B）VV_{22}-4×50+1×25

（C）VV_{22}-4×70+1×35　　　　　　　（D）VV_{22}-4×120+1×70

答案：

解答过程：

19.下列关于电缆敷设相关做法有几项是错误的，请说明理由？ （　　）

①易燃易爆场所的明敷电缆采用阻燃电缆；

②办公室的闷顶内有可燃物时，闷顶内明敷的管线采用氧指数大于 32 的阻燃塑料管；

③科研楼的电缆井每两层在楼板处采用不低于楼板耐火极限的不燃材料封堵；

④某车间防火卷帘供电线路采用 BV 导线穿金属管在混凝土墙内暗敷，保护层厚度为 50mm。

（A）1 项　　　　　　　　　　　　　（B）2 项

（C）3 项　　　　　　　　　　　　　（D）4 项

答案：

解答过程：

20.某车间某条滑触线采用单电源单点供电。无其他辅助措施，交流电阻为 0.1161Ω/km，电抗为 0.1594Ω/km，其上连接有 3 台相同的 50/10t 双梁桥式起重机，起重机额定电压为 380V，额定负载持续率为 25%，功率因数为 0.5，每台起重机连续在滑触线上的电动机在额定负载持续率下的总功率为 105.5kW（除副钩外），启动电流最大的一台电动机为绕线转子电动机，额定电流为 165A。若滑触线上压降不超过 7%，则此滑触线最大允许长度接近于下列哪项数值？ （　　）

（A）149m　　　　　　　　　　　　　（B）213m

（C）298m
（D）425m

答案：

解答过程：

题 21～25：请回答下列问题。

---

21. 某生产车间为 2 区爆炸危险环境，内设一台额定电流为 6.0A、启动电流为 48.6A 的低压隔爆鼠笼型电动机，其主回路保护电器采用 gG 型熔断器，熔断额定电流为 20A，接触器额定电流为 16A，热继电器整定电流为 6.3A，电机采用 BV 导线穿管明敷供电，则该回路导线最小截面积最接近于下列哪项数值？（导体电流密度按 5.2A/mm² 计算）　　　　　　　　　　（　　）

（A）1.5mm²
（B）2.5mm²
（C）4.0mm²
（D）6.0mm²

答案：

解答过程：

---

22. 某地发生了一起电击事故，事故经过如下：户外三相 220/380V 架空线某相与下方弱电金属悬挂线碰撞，此悬挂线与某根电杆拉线有金属性搭接，受害者经过该电杆时触碰了电杆拉线，造成电击身亡。请问此事故中拉线处故障电压最接近下列哪项数值？（供电变压器中性点接地电阻为 1Ω，变压器至故障点处电线阻抗为 10Ω，拉线接地电阻为 30Ω，忽略未知阻抗）　　　　　（　　）

（A）53.7V
（B）161.0V
（C）165.0V
（D）278.1V

答案：

解答过程：

---

23. 某三相交流 380V 风机采用熔断器作为故障防护电器，熔断器 5s 内确保动作的电流为 50A。风机房设置辅助等电位联结，将风机外壳与其伸臂范围内的某根金属水管进行连接。已知连接线电阻为 0.2Ω，若连接线与风机外壳、金属水管的接触电阻均为 R_c，为保证辅助等电位联结有效，R_c 最大值最接近下列哪项数值？　　　　　　　　　　（　　）

（A）0.4Ω
（B）0.5Ω

（C）0.8Ω   （D）1.0Ω

答案：

解答过程：

24. 某 10kV ± 5%/0.4kV 变压器高压侧的进线电压为系统标称电压，该变压器供教学楼的供电线路（三相平衡，负荷电流 134A，功率因数 0.95）如下图所示，已知该电缆线路长 150m，其电压降为 0.134%/（A·km），变压器的分接头"0"位置上，变压器的压降为 2.14%（对应负荷率为 80%），计算该负荷率下，教学楼电源进线柜母线（额定电压 380V）的电压偏差最接近下列哪项数值？   （   ）

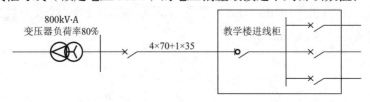

（A）−4.83%   （B）−0.37%

（C）0.17%   （D）5.17%

答案：

解答过程：

25. 某回 35kV 架空线电杆高度为 15m，在其附近规划建设一座容积为 500m³ 的立式液化石油气储罐，那么该储罐与架空线的最小水平距离为下列哪项数值？   （   ）

（A）18m   （B）20m

（C）22.5m   （D）40m

答案：

解答过程：

2022 年案例分析试题（下午卷）

一、专业案例题（共 40 题，考生从中选择 25 题作答，每题 2 分）

题 1～5：请回答下列问题。

1. 下图为二类高层建筑地上二层的某一个防火分区平面，问至少需要设置几个消防应急疏散出口标志灯，并指出这些灯应设置在哪些编号门的正上方？ （   ）

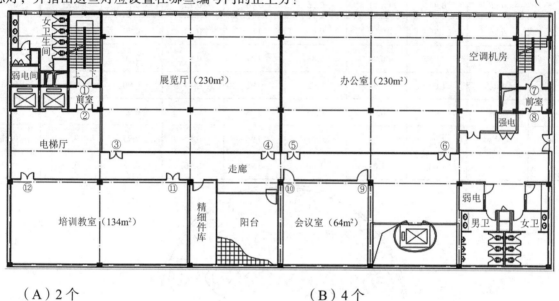

（A）2 个 　　　　　　　　　　　　　（B）4 个

（C）6 个 　　　　　　　　　　　　　（D）8 个

答案：

解答过程：

2. 已知灯具长 1250mm、宽 300mm，灯具在 60° 方向的发光强度为 90cd，若灯具的侧面、端面均为暗侧面和暗端面，问灯具在 60° 方向的平均亮度值与下列哪个值接近？ （   ）

（A）$180cd/m^2$ 　　　　　　　　　　（B）$240cd/m^2$

（C）$277cd/m^2$ 　　　　　　　　　　（D）$479cd/m^2$

答案：

解答过程：

3. 某美术馆绘画展厅半径 10m、高 5m 的无窗圆形房间，展厅内表面反射率比分别为顶棚 0.7、墙面 0.5、地面 0.2，顶棚上安装 LED 平面灯具，灯具数量 32 套，每套灯具功率 18W，光通量 1800lm，灯具维护系数取 0.8，灯具的利用系数见下表，该展厅的照度分布如下图所示，计算该房间的照度均匀度最接近哪项数值？ （ ）

室形指数RI	顶棚、墙面和地面反射系数（表格从上往下顺序）								
	0.7	0.7	0.7	0.7	0.5	0.5	0.3	0.3	0
	0.5	0.5	0.5	0.3	0.3	0.1	0.3	0.1	0
	0.3	0.2	0.1	0.1	0.1	0.1	0.1	0.1	0
1.25	0.88	0.84	0.81	0.76	0.76	0.72	0.75	0.72	0.70
1.50	0.96	0.89	0.86	0.81	0.80	0.77	0.79	0.76	0.75
2.00	1.01	0.96	0.92	0.88	0.87	0.84	0.86	0.83	0.81
2.50	1.06	1.00	0.95	0.92	0.91	0.89	0.90	0.88	0.86
3.00	1.09	1.03	0.97	0.95	0.93	0.92	0.92	0.90	0.88
4.00	1.13	1.06	1.00	0.98	0.96	0.95	0.95	0.93	0.91
5.00	1.16	1.08	1.01	1.00	0.98	0.96	0.96	0.95	0.93

（A）0.37　　　　　　　　　　（B）0.50
（C）0.53　　　　　　　　　　（D）0.70

答案：

解答过程：

4. 常规道路照明与灯具的配光类型、布置方式、灯具的安装高度以及灯具间距相关。某一有效宽度 15m 的直线段道路，采用半截光型高压钠灯，灯具安装高度 10m，安装间距 30m，应采用下列哪种布置方式？ （ ）

（A）单侧布置 （B）双侧对称布置

（C）双侧交错布置 （D）以上三种布置方式均可

答案：

解答过程：

5. 某会议室的长×宽为 15m×7m，吊顶距地 3m，吊顶上布置一表面亮度为 500cd/m² 的发光天棚，亮度均匀，尺寸为 9m×2.25m，位于会议桌的正中央，如下图所示，求会议室工作面P点的水平面照度？（不考虑室内反射光，水平面照度的形状因数f_h见下面，图中尺寸单位为 mm） （　　）

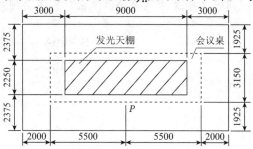

X (a/h)	Y (b/h)									
	0.1	0.2	0.3	0.4	0.5	0.7	1.0	1.2	1.6	2.0
0.5	0.045	0.08	0.12	0.16	0.18	0.25	0.30	0.33	0.36	0.38
0.7	0.055	0.11	0.16	0.20	0.24	0.30	0.35	0.38	0.41	0.43
1.0	0.065	0.13	0.19	0.23	0.28	0.33	0.38	0.42	0.45	0.52
2.0	0.075	0.15	0.23	0.28	0.33	0.38	0.51	0.55	0.60	0.65

计算水平面照度的形状因数f_h与X、Y的关系

注：a、b为矩形面光源的长和宽，h为光源与工作面的垂直距离。

（A）200lx （B）275lx

（C）400lx （D）550lx

答案：

解答过程：

题 6～10：某企业用电协议容量为 4MV·A，厂区内设置 10kV 配电站一座，采用两回 10kV 馈线向厂区内用电设备供电，两回馈线的 5 次谐波电流分别为 10A 和 5A。10kV 配电站进线电源（共一回）引自地区某 35/10kV 变电站 10kV 母线，该 35kV 变电站设有一台 35/10kV、40MV·A 变压器，其 10kV 母线最小短路容量为 500MV·A。请回答下列问题，并提供解答过程。

6. 若 10kV 配电站两回馈线的 5 次谐波电流相角均为 45°，该企业在 35/10kV 变电站 10kV 母线接入点处注入电网的 5 次谐波电流最接近下列哪项数值？（计算依据以规范为准） （ ）

  （A）11.20A   （B）14.00A

  （C）15.00A   （D）16.22A

答案：

解答过程：

7. 35/10kV 变电站 10kV 母线处 5 次谐波总量允许值最接近下列哪项数值？ （ ）

  （A）15A   （B）20A

  （C）75A   （D）100A

答案：

解答过程：

8. 若该企业 10kV 配电站进线处的 3 次谐波电流为 20A，5 次谐波电流为 15A，7 次谐波电流为 10A，9 次谐波电流为 8A，忽略其他次谐波，该企业注入电网的谐波电流含量最接近下列哪项数值？ （ ）

  （A）25.00A   （B）26.93A

  （C）28.09A   （D）53.00A

答案：

解答过程：

9. 若 35/10kV 变电站 10kV 母线 5 次谐波电流允许值是 120A，该企业允许注入电网的 5 次谐波电流值最接近下列哪项数值？ （ ）

  （A）7.57A   （B）12.0A

  （C）17.61A   （D）120.0A

答案：

解答过程：

10. 该企业扩产，增加 1 路 10kV 馈线，其 7 次谐波电流为 7A，扩产后该企业协议容量增加到 6MV·A。若扩产前该企业在 35/10kV 变电站 10kV 馈线处注入电网的 7 次谐波电流为 16A，则扩产后该企业注入电网的 7 次谐波电流最接近下列哪项数值？　　　　　　　　　（　　）

　　（A）15.00A　　　　　　　　　　　　　（B）17.76A

　　（C）19.64A　　　　　　　　　　　　　（D）23.00A

答案：

解答过程：

题 11～15：请回答下列问题。

---

11. 某企业设 35/0.4kV 变电所一座，变电所选用油浸变压器室内布置，变压器额定容量 2500kV·A，变压器室的设计方案示意图如图所示。图中变压器外廓与变压器室后壁之间的净距 L_1 为 850mm，高压侧相间硬母线之间的净距 L_2 为 250mm。变压器外廓与变压器室门之间的净距 L_3 为 900mm，变压器外廓与变压器侧壁之间的净距 L_4 为 850mm。企业所在地区的海拔小于 1000m，请判断上述各净距有几处不符合规范的要求，并分别说明理由。　　　　　　　　　　　　　　　　（　　）

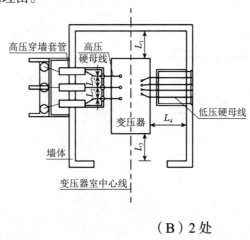

　　（A）1 处　　　　　　　　　　　　　　（B）2 处

　　（C）3 处　　　　　　　　　　　　　　（D）4 处

答案：

解答过程：

---

12. 某企业设室外 10/0.4kV 露天变电所一座，低压用电负荷等级有一级、二级和三级。两台油浸变压器的额定容量为 2000kV·A（每台油重 680kg），不考虑设计贮油或挡油设施。该变电所剖面布置示意图如下图所示。图中标注的尺寸单位均为 mm，请判断各标注尺寸中有几处不符合规范的要求，并分别说明理由。　　　　　　　　　　　　　　　　（　　）

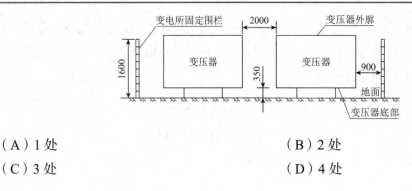

（A）1 处   （B）2 处
（C）3 处   （D）4 处

答案：

解答过程：

13. 某 10kV 电容器室内某相电容器组的平面布置如下图 1 所示，电容器组采用装配式结构，电容器在框架内采用双层双排布置，图 2 为电容器组框架内部的俯视示意图，图中标注的尺寸单位均为 mm。请判断图中标注尺寸有几处不符合规范的要求，并分别说明理由。   （　　）

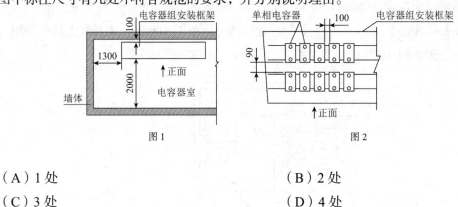

图1   图2

（A）1 处   （B）2 处
（C）3 处   （D）4 处

答案：

解答过程：

14. 某车间选用裸母线为动力配电箱（防护等级为 IP4X）提供电源，母线沿车间一侧墙体水平敷设，下方采用防护等级为 IP1X 的网状遮拦物，其平面及剖面示意图分别如下图所示。动力配电箱的 380V 电源用电缆由母线接入（图中未画出）。动力配电箱正面操作，正面、后面两面围护，图中标注的尺寸单位均为 mm。请判断图中标注尺寸有几处不符合规范的要求，并分别说明理由。   （　　）

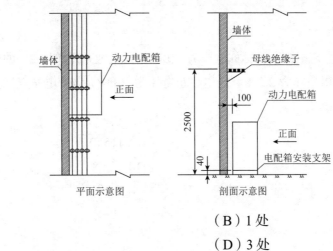

墙体
动力电配箱
正面

平面示意图

墙体
母线绝缘子
动力电配箱
2500
100
正面
40
电配箱安装支架

剖面示意图

（A）0处   （B）1处
（C）2处   （D）3处

答案：

解答过程：

15. 某 10kV 馈线柜回路，选用电磁操作机构的真空断路器，主回路和断路器的部分控制原理图如下图 1 所示。该断路器的控制选用电流线圈启动、电压线圈保持的防跳继电器实现"防跳"功能。图中 HQ、TQ 分别为 DL 断路器的合闸线圈和跳闸线圈，KK 为操作控制开关。图 2 中 a、b、c、d 分别表示防跳继电器 TBJ 的常开触点、电流线圈、电压线圈和常闭触点四个元件。请按照图 1 中 1、2、3、4 四个位置的顺序确定 a、b、c、d 四个元件的填入顺序，下列哪项是正确的，并说明理由。（　　）

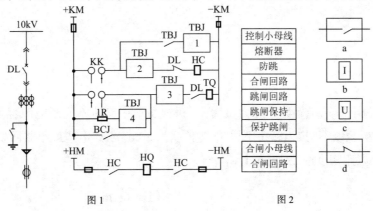

图 1   图 2

（A）b、a、c、d   （B）b、d、c、a
（C）c、a、b、d   （D）c、d、b、a

答案：

解答过程：

题 16～20：请回答下列问题。

16. 某 10kV 变电站，直流电源系统标称电压为 110kV，蓄电池采用单体 2V 的阀控式密封铅酸蓄电池（贫液），单体电池浮充电电压为 2.27V，放电终止电压为 1.85V，该变电站直流系统充电装置额定电压的选择最接近下列哪项数值？　　　　　　　　　　　　　（　　）

（A）115.5V

（B）115.8V

（C）122.4V

（D）124.8V

答案：

解答过程：

17. 某座有人值班的 10kV 变电站直流电源系统标称电压为 110V，蓄电池采用单体 2V 的阀控式密封铅酸蓄电池（贫液），放电终止电压为 1.87V，直流电源所带负荷如下：放电初期 1min，放电电源为 19A，1～60min 放电电流为 12A，随机负荷放电电流为 3A，请问该变电站直流电源系统蓄电池的计算容量最接近下列哪项数值？（不采用简化计算法）　　　　　　　　　（　　）

（A）22.5A·h

（B）32.06A·h

（C）33.27A·h

（D）35.63A·h

答案：

解答过程：

18. 某变电站直流电源系统标称电压为 110V，事故负荷中交流不间断电源容量为 3kV·A，效率 $\eta = 0.9$，由直流配电屏至该不间断电源的配电电缆长度为 20m，求此电缆最小截面积最接近下列哪项数值？（电缆为铜芯，电流密度按 2A/mm² 计算）　　　　　　　（　　）

（A）4mm²

（B）6mm²

（C）10mm²

（D）16mm²

答案：

解答过程：

19. 下面配电系统图中 R_0、R_1、R_2 等为熔断器，R_0 为进线回路保护用熔断器，电源进线计算电流 115A；R_1 熔体额定电流为 125A。要求 R_0、R_1 具备选择性保护功能，R_0 熔体最小额定电流应为下列哪

项数值？　　　　　　　　　　　　　　　　　　　　　　　　　　　　　　（　　　）

附：熔断器熔体额定电流（A）分档……63、80、100、125、160、200、250、315、400、……

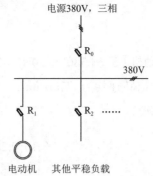

电源380V，三相

R_0

380V

R_1 R_2 ……

电动机　其他平稳负载

（A）160A　　　　　　　　　　　　　　（B）200A

（C）250A　　　　　　　　　　　　　　（D）315A

答案：

解答过程：

20. 某 10/0.4kV、1600kV·A 三相变压器，空载损耗为 2430W，短路损耗为 12000W，在实际使用时，若要求该变压器有功损失率最小，则其接入的有功功率为下列哪项数值？（变压器二次侧功率因数为 0.85）

　　　　　　　　　　　　　　　　　　　　　　　　　　　　　　　　　　（　　　）

（A）612kW　　　　　　　　　　　　　　（B）680kW

（C）720kW　　　　　　　　　　　　　　（D）816kW

答案：

解答过程：

题 21～25：请回答下列问题。

21. 某开环控制直流他励电动机额定电压 DC220V，额定电流为 60A，额定转速为 954r/min。电枢电阻为 0.167Ω，计算在额定电压、励磁恒定时，该电动机的理想空载转速（电枢电流为零时的转速）最接近下列哪项数值？　　　　　　　　　　　　　　　　　　　　　（　　　）

（A）960r/min　　　　　　　　　　　　　（B）975r/min

（C）985r/min　　　　　　　　　　　　　（D）1000r/min

答案：

解答过程：

22. 采用调压调速的某 4 极异步电动机（三相 380V，50Hz）分别驱动提升机和风机，通过调整定子电压使得驱动提升机和风机的电动机输出转速为 720r/min，计算此时驱动两种不同负载时电动机的转差功率损耗系数，最接近下列哪项数值？ （ ）

（A）0.04，0.037　　　　　　　　　　（B）0.25，0.12

（C）0.52，0.12　　　　　　　　　　　（D）0.52，0.25

答案：

解答过程：

23. 下图整流变压器一次侧线电压为 380V，二次侧线电压为 50V，图中 I_{de} 为 60A，计算变流元件全导通时，变压器的等值容量（额定视在功率）最接近下列哪项数值？ （ ）

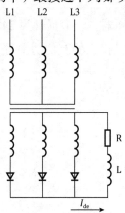

（A）2733V·A　　　　　　　　　　　（B）3000V·A

（C）4727V·A　　　　　　　　　　　（D）5000V·A

答案：

解答过程：

24. 以下图 1～图 4 为交流异步电动机特性曲线示意图。请指出下列选项中哪项是全部错误的，并简要说明错误原因？ （ ）

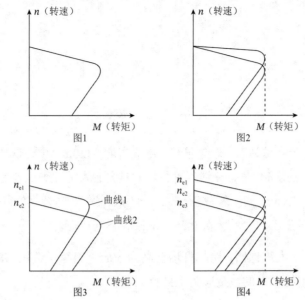

①图 1 为自然特性曲线；

②图 2 定子调压调速曲线；

③图 3 为变极调速曲线，曲线 1 电动机定子的极对数大于曲线 2 电动机定子的极对数；

④图 4 为 $U/f = C$ 的变频调速曲线。

（A）①、② （B）②、③ （C）③、④ （D）①、④

答案：

解答过程：

25. 给出下列各组图形符号或相应文字解释错误的选项，并画出正确的图形符号或给出正确的文字解释（不考虑题中给出图形符号的比例） （   ）

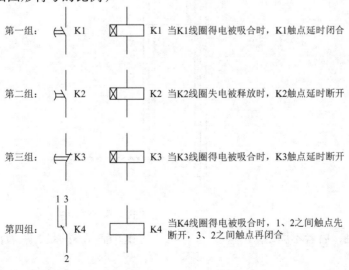

（A）第一组 （B）第二组 （C）第三组 （D）第四组

答案：

解答过程：

题 26～30：某企业处于空旷地区，地势平坦，海拔高度 1320m，最大设计风速 30m/s。企业 35kV 变电站采用双回 35kV 架空线路供电，杆塔选用铁塔和钢筋混凝土电杆，全程架设避雷线。导线选用 LGJ-150/25，导线外径 17.1mm，计算截面积 173.11m²，单位质量 601kg/km，导线的破坏强度 290N/mm²。计算时电线风压不均匀系数取 0.75。请回答下列问题。

26. 该架空线路中间有一大跨越档，跨越杆塔全高为 50m，绝缘子选用 XP-70 型，计算该跨越杆塔选用悬垂绝缘子串和耐张绝缘子串的数量应为下列哪一项？ （   ）

    （A）3 片、3 片　　　　　　　　　　　（B）3 片、4 片

    （C）4 片、5 片　　　　　　　　　　　（D）5 片、6 片

答案：

解答过程：

27. 该线路中某耐张杆塔采用门形耐张杆塔，设计的杆塔示意图见图。图中尺寸单位均为 m，请确定该杆形示意图中，地线对边导线保护角及导线与地线间的垂直距离是否满足要求？ （   ）

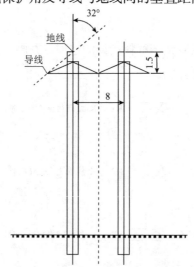

    （A）都满足　　　　　　　　　　　　（B）都不满足

    （C）前者满足，后者不满足　　　　　（D）前者不满足，后者满足

答案：

解答过程：

28. 该线路某档经过的地区为一般陆地，电线的平均高度为 15m，计算该档线路在内部过电压工况下的导线比载。（　　）

（A）0.013N/（m·mm²）

（B）0.034N/（m·mm²）

（C）0.0359N/（m·mm²）

（D）0.0365N/（m·mm²）

答案：

解答过程：

29. 该线路 A、B 杆塔跨越某二级公路，跨越情况示意图如图所示。A 杆塔为耐张塔，B 杆塔为直线塔，两基杆塔的导线悬挂高度相等。图中悬垂绝缘子的悬挂点高度 $H = 12m$，绝缘子长度 $h_1 = 0.9m$，路堤高度 $h_2 = 1m$。已知该耐张段最大弧垂时的定位弧垂模板曲线方程为 $f = 8.5 \times 10^{-5} \times L^2$，式中 L 为档距，f 为弧垂，单位均为 m。请计算导线最大弧垂时与公路之间的最大垂直距离，并确定是否符合规范的要求。（不考虑各种误差引起的定位裕度）（　　）

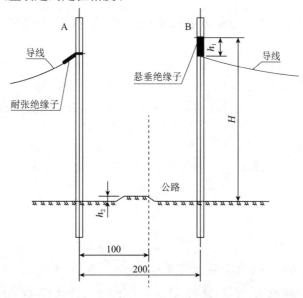

（A）10.1m，符合

（B）7.7m，符合

（C）7.6m，符合

（D）6.7m，不符合

答案：

解答过程：

30. 该线路可能的四种控制气象条件为：最低气温（用A表示）、覆冰（用B表示）、最大风（用C表示）和年平均气温（用D表示），已知四种气象条件下比载与应力的比值由小到大顺序A＜D＜C＜B，临界档距：$L_{AB} = 181.7m$，$L_{AC} = 292.3m$，$L_{AD} = 214.9m$，$L_{BC} = 0m$，$L_{BD} = 168m$，$L_{CD} = 416.8m$。下表为该线路某耐张段内的杆塔编号及档距，各杆塔上导线的悬挂高度相等。通过计算该耐张段的代表档距，确定该耐张段的控制气象为下列哪项？　　　　　　　　　　　　　　　　（　　）

杆塔编号	Z1		Z2		Z3		Z4		Z5
档距（m）		180		150		230		200	

（A）最低气温　　　　　　　　　　　　（B）覆冰

（C）最大风　　　　　　　　　　　　　（D）年平均气温

答案：

解答过程：

题 31～35：某单体多功能建筑，建筑高度 23m，地下层、地上部分由主楼和 3 层附楼组成，主楼和附楼在地下一层连通。请回答问题，并列出解答过程。

31. 本项目地下室有一间高度 4.5m 的发电机房，该房间宜选择下列哪种火灾探测器？并说明理由。　　　　　　　　　　　　　　　　　　　　　　　　　　　　　　（　　）

（A）离子感烟探测器　　　　　　　　　（B）光电感烟探测器

（C）典型应用温度 40℃的感温探测器　　（D）典型应用温度 55℃的感温探测器

答案：

解答过程：

32. 附楼的第 3 层为大开间普通办公室，宽度为 20m、长度为 26m，吊顶为坡度 16°（沿宽度方向）的单坡封闭吊顶，吊顶内无可燃物，最低处高 6.1m。办公室最大容纳人数 60 人，如采用点型感烟探测器，数量至少需要多少？　　　　　　　　　　　　　　　　　　　　（　　）

（A）5 只　　　　　　　　　　　　　　（B）6 只

（C）7 只　　　　　　　　　　　　　　（D）8 只

答案：

解答过程：

33. 在 3 层大开间办公室外是宽 4.0m、长 58m 的内走道，走道吊顶为密闭平吊顶，吊顶下净高为

6.5m，吊顶内无可燃物，若要求该走廊采用最少数量的火灾探测器，应选择以下哪项方案？（　　）

（A）点型感烟探测器，4 只

（B）点型感烟探测器，5 只

（C）点型感温探测器，6 只

（D）点型感温探测器，12 只

答案：

解答过程：

34. 在 3 层大开间办公室外的内走道设置有 1 号、2 号、3 号共 3 只应急广播扬声器，在走道某点测得 3 只扬声器单独开启时的声压级分别为 63dB、61dB、59dB，请计算当 3 只扬声器都开启时，该处测得的声压级与下列哪项数值最接近？（　　）

（A）63.5dB

（B）66.1dB

（C）70.5dB

（D）72.1dB

答案：

解答过程：

35. 该建筑的应急广播系统中，地下室设有 20 只 3W 扬声器，主楼设置有 30 只 8W 扬声器，附楼设置有 30 只 3W 扬声器，计算应急广播扩音机容量时，线路衰耗补偿系数按 3dB 选取，老化系数取 1.4。在考虑上述因素的情况下，请计算火灾应急广播系统的扩音机容量与下列哪项数值最接近？（　　）

（A）585W

（B）840W

（C）1092W

（D）1638W

答案：

解答过程：

> 题 36～40：某设有集中空调的综合建筑，高 80m，地下共 2 层，功能为车库和设备用房，地上共 19 层，其中裙房 5 层，主要功能为办公、会议。回答下列问题，列出解答过程。

36. 该项目门厅设置了分辨率为 720P 和 1080P 的摄像机，其最低照度（灵敏度）要求分别为 0.06lx 和 0.1lx，门厅的最低环境照度要求与下列哪项数值最接近？（　　）

（A）1lx　　　　　　　　　　　　　（B）2lx
（C）3lx　　　　　　　　　　　　　（D）5lx

答案：

解答过程：

37. 该项目二层为自用办公室，设置综合布线系统，初步设计要求某办公区设 20 个工作区，各工作区对数据信息有较大的需求，但对信息插座具体数量的要求不明确，宜按下列哪组标准配置信息插座数量？　　　　　　　　　　　　　　　　　　　　（　　　）

（A）语音 20 个，数据 40 个，光纤（双工端口）0 个
（B）语音 20 个，数据 20 个，光纤（双工端口）20 个
（C）语音 20 个，数据 40 个，光纤（双工端口）20 个
（D）语音 20 个，数据 40 个，光纤（双工端口）40 个

答案：

解答过程：

38. 该项目设置综合布线系统，某办公区设置了 40 个工作区，每个工作区设置 1 个双工端口的光纤适配器以满足大客户使用，连接这些光纤适配器的光缆配置，以下哪项是正确的？　　　　（　　　）

（A）40 根单芯光缆　　　　　　　　　（B）80 根单芯光缆
（C）40 根 2 芯光缆　　　　　　　　　（D）80 根 2 芯光缆

答案：

解答过程：

39. 该项目首层设置了一台像素中心距为 1.8mm 的 LED 显示屏，该显示屏最佳视距值与下列哪项数值最接近？　　　　　　　　　　　　　　　　　　　　　　　　　　　　（　　　）

（A）2.5m　　　　　　　　　　　　　（B）5.0m
（C）7.2m　　　　　　　　　　　　　（D）10.0m

答案：

解答过程：

40. 该项目设置建筑设备监控系统，下图所示口径 400mm 管道需测量流量，图中①、②、③、④四个位置，哪个是安装流量检测仪表的最佳位置？（图中单位均为 mm）
( )

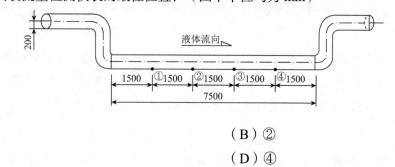

（A）①   （B）②

（C）③   （D）④

答案：

解答过程：

2023 年案例分析试题（上午卷）

［案例题是 4 选 1 的方式，各小题前后之间没有联系，共 25 道小题，每题分值为 2 分，上午卷 50 分，下午卷 50 分，试卷满分 100 分。案例题一定要有分析（步骤和过程）、计算（要列出相应的公式）、依据（主要是规程、规范、手册），如果是论述题要列出论点］

题 1～5：某中学总建筑面积 76000m²，由教学楼、行政楼、学生宿舍、风雨操场（体育馆）、学生食堂、图书馆、地下车库等组成，建筑高度均在 32m 以下，各单体建筑指标见附表 1。其中一个变电所设置了两台 10/0.4kV，800kV·A 变压器，为该区域的学生宿舍、教学楼、学生食堂、风雨操场供电，两台变压器低压母线设置联络开关，其中 1 号变压器的馈出线回路参数见附表 2。请回答下列问题。

建筑指标　　　　　　　　　　　　　　　　　　　　　　　　附表 1

序号	项目		建筑面积	备注
1	地上	教学楼	15000m²	
		行政楼	7000m²	
		学生宿舍	16000m²	
		风雨操场（体育馆）	3000m²	属于丙级场馆
		学生食堂	2000m²	
		图书馆	3000m²	藏书量 80 万册
2	地下		30000m²	其中地下车库面积 15000m²
3	总计		76000m²	

1 号变压器负荷统计表　　　　　　　　　　　　　　　　　　附表 2

回路编号	WPM1	WPM2	WPM3	WPM4	WPM5	WPM6	WPM7	WPM8	WPM9
设备功率 P_e（kW）	100	50	30	300	150	75	125	30	20
需要系数 K_d	0.75	0.7	0.8	0.6	0.7	1	0.8（平时），1（火灾）	1	0.9
功率因数 $\cos\varphi$	0.85	0.85	0.9	0.6	0.85	0.8	0.8	0.9	0.9
$\tan\varphi$	0.62	0.62	0.48	1.33	0.62	0.75	0.75	0.48	0.48
用途	教学楼非消防负荷	学生宿舍非消防负荷	学生食堂非消防负荷	厨房动力非消防负荷	风雨操场非消防负荷	消防风机	平时兼用消防风机	应急疏散照明	公共照明
备注						主用	主用	备用	

1. 以下四种供电方案中，哪个选项满足该学校最低供电要求？　　　　　　　　　　　（　　）

方案一：由临近的同一上级站同一母线段引来两回路 10kV 电源。

方案二：由临近的两个上级站分别引来一路 10kV 电源，两路电源不同时损坏。

方案三：由临近的上级站引来一路 10kV 电源，自备一台柴油发电机组。

方案四：由临近的上级站引来一路 10kV 架空专线电源。

（A）方案一或方案二　　　　　　　　（B）方案二或方案三

（C）方案三或方案四　　　　　　　　（D）方案一或方案四

解答过程：

2. 若 1 号变压器所带负荷的有功和无功同时系数均为 0.85，正常情况下其负荷率接近下列哪项数值？（不考虑无功补偿）　　　　　　　　　　　　　　　（　　）

（A）62%　　　　　　　　　　　　　（B）76%

（C）79%　　　　　　　　　　　　　（D）89%

解答过程：

3. 已知 1 号变压器的空载有功损耗 1093W，短路有功损耗 6715W，空载电流百分数 0.3，短路阻抗百分数 6。当变压器的负荷率为 90%时，变压器的有功损耗与无功损耗之比（%）接近下列哪项数值？　　　　　　　　　　　　　　　　　　　　　　　　　　　　（　　）

（A）5%　　　　　　　　　　　　　（B）14%

（C）16%　　　　　　　　　　　　　（D）20%

解答过程：

4. 1 号变压器在低压母线进行集中无功补偿，母线短路电流为 20kA，补偿电容器串接了电抗器，电抗率为 5%。计算发生 5 次谐波谐振的电容器容量为下列哪项数值？　　　　　（　　）

（A）−0.139Mvar　　　　　　　　　（B）−0.20Mvar

（C）−68.9Mvar　　　　　　　　　　（D）−99.2Mvar

解答过程：

5. WPM5 回路采用塑壳断路器，其参数如下表所示，瞬动保护整定值 I_i 按照（6～10I_r）进行选择，且要求不大于变压器低压侧额定电流的 2 倍，在不考虑其他因素时，对于该回路断路器的参数选择，以下哪个选项是正确的？并说明理由。（　　）

壳架电流 I_N（A）	100	160	250	400
脱扣器额定电流 I_n（A）	40，100	40，100，160	40，100，160，250	250，400
长延时保护整定值 I_r（A）（脱扣电流动作特性为 1.05～1.20I_r）	I_n＝40A，I_r＝16，18，20，23，25，28，32，36，40			
	I_n＝100A，I_r＝40，45，50，55，63，70，80，90，100			
	I_n＝160A，I_r＝63，70，80，90，100，110，125，150，160			
	I_n＝250A，I_r＝100，110，125，140，160，175，200，225，250			
	I_n＝400A，I_r＝160，180，200，230，250，280，320，360，400			

（A）I_N＝250A，I_n＝250A，I_r＝160A，I_i＝1600A

（B）I_N＝250A，I_n＝250A，I_r＝200A，I_i＝2000A

（C）I_N＝400A，I_n＝400A，I_r＝250A，I_i＝2500A

（D）I_N＝400A，I_n＝400A，I_r＝400A，I_i＝2400A

解答过程：

题 6～10：请回答下列问题。

6. 某车间 AC220/380V 配电箱所带负荷为三相平衡负载，设备计算容量为 60kV·A，功率因数为 0.8，经检测 3 次谐波含量为 40%。若此配电箱进线采用 5 芯 VV$_{22}$ 电缆直埋敷设，则按载流量选择此电缆时，最小应采用下列哪项规格电缆？（断路器为 4P，整定序列按 100A、160A、200A 考虑，电缆载流密度按 3.0A/mm^2 考虑，不考虑各种敷设校正系数）（　　）

（A）VV$_{22}$-4×35＋1×16

（B）VV$_{22}$-4×50＋1×25

（C）VV$_{22}$-4×70＋1×35

（D）VV$_{22}$-3×70＋2×35

解答过程：

---

7. 非冻土区某工厂有一根 10kV 三芯电缆采用直埋敷设。敷设处断面如下图所示，图中单位为 m，图中与此电缆敷设间距/位置相关的错误有几处？（　　）

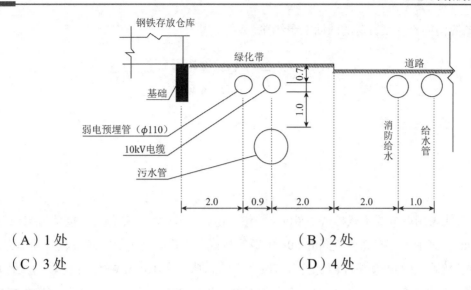

（A）1处　　　　　　　　　　　　　（B）2处

（C）3处　　　　　　　　　　　　　（D）4处

解答过程：

8. 某车间屋顶有一 AC220/380V 配电箱，所带负荷为三相平衡负载，功率因数为 0.8，计算电流为 120A，配电箱上级断路器的长延时整定值为 160A，采用 5 芯 YJLV 电缆沿无通风电缆井内梯架引来。当按载流量选择此电缆时，最小应采用何种规格电缆?（当地气象参数、电缆载流量分别参见下表，梯架敷设校正系数取 0.9，不考虑未知因素）　　　　　　　　　　　（　　　）

干球温度（℃）					七月 0.8m 深土壤温度（℃）
极端最高值	极端最低值	最冷月平均值	最热月平均值	最热月的日最高温度平均值	
40.0	−5.0	6.0	27.0	30.0	25.0

电缆载流量表（环境温度 40℃）				
电缆规格	YJLV-3×35+2×16	YJLV-3×50+2×25	YJLV-3×70+2×35	YJLV-3×95+2×50
载流量（A）	114	146	178	214

（A）YJLV-3×35+2×16　　　　　　　（B）YJLV-3×50+2×25

（C）YJLV-3×70+2×35　　　　　　　（D）YJLV-3×95+2×50

解答过程：

9. 判断下列回路应选用具有阻燃特性线缆的有几项？并给出依据。　　　　　　　（　　　）

①车间内消防应急广播线路；

②一类高层病房楼的普通空调回路；

③地下变电站的明敷回路；

④通过同一电缆沟供给一级负荷的两回电源线路。

（A）1 项　　　　　　　　　　　　（B）2 项
（C）3 项　　　　　　　　　　　　（D）4 项

解答过程：

10. 某厂房滑触线采用单电源（三相 AC380V）一端供电，无其他辅助措施，电阻为 0.1161Ω/km，电抗为 0.1594Ω/km。其上连接有 3 台相同的 50/10t 双梁桥式起重机，起重机额定负载持续率为 25%，每台起重机连接在滑触线上的电动机在额定负载持续率下的总功率为 105.5kW（除副钩外），最大一台电动机为绕线转子电动机，额定电流为 165A。若此滑触线长度为 200m，则此滑触线的电压降接近下列哪项数值？（功率因数取 0.5）　　　　　　　　（　　）

（A）2.97%　　　　　　　　　　　（B）6.27%
（C）6.58%　　　　　　　　　　　（D）9.4%

解答过程：

题 11～15：请回答下列问题。

---

11. 某工厂内建有一栋钢筋混凝土框架办公楼，办公楼长 120m、宽 60m、高 40m（局部高 20m），屋面尺寸见下图，已知当地年平均雷暴日为 30d/a，请计算该办公楼年预计雷击次数为下列哪一项？（校正系数 k 取 1，不考虑周围建筑物的影响及其他未知因素）　　　　　　　（　　）

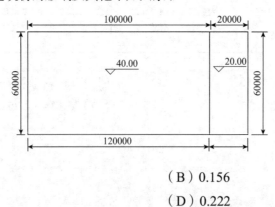

（A）0.120　　　　　　　　　　　（B）0.156
（C）0.168　　　　　　　　　　　（D）0.222

解答过程：

12. 某地区年平均雷暴日为 30d/a，该地区某办公楼的信息机房采用 AC220/380V 电源供电，电源引自本楼内变电所。机房内设置配电柜，配电柜与计算机设备的距离为 12m，配电柜内设置限压型电涌保护器，已知电涌保护器的电压保护水平为 1.0kV，估算其振荡保护距离最接近下列哪项数值？（　　　）

（A）0m   （B）12m

（C）20m   （D）30m

解答过程：

13. 某第二类防雷建筑物屋面有一长 6m、宽 6m、高 3m 的设备，在屋面该设备旁距离其外廓 0.5m 处设置一根接闪杆保护，接闪杆的最小高度最接近下列哪项数值？ （　　　）

（A）5m   （B）6m

（C）7m   （D）8m

解答过程：

14. 某第二类防雷建筑物三面有墙，另一面（A 轴）为开敞结构且无结构柱。已知该建筑物年预计雷击次数为 0.25 次/a，屋面需设置接闪带，利用建筑物外墙柱内主筋作专用引下线。屋面防雷平面如下图所示，请指出图中编号 I～IV 的防雷措施中有几处错误，并说明错误原因。（不考虑未注明因素）（　　　）

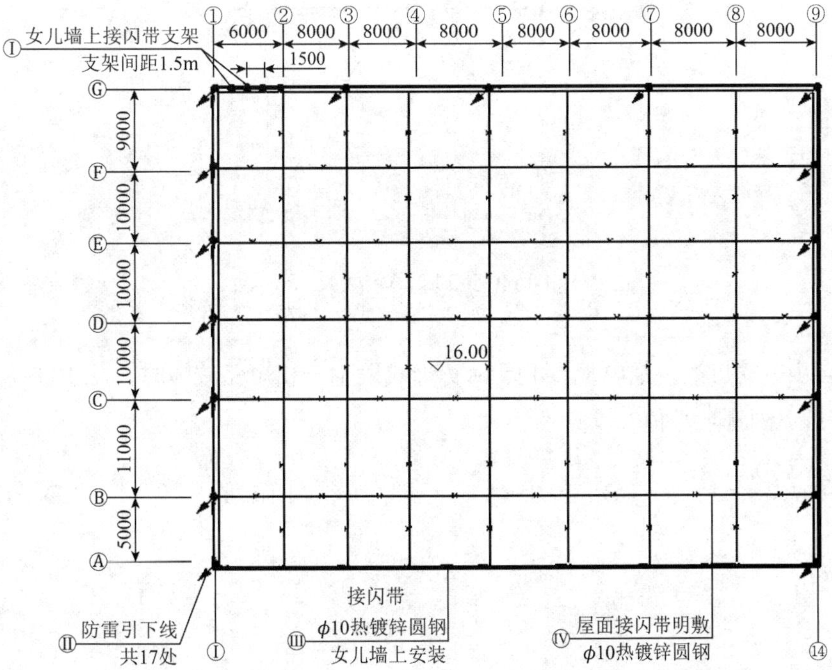

（A）1 处   （B）2 处   （C）3 处   （D）4 处

解答过程：

15. 厂区内设有 1 座 35/10kV 总变电站，考虑供电的连续性，该变电站 35kV 及 10kV 系统在单相接地条件下均可继续运行一段时间。已知变电站地表层土壤厚度为 0.1m，表层土壤电阻率为 300Ω·m，下层土壤电阻率为 210Ω·m，该变电站接地装置的最大跨步电压不应超过下列哪项数值？（跨步电压允许值计算精度误差可在 5% 以内） （　　）

（A）50V 　　　　　（B）63.6V 　　　　　（C）104.4V 　　　　　（D）960.4V

解答过程：

题 16～20：某远离发电厂的终端 35/6kV 变电站系统图如下图所示。35kV 进线采用单回架空线路，电源系统最大三相短路电流为 25A，最小三相短路电流为 20kA，请回答下列问题（采用短路电流实用计算方法，忽略元件的电阻及未知阻抗）

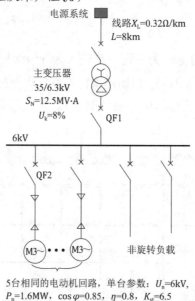

16. 不考虑异步电动机的反馈电流，计算 6kV 母线发生三相短路故障时，流过 QF1 的最大三相短路电流初始值最接近下列哪项数值？ （　　）

（A）9.88kA 　　　　　（B）10.05kA 　　　　　（C）10.12kA 　　　　　（D）10.30kA

解答过程：

17. 假设变电站内 6kV 母线发生三相短路故障时，由系统提供的最大三相短路电流初始值为 10kA。站内 5 台异步电动机均投入运行，请计算 QF2 出线端发生三相短路故障时，流过 QF2 的最大短路峰值电流最接近下列哪项数值?（异步电动机馈送的短路电流峰值系数 K_{pm} 取 1.75） （　　）

（A）29.46kA
（B）38.28kA
（C）41.49kA
（D）45.49kA

解答过程:

18. 图中某异步电动机回路选用一组变比为 300/5A 三相星形接线的电流互感器。本回部设置电流速断保护作为主保护。假设系统最小运行方式下电动机接线端三相短路电流为 8200A。请计算该电动机回路速断保护装置的动作电流及灵敏系数最接近下列哪项数值? （　　）

（A）32A、3.70
（B）32A、4.27
（C）55A、2.15
（D）55A、2.48

解答过程:

19. 假设图中某一台电动机设置过热保护，计算该电动机热积累定值最接接近下列哪项数值?（电动机启动时间为 4s） （　　）

（A）131s
（B）154s
（C）186s
（D）230s

解答过程:

20. 本变电站主变压器低压侧至进线柜之间采用三相母线，母线的布置见下图。母线每相有一根导体，导体采用等距离支撑，支柱间的中心线距离为 0.8m。假设计及异步电动机反馈电流的影响后，该母线三相短路电流初始值为 12kA，短路电流峰值的计算系数为 1.85，系统频率为 50Hz。请采用 IEC 标准方法计算三相短路时作用在母线中间相导体上的最大作用力最接近下列哪项数值? （　　）

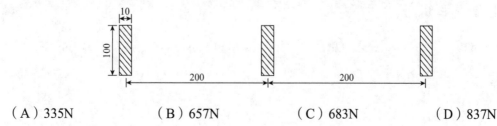

（A）335N
（B）657N
（C）683N
（D）837N

解答过程：

> 题 21～25：请回答下列问题。

21. 某生产车间某区域为 1 区爆炸性气体危险环境，爆炸性气体为 H_2S，若该区域内的某台异步电动机需频繁启动，则下列哪项选型满足防爆要求？（　　）

（A）Ex ma IIA T2 Ga

（B）Ex e IIB T3 Gb

（C）Ex d IIB T4 Gb

（D）Ex n IIC T4 Gc

解答过程：

22. 某台设备采用电气分隔作为故障防护措施，其做法如下图，编号①～④有几处错误？并说明理由。（　　）

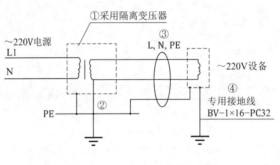

（A）1 处 　　　　（B）2 处 　　　　（C）3 处 　　　　（D）4 处

解答过程：

23. 某设备用 TT 系统供电，额定电压为 AC220/380V，额定电流为 25A，经测量，TT 系统电源侧接地电阻为 4Ω，配电线路电阻为 0.8Ω，设备 PE 线电阻为 0.2Ω，采用额定剩余动作电流 $I_{\Delta n}$ 为 1A 的剩余电流动作保护器（RCD）作为馈线保护电器，如不计未知阻抗，为满足间接接触保护（故障防护）要求，设备接地电阻（不含 PE 线电阻）的最大值接近下列哪项数值？（保证 RCD 在规定时间内切断故障回路的动作电流，I_a 取 $5I_{\Delta n}$）（　　）

（A）5.0Ω 　　　（B）9.0Ω 　　　（C）9.8Ω 　　　（D）49.8Ω

解答过程：

24. 某机房内有两台相互靠近的风机，1 号风机进线电缆为 YJLV-3×70＋1×35，2 号风机进线电缆为 YJLV-4×16，若辅助等电位联结采用 BLV 导线，则 1 号、2 号风机分别与风管之间及 1 号、2 号风机之间设置的辅助等电位联结线最小截面积为下列哪项数值？　　　　　　（　　）

（A）25mm²、10mm²、16mm²　　　　　　（B）25mm²、16mm²、16mm²

（C）35mm²、10mm²、16mm²　　　　　　（D）35mm²、16mm²、16mm²

解答过程：

25. 下列说法有几项是正确的？并说明理由。　　　　　　　　　　　　（　　）

①住宅厨房的可燃气体甲烷探测器应设在厨房的下部。

②当电流很小时，可以利用隔离器作为低压电动机的通断开关。

③在气体爆炸危险场所禁止使用金属链。

④某地区年平均雷暴日为 37d/a，该区域某孤立水塔高度为 18m，其应为三类防雷建筑物。

（A）1 项　　　　　　　　　　　（B）2 项

（C）3 项　　　　　　　　　　　（D）4 项

解答过程：

2023 年案例分析试题（下午卷）

一、专业案例题（共 40 题，考生从中选择 25 题作答，每题 2 分）

题 1～5：请回答下列问题。

1. 下图 1 为某办公楼门厅普通照明的照明平面图，图 2 为其配电箱局部系统图，照明灯具为 I 类灯具吸顶安装，供电电源为 AC220V。门厅中虚线下方空间净高 2.5m，其他空间净高 6m。判断图 2 中关于回路 WL1～WL4 的断路器选型共有几处错误，并说明原因。（图中 RCBO 动作时间满足规范要求）

（   ）

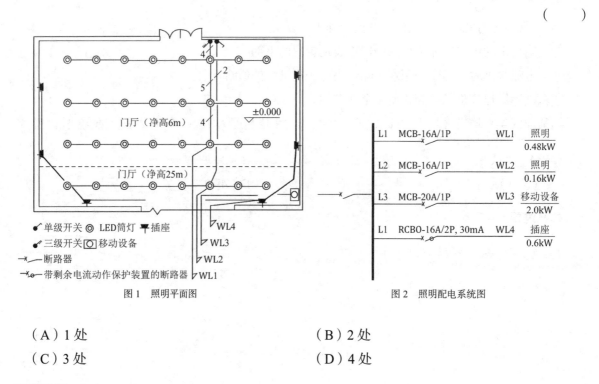

图 1　照明平面图　　　　　　图 2　照明配电系统图

（A）1 处　　　　　　　　　　　　　　（B）2 处
（C）3 处　　　　　　　　　　　　　　（D）4 处

解答过程：

2. 某 AC220V 管型荧光灯高频工作时的额定功率为 $5 \times 75W$，配置的电子镇流器效率为 90%。镇流器与其匹配使用的组合灯体的功率因数为 0.93，该灯具的 3 次谐波最大允许电流值最接近下列哪项数值？

（   ）

（A）0.51A　　　　　　　　　　　　　（B）0.57A
（C）1.42A　　　　　　　　　　　　　（D）1.69A

解答过程：

3. 某办公室的灯具布置如下图所示（尺寸单位为 mm），办公室长 5m、宽 3.5m、高 3.75m，采用荧光灯具吸顶安装，灯具长 1300mm、宽 300mm，光通量 4250lm，灯具的维护系数 0.8。计算 P 点工作面（0.75m）处实际水平面照度接近下列哪一项？（查表时取最接近项）　　　　（　　）

灯具光强度（1000lm 下的光强分布）

θ（°）	0	15	18.5	27.5	37.5	47.5	57.5	67.5
I_θ（cd）	443	432	420	410	320	120	5	1

水平方位系数（AF）

α（°）	0	18.5	22	32	42	53	62	75
AF（cd）	0	0.310	0.357	0.480	0.569	0.629	0.654	0.666

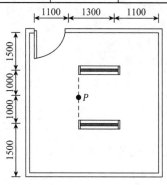

（A）168lx　　　　　　（B）235lx　　　　　　（C）295lx　　　　　　（D）306lx

解答过程：

4. 某均匀漫反射表面 A 的表面反射系数为 0.6，某均匀漫透射表面 B 的表面透射系数为 0.3，若 A 与 B 表面亮度相同，则 A 与 B 表面的照度比为下列哪项数值？　　　　　　（　　）

（A）0.5　　　　　（B）1.0　　　　　（C）1.57　　　　　（D）2.0

解答过程：

5. 某城市道路如下图所示，路灯安装高度 $H=10$m，人行道宽 $W_1=1.5$m，绿化隔离带宽 $W_2=1.0$m，车行道宽 $W_3=12$m。选用 LED 路灯，该灯具利用系数如下表，整灯功率 80W，光源的总光通量 8000lm，维护系数 0.7，道路双侧对称布置，路灯间距 $S=30$m。求人行道平均照度。　　　　（　　）

W/H	0	0.15	0.5	0.6	0.8	1	1.25	1.3	1.4	1.5	1.55	1.6
屋边系数（人行道侧）	0	0.045	0.15	0.17	0.19	0.21	0.214	0.216	0.2	0.22	0.222	0.225
路边系数（车道侧）	0	0.1	0.32	0.41	0.47	0.55	0.586	0.604	0.622	0.64	0.645	0.67

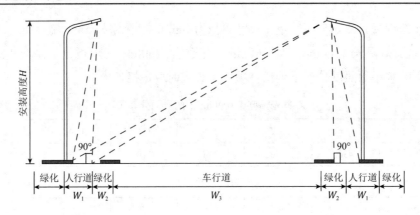

（A）5.6lx   （B）8.5lx

（C）11.2lx   （D）17lx

解答过程：

题 6～10：某工厂 10kV 配电站，直流电系标称电压为 110V，容量为 100A·h。蓄电池采用单体 2V 的阀控式密封铅酸蓄电池（贫液），单体电池浮充电电压为 2.25V。直流系统接线如下图所示，请回答下列问题。

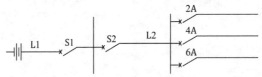

6. 若蓄电池的内阻为 1.185mΩ，连接条电阻为 0.015mΩ，蓄电池组引出端子处的短路电流为下列哪项数值？   （   ）

（A）1.80kA   （B）1.79kA

（C）1.76kA   （D）1.73kA

解答过程：

7. 当断路器 S2 额定电流为 40A 时，蓄电池出口回路断路器 S1 的额定电流应为下列哪项数值？（不考虑短路灵敏系数及事故初期冲击放电电流的影响）   （   ）

（A）50A   （B）63A

（C）80A   （D）100A

解答过程：

8. 若蓄电池出口短路电流值为 1.8kA，电缆 L1 的截面积为 35mm²，长 60m，电阻系数 $\rho = 0.0184\Omega \cdot mm^2/m$，断路器 S2 采用标准 C 型脱扣器直流断路器，其最大额定电流为下列哪项数值？（忽略其他未知阻抗）　　　　　　　　　　　　　　　（　　）

（A）50A　　　　　（B）63A　　　　　（C）80A　　　　　（D）100A

解答过程：

9. 下图为某变电站一层局部平面布置图，图中高压配电设备为金属铠装中置式开关柜，变压器室内有 2 台 1000kV·A 干式变压器，变压器不可拆卸部分的尺寸（长×宽×高）为 1750mm × 1350mm × 1900mm，带防护等级为 IP3X 的外壳，低压配电设备为低压抽屉式开关柜。指出该平面图①~⑥所注尺寸有几处错误，并说明错误原因。（图中所示尺寸单位为 mm，不考虑建筑物受限条件和所有未注明尺寸）　　　（　　）

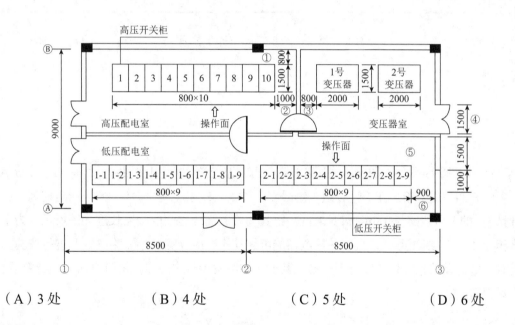

（A）3 处　　　　　（B）4 处　　　　　（C）5 处　　　　　（D）6 处

解答过程：

10. 某民用建筑内有 1 座小型 10/0.4kV 变电站，采用两路 10kV 进线、单母线分段接线，10kV 系统交流操作电源采用交流 UPS 电源，已知每路进线断路器储能电源容量为 165V·A，正常控制操作及信号回路总容量为 50V·A，每台断路器分闸所消耗的容量为 300V·A、合闸电磁铁的额定容量为 340V·A，操作电源 UPS 的计算容量为下列哪项数值？（可靠系数取 1.2）　　　　（　　）

（A）1020V·A　　　　（B）1128V·A　　　　（C）1224V·A　　　　（D）1536V·A

解答过程：

题 11~15：请回答下列问题。

11. 某建筑平面如下图所示，由配电箱引出一路 AC220V 电源为走廊照明供电。所有灯具为I类灯具，采用双控单极开关两地控制。照明线路采用 BV-2.5 导线穿钢管敷设，n_1~n_3 为钢管内导线根数，见下表。请判断 n_1~n_3 导线根数正确的有几项，并在答案中给出正确根数及组成。　　　（　　）

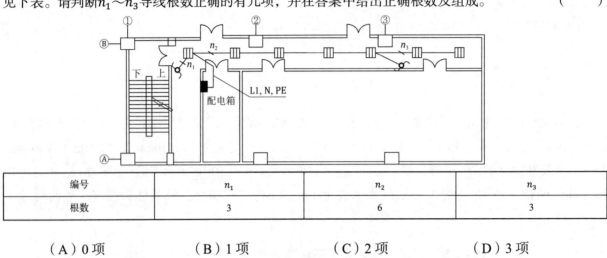

编号	n_1	n_2	n_3
根数	3	6	3

（A）0 项　　　　　　（B）1 项　　　　　　（C）2 项　　　　　　（D）3 项

解答过程：

12. 某房间照明平面图如下图所示，由配电箱引出一路交流 220V 电源供电，灯具为I类，分 A 组（编号 A1、A2）、B 组（编号 B1、B2）、C 组（编号 C1、C2）、D 组（编号 D1、D2）四组控制，已知从电源端至灯具 C1 的配电线路长 18m，灯具之间、灯具与开关面板之间的线路长度如图所示。为了确保该照明回路相导体对 N 线短路时，短路保护电器能可靠动作，应计算最小短路电流并进行校验。计算该短路电流时，应计及的相导体长度为下列哪项数值？在答案中给出短路点的灯具编号及计算过程。（忽略其他位置因素）　　　（　　）

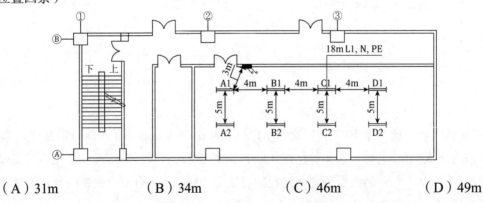

（A）31m　　　　　　（B）34m　　　　　　（C）46m　　　　　　（D）49m

解答过程：

13. 某交流 50V 的特低电压 PELV 系统中，PELV 回路导体以及由 PELV 回路供电的设备金属外壳均接地，如下图所示。已知 PE 导体与 PELV 回路导体截面相等，当 PE 线带有故障电压 $U_{f1} = 30V$ 时，如设备发生绝缘故障，则设备外壳的最大故障电压 U_{f2} 最接近下列哪项数值？　　　　（　　）

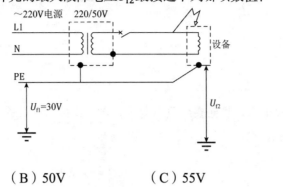

（A）30V　　　　　　（B）50V　　　　　　（C）55V　　　　　　（D）80V

解答过程：

14. 某交流 50V 的特低电压 PELV 系统如下图所示。当 PE 线带有故障电压 $U_{f1} = 30V$ 时，如设备发生绝缘故障，则设备外壳的最大故障电压 U_{f2} 最接近下列哪项数值？　　　　（　　）

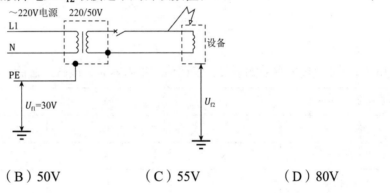

（A）30V　　　　　　（B）50V　　　　　　（C）55V　　　　　　（D）80V

解答过程：

15. 某交流 50V 的特低电压 SELV 系统及其配电回路如下图。当 PE 线带有故障电压 $U_{f1} = 30V$ 时，如设备发生绝缘故障，则设备外壳的最大故障电压 U_{f2} 最接近下列哪项数值？　　　　（　　）

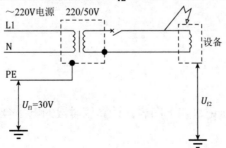

（A）接近 0V （B）30V

（C）50V （D）80V

解答过程：

题 16～20：某企业用户，供电接线简图如下，电网正常较小（最小）运行方式下的短路容量为 250MV·A。请回答下列问题。

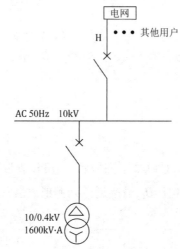

16. 图中 H 电缆的参数如下表，仅评估表中内容时，该电缆截面积的最优选择为哪一项？（   ）

电缆截面积（mm²）	35	50	70	95
载流量校验	×	O	O	O
热稳定校验	×	×	O	O
电压降校验	×	O	O	O
初期投资费（万元）	3.5	5.2	9.8	14.5
生命周期运行成本（万元）	18.5	12.6	8.3	5.2

符合：O   不符合：×

（A）35mm² （B）50mm²

（C）70mm² （D）95mm²

解答过程：

17. 如果某星期电源供电电压记录如下图表，计算该时段的电压合格率最接近下列哪项数值？

（   ）

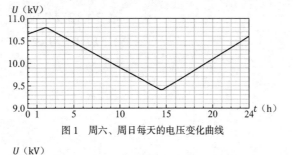

图 1　周六、周日每天的电压变化曲线

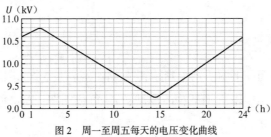

图 2　周一至周五每天的电压变化曲线

（A）69.34%　　　　　（B）75.65%　　　　　（C）88.69%　　　　　（D）99.73%

解答过程：

18. 已知电网正、负序阻抗相等，某星期内 10kV 电源处符合测量条件下持续测量负序电流为 10～38A，偶尔短时（3s～1min）负序电流最大为 145A，按近似方法计算企业负序电压不平衡度，下列哪项正确？（　　　）

（A）一般 0.26%、短时 1.0%　　　　　　　　（B）一般 0.65%、短时 2.0%

（C）一般 1.4%、短时 2.7%　　　　　　　　　（D）一般 2.0%、短时 3.6%

解答过程：

19. 图中变压器 10kV 进线处设置指针电流表，其量程宜选择下列哪项数值？　　　　　　　（　　　）

（A）0～75A　　　　　（B）0～100A　　　　　（C）0～150A　　　　　（D）0～200A

解答过程：

20. 图中变压器参数如下表，变压器全年带负荷运行，一次侧功率因数大于 0.9，其年综合空载电能损耗接近下列哪项数值？（无功经济当量取 0.04）　　　　　　　　　　　　　　　　　（　　　）

空载损耗 P_0（kW）	1.60	空载电流 I_0（%）	0.85
负载损耗 P_k（kW）	10.5	短路阻抗 U_k（%）	6

（A）10613kW·h   （B）12124kW·h

（C）14016kW·h   （D）18781kW·h

解答过程：

题 21～25：请回答下列问题。

---

21. 某电动机工作制时序图如下图所示，判断其工作制为下列哪个选项？并简要说明原因。（   ）

图中符号说明：P-负载；P_V-电气损耗；θ-温度；T_C-负载周期；Δt_P-负载运行时间；Δt_V-空载运行时间。

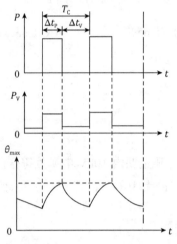

（A）S1 工作制   （B）S3 工作制

（C）S6 工作制   （D）S9 工作制

解答过程：

---

22. 某企业一台 AC10kV 异步电动机。额定功率 2300kW，单相接地故障电流大于 5A，该电动机正常运行时易发生过负荷及低电压工况，该电动机继电保护装置拟设置：①电流速断保护；②纵联差动保护；③过负荷保护；④单相接地保护；⑤低电压保护；⑥失步保护；⑦防止非同步冲击的断电失步保护。

下列为该电动机设置的保护中，配置合理的是哪个选项？简要说明理由。   （   ）

（A）①③④⑤   （B）②③④⑤

（C）③④⑤⑥   （D）②③⑤⑦

解答过程：

23. 某传动系统设两级减速箱，第一级和第二级减速箱轮齿数之比分别为 1：3 和 1：5，每个减速箱传动效率均为 0.95。负载转矩为 866.4N·m。计算在电动状态下折算到电动机轴上的负载转矩接近下列哪项数值？ （ ）

（A）52.1N·m

（B）60.8N·m

（C）64.0N·m

（D）14400N·m

解答过程：

24. 一台不频繁启动的 Y 系列三相异步电动机，额定功率为 1600kW，额定电压为 6kV，额定电流为 182.6A，启动电流倍数为 7，已知 6kV 母线最小短路容量为 50MV·A，预接负荷的无功功率 2Mvar，电动机采用电缆供电，线路阻抗 0.02Ω，电源母线电压相对值取 1.05，计算该电机全压启动时的母线电压相对值为下列哪项数值？ ［按照《工业与民用供配电设计手册》（第四版）有关公式进行计算］

（ ）

（A）0.78

（B）0.81

（C）0.86

（D）0.92

解答过程：

25. 某传动系统折算到电动机轴上的飞轮矩为 150N·m，电动机以 50N·m 的恒转矩将其转速从 500r/min 提升至 800r/min，若系统的恒定静阻转矩为 30N·m，计算电动机转速提升的时间为下列哪项数值？ （ ）

（A）1.5s

（B）2.4s

（C）4.0s

（D）6.0s

解答过程：

题 26～30 请回答下列问题。

---

26. 根据下面配电系统图计算并选择 RL1 型熔断器 R1、R2。若熔体额定电流（A）分档为 6、10、15、20、25、32、40，则最小的熔体额定电流为下列哪项数值？ （ ）

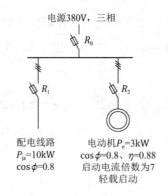

电源380V，三相

R_0

R_1 R_2

配电线路
P_{js}=10kW
$\cos\phi$=0.8

电动机P_e=3kW
$\cos\phi$=0.8，η=0.88
启动电流倍数为7
轻载启动

（A）10A、10A   （B）20A、10A

（C）20A、20A   （D）20A、25A

解答过程：

27. 某交流低压配电系统中 K1、K2 分别为上下级配电断路器。若 K2 长延时脱扣器整定电流为I_{dz}，其瞬动脱扣器整定电流为$10I_{dz}$。当 K2 下口发生短路时，要求 K1 与 K2 满足选择性要求，且要求 K1 瞬时或短延时脱扣器整定值为最小，下列哪个选项符合整定要求？   （   ）

（A）K1 短延时整定：$13I_{dz}$ （B）K1 短延时整定：$14I_{dz}$

（C）K1 瞬时整定：$13I_{dz}$ （D）K1 瞬时整定：$14I_{dz}$

解答过程：

28. 下图为传动控制系统单位阶跃给定的过渡过程示意图，下列描述哪项是错误的？并简述原因。   （   ）

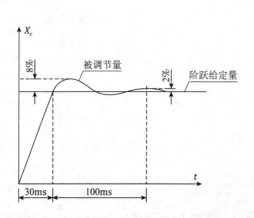

（A）最大超调量 8%   （B）起调时间为 30ms

（C）调节时间为 100ms   （D）起调次数为 3 次

解答过程：

29. 下图为 PLC 系统响应过程时序示意图，波形 0 为系统扫描节拍（扫描周期），波形 1 为外围输入设备状态由 0 变为 1，波形 2 为 PLC 输入点对应波形 1 的状态变化，波形 3 为 PLC 输出点状态变化，波形 4 为外围输出设备对应该输出点的状态变化。已知 PLC 系统与编程器通信时间为 8ms，与网络通信时间为 10ms，应用程序执行时间为 10ms，读写 I/O 时间为 5ms。计算该 PLC 系统在断开编程器连接的情况下响应时间为下列哪项数值？ （ ）

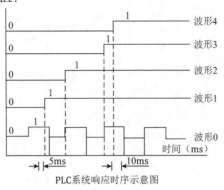

PLC系统响应时序示意图

（A）50ms

（B）65ms

（C）95ms

（D）127ms

解答过程：

30. 利用按钮并通过 PLC 控制正反转接触器对电动阀门进行打开/关闭操作。运行过程中限位开关或过扭矩开关动作时阀门自动停止，也可以使用按钮让阀门停止在任意位置。XK11、XK21 分别为开到位、关到位限位开关，XK12、XK22 分别为开、关过扭矩开关。所有操作按钮、运行状态、限位及过扭矩信号，以及所有显示信号灯（开、关、停止、开到位指示、关到位指示、开过扭矩指示、关过扭矩指示）均连接到 PLC 系统。若输出信号均为脉冲信号，则 PLC 系统为该阀门控制所配置最少的输入、输出点数为下列哪个选项？列出各输入、输出点的名称。 （ ）

（A）输入点 7 个、输出点 9 个

（B）输入点 9 个、输出点 7 个

（C）输入点 9 个、输出点 9 个

（D）输入点 9 个、输出点 10 个

解答过程：

题 31～35：某企业处于空旷地区，地势平坦，海拔高度 900m，最高气温 40℃，最低气温−25℃，地区年平均气温 8℃，最大设计风速 30m/s，覆冰厚度 5mm。企业 66kV 变电站采用双回 66kV 架空线路供电。杆选用铁塔和钢筋混凝土电杆，全程架设避雷线。导线选用 LGJ-120/25，导线外径 15.74mm，计算截面积 149.73mm²，单位质量 526.6kg/km，导线的破坏强度 320N/mm²，弹性系数取 76000N/mm²，线膨胀系数取 18.9×10⁻⁶/℃，计算时电线风压不均匀系数取 0.75。请回答下列问题。

31. 该线路中某相邻的两基直线杆塔，档距为 260m，同相导线悬挂点等高，杆头均采用三角形布置，悬垂绝缘子串长度均为 1000mm，具体见下图，图中标注的尺寸单位均为 mm。估算满足导线最小线间距离要求时，该档导线的允许弧垂最接近下列哪项数值？（　　）

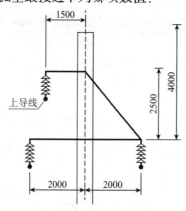

（A）2.37m
（B）5.69m
（C）13.29m
（D）21.3m

解答过程：

32. 计算该线路在覆冰工况下的单位综合荷载最接近下列哪项数值？（　　）

（A）0.055N/m
（B）2.875N/m
（C）8.039N/m
（D）8.168N/m

解答过程：

33. 该线路导线的安全系数取 2.75 时，控制气象条件为最低气温工况。已知导线的自重比载为 $0.034\text{N}/(\text{m}\cdot\text{mm}^2)$，长期荷载工况下的导线综合比载为 $0.035\text{N}/(\text{m}\cdot\text{mm}^2)$，计算确定长期荷载工况下，导线悬挂点等高时导线最低点的应力与代表档距的关系式为下列哪项？（　　）

（A）$116.4 - \dfrac{0.034^2 \times l^2 \times 76000}{24 \times 116.4^2} = \sigma - \dfrac{0.035^2 \times l^2 \times 76000}{24\sigma^2} + 50.274$

（B）$116.4 - \dfrac{0.034^2 \times l^2 \times 76000}{24 \times 116.4^2} = \sigma - \dfrac{0.034^2 \times l^2 \times 76000}{24\sigma^2} + 50.274$

（C）$116.4 - \dfrac{0.034^2 \times l^2 \times 76000}{24 \times 116.4^2} = \sigma - \dfrac{0.035^2 \times l^2 \times 76000}{24\sigma^2} + 47.401$

（D）$320 - \dfrac{0.034^2 \times l^2 \times 76000}{24 \times 320^2} = \sigma - \dfrac{0.034^2 \times l^2 \times 76000}{24\sigma^2} + 50.274$

解答过程：

34.该线路某杆塔一侧导线每相采用一个防震锤作为防震措施，档距小于 500m。振动上限的风速取 5.6m/s。假设线夹口是所有振动波的波节，简化计算线夹出口与防震锤的安装位置之间的距离最接近下列哪项数值？ （ ）

（A）0.8m
（B）1.0m
（C）1.4m
（D）2.0m

解答过程：

35.该线路中某相邻的两基直线杆塔，杆头布置形式相同，两杆塔同相导线悬挂点高差角为 20°。根据绝缘配合的要求，该档档距中央的最大允许弧垂为 10m。该档所在的耐张段最大弧垂发生在最高气温工况，此时导线最低点的应力为 100N/mm²。按照斜抛物线公式计算确定当仅考虑绝缘配合的要求时，该档的最大允许档距最接近下列哪项数值？ （ ）

（A）38m
（B）470m
（C）485m
（D）841m

解答过程：

题 36～40：请回答下列问题。

36.某办公楼每层设一间电信间，综合布线信息点均需接入本层电信间机柜配线架上。地下一层设置 26 个工作区，1～3 层裙房各设置 66 个工作区，4～15 层各设置 100 个工作区，信息点均按办公区基本配置标准设置，每个工作区信息点配线平均长度按地下一层和 1～3 层裙房 60m、4～15 层 45m 计算，每个信息点配一根 4 对双绞线缆，计算本项目至少需配置多少箱线缆（每箱为 305m，忽略线缆损耗和线缆接头裕量）。 （ ）

（A）222 箱
（B）421 箱
（C）443 箱
（D）561 箱

解答过程：

37.某裙房会议室安装了模拟有线电视系统终端，见示意图。分配器、分支器、终端盒、同轴电缆的损耗见下表，问 X 点输入电平为 95dB 时，为确保 Y 点终端盒输出电平在 60～80dBμV 范围内，主干同轴电缆（采用同一规格）最小需选用下列哪种规格？并说明理由。 （ ）

项目	分配损耗	分支损耗	插入损耗
二分配器	4dB		
四分支器		15dB	4dB
终端盒			1dB

同轴电缆衰减常数（dB/100m）	
规格 ＼ 频率	860MHz
75-5	19.7
75-7	13.3
75-9	10.3
75-12	7.7

（A）75-5 　　　　（B）75-7 　　　　（C）75-9 　　　　（D）75-12

解答过程：

38.某无地下室的多层建筑标准层电信间（弱电竖井）平面如下图所示，图中标注的尺寸单位均为 mm。不考虑其他未知因素。请判断该电信间设计有几处不符合规范要求？并提供判断依据。（　　）

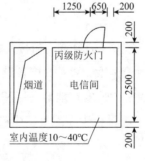

（A）1 处 　　　　（B）2 处 　　　　（C）3 处 　　　　（D）4 处

解答过程：

39.拟采用 1/2 英寸（像场尺寸宽 6.4mm、高 4.8mm）的 CCD 摄像头观测宽 2400mm、高 2400mm 的物体，镜头距物体 3000mm。镜头的焦距需选用下列哪项？ 　　　　　　　　　　（　　）

（A）3.5mm 　　　　（B）4.6mm 　　　　（C）6.0mm 　　　　（D）8.0mm

解答过程：

40. 某室内净高 7.6m 的空间设置了雨淋系统，对该雨淋系统联动控制编程时，以下哪个编号对应的逻辑控制描述是正确的？并说明理由。　　　　　　　　　　　　　　　（　　）

编号	联动触发信号	联动控制对象
①	同一报警区域内，任意两只独立的感烟火灾探测器或任意一只感烟火灾探测器与一只手动火灾报警按钮发出报警信号	联动开启相应雨淋阀组
②	同一报警区域内，任意两只独立的感烟火灾探测器或任意一只感烟火灾探测器与一只手动火灾报警按钮发出报警信号	联动开启雨淋消防泵
③	同一报警区域内，任意两只独立的感温火灾探测器或任意一只感温火灾探测器与一只手动火灾报警钮发出报警信号	联动开启雨淋消防泵
④	同一报警区域内，任意两只独立的感温火灾探测器或任意一只感温火灾探测器与一只手动火灾报警钮发出报警信号	联动开启相应雨淋阀组

（A）①　　　　　　（B）②　　　　　　（C）③　　　　　　（D）④

解答过程：

2024　全国勘察设计注册工程师
执业资格考试用书

Zhuce Dianqi Gongchengshi (Gongpeidian) Zhiye Zige Kaoshi
Zhuanye Kaoshi Linian Zhenti Xiangjie

注册电气工程师（供配电）执业资格考试
专业考试历年真题详解
（2011～2023）
试题答案

蒋　徵／主　编

人民交通出版社
北京

内 容 提 要

本书共 3 册，内容涵盖 2011～2023 年专业知识试题、案例分析试题及试题答案。

本书配有在线数字资源（有效期一年），读者可刮开封面红色增值贴，微信扫描二维码，关注"注考大师"微信公众号领取。

本书可供参加注册电气工程师（供配电）执业资格考试专业考试的考生复习使用。

图书在版编目（CIP）数据

2024 注册电气工程师（供配电）执业资格考试专业考试历年真题详解：2011～2023 / 蒋徵主编. — 北京：人民交通出版社股份有限公司，2024.6

ISBN 978-7-114-19216-6

Ⅰ. ①2… Ⅱ. ①蒋… Ⅲ. ①供电系统—资格考试—题解 ②配电系统—资格考试—题解 Ⅳ. ①TM72-44

中国国家版本馆 CIP 数据核字（2024）第 017123 号

书　　名：	**2024 注册电气工程师（供配电）执业资格考试专业考试历年真题详解（2011～2023）**
著 作 者：	蒋　徵
责任编辑：	刘彩云
责任印制：	刘高彤
出版发行：	人民交通出版社
地　　址：	（100011）北京市朝阳区安定门外外馆斜街 3 号
网　　址：	http://www.ccpcl.com.cn
销售电话：	（010）59757973
总 经 销：	人民交通出版社发行部
印　　刷：	北京印匠彩色印刷有限公司
开　　本：	889×1194　1/16
印　　张：	55.75
字　　数：	1230 千
版　　次：	2024 年 6 月　第 1 版
印　　次：	2024 年 6 月　第 1 次印刷
书　　号：	ISBN 978-7-114-19216-6
定　　价：	188.00 元（含 3 册）

（有印刷、装订质量问题的图书，由本社负责调换）

目 录

（试题答案）

2011 年专业知识试题答案（上午卷）

1. **答案：** B

   依据：《爆炸危险环境电力装置设计规范》（GB 50058—2014）附录 B 第 23-6）条。

2. **答案：** B

   依据：《低压配电设计规范》（GB 50054—2011）第 3.1.9 条、第 3.1.10 条。

3. **答案：** A

   依据：《3～110kV 高压配电装置设计规范》（GB 50060—2008）第 5.4.4 条及表 5.4.4 的注 4。

4. **答案：** C

   依据：《工业与民用供配电设计手册》（第四版）P5 式（1.2-1）。

   起重机的设备功率：$P_e = P_r\sqrt{\varepsilon_r} = 120 \times \sqrt{0.4} = 75.9\text{kW}$

5. **答案：** B

   依据：《电力工程电气设计手册 1 电气一次部分》P48 "有关双母线接线的特点"。

   注：内桥、外桥、单母线及分段单母线已多次考查，双母线及双母线分段的特点也应了解。

6. **答案：** A

   依据：《钢铁企业电力设计手册》（上册）P289 "变压器的运行特性"。

7. **答案：** D

   依据：《35kV～110kV 变电站设计规范》（GB 50059—2011）第 5.0.4 条～第 5.0.6 条、第 5.0.9 条。

8. **答案：** D

   依据：《电能质量 供电电压偏差》（GB/T 12325—2008）第 4.1 条。

   第 4.1 条：35kV 及以上供电电压正、负偏差绝对值之和不超过标称电压的 10%。

9. **答案：** D

   依据：《供配电系统设计规范》（GB 50052—2009）第 7.0.8 条。

10. **答案：** B

    依据：《3～110kV 高压配电装置设计规范》（GB 50060—2008）第 6.0.5 条。

11. **答案：** A

    依据：《火力发电厂与变电站设计防火标准》（GB 50229—2019）第 6.8.2 条。

12. **答案：** C

    依据：《爆炸危险环境电力装置设计规范》（GB 50058—2014）第 4.1.2 条及条文说明。

13. **答案：** B

    依据：《3～110kV 高压配电装置设计规范》（GB 50060—2008）第 3.0.2 条。

14. **答案：** D

依据：《电力设施抗震设计规范》（GB 50260—2013）第 6.7.4 条～第 6.7.8 条。

15. 答案：A

依据：《建筑照明设计标准》（GB 50034—2013）第 7.2.3 条。

16. 答案：C

依据：《并联电容器装置设计规范》（GB 50227—2017）第 5.2.2 条及条文说明。

$$U_{CN} = \frac{1.05 U_{SN}}{\sqrt{3}S(1-K)} = \frac{1.05 \times 35}{\sqrt{3} \times 4 \times (1-0.12)} = 6.03\text{kV}, \ \text{取 } 6\text{kV}$$

注：应区别电容器运行电压和额定电压两个定义。

17. 答案：B

依据：《低压配电设计规范》（GB 50054—2011）第 7.6.54 条。

18. 答案：B

依据：《并联电容器装置设计规范》（GB 50227—2017）第 4.1.2-3 条。

每个串联段的电容器并联总容量不应超过 3900kvar：3900 ÷ 500 = 7.8 个，取整为 7 个。

因此单星形接线的总容量最大为：$Q_{max} = 7 \times 500 \times 3 = 10500\text{kvar}$

注：有关并联电容器组接线类型可参考《电力工程电气设计手册 1 电气一次部分》P503 图 9-30。

19. 答案：C

依据：《低压配电设计规范》（GB 50054—2011）第 7.6.3 条～第 7.6.7 条。

20. 答案：C

依据：《导体和电器选择设计规程》（DL/T 5222—2021）第 5.1.10 条表 5.1.10。

$0.78 \times [0.31 - 1.05 \times (1000 - 200) \times 10^{-4}] = 0.176\text{A/mm}^2$，因此选择 0.165A/mm^2。

注：导体无镀层接头接触面的电流密度，不宜超过表 5.1.10 所列数值。

21. 答案：B

依据：《导体与电器选择设计技术规定》（DL/T 5222—2005）第 16.0.4 条及条文说明。

22. 答案：A

依据：《20kV 及以下变电所设计规范》（GB 50053—2013）第 6.1.9 条。

23. 答案：C

依据：《电力工程电缆设计标准》（GB 50217—2018）第 5.2.2 条。

24. 答案：D

依据：《交流电气装置的接地设计规范》（GB/T 50065—2011）第 5.1.8 条。

25. 答案：C

依据：《火灾自动报警系统设计规范》（GB 50116—2013）第 3.3.2-2 条、第 6.2.16 条。

26. 答案：C

依据：《电力装置的继电保护和自动装置设计规范》（GB/T 50062—2008）第 15.4.2 条。

27. **答案：A**

    依据：《电力装置的继电保护和自动装置设计规范》（GB/T 50062—2008）附录 B 表 B.0.1。

28. **答案：B**

    依据：《电力工程直流电源系统设计技术规程》（DL/T 5044—2014）附录 D 第 D.2.1 条方式 2。

    每套高频开关的电流模块数量：$n = \dfrac{I_{10}}{I_{me}} = \dfrac{300 \div 10}{10} = 3$

29. **答案：D**

    依据：《民用建筑电气设计标准》（GB 51348—2019）第 17.4.2 条～第 17.4.4 条。

30. **答案：D**

    依据：《建筑物防雷设计规范》（GB 50057—2010）附录 J 电涌保护器表 J.J.1。

31. **答案：B**

    依据：《交流电气装置的过电压保护和绝缘配合设计规范》（GB/T 50064—2014）第 3.2.2 条、第 4.1.1 条。

    第 3.2.2-1 条：工频过电压的基准电压 1.0 p.u. $= U_{\mathrm{m}}/\sqrt{3}$

    第 4.1.1-4 条：35kV 工频过电压一般不超过 $\sqrt{3}$ p.u.

    则：$35\mathrm{kV}：\sqrt{3}\,\mathrm{p.u.} = \sqrt{3} \times 40.5 \div \sqrt{3} = 40.5\mathrm{kV}$

    注：也可参考《交流电气装置的过电压保护和绝缘配合》（DL/T 620—1997）第 4.1.1-b）条及第 3.2.2-a）条。最高电压 U_{m} 可参考《标准电压》（GB/T 156—2017）第 3.3 条～第 3.5 条。

32. **答案：B**

    依据：《建筑物防雷设计规范》（GB 50057—2010）第 4.3.5-4 条。

    有效钢筋表面积总和：$S \geqslant 4.24 k_c^2 = 4.24 \times 0.44^2 = 0.82\,\mathrm{mm}^2$

    注：当接闪器成闭合环或网状的多根引下线时，分流系数可为 0.44。

33. **答案：C**

    依据：《交流电气装置的接地设计规范》（GB/T 50065—2011）附录 D。

34. **答案：B**

    依据：《电力装置电测量仪表装置设计规范》（GB/T 50063—2017）第 4.1.7 条。

35. **答案：D**

    依据：《建筑照明设计标准》（GB 50034—2013）第 7.1.4-3 条。

36. **答案：C**

    依据：《钢铁企业电力设计手册》（下册）P96 式（24-7）。

    注：也可参考《反接制动的接线方式和制动特性》P406、P407 表 5-1。

37. **答案：A**

    依据：《民用建筑电气设计标准》（GB 51348—2019）第 18.8.2-3 条。

38. **答案：A**

    依据：《66kV 及以下架空电力线路设计规范》（GB 50061—2010）第 7.0.3 条式（7.0.3-2）。

等效水平线间距离：$D_X \geqslant \sqrt{D_p^2 + \left(\frac{4}{3}D_z\right)^2} = \sqrt{3^2 + \left(\frac{4}{3} \times 4\right)^2} = 6.12m$

39. **答案：A**

 依据：《综合布线系统工程设计规范》（GB 50311—2016）第 8.0.1 条表 8.0.1。

40. **答案：D**

 依据：《66kV 及以下架空电力线路设计规范》（GB 50061—2010）第 6.0.3 条、第 6.0.4 条。

....

41. **答案：ABC**

 依据：《系统接地的型式及安全技术要求》（GB 14050—2008）第 5.1.3 条。

42. **答案：AD**

 依据：《爆炸危险环境电力装置设计规范》（GB 50058—2014）第 3.2.3 条。

43. **答案：BCD**

 依据：《火力发电厂与变电站设计防火标准》（GB 50229—2019）第 4.0.9 条、第 5.3.10 条。

44. **答案：ABD**

 依据：《3～110kV 高压配电装置设计规范》（GB 50060—2008）第 4.1.3 条及条文说明。

45. **答案：ABC**

 依据：《火力发电厂与变电站设计防火标准》（GB 50229—2019）第 11.4.1 条。

46. **答案：ACD**

 依据：《低压配电设计规范》（GB 50054—2011）第 3.1.1 条。

47. **答案：CD**

 依据：《通用用电设备配电设计规范》（GB 50055—2011）第 3.3.4-1 条。

 第 3.3.4-1 条：单台交流电梯供电导线的连续工作载流量应大于其铭牌连续工作制额定电流 140%。

 最小连续工作载流量：$I_{e \cdot min} = 1.4 \times \dfrac{48}{\sqrt{3} \times 0.38 \times 0.7} = 145.9A$

48. **答案：ABD**

 依据：《民用建筑电气设计标准》（GB 51348—2019）第 6.2.2 条。

49. **答案：ACD**

 依据：《20kV 及以下变电所设计规范》（GB 50053—2013）第 3.2.14 条。

50. **答案：BC**

 依据：《3～110kV 高压配电装置设计规范》（GB 50060—2008）第 7.2.3 条。

51. **答案：ACD**

 依据：《并联电容器装置设计规范》（GB 50227—2017）第 7.2.6 条。

52. **答案：BD**

依据：《供配电系统设计规范》（GB 50052—2009）第 5.0.11 条及条文说明。

注：负荷转矩与负荷性质有关，与电压无关；频率降低严重时，可能造成汽轮机叶片断裂。

53. 答案：ACD

依据：《35kV～110kV 变电站设计规范》（GB 50059—2011）第 4.5.6 条。

54. 答案：BC

依据：《导体和电器选择设计规定》（DL/T 5222—2021）第 7.2.12 条。

55. 答案：CD

依据：《民用建筑电气设计标准》（GB 51348—2019）第 14.5.2 条。

56. 答案：AD

依据：《电力工程电缆设计标准》（GB 50217—2018）第 3.3.2 条～第 3.3.7 条。

57. 答案：ABC

依据：《电力工程电缆设计标准》（GB 50217—2018）第 4.1.16 条。

58. 答案：CD

依据：《电力装置的继电保护和自动装置设计规范》（GB/T 50062—2008）第 9.0.5 条。

59. 答案：CD

依据：《交流电气装置的过电压保护和绝缘配合设计规范》（GB/T 50064—2014）第 5.4.10-2 条。

注：《交流电气装置的过电压保护和绝缘配合》（DL/T 620—1997）第 7.1.10 条。

60. 答案：ACD

依据：《电力工程直流电源系统设计技术规程》（DL/T 5044—2014）第 6.2.1-8 条。

61. 答案：ABD

依据：《建筑物防雷设计规范》（GB 50057—2010）第 4.5.8 条。

62. 答案：AB

依据：《建筑物防雷设计规范》（GB 50057—2010）附录 B。

63. 答案：ACD

依据：《火灾自动报警系统设计规范》（GB 50116—2013）第 11.2.2 条。

64. 答案：ABC

依据：《通用用电设备配电设计规范》（GB 50055—2011）第 6.0.2 条～第 6.0.6 条。

65. 答案：BC

依据：《建筑照明设计标准》（GB 50034—2013）第 3.3.6 条。

66. 答案：AB

依据：《电气传动自动化技术手册》（第三版）P880、P881 数据通信内容。

67. 答案：BCD

依据：《钢铁企业电力设计手册》（下册）P285 "电磁转差离合器调速系统的特点"。

68. 答案：ABC

依据：《出入口控制系统工程设计规范》（GB 50396—2007）第 3.0.4 条。

69. 答案：BD

依据：《66kV 及以下架空电力线路设计规范》（GB 50061—2010）第 7.0.5 条。

70. 答案：BC

依据：《66kV 及以下架空电力线路设计规范》（GB 50061—2010）第 5.2.4 条。

2011 年专业知识试题答案（下午卷）

1. **答案：**C

   依据：《爆炸危险环境电力装置设计规范》（GB 50058—2014）第 B.0.1-12 条。

2. **答案：**A

   依据：《火力发电厂与变电站设计防火标准》（GB 50229—2019）第 11.5.3 条、第 11.5.15 条、第 11.5.18 条。

3. **答案：**B

   依据：《导体和电器选择设计规定》（DL/T 5222—2021）第 6.0.16-4 条。

4. **答案：**C

   依据：《工业与民用供配电设计手册》（第四版）P67 表 2.4-5。

5. **答案：**A

   依据：《20kV 及以下变电所设计规范》（GB 50053—2013）第 3.3.4 条。

6. **答案：**B

   依据：《电力装置电测量仪表装置设计规范》（GB/T 50063—2017）第 3.9.2 条。

7. **答案：**C

   依据：《20kV 及以下变电所设计规范》（GB 50053—2013）第 6.2.7 条。

8. **答案：**B

   依据：《并联电容器装置设计规范》（GB 50227—2017）第 8.2.7 条。

9. **答案：**D

   依据：《供配电系统设计规范》（GB 50052—2009）第 6.0.7 条。

10. **答案：**C

    依据：《3～110kV 高压配电装置设计规范》（GB 50060—2008）第 5.4.10 条。

11. **答案：**B

    依据：《电力设施抗震设计规范》（GB 50260—2013）第 6.7.5 条。

12. **答案：**A

    依据：《交流电气装置的接地设计规范》（GB/T 50065—2011）第 7.2.6 条。

13. **答案：**C

    依据：《35kV～110kV 变电站设计规范》（GB 50059—2011）第 3.8.6 条。

14. **答案：**C

    依据：《电力工程电缆设计标准》（GB 50217—2018）第 4.1.17-2 条。

15. 答案：D

依据：《电力工程电缆设计标准》（GB 50217—2018）第 5.3.5 条及表 5.3.5。

16. 答案：A

依据：《低压配电设计规范》（GB 50054—2011）第 6.3.6 条及其条文说明。

17. 答案：C

依据：《低压配电设计规范》（GB 50054—2011）第 3.2.9 条及条文说明。

18. 答案：D

依据：《导体与电器选择设计技术规程》（DL/T 5222—2005）第 17.0.1 条、第 17.0.4、第 17.0.5 条。

19. 答案：D

依据：《通用用电设备配电设计规范》（GB 50055—2011）第 2.3.5 条。

20. 答案：B

依据：《工业与民用供配电设计手册》（第四版）P382 式（5.6-9）及《低压配电设计规范》（GB 50054—2011）附录 A 表 A.0.2。

最小裸导体截面：$S \geqslant \dfrac{\sqrt{Q_d}}{C} = \dfrac{\sqrt{1245 \times 10^6}}{143} = 246.7\,\text{mm}^2$，取 $50 \times 5\,\text{mm}^2$。

21. 答案：C

依据：《低压配电设计规范》（GB 50054—2011）第 7.6.8 条、第 7.6.9 条、第 7.6.12 条、第 7.6.13 条。

22. 答案：C

依据：《电力工程电缆设计标准》（GB 50217—2018）第 6.2.2 条～第 6.2.4 条。

23. 答案：C

依据：《交流电气装置的过电压保护和绝缘配合设计规范》（GB/T 50064—2014）第 4.4.3 条。

持续运行电压：$U_m/\sqrt{3} = 126 \div \sqrt{3} = 72.7\,\text{kV}$

额定电压：$0.75 U_m = 0.75 \times 126 = 94.5\,\text{kV}$

注：也可参考《交流电气装置的过电压保护和绝缘配合》（DL/T 620—1997）表 3。最高电压 U_m 可依据《标准电压》（GB/T 156—2017）第 3.4 条表 4。

24. 答案：B

依据：《35kV～110kV 变电站设计规范》（GB 50059—2011）第 2.0.3 条～第 2.0.7 条。

25. 答案：A

依据：《电力装置电测量仪表装置设计规范》（GB/T 50063—2017）第 8.3.3 条。

26. 答案：A

依据：《电力装置的继电保护和自动装置设计规范》（GB/T 50062—2008）第 15.2.1-1 条及条文说明。

27. 答案：D

依据：《电力工程直流电源系统设计技术规程》（DL/T 5044—2014）附录 D 中 D.1.1 和 D.1.2。

28. **答案：B**

依据：《交流电气装置的过电压保护和绝缘配合设计规范》（GB/T 50064—2014）第 4.2.9 条。

采用真空断路器或采用截流值较高的少油断路器开断高压感应电动机时产生的过电压为操作过电压，囊括在第 4.2 条操作过电压及限制的内容中。

> 注：也可参考《交流电气装置的过电压保护和绝缘配合》（DL/T 620—1997）第 4.2.7 条。

29. **答案：C**

依据：《建筑物防雷设计规范》（GB 50057—2010）第 5.2.5 条。

30. **答案：B**

依据：《建筑物防雷设计规范》（GB 50057—2010）第 4.5.1-2 条。

31. **答案：B**

依据：《电力工程高压送电线路设计手册》（第二版）式（2-7-13）。

> 注：也可参考《交流电气装置的过电压保护和绝缘配合》（DL/T 620—1997）第 5.1.2 条。
>
> 导线平均高度公式：$h_{av} = h - \dfrac{2}{3}f$，其中 h 为悬挂点高度，f 为弧垂。

32. **答案：C**

依据：《民用建筑电气设计标准》（GB 51348—2019）第 10.2.7 条。

33. **答案：B**

依据：《建筑照明设计标准》（GB 50034—2013）第 7.2.12 条。

34. **答案：D**

依据：《建筑照明设计标准》（GB 50034—2013）第 5.5.4 条。

35. **答案：C**

依据：《电气传动自动化技术手册》（第三版）P951 "抗干扰技术"。

36. **答案：D**

依据：《钢铁企业电力设计手册》（下册）P331 "交—交变频调速"。

37. **答案：C**

依据：《火灾自动报警系统设计规范》（GB 50116—2013）第 6.2.18 条。

38. **答案：B**

依据：《火灾自动报警系统设计规范》（GB 50116—2013）附录 A。

39. **答案：A**

依据：《入侵报警系统工程设计规范》（GB 50394—2007）第 6.1.5 条。

40. **答案：B**

依据：《66kV 及以下架空电力线路设计规范》（GB 50061—2010）第 12.0.10 条及表 12.0.10。

41. **答案：** ABD

    依据：《低压配电设计规范》（GB 50054—2011）第 5.1.7 条、第 5.1.9 条。

42. **答案：** ABC

    依据：《爆炸危险环境电力装置设计规范》（GB 50058—2014）第 3.1.1 条及条文说明。

43. **答案：** AC

    依据：《火力发电厂与变电站设计防火标准》（GB 50229—2019）第 11.1.1 条表 11.1.1。

44. **答案：** BC

    依据：《民用建筑电气设计标准》（GB 51348—2019）第 9.6.3 条。

45. **答案：** AB

    依据：《供配电系统设计规范》（GB 50052—2009）第 5.0.15 条。

46. **答案：** AD

    依据：《供配电系统设计规范》（GB 50052—2009）第 7.0.4 条。

47. **答案：** ABC

    依据：《火灾自动报警系统设计规范》（GB 50116—2013）第 5.2.2 条。

48. **答案：** BCD

    依据：《20kV 及以下变电所设计规范》（GB 50053—2013）第 3.2.14 条。

49. **答案：** ABD

    依据：《20kV 及以下变电所设计规范》（GB 50053—2013）第 5.2.4 条。

50. **答案：** ABD

    依据：《民用建筑电气设计标准》（GB 51348—2019）第 4.4.13 条。

51. **答案：** BCD

    依据：《导体和电器选择设计技术规定》（DL/T 5222—2005）第 11.0.9 条。

52. **答案：** BCD

    依据：《工业与民用供配电设计手册》（第四版）P60 表 2.3-1。

53. **答案：** AD

    依据：《并联电容器装置设计规范》（GB 50227—2017）第 8.3.3 条。

54. **答案：** ACD

    依据：《工业与民用供配电设计手册》（第四版）P34"调高自然功率因数的措施"。

55. **答案：** BCD

    依据：《3～110kV 高压配电装置设计规范》（GB 50060—2008）第 5.2.4 条、第 5.3.3 条、第 5.3.5 条、第 5.3.7 条。

56. **答案：** BCD

依据：《电力工程电缆设计标准》（GB 50217—2018）第 3.4.4 条。

57. **答案：** AB

依据：《35kV～110kV 变电站设计规范》（GB 50059—2011）第 8.0.2 条。

58. **答案：** AB

依据：《电力装置的继电保护和自动装置设计规范》（GB/T 50062—2008）第 9.0.3 条。

59. **答案：** ACD

依据：《电力工程直流电源系统设计技术规程》（DL/T 5044—2014）第 6.3.3-1 条、第 6.3.5-2 条、第 6.3.6 条。

60. **答案：** BD

依据：《建筑物防雷设计规范》（GB 50057—2010）第 4.5.4 条。

61. **答案：** AB

依据：《交流电气装置的过电压保护和绝缘配合设计规范》（GB/T 50064—2014）第 5.4.10-2 条。

注：也可参考《交流电气装置的过电压保护和绝缘配合》（DL/T 620—1997）第 7.1.10 条。

62. **答案：** ABD

依据：《工业与民用供配电设计手册》（第四版）P1433～P1434 "屏蔽接地的目的与分类"。

63. **答案：** AB

依据：《电力工程电缆设计标准》（GB 50217—2018）第 5.3.3 条。

64. **答案：** AD

依据：《电力设施抗震设计规范》（GB 50260—2013）第 6.8.2 条。

65. **答案：** ACD

依据：《爆炸危险环境电力装置设计规范》（GB 50058—2014）第 4.2.4 条。

66. **答案：** ABD

依据：《电气传动自动化技术手册》（第三版）P600 "转子侧高速调速系统"。

67. **答案：** BD

依据：《钢铁企业电力设计手册》（下册）P311 表 25-12。

68. **答案：** ABD

依据：《民用建筑电气设计标准》（GB 51348—2019）第 10.4.1 条、第 10.4.5 条。

69. **答案：** AC

依据：《建筑照明设计标准》（GB 50034—2013）第 7.3.8 条。

70. **答案：** ABD

依据：《66kV 及以下架空电力线路设计规范》（GB 50061—2010）第 7.0.2 条。

2011 年案例分析试题答案（上午卷）

题 1～5 答案：**ABBCD**

1.《工业与民用供配电设计手册》（第四版）P460 式（6.2-8）。

变压器阻抗电压有功分量：$u_a = \dfrac{100\Delta P_T}{S_{rT}} = \dfrac{100 \times 90}{20 \times 10^3} = 0.45$

变压器阻抗电压无功分量：$u_r = \sqrt{u_T^2 - u_a^2} = \sqrt{8^2 - 0.45^2} = 7.987$

其中：$\cos\varphi = 0.92$，得 $\sin\varphi = 0.392$，则变压器电压损失（%）：

$\Delta u_T = \beta(u_a\cos\varphi + u_r\sin\varphi) = 0.84 \times (0.45 \times 0.92 + 7.987 \times 0.392) = 2.978\%$

2.《电能质量 公用电网谐波》（GB/T 14549—1993）附录 C 式（C2）。

7 次谐波的电压含有率：$HRU_7 = \dfrac{\sqrt{3}U_N h I_h}{10 S_h}(\%) = \dfrac{\sqrt{3} \times 10 \times 7 \times 33}{10 \times 200}(\%) = 2.0\%$

注：此处 U_N 根据规范的要求应为电网的标称电压，有关标称电压可查《工业与民用供配电设计手册》（第四版）P127 表 4-1，若此处代入基准电压 10.5kV，则算出答案为 2.1%，显然是不对的。此公式也可查阅《工业与民用供配电设计手册》（第四版）P288 式（6-40），此处要求的也是电网的标称电压。

3.《供配电系统设计规范》（GB 50052—2009）第 5.0.9 条。

采取无功功率补偿的措施，即为提高功率因数。

4.《工业与民用供配电设计手册》（第四版）P284 式（4.6-11）和式（4.6-13）（选择基准容量为 100MV·A）。

110kV 线路电源侧短路电路总电抗标幺值：$X_{*c1} = \dfrac{1}{S_{*k}} = \dfrac{1}{2000/100} = \dfrac{1}{20} = 0.05$

10kV 线路电源侧短路电路总电抗标幺值：$X_{*c2} = \dfrac{1}{S_{*k}} = \dfrac{1}{200/100} = \dfrac{1}{2} = 0.5$

《工业与民用供配电设计手册》（第四版）P281 表（4.6-3）变压器、线路相关公式。

110/10.5kV 变压器短路电抗标幺值：$X_{*T} = \dfrac{u_k\%}{100} \times \dfrac{S_j}{S_{rT}} = 0.08 \times \dfrac{100}{20} = 0.40$

由供电网络关系可知 110kV 的供电线路标幺值：$X_{*l} = X_{*c2} - X_{*c1} - X_{*T} = 0.5 - 0.05 - 0.4 = 0.05$

110kV 的供电线路有名值：$X_l = X_{*l}\dfrac{U_j^2}{S_j} = 0.05 \times \dfrac{115^2}{100} = 6.6125\Omega$

根据 110kV 线路单位长度电抗值求出线路长度：$l = \dfrac{6.6125}{0.4} = 16.53\text{km}$

5.《20kV 及以下变电所设计规范》（GB 50053—2013）第 4.2.1 条表 4.2.1。

查表可得：裸带电部分至用钥匙或工具才能打开或拆卸的栅栏（10kV）的安全净距为 $200 + 750 = 950\text{mm}$。

根据表下的注释，进行海拔参数的修正。

$$m = A \times \left(1 + \frac{1500 - 1000}{100} \times 1\%\right) + 750$$

$$= 200 \times \left(1 + \frac{1500 - 1000}{100} \times 1\%\right) + 750 = 960mm$$

题 6～10 答案：**CCBCC**

6.《工业与民用供配电设计手册》（第四版）P5 式（1.2-1）。

$$P_e = P_r \sqrt{\frac{\varepsilon_r}{0.25}} = 2P_r\sqrt{\varepsilon_r} = 2 \times 30 \times \sqrt{0.4} = 37.95kW$$

注：原题考查采用需要系数法时，换算为 $\varepsilon = 25\%$ 的功率。

7.《工业与民用供配电设计手册》（第四版）P10 式（1.4-1）、式（1.4-3）。

计算过程见下表。

设备名称	额定功率（kW）	需要系数	设备功率（kW）
金属冷加工机床	40	0.2	8
起重机用电动机	39.75	0.3	11.925
电加热器	20	1	20（单相）
冷水机组、空调设备送风机	40	0.85	34
高强气体放电灯	8	0.9	7.2
荧光灯	4	0.9	3.6

三相负荷总功率：$P = 8 + 11.925 + 34 + 7.2 + 3.6 = 64.725kW$

单相用电设备占三相负荷设备功率的百分比：$20/64.725 = 30.9\% > 15\%$

根据《工业与民用供配电设计手册》（第四版）P20 中"单相负荷化为三相负荷的简化方法第二条及第三条，式（1.6-4）"，单相 380V 设备为线间负荷，因此，等效三相负荷 $P_{e3} = 20 \times \sqrt{3} = 34.6kW$。

8.《工业与民用供配电设计手册》（第四版）P10 式（1.4-3）～式（1.4-5）。计算过程见下表。

设备名称	设备功率	需要系数	$\cos\varphi$	$\tan\varphi$	有功功率	无功功率
金属冷加工机床	40	0.2	0.5	1.732	8	13.856
起重机用电动机	33	0.3	0.5	1.732	9.9	17.147
电加热器	40	1	0.98	0.203	40	8.12
冷水机组、空调设备送风机	40	0.85	0.8	0.75	34	25.5
高强气体放电灯	8	0.9	0.6	1.333	7.2	9.6
荧光灯	4	0.9	0.9	0.484	3.6	1.742
小计	—	—	—	—	102.7	75.96
$K_P = 0.85$，$K_Q = 0.9$	—	—	—	—	87.30	68.36
视在功率	—	—	—	—	110.876	

注：此题难度不大，但很容易出错，计算时需仔细，在考场上此类题目会占用较多时间，建议留到最后计算。

9.《工业与民用供配电设计手册》（第四版）P10 式（1.4-6）。

$$I_c = \frac{S_c}{\sqrt{3}U_r} = \frac{105}{\sqrt{3} \times 0.38} = 159.53A$$

10. 《低压配电设计规范》（GB 50054—2011）第 6.3.3 条。

过负荷保护电器的动作特性，应符合下列公式的要求：

$$I_B \leqslant I_n \leqslant I_z \tag{6.3.3-1}$$

$$I_2 \leqslant 1.45 I_z \tag{6.3.3-2}$$

式中：I_B——回路计算电流（A）；

$\quad I_n$——熔断器熔体额定电流或断路器额定电流或整定电流（A）；

$\quad I_z$——导体允许持续载流量（A）；

$\quad I_2$——保证保护电器可靠动作的电流（A），当保护电器为断路器时，I_2 为约定时间内的约定动作

$\qquad$ 电流，当为熔断器时，I_2 为约定时间内的约定熔断电流。

满足 $I_B \leqslant I_n \leqslant I_z$，即熔体额定电流小于或等于不大于导体允许持续载流量，按题意应有 $0.8I_z \geqslant I_n = 200A$，$I_z \geqslant 250A$。

题 11～15 答案：**AADCA**

11. 《35kV～110kV 变电站设计规范》（GB 50059—2011）第 3.2.4 条及条文说明。

12. 《工业与民用供配电设计手册》（第四版）P281 表 4.6-3（选择基准容量为 100MV·A），分列运行等效电路如右图所示。

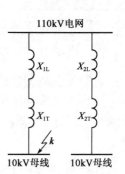

110kV 输电线路电抗标幺值：

$$X_{*l} = X_l \frac{S_j}{U_j^2} = 10 \times 0.4 \times \frac{100}{115^2} = 0.03$$

110/10kV 变压器阻抗标幺值：

$$X_{*T} = \frac{u_k}{100} \times \frac{S_j}{S_{rT}} = 0.105 \times \frac{100}{31.5} = 0.33$$

《工业与民用供配电设计手册》（第四版）P284 式（4.6-11）和式（4.6-13）。

10kV 侧短路电流标幺值：

$$I_* = \frac{1}{X_*} = \frac{1}{0.333 + 0.03} = 2.755$$

10kV 侧短路电流有名值：

$$I_B = I_* \frac{S_j}{\sqrt{3}U_j} = 2.755 \times \frac{100}{\sqrt{3} \times 10.5} = 15.15kA$$

注：变压器分列运行，应只计算一个变压器与一条输电线路的电流值。

10kV 母线分段运行，10kV 母线短路电流只流过一台主变压器，其短路电流值较两台变压器并联运行时大为降低，从而在许多情况下允许 10kV 侧装设轻型电气设备，故障点的一段母线能维持较高的运行电压，不足之处是变压器的负荷不平衡，使电能损耗较并列运行时稍大，一台变压器故障时，该分段母线的供电在分段断路器接通前要停电，此问题可由分段断路器装设设备自投装置来解决。

13. 《工业与民用供配电设计手册》（第四版）P281 表 4.6-3（选择基准容量为 100MV·A）。

110kV 输电线路电抗标幺值：$X_{*l} = X_l \dfrac{S_j}{U_j^2} = 10 \times 0.4 \times \dfrac{100}{115^2} = 0.03$

短路电流小于20kA的总电抗：$X_* = \dfrac{1}{I_{*k}} = \dfrac{S_j}{\sqrt{3}I_k U_j} = \dfrac{100}{\sqrt{3} \times 20 \times 10.5} = 0.275$

110/10kV高阻抗变压器阻抗最小标幺值：$X_{*T} = \dfrac{u_{kmin}}{100} \times \dfrac{S_j}{S_{rT}} = \dfrac{u_{kmin}}{100} \times \dfrac{100}{50} = 0.275 - 0.03$

整理后得到：$u_{kmin} = (0.275 - 0.03) \times 50 = 12.25$

14.《电力装置的继电保护和自动装置设计规范》（GB/T 50062—2008）第5.0.7-2条。

利用第7.0.2条、第7.0.4条排除选项A；利用第5.0.3-1、第5.0.3-2条排除选项B，注意本题中的10kV馈线为单侧电源线路，而非双侧电源线路；利用第5.0.7-2条选定C；利用第4.0.3-2条有关主保护的论述排除选项D。

注：单侧电源线路就是只有一侧有电源，另一侧为纯负载，单侧电源线路的开关的合闸无需检同期；双侧电源线路就是线路的两侧均有电源，其开关在合闸时因为开关两侧均有电压，所以通过检同期合闸。

15.《3～110kV高压配电装置设计规范》（GB 50060—2008）第3.0.2条表3.0.2裸导体和电器的环境温度或《导体和电器选择设计规程》（DL/T 5222—2021）第4.0.3条表4.0.3。

题16～20答案：**BBCAC**

16.《火力发电厂与变电站设计防火标准》（GB 50229—2019）第6.7.3条及表6.7.3、第11.1.5条表11.1.5及其表下方注解。

原题是考查旧规范《35～110kV变电所设计规范》（GB 50059—1992）附录中的表格，本规范很少考查，但建议考生适当了解该规范后半部分有关变电所防火的有关规定。

注：不建议依据《3～110kV高压配电装置设计规范》（GB 50060—2008）作答，根据其第1.0.2条的要求，该规范仅适用于高压配电装置工程的设计。

17.《3～110kV高压配电装置设计规范》（GB 50060—2008）第5.4.4条表5.4.4。

$$L = 1000 \times 2 + 1500 \times 2 + 900 + 双车长 = 5900 + 双车长$$

注：此题若按《20kV及以下变电所设计规范》（GB 50053—2013）第4.2.7条表4.2.7，则长度为5700 + 双车长，并无答案。

18.《3～110kV高压配电装置设计规范》（GB 50060—2008）第5.4.4条表5.4.4及注解4。

$L = 2800 + 1000(柜后维护通道) + 1200 + 单车长 = 5000 + 单车长$

19.《3～110kV高压配电装置设计规范》（GB 50060—2008）第5.4.4条表5.4.4。

$L = 3 \times 1000 + 18 \times 800 + 2 \times 1000 = 19400$

注：低压配电柜两个出口之间距离超过15m时，应增加出口，但高压配电柜无类似规定。

20.《3～110kV高压配电装置设计规范》（GB 50060—2008）第5.5.3条。

题21～25答案：**BACAA**

21.《工业与民用供配电设计手册》（第四版）P1457相导体与大地故障引起的故障电压的相关内容，

移动式设备发生相线碰外壳接地故障时的电路图如下：

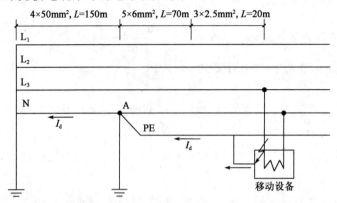

故障电流：$I_d = U_n/R_\Sigma = 220/[2 \times (0.15 \times 0.4 + 0.07 \times 3 + 0.02 \times 8)] = 255.8A$

注：电流从相线—保护线折返回中性点，电阻应该是单芯电线电阻的2倍。

22. 由上图可知，A点为建筑物总等电位联结接地点，电位为0，则$U_d = I_d \times R_1 = 200 \times (0.07 \times 3 + 0.02 \times 8) = 74V$。

23.《低压配电设计规范》（GB 50054—2011）第6.2.4条。

当短路保护电器为断路器时，被保护线路末端的短路电流不应小于断路器瞬时或短延时过电流脱扣器整定电流的1.3倍。

$I_K > = 1.3 \times 12 \times 20 = 312A$

24. 由上图可知，当小间做局部等电位联结，移动式设备发生相线碰外壳接地故障时，移动外壳对于小间的电位差为：

$U_d = I_d R_2 = 200 \times (0.02 \times 8) = 32V$

25.《低压电气装置 第4-41部分：安全防护 电击防护》（GB 16895.21—2020）。

①利用第412.5条排除选项D，剩余电流保护器只能作为附加保护，不是防止发生直接电击的主保护措施。

②利用第412.2条可知，遮拦和外护物可作为直接接触防护的一种措施，第412.2.4条中，当需要移动遮拦或打开外护物或拆下外护物的部件时，应符合以下条件：

a.使用钥匙或工具。

b.将遮拦或外护物所防护的带电部分的电源断开后，恢复供电只能在重新放回或重新关闭遮拦或外护物以后。

c.有能防止触及带电部分的防护等级至少为IPXXB或IP2X的中间遮拦，这种遮拦只有使用钥匙或工具才能移开。

针对移动设备（即人们需要经常携带或推拉的设备）来说，此种防护方式是否最为便利、最好，应该是不言而喻的。

③裸露导体包以绝缘，属于直接接触防护中带电部分的绝缘；小间地板绝缘，实际属于间接接触防护的一种，主要针对0类设备。因此不应在选择范围之内。此外，还需要指出的是，第413.3.5条要求所做的配置应是永久性的，并不应使它有失效的可能。预计使用移动式或便携式设备时，也要确保有这

种防护。此种防护是否为最好的防护措施，应该看是否能保证移动式设备所到之处都能做到地板绝缘。

④安全特低电压是直接接触和间接接触兼有的防护措施，有考友因为此点排除选项 A 是不妥当的。所谓兼有，即直接接触防护可以使用，间接接触防护也可以使用，而其作为防护措施本身并无排他性。另外，第 411.1.5.2 条规定，当建筑物内外已按 413.1.2 设置总等电位联结……不需要符合第 411.1.5.1 条中的直接接触防护。其实作为防护措施来讲，无论是直接接触防护还是间接接触防护，安全特低电压都是一种普遍最优的选择。一方面，特低电压对人体无伤害；另一方面，其电气回路均设置隔离变压器，只有磁路耦合而无电路连接。因此隔离变压器故障时，也不会造成电击。

> 注：此题目有争议。有关接触电压、单相接地短路电流计算的题目，无具体依据，可引用《工业与民用供配电设计手册》（第四版）P1456～P1457 相关内容，也可直接画出电路图进行计算，只要过程结果都正确，都不会扣分。

2011 年案例分析试题答案（下午卷）

题 1~5 答案：**BCBDD**

1.《钢铁企业电力设计手册》（上册）P306 有关调节电动机的转速部分内容。

根据风机的压力—流量特性曲线可知，转速与流量成正比，而功率与流量的 3 次方成比，即

$$\frac{P_2}{P_1} = \left(\frac{N_2}{N_1}\right)^3 .$$

50%额定风量工作时的功率 $P_{50} = (0.5)^3 P_{\mathrm{n}}$；20%额定风量工作时的功率 $P_{20} = (0.2)^3 P_{\mathrm{n}}$。

《钢铁企业电力设计手册》（上册）P306 式（6-43），推导可得年耗电量的公式（忽略轧机相关系数）。

$$W = \frac{PT_{\mathrm{Y}}}{\eta_{\mathrm{m}}} = \frac{P_{\mathrm{n}} \times 6000 \times 40\%}{\eta_{\mathrm{m}100}\eta_{\mathrm{mp}100}} + \frac{P_{50} \times 6000 \times 30\%}{\eta_{\mathrm{m}50}\eta_{\mathrm{mp}50}} + \frac{P_{20} \times 6000 \times 30\%}{\eta_{\mathrm{m}20}\eta_{\mathrm{mp}20}} = 2703000\mathrm{kW} \cdot \mathrm{h}$$

2.《钢铁企业电力设计手册》（上册）P306 式（6-43），推导可得年耗电量的公式（忽略轧机相关系数）。

$$Q_{100} = 1, H_{100} = 1.4 - 0.4Q_{100}^2 = 1.4 - 0.4 \times 1^2 = 1$$
$$Q_{50} = 0.5, H_{50} = 1.4 - 0.4Q_{50}^2 = 1.4 - 0.4 \times 0.5^2 = 1.3$$
$$Q_{20} = 0.2, H_{20} = 1.4 - 0.4Q_{20}^2 = 1.4 - 0.4 \times 0.2^2 = 1.384$$
$$W = \frac{P_{\mathrm{n}}QHT_{\mathrm{Y}}}{\eta_{\mathrm{m}}}$$
$$= \frac{P_{\mathrm{n}} \times Q_{100} \times H_{100} \times 6000 \times 40\%}{\eta_{\mathrm{m}100}} + \frac{P_{\mathrm{n}} \times Q_{50} \times H_{50} \times 6000 \times 30\%}{\eta_{\mathrm{m}50}} + \frac{P_{\mathrm{n}} \times Q_{20} \times H_{20} \times 6000 \times 30\%}{\eta_{\mathrm{m}20}}$$
$$= \frac{900 \times 1 \times 6000 \times 40\%}{0.92} + \frac{900 \times 0.5 \times 1.3 \times 6000 \times 30\%}{0.8} + \frac{900 \times 0.2 \times 1.384 \times 6000 \times 30\%}{0.65} = 4353947\mathrm{kW} \cdot \mathrm{h}$$

3. 平均每月节省电费 $W = \dfrac{(3473900 - 2156300) \times 0.7}{12} = 7.686$ 万元

投资回收期（静态）$T = \dfrac{84}{7.686} = 10.9 \approx 11$ 月

4.《钢铁企业电力设计手册》（上册）P310 表 6-12。

此表格虽为例题，但也具有参考性，很明显，表格中各种控制方式下，风机功率消耗由左向右逐渐降低，最节能的是变频调速控制，其次为变极调速＋入口挡板控制。

5.《钢铁企业电力设计手册》（下册）P271 表 25-2。

独立控制变频调速的特点为效率高，系统复杂，价格较高，转速变化率小。

题 6~10 答案：**BDDBB**

6.《交流电气装置的过电压保护和绝缘配合设计规范》（GB/T 50064—2014）第 5.4.13 条及相关内容。

第 5.4.13-2 条：未沿全线架设地线的 35～110kV 线路，其变电站的进线段应采用下图所示的保护接线。

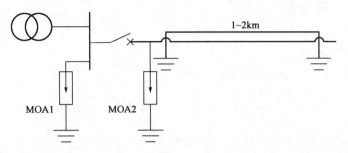

必须设置的避雷器为 LA1、LA3 和 LA2、LA4。

第 5.4.13-6 条：表 5.4.13-1，可知主变压器距 110kV 母线避雷器最大电气距离未超过允许值，在主变压器附近可不必增设一组阀式避雷器，排除 LA5、LA6。

> 注：也可参考《交流电气装置的过电压保护和绝缘配合》（DL/T 620—1997）第 7.3.2 条和第 7.3.4 条表 11，表 11 中按 110kV，2km 进线长度，2 回路进线确定最大电气距离。

7.《交流电气装置的过电压保护和绝缘配合设计规范》（GB/T 50064—2014）第 5.4.13 条及相关内容。

同上题，第 5.4.13-2 条要求，必须设置的避雷器为 LA7、LA11 和 LA8、LA12。

同上题，第 5.4.13-6 条：表 5.4.13-1，主变压器距 35kV 母线避雷器最大电气距离未超过允许值。

第 5.4.13-11 条，必须设置的避雷器为 LA9、LA10。

第 5.4.13-12 条及表 5.4.13-2，必须设置的避雷器为 LA13、LA14，且 10kV 母线避雷器最大电气距离未超过允许值。

> 注：也可参考《交流电气装置的过电压保护和绝缘配合》（DL/T 620—1997）第 7.3.2 条和第 7.3.4 条表 11（35kV 侧）；第 7.3.8 条和第 7.3.9 条表 13（10kV 侧）。此题不严谨，系统图中未画出 10kV 和 35kV 的架空进线端，无法区分变压器中低压侧的避雷器是在架空进线前还是在架空进线后，按题意强调的几个条件，建议选 D。

8.《交流电气装置的过电压保护和绝缘配合设计规范》（GB/T 50064—2014）第 3.1.3 条。

35kV 系统（架空线）接地电容电流：$I_{c35} = 60 \times 0.1 = 6A < 10A$，应采用不接地的方式。

10kV 系统（架空线 + 电缆）接地电容电流：$I_{c10} = 0.03 \times 30 + 1.6 \times 8 = 13.7A > 10A$，同时需在接地故障条件下运行，应采用中性点谐振（消弧线圈）接地方式。

> 注：也可参考《交流电气装置的过电压保护和绝缘配合》（DL/T 620—1997）第 3.1.2 条，题中要求 10kV 系统以钢筋混凝土杆塔架空线路为主，根据第 3.1.2-a 条确认 10A 为允许值。

9.《交流电气装置的过电压保护和绝缘配合设计规范》（GB/T 50064—2014）第 3.1.6-4 条。

$$W = 1.35 I_c \frac{U_n}{\sqrt{3}} = 1.35 \times 36.7 \times \frac{10}{\sqrt{3}} = 286.05 \text{kV} \cdot \text{A}$$

> 注：也可参考《交流电气装置的过电压保护和绝缘配合》（DL/T 620—1997）第 3.1.6-c 条，若题目要求确定消弧线圈的规格，则应选择与计算结果相接近的数值。另外，10kV 系统电容电流除线路单相接地电容电流外，还应含有变电所增加的接地电容电流，即"系统电容电流 = 线路单相接地电容电流 + 变电所设备增加的电容电流"，因此，根据题干已知条件，建议不再补充计算 16% 的电容电流增量。

10.《交流电气装置的接地设计规范》（GB/T 50065—2011）附录 A 式（A.0.4-3）。

$$R \approx 0.5 \frac{\rho}{\sqrt{S}} = 0.5 \times \frac{100}{\sqrt{90 \times 60}} = 0.68\Omega$$

题 11～15 答案：**BCDCB**

11.《照明设计手册》（第三版）P146 式（5-44）。

$$RCR = \frac{2.5 \text{墙面积}}{\text{地面积}} = \frac{2.5 \times 2\pi \times 5 \times (3.3 - 0.75)}{\pi \times 5^2} = 2.55$$

注：墙面积计算中的墙高是工作面至吊顶高度。

12.《照明设计手册》（第三版）P145 式（5-39）。

$$E_{av} = \frac{N\Phi Uk}{A}$$

$$N = \frac{E_{av}A}{\Phi Uk} = \frac{500 \times 3.14 \times 5^2}{3250 \times 0.51 \times 0.8} = 29.6$$

因此取 30 只。

13.《照明设计手册》（第三版）P131 第 5 行，其中 θ 角可查 P129 表 5-5。

$$\theta = \arctan(3 \div 2.55) = 49.6°$$

$$S \leqslant \frac{h}{4\cos\theta} = \frac{3.3 - 0.75}{4\cos 49.6°} = 0.983\text{m}$$

14.《照明设计手册》（第三版）P131 式（5-25）。

$$C = \frac{Nl'}{N(l' + S) - S} = \frac{5 \times 1.3}{5 \times (1.3 + 0.2) - 0.2} = 0.89$$

15.《照明设计手册》（第三版）P126 式（5-21）。

$$E_h = \frac{\Phi I'_{\theta 0} k}{1000h}\cos^2\theta(AF) = \frac{2 \times 3250 \times 0.87 \times 0.8 \times 278/1.3}{1000 \times 2.55} \times 1^2 \times 0.662 = 251\text{lx}$$

题 16～20 答案：**BABAC**

16.《工业与民用供配电设计手册》（第四版）P482～P483 表 6.5-4 全压启动公式。

电动机启动回路额定输入容量：$S_{st} = S_{stM} = K_{st}S_{rM} = 2.9 \times 1.9 = 11.21\text{MV} \cdot \text{A}$

母线电压相对值：$U_{stm} = u_s \frac{S_{km}}{S_{km} + Q_{fh} + S_{st}} = 1.05 \times \frac{46}{46 + 2.95 + 11.21} = 0.803$

电动机端电压相对值：$U_{stM} = U_{stm}\frac{S_{st}}{S_{stM}} = 0.803 \times \frac{11.21}{11.21} = 0.803$

17.《工业与民用供配电设计手册》（第四版）P480 式（6.5-3）。

启动时电动机端子电压应能保证的最小启动转矩：$u_{stM} \geqslant \sqrt{\frac{1.1M_j}{M_{stM}}} = \sqrt{\frac{1.1 \times 0.16}{1.0}} = 0.42$

18.《钢铁企业电力设计手册》（上册）P277 式（5-16）。

$$t_{st} = \frac{GD^2 n_N^2}{3580 P_{Nm}(u_{sm}^2 m_{sa} - m_r)} = \frac{80 \times 500^2}{3580 \times 1450 \times (u_{sm}^2 \times 1.1 - 0.16)} = 14$$

方程求解可得 $u_{sm} = 0.63$。

注：本题也可依据《工业与民用供配电设计手册》（第四版）P268 式（6-24），但需注意：此处总飞轮转矩 GD^2 的单位为 $Mg \cdot m^2$，与题干给的 $kN \cdot m^2$ 不一致，相差一个重力加速度 $g = 9.8$。

19.《工业与民用供配电设计手册》（第四版）P480 式（6.5-4）。

由公式 $t_{st} = \dfrac{4gJn_0^2}{3580P_{rM}(u_{stM}^2 m_{stM} - m_s)}$，影响启动时间的因素不包括电动机额定电压。

20.《工业与民用供配电设计手册》（第四版）P478 式（6.5-1）。
$$\Delta u_{st} = \frac{U - U_{st}}{U_n} = \frac{6.3 - 5.4}{6.0} = 0.15$$

题 21～25 答案：**CBBCC**

21.《电力装置的继电保护和自动装置设计规范》（GB/T 50062—2008）第 8.1.3 条。

22.《工业与民用供配电设计手册》（第四版）P572～P573 表 7.5-2。

最小运行方式下，两相短路超瞬态电流：

$I''_{k2 \cdot min} = 0.866 I''_{k3 \cdot min} = 0.866 \times \dfrac{S_{kmin}}{\sqrt{3}U_j} = 0.866 \dfrac{200}{\sqrt{3} \times 10.5} = 9.52\text{kA}$

保护装置的动作电流：$I_{op \cdot k} \leqslant \dfrac{I''_{k2 \cdot min}}{1.5 n_{TA}} = \dfrac{9.52}{1.5 \times 400/5} = 0.0793\text{kA} = 79.3\text{A}$

23.《工业与民用供配电设计手册》（第四版）P572～P573 表 7.5-2 "过电流保护"。

电容器组额定电流：$I_{rC} = \dfrac{Q_n}{\sqrt{3}U_n} = \dfrac{4800}{\sqrt{3} \times 10} = 277.13\text{A}$

保护装置的动作电流：$I_{opK} = K_{rel}K_{jx}\dfrac{K_{gh}I_{rC}}{K_r n_{TA}} = 1.2 \times 1.0 \times \dfrac{1.3 \times 277.13}{0.85 \times 400/5} = 6.4\text{A}$

保护装置一次动作电流：$I_{op} = I_{opK}\dfrac{n_{TA}}{K_{jx}} = 6.4 \times \dfrac{400 \div 5}{1} = 512\text{A}$

最小运行方式下，两相短路超瞬态电流：

$I''_{k2 \cdot min} = 0.866 I''_{k3 \cdot min} = 0.866 \times \dfrac{S_{kmin}}{\sqrt{3}U_j} = 0.866 \times \dfrac{200}{\sqrt{3} \times 10.5} = 9.52\text{kA}$

保护装置灵敏系数：$K_{ren} = \dfrac{I''_{k2 \cdot min}}{I_{op}} = \dfrac{9.52}{512} = 0.01859\text{kA} = 18.59\text{A}$

24.《工业与民用供配电设计手册》（第四版）P572～P573 表 7.5-2 "过负荷保护"。

电容器组额定电流：$I_{rC} = \dfrac{Q_n}{\sqrt{3}U_n} = \dfrac{4800}{\sqrt{3} \times 10} = 277.13\text{A}$

保护装置的动作电流：$I_{opK} = K_{rel}K_{jx}\dfrac{I_{rC}}{K_r n_{TA}} = 1.2 \times 1.05 \times \dfrac{277.13}{0.85 \times 400/5} = 5.13\text{A}$

25.《工业与民用供配电设计手册》（第四版）P572～P573 表 7.5-2 "低电压保护"。

保护装置的动作电压：$U_{opK} = K_{min}U_{r2} = 0.5 \times 100 = 50\text{V}$

题 26～30 答案：**ABDBC**

26.《火灾自动报警系统设计规范》（GB 50116—2013）第 3.1.5 条：任一台火灾报警控制器所连接

的火灾探测器，手动火灾报警按钮和模块等设备总数和地址总数，均不应超过 3200 点，其中每一总线回路连接设备的总数不宜超过 200 点，且应留有不少于额定容量 10% 的余量。

> 注：原题考查旧规范，新规范已删除相关内容。

27.《火灾自动报警系统设计规范》（GB 50116—2013）第 3.2.1-2 条：不仅需要报警，同时需要联动自动消防设备，且只设置一台具有集中控制功能的火灾报警控制器和消防联动控制器的保护对象，应采用集中报警系统，并应设置一个消防控制室。

> 注：原题考查旧规范，新规范已有所修改。

28.《建筑设计防火规范》（GB 50016—2014）第 5.4.12-9 条。

29.《民用建筑电气设计标准》（GB 51348—2019）第 10.4.1 条。

30.《民用建筑电气设计标准》（GB 51348—2019）第 13.8.4-7 条。

题 31～35 答案：**CADDD**

31. 无条文依据。所谓 AI 点，即模拟量输入点，一般为 DDC 需要检测模拟量，如温度、湿度、阀门开度等，在监控功能表中应查看监控内容一栏：

①新风、回风、送风湿温度（PT1000，电容式）检测：共 6 个 AI 点。

②新风、回风、排风风阀阀位（DC0～10V）检测：共 3 个 AI 点（若为阀门开闭，即为 DI 点）。

③冷/热电动调节阀阀位（DC0～10V）检测：共 2 个 AI 点（若为阀门开闭，即为 DI 点）。

因此共 11 个 AI 点。

> 注：可参考《注册电气工程师执业资格考试专业考试复习指导书》P688 图 15-2-5 相关内容。显然，监控功能表中带有控制的几栏应为输出量（DO 或 AO），而报警信号为数字输入量（DI）。这样区别对待就很好判断 AI 点了。

32. 无条文依据。点位分析如下：

防冻开关信号：DI 点；新风温度信号：AI 点；回风湿度信号：AI 点；风机启停控制信号：DO 点。

33.《民用建筑电气设计标准》（GB 51348—2019）第 18.9.1-9 条。

34.《民用建筑电气设计标准》（GB 51348—2019）第 18.9.2-12 条。

35.《民用建筑电气设计标准》（GB 51348—2019）第 18.7.1-8 条。

题 36～40 答案：**DBDCD**

36.《66kV 及以下架空电力线路设计规范》（GB 50061—2010）第 6.0.16-1 条。

37.《交流电气装置的接地设计规范》（GB/T 50065—2011）附录 F 式（F.0.1）。

工频接地电阻：$R = \dfrac{\rho}{2\pi L}\left(\ln\dfrac{L^2}{hd} + A_t\right)$

其中 $L = 4L_1 = 4 \times 4 = 16\text{m}$，$A_t = 1.0$，$d = b/2 = 0.025$。

$$R = \frac{\rho}{2\pi L}\left(\ln\frac{L^2}{hd} + A_{t}\right) = \frac{500}{2\pi \times 16}\times\left(\ln\frac{16^2}{0.8\times0.025} + 1\right) = 52\Omega$$

38.《钢铁企业电力设计手册》（上册）P1057 中"21.3.3 电线的比载"及表 21-23。

电线上每单位长度（m）在单位截面（mm^2）上的荷载称为比载；γ_7 为覆冰时综合比载。

39.《钢铁企业电力设计手册》（上册）P1057 表 21-23 及理论风压公式 $W_0 = 5\rho V^2$。

覆冰时风荷载： $q_5 = \alpha K W_0 (d + 2b)\times10^{-3} = 0.5\alpha K\rho V^2 (d+2b)\times10^{-3} = 0.5\times1.0\times1.2\times$

$1.2255\times10^2\times(17 + 2\times20)\times10^{-3} = 4191\times10^{-3}N/m$

$\gamma_5 = q_5/A = 4191\times10^{-3}/170 = 24.65\times10^{-3}N/(m\cdot mm^2)$

注：手册上原式有误。

40.《钢铁企业电力设计手册》（上册）P1064"垂直档距定义"及 P1082 式（21-28）。

垂直档距近似认为电线单位长度上的垂直力与杆塔两侧电线最低点水平距离之和，因此若两相邻两档杆塔等高，单位长度上的垂直力为零，那么垂直档距近似认为是杆塔两侧电线最低点水平距离。

导线的垂直荷载：$Q = \gamma_3 S l_c = 100\times10^{-3}\times170\times120 = 2040N$

2012 年专业知识试题答案（上午卷）

1. **答案：** D

   依据：《电流对人和家畜的效应 第 1 部分：通用部分》（GB/T 13870.1—2008）第 5.4 条。

2. **答案：** B

   依据：《低压配电设计规范》（GB 50054—2011）第 4.2.6 条。

3. **答案：** B

   依据：《电流对人和家畜的效应 第 1 部分：通用部分》（GB/T 13870.1—2008）第 3.2.2 条。

4. **答案：** B

   依据：《低压配电设计规范》（GB 50054—2011）第 5.2.1 条及条文说明。当发生接地故障并在故障持续的时间内，与它有电气联系的电气设备的外露可导电部分对大地和装置可导电部分间存在电位差，此电位差可能使人身遭受电击。

   注：也可参考《低压配电装置 第 4-41 部分：安全防护 电击防护》（GB 16895.21—2020）第 413 条。

5. **答案：** C

   依据：《交流电气装置的接地设计规范》（GB/T 50065—2011）第 8.1.2-6 条。

6. **答案：** A

   依据：《民用建筑电气设计标准》（GB 51348—2019）附录 A。

7. **答案：** D

   依据：《3～110kV 高压配电装置设计规范》（GB 50060—2008）第 4.1.3 条。

8. **答案：** D

   依据：《建筑设计防火规范》（GB 50016—2014）第 10.1.8 条。

9. **答案：** A

   依据：《工业与民用供配电设计手册》（第四版）P280～P281 表 4.6-2、表 4.6-3。变压器电抗标幺值：

   $$X_{*\mathrm{T}} = \frac{U_{\mathrm{k}}\%}{100} \cdot \frac{S_{j}}{S_{\mathrm{rT}}} = 0.075 \times \frac{100}{5} = 1.5$$

10. **答案：** B

    依据：《低压配电设计规范》（GB 50054—2011）第 6.2.4 条。

11. **答案：** A

    依据：《工业与民用供配电设计手册》（第四版）P302 式（4.6-35）和式（4.6-38）。

    电缆线路单相接地电容电流：$I_{c1} = 0.1 U_{\mathrm{r}} l = 0.1 \times 10 \times 25 = 25\mathrm{A}$

    架空线路单相接地电容电流：$I_{c2} = \dfrac{U_{\mathrm{r}} l}{350} = \dfrac{10 \times 35}{350} = 1.0\mathrm{A}$

    总接地电容电流：$I_{\mathrm{c}} = 25 + 1.0 = 26\mathrm{A}$

12. 答案：B

依据：《20kV 及以下变电所设计规范》（GB 50053—2013）第4.1.4条、第4.1.5条。

13. 答案：D

依据：《工业与民用供配电设计手册》（第四版）P401 式（5.7-11）。

设 $S_j = 100MV \cdot A$，$U_j = 10.5kV$，则 $I_j = 5.5kV$，电抗器的额定电抗百分比：

$$x_{rk}(\%) \geqslant \left(\frac{I_j}{I_{ky}} - X_{*S}\right)\frac{I_{rk}U_j}{U_{rk}I_j} \times 100\% = \left(\frac{5.5}{5.5} - \frac{100}{250}\right) \times \frac{0.75 \times 10.5}{10 \times 5.5} \times 100\% = 8.6\%，选 10\%。$$

14. 答案：A

依据：《3～110kV 高压配电装置设计规范》（GB 50060—2008）第5.4.4条。

15. 答案：B

依据：《电力工程电气设计手册 1 电气一次部分》P232 表6-3。

变压器回路计算工作电流：$I_e = 1.05 \times \frac{S}{\sqrt{3}U} = 1.05 \times \frac{25 \times 10^3}{\sqrt{3} \times 10.5} = 1443A$

注：当提及"回路持续工作电流"和"计算工作电流"两个词时，建议参考一次手册作答。

16. 答案：B

依据：《3～110kV 高压配电装置设计规范》（GB 50060—2008）第5.1.1条表5.1.1中D值。

17. 答案：A

依据：《电力工程电缆设计标准》（GB 50217—2018）第5.4.5-2条。

18. 答案：C

依据：《工业与民用供配电设计手册》（第四版）P311～P312 表5.1-1。

注：虽缺少机械荷载一项，但根据其他特性已可以选出正确答案了，也可参考《导体和电器选择设计规程》（DL/T 5222—2021）第7.2条。

19. 答案：D

依据：《低压配电设计规范》（GB 50054—2011）第7.2.15条。

20. 答案：A

依据：《交流电气装置的过电压保护和绝缘配合设计规范》（GB/T 50064—2014）第5.2.1条。

$4 = h_x < 0.5h = 0.5 \times 20 = 10$

在4m高度的保护半径：$r_x = (1.5h - 2h_x)P = (1.5 \times 20 - 2 \times 4) \times 1 = 22m$

变电所最远点距金属杆：$l = \sqrt{30^2 + 6^2} = 30.6m$，显然无法完全保护。

注：也可参考《交流电气装置的过电压保护和绝缘配合》（DL/T 620—1997）第5.2.1条，本题为变电所防雷，非民用建筑防雷计算，因此不建议参考《建筑物防雷设计规范》（GB 50057—2010）。

21. 答案：C

依据：《建筑物防雷设计规范》（GB 50057—2010）第5.3.3条。

22. 答案：B

依据：《工业与民用供配电设计手册》（第四版）P177 倒数第5行：最小短路电流（即最小运行方式

下的短路电流）用于选择熔断器、设定保护定值或作为校验继电保护灵敏度和校验感应电动机启动的依据。

23. **答案：C**

    依据：《建筑物防雷设计规范》（GB 50057—2010）第 6.4.4 条表 6.4.4。

24. **答案：D**

    依据：《3～110kV 高压配电装置设计规范》（GB 50060—2008）第 3.0.2 条表 3.0.2。

25. **答案：C**

    依据：《建筑物防雷设计规范》（GB 50057—2010）附录 A 式（A.0.3-2）。

    $$A_e = \left[LW + 2(L+W)\sqrt{H(200-H)} + \pi H(200-H) \right] \times 10^{-6}$$
    $$= (50 \times 23 + 2 \times 73 \times 99.68 + \pi \times 92 \times 108) \times 10^{-6} = 0.0469$$

26. **答案：A**

    依据：《工业与民用供配电设计手册》（第四版）P748 式（8.3-1）。

27. **答案：B**

    依据：《交流电气装置的过电压保护和绝缘配合设计规范》（GB/T 50064—2014）第 5.2.1 条。

    各算子：$h = 35\text{m}$，$h_x = 10\text{m}$，$P = \dfrac{5.5}{\sqrt{h}} = \dfrac{5.5}{\sqrt{35}} = 0.93$

    $h_x < 0.5h$，$r_x = (1.5h - 2h_x)P = (1.5 \times 35 - 2 \times 10) \times 0.93 = 30.225\text{m}$

    注：也可参考《交流电气装置的过电压保护和绝缘配合》（DL/T 620—1997）第 5.2.1 条式（6）。

28. **答案：A**

    依据：《导体和电器选择设计技术规定》（DL/T 5222—2005）第 16.0.7 条：经消弧线圈接地即为非直接接地方式。

    16.0.7 用于中性点直接接地系统的电压互感器，其剩余绕组额定电压应为 100V；用于中性点非直接接地系统的电压互感器，其剩余绕组额定电压应为 100/3V。

    注：第三绕组电压 $100/\sqrt{3}$ 已较为少见，手册中仍可见到，但建议考试时暂不考虑。

29. **答案：C**

    依据：《低压配电设计规范》（GB 50054—2011）第 3.2.14 条。

    保护导体截面积：$S \geqslant \dfrac{I}{k}\sqrt{t} = \dfrac{23.5 \times 10^3}{143} \times \sqrt{0.2} = 73.5\text{mm}^2$，取 95mm^2。

30. **答案：C**

    依据：《建筑物防雷设计规范》（GB 50057—2010）第 4.2.4-6 条及小注。

    注：当土壤电阻率小于或等于 $500\Omega \cdot \text{m}$ 时，对环形接地体所包围的面积的等效圆半径大于或等于 5m 的情况，环形接地体不需要补加接地体。

31. **答案：C**

    依据：《交流电气装置的接地设计规范》（GB/T 50065—2011）附录 F 式（F.0.1）及表 F.0.1。

    $A_t = 1.76$，$L = 4 \times 4 = 16$，$d = b/2 = 0.025\text{m}$

$$R = \frac{\rho}{2\pi L}\left(\ln\frac{L^2}{hd} + A_t\right) = \frac{500}{2\pi \times 16}\times\left(\ln\frac{16^2}{0.8 \times 0.025} + 1.76\right) = 55.8\Omega$$

注：也可参考《交流电气装置的接地》（DL/T 621—1997）附录 D 表 D1。

32. **答案：** A

    依据：《民用建筑电气设计标准》（GB 51348—2019）第 12.4.14 条。

33. **答案：** C

    依据：《交流电气装置的接地设计规范》（GB/T 50065—2011）第 3.2.2-2 条。

    注：也可参考《建筑电气装置 第 4 部分：安全防护 第 44 章：过电压保护 第 442 节：低压电气装置对暂时过电压和高压系统与地之间的故障的防护》（GB 16895.11—2001）第 442.2 条。

34. **答案：** B

    依据：《电力工程电缆设计标准》（GB 50217—2018）第 5.4.4-2 条。

35. **答案：** B

    依据：《建筑照明设计标准》（GB 50034—2013）第 4.1.6 条表 4.1.6。

36. **答案：** D

    依据：《照明设计手册》（第三版）P459 "应急照明光源、灯具及系统"。

    注：也可参考《建筑照明设计标准》（GB 50034—2013）第 3.2.3 条。

37. **答案：** A

    依据：《建筑照明设计标准》（GB 50034—2013）第 5.2.8 条及表 5.3.8-3。

38. **答案：** D

    依据：《钢铁企业电力设计手册》（下册）P89、90 及 P282。

39. **答案：** D

    依据：《建筑照明设计标准》（GB 50034—2013）第 4.3.1 条及表 4.3.1。

40. **答案：** D

    依据：《电气传动自动化技术手册》（第三版）P875。

    注：也可参考《电气传动自动化技术手册》（第二版）P788 倒数第 5 行。

41. **答案：** AB

    依据：《工业与民用供配电设计手册》（第四版）P1402～P1403 "总等电位联结"。

42. **答案：** BCD

    依据：《交流电气装置的接地设计规范》（GB/T 50065—2011）附录 H。

    注：也可参考行业标准《交流电气装置的接地》（DL/T 621—1997）第 7.2.6 条图 6。

43. **答案：** AB

    依据：《工业与民用供配电设计手册》（第四版）P300 "异步电动机反馈电流计算"。高压异步电动机对短路电流的影响，只有在计算电动机附近短路点的短路峰值电流时才予以考虑。在下列情况下可不考虑高压异步电动机对短路峰值电流的影响：异步电动机与短路点的连接已相隔一个变压器；在计算不对称短路电流时。

44. 答案：BD

依据：《35kV～110kV 变电站设计规范》（GB 50059—2011）第 2.0.1 条。

45. 答案：BD

依据：《工业与民用供配电设计手册》（第四版）P178～P179 图 4.1-2 和 P284、P300 的内容，远端短路时 $I''_k = I_{0.2} = I_k$，即初始值、短路 0.2s 值和稳态值相等。

选项 A：参考 P178 图 4.1-2 可知，非周期分量（直流分量）的初始值 I_{DC}，应与三相短路电流稳态值 I''_K 有如下关系：$I_{DC} = \sqrt{2}I''_k$

选项 C：全电流有效值 $I_p = I''_k\sqrt{1 + 2(K_p - 1)^2} = 1.51I''_k$（当短路点远离发电厂时，$K_p = 1.8$）

注：选项 C 参考《工业与民用配电设计手册》（第三版）P150 式（4-25）。

46. 答案：BCD

依据：《建筑设计防火规范》（GB 50016—2014）第 5.1.1 条、第 10.1.1 条,《人民防空地下室设计规范（限内部发行）》（GB 50038—2005）第 7.2.4 条表 7.2.4,《民用建筑电气设计标准》（GB 51348—2019）附录 A。

47. 答案：BCD

依据：《工业与民用供配电设计手册》（第四版）P331 "稳定校验所需用的短路电流"。

注：也可参考《钢铁企业电力设计手册》（上册）P177 相关内容。

48. 答案：BC

依据：《20kV 及以下变电所设计规范》（GB 50053—2013）第 3.2.5 条。

49. 答案：AB

依据：《工业与民用供配电设计手册》（第四版）P178 第三段第一行。短路过程中短路电流变化的情况决定于系统电源容量的大小和短路点离电源的远近。

50. 答案：ABD

依据：《供配电系统设计规范》（GB 50052—2009）第 5.0.11 条。

51. 答案：AB

依据：《20kV 及以下变电所设计规范》（GB 50053—2013）第 4.1.1-3 条。

52. 答案：ABC

依据：《并联电容器装置设计规范》（GB 50227—2017）第 5.2.2 条。

53. 答案：ABD

依据：《导体和电器选择设计规程》（DL/T 5222—2021）第 15.0.1 条。

54. 答案：AD

依据：《3～110kV 高压配电装置设计规范》（GB 50060—2008）第 7.1.4～第 7.1.8 条。

注：也可参考《低压配电设计规范》（GB 50054—2011）第 4.3.7 条。

55. 答案：ABD

依据：《建筑设计防火规范》（GB 50016—2014）第 10.1.10 条。

56. 答案：AB

依据：《民用建筑电气设计标准》（GB 51348—2019）第 4.5.4 条、第 4.5.5 条。

57. 答案：ABD

依据：《人民防空地下室设计规范（限内部发行）》（GB 50038—2005）第 7.4.1 条、第 7.4.2 条、第 7.4.6 条、第 7.4.10 条。

58. 答案：ABD

依据：《导体和电器选择设计规程》（DL/T 5222—2021）第 17.0.2 条、第 17.0.10 条，选项 C 可参见《钢铁企业电力设计手册》P573 最后一段。

59. 答案：AC

依据：《建筑物防雷设计规范》（GB 50057—2010）第 3.0.3 条。

60. 答案：ABC

依据：《工业与民用供配电设计手册》（第四版）P810 表 9.2-1。

61. 答案：CD

依据：《建筑物防雷设计规范》（GB 50057—2010）第 3.0.4-3 条、第 4.4.1 条。

62. 答案：BC

依据：《电力装置的继电保护和自动装置设计规范》（GB/T 50062—2008）第 4.0.3 条，选项 D 中过电流保护为外部相间短路引起的，与题意不符。

63. 答案：ABD

依据：《交流电气装置的过电压保护和绝缘配合设计规范》（GB/T 50064—2014）第 3.1.3 条，《导体和电器现则设计技术规定》（DL/T 5222—2005）第 18.1.4 条、第 18.1.7 条、第 18.1.8-3 条。

64. 答案：ACD

依据：《交流电气装置的过电压保护和绝缘配合设计规范》（GB/T 50064—2014）第 4.1.11-4 条。

注：也可参考《交流电气装置的过电压保护和绝缘配合》（DL/T 620—1997）第 4.1.5-d）条。

65. 答案：BD

依据：《建筑物电气装置 第 4 部分：安全防护 第 44 章：过电压保护 第 446 节：低压电气装置对高压接地系统接地故障的保护》（GB 16895.11—2001）第 442.4.2 条及图 44B。

66. 答案：ACD

依据：《民用建筑电气设计标准》（GB 51348—2019）第 7.5.3 条。

67. 答案：CD

依据：《交流电气装置的接地设计规范》（GB/T 50065—2011）第 4.3.7-6 条。

68. **答案：** BD

依据：《综合布线系统工程设计规范》（GB 50311—2016）第 8.0.3-2 条。

69. **答案：** CD

依据：《建筑照明设计标准》（GB 50034—2013）第 7.2.11 条。

注：此题不是考查线路电流计算，而仅是考查上述规范条文。

70. **答案：** ACD

依据：《钢铁企业电力设计手册》（下册）P90～P91 表 24-3。

2012 年专业知识试题答案（下午卷）

1. 答案：C

   依据：《20kV 及以下变电所设计规范》（GB 50053—2013）第 3.3.4-1 条。

2. 答案：D

   依据：《低压配电设计规范》（GB 50054—2011）第 5.1 条 "直接接触防护措施"。

3. 答案：A

   依据：《钢铁企业电力设计手册》（上册）P37 中 "1.5.4 中性点经电阻接地系统"。

   注：也可参考《工业与民用供配电设计手册》（第四版）P56 "经低电阻接地" 和 P59 "经高电阻接地" 的论述。

4. 答案：A

   依据：《人民防空地下室设计规范（限内部发行）》（GB 50038—2005）第 7.2.4 条。

5. 答案：C

   依据：《钢铁企业电力设计手册》（上册）P13 表 1-5 或 P45 表 1-20。母线检修时，可不停电地将所连接回路倒换到另一组母线上继续供电，但接线复杂，投资较高。

6. 答案：B

   依据：《城市电力规划规范》（GB 50293—1999）第 7.3.4 条。

7. 答案：C

   依据：《20kV 及以下变电所设计规范》（GB 50053—2013）第 3.2.11 条、第 3.2.15 条、第 3.3.3 条。

8. 答案：D

   依据：《并联电容器装置设计规范》（GB 50227—2017）第 6.2.5 条。

9. 答案：B

   依据：《20kV 及以下变电所设计规范》（GB 50053—2013）第 5.1.7 条。

10. 答案：D

    依据：《20kV 及以下变电所设计规范》（GB 50053—2013）第 5.1.4 条。

11. 答案：B

    依据：《3～110kV 高压配电装置设计规范》（GB 50060—2008）第 5.4.5 条。

12. 答案：D

    依据：《3～110kV 高压配电装置设计规范》（GB 50060—2008）第 5.5.1 条。

13. 答案：C

    依据：《电力装置的继电保护和自动装置设计规范》（GB/T 50062—2008）第 8.1.2-1 条。

14. 答案：D

依据：《工业和民用供配电设计手册》（第四版）P178 图 4.1-2（a）：远离发电厂的变电所可不考虑交流分量的衰减，分断时间 0.15s 为周期分量稳态值（0.01s 为峰值）。

15. **答案：D**

依据：《电力装置的继电保护和自动装置设计规范》（GB/T 50062—2008）第 15.1.1 条。

16. **答案：A**

依据：无具体条文，电流互感器的特性：两个相同的二次绕组串联时，其二次回路内的电流不变，负荷阻抗数值增加一倍，所以因继电保护或仪表的需要而扩大电流互感器容量时，可采用二次绕组串接连线。

17. **答案：A**

依据：《电力装置电测量仪表装置设计规范》（GB/T 50063—2017）第 8.1.2 条、第 8.2.3-2 条和第 7.1.7 条、第 7.2.4 条的条文说明，其中选项 A 是电气常识。

18. **答案：D**

依据：《电力工程电缆设计标准》（GB 50217—2018）第 3.5.2 条。

19. **答案：B**

依据：《电力工程直流电源系统设计技术规程》（DL/T 5044—2014）第 3.2.2 条、第 4.1.1-1 条。

20. **答案：C**

依据：《低压配电设计规范》（GB 50054—2011）第 7.4.1 条。

21. **答案：D**

依据：《钢铁企业电力设计手册》（下册）P334。交—交变频往往用于功率大于 2000kW 的低速传动中，用于轧钢机、提升机等。

注：也可参考《电气传动自动化技术手册》（第三版）P301 相关内容。

22. **答案：B**

依据：《电力装置的继电保护和自动装置设计规范》（GB/T 50062—2008）第 4.0.4-1 条。

23. **答案：D**

依据：《电气传动自动化技术手册》（第三版）P816。

注：也可参考《电气传动自动化技术手册》（第二版）P491。

24. **答案：B**

依据：《钢铁企业电力设计手册》（下册）P54 式（23-157）。

25. **答案：D**

依据：《火灾自动报警系统设计规范》（GB 50116—2013）第 6.6.1-2 条。

26. **答案：D**

依据：《工业与民用供配电设计手册》（第四版）P1402"等电位联结的作用和分类"的第一行：建筑物的低压电气装置应采用等电位联结，以降低建筑物内间接接触电压和不同金属物体间的电位差。

27. **答案：A**

依据：《火灾自动报警系统设计规范》（GB 50116—2013）第 6.2.3-5 条。

28. **答案：D**

依据：《低压配电设计规范》（GB 50054—2011）第 7.7.6 条。

29. **答案：B**

依据：《火灾自动报警系统设计规范》（GB 50116—2013）第 11.1.2 条及表 11.1.2。

30. **答案：A**

依据：《建筑照明设计标准》（GB 50034—2013）第 4.2.1-6 条。

31. **答案：C**

依据：《有线电视系统工程技术规范》（GB 50200—1994）第 2.3.6.4 条。

32. **答案：B**

依据：《钢铁企业电力设计手册》（下册）P94 中"24.1.1.7 变频启动"，《电气传动自动化技术手册》（第三版）P399。

注：也可参考《电气传动自动化技术手册》（第二版）P321。

33. **答案：C**

依据：《综合布线系统工程设计规范》（GB 50311—2016）第 3.3.3-1 条。

34. **答案：B**

依据：《电气传动自动化技术手册》（第三版）P394"软启动控制器的工作原理"。

注：也可参考《电气传动自动化技术手册》（第二版）P316 中"软启动控制器工作原理"内容。

35. **答案：A**

依据：《综合布线系统工程设计规范》（GB 50311—2016）第 3.5.1-1 条。

36. **答案：C**

依据：《电气传动自动化技术手册》（第三版）P875"中央处理单元"部分内容。

注：也可参考《电气传动自动化技术手册》（第二版）P797 中"中央处理单元"部分内容。

37. **答案：A**

依据：《66kV 及以下架空电力线路设计规范》（GB 50061—2010）第 3.0.6-1 条。

38. **答案：B**

依据：《火灾自动报警系统设计规范》（GB 50116—2013）第 3.1.6 条。

39. **答案：B**

依据：《66kV 及以下架空电力线路设计规范》（GB 50061—2010）第 12.0.10 条。

40. **答案：B**

依据：《民用建筑电气设计标准》（GB 51348—2019）第 14.3.4 条。

41. 答案：ABD

依据：《供配电系统设计规范》（GB 50052—2009）第 5.0.1 条。

42. 答案：ABC

依据：《低压配电设计规范》（GB 50054—2011）第 5.3.7 条。

注：也可参考《低压配电装置 第 4-41 部分：安全防护 电击防护》（GB 16895.21—2020）第 414.4.4 条。

43. 答案：ABD

依据：《工业与民用供配电设计手册》（第四版）第 6 章目录。电能质量主要指标包括：电压偏差、电压波动和闪变、频率偏差、谐波（电压谐波畸变率和谐波电流含有率）和三相电压不平衡度等。有关电能质量共有如下 6 本规范：

a.《电能质量 供电电压偏差》（GB/T 12325—2008）；

b.《电能质量 电压波动和闪变》（GB/T 12326—2008）；

c.《电能质量 三相电压不平衡》（GB/T 15543—2008）；

d.《电能质量 暂时过电压和瞬态过电压》（GB/T 18481—2001）；

e.《电能质量 公用电网谐波》（GB/T 14549—1993）；

f.《电能质量 电力系统频率偏差》（GB/T 15945—2008）。

注：也可参考《电能质量 公用电网间谐波》（GB/T 24337—2009），但不属于大纲范围。

44. 答案：BD

依据：《火力发电厂与变电站设计防火标准》（GB 50229—2019）第 9.1.2 条、第 11.7.1 条，《建筑设计防火规范》（GB 50016—2014）第 10.1.1 条，《石油化工企业设计防火规范》（GB 50160—2008）第 9.1.1 条。

注：A 答案中设备按二级负荷供电的内容只针对变电所而非火力发电厂。

45. 答案：ABC

依据：《并联电容器装置设计规范》（GB 50227—2017）第 7.2.6 条。

46. 答案：ACD

依据：《供配电系统设计规范》（GB 50052—2009）第 5.0.5 条。

47. 答案：ABD

依据：《供配电系统设计规范》（GB 50052—2009）第 5.0.9 条。

48. 答案：ABD

依据：《3～110kV 高压配电装置设计规范》（GB 50060—2008）第 4.1.6 条、第 4.1.7 条，《导体和电器选择设计规程》（DL/T 5222—2021）第 5.1.4 条。

49. 答案：BD

依据：《20kV 及以下变电所设计规范》（GB 50053—2013）第 6.1.1 条、第 6.1.2 条、第 6.2.1 条。

50. 答案：ABD

依据：《工业与民用供配电设计手册》（第四版）P307～P308 相关内容。

51. 答案：ABC

依据：《35kV～110kV 变电站设计规范》（GB 50059—2011）第 2.0.9 条。

52. 答案：BD

依据：《钢铁企业电力设计手册》（上册）P307 相关内容。风机、水泵的调速方法有以下几种：①对于小容量的笼型电动机，当流量只需几级调节时，可选用变极调速电机。②对于要求连续无级变流量控制，当为笼型电动机时，可采用变频调速和液力耦合调速。③对于要求连续无级变流量控制，当为绕线型电动机时，可采用晶闸管串级调速。

53. 答案：ABD

依据：《电力装置的继电保护和自动装置设计规范》（GB/T 50062—2008）第 11.0.2 条。

54. 答案：ABC

依据：《电力工程电缆设计标准》（GB 50217—2018）第 4.1.3-1 条、第 4.1.7 条、第 4.1.1-3 条。

55. 答案：BC

依据：《电力工程直流电源系统设计技术规程》（DL/T 5044—2014）表 5.2.3、表 5.2.4。

56. 答案：ABC

依据：《电力装置的继电保护和自动装置设计规范》（GB 50062—2008）第 4.0.13 条。

57. 答案：BCD

依据：《钢铁企业电力设计手册》（下册）P95 表 24-7。

注：也可参考《电气传动自动化技术手册》（第三版）P305 相关内容。

58. 答案：AD

依据：《35kV～110kV 变电站设计规范》（GB 50059—2011）第 3.7.4 条。

59. 答案：ABC

依据：《火灾自动报警系统设计规范》（GB 50116—2013）第 6.2.15-2 条、第 5.3.3 条、第 8.2.4 条、第 6.2.17-3 条。

60. 答案：BD

依据：《建筑物防雷设计规范》（GB 50057—2010）第 4.5.5 条。

61. 答案：AB

依据：《建筑设计防火规范》（GB 50016—2014）第 11.4.1 条。

62. 答案：BD

依据：实际应用题，需结合图进行分析。

63. 答案：BCD

依据：《安全防范工程技术标准》（GB 50348—2018）第 6.14.1 条～第 6.14.3 条。

64. **答案：** BCD

　　依据：《建筑照明设计标准》（GB 50034—2013）P3 关于建设部发布该标准的公告。

65. **答案：** ABD

　　依据：《民用建筑电气设计标准》（GB 51348—2019）第 16.2.4 条～第 16.2.6 条。

66. **答案：** ACD

　　依据：《钢铁企业电力设计手册》（下册）P96 表 24-7。

　　注：也可参考《电气传动自动化技术手册》（第三版）P406～P407 相关内容。

67. **答案：** ABC

　　依据：《66kV 及以下架空电力线路设计规范》（GB 50061—2010）第 3.0.3 条。

68. **答案：** ABD

　　依据：《钢铁企业电力设计手册》（下册）P403。

69. **答案：** AD

　　依据：《66kV 及以下架空电力线路设计规范》（GB 50061—2010）第 4.0.11 条。

70. **答案：** AD

　　依据：《建筑与建筑群综合布线系统工程设计规范》（GB/T 50311—2017）第 3.0.3 条第 3）款。

2012 年案例分析试题答案（上午卷）

题 1～5 答案：**CBBBA**

1.《工业与民用供配电设计手册》（第四版）P5 式（1.2-1）。

吊车设备功率：$P_e = P_r \sqrt{\dfrac{\varepsilon_r}{0.25}} = 2P_r \sqrt{\varepsilon_r} = 2 \times 30\sqrt{0.4} = 60 \times 0.632 = 37.95 \text{kW}$

注：原题考查采用需要系数法时，换算为 $\varepsilon = 25\%$ 的功率。

2.《工业与民用供配电设计手册》（第四版）P2 式（1.2-2）及 P13 式（1.6-41）。

电焊机设备功率（单相 380V）：$P_e = S_r \sqrt{\varepsilon_r} \cos \varphi = 32 \times \sqrt{0.65} \times 0.5 = 12.90 \text{kW}$

电焊机设备功率（三相 380V）：$P_d = \sqrt{3} P_e = \sqrt{3} \times 12.90 = 22.34 \text{kW}$

3.《工业与民用供配电设计手册》（第四版）P10 式（1.4-3）、式（1.4-4）、式（1.4-5）及 P41 表 1.12-2。

除交流电焊机外的其余单相负荷按平均分配到三相考虑，消防水泵及电采暖器不计入负荷，恒温电热箱应计入负荷。

设备组名称	设备组总容量	需要系数 K_c	有功功率 P_c	$\cos \varphi / \tan \varphi$	无功功率 Q_c
小批量金属加工机床	60kW	0.5	30	0.7/1.02	30.6
交流电焊机	30kW	0.5	15	0.5/1.73	25.95
泵、风机	20kW	0.8	16	0.8/0.75	12
5t 吊车	40kW	0.25	10	0.5/1.73	17.3
单冷空调	6kW	1.0	6	0.8/0.75	4.5
恒温电热箱	13.5kW	0.8	10.8	1.0/0	0
照明	20kW	0.9	18	0.8/0.75	13.5
小计			105.8		103.85
同时系数 $K_x = 0.9$			95.22		93.465
无功补偿 60kvar			95.22		33.465

0.4kV 侧总计算负荷：$S_c = \sqrt{P_c^2 + Q_c^2} = \sqrt{95.22^2 + 33.465^2} = 100.93 \text{kV} \cdot \text{A}$

注：此题无难度，仅计算量大，建议最后完成。同时系数与补偿容量带入先后顺序绝不能错，可参考《工业与民用供配电设计手册》（第四版）P41 表 1.12-2。

4.《工业与民用供配电设计手册》（第四版）P37 式（1.11-7）。

由 $\cos \varphi_1 = 0.75$，得 $\tan \varphi_1 = 0.88$。

由 $\cos \varphi_2 = 0.9$，得 $\tan \varphi_2 = 0.48$。

最小无功补偿容量：$Q_c = \alpha_{av} P_c (\tan \varphi_1 - \tan \varphi_2) = 1 \times 120 \times (0.88 - 0.48) = 48 \text{kvar}$

5.《并联电容器装置设计规范》（GB 50227—2017）第 5.5.2-1 条。

仅用于限制涌流时，电抗率宜取 0.1%～1.0%。

题 6～10 答案：**BBACC**

6.《低压配电设计规范》（GB 50054—1995）第 4.4.17 条、第 4.4.18 条、第 4.4.19-1 条。

7.《交流电气装置的接地设计规范》（GB/T 50065—2011）第 4.2.1-1。

接地装置的接地电阻：$R \leqslant 2000/I = 2000/800 = 2.5\Omega$

8.《工业与民用供配电设计手册》（第四版）P1456～P1457。

短路分析：发生故障后，相保回路电流由变压器至相线 L（0.015 + 0.5Ω）至短路点，再流经 PE 线（0.5Ω）与人体、大地及中性点接地电阻（1000 + 20 + 0.5Ω）的并联回路返回至变压器中性点，全回路电阻 R 和电路电流 I_d 为：

$$R = 0.015 + 0.5 + (0.5 /\!/ 1020.5) = 1.015\Omega$$

$$I_d = 220/1.015 = 216.75\Omega$$

接触电压（即人体电压）：$U_K = I_d R_d = 216.75 \times \dfrac{0.5}{1020.5 + 0.5} \times 1000 = 106.15V$

注：此题与 2008 年案例分析试题（上午卷）第 1 题等效电路一样。

9.《工业与民用供配电设计手册》（第四版）P1417 表 14.6-4 及 P1415 图 14.6-1。

特征值 C_1：$C_1 = n/A = 800/(180 \times 90) = 4.94 \times 10^{-2}$，因此 $K_1 = 1.4$。

$L_1/L_2 = 180/90 = 2$，$t/L_2 = 36/90 = 0.4$，查图 14.6-1 可知 $K_2 = 0.3$。

接地电阻：$R = K_1 K_2 \dfrac{\rho}{L_1} = 1.4 \times 0.4 \times \dfrac{120}{180} = 0.373\Omega$

10.《交流电气装置的接地设计规范》（GB/T 50065—2011）第 4.2.2 条（表层衰减系数取 1）。

6～35kV 低电阻接地系统发生单相接地，发电厂、变电所接地装置的接触电位差和跨步电位差不应超过下列数值：

接触电位差：$U_t = \dfrac{174 + 0.17\rho_t}{\sqrt{t}} = \dfrac{174 + 0.17 \times 1000}{\sqrt{0.5}} = 486.5V$

跨步电位差：$U_s = \dfrac{174 + 0.7\rho_t}{\sqrt{t}} = \dfrac{174 + 0.7 \times 1000}{\sqrt{0.5}} = 1236V$

注：原题考查旧大纲要求的行业标准《交流电气装置的接地》（DL/T 621—1997）第 3.4 条 a）款，式（1）和式（2），此规范无"表层衰减系数"参数。

题 11～15 答案：**BDBCD**

11.《供配电系统设计规范》（GB 50052—2009）第 3.0.5 条第 1 款。

12.《工业与民用供配电设计手册》（第四版）P105 "EPS 容量选择"。

选用 EPS 的容量必须同时满足以下条件：

（1）负载中最大的单台直接启动的电机容量，只占 EPS 容量的 1/7 以下：$P_{e1} = 45 \times 7 = 315kW$

（2）EPS 容量应是所供负载中同时工作容量总和的 1.1 倍以上：$P_{e2} = 1.1(50 + 90 + 30) = 187kW$

（3）直接启动风机、水泵时，EPS 的容量为同时工作的风机水泵容量的 5 倍以上：$P_{e2} = 5(90 + 30) = 600kW$

因此选择最大的一个容量为 600kW。

注：题中未明确仅针对风机、水泵、启动方式及海拔高度，因此后三条不校验。

13.《工业与民用供配电设计手册》（第四版）P95 式（2.6-8）。

按稳定负荷计算发电机容量：

$$S_{G1} = \frac{P_\Sigma}{\eta_\Sigma \cos\varphi} = \frac{(2\times 45 + 3\times 10 + 50 + 6\times 30)\times 0.85}{0.8\times 0.9} = 243.2\text{kV}\cdot\text{A}$$

注：题中未提及负荷率，可按 1 计算。

14.《钢铁企业电力设计手册》（上册）P332 式（7-22）式（7-23）。

$$\beta' = \frac{\beta}{\eta_{mn}\cos\varphi_{mn}} = \frac{7}{0.92\times 0.85} = 8.95$$

$$\sin\varphi_0 = \sin(\arccos 0.9) = 0.436$$

$$\sin\varphi_{ms} = \sin(\arccos 0.5) = 0.866$$

发电机容量：$S_{G2} = \dfrac{\sqrt{(P_0\cos\varphi_0 + \beta' P_{max}\cos\varphi_{ms})^2 + (P_0\sin\varphi_0 + \beta' P_{max}\sin\varphi_{ms})^2}}{K_G}$

$$= \frac{\sqrt{(200\times 0.9 + 8.95\times 45\times 0.5)^2 + (200\times 0.436 + 8.95\times 45\times 0.866)^2}}{1.5}$$

$$= 386.16\text{kV}\cdot\text{A}$$

注：《钢铁企业电力设计手册》（上册）上对应的公式角标印刷错误，应该第一个括号内代入启动功率因数 $\cos\varphi_{ms}$，而不是电动机额定功率因数 $\cos\varphi_{mn}$，此点十分重要，如果存疑异，可参考《钢铁企业电力设计手册》（上册）P334 中例题的计算过程。

15.《钢铁企业电力设计手册》（上册）P332 式（7-24）。

$$S_{G3} = \beta' P_{max}X_d\frac{1-\Delta V}{\Delta V} = 8.95\times 45\times 0.2\times\frac{1-0.2}{0.2} = 322.2\text{kW}$$

题 16~20 答案：**CABBB**

16.《工业与民用供配电设计手册》（第四版）P183 式（4.2-10），P281 表 4.6-3。

三相三绕组电力变压器每个绕组的电抗百分值及其标幺值为：

$$x_1\% = 0.5(u_{k12}\% + u_{k13}\% - u_{k23}\%) = 0.5\times(11.5 + 17 - 6.5) = 11$$

$$X_{1*k} = \frac{u_k\%}{100}\times\frac{S_j}{S_{rT}} = 0.11\times\frac{100}{31.5} = 0.35$$

$$x_2\% = 0.5(u_{k12}\% + u_{k23}\% - u_{k13}\%) = 0.5\times(11.5 + 6.5 - 17) = 0.5$$

$$X_{2*k} = \frac{u_k\%}{100}\times\frac{S_j}{S_{rT}} = 0.005\times\frac{100}{31.5} = 0.01587$$

$$x_3\% = 0.5(u_{k13}\% + u_{k23}\% - u_{k12}\%) = 0.5\times(17 + 6.5 - 11.5) = 6$$

$$X_{3*k} = \frac{u_k\%}{100}\times\frac{S_j}{S_{rT}} = 0.06\times\frac{100}{31.5} = 0.19$$

三相短路总电抗标幺值：$X_{*k} = [(0.025 + 0.35)\mathbin{/\!/}(0.12 + 0.01587)] + 0.19 = 0.29$

《工业与民用供配电设计手册》（第四版）P284 式（4.6-11）和式（4.6-14）。

三相短路电流标幺值：$I_{*k} = \dfrac{1}{X_{*k}} = \dfrac{1}{0.29} = 3.4483$

10kV 侧三相短路电流有名值：$I_k = I_{*k}\dfrac{S_j}{\sqrt{3}U_j} = 3.4483\times\dfrac{100}{\sqrt{3}\times 10.5} = 18.96\text{kA}$

17.《工业与民用供配电设计手册》（第四版）P302 式（4.6-34）、式（4.6-36）及表（4.6-10）。

10kV 电缆线路电容电流：$I_{C1} = \dfrac{95 + 1.44S}{2200 + 0.23S}U_r l = \dfrac{95 + 1.44 \times 150}{2200 + 0.23 \times 150} \times 10 \times 3 = 4.17543A$

10kV 无架空地线单回路：$I_{C2} = 2.7U_r l \times 10^{-3} = 2.7 \times 10 \times 6 \times 10^{-3} = 0.162A$

10kV 线路单相接地电容电流：$I_C = 4I_{C1} + 12I_{C2} = 4 \times 4.17543 + 12 \times 0.162 = 18.64572A$

注：此题争议在于是否需要计算变电所附加的接地电容电流，按本题的出题意图：如果包括附加接地电容电流则没有答案可选，且本题目求的是 10kV 线路的单相接地电容电流值，而不是求 10kV 系统的单相接地电容电流值，因此不建议计算变电所附加的电容电流。

18.《工业与民用供配电设计手册》（第四版）P280～P281 表 4.6-2、表 4.6-3 和 P401 式（5.7-11）。

设：$S_j = 100MV \cdot A$；$U_j = 10.5kV$；$I_j = 5.50kA$。

$I_{*s} = \dfrac{I_s}{I_j} = \dfrac{29.5}{5.5} = 5.364$

$X_{*s} = \dfrac{1}{I_{*s}} = \dfrac{1}{5.364} = 0.1864$

$x_{rk}\% \geqslant \left(\dfrac{I_j}{I_{ky}} - X_{*s}\right)\dfrac{I_{rk}U_j}{U_{rk}I_j} \times 100\% = \left(\dfrac{5.5}{20} - 0.1864\right) \times \dfrac{2 \times 10.5}{10 \times 5.5} \times 100\% = 0.0338 = 3.38\%$

因此选择电抗器电抗率不得小于 4%。

19.《工业与民用供配电设计手册》（第四版）P376 表 5.5-15 和 P300 式（4.6-21）。

$i_{p3} = K_p\sqrt{2}I_k'' = 2.55I_k'' = 2.55 \times 18.5 = 47.175kA$

断路器动稳定校验计算公式：$i_{p3} \leqslant i_{max}$。

因 $i_{max} \geqslant 47.175kA$，因此选择 50kA。

20.《工业与民用供配电设计手册》（第四版）P385 表 5.6-8。

电流互感器热稳定校验计算公式：$Q_t \leqslant I_{th}^2 t$

$I_k^2 \times 1.2 \leqslant 24.5^2 \times 1$

$I_k^2 \leqslant 500.208$

$I_k \leqslant 22.365kA$

题 21～25 答案：**BCCDD**

21.《工业与民用供配电设计手册》（第四版）P154 表 4-21 和 P177 表 4.1-1、P229 式（4.3-1）。

根据表 4-21，高压侧短路容量为 200MV·A 对应的电阻和电抗（归算到 0.4kV 侧）分别为 $R_s = 0.08m\Omega$，$X_s = 0.8m\Omega$。

低压侧三相短路电流：$I_{k3}'' = \dfrac{230}{\sqrt{R_k^2 + X_k^2}} = \dfrac{230}{\sqrt{(1.88 + 0.08)^2 + (8.8 + 0.8)^2}} = 23.47kA$

低压侧两相短路电流：$I_{k2}'' = 0.866I_{k3}'' = 0.866 \times 23.47 = 20.33kA$

注：若采用直接计算的方式，计算结果与查表法有些许偏差，根据选项的设置，出题者的意图还是考查查表计算短路电流的方法，因此建议考生若在考场上遇到类似题目时，应优先选择查表计算。为对比说明，作者也将直接计算过程列在下面，供考生参考。

高压侧系统阻抗：$Z_s = \dfrac{(cU_n)^2}{S_s''} \times 10^3 = \dfrac{(1.05 \times 0.38)^2}{200} \times 10^3 = 0.796m\Omega$

归算到低压侧的高压系统电阻电抗：

$X_s = 0.995Z_s = 0.995 \times 0.796 = 0.792 \text{m}\Omega$，$R_s = 0.1X_s = 0.1 \times 0.792 = 0.0792 \text{m}\Omega$

变压器阻抗：$Z_T = \dfrac{u_k\%}{100} \times \dfrac{U_r^2}{S_{rT}} = 0.045 \times \dfrac{0.38^2}{0.8} = 0.0081225\Omega = 8.1225 \text{m}\Omega$

变压器电阻：$R_T = \dfrac{\Delta P \times U_r^2}{S_{rT}} = \dfrac{7.5 \cdot 0.38^2}{0.8} \times 10^3 = 1.35375 \text{m}\Omega$

变压器电抗：$X_T = \sqrt{Z_T^2 - R_T^2} = \sqrt{8.1225^2 - 1.35375^2} = 8.00889 \text{m}\Omega$

短路电路总阻抗：$R_k = R_T + R_s = 1.35375 + 0.0792 = 1.43295 \text{m}\Omega$

$X_k = X_T + X_s = 8.00889 + 0.792 = 8.80089 \text{m}\Omega$

低压侧三相短路电流：$I_{k3}'' = \dfrac{230}{\sqrt{R_k^2 + X_k^2}} = \dfrac{230}{\sqrt{1.43295^2 + 8.80089^2}} = 25.794 \text{kA}$

低压侧两相短路电流：$I_{k2}'' = 0.866I_{k3}'' = 0.866 \times 25.794 = 22.338 \text{kA}$

22.《工业与民用供配电设计手册》（第四版）P519 表 7.2-1。

23.《工业与民用供配电设计手册》（第四版）P520～P521 表 7.2-3 "过电流保护" 及注释 2。

变压器高压侧额定电流：$I_{1rT} = \dfrac{S}{\sqrt{3}U} = \dfrac{5000}{\sqrt{3} \times 35} = 82.48 \text{A}$

保护装置的动作电流：$I_{op\cdot k} = K_{rel}K_{jx}\dfrac{K_{gh}I_{1rT}}{K_r n_{TA}} = 1.2 \times 1 \times \dfrac{1.1 \times 82.48}{0.85 \times 150/5} = 4.27 \text{A}$

保护装置一次动作电流：$I_{op} = I_{op\cdot k}\dfrac{n_{TA}}{K_{jx}} = 4.27 \times \dfrac{150/5}{1} = 128.1 \text{A}$

保护装置的灵敏度系数：$K_{sen} = \dfrac{I_{2k\cdot min}}{I_{op}} = \dfrac{0.866 \times 1100}{128.1} = 7.44$

24.《工业与民用供配电设计手册》（第四版）P572～P573 表 7.5-2 "过电流保护"。

电容器组额定电流：$I_{1C} = \dfrac{Q}{\sqrt{3}U} = \dfrac{1500}{\sqrt{3} \times 10} = 86.6 \text{A}$

保护装置的动作电流：$I_{op\cdot K} = K_{rel}K_{jx}\dfrac{K_{gh}I_{1C}}{K_r n_{TA}} = 1.2 \times 1 \times \dfrac{1.3 \times 86.6}{0.85 \times 100/5} = 7.95 \text{A}$

25.《工业与民用供配电设计手册》（第四版）P564 表 7.4-4 "电流速断保护"。

保护装置的动作电流：$I_{op\cdot K} \leqslant \dfrac{I_{k2\cdot min}''}{1.5 n_{TA}} = \dfrac{0.866 \times 4560}{1.5 \times 500/5} = 26.32 \text{A}$

2012 年案例分析试题答案（下午卷）

题 1～5 答案：**CAABD**

1.《电流对人和家畜的效应 第 1 部分：通用部分》（GB/T 13870.1—2008）表 12 及心脏电流系数 F 公式。

折算到从"左手到双脚"的人体电流：$I_h = \dfrac{I_{ref}}{F}$

$I_{ref} = I_h F = 25 \times 0.8 = 20\text{mA}$

查表 11 和图 20，可知从"左手到双脚"的 20mA 的人体电流对应的电流持续时间为 500ms。

注：此题依据不能引用《电流通过人体的效应 第一部分：常用部分》（GB/T 13870.1—1992），依据作废规范解题原则上是不给分的。

2.《低压配电设计规范》（GB 50054—2011）第 5.2.5 条。

辅助等电位的最大线路电阻：$R_{max} \leqslant \dfrac{50}{I_a} = \dfrac{50}{6 \times I_n} = \dfrac{50}{6 \times 32} = 0.26\Omega$

注：间接接触防护短路电流值应取断路器整定的瞬动电流值，而非过电流值。

3.《低压配电设计规范》（GB 50054—2011）第 6.2.4 条。

脱扣器整定电流：$I_a \leqslant \dfrac{2.1}{1.3} = 1.6\text{kA}$

4.《20kV 及以下变电所设计规范》（GB 50053—2013）第 4.2.1 条表 4.2.1。

注：表中符号 A 项数值应按每升高 100m 增大 1% 进行修正。

查表 10kV 空气绝缘母线桥相间距离为 125mm，按海拔高度修正为 $L = 125 \times (1 + 10 \times 1\%) = 137.5\text{mm}$，取 140mm。

注：题干中若出现海拔超过 1000m 的数据，要有足够的敏感度——考查海拔修正的问题。此题与 2011 年上午案例第 1 题相似。

5.《爆炸危险环境电力装置设计规范》（GB 50058—2014）第 3.2.1 条、第 5.4.1 条。

第 3.2.1-3 条：2 区应在正常运行时不太可能出现爆炸性气体混合物的环境，或即使出现也仅是短时存在的爆炸性气体混合的环境。燃气锅炉房属于 2 区。

第 5.4.1-6 条：引向电压为 1000V 以下鼠笼型感应电动机支线的长期允许载流量不应小于电动机额定电流的 1.25 倍。

则导体允许载流量：$I_n = 1.25 \times 25 = 31.25\text{A}$，取 32A。

题 6～10 答案：**DBCBB**

6.《防止静电事故通用导则》（GB 12158—2006）第 7.3.1 条，规范原文：发生电击的人体电位约 3kV。

注：此规范是历年考试中第一次考查，题目较偏。

7.《低压配电设计规范》（GB 50054—2011）第5.2.5条。

可同时触及的外露可导电部分和装置外可导电部分之间的电阻：$R \leqslant \dfrac{50}{I_a} = \dfrac{50}{200} = 0.25\Omega$

8.《低压电气装置 第5-54部分：电气设备的选择和安装 接地配置和保护导体》（GB 16895.3—2017）第543.1条表54.2及第543.1.2条。

电源线（即相线）截面积为50mm²，根据表54-3的要求，截面积不能小于16mm²。

根据公式：$S = \dfrac{\sqrt{I^2 t}}{K} = \dfrac{\sqrt{8.2^2 \times 0.2}}{143} \times 10^3 = 25.64\text{mm}^2$

保护导体的截面积不应小于该值，综合以上两个条件，因此保护导体的截面积取35mm²。

9.《数据中心设计规范》（GB 50174—2017）第8.3.5条。

10.《工业与民用供配电设计手册》（第四版）P1430"单点接地和多点接地"。

无论采用哪种接地系统，其接地线长度 $L = \lambda/4$ 及 $L = \lambda/4$ 的奇数倍的情况应避开。因此时其阻抗为无穷大，相当于一根天线，可接收和辐射干扰信号。

题11～15答案：**DACCA**

11.《电力工程直流电源系统设计技术规程》（DL/T 5044—2014）第4.1.1条。

12.《电力工程直流电源系统设计技术规程》（DL/T 5044—2014）表4.2.5。

经常性负荷电流：$\dfrac{2500 \times 0.6}{220} \times 1 = 6.82\text{A}$

事故放电电流：$\dfrac{2500 \times 0.6 + 3000 \times 0.6 + 1500 \times 1.0}{220} \times 1 = 21.82\text{A}$

0.5小时事故放电容量：$0.5 \times 21.82 = 10.91\text{A} \cdot \text{h}$

1.0小时事故放电容量：$1.0 \times 21.82 = 21.82\text{A} \cdot \text{h}$

13.《电力工程直流电源系统设计技术规程》（DL/T 5044—2014）第6.1.5条、附录C第C.2.3条。

查表C.3-5，阀控式铅酸蓄电池（胶体）（单体2V）的 $K_{cc} = 0.52$

满足事故全停电状态下的持续放电容量：

变电所蓄电池容量：$C_C = K_K \dfrac{C_{S.x}}{K_{cc}} = 1.4 \times \dfrac{44}{0.52} = 118.46\text{A} \cdot \text{h}$，取答案120A·h。

14. 旧规范《电力工程直流电源系统设计技术规程》（DL/T 5044—2004）附录B.2.1.3式（B.2）、式（B.3）、式（B.4）和式（B.5）。

a. 事故放电末期承受随机（5s）冲击放电电流的实际电压：

$$K_{m,x} = K_K \frac{C_{S,X}}{tI_{10}} = 1.1 \times \frac{1 \times 36}{1 \times 22} = 1.8$$

根据此数据，查图 B.1 中 $2.0I_{10}$ 曲线。

$$K_{chm,x} = K_K \frac{I_{chm}}{I_{10}} = 1.1 \times \frac{18}{1 \times 22} = 0.9$$

横坐标点位 0.9。

依据图 B.1 中 $2.0I_{10}$ 曲线，横坐标 0.9 的点对应纵坐标为 $U_d = 1.9V$，由式（B.3）得

$$U_D = nU_d = 108 \times 1.9 = 205.2V$$

b. 事故放电初期 1min 承受冲击放电电流的实际电压：

$$K_{cho} = K_K \frac{I_{cho}}{I_{10}} = 1.1 \times \frac{36}{220/10} = 1.8$$

查图 B.1 中的 0 族曲线，取整后得 $U_d = 2.0V$。

$$U_D = nU_d = 108 \times 2.0 = 216V$$

根据式（B.4）的计算结果确定曲线，根据式（B.5）的计算结果确定横坐标。旧规范题目，有关蓄电池容量计算方法，2014 版新规范修正较多，相关曲线图删除，题目供考生参考。

15. 旧规范《电力工程直流电源系统设计技术规程》（DL/T 5044—2004）附录 B.1.3。

对控制负荷，蓄电池放电终止电压：$U_m \geqslant \dfrac{0.85U_n}{n} = \dfrac{0.85 \times 220}{108} = 1.73V$

查表 B.8 得 $K_{CC} = 0.615$，$C_c = K_K \dfrac{C_{S,X}}{K_{CC}} = 1.4 \times \dfrac{20}{0.615} = 45.5A \cdot h$

旧规范题目，有关蓄电池容量计算方法，2014 版新规范修正较多，相关曲线图删除，题目供考生参考。

题 16～20 答案：**BDBBB**

16.《工业与民用供配电设计手册》（第四版）P459 式（6.2-5）或 P865 表 9.4-3 有关电流矩公式。

三相平衡负荷线路电压损失：

$$\Delta u = \frac{\sqrt{3}Il}{10U_n}(R'\cos\varphi + X'\sin\varphi) = \frac{\sqrt{3} \times 200 \times 3.5}{10 \times 35} \times (0.143 \times 0.8 + 0.112 \times 0.6) = 0.629$$

注：此题实际考查的电流矩的公式，注意各参数的单位与手册是否一致，另提请考生注意负荷矩公式，未来有可能考查。

17.《工业与民用供配电设计手册》（第四版）P26 式（1.10-1）。

补偿前每相线路有功功率损耗：

$$\Delta P_1' = 3I_c^2 R \times 10^{-3} = \left(\frac{15000}{\sqrt{3} \times 35 \times 0.8}\right)^2 \times 0.143 \times 3.5 \times 10^{-3} = 48kW$$

补偿前线路总损耗：$\Delta P_1 = 3\Delta P_1' = 3 \times 48 = 144kW$

补偿后每相线路有功功率损耗：

$$\Delta P_2' = 3I_c^2 R \times 10^{-3} = \left(\frac{15000}{\sqrt{3} \times 35 \times 0.9}\right)^2 \times 0.143 \times 3.5 \times 10^{-3} = 38kW$$

补偿后线路总损耗：$\Delta P_2 = 3\Delta P_2' = 3 \times 38 = 114kW$

注：此类题目要注意各参数的单位是否与手册中一致。

18.《工业与民用供配电设计手册》（第四版）P460 式（6.2-8）。

$$u_a = \frac{100\Delta P_T}{S_{rT}} = \frac{100 \times 100}{20000} = 0.5$$

$$u_r = \sqrt{u_T^2 - u_a^2} = \sqrt{9^2 - 0.5^2} = 8.986$$

变压器电压损失：$\Delta u_T = \beta(u_a \cos\varphi + u_r \sin\varphi) = \frac{15000}{20000} \times (0.5 \times 0.8 + 8.986 \times 0.6) = 4.34$

注：此题与 2011 年案例上午第 1 题雷同，可参考。变压器与线路电压损失几乎年年必考，务必掌握。

19.《工业与民用供配电设计手册》（第四版）P30 式（1.10-3）或《钢铁企业电力设计手册》（上册）P291 或（6-14）。

电力变压器有功损耗：$\Delta P_T = \Delta P_o + \beta^2 \Delta P_k = \Delta P_o + \left(\frac{S_c}{S_r}\right)^2 \Delta P_k = 3.8 + \left(\frac{15000}{20000}\right)^2 \times 16 = 12.8\text{kW}$

20.《工业与民用供配电设计手册》（第四版）P479 表 6.5-1。

由表可知，电磁转矩（近似等于启动转矩）与电动机端子电压的平方成正比，因此电磁转矩偏差百分数：

$$\Delta M_p = (1 - 5\%)^2 - 1 = -0.0975 = -9.75\%$$

注：电磁转矩与电动机端子电压无直接关系，电动机端子电压直接决定电动机启动转矩，电磁转矩与启动转矩及电机转动效率有直接关系。

题 21～25 答案：**CCBBC**

21.《钢铁企业电力设计手册》（下册）P362 式（25-131）。

耦合器有效工作直径：$D = K\sqrt[5]{\frac{P_n}{n_B^3}} = 14.7 \times \sqrt[5]{\frac{2000}{1491^3}} = 0.838\text{m} = 838\text{mm}$

注：液力耦合器的题目是第一次考查，虽然从来没接触过类似题目，但如果复习的时候注意到《钢铁企业电力设计手册》（下册）中的有关液力耦合器调速方式的章节，快速定位应该不难。另请注意负载额定轴功率，可参考该页的例题。

22.《钢铁企业电力设计手册》（下册）P362 式（25-128）。

由 $\frac{P_T}{P_B} = \frac{n_T}{n_B}$，得 $P_B = \frac{P_T n_B}{n_T} = \frac{2100 \times 300}{1500} = 420\text{kW}$。

23.《钢铁企业电力设计手册》（上册）P306 中"6.6 风机、水泵的节电"。

流量与转速成正比，而功率与流量的 3 次方成比例：$\frac{P_T}{P_B} = \left(\frac{n_T}{n_B}\right)^3$

则 $P_B = P_T\left(\frac{n_B}{n_T}\right)^3 = 2000 \times \left(\frac{300}{1491}\right)^3 = 16.29\text{kW}$

注：与 2011 下午案例第 1 题雷同，可参考。

24.《钢铁企业电力设计手册》（上册）P306 "6.6 风机、水泵的节电"，由题干忽略风机电动机效率和功率因数影响。

变频调速器——流量与转速成正比，而功率与流量的 3 次方成比例，在高速运行时电机的输出功率 P_B 为：

$$\frac{P_T}{P_B} = \left(\frac{n_T}{n_B}\right)^3 \Rightarrow P_B = P_T\left(\frac{n_B}{n_T}\right)^3 = 2000 \times \left(\frac{1350}{1491}\right)^3 = 1484.6\text{kW}$$

根据《钢铁企业电力设计手册》（下册）P362 式（25-128），液力耦合器调速的效率：

$$\eta_2 = \frac{\eta_T}{\eta_B} = \frac{1350}{1500} = 0.9$$

由题干条件：变频器的效率为 0.96，和《钢铁企业电力设计手册》（上册）P306 式（6-43），每天节省的电能为：

$$W = P_B\left(\frac{1}{\eta_2} - \frac{1}{\eta_1}\right) \times 24 = 1484.6 \times \left(\frac{1}{0.9} - \frac{1}{0.98}\right) \times 24 = 3231.8\text{kW} \cdot \text{h}$$

25.《钢铁企业电力设计手册》（上册）P303 例 7 中的相关节能公式。

$$\Delta W = \Delta Ph = [(1406 + 56) - (1202 + 10)] \times 24 \times 320 \times 50\% = 960000\text{kW} \cdot \text{h}$$

题 26～30 答案：**CDBAA**

26.《钢铁企业电力设计手册》（下册）P9 中"23.2 电动机转速的选择"第（1）～（4）条。

27.《钢铁企业电力设计手册》（下册）P114 例题。

外加能耗制动电阻：$R_{ed} = R - (2R_d + R_l) = \dfrac{60}{3 \times 55} - 2 \times 0.12 + 0 = 0.124\Omega$

注：与 2009 年下午案例第 11 题雷同，可参考。

28.《钢铁企业电力设计手册》（下册）P115 例题。

负载持续率：$FC_\tau = \dfrac{20 \times 12}{3600} = 0.0667 = 6.67\%$

29.《工业与民用供配电设计手册》（第四版）P482 表 6.5-4 全压启动公式。

题干中未提及低压线路电抗，则：

$$X_l = 0, \quad S_{st} = S_{stM} = k_{st} \times S_{rM} = 6.8 \times \sqrt{3} \times 0.38 \times 0.362 = 1.62\text{MV} \cdot \text{A}$$

预接负荷的无功功率：$Q_{fh} = S_{fh} \times \sqrt{1 - \cos^2\varphi} = 650 \times \sqrt{1 - 0.72^2} = 451\text{kV} \cdot \text{A} = 0.451\text{MV} \cdot \text{A}$

$$S_{km} = \frac{S_{rT}}{x_T + \dfrac{S_{rT}}{S_k}} = \frac{1.25}{0.04 + \dfrac{1.25}{150}} = 25.86\text{MV} \cdot \text{A}$$

母线短路容量：

电动机启动时母线电压相对值：

$$u_{stm} = u_s \frac{S_{km}}{S_{km} + Q_{fh} + S_{st}} = 1.05 \times \frac{25.86}{25.86 + 0.451 + 1.62} = 0.972$$

注：与 2010 年案例分析试题（下午卷）第 1 题雷同，可参考。需注意公式中参数的单位。

30.《工业与民用供配电设计手册》（第四版）P482 表 6.5-4 全压启动公式。

电动机额定启动容量：$S_{stM} = k_{st}S_{rm} = 6.8 \times \sqrt{3} \times 0.38 \times 0.362 = 1.62\text{MV} \cdot \text{A}$

电动机启动时启动回路额定容量：$S_{st} = \dfrac{1}{\dfrac{1}{S_{stM}} + \dfrac{X_l}{U_m^2}} = \dfrac{1}{\dfrac{1}{1.62} + \dfrac{0.0323}{0.38^2}} = 1.189\text{MV} \cdot \text{A}$

电动机端子电压相对值：$u_{stM} = u_{stM}\dfrac{S_{st}}{S_{stM}} = 0.89 \times \dfrac{1.189}{1.62} = 0.6533$

注：手册更新电压 U_m 为 U_{av}，即 $1.05U_m$，由额定电压修正为基准电压，按手册更新数据计算结果为 0.67。

题 31~35 答案：ACBCC

31.《建筑照明设计标准》（GB 50034—2013）第 4.4.1 条及表 4.1.1、第 5.2.7 条及表 5.2.7。

32.《照明设计手册》（第三版）P192 中间内容和图 7-4 "黑板照明灯具安装位置示意图"。

灯具不应布置在教师站在讲台上水平上视线 45° 仰角以内位置，即灯具与黑板的水平距离不应大于 L_2（P249 图 7-4），因此可以通过三角函数直接求出，其水平距离不应大于：

$$L = 0.7 + (3.6 - 1.85)/\tan 45° = 2.45 \text{m}$$

注：重点是要找到对应角 θ 的大小，与 2008 年下午案例第 15 题有关体育场照明类似，可参考。

33.《照明设计手册》（第三版）P146 式（5-45）。

空间开口平面面积（灯具所在平面面积），即扇形面积（半径 r）减去正三角形面积（边长 $r/2$）：

$$A_0 = \frac{60}{360}\pi r^2 - \frac{1}{2} \times \frac{r^2}{2} \times \frac{\sqrt{3}}{4} = \left(\frac{\pi}{6} - \frac{\sqrt{3}}{16}\right)r^2 = 0.415 \times 30^2 = 373.8 \text{m}^2$$

空间表面面积（除灯具所在平面外的顶棚表面积）：

$$A_s = A_0 + \left(3 \times 15 + \frac{1}{3}\pi r\right) \times 0.6 = 373.8 + 76.4 \times 0.6 = 419.65 \text{m}^2$$

有效空间反射比：$\rho_{eff} = \dfrac{\rho A_0}{A_s - \rho A_s + \rho A_0} = \dfrac{0.77 \times 373.8}{419.65 - 0.77 \times 419.65 + 0.77 \times 373.8} = 0.74887$

注：此题较偏，空间开口平面面积和空间表面面积在手册中未给出明确定义。

34.《照明设计手册》（第三版）P146 式（5-44）。

地面积：$S_g = \dfrac{60}{360}\pi r^2 - \dfrac{1}{2} \times \dfrac{r^2}{2} \times \dfrac{\sqrt{3}}{4} = \left(\dfrac{\pi}{6} - \dfrac{\sqrt{3}}{16}\right)r^2 = 0.415 \times 30^2 = 373.8 \text{m}^2$

墙面积：$S_w = \left(3 \times 15 + \dfrac{1}{3}\pi r\right) \times (3.6 - 0.75) = 76.4 \times 2.85 = 217.74 \text{m}^2$

室空间比：$RCR = \dfrac{2.5 \times S_w}{S_g} = \dfrac{2.5 \times 217.74}{373.8} = 1.45626$

注：与 2010 年上午案例第 3 题雷同，可参考。

35.《照明设计手册》（第三版）P145 式（5-39）。

工作面平均照度：$E_{av} = \dfrac{N\Phi Uk}{A}$

则 $N = \dfrac{AE_{av}}{\Phi Uk} = \dfrac{373.8 \times 300}{3250 \times 0.6 \times 0.8} = 71.88 \approx 72$

因此共需要 $72/2 = 36$ 套。

注：题目中的灯具效率属于干扰项，易出错，对比 2008 年下午案例第 16 题。

题 36~40 答案：BABBA

36.《民用建筑电气设计标准》（GB 51348—2019）附录 F 式（F.0.1-2）。

扬声器的有效功率为电功率，扬声器的噪声功率为声功率，题干中均为 25W，即说明扬声器的电声转换效率为 1，即声功率 W_a = 电功率 W_e × 效率 η，因此有 $W_e = W_a$，为理想状态情况。

由公式 $L_W = 10 \lg W_a + 120$ 推出 $L_W = 10 \lg W_e + 120$ 可知，声压每提高 10dB，所要求的电功率（或说声功率）就必须增加 10 倍，一般为了峰值工作，扬声器的功率留出必要的功率余量是十分必要的。

因此，峰值余量的分贝数为：

$$\Delta L_W = 10 \lg W_{e2} - 10 \lg W_{e1} = 10 \lg 1000 - 10 \lg(4 \times 25) = 30 - 20 = 10 \text{dB}$$

37.《民用建筑电气设计标准》（GB 51348—2019）第 16.5.5 条式（16.5.5-3）。

扬声器的间距：$L = 2(H - 1.3) \tan \dfrac{\theta}{2} = 2 \times (5 - 1.3) \tan \dfrac{100}{2} = 8.8 \text{m}$

> 注：嵌入式安装意味着吊顶安装，因此应代入吊顶高度 5.0m，而不能采用层高 5.5m。

38. 此题无直接依据，只能根据音速直接计算，按空气中的音速在 1 个标准大气压和 15℃ 的条件下约为 340m/s。

因此反射声到达测试点的时间：$t = 18/340 = 0.05294 = 52.94 \text{ms}$

39. 属于超纲题目，手册和规范中均无明确依据。

声压级公式：$L = 20 \lg\left(\dfrac{p}{p_0}\right)$

$$p = p_0 \times 10^{\frac{L}{20}}$$

因此：$p_1 = p_0 \times 10^{\frac{80}{20}} = p_0 \times 10^4$

$p_2 = p_0 \times 10^{\frac{90}{20}} = p_0 \times 10^{4.5}$

总声压级：$\sum p = \sqrt{p_1^2 + p_2^2} = \sqrt{p_0^2 \times 10^8 + p_0^2 \times 10^9} = p_0 \times 10^4 \times \sqrt{11}$

代入声压级公式：$L = 20 \lg\left(\dfrac{p}{p_0}\right) = 20 \lg(\sqrt{11} \times 10^4) = 90.414 \text{dB}$

40.《民用建筑电气设计标准》（GB 51348—2019）附录 F 式（F.0.1-3）、式（F.0.2-4）和表 F.0.1。

房间常数：$R = S\alpha/(1-\alpha) = 20 \times 10 \times 0.2/(1-0.2) = 50$

指向性因数：$Q = 4$（查表 G.0.1，靠一墙角布置）

供声临界距离：$r_e = 0.14 D(\theta)\sqrt{QR} = 0.14 \times 1 \times \sqrt{4 \times 50} = 1.980$

2013 年专业知识试题答案（上午卷）

1. **答案：** C

   依据：《低压配电设计规范》（GB 50054—2011）第 5.2.9-1 条。

2. **答案：** D

   依据：《电流对人和家畜的效应 第 1 部分：通用部分》（GB/T 13870.1—2008）第 3.1.3 条。

3. **答案：** D

   依据：《爆炸危险环境电力装置设计规范》（GB 50058—2014）第 5.1.1-6 条。

4. **答案：** A

   依据：《工业与民用供配电设计手册》（第四版）P1403 中"总等电位联结"内容。

5. **答案：** A

   依据：《供配电系统设计规范》（GB 50052—2009）第 3.0.1 条。

6. **答案：** A

   依据：《工业与民用供配电设计手册》（第四版）P281 表 4.6-3。

   线路电抗标幺值：$X_* = X \dfrac{S_j}{U_j^2} = 0.43 \times \dfrac{100}{37^2} = 0.031$

7. **答案：** A

   依据：《工业与民用供配电设计手册》（第四版）P4～P5 "单台用电设备的设备功率"注解小字部分。

   短时或周期工作制电动机（如起重机用电动机等）的设备功率是指将额定功率换算成统一负载持续率下的有功功率。当采用需要系数法计算负荷时，应统一换算到负载持续率为 25% 下的有功功率；当采用利用系数法计算负荷时，应统一换算到负载持续率为 100% 下的有功功率。

   注：原题考查注解小字部分，按第四版手册要求应按式（1.2-1）进行计算，一律换算为负载持续率 100% 的有功功率。

8. **答案：** D

   依据：《工业与民用供配电设计手册》（第四版）P176～P178 相关内容。无准确对应条文，但分析可知，选项 A 应为"以供电电源容量为基准"，选项 B 应为"不含衰减的交流分量"，选项 C 应为"最小短路电流值"。

9. **答案：** D

   依据：《并联电容器装置设计规范》（GB 50227—2017）第 5.2.4 条。

10. **答案：** C

    依据：《工业与民用供配电设计手册》（第四版）P281 表 4.6-3 第 6 项。

11. **答案：** A

    依据：《低压配电设计规范》（GB 50054—2011）第 4.2.4 条。

12. 答案：A

    依据：《钢铁企业电力设计手册》（上册）P188"分布系数法"。即为 $0.4/(0.2 + 0.4) = 0.67$。

    注：也可参考《电力工程电气设计手册 1 电气一次部分》P128"求分布系数示意图"。第 i 个电源的电流分布系数的定义，即等于短路点的输入阻抗与该电源对短路点的转移阻抗之比。

13. 答案：D

    依据：《工业与民用供配电设计手册》（第四版）P303"低压网络短路电流计算"之计算条件。

14. 答案：C

    依据：《电力装置电测量仪表装置设计规范》（GB/T 50063—2017）第 7.1.5 条。

    额定电流（实际负荷电流）：$I_n = \dfrac{1343}{10 \times \sqrt{3}} = 77.5A$，选 100A。

    注：电流互感器一次额定电流采用 100A 时，实际运行电流可达到额定值的 77.5%，满足规范要求；电流互感器一次额定电流采用 150A 时，实际运行电流可达到额定值的 51.7%，不满足规范要求。

15. 答案：B

    依据：《工业与民用供配电设计手册》（第四版）P183 式（4.2-10），P280～P281 表 4.6-2 和表 4.6-3。

    设 $S_j = 100MV \cdot A$，则 $U_j = 10.5kV$，$I_j = 5.5kA$。

    高压端 X_1：$x_1\% = \dfrac{1}{2}(u_{k12}\% + u_{k13}\% - u_{k23}\%) = \dfrac{1}{2} \times (10.5 + 17 - 6.5) = 10.5$

$$X_{1*} = \frac{x\%}{100} \times \frac{S_j}{S_{rT}} = \frac{10.5}{100} \times \frac{100}{20} = 0.525$$

    中压端 X_3：$x_2\% = \dfrac{1}{2}(u_{k12}\% + u_{k23}\% - u_{k13}\%) = \dfrac{1}{2} \times (10.5 + 6.5 - 17) = 0$

$$X_{3*} = \frac{x\%}{100} \times \frac{S_j}{S_{rT}} = \frac{0}{100} \times \frac{100}{20} = 0$$

    低压端 X_2：$x_3\% = \dfrac{1}{2}(u_{k13}\% + u_{k23}\% - u_{k12}\%) = \dfrac{1}{2} \times (17 + 6.5 - 10.5) = 6.5$

$$X_{2*} = \frac{x\%}{100} \times \frac{S_j}{S_{rT}} = \frac{6.5}{100} \times \frac{100}{20} = 0.325$$

$$I_k'' = \frac{I_j}{X_{*\Sigma}} = \frac{5.5}{0.525 + 0.325} = 6.47kA$$

16. 答案：D

    依据：《交流电气装置的过电压保护和绝缘配合设计规范》（GB/T 50064—2014）第 4.4.3 条。

    注：也可参考《交流电气装置的过电压保护和绝缘配合》（DL/T 620—1997）第 5.3.4-a 条。最高电压 U_m 查《标准电压》（GB/T 156—2017）第 3.3 条。

17. 答案：C

    依据：《钢铁企业电力设计手册》（上册）P573 式（13-40）。

    $I_{rr} = KI_{gmax} = 2 \times \dfrac{1000}{35 \times 1.732} = 33A$，取最接近值 30A。

    注：由于公式本身未明确需大于结果，建议选取与结果接近的熔断器。

18. 答案：B

    依据：《爆炸危险环境电力装置设计规范》（GB 50058—2014）第 5.4.1-6 条。

19. 答案：A

    依据：《电力工程电缆设计标准》（GB 50217—2018）第 3.2.1 条。

20. 答案：B

    依据：《建筑物防雷设计规范》（GB 50057—2010）第 3.0.3 条及条文说明，其中条文说明中明确：人员密集的公共建筑物是指如集会、展览、博览、体育、商业、影剧院、医院、学校等。

21. 答案：A

    依据：《35kV～110kV 变电站设计规范》（GB 50059—2011）第 3.6.1 条。

22. 答案：D

    依据：《建筑物防雷设计规范》（GB 50057—2010）第 4.5.5 条。

23. 答案：D

    依据：《导体和电器选择设计规程》（DL/T 5222—2021）第 3.0.17 条表 3.0.17。

24. 答案：D

    依据：《建筑物防雷设计规范》（GB 50057—2010）第 4.3.8-1 条。

25. 答案：A

    依据：《建筑物防雷设计规范》（GB 50057—2010）附录 A，本建筑物高度小于 100m，采用如下公式：

$$A_e = \left[LW + 2(L+W)\sqrt{H(200-H)} + \pi H(200-H) \right] \times 10^{-6}$$
$$= (180 \times 25 + 2 \times 205 \times 99.5 + \pi \times 9900) \times 10^{-6} = 0.0764$$

$$N_g = 0.1T_d = 0.1 \times 80 = 8$$

$$N = kN_gA_e = 1.7 \times 8 \times 0.0764 = 1.039 次/年$$

    注：金属屋面的砖木结构 k 取 1.7。

26. 答案：C

    依据：《交流电气装置的过电压保护和绝缘配合设计规范》（GB/T 50064—2014）第 4.2.9 条及条文说明。

    第 3.2.2-2）条：操作过电压的基准电压（1.0p.u.）为：

$$1.0 \text{p.u.} = \sqrt{2}U_m/\sqrt{3} = \sqrt{2} \times 12 \div \sqrt{3} = 9.8\text{kV}$$

$$2.5\text{p.u.} = 2.5 \times 9.8 = 24.5\text{kV}$$

    注：也可参考《交流电气装置的过电压保护和绝缘配合》（DL/T 620—1997）第 4.2.7 条。最高电压 U_m 可参考《标准电压》（GB/T 156—2017）第 3.3 条～第 3.5 条。

27. 答案：D

    依据：《电力工程直流电源系统设计技术规程》（DL/T 5044—2014）第 6.2.6 条。

28. 答案：B

    依据：《建筑设计防火规范》（GB 50016—2014）第 5.1.1 条、第 10.1.2 条。

29. 答案：A

    依据：《低压配电设计规范》（GB 50054—2011）第 5.2.20 条。

30. 答案： D

依据：《交流电气装置的接地设计规范》（GB/T 50065—2011）附录 A 式（A.0.4-3）～式（A.0.4-4）。

接地电阻：$R\dfrac{\sqrt{\pi}}{4}\times\dfrac{\rho}{\sqrt{S}}+\dfrac{\rho}{L}=0.443\times\dfrac{1000}{\sqrt{100+300}}+\dfrac{1000}{210}=26.91\Omega$

31. 答案： D

依据：《低压配电设计规范》（GB 50054—2011）第 7.2.1-1 条。

32. 答案： B

依据：《建筑照明设计标准》（GB 50034—2013）第 7.2.9 条。

注：也可参考《照明设计手册》（第三版）P77 表 3-7 或《照明设计手册》（第二版）P100 表 4-6。

33. 答案： C

依据：《电力工程电缆设计标准》（GB 50217—2018）第 7.0.2-5 条。

34. 答案： A

依据：《交流电气装置的接地设计规范》（GB/T 50065—2011）第 8.1.2-3 条、第 8.1.2-6 条。

注：也可参考《建筑物电气装置 第 5-54 部分：电气设备的选择和安装接地配置、保护导体和保护联结导体》（GB 16895.3—2004）第 542.2.3 条、第 542.2.6 条。

35. 答案： C

依据：《建筑照明设计标准》（GB 50034—2013）第 4.1.7 条。

36. 答案： B

依据：《建筑照明设计标准》（GB 50034—2013）第 4.1.7 条。

37. 答案： D

依据：《电气传动自动化技术手册》（第三版）P566～P569 相关内容、P568 倒数第 4 行。

注：也可参考《电气传动自动化技术手册》（第二版）P488～P492 相关内容，P490 倒数第 5 行。

38. 答案： A

依据：《建筑照明设计标准》（GB 50034—2013）第 5.3.12 条表 5.3.12-1。

注：UGR 为统一眩光值，GR 为眩光值，Ra 为显色指数。

39. 答案： C

依据：《火灾自动报警系统设计规范》（GB 50116—2013）第 6.6.1-1 条。

40. 答案： C

依据：《供配电系统设计规范》（GB 50052—2009）第 5.0.4-2 条。

注：准确的范围应是 209～231V。

41. 答案： BC

依据：《火灾自动报警系统设计规范》（GB 50116—2013）第 3.3.2 条。

42. **答案：**ABC

　　依据：《交流电气装置的接地设计规范》（GB/T 50065—2011）第 8.1.4 条。

43. **答案：**ABD

　　依据：《钢铁企业电力设计手册》（上册）P297 中"6.3 变配电设备的节电　（2）提供功率因数减少电能损耗　2）减少变压器的铜耗"及式（6-36）和式（6-37）。

44. **答案：**ABD

　　依据：《35kV～110kV 变电站设计规范》（GB 50059—2011）第 3.2.6 条。

45. **答案：**AB

　　依据：《供配电系统设计规范》（GB 50052—2009）第 3.0.7 条。

46. **答案：**BC

　　依据：《工业与民用供配电设计手册》（第四版）P178 第三段内容。

47. **答案：**ACD

　　依据：《供配电系统设计规范》（GB 50052—2009）第 5.0.9 条。

48. **答案：**ABD

　　依据：《工业与民用供配电设计手册》（第四版）P177 倒数第八行：最大短路电流，用于选择电气设备的容量或额定值以校验电器设备的动稳定、热稳定及分断能力，整定继电保护装置。

　　《钢铁企业电力设计手册》（上册）P177 中"4.1 短路电流计算的目的及一般规定（5）接地装置的设计及确定中性点接地方式"。

　　注：也可参考《电力工程电气设计手册 1 电气一次部分》P119 中短路电流计算目的的内容。

49. **答案：**ABC

　　依据：《供配电系统设计规范》（GB 50052—2009）第 7.0.3 条。

50. **答案：**BD

　　依据：《导体和电器选择设计技术规定》（DL/T 5222—2005）第 16.0.4 条。

51. **答案：**ABD

　　依据：《导体和电器选择设计规程》（DL/T 5222—2021）第 17.0.10 条、第 17.0.14 条、第 17.0.2 条。

52. **答案：**ABC

　　依据：《工业与民用供配电设计手册》（第四版）P1026"接触器选择要点"。

　　注：也可参考《工业与民用配电设计手册》（第三版）P642～P643 标题内容。

53. **答案：**BC

　　依据：《导体和电器选择设计规程》（DL/T 5222—2021）第 17.0.14 条及条文说明。

54. **答案：**ACD

　　依据：《电力工程电缆设计标准》（GB 50217—2018）第 3.3.5 条、第 3.3.6 条、第 3.3.7 条。

55. **答案：**BD

依据：《钢铁企业电力设计手册》（下册）P271、P272 表 25-2 "常用交流调速方案比较"。

56. **答案：ABC**

依据：《低压配电设计规范》（GB 50054—2011）第 7.1.4 条、第 7.2.1 条、第 7.2.10 条。

57. **答案：BD**

依据：《交流电气装置的接地设计规范》（GB/T 50065—2011）第 2.0.9 条：接地装置是接地导体（线）和接地极的总和，显然"接地装置"不全是零电位的。选项 A 错误，依据第 3.1.1 条。选项 B 正确，依据《建筑物防雷设计规范》（GB 50057—2010）附录 C 式（C.0.1）。选项 C 错误。选项 D 未找到对应条文，但显然是正确的。

58. **答案：ABD**

依据：《电力工程电缆设计标准》（GB 50217—2018）第 5.2.3-1 条、第 5.2.5-4 条、第 5.2.5-1 条。

59. **答案：ABD**

依据：《电力装置的继电保护和自动装置设计规范》（GB/T 50062—2008）第 11.0.2 条。

60. **答案：BD**

依据：《建筑物防雷设计规范》（GB 50057—2010）第 5.3.3 条、第 5.2.5 条、第 5.2.7-2 条、第 5.2.4 条。

61. **答案：BD**

依据：《综合布线系统工程设计规范》（GB 50311—2016）第 7.7.1-2 条。

62. **答案：AC**

依据：《建筑物防雷设计规范》（GB 50057—2010）第 5.2.8-1 条、第 5.2.10 条。

注：本题有争议。

63. **答案：CD**

依据：《交流电气装置的过电压保护和绝缘配合设计规范》（GB/T 50064—2014）第 5.4.1 条、第 5.4.3 条。

注：也可参考《交流电气装置的过电压保护和绝缘配合》（DL/T 620—1997）第 7.1.1 条、第 7.1.3 条。

64. **答案：BC**

依据：《建筑设计防火规范》（GB 50016—2014）第 5.1.1 条、第 10.1.1 条。

65. **答案：AC**

依据：《防止静电事故通用导则》（GB 12158—2006）第 6.1.2 条、第 6.1.10 条、第 6.2.6 条。

注：防静电接地内容，可参考《工业与民用供配电设计手册》（第四版）P1434～P1437 的内容，但内容有限。超纲内容。

66. **答案：AC**

依据：《工业与民用供配电设计手册》（第四版）P1430，无论采用哪种接地系统，其接地线长度 $L = \frac{\lambda}{4}$ 及 $L = \frac{\lambda}{4}$ 的奇数倍的情况应避开。

67. **答案：BCD**

依据：依据《建筑照明设计标准》（GB 50034—2013）第 5.3.2 条，选项 A 错误；依据第 6.4 条天然光利用，选项 B 正确；依据《照明设计手册》（第三版）P213 "2.直接照明与局部照明组合"，参考图 8-8，选项 C 正确；依据《照明设计手册》（第二版）P264 第 2 行 "有视频显示终端的工作场所照明应限制灯具中垂线以上不小于 65°高度角的亮度"，选项 D 正确。

注：电脑显示屏即为视频显示终端。

68. **答案**：CD

依据：《建筑照明设计标准》（GB 50034—2013）第 4.2.1-6 条。

注：也可参考《照明设计手册》（第三版）P315 倒数第 6 行：主席台面的照度不宜低于 200lx。靠近比赛区前 12 排观众席的垂直照度不宜小于场地垂直照度的 25%。题目不严谨，"主席台前排"在这里应理解为"前排观众席"。

69. **答案**：ABD

依据：《电气传动自动化技术手册》（第三版）P877 "3.PLC 系统的扫描周期"。

注：也可参考《电气传动自动化技术手册》（第二版）P799 "3.PLC 系统的扫描周期"。

70. **答案**：AB

依据：《建筑照明设计标准》（GB 50034—2013）第 7.2.8 条。

2013 年专业知识试题答案（下午卷）

1. **答案**：C

   依据：《建筑照明设计标准》（GB 50034—2013）第 6.1.2 条、第 2.0.53 条。

2. **答案**：B

   依据：《工业与民用供配电设计手册》（第四版）P61 "配电分式" 中 "放射式：供电可靠性高，故障发生后影响范围较小，切换操作方便，保护简单，便于自动化，但配电线路和高压开关柜数量多而造价较高"。

3. **答案**：B

   依据：《工业与民用供配电设计手册》（第四版）P14 表 1.4-6，卤钨灯的功率因数为 1；P12 式（1-28）和式（1-30）以及 P13 表 1-14。

   根据题意，相负荷（碘钨灯）为 $P_{U1} = 1\text{kW}$，$P_{V1} = 1\text{kW}$，$P_{W1} = 1\text{kW}$。

   线间负荷转换为相间负荷：

   $$P_{U2} = P_{UV}p_{(UV)U} + 0 = 2 \times 0.5 = 1\text{kW}$$

   $$P_{V2} = P_{UV}p_{(UV)V} + 0 = 2 \times 0.5 = 1\text{kW}$$

   $$P_{W2} = 0\text{kW}$$

   因此：$P_U = P_{U1} + P_{U2} = 1 + 1 = 2\text{kW}$

   $$P_V = P_{V1} + P_{V2} = 1 + 1 = 2\text{kW}$$

   $$P_W = P_{W1} + P_{W2} 1 + 0 = 1\text{kW}$$

   根据只有相间负荷，等效三相负荷取最大相负荷的 3 倍，因此 $P_d = 3 \times 2 = 6\text{kW}$。

   注：碘钨灯为卤钨灯的一种。

4. **答案**：B

   依据：《工业与民用供配电设计手册》（第四版）P70～P71 表 2.4-6 "常用 35～110kV 变电所主接线"。

5. **答案**：C

   依据：《20kV 及以下变电所设计规范》（GB 50053—2013）第 3.3.4 条。

6. **答案**：B

   依据：《35kV～110kV 变电站设计规范》（GB 50059—2011）第 3.1.4 条。

7. **答案**：A

   依据：《供配电系统设计规范》（GB 50052—2009）第 5.0.13 条。

   注：也可参考《工业与民用配电设计手册》P281 "谐波源" 内容。常见的谐波源主要有：①换流设备；②电弧炉；③铁芯设备；④照明设备；⑤某些生活日用电器等非线性电器设备。

8. **答案**：B

   依据：《20kV 及以下变电所设计规范》（GB 50053—2013）第 5.1.7 条。

9. **答案**：A

依据：《3～110kV 高压配电装置设计规范》（GB 50060—2008）第 2.0.6 条、第 2.0.7 条、第 2.0.10 条。

10. 答案：C

依据：《3～110kV 高压配电装置设计规范》（GB 50060—2008）第 3.0.5 条。

11. 答案：C

依据：《工业与民用供配电设计手册》（第四版）P280～P281 表 4.1-2 及表 4.1-3。

线路电抗标幺值：$X_* = X\dfrac{S_j}{U_j^2} = 0.409 \times 50 \times \dfrac{100}{115^2} = 0.155$

12. 答案：D

依据：《并联电容器装置设计规范》（GB 50227—2017）第 5.3.3 条。

13. 答案：B

依据：《工业与民用供配电设计手册》（第四版）P331 "稳定校验所需用的短路电"。校验高压电器和导体的动稳定时，应计算短路电流峰值；P300 式（4.6-21）及当短路点远离发电厂时：

$$i_p = 2.55 I_k'' = 2.55 \times 7 = 17.85\text{kA}$$

14. 答案：C

依据：《电力装置的继电保护和自动装置设计规范》（GB/T 50062—2008）第 4.0.3-2、第 4.0.3-3 条。

15. 答案：D

依据：《低压配电设计规范》（GB 50054—2011）第 3.1.10 条。

16. 答案：C

依据：《电力装置电测量仪表装置设计规范》（GB/T 50063—2017）第 8.1.5 条；《电力工程电缆设计标准》（GB 50217—2018）第 3.7.5-4 条。

17. 答案：C

依据：《电力工程电缆设计标准》（GB 50217—2018）第 5.1.9 条、第 5.3.3-2 条、第 5.4.6-4 条、第 5.5.5-1 条。

18. 答案：C

依据：《电力工程直流电源系统设计技术规程》（DL/T 5044—2014）第 3.1.7 条。

19. 答案：B

依据：无依据，计算负荷视为等效三相负荷。

$$I = \dfrac{P}{\sqrt{3}U\cos\varphi} = \dfrac{9}{\sqrt{3} \times 0.38 \times 0.5} = 27.3\text{A}$$

20. 答案：B

依据：《电力工程直流电源系统设计技术规程》（DL/T 5044—2014）第 4.1.1-2 条和第 3.2 条。

21. 答案：A

依据：《电力装置的继电保护和自动装置设计规范》（GB/T 50062—2008）第 4.0.6-1 条。

22. 答案：D

依据：《钢铁企业电力设计手册》（下册）P316 最后一段：在变频调速中，额定转速以下的调速通常采用恒磁通变频原则，即要求磁通 Φ_m = 常数，其控制条件是 U/f = 常数。

注：恒转矩调速即磁通恒定，可查阅相关教科书。

23. **答案：** A

依据：《交流电气装置的过电压保护和绝缘配合设计规范》（GB/T 50064—2014）第 6.4.6-1 条及注2。

注：也可参考《交流电气装置的过电压保护和绝缘配合》（DL/T 620—1997）第 10.4.5-a 条表 19 及注 2。

24. **答案：** D

依据：《工业与民用供配电设计手册》（第四版）第 6 章目录。电能质量主要指标包括电压偏差、电压波动和闪变、频率偏差、谐波（电压谐波畸变率和谐波电流含有率）和三相电压不平衡度等。有关电能质量共 6 本规范如下：

a.《电能质量 供电电压偏差》（GB/T 12325—2008）。

b.《电能质量 电压波动和闪变》（GB/T 12326—2008）。

c.《电能质量 三相电压不平衡》（GB/T 15543—2008）。

d.《电能质量 暂时过电压和瞬态过电压》（GB/T 18481—2001）。

e.《电能质量 公用电网谐波》（GB/T 14549—1993）［也可参考《电能质量 公用电网间谐波》（GB/T 24337—2009），但后者不属于大纲范围］。

f.《电能质量 电力系统频率偏差》（GB/T 15945—2008）。

25. **答案：** A

依据：无明确条文，需熟悉 TN/TT/IT 系统原理及各自应用范围，TT 系统一般用在长距离配电中，如路灯等；IT 系统一般应用于轻易不允许停电的场所，如地下煤矿井道等；而 TN 系统应用最为广泛，一般民用建筑物均采用本系统。

26. **答案：** A

依据：《火灾自动报警系统设计规范》（GB 50116—2013）第 6.7.4-3 条。

27. **答案：** C

依据：《住宅设计规范》（GB 50096—2011）第 8.7.2-2 条。

28. **答案：** B

依据：《火灾自动报警系统设计规范》（GB 50116—2013）第 3.3.1-1 条、第 3.3.2-1 条、第 3.3.3-1 条。

29. **答案：** C

依据：《建筑照明设计标准》（GB 50034—2013）第 3.3.6-1 条。

30. **答案：** C

依据：《火灾自动报警系统设计规范》（GB 50116—2013）第 3.1.5 条。

31. **答案：** D

依据：《电气传动自动化技术手册》（第三版）P469 式（6-1）。

转速降落：$\Delta n = \dfrac{R_0}{C_e C_T \Phi^2} T$

32. 答案：D

依据：《有线电视系统工程技术规范》（GB 50200—1994）第 2.2.2 条及表 2.2.2。

33. 答案：B

依据：《钢铁企业电力设计手册》（下册）P280 "第 25.2.3 改变定子电压调速"。

异步电动机的电磁转矩：$M = \dfrac{m_1}{\omega_0} \cdot \dfrac{u_1^2 \dfrac{r'_2}{s}}{\left(r_1 + \dfrac{r'_2}{s}\right)^2 + (x_1 + x'_2)^2}$

注：也可参考《电气传动自动化技术手册》（第三版）P564 式（7-18）。

34. 答案：D

依据：《综合布线系统工程设计规范》（GB 50311—2016）第 3.3.2 条。

35. 答案：B

依据：《火灾自动报警系统设计规范》（GB 50116—2013）第 3.4.8-1 条。

36. 答案：C

依据：《建筑设计防火规范》（GB 50016—2014）第 10.2.1 条。

37. 答案：C

依据：《有线电视系统工程技术规范》（GB 50200—1994）第 4.2.1.2 条及表 4.2.1-2 主观评价项目。

38. 答案：C

依据：《66kV 及以下架空电力线路设计规范》（GB 50061—2010）第 12.0.9 条。

39. 答案：C

依据：《有线电视系统工程技术规范》（GB 50200—1994）第 2.2.2 条。

40. 答案：A

依据：《66kV 及以下架空电力线路设计规范》（GB 50061—2010）第 12.0.16 条及表 12.0.16。

41. 答案：BC

依据：《系统接地的型式及安全技术要求》（GB 14050—2008）第 5.2.3 条。

注：也可参考《剩余电流动作保护装置安装和运行》（GB 13955—2005）第 4.2.2.1 条，但其中表述有所不同。超纲规范。

42. 答案：ACD

依据：《民用建筑电气设计标准》（GB 51348—2019）第 3.3.9 条。

注：也可参考《供配电系统设计规范》（GB 50052—2009）第 3.0.4 条。

43. 答案：AD

依据：《建筑设计防火规范》（GB 50016—2014）第 5.1.1 条、第 10.1.1 条。

注：也可参考《民用建筑电气设计标准》（GB 51348—2019）附录 A 中表 A。

44. 答案：BD

依据：《20kV 及以下变电所设计规范》（GB 50053—2013）第 5.2.1 条、第 5.2.4 条、第 5.3.1 条、第 5.3.3 条。

45. 答案：ABC

依据：《并联电容器装置设计规范》（GB 50227—2017）第 5.3.1 条。

46. 答案：CD

依据：《35kV～110kV 变电站设计规范》（GB 50059—2011）第 3.10.1 条。

47. 答案：BCD

依据：《3～110kV 高压配电装置设计规范》（GB 50060—2008）第 7.2.1～7.2.3 条。

注：构架有独立构架与连续构架之分。

48. 答案：AB

依据：《20kV 及以下变电所设计规范》（GB 50053—2013）第 2.0.2 条、第 2.0.3 条、第 2.0.6-3 条。

49. 答案：AB

依据：《低压配电设计规范》（GB 50054—2011）第 6.2.3-2 条。

50. 答案：BCD

依据：《35kV～110kV 变电站设计规范》（GB 50059—2011）第 2.0.1 条。

51. 答案：AC

依据：《3～110kV 高压配电装置设计规范》（GB 50060—2008）第 4.1.3 条，《工业与民用供配电设计手册》（第四版）P385～P386 "高压断路器"相关内容。

注：《导体和电器选择设计规程》（DL/T 5222—2021）第 3.0.6 条的表述略有不同。另根据《导体和电器选择设计技术规定》（DL/T 5222—2005）第 9.2.2 条及附录 F：主保护动作时间 + 断路器分闸时间 > 0.01s（短路电流峰值出现时间），可以排除选项 D。

52. 答案：AC

依据：《电力装置电测量仪表装置设计规范》（GB/T 50063—2017）第 7.1.6 条、第 7.1.7 条和《导体和电器选择设计技术规定》（DL/T 5222—2005）第 16.0.7 条。

53. 答案：BCD

依据：《电力工程电缆设计标准》（GB 50217—2018）第 7.0.7 条。

54. 答案：ABC

依据：《电力工程直流电源系统设计技术规程》（DL/T 5044—2014）第 4.1.1-2 条。

55. 答案：CD

依据：《电力装置电测量仪表装置设计规范》（GB/T 50063—2017）第 3.1.4 条、第 3.1.10 条。

56. 答案：ABD

依据：《钢铁企业电力设计手册》（下册）P96 表 24-7。

注：也可参考《电气传动自动化技术手册》（第三版）P406～P407 表 5-16。

57. **答案**：BC

依据：《交流电气装置的过电压保护和绝缘配合设计规范》（GB/T 50064—2014）第 4.2.9 条。

注：也可参考《交流电气装置的过电压保护和绝缘配合》（DL/T 620—1997）第 4.2.7 条。

58. **答案**：BC

依据：《钢铁企业电力设计手册》（下册）P309 倒数第 4 行（左侧）：电动机在额定转速以上运转时，定子频率将大于额定频率，但由于电动机绕组本身不允许耐受高的电压，电动机电压必须限制在允许值范围内。

59. **答案**：ABD

依据：《交流电气装置的接地设计规范》（GB/T 50065—2011）第 3.2.1、第 3.2.2 条。

注：所谓"A 类"的说法是行业标准《交流电气装置的接地》（DL/T 621—1997）中的描述，国家规范《交流电气装置的接地设计规范》（GB/T 50065—2011）中已取消。

60. **答案**：ABD

依据：《火灾自动报警系统设计规范》（GB 50116—2013）第 6.2.4 条。

61. **答案**：BD

依据：《低压配电设计规范》（GB 50054—2011）第 7.1.3 条。

注：旧规范 GB 50054—1995 中"标称电压为 50V 以下的回路"，新规范中已取消该条。

62. **答案**：ABC

依据：《有线电视系统工程技术规范》（GB 50200—1994）第 2.8.1 条。

63. **答案**：AD

依据：《建筑照明设计标准》（GB 50034—2013）第 4.1.1 条。

64. **答案**：AC

依据：《有线电视系统工程技术规范》（GB 50200—1994）第 2.1.2 条。

65. **答案**：CD

依据：《钢铁企业电力设计手册》（下册）P310、311。

66. **答案**：ABC

依据：《综合布线系统工程设计规范》（GB 50311—2016）第 7.6.4 条表 7.6.4。

67. **答案**：ABD

依据：《民用建筑电气设计标准》（GB 51348—2019）第 14.3.3-3 条、第 14.3.6-7 条，《视频安防监控系统工程设计规范》（GB 50395—2007）第 6.0.1-9 条。

68. **答案**：ABD

依据：《66kV 及以下架空电力线路设计规范》（GB 50061—2010）第 12.0.7 条。

69. **答案：**BC

依据：《综合布线系统工程设计规范》（GB 50311—2016）第 3.4.3 条。

70. **答案：**AC

依据：《66kV 及以下架空电力线路设计规范》（GB 50061—2010）第 5.1.2 条、第 5.2.3 条、第 5.2.6 条、第 12.0.11 条。

2013年案例分析试题答案（上午卷）

题1～5答案：**CBBAC**

1.《电流对人和家畜的效应 第1部分：通用部分》（GB/T 13870.1—2022）附录D中例1和例3。

根据题意查表可知，接触电压75V对应的人体总阻抗（手到手）为2000Ω，因此：

$Z_{TA}(H-H)$人体总阻抗，大的接触表面积，手到手：$Z_{TA}(H-H)=2000\Omega$

$Z_{TA}(H-T)$人体总阻抗，大的接触表面积，手到躯干：$Z_{TA}(H-T)=Z_{TA}(H-H)/2=1000\Omega$

双手对人体躯干成并联：$Z_T=Z_{TA}(H-T)/2=1000/2=500\Omega$

接触电流：$I_T=U_T/Z_T=75/500=0.15A=150mA$

2.《低压电气装置 第4-44部分：安全防护 电压骚扰和电磁骚扰防护》（GB/T 16895.10—2021）第442.2条中图44.A1和表44.A1。

表44.A1：TN系统接地类型，当$R_E=R_B$时，$U_1=U_0=220V$。

另参见第442.1.2条：R_E为变电所接地配置的接地电阻，R_B为低压系统接地电阻（高、低压接地装置连通时），U_0为低压系统线导体对地标称电压，U_1为故障持续时间内低压系统线导体与变电所低压设备外露可导电部分之间的工频应力电压。

3.《工业与民用供配电设计手册》（第四版）P308式（4.6-44），《低压配电设计规范》（GB 50054—2011）第5.2.8条式（5.2.8）。

根据题中表格，短路时线路单位长度的相保电阻$R'_{php}=2.699m\Omega/m$，又根据题意，忽略保护开关之后的线路电抗和接地故障点阻抗，则$U_0\geqslant Z_sI_a=\sqrt{R_{php}^2+X_{php}^2}I_a=\sqrt{\left(L\times R_{php}+65^2\right)^2+40^2}\times1.62$，其中$U_0=220V$，可得到$L\leqslant24m$。

> 注：题中的1.62kA为断路器动作电流，而不是整定电流，因此不需要考虑1.3的系数。

4.《低压配电设计规范》（GB 50054—2011）第5.2.5条式（5.2.5）。

$$R\leqslant\frac{50}{I_a}=\frac{50}{756}=0.0661=66.1m\Omega$$

> 注：示意图可参考《工业与民用供配电设计手册》（第四版）P1456图15.2-2"局部等电位联结降低接触电压"。

5.《交流电气装置的接地设计规范》（GB/T 50065—2011）第4.2.2条式（4.2-1）。

接触电位差：$U_t\leqslant\dfrac{174+0.17\rho C_s}{\sqrt{t}}=\dfrac{174+0.17\times200\times0.86}{\sqrt{0.5}}=287V$

题6～10答案：**DBDDB**

6.《20kV及以下变电所设计规范》（GB 50053—2013）第3.3.2条。

按总装机容量计算：$I_1=\dfrac{S}{\sqrt{3}U_n}=\dfrac{32900}{\sqrt{3}\times10}=1899.5A$，则回路数$N_1=\dfrac{I_1}{I_n}=\dfrac{1899.5}{600}=3.17$，取4路。

第3.3.2条：装有两台及以上变压器的变电所，当其中任一台变压器断开时，其余变压器的容量应满足一级负荷及二级负荷的用电。

按一、二级负荷容量计算：$I_2 = \dfrac{S'}{\sqrt{3}U_n} = \dfrac{11966}{\sqrt{3} \times 10} = 690.9\text{A}$，则回路数 $N_1 = \dfrac{I_1}{I_n} = \dfrac{690.9}{600} = 1.15$，取 2 路主用，1 路备用，共 3 路。

取两者较大者，为 4 路进线。

注：电源供电回路数量应按总装机容量计算，再用一、二级负荷容量校验，不能用 60% 的负荷率（即计算负荷）核定电源数量，在实际应用中，供电局也是不允许的。本题还可参考《供配电系统设计规范》（GB 50052—2009）第 4.0.5 条。

7.《通用用电设备配电设计规范》（GB 50055—2011）第 3.3.4 条以及《工业与民用供配电设计手册》（第四版）P10 式（1.4-4）～式（1.4-6）。

计算过程见下表。

设备组名称	设备组总容量	个数	需要系数K_c	综合系数K_z	计算容量
直流客梯	50kV·A	6	0.5	1.4	210kV·A
交流货梯	32kV·A	2	0.5	0.9	28.8kV·A
交流食梯	4kV·A	2	0.5	0.9	3.6kV·A
小计					242.4kV·A
同时系数$K_x = 0.8$					194kV·A
计算电流					294.64A

注：本题重点考查《通用用电设备配电设计规范》（GB 50055—2011）的相关条款。

8.《工业与民用供配电设计手册》（第四版）P30 式（1.10-3）、式（1.10-4）。

有功损耗：$\Delta P_T = \Delta P_0 + \Delta P_K \left(\dfrac{S_c}{S_r}\right)^2 = 2.11 + 10.25 \times 0.51^2 = 4.776\text{kW}$

无功损耗：

$\Delta Q_T = \Delta Q_0 + \Delta Q_K \left(\dfrac{S_c}{S_r}\right)^2 = \dfrac{I_0\%}{100} \times S_r + \dfrac{u_k\%}{100} \times S_r \times \left(\dfrac{S_c}{S_r}\right)^2 = \dfrac{0.25}{100} \times 1600 + \dfrac{6}{100} \times 1600 \times 0.51^2$

$= 28.97\text{kvar}$

注：也可参考《钢铁企业电力设计手册》（上册）P291、292 式（6-14）和式（6-19）。

9.《工业与民用供配电设计手册》（第四版）P20 式（1.6-5）～式（1.6-10）及表 1.6-1。

第一种方法：按单相负荷转三相负荷准确计算。

灯具总功率：$P = 1000 + 105 = 1105\text{W} = 1.105\text{kW}$

UV 线间负荷：$P_{UV} = 4 \times 1.105 = 4.42\text{kW}$

VW 线间负荷：$P_{VW} = 6 \times 1.105 = 6.63\text{kW}$

WU 线间负荷：$P_{WU} = 8 \times 1.105 = 8.84\text{kW}$

将线间负荷换算成相负荷：

U 相：$P_U = P_{UV}p_{(UV)U} + P_{WU}p_{(WU)U} = 4.42 \times 0.72 + 8.84 \times 0.28 = 5.66\text{kW}$

$Q_U = P_{UV}q_{(UV)U} + P_{WU}q_{(WU)U} = 4.42 \times 0.09 + 8.84 \times 0.67 = 6.32\text{kvar}$

$S_U = \sqrt{5.66^2 + 6.32^2} = 8.48\text{kV} \cdot \text{A}$

V 相：$P_V = P_{UV}p_{(UV)V} + P_{VW}p_{(VW)V} = 4.42 \times 0.28 + 6.63 \times 0.72 = 6.01\text{kW}$

$Q_V = P_{UV}q_{(UV)V} + P_{VW}q_{(VW)V} = 4.42 \times 0.67 + 6.63 \times 0.09 = 3.56\text{kW}$

$S_V = \sqrt{6.01^2 + 3.56^2} = 6.99\text{kV} \cdot \text{A}$

W 相：$P_W = P_{VW}p_{(VW)W} + P_{WU}p_{(WU)W} = 6.63 \times 0.28 + 8.84 \times 0.72 = 8.22\text{kW}$

$Q_W = P_{VW}q_{(VW)W} + P_{WU}q_{(WU)W} = 6.63 \times 0.67 + 8.84 \times 0.09 = 5.24\text{kW}$

$S_W = \sqrt{8.22^2 + 5.24^2} = 9.75\text{kV} \cdot \text{A}$

W 相为最大相负荷，取其 3 倍作为等效三相负荷，即 $S = 3S_W = 3 \times 9.75 = 29.25\text{kV} \cdot \text{A}$。

第二种方法：采用简化方法计算［式（1-34）］。

$P_d = 1.73P_{WU} + 1.27P_{VW} = 1.73 \times 8.84 + 1.27 \times 6.63 = 23.71\text{kW}$

$S_d = \dfrac{P_d}{\cos\varphi} = \dfrac{23.71}{0.8} = 29.64\text{kV} \cdot \text{A}$

注：题干中系数有误，不知是否有意为之。第二种方法的结果与选项有偏差，也不知是否可判正确。本题原意是考查单相负荷转三相负荷的准确计算，但计算量偏大了。

10.《工业与民用供配电设计手册》（第四版）P93（2）"柴油发电机组容量选择的原则"。

柴油发电机组容量应根据应急负荷大小和投入顺序以及单台电动机最大启动容量等因素综合考虑，按本题已知条件，按应急负荷大小考虑：

设备组名称	设备组总容量	需要系数K_x	有功功率P_c	$\cos\varphi/\tan\varphi$	无功功率Q_c
UPS	$120 \times 0.9\text{kW}$	0.8	86.4	0.9/0.484	41.8
应急照明	100kW	1	100	0.9/0.484	48.4
消防水泵	130kW	1	130	0.8/0.75	97.5
消防风机	348kW	1	348	0.8/0.75	261
消防电梯	40kW	1	40	0.5/1.73	69.28
小计			704.4		518

柴油发电机视在功率：$S = \sqrt{P^2 + Q^2} = \sqrt{704.4^2 + 518^2} = 874.4\text{V}$

注：柴油发电机应按消防负荷和重要负荷分别计算，但本题中未明确重要负荷，可不必考虑。

题 11～15 答案：**BDCBC**

11.《电力工程电缆设计标准》（GB 50217—2018）附录 B 式（B.0.1-1）。

第一年导体最大负荷电流：$I_{max} = \dfrac{S_c}{\sqrt{3}U_n} = \dfrac{\sqrt{17450^2 + 11200^2}}{2} \times \dfrac{1}{\sqrt{3} \times 35} = 171.0\text{A}$

经济电流截面积：$S = \dfrac{I_{max}}{J} = \dfrac{171}{0.9} = 190\text{mm}^2$

第 B.0.3-3 条：当电缆经济电流截面介于电缆标称截面档次之间，可视其接近程度，选择较接近一档截面，且宜偏小选取。因此取 185mm²。

注：I_{max} 为第一年导体最大负荷电流，不能以变压器容量计算运行电流。

12.《工业与民用供配电设计手册》（第四版）P460 式（6.2-8）。

$u_a = \dfrac{100\Delta P_T}{S_{rT}} = \dfrac{100 \times 70}{16000} = 0.44$

$$u_r = \sqrt{u_T^2 - u_a^2} = \sqrt{8^2 - 0.438^2} = 7.99$$

$$\cos\varphi = 0.7$$

$$\sin\varphi = 0.714$$

变压器电压损失（%）：$\Delta u_T = \beta(u_a\cos\varphi + u_r\sin\varphi) = 1 \times (0.44 \times 0.7 + 7.99 \times 0.714) = 6.01$

注：题意要求"最大电压损失"，因此此处变压器负载率取 1，且假定功率因数为 0.7，而按负荷平均分配功率因数应为 0.84，说明此假定下两台变压器不是平均分配负荷的。若按大题干内条件计算负荷率，计算过程列在下方，供参考。

变压器负载率：$\beta = \dfrac{S_c}{S_{rT}} = \dfrac{\sqrt{17450^2 + 11200^2}}{2 \times 16000} = 0.648$

变压器电压损失（%）：$\Delta u_T = \beta(u_a\cos\varphi + u_r\sin\varphi) = 0.648 \times (0.44 \times 0.7 + 7.99 \times 0.714) = 3.90$

13.《工业与民用供配电设计手册》（第四版）P37 式（1.11-7）。

补偿前平均功率因数：$\cos\varphi = \sqrt{\dfrac{1}{1 + \left(\dfrac{\beta_{av}Q_c}{\alpha_{av}P_c}\right)^2}} = \sqrt{\dfrac{1}{1 + \left(\dfrac{0.8 \times 11200}{0.75 \times 17450}\right)^2}} = 0.83$

无功补偿容量：由 $\cos\varphi_1 = 0.83$，得 $\tan\varphi_1 = 0.67$。

由 $\cos\varphi_2 = 0.9$，得 $\tan\varphi_2 = 0.484$。

$$Q_c = \alpha_{av}P_c(\tan\varphi_1 - \tan\varphi_2) = 1 \times (17450/2) \times (0.672 - 0.484) = 1640.3\text{kvar}$$

注：题意要求按最不利条件计算补偿容量，因此 $\alpha_{av} = 1$。

14.《电能质量 公用电网谐波》（GB/T 14549—1993）附录 C 表 C1 和式（C5）。

10kV 母线谐波总电流：$I_h = \sqrt{I_{h1}^2 + I_{h2}^2 + K_h I_{h1} I_{h2}} = \sqrt{20^2 + 30^2 + 1.28 \times 20 \times 30} = 45.48\text{A}$

折算至 35kV 电网侧谐波总电流：$I'_h = \dfrac{I_h}{n_T} = 45.48 \times \dfrac{10}{35} = 13\text{A}$

注：也可参考《电能质量 公用电网间谐波》（GB/T 24337—2009）。

15.《工业与民用供配电设计手册》（第四版）P458 式（6.2-1）。

$$\delta U = \dfrac{U - U_n}{U_n} \times 100\% = \dfrac{10.2 - 10}{10} \times 100\% = 2\%$$

题 16～20 答案：**BBCBC**

16.《工业与民用供配电设计手册》（第四版）P280～P281 式（4.6-2）～式（4.6-8）、表 4.6-3，P284 式（4.6-11）～式（4.6-15）。

设：$S_j = 100\text{MV}\cdot\text{A}$；$U_j = 37\text{kV}$；$I_j = 1.56\text{kA}$。

1 号电源线路电抗标幺值：$X_* = X\dfrac{S_j}{U_j^2} = 0.37 \times 7 \times \dfrac{100}{37^2} = 0.189$

1 号电源提供的短路电流（k_1 短路点）：$I_k = \dfrac{I_j}{X_{*k}} = \dfrac{1.56}{0.189} = 8.25\text{kA}$

1 号电源提供的短路容量（k_1 短路点）：$S_k = \dfrac{S_j}{X_{*k}} = \dfrac{100}{0.189} = 529.1\text{MV}\cdot\text{A}$

17.《工业与民用供配电设计手册》（第四版）P280～P281 式（4.6-2）～式（4.6-8）、表 4.6-3，P284

式（4.6-11）～式（4.6-15）。

设：$S_j = 100 \text{MV} \cdot \text{A}$；$U_j = 10.5 \text{kV}$；$I_j = 5.5 \text{kA}$。

35/10kV 变压器电抗标幺值：$X'_{*T1} = \dfrac{u_k\%}{100} \times \dfrac{S_j}{S_{rT}} = 0.08 \times \dfrac{100}{16} = 0.5$

35/10kV 并联变压器标幺值：$X_{*T1} = \dfrac{X'_{*T1}}{2} = \dfrac{0.5}{2} = 0.25$

发电机等值电抗标幺值：$X_{*G} = X_d \dfrac{S_j}{S_G} = 13.65\% \times \dfrac{100}{37.5} = 0.364$

发电机升压变压器电抗标幺值：$X_{*T2} = \dfrac{u_k\%}{100} \times \dfrac{S_j}{S_{rT}} = 0.08 \times \dfrac{100}{40} = 0.2$

1号电源线路电抗标幺值：$X_{*L1} = X \dfrac{S_j}{U_j^2} = 0.37 \times 7 \times \dfrac{100}{37^2} = 0.189$

2号电源线路电抗标幺值：$X_{*L2} = X \dfrac{S_j}{U_j^2} = 0.37 \times 4.5 \times \dfrac{100}{37^2} = 0.122$

短路等值电路见图1。

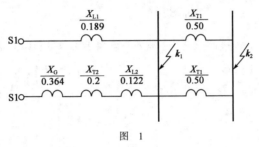

图　1

电路一次变换：$X_{*21} = X_{*L1} = 0.189$

$X_{*22} = X_{*G} + X_{*T2} + X_{*L2} = 0.686$

$X_{*23} = X'_{*T1} \mathbin{/\mkern-5mu/} X'_{*T1} = 0.25$，见图2。

《钢铁企业电力设计手册》（上册）P188 式（4-7）～式（4-13），电路二次变换，见图3。

$X_{*\Sigma} = (X_{*21} \mathbin{/\mkern-5mu/} X_{*22}) + X_{*23} = 0.398$

$C_1 = X_{*22}/(X_{*21} + X_{*22}) = 0.784$

$C_2 = X_{*21}/(X_{*21} + X_{*22}) = 0.216$

$X_{*31} = \dfrac{X_{*\Sigma}}{C_1} = \dfrac{0.398}{0.784} = 0.508$

$X_{*32} = \dfrac{X_{*\Sigma}}{C_2} = \dfrac{0.398}{0.216} = 1.843$

1号电源提供的短路电流$(k_2$短路点$)$：$I_k = \dfrac{I_j}{X_{*k}} = \dfrac{5.5}{0.508} = 10.83 \text{kA}$

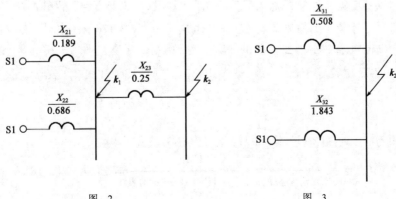

图　2　　　　　　　　　　　　　　　　　图　3

1号电源提供的短路容量（k_2短路点）：$S_k = \dfrac{S_j}{X_{*k}} = \dfrac{100}{0.508} = 196.85 \text{MV} \cdot \text{A}$

注：本题关键在于图2、图3的变换，但计算量较大。变换公式参考《工业与民用配电设计手册》（第三版）P149式（4-23）。

18.《工业与民用供配电设计手册》（第四版）P285~P289式（4.6-16）和式（4.6-18）及按发电机运算曲线计算。

设：$S_j = 100 \text{MV} \cdot \text{A}$；$U_j = 37 \text{kV}$；$I_j = 1.56 \text{kA}$。

各电源对短路点的等值电抗归算到以本电源等值发电机的额定容量为基准的标幺值：

$$X_c = X_{*22} \frac{S_G}{S_j} = 0.686 \times \frac{30}{0.8 \times 100} = 0.257 \approx 0.26$$

查表得到 $I_* = 4.178$。

电源基准电流（由等值发电机的额定容量和相应的平均额定电压求的）：

$$I_{rj} = \frac{P_G}{\sqrt{3} U_G \cos\varphi} = \frac{30}{\sqrt{3} \times 37 \times 0.8} = 0.585 \text{kA}$$

2号电源提供的短路电流（k_1短路点）：$I_k = I_* I_{rj} = 4.178 \times 0.585 = 2.44 \text{kA}$

2号电源提供的短路容量（k_1短路点）：$S_k = \sqrt{3} I_k U_j = \sqrt{3} \times 2.44 \times 37 = 156.36 \text{MV} \cdot \text{A}$

注：发电机端电压显然不是37kV，但由于k_1点为35kV，可按此平均电压计算电源的基准电流。也可参考《工业与民用配电设计手册》（第三版）P137式（4-18）和式（4-20）及按发电机运算曲线计算。

19.《工业与民用供配电设计手册》（第四版）P285~P289式（4.6-16）和式（4.6-18）及按发电机运算曲线计算。

设：$S_j = 100 \text{MV} \cdot \text{A}$，$U_j = 10.5 \text{kV}$，$I_j = 5.5 \text{kA}$

则 $X_{*32} = X_* = \dfrac{0.398}{0.216} = 1.843$

各电源对短路点的等值电抗归算到以本电源等值发电机的额定容量为基准的标幺值：

$$X_c = X_{*32} \frac{S_G}{S_j} = 1.843 \times \frac{30}{0.8 \times 100} = 0.691 \approx 0.70$$

查表得到 $I_* = 1.492$。

电源基准电流（由等值发电机的额定容量和相应的平均额定电压求得）：

$$I_{rj} = \frac{P_G}{\sqrt{3} U_G \cos\varphi} = \frac{30}{\sqrt{3} \times 10.5 \times 0.8} = 2.062 \text{kA}$$

2号电源提供的短路电流（k_2短路点）：$I_k = I_* I_{rj} = 1.492 \times 2.062 = 3.076 \text{kA}$

2号电源提供的短路容量（k_2短路点）：$S_k = \sqrt{3} I_k U_j = \sqrt{3} \times 3.076 \times 10.5 = 55.94 \text{MV} \cdot \text{A}$

注：同18题，发电机端电压未知，但由于K_2点为10kV，可按此平均电压计算电源的基准电流。也可参考《工业与民用配电设计手册》（第三版）P137式（4-18）和式（4-20）及按发电机运算曲线计算。

20.《钢铁企业电力设计手册》（上册）P219式（4-46）及式（4-47）。

电动机额定电流：$I_{ed} = \dfrac{P}{\sqrt{3} U_n \eta \cos\varphi} = \dfrac{1500}{\sqrt{3} \times 10 \times 0.95 \times 0.8} = 114 \text{A} = 0.114 \text{kA}$

电动机反馈冲击电流：$i_{chd} = \sqrt{2}\dfrac{E''_{*d}}{X''_{*d}}K_{ch}I_{ed} = \sqrt{2} \times \dfrac{0.9}{1/6} \times 1.5 \times 0.114 = 1.31kA$

题 21～25 答案：**BCBDA**

21.《工业与民用供配电设计手册》（第四版）P24 式（1.9-1）与式（1.9-3）结合。

年平均电能消耗：$W_n = \alpha_{av}P_cT_n = 0.8 \times 6800 \times 7800 = 42432000kW \cdot h = 42432MW \cdot h$

月平均电能消耗：$W_y = 42432/12 = 3536MW \cdot h$

《电力装置电测量仪表装置设计规范》（GB/T 50063—2017）第4.1.2条及条文说明。

月平均用电量 1000MW·h 及以上，应为Ⅱ类电能计量装置，按表Ⅰ中要求，应选择 0.5S 级的有功电能表。

注：新规条文说明取消了月平均用电量与电能计量装置准确度等级的对应关系，按新规仅能对应Ⅳ类，选C。

22.《电力装置电测量仪表装置设计规范》（GB/T 50063—2017）第7.1.5条。

电流互感器额定一次电流宜满足正常运行时实际负荷电流达到额定值的 60%，且不应小于 30%的要求。

$I = 27/(30\%～60\%) = 45～90A$，选择 75A

《工业与民用供配电设计手册》（第四版）P385 表 5.6-8 "电流互感器热稳定"。

电动机回路实际短路热效应：$Q_{tn} = I_k^2 t = 28^2 \times 0.6 = 470.4(kA)^2 s$

电流互感器额定短路热效应：$Q_t = I_k^2 t = 25^2 \times 1 = 625(kA)^2 s$（根据题中表格，75A）

$Q_{tn} < Q_t$，满足要求。

23.《电力装置的继电保护和自动装置设计规范》（GB/T 50062—2008）第11.0.2-3条。

注：此题应为 2013 年案例分析最简单一题。B 条实际为旧规范条文，新规范已修改。

24.《电力工程直流电源系统设计技术规程》（DL/T 5044—2014）第6.1.5条、附录C第C.2.3条。

满足事故全停电状态下的电池 10h 放电率的计算容量：

$C_c = K_K\dfrac{C_{S.x}}{K_{CC}} = 1.4 \times \dfrac{40}{0.58} = 96.6A \cdot h$

注：旧规范题目，依据《电力工程直流电源系统设计技术规程》（DL/T 5044—2004）附录B.2.1.2 式（B.1）。有关蓄电池容量计算方法，2014 版新规范修正较多，但内容较之旧规范更为简洁，旧规范题目供考生参考。

25.《工业与民用供配电设计手册》（第四版）P520 表 7.2-3 "过电流保护"。

变压器高压侧额定电流：$I_{1rT} = \dfrac{S}{\sqrt{3}U} = \dfrac{800}{\sqrt{3} \times 6} = 76.98A$

过电流保护装置动作电流：$I_{opK} = K_{rel}K_{jx}\dfrac{K_{st}I_{1rT}}{K_r n_{TA}} = 1.2 \times 1 \times \dfrac{3 \times 76.98}{0.9 \times 100/1} = 3.08A$

保护装置一次动作电流：$I_{op} = I_{opK}\dfrac{n_{TA}}{K_{js}} = 3.08 \times \dfrac{100}{1} = 308A$

最小运行方式下低压末端单相接地短路时，流过高压侧的稳态电流（D,yn）：

$$I_{2k1 \cdot min} = \frac{\sqrt{3}}{3} \frac{I_{22k1 \cdot min}}{n_T} = \frac{\sqrt{3}}{3} \times \frac{13600}{6/0.4} = 523.5A$$

保护装置灵敏度系数：$K_{ren} = \dfrac{I_{2k1 \cdot min}}{I_{op}} = \dfrac{523.5}{308} = 1.7$

注：也可参考《工业与民用配电设计手册》（第三版）P297 表 7-3。按最小运行方式计算灵敏度系数，低压母线单相接地时的短路电路须折算至高压侧的电流。

2013 年案例分析试题答案（下午卷）

题 1~5 答案：**ADDAC**

1.《导体和电器选择设计技术规定》（DL/T 5222—2005）第 5.0.3 条。

环境温度 5℃时的额定电流：$I_t = I[1 + (40 - 5) \times 0.5\%] = 630 \times 1.175 = 740A$

根据《工业与民用供配电设计手册》（第四版）P324：（2）空气温度随海拔的增加而相应递减，其值足以补偿由于海拔增加对高压电器温升的影响。因而在高海拔（不超过 4000m）地区使用时，高压电器的额定电流可以保持不变。

环境温度 40℃时的允许温升：$T = T_n \left(1 - \dfrac{2000 - 1000}{100} \times 0.3\%\right) = 20 \times 0.97 = 19.4℃$

注：在 4000m 以下的环境中高压电器的额定电流可不修正。

2.《工业与民用供配电设计手册》（第四版）P302 式（4.6-35）和式（4.6-36）和《导体和电器选择设计技术规定》（DL/T 5222—2005）第 18.1.4 条式（18.1.4）。

电缆线路单相接地电容电流：$I_{c1} = 0.1U_r l = 0.1 \times 10 \times 32 = 32A$

无架空地线单相接地电容电流：$I_{c2} = 2.7U_r l \times 10^{-3} = 2.7 \times 10 \times 10 \times 10^{-3} = 0.27A$

P152 倒数第 5 行：电网中的单相接地电容电流由电力线路和电力设备两部分组成，考虑电力设备的电容电流，总电容电流 $I = (I_{c1} + I_{c2}) \times (1 + 16\%) = 1.16 \times (32 + 0.27) = 37.4A$

消弧线圈补偿容量：$Q = KI_c \dfrac{U_n}{\sqrt{3}} = 1.35 \times 37.4 \times \dfrac{10}{\sqrt{3}} = 291.51 kV \cdot A$

选答案 D，即 284.86kV·A。

校验接地故障点残余电流 $I_{cy} = \dfrac{Q'}{\sqrt{3}U_n} = \dfrac{291.51 - 284.86}{\sqrt{3} \times 10} = 0.384A < 10A$，满足要求。

注：此题有些瑕疵，若不考虑电力设备产生的电容电流，计算结果为 251.53A，与选项 C 匹配，但实际上，不可忽略电网中电力设备产生的电容电流。可参考《工业与民用配电设计手册》（第三版）P153 式（4-41）和式（4-42）。

3.《导体和电器选择设计技术规定》（DL/T 5222—2005）第 18.1.7 条式（18.1.7）。

脱谐度：$U_0 = \dfrac{U_{bd}}{\sqrt{d^2 + v^2}} \Rightarrow \dfrac{10}{\sqrt{3}} \times 15\% = \dfrac{\left(\dfrac{10}{\sqrt{3}}\right) \times 0.8\%}{\sqrt{0.03^2 + v^2}}$

则：$v = \pm 0.044$

由于采用过补偿方式，脱谐度应取负值，为 -0.044，即 -4.4%。另规范规定脱谐度一般不应大于 10%（绝对值），因此本题脱谐度范围为 $-10\% \sim -4.4\%$。

消弧线圈电感电流：$v_1 = \dfrac{I_c - I_L}{I_c}$

$I_L = I_c(1 - v_1)$

$I_L = 35 \times (1 + 0.044) = 36.54A$

$v_2 = \dfrac{I_c - I_L}{I_c}$

$I_L = I_c(1 - v_2)$

$I_L = 35 \times (1 + 0.1) = 38.5A$

注：公式 $Q = KI_c\dfrac{U_n}{\sqrt{3}}$，欠补偿时，一般 K 取（1 − 脱谐度），因此若采用过补偿时，脱谐度实际应为负值。

4.《导体和电器选择设计规程》（DL/T 5222—2021）第 21.0.3 条。

3～20kV 屋外绝缘子和穿墙套管，当有冰雪时，宜采用高一级电压的产品，因此额定电压选择 20kV。

《电力工程电气设计手册 1 电气一次部分》P232 表 6-3。

10kV 回路持续工作电流：$I = 1.05 \times \dfrac{S_n}{\sqrt{3}U_n} = 1.05 \times \dfrac{25000}{\sqrt{3} \times 10} = 1515.15A$

取 1600A。

5.《工业与民用供配电设计手册》（第四版）P367 式（5.5-58）、P376 表 5.5-15。

作用在穿墙套管上的作用力：

$$F_{k3} = 8.66\dfrac{l_{r1} + l_{r2}}{D}i_{p3}^2 \times 10^{-2} = 8.66 \times \dfrac{800 + 500}{300} \times (2.55 \times 20)^2 \times 10^{-2} = 976N$$

穿墙套管弯矩破坏负荷：$F_{ph} \geqslant \dfrac{F_c}{0.6} = \dfrac{976}{0.6} = 1626N$，选取 2000N。

注：也可参考《工业与民用配电设计手册》（第三版）P213 表 5-10。

题 6～10 答案：**BCCBC**

6.《电力工程电缆设计标准》（GB 50217—2018）附录 C 表 C.0.3 及附录 D 式（D.0.2）和表 D.0.3。

根据表 C.0.3 交联聚乙烯绝缘铠装电力电缆直埋环境温度为 25℃，因此环境温度系数不修正。

根据表 D.0.3，土壤热阻系数修正系数：$k_1 = 0.75$

铝芯与铜芯电缆的持续载流量系数：$k_2 = 1.29$

电缆载流量：$I_z = \dfrac{I_n}{k_1 k_2} = \dfrac{230}{\dfrac{0.75}{0.87} \times 1.29} = 206.8A < 219A$

因此选 150mm²。

注：由于表 C.0.3，10kV 三芯电缆载流量数据的环境条件为温度 25℃ 及土壤热阻系数为 2.0K·m/W，因此 K_1 值在计算时需做必要的修正。

7.《导体和电器选择设计规程》（DL/T 5222—2021）第 5.1.9 条及式（5.1.9）。

裸导体的热稳定验算：$S \geqslant \dfrac{\sqrt{Q_d}}{c} = \dfrac{\sqrt{400 + 4}}{85} \times 10^3 = 236mm^2$

选取 250mm²。

8.《导体和电器选择设计技术规定》（DL/T 5222—2005）附录 D 表 D.11。

海拔 2000m，环境温度 +35℃，根据表 D.11，校正系数 $K = 0.85$。

校正后的户外软导线载流量：$I = KI_n = 0.85 \times 200 = 170A$

9.《低压配电设计规范》（GB 50054—2011）第 3.2.9 条。

三次谐波分量为 35%，按中性导体电流选择截面：$I_b = \dfrac{80 \times 0.35 \times 3}{0.86} = 97.67A$

查表选 35mm²。

注：也可参考《工业与民用供配电设计手册》（第四版）P811 表 9.2-2 及例 9.2-1。

10.《低压配电设计规范》（GB 50054—2011）第 3.2.14 条及附录 A 表 A.0.2。

保护导体最小截面：$S \geq \dfrac{I}{k} \sqrt{t} \times 10^3 = \dfrac{14.1}{141} \times \sqrt{0.2} \times 10^3 = 44.7\text{mm}^2 < 50\text{mm}^2$

题 11～15 答案：**CBACB**

11.《电力工程直流电源系统设计技术规程》（DL/T 5044—2014）第 4.2.5 条表 4.2.5。

无人值班变电所信号和控制负荷事故放电计算时间为 2h，直流应急照明为 2h，因此放电容量为：

$C_{cc} = 2 \times 5 + 2 \times 5 + 2 \times 5 = 30\text{A} \cdot \text{h}$

注：2014 年新规范将直流应急照明的事故放电计算时间调整为 2h，旧规范为 1h。

12.《电力工程直流电源系统设计技术规程》（DL/T 5044—2014）第 6.1.5 条、附录 C 第 C.2.3 条。

根据表 5.2.3，事故放电初期 1min 冲击放电电流值，控制、信号、断路器跳闸与分闸电流、直流应急照明均需计入。

全所停电初期即两路电源均失电，断路器将跳闸（仅考虑一台断路器），则：

事故放电初期冲击系数：$K_{cho} = K_K \dfrac{I_{cho}}{I_{10}} = 1.1 \times \dfrac{5+5+5+5}{150 \div 10} = 1.47$

注：旧规范题目，依据《电力工程直流电源系统设计技术规程》（DL/T 5044—2004）附录 B.2.1.3 式（B.2）。有关蓄电池容量计算方法，2014 版新规范修正较多，但内容较之旧规范更为简洁，旧规范题目供考生参考。

13.《电力工程直流电源系统设计技术规程》（DL/T 5044—2014）表 4.2.5 和第 6.1.5 条、附录 C 第 C.2.3 条。

任意事故放电阶段的 10h 放电率电流倍数：$K_{m.x} = K_K \dfrac{C_{s.x}}{t I_{10}} = 1.1 \times \dfrac{40}{2 \times 150/10} = 1.47$

Xh 事故放电末期冲击系数：$K_{chm.x} = K_K \dfrac{I_{chm}}{I_{10}} = 1.1 \times \dfrac{120}{150/10} = 8.8$

注：旧规范题目，依据《电力工程直流电源系统设计技术规程》（DL/T 5044—2004）附录 B.2.1.3 式（B.5）。有关蓄电池容量计算方法，2014 版新规范修正较多，但内容较之旧规范更为简洁，旧规范题目供考生参考。

14.《电力工程直流电源系统设计技术规程》（DL/T 5044—2014）附录 D 中 D.1.1-3。

蓄电池自放电电流按最大考虑，铅酸蓄电池取 $1.25 I_{10}$。

则 $I_r = 1.25 I_{10} + I_{jc} = 1.25 \times \dfrac{120}{10} + 5 + 5 = 25\text{A}$

15.《电力工程直流电源系统设计技术规程》（DL/T 5044—2014）附录 D.D.2.1-5。

高频开关电源模块数量：$n = \dfrac{I_r}{I_{me}} = \dfrac{25}{2.2} = 11.36$，取 12 个。

题 16～20 答案：**AACDB**

16.《建筑物防雷设计规范》（GB 50057—2010）第 4.2.3-3 条式（4.2.3）。

当架空线转换成一段铠装电缆或护套电缆穿钢管直接埋地引入时，其埋地长度可按下式计算：

$$l \geqslant 2\sqrt{\rho} = 2 \times \sqrt{200} = 28.28\text{m}$$

取 29m。

注：部分考友质疑从距离建筑 18m 处开始埋地，怎么埋地 28m 才能进入建筑物？其实这是考试时紧张过度，若建筑物体量大，没有规范规定电缆应在最近点进入建筑物，通常考虑到配电室位置及其他相关因素，电缆完全可以在建筑一侧敷设一段距离（如 10m）再进入建筑物，平常设计时也经常遇到这样的情况。

17.《建筑物防雷设计规范》（GB 50057—2010）第 3.0.4-4 条：烟囱为第三类防雷建筑物。

第 4.4.6-1 条及式(4.2.4-1)，补打水平接地体的最小长度：$l_r = 5 - \sqrt{\dfrac{A}{\pi}} = 5 - \sqrt{\dfrac{6 \times 6}{\pi}} = 1.61\text{m}$

18.《交流电气装置的过电压保护和绝缘配合设计规范》（GB/T 50064—2014）第 5.2.1 条。

$h = 32\text{m} > 30\text{m}$，$P = \dfrac{5.5}{\sqrt{h}} = \dfrac{5.5}{\sqrt{32}} = 0.972$

（1）：$h_{xA} = 16.5 > \dfrac{h}{2} = 16$，$r_{xA} = (h - h_{xA})P = (32 - 16.5) \times 0.972 = 15.07\text{m} < 15 + 0.3 = 15.3\text{m}$

（2）：$h_{xB} = 11 < \dfrac{h}{2} = 16$，$r_{xB} = (1.5h - 2h_{xB})P = (1.5 \times 32 - 2 \times 11) \times 0.972 = 25.27\text{m} < 25 + 0.3 = 25.3\text{m}$

因此均不在保护范围内。

注：也可参考《交流电气装置的过电压保护和绝缘配合》（DL/T 620—1997）第 5.2.1 条本题的关键在于设备顶端平面为圆形，半径均为 0.3m，因此设备最高点为顶端中心点。

19.《66kV 及以下架空电力线路设计规范》（GB 50061—2010）第 5.2.2 条式（5.2.2）。

导线与地线在档距中央的距离：

$S_{l1} = 0.012L + 1 = 0.012 \times 500 + 1 = 7\text{m}$

$S_{l2} = 0.012L + 1 = 0.012 \times 180 + 1 = 3.16\text{m}$

20.《建筑物防雷设计规范》（GB 50057—2010）第 3.0.4-3 条：办公楼为第三类防雷建筑物。

第 4.2.4-9 条，式（4.2.4-7）：$I_f = \dfrac{0.5IR_s}{n(mR_s + R_c)} = \dfrac{0.5 \times 100 \times 1.4}{3 \times (4 \times 1.4 + 0.2)} = 4.023\text{kA}$

附录 H，式（H.0.1）：$S_c \geqslant \dfrac{I_f \rho_c L_c \times 10^6}{U_w} = \dfrac{4.023 \times 17.24 \times 10^{-9} \times 80 \times 10^6}{2.5} = 2.22\text{mm}^2$

注：本题线路长度是关键，按表 H.0.1-1 要求，L_c 应取架空线路长度，而非线路总长度，另建议熟悉《建筑物防雷设计规范》（GB 50057—2010）中的所有附录，此规范更新后，考查的概率很大。

题 21~25 答案：**CBDAB**

21.《3~110kV 高压配电装置设计规范》（GB 50060—2008）5.1.1 条表 5.1.1，110J 的 A_2 值。

《工业与民用供配电设计手册》（第四版）P324：（3）海拔增加时，……，对于海拔高于 1000m 但不超过 4000m 的高压电器外绝缘，海拔每升高 100m，其外绝缘强度约降低 0.8%~1.3%。

因此：$A'_2 = 1000 \times \left[1 + \dfrac{2300 - 1000}{100} \times (0.8\% \sim 1.3\%)\right] = (1104 \sim 1169)\text{mm}$

22.《3～110kV 高压配电装置设计规范》（GB 50060—2008）第 5.1.1 条表 5.1.1，110J 的 B1 值。

依据同题 21：

$$B'_1 = 1650 + \left(900 \times \frac{2300 - 1000}{100} \times 1\%\right) = 1767\text{mm}$$

$$h = 5000 - B_1 = 5000 - 1767 = 3233\text{mm}$$

23.《低压配电设计规范》（GB 50054—2011）第 4.2.4 条：两个出口间的距离超过 15m 时，期间尚应增加出口（第一处）。《20kV 及以下变电所设计规范》（GB 50053—2013）第 6.2.2 条：变压器室、配电室、电容器室的门应向外开启（第二处）。第 4.2.3 条：当露天或半露天变压器供给一级负荷用电，相邻的可燃油油浸变压器的防火净距不应小于 5m，当小于 5m 时应设防火墙（第三处）。

《并联电容器装置设计规范》（GB 50227—2017）第 9.1.5 条：并联电容器室的长度超过 7.0m，应设两个出口（第四处）。《3～110kV 高压配电装置设计规范》（GB 50060—2008）第 5.5.3 条：贮油和挡油设施应大于设备外廓每边各 1000mm（第五处）。

注：也许还有违反规范之处，请考友指正，应该任选出 4 处就可得分吧。此类题目需要对规范有足够的熟练度，且需有丰富的审图经验才能锻炼出来，在考场上自己很难判断图中大量信息的取舍是否全部正确，所以建议放弃此类题目。

24.《导体和电器选择技术规定》（DL/T 5222—2005）附录 D 表 D.11。

由主题干可知，35kV 裸母线为室外导体，因此导体最高允许温度为 +80℃，根据题干表格查得基准载流量为 2485A。

根据表 D.11 的数据，实际环境温度 +35℃时，校正系数为 0.81（海拔 2000m）和 0.76（海拔 3000m）。

利用插值法：海拔 2300m 时，校正系数 $K = 0.81 - 300 \times \dfrac{0.81 - 0.76}{3000 - 2000} = 0.81 - 0.015 = 0.795$

实际载流量：$I_a = KI'_a = 0.795 \times 2485 = 1975.6\text{A}$

也可参考《工业与民用供配电设计手册》（第四版）P205、206 的内容。

25.《导体和电器选择设计技术规定》（DL/T 5222—2005）附录 C 表 C.1 和表 C.2；《交流电气装置的过电压保护和绝缘配合》（DL/T 620—1997）第 10.4.1 条式（34）。

根据题意可知，污秽等级为 III 级，对应的爬电比距 $\lambda = 2.5\text{cm/kV}$。

爬电距离：

$$L = K_d \lambda U_m = (1 \sim 1.2) \times 2.5 \times 40.5 = 101.25 \sim 121.5\text{cm} = 1012.5 \sim 1215\text{mm} > 875\text{mm}$$

注：《交流电气装置的过电压保护和绝缘配合设计规范》（GB 50064—2014）中已取消相关公式，理解解题思路即可。系统最高电压 U_m 参考《标准电压》（GB/T 156—2017）第 3.3 条～第 3.5 条。另爬电距离公式也可参考《导体和电器选择设计规程》（DL/T 5222—2021）第 21.0.8 条的条文说明。

题 26～30 答案：**DACCC**

26.《工业与民用供配电设计手册》（第四版）P482 表 6.5-4：全压启动相关公式。

母线短路容量：$S_{km} = \dfrac{S_{rT}}{x_T + \dfrac{S_{rT}}{S_k}} = \dfrac{0.4}{0.04 + \dfrac{0.4}{20}} = 6.667\text{MV} \cdot \text{A}$

电动机额定容量：$S_{rm} = \sqrt{3} U_{rm} I_{rm} = \sqrt{3} \times 0.38 \times 0.24 = 0.158\text{MV} \cdot \text{A}$

电动机额定启动容量：$S_{stM} = k_{st}S_{rm} = 6.8 \times 0.158 = 1.074 \text{MV} \cdot \text{A}$

启动时启动回路额定输入容量：$S_{st} = \dfrac{1}{\dfrac{1}{S_{stM}} + \dfrac{X_1}{U_m^2}} = \dfrac{1}{\dfrac{1}{1.074} + \dfrac{0.0245}{0.38^2}} = 0.908 \text{MV} \cdot \text{A}$

预接负荷无功功率：$Q_{fh} = S_{fh} \times \sqrt{1 - \cos^2\varphi_{fh}} = 0.2 \times \sqrt{1 - 0.73^2} = 0.137 \text{Mvar}$

母线电压相对值：$u_{stB} = u_s \dfrac{S_{km}}{S_{km} + Q_{fh} + S_{st}} = 1.05 \times \dfrac{6.667}{6.667 + 0.137 + 0.908} = 0.908$

母线电压有名值：$U_{stm} = u_{stm} \cdot U_n = 0.908 \times 0.38 = 0.345 \text{kV} = 345 \text{V}$

注：也可参考《工业与民用配电设计手册》第三版 P270 表 6-16，全压启动相关公式。

27.《钢铁企业电力设计手册》（下册）P102 式（24-2）和式（24-3）。

电动机的启动电压：$\dfrac{U'_{q\Delta}}{U_{q\Delta}} = \dfrac{1 + \sqrt{3}K}{1 + 3K}$

$U'_{q\Delta} = U_{q\Delta} \times \dfrac{1 + \sqrt{3}K}{1 + 3K} = 380 \times \dfrac{1 + \sqrt{3} \times 2}{1 + 3 \times 2} = 242.33 \text{V}$

电动机全压启动的启动电流：$I_{q\Delta} = k_{st}I_{rM} = 6.8 \times 240 = 1632 \text{A}$

电动机的启动电流：$\dfrac{I'_{q\Delta}}{I_{q\Delta}} = \dfrac{1 + K}{1 + 3K}$

$I'_{q\Delta} = I_{q\Delta} \times \dfrac{1 + K}{1 + 3K} = 1632 \times \dfrac{1 + 2}{1 + 3 \times 2} = 699.43 \text{A}$

注：延边三角形降压启动现应用渐少，此题稍偏。

28.《钢铁企业电力设计手册》（下册）P104 式（24-7）～式（24-9）。

电动机启动阻抗：$Z_{qd} = \dfrac{380}{\sqrt{3}I_{qd}} = \dfrac{380}{\sqrt{3} \times 6.8 \times 240} = 0.134\Omega$

电动机启动电阻：$R_{qd} = Z_{qd}\cos\varphi_{qd} = 0.134 \times 0.25 = 0.0336\Omega$

电动机启动电抗：$X_{qd} = Z_{qd}\sin\varphi_{qd} = 0.134 \times 0.97 = 0.1304\Omega$

每相允许的全部外加电阻：$R_w = \sqrt{\left(\dfrac{Z_{qd}}{a}\right)^2 - X_{qd}^2} - R_{qd} = \sqrt{\left(\dfrac{0.134}{0.7}\right)^2 - 0.1304^2} - 0.0336 = 0.107\Omega$

29.《钢铁企业电力设计手册》（下册）P105、106 式（24-10）～式（24-12）。

允许的启动转矩与电动机额定启动转矩之比：$\mu_q = \dfrac{M'_{qd}}{M_{qd}} = \dfrac{1.2}{1.8} = 0.667$

电动机启动阻抗：$Z_{qd} = \dfrac{380}{\sqrt{3}I_{qd}} = \dfrac{380}{\sqrt{3} \times 6.8 \times 240} = 0.134\Omega$

外加单相启动电阻：$R_w = \dfrac{3}{2}Z_{qd}\left[\dfrac{1 - 2\mu_q}{2\mu_q}\cos\varphi_{qd} + \sqrt{\left(\dfrac{1 - 2\mu_q}{2\mu_q}\right)^2\cos^2\varphi_{qd} + \dfrac{1 - \mu_q}{\mu_q}}\right]$

$= \dfrac{3}{2} \times 0.134 \times \left[\dfrac{1 - 2 \times 0.667}{2 \times 0.667} \times 0.25 + \sqrt{\left(\dfrac{1 - 2 \times 0.667}{2 \times 0.667}\right)^2 \times 0.25^2 + \dfrac{1 - 0.667}{0.667}}\right]$

$= 0.1305\Omega$

流过单相电阻的电流：$I'_{qd} = I_{qd}\sqrt{\dfrac{9}{4\left(\dfrac{R_w}{Z_{qd}}\right)^2 + 12\dfrac{R_w}{Z_{qd}}\cos\varphi_{qd} + 9}}$

$$= 1632 \times \sqrt{\dfrac{9}{4\times\left(\dfrac{0.1305}{0.134}\right)^2 + 12\times\dfrac{0.1305}{0.134}\times 0.25 + 9}}$$

$$= 1236.24\text{A}$$

注：计算过程非常烦琐，但只要直接代入公式，细心即可。

30.《钢铁企业电力设计手册》（下册）P106 式（24-13）、式（24-15）。

电动机额定容量：$S_{ed} = \sqrt{3}U_{rm}I_{rm} = \sqrt{3}\times 0.38\times 0.24 = 0.158\text{MV}\cdot\text{A}$

电动机启动容量：$S_{qd} = \left(\dfrac{U_{qd}}{U_{ed}}\right)^2 K_{iq}S_{ed} = 0.7^2\times 6.8\times 0.158 = 0.526\text{MV}\cdot\text{A}$

自耦变压器容量：$S_{bz} = \dfrac{S_{qd}Nt_q}{2} = \dfrac{0.526\times 6\times\dfrac{12}{60}}{2} = 0.3156\text{MV}\cdot\text{A} = 315.6\text{kV}\cdot\text{A}$

题 31～35 答案：**BBCCC**

31.《照明设计手册》（第二版）P213 式（5-47）。

墙总面积：$A_w = 2\times(14.2 + 7.0)\times(3.6 - 0.5 - 0.75) = 99.64\text{m}^2$

墙面平均反射比：$\rho_{wav} = \dfrac{\rho_w(A_w - A_g) + \rho_g A_g}{A_w}$

$$= \dfrac{0.5\times(99.64 - 12.1) + 0.09\times 12.1}{99.64} = 0.45$$

注：A_g 为玻璃窗或装饰物的面积，ρ_g 为玻璃窗或装饰物的反射比。

32.《照明设计手册》（第二版）P211、212 式（5-39）和式（5-44）。

室空间比：$\text{RCR} = \dfrac{2.5A_w}{A_0} = \dfrac{2.5\times 99.64}{14.2\times 7.0} = 2.5$

查题干表格，利用系数为 0.57。

工作面上的平均照度：$E_{av} = \dfrac{N\Phi Uk}{A} = \dfrac{8\times 3\times 2660\times 0.57\times 0.8}{14.2\times 7} = 293\text{lx}$

33.《建筑照明设计标准》（GB 50034—2013）第 2.0.53 条。

照明功率密度值：$\text{LPD} = \dfrac{14\times 3\times(28 + 4)}{14.2\times 7} = 13.52\text{W/m}^2$

注：不能遗漏镇流器功率。

34.《照明设计手册》（第二版）P211 式（5-48）。

灯具数量：$E_{av} = \dfrac{N\Phi Uk}{A}$

$N = \dfrac{E_{av}A}{\Phi Uk} = \dfrac{500\times 14.2\times 7}{4\times 1050\times 0.62\times 0.8} = 23.9$，取 24 个。

35.《照明设计手册》（第二版）P189 式（5-4），参考图 5-2。

中心点垂直照度：$E_h = \dfrac{I_\theta\cos^3\theta}{h^2} = \dfrac{3220\times\cos^3 60°}{[(3 - 1.8)\tan 30°]^2} = 839\text{lx}$

注：本题有争议，垂直照度的定义为本题关键。

题 36～40 答案：**ACDAB**

36.《民用建筑电气设计标准》（GB 51348—2019）第 20.8.10-6 条。

最后排能看清屏幕的最小尺寸：$D = \dfrac{8.4 + 1.2 \times (24 - 1)}{4 \sim 5} = (7.2 \sim 9)\text{m}$，取最小值 8m。

37.《民用建筑电气设计标准》（GB 51348—2019）第 21.3.5-1 条及条文说明。

标准层语音点位数量：$n = \dfrac{2000 \times (1 - 30\%)}{5} = 280$ 个

语音主干线缆数量：$N = 2 \times \dfrac{n}{50} \times (1 + 10\%) = 2 \times \dfrac{280}{50} \times 1.1 = 12.32$ 根，取 13 根。

38.《民用建筑电气设计标准》（GB 51348—2019）第 21.3.5-2 条及条文说明。

最大量配置：按每个集线器（HUB）或交换机（SW）设置一个主干端口，每 4 个主干端口宜考虑一个备份端口。当主干端口为光接口时，每个主干端口应按 2 芯光纤容量配置。

主干端口数量 $n = \dfrac{270}{48} = 5.625$ 个，因此取 6 个。备用端口 $n' = \dfrac{6}{4} = 1.5$ 个，取 2 个。

光纤电缆芯数：$m = 2 \times (6 + 2) = 16$ 芯

39.《数据中心设计规范》（GB 50174—2017）第 8.1.7 条式（8.1.7-1）。

不间断电源系统（UPS）的基本容量：$E \geqslant 1.2P = 1.2 \times 10 \times 8/0.8 = 120\text{kV} \cdot \text{A}$

40.《视频安防监控系统工程设计规范》（GB 50395—2007）第 6.0.2-3 条的条文说明。

公式：$\dfrac{1}{f} = \dfrac{1}{u} + \dfrac{1}{v}$

$\dfrac{1}{u} = \dfrac{1}{f} - \dfrac{1}{v} = \dfrac{1}{24.99} - \dfrac{1}{25.01} = 0.000032$

物距：$u = \dfrac{1}{0.000032} = 31250\text{mm} = 31.25\text{m}$

注：透镜成像的基本物理原理。

2014 年专业知识试题答案（上午卷）

1. **答案：** A

   依据：《低压电气装置 第 4-41 部分：安全防护 电击防护》（GB 16895.21—2020）第 413.3.2 条。

2. **答案：** B

   依据：《爆炸危险环境电力装置设计规范》（GB 50058—2014）第 3.2.2-2 条。

3. **答案：** A

   依据：《低压配电设计规范》（GB 50054—2011）第 5.3.7-1 条。

4. **答案：** C

   依据：《供配电系统设计规范》（GB 50052—2009）第 3.0.7 条。

5. **答案：** B

   依据：《石油化工企业设计防火规范》（GB 50160—2008）第 9.1.1 条。

6. **答案：** D

   依据：《供配电系统设计规范》（GB 50052—2009）第 5.0.3 条。

7. **答案：** A

   依据：《工业与民用供配电设计手册》（第四版）P70 表 2.4-6。

   单母线分段的缺点：当一段母线或母线隔离开关发生永久性故障或检修时，则连接在该母线上的回路在检修期间停电。

   > 注：《工业与民用供配电设计手册》（第三版）P47 表 2-17。

8. **答案：** B

   依据：《供配电系统设计规范》（GB 50052—2009）第 7.0.8 条。

9. **答案：** A

   依据：《工业与民用供配电设计手册》（第四版）P70～P71 表 2.4-6。

   外桥接线的适用范围：较小容量的发电厂，对一、二级负荷供电，并且变压器的切换较频繁或线路较短，故障率较少的变电所。此外，线路有穿越功率时，也宜采用外桥接线。

   > 注：《工业与民用配电设计手册》（第三版）P47 表 2-17。

10. **答案：** C

    依据：《35kV～110kV 变电站设计规范》（GB 50059—2011）第 3.4.2 条及《并联电容器装置设计规范》（GB 50227—2017）第 5.1.1 条。

11. **答案：** D

    依据：《爆炸危险环境电力装置设计规范》（GB 50058—2014）第 3.1.3-4 条、第 5.1.1-2 条、第 4.1.4-3-4）条、第 3.1.3-1 条。

12. 答案：C

依据：《电力工程电缆设计标准》（GB 50217—2018）第 5.3.5 条及表 5.3.5。

注：分析此题题干，可知实际为针对旧规范《35～110kV 变电所设计规范》（GB 50059—1992）的题目，可参考该规范的附录二。

13. 答案：D

依据：《3～110kV 高压配电装置设计规范》（GB 50060—2008）第 5.5.5 条。

14. 答案：D

依据：《3～110kV 高压配电装置设计规范》（GB 50060—2008）5.5.3 条。

15. 答案：B

依据：《35kV～110kV 变电站设计规范》（GB 50059—2011）第 3.2.6 条。

16. 答案：C

依据：《工业与民用供配电设计手册》（第四版）P281 表 4.6-3。

电抗器标幺值：$x_{*k} = \dfrac{x\%}{100} \cdot \dfrac{U_r}{\sqrt{3} I_r} \cdot \dfrac{S_j}{U_j^2} = 0.08 \times \dfrac{10.5}{\sqrt{3} \times 2} \cdot \dfrac{100}{10.5^2} = 0.2199$

注：也可参考《工业与民用配电设计手册》（第三版）P126 表 4-2。

17. 答案：A

依据：《电力工程电气设计手册 1 电气一次部分》P142 表 4-17 双绕组变压器的零序电抗。

18. 答案：D

依据：《20kV 及以下变电所设计规范》（GB 50053—2013）第 3.2.2 条。

19. 答案：C

依据：《工业与民用供配电设计手册》（第四版）P311 表 5.1-1。

注：也可参考《导体和电器选择设计技术规定》（DL/T 5222—2021）第 9.0.1 条。

20. 答案：D

依据：《20kV 及以下变电所设计规范》（GB 50053—2013）第 3.2.15 条、第 3.2.5 条、第 3.2.10 条、第 3.2.6 条。

21. 答案：C

依据：《电力工程电缆设计标准》（GB 50217—2018）第 3.6.5 条及表 3.6.5。

22. 答案：C

依据：《导体和电器选择设计技术规定》（DL/T 5222—2005）附录 D 表 D.11。

23. 答案：D

依据：《电力工程电缆设计标准》（GB 50217—2018）第 3.7.5-4。

24. 答案：B

依据：《电力工程电缆设计标准》（GB 50217—2018）附录 D 表 D.0.1 和表 D.0.3。

由表 D.0.1，温度校正系数：$K_1 = 0.94$；由表 D.0.3，土壤热阻校正系数：$K_2 = 0.87$。因此电缆实际允许载流量：$I = 310 \times 0.87 \times 0.94 = 254A$。

注：表 D.0.3 注解 2，校正系数适用于采取土壤热阻系数为 1.2K·m/W 的情况，与题干条件一致，若不一致，还需再次校正。

25. 答案：A

依据：《电力装置电测量仪表装置设计规范》（GB/T 50063—2017）第 3.1.3 条及表 3.1.3。

26. 答案：D

依据：《电力装置的继电保护和自动装置设计规范》（GB/T 50062—2008）第 9.0.1 条。

27. 答案：B

依据：《电力工程直流电源系统设计技术规程》（DL/T 5044—2014）第 4.2.2-4 条。

28. 答案：B

依据：《电力装置电测量仪表装置设计规范》（GB/T 50063—2017）第 3.2.2-5 条。

29. 答案：C

依据：《建筑物防雷设计规范》（GB 50057—2010）第 6.4.4 条及表 6.4.4。

30. 答案：C

依据：《建筑物防雷设计规范》（GB 50057—2010）第 4.2.5 条。

31. 答案：C

依据：《交流电气装置的接地设计规范》（GB 50065—2011）第 7.2.7 条。

接地电阻：$R \leqslant \dfrac{50}{I_a} = \dfrac{50}{0.1} = 500\Omega$

32. 答案：B

依据：《交流电气装置的过电压保护和绝缘配合设计规范》（GB/T 50064—2014）第 5.6.12 条。

注：也可参考《交流电气装置的过电压保护和绝缘配合》（DL/T 620—1997）第 9.13 条。

33. 答案：C

依据：《交流电气装置的接地设计规范》（GB 50065—2011）第 4.2.2-2 条。

跨步电位差限值：$U_s = 50 + 0.2\rho_s C_s = 50 + 0.2 \times 375 \times 0.8 = 110V$

34. 答案：B

依据：《民用建筑电气设计标准》（GB 51348—2019）第 12.4.8 条、第 12.4.9 条。

35. 答案：C

依据：《建筑照明设计标准》（GB 50034—2013）第 4.2.1 条、第 4.2.2 条。

36. 答案：B

依据：《照明设计手册》（第三版）P224 "手术室照明设计"：（5）手术室一般照明光源的色温应与手术无影灯光源的色温相接近，一般应选用色温 5000K 左右。

注：参考《照明设计手册》（第二版）P287 相关内容，色温从 4500K 修正为 5000K。

37. **答案：C**

依据：《火灾自动报警系统设计规范》（GB 50116—2013）第 6.2.12 条。

38. **答案：A**

依据：《钢铁企业电力设计手册》（下册）P7 "电动机类型的选择"。

交流电动机结构简单，价格便宜，维护方便，但启动及调速特性不如直流电机。因此当生产机械启动、制动及调速无特殊要求时，应采用交流电动机。

39. **答案：C**

依据：《火灾自动报警系统设计规范》（GB 50116—2013）第 6.7.4-3 条。

第 6.7.4-3 条：各避难层应每隔 20m 设置一个消防专用电话分机或电话插孔。

注：新规范已删除"特殊保护对象"这一定语。

40. **答案：D**

依据：《安全防范工程技术标准》（GB 50348—2018）第 6.13.4 条。

41. **答案：BCD**

依据：《低压配电设计规范》（GB 50054—2011）第 5.1 条 "直接接触防护措施"。

注：带电部分应全部用绝缘层覆盖，此保护措施无特定条件的前提。

42. **答案：AB**

依据：《低压配电设计规范》（GB 50054—2011）第 5.3.1 条。

43. **答案：ACD**

依据：《钢铁企业电力设计手册》（上册）P297、P298。

提高功率因数的优点：

a. 减少线路损耗；

b. 减少变压器的铜耗；

c. 减少线路和变压器的电压损失；

d. 提高输配电设备的供电能力。

44. **答案：ABD**

依据：《民用建筑电气设计标准》（GB 51348—2019）第 6.1.10 条。

45. **答案：AB**

依据：《供配电系统设计规范》（GB 50052—2009）第 3.0.1-3 条及条文说明，《建筑设计防火规范》（GB 50016—2014）第 5.1.1 条、第 10.1.2 条。

46. **答案：AC**

依据：《工业与民用供配电设计手册》（第四版）P5 表 1.2-1。

荧光灯采用普通型电感镇流器加 25%，采用节能型电感镇流器加 15%～18%，采用电子镇流器加 10%；金属卤化物灯、高压钠灯、荧光高压钠灯用普通电感镇流器时加 14%～16%，用节能型电感镇流器时加 9%～10%。

47. 答案：ACD

  依据：《供配电系统设计规范》（GB 50052—2009）第 5.0.11 条。

48. 答案：ACD

  依据：《供配电系统设计规范》（GB 50052—2009）第 6.0.11 条，《并联电容器装置设计规范》（GB 50227—2017）第 3.0.3-1 条。

49. 答案：AB

  依据：《供配电系统设计规范》（GB 50052—2009）第 2.0.5 条～第 2.0.8 条。

50. 答案：ABC

  依据：《20kV 及以下变电所设计规范》（GB 50053—2013）第 5.2.1 条、第 5.2.4 条、第 5.3.1 条、第 5.3.3 条。

  注：选项 B 描述的倍数值，但新规范有所修改；选项 C 中与高压配电装置的距离要求已取消。

51. 答案：BCD

  依据：《导体和电器选择设计技术规定》（DL/T 5222—2005）附录 F.1.8、F.1.9、F.1.11。

52. 答案：ABD

  依据：《爆炸危险环境电力装置设计规范》（GB 50058—2014）第 5.2.3 条。

53. 答案：AB

  依据：《工业与民用供配电设计手册》（第四版）P311 表 5.1-1 "高压电器、开关设备及导体的选择与校验项目"。

54. 答案：AB

  依据：《工业与民用供配电设计手册》（第四版）P300 "异步电动机反馈电流计算"。

  高压异步电动机对短路电流的影响，只有在计算电动机附近短路点的短路峰值电流时才予以考虑，下列情况下，可不考虑高压异步电动机对短路峰值电流的影响。

  a. 异步电动机与短路点的连接已相隔一个变压器；

  b. 在计算不对称短路电流时。

55. 答案：AC

  依据：《导体和电器选择设计技术规定》（DL/T 5222—2021）第 17.0.8 条。

56. 答案：ABC

  依据：《电力工程电缆设计标准》（GB 50217—2018）第 3.5.2 条。

57. 答案：AC

  依据：《电力工程电缆设计标准》（GB 50217—2018）第 5.1.9 条、第 5.1.15 条、第 5.3.5 条、第 5.1.10-4 条。

58. 答案：AB

  依据：《电力工程电缆设计标准》（GB 50217—2018）第 3.4.4-1 条、第 3.4.3-3 条、第 3.4.4-3 条、第 3.4.5 条。

59. **答案：BD**

依据：《电力装置的继电保护和自动装置设计规范》（GB/T 50062—2008）第 4.0.2 条。

60. **答案：ACD**

依据：《电力装置电测量仪表装置设计规范》（GB/T 50063—2017）第 3.2.1-7 条、第 4.2.1-3 条、第 4.2.2-3 条。

61. **答案：ABD**

依据：《电力工程直流电源系统设计技术规程》（DL/T 5044—2014）第 3.1.7 条。

注：正常运行时，母线电压应为浮充电电压。

62. **答案：BC**

依据：《建筑物防雷设计规范》（GB 50057—2010）第 5.2.5 条、第 5.2.7-4 条、第 5.2.4 条、第 4.5.1-1 条。

63. **答案：AC**

依据：《建筑物防雷设计规范》（GB 50057—2010）第 3.0.4-3 条及附录 A。

等效面积：$A_e = [LW + 2(L+W)D + \pi H(200 - H)] \times 10^{-6}$

$$= [60 \times 25 + 2 \times (60 + 25) \times 99.98 + \pi \times 98 \times 102] \times 10^{-6} = 0.05$$

预计雷击次数：$N = k \times N_g \times A_e = 1.5 \times 0.1 \times 30 \times 0.05 = 0.225$

64. **答案：BC**

依据：《工业与民用供配电设计手册》（第四版）P1413 "接地电阻的基本概念"。

流散电阻：电流自接地极的周围向大地流散所遇到的全部电阻。

接地电阻：接地极的流散电阻和接地极及其至总接地端子连接线电阻的总和，称为接地极的接地电阻。由于后者远小流散电阻，可忽略不计，通常将流散电阻作为接地电阻。

65. **答案：ACD**

依据：《建筑照明设计标准》（GB 50034—2013）第 2.0.19 条。

66. **答案：ACD**

依据：《建筑照明设计标准》（GB 50034—2013）第 3.1.1 条。

67. **答案：ABC**

依据：卷扬机属负荷平稳连续工作制电动机，可参见《钢铁企业电力设计手册》（下册）P58 内容。

68. **答案：ABC**

依据：《钢铁企业电力设计手册》（下册）P420 "快速熔断器的选择"。

69. **答案：ABD**

依据：《火灾自动报警系统设计规范》（GB 50116—2013）第 4.4.2-3 条。

70. **答案：ACD**

依据：《民用建筑电气设计标准》（GB 51348—2019）第 14.2.3 条。

2014 年专业知识试题答案（下午卷）

1. **答案：B**

   依据：《低压配电设计规范》（GB 50054—2011）第 5.3.9 条。

2. **答案：C**

   依据：《爆炸危险环境电力装置设计规范》（GB 50058—2014）附录 B 第 B.0.1-1 条。

   与释放源的距离为 7.5m 的范围内可划分为 2 区。

   注：题干的描述方式为旧规范内容。

3. **答案：A**

   依据：《工业与民用供配电设计手册》（第四版）P1470 "安全防护措施"。

   防电击措施：0 区、1 区内只允许用不超过交流 12V 或直流 30V 的 SELV 保护方式，其供电电源应安装在 0 区、1 区以外。

4. **答案：B**

   依据：《工业与民用供配电设计手册》（第四版）P19～P20 式（1.6-1）、式（1.6-2），单相负荷换算为等效三相负荷的简化方法。

   多台单相用电设备的设备功率小于计算范围内三相负荷设备功率的 15% 时，按三相平衡负荷计算，可不换算。

5. **答案：C**

   依据：《供配电系统设计规范》（GB 50052—2009）第 4.0.6 条。

6. **答案：B**

   依据：《工业与民用供配电设计手册》（第四版）P61 配电方式。

   放射式：供电可靠性高，故障发生后影响范围较小，切换操作方便，保护简单，便于自动化，但配电线路和高压开关柜数量多而造价较高。

   树干式：配电线路和高压开关柜数量少且投资少，但故障影响范围较大，供电可靠性较差。

   环式：有闭路环式和开路环式两种，为简化保护，一般采用开路环式，其供电可靠性较高，运行比较灵活，但切换操作较繁。

7. **答案：C**

   依据：《20kV 及以下变电所设计规范》（GB 50053—2013）第 3.3.4 条。

8. **答案：B**

   依据：《民用建筑电气设计标准》（GB 51348—2019）第 6.3.2-2 条。

9. **答案：D**

   依据：《工业与民用供配电设计手册》（第四版）P19～P20 式（1.6-1）、式（1.6-2），单相负荷换算为等效三相负荷的简化方法。

   单相设备功率和为 1.6kW，大于三相功率 10kW 的 15%，需折算；只有相负荷时，等效三相负荷取最大相负荷的 3 倍，因此等效三相负荷为 $10 + 3 \times 0.8 = 12.4kW$。

10. **答案：C**

    依据：《供配电系统设计规范》（GB 50052—2009）第 3.0.1-1 条及条文说明。

    或者事故一旦发生能够及时处理，防止事故扩大，保证工作人员的抢救和撤离，而必须保证的用电负荷，亦为特别重要负荷。

11. **答案：A**

    依据：《爆炸危险环境电力装置设计规范》（GB 50058—2014）第 5.3.5-1 条。

12. **答案：A**

    依据：《民用建筑电气设计标准》（GB 51348—2019）第 4.10.5 条。

13. **答案：D**

    依据：《电力工程电缆设计标准》（GB 50217—2018）第 3.4.3-5 条、第 3.4.4-4 条、第 3.4.3-3 条、第 3.4.7 条。

14. **答案：C**

    依据：《3～110kV 高压配电装置设计规范》（GB 50060—2008）第 7.3.3 条及条文说明。

    条文说明：在 GIS 配电装置总布置的两侧应设通道。主通道宜设置在靠断路器的一侧，一般情况宽度不宜小于 2000mm，另一侧的通道供运行和巡视用，其宽度一般不小于 1000mm。

15. **答案：B**

    依据：《工业与民用供配电设计手册》（第四版）P177 倒数第八行：最大短路电流，用于选择电气设备的容量或额定值以校验电器设备的动稳定、热稳定及分断能力，整定继电保护装置；最小短路电流，用于选择熔断器、设定保护定值或作为校验继电保护装置灵敏系数和校验感应电动机启动的依据。

16. **答案：B**

    依据：《低压配电设计规范》（GB 50054—2011）第 6.2.4 条。

    第 6.2.4 条：当短路保护电气为断路器时，被保护线路末端的短路电流不应小于断路器瞬时或短延时过电流脱扣器整定电流的 1.3 倍。

17. **答案：C**

    依据：《导体和电器选择设计技术规定》（DL/T 5222—2005）附录 F.5.1。

    注：此题不严谨，零序阻抗的换算远比此公式复杂，可参考教科书。

18. **答案：C**

    依据：《3～110kV 高压配电装置设计规范》（GB 50060—2008）第 7.2.3 条。

19. **答案：C**

    依据：《导体和电器选择设计技术规定》（DL/T 5222—2021）第 9.0.7 条。

20. **答案：B**

    依据：《导体和电器选择设计技术规定》（DL/T 5222—2005）第 10.2.4 条。

21. 答案：B

依据：《20kV 及以下变电所设计规范》（GB 50053—2013）第 4.2.1 条及表 4.2.1。

22. 答案：D

依据：《建筑照明设计标准》（GB 50034—2013）第 7.2.12 条、《低压配电设计规范》（GB 50054—2011）第 3.2.9 条及条文说明。

注：条文说明中列举了各种谐波含量，解释得较为清楚。也可参考《工业与民用供配电设计手册》（第四版）P811 表 9.2-3 及相关公式。

23. 答案：A

依据：《电力工程电缆设计标准》（GB 50217—2018）第 3.2.2 条。

24. 答案：C

依据：《35kV～110kV 变电站设计规范》（GB 50059—2011）第 3.10.6 条。

25. 答案：D

依据：《电力装置的继电保护和自动装置设计规范》（GB/T 50062—2008）第 4.0.2 条。

26. 答案：A

依据：《电力装置电测量仪表装置设计规范》（GB/T 50063—2017）第 3.6.5 条。

27. 答案：D

依据：《电力工程直流电源系统设计技术规程》（DL/T 5044—2014）第 6.1.5 条。

28. 答案：C

依据：《电力工程直流电源系统设计技术规程》（DL/T 5044—2014）第 3.2.3-3 条。

29. 答案：C

依据：《建筑物防雷设计规范》（GB 50057—2010）第 2.0.41 条。

30. 答案：A

依据：《建筑物防雷设计规范》（GB 50057—2010）第 4.5.5 条。

31. 答案：A

依据：《交流电气装置的过电压保护和绝缘配合》（DL/T 620—1997）第 3.1.3-3 条。

注：也可参考《交流电气装置的过电压保护和绝缘配合》（DL/T 620—1997）第 3.1.3 条表 1。

32. 答案：C

依据：《交流电气装置的过电压保护和绝缘配合设计规范》（GB/T 50064—2014）第 6.4.6-1 条。

注：也可参考《交流电气装置的过电压保护和绝缘配合》（DL/T 620—1997）第 10.4.5 条表 19。

33. 答案：D

依据：《工业与民用供配电设计手册》（第四版）P1402～P1403 "等电位联结的作用"。

建筑物的低压电气装置应采用等电位联结，以降低建筑物内间接接触电压和不同金属物体间的电位差。

34. **答案：** C

依据：《建筑照明设计标准》（GB 50034—2013）第 3.3.2 条。

35. **答案：** B

依据：《建筑照明设计标准》（GB 50034—2013）第 7.1.3 条。

36. **答案：** D

依据：《电气传动自动化技术手册》（第三版）P877～P879 编程语言相关内容。

a. 各个 PLC 厂商都对各自 PLC 有一套组态及编程软件，但它们都有一个共同点，即符合国际标准 IEC 61131—32002《可编程序控制器 第 3 部分：编程语言》；

b. 在这些标准中，规定了 PLC 编程语言的整套语法和定义。包括图形化编程语言（如功能块图语言、顺序功能图语言、梯形图语言）和文本化编程语言（如指令表语言、结构文本语言）；

c. 顺序功能图语言是一种描述控制程序的顺序行为特征的图形化语言，可对复杂的过程或操作由顶到底地进行辅助开发；

d. 指令表语言是一种低级语言，与汇编语言很相似。

注：参考《电气传动自动化技术手册》（第二版）P799～P801 编程语言相关内容。

37. **答案：** B

依据：《火灾自动报警系统设计规范》（GB 50116—2013）第 6.2.4 条。

38. **答案：** C

依据：《民用建筑电气设计标准》（GB 51348—2019）第 9.7.2 条。

39. **答案：** A

依据：《66kV 及以下架空电力线路设计规范》（GB 50061—2010）第 4.0.1 条。

40. **答案：** D

依据：《民用建筑电气设计标准》（GB 51348—2019）第 20.5.8-3 条。

41. **答案：** BCD

依据：《低压电气装置 第 4-41 部分：安全防护 电击防护》（GB 16895.21—2020）第 410.3.9 条。

42. **答案：** CD

依据：《低压配电设计规范》（GB 50054—2011）第 5.2.13 条、第 3.1.4 条、第 3.1.11-1 条。

43. **答案：** BCD

依据：《供配电系统设计规范》（GB 50052—2009）第 4.0.1 条。

44. **答案：** AC

依据：《供配电系统设计规范》（GB 50052—2009）第 5.0.13 条。

注：也可参考《工业与民用供配电设计手册》（第四版）P290 表 6-40。

45. **答案：** AB

依据：《供配电系统设计规范》（GB 50052—2009）第 7.0.7 条～第 7.0.8 条及条文说明。

46. **答案：ABC**

依据：《工业与民用供配电设计手册》（第四版）P53～P59 中性点经电阻接地相关内容。

中性点经高电阻接地：高电阻接地方式以限制单相接地故障电流为目的，电阻阻值一般在数百至数千欧姆。采用高电阻接地的系统可以消除大部分谐振过电压，对单相间歇弧光接地过电压具有一定的限制作用。单相接地故障电流小于 10A，系统可在接地故障条件下持续运行不中断供电。缺点是系统绝缘水平要求高。

47. **答案：ABD**

依据：《3～110kV 高压配电装置设计规范》（GB 50060—2008）第 3.0.5 条。

48. **答案：ABD**

依据：《供配电系统设计规范》（GB 50052—2009）第 5.0.1 条。

49. **答案：BD**

依据：《工业与民用供配电设计手册》（第四版）P284 相关公式、P178 图 4.1-2 "短路电流波形图"。

50. **答案：ACD**

依据：《爆炸危险环境电力装置设计规范》（GB 50058—2014）第 5.4.3-5 条。

注：选项 B 多一个 "及" 字。

51. **答案：AB**

依据：《导体和电器选择设计技术规定》（DL/T 5222—2021）第 5.1.5 条。

注：也可参考《3～110kV 高压配电装置设计规范》（GB 50060—2008）第 4.1.8 条。

52. **答案：AB**

依据：《低压配电设计规范》（GB 50054—2011）第 6.2.3-2 条。

53. **答案：ABD**

依据：《导体和电器选择设计技术规定》（DL/T 5222—2021）第 7.1.1 条、第 8.1.1 条、第 17.0.1 条。

54. **答案：ABD**

依据：《并联电容器装置设计规范》（GB 50227—2017）第 5.1.2 条及条文说明。

55. **答案：ABC**

依据：《电力工程电缆设计标准》（GB 50217—2018）第 3.6.3 条。

56. **答案：ACD**

依据：《导体和电器选择设计技术规定》（DL/T 5222—2021）第 5.1.1 条。

57. **答案：BCD**

依据：《电力装置的继电保护和自动装置设计规范》（GB/T 50062—2008）第 4.0.3 条。

58. **答案：ABD**

依据：《电力装置的继电保护和自动装置设计规范》（GB/T 50062—2008）第 5.0.1 条。

59. **答案：** BD

依据：《电力装置的继电保护和自动装置设计规范》（GB/T 50062—2008）第 9.0.3 条。

60. **答案：** AD

依据：《电力工程直流电源系统设计技术规程》（DL/T 5044—2014）第 6.2.2 条。

61. **答案：** AD

依据：《交流电气装置的过电压保护和绝缘配合设计规范》（GB/T 50064—2014）第 5.4.13-12 条。

注：也可参考《交流电气装置的过电压保护和绝缘配合》（DL/T 620—1997）第 7.3.9 条。

62. **答案：** AD

依据：《钢铁企业电力设计手册》（下册）P2 表 23-1 "特性曲线"。

63. **答案：** AC

依据：《交流电气装置的接地设计规范》（GB/T 50065—2011）第 4.3.2 条、第 4.4.6 条。

64. **答案：** BC

依据：《通用用电设备配电设计规范》（GB 50055—2011）第 3.3.7 条。

65. **答案：** CD

依据：《建筑照明设计标准》（GB 50034—2013）第 5.5.2 条、第 5.5.3 条、第 5.5.4 条，《人民防空地下室设计规范（限内部发行）》（GB 50038—2005）第 7.5.5 条。

注：题干考查旧规范《建筑照明设计标准》（GB 50034—2004）第 5.4.2 条，新规范将安全照明、备用照明、疏散照明的要求均进行了细化，其中疏散照明的照度比旧规范（0.5lx）有所提高，但答案按旧规范保留了 C 选项。

66. **答案：** ABD

依据：《照明设计手册》（第三版）P408。

道路照明开灯和关灯时的天然光照度水平，快速路和主干路宜为 30lx，次干路和支路宜为 20lx。

注：《照明设计手册》（第二版）P458 最后一段：道路照明开灯时的天然光照度水平宜为 15lx；关灯时的天然光照度水平，快速路和主干路宜为 30lx，次干路和支路宜为 20lx，开灯的天然光照度水平在第三版中有所修正。

67. **答案：** BCD

依据： 选项 A：同步电动机具有调节无功的功能，可以超前和滞后输出无功功率。

选项 B：《工业与民用供配电设计手册》（第四版）P34 式（1.11-1）。

选项 C：转速 $n = 60f/P$，同步电动机的 P（极对数）为一定值，参考《钢铁企业电力设计手册》（下册）P277 也可知变极调速只适用于绕线型电动机（异步电动机）。

选项 D：可参考同步电动机力矩计算公式，但具有争议。

68. **答案：** BCD

依据：《钢铁企业电力设计手册》（下册）P270。

高效调速方案：变极数控制、变频变压控制、无换向器电机控制、串级（双馈）控制。

低效调速方案：转子串电阻控制、液力耦合器控制、电磁转差离合器控制、定子变压控制。

69. **答案**：ACD

    依据：《安全防范工程技术标准》（GB 50348—2018）第 6.6.5 条。

70. **答案**：ACD

    依据：《民用建筑电气设计标准》（GB 51348—2019）第 20.7.5 条、第 20.7.6 条。

2014 年案例分析试题答案（上午卷）

题 1～5 答案：**ABBCB**

1.《供配电系统设计规范》（GB 50052—2009）第 5.0.5 条及条文说明式（2）。

变压器电压损失变化：$\Delta U_T = \Delta Q_c \dfrac{E_k}{S_T} \times 100\% = 50 \times \dfrac{6}{1600} \times 100\% = 0.1875\%$

注：可参考《并联电容器装置设计规范》（GB 50227—2017）第 5.2.2 条及条文说明对比理解，轻负荷引起的电网电压升高，并联电容器装置投入电网后引起的母线电压升高值按式 $\Delta U = U_{s0} \dfrac{Q}{S_d}$ 计算。

2.《工业与民用供配电设计手册》（第四版）P462～P463 式（6.2-11）、式（6.2-12）。

最大负荷时：

末端最大电压偏差：$\delta u_{1max} = \delta u_1 + e - \Sigma \Delta u$

$$\pm 5\% = 0 + e - (2\% + 5\%)$$

$$e = 2\% \sim 12\%$$

末端最小低压偏差：$\delta u_{1max} = \delta u_1 + e - \Sigma \Delta u$

$$\pm 5\% = 0 + e - (2\% + 0.95\%)$$

$$e = -2.05\% \sim 7.95\%$$

最小负荷时：

末端最大电压偏差：$\delta u_{2max} = \delta u_1 + e - \Sigma \Delta u$

$$\pm 5\% = 0 + e - (0 + 5\%)$$

$$e = 0\% \sim 10\%$$

末端最小低压偏差：$\delta u_{2max} = \delta u_1 + e - \Sigma \Delta u$

$$\pm 5\% = 0 + e - (0 + 0.95\%)$$

$$e = -4.05\% \sim 5.95\%$$

综上可知，变压器分接头范围应为：$e = 2\% \sim 5.95\%$，可选 2.5% 和 5%。

结合表 6-5，可知本题变压器分接头与二次侧空载电压和电压提升的关系如下：

10 ± 2.5% × 2/0.4 变压器分接头	+5%	+2.5%	0	−2.5%	−5%
变压器空载电压（V）	380	390	400	410	420
低压提升（%）	0	+2.5	+5	+7.5	+10

则对应的变压器分接头应为 +2.5% 或 0，结合本题给出的答案，选 0。

注：合理选择变压器的电压分接头的原则为：使出现最大负荷时的电压负偏差与出现最小负荷时的电压正偏差得到调整，使之保持在正常合理的范围内，但不能缩小正负偏差之间的范围。也可参见《工业与民用配电设计手册》（第三版）P257 式（6-11）及表 6-5。

3.《工业与民用供配电设计手册》（第四版）P494 式（6.7-8）、《低压配电设计规范》（GB 50054—2011）第 3.2.9 条及条文说明，设基波电流为 I，则：

相电流有效值：$I_{ph} = \sqrt{I^2 + (0.2I)^2} = 1.0198I$

中性线电流有效值：$I_c = 3 \times 0.2I = 0.6I$

其比值为：$k = \dfrac{0.6I}{1.0198I} = 0.588$

4.《工业与民用供配电设计手册》第四版 P493～P494 式（6.7-4）、式（6.7-6）和式（6.7-8）。

低压侧基波电流：$I_1 = \dfrac{S}{\sqrt{3}U} = \dfrac{26}{\sqrt{3} \times 0.38} = 39.5\text{A}$

总谐波电流含量有 $I_h = \sqrt{\sum\limits_{n=2}^{\infty} I_n^2}$，则 $I_h = \sqrt{I^2 - I_1^2} = \sqrt{42^2 - 39.5^2} = 14.27\text{A}$

电流总谐波畸变率：$\text{THD}_I = \dfrac{I_h}{I_1} \times 100\% = \dfrac{14.27}{39.5} = 36.13\%$

注：也可参考《工业与民用配电设计手册》（第三版）P281 式（6-32）、式（6-33）和式（6-34）。

5.《钢铁企业电力设计手册》（上册）P302 例题 6 相关公式。

年满负荷运行节约的电量：

$$W = P_N\left(\dfrac{1}{\eta_1} - \dfrac{1}{\eta_2}\right)tK = 300 \times 0.8 \times \left(\dfrac{1}{0.92} - \dfrac{1}{0.93}\right) \times 365 \times 24 \times 1 = 24572\text{kW} \cdot \text{h}$$

题 6～10 答案：**BBABD**

6.《钢铁企业电力设计手册》（上册）P291 式（6-12）～式（6-14）、式（6-17）、式（6-19）。

负载系数：$\beta = \dfrac{I_2}{I_{2N}} = \dfrac{\sqrt{(3600^2 + 2400^2)/10} \times \sqrt{3}}{2 \times 5000/10 \times \sqrt{3}} = 0.433$

有功功率损失：$\Delta P = P_0 + \beta^2 P_k = 4.64 + 0.433^2 \times 34.2 = 11.05\text{kW}$

无功功率损失：$\Delta Q = Q_0 + \beta^2 Q_k = 0.48\% \times 5000 + 0.433^2 \times 7\% \times 5000 = 89.62\text{kvar}$

35kV 侧企业计算有功功率：$P_c = P + 2\Delta P = 3600 + 2 \times 11.05 = 3622.1\text{kW}$

35kV 侧企业计算无功功率：$Q_c = Q + 2\Delta Q = 2400 + 2 \times 89.62 = 2579\text{kvar}$

《工业与民用供配电设计手册》（第四版）P37 式（1.1-7）。

企业自然平均功率因数：$\cos\varphi_1 = \sqrt{\dfrac{1}{1 + \left(\dfrac{\beta_{av}Q_c}{\alpha_{av}P_c}\right)^2}} = \sqrt{\dfrac{1}{1 + \left(\dfrac{0.8 \times 2579}{0.7 \times 3622.1}\right)^2}} = 0.776$

注：用企业总用电或单台变压器计算，不影响结果。

7.《工业与民用供配电设计手册》（第四版）P1561 表 16.3-8。

经济运行的临界负荷：$S_{cr} = S_r\sqrt{2\dfrac{P_0 + K_q Q_0}{P_k + K_q Q_k}} = 5000 \times \sqrt{2 \times \dfrac{4.64 + 0.1 \times 0.48\% \times 5000}{34.2 + 0.1 \times 7\% \times 5000}}$

$$= 2255.37\text{kV} \cdot \text{A}$$

注：无功经济当量的物理概念是，变压器每减少 1kvar 无功功率消耗时，引起连接系统有功损失下降的 kW 值，可参考《钢铁企业电力设计手册》（上册）P295、296 相关内容。

8.《钢铁企业电力设计手册》（上册）P291 式（6-18）及图 6-1 变压器功率损失和损失率的负载特性曲线。

最小损失条件：$\beta = \sqrt{\dfrac{P_0}{P_K}} = \sqrt{\dfrac{4.64}{34.2}} = 0.368 = 36.8\%$

> 注：当变压器铜损（负载损耗）等于铁损（空载损耗）时，变压器的损失率达到最低，此时的负载系数称为有功经济负载系数。

9.《工业与民用供配电设计手册》（第四版）P460 式（6.2-8）。

变压器阻抗电压有功分量：$u_a = \dfrac{100\Delta P_T}{S_{rT}} = \dfrac{100 \times 34.2}{5000} = 0.684$

变压器阻抗电压无功分量：$u_r = \sqrt{u_T^2 - u_a^2} = \sqrt{7^2 - 0.684^2} = 6.967$

其中：由 $\cos\varphi = 0.9$ 得 $\sin\varphi = 0.436$，则变压器电压损失（%）：$\Delta u_T = \beta(u_a\cos\varphi + u_r\sin\varphi) = 0.6 \times (0.684 \times 0.9 + 6.967 \times 0.436) = 2.2$

> 注：计算结果与答案有一定差距，不过题干要求选最接近的数据，满足题意即可。也可参考《工业与民用配电设计手册》（第三版）P254 式（6-6）。

10.《工业与民用供配电设计手册》（第四版）P66 式（2-6）、式（2-7）和式（2-8）。

按稳定负荷计算发电机容量：$S_{c1} = \alpha\dfrac{P_\Sigma}{\eta_\Sigma \cos\varphi} = 1 \times \dfrac{250}{0.88 \times 0.8} = 355.11\text{kV}\cdot\text{A}$

按尖峰负荷计算发电机容量：

$$S_{c2} = \left(\dfrac{P_\Sigma - P_m}{\eta_\Sigma} + P_m KC\cos\varphi_m\right)\dfrac{1}{\cos\varphi} = \left(\dfrac{250 - 300 \times \frac{0.8}{6}}{0.88} + \dfrac{300 \times 0.8}{6} \times 6 \times 1 \times 0.4\right) \times \dfrac{1}{0.8}$$

$$= 418\text{kV}\cdot\text{A}$$

按母线允许电压降计算发电机容量：

$$S_{c3} = \left(\dfrac{1}{\Delta E} - 1\right)X_d' P_n KC = \left(\dfrac{1 - 0.2}{0.2}\right) \times 0.25 \times 58 \times 6 \times 1 = 348\text{kV}\cdot\text{A}$$

综上，取较大者，选择 450kV·A 可满足要求。

题 11～15 答案：**BBBAA**

11.《工业与民用供配电设计手册》（第四版）P280～P281 式（4.6-2）～式（4.6-8）、表 4.6-3、P285～P289 式（4.6-16）和式（4.6-18）及按发电机运算曲线计算。

由于断路器 QF3 断开，k_1 点短路电流仅来自地区电网及汽轮发电机。

a. 地区电网提供的短路电流周期分量有效值 I_{K11}'

设 $S_j = 100\text{MV}\cdot\text{A}$，$U_j = 37\text{kV}$，则 $I_j = 1.56\text{kA}$。

系统电抗标幺值：$X_{*S} = \dfrac{S_j}{S_S''} = \dfrac{100}{800} = 0.125$

架空线电抗标幺值：$X_{*L} = X\dfrac{S_j}{U_j^2} = 0.4 \times 5 \times \dfrac{100}{37^2} = 0.146$

则 $I_{K11}' = \dfrac{I_j}{X_{*S} + X_{*L}} = \dfrac{1.56}{0.125 + 0.146} = 5.76\text{kA}$

b. 汽轮发电机提供的短路电流周期分量有效值 I'_{K12}，基准容量采用发电机额定容量：

按发电机运算曲线计算，设 $S_j = \dfrac{20}{0.8} = 25 \text{MV} \cdot \text{A}$，$U_j = 37 \text{kV}$

发电机电抗标幺值：$X_{*G} = X''_d \dfrac{S_j}{S_r} = 0.125 \times \dfrac{25}{20/0.8} = 0.125$

变压器电抗标幺值：$X_{*T} = \dfrac{u_k\%}{100} \cdot \dfrac{S_j}{S_{rT}} = 0.0945 \times \dfrac{25}{31.5} = 0.075$

计算用电抗：$X_C = X_{*G} + X_{*T} = 0.125 + 0.075 = 0.2$，查发电机运算曲线数字表，可知 $I_* = 5.432$（$t = 0\text{s}$）

发电机基准电流：$I_{r \cdot j} = \dfrac{P}{\sqrt{3} U_j \cos\varphi} = \dfrac{20}{\sqrt{3} \times 37 \times 0.8} = 0.39 \text{kA}$

则：$I''_{k12} = I_* I_{r \cdot j} = 5.432 \times 0.39 = 2.12 \text{kA}$

c. k_1 点的三相短路时的超瞬态短路电流周期分量有效值：

$I''_{k1} = I''_{k11} + I''_{k12} = 5.76 + 2.12 = 7.88 \text{kA}$

注：发电机近端短路电流计算中，计算用电抗是以其相应发电机的额定容量为基准容量的标幺电抗值，基准电流是由等值发电机的额定容量和相应的平均额定电压求得，此两点必须牢记。也可参考《工业与民用配电设计手册》（第三版）P127～P128 表 4-1 和表 4-2 及 P134 式（4-12）、式（4-13）。

12.《钢铁企业电力设计手册》（上册）P188 式（4-7）～式（4-13），电路二次变换。

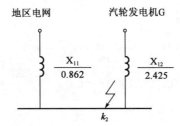

设 $S_j = 100 \text{MV} \cdot \text{A}$，$U_j = 10.5 \text{kV}$，则 $I_j = 5.5 \text{kA}$。

网络简化，消去公共支路电抗 X_5，则：

地区电网支路分布系数：$C_1 = \dfrac{X_8}{X_7 + X_8} = \dfrac{0.9}{0.32 + 0.90} = 0.7377$

短路电路的总电抗：$X_{*\Sigma} = \dfrac{X_7 X_8}{X_7 + X_8} + X_5 = \dfrac{0.32 \times 0.9}{0.32 + 0.9} + 0.4 = 0.636$

地区电网至短路点之间的等值电抗：$X_{11} = \dfrac{X_{*\Sigma}}{C_1} = \dfrac{0.636}{0.7377} = 0.862$

地区电网提供的超瞬态短路电流周期分量有效值：$I''_{K2W} = \dfrac{I_j}{X_{11}} = \dfrac{5.5}{0.862} = 6.40 \text{kA}$

注：同理，发电机电网至短路点之间的等值电抗：$X_{12} = \dfrac{X_{*\Sigma}}{C_1} = \dfrac{0.636}{1 - 0.7377} = 2.425$，化简后网络电抗如上图所示。

13.《工业与民用供配电设计手册》（第四版）P280～P281 式（4.6-2）～式（4.6-8）、P301 式（4.6-29）。

设 $S_j = 100 \text{MV} \cdot \text{A}$，$U_j = 10.5 \text{kV}$，则 $I_j = 5.5 \text{kA}$。

a. 两相不接地短路时，地区电网提供的短路电流周期分量有效值I''_{2K21}应为：

$$I''_{2K21} = 0.866 \times \frac{I_j}{X_9} = 0.866 \times \frac{5.5}{0.5} = 9.526\text{kA}$$

b. 两相不接地短路时，汽轮发电机提供的短路电流周期分量有效值I''_{2K22}，应为

计算用电抗：$X_{*C} = X_{10}\dfrac{S_G}{S_j} = 1.2 \times \dfrac{20/0.8}{100} = 0.3$，按 2 倍的$X_{*C}$(0.6)作为横坐标查发电机运算曲线数字表，可知$I_* = 1.748$（$t = 0\text{s}$）。

有限电源容量系统向短路点馈送短路电流时的发电机额定电流为：

$$I_r = \frac{P}{\sqrt{3}U\cos\varphi} = \frac{20}{\sqrt{3} \times 10 \times 0.8} = 1.44\text{kA}$$

则：$I''_{2K22} = \sqrt{3}I_*I_r = \sqrt{3} \times 1.748 \times 1.44 = 4.36\text{kA}$

c. 两相不接地短路时，K2 点的超瞬态短路电流周期分量有效值为：

$$I''_{2K2} = I''_{2K21} + I'_{2K22} = 9.526 + 4.36 = 13.886\text{kA}$$

　　注：本题有两点需强调，其一，式（4-38）中的$I_{r\Sigma}$为有限电源容量系统向短路点馈送短路电流是所有发电机"额定电流"的总和，与 11 题中的基准电流$I_{r\cdot j}$不是同一个参数；其二，K2 点不属于发电机出口。也可参考《工业与民用配电设计手册》（第三版）P152 式（4-36）和式（4-38）。

14.《工业与民用供配电设计手册》（第四版）P285～P289 式（4.6-16）和式（4.6-18）及按发电机运算曲线计算。

计算用电抗：$X_{*C} = X_{10}\dfrac{S_G}{S_j} = 0.8 \times \dfrac{20/0.8}{100} = 0.2$

查发电机运算曲线数字表，可知：

$I_* = 5.432(t = 0\text{s})$，$I_{*0.1} = 4.297(t = 0.1\text{s})$，$I_{*0.2} = 3.715(t = 0.2\text{s})$。

发电机基准电流：$I_{r\cdot j} = \dfrac{P}{\sqrt{3}U_j\cos\varphi} = \dfrac{20}{\sqrt{3} \times 37 \times 0.8} = 0.39\text{kA}$

则 0s、0.1s、0.2s 的短路电流有效值分别为：

$$I''_k = I_*I_{r\cdot j} = 5.432 \times 0.39 = 2.12\text{kA}$$

$$I''_{k\cdot 0.1} = I_{*0.1}I_{r\cdot j} = 4.297 \times 0.39 = 1.68\text{kA}$$

$$I''_{k\cdot 0.2} = I_{*0.2}I_{r\cdot j} = 3.715 \times 0.39 = 1.45\text{kA}$$

《导体和电器选择设计技术规定》（DL/T 5222—2005）附录 F 式（F.6.2）和式（F.6.3）。

短路电流周期分量引起的热效应：

$$Q_z = \frac{\left(I''^2_k + 10I''^2_{k\cdot 0.1} + I''^2_{k\cdot 0.2}\right)t}{12} = \frac{(2.12^2 + 10 \times 1.68^2 + 1.45^2) \times 0.2}{12} = 0.58(\text{kA}^2)\text{s}$$

短路电流非周期分量引起的热效应：

$$Q_f = TI''^2_k = 0.1 \times 2.12^2 = 0.45(\text{kA}^2)\text{s}$$

短路电流在断路器 QF2 中产生的热效应：$Q_t = Q_z + Q_f = 0.58 + 0.45 = 1.03(\text{kA}^2)\text{s}$

15.《工业与民用供配电设计手册》（第四版）P300 式（4.6-22）、式（4.6-26）。

异步电动机提供的反馈电流周期分量初始值：

$$I''_M = K_{stM}I_{rM} \times 10^{-3} = 5 \times 124.3 \times 10-3 = 0.6215\text{kA}$$

由题干图中信息，可知异步电动机额定功率 1800kW，查表，可知冲击系数$K_{pM} = 1.75$，则：

短路电流峰值：$i_P = \sqrt{2}\left(K_{ps}I_s'' + 1.1K_{pM}I_M''\right) = \sqrt{2} \times (1.85 \times 10 + 1.1 \times 1.75 \times 0.6215) = 27.85\text{kA}$

注：也可参考《工业与民用配电设计手册》（第三版）P151 式（4-26）、式（4-30）。

题 16～20 答案：**CBAAB**

16.《导体和电器选择设计技术规定》（DL/T 5222—2005）第 18.1.4 条。

消弧线圈补偿容量：$Q = KI_C \dfrac{U_N}{\sqrt{3}} = 1.35 \times (3 + 9) \times \dfrac{10}{\sqrt{3}} = 93.53\text{kV} \cdot \text{A}$

17.《导体和电器选择设计技术规定》（DL/T 5222—2005）第 18.1.7 条。

脱谐度：$\upsilon = \dfrac{I_C - I_L}{I_C} = \dfrac{44 - 50}{44} = -0.136$

中性点位移电压：$U_0 = \dfrac{U_{bd}}{\sqrt{d^2 + \upsilon^2}} = \dfrac{0.8\% \times 10 \times 10^3/\sqrt{3}}{\sqrt{0.04^2 + (-0.136)^2}} = 325.8\text{V}$

18.《导体和电器选择设计技术规定》（DL/T 5222—2005）第 18.2.5 条式（18.2.5-2）。

高电阻直接接地的接地电阻值：$R = \dfrac{U_N}{KI_C\sqrt{3}} = \dfrac{10 \times 10^3}{1.1 \times 5 \times \sqrt{3}} = 1049.7\Omega$

19.《导体和电器选择设计技术规定》（DL/T 5222—2005）第 18.2.6 条。

低电阻直接接地的接地电阻值：$R = \dfrac{U_N}{\sqrt{3}I_d} = \dfrac{10 \times 10^3}{\sqrt{3} \times 320} = 18\Omega$

接地电阻消耗功率：$P_R = I_d U_R = 320 \times 1.05 \times \dfrac{10}{\sqrt{3}} = 1939.9\text{kW}$

20.《导体和电器选择设计技术规定》（DL/T 5222—2005）第 18.2.5-2 条式（18.2.5-4）、式（18.2.5-5）。

接地变压器变比：$n_\phi = \dfrac{U_N \times 10^3}{\sqrt{3}U_{N2}} = \dfrac{10 \times 10^3}{\sqrt{3} \times 220} = 26.24$

电阻值：$R_{N2} = \dfrac{U_N \times 10^3}{1.1 \times \sqrt{3}I_C n_\phi^2} = \dfrac{10 \times 10^3}{1.1 \times \sqrt{3} \times 16 \times 26.24^2} = 0.476\Omega$

《导体和电器选择设计技术规定》（DL/T 5222—2005）第 18.3.4 条式（18.3.4-2）。

接地变压器最小额定容量：$S_N \geqslant \dfrac{U_N}{\sqrt{3}Kn_\phi}I_2 = \dfrac{10}{\sqrt{3} \times 1.2 \times 26.24} \times 16 \times 26.24 = 76.98\text{kV} \cdot \text{A}$，

取 100kV·A。

题 21～25 答案：**DCDDB**

21.《电力工程直流电源系统设计技术规程》（DL/T 5044—2014）附录 C 第 C.2.3 条"阶梯计算法"式（C.2.3-9）。

按 10h 放电率第三阶段计算容量，即放电时间 60min。

各计算阶段中全部放电时间的容量换算系数：$K_{C1} = 0.54$（放电终止电压 1.85V，全部放电时间 60min）。

各计算阶段中除第 1 阶段时间外的容量换算系数：$K_{C2} = 0.558$（放电终止电压 1.85V，除去第 1 阶

段的放电时间 $60-1=59\text{min}$)。

各计算阶段中除第 1、2 阶段时间外的容量换算系数：$K_{C3}=0.780$（放电终止电压 1.85V，除去第 1、2 阶段的放电时间 $60-30=30\text{min}$)。

按第三阶段放电容量：

$$
\begin{aligned}
C_{C3} &= K_K\left[\frac{1}{K_{C1}}I_1+\frac{1}{K_{C2}}(I_2-I_1)+\frac{1}{K_{C3}}(I_3-I_{3-1})\right] \\
&= 1.4\times\left[\frac{1}{0.54}\times98.55+\frac{1}{0.558}(59.82-98.55)+\frac{1}{0.78}(59.82-59.82)\right] \\
&= 158.4\text{A}\cdot\text{h}
\end{aligned}
$$

22.《电力工程直流电源系统设计技术规程》（DL/T 5044—2014）附录 C 第 C.2.3 条"阶梯计算法"式（C.2.3-11）。

随机（5s）负荷的容量换算系数：$K_{CR}=1.34$（放电终止电压 1.85V，放电时间 5s）

随机（5s）负荷计算容量：$C_R=\dfrac{I_R}{K_{CR}}=\dfrac{38.18}{1.34}=28.5\text{A}\cdot\text{h}$

按题意，有 $C_{C1}=228\text{A}\cdot\text{h}$，$C_{C2}=176\text{A}\cdot\text{h}$，$C_{C3}=203\text{A}\cdot\text{h}$，$C_{C4}=212\text{A}\cdot\text{h}$，将 C_{CR} 叠加在 $C_{C2}\sim C_{C4}$ 中最大的阶段上，然后与 C_{C1} 比较，取其大者：

$C_{CR}+C_{C4}=28.5+212=240.5\text{A}\cdot\text{h}>C_{C1}$，则蓄电池最小容量取 $250\text{A}\cdot\text{h}$。

23.《电力工程直流电源系统设计技术规程》（DL/T 5044—2014）附录 A 第 A.3.6 条。

断路器额定电流按蓄电池的 1h 放电率选择：$I_{n1}\geqslant I_{1h}=5.5I_{10}=5.5\times25=137.5\text{A}$

按保护动作选择性条件选择：$I_{n2}\geqslant K_{c4}\cdot I_{n\cdot\max}=2.0\times100=200\text{A}$

取以上电流较大者为断路器额定电流，即 $I_n=200\text{A}$。

24.《电力工程直流电源系统设计技术规程》（DL/T 5044—2014）附录 E 表 E.2-2。

应急照明回路允许电压降：$\Delta U_P=(2.5\%\sim5\%)U_n=(2.5\%\sim5\%)\times110=2.75\sim5.5\text{V}$

25.《电力工程直流电源系统设计技术规程》（DL/T 5044—2014）第 6.7.2 条。

第 6.7.2-3 条：直流母线分段开关可按全部负荷的 60% 选择。

由表 1"变电站直流负荷统计表"，可知全站直流设备的计算电流为 136.73A，则：

联络隔离开关的最小额定电流：$I_{nD}=0.6\times136.73=82.04\text{A}$

选 100A。

2014 年案例分析试题答案（下午卷）

题 1~5 答案：**BDAAC**

1.《导体和电器选择设计技术规定》（DL/T 5222—2021）第 17.0.10 条。

熔体额定电流：$I_{rr} = KI_{gmax} = 2 \times \dfrac{1.05 \times 1000}{\sqrt{3} \times 10} = 121.2A$，可取 125A、160A。

第 17.0.10-2 条：变压器突然投入的励磁涌流不应损伤熔断器。

励磁涌流热效应：$Q_f = I^2 t = 693^2 \times 0.1 \times 10^{-3} = 48(kA)^2 s$

其中，$Q_{f1} = I_1^2 t = 700^2 \times 0.15 \times 10^{-3} = 73.5(kA)^2 s > Q_f$，满足要求。

$Q_{f2} = I_1^2 t = 850^2 \times 0.05 \times 10^{-3} = 36.125(kA)^2 s < Q_f$，不满足要求。

综上所述，应取产品编号 2。

第 17.0.10-2 条：熔断器对变压器低压侧的短路故障进行保护，熔断器的最小开断电流应低于预期短路电流，则低压侧最小预期短路电流折算到高压侧：$I_{2K1} = 360A > 300A$，满足要求。

注：熔体额定电流计算中，I_{gmax} 为回路最大工作电流，非变压器额定电流，建议参考《工业与民用供配电设计手册》（第四版）P315 表 5.2-3 中要求，按 1.05 倍变压器额定电流计算。

2.《工业与民用供配电设计手册》（第四版）P986 式（11.3-4）。

按用电设备启动时的尖峰电流选择：

$I_r \geqslant K_{set2}\left[I_{stM1} + I_{C(n-1)}\right] = 1.2 \times (15 \times 6 + 26) = 139.2A$

熔断器额定电流取 160A。

按正常工作电流校核：$I_r \geqslant I_c = \dfrac{P}{\sqrt{3}U \cos\varphi} = \dfrac{20}{\sqrt{3} \times 0.38 \times 0.85} = 35.75A$

3.《通用用电设备配电设计规范》（GB 50055—2011）第 2.3.5 条。

第 2.3.5-3 条：瞬动过电流脱扣器或过电流继电器瞬动元件的整定电流应取电动机启动电流周期分量最大有效值的 2~2.5 倍。

瞬时过电流脱扣器整定电流：

$I_{set3} = (2.0\text{~}2.5)k_{st}I_r = (2.0\text{~}2.5) \times 6 \times 20 = 240\text{~}300A$，取 250A。

第 2.3.5-4 条：当采用短延时过电流脱扣器作保护时，短延时脱扣器整定电流宜躲过启动电流周期分量最大有效值，延时不宜小于 0.1s。

短延时过电流脱扣整定电流：

$I_{set2} \geqslant k_{st}I_r = 6 \times 20 = 120A$，取 125A。

I_{stM1} 和 I'_{stM1} 实际均包括周期分量与非周期分量两部分内容，本题要求忽略电动机启动过程中的非周期分量，实则不能采用《工业与民用供配电设计手册》（第四版）P986 式（11.3-5）为依据计算。

注：《通用用电设备配电设计规范》（GB 50055—2011）第 2.3.5 条之条文说明：采用瞬动过电流脱扣器或过电流继电器瞬动元件时，应考虑电动机启动电流非周期分量的影响，非周期分量的大小和持续时间取决于电路中电抗与电阻的比值和合闸瞬间的相位。

4.《工业与民用配电设计手册》（第三版）P986 式（11.3-5）。

电动机额定电流：$I_r = \dfrac{P_r}{\sqrt{3}U_r\eta\cos\varphi} = \dfrac{18.5}{\sqrt{3}\times0.38\times0.8\times0.83} = 42.33A$

瞬时过电流脱扣器整定电流，应躲过配电线路的尖峰电流，即：

$I_{set3} \geq K_{rel3}[I'_{stM1} + I_{C(n-1)}] = 1.2\times(2\times6\times42.33 + 200) = 849.55A$

《低压配电设计规范》（GB 50054—2011）第 6.2.4 条。

校验瞬时过电流脱扣器的灵敏度：$I_{dmin} = 1000A < K_{rel}I_{set3} = 1.3\times850 = 1105A$，不满足要求。

5.《工业与民用供配电设计手册》（第四版）P1002～P1004 相关内容。

过电流选择比：上、下级熔断体的额定电流比为 1.6：1，具有选择性熔断，则 $I_{n1} \geq 1.6\times20 = 32A$。

上级的熔断器弧前焦耳积分应大于下级熔断器的全熔断时间内的焦耳积分，即 2000A²s，对应表中熔断器额定电流最小值为 40A，其弧前焦耳积分为 3000A²s，满足选择性。

综上所述，F 熔断器的最小额定电流应取 40A。

注：熔断器弧前时间定义：规定施加在熔断器上的某一电流值，使熔体熔化到电弧出现瞬间的时间间隔。而题干中的熔断器时间电流曲线，并未实际使用，应为迷惑项。

题 6～10 答案：**DBCDB**

6.《钢铁企业电力设计手册》（上册）P1057 表 21-23 电线比载计算公式。

覆冰时综合比载：$\gamma_7 = \sqrt{\gamma_3^2 + \gamma_5^2} = \sqrt{108^2 + 65^2}\times10 - 3 = 126\times10^{-3}N/(m\cdot mm^2)$

7.《钢铁企业电力设计手册》（上册）P1065 式（21-17）。

导线瞬时破坏应力：$\sigma_p = F\sigma_m = 2.5\times80 = 200N/mm^2$

注：也可依据《66kV 及以下架空电力线路设计规范》（GB 50061—2010）第 5.2.3 条：导线或地线的最大使用张力不应大于绞线瞬时破坏张力的 40%。

8.《66kV 及以下架空电力线路设计规范》（GB 50061—2010）第 5.2.2 条。

档距中央的导线与地线距离：$S \geq 0.012L + 1 = 0.012\times150 + 1 = 2.8m$

注：《110kV～750kV 架空输电线路设计规范》（GB 50545—2010）第 2.1.3 条：线路跨越通航江河、湖泊或海峡等，因档距较大（在 1000m 以上）或杆塔较高（在 100m 以上），导线选型和杆塔设计需特殊考虑，且发生故障时严重影响航运或修复特别困难的耐张段。本题明显不应大跨距进行选型。

9.《66kV 及以下架空电力线路设计规范》（GB 50061—2010）第 5.3.1 条，第 5.3.2 条。

查表 5.3.2 可知，悬式绝缘子运行工况时的机械强度安全系数为 2.7。

悬式绝缘子的机械破坏荷载：$F_u \geq KF = 2.7\times3 = 8.1kN$

10.《66kV 及以下架空电力线路设计规范》（GB 50061—2010）第 6.0.7 条。

悬式绝缘子串的绝缘子数量：$n_h \geq n[1 + 0.1(H-1)] = 3\times[1 + 0.1\times(3-1)] = 3.6$，取 4 片。

注：不可依据《导体和电器选择设计技术规定》（DL/T 5222—2005）第 21.0.9 条增加零值绝缘子，根据第 1.0.2 条可知，DL/T 5222—2005 适用于发电厂和变电站新建工程选择 3～500kV 的导体和电器，对扩建和改建工程可参照使用，因此该规定不适用于架空线路。

题 11～15 答案：**BCBCC**

11.《工业与民用供配电设计手册》（第四版）P585 式（7.6-1）、P1072 式（12.1-1）。

异步电动机额定电流：$I_r = \dfrac{P_r}{\sqrt{3}U_r\eta\cos\varphi} = \dfrac{2500}{\sqrt{3}\times 10\times 0.92\times 0.8} = 196.11\text{A}$

比率制动差动保护的最小动作电流：

$$I_{op\cdot min} = (0.2\sim 0.4)I'_r = (0.2\sim 0.4)\times\dfrac{196.11}{300/5} = 0.65\sim 1.31\text{A}$$

注：也可参考《工业与民用配电设计手册》（第三版）P656 式（12-1）、P334 式（7-12）。

12.《工业与民用供配电设计手册》（第四版）P585 式（7.6-2）。

差动保护的制动电流值：$I_{zd} = \dfrac{I_d}{K_{zd}} = \dfrac{5}{K_{zd}}I'_r = \dfrac{5}{0.35}\times\dfrac{196.11}{300/5} = 46.7\text{A}$

注：题干已明确所有保护的动作，制动电路均为二次侧的。也可参考《工业与民用配电设计手册》（第三版）P334 式（7-13）。

13.《工业与民用供配电设计手册》（第四版）P585 式（7.6-4）。

差动速断动作电流：$I_{op} = 3\times I'_r = 3\times\dfrac{196.11}{300/5} = 9.81\text{A}$

电动机机端三相短路电流：$I'_{k\cdot min} = \dfrac{S_{s\cdot min}}{\sqrt{3}U_j} = \dfrac{100\times 10^3}{\sqrt{3}\times 10.5} = 5500\text{A}$

灵敏度系数：$K_{sen} = \dfrac{I_{k2\cdot min}}{n_{TA}\cdot I_{op}} = \dfrac{0.866\times 5500}{(300/5)\times 9.81} = 8.1 > 1.5$，满足要求。

注：也可参考《工业与民用配电设计手册》（第三版）P334～P335 式（7-14）。

14.《工业与民用供配电设计手册》（第四版）P605 式（7.7-6）。

电流互感器的二次回路允许负荷：$Z_{fh\cdot ry} = \dfrac{S_2}{I_{2r}^2} = \dfrac{30}{5^2} = 1.2\Omega$

连接导线的电阻：$R_{dx} = \dfrac{Z_{fh} - R_{jx} - K_{jx2}Z_{cj}}{K_{jx1}} = 1.2 - 0.55 = 0.65\Omega$

依据表 7.7-2，其中 $K_{jx1} = K_{jx2} = 1$

连接导线的最大允许长度：$l_{max} = S\dfrac{R_{dx}}{\rho} = 2.5\times\dfrac{0.65}{0.0184} = 88.3\text{m}$

注：也可参考《工业与民用配电设计手册》（第三版）P440 式（8-32）、式（8-33）、式（8-34）。

15.《工业与民用供配电设计手册》（第四版）P584 表 7.6-2。

异步电动机额定电流：$I_r = \dfrac{P_r}{\sqrt{3}U_r\eta\cos\varphi} = \dfrac{2500}{\sqrt{3}\times 10\times 0.92\times 0.8} = 196.11\text{A}$

保护装置动作电流：$I_{op\cdot K} = K_{rel}\cdot\dfrac{K_{jx}K_{st}I_{rM}}{n_{TA}} = 1.2\times 1\times\dfrac{6.5\times 196.11}{300/5} = 25.5\text{A}$

电动机机端三相短路电流：$I''_{k\cdot min} = \dfrac{S_{s\cdot min}}{\sqrt{3}U_j} = \dfrac{100\times 10^3}{\sqrt{3}\times 10.5} = 5500\text{A}$

保护装置一次动作电流：$I_{op} = \dfrac{I_{op\cdot k}n_{TA}}{K_{jx}} = \dfrac{25.5\times 300/5}{1} = 1530\text{A}$

灵敏度系数：$K_{sen} = \dfrac{I'_{k2\cdot min}}{I_{op}} = \dfrac{0.866\times 5500}{1530} = 3.1 > 1.5$，满足要求。

注：也可参考《工业与民用配电设计手册》（第三版）P323 表 7-22。

题 16～20 答案：**CBAAB**

16.《交流电气装置的接地设计规范》（GB/T 50065—2011）附录 A 第 A.0.4 条式（A.0.4-3）。

复合式接地网接地电阻：$R = 0.5 \dfrac{\rho}{\sqrt{S}} = 0.5 \times \dfrac{100}{\sqrt{75 \times 60}} = 0.745\Omega$

17.《工业与民用供配电设计手册》（第四版）P1415～P1417 表 14.6-4 和图 14.6-1。

C_2 特征值：$C_2 = \dfrac{\Sigma A_n}{A} = \dfrac{10 \times 16}{40 \times 10} = 0.4$

当 $C_2 = 0.15 \sim 0.4$ 时，$K_1 = 1.5$

其中计算因子 $\dfrac{t}{L_2} = \dfrac{4}{10} = 0.4$，$\dfrac{L_1}{L_2} = \dfrac{40}{10} = 4$

由图 14.6-1 可知，形状系数 $K_2 = 0.6$

基础接地极接地电阻：$R = K_1 K_2 \dfrac{\rho}{L_1} = 1.5 \times 0.6 \times \dfrac{100}{40} = 2.25\Omega$

注：《工业与民用配电设计手册》（第三版）P893 表 14-13 "建筑物或建筑群的基础接地极的接地电阻计算式"。

18.《交流电气装置的接地设计规范》（GB/T 50065—2011）第 4.2.2-1 条。

接触电位差允许值：$U_t = \dfrac{174 + 0.17\rho_s C_s}{\sqrt{t_s}} = \dfrac{174 + 0.17 \times 120 \times 0.85}{\sqrt{0.5}} = 270.6\text{V} > 180\text{V}$，满足要求。

跨步电位差允许值：$U_t = \dfrac{174 + 0.7\rho_s C_s}{\sqrt{t_s}} = \dfrac{174 + 0.7 \times 120 \times 0.85}{\sqrt{0.5}} = 347\text{V} > 340\text{V}$，满足要求。

19.《交流电气装置的接地设计规范》（GB/T 50065—2011）附录 B 第 B.0.1-4 条、第 B.0.4 条。

变电所内发生接地短路时，故障对称电流：$I_{g1} = (I_{max} - I_n)S_{f1} = (9950 - 4500) \times 0.6 = 3270\text{A}$

变电所外发生接地短路时，故障对称电流：$I_{g2} = I_n S_{f2} = 4500 \times 0.7 = 3150\text{A}$

取两者之较大值，即故障对称电流为 $I_g = 3270\text{A}$

最大接地故障不对称电流有效值：$I_G = D_f I_g = 1.06 \times 3270 = 3466.2\text{A}$

接地网地电位升高值：$V = I_G R = 3466.2 \times 0.6 = 2079.72\text{V}$

20.《交流电气装置的接地设计规范》（GB/T 50065—2011）第 4.3.5-3 条、附录 E。

短路持续时间：$t_e \geqslant t_o + t_r = 0.11 + 1.1 = 1.21\text{s}$

第 E.0.2 条：钢和铝的热稳定系数 C 值分别取 70 和 120。

接地线最小截面积：$S_g \geqslant \dfrac{I_g}{C}\sqrt{t_e} = \dfrac{4000}{70} \times \sqrt{1.21} = 62.9\text{mm}^2$，取 80mm²。

第 4.3.5-3 条：接地装置接地极的截面，不宜小于连接至该接地装置的接地导体（线）截面的 75%。

接地极最小截面积：$S_j = 75\% S_g = 0.75 \times 62.9 = 47.175\text{mm}^2$，取 63mm²。

题 21～25 答案：**CAADB**

21.《电力工程高压送电线路设计手册》（第二版）P133 相关内容。

对一般高度的杆塔，降低接地电阻是提高线路耐雷水平防止反击的有效措施。降低杆塔接地电阻，一般可采用增设接地装置（带、管），采用引外接地装置或链接伸长接地线（在过峡谷时可跨谷而过，起耦合作用等）。此外，对特殊地段亦可采用化学降阻剂降低杆塔接地电阻。

第5.1.2-c）条：因雷击架空线路避雷线、杆顶形成作用于线路绝缘的雷电反击过电压，与雷电参数、杆塔形式、高度和接地电阻等有关。宜适当选取杆塔接地电阻，以减少雷电反击过电压的危害。

22.《交流电气装置的过电压保护和绝缘配合设计规范》（GB/T 50064—2014）第4.2.9条及条文说明。

第4.2条：操作过电压及保护。

第4.2.7条：开断空载电动机的过电压一般不超过2.5p.u.。

第4.2.9条：操作过电压的 $1.0\text{p.u.} = \sqrt{2}U_m/\sqrt{3}$

综上所述：$2.5\text{p.u.} = 2.5 \times \dfrac{\sqrt{2}U_m}{\sqrt{3}} = 2.5 \times \dfrac{\sqrt{2} \times 12}{\sqrt{3}} = 24.5\text{kV}$

注：也可参考《交流电气装置的过电压保护和绝缘配合》（DL/T 620—1997）第4.2条、第4.2.7条、第3.2.2条。U_m 为最高电压，可参考《标准电压》（GB/T 156—2017）第3.3条～第3.5条。

23.《建筑物防雷设计规范》（GB 50057—2010）第4.4.7条及附录E第E.0.1条。

第E.0.1条：单根引下线时，分流系数应为1；两根引下线及接闪器不成闭合环的多根引下线时，分流系数可为0.66，也可按本规范图E.0.4计算确定；当接闪器成闭合环或网状的多根引下线时，分流系数可为0.44。则

最小空气间隔：$S_{a3} \geqslant 0.04k_cL_x = 0.04 \times 0.44 \times 30 = 0.528\text{m}$

注：原题缺少关键计算参数，本书作者在整理时作了必要的补充，以保证题目的完整性。

24.《建筑物防雷设计规范》（GB 50057—2010）第5.1.2条及表5.1.2、附录J。

第5.1.2条：防雷等电位连接各连接部件的最小截面积，应符合表5.1.2的规定。

防雷装置各连接部件的最小截面积 表5.1.2

等电位连接部件			材料	截面积（mm²）
等电位连接带（铜、外表面镀铜的钢或热镀锌钢）			Cu（铜）Fe（铁）	50
从等电位连接带至接地装置或各等电位连接带之间的连接导体			Cu（铜）	16
			Al（铝）	25
			Fe（铁）	50
从屋内金属装置至等电位连接带的连接导体			Cu（铜）	6
			Al（铝）	10
			Fe（铁）	16
连接电涌保护器的导体	电气系统	I级试验的电涌保护器	Cu（铜）	6
		II级试验的电涌保护器		2.5
		III级试验的电涌保护器		1.5
	电子系统	D1类电涌保护器		1.2
		其他类的电涌保护器（连接导体的截面积可小于1.2mm²）		根据具体情况确定

为便于直观理解，可参考附录 J 图 J.1.2-3 "TN 系统安装在进户处的电涌保护器"，其中 5a 和 5b 即为电涌保护器至总接地端子的连接线。

> 注：《建筑物电子信息系统防雷技术规范》（GB 50343—2012）第 5.5.1-2 条：浪涌保护器的接地端应与配线架接地端相连，配线架的接地线应采用截面积不小于 16mm² 的多股铜线接至等电位接地端子板上。本条规范中浪涌保护器未直接与等电位接地端子板连接，中间采用配线架接地端过渡，与题意不符，不建议以此为依据。

25.《建筑物防雷设计规范》（GB 50057—2010）第 4.5.5 条、第 5.2.12 条及表 5.2.12、附录 D 式（D.0.1-1）。

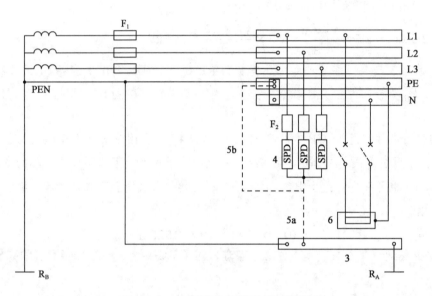

图 J.1.2-3　TN 系统安装在进户处的电涌保护器

3-总接地端或总接地连接带；4-U_p 应小于或等于 2.5kV 的电涌保护器；5-电涌保护器的接地连接线，5a 或 5b；6-需要被电涌保护器保护的设备；F_1-安装在电气装置电源进户处的保护电器；F_2-电涌保护器制造厂要求装设的过电流保护电器；R_A-本电气装置的接地电阻；R_B-电源系统的接地电阻；L1、L2、L3-相线 1、2、3

第 5.2.12 条及表 5.2.12，第二类防雷建筑物滚球半径 $h_r = 45m$。

根据题意，各计算因子为 $h = 20 + 6 = 26m$，$h_x = 5m$。

保护半径：

$$r_x = \sqrt{h(2h_r - h)} - \sqrt{h_x(2h_r - h_x)} = \sqrt{26 \times (2 \times 45 - 26)} - \sqrt{5 \times (2 \times 45 - 5)} = 20.18m$$

防雷建筑物的最远点距离灯塔：$S = \sqrt{20^2 + 8^2} = 21.54m > 20.18m$，因此不在接闪杆保护范围内。

第 4.5.5 条：粮、棉及易燃物大量集中的露天堆场，当其年预计雷击次数大于或等于 0.05 次时，应采用独立接闪杆或架空接闪线防直击雷。独立接闪杆和架空接闪线保护范围的滚球半径可取 100m。

由于钢材不属于易燃物，则该露天堆场不必设置防雷措施。

题 26～30 答案：**CCBBC**

26.《钢铁企业电力设计手册》（下册）P324 式（25-65）。

直流侧电压：$U_d = AU_L \cos\varphi + 2U_{df} = 1.35 \times 380 \times 0.92 + 2 \times 1.5 = 475V$

> 注：可参见 P325、P326 计算实例及图 25-61。

27.《钢铁企业电力设计手册》（下册）P325 式（25-66）、式（25-67）。

最大直流电流：$I_{dm} = KI_d = K\dfrac{\pi}{\sqrt{6}}I_L = 1.7 \times \dfrac{\pi}{\sqrt{6}} \times 279 = 608A$

注：可参见 P325、P326 计算实例及图 25-61。

28.《钢铁企业电力设计手册》（下册）P325 式（25-68）、式（25-69）。

换向电容：$C = \dfrac{t_0^2}{3L} = \dfrac{400^2}{3 \times 620} = 86\mu F$

电容器峰值电压：$U_{cm} = I_{dm}\sqrt{\dfrac{4L}{3C}} + \sqrt{2}U_L \sin\varphi = 600 \times \sqrt{\dfrac{4 \times 620}{3 \times 86}} + \sqrt{2} \times 380 \times 0.392 = 2071V$

其中：$\sin\varphi = \sin(\arccos 0.92) = 0.392$

注：可参见 P325、P326 计算实例及图 25-61。

29.《钢铁企业电力设计手册》（下册）P325 式（25-70）、式（25-71）。

晶闸管所承受的最大电压：$U_{VT} = I_d\sqrt{\dfrac{4L}{3C}} + \sqrt{2}U_L \sin\varphi = 600 \times \sqrt{\dfrac{4 \times 620}{3 \times 90}} + \sqrt{2} \times 380 \times 0.392$
$$= 2029V$$

其中：$\sin\varphi = \sin(\arccos 0.92) = 0.392$

晶闸管电流有效值：$I_{vr} = \dfrac{I_d}{\sqrt{3}} = \dfrac{600}{\sqrt{3}} = 346A$

注：可参见 P325、P326 计算实例及图 25-61。

30.《钢铁企业电力设计手册》（下册）P325 式（25-72）。

隔离二极管承受的最大反向电压：

$$U_{VD} = I_d\sqrt{\dfrac{4L}{3C}} + 2\sqrt{2}U \sin\varphi = 600 \times \sqrt{\dfrac{4 \times 620}{3 \times 85}} + 2\sqrt{2} \times 380 \times 0.392 = 2292V$$

其中：$\sin\varphi = \sin(\arccos 0.92) = 0.392$

注：可参见 P325、P326 计算实例及图 25-61。

题 31～35 答案：**BCBBB**

31.《照明设计手册》（第二版）P145～146 式（5-39）、式（5-44）。

墙面积：$A_w = 2 \times (9 + 7.2) \times (3.15 - 0.75) = 77.76m^2$

地面积：$A_0 = 9 \times 7.2 = 64.8m^2$

室空间比：$RCR = \dfrac{2.5A_w}{A_0} = \dfrac{2.5 \times 77.76}{64.8} = 3$，查表可知利用系数 $U = 0.54$。

平均照度：$E_{av} = \dfrac{N\Phi UK}{A} = \dfrac{6 \times 3 \times 2600 \times 0.54 \times 0.8}{64.8} = 312lx$

32.《建筑照明设计标准》（GB 50034—2013）第 2.0.53 条、第 6.3.16 条。

第 2.0.53 条：单位面积上一般照明的安装功率（包括光源、镇流器或变压器等附属用电器件），单位为瓦特每平方米（W/m^2）。

第 6.3.16 条：设装饰性灯具场所，可将实际采用的装饰性灯具总功率的 50% 计入照明功率密度值的计算。

照明功率密度：

$$LPD = \frac{P + 0.5P_z}{A_0} = \frac{9 \times 3 \times (28 + 4) + 0.5 \times 4 \times 2 \times 18}{100} = 9.36W/m^2$$

33.《照明设计手册》（第二版）P200第二行，P198表5-4被照面为水平面。

不连续线光源按连续光源计算照度，当其距离 $s \leqslant \dfrac{h}{4\cos\varphi}$，误差小于10%。

$$s \leqslant \frac{h}{4\cos\theta} = \frac{3.35 - 0.75}{4\cos\left(\arctan\dfrac{1.5}{3.35 - 0.75}\right)} = 0.75m$$

注：被照明为水平面的不连续线光源照度计算已多次考查，考生应注意本表中其他情况，将来极有可能考查。

34.《照明设计手册》（第二版）P224式（5-66）。

投光灯数量：$N = \dfrac{E_{av}A_0}{\Phi_1 U\eta K} = \dfrac{50 \times 900}{32000 \times 0.63 \times 0.7 \times 0.65} = 4.9$，取5个。

注：投光灯的照度计算应考虑灯具效率，与一般照明的平均照度计算不同。

35.《照明设计手册》（第二版）P189～P191式（5-4），参考图5-2、式（5-12）。

查表1，30°的光源光强为 $I_\theta = 361cd$。

光源至P点水平面照度：$E_h = \dfrac{I_\theta \cos^3\theta}{h^2} = \dfrac{361 \times \cos^3 30°}{1^2} = 234.48lx$

考虑维护系数及灯具实际光通，参考式（5-12）：

$$E'_h = E_h K\frac{900}{1000} = 234.48 \times 0.8 \times \frac{900}{1000} = 168.82lx$$

《照明设计手册》（第二版）P2式（1-6）。

P点的表面亮度：$L = \dfrac{\rho E'_h}{\pi} = \dfrac{0.8 \times 168.82}{3.14} = 43.0cd/m^2$

题36～40答案：**BCABB**

36.《视频显示系统工程技术规范》（GB 50464—2008）第4.2.1条及条文说明。

理想视距 = 0.5 × 最大视距，理想视距系数 k 一般取2760；

最小视距 = 0.5 × 理想视距，最小视距系数 k 一般取1380。

合理视距范围：最小视距（0.5 × 理想视距）≤ 合理视距 ≤ 最大视距（2 × 理想视距）。

理想视距：$H = \dfrac{1}{2}kP = \dfrac{1}{2}k \cdot 16P = \dfrac{1}{2} \times 345 \times 16P = 2760P = 10m$

像素中心距：$P = \dfrac{10 \times 10^3}{2760} = 3.6mm$

37.《综合布线系统工程设计规范》（GB 50311—2016）第7.6.5-5条。

第7.6.5-5条：槽盒内的截面利用率应为30%～50%。则：

$$n = \frac{200 \times 100}{\pi \times (6.2/2)^2} \times (30\% \sim 50\%) = 198.8 \sim 331.4$$

38.《公共广播系统工程技术规范》（GB 50526—2021）第3.5.3条。

第 3.5.3 条：当广播扬声器为无源扬声器，且传输距离大于 100m 时，额定传输电压宜选用 70V、100V；当传输距离与传输功率的乘积大于 1km·kW 时，额定传输电压可选用 150V、200V、250V。

传输距离与传输功率的乘积：$S = 80 \times 10 \times 1 = 0.8\text{km} \cdot \text{kW} < 1\text{km} \cdot \text{kW}$，且最远传输距离 1km，应选择 100V。

39.《公共广播系统工程技术规范》（GB 50526—2021）第 3.7.2 条。

第 3.7.2 条：用于业务广播、背景广播的广播功率放大器，标称额定输出功率不应小于其所驱动的广播扬声器额定功率总和的 1.3 倍。

功率放大器额定输出功率：$P = 1.3\sum P_n = 1.3 \times 200 \times 10 = 2600\text{W}$

40.《会议电视会场系统工程设计规范》（GB 50635—2010）第 3.5.2 条 。

显示器的安装高度：$H = H_1 + H_2 + H_3 = 9\tan 15° + 1.4 + 0 = 3.81\text{m}$

显示器底边离地距离：$h = H - \dfrac{1.5}{2} = 3.81 - 0.75 = 3.06\text{m}$

2016 年专业知识试题答案（上午卷）

1. **答案：**A

   依据：《3～110kV 高压配电装置设计规范》（GB 50060—2008）第 2.0.2 条。

2. **答案：**C

   依据：《35kV～110kV 变电站设计规范》（GB 50059—2011）第 3.2.2 条～第 3.2.5 条。

3. **答案：**B

   依据：《火灾自动报警系统设计规范》（GB 50116—2013）第 9.1.3 条。

4. **答案：**A

   依据：《电力装置的继电保护和自动装置设计规范》（GB/T 50062—2008）第 4.0.6 条。

5. **答案：**C

   依据：《电能质量 电压波动和闪变》（GB/T 12326—2008）第 4 条"电压波动的限值"。

6. **答案：**C

   依据：《供配电系统设计规范》（GB 50052—2009）第 5.0.13 条。

7. **答案：**C

   依据：《电能质量 公用电网谐波》（GB/T 14549—1993）第 5.1 条表 2"注入公共连接点的谐波电流允许值"以及附录 B 式（B.1）。

8. **答案：**C

   依据：《电能质量 三相电压不平衡》（GB/T 15543—2008）附录 A 第 A.3.1 条式（A.3）。

   负序电压不平衡度：$\varepsilon_{U_2} = \dfrac{\sqrt{3}I_2U_L}{S_k} = \dfrac{1.732 \times 0.15 \times 10}{120} = 0.02165 = 2.165\%$

9. **答案：**A

   依据：《低压配电装置 第 4-41 部分：安全防护 电击防护》（GB 16895.21—2020）第 411.3.2.2 条及表 41.1。

10. **答案：**A

    依据：《建筑物电气装置 第 4 部分：安全防护 第 44 章：过电压保护 第 442 节：低压电气装置对暂时过电压和高压系统与地之间的故障的防护》（GB 16895.11—2001）第 442.4.2 条和第 442.5.1 条，参见图 44B 中的 TN-b。

    > 注：参考第 442.4.1 条，U_0 为低压系统相线对中性点的电压。图 44B 中的 TN-b 中的 U_1 为"变电所"低压设备外露可导电部分与低压母线间的工频应力电压，而 U_2 为"用户系统"低压设备外露可导电部分与低压母线间的工频应力电压。

11. **答案：**D

    依据：《66kV 及以下架空电力线路设计规范》（GB 50061—2010）第 4.0.1 条、第 4.0.3 条、第 4.0.9

条、第 4.0.10 条。

12. **答案：B**

依据：《户外严酷条件下的电气设施 第 2 部分：一般防护要求》（GB/T 9089.2—2008）第 5.1.1 条、第 5.1.6 条。

注：依据 2023 版规范，为第 5.1.2 条、第 5.1.7 条。

13. **答案：A**

依据：《民用建筑电气设计标准》（GB 51348—2019）第 10.2.7 条及表 10.2.7。

14. **答案：C**

依据：《电流对人和家畜的效应 第 1 部分：通用部分》（GB/T 13870.1—2008）第 4.5.1 条，以及表 1、表 2、表 3 和表 3 之注 4。

15. **答案：C**

依据：《工业与民用供配电设计手册》（第四版）P281 表 4.6-3 "电路元件阻抗标幺值和有名值的换算公式"。

$$X''_{*d} = X''_d \frac{S_j}{S_r} = 0.125 \times \frac{100}{12.5} = 1$$

注：《工业与民用配电设计手册》（第三版）P128 表 4-2 "电路元件阻抗标幺值和有名值的换算公式"。

16. **答案：C**

依据：《防止静电事故通用导则》（GB 12158—2006）第 6.1.1 条、第 6.1.2 条。

局部环境的相对湿度宜增加至 50% 以上。增湿可以防止静电危害的发生，但这种方法不得用在气体爆炸危险场所 0 区。

17. **答案：D**

依据：《建筑物电气装置 第 4-42 部分：安全防护 热效应保护》（GB 16895.2—2005）第 423 条及表 4。

18. **答案：B**

依据：《交流电气装置的接地设计规范》（GB/T 50065—2011）第 8.1.4 条。

19. **答案：C**

依据：《城市电力规划规范》（GB/T 50293—2014）第 4.2.5-2 条。

20. **答案：A**

依据：《电力工程直流电源系统设计技术规程》（DL/T 5044—2014）第 3.2.3 条。

21. **答案：C**

依据：《低压电气装置 第 5-52 部分：电气设备的选择和安装布线系统》（GB 16895.6—2014）第 521.6 条。

22. **答案：C**

依据：《建筑照明设计标准》（GB 50034—2013）第 4.1.3 条。

23. 答案：C

依据：《交流电气装置的过电压保护和绝缘配合设计规范》（GB/T 50064—2014）第 5.2.1 条。

$h = 30m$，$h_x = 5m$，则高度影响系数 $P = 1$，且 $h_x < 0.5h$

$r_x = (1.5h - 2h_x)P = 1.5 \times 30 - 2 \times 5 = 35m$

注："滚球法"对应规范 GB 50057（民用建筑使用较多），"折线法"对应规范 GB/T 50064（或者 DL/T 620，变电所与发电厂使用较多），此两种方法各自的适用范围未来仍有待权威部门明确。

24. 答案：A

依据：《并联电容器装置设计规范》（GB 50227—2017）第 5.2.2-3 条。

$U_c = \dfrac{U_s}{\sqrt{3}S} \cdot \dfrac{1}{1-K} = \dfrac{10.5}{\sqrt{3} \times 2} \times \dfrac{1}{1-12\%} = 3.445kV$

25. 答案：C

依据：《照明设计手册》（第三版）P80 "光强分布"。

为了便于对各种灯具的光强分布特性进行比较，曲线的光强值都是按光通量为 1000lm 给出的，因此，实际光强值应当是光强的测定值乘以灯具中光源实际光通量与 1000 之比值。

26. 答案：A

依据：《供配电系统设计规范》（GB 50052—2009）第 5.0.9 条。

27. 答案：C

依据：《低压配电设计规范》（GB 50054—2011）第 3.2.7 条、第 3.2.8 条。

28. 答案：A

依据：《建筑物防雷设计规范》（GB 50057—2010）第 4.2.2-2 条。

29. 答案：D

依据：《民用建筑电气设计标准》（GB 51348—2019）第 10.2.6 条。

30. 答案：D

依据：《火灾自动报警系统设计规范》（GB 50116—2013）附录 G "按梁间区域面积确定一只探测器保护的梁间区域的个数"。

31. 答案：C

依据：《民用建筑电气设计标准》（GB 51348—2019）第 15.4.6 条。

32. 答案：D

依据：《视频显示系统工程技术规范》（GB 50464—2008）第 4.2.2 条。

33. 答案：B

依据：《钢铁企业电力设计手册》下册 P391 下表 $I_f = 0.260I_d$。

其中 I_f：流过整流元件的电流折合到单相半波的平均值，$I_f = 0.637I_{rma}$，（I_{rma}：流过整流元件的电流折合到单相半波的幅值），参见 P391 图可知：

$I_{rma} = I_{b2} = \dfrac{1}{\sqrt{6}}I_d = 0.408I_d$，则

$$I_f = 0.637I_{rma} = 0.637 \times 0.408I_d = 0.260I_d$$

注：《电气传动自动化技术手册》（第 3 版）P343 表 3-24 中也有相关数据，但唯独缺少六相零式整流电路参数。

34. **答案：A**

依据：《低压配电装置 第 4-41 部分：安全防护 电击防护》（GB 16895.21—2020）第 411.6.1 条～第 411.6.3 条，以及《低压配电设计规范》（GB 50054—2011）第 5.2.22 条。

35. **答案：B**

依据：《3-110kV 高压配电装置设计规范》（GB 50060—2008）第 5.1.1 条。

36. **答案：C**

依据：《建筑物电气装置 第 5-54 部分：电气设备的选择和安装接地配置和保护导体》（GB 16895.3—2017）第 541.3.7 条外部可导电部分定义：不是电气装置的组成部分且易于引入一个电位（通常是局部电位）的可导电部分。

注：也可参考《交流电气装置的接地设计规范》（GB/T 50065—2011）第 2.0.22 条外界可导电部分定义：非电气装置的，且易于引入电位的可导电部分，该电位通常为局部电位。

37. **答案：A**

依据：《66kV 及以下架空电力线路设计规范》（GB 50061—2010）第 5.3.1 条、第 5.3.2 条。

38. **答案：B**

依据：《防止静电事故通用导则》（GB 12158—2006）第 7.2.3 条。

39. **答案：C**

依据：《建筑照明设计标准》（GB 50034—2013）第 7.1.3-2 条。

40. **答案：B**

依据：《建筑物防雷设计规范》（GB 50057—2010）第 4.2.1-8 条。

41. **答案：ACD**

依据：《低压配电装置 第 4-41 部分：安全防护 电击防护》（GB 16895.21—2020）第 410.3.3 条。

42. **答案：ACD**

依据：《66kV 及以下架空电力线路设计规范》（GB 50061—2010）第 3.0.3-4 条、第 3.0.3-5 条、第 3.0.4 条。

43. **答案：ACD**

依据：《户外严酷条件下的电气设施 第 2 部分：一般防护要求》（GB/T 9089.2—2008）第 4.2.1 条、第 4.3 条、第 4.6 条。

注：依据 2023 版规范，也是第 4.2.1 条、第 4.3 条、第 4.6 条。

44. **答案：BD**

依据：《电能质量 三相电压不平衡》（GB/T 15543—2008）第 4.1 条、第 4.2 条。

45. 答案：ACD

依据：《视频显示系统工程技术规范》（GB 50464—2008）第 4.2.5-1 条。

46. 答案：AC

依据：《交流电气装置的接地设计规范》（GB/T 50065—2011）附录 H 及图 H。

注：也可参考《低压电气装置 第 5-54 部分：电气设备的选择和安装接地配置保护导体》（GB 16895.3—2017）附录 B 及图 B.54.1。外露可导电部分：设备上能触及的在正常情况下不带电，但在基本绝缘损坏时可变为带电的可导电部分。外部可导电部分：不是电气装置的组成部分且易于引入一个电位（通常是局部电位）的可导电部分。

47. 答案：BC

依据：《电能质量供电电压偏差》（GB/T 12325—2008）第 4.1 条：35kV 及以上供电电压正、负偏差绝对值之和不超过标称电压的 10%。

48. 答案：BCD

依据：《电力工程直流电源系统设计技术规程》（DL/T 5044—2014）第 6.5.2 条。

49. 答案：ACD

依据：《钢铁企业电力设计手册》下册 P95～P96 表 24-6 "交流电动机能耗制动的性能"。

注：《电气传动自动化技术手册》（第 3 版）P405 表 5-15 各种电动机能耗制动的性能。制动转矩基本恒定是反接制动的特点。

50. 答案：AC

依据：《电流对人和家畜的效应 第 1 部分：通用部分》（GB/T 13870.1—2008）表 7～表 9。

注：在干燥、水湿润，人体总阻抗被舍入到 25Ω 的整数倍数值，但盐水湿润条件下，人体总阻抗被舍入到 5Ω 的整数倍数值。

51. 答案：AB

依据：《防止静电事故通用导则》（GB 12158—2006）第 4.1 条表 1。

52. 答案：ABC

依据：《人民防空地下室设计规范（限内部发行）》（GB 50038—2005）第 7.5.5-4 条：战时应急照明的连续供电时间不应小于该防空地下室的隔绝防护时间（见表 5.2.4）。

53. 答案：AC

依据：《建筑设计防火规范》（GB 50016—2014）第 6.1.5 条、第 6.1.6 条。

54. 答案：AC

依据：《电能质量 电压波动和闪变》（GB/T 12326—2008）第 4 条电压波动的限值。

55. 答案：ACD

依据：《防止静电事故通用导则》（GB 12158—2006）第 6.1.3 条、第 6.1.7 条、第 6.1.9 条、第 6.1.10 条。

56. **答案：BD**

依据： 建议参考《建筑设计防火规范》（GB 50016—2014）相关内容，未找到对应条文，可反馈讨论。

57. **答案：AC**

依据：《交流电气装置的过电压保护和绝缘配合设计规范》（GB/T 50064—2014）第3.2.1-2条。

58. **答案：AB**

依据：《交流电气装置的接地设计规范》（GB/T 50065—2011）第6.1.1条、第6.1.2条。

注：区别发电厂、变电站接地网的接地电阻与高压配电电气装置（如变压器）的接地电阻的不同要求。

59. **答案：BD**

依据：《导体和电器选择设计技术规定》（DL/T 5222—2021）第5.9.1条。

注：第5.0.10条：仅用熔断器保护的导体和电器可不验算热稳定。

60. **答案：ABC**

依据：《导体和电器选择设计技术规定》（DL/T 5222—2005）第5.0.3条。

61. **答案：AB**

依据：《交流电气装置的接地设计规范》（GB/T 50065—2011）第8.1.2条及表8.1.2、第8.1.3条。

62. **答案：ABD**

依据：《20kV及以下变电所设计规范》（GB 50053—2013）第6.1.2条。

63. **答案：ABD**

依据：《钢铁企业电力设计手册》下册P4"23.1.2对所选电动机的基本要求"。

64. **答案：ABC**

依据：《用电安全导则》（GB/T 13869—2008）第4条用电安全的基本原则。

65. **答案：CD**

依据：《火灾自动报警系统设计规范》（GB 50116—2013）第3.3.1-1条。

66. **答案：ACD**

依据：《35kV～110kV变电站设计规范》（GB 50059—2011）第3.2.6条。

注：原6～10kV变电站一般为终端变电所，现可扩展到6～20kV。

67. **答案：BCD**

依据：《综合布线系统工程设计规范》（GB 50311—2016）第5.1.1条。

68. **答案：BC**

依据：《低压配电设计规范》（GB 50054—2011）第3.2.7条。

69. **答案：AB**

依据：《导体和电器选择设计技术规定》（DL/T 5222—2021）第5.3.5条。

注：也可参考《电力工程电气设计手册 1 电气一次部分》P347～P353。

70. **答案：** BD

依据：《公共广播系统工程技术设计规范》（GB 50526—2021）第 3.2.3 条及表 3.2.3。

2016 年专业知识试题答案（下午卷）

1. **答案：** C

   依据：《交流电气装置的接地设计规范》（GB/T 50065—2011）第 7.1.2-2 条。

2. **答案：** B

   依据：《3kV～110kV 高压配电装置设计规范》（GB 50060—2008）第 5.1.4 条。

3. **答案：** C

   依据：《民用建筑电气设计标准》（GB 51348—2019）第 20.3.7 条。

4. **答案：** A

   依据：《电能质量 电压波动和闪变》（GB/T 12326—2008）第 5.1 条"电压波动的限值"。

5. **答案：** B

   依据：《电能质量 公用电网谐波》（GB/T 15543—2008）第 4.1 条。

6. **答案：** C

   依据：《火灾自动报警系统设计规范》（GB 50116—2013）第 9.2.4 条。

7. **答案：** B

   依据：《民用建筑电气设计标准》（GB 51348—2019）第 7.7.7-4 条、第 7.7.8-3 条。

8. **答案：** C

   依据：《综合布线系统工程设计规范》（GB 50311—2016）第 3.3.1 条。

9. **答案：** B

   依据：《建筑物电气装置 第 7 部分：特殊装置或场所的要求 第 707 节：数据处理设备用电气装置的接地要求》（GB/T 16895.9—2000）第 707.471.3.3 条。

10. **答案：** C

    依据：《3kV～110kV 高压配电装置设计规范》（GB 50060—2008）第 4.1.9 条。

    注：也可参考《导体和电器选择设计技术规定》（DL/T 5222—2021）第 5.1.9 条。

11. **答案：** C

    依据：《人民防空地下室设计规范（限内部发行）》（GB 50038—2005）第 7.2.4 条。

12. **答案：** A

    依据：《建筑物电气装置 第 4 部分：安全防护 第 44 章：过电压保护 第 442 节：低压电气装置对暂时过电压和高压系统与地之间的故障的防护》（GB 16895.11—2001）第 442.1.2 条、第 442.1.3 条有关应力电压的叙述，图 44B 之 TN-b、图 44C 之 TT-a（$U_f = 0$）。

    注：工频应力电压系指绝缘两端所呈现的电压。

13. **答案：** B

依据：《66kV 及以下架空电力线路设计规范》（GB 50061—2010）第 5.2.4 条。

14. **答案**：B

依据：《电流对人和家畜的效应 第 1 部分：通用部分》（GB/T 13870.1—2008）第 5.9 条及表 12。

15. **答案**：C

依据：《照明设计手册》（第三版）P145 式（5-39）。

$$N = \frac{AE_{av}}{\varphi UK} = \frac{9.0 \times 7.2 \times 300}{2800 \times 0.54 \times 0.8} = 16.07$$

注：《照明设计手册》（第二版）P211 式（5-39）。

16. **答案**：D

依据：《防止静电事故通用导则》（GB 12158—2006）第 6.2.1 条、第 6.2.3 条、第 6.2.4 条、第 6.2.6 条。

17. **答案**：A

依据：《交流电气装置的接地设计规范》（GB/T 50065—2011）第 8.2.4 条、《低压配电设计规范》（GB 50054—2011）第 3.2.13 条。

18. **答案**：B

依据：《导体和电器选择设计技术规定》（DL/T 5222—2021）第 6.0.1 条。

19. **答案**：D

依据：《工业与民用供配电设计手册》（第四版）P382 式（5.6-10）。

$$S_{min} = \frac{I}{k}\sqrt{t} \times 10^3 = \frac{20}{100}\sqrt{0.1} \times 10^3 = 63.24 mm^2$$

注：查 P212 的表 5-10 中断路器热稳定校验公式，显然题干中的断路器不能满足短路热稳定要求，此种情况在实际短路时，断路器无法有效开断，将被烧毁。也可参考《工业与民用配电设计手册》（第三版）P211 式（5-26）。

20. **答案**：C

依据：《民用建筑电气设计标准》（GB 51348—2019）第 7.4.2 条及表 7.4.2。

注：导体的最小截面积建议参考《低压配电设计规范》（GB 50054—2011）第 3.2.2 条及表 3.2.2，更为严谨。

21. **答案**：C

依据：《建筑照明设计标准》（GB 50034—2013）第 5.5.3-1 条。

22. **答案**：B

依据：《人民防空地下室设计规范（限内部发行）》（GB 50038—2005）第 7.7.2 条。

23. **答案**：B

依据：《交流电气装置的过电压保护和绝缘配合设计规范》（GB/T 50064—2014）第 5.2.5-2 条。

$$h_0 = \frac{h-D}{4P} = 20 - \frac{5}{4} = 18.75 m$$

注：题干中未明确年预计雷击次数、无法确定滚球半径等关键数据，因此建议按照 GB 50064 采用折线法计算。

24. **答案：B**

依据：《交流电气装置的接地设计规范》（GB/T 50065—2011）附录 A，第 A.0.5 条

$$\rho_a = \frac{\rho_1\rho_2}{\frac{H}{l}(\rho_2 - \rho_1) + \rho_1} = \frac{70 \times 100}{\frac{2}{3}(100 - 70) + 70} = 77.8\Omega \cdot m$$

25. **答案：D**

依据：《低压配电装置 第 4-41 部分：安全防护 电击防护》（GB 16895.21—2020）第 415.1 条。

26. **答案：D**

依据：《电力工程电缆设计标准》（GB 50217—2018）第 3.2.2 条。

27. **答案：D**

依据：《并联电容器装置设计规范》（GB 50227—2017）第 5.5.2 条。

28. **答案：D**

依据：《导体和电器选择设计技术规定》（DL/T 5222—2021）第 16.0.3 条。

29. **答案：D**

依据：《供配电系统设计规范》（GB 50052—2009）第 5.0.11 条。

30. **答案：B**

依据：《建筑物防雷设计规范》（GB 50057—2010）第 4.3.8-8 条。

31. **答案：B**

依据：《建筑设计防火规范》（GB 50016—2014）第 10.3.2-3 条。

32. **答案：D**

依据：《火灾自动报警系统设计规范》（GB 50116—2013）第 4.2.3-1 条 。

33. **答案：D**

依据：《民用建筑电气设计标准》（GB 51348—2019）第 18.4.4-2 条。

34. **答案：C**

依据：《综合布线系统工程设计规范》（GB 50311—2016）第 3.2.3 条。

35. **答案：B**

依据：《导体和电器选择设计技术规定》（DL/T 5222—2005）第 7.3.7 条。

36. **答案：D**

依据：《低压配电装置 第 4-41 部分：安全防护 电击防护》（GB 16895.21—2020）第 411.4.1 条～第 411.4.3 条、第 411.4.5 条。

37. **答案：B**

依据：《66kV 及以下架空电力线路设计规范》（GB 50061—2010）第 5.2.5 条、第 5.2.6 条。

38. **答案：B**

依据：《防止静电事故通用导则》（GB 12158—2006）第 6.3.2 条、第 6.3.3 条、第 6.3.5 条、第 6.3.6 条。

39. **答案：** A

依据：《建筑照明设计标准》（GB 50034—2013）第 4.4.1 条及表 4.4.1。

40. **答案：** B

依据：《民用建筑电气设计标准》（GB 51348—2019）第 15.6.4 条、第 15.6.6 条。

• •

41. **答案：** AC

依据：《低压配电装置 第 4-41 部分：安全防护 电击防护》（GB 16895.21—2020）第 410.3.9 条。

42. **答案：** AC

依据：《电能质量 三相电压不平衡》（GB/T 15543—2008）第 6.1 条～第 6.3 条。

43. **答案：** ACD

依据：《系统接地的型式及安全技术要求》（GB 14050—2008）第 5.1.1 条、第 5.1.2 条、第 5.1.5 条、第 5.1.6 条。

44. **答案：** ACD

依据：《66kV 及以下架空电力线路设计规范》（GB 50061—2010）第 4.0.1 条、第 4.0.4 条、第 4.0.5 条、第 4.0.8 条。

45. **答案：** ABC

依据：《建筑照明设计标准》（GB 50034—2013）第 6.2.1 条、第 6.2.3 条～第 6.2.5 条。

46. **答案：** ABC

依据：《低压配电装置 第 4-41 部分：安全防护 电击防护》（GB 16895.21—2020）第 411.5.4 条。

47. **答案：** ABD

依据：《户外严酷条件下的电气设施 第 2 部分：一般防护要求》（GB/T 9089.2—2008）第 4.5 条。

注：依据 2023 版规范，也是第 4.5 条。

48. **答案：** ACD

依据：《电流对人和家畜的效应 第 1 部分：通用部分》（GB/T 13870.1—2008）第 5.1 条、第 5.2 条、第 6.1 条。

49. **答案：** ABC

依据：《防止静电事故通用导则》（GB 12158—2006）第 4.3 条。

50. **答案：** ACD

依据：《交流电气装置的过电压保护和绝缘配合设计规范》（GB/T 50064—2014）第 6.1.3 条、第 6.4.6-1 条。

注：《交流电气装置的过电压保护和绝缘配合》（DL/T 620-1997）中有关数据有所不同，35kV 及以下低电阻接地系统计算用相对地最大操作过电压标幺值为 3.2p.u.。

51. **答案：** BCD

依据：《电力工程电缆设计标准》（GB 50217—2018）第 3.6.5 条。

52. 答案：AC

依据：《建筑物电气装置第 4 部分：安全防护 第 44 章：过电压保护 第 442 节：低压电气装置对暂时过电压和高压系统与地之间的故障的防护》（GB 16895.11—2001）第 442.4 条"低压电气装置中与系统接地类型有关的接地配置"。

注：理解分析题目。其中选项 C 改变低压系统的系统接地，不具备完全适用性，不建议选择。

53. 答案：AB

依据：《建筑照明设计标准》（GB 50034—2013）第 4.2.1 条。

54. 答案：AC

依据：《防止静电事故通用导则》（GB 12158—2006）附录 C。

55. 答案：ACD

依据：《并联电容器装置设计规范》（GB 50227—2017）第 6.1.2 条。

56. 答案：BC

依据：《建筑物防雷设计规范》（GB 50057—2010）第 4.5.6 条。

57. 答案：BC

依据：《低压配电设计规范》（GB 50054—2011）第 6.3.3 条。

58. 答案：AC

依据：《交流电气装置的过电压保护和绝缘配合设计规范》（GB/T 50064—2014）第 3.1.3 条。

59. 答案：AB

依据：《电力工程直流电源系统设计技术规程》（DL/T 5044—2014）第 4.1.1-1 条。

60. 答案：AD

依据：《交流电气装置的接地设计规范》（GB/T 50065—2011）第 8.1.2-3 条。

注：有关埋地角钢作为接地极的规定，也可参考《建筑物防雷设计规范》（GB 50057—2010） 第 5.4.1 条及表 5.4.1 之注 3。

61. 答案：ABD

依据：《火灾自动报警系统设计规范》（GB 50116—2013）第 12.4.3 条。

62. 答案：AB

依据：《电能质量 供电电压偏差》（GB 12325—2008）第 5.1 条。

63. 答案：AC

依据：《用电安全导则》（GB/T 13869—2017）第 5 条"用电产品的安全与使用"。

64. 答案：BCD

依据：《民用建筑电气设计标准》（GB 51348—2019）第 26.5.4 条、第 26.5.7-1 条。

65. 答案： ACD

依据：《3-110kV 高压配电装置设计规范》（GB 50060—2008）第 2.0.5 条～第 2.0.7 条、第 2.0.10 条。

66. 答案： ABD

依据：《低压电气装置 第 5-52 部分：电气设备的选择和安装布线系统》（GB 16895.6—2014）第 522.2.1 条。

67. 答案： ACD

依据：《建筑设计防火规范》（GB 50016—2014）第 12.4.2 条。

注：也可参考《火灾自动报警系统设计规范》（GB 50116—2013）第 12.1.1 条、第 12.1.4 条、第 12.1.8 条，但两处规定还有所不同。可注意"交通隧道"和"道路隧道"的用词区别，以便定位规范。

68. 答案： ACD

依据：《3～110kV 高压配电装置设计规范》（GB 50060—2008）第 3.0.3 条、第 3.0.5 条、第 3.0.9 条。

69. 答案： ABC

依据：《电力装置的继电保护和自动装置设计规范》（GB/T 50062—2008）第 2.0.3 条。

70. 答案： ABD

依据：《电力工程直流电源系统设计技术规程》（DL/T 5044—2014）第 6.2.1-8 条。

2016年案例分析试题答案（上午卷）

题1~5答案：**CBCCD**

1.《电流对人和家畜的效应 第1部分：通用部分》（GB/T 13870.1—2008）第5.9条"心脏电流系数的应用"。

心脏电流系数可用于计算通过除左手到双脚的电流通路以外的电流I_h，由表12可知右手到双脚的相电流系数F为0.8，则：

$$I_h = \frac{I_{ref}}{F} = \frac{50}{0.8} = 62.5\text{mA}$$

2.《低压配电设计规范》（GB 50054—2011）第5.2.8条、第6.2.4条。

第5.2.8条：TN系统中配电线路的间接接触防护电器的动作特性，应符合下式要求：$Z_a I_a \leqslant U_0$。

第6.2.4条：当短路保护电器为断路器时，被保护线路末端的短路电流不应小于断路器瞬时或短延时过电流脱扣器整定电流的1.3倍。

因此，$Z_a I_a \leqslant U_0 \Rightarrow L \times 8.6(16 \times 10 \times 1.3) \leqslant 220$，可解得$L \leqslant 0.122987\text{km} \approx 123\text{m}$

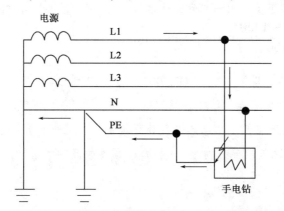

注：断路器主保护兼作接地短路保护，可参考《交流电气装置的接地设计规范》（GB/T 50065—2011） 第7.1.2条及图7.1.2-1的TN-S接地系统线路，可知发生单相接地短路时的短路电流路径如图所示。

3.《低压配电设计规范》（GB 50054—2011）第5.2.15条、第6.2.4条。

第5.2.15条：TT系统中配电线路的间接接触防护电器的动作特性，应符合下式要求：$R_a I_a \leqslant 50\text{V}$。

第6.2.4条：当短路保护电器为断路器时，被保护线路末端的短路电流不应小于断路器瞬时或短延时过电流脱扣器整定电流的1.3倍。

题干中针对间接接触防护，既设置有断路器作为主保护，也设置有漏电模块作为辅助保护，因此应该分别计算，则

主保护：$R_a I_a \leqslant 50 \Rightarrow R_a \leqslant 50/（1.3 \times 100）= 0.385\Omega$。

附加保护：$R_a I_a \leqslant 50 \Rightarrow R_a \leqslant 50/0.5 = 100\Omega$，则题干中忽略了设备侧接地线（PE线段）的电阻，则设备侧接地电阻$R = R_a = 100\Omega$。

因此，设备侧接地电阻最大为100Ω可满足间接接触保护的要求。

注：断路器主保护兼作接地短路保护，漏电模块作为主保护的辅助保护。可参考《交流电气装置的接地设计规范》（GB/T 50065—2011） 第7.1.3 条及图 7.1.3-1 的 TT 接地系统线路，可知发生单相接地短路时的短路电流路径如图所示。

4.《20kV 及以下变电所设计规范》（GB50053—2013）第 4.2.1 条、表 4.2.1 相关数据及注解。

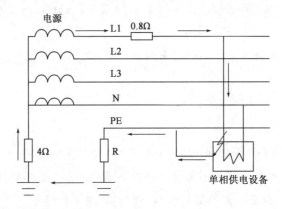

注解 1：裸带电部分的遮拦高度不小于 2.2m。

注解 2：海拔高度超过 1000m，表中符号 A 后的数值应按每升高 100m 增大 1% 进行修正，符号 B、C 后的数据应加上符号 A 的修正值。则栅栏到母线的最小安全净距为：

$$D = 800 + 20 \times \left(\frac{1500 - 1000}{100} \times 1\% \right) = 801 \text{mm}$$

5.《爆炸危险环境电力装置设计规范》（GB50058—2014）第 3.4.2 条、第 5.2.3-1 条。

根据表 3.4.2 可知，两种爆炸性气体混合物的引燃温度分组分别为 T3 和 T4；再根据第 5.2.3-1 条，防爆电器设备的级别和组别不应低于该爆炸性气体环境的爆炸性气体混合物的级别和组别，当存在有两种以上可燃性物质形成的爆炸性混合物时，可按危险程度较高的级别和组别选用防爆电气设备，因此应选择的组别为 T4 及以上。

题 6~10 答案：**BBCCA**

6.《工业及民用供配电设计手册》（第四版）P10（式 1.4-1）~式（1.4-6）。

变压器总计算功率：$P_T = 0.9 \times [2000 \times (0.67 + 0.61) + 1600 \times (0.72 + 0.60) + 1250 \times (0.7 + 0.65) + 1000 \times (0.76 + 0.71)] = 7046.55 \text{kW}$

制冷机组总计算功率：$P_C = 2 \times 1928 + 1260 = 5116 \text{kW}$

总有功功率：$P_\Sigma = K_{\Sigma p} \Sigma (K_x P_e) = 0.9 \times (7046.55 + 5116) = 10946.3 \text{kW}$

总计算负荷：$S_\Sigma = \dfrac{P_\Sigma}{\cos \varphi} = \dfrac{10946.3}{0.9} = 11652.55 \text{kV·A}$

注：题干中明确各个配电室和制冷机组补偿后的功率因数均为 0.9，因此制冷机组的额定功率因数为迷惑项。也可参考《工业与民用配电设计手册》（第三版）P3 式（1-9）~式（1-11）。

7.《钢铁企业电力设计手册》（下册）P291 式（6-16）。

变压器效率：$\eta = \dfrac{\beta S_n \cos \varphi_2}{\beta S_n \cos \varphi_2 + P_0 + \beta^2 P_K} = \dfrac{0.71 \times 1000 \times 0.9}{0.71 \times 1000 \times 0.9 + 1.7 + 0.71^2 \times 10.3} = 0.9892$

8.《工业与民用供配电设计手册》（第四版）P39 式（1.11-11）、P10 式（1.4-3）~式（1.4-6）。

串联电抗器后实际补偿容量：

$$Q = (1 - K)X_C U_C^2 = (1 - K)Q_n \frac{U_C^2}{U_n^2} = (1 - 0.07) \times 50 \times \left(\frac{0.4}{0.48}\right)^2 = 38.75\text{kvar}$$

计算有功功率：$P_\Sigma = K_{\Sigma p} \times \Sigma P_e = 0.9 \times 1259 = 1133.1\text{kW}$

计算无功功率：$Q_\Sigma = K_{\Sigma q} \times \Sigma Q_e = 0.95 \times 800 = 760\text{kvar}$

补偿后计算无功功率：$Q'_\Sigma = Q'_\Sigma - \Delta Q_e = 760 - 12 \times 38.75 = 295\text{kvar}$

补偿后计算容量：$S = \sqrt{1133.1^2 + 295^2} = 1170.87\text{kVA}$

注：题眼有两个，一个是实际补充容量的求取，另一个是代入同时系数的位置，应在补偿前代入，可参考《工业与民用配电设计手册》（第三版）P3 式（1-9）～式（1-11）、P23 表 1-21 "全厂用电负荷计算范例"。

9.《工业与民用供配电设计手册》（第四版）P10 式（1.4-6）。

255 户均匀分配接入三相配电系统，单相配电接于同一相上的户数为 $n = \frac{255}{3} = 85$ 户，则查系数 $k = 0.45$。

三相计算容量为：$S_\Sigma = \frac{k_x P_\Sigma}{\cos\varphi} = \frac{0.45 \times 255 \times 6}{0.8} = 860.625\text{kVA}$

注：也可参考《工业及民用配电设计手册》（第三版）P3 式（1-9）～式（1-11）。

10.《并联电容器装置设计规范》（GB 50227—2017）第 3.0.3-3 条。

发生谐振的电容器容量：$Q_{cx} = S_d\left(\frac{1}{n^2} - K\right) = 100 \times \left(\frac{1}{3^2} - 0.06\right) = 5.111\text{Mvar}$

题 11～15 答案：**BDABB**

11.《工业与民用供配电设计手册》（第四版）P302～P303 式（4.6-35）和表 4.6-10。

电缆线路的单相接地电容电流：$I_c = 0.1U_r l = 0.1 \times 10 \times 4 = 4\text{A}$

10kV 系统（变电所）总接地电容电流：$I_{C\Sigma} = （1 + 16\%）\times 4 = 4.64\text{A}$

《导体和电器选择设计技术规定》（DL/T 5222—2005）第 18.2.5-1 条。

电阻额定电压：$U_R \geqslant 1.05 \frac{U_n}{\sqrt{3}} = 1.05 \times \frac{10}{\sqrt{3}} = 6.06\text{kV}$

接地电阻消耗功率：$P_R = \frac{U_N}{\sqrt{3}} \times I_R = \frac{10}{\sqrt{3}} \times 1.1 \times 4.64 = 29.47\text{kW}$

注：也可参考《工业与民用配电设计手册》（第三版）P153 式（4-41）和表（4-20）。

12.《工业与民用供配电设计手册》（第四版）P482～P483 表（6.5-4）。

10kV 母线短路容量：$S_{km} = \frac{S_{rT}}{x_T + S_{rT}/S_k} = \frac{8}{0.075 + 8/80} = 45.71\text{MV·A}$

10kV 母线预接无功负荷：$Q_{fh} = P_{fh}\tan(\arccos\varphi) = 5 \times \tan(\arccos 0.9) = 2.42\text{Mvar}$

电动机额定启动容量：

$$S_{stM} = k_{st}S_{rM} = k_{st}\frac{P_{rM}}{\eta\cos\varphi} = 6 \times \frac{500}{0.934 \times 0.91} = 3529.66\text{kV·A} = 3.526\text{MV·A}$$

启动回路额定输入容量：

$$S_{st} = \frac{1}{1/S_{stM} + X_l/U_m^2} = \frac{1}{1/3.526 + 0.1 \times 1/10^2} = 3.514\text{MV·A}$$

母线电压相对值：$u_{stB} = u_s \dfrac{S_{scB}}{S_{scB} + Q_L + S_{st}} = 1.05 \times \dfrac{45.71}{45.71 + 2.42 + 3.514} = 0.929$

电动机端子电压相对值：$u_{stM} = u_{stB} \dfrac{S_{st}}{S_{stM}} = 0.929 \times \dfrac{3.514}{3.526} = 0.926 = 92.6\%$

注：也可参考《工业与民用配电设计手册》（第三版）P270 表 6-16 全压启动公式。

电动启动时母线电压相对值：$u_{stm} = \dfrac{S_{km} + Q_{fh}}{S_{km} + Q_{fh} + S_{st}} = \dfrac{45.71 + 2.42}{45.71 + 2.42 + 3.514} = 0.932$

电动机端子电压相对值：$u_{stM} = u_{stm} \dfrac{S_{st}}{S_{stM}} = 0.932 \times \dfrac{3.514}{3.526} = 0.929 = 92.9\%$

13.《电能质量 公用电网谐波》（GB/T 14549-1993）附录 A 式（A2）、式（A4）、式（A6）和附录 C 式（C4）。

由式（A2），两设备各次谐波电流数值如下表：

设备编号	基波电流 A	3 次谐波电流 A	5 次谐波电流 A	7 次谐波电流
1 号	100	5	3	2
2 号	150	9	6	3

由式（C4），可知各次谐波总电流：

基波总电流：$I_{1\Sigma} = 100 + 150 = 250A$

3 次谐波总电流：$I_{3\Sigma} = \sqrt{I_{31}^2 + I_{32}^2 + 2I_{31}I_{32}\cos\theta_3} = \sqrt{5^2 + 9^2 + 2 \times 5 \times 9 \times \cos 45°} = 13.02A$

5 次谐波总电流：$I_{5\Sigma} = \sqrt{I_{51}^2 + I_{52}^2 + 2I_{51}I_{52}\cos\theta_5} = \sqrt{3^2 + 6^2 + 2 \times 3 \times 6 \times \cos 0} = 9A$

7 次谐波总电流：$I_{7\Sigma} = \sqrt{I_{71}^2 + I_{72}^2 + 2I_{71}I_{72}\cos\theta_7} = \sqrt{2^2 + 3^2 + 2 \times 2 \times 3 \times \cos 0} = 5A$

由式（A4）、式（A6），可知谐波电流总含量：$I_h = \sqrt{I_{3\Sigma}^2 + I_{5\Sigma}^2 + I_{7\Sigma}^2} = \sqrt{13.02^2 + 9^2 + 5^2} = 16.60A$

则电流总畸变率：$\text{THD}_i = \dfrac{I_H}{I_1} = \dfrac{16.60}{250} = 0.0664 = 6.64\%$

14.《35kV～110kV 变电站设计规范》（GB 50059—2011）第 3.1.3 条。

第 3.1.3 条：装有两台及以上主变压器的变电站，当断开一台主变压器时，其余主变压器的容量（包括过负荷能力）应满足全部一、二级负荷用电的要求。

按题意过负荷能力取 1.2，一、二级负荷为 11MV·A，则每台变压器：$1.2 \times 10 = 12MV \cdot A > 11MV \cdot A$，可满足要求。

《工业与民用配电设计手册》（第三版）P40 表 2-11 "变电所主变压器经济运行的条件"。

经济运行的临界负荷：

$$S_{cr} = S_r \sqrt{2 \dfrac{P_0 + K_q Q_0}{P_k + K_q Q_r}} = 10 \times \sqrt{2 \times \dfrac{8.2 + 0.1 \times (10 \times 10^3 \times 0.7/100)}{47.8 + 0.1 \times (10 \times 10^3 \times 7.5/100)}} = 4.98MVA$$

节假日实际运行负荷：$S_H = \dfrac{15.9}{2} = 7.95MVA > 4.98MVA$，因此应两台运行。

15.《数据中心设计规范》（GB 50174—2017）第 8.1.7 条。

UPS 电源的最小容量：$E \geqslant 1.2 \times S = 1.2 \times \dfrac{P}{\eta_1 \eta_2 \cos\varphi} = 1.2 \times \dfrac{50}{0.93 \times 0.92 \times 0.95} = 73.82kVA$

注：可对比参考 2013 年下午第 39 题。

题 16～20 答案：**ACCBB**

16.《工业与民用供配电设计手册》（第四版）P281 表 4.6-3 及 P183 式（4.2-9）。

$$x_1\% = \frac{1}{2}(u_{k12}\% + u_{k13}\% - u_{k23}\%) = \frac{1}{2} \times (10 + 17 - 6.5) = 10.5$$

$$x_2\% = \frac{1}{2}(u_{k12}\% + u_{k23}\% - u_{k13}\%) = \frac{1}{2} \times (10 + 6.5 - 17) = 0$$

$$x_3\% = \frac{1}{2}(u_{k13}\% + u_{k23}\% - u_{k12}\%) = \frac{1}{2} \times (17 + 6.5 - 10.5) = 6.5$$

主变压器各绕组的电抗标幺值为：

$$x_{*1} = \frac{u_{1k}\%}{100} \cdot \frac{S_j}{S_{rT}} = \frac{10.5}{100} \cdot \frac{100}{50} = 0.21$$

$$x_{*2} = \frac{u_{2k}\%}{100} \cdot \frac{S_j}{S_{rT}} = \frac{0}{100} \cdot \frac{100}{50} = 0$$

$$x_{*3} = \frac{u_{3k}\%}{100} \cdot \frac{S_j}{S_{rT}} = \frac{6.5}{100} \cdot \frac{100}{50} = 0.13$$

注：也可参考《工业与民用配电设计手册》（第三版）P128 表 4-2 以及 P131 式（4-11）。

17.《工业与民用供配电设计手册》（第四版）P281 表 4.6-3 及 P284 式（4.6-11）～式（4.6-13）。

设 $S_j = 100MVA$，$U_j = 115kV$，则 $I_j = 0.5kA$

S1 电源线路电抗标幺值：$X_{*l} = X \frac{S_j}{U_j^2} = 35 \times 0.4 \times \frac{100}{115^2} = 0.106$

S1 电源电抗标幺值（最大运行方式）：$X_{*S \cdot max} = \frac{S_j}{S''_{smax}} = \frac{100}{4630} = 0.0216$

S1 电源电抗标幺值（最小运行方式）：$X_{*S \cdot min} = \frac{S_j}{S''_{smin}} = \frac{100}{1120} = 0.0893$

k_1 点的最大和最小短路电流分别为：

$$I''_{kmax} = I''_{*kmax} \cdot I_j = \frac{I_j}{X_{*l} + X_{*smax}} = \frac{0.5}{0.106 + 0.0216} = 3.92kA$$

$$I''_{kmin} = I''_{*kmin} \cdot I_j = \frac{I_j}{X_{*l} + X_{*s \cdot min}} = \frac{0.5}{0.106 + 0.0893} = 2.56kA$$

注：也可参考《工业与民用配电设计手册》（第三版）P128 表 4-2 及 P134 式（4-12）、式（4-13）。

18.《工业与民用供配电设计手册》（第四版）P284 式（4.6-11）～式（4.6-13）。

设 $S_j = 100MVA$，$U_j = 10.5kV$，则 $I_j = 5.5kA$

线路 1 的总电抗：$X_{*1\Sigma} = 0.02 + 0.12 + 0.2576 = 0.3976$

线路 2 的总电抗：$X_{*2\Sigma} = 0.03 + 0.23 + 0.2576 = 0.5176$

k_3 点的三相短路电流：$I''_{k3} = I''_{*k3} \cdot I_j = I_j\left(\frac{1}{X_{*1\Sigma}} + \frac{1}{X_{*2\Sigma}}\right) = \frac{5.5}{0.3976} + \frac{5.5}{0.5176} = 24.46kA$

注：也可参考《工业与民用配电设计手册》（第三版）P134 式（4-12）、式（4-13）。

19.《工业与民用供配电设计手册》（第四版）P281 表 4.6-3 及 P284 式（4.6-11）～式（4.6-13）。

设 $S_j = 100MVA$，$U_j = 10.5kV$，则 $I_j = 5.5kA$

35kV 侧 1 号电源电抗标幺值：$X_{*S1} = \frac{S_j}{S''_{s1}} = \frac{100}{378} = 0.258$

35kV 侧 2 号电源电抗标幺值：$X_{*S1} = \frac{S_j}{S''_{s2}} = \frac{100}{342} = 0.292$

等效电路如图所示，根据式（4-23），可推导得两电源支路的短路电路总电抗和分布系数：

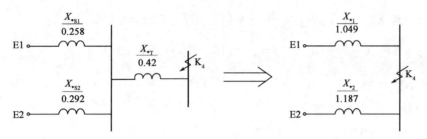

$$X_{*\Sigma} = \frac{X_{*S1} X_{*S2}}{X_{*S1} + X_{*S2}} + X_{*T}、 \quad C_1 = \frac{X_{*S2}}{X_{*S1} + X_{*S2}}、 \quad C_2 = \frac{X_{*S1}}{X_{*S1} + X_{*S2}}$$

$$X_{*1} = \frac{X_{*\Sigma}}{C_1} = X_{*S1} + X_{*T} + \frac{X_{*S1} X_{*T}}{X_{*S2}} = 0.258 + 0.42 + \frac{0.258 \times 0.42}{0.292} = 1.049$$

$$X_{*2} = \frac{X_{*\Sigma}}{C_2} = X_{*S2} + X_{*T} + \frac{X_{*S2} X_{*T}}{X_{*S1}} = 0.292 + 0.42 + \frac{0.292 \times 0.42}{0.258} = 1.187$$

第二个电源提供 k_4 点的短路电流和短路容量分别为：

$$I''_{k42} = I''_{*k42} \cdot I_j = I_j \times \frac{1}{X_{*2}} = \frac{5.5}{1.187} = 4.63 kA$$

$$S''_{k42} = S_j \times \frac{1}{X_{*2}} = \frac{100}{1.187} = 84.25 kVA$$

注：同理，第一个电源提供 k_4 的短路电流和短路容量分别为：

$$I''_{k41} = I''_{*k41} \cdot I_j = I_j \times \frac{1}{X_{*1}} = \frac{5.5}{1.049} = 5.24 kA$$

$$S''_{k41} = S_j \times \frac{1}{X_{*2}} = \frac{100}{1.049} = 95.33 kVA$$

注：也可参考《工业与民用配电设计手册》（第三版）P149 式（4-23）（图 4-13 中由图 c 向图 d 的参数转换）。

20.《工业与民用供配电设计手册》（第四版）P520～P521 表 7.2-3 "低电压闭锁的带时限过电流保护"。

保护装置动作电流：$I_{op \cdot K} = K_{rel} K_{jx} \cdot \frac{I_{1rT}}{K_r \cdot n_{TA}} = 1.2 \times 1 \times \frac{50000/110\sqrt{3}}{0.85 \times 300/5} = 6.17A$

保护装置动作电压：$U_{op \cdot K} = \frac{U_{min}}{K_{rel} K_r \cdot n_{TV}} = \frac{0.5 \times 110000}{1.2 \times 1.15 \times 110000/100} = 36.23V$

注：表格中有关继电器返回系数 K_r 在动作电流和动作电压时取值有所不同。也可参考《工业与民用配电设计手册》（第三版）P297～P298 表 7-3 "低电压启动的带时限过电流保护"。

题 21～25 答案：**CBACA**

21.《工业与民用供配电设计手册》（第四版）P1417 表 14.6-4 图 14.6-1。

由表 14.6-4，放在钻孔中的钢筋混凝土杆形桩基按 6×4 的矩形布置，则 $n = 24$。

特征值 $C_1 = \frac{n}{A} = \frac{24}{30 \times 21} = 0.038$，满足形状系数对特征值的取值范围，则形状系数 $K_1 = 1.4$。

接地电阻：$R = K_1 K_2 \frac{\rho}{L_1} = 1.4 \times 0.5 \times \frac{35}{30} = 0.817\Omega$

由表 14-22，当土壤类别为陶土，具有中等含水量时，季节系数 $\psi_2 = 1.4$。

实际工频接地电阻最接近的值为 $R' = \psi_2 R = 1.4 \times 0.817 = 1.14\Omega$。

注：计算接地电阻时，还应考虑大地受干燥、冻结等季节变化的影响，从而使接地电阻在各季节均能保证达到所要求的值。同时还应区别对待非雷电保护接地和雷电防护接地装置的不同季节系数取

值。也可参考《工业与民用配电设计手册》（第三版）P893～P897 表 14-13 和表 14-22。

22.《建筑物防雷设计规范》（GB 50057—2010）附录 C 式（C.0.2）及第 C.0.3-1 条，《交流电气装置的接地设计规范》（GB/T 50065—2011）式（A.0.2）。

环形接地体周长的一半：$L_h = 24 + 36 = 60\text{m}$

接地体的有效长度：$l_e = 2\sqrt{\rho} = 2 \times \sqrt{120} = 21.91\text{m} < 60\text{m} = L_h$

根据第 C.0.3-1 条：当环形接地体周长的一半大于或等于接地体的有效长度时，引下线的冲击接地电阻应为从与引下线的连接点起沿两侧接地体各取有效长度的长度算出的工频接地电阻，换算系数应等于 1。则水平接地体的总长度 $L = 2L_e = 2 \times 21.91 = 43.82\text{m}$。

由 A.0.2 条，接地电阻为：$R = \dfrac{\rho}{2\pi L}\left(\ln\dfrac{L^2}{hd} + A\right) = \dfrac{120}{2\pi \times 43.82}\left(\ln\dfrac{43.82^2}{1 \times 0.015} - 0.18\right) = 5.047\Omega$

23.《交流电气装置的接地设计规范》（GB/T 50065—2011）第 4.2.2-2 条。

35kV 系统采用高电阻接地方式，则接触电位差和跨步电位差分别为：

$U_t = 50 + 0.05\rho C = 50 + 0.05 \times 800 \times 0.5 = 70\text{V}$

$U_s = 50 + 0.2\rho C = 50 + 0.2 \times 800 \times 0.5 = 130\text{V}$

24.《低压配电设计规范》（GB 50054—2011）第 3.2.14 条附录 A.0.4。

由附录 A 中表 A.0.4 查得，85℃橡胶绝缘的铜芯电缆的热稳定系数 $k = 134$，则：

PE 线的电缆芯线最小截面积：$S \geqslant \dfrac{I}{k}\sqrt{t} = \dfrac{2000}{134} \times \sqrt{5} = 33.37\text{mm}^2$，取 35mm^2。

25.《低压配电设计规范》（GB 50054—2011）第 5.2.8 条。

TN 系统中配电线路的间接接触防护电器的动作特性，应符合下式的要求：$Z_s I_a \leqslant U_0$，则：

$$I_a \leqslant U_0/Z_s = 220 \div 25 = 8.8\text{kA}$$

2016 年案例分析试题答案（下午卷）

题 1～5 答案：**CBBBC**

1.《建筑照明设计标准》（GB 50034—2013）第 2.0.54 条。

第 2.0.54 条：表示房间或场所几何形状的数值，其数值为 2 倍的房间或场所面积与该房间或场所水平面周长及灯具安装高度与工作面高度的差之商。

房间面积：$S = LW + \pi R^2 = 36 \times 18 + \pi \times 9^2 = 902.34 \text{m}^2$

房间周长：$L = 36 \times 2 + 2\pi \times 9 = 128.55 \text{m}$

室形指数：$RI = \dfrac{2S}{(H-h)L} = \dfrac{2 \times 902.47}{(14.75 - 0.75) \times 128.55} = 1.003$

注：也可参考《照明设计手册》（第三版）P146 "室形指数与室空间比的关系"，其中 $RCR = 2.5 \times$ 墙面积/地面积，则室形指数：$RI = \dfrac{5}{RCR} = \dfrac{2S}{h_r \times L}$。

2.《照明设计手册》（第三版）P7 式（1-9）、P148 式（5-48）。

室形指数：$RI = \dfrac{2S}{(H-h)L} = \dfrac{2 \times 902.47}{(12 - 0.75) \times 128.55} = 1.248 \approx 1.25$，则利用系数 $K = 0.54$。

灯具个数：$N = \dfrac{E_{av}A}{\Phi UK} = \dfrac{300 \times 902.47}{36000 \times 0.7 \times 0.54} = 19.89$，取 20 盏。

注：对比 P224 的式（5-66）的投光灯照度计算公式，投光灯计算平均照度时需考虑灯具效率。

3.《照明设计手册》（第三版）P118 式（5-2）及图 5-2，P132 式（5-28）。

光源距 P 点的水平距离：$D = \sqrt{5.4^2 + 3^2} = 6.18 \text{m}$

光源距 P 点的直线距离：$R = \sqrt{6.18^2 + 12^2} = 13.5 \text{m}$

光源入射与法线夹角：$\theta = \arccos \dfrac{h}{R} = \arccos \dfrac{12}{13.5} = 27.3°$，则光源光强为 $I_\theta = 283.6 \text{cd}$

一个光源的水平面照度：$E_h = \dfrac{I_\theta}{R^2} \cos\theta = \dfrac{283.6}{13.5^2} \times \cos 27.3° = 1.38 \text{lx}$

P 点的综合水平面照度：$E_{hp} = \dfrac{\Phi \Sigma \varepsilon K}{1000} = \dfrac{36000 \times (4 \times 1.38) \times 0.7}{1000} = 139.1 \text{lx}$

注：题干条件为 "灯具出口面到工作面的高度为 12m"，不要误减 0.75m。

4.《照明设计手册》（第三版）P147 式（5-47）。

墙的总面积：$A_w = 2 \times (9 + 7.2) \times 3.6 = 116.64 \text{m}^2$

墙面平均反射比：$\rho_{wav} = \dfrac{\rho_w(A_w - A_g) + \rho_g A_g}{A_w} = \dfrac{0.3(1 - 0.2)A_w + 0.09 \times 0.2 A_w}{A_w} = 0.258$

$\qquad\qquad\quad = 25.8\%$

5.《照明设计手册》（第三版）P160 式（5-66）。

投光灯灯具数量：$N = \dfrac{E_{av}A}{\Phi \eta UK} = \dfrac{15 \times 6000}{36000 \times 0.637 \times 0.7 \times 0.7} = 8$ 盏

注：投光灯计算平均照度时需考虑灯具效率。

题 6～10 答案：**CBBAC**

6.《3～110kV 高压配电装置设计规范》（GB 50060—2008）第 2.0.5 条～第 2.0.7 条。

第 2.0.5 条：66～110kV 敞开式配电装置，母线避雷器和电压互感器宜合用一组隔离开关。

第 2.0.6 条及条文说明：66～110kV 敞开式配电装置，断路器两侧隔离开关的断路器侧、线路隔离开关的线路侧，宜配置接地开关。（条文说明：断路器两侧的隔离开关的断路器侧、线路隔离开关的线路侧以及变压器进线隔离开关的变压器侧应配置接地开关）

第 2.0.7 条：66～110kV 敞开式配电装置，每段母线上应配置接地开关。

变电站系统图中错误分析如下：

a. 110kV 电源一进线隔离开关的线路侧，未设置接地开关。

b. 主变压器进线隔离开关的变压器侧，未设置接地开关。

c. 110kVⅡ母线未设置接地开关。

7.《3～110kV 高压配电装置设计规范》（GB 50060—2008）第 5.5.3 条、第 5.5.5 条。

第 5.5.3 条：当不能满足上述要求时，应设置能容纳 100% 油量的贮油或挡油设施。贮油和挡油设施应大于设备外廓每边各 1000m，四周应高出地面 100mm。贮油设施内应铺设卵石层、卵石层厚度不应小于 250mm，卵石直径为 50～80mm。

错误一：图中贮油池一侧仅大于设备外廓 900mm。

第 5.5.5 条：油量为 2500kg 及以上的屋外油浸变压器之间的防火间距不能满足表 5.5.4 的要求时，应设置防火墙。防火墙的耐火极限不宜小于 4h。防火墙的高度应高于变压器油枕，其长度应大于变压器贮油池两侧各 1000mm。

错误二：图中防火墙仅大于贮油池一侧 500mm。

8.《3～110kV 高压配电装置设计规范》（GB 50060—2008）第 5.4.4 条中表 5.4.4 注 4、第 7.1.1 条。

表 5.4.4 之注 4：当采用 35kV 开关柜时，柜背通道不宜小于 1000mm。

错误一：图中 35kV 开关柜后的维护通道仅为 800mm。

第 7.1.1 条：长度大于 7m 的配电装置室，应设置 2 个出口。

错误二：图中 35kV 配电室仅有一个出口。

《20kV 及以下变电所设计规范》（GB 50053—2013）第 4.2.6 条、第 6.2.2 条。

第 4.2.6 条：配电装置的长度大于 6m 时，其柜（屏）后通道应设两个出口，当低压配电装置两个出口间的距离超过 15m 时应增加出口。

错误三：图中 10kV 配电柜长度为 17m，但其柜后未增加出口。

第 6.2.2 条：变压器室、配电室、电容器室的门应向外开启。

错误四：图中 10kV 配电室左侧门向内开启。

9.《3～110kV 高压配电装置设计规范》（GB 50060—2008）第 5.1.2 条、第 5.5.3 条、第 7.1.11 条。

由图 5.1.2-3 可知，$L_1 \geq 2500\text{mm}$；第 5.5.3 条：贮油和挡油设施应大于设备外廓每边各 1000mm，四周应高出地面 100mm，则 $L_2 = 100\text{mm}$。第 7.1.11 条：建筑物与户外油浸式变压器外廓间距不宜小于 10000mm，则 $L_3 = 10000\text{mm}$。

10.《3～110kV 高压配电装置设计规范》（GB 50060—2008）第 5.5.3 条。

第 5.5.3 条：当设置有油水分离措施的总事故贮油池时，贮油池容量宜按最大一个油箱容量的 60% 确定。

即：$13.5 \times 60\% = 8.1t$

题 11～15 答案：**CCDBB**

11.《交流电气装置的过电压保护和绝缘配合设计规范》（GB/T 50064—2014）第 5.2.1 条、第 5.4.11 条。由第 5.4.11-2 条，独立避雷针的接地装置与发电厂或变电站接地网间的地中距离为 $S_e \geqslant 0.3R_i = 0.3 \times 8 = 2.4\Omega$。

针对 A 点的保护半径为：$r_x = \sqrt{5^2 + (5 + 3 + 2.4 + 3)^2} = 14.3m$

由第 5.2.1 条（假设 $h_x < 0.5h$）：$r_x = (1.5h - 2h_x)P = (1.5h - 2 \times 3) \times 1 = 1.5h - 6 = 14.3m$，则：

$h = 13.53m$，验算 $h_x = 3m < 0.5h = 6.76m$，满足要求。

注：此题不严谨，由第 5.4.11-5 条：S_e 不宜小于 3m。因此取 $S_e = 2.4m$ 实际不符合规范要求，但若按 3.2m 进行计算时，避雷针高度为 14m，也无对应答案。

12.《建筑物防雷设计规范》（GB 50057—2010）附录 C 第 C.0.3-1 条，《交流电气装置的接地设计规范》（GB/T 50065—2011）式（A.0.2）。

接地体的有效长度：$l_e = 2\sqrt{\rho} = 2 \times \sqrt{500} = 44.72m$，则 $l/l_e = 19 \div 44.72 = 0.425$，则：

换算系数 A 宜取值 1.4，接地体的冲击接地电阻为 $R_i = \dfrac{R}{A} = \dfrac{R}{1.4}$

13.《建筑物防雷设计规范》（GB 50057—2010）第 3.0.4-3 条、第 4.4.7-2 条和附录 A "建筑物年预计雷击次数"。

建筑物每边的扩大宽度：$D = \sqrt{H(200 - H)} = \sqrt{16 \times (200 - 16)} = 54.26m$

相同雷击次数的等效面积：

$A_e = \left[LW + 2(L + W)\sqrt{H(200 - H)} + \pi H(200 - H) \right] \times 10^{-6} = 0.018$

建筑物年预计雷击次数：$N = k(0.1T_d)A_e = 1.5 \times 0.1 \times 75 \times 0.018 = 0.2025$

由第 3.0.4-3 条可知，该综合办公楼建筑为第三类防雷建筑物，再根据第 4.4.7-2 条。

每一保护模式的冲击电流值：$I_{imp} = \dfrac{0.5I}{nm} = \dfrac{0.5 \times 100}{4 \times 4} = 3.125kA$，YJV 电缆无屏蔽措施。

14.《建筑物防雷设计规范》（GB 50057—2010）第 5.4.6 条及条文说明。

$500\Omega \cdot m$ 土壤的接地有效长度：$l_e = 2\sqrt{500} = 44.72m$

$1000\Omega \cdot m$ 土壤的接地有效长度：$l_1 = (l_e - 5)\sqrt{\dfrac{1000}{500}} = (44.72 - 5) \times \sqrt{2} = 56.17m$

接地体的总有效长度：$l_2 = 56.17 + 5 = 61.17m$

15.《建筑物防雷设计规范》（GB 50057—2010）第 6.3.2 条、附录 F、附录 G。

由表 6.3.2-1，可知格栅形大空间屏蔽的屏蔽系数：

$SF = 20\log\dfrac{8.5/\omega}{\sqrt{1 + 18 \times 10^{-6}/r^2}} = \dfrac{8.5 \div 2}{\sqrt{1 + 18 \times 10^{-6}/(0.016/2)^2}} = 11.49dB$

由式（6.3.2-1），无屏蔽时产生的无衰减磁场强度：

$$H_0 = i_s/(2\pi s_a) = 150000 \div (2\pi \times 100) = 238.73\text{A/m}$$

当建筑物有屏蔽时，在格栅形大空间屏蔽内，即在 LPZ1 区内的磁场强度：

$$H_1 = H_0/10^{SF/20} = 238.73 \div 10^{11.49/20} = 63.59\text{A/m}$$

格栅形屏蔽建筑物附近遭雷击时，在 LP21 区内环路的感应电压和电流在 LPZ1 区，其开路最大感应电压：

$$U_{oc/max} = \frac{\mu_0 \cdot b \cdot l \cdot H_{l/max}}{T_1} = \frac{4\pi \times 10^{-7} \times 0.5 \times 1 \times 63.59}{10 \times 10^{-6}} = 3.993\text{V}$$

题 16~20 答案：CBBCX

16.《钢铁企业电力设计手册》（上册）P1057 表 21-23。

自重力比载：$\gamma_1 = \dfrac{9.8P_1}{A} = \dfrac{9.8 \times 0.9643}{277.75} = 34.024 \times 10^{-3}\text{N/(m} \cdot \text{mm}^2)$

冰重力比载：

$$\gamma_2 = \frac{9.8 \times 0.9\pi\delta(\delta + b) \times 10^{-3}}{A} = \frac{9.8 \times 0.9\pi \times 5(5 + 21.66) \times 10^{-3}}{277.75}$$
$$= 13.298 \times 10^{-3}\text{N/(m} \cdot \text{mm}^2)$$

自重加冰重比载：$\gamma_3 = \gamma_1 + \gamma_2 = (34.024 + 13.298) \times 10^{-3} = 47.32 \times 10^{-3}\text{N/(m} \cdot \text{mm}^2)$

注：也可参考《电力工程高压送电线路设计手册》（第二版）P179 表 3-2-3 "电线单位荷载及比载计算表"。

17.《钢铁企业电力设计手册》（上册）P1064 式（21-14）。

杆塔两侧的高差角：

$$\beta_1 = \arctan\left(\frac{h_1}{l_1}\right) = \arctan\left(\frac{35}{150}\right) = 13.134°$$
$$\beta_2 = \arctan\left(\frac{h_2}{l_2}\right) = \arctan\left(\frac{40}{180}\right) = 12.53°$$

高差较大而又需要准确计算杆塔水平荷载时，水平档距为：

$$l_h = \frac{1}{2}\left(\frac{l_1}{\cos\beta_1} + \frac{l_2}{\cos\beta_2}\right) = \frac{1}{2}\left(\frac{150}{\cos 13.134°} + \frac{180}{\cos 12.53°}\right) = 165\text{m}$$

注：也可参考《电力工程高压送电线路设计手册》（第二版）P183 式（3-3-10）。

18.《钢铁企业电力设计手册》（上册）P1064 式（21-15）。

$$l_v = \left(\frac{l_1}{2} + \frac{\sigma_1 h_1}{\gamma_v l_1}\right) + \left(\frac{l_2}{2} + \frac{\sigma_2 h_2}{\gamma_v l_2}\right) = \left(\frac{160}{2} + \frac{78.24 \times 10}{35.46 \times 10^{-3} \times 160}\right) + \left[\frac{190}{2} + \frac{83.85 \times (-6)}{35.46 \times 10^{-3} \times 190}\right]$$
$$= 238.23\text{m}$$

注：也可参考《电力工程高压送电线路设计手册》（第二版）P183 式（3-3-11）。

19.《钢铁企业电力设计手册》（上册）P1058 式（21-11）。

$$l_r = \sqrt{\frac{\Sigma l^3}{\Sigma l}} = \sqrt{\frac{120^3 + 138^3 + 150^3 + 160^3 + 180^3 + 140^3}{120 + 138 + 150 + 160 + 180 + 140}} = 151.58\text{m}$$

注：也可参考《电力工程高压送电线路设计手册》（第二版）P182 式（3-3-4）。

20.《电力工程高压送电线路设计手册》（第二版）P230 式（3-6-15）。

电线振动波长：$\dfrac{\lambda}{2} = \dfrac{d}{400v}\sqrt{\dfrac{T}{m}} = \dfrac{21.66}{400 \times 4}\sqrt{\dfrac{71.25 \times 10^3}{964.3 \times 10^{-3}}} = 3.68\text{m}$

防振锤安装距离：$b = 0.9 \sim 0.95\left(\dfrac{\lambda_m}{2}\right) = (0.9 \sim 0.95) \times 3.68 = 3.312 \sim 3.496\text{m}$，无对应答案。

> 注：自 2016 年 9 月《电力工程高压送电线路设计手册》（第二版）纳入供配电专业考试参考书。对比可知，《钢铁企业电力设计手册》（上册）P1070 式（21-19）中有两处瑕疵：电线单位长度的质量应为 kg/m，而不是 N/m；T 为电线平均张力，垂直于电线的风速应取振动风速的上限值，而不是最大风速。以下计算方式的结果接近答案 B。
>
> 电线振动波长：$\dfrac{\lambda}{2} = \dfrac{d}{400v}\sqrt{\dfrac{T}{m}} = \dfrac{21.66}{400 \times 30}\sqrt{\dfrac{71.25 \times 10^3}{964.3 \times 10^{-3}}} = 0.49\text{m}$
>
> 防振锤安装距离：$b = 0.9 \sim 0.95\left(\dfrac{\lambda_m}{2}\right) = (0.9 \sim 0.95) \times 0.49 = 0.4416 \sim 0.4661\text{m}$

题 21～25 答案：**CBCCC**

21.《工业及民用配电设计手册》（第三版）P156 式（4-50）及 P158 表 4-25。

L_1 的相保阻抗值：$Z_{\text{php·L1}} = 30 \times \sqrt{2.397^2 + 0.191^2} = 72.14\text{m}\Omega$

> 注：VV 电缆为铜芯导体聚乙烯绝缘聚乙烯护套电力电缆。

22.《工业及民用配电设计手册》（第三版）P154～P155 式（4-47）和表 4-23 及 P162 式（4-54）。

归算到变压器低压侧的高压系统阻抗：$Z_s = \dfrac{(cU_n)^2}{S_s''} \times 10^3 = \dfrac{(1.05 \times 0.38)^2}{75} \times 10^3 = 2.123\text{m}\Omega$

$X_s = 0.995 \times 2.123 = 2.112\text{m}\Omega$，$R_s = 0.1X_s = 0.1 \times 2.112 = 0.2112\text{m}\Omega$

由表 4-23 查得 SCB9-2000 的变压器阻抗为：$X_T = 4.77\text{m}\Omega$，$R_T = 0.53\text{m}\Omega$

短路电路总阻抗：

$$Z_k = \sqrt{(R_s + R_T)^2 + (X_s + X_T)^2} = \sqrt{(0.2112 + 0.53)^2 + (2.112 + 4.77)^2} = 6.922\text{m}\Omega$$

低压网络三相短路电流有效值：$I_k'' = \dfrac{cU_n/\sqrt{3}}{Z_k} = \dfrac{1.05 \times 380/\sqrt{3}}{6.922} = 33.28\text{kA}$

> 注：也可参考《工业与民用供配电设计手册》（第四版）P177 表 4.1-1，P229 式（4.3-1）及 P304 式（4.6-41）。但 SCB9 系列变压器参数已替换为 SCB11。

23.《工业及民用配电设计手册》（第三版）P154～P155 表 4-21 之注 3 和表 4-23 及 P163 式（4-55）。

归算到变压器低压侧的高压系统的相保阻抗：

$X_{\text{php·s}} = \dfrac{2X_s}{3} = \dfrac{2 \times 2.112}{3} = 1.408\text{m}\Omega$，$R_{\text{php·s}} = \dfrac{2R_s}{3} = \dfrac{2 \times 0.21}{3} = 0.14\text{m}\Omega$

由表 4-23 查得 SCB9-2000 的变压器相保阻抗为：$X_{\text{php·T}} = 4.77\text{m}\Omega$，$R_{\text{php·T}} = 0.53\text{m}\Omega$

短路电路总相保阻抗：

$$Z_{\text{php·k}} = \sqrt{\left(R_{\text{php·s}} + R_{\text{php·T}}\right)^2 + \left(X_{\text{php·s}} + X_{\text{php·T}}\right)^2} = \sqrt{(0.14 + 0.53)^2 + (1.408 + 4.77)^2}$$
$$= 6.214\text{m}\Omega$$

低压母线单相短路电流有效值：$I_k'' = \dfrac{220}{Z_{\text{php·k}}} = \dfrac{220}{6.214} = 35.40\text{kA}$

> 注：也可参考《工业与民用供配电设计手册》（第四版）P304 表 4.6-11 之注 3 及 P163 式（4-55）。但 SCB9 系列变压器参数已替换为 SCB11。

24.《低压配电设计规范》（GB 50054—2011）第3.1.2条。

第3.1.2条：验算电器在短路条件下的接通能力和分断能力应采用接通或分断时安装处预期短路电流，当短路点附近所接电动机额定电流之和超过短路电流的1%时，应计入电动机反馈电流的影响。

由题干接线图可知，k_2点较k_1点多连接一段30m的电力电缆，因此k_1点短路电流应大于k_2点短路电流，k_2点短路电流的1%：$I_{K2} \doteq 0.01 \times 24.5\text{kA} = 245\text{A}$。

k_2点电动机电流：$I_{m2} = 90\text{A} < 245\text{A}$

k_1点电动机电流：$I_{m1} = 90 + 60 = 150\text{A} < 245\text{A} < 1\%I_{k1}$

因此，均不考虑电动机反馈电流的影响。

25.《工业与民用供配电设计手册》（第四版）P986式（11.3-5）、式（11.3-6）。

电动机保护的低压断路器，定时限过电流脱扣器整定值，应躲过短时间出现的负荷尖峰电流，即：

$$I_{set2} \geq K_{rel2}[I_{stM1} + I_{c(n-1)}] = 1.2 \times [6 \times 60 + (410 - 60)] = 852\text{A}$$

电动机保护的低压断路器，瞬时过电流脱扣器整定值，应躲过短时间出现的尖峰电流，即：

$$I_{set3} \geq K_{rel3}[I'_{stM1} + I_{c(n-1)}] = 1.2 \times [2 \times 6 \times 60 + (410 - 60)] = 1284\text{A}$$

注：也可参考《工业及民用配电设计手册》（第三版）P631式（11-15），P636式（11-16）。

题26～30答案：**BABBA**

26.《红外线同声传译系统工程技术规范》（GB 50524—2010）第3.3.2-9条及条文说明。

两个红外辐射单元到红外发射主机的连接线缆总长度差允许的最大值：

$$L_\Delta = \frac{1}{4ft} = \frac{1}{4 \times (5 \times 10^6) \times (5.6 \times 10^{-9})} = 8.93\text{m}$$

第二个红外辐射单元的同轴电缆长度允许范围：$L_2 = L_1 \pm 8.93 = 25 \pm 8.93 = 16.07 \sim 33.93\text{m}$，取30m。

27.《火灾自动报警系统设计规范》（GB50116—2013）第6.2.2条。

感烟探测器个数：$N = \dfrac{S}{KA} = \dfrac{30 \times 20}{(0.7 \sim 0.8) \times 80} = 9.37 \sim 10.71$个，取10个。

28.《公共广播系统工程技术规范》（GB 50526—2021）第3.5.4条。

传输线路的截面积：$S = \dfrac{2\rho LP}{U^2(10^{r/20} - 1)} = \dfrac{2 \times 1.75 \times 10^{-8} \times 0.65 \times 30 \times 5}{100^2 \times (10^{2/20} - 1)} = 1.32\text{mm}^2$

29.《建筑物防雷设计规范》（GB 50057—2010）附录A"建筑物年预计雷击次数"。

主楼高度300m，则相同雷击次数的等效面积：

$$A_e = [LW + 2H(L + W) + \pi H^2] \times 10^{-6} = [81 \times 45 + 2 \times 300 \times (81 + 45) + \pi 300^2] \times 10^{-6}$$
$$= 0.362\text{km}^2$$

建筑物年预计雷击次数：$N = k(0.1T_d)A_e = 1.5 \times 0.1 \times 34 \times 0.362 = 1.23$次/a

30.《视频安防监控系统工程设计规范》（GB 50395—2007）式（6.0.2）。

全景焦距：$f_1 = \dfrac{AL}{H_1} = \dfrac{20 \times 7}{4} = 35\text{mm}$

特写焦距：$f_2 = \dfrac{AL}{H_2} = \dfrac{20 \times 7}{0.5} = 280\text{mm}$

变焦倍数：$k = \dfrac{f_1}{f_2} = \dfrac{280}{35} = 8$ 倍

题 31～35 答案：**DCCCB**

31.《钢铁企业电力设计手册》下册 P401～P402 式（26-45）、式（26-49）。

由于题干缺少直流电机功率因数，因此额定电流近似取电机电枢电流：$I_{ed} = 1305\text{A}$（仅并励时忽略励磁回路电流）。

均衡电流为额定电流的 5%：$I_{jh} = 0.05 I_{ed} = 0.05 \times 1305 = 65.25\text{A}$

正常工作时变流器的额定电流：$I_{de} = I_{ed} + I_{jh} = 1305 + 65.25 = 1370.25\text{A}$

电机过载时变流器最大电流：$I_{dm} = 2.5 I_{ed} + I_{jh} = 2.5 \times 1305 + 65.95 = 3328.45\text{A}$

查表 26-18，计算因子，$A = 2.34$，$C = 0.5$，$K_2 = 0.816$

其他参数 $\alpha_{zx} = 30°$，$\cos\alpha_{zx} = 0.866$，$r = \dfrac{I_{ed} \cdot r_{ed}}{U_{ed}} = \dfrac{1305 \times 0.028}{660} = 0.055$

整流变压器二次相电压有效值：

$$U_2 = \dfrac{U_{ed}\left[1 + r\left(\dfrac{I_{maxd}}{I_{ed}} - 1\right)\right]}{A\beta\left(\cos\alpha_{zx} - C\dfrac{U_d\%}{100} \cdot \dfrac{I_{maxd}}{I_{eb}}\right)} = \dfrac{660 \times [1 + 0.055(2.5 - 1)]}{2.34 \times 0.95\left(0.866 - 0.5 \times \dfrac{5}{100} \times \dfrac{3328.45}{1370.25}\right)} = 399.10\text{V}$$

整流变压器二次相电压有效值：$I_2 = K_2 \times I_{de} = 0.816 \times 1370.25 = 1118.124\text{A}$

整流变压器二次视在功率：$S_{b2} = 3U_2 I_2 = 3 \times 399.10 \times 1118.124 \times 10^{-3} = 1338.73\text{kVA}$

查表 26-18，由于三相桥式 Y/y 的 $S_{b1} = S_{b2}$，因此 $S_b = \dfrac{1}{2}(S_{b1} + S_{b2}) = S_{b2} = 1338.73\text{kVA}$

注：也可参考 P403～P404 "26.3.7 整流变压器计算示例"。

32.《钢铁企业电力设计手册》下册 P404～P406 式（26-50）、式（26-51）、式（26-55）。

电动机电枢回路电感：$L_d = K_d \dfrac{19.1 U_{ed}}{2 P n_{ed} I_{ed}} \times 10^3 = 0.1 \times \dfrac{19.1 \times 660}{2 \times 3 \times 410 \times 1305} \times 10^3 = 0.3927\text{mH}$

整流器变压器电感：$L_b = K_b \dfrac{U_d\%}{100} \cdot \dfrac{U_2}{I_{de}} = 4.04 \times 5\% \times \dfrac{396.33}{1370.25} = 0.058\text{mH}$

对三相桥式电路，在计算时要考虑到同时有两相串联导电，故变压器的电感值应取计算值的 2 倍，即 $L'_b = 2L_b = 2 \times 0.058 = 0.116\text{mH}$；查表 26-19 电抗器计算系数，可知 $K'_{md} = 1.05$，则

限制电流脉动外加电抗的电感值：

$$L_{dk1} = K'_{md} \dfrac{U_2}{V_d \cdot I_{ed}} - (L_d + L'_b) = 1.05 \times \dfrac{410}{0.05 \times 1370.25} - (0.3927 + 0.116) = 5.775\text{mH}$$

33.《钢铁企业电力设计手册》下册 P404～P406 式（26-50）、式（26-51）、式（26-59）。

电动机电枢回路电感：$L_d = K_d \dfrac{19.1 U_{ed}}{2 P n_{ed} I_{ed}} \times 10^3 = 0.1 \times \dfrac{19.1 \times 660}{2 \times 3 \times 410 \times 1305} \times 10^3 = 0.3927\text{mH}$

整流器变压器电感：$L_b = K_b \dfrac{U_d\%}{100} \cdot \dfrac{U_2}{I_{de}} = 4.04 \times 5\% \times \dfrac{396.33}{1370.25} = 0.058\text{mH}$

对三相桥式电路，在计算时要考虑到同时有两相串联导电，故变压器的电感值应取计算值的 2 倍，即 $L'_b = 2L_b = 2 \times 0.058 = 0.116\text{mH}$；查表 26-19 电抗器计算系数，可知 $K'_{is} = 0.695$，则

使电流连续外加电抗的电感值：

$$L_{dk2} = K'_{is} \frac{U_2}{I_{is}} - (L_d + L'_b) = 0.695 \times \frac{410}{0.05 \times 1305} - (0.3927 + 0.116) = 3.858\text{mH}$$

34.《钢铁企业电力设计手册》（下册）P404～P407 式（26-50）、式（26-51）、式（26-63）。

电动机电枢回路电感：$L_d = K_d \dfrac{19.1 U_{ed}}{2P n_{ed} I_{ed}} \times 10^3 = 0.1 \times \dfrac{19.1 \times 660}{2 \times 3 \times 410 \times 1305} \times 10^3 = 0.3927\text{mH}$

整流器变压器电感：$L_b = K_b \dfrac{U_d\%}{100} \cdot \dfrac{U_2}{I_{de}} = 4.04 \times 5\% \times \dfrac{396.33}{1370.25} = 0.058\text{mH}$

对三相桥式电路，在计算时要考虑到同时有两相串联导电，故变压器的电感值应取计算值的 2 倍，即 $L'_b = 2L_b = 2 \times 0.058 = 0.116\text{mH}$；查表 26-19 电抗器计算系数及注 1，可知 $K'_{jh} = 2.8$，则

限制均衡电流外加电抗的电感值：

$$L_{dk3} = K'_{is} \frac{U_2}{I_{jh}} - L'_b = 2.8 \times \frac{410}{0.05 \times 1305} - 0.116 = 17.477\text{mH}$$

35.《钢铁企业电力设计手册》（下册）P409、式（26-63）。

交流侧进线电抗器电感：$L_j = K_j \dfrac{U_2}{\omega I_2} = 50 \times \dfrac{410}{314 \times 1050} = 0.062\text{mH}$

题 36～40 答案：**DACBB**

36.《导体和电器选择设计技术规定》（DL/T 5222—2005）第 10.2.1 条～第 10.2.4 条。

37.《工业与民用供配电设计手册》（第四版）P986 式（11.3-5）、式（11.3-6）。

电动机线路熔断器熔体的额定电流：$I_r \geqslant K_r [I_{rM1} + I_{C(n-1)}] = 1 \times (50 + 160) = 210\text{A}$

注：原题参考《工业与民用配电设计手册》（第三版）P623 式（11-9）、表 11-35。

38.《照明设计手册》（第三版）P94 式（4-3）及表 4-4。

照明线路熔断器熔体的额定电流：$I_r \geqslant K_m I_C = 1.5 \times 40 = 60\text{A}$

其中照明回路负荷为金属卤化物灯，查表 4-4 可知 $K_m = 1.5$

注：《工业与民用配电设计手册》（第三版）P623 式（11-10）、表 11-35。

39.《工业与民用供配电设计手册》（第四版）P1086 "aM 熔断器的熔断体选择条件"。

（1）熔断体额定电流大于电动机的额定电流。

（2）电动机的启动电流不超过熔断体额定电流的 6.3 倍。

综合两个条件，熔断体额定电流可取电动机额定电流的 1.1 倍左右。

则：$I_r \geqslant 1.1 I_M = 1.1 \times 50 = 55\text{A}$，取 63A。

注：也可参考《工业与民用配电设计手册》（第三版）P666 "aM 熔断器的熔断体选择条件"。

40.《工业与民用供配电设计手册》（第四版）P1022 式（11.9-1）。

上级断路器短延时脱扣器电流整定值：$I_{set2 \cdot A} \geqslant 1.3 I_{set3 \cdot B} = 1.3 \times 1000 = 1300\text{A}$

注：原题参考《工业与民用配电设计手册》（第三版）P650 式（11-21），原可靠系数为 1.2。

2017 年专业知识试题答案（上午卷）

1. **答案**：A

   依据：《照明设计手册》（第三版）P436 表 20-2 "灯具配光曲线选择表"、P7 式（1-9）。

   根据灯具在厂房房架上悬挂高度，按室形指数 RI 值选取不同配光的灯具：当 $RI = 0.5 \sim 1.8$ 时，宜选用窄配光灯具；当 $RI = 0.8 \sim 1.65$ 时，宜选用中配光灯具；当 $RI = 1.65 \sim 5$ 时，宜选用宽配光灯具。

   $$RI = \frac{L \cdot W}{h(L + W)} = \frac{60 \times 30}{8 \times (60 + 30)} = 2.5$$

   注：也可参考《照明设计手册》（第二版）P231 "照明质量"之（1）、P7 式（1-9），或参考 P106 表 4-13。

2. **答案**：C

   依据：《电力工程电缆设计标准》（GB 50217—2018）第 3.6.8 条。

3. **答案**：B

   依据：《交流电气装置的接地设计规范》（GB 50065—2011）第 4.2.2-2 条。

   跨步电位差：$U_s = 50 + 0.2\rho_s C_s = 50 + 0.2 \times 40 \times 0.8 = 56.4\text{V}$

4. **答案**：D

   依据：$U_N = 1.38 U_m = 1.38 \times 126 = 173.88\text{kV}$

5. **答案**：B

   依据：《导体和电器选择设计技术规定》（DL/T 5222—2005）第 18.1.4 条，当欠补偿时，K 值按脱谐度确定（$K = 1 -$ 脱谐度）。

6. **答案**：C

   依据：《低压配电设计规范》（GB 50054—2011）第 3.1.17-3 条。

7. **答案**：B

   依据：《建筑物防雷设计规范》（GB 50057—2010）第 6.2.1 条 "防雷区的划分"。

8. **答案**：C

   依据：《交流电气装置的过电压保护和绝缘配合设计规范》（GB/T 50064—2014）第 5.2.1 条。

   $h = 35\text{m}$，则高度影响系数 $P = 5.5 \div \sqrt{35} = 0.93$

   $r = 1.5hP = 1.5 \times 35 \times 0.93 = 48.8\text{m}$

   注："滚球法"对应规范《建筑物防雷设计规范》（GB 50057—2011）（民用建筑使用较多），"折线法"对应规范《交流电气装置的过电压保护和绝缘配合设计规范》（GB/T 50064—2014），或者《交流电器装置的过电压保护和绝缘配合》（DL/T 620—1997），变电所与发电厂使用较多。

9. **答案**：D

   依据：《建筑物防雷设计规范》（GB 50057—2010）第 6.2.1 条及附录 E.0.1。

   $S \geqslant 4.24 k_c^2 = 4.24 \times 0.44^2 = 0.821\text{m}^2$

注：附录 E.0.1 当接闪器成闭合环或网状的多根引下线时，分流系数可为 0.44。

10. 答案：B

依据：《3—110kV 高压配电装置设计规范》（GB 50060—2008）第 5.5.2 条。

注：也可参考《20kV 及以下变电所设计规范》（GB 50053—2013）第 6.1.7 条。

11. 答案：B

依据：《20kV 及以下变电所设计规范》（GB 50053—2013）第 6.2.7 条。

12. 答案：D

依据：《交流电气装置的接地设计规范》（GB 50065—2011）第 3.2.2-4 条。

13. 答案：A

依据：《电力工程直流电源系统设计技术规程》（DL/T 5044—2014）第 6.10.2-1 条。

14. 答案：C

依据：《钢铁企业电力设计手册》（下册）P327 表 25-6 "多重化联结及可能达到的最低谐波含量"。

15. 答案：D

依据：《电力工程电缆设计标准》（GB 50217—2018）第 3.4.1-3 条、第 3.5.1-5 条、第 3.4.4-5 条、第 3.4.6 条。

16. 答案：C

依据：《导体和电器选择设计技术规定》（DL/T 5222—2021）第 5.1.3 条。

17. 答案：B

依据：《建筑设计防火规范》（GB 50016—2014）第 3.1.1 条及表 3.1.1。

18. 答案：C

依据：《电流对人和家畜的效应 第 1 部分：通用部分》（GB/T 13870.1—2008）表 12 下方文字。

19. 答案：C

依据：《低压配电装置 第 4-41 部分：安全防护 电击防护》（GB 16895.21—2020）第 411.6.1 条、第 411.4.5 条。

20. 答案：B

依据：《并联电容器装置设计规范》（GB 50227—2017）第 5.5.3 条。

21. 答案：B

依据：《照明设计手册》（第三版）P160 式（5-66）：

$$E_{av} = \frac{N\Phi_1 U\eta K}{A} = \frac{8 \times 200000 \times 0.7 \times 0.69 \times 0.7}{10000} = 54.1 lx$$

注：参见 P161 表 5-24 "利用系数 U 值选择表"。根据光通量全部入射到被照面上的投光灯盏数占总盏数的百分比，从表中选择利用系数。因此，若本题中未给利用系数值，也应可计算出结果。

22. 答案：C

依据：《钢铁企业电力设计手册》（上册）P428 第 11.2.4 节"多个谐波源的同次谐波叠加计算"。

$I_5 = \sqrt{35^2 + 25^2 + 1.28 \times 35 \times 25} = 54.5A$

相位角差不确定，5 次谐波 K_n 取 1.28。

23. 答案：D

依据：《供配电系统设计规范》（GB 50052—2009）第 5.0.11 条。

24. 答案：D

依据：《35kV～110kV 变电站设计规范》（GB 50059—2011）第 3.2.6 条。

25. 答案：D

依据：《数据中心设计规范》（GB 50174—2017）第 8.4.8 条及表 8.4.8。

注：《建筑物防雷设计规范》（GB 50057—2010）第 5.1.2 条及表 5.1.2。

26. 答案：A

依据：《公共广播系统工程技术规范》（GB 50526—2021）第 3.3.1 条及表 3.3.1。

27. 答案：D

依据：《人民防空地下室设计规范（限内部发行)》（GB 50038—2005）第 7.2.4 条及表 7.2.4。

人防战时负荷包括车库排水泵、正常照明、应急照明、物资库送风机、电葫芦，则：

$S_\Sigma = 11 + 12 + 1.5 + 4 + 1.5 = 30kW$

注：消防负荷不纳入人防战时负荷统计。

28. 答案：B

依据：《钢铁企业电力设计手册》（下册）P38 表 23-31"直流电动机允许的最大转矩倍数"。

29. 答案：B

依据：尖峰电流出现在除最大功率的一台设备外所有其他设备正常运行时，启动该最大功率设备，则：

$$I_{jf} = I_{n1} + I_{n2} + I_{st} \cdot max = 698 + \frac{300 \times 80\%}{0.38 \times 0.8 \times \sqrt{3}} + 1089 = 2242.8A$$

注：Y/△降压启动适用于正常运行时绕组为三角形接线。启动时电动机定子绕组接成星形，随后将三相绕组转接成三角形。

30. 答案：D

依据：《汽车库、修车库、停车场设计防火规范》（GB 50067—2014）第 9.0.1 条。

31. 答案：A

依据：《建筑照明设计标准》（GB 50034—2013）第 6.2.7 条。

32. 答案：B

依据：《交流电气装置的接地设计规范》（GB/T 50065—2011）第 8.1.3-2 条。

33. 答案：C

依据：《火灾自动报警系统设计规范》（GB 50116—2013）第 6.2.15 条。

34. **答案：C**

依据：《数据中心设计规范》（GB 50174—2017）第 8.1.7 条、第 8.1.8 条。

35. **答案：C**

依据：《火力发电厂与变电站设计防火标准》（GB 50229—2019）第 11.1.1 条、第 11.1.5 条及表 11.1.5。

36. **答案：A**

依据：《66kV 及以下架空电力线路设计规范》（GB 50061—2010）第 12.0.7 条。

37. **答案：B**

依据：《供配电系统设计规范》（GB 50052—2009）第 6.0.4 条。

38. **答案：D**

依据：《交流电气装置的过电压保护和绝缘配合设计规范》（GB/T 50064—2014）附录 B 式（B.0.1）。

39. **答案：B**

依据：《低压配电设计规范》（GB 50054—2011）第 7.7.8 条。

40. **答案：D**

依据：《电力工程电缆设计标准》（GB 50217—2018）附录 A "常用电力电缆导体的最高允许温度"。

41. **答案：ACD**

依据：《建筑物防雷设计规范》（GB 50057—2010）第 3.0.3 条。

42. **答案：AD**

依据：《民用建筑电气设计标准》（GB 51348—2019）第 6.1.3-2 条。

43. **答案：CD**

依据：《低压配电设计规范》（GB 50054—2011）第 3.1.2 条。

注：弧焊机又称弧焊机变压器，是一种特殊的变压器，不属于电动机范畴。

44. **答案：AC**

依据：《钢铁企业电力设计手册》（下册）P270 表 25-1 下方。

45. **答案：BCD**

依据：《人民防空工程设计防火规范》（GB 50098—2009）第 8.2.4 条、第 8.2.5 条。

46. **答案：ABC**

依据：《建筑设计防火规范》（GB 50016—2014）第 10.3.1 条。

47. **答案：ABC**

依据：《低压配电设计规范》（GB 50054—2011）第 5.1 条 "直接接触防护措施"。

48. **答案：CD**

依据：无。

49. **答案：** ABC

  依据：《人民防空地下室设计规范（限内部发行）》（GB 50038—2005）第 7.2.15 条。

50. **答案：** ABD

  依据：《钢铁企业电力设计手册》（下册）P311 表 25-12。

51. **答案：** CD

  依据：《交流电气装置的接地设计规范》（GB/T 50065—2011）第 7.1.2-2 条、第 7.1.3 条、第 7.1.4 条、第 7.2.11 条。

52. **答案：** ABC

  依据：《交流电气装置的接地设计规范》（GB/T 50065—2011）第 4.3.2-1 条。

53. **答案：** ABC

  依据：《火灾自动报警系统设计规范》（GB 50116—2013）第 4.1.1 条、第 4.1.4 条、第 4.1.5 条、第 4.1.6 条。

54. **答案：** CD

  依据：《66kV 及以下架空电力线路设计规范》（GB 50061—2010）第 5.2.4 条。

55. **答案：** ABC

  依据：《电力工程直流电源系统设计技术规程》（DL/T 5044—2014）第 3.2.3 条。

56. **答案：** AD

  依据：《导体与电器选择设计技术规程》（DL/T 5222—2005）第 7.3.8 条。

57. **答案：** BC

  依据：《低压配电设计规范》（GB 50054—2011）第 5.3.13 条、第 5.3.17 条。

58. **答案：** ABD

  依据：《钢铁企业电力设计手册》（下册）P96 表 24-7。

59. **答案：** ACD

  依据：《建筑设计防火规范》（GB 50016—2014）第 5.3.1 条及表 5.3.1。

60. **答案：** CD

  依据：《电力工程电缆设计标准》（GB 50217—2018）第 3.2.2 条、第 3.3.2-1 条、第 3.3.3 条、第 3.3.5 条。

61. **答案：** BD

  依据：《导体和电器选择设计技术规定》（DL/T 5222—2005）附录 D 表 D.9 和表 D.11。

  查表 D.11，校正系数 $K = 0.88$，裸母线载流量 $I_c = 1500 \div 0.88 = 1704.5$A

  查表 D.9，矩形铝母线长期允许载流量 $I_e > I_c$。

62. **答案：** AB

  依据：《电力工程直流电源系统设计技术规程》（DL/T 5044—2014）第 2.0.19 条。

注：也可参考《站用交直流一体化电源系统技术规范》（Q/GDW 576—2010）第 4.1 条。

63. **答案：** BCD

    依据：《交流电气装置的接地设计规范》（GB/T 50065—2011）第 4.3.5 条、第 4.3.6 条。

64. **答案：** BCD

    依据：《20kV 及以下变电所设计规范》（GB 50053—2013）第 4.2.2 条。

65. **答案：** AB

    依据：《并联电容器装置设计规范》（GB 50227—2017）第 8.3.3 条。

66. **答案：** ACD

    依据：《建筑物防雷设计规范》（GB 50057—2010）第 5.3.2 条～第 5.3.4 条、第 5.3.6 条。

67. **答案：** ABD

    依据：《交流电气装置的过电压保护和绝缘配合设计规范》（GB/T 50064—2014）第 5.4.2 条、第 5.4.3 条。

68. **答案：** BCD

    依据： 无。分析可知，由于三相负荷不平衡，各相电流不相等，PEN 断线后，根据用电设备电阻的不同，导致各相电压升高或降低，同时金属外壳对地电压将升高至相电压附近，约 220V，发生电击危险很大。

    注：可参考《建筑物电气装置 600 问》（王厚余著）了解相关内容。

69. **答案：** ABD

    依据：《电力装置电测量仪表装置设计规范》（GB/T 50063—2017）第 4.1.7 条。

70. **答案：** BC

    依据：《人民防空地下室设计规范（限内部发行）》（GB 50038—2005）第 7.2.3 条。

2017 年专业知识试题答案（下午卷）

1. **答案：** D

   依据：《照明设计手册》（第三版）P62 式（2-5）。

   $$\mu = \frac{BEF \cdot P}{100} = \frac{0.61 \times 150}{100} = 0.915$$

2. **答案：** D

   依据：《建筑物防雷设计规范》（GB 50057—2010）第 3.0.3-10 条。

3. **答案：** D

   依据：《导体和电器选择设计技术规定》（DL/T 5222—2005）第 18.2.6 条。

   $$U_R \geqslant 1.05 \times \frac{10}{\sqrt{3}} = 6.06\text{kV}$$

4. **答案：** C

   依据：《建筑物电气装置 第 5 部分：电气设备的选择和安装 第 523 节：布线系统载流量》（GB 16895.15—2002）附录 C 表（C52-1）。

5. **答案：** A

   依据：《交流电气装置的过电压保护和绝缘配合设计规范》（GB/T 50064—2014）第 6.4.6 条。

6. **答案：** B

   依据：《并联电容器装置设计规范》（GB 50227—2017）第 8.2.1 条、第 8.2.4 条。

7. **答案：** B

   依据：《3~110kV 高压配电装置设计规范》（GB 50060—2008）第 5.1.1 条及表 5.1.1。

   带电作业时，不同相或交叉的不同回路带电部分之间，其 B_1 值可在 A_2 值上加 750mm。

8. **答案：** C

   依据：《交流电气装置的接地设计规范》（GB/T 50065—2011）附录 A 第 A.0.5 条。

   $$\rho_a = \frac{\rho_1 \rho_2}{\frac{H}{l}(\rho_2 - \rho_1) + \rho_1} = \frac{40 \times 100}{\frac{2}{3} \times (100 - 40) + 40} = 50\Omega \cdot m$$

9. **答案：** D

   依据：《电力工程直流电源系统设计技术规程》（DL/T 5044—2014）第 4.1.2-2 条。

10. **答案：** A

    依据：《电力工程电缆设计标准》（GB 50217—2018）第 5.1.10-1 条。

11. **答案：** D

    依据：《建筑物防雷设计规范》（GB 50057—2010）第 6.4.4 条及表 6.4.4。

12. **答案：** A

    依据：《建筑设计防火规范》（GB 50016—2014）第 5.5.17-4 条。

13. 答案：A

依据：《低压配电设计规范》（GB 50054—2011）第 5.2.9-1 条。

14. 答案：A

依据：《爆炸危险环境电力装置设计规范》（GB 50058—2014）第 5.2.2-1 条。

15. 答案：D

依据：《电能质量三相电压不平衡》（GB/T 15543—2008）第 4.1 条。

16. 答案：D

依据：《电力装置电测量仪表装置设计规范》（GB/T 50063—2017）第 3.1.4 条。

17. 答案：C

依据：《电力装置的继电保护和自动装置设计规范》（GB/T 50062—2008）第 5.0.7 条。

18. 答案：A

依据：《电能质量供电电压偏差》（GB/T 12325—2008）第 4.1 条、《电能质量电力系统频率偏差》（GB/T 12325—2008）第 3.1 条。

注：容量较小指 3000MW 以下。

19. 答案：D

依据：《火灾自动报警系统设计规范》（GB 50116—2013）第 6.2.17-1 条。

20. 答案：C

依据：《视频显示系统工程技术规范》（GB 50464—2008）第 3.2.2 条及表 3.2.2。

21. 答案：A

依据：《电力工程电缆设计标准》（GB 50217—2018）第 6.2.2 条、第 6.2.3-1 条、第 6.2.4-3 条、第 6.2.5-3 条。

22. 答案：D

依据：《会议电视会场系统工程设计规范》（GB 50635—2010）第 3.6.3 条。

23. 答案：C

依据：《综合布线系统工程设计规范》（GB 50311—2016）附录 A 第 A.0.5-1 条。

24. 答案：B

依据：《建筑照明设计标准》（GB 50034—2013）第 6.3.16 条。

25. 答案：C

依据：《数据中心设计规范》（GB 50174—2017）第 8.1.14 条、第 8.1.16 条。

26. 答案：A

依据：《低压配电设计规范》（GB 50054—2011）第 5.2.1 条。

27. 答案：C

依据：《钢铁企业电力设计手册》（下册）P102 式（24-2）。

$$\frac{U'_{q\Delta}}{U_{q\Delta}} = \frac{1 + \sqrt{3}K}{1 + 3K} = \frac{1 + \sqrt{3}}{1 + 3} = 0.683$$

28. 答案：A

依据：《建筑物电子信息系统防雷技术规范》（GB 50343—2012）第 4.3.1 条及表 4.3.1。

29. 答案：C

依据：《人民防空地下室设计规范（限内部发行）》（GB 50038—2005）第 7.3.1 条、第 7.3.2 条、第 7.3.4 条，《人民防空工程设计防火规范》（GB 50098—2009）第 8.3.1 条。

30. 答案：C

依据：《工业与民用供配电设计手册》（第四版）P20 式（1.6-5）和式（1.6-7），表（1.6-1）。

U 相：$P_u = P_{UV}p_{(UV)U} + P_{WU}p_{(WU)U} = 46 \times 0.89 + 0 = 40.94kW$

V 相：$P_V = P_{UV}p_{(UV)V} + P_{VW}p_{(VW)V} = 46 \times 0.11 + 0 = 5.06kW$

注：也可参考《工业与民用配电设计手册》（第三版）P12 式（1-28）和式（1-30）和表 1-14。

31. 答案：C

依据：《电能质量供电电压偏差》（GB/T 12325—2008）第 4.3 条

$$\delta U = \frac{U - U_n}{U_n} \times 100\% = \frac{236 - 220}{220} \times 100\% = +7.27\% > 7\%$$，不符合规定。

32. 答案：C

依据：《照明设计手册》（第三版）P145 式（2-39）。

灯具数量：$N = \frac{E_{av}A}{\Phi UK} = \frac{300 \times 10 \times 6.6}{3300 \times 0.8 \times 0.62} = 12.10$ 个

33. 答案：C

依据：《人民防空工程设计防火规范》（GB 50098—2009）第 8.1.1 条、第 8.2.1 条、第 8.2.6 条。

34. 答案：C

依据：《钢铁企业电力设计手册》（下册）P379 表（26-15）。

畸变因数随整流相数 q（即脉动次数）的增多而改善，亦即整流相数越多的整流电路，谐波对电网的影响就越小。

35. 答案：B

依据：《3～110kV 高压配电装置设计规范》（GB 50060—2008）第 5.5.4 条。

注：也可参考《20kV 及以下变电所设计规范》（GB 50053—2013）第 4.2.7 条。

36. 答案：C

依据：《系统接地的型式及安全技术要求》（GB 14050—2008）第 4.1-c 条，参考 TN-C-S 系统的接地形式分析答案。

37. 答案：A

依据：《建筑照明设计标准》（GB 50034—2013）第 3.3.2 条。

注：未明确为直管荧光灯。

38. **答案：D**

依据：《电力工程电缆设计标准》（GB 50217—2018）第 7.0.7 条。

39. **答案：B**

依据：《建筑设计防火规范》（GB 50016—2014）第 10.3.2 条。

40. **答案：D**

依据：《电力装置电测量仪表装置设计规范》（GB/T 50063—2017）第 3.3.4 条。

···

41. **答案：AB**

依据：《3～110kV 高压配电装置设计规范》（GB 50060—2008）第 5.3.2 条～第 5.3.4 条。

42. **答案：ABC**

依据：《钢铁企业电力设计手册》（下册）P337 表 25-17。

43. **答案：ABC**

依据：《照明设计手册》（第三版）P190 "灯具选择部分内容"。

44. **答案：BC**

依据：《电力工程电缆设计标准》（GB 50217—2018）第 5.3.5 条及表 5.3.5。

45. **答案：BCD**

依据：《电能质量 电压波动和闪变》（GB/T 12326—2008）第 3.7 条。

46. **答案：BD**

依据：《照明设计手册》（第三版）P5 "镇流器流明系数"，《建筑照明设计标准》（GB 50034—2013）第 2.0.29 条和第 2.0.31 条。

47. **答案：ACD**

依据：《人民防空地下室设计规范（限内部发行）》（GB 50038—2005）第 7.2.6 条。

48. **答案：CD**

依据：《电击防护 装置和设备的通用部分》（GB/T 17045—2020）第 7.2 条 "I 类设备"。

注：I 类设备采用基本绝缘作为基本防护措施，采用保护联结作为故障防护措施。也可参考《低压配电装置 第 4-41 部分：安全防护 电击防护》（GB 16895.21—2020）有关内容分析确定。

49. **答案：ABD**

依据：《钢铁企业电力设计手册》（下册）P50，23.5.1 "负荷平稳的连续工作制电动机"，P52，23.5.3 "短时工作制电动机"，《工业与民用供配电设计手册》（第四版）P5 式（1.2-1）。

注：也可参考《工业与民用配电设计手册》（第三版）P2 式（1-1），原答案应选 C。

50. **答案：BCD**

依据：《电流对人和家畜的效应 第 1 部分：通用部分》（GB/T 13870.1—2008）1 范围内容第二段。

51. **答案：ABC**

依据：《建筑照明设计标准》（GB 50034—2013）第 3.2.2 条。

52. 答案：BD

依据：《会议电视会场系统工程设计规范》（GB 50635—2010）第 3.2.5 条。

53. 答案：CD

依据：《数据中心设计规范》（GB 50174—2017）第 8.4.8 条及表 8.4.8。

54. 答案：BC

依据：《工业与民用供配电设计手册》（第四版）P1443～P1444 有关微波站接地内容。

注：也可参考《工业与民用配电设计手册》（第三版）P908～P910 "有关微波站接地内容"。

55. 答案：BC

依据：《民用建筑电气设计标准》（GB 51348—2019）第 21.4.1 条。

56. 答案：BCD

依据：《建筑照明设计标准》（GB 50034—2013）第 4.4.1 条、第 4.4.2 条、第 4.4.4 条。

57. 答案：ABC

依据：《供配电系统设计规范》（GB 50052—2009）第 6.0.7 条。

58. 答案：AD

依据：《钢铁企业电力设计手册》（下册）P430 表 26-33 "直流电动机可逆方式比较"。

59. 答案：AB

依据：《电力装置电测量仪表装置设计规范》（GB/T 50063—2017）第 3.6.4 条、第 3.6.6 条。

60. 答案：ABD

依据：《交流电气装置的接地设计规范》（GB/T 50065—2011）附录 H。

61. 答案：ABC

依据：《爆炸危险环境电力装置设计规范》（GB 50058—2014）第 5.5.1 条。

62. 答案：ACD

依据：《建筑设计防火规范》（GB 50016—2014）第 8.3.1 条、第 8.3.3-4 条、第 8.3.8-1 条。

63. 答案：AB

依据：《电力工程电缆设计标准》（GB 50217—2018）第 4.1.12 条。

64. 答案：ABC

依据：《电力工程电缆设计标准》（GB 50217—2018）第 3.5.3 条、第 3.5.4 条，《导体和电器选择设计技术规定》（DL/T 5222—2021）第 5.7.4 条。

65. 答案：AB

依据：《电力工程直流电源系统设计技术规程》（DL/T 5044—2014）附录 D。

66. 答案：ABC

依据：《35kV～110kV 变电站设计规范》（GB 50059—2011）第 2.0.5 条、第 2.0.7 条。

67. **答案：** AB

依据：《建筑物防雷设计规范》（GB 50057—2010）第 4.5.6 条。

68. **答案：** CD

依据：《交流电气装置的过电压保护和绝缘配合设计规范》（GB/T 50064—2014）第 2.0.6 条～第 2.0.9 条。

69. **答案：** ABC

依据：《低压配电设计规范》（GB 50054—2011）第 3.2.2 条、第 3.2.8 条、第 3.2.10 条。

70. **答案：** ACD

依据：《导体和电器选择设计技术规定》（DL/T 5222—2005）第 10.5.1 条、第 14.1.1 条、第 20.1.1 条、第 21.0.2 条。

2017年案例分析试题答案（上午卷）

题1~5答案：**CAADC**

1.《电流对人和家畜的效应 第1部分：通用部分》（GB/T 13870.1—2008）第3.1.10条及附录D。

第3.1.10条：偏差系数F_D：在给定的接触电压，人口某百分数的人口总阻抗Z_T除以人口50%百分数的人体总阻抗Z_T，$F_D(X\%, U_T) = \dfrac{Z_T(X\%, U_T)}{Z_T(50\%, U_T)}$

$$F_D(5\%) = \frac{Z_T(5\%)}{Z_T(50\%)} \Rightarrow Z_T(50\%) = \frac{Z_T(5\%)}{F_D(5\%)}$$

$$F_D(95\%) = \frac{Z_T(95\%)}{Z_T(50\%)} \Rightarrow Z_T(50\%) = \frac{Z_T(50\%)}{F_D(95\%)}$$

不超过被测对象5%的阻抗（一手到一手阻抗）：

$$Z_{T1}(5\%) = \frac{Z_T(95\%)}{F_D(95\%)} F_D(5\%) = \frac{1100}{1.35} \times 0.74 = 602.96\Omega$$

不超过被测对象5%的一手到一脚的阻抗：$Z_{T2}(5\%) = 602.96 \times 0.8 = 482.37\Omega$

一手到一膝盖的总电流：$I_T = \dfrac{U_T}{Z_T} = \dfrac{1000}{482.37 \times (1 - 32.3\% + 0.033)} = 2.92\text{A}$

2.《系统接地的型式及安全技术要求》（GB 14050—2008）第4.1-c)条，单相接地短路如解图所示。

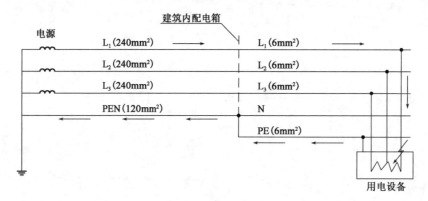

单位变换：$\rho_{20} = 2.82 \times 10^{-6}\Omega \cdot \text{cm} = 2.82 \times 10^{-5}\Omega \cdot \text{mm}$

电缆L_1的相保阻抗：

$$R_{L1 \cdot php} = 1.5 \cdot (R_{ph240} + R_{p120}) = 1.5 \times 1.02 \times 2.82 \times 10^{-5} \times \left(\frac{1}{240} + \frac{1}{120}\right) \times 10^3$$
$$= 0.539\text{m}\Omega$$

电缆L_2的相保阻抗可查表得：$R_{L2 \cdot php} = 14.1\text{m}\Omega/\text{m}$

单相接地短路电流：$I''_{k1} = \dfrac{220}{0.539 \times 120 + 14.1 \times 50} \times 10^3 = 285.83\text{A}$

注：YJLV 为铝芯交联聚乙烯绝缘电缆。

3.《系统接地的型式及安全技术要求》（GB 14050—2008）第4.1-c)条，单相接地短路如解图所示。

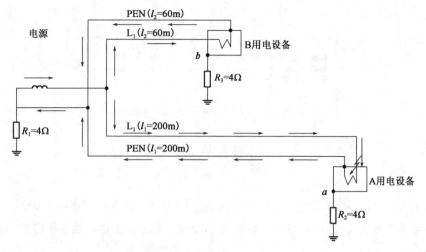

L_1 相线电阻及 PEN 线电阻：$R_{pL1} = R_{phL1} = 6.5 \times 200 \times 10^{-3} = 1.31\Omega$

L_2 相线电阻及 PEN 线电阻：$R_{pL2} = R_{phL2} = 6.5 \times 60 \times 10^{-3} = 0.39\Omega$，则电路图转换为（用电设备电阻值应远大于线路电阻，可视为断路）：

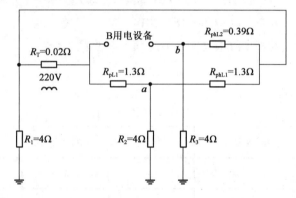

则电路图进一步转化为：

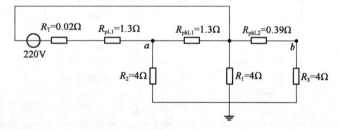

a 点发生单相接地短路时，变压器出口的短路电路为：

$$I'' = \frac{220}{0.02 + 1.3 + (4 /\!/ 4.39 + 4) /\!/ 1.3} = 91.99A$$

B 用电设备的接触电压为：

$$U_b = 4 \times 91.99 \times \frac{1.3}{1.3 + (4 /\!/ 4.39 + 4)} \times \frac{4}{4 + 4.39} = 30.85V$$

4.《建筑物电气装置 第 4 部分：安全防护 第 44 章：过电压保护 第 442 节：低压电气装置对暂时过电压和高压系统与地之间的故障的防护》（GB 16895.11—2001）图 44J IT 系统-图 1。

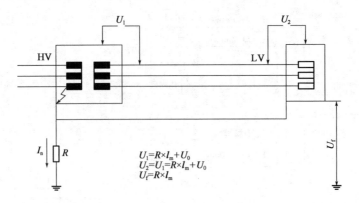

$$U_1 = R \times I_m + U_0$$
$$U_2 = U_1 = R \times I_m + U_0$$
$$U_f = R \times I_m$$

工频应力电压 U_1（对应解图中 U_2）：$U_1 = U_0 + I_E \cdot R_E = 220 + 10 \times 10 = 320V$

注：也可参考《低压电气装置 第4-44部分：安全防护 电压骚扰和电磁骚扰防护》（GB 16895.10—2021）表 44.A1。

5. ①错：《建筑设计防火规范》（GB 50016—2014）表 3.4.1。

②错：《20kV 及以下变电所设计规范》（GB 50053—2013）第 6.1.7 条。

③错：《建筑设计防火规范》（GB 50016—2014）第 5.2.3 条。

④对：《建筑设计防火规范》（GB 50016—2014）第 5.4.13-4 条。

题 6～10 答案：**CDCDB**

6.《工业与民用供配电设计手册》（第四版）P10 式（1.4-1）～式（1.4-5）。

序号	建筑名称	建筑面积（m²）	户数	计算负荷指标	需要系数	设备功率(kW)
1	科研办公楼	31400	—	42W/m²	—	1318.8
2	员工宿舍楼	2800	27	2.5kW/户	0.65	43.9
3	住宅楼	12122	117	6kW/户	0.4	280.8
4	配套商业、车库及设施	14688	—	36W/m²		528.8
5	设备总功率	2172.3kW				
6	同时系数	0.9				
7	设备总计算功率	1955.1kW				
8	功率因数	0.92				
9	设备总计算负荷	2125.1kV · A				

总有功功率：$P_\Sigma = K_{\Sigma p} \Sigma(K_x P_e) = 0.9 \times 2172.3 = 1955.1kW$

总计算负荷：$S_\Sigma = \dfrac{P_\Sigma}{\cos\varphi} = \dfrac{10946.3}{0.92} = 2125.1kV \cdot A$

注：也可参考《工业及民用配电设计手册》（第三版）P3 式（1-9）～式（1-11）。

7.《建筑设计防火规范》（GB 50016—2014）（2018 年版）第 3.2.1 条、第 3.2.2 条。

二级负荷如下：

序号	用电设备名称	设备容量（kW）	数量	需要系数	备注
1	应急照明	5		1	
2	走道照明	10		0.5	
3	消火栓水泵	30	2	1	一用一备
4	喷淋水泵	15	2	1	一用一备
5	消防电梯	17.5	1	1	
6	普通客梯	17.5	1	1	
7	生活水泵	7.5	2	1	一用一备
8	排污泵	3	4	0.9	
9	消防用排水泵	3	4	1	
10	消防加压装置	5.5	2	1	
11	安防系统用电	20		0.85	
12	集中供暖热交换系统	50		0.7	
13	设备总功率	183.3kW	不计入备用		

二级总计算负荷：$S_{\Sigma2} = \dfrac{P_{\Sigma2}}{\cos\varphi} = \dfrac{183.3}{0.85} = 215.65\text{kV}\cdot\text{A}$

三级负荷如下：

序号	用电设备名称	设备容量（kW）	数量	需要系数	备注
1	住户用电	6kW	99 户	0.4	三相配电
2	普通照明	15		0.5	
3	通风机	7.5	4	0.6	
4	公共小动力电源	10		0.6	
5	设备总功率	269.1kW			

三级总计算负荷：$S_{\Sigma3} = \dfrac{P_{\Sigma3}}{\cos\varphi} = \dfrac{269.1}{0.85} = 316.6\text{kV}\cdot\text{A}$

8.《工业与民用供配电设计手册》（第四版）P6，1.2.2.2 "计算范围（配电点）的总设备功率"。

序号	用电负荷名称	容量（kW）	需要系数 K_x	$\cos\varphi$	计算功率 P_c（kW）	备注
1	照明用电	316	0.70	0.9	221.2	
2	应急照明	40	0.2	0.9	8	
3	插座及小动力用电	1057	0.35	0.85	369.95	
4	新风机组及风机盘管	100	0.6	0.8	60	
5	动力设备	105	0.6	0.8	63	
6	制冷设备	960	0.6	0.8	576	
7	采暖热交换设备	119	0.6	0.8	0	季节性负荷，不计入
8	出租商业及餐饮	200	0.6	0.8	120	

序号	用电负荷名称	容量（kW）	需要系数 K_x	$\cos\varphi$	计算功率 P_c（kW）	备注
9	建筑立面景观照明	57	0.6	0.7	34.2	
10	控制室及通信机房	100	0.6	0.85	60	
11	信息及智能化系统	20	0.6	0.85	12	
12	防排烟设备	550	1	0.8	0	消防负荷，不计入
13	消防水泵	215	0.5	0.8	0	消防负荷，不计入
14	消防卷帘门	20	1	0.8	0	消防负荷，不计入
15	消防电梯	30	1	0.8	30	
16	客梯、货梯	150	0.65	0.8	97.5	
17	建筑立面擦窗机	52	0.6	0.8	31.2	
18	设备总功率	1683.05kW				
19	同时系数	0.9				
20	设备总计算功率	1514.75kW				
21	功率因数	0.92				
22	设备总计算负荷	1646.5kV·A				
23	变压器负荷率	≤65%				
24	变压器装机容量	≥2533kV·A，选取 2×1600kV·A				

注：《工业与民用配电设计手册》（第三版）P2 "消防设备容量一般不计入及季节性负荷选择容量较大计入"。

9.《建筑设计防火规范》（GB 50016—2014）第 3.1.3 条及条文说明、第 10.2.1 条及表 10.2.1。

第 3.1.3 条及条文说：闪电大于等于 60℃的柴油为丙类火灾危险性储存物品。

由第 10.2.1 条及表 10.2.1，可知 $h_c = 10 \times 1.5 = 15\text{m}$

10.《工业与民用供配电设计手册》（第四版）P38～P39 式（1.11-9）、式（1.11-11）。

串联电抗器引起的电容器端子电压升高：

$$U_C = \frac{U_n}{\sqrt{3}S(1-K)} = \frac{400}{\sqrt{3} \times (1-7\%)} = 248.3\text{kV}$$

根据式（1.11-11），即并联电容器装置的实际输出容量，可分析出串联电抗器容量为：

$$Q_L = Q_N \left(\frac{U_C}{U_N}\right)^2 K = 480 \times \left(\frac{248.3}{480/\sqrt{3}}\right)^2 \times 0.07 = 26.98\text{kvar}$$

题 11～15 答案：**BDBBA**

11.《导体和电器选择设计技术规定》（DL/T 5222—2005）第 7.1.4 条、第 6.0.2 条及表 6.0.2，附录 D 表 D.1 和表 D.8。

第 7.1.4 条：在计及日照影响时，钢芯铝绞线及管形导体可按不超过 +80℃考虑。查表 D.1 可知 10kV 侧载流量为 2915A。

第 6.0.2 条及表 6.0.2：室外裸导体环境温度取最热月平均最高温度。查表 D.11，可知海拔 2000m，

30℃时对应校正系数为 0.88，即实际母线允许载流量 $I_z = 2915 \times 0.88 = 2565.2A$

而实际负荷电流：$I_r = \dfrac{50 \times 100\%}{10.5 \times \sqrt{3}} \times 10^3 = 2749A > 2565.2A$，不满足要求。

12.《工业与民用供配电设计手册》（第四版）P459 表 6.2-5，《电能质量 供电电压偏差》（GB/T 12325—2008）第 4.2 条。

$$\Delta u_{\min} = \frac{P_{\min}l}{10U_n^2}(R + X \cdot \tan\varphi) = \frac{5 \times 2}{10 \times 10^2}(0.118 + 0.09 \times 0.33) = 1.475kV$$

$$\Delta u_{\max} = \frac{P_{\min}l}{10U_n^2}(R + X \cdot \tan\varphi) = \frac{10 \times 2}{10 \times 10^2}(0.118 + 0.09 \times 0.33) = 2.95kV$$

电压偏差范围：$\delta = e - \Delta u = 2 - 1.475 \sim -2 - 2.945 = 0.523kV \sim -4.954kV$

由《电能质量 供电电压偏差》（GB/T 12325—2008）第 4.2 条，10kV 电压偏差范围允许值为 7%，上述偏差范围满足要求。

> 注：也可参考《工业与民用配电设计手册》（第三版）P254 表 6-3。

13.《电力工程电缆设计标准》（GB 50217—2018）第 3.6.5 条、附录 C 表 C.0.1-4、附录 D 表 D.0.1、表 D.0.3。

由第 3.6.5 条可知，土中直埋敷设，环境温度选取埋深处的最热月平均地温，即 30℃。

由表 C.0.1-4，可知电缆导体的最高工作温度为 90℃，对应表 D.0.1 的温度校正系数 $K_1 = 0.96$。

由表 D.0.3，土壤热阻系数校正系数为：

$K_2 = 0.93(1.5K \cdot m/W)$，$K_3 = 0.87(2.0K \cdot m/W)$。

根据实际工作电流确定导体载流量：$I_g \geqslant \dfrac{220}{0.96 \times 0.93} \times 0.87 = 214.38A$

由表 C.0.1-4 可知选 95mm²。

> 注：消防专用电缆使用率较少，从经济性考虑，不能根据电流经济密度选择。可参考如下校验：
>
> 《电力工程电缆设计标准》（GB 50217—2018）附录 B 式（B.0.1-1）。
>
> 电流经济密度校验：$S_j = \dfrac{I_{\max}}{J} = \dfrac{220}{1.8} = 122.22mm^2$

14.《交流电气装置的过电压保护和绝缘配合设计规范》（GB/T 50064—2014）表 6.4.6-1、附录 A 式（A.0.2-2）。

表 6.4.6-1：110kV 电缆终端内、外绝缘雷电冲击耐压（峰值）分别为 450kV 和 450kV。

由附录 A 式（A.0.2-2）修正外绝缘值：

$$U(P_H) = k_a U(P_0) = e^{1 \times \frac{2000-1000}{8150}} \times 450 = 509kV$$

15.《电力工程电缆设计标准》（GB 50217—2018）第 4.1.11 条、第 4.1.12 条、附录 F。

$$X_S = \left(2\omega \ln \frac{S}{r}\right) \times 10^{-4} = \left(2 \times 2\pi \times 50 \times \ln \frac{0.05}{0.02}\right) \times 10^{-4} = 0.05757$$

$$\alpha = (2\omega \ln 2) \times 10^{-4} = (2 \times 2\pi \times 50 \times \ln) \times 10^{-4} = 0.04353$$

$$Y = X_S + \alpha = 0.05757 + 0.04353 = 0.1011$$

$$E_{SO} = \frac{I}{2}\sqrt{3Y^2 + (X_S - \alpha)^2} = \frac{400}{2}\sqrt{3 \times 0.1011^2 + (0.01404)^2} = 35.13kV$$

110kV 进线电缆上边相感应电压：$E_S = L \cdot E_{SO} = 0.5 \times 35.13 = 17.57kV$

中相感应电压：$E_S = L \cdot IX_S = 0.5 \times 400 \times 0.05757 = 11.51kV$

由第 4.1.11 条、第 4.1.12 条，可知应采用在线路一端或中央部位单点直接接地。

题 16～20 答案：**CCCAB**

16.《工业与民用供配电设计手册》（第四版）P1072 式（12.1-1），《通用用电设备配电设计规范》（GB 50055—2011）第 2.3.5 条。

电动机电缆运行电流：

$$I_{rM} = \frac{P_{rM}}{\sqrt{3}U_{rM}\eta_r \cos\varphi_r} = \frac{45}{\sqrt{3}\times0.38\times0.9\times0.8} = 94.96A, \quad 则 I_{set1} \geqslant 100A$$

电动机启动电流：

$$I_{st} = (2\sim2.5) \cdot K_{st} \cdot I_n = (2\sim2.5) \times 6 \times 94.96 = 1139.52\sim1424.4A, \quad 则 I_{set3} = 1250A$$

17.《工业与民用供配电设计手册》（第四版）P748 式（8.3-1）、式（8.3-3）、表（8.3-5）。

电流互感器导线电阻：$R_{dx} = L\dfrac{\rho}{S} = 50 \times \dfrac{0.0184}{2 \times 1.5} = 0.307\Omega$

PA1 电流表内阻抗：$Z_{mr} = \dfrac{S_s}{5^2} = \dfrac{0.55}{25} = 0.022\Omega$

实际二次负荷：$Z_b = K_{con2}Z_{mr} + K_{con1}R_{rd} = 0.022 + 2 \times 0.307 = 0.635\Omega$，其中接线系数按单相接线选取。

电流互感器二次侧电流：$I_{2N} = \dfrac{I_{1N}}{n} = \dfrac{94.96}{150/5} = 3.17A$

则，外部损耗 $P_b = I_{2N}^2 Z_b = 3.17^2 \times 0.635 = 6.381W$

《电力装置电测量仪表装置设计规范》（GB/T 50063—2017）第 3.1.4 条表 3.1.4，用于电测量装置的电流互感器准确度等级不应低于 0.5 级，本题目中采用的准确等级为 1.0 级，不满足要求。

18.《工业与民用供配电设计手册》（第四版）P304 式（4.6-41），P182 式（4.2-5）～式（4.2-8）、式（4.3-1）。

高压侧系统阻抗：$Z_Q = \dfrac{(cU_n)^2}{S_Q''} \times 103 = \dfrac{(1.05 \times 0.38)^2}{100} \times 103 = 1.592m\Omega$

则 $X_Q = 1.584m\Omega$，忽略 R_Q。

变压器电阻：$R_T = \dfrac{\Delta P \cdot U_{NT}^2}{S_{NT}^2} = \dfrac{11 \times 0.4^2}{1} = 1.76m\Omega$，则 $I_j = 5.5kA$

变压器阻抗：$Z_T = \dfrac{u_k\%}{100} \cdot \dfrac{U_{NT}^2}{S_{NT}^2} = \dfrac{4.5}{100} \cdot \dfrac{0.4^2}{1} = 7.2m\Omega$

变压器电抗：$X_T = \sqrt{Z_T^2 - R_T^2} = \sqrt{7.2^2 - 1.76^2} = 6.98m\Omega$

电缆线路电阻和电抗：$R_l = 0.754 \times 50 = 37.7m\Omega$，$X_l = 0.075 \times 50 = 3.75m\Omega$

三相短路电流有效值：$I_k'' = \dfrac{cU_n}{\sqrt{3}Z_k} = \dfrac{1.05 \times 380}{\sqrt{3} \times \sqrt{(1.76 + 37.7)^2 + (1.584 + 6.98 + 3.75)^2}}$
$$= 5.573kA$$

三相短路电流峰值：$i_P'' = K_{ch}\sqrt{2}I_k'' = 1 \times \sqrt{2} \times 5.573 = 7.88kA$

注：《低压配电设计规范》（GB 50054—2011）第 3.1.2 条，$I_{rM} = 94.96A > 5.63 \times 10^3 \times 1\% = 56.3A$，应考虑电动机反馈电流的影响，但本题目条件有限，电动机反馈电流可参考《工业与民用供配电设计手册》（第四版）P235 表 4.3-1。

19.《工业与民用供配电设计手册》（第四版）P1105 式（12.1-7）。

控制线路的临界长度：$L_{cr} = \dfrac{500P_h}{CU_n^2} = \dfrac{500 \times 20}{0.6 \times 220^2} = 0.344 \text{km} = 344\text{m} < 500\text{m}$，因此不能实现远程控制。

注：接触器按远方控制按钮（动合、动断两触头）用三芯线连接考虑。也可参考《钢铁企业电力设计手册》（下册）P625 式（28-38）。

20. 无。

C 处正反转应互锁，即接触器常闭触点 $-$KM1 和 $-$KM2 应调换位置；d 处控制电缆 AC220V 与 DC24V 不应合用电缆。

题 21~25 答案：**CBBBB**

21.《建筑设计防火规范》（GB 50016—2014）第 7.1.8-1 条，消防车道的净宽度和净空高度均不应小于 4.0m。

《3~110kV 高压配电装置设计规范》（GB 50060—2008）第 5.5.4 条，屋外 110kV 油浸变压器之间的最小净距应为 8m。

《35kV~110kV 变电站设计规范》（GB 50059—2011）第 2.0.5 条，屋外变电站实体围墙不应低于 2.2m。

《火力发电厂与变电站设计防火标准》（GB 50229—2019）第 11.1.1 条、第 11.1.5 条，总事故油池距离 35kV 配电室不应小于 5m。

22.《3~110kV 高压配电装置设计规范》（GB 50060—2008）。

第 5.1.1 条及表 1.5.1，110kV 有效接地系统 C 值（无遮拦裸导体至地面）安全净距为 3400mm。

第 5.5.3 条，贮油池和挡油设施应大于设备外廓每边各 1000mm，卵石层厚度不应小于 250mm。

23.《3~110kV 高压配电装置设计规范》（GB 50060—2008）第 5.1.4 条及表 5.1.4，第 5.4.4 条及表 5.4.4、第 5.1.7 条。

（1）通向室外的出线套管至屋外通道的路面应不小于 4000mm，满足要求。

（2）无遮拦裸导体至地面之间应不小于 2600mm，满足要求。

（3）母线支架至地面之间应不小于 2300mm，满足要求。

（4）移开式开关柜柜前操作通道为 950 + 1200 = 2150mm，不满足要求，柜后维护通道 1000mm，满足要求。

（5）屋内配电装置裸露的带电部分上面不应有明敷的照明、动力线路或管线跨越，不满足要求。

24.《3~110kV 高压配电装置设计规范》（GB 50060—2008）第 5.4.4 条及表 5.4.4，移开式开关柜单列布置时柜后维护通道不小于 800，不满足要求；第 5.4.5 条，容量 1000kV·A 及以下变压器与门最小净距为 800mm，不满足要求。

《低压配电设计规范》（GB 50054—2011）第 4.2.5 条及表 4.2.5 注 5，挂墙式配电箱的箱前操作通道宽度，不宜小于 1m，不满足要求。

25.《低压配电设计规范》（GB 50054—2011）第 4.2.5 条及表 4.2.5。

（1）单排布置，面积为 $S_1 = 14 \times 3.8 = 53.2\text{m}^2$

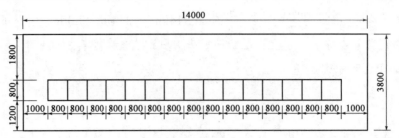

A：单排布置：14000×3800，面积：53.2m²

（2）双排面对面布置，面积为 $S_1 = 8.3 \times 6.3 = 52.92\text{m}^2$

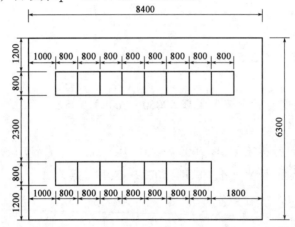

（3）双排同向布置，面积为 $S_1 = 8.4 \times 6.9 = 57.96\text{m}^2$

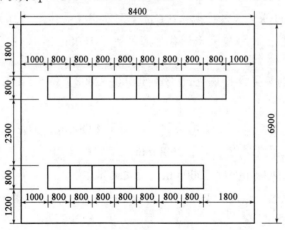

（4）多排同向布置，面积为 $S_1 = 10 \times 6 = 60\text{m}^2$

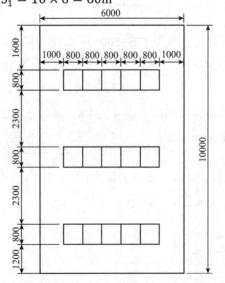

2017 年案例分析试题答案（下午卷）

题 1～5 答案：**CDBCC**

1.《电力工程直流电源系统设计技术规程》（DL/T 5044—2014）附录 A 式（A3.4）及表 A.5-1。

S_2 断路器额定电流：$I_n \geqslant K_c \left(I_{cc} + I_{cp} + I_{cs} \right) = 0.8 \times (1 + 4 + 2) = 5.6A$

根据题目已知条件和表 A.5-1 集中辐射形系统保护电器选择配合表（标准型），确定 S_2 的额定电流值为 40A。

2.《电力工程直流电源系统设计技术规程》（DL/T 5044—2014）第 6.3.7-1 条、附录 E。

根据 E.2 计算参数中的两个表，直流电动机回路计算电流取 $I_{ca2} = K_{stm} I_{nm} = 2 \times 10A$，允许电压降取 $U_p\% \leqslant 5\% U_n$，则：

电缆截面：$S_{cac} = \dfrac{\rho \cdot 2L I_{ca}}{\Delta U_p} = \dfrac{0.0184 \times 2 \times 120 \times (2 \times 10)}{220 \times 5\%} = 8.03 \text{mm}^2$，取 10mm^2。

第 6.3.7-1 条：直流柜与直流电动机之间的电缆截面需满足，电缆长期允许载流量的计算电流应大于电动机额定电流，则校验如下。

$S'_{cac} = \dfrac{10}{4} = 2.5\text{mm}^2 < 10\text{mm}^2$，满足要求

3.《电力工程直流电源系统设计技术规程》（DL/T 5044—2014）第 4.2.5 条及附录 C 第 C.2.3 条"蓄电池容量计算"及表 C.3-3。

直流负荷统计表

负荷名称	容量（kW）	负荷系数	经常负荷电流（A）	初期（A）	持续（A）			随机（A）
				1min	1～30min	30～60min	60～120min	5s
控制和保护设备	2	0.6	5.45	5.45	5.45	5.45	5.45	
跳闸	0.5	0.6		1.36				
恢复供电	0.8	1						3.64
应急照明	2	1		9.09			9.09	
UPS	1	0.6		2.73			2.73	
总计				18.63			17.27	3.64

（1）满足事故放电初期（1min）冲击放电电流容量的要求。

查表 C.3-3，放电终止电压为 1.85V 时，1min 放电时间的容量换算系数 $K_K = 1.24$

$C_{cho} = K_K \dfrac{I_{cho}}{K_{cho}} = 1.4 \times \dfrac{18.63}{1.24} = 21.03 \text{Ah}$

（2）满足事故全停电状态下持续放电容量的要求。

查表 C.3-3，放电终止电压为 1.85V 时，120min 放电时间的容量换算系数 $K_{c1} = 0.344$

$C_{C1} = K_K \dfrac{I_1}{K_{c1}} = 1.4 \times \dfrac{17.27}{0.344} = 70.28 \text{Ah}$

（3）满足随机负荷计算容量的要求。

查表 C.3-3，放电终止电压为 1.85V 时，120min 放电时间的容量换算系数 $K_{c1} = 0.344$

$$C_r = \frac{I_r}{K_{cr}} = \frac{3.64}{1.34} = 2.72 \text{Ah}$$

计算容量为：$C_{js} = C_{cho} + C_r = 70.28 + 2.72 = 73 \text{A} \cdot \text{h}$

4.《电力工程直流电源系统设计技术规程》（DL/T 5044—2014）第 4.2.5 条及附录 D。

经常负荷电流：$I_{jc} = 0.6 \times \frac{8000}{220} = 21.82 \text{A}$

蓄电池充电时电池与直流母线不断开，因此需满足均衡充电的要求，则：

充电输出电流：$I_r = (1.0 \sim 1.25)I_{10} + I_{jc} = (1.0 \sim 1.25) \times \frac{300}{10} + 21.82 = 51.82 \sim 59.32 \text{A}$

高频开关电源整流装置基本模块数量：$n_1 = \frac{I_r}{I_{me}} = \frac{51.82 \sim 59.32}{20} = 2.59 \sim 2.97$，取 3 个。

附加模块数量：$n_2 = 1$

因此模块数量：$n = n_1 + n_2 = 3 + 1 = 4$

5.《电力工程直流电源系统设计技术规程》（DL/T 5044—2014）第 6.2.5-2-2）条。

高压断路器电磁操动机构的合闸回路可按 0.3 倍的额定合闸电流选择，即 $30 \times 120 = 36\text{A}$，取 40A。

直流断路器过载脱扣时间应大于断路器固有合闸时间，即 200ms。

题 6～10 答案：**ADBDC**

6.《工业与民用供配电设计手册》（第四版）P280～P284 "实用短路电流计算法"。

设 $S_j = 100 \text{MV} \cdot \text{A}$，$U_j = 115 \text{kV}$

最大运行方式下系统电抗标幺值：$X_{*S1} = \frac{S_j}{S_S''} = \frac{I_j}{I_S''} = \frac{0.50}{25} = 0.02$，$X_{*S2} = 0$

可见，10kV 侧 1 号母线发生最大三相短路电流应在电源 2 供电时，则：

主变压器电抗标幺值：$X_{*T} = \frac{u_k\%}{100} \cdot \frac{S_j}{S_{rT}} = \frac{12}{100} \times \frac{100}{50} = 0.24$

架空线电抗标幺值：$X_{*L} = X\frac{S_j}{U_j^2} = 40 \times 0.4 \times \frac{100}{115^2} = 0.121$

10kV 侧 1 号母线最大短路电流：$I_k'' = \frac{I_j}{X_{*S2} + X_{*T} + X_{*L}} = \frac{5.5}{0 + 0.24 + 0.121} = 15.23 \text{kA}$

7.《工业与民用供配电设计手册》（第四版）P280～P284 "实用短路电流计算法"，P550 表 7.3-2。

设 $S_j = 100 \text{MV} \cdot \text{A}$，$U_j = 10.5 \text{kV}$，则 $I_j = 5.5 \text{kA}$

最大运行方式下系统电抗标幺值：$X_{*S1} = \frac{S_j}{S_S''} = \frac{I_j}{I_S''} = \frac{5.5}{23} = 0.24$

架空线电抗标幺值：$X_{*L} = X\frac{S_j}{U_j^2} = 8 \times 0.1 \times \frac{100}{10.5^2} = 0.726$

无限时电流速断保护动作电流：$I_{op \cdot k} = K_{rel}K_{con}\frac{I_{2k \cdot max}''}{n_{TA}} = 1.3 \times \sqrt{3} \times \frac{5700}{300} = 42.78 \text{A}$

最小运行方式下校验保护装置灵敏度：$K_{sen} = \frac{I_{1k2 \cdot min}}{I_{op}} = \frac{0.866 \times 20 \times 10^3}{42.78 \times (300/\sqrt{3})} = 2.34 > 1.5$，

满足要求。

8.《电力装置的继电保护和自动装置设计规范》（GB/T 50062—2008）第 4.0.3-2 条。

电压为 10kV 以上、容量为 10MV·A 及以上单独运行的变压器，以及容量为 6.3MV·A 及以上并列运行的变压器，应采用纵联差动保护。

《钢铁企业电力设计手册》（上册）P777 式（15-34）。

一次电流倍数：$m = \dfrac{K_k \cdot I_{dmax}}{I_{c1}} = \dfrac{2 \times 2 \times 10^3}{(110/10.5) \times (300/1)} = 12.73$

《工业与民用供配电设计手册》（第四版）P603，7.7.1.4-（1）-4：变压器主回路宜采用复合误差较小（波形畸变较小）的 5P 和 5PR 级电流互感器。

注：也可参考《工业与民用配电设计手册》（第三版）P343 式（7-21）。

9.《导体和电器选择设计技术规定》（DL/T 5222—2021）第 13.4.3 条。

普通限流电抗器的额定电流应为主变压器或馈线回路的最大可能工作电流，根据《工业与民用供配电设计手册》（第四版）P315 表 5.2-3 "变压器回路要求"：

$$I_N = 1.3 \times \frac{50 \times 10^3}{\sqrt{3} \times 10.5} = 3754A$$

《工业与民用供配电设计手册》（第四版）P401 式（5.7-11）。

$$x_N\% \geqslant \left(\frac{I_j}{I_k''} - X_{*j}\right)\frac{I_N U_j}{I_j U_r} \times 100\% = \left(\frac{5.5}{20} - \frac{5.5}{30}\right) \times \frac{3.754 \times 10.5}{10 \times 5.5} \times 100\% = 6.25\%$$

10.《工业与民用供配电设计手册》（第四版）P30 式（1.10-4）、P36 式（1.11-5）。

一台变压器的无功功率损耗：

$$\Delta Q_T = \Delta Q_0 + \Delta Q_k \left(\frac{S_c}{S_N}\right)^2 = \left[1\% + 12\% \times \left(\frac{40/(2 \times 0.96)}{50}\right)^2\right] \times 50 \times 10^3 = 1541.67\text{kvar}$$

按最大负荷计算的补偿容量：

$$Q_1 = P_c(\tan\varphi_1 - \tan\varphi_2) = 40 \times 10^3 \times [\tan(\cos^{-1}0.86) - \tan(\cos^{-1}0.96)] = 12068\text{kvar}$$

总补偿容量为：$\sum Q = 2 \times \Delta Q_T + Q_1 = 2 \times 1541.67 + 12068 = 15151\text{kvar}$

题 11～15 答案：**CBBBA**

11.《工业与民用供配电设计手册》（第四版）P863 式（9.4-8）有关 D_j 注解。

相导线间的几何均距：

$$D_j \geqslant \sqrt[3]{D_{UV}D_{VW}D_{WU}} = \sqrt[3]{4 \times 4 \times 8} = 5.04\text{m} \quad （相导线为水平排列）$$

注：也可参考《电力工程高压送电线路设计手册》（第二版）P16 式（2-1-3）。

12.《电力工程高压送电线路设计手册》（第二版）P24 式（2-1-41）和式（2-1-42）。

波阻抗：$Z_n = \sqrt{\dfrac{X_1}{b_1}} = \sqrt{\dfrac{0.399}{2.85 \times 10^{-6}}} = 374.16\Omega$

线路自然功率：$P_n = \dfrac{U^2}{Z_n} = \dfrac{35^2}{374.16} = 3.274\text{MW}$

13.《电力工程高压送电线路设计手册》（第二版）P179 表（3-3-1）"电线应力弧垂公式一览表"。

高差角：$\beta = \tan^{-1}\dfrac{h}{l} = \tan^{-1}\left(\dfrac{70}{300}\right) = 13.134°$

档内线长（斜抛物线公式）：

$$L = \frac{l}{\cos\beta} + \frac{\gamma^2 l^3 \cos\beta}{24\sigma_0^2} = \frac{300}{\cos 13.134°} + \frac{(27 \times 10^{-3})^2 \times 300^3 \times 0.974}{24 \times 50^2} = 308.27\text{m}$$

14. 《电力工程高压送电线路设计手册》（第二版）P179 表（3-3-1）"电线应力弧垂公式一览表"。

电线最低点到悬挂点电线间水平距离：

$$l_{OB} = \frac{l}{2} + \frac{\sigma_0}{\gamma}\tan\beta = \frac{250}{2} + \frac{55}{57 \times 10^{-3}} \times \frac{70}{250} = 395.18\text{m}$$

高塔导线悬点应力：$\sigma_B = \sigma_0 + \dfrac{\gamma^2 l_{OB}^2}{2\sigma_0} = 55 + \dfrac{(57 \times 10^{-3})^2 \times 395.18^2}{2 \times 55} = 59.6\text{N/mm}^2$

15. 《66kV 及以下架空电力线路设计规范》（GB 50061—2010）第 7.0.3 条。

导线水平线间最小距离：$D \geqslant 0.4L_k + \dfrac{U}{110} + 0.65\sqrt{f} = 0.4 \times 0.8 + \dfrac{35}{110} + 0.65 \times \sqrt{2.4} = 1.65\text{m}$

导线垂直线间最小距离：$h \geqslant 0.75D = 0.75 \times 1.65 = 1.24\text{m}$

题 16～20 答案：**ABBDB**

16. 《照明设计手册》（第三版）P7 式（1-9）、P145 式（5-39）。

室形指数：$RI = \dfrac{LW}{H(L+W)} = \dfrac{36 \times 18}{3.4 \times (36+18)} = 3.53$，采用插入法 $\dfrac{4-3}{1-0.97} = \dfrac{4-3.53}{1-U}$，$U$

$= 0.986$

灯具数量：$N = \dfrac{E_{av}A}{\Phi UK} = \dfrac{200 \times 36 \times 18}{4000 \times 0.986 \times 0.8} = 41.08$ 盏，取 40 盏

校验工作面平均照度：$E_{av} = \dfrac{\Phi NUK}{A} = \dfrac{4000 \times 40 \times 0.986 \times 0.8}{36 \times 18} = 194.8\text{lx}$

《建筑照明设计标准》（GB 50034—2013）第 4.1.7 条：设计照度与照度标准值的偏差不应超过 $\pm 10\%$，因此校验满足要求。

17. 《建筑照明设计标准》（GB 50034—2013）第 6.3.16 条。

设装饰性灯具场所，可将实际采用的装饰性灯具总功率的 50% 计入照明功率密度值的计算。

一般照明功率：$P_1 = UI_1\cos\varphi_1 = 220 \times (48 \times 0.29 + 16 \times 0.09) \times 0.98 = 3311.62\text{W}$

装饰灯具功率：$P_2 = UI_2\cos\varphi_2 = 220 \times (50 \times 0.05 + 100 \times 0.1 + 10 \times 0.03 + 15 \times 0.03) \times 0.56 = 1618.68\text{W}$

则：$LPD = \dfrac{3311.62 + 2 \times 1681.68}{500} = 8.3\text{W/m}^2$

18. 《照明设计手册》（第三版）P118 式（5-1）、P122 式（5-15）。

$$\theta = \arctan\left(\frac{300}{2700-1200}\right) = 11.3°$$

利用插入法，$\dfrac{324 - I_\theta}{11.3 - 9} = \dfrac{I_\theta - 276}{12 - 11.3}$，可得 $I_\theta = 287.2\text{cd}$

$$E_n = \frac{I_\theta}{R^2} = \frac{287.2}{(2.7-1.2)^2 + 0.3^2} = 122.74\text{lx}$$

$$E_\varphi = \frac{2000 \times 0.8}{1000} \times 122.74 \times \cos(70° - 11.3°) = 102\text{lx}$$

19. 《照明设计手册》（第三版）P118 式（5-1），P126 式（5-21）、表（5-3）。

$$\theta = \arctan\left(\frac{750}{2800 - 800}\right) = 20.56°$$

利用插入法，$\dfrac{473 - I_\theta}{25 - 20.56} = \dfrac{I_\theta - 443}{20.56 - 15}$，可得 $I_\theta = 459.68\text{cd}$

灯具单位长度光强：$I'_{\theta \cdot \alpha} = \dfrac{I_{\theta \cdot \alpha}}{l} = \dfrac{459.68}{1.2} = 383.07\text{cd}$

短边纵向平面角：$\alpha_1 = \arctan\left[\dfrac{1.2 + (1.2 - 0.4)}{\sqrt{(2.8 - 0.8)^2 + 0.75^2}}\right] = 43.117°$

长边纵向平面角：$\alpha_2 = \arctan\left(\dfrac{1.2 \times 2 + 0.4}{\sqrt{(2.8 - 0.8)^2 + 0.75^2}}\right) = 52.66°$

查表 5-3，可得 $AF_1 = 0.577$ 和 $AF_2 = 0.627$（采用插值法）

P 点的水平照度：

$$E_\text{h} = \frac{\Phi I'_{\theta \cdot 0} K}{1000 h} \cos^2 \theta (AF_1 + AF_2) = \frac{4400 \times 383.07 \times 0.8}{1000 \times (2.8 - 0.8)} \times \cos^2 20.56° \times (0.577 + 0.627)$$
$$= 711.63\text{lx}$$

注：本题应采用线光源的横向光强分布进行计算，参见 P125 图 5-9 "线光源的纵向和横向光强分布曲线"。

20.《照明设计手册》（第三版）P142～P145 式（5-38）和式（5-39）。

广告灯箱照度限值：$E = \dfrac{L\pi}{\rho \tau} = \dfrac{100\pi}{0.5 \times (1 - 0.5)} = 1256\text{lx}$

灯具数量：$N = \dfrac{E_\text{av} A}{\Phi U K} = \dfrac{1256 \times 2 \times 3}{3400 \times 0.78 \times 0.8} = 3.55$ 个

题目要求灯箱表面亮度不宜超过 100cd/m^2，因此灯具选 3 个。

题 21～25 答案：**ACDCC**

21.《钢铁企业电力设计手册》（上册）P297 式（6-36）。

变压器节能：$\Delta P = \left(\dfrac{P_2}{S_\text{N}}\right)^2 \left(\dfrac{1}{\cos^2 \varphi_1} - \dfrac{1}{\cos^2 \varphi_2}\right) P_\text{K} = \left(\dfrac{836}{1250}\right)^2 \left(\dfrac{1}{0.76^2} - \dfrac{1}{0.92^2}\right) \times 13.8 = 3.39\text{kW}$

22.《钢铁企业电力设计手册》（上册）P297 式（6-35）。

变压器节能：

$$\Delta P = \left(\frac{P}{U}\right)^2 R \left(\frac{1}{\cos^2 \varphi_1} - \frac{1}{\cos^2 \varphi_2}\right) \times 10^{-3} = \left(\frac{45}{380}\right)^2 \times 0.22 \times 0.723 \times \left(\frac{1}{0.79^2} - \frac{1}{0.92^2}\right) \times 10^{-3}$$
$$= 0.9387\text{kW}$$

变压器节约电量：

$$W = \Delta P \cdot t = 0.9387 \times 8760 = 8223\text{kW} \cdot \text{h}$$

23.《钢铁企业电力设计手册》（上册）P297 式（6-42）、式（6-40）。

空载电流：$I_0 = I_\text{N}\left(\sin \varphi_\text{N} - \dfrac{\cos \varphi_\text{N}}{2b}\right) = 94.1 \times \left(\sqrt{1 - 0.79^2} - \dfrac{0.76}{2 \times 2}\right) = 39.1\text{A}$

单台电动机最大补偿容量：$Q \leqslant \sqrt{3} U_\text{N} I_0 = \sqrt{3} \times 0.38 \times 39.1 = 25.74\text{kvar}$

注：根据《供配电系统设计规范》（GB 50052—2009）第 6.0.2 条，单台电容补偿最大容量为 $Q \leqslant 0.9 \cdot \sqrt{3} U_\text{N} I_0$。

24.《钢铁企业电力设计手册》（下册）P297 式（26-47）、表（26-18）。

整流变压器二次相电流：$I_2 = K_2 I_{de} = 300\text{A}$，查表 26-18，$K_2 = 0.816$

则：$I_{de} = \dfrac{300}{0.816} = 367\text{A}$

25.《钢铁企业电力设计手册》（下册）P277~P278 式（26-10）、式（26-15）及例题，P395 图 26-27，P399 表 26-16。

查表 26-16，可知 $C = 0.5$，再根据图 26-27，得 $U_{do} = 2.34 U_2 = 2.34 \times \dfrac{227}{\sqrt{3}} = 306.69\text{V}$

由式（26-15）得到：$200 = 306.69 \times (\cos\alpha - 0.5 \times 5\% \times 1.5)$，则 $\alpha = 40.97°$

由式（26-10）得到：$\dfrac{220}{306.69} = \dfrac{\cos 40.97° + \cos(40.97° + \gamma)}{2}$，则 $\gamma = 6.18°$

题 26~30 答案：**BDDCB**

26.《建筑物防雷设计规范》（GB 50057—2010）第 3.0.3 条、表 4.3.5 及附录 A "建筑物年预计雷击次数"。

主楼高度 20m，则相同雷击次数的等效面积：
$$A_e = \left[LW + 2(L+W)\sqrt{H(200-H)} + \pi H(200-H) \right] \times 10^{-6}$$
$$= \left[72 \times 12 + 2 \times (72+12) \times \sqrt{20 \times (200-20)} + 20\pi \times (200-20) \right] \times 10^{-6}$$
$$= 0.0223\text{km}^2$$

建筑物年预计雷击次数：$N = k(0.1T_d)A_e = 1 \times 0.1 \times 154.5 \times 0.0223 = 0.344$次/a

由第 3.0.3 条，该办公楼属于第二类防雷建筑，根据表 4.3.5，人工接地体应选择 $4 \times 25\text{mm}$ 扁钢。

27.《低压配电设计规范》（GB 50054—2011）第 3.2.9 条。

中性线上 3 次谐波电流：$I_3 = 3\dfrac{nP}{U}\cos\varphi \cdot 20\% = 3 \times \dfrac{(6/3) \times 25 \times 32}{220 \times 0.97} \times 20\% = 4.51\text{A}$

注：按相电流进行计算，再归算到三相负荷电流。

28.《建筑物防雷设计规范》（GB 50057—2010）第 6.4.6 条。

限压型最大电涌电压：$U_{p/f} = U_p + \Delta U = U_p + L\dfrac{di}{dt} = 1.5 + 0.4 \times 1.1 \times 9 = 5.46\text{kV}$

29.《工业与民用供配电设计手册》（第四版）P1415~P1417 表 14.6-4、图 14.6-1。

特征值 C_2：$C_2 = \dfrac{\sum\limits_1^n A_n}{A} = \dfrac{4 \times 11 \times 0.8 + 2 \times 72 \times 0.8}{72 \times 12} = 0.174$，则 $K_1 = 1.5$

由图 14.6-1 确定形状系数 K_2：$\dfrac{t}{L_2} = \dfrac{3}{12} = 0.25$，$\dfrac{L_1}{L_2} = \dfrac{72}{12} = 6$，查图得到 $K_2 = 0.75$

接地电阻：$R = K_1 K_2 \dfrac{\rho}{L_1} = 1.5 \times 0.75 \times \dfrac{72}{72} = 1.125\Omega$

30.《建筑物防雷设计规范》（GB 50057—2010）第 5.4.6 条及其条文说明。

在土壤 ρ_1 中的有效长度：$L_1 = 2\sqrt{2000} = 89.4\text{m}$

在土壤 ρ_1 中的实际长度：$L_2 = 2\sqrt{2000} = 89.4 - 50 = 39.4\text{m}$

对应在土壤 ρ_2 中的有效长度：$L_1 = L_2\sqrt{\dfrac{\rho_1}{\rho_2}} = 39.4 \times \sqrt{\dfrac{1500}{2000}} = 34.15\text{m}$

有效长度：$L = 50 + 34.15 = 84.15\text{m}$

题 31～35 答案：**ABBDA**

31.《钢铁企业电力设计手册》下册 P232 式（24-45）、式（24-46）及 P235 表 24-58。

由表 24-58 查得母线允许电压标幺值，则 $\alpha = \dfrac{1}{U_{*m}} - 1 = \dfrac{1}{0.85} - 1 = 0.176$

计算因子：$\alpha(S_{de} + Q_{fh}) = 0.176 \times (48 + 2.9) = 8.96\text{MVA}$，$K_{iq}S_e = 6 \times \dfrac{1.5}{0.8 \times 0.95} = 11.84\text{MVA}$

显然，$K_{id}S_e > \alpha(S_{d1} + Q_{fh})$，不可全压启动。

> 注：电动机启动母线允许电压标幺值也可参考《通用用电设备配电设计规范》（GB 50055—2011）第 2.2.2 条。

32.《工业与民用供配电设计手册》（第四版）P482～P483 表 6.5-4。

启动回路计算容量：$S_{st} = \dfrac{1}{\dfrac{1}{S_{stM}} + \dfrac{X_1}{U_{av}^2}} = S_{stM} = kS_{st} = 6 \times \dfrac{1.5}{0.95 \times 0.8} = 11.84\text{MVA}$

母线电压相对值：$u_{stB} = u_s \dfrac{S_{scB}}{S_{scB} + Q_L + S_{st}} = 1.05 \times \dfrac{48}{48 + 2.9 + 11.84} = 0.808$

母线电压有名值：$U_{STB} = u_{stB} \cdot U_N = 0.808 \times 6 = 4.85\text{kV}$

> 注：也可参考《工业与民用配电设计手册》（第三版）P270 表 6-16，母线电压相对值取基准电压，而非额定电压，计算公式略有变化，若按第四版公式计算，结果为 5.103，无正确答案。

33.《钢铁企业电力设计手册》（下册）P233～P235 式（24-55）、表 24-58。

$\beta = \dfrac{1.05}{1 - U_{*m}} = \dfrac{1.05}{1 - 0.85} = 7$，则：$\beta \sqrt{\dfrac{M_{*j}}{M_{*q}}} = 7 \times \sqrt{\dfrac{0.15}{1}} = 2.711$

$U_{*qe} \dfrac{(S_{d1} + Q_{fh})}{K_{iq}S_e} = 1 \times \dfrac{48 + 2.9}{6 \times 1.5/(0.95 \times 0.8)} = 4.298 > 2.711$，满足电抗器降压启动的条件。

电抗器电抗值：$X_k = \dfrac{U_e^2}{S_{d1}}\left(\dfrac{\gamma S_{d1}}{S_{d1} + Q_{fh}} + \dfrac{S_{d1}}{K_{iq}S_e}\right) = \dfrac{6^2}{48}\left[\dfrac{5.76 \times 48}{48 + 2.9} + \dfrac{48}{6 \times 1.5/(0.95 \times 0.8)}\right]$
$= 0.97$

34.《工业与民用供配电设计手册》（第四版）P482～P483 表 6.5-4。

启动回路的额定输入容量：

$S_{st} = \dfrac{1}{\dfrac{1}{S_{stM}} + \dfrac{X_R}{U_{av}^2} + \dfrac{X_l}{U_{av}^2}} = \dfrac{1}{6 \times \dfrac{1.5}{0.95 \times 0.8} + \dfrac{0}{6^2} + \dfrac{1}{6^2}} = 8.91\text{MVA}$

母线电压相对值：$u_{stB} = \dfrac{u_s S_{scB}}{S_{scB} + Q_L + S_{st}} = 1.05 \times \dfrac{48}{48 + 2.9 + 8.91} = 0.843$

母线电压有名值：$U_{STB} = u_{stB} \cdot U_N = 0.843 \times 6 = 5.1\text{kV}$

电动机端子电压相对值：$u_{stM} = u_{stB} \dfrac{S_{st}}{S_{stM}} = 0.843 \times \dfrac{8.91}{11.842} = 0.634$

电动机端子电压有名值：$U_{STM} = u_{stM} \cdot U_N = 0.634 \times 6 = 3.8\text{kV}$

> 注：也可参考《工业与民用配电设计手册》（第三版）P270 表 6-16，母线电压相对值的计算公式略有变化，但计算结果基本一致。

35.《钢铁企业电力设计手册》（下册）P17 表 23-9 "实心圆柱体的飞轮转矩"、P235 表 24-58。

实心圆柱体的飞轮转矩：$GD^2 = \dfrac{mD_1^2}{2}g = \dfrac{10000 \times 1.2^2}{2} \times 9.8 \times 10^{-3} = 70.56\text{N} \cdot \text{m}^2$

《工业与民用供配电设计手册》（第四版）P482～P483 表（6.5-4）。

母线电压相对值：$u_{stB} = u_s \dfrac{S_{scB}}{S_{scB} + Q_L + S_{st}} = 1.05 \times \dfrac{48}{48 + 2.9 + 8.91} = 0.843$

电动机端子电压相对值：$u_{stM} = u_{stB} \dfrac{S_{st}}{S_{stM}} = 0.843 \times \dfrac{8.91}{11.842} = 0.634$

《钢铁企业电力设计手册》（上册）P276 式（5-16）。

电动机启动时间：$t_s = \dfrac{GD^2 n_N^2}{3580 P_{Nm}(u_{sm}^2 m_{sa} - m_r)} = \dfrac{70.56 \times 500^2}{3580 \times 1500 \times (0.643^2 \times 1.1 - 0.15)}$
$= 10.68s$

题 36～40 答案：**ADDAC**

36.《火灾自动报警系统设计规范》（GB 50116—2013）第 4.8.8 条，《公共广播系统工程技术规范》（GB 50526—2021）第 3.7.3 条。

第 4.8.8 条：消防应急广播系统的联动控制信号应由消防联动控制器发出。当确认火灾后，应同时向全楼进行广播。

紧急广播功率：

$P = 1.5 \times (20 \times 5 \times 2 + 21 \times 5 + 20 \times 3 + 4 \times 5 + 3 \times 14 \times 3 + 20 \times 8 \times 3 + 3 \times 3) = 1500W$

37.《民用闭路监视电视系统工程技术规范》（GB 50198—2011）第 3.3.10-4 条。

视频编码率：$B = [(H \times V)/(352 \times 288)] \times 512 = [(704 \times 576)/(352 \times 288)] \times 512 = 2048kbit/s$

38.《民用建筑电气设计标准》（GB 51348—2019）第 16.5.5 条式（16.5.5-3）。

会议厅、多功能厅、餐厅内扬声器间距：$L = 2(H - 1.3)\tan\dfrac{\theta}{2}$

则：$\theta = 2\arctan\left[\dfrac{9}{2 \times (4.75 - 1.3)}\right] = 105°$

39.《视频安防监控系统工程设计规范》（GB 50395—2007）第 6.0.2-3 条式（6.0.2）。

$L = \dfrac{f \times H}{A} = \dfrac{50 \times 4.5}{15} = 15m$

40.《民用建筑电气设计标准》（GB 51348—2019）第 21.3.5-2 条及条文说明。

每层工位数据点：$N = \dfrac{3470 \times (1 - 0.3)}{10} = 243$ 个

内网数据点：$N' = 243 \times 0.7 = 170.1 \approx 170$个

每层交换机台数：$n = \dfrac{170}{3.6} = 4.7$，取 5 台

按最大量配置主干端口光缆芯数：$X_1 = 2 \times 5 = 10$芯

备用端口光缆芯数：$X_2 = 2 \times 2 = 4$芯

因此光缆芯数总数为 $X = 10 + 4 = 14$芯

2018 年专业知识试题答案（上午卷）

1. **答案：** B
   依据：《交流电气装置的接地设计规范》（GB/T 50065—2011）第 6.1.2 条。

2. **答案：** B
   依据：《电力工程直流电源系统设计技术规程》（DL/T 5044—2014）第 4.1.2-1 条。

3. **答案：** C
   依据：《工业与民用供配电设计手册》（第四版）P1 "1.1.2 计算负荷的分类及其用途"。

4. **答案：** C
   依据：《照明设计手册》（第三版）P7 式（1-9）。
   $$RI = \frac{L \cdot W}{h(L+W)} = \frac{9 \times 7.4}{1.85 \times (9+7.4)} = 2.2$$

5. **答案：** A
   依据：《工业与民用供配电设计手册》（第四版）P280～281 表 4.6-2、表 4.6-3。
   发电机电抗标幺值：$X_d'' = x_d'' \cdot \frac{U_{av}^2}{S_{NG}} = 0.125 \times \frac{10.5^2}{25} = 0.551$

6. **答案：** B
   依据：《电力装置电测量仪表装置设计规范》（GB/T 50063—2017）第 4.1.2 条及条文说明、表 1。

7. **答案：** B
   依据：《电力装置的继电保护和自动装置设计规范》（GB/T 50062—2008）第 2.0.3 条。

8. **答案：** B
   依据：《钢铁企业电力设计手册》（下册）P89 表 24-1。

9. **答案：** C
   依据：《供配电系统设计规范》（GB 50052—2009）第 7.0.8 条。

10. **答案：** A
    依据：《爆炸危险环境电力装置设计规范》（GB 50058—2014）第 5.1.1-6 条。

11. **答案：** B
    依据：《低压配电设计规范》（GB 50054—2011）第 3.1.17-2 条。

12. **答案：** D
    依据：《工业与民用供配电设计手册》（第四版）P313 表 5.2.1。

13. **答案：** D
    依据：《电力工程直流电源系统设计技术规程》（DL/T 5044—2014）第 6.1.5 条。

14. **答案：** C

依据：《火灾自动报警系统设计规范》（GB 50116—2013）第 4.9.1 条。

15. 答案：D

依据：《民用建筑电气设计标准》（GB 51348—2019）第 15.4.5 条。

16. 答案：B

依据：《视频显示系统工程技术规范》（GB 50464—2008）第 4.1.4 条。

17. 答案：D

依据：《民用建筑电气设计标准》（GB 51348—2019）第 3.4.3 条。

18. 答案：B

依据：《建筑物防雷设计规范》（GB 50057—2010）第 6.2.3 条。

19. 答案：B

依据：《建筑照明设计标准》（GB 50034—2013）第 4.4.1 条。

20. 答案：C

依据：《20kV 及以下变电所设计规范》（GB 50053—2013）第 3.3 条及条文说明。

21. 答案：C

依据：《建筑照明设计标准》（GB 50034—2013）第 3.2.2 条。

22. 答案：B

依据：《供配电系统设计规范》（GB 50052—2009）第 3.0.7 条。

23. 答案：D

依据：《工业与民用供配电设计手册》（第四版）P30 式（1.10-6）。

24. 答案：C

依据：《建筑照明设计标准》（GB 50034—2013）第 2.0.29 条。

25. 答案：B

依据：《建筑物防雷设计规范》（GB 50057—2010）第 5.2.3 条。

26. 答案：D

依据：《交流电气装置的过电压保护和绝缘配合设计规范》（GB/T 50064—2014）第 5.3.2 条及表 5.3.2。

27. 答案：D

依据：《供配电系统设计规范》（GB 50052—2009）第 4.0.6 条。

28. 答案：A

依据：《20kV 及以下变电所设计规范》（GB 50053—2013）第 4.2.7 条。

29. 答案：B

依据：《工业与民用供配电设计手册》（第四版）P30 表 6.2-2。

$$T_{\mathrm{M}} = (1 - 5\%)^2 T_{\mathrm{Mmax}} \approx 0.9 T_{\mathrm{Mmax}}$$

30. **答案：** D

   依据：《低压配电设计规范》（GB 50054—2011）第 4.3.2 条、第 4.3.4 条。

31. **答案：** B

   依据：《35kV～110kV 变电站设计规范》（GB 50059—2011）第 2.0.6 条。

32. **答案：** A

   依据：《电力工程直流电源系统设计技术规程》（DL/T 5044—2014）第 3.2.2 条。

33. **答案：** C

   依据：《交流电气装置的接地设计规范》（GB/T 50065—2011）第 8.1.3 条及表 8.1.3。

34. **答案：** D

   依据：《钢铁企业电力设计手册》（下册）P231 表 24-57。

35. **答案：** B

   依据：《工业与民用供配电设计手册》（第四版）P280～284 表 4.6-2、表 4.6-3、式（4.6-12）、式（4.6-13）。

   三相短路电流：$I_{\mathrm{k}}'' = \dfrac{I_{\mathrm{b}}}{X_{*\Sigma}} = \dfrac{5.5}{0.5 + 8 \times 0.4} = 1.49\mathrm{kA}$

36. **答案：** C

   依据：《电力装置的继电保护和自动装置设计规范》（GB/T 50062—2008）第 8.2.4 条。

37. **答案：** B

   依据：《供配电系统设计规范》（GB 50052—2009）第 5.0.8 条。

38. **答案：** A

   依据：《建筑照明设计标准》（GB 50034—2013）第 4.1.4 条表 4.1.4 下方注解。

39. **答案：** D

   依据：《建筑物防雷设计规范》（GB 50057—2010）第 4.1.2 条。

40. **答案：** A

   依据：《交流电气装置的接地设计规范》（GB/T 50065—2011）第 4.4.5 条。

41. **答案：** BC

   依据：《供配电系统设计规范》（GB 50052—2009）第 3.0.1-1-3）条。

42. **答案：** CD

   依据：《工业与民用供配电设计手册》（第四版）P178 第三段内容。

43. **答案：** BC

   依据：《供配电系统设计规范》（GB 50052—2009）第 5.0.13 条。

44. **答案：** ACD

依据：《并联电容器装置设计规范》（GB 50227—2017）第 3.0.7 条。

45. **答案：** BCD

依据：《工业与民用供配电设计手册》（第四版）P279、P280 相关内容。

46. **答案：** CD

依据：《电力装置的继电保护和自动装置设计规范》（GB/T 50062—2008）第 4.0.2 条、第 4.0.3-5 条。

47. **答案：** AD

依据：《工业与民用供配电设计手册》（第四版）P311 表 5.1-1。

48. **答案：** ABD

依据：《通用用电设备配电设计规范》（GB 50055—2011）第 2.3.10 条、第 2.3.11 条。

49. **答案：** AC

依据：《爆炸危险环境电力装置设计规范》（GB 50058—2014）第 5.3.5 条。

50. **答案：** ABC

依据：《35kV～110kV 变电站设计规范》（GB 50059—2011）第 2.0.1 条。

51. **答案：** ABC

依据：《交流电气装置的接地设计规范》（GB/T 50065—2011）第 7.1.2-2 条。

52. **答案：** AB

依据：《建筑物防雷设计规范》（GB 50057—2010）第 2.0.18 条。

53. **答案：** ABD

依据：《工业与民用供配电设计手册》（第四版）P70 表 2.4-6。

54. **答案：** ACD

依据：《3～110kV 高压配电装置设计规范》（GB 50060—2008）第 5.1.4 条及表 5.1.4。

55. **答案：** BC

依据：《低压配电设计规范》（GB 50054—2011）第 3.1.6 条。

56. **答案：** ABC

依据：《建筑物防雷设计规范》（GB 50057—2010）第 4.3.1 条、第 4.3.3 条、第 4.3.10 条。

57. **答案：** BC

依据：《建筑设计防火规范》（GB 50016—2014）第 10.1.2 条、第 12.5.1 条，《汽车库、修车库、停车场设计防火规范》（GB 50067—2014）第 9.0.1 条。

58. **答案：** ABD

依据：《工业与民用供配电设计手册》（第四版）P1372 "接地分类"。

59. **答案：** ABD

依据：《钢铁企业电力设计手册》（下册）P89"表 24-1 按电源允许全压启动的笼型电动机功率"。

60. **答案：**CD

依据：《火灾自动报警系统设计规范》（GB 50116—2013）第 4.8.2 条。

61. **答案：**BD

依据：《视频显示系统工程技术规范》（GB 50464—2008）第 4.3.9 条。

62. **答案：**ABC

依据：《交流电气装置的接地设计规范》（GB/T 50065—2011）第 3.2.1 条、第 3.2.2 条。

63. **答案：**ACD

依据：《会议电视会场系统工程设计规范》（GB 50635—2010）第 3.2.5 条。

64. **答案：**ABD

依据：《人民防空地下室设计规范（限内部发行）》（GB 50038—2005）第 5.2.4 条、第 7.5.5 条、第 7.5.7 条，《人民防空工程设计防火规范》（GB 50098—2009）第 8.2.1 条、第 8.2.4 条。

65. **答案：**ABD

依据：《建筑照明设计标准》（GB 50034—2013）第 4.4.2 条、第 4.4.3 条、第 4.5.1 条。

66. **答案：**ABD

依据：《钢铁企业电力设计手册》（下册）P295"串级调速的特点"。

67. **答案：**BC

依据：《照明设计手册》（第三版）P225"看片灯"内容。

68. **答案：**ACD

依据：《建筑设计防火规范》（GB 50016—2014）第 10.1.10 条。

69. **答案：**AD

依据：《供配电系统设计规范》（GB 50052—2009）第 5.0.9 条。

70. **答案：**ACD

依据：《工业与民用供配电设计手册》（第四版）P280、P281"终端变电站中可采取的限流措施"。

2018 年专业知识试题答案（下午卷）

1. **答案：D**

   依据：《建筑物防雷设计规范》（GB 50057—2010）第 3.0.2 条。

2. **答案：C**

   依据：《公共广播系统工程技术规范》（GB 50526—2021）第 3.6.5 条。

3. **答案：A**

   依据：《交流电气装置的过电压保护和绝缘配合设计规范》（GB/T 50064—2014）第 5.5.1 条。

4. **答案：A**

   依据：《电力工程电缆设计标准》（GB 50217—2018）第 4.1.11 条。

5. **答案：D**

   依据：《建筑照明设计标准》（GB 50034—2013）第 6.1.1 条、第 6.1.3 条、第 6.2.3 条。

6. **答案：A**

   依据：《钢铁企业电力设计手册》（下册）P89 "表 24-1 按电源容量允许全压启动的笼型电动机功率"。

7. **答案：B**

   依据：《工业与民用供配电设计手册》（第四版）P281 表 4.6-2、表 4.6-3。

   $$X_d'' = x_d'' \frac{U_{av}^2}{S_{NG}} = 0.125 \times \frac{10.5^2}{12.5} = 1.1025\Omega$$

8. **答案：B**

   依据：《电力装置的电测量仪表装置设计规范》（DL/T 50063—2017）第 3.1.4 条。

9. **答案：B**

   依据：《工业与民用供配电设计手册》（第四版）P582 表 7.2-1。

10. **答案：A**

    依据：《供配电系统设计规范》（GB 50052—2009）第 3.0.1 条。

11. **答案：B**

    依据：《交流电气装置的接地设计规范》（GB/T 50065—2011）第 4.3.1 条。

12. **答案：B**

    依据：《工业与民用供配电设计手册》（第四版）P625 第 7.10.1 条保护装置的动作电流与动作时间的配合。

13. **答案：D**

    依据：《交流电气装置的过电压保护和绝缘配合设计规范》（GB/T 50064—2014）第 4.4.4 条。

14. **答案：D**

依据：《3～110kV 高压配电装置设计规范》（GB 50060—2008）第 4.1.9 条。

15. 答案：D

依据：《火灾自动报警系统设计规范》（GB 50116—2013）第 4.4.5 条。

16. 答案：D

依据：《供配电系统设计规范》（GB 50052—2009）第 6.0.10 条。

17. 答案：D

依据：无。

18. 答案：B

依据：《公共广播系统工程技术规范》（GB 50526—2021）第 3.5.4 条。

19. 答案：B

依据：《建筑照明设计标准》（GB 50034—2013）第 5.5.3-1 条。

20. 答案：B

依据：《建筑设计防火规范》（GB 50016—2014）第 10.2.1 条。

21. 答案：D

依据：《供配电系统设计规范》（GB 50052—2009）第 5.0.11 条。

22. 答案：D

依据：《建筑设计防火规范》（GB 50016—2014）第 10.1.1 条、第 10.1.2 条，《民用建筑电气设计标准》（GB 51348—2019）附录 A。

23. 答案：C

依据：《建筑照明设计标准》（GB 50034—2013）第 6.3.16 条。

24. 答案：B

依据：《工业与民用供配电设计手册》（第四版）P19 式（1.6-1）。

25. 答案：C

依据：《交流电气装置的接地设计规范》（GB/T 50065—2011）第 6.1.1 条。

26. 答案：A

依据：《工业与民用供配电设计手册》（第四版）P30 式（1.10-5）、式（1.10-6）。

$\Delta P_{\mathrm{T}} = 0.01 S_c = 0.01 \times 0.72 \times 1000 = 7.2\mathrm{kW}$

$\Delta Q_{\mathrm{T}} = 0.05 S_c = 0.05 \times 0.72 \times 1000 = 36\mathrm{kvar}$

27. 答案：B

依据：《钢铁企业电力设计手册》（下册）P38 表 23-31。

28. 答案：D

依据：《交流电气装置的过电压保护和绝缘配合设计规范》（GB/T 50064—2014）第 5.3.1 条。

29. **答案：** B

    依据：《建筑物防雷设计规范》（GB 50057—2010）第 4.4.3 条。

30. **答案：** C

    依据：《3～110kV 高压配电装置设计规范》（GB 50060—2008）第 5.1.4 条及表 5.1.4。

31. **答案：** C

    依据：《爆炸危险环境电力装置设计规范》（GB 50058—2014）第 5.3.2 条。

32. **答案：** D

    依据：《电力工程直流电源系统设计技术规程》（DL/T 5044—2014）第 3.2.1-2 条、第 3.2.2 条。

33. **答案：** C

    依据：《交流电气装置的接地设计规范》（GB/T 50065—2011）附录 D 第 D.0.3-2-2）条。

34. **答案：** B

    依据：《钢铁企业电力设计手册》（下册）P410 表 26-20。

35. **答案：** D

    依据：《电力装置的继电保护和自动装置设计规范》（GB/T 50062—2008）第 9.0.3 条。

36. **答案：** B

    依据：《3～110kV 高压配电装置设计规范》（GB 50060—2008）第 4.1.4 条。

      注： 也可参考《导体和电器选择设计技术规程》（DL/T 5222—2021）第 3.0.15 条。

37. **答案：** C

    依据：《工业与民用供配电设计手册》（第四版）P84 "2.5.1 电压选择"。

38. **答案：** D

    依据：《建筑照明设计标准》（GB 50034—2013）第 6.3.14 条、第 6.3.15 条。

39. **答案：** C

    依据：《供配电系统设计规范》（GB 50052—2009）第 3.0.2 条、第 3.0.7 条。

40. **答案：** C

    依据：《3～110kV 高压配电装置设计规范》（GB 50060—2008）第 7.3.3 条。

41. **答案：** CD

    依据：《工业与民用供配电设计手册》（第四版）P1523 节能章节相关内容。

42. **答案：** ABD

    依据：《工业与民用配电设计手册》（第三版）P150 短路全电流最大有效值 I_p 公式：

$$I_p = I_k'' \sqrt{1 + 2(K_p - 1)^2}, \quad 故 \frac{I_p}{I_k''} = \sqrt{1 + 2(K_p - 1)^2}, \quad 其中 K_p = 1 + e^{-\frac{0.01}{T_f}}$$

如果电路只有电抗或只有电阻时，$1 \leqslant K_p \leqslant 2$，代入上式可得：$1 \leqslant \dfrac{I_p}{I_k''} \leqslant \sqrt{3}$

注：《工业与民用供配电设计手册》（第四版）中已无相关内容。

43. **答案：ACD**

依据：《电力装置电测量仪表装置设计规范》（GB/T 50063—2017）第 3.8.4 条。

44. **答案：AC**

依据：《公共建筑节能设计标准》（GB 50189—2015）第 6.2 条。

45. **答案：ABC**

依据：《电力装置的继电保护和自动装置设计规范》（GB/T 50062—2008）第 9.0.5-1 条。

46. **答案：BCD**

依据：《视频显示系统工程技术规范》（GB 50464—2008）第 4.3.13 条。

47. **答案：ABD**

依据：《建筑设计防火规范》（GB 50016—2014）第 10.351 条。

48. **答案：BD**

依据：《钢铁企业电力设计手册》（下册）P7 "23.2.1.1 交流电动机与直流电动机比较"。

49. **答案：BCD**

依据：《供配电系统设计规范》（GB 50052—2009）第 3.0.4 条。

50. **答案：AD**

依据：《交流电气装置的过电压保护和绝缘配合设计规范》（GB/T 50064—2014）第 3.1.3-1 条、第 3.1.6-1 条。

51. **答案：AB**

依据：《导体和电器选择设计技术规定》（DL/T 5222—2005）第 15.0.6 条。

52. **答案：BCD**

依据：《交流电气装置的接地设计规范》（GB/T 50065—2011）第 8.1.2-3 条。

53. **答案：BCD**

依据：《通用用电设备配电设计规范》（GB 50055—2011）第 2.3.4 条。

54. **答案：ABC**

依据：《建筑物防雷设计规范》（GB 50057—2010）第 4.1.1 条。

55. **答案：ABD**

依据：《3～110kV 高压配电装置设计规范》（GB 50060—2008）第 5.1.1 条及表 5.1.1。

56. **答案：AD**

依据：《供配电系统设计规范》（GB 50052—2009）第 6.0.4 条。

57. **答案：BCD**

依据：《建筑照明设计标准》（GB 50034—2013）第 7.1.1 条、第 7.1.3-1 条、第 7.2.8 条、第 7.2.10 条。

58. **答案：** ACD

   依据：《数据中心设计规范》（GB 50174—2017）第 8.3～8.4 条，可参考。

59. **答案：** BCD

   依据：《3～110kV 高压配电装置设计规范》（GB 50060—2008）第 5.4.5 条～第 5.4.9 条。

60. **答案：** AD

   依据：《低压配电设计规范》（GB 50054—2011）第 4.2.5 条及表 4.2.5。

61. **答案：** BD

   依据：《电力工程直流电源系统设计技术规程》（DL/T 5044—2014）第 3.4.2 条、第 3.4.3 条。

62. **答案：** AD

   依据：《建筑设计防火规范》（GB 50016—2014）第 2.0.20 条、第 2.0.21 条、第 2.0.34 条、第 2.0.38 条。

63. **答案：** BD

   依据：《钢铁企业电力设计手册》（下册）P231 "表 24-57 过电流倍数与动作时间的关系"。

64. **答案：** BCD

   依据：《交流电气装置的过电压保护和绝缘配合设计规范》（GB/T 50064—2014）第 5.4.13-12 条。

65. **答案：** ACD

   依据：《工业与民用供配电设计手册》（第四版）P1284 "13.9.3.2 引下线附近防接触电压和跨步电压的措施"。

66. **答案：** AB

   依据：《火灾自动报警系统设计规范》（GB 50116—2013）第 5.3.3 条。

67. **答案：** BCD

   依据：《交流电气装置的接地设计规范》（GB/T 50065—2011）第 3.1.2 条、第 3.1.3 条。

68. **答案：** BCD

   依据：《供配电系统设计规范》（GB 50052—2009）第 5.0.13 条。

69. **答案：** ABC

   依据：《交流电气装置的接地设计规范》（GB/T 50065—2011）第 4.1.3 条。

70. **答案：** ABD

   依据：《照明设计手册》（第三版）P190 "教学楼照明的灯具选择"。

2018 年案例分析试题答案（上午卷）

题 1~5 答案：**BAADC**

1.《电流对人和家畜的效应 第 1 部分：通用部分》（GB/T 13870.1—2008）附录 D 例 1。

由于低压配电接地系统采用 TN-S 系统，且相线与 PE 线等截面，故接触电压：

$$U_T = \frac{R_{PE}}{R_L + R_{PE}} \cdot 220 = \frac{1}{2} \times 220 = 110V$$

中等接触面积手到躯干：$Z_{中}(H-T) = 50\% \times Z_{中}(H-H) = 0.5 \times 4720 = 2360\Omega$

大的接触面积躯干到脚：$Z_{大}(T-F) = 30\% \times Z_{大}(H-H) = 0.3 \times 1655 = 496.5\Omega$

由于双手到双脚为并联，故 $Z_T = \frac{1}{2}Z'_T = \frac{1}{2} \times (2360 + 496.5) = 1428.25\Omega$

接触电流：$I_T = \frac{U_T}{Z_T} = \frac{110}{1428.25} = 77.02mA$

2.《低压配电设计规范》（GB 50054—2011）第 3.2.14 条、第 5.2.10-1 条，《工业与民用供配电设计手册》（第四版）P861 式（9.4-1）。

由第 3.2.14 条可知，保护导体截面积为 16mm²，满足规范要求。

保护导体电阻：$R_{PE} = \rho 20 \frac{l}{S} = 0.0172 \times \frac{258}{16} = 0.27735\Omega$

由第 5.2.10-1 条可知：

$$\frac{50}{U_0}Z_s = \frac{50}{220} \times 0.0172\left(\frac{258}{35} + \frac{258}{16} + \frac{30}{2.5} \times 2\right) = 0.8169\Omega$$

显然，$\frac{50}{U_0}Z_s < R_{PE}$，不满足规范要求。

3.《工业与民用供配电设计手册》（第四版）P965 式（11.2-6）。

最小接地故障电流：

$$I_k = \frac{(0.8\sim1.0)U_0 S}{1.5\rho(1+m)L}k_1 k_2 = \frac{(0.8\sim1.0) \times 220 \times 25}{1.5 \times 0.0172 \times \left(1 + \frac{25}{16}\right) \times 250} \times 1 \times 1$$

$$= (265.9 \sim 332.4)A$$

取最小值 265.9A。

$I_{js} = \frac{I_k}{k_{rel}k_{op}} = \frac{266}{1.1 \times 1.2} = 201.5A < I_{set3} = 250A$，不满足要求。

4.《爆炸危险环境电力装置设计规范》（GB 50058—2014）第 5.4.1-6 条。

第 5.4.1-6 条：在爆炸环境内，导体允许载流量不应小于断路器长延时过电流脱扣器电流的 1.25 倍。

$I_z \geqslant 1.25 I_{set1} = 1.25 \times 16 = 20A$，故选电线规格为 BYJ-3 × 4mm²；

其次，$30\% \times \pi \times \left(\frac{D_{sc}}{2}\right)^2 > 3\pi \times \left(\frac{D}{2}\right)^2$，导管外径 $D_{sc} > \sqrt{10}D = \sqrt{10} \times 5 = 15.81mm$，取 SC20。

5.《工业与民用供配电设计手册》（第四版）P1105 式（12.1-7），P1106 式（12.1-8）。

按线路电容校验：$L_{cr} = \frac{500P_h}{CU_n^2} = \frac{500 \times 1.6}{0.3 \times 24^2} = 4.63km$

按电压降校验：$L_{\max} = \dfrac{0.1U_n^2}{\Delta u P_a} = \dfrac{0.1 \times 24^2}{29 \times 1.6} = 1.24\text{km}$

故取两者之较小值。

题 6～10 答案：**ADDAB**

6.《工业与民用供配电设计手册》（第四版）P280～284 表 4.6-2、表 4.6-3、式（4.6-12）、式（4.6-13）。

系统电抗标幺值：$X_{*S} = \dfrac{S_b}{S_s''} = \dfrac{100}{500} = 0.2$

电缆线路电抗标幺值：$X_{*L1} = X_{L1} \cdot \dfrac{S_b}{U_b^2} = 5 \times 0.12 \times \dfrac{100}{37^2} = 0.0438$

变压器 T1 电抗标幺值：$X_{*T1} = \dfrac{u_k\%}{100} \cdot \dfrac{S_b}{S_{NT}} = 0.08 \times \dfrac{100}{25} = 0.32$

总短路电抗标幺值：$X_{*\Sigma} = 0.2 + 0.0438 + 0.32 = 0.5638$

短路电流初始有效值：$I_k'' = \dfrac{I_b}{X_{*\Sigma}} = \dfrac{5.5}{0.5638} = 9.755\text{kA}$

短路容量：$S_k = \dfrac{S_b}{X_{*\Sigma}} = \dfrac{100}{0.5638} = 177.37\text{MV} \cdot \text{A}$

7.《工业与民用供配电设计手册》（第四版）P281 表 4.6-3、式（4.6-18），P290 表 4.6-6。

发电机电抗标幺值：$X_{*G} = X_{*d} \cdot \dfrac{S_b}{S_{NG}} = 0.14 \times \dfrac{100}{25/0.8} = 0.448$

变压器 T2 电抗标幺值：$X_{*T2} = \dfrac{u_k\%}{100} \cdot \dfrac{S_b}{S_{NT}} = 0.08 \times \dfrac{100}{25} = 0.32$

总短路电抗标幺值：$X_{*\Sigma} = 0.448 + 0.32 = 0.768$

转换成以其相应发电机的额定容量为基准容量的标幺电抗值，即计算用电抗

$X_{*c} = X_{*\Sigma} \cdot \dfrac{S_{NG}}{S_b} = 0.768 \times \dfrac{25/0.8}{100} = 0.24$

查表 4.6-6 得短路电流标幺值为 $I_* = 4.526$

短路电流初始有效值：$I_k'' = I_* I_{N \cdot b} = 4.526 \times \dfrac{25/0.8}{\sqrt{3} \times 10.5} = 7.78\text{kA}$

短路容量：$S_k = \sqrt{3}U_b I_k'' = \sqrt{3} \times 7.78 \times 10.5 = 141.44\text{MV} \cdot \text{A}$

8.《导体和电器选择设计技术规定》（DL/T 5222—2005）第 9.2.6 条、附录 F 式（F.4.1）。

系统短路电流冲击系数：$K_{chs} = 1 + e^{-\frac{0.01\omega}{T_a}} = 1 + e^{-\frac{0.01 \times 314}{30}} = 1.9$

系统短路冲击电流：$i_{chs} = \sqrt{2}K_{ch}I'' = \sqrt{2} \times 1.9 \times 12 = 32.24\text{kA}$

发电机短路电流冲击系数：$K_{chG} = 1 + e^{-\frac{0.01\omega}{T_a}} = 1 + e^{-\frac{0.01 \times 314}{60}} = 1.95$

发电机短路冲击电流：$i_{chG} = \sqrt{2}K_{ch}I'' = \sqrt{2} \times 1.95 \times 6 = 16.54\text{kA}$

短路冲击电流：$i_{ch} = i_{chs} + i_{chG} = 32.24 + 16.54 = 48.78\text{kA}$

9.《工业与民用供配电设计手册》（第四版）P281 表 4.6-3、P520 表 7.2-3。

系统电抗标幺值：$X_{*S} = \dfrac{S_b}{S_s''} = \dfrac{100}{\sqrt{3} \times 10.5 \times 9} = 0.611$

变压器 T3 电抗标幺值：$X_{*T1} = \dfrac{u_k\%}{100} \cdot \dfrac{S_b}{S_{NT}} = 0.06 \times \dfrac{100}{1.25} = 4.8$

最大运行方式下变压器低压侧三相短路时，流过高压侧（保护安装处）的电流初始值

$$I''_{2kmax} = \frac{144.3}{0.611 + 4.8} / \frac{10}{0.4} = 1.067\text{kA}$$

保护装置一次侧动作电流：$I_{op \cdot k} = K_{rel} K_{con} I''_{2kmax} = 1.3 \times 1 \times 1.067 = 1.387\text{kA}$

按系统最小运行方式下，保护装置安装处一次侧两相短路电流：

$$I''_{1k2 \cdot max} = 0.866 \times 6 = 5.196\text{kA}$$

保护装置的灵敏系数：$K_{sen} = \dfrac{I''_{1k2 \cdot max}}{I_{op}} = \dfrac{5.196}{1.387/1} = 3.746 > 1.5$

10.《工业与民用供配电设计手册》（第四版）P520 表 7.2-3。

保护装置动作电流：$I_{op \cdot k} = K_{rel} K_{con} \dfrac{K_{ol} I_{1rT}}{K_r} = 1.2 \times \dfrac{1.5}{0.9} \times \dfrac{1250}{\sqrt{3} \times 10} = 144.34\text{A}$

按系统最小运行方式下，保护装置安装处一次侧两相短路电流：

$$I''_{2k1 \cdot min} = \frac{2}{\sqrt{3}} \times 0.866 \times 1016 = 1016\text{A}$$

保护装置的灵敏系数：$K_{sen} = \dfrac{I''_{2k1 \cdot min}}{I_{op}} = \dfrac{1016}{144.34} = 7.04 > 1.3$

题 11～15 答案：**BCDAB**

11.《电力工程电缆设计规范》（GB 50217—2018）附录 C 表 C.0.3、附录 D 表 D.0.1、表 D.0.3、表 D.0.6。

查表 C.0.3，空气中敷设（电缆桥架）允许载流量：$I_z = 320\text{A}$

查表 D.0.1，环境温度载流量校正系数：$K_1 = 1.09$。

查表 D.0.6，无间距配置单层并列载流量校正系数：$K_2 = 0.8$

故空气中敷设（电缆桥架）实际载流量：$I_{z1} = 1.09 \times 0.8 \times 320 = 279.04\text{A}$

查表 C.0.3，土壤直埋敷设允许载流量：$I_z = 247\text{A}$

查表 D.0.1，环境温度载流量校正系数：$K_3 = 1$

故土壤直埋敷设实际载流量：$I_{z2} = 1 \times 247 = 247\text{A}$

取较小值：$I_z = I_{z2} = 247\text{A}$

12.《工业与民用供配电设计手册》（第四版）P1132 式（12.2-8）。

按交流滑触线电压降计算：$\Delta u\% = \dfrac{\sqrt{3} \times 100}{U_n} I_p l (R \cos\varphi + X \sin\varphi)$，故

$$l = \frac{U_n \cdot \Delta u\%}{\sqrt{3} \times 100 \times I_p \times (R \cos\varphi + X \sin\varphi)}$$

$$= \frac{380 \times 10}{\sqrt{3} \times 100 \times (20 \times 10) \times (1.26 \times 0.5 + 0.87 \times 0.866)} = 0.0793\text{km}$$

$L = 2l = 2 \times 0.0793\text{km} = 158.6\text{m}$

《工业与民用供配电设计手册》（第四版）P910。

电力电缆在桥架内敷设，容积率不宜超过 40%，控制电缆不宜超过 50%。

电缆总截面积：$S = 4 \times \pi \left(\dfrac{40}{2}\right)^2 + 6 \times \pi \left(\dfrac{65}{2}\right)^2 = 24936\text{mm}^2$

桥架最小截面积：$S' \geqslant \dfrac{S}{0.4} = \dfrac{24936}{0.4} = 62341\text{mm}^2$，故取 600mm × 150mm。

13. 《工业与民用供配电设计手册》(第四版) P1072 式 (12.1-1),《爆炸危险环境电力装置设计规范》(GB 50058—2014) 第 5.4.1-6 条。

电动机额定电流：$I_{rM} = \dfrac{P_{rM}}{\sqrt{3} U_{rM} \eta_r \cos \varphi_r} = \dfrac{110 \times 10^3}{\sqrt{3} \times 380 \times 0.9 \times 0.85} = 218.47A$

第 5.4.1-6 条：在爆炸环境内，导体允许载流量不应小于断路器长延时过电流脱扣器电流的 1.25 倍。

$I_z \geqslant 1.25 I_{rM} = 1.25 \times 218.47 = 273.1A$，按电流密度确定电缆截面积，则：

铝芯：$S_{Al} \geqslant \dfrac{273.1}{1.6} = 170.07 \text{mm}^2$

铜芯：$S_{Cu} \geqslant \dfrac{273.1}{2} = 136.5 \text{mm}^2$

故选 $4 \times 185 \text{mm}^2$ 铝芯。

14. 《电力工程电缆设计规范》(GB 50217—2018) 第 B.0.3-2 条、第 B.0.3-3 条。

附录 B 之第 B.0.3-2 条：对备用回路的电缆，如备用的电动机回路等，宜根据其运行情况对其运行小时数进行折算后选择电缆截面。

电缆载流量确定电缆截面积：$S \geqslant \dfrac{160}{3.2} = 50 \text{mm}^2$

附录 B 之第 B.0.3-3 条：当电缆经济电流截面介于电缆标称截面档次之间时，可视其接近程度，选择较接近一档截面。

经济电流密度确定电缆截面：$S = \dfrac{160}{2.2} = 72.73 \text{mm}^2$，故取 70mm^2。

题 16～20 答案：**DBCBD**

15. 《交流电气装置的接地设计规范》(GB/T 50065—2011) 第 4.2.1 条、第 B.0.1-3 条。

附录 B 之第 B.0.1-3 条：计算衰减系数 D_f 将其乘以入地对称电流，得到计及直流偏移的经接地网入地的最大接地故障不对称电流有效值 I_G。

根据第 4.2.1 条，已采取安全措施后，接地网地电位升高可提高至 5kV，故接地电阻

110kV 侧：$R_1 \leqslant \dfrac{5000}{I_G} = \dfrac{5000}{1.05 \times 1.1 \times 10^3} = 4.329\Omega$

35kV 侧：$R_2 \leqslant \dfrac{120}{I_G} = \dfrac{5000}{1.25 \times 2 \times 60} = 0.8\Omega$

取较小值，$R = 0.8\Omega$。

16. 《交流电气装置的接地设计规范》(GB/T 50065—2011) 附录 D 第 D.0.3-1 条、第 D.0.3-2 条。

接地网导体总长度：$L_c = (100 \times 7 + 80 \times 2) + (80 \times 9 + 60 \times 2) + 2 \times 10 \times 3.14 = 1762.8m$

接地网周边长度：$L_p = 80 \times 2 + 60 \times 2 + 2 \times 10 \times 3.14 = 342.8m$

$n = n_a n_b n_c n_d = n_a n_b = 10.28 \times 0.976 = 10.04$

其中，$n_a = \dfrac{2L_c}{L_p} = \dfrac{2 \times 1762.8}{342.8} = 10.28$

$n_b = \sqrt{\dfrac{L_p}{4\sqrt{A}}} = \dfrac{1}{2} \times \sqrt{\dfrac{342.8}{\sqrt{100 \times 80 + (20 \times 20 - 3.14 \times 10^2)}}} = 0.976$

接地网近似为矩形，$n_c = n_d \approx 1$

网孔电压几何校正系数：

$$K_s = \frac{1}{\pi}\left(\frac{1}{2h} + \frac{1}{D+h} + \frac{1-0.5^{n-2}}{D}\right) = \frac{1}{3.14}\times\left(\frac{1}{2\times1} + \frac{1}{10+1} + \frac{1-0.5^{10-2}}{10}\right) = 0.22$$

接地网不规则校正系数：$K_i = 0.644 + 0.148n = 2.13$

埋入地中的接地系统导体有效长度：$L_s = 0.75L_c = 0.75\times1762.8 = 1322.1\text{m}$

最大跨步电压差：$U_s = \dfrac{\rho I_G K_s K_i}{L_s} = \dfrac{250\times1200\times0.22\times2.13}{1322.1} = 106.33\text{V}$

17.《交流电气装置的接地设计规范》（GB/T 50065—2011）第4.4.5条，附录E式（E.0.1）。

$$S_g \geqslant \frac{I_g}{C}\sqrt{t_e} = \frac{1.05\times1.5\times1000}{70}\times\sqrt{0.5+0.15} = 18.14\text{mm}^2$$

第4.4.5条：4根连接线截面的热稳定校验电流,应按单相接地故障时最大不对称电流有效值的35%取值。

故最小截面积：$S = 35\%S_g = 35\%\times18.14 = 6.35\text{mm}^2$

18.《交流电气装置的接地设计规范》（GB/T 50065—2011）第5.1.1条、附录F式（F.0.1）。

第5.1.1条：6kV及以上无地线线路钢筋混凝土杆宜接地,金属杆塔应接地,接地电阻不宜超过30Ω。

杆塔水平接地装置的工频接地电阻：

$$R = \frac{\rho}{2\pi L}\left(\ln\frac{L^2}{hd} + A_t\right) = \frac{250}{2\times3.14\times(4\times1+6)}\left[\ln\frac{(4\times1+6)^2}{1\times0.01} + 2\right] = 44.6\Omega > 30\Omega$$

19.《交流电气装置的接地设计规范》（GB/T 50065—2011）第6.1.1条、第7.2.5条。

由第6.1.1条可知，最大接地电阻：$R \leqslant \dfrac{50}{I} = \dfrac{50}{15} = 3.33\Omega < 4\Omega$；

由第7.2.5条可知，低压系统电源中性点可与高压侧共用接地装置。

题21～25答案：**DDAAA**

20. 根据题干条件计算开关量输入模块：$n_{DI} = \dfrac{2\times18+20\times5}{32}\times(1+15\%) = 4.9$，取$n_{DI} = 5$；

开关量输出模块：$n_{DO} = \dfrac{2\times18+20\times2}{32}\times(1+15\%) = 2.73$，取$n_{DO} = 3$；

模拟量输入模块：$n_A = \dfrac{1\times18}{8}\times(1+15\%) = 2.6$，取$n_A = 3$。

21.《钢铁企业电力设计手册》（下册）P509式（27-3）。

内存容量：$M = 1.25\times0.85\times[(200+88)\times10 + 15\times100 + 6\times200] = 5928.8\text{Byte}$

PLC系统通讯数据占有内存1kB，故$M' = \dfrac{5928.8}{1024} + 1 = 6.79\text{kB}$

22.《钢铁企业电力设计手册》（下册）P515式（27-5）、式（27-6）。

编程器不接入时的扫描时间：$\omega = 0 + 0 + 12 + 12 + 6.1 = 30.1\text{ms}$

编程器接入时的扫描时间：$\omega = 0 + 6 + 12 + 12 + 6.1 = 36.1\text{ms}$

最大响应时间：$T = T_a + 2\omega + T_d = 8 + 2\times36.1 + 8 = 88.2\text{ms}$

23. 根据题干条件计算K1线圈吸持电流：$I = \dfrac{S}{U} = \dfrac{80/0.8}{220} = 0.45\text{A} < 2\text{A}$，满足要求。

24.《工业与民用供配电设计手册》（第四版）P763式（8.5-4）。

电缆芯截面积：

$$S = \frac{2I_{Q \cdot max}L}{\Delta U \cdot U_r \gamma} \Rightarrow 0.5 = \frac{2 \times 0.1 \times L}{[(1 - 80\%) \times 24 - 0.1 \times 2] \times \dfrac{1}{0.0184}}$$

故 $L = 625\mathrm{m}$

2018 年案例分析试题答案（下午卷）

题 1~5 答案：**CBBBC**

1.《电能质量 公用电网谐波》（GB 14549—1993）表 2 附录 B 式（B1）。

最小运行方式下，系统电抗标幺值：$X_{*s} = \dfrac{S_b}{S_s''} = \dfrac{100}{100} = 1$

变压器电抗标幺值：$X_{*T1} = \dfrac{u_{k\%}}{100} \cdot \dfrac{S_b}{S_{NT}} = 0.055 \times \dfrac{100}{2} = 2.75$

母线最小短路容量：$S_k'' = \dfrac{S_b}{X_{*\Sigma}} = \dfrac{100}{1 + 2.75} = 26.67 \text{MV} \cdot \text{A}$

谐波电流允许值：$I_h = \dfrac{S_{k1}}{S_{k2}} I_{hp} = \dfrac{26.67}{10} \times 62 = 165.33 \text{A}$

2.《电能质量 公用电网谐波》（GB 14549—1993）附录 C3。

M1 支路注入该点的 7 次谐波电流：$I_{7(M1)} = I_h \left(\dfrac{S_i}{S_t} \right)^{\frac{1}{\alpha}} = 117 \times \left(\dfrac{200/0.9}{2000} \right)^{\frac{1}{1.4}} = 24.35 \text{A}$

E1 支路注入该点的 7 次谐波电流：$I_{7(E1)} = I_h \left(\dfrac{S_i}{S_t} \right)^{\frac{1}{\alpha}} = 117 \times \left(\dfrac{300/1}{2000} \right)^{\frac{1}{1.4}} = 30.18 \text{A}$

3.《电能质量 公用电网谐波》（GB 14549—1993）附录 C2。

当相位角不确定时，叠加的谐波电流为：

$$I_{11}' = \sqrt{I_{11-2}^2 + I_{11-3}^2 + K_{11} I_{11-2} I_{11-3}} = \sqrt{25^2 + 25^2 + 0.18 \times 25 \times 25} = 36.91 \text{A}$$

$$I_{11} = \sqrt{I_{11-1}^2 + I_{11}'^2 + K_{11} I_{11-1} I_{11}'} = \sqrt{18^2 + 36.91^2 + 0.18 \times 18 \times 36.91} = 42.50 \text{A}$$

4.《电能质量 公用电网谐波》（GB 14549—1993）附录 C1。

最小运行方式下，系统电抗标幺值：$X_{*s} = \dfrac{S_b}{S_s''} = \dfrac{100}{100} = 1$

变压器电抗标幺值：$X_{*T1} = \dfrac{u_{k\%}}{100} \cdot \dfrac{S_b}{S_{NT}} = 0.055 \times \dfrac{100}{2} = 2.75$

母线最小短路容量：$S_k'' = \dfrac{S_b}{X_{*\Sigma}} = \dfrac{100}{1 + 2.75} = 26.67 \text{MV} \cdot \text{A}$

5 次谐波电压含有率：$HRU_{5 \cdot min} = \dfrac{\sqrt{3} U_N h I_h}{10 S_{kmin}} = \dfrac{\sqrt{3} \times 0.38 \times 5 \times 240}{10 \times 26.67} = 2.962\%$

最大运行方式下，系统电抗标幺值：$X_{*s} = \dfrac{S_b}{S_s''} = \dfrac{100}{300} = 0.333$

母线最大短路容量：$S_k'' = \dfrac{S_b}{X_{*\Sigma}} = \dfrac{100}{0.333 + 2.75} = 32.43 \text{MV} \cdot \text{A}$

5 次谐波电压含有率：$HRU_{5 \cdot max} = \dfrac{\sqrt{3} U_N h I_h}{10 S_{kmax}} = \dfrac{\sqrt{3} \times 0.38 \times 5 \times 240}{10 \times 32.34} = 2.435\%$

5.《电能质量 公用电网谐波》（GB 14549—1993）附录 A、附录 C 式（C2）。

$$HRU_3 = \frac{\sqrt{3}U_n h I_3}{10 S_k} \times 100\% = \frac{\sqrt{3} \times 0.38 \times 3 \times 8}{10 \times 38} \times 100\% = 0.0416\%$$

$$HRU_5 = \frac{\sqrt{3}U_n h I_5}{10 S_k} \times 100\% = \frac{\sqrt{3} \times 0.38 \times 5 \times 116}{10 \times 38} \times 100\% = 1.0046\%$$

$$HRU_7 = \frac{\sqrt{3}U_n h I_7}{10 S_k} \times 100\% = \frac{\sqrt{3} \times 0.38 \times 7 \times 90}{10 \times 38} \times 100\% = 1.0912\%$$

$$HRU_9 = \frac{\sqrt{3}U_n h I_9}{10 S_k} \times 100\% = \frac{\sqrt{3} \times 0.38 \times 9 \times 5}{10 \times 38} \times 100\% = 0.0779\%$$

$$HRU_{11} = \frac{\sqrt{3}U_n h I_{11}}{10 S_k} \times 100\% = \frac{\sqrt{3} \times 0.38 \times 11 \times 68}{10 \times 38} \times 100\% = 1.2956\%$$

$$HRU_{13} = \frac{\sqrt{3}U_n h I_{13}}{10 S_k} \times 100\% = \frac{\sqrt{3} \times 0.38 \times 13 \times 13}{10 \times 38} \times 100\% = 1.351\%$$

电压总谐波畸变率：$THD_u = \sqrt{\sum (HRU_i)^2} = 2.39\%$

题 6~10 答案：**BCBCD**

6.《钢铁企业电力设计手册》（上册）P306，P309 式（6-45）。

转速 N 与频率 f 成正比，故有 $\frac{P_1}{P_2} = \left(\frac{N_2}{N_1}\right)^3 = \left(\frac{f_2}{f_1}\right)^3$，则：

$$P_{高} = \left(\frac{f_{高}}{f_N}\right)^3 P_N = \left(\frac{47}{50}\right)^3 \times 1000 = 830.58kW$$

$$P_{低} = \left(\frac{f_{低}}{f_N}\right)^3 P_N = \left(\frac{30}{50}\right)^3 \times 1000 = 216.0kW$$

年耗电量：$W = \sum \left(\frac{P_i}{\eta_{mi}\eta_{Mi}} \cdot t_i\right) = \left(\frac{830.58}{0.96 \times 0.95} \times 0.6 + \frac{216}{0.95 \times 0.88} \times 0.4\right) \times 340 \times 24$
$$= 5302233 \text{（kW·h）}$$

7. 根据 $S^2 = P^2 + Q^2$ 可知，由题 6 结论，$P_{高} = 830.58kW$，故

$$P_\Sigma = \frac{830.58}{0.96 \times 0.95} + 210 = 1120.72kW$$

$$Q_\Sigma = \frac{830.58}{0.96 \times 0.95} \times \tan(\arccos 0.92) + 210 \times \tan(\arccos 0.76) = 567.55kvar$$

则 $\cos\varphi_\Sigma = \frac{P_\Sigma}{\sqrt{Q_\Sigma^2 + P_\Sigma^2}} = \frac{1120.72}{\sqrt{567.55^2 + 1120.72^2}} = 0.892$

8. 根据 $S^2 = P^2 + Q^2$ 可知，由题 6 结论，$P_{低} = 216.0kW$，故

$$P_\Sigma = \frac{216}{0.88 \times 0.95} + 210 = 468.37kW$$

$$Q_\Sigma = \frac{216.0}{0.88 \times 0.95} \times \tan(\arccos 0.91) + 210 \times \tan(\arccos 0.76) = 290.3kvar$$

则 $\cos\varphi_\Sigma = \frac{P_\Sigma}{\sqrt{Q_\Sigma^2 + P_\Sigma^2}} = \frac{468.37}{\sqrt{297.30^2 + 468.37^2}} = 0.844$

9.《工业与民用供配电设计手册》（第四版）P36 式（1.11-5）。

由题 6 结论，$P_{低} = 216.0kW$，故电动机额定功率：$P_M = \frac{216}{0.88 \times 0.95} = 258.37kW$

电动机的补偿容量：

$Q_M = P_M(\tan\varphi_1 - \tan\varphi_2) = 258.37 \times [\tan(\arccos 0.91) - \tan(\arccos 0.93)] = 15.60 \text{kvar}$

其他负荷的补偿容量：

$Q_L = P_L(\tan\varphi_1 - \tan\varphi_2) = 210 \times [\tan(\arccos 0.76) - \tan(\arccos 0.93)] = 96.59 \text{kvar}$

总补偿容量为：$\sum Q = Q_M + Q_L = 15.6 + 96.59 = 112.19 \text{kvar}$

10.《钢铁企业电力设计手册》（上册）P306、P309 式（6-45），（下册）P362 式（25-128）。

高速运行时的效率：$\eta_H = \dfrac{P_T}{P_B} = \dfrac{n_T}{n_B} = \dfrac{1387}{1475} = 0.94$，则

$P_H = \dfrac{1000 \times (1387/1475)}{0.94 \times 0.95} = 931.11 \text{kW}$

低速运行时的效率：$\eta_L = \dfrac{P_T}{P_B} = \dfrac{n_T}{n_B} = \dfrac{885}{1475} = 0.6$，则

$P_H = \dfrac{1000 \times (885/1475)}{0.88 \times 0.6} = 409.09 \text{kW}$

$W = (931.11 \times 0.6 + 409.09 \times 40\%) \times 24 \times 340 = 5893984 \text{kW} \cdot \text{h}$

题 11～15 答案：**ACBCB**

11.《钢铁企业电力设计手册》（下册）P14 式（23-7）、P50 式（23-136）。

额定转矩：$T_n = 9550 \dfrac{P_n}{N_n} = 9550 \times \dfrac{550}{2975} = 1765.55 \text{r/min}$

负荷要求的最小启动转矩：$T_{l\min} = \dfrac{T_{l\max} K_s}{K_u^2} = \dfrac{560 \times 1.25}{0.85^2} = 968.86 \text{N} \cdot \text{m}$

电动机最小启动转矩：$T_{\min} = 0.73 \times 1765.55 = 1288.85 \text{N} \cdot \text{m}$

$T_{\min} > T_{l\min}$，故满足启动要求。

注：也可参考《电气传动自动化技术手册》（第 3 版）P293 式（2-7）、P288 表 2-5。

12.《钢铁企业电力设计手册》（下册）P20 式（23-53）、P50 式（23-137）。

平均启动转矩：

$M_{sav} = (0.45 \sim 0.5)(M_s + M_{\max}) = (0.45 \sim 0.5)(0.73 + 2.5) \times 1765.55$
$\qquad = 2566.23 \text{N} \cdot \text{m}^2$

允许的最大飞轮力矩：

$GD_{xm}^2 = GD_0^2\left(1 - \dfrac{M_{l\max}}{M_{sav}K_u^2}\right) - GD_m^2 = 3850 \times \left(1 - \dfrac{560}{2566.23 \times 0.85^2}\right) - 445 = 2242.17 \text{N} \cdot \text{m}^2$

$GD_{xm}^2 > GD_{mec}^2 = 2002 \text{N} \cdot \text{m}^2$，故满足要求。

13.《钢铁企业电力设计手册》（下册）P57 式（23-175）、式（23-176）。

环境温度改变时的修正系数：

$X = \sqrt{1 - \dfrac{\Delta\tau}{\tau_N}(\gamma + 1)} = \sqrt{1 - \dfrac{55 - 40}{100} \times \left(\dfrac{1}{1.176} + 1\right)} = 0.85$

电动机可用功率：$P = XP_N = 0.85 \times 550 = 467.5 \text{kW}$

14.《钢铁企业电力设计手册》（下册）P14 式（23-7），P51～52 式（23-139）、式（23-144）。

等效转矩：$M_{\text{Mrms}} = \sqrt{\dfrac{M_{1\text{dx}}^2 t_1 + M_{2\text{dx}}^2 t_2 + \cdots + M_{n\text{dx}}^2 t_n}{T_c}}$

$= \sqrt{\dfrac{3.9^2 \times 0.6 + 1.9^2 \times 6.5 + 7.6^2 \times 3 + 14^2 \times 1.8 + 19^2 \times 1.7 + 7.5^2 \times 2.2 + 3.5^2 \times 3.5}{0.6 + 6.5 + 3 + 2 + 1.8 + 1.7 + 2.2 + 3.5}}$

$= 8.14 \text{N} \cdot \text{m}$

等效电动机功率：$P_{\text{Mrms}} = \dfrac{M_{\text{Mrms}} n_N}{9550} = \dfrac{8.139 \times 975 \times 1000}{9550} = 830.9 \text{kW}$

额定转矩：$M_{l\max} = k_1 K_u \lambda M_N = 0.9 \times 0.852 \times 2.5 \times 12.733 = 20.7 \text{kN} \cdot \text{m}$

$M_{l\max} > M_{\text{Mrms}}$，故满足要求。

15.《钢铁企业电力设计手册》（下册）P58 例题 23.6.1。

折算到电动机轴上的负荷功率：$P_L = \dfrac{T_L N_L}{9550} = \dfrac{1450 \times 2975}{9550} = 451.7 \text{kW}$

电动机额定功率：$P_n = \dfrac{P_L}{FC} = \dfrac{451.7}{85\%} = 531.4 \text{kW}$

题 16~20 答案：**CCDDA**

16.《照明设计手册》（第三版）P7 式（1-9）、P145 式（5-39）、P147 式（5-47）。

室形指数：$\text{RI} = \dfrac{LW}{H(L+W)} = \dfrac{24 \times 9}{(3.2 - 0.75) \times (24 + 9)} = 2.67$

内墙面平面反射比：$\rho = \dfrac{\sum\limits_{i=1}^{n} \rho_i A_i}{\sum\limits_{i=1}^{n} A_i} = \dfrac{[2 \times (3.2 - 0.75) \times (24 + 9) - 60] \times 0.52 + 60 \times 0.35}{2 \times (24 + 9) \times (3.2 - 0.75)} = 0.457$

采用插入法计算利用系数：

当 $\text{RI} = 2.5$ 时，$\dfrac{0.457 - 0.5}{0.3 - 0.5} = \dfrac{U_1 - 0.96}{0.91 - 0.96}$，故 $U_1 = 0.949$；

当 $\text{RI} = 3.0$ 时，$\dfrac{0.457 - 0.5}{0.3 - 0.5} = \dfrac{U_2 - 0.99}{0.94 - 0.99}$，故 $U_2 = 0.979$；

当 $\text{RI} = 2.67$ 时，$\dfrac{U - 0.949}{0.979 - 0.949} = \dfrac{2.67 - 2.5}{3 - 2.5}$，故 $U = 0.959 \approx 0.96$。

灯具数量：$N = \dfrac{E_{\text{av}} A}{\varPhi U K} = \dfrac{300 \times 24 \times 9}{120 \times 40 \times 0.959 \times 0.8} = 17.59$ 盏，取 18 盏。

根据办公室结构，横向布置 6 套灯具，中心距 $\dfrac{24}{6+1} = 3.45 \text{m}$；纵向布置 3 套灯具，中心距 3m，均可满足距高比要求。

校验工作面平均照度：$E_{\text{av}} = \dfrac{\varPhi N U K}{A} = \dfrac{18 \times 120 \times 40 \times 0.96 \times 0.8}{24 \times 9} = 307.2 \text{lx}$

《建筑照明设计标准》（GB 50034—2013）第 4.1.7 条：设计照度与照度标准值的偏差不应超过 $\pm 10\%$，因此校验满足要求。

17.《建筑照明设计标准》（GB 50034—2013）第 2.0.32 条。

第 2.0.32 条：照度均匀度，规定表面上的最小照度与平均照度之比，符号是 U_0。

照度均匀度：$U_0 = \dfrac{E_{\min}}{E_{\text{av}}} = \dfrac{420}{510} = 0.824$

照明功率密度：$LPD = \dfrac{120 \times 100}{54 \times 30} = 7.4 \text{W/m}^2$

18.《照明设计手册》（第三版）P136 式（5-29）。

$$X = \frac{a}{h} = \frac{2}{3.5} = 0.57, \quad Y = \frac{b}{h} = \frac{2}{3.5} = 0.57$$

地面中心点垂直照度：

$$E_{hA} = 4 \times \frac{L}{2}\left(\frac{Y}{\sqrt{1+Y^2}}\arctan\frac{X}{\sqrt{1+Y^2}} + \frac{X}{\sqrt{1+X^2}}\arctan\frac{Y}{\sqrt{1+X^2}} \right)$$
$$= 4 \times \frac{500}{2} \times \left(\frac{0.57}{\sqrt{1+0.57^2}}\arctan\frac{0.57}{\sqrt{1+0.57^2}} + \frac{0.57}{\sqrt{1+0.57^2}}\arctan\frac{0.57}{\sqrt{1+0.57^2}} \right)$$
$$= 456 \text{lx}$$

19.《照明设计手册》（第三版）P160 式（5-64）。

灯具数量：$N = \dfrac{E_{min}A}{\Phi_1 \eta U U_1 K} = \dfrac{5 \times 10000}{180 \times 120 \times 0.95 \times 0.5 \times 0.7 \times 0.7} = 9.95$，取 10 个。

灯具总功率：$P = 10 \times (180 + 1) = 1810 \text{W}$

20.《照明设计手册》（第三版）P406 式（18-5）。

路面平均照度：$E_{av} = \dfrac{\Phi UKN}{SW} = \dfrac{4000 \times 0.54 \times 0.65 \times 1}{18 \times 6} = 13 \text{lx}$

题 21～25 答案：**BCBBB**

21.《建筑物防雷设计规范》（GB 50057—2010）第 4.3.6 条、附录 A。

建筑物所处地区雷击大地的年平均密度：$N_g = 0.1T_d = 0.1 \times 154.5 = 15.45$ 次/（km²·a）

与建筑物截收相同雷击次数的等效面积：

$$A_e = \left[LW + 2(L+W)\sqrt{H(200-H)} + \pi H(200-H) \right] \times 10^{-6}$$
$$= \left[72 \times 12 + 2(72+12)\sqrt{20 \times (200-20)} + 20\pi \times (200-20) \right] \times 10^{-6}$$
$$= 0.02225$$

建筑物年预计雷击次数：$N = kN_g A_e = 2 \times 15.45 \times 0.02225 = 0.6875 > 0.25$，故为第二类防雷建筑。

防雷引下线的冲击电阻为 25Ω 过大，根据第 4.3.6 条规定，需加打水平或垂直接地体。

垂直接地体长度：$L_r = \dfrac{1}{2}\left(\dfrac{\rho - 550}{50} - \sqrt{\dfrac{A}{\pi}} \right) = \dfrac{1}{2}\left(\dfrac{1550 - 550}{50} - \sqrt{\dfrac{12 \times 72}{3.14}} \right) = 1.71 \text{m}$

22.《建筑物防雷设计规范》（GB 50057—2010）第 4.2.4-9 条式（4.2.4-7）、附录 H 式（H.0.1）。

冲击电流：$I_f = \dfrac{0.5IR_s}{n(mR_s + R_c)} = \dfrac{0.5 \times 150 \times 1.4}{4 \times (4 \times 1.9 + 0.2)} = 4.567 \text{kA}$

由表 H.0.1-1，$8\sqrt{\rho} = 8\sqrt{400} = 160 < 300$，故 $L_c = 160 \text{m}$

线路屏蔽层截面积：$S_c \geqslant \dfrac{I_f \rho_c L_c \times 10^6}{U_w} = \dfrac{4.567 \times 28.264 \times 10^{-9} \times 160 \times 10^6}{2.5} = 8.26 \text{mm}^2$

23.《建筑物防雷设计规范》（GB 50057—2010）第 4.5.4 条及条文说明。

TN-S 接地系统，采用 5 芯电缆，共设 5 个 SPD 模块，则流经 SPD 每个模块的分流雷电流：

$$I_{imp} = \frac{k_{c1}k_{c1}I_{th}}{5} = \frac{0.44 \times 0.2 \times 150}{5} = 2.64 \text{kA}$$

24.《交流电气装置的接地设计规范》（GB/T 50065—2011）第 5.1.7 条～第 5.1.9 条、附录 A 及 F。

单根垂直接地体工频接地电阻：

$$R_\text{v} = \frac{\rho}{2\pi L}\left(\ln\frac{8l}{d} - 1\right) = \frac{100}{2\pi \times 2.5} \times \left(\ln\frac{8 \times 2.5}{0.05} - 1\right) = 31.78\Omega$$

水平接地体工频接地电阻：

$$R_\text{h} = \frac{\rho}{2\pi L}\left(\ln\frac{L^2}{hd} + A\right) = \frac{100}{2\pi \times 10} \times \left(\ln\frac{100}{0.8 \times 0.02} - 0.6\right) = 12.9\Omega$$

单根垂直接地体冲击接地电阻：$R_\text{vi} = \alpha R_\text{v} = 0.65 \times 31.78 = 20.66\Omega$

水平接地体冲击接地电阻：$R_\text{hi} = \alpha R_\text{h} = 0.7 \times 12.9 = 9.03\Omega$

由 $\frac{D}{L} = 2$ 查附录 F 表 F.0.4 可知，冲击利用系数 $\eta_\text{i} = 0.7$

架空进线杆塔接地装置冲击接地电阻：

$$R_\text{i} = \frac{\frac{R_\text{vi}}{n} \times R'_\text{hi}}{\frac{R_\text{vi}}{n} + R'_\text{hi}} \times \frac{1}{\eta_\text{i}} = \frac{\frac{20.66}{3} \times 9.03}{\frac{20.66}{3} + 9.03} \times \frac{1}{0.7} = 5.59\Omega$$

25.《建筑物防雷设计规范》（GB 50057—2010）附录 C C.0.3。

由 $2\sqrt{\rho} = 2\sqrt{500} = 44.72 > 2 \times 15 = 30$，故 $L = 2 \times (15 + 15) = 60\text{m}$

$$R = \frac{\rho}{2\pi L}\left(\ln\frac{L^2}{hd} + A_\text{t}\right) = \frac{500}{2\pi \times 4 \times 15}\left(\ln\frac{60^2}{0.8 \times 0.02} + 1\right) = 17.67\Omega$$

则引下线的冲击电阻：$R_\text{i} = \frac{R}{1.45} = \frac{17.67}{1.45} = 12.19\Omega$

题 26～30 答案：**CCBBC**

26.《电力工程高压送电线路设计手册》（第二版）P179 表 3-2-3。

无冰时的综合比载：

$$\gamma_6 = \sqrt{\gamma_1^2 + \gamma_4^2} = \frac{\sqrt{3^2 + (964.3 \times 9.8 \times 10^{-3})^2}}{277.75} = 35.69 \times 10^{-3}\text{N/(m} \cdot \text{mm}^2)$$

27.《电力工程高压送电线路设计手册》（第二版）P602 呼称高公式，《66kV 及以下架空电力线路设计规范》（GB 50061—2010）表 12.0.16。

导线弧垂：$f_\text{m} = \frac{g}{2\sigma_0} l_a l_b = \frac{0.034}{8 \times 68.8} \times 220^2 = 3.0$

忽略杆塔施工基面误差的呼称高：$H = h_1 + s + \lambda = 7 + 3 + 0.75 = 10.75\text{m}$

28.《电力工程高压送电线路设计手册》（第二版）P179～181 表 3-3-1。

$$f'_x = \frac{4x'}{l}\left(1 - \frac{x'}{l}\right)f_\text{m} = \frac{4 \times 80}{220} \times \left(1 - \frac{80}{220}\right) \times 2.6 = 2.41\text{m}$$

29.《电力工程高压送电线路设计手册》（第二版）P103 式（2-6-44）。

绝缘子串风偏角：$\varphi = \arctan\left(\frac{P_\text{I}/2 + PL_\text{H}}{G_\text{I}/2 + W_\text{I}L_\text{v}}\right) = \arctan\left(\frac{0 + 8 \times 250}{0 + 9 \times 270}\right) = 39.5°$

30.《电力工程高压送电线路设计手册》（第二版）P106。

导线风偏角：$\varphi = \arctan\left(\frac{\gamma_4}{\gamma_1}\right) = \arctan\left(\frac{18 \times 10^{-3}}{28 \times 10^{-3}}\right) = 32.7°$

题 31～35 答案：**BBBDB**

31.《20kV 及以下变电所设计规范》（GB 50053—2013）第 4.2.7 条及表 4.2.7。

10kV 配电室的最小宽度：$W = 1500 \times 2 + 1000 + (800 + 1200) \times 2 = 8000$mm

32.《3～110kV 高压配电装置设计规范》（GB 50060—2008）表 5.1.1、表 5.1.4。查表 5.1.1 和表 5.1.4 可知：$L_1 = 850$mm，$L_2 = 900$mm，$L_3 = 950$mm，$L_4 = 2900$mm，$L_5 = 5000$mm，$L_6 = 10000$mm，$L_7 = 8000$mm。

对比可知，仅 $L_3 = 950$mm 和 $L_7 = 8000$mm 两处题中表述有误。

33.《工业与民用供配电设计手册》（第四版）P130 式（3.2-1）。

变压器室通风窗的有效面积：

$$F_{in} = \frac{k \times P}{4\Delta t} \sqrt{\frac{\zeta_{in} + \zeta_{ex}}{h\gamma_{av}(\gamma_{in} + \gamma_{ex})}}$$

$$= \frac{1.1 \times (1.7 + 10.3)}{4 \times (45 - 28)} \times \sqrt{\frac{2.7 \times 2.5}{2.5 \times 1.1415 \times (1.173 - 1.11)}} = 1.044$$

34.《工业与民用供配电设计手册》（第四版）P374 表 5.6-7、P459 式（6.2-5），《电力工程电缆设计规范》（GB 50217—2018）附录 E。

按载流量选择导体截面，考虑载流量校正系数 0.8：

$$I_Z = \frac{S}{0.8 \times \sqrt{3} U \cos\varphi} = \frac{2000}{0.8 \times \sqrt{3} \times 10 \times 0.9} = 160.4A$$

按热稳定校验导体截面：$S \geqslant \dfrac{I_k}{K}\sqrt{C} = \dfrac{15000}{77} \times \sqrt{0.15} = 75.4$mm²

按电压损失校验导体截面：

$$\Delta u = \frac{\sqrt{3}IL}{10U_n}(R'\cos\varphi + X'\sin\varphi) = \frac{\sqrt{3} \times 28.3 \times 12}{10 \times 10}(0.34 \times 0.9 + 0.076 \times 0.436)$$
$$= 9.04 > 7$$

$$\Delta u = \frac{\sqrt{3}IL}{10U_n}(R'\cos\varphi + X'\sin\varphi) = \frac{\sqrt{3} \times 128.3 \times 12}{10 \times 10}(0.253 \times 0.9 + 0.076 \times 0.436)$$
$$= 6.95 < 7$$

其中 $I_n = \dfrac{S}{\sqrt{3}U\cos\varphi} = \dfrac{2000}{0.8 \times \sqrt{3} \times 10 \times 0.9} = 128.3A$

综上计算，仅导体截面积为 120mm² 时满足要求。

35.《3～110kV 高压配电装置设计规范》（GB 50060—2008）第 7.1.1 条、第 7.1.4 条、第 7.3.3 条、表 5.4.4。

第 7.1.4 条：相邻配电装置室之间有门时，应能双向开启。图中不满足，第一处错误。

第 7.3.3 条：屋内气体绝缘金属封闭开关设备配电装置两侧应设置安装、检修和巡视的通道。主通道宜靠近断路器侧，宽度宜为 2000m，巡视通道宽度不应小于 1000mm。图中不满足，第二处错误。

注：第 7.1.1 条：长度大于 7m 的配电装置室，应设置 2 个出口，长度大于 60m 的配电装置室，宜设置 3 个出口，当配电装置室有楼层时，一个出口可设置在通往屋外楼梯的平台处。图中均满足要求。

根据《低压配电设计规范》（GB 50054—2011）表 4.2.5：低压配电柜双排背对背布置时，屏前距离 1800mm（不受限制），屏后维护通道 1000mm，屏侧通道 1500mm。图中均满足要求。

有关配电装置室门的尺寸可满足设备运输要求，但本题中未标注门洞尺寸，无法判断其是否满足规范要求，显然这不是出题人关注的题点。

题 36～40 答案：**CCDAA**

36.《民用闭路监视电视系统》（GB 50198—2011）第 3.3.10 条。

网络带宽：$B = \dfrac{H \times V}{352 \times 288} \times 512 \times 100 = \dfrac{1024 \times 720}{352 \times 288} \times 512 \times 100 \times 10^{-3} = 465.5\text{Mbit/s}$

37.《民用建筑电气设计标准》（GB 51348—2019）第 16.5.5 条式（16.5.5-3）。

扬声器的辐射角：$L = 2(H - 1.3)\tan\dfrac{\theta}{2} \Rightarrow \theta = \arctan\left[\dfrac{7.5}{2 \times (4.5 - 1.3)}\right] = 99.05°$

38.《民用建筑电气设计标准》（GB 51348—2019）第 16.5.2-5 条、附录 F 式（F.0.1-2）。

根据第 16.5.2-5 条：要求扩声系统应有不少于 6dB 的工作余量。

峰值余量的分贝数：$\Delta L_\text{W} = 10\lg W_\text{e2} - 10\lg W_\text{e1} = 10\lg W_\text{e2} - 10\lg(4 \times 25) = 6\text{dB}$，则 $W_\text{e2} = 398\text{W}$

注：由公式 $L_\text{W} = 10\lg W_\text{a} + 120 \Rightarrow L_\text{W} = 10\lg W_\text{e} + 120$ 可知，声压每提高 10dB，所要求的电功率（或说声功率）就必须增加 10 倍，一般为了峰值工作，扬声器的功率留出必要的功率余量是十分必要的。

39.《综合布线系统工程设计规范》（GB 50311—2016）第 3.6.3-1 条。

$C = \dfrac{(102 - H)}{1 + D} \Rightarrow 4 + 6 = \dfrac{102 - H}{1 + 0.5} \Rightarrow H = 87\text{m}$

40.《综合布线系统工程设计规范》（GB 50311—2016）第 4.5.1 条。

全程衰减值：$\beta = \alpha_\text{f} L_\text{max} + (N + 2)\alpha_\text{j} = 0.36 \times 0.5 + (2 + 2) \times 0.06 = 0.42\text{dB}$

2019 年专业知识试题答案（上午卷）

1. **答案：** C

   依据：《工业与民用供配电设计手册》（第四版）P266 "4.5.1 计算条件"。

2. **答案：** C

   依据：《电力装置的继电保护和自动装置设计规范》（GB/T 50062—2008）第 15.1.1 条。

3. **答案：** D

   依据：《电力装置的继电保护和自动装置设计规范》（GB/T 50062—2008）第 15.1.3 条。

4. **答案：** B

   依据：《电力装置电测量仪表装置设计规范》（GB/T 50063—2017）第 8.2.4 条、第 8.2.6 条,《电力装置的继电保护和自动装置设计规范》（GB/T 50062—2008）第 15.2.2-5 条。

5. **答案：** C

   依据：《35～110kV 变电站设计规范》（GB 50059—2011）第 2.0.1 条。

6. **答案：** C

   依据：《3～110kV 高压配电装置设计规范》（GB 50060—2008）第 5.4.5 条。

7. **答案：** C

   依据：《并联电容器装置设计规范》（GB 50227—2017）第 5.4.2 条。

   电容电流：$I_c = \dfrac{750}{10 \times \sqrt{3}} = 43.3\text{A}$

   熔丝额定电流：$I_N = (1.37\sim1.5) \times 43.3 = (59.3\sim64.95)\text{A}$

8. **答案：** C

   依据：《建筑设计防火规范》（GB 50016—2014）第 5.1.1 条、第 10.1.2 条。

9. **答案：** D

   依据：《工业与民用供配电设计手册》（第四版）P15～P18 相关内容,同时系数为采用需要系数法进行负荷计算时所用的参数。

10. **答案：** B

    依据：《工业与民用供配电设计手册》（第四版）P36 式（1.11-5）及表 1.4-7。

    $Q = 1880 \times 0.78 \times (0.802 - 0.329) = 693\text{kvar}$

11. **答案：** B

    依据：《供配电系统设计规范》（GB 50052—2009）第 5.0.9 条。

12. **答案：** D

    依据：《工业与民用供配电设计手册》（第四版）P457 "概述"。

13. **答案：** D

依据：《工业与民用供配电设计手册》（第四版）P60 表 2.3-1。

14. **答案：B**

依据：《并联电容器装置设计规范》（GB 50227—2017）第 5.5.2 条。

15. **答案：C**

依据：《建筑设计防火规范》（GB 50016—2014）第 10.1.1 条、第 10.1.2 条。

16. **答案：D**

依据：《电力工程电缆设计标准》（GB 50217—2018）第 3.4.6 条。

17. **答案：C**

依据：《电力工程电缆设计标准》（GB 50217—2018）第 3.6.8 条。

18. **答案：B**

依据：《电力工程直流电源系统设计技术规程》（DL/T 5044—2014）附录 A 第 A.3.6 条、附录 C 式（C.2.2）。

$$I_1 = 0.3 \times 300 = 90A$$

19. **答案：D**

依据：《爆炸危险环境电力装置设计规范》（GB 50058—2014）第 5.4.1-5 条。

20. **答案：B**

依据：《工业与民用供配电设计手册》（第四版）P493 式（6.7-2）、式（6.7-4）。

$$I_1 = \frac{20}{0.38 \times \sqrt{3}} = 30.38A$$

$$I_2 = 30.38 \times \sqrt{1 + 0.09^2 + 0.4^2 + 0.3^2} = 34A$$

21. **答案：A**

依据：《钢铁企业电力设计手册》（下册）P311 表 25-12。

22. **答案：B**

依据：《爆炸危险环境电力装置设计规范》（GB 50058—2014）第 3.3.2 条。

23. **答案：A**

依据：《建筑物防雷设计规范》（GB 50057—2010）第 5.2.12 条及条文说明式（22）。

$$h_r = 10 \cdot I^{0.65} \Rightarrow I = \left(\frac{h_r}{10}\right)^{\frac{1}{0.65}}$$

$$I_1 = \left(\frac{30}{10}\right)^{\frac{1}{0.65}} = 5.42kA, \quad I_2 = \left(\frac{45}{10}\right)^{\frac{1}{0.65}} = 10.11kA, \quad I_3 = \left(\frac{60}{10}\right)^{\frac{1}{0.65}} = 15.75kA$$

24. **答案：C**

依据：《建筑物防雷设计规范》（GB 50057—2010）第 4.2.1-5 条式（4.2.1-3）。

$$R_i \leqslant \frac{3}{0.4} = 7.5\Omega$$

25. **答案：A**

依据：《交流电气装置的接地设计规范》（GB/T 50065—2011）第 4.2.2 条。

$$U_t = 50 + 0.05 \times 500 \times 0.4 = 60V$$

26. 答案：B

依据：《电击防护 装置和设备的通用部分》（GB 17045—2008）第 7.2 条。

27. 答案：B

依据：《低压配电设计规范》（GB 50054—2011）第 5.1.2 条。

28. 答案：D

依据：《导体和电器选择设计技术规程》（DL/T 5222—2021）第 3.0.14 条。

29. 答案：B

依据：《电力设施抗震设计规范》（GB 50260—2013）第 6.7.1 条及条文说明。

30. 答案：D

依据：《交流电气装置的过电压保护和绝缘配合设计规范》（GB/T 50064—2014）第 4.4.3 条。

31. 答案：C

依据：《照明设计手册》（第三版）P22 表 2-1。

32. 答案：A

依据：《建筑照明设计标准》（GB 50034—2013）第 4.1.4 条。

33. 答案：C

依据：《工业与民用供配电设计手册》（第四版）P5 表 1.2-1。

34. 答案：D

依据：《照明设计手册》（第三版）P389 相关内容。

评价指标包括路面平均亮度、路面亮度总均匀度、路面亮度纵向均匀度、眩光控制、环境比等。

35. 答案：D

依据：《建筑照明设计标准》（GB 50034—2013）第 4.3.2 条。

36. 答案：C

依据：《工业电视系统工程设计规范》（GB 50115—2009）第 4.1.7 条表 2 及条文说明。

37. 答案：B

依据：《民用建筑电气设计标准》（GB 51348—2019）第 14.4.9 条。

38. 答案：D

依据：《电子会议系统工程设计规》（GB 50799—2012）第 4.2.3 条。

39. 答案：C

依据：《低压配电设计规范》（GB 50054—2011）第 5.3.2 条、第 5.3.3 条。

40. 答案：D

依据：《钢铁企业电力设计手册》（下册）P231 表 24-57。

....

41. 答案：AD

依据：《工业与民用供配电设计手册》（第四版）P279"限流措施"相关内容。

42. 答案：AB

依据：《民用建筑电气设计标准》（GB 51348—2019）附录 A。

甲等剧场的空调机房和锅炉房电力和照明、甲等电影院的照明与放映属于二级负荷；大型商场及超市营业厅的备用照明属于一级负荷；建筑高度 64m 的写字楼属于一类高层建筑，其地下室的排污泵、生活水泵属于一级负荷。

43. 答案：ABD

依据：《工业与民用供配电设计手册》（第四版）P4～P6"1.2.1 单台用电设备的设备功率"和"1.2.2.1 用电设备组的设备功率"。

44. 答案：ACD

依据：《供配电系统设计规范》（GB 50052—2009）第 5.0.4 条。

45. 答案：AB

依据：《供配电系统设计规范》（GB 50052—2009）第 6.0.8 条。

46. 答案：BCD

依据：《供配电系统设计规范》（GB 50052—2009）第 5.0.11 条

47. 答案：ABD

依据：《供配电系统设计规范》（GB 50052—2009）第 5.0.6 条、第 5.0.7 条。

48. 答案：AC

依据：《电力工程电缆设计标准》（GB 50217—2018）第 3.7.4 条。

49. 答案：AC

依据：《电力装置电测量仪表装置设计规范》（GB/T 50063—2017）附录 C 表 C.0.7。

50. 答案：ACD

依据：《35～110kV 变电站设计规范》（GB 50059—2011）第 3.6.1 条、第 3.6.3 条。

51. 答案：AD

依据：《35～110kV 变电站设计规范》（GB 50059—2011）第 4.5.5 条。

52. 答案：ABC

依据：《20kV 及以下变电所设计规范》（GB 50053—2013）第 2.0.6 条。

53. 答案：ABD

依据：《钢铁企业电力设计手册》（下册）P89 表 24-1。

54. **答案：BCD**

    依据：《钢铁企业电力设计手册》（下册）P311 表 25-12。

55. **答案：ABD**

    依据：《导体和电器选择设计技术规程》（DL/T 5222—2021）第 16.0.1 条。

56. **答案：ABC**

    依据：《低压配电设计规范》（GB 50054—2011）第 5.2.9 条。

57. **答案：BCD**

    依据：《红外线同声传译系统工程技术规范》（GB 50524—2010）第 3.1.8 条。

58. **答案：BC**

    依据：《建筑设计防火规范》（GB 50016—2014）第 10.1.1 条、第 10.1.2 条，《汽车库、修车库、停车场设计防火规范》（GB 50067—2014）第 9.0.1 条。

59. **答案：BCD**

    依据：《低压配电设计规范》（GB 50054—2011）3.1.1 条、第 3.1.10 条，《建筑物电气装置 第 5 部分：电气设备的选择和安装 第 53 章：开关设备和控制设备》（GB 16895.4—1997）第 537.2.1.1 条表 53A。

60. **答案：AD**

    依据：《电力工程电缆设计标准》（GB 50217—2018）第 3.6.1 条、第 3.6.7 条。

61. **答案：AD**

    依据：《电力工程电缆设计标准》（GB 50217—2018）第 5.3.5 条及表 5.3.5。

62. **答案：BD**

    依据：《电力工程直流电源系统设计技术规程》（DL/T 5044—2014）第 6.2.1 条。

63. **答案：ABC**

    依据：《建筑照明设计标准》（GB 50034—2013）第 4.2 条～第 4.5 条。

    照明质量要素包括照度均匀度、眩光限制、光源颜色（即色温）、反射比。

64. **答案：BD**

    依据：《人民防空地下室设计规范（限内部发行）》（GB 50038—2005）第 4.1.3 条、第 6.3.14 条～第 6.3.16 条。

65. **答案：ABC**

    依据：《照明设计手册》（第三版）P191 "2.黑板照明"。

66. **答案：BCD**

    依据：《照明设计手册》（第三版）P147。

    利用系数是灯具光强分布、灯具效率、房间形状、室内表面反射比的函数。

67. **答案：BD**

依据:《供配电系统设计规范》（GB 50052—2009）第 5.0.9 条、第 5.0.11 条。

68. **答案: BC**

   依据:《交流电气装置的接地设计规范》（GB/T 50065—2011）第 4.3.1 条。

69. **答案: BCD**

   依据:《建筑物防雷设计规范》（GB 50057—2010）第 2.0.41 条、第 2.0.44 条、第 6.4.6 条，《工业与民用供配电设计手册》（第四版）P1312 "13.11.1.1-2"。

70. **答案: BCD**

   依据:《火灾自动报警系统设计规范》（GB 50116—2013）第 11.2.6 条。

2019 年专业知识试题答案（下午卷）

1. **答案：B**

   依据：《导体和电器选择设计技术规程》（DL/T 5222—2021）第 7.2.4 条、第 7.2.5 条，《工业与民用供配电设计手册》（第四版）P375 式（5.5-74）。

2. **答案：D**

   依据：《电力装置电测量仪表装置设计规范》（GB/T 50063—2017）第 8.2.3-2 条。

3. **答案：C**

   依据：《电力装置的继电保护和自动装置设计规范》（GB/T 50062—2008）第 4.0.2 条、第 4.0.3 条。

4. **答案：A**

   依据：《电力装置的继电保护和自动装置设计规范》（GB/T 50062—2008）第 10.0.3 条。

5. **答案：D**

   依据：《电力装置电测量仪表装置设计规范》（GB/T 50063—2017）第 2.0.1-5 条、第 2.0.2 条、第 5.3.5 条。

6. **答案：A**

   依据：《3～110kV 高压配电装置设计规范》（GB 50060—2008）第 5.4.7 条。

7. **答案：D**

   依据：《3～110kV 高压配电装置设计规范》（GB 50060—2008）第 3.0.2 条之注 3。

8. **答案：A**

   依据：《民用建筑电气设计标准》（GB 51348—2019）附录 A。

9. **答案：B**

   依据：《供配电系统设计规范》（GB 50052—2009）第 3.0.2 条、第 3.0.7 条。

10. **答案：B**

    依据：《供配电系统设计规范》（GB 50052—2009）第 4.0.2 条。

11. **答案：C**

    依据：《供配电系统设计规范》（GB 50052—2009）第 6.0.10-2 条。

12. **答案：A**

    依据：《交流电气装置的过电压保护和绝缘配合设计规范》（GB/T 50064—2014）第 3.1.3-3 条及表 3.1.3。

13. **答案：C**

    依据：《交流电气装置的接地设计规范》（GB/T 50065—2011）第 7.1.2 条。

14. **答案：C**

依据：《工业与民用供配电设计手册》（第四版）P70 "双母线接线形式的优点"。

15. **答案：** C

依据：《导体和电器选择设计技术规程》（DL/T 5222—2021）第 3.0.9 条。

16. **答案：** B

依据：《电力工程电缆设计标准》（GB 50217—2018）附录 B、式（B.0.1-1）～式（B.0.1-6）。

17. **答案：** B

依据：《电力工程电缆设计标准》（GB 50217—2018）附录 D 第 D.0.2 条。

18. **答案：** B

依据：《电力工程电缆设计标准》（GB 50217—2018）第 4.1.1 条。

19. **答案：** C

依据：《电力工程直流电源系统设计技术规程》（DL/T 5044—2014）第 4.1.2-2 条。

20. **答案：** B

依据：《电力工程直流电源系统设计技术规程》（DL/T 5044—2014）第 4.1.1-1 条。

21. **答案：** D

依据：《工业与民用供配电设计手册》（第四版）P462 表 6.2-3。

22. **答案：** C

依据：《民用建筑电气设计标准》（GB 51348—2019）第 14.2.3 条。

23. **答案：** D

依据：《并联电容器装置设计规范》（GB 50227—2017）第 5.5.2 条。

电抗率宜选 12%，$U = 400/(1 - 12\%) = 454.5\text{V}$，取 480V。

24. **答案：** D

依据：《建筑物防雷设计规范》（GB 50057—2010）第 4.2.3 条。

25. **答案：** A

依据：《低压配电设计规范》（GB 50054—2011）第 5.2.5 条和式（5.2.15）。

26. **答案：** C

依据：《低压配电设计规范》（GB 50054—2011）第 3.2.14 条。

$$S \geqslant \frac{3000}{143\sqrt{1}} = 21\text{mm}^2$$

27. **答案：** B

依据：《低压配电设计规范》（GB 50054—2011）第 3.2.14 条及条文说明。

28. **答案：** A

依据：《工业与民用供配电设计手册》（第四版）P996 "11.5.5.1-2"。

29. **答案：** B

依据：《照明设计手册》（第三版）P9 式（1-9）。

$$RI = \frac{2 \times 48}{28 \times (2.8 - 0.75)} = 1.67$$

30. **答案：** C

依据：《照明设计手册》（第三版）P54 表 2-53。

31. **答案：** C

依据：《照明设计手册》（第三版）P56 表 2-56。

32. **答案：** C

依据：《照明设计手册》（第三版）P56 表 18-16。

33. **答案：** A

依据：《建筑照明设计标准》（GB 50034—2013）第 5.3.5 条。

34. **答案：** B

依据：《视频显示系统工程技术规范》（GB 50464—2008）第 4.1.4 条、第 4.1.5 条。

35. **答案：** D

依据：《民用建筑电气设计标准》（GB 51348—2019）第 16.4.4 条。

36. **答案：** C

依据：《综合布线系统工程设计规范》（GB 50311—2016）第 4.1.4 条。

37. **答案：** D

依据：《低压配电设计规范》（GB 50054—2011）第 3.1.7 条。

38. **答案：** C

依据：《工业与民用配电设计手册》（第四版）P513 "7.1.1 继电保护和自动装置设计的一般要求"。

39. **答案：** C

依据：《钢铁企业电力设计手册》（下册）P20 "23.3.3.6"。

40. **答案：** D

依据：《钢铁企业电力设计手册》（下册）P331 "25.5.4 交—交变频调速系统特别适合于大容量的低速传动装置"。

41. **答案：** CD

依据：《工业与民用配电设计手册》（第四版）P176 "4.1.4 GB/T 15544 短路电流计算方法简介"。

42. **答案：** ABC

依据：《工业与民用配电设计手册》（第四版）P49 "表 2.1-3 消防负荷分级"。

43. **答案：** ABD

依据：《工业与民用配电设计手册》（第四版）P1 的 1.1.1-4 计算负荷、1.1.2-1 最大负荷和需要负荷、

1.1.2-3 尖峰电流。

44. **答案：** ABD

    依据：《工业与民用配电设计手册》（第四版）P462 表 6.2.4 及注解。

45. **答案：** ABC

    依据：《供配电系统设计规范》（GB 50052—2009）第 5.0.13 条。

46. **答案：** AB

    依据：《供配电系统设计规范》（GB 50052—2009）第 6.0.4 条。

47. **答案：** BC

    依据：《供配电系统设计规范》（GB 50052—2009）第 3.0.3 条、第 3.0.5 条。

48. **答案：** ACD

    依据：《电力装置的继电保护和自动装置设计规范》（GB/T 50062—2008）第 15.4.4 条。

49. **答案：** AB

    依据：《电力装置电测量仪表装置设计规范》（GB/T 50063—2017）第 3.3.7 条。

50. **答案：** ABD

    依据：《3～110kV 高压配电装置设计规范》（GB 50060—2008）第 5.5.4 条。

51. **答案：** ACD

    依据：《3～110kV 高压配电装置设计规范》（GB 50060—2008）第 4.3.8 条。

52. **答案：** ACD

    依据：《钢铁企业电力设计手册》（下册）P4 "23.1.2 对所选电动机的基本要求"。

53. **答案：** ABD

    依据：《钢铁企业电力设计手册》（下册）P8 "23.2.1 电动机类型的选择"。

54. **答案：** ABC

    依据：《低压配电设计规范》（GB 50054—2011）第 5.2.1 条。

55. **答案：** ABC

    依据：《爆炸危险环境电力装置设计规范》（GB 50058—2014）第 4.1.4 条。

56. **答案：** BCD

    依据：《20kV 及以下变电所设计规范》（GB 50053—2013）第 6.1.2 条。

57. **答案：** ABC

    依据：《交流电气装置的接地设计规范》（GB/T 50065—2011）第 3.1.2 条。

58. **答案：** BCD

    依据：《电力工程电缆设计标准》（GB 50217—2018）第 3.1.1 条。

59. **答案：** BCD

依据：《电力工程电缆设计标准》（GB 50217—2018）第 3.3.7 条、第 3.4.4-3C 条、第 3.4.8 条。

60. 答案：BCD

依据：《电力工程电缆设计标准》（GB 50217—2018）第 4.1.11 条和附录 F.0.1。

61. 答案：ABC

依据：《电力工程直流电源系统设计技术规程》（DL/T 5044—2014）第 5.1.2 条、第 5.1.3 条。

62. 答案：AD

依据：《建筑照明设计标准》（GB 50034—2013）第 3.3.4-5 条、第 4.4.2 条、第 7.1.3 条。

63. 答案：CD

依据：《建筑照明设计标准》（GB 50034—2013）第 7.2.8 条。

64. 答案：CD

依据：《建筑照明设计标准》（GB 50034—2013）第 4.1.1 条。

65. 答案：BC

依据：《民用建筑电气设计标准》（GB 51348—2019）第 10.6.7 条、第 10.6.17 条、第 10.6.19 条、第 10.6.21 条。

66. 答案：AB

依据：《建筑物防雷设计规范》（GB 50057—2010）第 4.2.1-1 条、第 4.2.4-7 条及条文说明、第 4.2.1-8 条。

67. 答案：BCD

依据：《公共广播系统工程技术规范》（GB 50262—2010）第 3.5.4 条。

68. 答案：ABC

依据：《综合布线系统工程设计规范》（GB 50311—2016）第 4.2.1 条。

69. 答案：AD

依据：《建筑物防雷设计规范》（GB 50057—2010）第 4.5.6 条、第 5.3.7 条。

70. 答案：ABD

依据：《交流电气装置的接地设计规范》（GB/T 50065—2011）第 7.1 条"低压系统接地的形式"。

题 1～5 答案：**DBCBB**

1.《工业与民用供配电设计手册》（第四版）P19～P20，P10 式（1.4-6）。

1.6.1-（1）：单相用电设备应均匀分配三相上，使各相的计算负荷尽量相近，减小不平衡度。

1.6.2-（2）：只有相负荷时，等效三相负荷取最大相负荷的 3 倍。

m 点为三相负荷，可设 A 相带 3 层，B、C 相分别带 2 层，按最大相 3 倍计入；回路共有 14 户，由题表需要系数取 $K_{x1} = 0.8$，故 m 点三相有功负荷为：

$$P_{c\text{-}m} = 3 \times 3 \times (6 + 6) \times 0.8 = 86.4\text{kW}$$

n 点带负荷共 42 户，查表可知需要系数 $K_{x2} = 0.45$，故其计算电流为：

$$I_c = \frac{S_c}{\sqrt{3}U_n} = \frac{P_c}{\sqrt{3}U_n \cos\varphi} = \frac{6 \times 42 \times 0.45}{\sqrt{3} \times 0.38 \times 0.9} = 191\text{A}$$

2.《工业与民用供配电设计手册》（第四版）P10 式（1.4-3）。

计算有功功率：

$$P_c = K_P \Sigma K_x P_e = 0.8 \times (630 \times 0.6 + 150 \times 0.5 + 80 \times 0.8 + 280 \times 0.5 \times 150 \times 0.8 \times 160 \times 0.6)$$
$$= 698.4\text{kW}$$

3.《工业与民用供配电设计手册》（第四版）P965 式（11.2-6）。

补偿后无功功率：$Q = P_c \tan(\arccos\varphi) = 786 \times \tan[\arccos 0.95] = 258\text{kvar}$

考虑补偿后变压器容量：$S = \dfrac{P}{\beta \cos\varphi} = \dfrac{786}{0.7 \times 0.95} = 1182\text{kV} \cdot \text{A}$

4.《工业与民用供配电设计手册》（第四版）P15～P18 式（1.5-1）～式（1.5-6）。

设备总有功功率：$P_e = (15 + 55 + 75 + 37) \times 2 = 364\text{kW}$

设备有功平均功率：$P_{av} = (15 \times 0.85 + 55 \times 0.8 + 75 \times 0.8 + 37 \times 0.85) \times 2 = 296.4\text{kW}$

总利用系数：$K_{ut} = \dfrac{\Sigma P_{av}}{\Sigma P_e} = \dfrac{296.4}{364} = 0.814$

用电设备有效台数：$n_{eq} = \dfrac{(\Sigma P_{ei})^2}{\Sigma P_e^2} = \dfrac{364^2}{(15^2 + 55^2 + 75^2 + 37^2) \times 2} = 6.5$

用 0.814 查表，可得 $K_m = 1.05$，故计算负荷有功功率：

$$P_c = K_m \Sigma P_{av} = 1.05 \times 296.4 = 311\text{kW}$$

5.《工业与民用供配电设计手册》（第四版）P1544 式（16.3-3）。

有功功率损耗：$\Delta P = P_0 + \beta^2 P_k = 2.2 + \left(\dfrac{1378}{1600}\right)^2 \times 10.2 = 9.77\text{kW}$

高压侧有功功率：$P_1 = S_2 \cos\varphi + \Delta P = 1378 \times 0.95 + 9.77 = 1318.87\text{kW}$

题 6～10 答案：**DDCCB**

6.《工业与民用供配电设计手册》（第四版）P811 表 9.2.2。

当三次谐波电流超过 33% 时，它所引起的中性导体电流超过基波的相电流。此时应按中性导体电流选择导体截面，计算电流要除以校正系数。

三次谐波电流比例：$\dfrac{20}{50} = 0.4 > 0.33$，查表 9.2-2，校正系数 $K_1 = 0.86$。

中性线电流：$I_N = \dfrac{I_3 \times 3}{0.86} = \dfrac{20 \times 3}{0.86} = 69.76A$

相线与中性线截面相同，$S_{ne} = S_{ph} = \dfrac{I_N}{J} = \dfrac{69.76}{1.9} = 36.71 mm^2$

根据《工业与民用供配电设计手册》（第四版）P1399 表 14.3-1，PE 线取相导体截面积的一半，即 $(4 \times 50 + 1 \times 25) mm^2$。

7.《工业与民用供配电设计手册》（第四版）P26 式（1.10-1）。

三相线路有功功率损耗：

$$\Delta P_L = 3I_c^2 R \times 10^{-3} = 3 \times \left(\frac{160 \times 10^3}{\sqrt{3} \times 380 \times 0.8} \right) \times 0.16 \times 100 \times 10^{-3} \times 10^{-3} = 4.43 kW$$

8.《工业与民用供配电设计手册》（第四版）P10 式（1.4-6）。

回路计算电流：$I_c = \dfrac{S}{\sqrt{3}U_n} = \dfrac{120}{\sqrt{3} \times 0.38} = 182.32A$

按载流量选择导体截面积：$S \geqslant \dfrac{I_c}{J_1} = \dfrac{182.32}{1.3} = 140 mm^2$

按经济电流密度选择导体截面积：$S \geqslant \dfrac{I_c}{J_2} = \dfrac{182.32}{0.9} = 202.57 mm^2$，其中根据《电力工程电缆设计标准》（GB 50217—2018）附录 B 可知，$J_2 = 0.9 A/mm^2$

依据《电力工程电缆设计标准》（GB 50217—2018）附录 B 第 B.0.3 条，当电缆经济电流截面介于电缆标称截面档次之间时，可视其接近程度，选择较接近一档截面。

9.《电力工程电缆设计标准》（GB 50217—2018）第 5.1.17 条、第 5.1.18 条及附录 G。

电缆头制作需两个终端 $2 \times 0.5m$，电源侧配电柜附加长度 1m，车间变压器高压侧附加长度 3m，再考虑其他附加长度，故电缆总长度：

$$L = 120 \times (1 + 2\% + 5\%) + 3 + 1 + 0.5 + 0.5 = 133.4m$$

10.《工业与民用供配电设计手册》（第四版）P459 式（6.2-4）、式（6.2-5）。

线路最小压降：

$$\Delta u_{min} = \frac{Pl}{10U_n^2}(R' + X'\tan\varphi) = \frac{5 \times 10^3 \times 2}{10 \times 10^2} \times (0.09 + 0.118 \times 0.328) = 1.287\%$$

线路最大压降：

$$\Delta u_{max} = \frac{Pl}{10U_n^2}(R' + X'\tan\varphi) = \frac{10 \times 10^3 \times 2}{10 \times 10^2} \times (0.09 + 0.118 \times 0.328) = 2.574\%$$

末端最小压降：$\sum \Delta u_{max} = 2\% - 1.287\% = 0.713\%$

末端最大压降：$\sum \Delta u_{max} = -2\% - 2.574\% = -4.574\%$

题 11～15 答案：**BDBDD**

11.《工业与民用供配电设计手册》（第四版）P281 表（4.6-3）、式（4.6-11）、式（4.6-13）。

设 $S_B = 100 MV \cdot A$，$U_B = 1.05 \times 35 = 37 kV$

系统电抗标幺值：$X_{s*} = \dfrac{S_B}{S_S} = \dfrac{100}{750} = 0.133$

线路电抗标幺值：$X_{l*} = X_l \dfrac{S_B}{U_B^2} = 2.4 \times 0.4 \times \dfrac{100}{37^2} = 0.07$

短路电流有名值：$I_{k1} = I_B \dfrac{1}{X_{\sum*}} = \dfrac{100}{\sqrt{3} \times 37} \times \dfrac{1}{0.133 + 0.07} = 7.68\text{kA}$

12.《工业与民用供配电设计手册》（第四版）P281 表（4.6-3）、P300 式（4.6-22）。

设 $S_B = 100\text{MV} \cdot \text{A}$，$U_B = 1.05 \times 10 = 10.5\text{kV}$

系统电抗标幺值：$X_{s*} = \dfrac{S_B}{S_S} = \dfrac{100}{\sqrt{3} \times 10.5 \times 12.5} = 0.44$

变压器电抗标幺值：$X_{T*} = \dfrac{U_k\%}{100} \cdot \dfrac{S_B}{S_{nT}} = \dfrac{7.5}{100} \times \dfrac{100}{16} = 0.469$

短路电流有名值：$I_{k2} = I_B \dfrac{1}{X_{\sum*}} = \dfrac{100}{\sqrt{3} \times 10.5} \times \dfrac{1}{0.44 + 0.469} = 6.05\text{kA}$

异步电动机提供的反馈电流周期分量初始值：

$I_M' = K_{stM} I_{stM} \times 10^{-3} = 5 \times \dfrac{2000 \times 10^{-3}}{\sqrt{3} \times 10 \times 0.8 \times 0.8} = 0.9\text{kA}$

故总的短路电流：$I_k = I_{2k} + I_M = 6.05 + 0.9 = 6.95\text{kA}$

注：此为瑕疵题目，系统电抗标幺值应代入基准电压 37kV，但计算结果为 10.16kA，无正确答案。此题解析过程仅为分析出题人思路，但不可被其误导。

13.《工业与民用供配电设计手册》（第四版）P281 表 4.6-3、P550 表 7.3-2。

设 $S_B = 100\text{MV} \cdot \text{A}$，$U_B = 1.05 \times 10 = 10.5\text{kV}$

系统电抗标幺值：$X_{s*} = \dfrac{S_B}{S_S} = \dfrac{100}{550} = 0.182$

变压器电抗标幺值：$X_{T*} = \dfrac{U_k\%}{100} \cdot \dfrac{S_B}{S_{nT}} = \dfrac{7.5}{100} \times \dfrac{100}{16} = 0.469$

线路电抗标幺值：$X_{l*} = X_l \dfrac{S_B}{U_B^2} = 6 \times 0.2 \times \dfrac{100}{10.5^2} = 1.09$

短路电流有名值：$I_{k2} = I_B \dfrac{1}{X_{\sum*}} = \dfrac{100}{\sqrt{3} \times 10.5} \times \dfrac{1}{0.182 + 0.469 + 1.09} = 3.16\text{kA}$

过电流保护继电器动作电流为（根据题图，接线系数取 1）：

$I_{op \cdot k} = K_{rel} K_{con} I_{2k} = 1.3 \times 1 \times 3.16 = 4.11\text{kA}$

14.《工业与民用供配电设计手册》（第四版）P281 表 4.6-3、P520 表 7.2-3。

设 $S_B = 100\text{MV} \cdot \text{A}$，$U_B = 1.05 \times 10 = 10.5\text{kV}$

系统电抗标幺值：$X_{s*} = \dfrac{S_B}{S_S} = \dfrac{100}{500} = 0.2$

变压器电抗标幺值：$X_{T*} = \dfrac{U_k\%}{100} \cdot \dfrac{S_B}{S_{nT}} = \dfrac{7.5}{100} \times \dfrac{100}{16} = 0.469$

短路电流有名值：$I_{k2} = I_B \dfrac{1}{X_{\sum*}} = \dfrac{100}{\sqrt{3} \times 10.5} \times \dfrac{1}{0.2 + 0.469} = 8.22\text{kA}$

流过高压侧两相短路电流：$I_{2k2 \cdot min} = \dfrac{2 I_{22k2 \cdot min}}{\sqrt{3} n_T} = \dfrac{2 \times 0.866 \times 8.22}{\sqrt{3} \times 35/10.5} = 2.47\text{kA}$

过电流保护的动作电流：$I_{op} = \dfrac{K_{rel}K_{con}K_{ol}}{K_r n_{TA}} I_{1rT} = \dfrac{1.2 \times 1 \times 1.5}{0.9 \times 80} \cdot \dfrac{16}{\sqrt{3} \times 35} = 6.6\text{kA}$

保护装置的灵敏系数：$K_{sen} = \dfrac{I_{2k2 \cdot min}}{n_{TA} I_{op}} = \dfrac{2.47 \times 10^3}{80 \times 6.6} = 4.67$

15.《工业与民用供配电设计手册》(第四版)P281 表 4.6-3，P290 表 4.6-6，P381 表 5.6-2、式(5.6-4)～式(5.6-6)。

发电机额定容量：$S_G = \dfrac{P_G}{\cos\varphi} = \dfrac{25}{0.8} = 31.25$，设基准容量 $S_B = 31.25\text{MV} \cdot \text{A}$

发电机电抗标幺值：$X_{G^*} = 0.15$

变压器电抗标幺值：$X_{T^*} = \dfrac{U_k\%}{100} \cdot \dfrac{S_B}{S_{nT}} = \dfrac{8}{100} \times \dfrac{31.25}{31.5} = 0.08$

总电抗标幺值：$X_{C^*} = X_{G^*} + X_{T^*} = 0.15 + 0.08 = 0.23$

根据 P290 表 4.6-6 查得：

$t = 0\text{s}$ 时，$I_0^* = \dfrac{4.938 + 4.526}{2} = 4.732$

$t = 1\text{s}$ 时，$I_1^* = \dfrac{2.729 + 2.638}{2} = 2.684$

$t = 2\text{s}$ 时，$I_2^* = \dfrac{2.561 + 2.515}{2} = 2.538$

基准电流：$I_{N \cdot b} = \dfrac{S_G}{\sqrt{3} U_B} = \dfrac{31.25}{\sqrt{3} \times 37} = 0.488\text{kA}$，则分支短路电流交流分量有名值为：

$t = 0\text{s}$ 时，$I_0 = I_{N \cdot b} I_0^* = 0.488 \times 4.732 = 2.309\text{kA}$

$t = 1\text{s}$ 时，$I_1 = I_{N \cdot b} I_1^* = 0.488 \times 2.684 = 1.31\text{kA}$

$t = 2\text{s}$ 时，$I_2 = I_{N \cdot b} I_2^* = 0.488 \times 2.538 = 1.239\text{kA}$

短路电流交流分量引起的热效应：

$$Q_z = \dfrac{(I_k^2 + 10 I_{kt/2}^2 + I_{kt}^2)t}{12} = \dfrac{2.309 + 10 \times 1.31^2 \times 1.239^2}{12} \times 2 = 4.01 (\text{kA})^2\text{s}$$

短路电流直流分量引起的热效应：$Q_f = T_{eq} I_k^2 = 0.1 \times 2.309^2 = 0.53 (\text{kA})^2\text{s}$

总热效应：$Q_t = Q_z + Q_f = 4.01 + 0.53 = 4.54 (\text{kA})^2\text{s}$

题 16～20 答案：CCCCB

16.《建筑物防雷设计规范》(GB 50057—2010) 第 4.2.1-5 条、式(4.2.1-1)、式(4.2.1-4)。

当 $h_x = 10 < 5R_i = 50$ 时，则空气间的间隔距离为：

$S_{a1} \geqslant 0.4(R_i + 0.1h_x) = 0.4 \times (10 + 0.1 \times 10) = 4.4\text{m}$

水平长度：$L = 2S_{a1} + l = 2 \times 4.4 + 50 = 58.8\text{m}$

当 $\left(h + \dfrac{L}{2}\right) = 44.4 < 5R_i = 50$，则空气间的间隔距离为：

$S_{a2} \geqslant 0.2R_i + 0.03 \times \left(h + \dfrac{L}{2}\right) = 0.2 \times 10 + 0.03 \times \left(15 + \dfrac{58.8}{2}\right) = 3.33\text{m}$

17.《建筑物防雷设计规范》(GB 50057—2010) 第 4.2.1-5 条，式(4.2.1-1)，附录 C 图 C.0.1、式(C.0.1)。

当 $h_x = 10 < 5R_i = 50$ 时，则空气间的间隔距离为：

$S_{a1} \geqslant 0.4(R_i + 0.1h_x) \Rightarrow 4.4 = 0.4 \times (R_i + 0.1 \times 10)$，故 $R_i \leqslant 9\Omega$

工频接地电阻：$R_\sim = A \times R_i = 1 \times 9 = 9\Omega$

18.《建筑物防雷设计规范》（GB 50057—2010）附录 A 式（A.0.2），附录 C 式（C.0.1）、式（C.0.2）。

接地装置的工频接地电阻：

$$R = \frac{\rho}{2\pi L}\left(\ln\frac{L^2}{hd} + A\right) = \frac{500}{2 \times 3.14 \times 12}\left(\ln\frac{12^2}{1 \times 0.016} - 0.6\right) = 56.4\Omega$$

接地体有效长度：$l_e = 2\sqrt{\rho} \Rightarrow \dfrac{l}{l_e} = \dfrac{12}{2\sqrt{500}} = 0.268$，查图 C.0.1 可知换算系数为 1.5

接地装置冲击接地电阻：$R_\sim = A \times R_i \Rightarrow R_i = \dfrac{R_\sim}{A} = \dfrac{56.4}{1.5} = 37.6\Omega$

19. 无。

单相接地短路电流：$I_d = \dfrac{U_{ph}}{R_{php}} = \dfrac{220}{0.04} \times 10^{-3} = 5.5\text{kA}$

20.《建筑物防雷设计规范》（GB 50057—2010）第 4.2.4-9 条及式（4.2.4-6）。

电源线路无屏蔽层时的冲击电流值：$I_{imp} = \dfrac{0.5I}{nm} = \dfrac{0.5 \times 200}{(3+3+1) \times 4} = 3.6\text{kA}$

题 21～25 答案：**CCBDD**

21.《20kV 及以下变电所设计规范》（GB 50053—2013）、《低压配电设计规范》（GB 50054—2011）。

《20kV 及以下变电所设计规范》（GB 50053—2013）第 4.2.8 条：当配电屏与干式变压器靠近布置时，干式变压器通道的最小宽度应为 800mm。

《低压配电设计规范》（GB 50054—2011）第 4.2.5 条表 4.2.5：低压配电柜屏侧通道 1.0m，故低压配电室长度 $L_1 = 1 + 11 + 2.2 + 0.8 = 15\text{m}$。

《20kV 及以下变电所设计规范》（GB 50053—2013）第 4.2.7 条：10kV 开关柜室，固定式柜前 1.5m，柜后 0.8m，故 10kV 开关柜室长度 $L_2 = 1.5 + 1.4 + 0.8 = 3.7\text{m}$，变配电室总长度 $L = L_1 + L_2 = 15 + 3.7 = 18.7\text{m}$。

《低压配电设计规范》（GB 50054—2011）第 4.2.5 条表 4.2.5：低压开关柜为抽屉式双列面对面布置（不受限），屏前操作通道宽度 2.3m，柜后维护通道宽度 1m，故低压配电室宽度 $W = 2 \times 1 + 2 \times 1.5 + 2.3 = 7.3\text{m}$，变配电室最小面积 $S = L \times W = 18.7 \times 7.3 = 136.51\text{m}^2$。

注：《3～110kV 高压配电装置设计规范》（GB 50060—2008）第 7.3.3 条是 GIS 设备的一些规定，且明确开关柜"两侧"应设置安装、检修和巡视通道，主通道宜靠近断路器侧，故不适用本题。

22.《20kV 及以下变电所设计规范》（GB 50053—2013）。

第 4.2.8 条：当配电屏与干式变压器靠近布置时，干式变压器通道的最小宽度应为 800mm。按题意左侧通道宽度为 1m，故低压配电柜长度：$L' = 17 - 11 - 0.8 = 15.2\text{m}$。

第 4.2.6 条条文说明：当变压器与低压配电装置靠近布置时，计算配电装置的长度应包括变压器的长度，由于低压屏后设备的维护检修较多，故规定长度超过 15m 时需增加出口，故用于低压开关柜的长度为：$L = 15.2 - 1 - 2.2 = 12\text{m}$，故单排只能排布 12 面配电柜，面对面布置可以排列 24 面配电柜。

注：《低压配电设计规范》（GB 50054—2011）第 4.2.5 条表 4.2.5：低压配电柜屏侧通道 1.0m。

23.《工业与民用供配电设计手册》（第四版）P304 表 4.6-11。

高压侧系统阻抗（归算 0.4kV 侧）：$Z_s = 1.6\text{m}\Omega$, $R_s = 0.1Z_s = 0.1 \times 1.6 = 0.16\text{m}\Omega$, $X_s = 0.995Z_s = 1.59\text{m}\Omega$

变压器阻抗：$R_T = 0.93\text{m}\Omega$, $X_T = 7.62\text{m}\Omega$

电缆阻抗：$R_l = rl = 1.097 \times 10 = 10.97\text{m}\Omega$, $X_l = xl = 0.082 \times 10 = 0.82\text{m}\Omega$

短路回路总电阻：$R_\Sigma = 0.16 + 0.93 + 10.97 = 12.06\text{m}\Omega$

短路回路总电抗：$X_\Sigma = 1.59 + 7.62 + 0.82 = 10.03\text{m}\Omega$

短路电流：$I'_{k3} = \dfrac{cU_n}{\sqrt{3}\sqrt{R_\Sigma^2 + X_\Sigma^2}} = \dfrac{1.05 \times 380}{\sqrt{3} \times \sqrt{12.06^2 + 10.03^2}} = 14.72\text{kA}$

24.《工业与民用供配电设计手册》（第四版）P482 表 6.5-4。

母线短路容量：$S_{scB} = \dfrac{1}{\dfrac{1}{S_k} + \dfrac{u_k\%}{100S_{rT}}} = \dfrac{1}{\dfrac{1}{70} + \dfrac{6}{100 \times 1250 \times 10^{-3}}} = 16.06\text{MV}\cdot\text{A}$

启动回路计算容量：$S_{st} = \dfrac{1}{\dfrac{1}{S_{stM}} + \dfrac{X_l}{U_{av}^2}} = \dfrac{1}{\dfrac{1}{0.15 \times 7} + \dfrac{0.008}{0.4^2}} = 0.998\text{MV}\cdot\text{A}$

预接负荷的无功功率：$Q_L = S_L\sqrt{1 - \cos^2\varphi_L} = 800 \times \sqrt{1 - 0.8^2} = 480\text{kvar} = 0.48\text{MV}\cdot\text{A}$

电动机端子电压相对值：$u_{stM} = u_s\dfrac{S_k}{S_k + Q + S_{st}} = 1.05 \times \dfrac{16.06}{16.06 + 0.48 + 7 \times 0.15} = 0.96$

25.《工业与民用供配电设计手册》（第四版）P916 式（10.2-1）。

额定电流：$I = \dfrac{P}{\sqrt{3}U_n\eta\cos\varphi} = \dfrac{132}{\sqrt{3} \times 0.38 \times 0.88 \times 0.9} = 253.22\text{A}$

$P = \dfrac{nI^2\rho_t}{S} = \dfrac{3 \times 253.22^2 \times 0.02 \times 10^{-6}}{95 \times 10^{-6}} = 4.05 \times 10^3\text{W}$

2019年案例分析试题答案（下午卷）

题1～5答案：**CBDBB**

1.《建筑照明设计标准》（GB 50034—2013）表4.4.1。

第4.4.1条表4.4.1：办公室光源色温为3300～5300K。

第5.3.2条表5.3.2：普通办公室参考平面及其高度为0.75m水平面，显色指数$R_a \geqslant 80$，眩光UGR$\leqslant$19。

2.《照明设计手册》（第三版）P7式（1-9）、P148式（5-48）。

室型指数：$RI = \dfrac{LW}{H(L+W)} = \dfrac{16 \times 8}{(2.85 - 0.75) \times (16 + 8)} = 2.5$，查表，利用系数为0.96。

灯具数量：$N = \dfrac{E_{av}A}{\varPhi UK} = \dfrac{300 \times 16 \times 8}{2800 \times 0.96 \times 0.8} = 17.86$，故取18盏

注：设计照度与照度标准值的偏差不应超过10%，若取16盏，则：

$$E_{av} = \dfrac{N\varPhi UK}{A} = \dfrac{16 \times 2800 \times 0.96 \times 0.8}{16 \times 8} = 268.8 < 270 = 90\% \times 300$$

故不能满足要求。

3.《照明设计手册》（第三版）P7式（1-9）、P148式（5-48）。

室型指数：$RI = \dfrac{LW}{H(L+W)} = \dfrac{2 \times 5 \times 2.8}{2 \times (5 + 2.8) \times 2.8} = 0.64 < 1$，查表，利用系数为0.96。

第6.3.14条：当房间或场所的室型指数等于或小于1时，其照明功率密度限值应增加，但增加值不超过限值的20%，故功率密度限值为$3 \times 1.2 = 3.6W/m^2$。

灯具数量：$N = \dfrac{E_{av}A}{\varPhi UK} = \dfrac{75 \times 5 \times 2.8}{1000 \times 0.5 \times 0.75} = 2.8$，故取3盏

功率密度：$LPD = \dfrac{15 \times 3}{5 \times 2.8} = 3.2W/m^2$

4.《建筑照明设计标准》（GB 50034—2013）第6.3.16条。

第6.3.16条：装饰性灯具场所可将实际采用的装饰性灯具总功率的50%计入照明功率密度值的计算。

故功率密度：$LPD = \dfrac{2000 + \dfrac{800}{2}}{200} = 12W/m^2$

该带有装饰性灯具的办公楼不符合第4.1.2条中有关照度标准值提高一级的任一情况，故照度标准和功率密度值均不应增加。

5.《照明设计手册》（第三版）P147式（5-47）。

墙面反射比：$\rho_{wav} = \dfrac{\rho_w(A_w - A_g) + \rho_g A_g}{A_w} = \dfrac{0.5[(16 + 14) \times 2 \times 3 - 40] + 0.35 \times 40}{(16 + 14) \times 2 \times 3} = 0.47$

题6～10答案：**CCACB**

6.《电力工程直流电源系统设计技术规程》（DL/T 5044—2014）附录C式（C.2.3-2）、表C.3-3。

查得5s、1min、119min、120min对应的容量换算系数分别为$K_{cr} = 1.34$，$K_{c1min} = 1.24$，$K_{c119min} = 0.347$，$K_{c120min} = 0.344$。

第一阶段计算容量：$C_{c1} = K_k \dfrac{I_1}{K_c} = 1.4 \times \dfrac{45}{1.24} = 50.81 \text{A} \cdot \text{h}$

第二阶段计算容量：$C_{c1} = K_k \left(\dfrac{I_1}{K_{c1}} + \dfrac{I_2 - I_1}{K_{c2}} \right) = 1.4 \times \left(\dfrac{45}{0.344} + \dfrac{30 - 45}{0.347} \right) = 122.62 \text{A} \cdot \text{h}$

随机负荷计算容量：$C_r = \dfrac{5}{1.34} = 3.73 \text{A} \cdot \text{h}$

故总计算容量：$C_c = C_{c2} + C_r = 122.62 + 3.73 = 126.35 \text{A} \cdot \text{h}$

7.《电力工程直流电源系统设计技术规程》（DL/T 5044—2014）附录 A 第 A.3.6 条。

按事故停电时间的蓄电池放电率电流选择：$I_{n1} \geqslant I_1 = K_{c-1h} C_{10} = 0.344 \times 150 = 51.6 \text{A}$

按保护动作选择性条件选择：$I_{n2} > K_{c4} I_{nmax} = 2 \times 32 = 64 \text{A}$

综上，熔断器 F1 额定电流：$I_n = 80 \text{A}$

8.《电力工程直流电源系统设计技术规程》（DL/T 5044—2014）附录 A 式（A.4.2-4）、附录 G 式（G.1.1-1）。

蓄电池总电阻：$r = \dfrac{U_n}{I_d} = \dfrac{220}{1200} = 0.183 \Omega$

电缆电阻：$R = \rho \dfrac{l}{S} = 0.0184 \times \dfrac{2 \times 120}{50} = 0.088 \Omega$

短路电流：$I_{bk} = \dfrac{U_n}{r + R} = \dfrac{220}{0.183 + 0.088} = 810.85 \text{A}$

灵敏系数：$K_L = \dfrac{I_{DK}}{I_{DZ}} = \dfrac{810.85}{50 \times 15} = 1.08 > 1.05$

9.《电力工程直流电源系统设计技术规程》（DL/T 5044—2014）第 4.1.2 条、第 4.2.6 条和附录 D。

经常负荷电流：$I_{jc} = \dfrac{5 \times 0.6 + 5 \times 0.8}{0.22} = 31.8 \text{A}$

充电装置额定电流：

$I_r = (1.0 \sim 1.25) I_{10} + I_{jc} = (1.0 \sim 1.25) \times \dfrac{200}{10} + 31.8 = (51.8 \sim 56.8) \text{A}$

基本模块数量：$n_1 = \dfrac{I_r}{I_{me}} = \dfrac{51.8 \sim 56.8}{10} = 5.18 \sim 5.68$，取 6 个

附加模块数量：$n_2 = 1$

总模块数量：$n = n_1 + n_2 = 6 + 1 = 7$

10.《电力工程直流电源系统设计技术规程》（DL/T 5044—2014）附录 E 第 E.1.1 条式（E.1.1-2）、表 E.2-1、表 E.2-2。

高速运行时的效率：断路器合闸回路计算电流 I_{ca2} 取合闸线圈合闸电流，$I_{ca2} = 3 \text{A}$

回路允许压降：$\Delta U_p = 6.5\% U_n = 6.5\% \times 220 = 14.3 \text{V}$

电缆最小截面积：$S_{cac} = \dfrac{\rho \cdot 2L I_a}{\Delta U_p} = \dfrac{0.0184 \times 2 \times 300 \times 3}{14.3} = 2.3 \text{mm}^2$

注：题干中未明确回路长期工作电流 I_{ca1}，可忽略。

题 11～15 答案：**CBDBB**

11.《交流电气装置的接地设计规范》（GB/T 50065—2011）附录 A 式（A.0.2）。

接地极总长度：$L = 2(48 + 2 + 24 + 2) = 152\text{m}$

接地电阻：$R_\text{h} = \dfrac{\rho}{2\pi L}\left(\ln\dfrac{L^2}{hd} + A\right) = \dfrac{100}{2\pi \times 152}\left(\ln\dfrac{152^2}{1 \times 0.04/2} + 1\right) = 1.57\Omega$

12.《建筑物防雷设计规范》（GB 50057—2010）附录 C 式（C.0.2）。

接地体有效长度：$L_\text{e} = 2\sqrt{\rho} = 2\sqrt{100} = 20\text{m}$

第 C.0.3 条：当环形接地体周长的一半大于或等于接地体的有效长度时，引下线的冲击接地电阻应为从与引下线的连接点起沿两侧接地体各取有效长度的长度算出的工频接地电阻，换算系数应等于 1，故接地极总长度取 $L = 2L_\text{e} = 2 \times 20 = 40\text{m}$

接地电阻：$R_\text{h} = \dfrac{\rho}{2\pi L}\left(\ln\dfrac{L^2}{hd} + A\right) = \dfrac{100}{2\pi \times 40}\left(\ln\dfrac{40^2}{1 \times 0.04/2} - 0.18\right) = 4.43\Omega$

查图 C.0.1，换算系数 $A = 1$，故冲击电阻 $R_\sim = R_\text{h} = 4.43\Omega$

13.《低压电气装置 第4-44部分：安全防护 电压骚扰和电磁骚扰防护》（GB/T 16895.10—2021）第 442.2 条、图 44.A1 和表 44.A1 "TN 系统"。

用电设备的相导体与设备外壳之间的电压：$U_1 = U_0 = 220\text{V}$

建筑物内电气装置的低压设备的外露可导电部分是用保护导体与总等电位联结相连接时，设备外壳与所在地面之间的电压为零，即 $U_\text{f} = 0\text{V}$。

14.《低压电气装置 第4-44部分：安全防护 电压骚扰和电磁骚扰防护》（GB/T 16895.10—2021）第 442.2 条、图 44.A1 和表 44.A1 "TN-S 系统"。

用电设备的相导体与设备外壳之间的电压：$U_1 = U_0 = 220\text{V}$

厂房外设备无等电位联结相连接时，设备外壳与所在地面之间的电压：

$U_\text{f} = I_\text{E}R_\text{E} = 15\text{V}$

15.《低压电气装置 第4-44部分 安全防护 电压骚扰和电磁骚扰防护》（GB/T 16895.10—2021）第 442.2 条、图 44.A1 和表 44.A1 "TT 系统"。

用电设备的相导体与设备外壳之间的电压：$U_1 = U_0 + I_\text{E}R_\text{E} = 220 + 15 = 235\text{V}$

R_a 无电流流过，设备外壳与所在地面之间的电压：$U_\text{f} = 0\text{V}$。

题 16~20 答案：**CBDBD**

16.《工业与民用供配电设计手册》（第四版）P281 表 4.6-3。

线路电抗标幺值：$X_{l*} = xl\dfrac{S_\text{B}}{U_\text{B}^2} = 10 \times 0.4 \times \dfrac{100}{115^2} = 0.03$

变压器电抗标幺值：$X_{\text{T}*} = \dfrac{U_\text{k}\%}{100} \cdot \dfrac{S_\text{B}}{S_\text{NT}} = \dfrac{U_\text{k}\%}{100} \times \dfrac{100}{50} = 0.02U_\text{k}\%$

短路电流有名值：$I_\text{k1} = \dfrac{I_\text{B}}{X_\Sigma} = \dfrac{5.5}{0.03 + 0.02U_\text{k}\%} = 20 \Rightarrow U_\text{k}\% = 12.25$

17.《工业与民用供配电设计手册》（第四版）P302 式（4.6-35）、P303 表 4.6-10。

单相接地电容电流（考虑变电站电力设备增加的接地电容电流百分比）：

$I_c = 0.1U_nL(1 + 16\%) = 0.1 \times 10 \times 22 \times 1.16 = 25.52A$

《导体和电器选择设计技术规定》（DL/T 5222—2005）第 18.1.4 条式（18.1.4）。

消弧线圈补偿容量：$Q = 1.35I_c\dfrac{U_n}{\sqrt{3}} = 1.35 \times 25.52 \times \dfrac{10}{\sqrt{3}} = 199kV \cdot A$

18.《导体和电器选择设计技术规定》（DL/T 5222—2005）第 9.2.6 条、附录 F 表 F.4.1。

第 9.2.6 条：断路器的额定关合电流，不应小于短路电流的最大冲击值（第一个大半波电流峰值）。

《工业与民用供配电设计手册》（第四版）P281 表 4.6-3。

线路电抗标幺值：$X_{l*} = xl\dfrac{S_B}{U_B^2} = 10 \times 0.3 \times \dfrac{100}{37^2} = 0.22$

变压器电抗标幺值：$X_{T*} = \dfrac{U_k\%}{100} \cdot \dfrac{S_B}{S_{NT}} = \dfrac{8}{100} \times \dfrac{100}{8} = 1$

短路电流有名值：$I_{k1} = \dfrac{I_B}{X_\Sigma} = \dfrac{5.5}{1 + 0.22/2} = 4.51kA$

查表 F.4.1，冲击系数 $k = 1.8$，则冲击电流为：$i_p = 1.8\sqrt{2}I_k = 2.55 \times 4.51 = 11.50kA$。

19.《工业与民用供配电设计手册》（第四版）P103 表 2.6-4、P105 "EPS 容量选择"。

灯具数量：$N = \dfrac{E_{min}A}{\Phi_1\eta UU_1K} = \dfrac{5 \times 10000}{180 \times 120 \times 0.95 \times 0.5 \times 0.7 \times 0.7} = 9.95$，取 10 个。

灯具总功率：$P = 10 \times (180 + 1) = 1810W$

EPS 所供负载中同时工作负荷容量的 1.1 倍，查表 2.6-4，变电站海拔为 1500m，其降额系数 $k = 0.95$，故修正后的 EPS 的容量：

$$P_{EPS} \geqslant \dfrac{1.1P_e}{k} = \dfrac{1.1 \times 5}{0.95} = 5.8kW$$

20.《工业与民用供配电设计手册》（第四版）P1160 式（12.4-3）、表 12.4-1。

断路器长延时过电流脱扣器的整定电流：$I_{n1} \geqslant KI_e\sqrt{\varepsilon} = 1.3 \times \dfrac{20}{0.38} \times \sqrt{0.6} = 53A$

断路器瞬时过电流脱扣器的整定电流：$I_{n3} \geqslant KI_e = 3.7 \times \dfrac{20}{0.38} = 194.7A$

题 21～25 答案：**CAABA**

21.《钢铁企业电力设计手册》（下册）P122 式（24-18），P124 式（24-20）、式（24-21）。

电动机系数：$C_e = \dfrac{\sqrt{3}U_{ze}I_{ze}}{10^3P_e} = \dfrac{\sqrt{3} \times 325 \times 105}{10^3 \times 75} = 0.79$

铁芯总片数：$\sum N = K_NC_zP_e = 0.57 \times 0.79 \times 75 = 33.69$，取 32 片，2 串 2 并星形接线，每台片数 $N = 8$。

绕组匝数：$W = K_w\dfrac{U_{ze}}{C}\sqrt{\dfrac{n}{C_zP_eN}} = 2.62 \times \dfrac{325}{2} \times \sqrt{\dfrac{4}{0.79 \times 75 \times 8}} = 39.16$，取 40 匝

每小时折算启动次数 $Z = 310$ 次/h，查表 24-24 可知，$t_qZ \leqslant 1000s/h$；查表 24-29 可知，电流密度 $j_e = 2.8A/mm^2$。

导体截面积：$S = \dfrac{I_{ze}}{bj_e} = \dfrac{105}{2 \times 2.8} = 18.75mm^2$，取 $20mm^2$。

22.《钢铁企业电力设计手册》（下册）P114 例题。

电动机额定电流：$I_N = \dfrac{P}{\sqrt{3} U_n \eta \cos\varphi} = \dfrac{22}{\sqrt{3} \times 0.38 \times 0.8 \times 0.85} = 49.16\text{A}$

制动电流为空载电流 3 倍：$I_{zd} = 3I_{kz} = 3 \times 0.45 I_{ed} = 3 \times 0.45 \times 49.16 = 66.37\text{A}$

制动回路的全部电阻：$R = \dfrac{U_{zd}}{I_{zd}} = \dfrac{110}{66.37} = 1.66\Omega$

供电电缆采用截面积为 10mm^2，长 50m 的铜芯电缆，其电阻为：

$$R_l = \rho \frac{l}{A} = 0.018 \times 10^{-6} \times \frac{2 \times 50}{10 \times 10^{-6}} = 0.18\Omega$$

制动回路全部电阻由电动机定子两相绕组电阻、供电电缆电阻及外加电阻组成，则

回路外加电阻：$R_{ad} = R - (2R_d + R_l) = 1.66 - (2 \times 0.19 + 0.18) = 1.1\Omega$。

23.《钢铁企业电力设计手册》（下册）P260 式（24-110）、式（24-111）、式（24-115）及例题。

电动机的临界转差率：

$$s_{lj} = s_e\left(M_{*max} + \sqrt{M_{*max}^2 - 1}\right) = \frac{1500 - 1475}{1500} \times \left(2 + \sqrt{2^2 - 1}\right) = 0.062$$

水泵的静阻转矩：$M_{*j} = 0.15 + 0.85n_*^2 = 0.15 + 0.85 \times (1 - 0.062)2 = 0.90$

最低电压运行时，电动机产生的最大转矩：

$$M'_{*max} = M_{*max}\left(\frac{U_{min}}{U_e}\right)^2 \Rightarrow 0.9 + 0.15 = 2 \times \left(\frac{U_{min}}{10}\right)^2$$

计算可得：$U_{min} = 7.246\text{kV} = 7246\text{V}$

24.《钢铁企业电力设计手册》（下册）P99 "24.2.2 星形—三角形降压启动"。

星形—三角形降压启动适用于正常运行时绕组为三角形接线，且具有 6 个出线端子的低压笼型电动机。因此启动时，k1 和 k3 吸合，电动机线圈处于星形接法；定时器 k21 动作后，k3 断开，k2 吸合，电动机线圈处于三角形接法，正常运行。对照图 24.3 "星形—三角形启动原理图"，可知：

Ⅰ：三角形接法有误，应修正为 k2-2 接 W2，k2-4 接 U2，k2-6 接 V2。

Ⅱ：无错误，电机线圈的 6 个抽头。

Ⅲ：图示为延时闭合的动断触点有误，应采用延时断开的动断触点。

Ⅳ：无错误，图示为延时闭合的动合触点，即定时器计时到，控制-k2 吸合。

25.《钢铁企业电力设计手册》（下册）P99 "24.2.5 自耦变压器降压启动"。

自耦降压启动二次控制回路启动过程：按下 SB1 启动，kM3 动作吸合，然后 kM2 动作吸合，利用自耦变压器降压启动，kM1 不动作；时间继电器的计时完成，kM2 和 kM3 释放，kM1 动作吸合，则启动完成。

（1）kM3 与 kM1 不能同时吸合，应采取互锁模式，因此 a 为 kM1 常闭接点，对应 PLC 的硬件 I/O 为 X4。

（2）定时器计时时间到要吸合 kM1（由 PLC 硬件 I/O 的 Y1 输出控制），因此 b 为 T1 常开接点。

（3）定时器的启动计时条件是 kM2 吸合，因此 c 为 kM2 常开接点，对应 PLC 的硬件 I/O 为 X5。

题 26～30 答案：**CCDAC**

26.《电力工程高压送电线路设计手册》(第二版)P125～P131 式 (2-7-13)、式 (2-7-14)、式 (2-7-46)，P134 表 2-7-8、表 2-7-9。

无地线时导线上的感应过电压最大值：

$$U_i \approx 25 \frac{I \times h_{av}}{S} = 25 \times \frac{100 \times 10}{70} = 357.14 \text{kV}$$

查表 2-7-8，几何耦合系数 $k_0 = 0.114$；查表 2-7-9，电晕校正系数 $k_1 = 1.25$。

总耦合系数：$k = k_0 k_1 = 0.114 \times 1.25 = 0.14$

有地线时导线上的感应过电压最大值：

$$U_{ic} = U_i(1 - k) = 357.14 \times (1 - 0.14) = 307.14 \text{kV}$$

27.《电力工程高压送电线路设计手册》(第二版) P167～P175 式 (3-1-1)、表 3-1-3、表 3-1-4、表 3-1-14、表 3-1-15，P179 表 3-2-3。

第七典型气象区风速为 $v = 30\text{m/s}$，110kV 最大风速对应基准高度为距地面以上 15m，电线风压不均匀系数 $\alpha = 0.75$，电线受风体型系数 $\mu = 1.1$。

距离地面高度 12m 的风速：$v = 30 \times \left(\frac{12}{15}\right)^{0.16} = 28.95\text{m/s}$

覆冰时风荷载：

$$g_5 = 0.625v^2(d + 2\delta)\alpha\mu_{sc} \times 10^{-3} = 0.625 \times 28.95^2 \times (17.1 + 20) \times 10^{-3} \times 0.75 \times 1.1$$
$$= 16.04 \text{N/m}$$

28.《电力工程高压送电线路设计手册》(第二版) P167～P175 式 (3-1-1)、表 3-1-3、表 3-1-4、表 3-1-15，P179 表 3-2-3。

第七典型气象区风速为 $v = 30\text{m/s}$，110kV 最大风速对应基准高度为距地面以上 15m，电线受风体型系数 $\mu = 1.1$。

距离地面高度 18m 的风速：$v = 30 \times \left(\frac{18}{15}\right)^{0.16} = 30.89\text{m/s}$

自重力荷载：$g_1 = 9.8p_1 = 9.8 \times 0.61 = 5.89\text{N/m}$

无冰时风荷载：

$$g_4 = 0.625v^2 d\alpha\mu_{sc} \times 10^{-3} = 0.625 \times 30.89^2 \times 17.1 \times 10^{-3} \times 0.61 \times 1.1 = 6.84\text{N/m}$$

无冰时综合比载：$\gamma_6 = \frac{g_6}{A} = \frac{\sqrt{g_1^2 + g_4^2}}{A} = \frac{\sqrt{5.89^2 + 6.84^2}}{173.11} = 0.052\text{N/(m} \cdot \text{mm}^2)$

29.《电力工程高压送电线路设计手册》(第二版) P184 式 (3-3-12)。

塔杆 B 的垂直档距：

$$l_v = l_h + \frac{\delta_0}{\gamma_v}\left(\frac{h_1}{l_1} + \frac{h_2}{l_2}\right) = l_h - \frac{\delta_0}{\gamma_v}(\tan\alpha_1 + \tan\alpha_2)$$
$$= \frac{200 + 230}{2} - \frac{29 \times 9.8/3}{9.77}(\tan 11° + \tan 20°) = 209.59\text{m}$$

30.《电力工程高压送电线路设计手册》(第二版) P210 式 (3-5-5)。

代表档距 20℃时弧垂：$f_{100} = 0.56\text{m}$

A-B 档的架线弧垂：$f_{AB} = f_{100}\left(\dfrac{l}{100}\right)^2 = 0.56 \times \left(\dfrac{200}{100}\right)^2 = 2.24\text{m}$

B-C 档的架线弧垂：$f_{AB} = f_{100}\left(\dfrac{l}{100}\right)^2 = 0.56 \times \left(\dfrac{250}{100}\right)^2 = 3.50\text{m}$

题 31~35 答案：**BADCA**

31.《建筑设计防火规范》（GB 50016—2014）。

第 10.2.1 条表 10.2.1：10kV 架空线路与乙类仓库的最近水平距离 $L = 1.5h = 1.5 \times 12 = 18\text{m}$，此为错误 1。

第 10.3.3 条：低压配电室属于发生火灾时仍需正常工作的房间，应设置备用照明，其作业面最低照度不应低于正常照明的照度，根据《建筑照明设计标准》（GB 50034—2013）第 5.5.1 条表 5.5.1，配电装置室 0.75m 水平面正常照明的照度为 2001x，此为错误 2。

注：根据第 10.1.10-1 条，当采用矿物绝缘类不燃性电缆时，可直接明敷。

32.《工业与民用供配电设计手册》（第四版）P1455~P1457。

全回路电阻 R 和电流 I_d 为：

$R = 0.02 + 0.55 + 0.55 /\!/ [4 + 4 /\!/ (4 + 0.825)] = 1.075\Omega$

$I_d = \dfrac{220}{1.075} = 204.65\text{A}$

$U_t = I_t R = \left[204.65 \times \dfrac{0.55}{0.55 + 4 + 4 /\!/ (4 + 0.825)} \times \dfrac{4 + 0.825}{4 + (4 + 0.825)}\right] \times 4 = 36.54\text{V}$

33.《工业与民用供配电设计手册》（第四版）P1455~P1457。

短路分析：发生故障后，相保回路电流由变压器（0.02Ω）、配电箱 B 的相线 L（$0.1 \times 5.5 = 0.55\Omega$），流经单相接地设备外壳接地电阻（10Ω），再经变压器接地电阻（60Ω），返回至变压器中性点，全回路电阻 R 和电流 I_d 为：

$R = 0.02 + 0.55 + 10 + 60 = 70.57\Omega$

$I_d = \dfrac{\dfrac{660}{\sqrt{3}}}{70.57} = 54\text{A}$

故接触电压 $U_t = 5.4 \times 10 = 54\text{V}$

34.《工业与民用供配电设计手册》（第四版）P1455~P1457。

短路分析：发生故障后，相保回路电流由四芯电缆相线 L（$0.86 \times 120 = 103.2\Omega$）、三芯电缆相线 L（$1.35 \times 100 = 135\Omega$），流经保护导体 PE 线（$0.97 \times 90 + 0.97L = 0.97L + 87.3\Omega$），再流经总等电位端子返回至变压器中性点，全回路电阻 R 和电流 I_d 为：

$R = 0.86 \times 120 + 1.35 \times 100 + 0.97L + 0.97 \times 90 = 0.97L + 325.5\Omega$

$I_d = \dfrac{220}{0.97 + 325.5}$

根据《低压配电设计规范》（GB 50054—2011）第 5.2.11 条，设备外壳接触电压 U_{t3} 为：

$U_{t3} = I_d R = \dfrac{220}{0.97L + 325.5} \times 0.97L \leqslant 50\text{V} \Rightarrow L \leqslant 98.70\text{m}$

35.《电流对人和家畜的效应 第 1 部分：通用部分》（GB/T 13870.1—2008）第 3.1.10 条及附录 D。

$$F_D(5\%, U_T) = \frac{Z_T(5\%, U_T)}{Z_T(50\%, U_T)} = 0.8, \quad F_D(95\%, U_T) = \frac{Z_T(95\%, U_T)}{Z_T(50\%, U_T)} = 1.4$$

故 $\dfrac{Z_T(5\%, U_T)}{Z_T(95\%, U_T)} = \dfrac{0.8}{1.4} \Rightarrow Z_T(5\%, U_T) = \dfrac{0.8}{1.4} Z_T(95\%, U_T) = \dfrac{0.8}{1.4} \times 1275 = 728.57\Omega$

双手到双脚时，接触电流：$I_t = \dfrac{U_t}{Z_t} = \dfrac{400}{728.57 \times (0.5 + 0.5)/2} = 1.1A$

题 36～40 答案：**BABBD**

36.《火灾自动报警系统设计规范》（GB 50116—2013）第 6.2.2 条、表 6.2.2、附录 E。

查表可得，保护面积 $A = 30\text{m}^2$，保护半径 $R = 4.9\text{m}$。

故 $a^2 + b^2 = (2R)^2 \Rightarrow b = \sqrt{4R^2 - a^2} = \sqrt{4 \times 4.9^2 - 4^2} = 8.95\text{m}$

再由附录 E 图 E 可知，$b \leqslant 7.5$，取较小者。

37.《火灾自动报警系统设计规范》（GB 50116—2013）第 6.2.9 条及条文说明。

感温火灾探测器通常受热屏障的影响较小，所以感温探测器总是直接安装在顶棚上。

38.《出入口控制系统工程设计规范》（GB 50396—2007）第 6.0.2-2 条及条文说明、图 7 和图 8。

控制室可装在同权限区（例如都是藏品库）或装在高权限区（例如藏品库和珍品库装在高权限的珍品库），不可以装在不同权限区（例如物业管理和藏品库区）。

39.《出入口控制系统工程设计规范》（GB 50396—2007）第 7.0.4 条。

第 7.0.4 条：执行部分的输入电缆在该出入口的对应受控区、同级别受控区或高级别受控区外的部分，应封闭保护。钢瓶间、藏品库区入口、左上角珍品库入口输入电缆在对应的受控区外，故为 3 处。

40.《安全防范工程技术标准》（GB 50348—2018）第 6.5.10-2 条。

进行视频监控系统集成联网时，应能通过管理平台实现设备的集中管理和资源共享，可采用数字视频逐级汇聚方式。

选项 D 的监控联网不是逐级汇聚方式。

2020 年专业知识试题答案（上午卷）

1. **答案：** B

    依据：《建筑物防雷设计规范》（GB 50057—2010）附录 J 表 J.1.1。

    持续运行电压：$U_c = 1.15 U_0 = 1.15 \times 220 = 253\text{V}$。

2. **答案：** B

    依据：《建筑物防雷设计规范》（GB 50057—2010）第 6.4.4 条及表 6.4.4。

3. **答案：** C

    依据：《建筑物防雷设计规范》（GB 50057—2010）第 6.4.6 条及式（6.4-6）。

    $U_{1p/f} = U_p = 2.5\text{kV}$，$U_{2p/f} = \Delta U = 0.5 \times 1 = 0.5\text{kV}$，取较大者。

4. **答案：** D

    依据：《工业与民用供配电设计手册》（第四版）P775 第 9.1.1.2 条应采用铜导体的场合。

5. **答案：** A

    依据：《导体和电器选择设计技术规程》（DL/T 5222—2021）第 5.3.2 条。

6. **答案：** D

    依据：《导体和电器选择设计技术规程》（DL/T 5222—2021）第 3.0.17 条及表 3.0.17 注 2。

7. **答案：** D

    依据：《电力工程直流系统设计技术规程》（DL/T 5044—2014）第 6.3.1 条、第 6.3.2 条。

8. **答案：** D

    依据：《电力工程直流系统设计技术规程》（DL/T 5044—2014）第 6.10.2-3 条。

9. **答案：** C

    依据：《通用用电设备配电设计规范》（GB 50055—2011）第 2.3.3-1 条。

10. **答案：** A

    依据：《供配电系统设计规范》（GB 50052—2009）第 5.0.4 条。

11. **答案：** B

    依据：《供配电系统设计规范》（GB 50052—2009）第 6.0.12 条。

12. **答案：** B

    依据：《电力装置的继电保护和自动装置设计规范》（GB/T 50062—2008）第 15.1.6 条。

13. **答案：** A

    依据：《爆炸危险环境电力装置设计规范》（GB 50058—2014）第 5.2.2-1 条。

    注：本题也可参考《电力工程电缆设计标准》（GB 50217—2018）第 3.7.4 条。

14. **答案：** C

依据：《电力装置的继电保护和自动装置设计规范》（GB/T 50062—2008）第 15.1.3 条～第 15.1.5 条。

15. **答案**：B

   依据：《电力装置的继电保护和自动装置设计规范》（GB/T 50062—2008）附录 B。

16. **答案**：D

   依据：《工业与民用供配电设计手册》（第四版）P457 式（6.1-1）。

17. **答案**：B

   依据：《建筑设计防火规范》（GB 50016—2014）第 10.3.2 条。

18. **答案**：D

   依据：《建筑物电子信息系统防雷技术规范》（GB 50343—2012）表 4.3.1。

19. **答案**：D

   依据：《钢铁企业电力设计手册》（下册）P231 表 24-57。

20. **答案**：C

   依据：《照明设计手册》（第三版）P146 式（5-44）。

   $$RCR = \frac{2.5Hl}{S} = \frac{2.5 \times (2.8 - 0.75) \times 28}{48} = 2.99$$

21. **答案**：A

   依据：《照明设计手册》（第三版）P7 有关初始照度的定义为：初始照度是照明装置新装时在规定表面上的平均照度。

22. **答案**：B

   依据：《建筑照明设计标准》（GB 50034—2013）第 3.3.4-5 条。

23. **答案**：B

   依据：《建筑照明设计标准》（GB 50034—2013）第 4.1.7 条。

24. **答案**：D

   依据：《建筑照明设计标准》（GB 50034—2013）第 7.2.8 条。

25. **答案**：C

   依据：《建筑照明设计标准》（GB 50034—2013）表 5.3.12-1、表 5.3.4、表 5.3.2、表 5.3-1。

26. **答案**：C

   依据：《建筑设计防火规范》（GB 50016—2014）第 10.1.2 条及表 5.1.1。

27. **答案**：A

   依据：《民用建筑电气设计标准》（GB 51348—2019）附录 A 表 A。

28. **答案**：C

   依据：《工业与民用供配电设计手册》（第四版）P10 负荷计算相关内容。

29. **答案**：C

依据：《民用建筑电气设计标准》（GB 51348—2019）第 17.4.10 条。

30. **答案：B**

依据：《电子会议系统工程设计规范》（GB 50799—2012）第 4.2.1 条。

31. **答案：C**

依据：《综合布线系统工程设计规范》（GB 50311—2016）第 4.4.1 条、第 4.4.2 条。

32. **答案：B**

依据：《火灾自动报警系统设计规范》（GB 50116—2013）第 6.3.1 条。

33. **答案：C**

依据：《电流对人和家畜的效应 第 1 部分：通用部分》（GB/T 13870.1—2008）第 5.9 条。

$$I_{ref} = I_h F = 225 \times 0.4 = 90A$$

34. **答案：C**

依据：《低压电气装置 第 4-41 部分：安全防护 电击防护》（GB 16895.21—2012）第 411.4.5 条注 1。

注：本题也可参考《民用建筑电气设计标准》（GB 51348—2019）第 7.7.7-4 条。

35. **答案：A**

依据：《低压配电设计规范》（GB 50054—2011）第 5.2.9-1 条。

36. **答案：C**

依据：《钢铁企业电力设计手册》（下册）P337 表 25-17。

37. **答案：C**

依据：《用能单位能源计量器具配备和管理通则》（GB 17167—2006）表 2 和表 3。

38. **答案：B**

依据：《钢铁企业电力设计手册》（下册）P337 表 25-17。

39. **答案：D**

依据：《电磁环境控制限制》（GB 8702—2014）第 4.1 条及表 1。

40. **答案：A**

依据：《火灾自动报警系统设计规范》（GB 50116—2013）第 3.4.5 条～第 3.4.7 条。

41. **答案：AD**

依据：《建筑物防雷设计规范》（GB 50057—2010）第 4.4.2 条、第 4.5.4 条。

42. **答案：CD**

依据：《交流电气装置的接地设计规范》（GB/T 50065—2011）第 3.2.2 条。

43. **答案：ABC**

依据：《交流电气装置的接地设计规范》（GB/T 50065—2011）第 4.3.4 条、第 4.3.6 条。

44. 答案： BCD

    依据：《导体和电器选择设计技术规程》（DL/T 5222—2021）第 5.1.8 条及表 5.1.8。

45. 答案： BD

    依据：《电力工程直流系统设计技术规程》（DL/T 5044—2014）第 6.3.2 条、第 6.3.3 条。

46. 答案： ACD

    依据：《电力工程直流系统设计技术规程》（DL/T 5044—2014）第 4.1.2-2 条。

47. 答案： ABC

    依据：《低压配电设计规范》（GB 50054—2011）第 6.2.7 条。

48. 答案： ABC

    依据：《通用用电设备配电设计规范》（GB 50055—2011）第 2.3.4 条、第 2.3.5 条。

49. 答案： ABD

    依据：《电力装置电测量仪表装置设计规范》（GB/T 50063—2017）第 4.1.7 条。

50. 答案： ACD

    依据：《电力装置电测量仪表装置设计规范》（GB/T 50063—2017）第 3.5.2 条。

51. 答案： ABD

    依据：《供配电系统设计规范》（GB 50052—2009）第 5.0.9 条。

52. 答案： AB

    依据：《电能质量 公用电网谐波》（GB 14549—1993）附录 B 式（B1）。

53. 答案： BCD

    依据：《并联电容器装置设计规范》（GB 50227—2017）第 4.1.2 条、第 4.1.3 条。

54. 答案： ABC

    依据：《建筑照明设计标准》（GB 50034—2013）附录 A.0.1。

55. 答案： BCD

    依据：《建筑设计防火规范》（GB 50016—2014）第 10.1.5 条。

56. 答案： ABD

    依据：《建筑照明设计标准》（GB 50034—2013）第 4.1.2-4 条、第 4.1.5 条、第 5.5.3 条，《消防应急照明和疏散指示系统技术标准》（GB 51309—2018）第 3.2.5 条。

57. 答案： ACD

    依据：《建筑设计防火规范》（GB 50016—2014）第 5.1.1 条、第 10.1.2 条。

58. 答案： AC

    依据：《综合布线系统工程设计规范》（GB 50311—2016）第 7.6.6-5 条。

59. 答案： BCD

依据：《安全防范工程技术标准》（GB 50348—2018）第 6.4.14 条。

60. **答案：**ACD

依据：《火灾自动报警系统设计规范》（GB 50116—2013）第 6.8 条。

61. **答案：**ABD

依据：《电流对人和家畜的效应 第 1 部分：通用部分》（GB/T 13870.1—2008）第 3.2.1 条～第 3.2.4 条。

62. **答案：**BCD

依据：《低压配电设计规范》（GB 50054—2011）第 2.0.17 条、第 5.3.11 条、第 5.3.12 条，《低压电气装置 第 4-41 部分：安全防护 电击防护》（GB 16895.21—2012）第 411.7.5 条。

63. **答案：**ABD

依据：《低压配电设计规范》（GB 50054—2011）第 5.2.4 条。

64. **答案：**ACD

依据：《火力发电厂与变电站设计防火标准》（GB 50229—2019）第 11.1.1 条。

65. **答案：**ABD

依据：《钢铁企业电力设计手册》（下册）P337 表 25-17。

66. **答案：**ACD

依据：《低压电气装置 第 4-44 部分：安全防护 电压骚扰和电磁骚扰防护》（GB/T 16895.10—2021）第 444.4.2 条。

67. **答案：**BC

依据：《绿色建筑评价标准》（GB/T 50378—2019）第 4.2.5 条、第 6.2.3-2 条、第 8.2.7 条。

68. **答案：**ABD

依据：《工业与民用供配电设计手册》（第四版）P478 有关供电系统与用电设备的接口处安装附加设备等内容。

69. **答案：**BCD

依据：《钢铁企业电力设计手册》（下册）P337 表 25-17。

70. **答案：**ACD

依据：《钢铁企业电力设计手册》（下册）P430 表 26-33。

2020 年专业知识试题答案（下午卷）

1. **答案：B**

   依据：《建筑物防雷设计规范》（GB 50057—2010）第 5.1.2 条。

   $S_{\min} = 50/8 = 6.25\text{m}^2$

2. **答案：C**

   依据：《交流电气装置的接地设计规范》（GB/T 50065—2011）表 5.1.3、第 5.1.5-3 条。

3. **答案：C**

   依据：《建筑物防雷设计规范》（GB 50057—2010）第 3.0.3 条、第 3.0.4-3 条、第 4.5.1-3 条。

4. **答案：C**

   依据：《低压配电设计规范》（GB 50054—2011）第 7.6.8 条。

5. **答案：B**

   依据：《火力发电厂与变电站设计防火标准》（GB 50229—2019）第 11.4.2 条。

6. **答案：B**

   依据：《电力工程电缆设计标准》（GB 50217—2018）第 7.0.7 条、第 7.0.8 条、第 7.0.14 条。

7. **答案：A**

   依据：《交流电气装置的过电压保护和绝缘配合设计规范》（GB/T 50064—2014）表 6.2.4-1。

8. **答案：B**

   依据：《电力工程直流系统设计技术规程》（DL/T 5044—2014）第 4.2.2-3 条。

9. **答案：A**

   依据：《电力工程直流系统设计技术规程》（DL/T 5044—2014）第 3.3.3-7 条。

10. **答案：D**

    依据：《电力装置的继电保护和自动装置设计规范》（GB/T 50062—2008）第 15.2.2-2 条。

11. **答案：D**

    依据：《电击防护 装置和设备的通用部分》（GB/T 17045—2020）第 7.5 条。

12. **答案：C**

    依据：《电力工程电缆设计标准》（GB 50217—2018）附录 B.0.1 式（B.0.1-1）～式（B.0.1-6）。

13. **答案：A**

    依据：《建筑物电气装置 第 5 部分：电气设备的选择和安装 第 53 章：开关设备和控制设备》（GB 16895.4—1997）第 537.2.1.1 条。

14. **答案：D**

    依据：《交流电气装置的过电压保护和绝缘配合设计规范》（GB/T 50064—2014）第 4.4.3 条。

15. 答案：C

依据：《3～110kV 高压配电装置设计规范》（GB 50060—2008）第 4.3.8 条。

16. 答案：C

依据：《电力装置电测量仪表装置设计规范》（GB/T 50063—2017）第 8.2.3-1 条。

17. 答案：B

依据：《35kV～110kV 变电站设计规范》（GB 50059—2011）第 3.14.2 条。

18. 答案：A

依据：《电力装置的继电保护和自动装置设计规范》（GB/T 50062—2008）第 8.1.2-3 条。

19. 答案：C

依据：《电流对人和家畜的效应 第 1 部分：通用部分》（GB/T 13870.1—2008）第 4.3 条。

20. 答案：C

依据：《钢铁企业电力设计手册》（下册）P462 滤波器相关内容。

21. 答案：C

依据：《爆炸危险环境电力装置设计规范》（GB 50058—2014）表 3.4.2。

22. 答案：C

依据：《并联电容器装置设计规范》（GB 50227—2017）第 5.6.4 条、第 5.6.6 条。

23. 答案：A

依据：《35kV～110kV 变电站设计规范》（GB 50059—2011）第 3.1.3 条。

24. 答案：A

依据：《20kV 及以下变电所设计规范》（GB 50053—2013）第 3.2.6 条。

25. 答案：A

依据：《供配电系统设计规范》（GB 50052—2009）第 6.0.13 条。

注：本题也可参考《20kV 及以下变电所设计规范》（GB 50053—2013）第 5.2.5 条。

26. 答案：C

依据：《照明设计手册》（第三版）P77 表 3-8、P85 表 3-19。

27. 答案：C

依据：《照明设计手册》（第三版）P47 相关内容。

28. 答案：A

依据：《照明设计手册》（第三版）P392 半柱面照度和垂直照度相关内容。

29. 答案：C

依据：《照明设计手册》（第三版）P401 表 18-18。

30. 答案：A

依据：《供配电系统设计规范》（GB 50052—2009）第 3.0.2 条。

31. **答案：B**

依据：《工业与民用配电设计手册》（第四版）P36 式（1.11-5）。

$\tan \varphi_1 = 800/1000 = 0.8$

$\tan(\arccos \varphi_2) = 0.329$

$Q = P_c(\tan \varphi_1 - \tan \varphi_2) = 1000 \times (0.8 - 0.329) = 471 \text{kvar}$

32. **答案：B**

依据：《供配电系统设计规范》（GB 50052—2009）第 3.5.4 条。

33. **答案：A**

依据：《公共广播系统工程技术规范》（GB 50526—2021）第 3.5.3 条。

34. **答案：D**

依据：《民用建筑电气设计标准》（GB 51348—2019）第 24.5.5 条。

35. **答案：C**

依据：《视频安防监控系统工程设计规范》（GB 50395—2007）附录 A.5.2。

36. **答案：B**

依据：《建筑设计防火规范》（GB 50016—2014）表 3.1.1。

37. **答案：A**

依据：《建筑设计防火规范》（GB 50016—2014）表 3.7.4。

38. **答案：A**

依据：《电力装置的继电保护和自动装置设计规范》（GB/T 50062—2008）附录 B 表 B.0.1。

39. **答案：A**

依据：《照明设计手册》（第三版）P225 看片灯相关内容。

40. **答案：A**

依据：《导体和电器选择设计技术规程》（DL/T 5222—2021）第 4.0.11 条。

$K_t = 1 + 0.0033(T - 40) = 1 + 0.0033(57 - 40) = 1.0561$

41. **答案：AB**

依据：《交流电气装置的接地设计规范》（GB/T 50065—2011）第 8.2.2-1 条、第 8.2.2-3 条。

42. **答案：ABD**

依据：《交流电气装置的接地设计规范》（GB/T 50065—2011）第 8.1.2-6 条,《建筑物防雷设计规范》（GB 50057—2010）第 4.2.4-13 条、第 4.3.8-9 条、第 4.4.7-5 条。

43. **答案：AB**

依据：《电力工程电缆设计标准》（GB 50217—2018）第 3.6.2 条、第 3.6.3 条。

44. **答案：BC**

　　依据：《低压配电设计规范》（GB 50054—2011）第 7.2.1-1 条、第 7.1.5-2 条、第 7.1.3-1 条。

45. **答案：ABD**

　　依据：《建筑设计防火规范》（GB 50016—2014）第 10.1.10 条。

46. **答案：BC**

　　依据：《工业与民用供配电设计手册》（第四版）P783 阻燃电缆选择要点。

47. **答案：BC**

　　依据：《通用用电设备配电设计规范》（GB 50055—2011）第 2.2.2 条。

48. **答案：ACD**

　　依据：《供配电系统设计规范》（GB 50052—2009）第 6.0.4 条、第 6.0.7 条、第 6.0.11-2 条。

49. **答案：AC**

　　依据：《导体和电器选择设计技术规定》（DL/T 5222—2005）第 18.1.5 条～第 18.1.7 条。

50. **答案：ABD**

　　依据：《系统接地的型式及安全技术要求》（GB 14050—2008）第 4.2 条。

　　　注：本题也可参考《交流电气装置的接地设计规范》（GB/T 50065—2011）第 7.1.3 条。

51. **答案：ABD**

　　依据：《导体和电器选择设计技术规程》（DL/T 5222—2021）第 16.0.1 条。

52. **答案：BD**

　　依据：《电力装置电测量仪表装置设计规范》（GB/T 50063—2017）第 9.0.2 条。

53. **答案：ABD**

　　依据：《电力装置的继电保护和自动装置设计规范》（GB/T 50062—2008）第 9.0.5 条。

54. **答案：CD**

　　依据：《电力装置的继电保护和自动装置设计规范》（GB/T 50062—2008）第 9.0.2 条、第 9.0.3 条。

55. **答案：ACD**

　　依据：《供配电系统设计规范》（GB 50052—2009）第 3.0.4 条。

56. **答案：CD**

　　依据：《供配电系统设计规范》（GB 50052—2009）第 3.0.5-3 条。

57. **答案：ACD**

　　依据：《建筑照明设计标准》（GB 50034—2013）第 7.1.4 条。

58. **答案：ACD**

　　依据：《照明设计手册》（第三版）P500 选择高效灯具的要求。

59. **答案：ACD**

依据：《建筑照明设计标准》（GB 50034—2013）第 5.3.1 条、第 5.3.4 条、第 5.3.5 条。

60. **答案：CD**

依据：《照明设计手册》（第三版）P118 式（5-1）有关点光源产生的水平照度和垂直照度的计算。

61. **答案：CD**

依据：《消防应急照明和疏散指示系统技术标准》（GB 51309—2018）第 3.2.5 条。

62. **答案：BC**

依据：《民用建筑电气设计标准》（GB 51348—2019）附录 A。

63. **答案：ABD**

依据：《供配电系统设计规范》（GB 50052—2009）第 6.0.4 条。

64. **答案：ABD**

依据：《工业与民用供配电设计手册》（第四版）P179 和 P180 第 4.1.4 条、第 4.1.6 条相关内容。

65. **答案：ACD**

依据：《智能建筑设计标准》（GB 50314—2015）第 4.3.1 条。

66. **答案：ABC**

依据：《民用闭路监视电视系统工程技术规范》（GB 50198—2011）第 3.1.8-2 条。

67. **答案：ABC**

依据：《民用建筑电气设计标准》（GB 51348—2019）第 25.2.11 条。

68. **答案：ABC**

依据：《爆炸危险环境电力装置设计规范》（GB 50058—2014）第 5.5.1 条、第 5.5.3-1 条。

69. **答案：ACD**

依据：《建筑设计防火规范》（GB 50016—2014）表 5.3.1。

70. **答案：ACD**

依据：《建筑设计防火规范》（GB 50016—2014）第 8.3.1-5 条、第 8.3.1-6 条、第 8.3.3-4 条、第 8.3.8-1 条。

2020 年案例分析试题答案（上午卷）

题 1～5 答案：**DBBDC**

1.《民用建筑电气设计标准》（GB 51348—2019）附录 A 有关酒店部分内容见下表。

项　　目		级别
旅游饭店	四星级及以上旅游饭店的经营及设备管理用计算机系统用电	一级
	四星级及以上旅游饭店的宴会厅、餐厅、厨房、康乐设施用房、门厅及高级客房、主要通道等场所的照明用电；厨房、排污泵、生活水泵、主要客梯用电；计算机、电话、电声和录像设备、新闻摄影用电	一级

显然，客房照明不是一级负荷。

2.《工业与民用供配电设计手册》（第四版）P20、P21 表 1.6-1。

单相负荷：$P_d = 30 + 4 \times 3 + 3 \times 2 = 48kW$

三相负荷：$P_s = 30 \times 2 + 15 \times 2 + 8 \times 3 = 114kW$

由于 $P_d = 48 > 17.1 = 15\% P_s$，故需进行换算。

设 380V 的单相负荷电烤箱接于 U、V 相之间，则相间负荷换算为相负荷为：

$P_u = 30 \times 0.5 = 15kW$，$P_v = 30 \times 0.5 = 15kW$

根据题意，单相负荷尽量均匀的分配在三相上，故其他相负荷接于 W 相上，则：

$P_w = 4 \times 3 + 3 \times 2 = 18kW$

故等效三相负荷为：$P_{ed} = 3 \times 18 = 54kW$

计算电流：$I_c = \dfrac{S}{\sqrt{3}U} = \dfrac{0.6 \times (114 + 54) \times 0.75}{\sqrt{3} \times 380} = 204.2kW$

3.《工业与民用供配电设计手册》（第四版）P986 式（11.3-5）。

线路中最大一台电动机的全启动电流：$I_{stM1} = 2 \times 5 \times \dfrac{45}{\sqrt{3} \times 380 \times 0.8} = 854.7A$

除启动电流最大一台电动机以外的线路计算电流：

$I_{c(n-1)} = 0.9 \times \dfrac{2 \times 45 + 3 \times 37 + 3 \times 18.5}{\sqrt{3} \times 380 \times 0.8} = 438.5A$

瞬时脱扣器整定电流：$I_{set3} \geqslant 1.2 \times (854.7 + 438.5) = 1551.8A$

4.《工业与民用供配电设计手册》（第四版）P10 式（1.4-1），P24 和 P25 式（1.9-3）、表 1.9-1。

客房计算功率：$P_{c1} = 0.45 \times 17 \times 18 \times 0.08 = 11.016kW$

VRV 系统功率：$P_{c2} = 0.8 \times (60 + 0.8) = 48.64kW$

其他设备计算功率：$P_{c4} = 0.7 \times (300 \times 3 + 45 \times 3 + 37 \times 3 + 18.5 \times 3 + 11 \times 10) = 918.05kW$

查表 1.9-1 可知，年平均有功负荷系数取 0.14。

年有功电能消耗量：$W_y = 0.14 \times (11.016 + 48.64 + 918.05) \times 8760 = 1199058kWh$

5.《人民防空地下室设计规范（限内部发行)》（GB 50038—2005）第 7.2.13 条、表 7.2.4。

战时一级负荷：应急照明，柴油发电站配套附属设备，基本通信、应急通信设备等，其计算功率为：

$P_{c1} = 1 \times 2 \times 4 + 0.9 \times 10 + 0.8 \times 3 \times 4 = 26.5\text{kW}$

柴油发电机容量应满足一、二级负荷需要，则：

$P_{c2} = 0.8 \times (13 \times 2 + 12 \times 2) + 0.9 \times (7.5 \times 2 + 5.5 \times 2) + 0.8 \times (13.2 \times 2 + 10.2 \times 2) + 1 \times (1 + 1) + 26.6 = 129.4\text{kW}$

题 6～10 答案：**CCACA**

6.《电力工程电缆设计标准》（GB 50217—2018）附录 A 表 A，附录 C 表 C.0.1-1、表 C.0.1-2，附录 D 表 D.0.1、表 D.0.3。

查表 A，聚氯乙烯持续工作的电缆最高温度为 70℃；查表 C.0.1-2，电缆直埋时载流量为 157A，铜芯电缆修正系数为 1.29；查表 D.0.1，温度修正系数为 1.05；查表 D.0.2，土壤热阻系数为 0.75。

则直埋敷设载流量（20℃）：$I_{c1} = 157 \times 1.29 \times 1.05 \times 0.75/1 = 159.5\text{A}$

根据第 3.5.6 条及表 3.6.5 可知：户内电缆沟敷设时，环境温度取最热月的日最高温度平均值+5℃ = 35℃。

查表 C.0.1-1，电缆空气敷设时载流量为 129A，铜芯电缆修正系数为 1.29；查表 D.0.1，温度修正系数为 1.08。

则电缆沟敷设载流量（35℃）：$I_{c2} = 129 \times 1.29 \times 1.08 = 179.7\text{A}$

7.《低压配电设计规范》（GB 50054—2011）第 6.3.3 条及相关公式。

由式（6.3.3-1），$I_Z \geqslant I_N = 200\text{A}$。

由式（6.3.3-2），$I_2 \leqslant 1.45 I_Z$，即 $I_Z \geqslant \dfrac{I_2}{1.45} = \dfrac{1.6}{1.45} I_N = \dfrac{1.6}{1.45} \times 200 = 200.7\text{A}$

故最小截面积：$S_{min} \geqslant \dfrac{220.7}{2.2} = 100.3\text{mm}^2$，取 120mm²。

8.《低压配电设计规范》（GB 50054—2011）第 3.2.15 条及表 3.2.15。

总等电位连接用铜导体截面积为 6～25mm²，选最大值 25mm²。

9.《爆炸危险环境电力装置设计规范》（GB 50058—2014）第 5.4.1-6 条。

启动转换回路（loop2）的导体回路最大电流：$I_C = 1.25 \times 0.58 \times 85 = 61.625\text{A}$

故最小截面积：$S_{min} \geqslant \dfrac{61.625}{2} = 30.76\text{mm}^2$，取 35mm²。

10.《电力工程电缆设计标准》（GB 50217—2018）附录 E 式（E.1.1-1）。

故最小截面积：$S_{min} \geqslant \dfrac{\sqrt{Q}}{K} = \dfrac{\sqrt{7 \times 10^5}}{143} = 5.85\text{mm}^2$，取 6mm²。

题 11～15 答案：**BBBDB**

11.《工业与民用供配电设计手册》（第四版）P281～P284 表 4.6-3、式（4.6-11）～式（4.6-13）。

设 $S_B = 100MV \cdot A$，$U_B = 1.05 \times 35 = 37kV$

当母联闭合，电源 2 为 10kV 的 1 号母线供电时，三相短路电流最大。

L2 线路电抗标幺值：$X_{L2*} = X_l \dfrac{S_B}{U_B^2} = 8 \times 0.15 \times \dfrac{100}{37^2} = 0.0877$

变压器电抗标幺值：$X_{T*} = \dfrac{U_k\%}{100} \cdot \dfrac{S_B}{S_{nT}} = \dfrac{8}{100} \times \dfrac{100}{20} = 0.4$

短路电流有名值：$I_{k1} = I_B \dfrac{1}{X_{\Sigma*}} = \dfrac{100}{\sqrt{3} \times 10.5} \times \dfrac{1}{0.0877 + 0.4} = 11.25kA$

12.《工业与民用供配电设计手册》（第四版）（第四版）P281～P284 表 4.6-3、式（4.6-12），P381 式（5.6-4）。

设 $S_B = 100MV \cdot A$，$U_B = 1.05 \times 10 = 10.5kV$

L1 线路电抗标幺值：$X_{L1*} = X_l \dfrac{S_B}{U_B^2} = 10 \times 0.15 \times \dfrac{100}{37^2} = 0.1096$

变压器电抗标幺值：$X_{T*} = \dfrac{U_k\%}{100} \cdot \dfrac{S_B}{S_{nT}} = \dfrac{8}{100} \times \dfrac{100}{20} = 0.4$

短路电流有名值：$I_{k2} = I_B \dfrac{1}{X_{\Sigma*}} = \dfrac{100}{\sqrt{3} \times 10.5} \times \dfrac{1}{0.1096 + 0.4} = 10.79kA$

短路电流热效应：$Q_t = I_{k2}^2 t = 10.79^2 \times (3 + 0.05) = 355.1(kA)^2s$

13.《导体和电器选择设计技术规程》（DL/T 5222—2005）第 18.2.5 条及相关公式。

设 $S_B = 100MV \cdot A$，$U_B = 1.05 \times 10 = 10.5kV$

中性点电阻值：

$$R = \frac{U_N}{I_R \cdot \sqrt{3}} \times 10^3 = \frac{10 \times 10^3}{1.1 \times 8 \times \sqrt{3}} = 656.08\Omega$$

电阻消耗功率：

$$P_R = \frac{U_N}{\sqrt{3}} \times I_R = \frac{10}{\sqrt{3}} \times 1.1 \times 8 = 50.81kvar$$

14.《工业与民用供配电设计手册》（第四版）P401 式（5.7-11）。

变压器回路最大工作电流：

$$I_N = 1.2 \times \frac{20}{\sqrt{3} \times 10.5} = 1.32kA$$

电抗器电抗百分值：

$$X_k\% = \left(\frac{1}{I_{2*}} - \frac{1}{I_{1*}}\right) \times \frac{I_{ok}U_j}{U_{ok}} \times 100\% = \left(\frac{1}{15} - \frac{1}{25}\right) \times \frac{1.32 \times 10.5}{10} \times 100\% = 3.70\%$$

15.《20kV 及以下变电所设计规范》（GB 50053—2013）第 4.2.7 条及表 4.2.7。

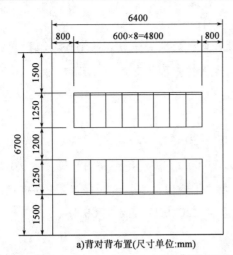

a)背对背布置(尺寸单位:mm)

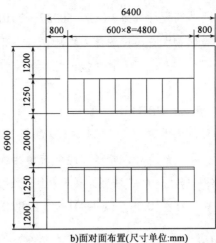

b)面对面布置(尺寸单位:mm)

项　　目		数值（m）	面积（m²）
开关柜室长度		$0.6 \times 8 + 2 \times 0.8 = 6.4$	
开关柜室宽度	面对面布置	$1.25 \times 2 + 1.2 \times 2 + 2 = 6.9$	$6.4 \times 6.9 = 44.16$
	背对背布置	$1.25 \times 2 + 1.5 \times 2 + 1.2 = 6.7$	$6.4 \times 6.7 = 42.88$

题 16～20 答案：**ABBCD**

16.《建筑物防雷设计规范》（GB 50057—2010）第 6.3.2 条、式（6.3.2-6）、表 6.3.2-2。

查表 6.3.2-2，按正极性首次雷击考虑时，滚球半径 $R = 260$m。

当 $h = 32$m $< R = 260$m 时，雷击点与屏蔽空气之间的最小平均距离计算如下。

（1）按建筑物宽度计算：

$$S_{aW} = \sqrt{H(2R - H)} + \frac{L}{2} = \sqrt{32 \times (2 \times 260 - 32)} + \frac{50}{2} = 149.96\text{m}$$

（2）按建筑物长度计算：

$$S_{aL} = \sqrt{H(2R - H)} + \frac{L}{2} = \sqrt{32 \times (2 \times 260 - 32)} + \frac{100}{2} = 174.96\text{m}$$

为避免雷击到建筑物，按建筑物长度计算为 175m。

17.《建筑物防雷设计规范》（GB 50057—2010）第 4.2.4 条、式（4.2.4-6）、附录 F 表 F.0.1-1。

电源线路无屏蔽，则允许冲击电流最小值：$I_{imp} = \dfrac{0.5I}{nm} = \dfrac{0.5 \times 150}{4 \times 4} = 4.69$A

注：PVC 管为非导体，故不计入。

18.《建筑物防雷设计规范》（GB 50057—2010）第 6.4.6 条。

限压型 SPD 有效电压保护水平：$U_{p/f} = U_P + \Delta U = 1.8 + 0.2 \times 1.8 = 2.16$kV

19.《建筑物防雷设计规范》（GB 50057—2010）附录 C，《交流电气装置的接地设计规范》（GB/T 50065—2011）附录 A 第 A.0.2 条。

接地体的有效长度：$l_e = 2\sqrt{\rho} = 2 \times \sqrt{300} = 34.64$m

环形接地体的水平接地极的形状系数 $A = 1$，则冲击电阻为：

$$R = \frac{\rho}{2\pi L}\left(\ln\frac{L^2}{hd} + A\right) - \frac{300}{2 \times 3.14 \times 34.64 \times 2}\left[\ln\frac{(34.64 \times 2)^2}{1 \times 0.02} - 0.18\right] = 8.41\Omega$$

20.《建筑物防雷设计规范》（GB 50057—2010）第 4.5.5 条。

粮、棉及易燃物大量集中的露天堆场，当其年预计雷击次数大于或等于 0.05 次时，应采用独立接闪杆或架空接闪线防直击雷。独立接闪杆和架空接闪线保护范围的滚球半径可取 100m。

题 21～25 答案：CBBAB

21.《工业与民用供配电设计手册》（第四版）P1455～P1457。

短路分析：发生故障后，相保回路电流由相线 L（0.04Ω）流经建筑物内 PE 线（0.01Ω），再流经 PEN 线（0.08Ω）与大地的并联回路（4＋1Ω）返回至变压器中性点，全回路电阻R和电流I_d为：

$$R = 0.04 + 0.01 + \left[0.08 // (1+4)\right] \approx 0.1287\Omega, \quad I_d = 220/0.1287 = 1709.4\text{A}$$

接触电压U_{f1}为碰壳点与 MEB 之间的电位差：

$$U_{f1} = I_d R_{PE} + I_{d \cdot E} R_A = 1709.4 \times 0.01 + 1709.4 \times \frac{0.08}{1+4+0.08} \times 4 = 17.09 + 107.68$$
$$= 124.77\text{V}$$

22.《工业与民用供配电设计手册》（第四版）P1455～P1457。

短路分析：发生故障后，相保回路电流由相线 L（0.04Ω）流经建筑物内 PE 线（0.01Ω），再流经 PEN 线（0.08Ω）与大地的并联回路（4＋1Ω）返回至变压器中性点，全回路电阻R和电流I_d为：

$$R = 0.04 + 0.01 + \left[0.08 // (1+4)\right] \approx 0.1287\Omega, \quad I_d = 220/0.1287 = 1709.4\text{A}$$

接触电压U_{f2}为碰壳点与 MEB 之间的电位差：$U_{f2} = I_d R_{PE} = 1709.4 \times 0.01 = 17.094\text{V}$

23.《工业与民用供配电设计手册》（第四版）P1455～P1457。

短路分析：发生故障后，相保回路电流由相线 L（0.04Ω）流经R_c，通过大地流经 $\left[4//(1+0.01)\right]$ 返回至变压器中性点，全回路电阻R和电流I_d为：

不计线路阻抗，则 $R = R_c + (4//1) = (R_c + 0.8)\Omega$，$I_d = \dfrac{220}{R_c + 0.8}\text{A}$

接触电压U_{f3}为碰壳点与 MEB 之间的电位差：

$$U_{f3} = 0.8 I_d = \frac{220}{R_c + 0.8} \times 0.8 \leqslant 50 \Rightarrow R_c \geqslant 2.72\Omega$$

24.《工业与民用供配电设计手册》（第四版）P1455～P1457。

短路分析：发生故障后，相保回路电流由相线 L（0.04Ω）流经R_c，通过大地流经 $\left[4//(1+0.01)\right]$ 并联回路返回至变压器中性点，设备外壳接触电压U_{f4}为碰壳点与 MEB 之间的电位差，即R_{PE}上的电压降，因 PE 线上的电流为 0，故接触电压$U_{f4} = 0\text{V}$。

25.《工业与民用供配电设计手册》（第四版）P1455～P1457。

短路分析：发生故障后，相保回路电流由相线 L（0.04Ω）流经R_c，通过大地流经 $\left[4//(1+0.01)\right]$ 并联回路返回至变压器中性点，全回路电阻R和电流I_d为：

不计线路阻抗，则 $R = 20 + (4//1) = 20.8\Omega$，$I_d = 220/20.8 = 10.58\text{A}$

接触电压U_{f5}为碰壳点与大地之间的电压：$U_{f5} = 10.58 \times \dfrac{1}{1+4} \times 4 = 8.46\text{V}$

2020 年案例分析试题答案（下午卷）

题 1～5 答案：**BCCAB**

1.《建筑照明设计标准》（GB 50034—2013）表 4.4.1、第 5.3.2 条、第 7.2.4 条，《建筑设计防火规范》（GB 50016—2014）第 10.3.1-3 条。

活动室面积：$S = 8.4 \times 8.4 \times 2 = 141.12 \text{m}^2$

根据第 10.3.1-3 条，建筑面积大于 100m^2 的地下或半地下公共活动场所应设置疏散照明。

根据第 7.2.4 条，正常照明单相分支回路的电流不宜大于 16A，所接光源数或发光二极管灯具数不宜超过 25 个。W10 所带光源超过 25 个，筒灯为 I 类灯具，配电线路应含 1 根 PE 线，双控开关控制的筒灯间的导线根数应为 5 根。

2.《照明设计手册》（第三版）P118 式（5-1）。
A 点总照度：$E_A = 4 \times \dfrac{500}{3^2 + 4^2 + 4^2} \times \dfrac{5-1}{\sqrt{3^2 + 4^2 + 4^2}} = 30.47\text{lx}$

3.《照明设计手册》（第三版）P7 式（1-9）、P145 式（5-39）。
室型指数：$RI = \dfrac{LW}{H(L+W)} = \dfrac{22 \times 10}{(22+10) \times (3.5-0.75)} = 2.5$，查表确定利用系数为 0.96。

灯具数量：$N = \dfrac{E_{av}A}{\Phi U K} = \dfrac{200 \times 22 \times 10}{2800 \times 0.8 \times 0.96} = 20.46$，故取 20 盏。

校验平均照度：$E_{av} = \dfrac{N\Phi U K}{A} = \dfrac{20 \times 2800 \times 0.96 \times 0.8}{22 \times 10} = 195.49 > 180 = 90\% \times 200$，满足标准要求。

4.《照明设计手册》（第三版）P95 式（4-8）。
B 型脱扣器动作电流为（3～5）I_n，C 型脱扣器动作电流为（5～10）I_n。
B 型脱扣器：$I_n \leqslant \dfrac{90}{1.3 \times 5} = 14\text{A}$，C 型脱扣器：$I_n \leqslant \dfrac{90}{1.3 \times 10} = 7\text{A}$，故仅额定电流 10A 的 B 曲线断路器满足要求。

5.《照明设计手册》（第三版）P7 式（1-9）、P156 式（5-56）、P159 式（5-60）。
室型指数：$RI = \dfrac{LW}{H(L+W)} = \dfrac{22 \times 10}{(22+10) \times (3.5-0.75)} = 2.5$，查表 $\dfrac{E_h}{E_s} = 2.3$；
根据题意，$\dfrac{E_h}{E_s} = \dfrac{1}{K_S + 0.5\rho_f} = \dfrac{1}{K_S + 0.5 \times 0.2} = 2.3$，解得 $K_S = 0.335$。
平均柱面照度：$E_c = E_h(1.5K_c + 0.5\rho_f) = 200 \times (1.5 \times 0.335 - 0.25 + 0.5 \times 0.2) = 70.4\text{lx}$

题 6～10 答案：**BCCBA**

6.《工业与民用供配电设计手册》（第四版）P1562 式（16.3-15）。
费用现值系数：$k_{npv} = \dfrac{1 - [1/(1+i)^n]}{i} = \dfrac{1 - [1/(1+0.12)^{10}]}{0.12} = 5.65$
注：本题也可参考《配电变压器能效技术经济评价导则》（DL/T 985—2012）第 4.3.2 条及式（5）。

7.《工业与民用供配电设计手册》（第四版）P1562 式（16.3-18）。
年负载等效系数的平方：

$$PL^2 = \frac{\beta_0^2}{(1+i)^n} \times \frac{(1+i)^n - (1+g)^{2n}}{(1+i) - (1+g)^2} = \frac{0.75^2}{(1+0.12)^{10}} \times \frac{(1+0.12)^{10} - (1+0.02)^{20}}{(1+0.12) - (1+0.02)^2}$$
$$= 3.686$$

注：本题也可参考《配电变压器能效技术经济评价导则》（DL/T 985—2012）第 4.3.3 条及式（7）。

8.《工业与民用供配电设计手册》（第四版）P1561 式（16.3-13）。

空载损耗等效初始费用系数：$A = k_{npv}E_eH_{py} = 6 \times 0.6 \times 8760 = 31536$

注：本题也可参考《配电变压器能效技术经济评价导则》（DL/T 985—2012）第 4.4.1 条及式（11）。

9.《工业与民用供配电设计手册》（第四版）P1562 式（16.3-16）。

负载损耗等效初始费用系数：$B = E_e\tau PL^2 K_t = 0.6 \times 4549 \times 3 \times 1 = 8188.2$

注：本题也可参考《配电变压器能效技术经济评价导则》（DL/T 985—2012）第 4.4.2 条及式（13）。

10.《工业与民用供配电设计手册》（第四版）P1561 式（16.3-12）。

综合能效费：$TOC = CI + AP_0 + BP_K + 12k_{npv}E_cS_e = 165000 + 1.415 \times 32300 + 8.13 \times 9400 + 12 \times 6 \times 15 \times 1000 = 1367126.5$

注：本题也可参考《配电变压器能效技术经济评价导则》（DL/T 985—2012）第 4.2.2 条及式（3）。

题 11～15 答案：**BDBCA**

11.《电能质量 公用电网谐波》（GB/T 14549—1993）附录 C 式（C4）。

注入电网的 7 次谐波电流：$I_7 = \sqrt{9^2 + 5^2 + 2 \times 9 \times 5 \times \cos(45° - 45°)} = 14A$

注：馈线 1 和馈线 2 的 7 次谐波电流相角均为 45°，是两者各自的相位角，而不是两者的相位差。

12.《电能质量 公用电网谐波》（GB/T 14549—1993）第 5.1 条表 2、附录 B 式（B1）。

公共连接点处 7 次谐波电流总量允许值：$I_7 = 15 \times \frac{560}{100} = 84A$

13.《电能质量 公用电网谐波》（GB/T 14549—1993）附录 C 式（C6）及表 C2。

公共连接点允许注入电网的 7 次谐波电流：$I_7 = 90 \times \left(\frac{4}{40}\right)^{1/1.4} = 17.38A$

14.《电能质量 公用电网谐波》（GB/T 14549—1993）附录 C 式（C5）及表 C1。

公共连接点注入电网的 7 次谐波电流：$I_7 = \sqrt{7^2 + 16^2 + 0.72 \times 7 \times 16} = 19.64A$

15.《电能质量 公用电网谐波》（GB/T 14549—1993）附录 A 式（A4）。

公共连接点处注入电网谐波电流含量：$I_H = \sqrt{9^2 + 13^2 + 23^2 + 8^2 + 12^2} = 31.42A$

题 16～20 答案：**BCDBB**

16.《20kV 及以下变电所设计规范》（GB 50053—2013）第 3.3.2 条。

两台主变正常运行时：$S \geqslant \frac{10 + 35 + 10}{2 \times 0.96} = 28.65MVA$

一台主变故障时：$S \geqslant \frac{10 + 35}{1.3 \times 0.96} = 36.06MVA$

取较大者，故 S 取 $40\text{MV} \cdot \text{A}$。

17.《工业与民用供配电设计手册》（第四版）P30 式（1.10-4）。

变压器侧：$\Delta Q_\text{T} = \Delta Q_0 + \Delta Q_\text{k}\left(\dfrac{S_\text{c}}{S_\text{N}}\right)^2 = \dfrac{I\%}{100}S_\text{N} + \dfrac{U_\text{k}\%}{100}S_\text{N}\left(\dfrac{S_\text{c}}{S_\text{N}}\right)^2$

$$= 63 \times \left[\dfrac{1}{100} + \dfrac{16}{100} \times \left(\dfrac{10 + 35 + 10}{63 \times 0.92}\right)^2\right] = 9.71\text{Mvar}$$

10kV 侧：$Q_{10} = (10 + 35 + 10) \times \tan(\arccos 0.92) = 23.43\text{Mvar}$

110kV 侧：$Q_{110} = Q_{10} + \Delta Q_\text{T} = 9.71 + 23.43 = 33.14\text{Mvar}$

18.《工业与民用供配电设计手册》（第四版）P302 式（4.6-35）、表 4.6-9，P406 式（5.7-20）。

10kV 变压器绕组采用三角形连接，需采用接地变压器引出中性点接入电阻器，考虑全站电容电流，则：$I_\text{c} = (1 + 16\%) \times 0.1 \times 10 \times 8 \times 4 \times 2 = 74.24\text{A}$

补偿容量：$Q = 1.35 I_\text{c}\dfrac{U_\text{N}}{\sqrt{3}} = 1.35 \times 74.24 \times \dfrac{10}{\sqrt{3}} = 578.65\text{kVA}$

19.《导体和电器选择设计技术规定》（DL/T 5222—2005）第 6.0.2 条，附录 D 表 D.11、表 D.9。

回路持续电流：$I = 1.3\dfrac{U_\text{N}}{\sqrt{3}I_\text{N}} = 1.3 \times \dfrac{50}{\sqrt{3} \times 10} = 3752.9\text{A}$

查表 D.11，校正系数为 0.94，则母线载流量为：$I_\text{Z} \geqslant \dfrac{3752.9}{0.94} = 3992.4\text{A}$

查表 D.9 可知，最小截面为 $3 \times (100\text{mm} \times 10\text{mm})$。

20.《工业与民用供配电设计手册》（第四版）P366 式（5.5-56）。

相间最大短路电动力：

$$F_\text{k3} = 0.173 K_\text{x} i_\text{p3}^2 \dfrac{l}{D} = 0.173 \times 1 \times (2.55 \times 20)^2 \times \dfrac{120}{30} = 1799.89\text{N}$$

题 21～25 答案：**DCACC**

21.《3～110kV 高压配电装置设计规范》（GB 50060—2008）第 5.5.3 条。

储油设施的卵石层最小厚度：

$$h \geqslant \dfrac{V}{S} = \dfrac{1250}{0.85 \times 10^3 \times 0.2} \times \dfrac{1}{(4.5 - 0.24)^2} = 0.4052\text{m} = 405.2\text{mm}$$

22.《工业与民用供配电设计手册》（第四版）P897 相关内容，《低压配电设计规范》（GB 50054—2011）第 7.2.14 条。

根据第 7.2.14 条，金属导管或金属槽盒内导线的总截面积不宜超过其截面积的 40%，且金属槽盒内载流导线不宜超过 30 根。故金属导管截面积为：

$$S_\text{g} \geqslant \dfrac{2\pi \times \frac{1}{4} \times (4.2^2 + 4.8^2 + 5.4^2 + 8^2)}{0.4} = 525.32\text{mm}^2$$

金属导管直径：$S_g = \pi \left(\dfrac{D}{2} \right)^2 \geqslant 525.32\text{mm}^2 \Rightarrow D \geqslant 2\sqrt{\dfrac{525.32}{\pi}} = 25.87\text{mm}$，取 32mm。

《工业与民用供配电设计手册》（第四版）P897 相关内容如下：

3 根以上绝缘导线穿同一导管时导线的总截面积（包括外护层）不应大于管内净面积的 40%，2 根绝缘导线穿同一导管时管内径不应小于 2 根导线直径之和的 1.35 倍，并符合下列要求：

（1）导管没有弯时的长度不超过 30m。

（2）导管有一个弯（90°～120°）时的长度不超过 20m。

（3）导管有两个弯（90°～120°）时的长度不超过 15m。

（4）导管有三个弯（90°～120°）时的长度不超过 8m。

每两个 120°～150°的弯相当于一个 90°～120°的弯。若长度超过上述要求时应加设拉线盒、箱或加大管径。

故最终取 40mm。

23. 无。

图 b 中未设置互锁保护；图 c 中回路常闭节点与 PLC 接线图中相反，无法工作；图 d 中缺少自动往复切换信号，无法自动运行。

24.《低压配电设计规范》（GB 50054—2011）第 3.2.7 条、第 3.2.10 条、第 3.2.12 条。

根据第 3.2.7 条，符合下列情况之一的线路，中性导体的截面积应与相导体的截面积相同：

（1）单相两线制线路。

（2）铜相导体截面积小于或等于 16mm² 或铝相导体截面积小于或等于 25mm² 的三相四线制线路。

根据第 3.2.10 条，在配电线路中固定敷设的铜保护接地中性导体的截面积不应小于 10mm²，铝保护接地中性导体的截面积不应小于 16mm²。

a 处不符合第 3.2.10 条（或第 3.2.7 条）。

根据第 3.2.12 条，当从电气系统的某一点起，由保护接地中性导体改变为单独的中性导体和保护导体时，应符合下列规定：

（1）保护导体和中性导体应分别设置单独的端子或母线。

（2）保护接地中性导体应首先接到为保护导体设置的端子或母线上。

（3）中性导体不应连接到电气系统的任何其他的接地部分。

d 处不符合第 3.2.12 条，PEN 应先同时接 PE 线和 N 线。

25. 无。

（1）1DS 连锁回路错误，CB1 应为常闭节点。

（2）2DS 连锁回路错误，FES2 应为常闭节点。

（3）2ES 连锁回路错误，1DS2、2DS2 应为常闭点节点，且应为串联。

题 26～30 答案：**DDCAC**

26.《钢铁企业电力设计手册》（下册）P308 式（23-59）。

电动机额定功率：$P_n = \dfrac{k\gamma Q(H + \Delta H)}{102\eta\eta_c} = \dfrac{1.05 \times 1000 \times \dfrac{504}{3600} \times (49 + 5)}{102 \times 0.75 \times 1} = 103.76\text{kW}$

注：《工业与民用供配电设计手册》（第四版）P1606 式（16.5-21）有误，缺少换算系数，$1\text{kW} = 102\text{kg} \cdot \text{m/s}$。

27.《钢铁企业电力设计手册》（上册）P305 和 P306 表 6-8、表 6-9。

变频器调速装置的输入功率：$P_m \geqslant \dfrac{P_N}{\eta} = \dfrac{90}{0.93} = 96.77\text{kW}$

变频器调速装置的额定电流：$I_m \geqslant \dfrac{P_m}{\sqrt{3}U\cos\varphi} = \dfrac{96.77}{\sqrt{3} \times 0.38 \times 0.88} = 167.08\text{A}$

28.《钢铁企业电力设计手册》（上册）P306 有关水泵、风机的节电内容。

利用流量、转速和扬程（水头）之间的比例关系：

$\dfrac{H_2}{H_1} = \left(\dfrac{N_2}{N_1}\right)^2 \Rightarrow \dfrac{49}{30} = \left(\dfrac{1450}{N_1}\right)^2 \Rightarrow N_1 = 1134.57\text{r/min}$

29.《钢铁企业电力设计手册》（上册）P306 有关水泵、风机的节电内容。

利用流量、转速和扬程（水头）之间的比例关系：

$\dfrac{Q_2}{Q_1} = \dfrac{N_2}{N_1} \Rightarrow \dfrac{504}{250} = \dfrac{1450}{N_1} \Rightarrow N_1 = 719\text{r/min}$

30.《钢铁企业电力设计手册》（上册）P306 有关水泵、风机的节电内容。

利用流量、转速、扬程（水头）和功率之间的比例关系：

$\dfrac{P_2}{P_1} = \left(\dfrac{N_2}{N_1}\right)^3 \Rightarrow \dfrac{100}{P_1} = \left(\dfrac{1450}{1100}\right)^3 \Rightarrow P_1 = 43.66\text{kW}$

电网侧消耗的有功功率差额：$\Delta P = \left(\dfrac{100}{0.9} - \dfrac{43.66}{0.85}\right)/0.95 = 62.89\text{kW}$

题 31～35 答案：**BCDCA**

31.《电力工程高压送电线路设计手册》（第二版）P170 式（3-1-5）～式（3-1-7）、《66kV 及以下架空电力线路设计规范》（GB 50061—2010）第 4.0.11 条。

样本历年最大风速平均值：$\bar{v} = \dfrac{28 + 32 + 35 + 31}{4} = 31.5\text{m/s}$

样本标准差：$\sigma_{n-1} = \sqrt{\dfrac{\sum(v_i - \bar{v})^2}{n - 1}}$

$= \sqrt{\dfrac{(28 - 31.5)^2 + (32 - 31.5)^2 + (35 - 31.5)^2 + (31 - 31.5)^2}{4 - 1}}$

$= 2.88675$

由第 4.0.11 条可知，$T = 30$，则：

$v_T = -\dfrac{\sqrt{6}}{\pi}\left\{0.57722 + \ln\left[-\ln\left(1 - \dfrac{1}{30}\right)\right]\right\} \times 2.88675 + 31.5 = 37.82\text{m/s}$

35kV 线路导线均高一般取 10m，则换算到 10m 高度：

$$v_{\mathrm{h}} = v_{\mathrm{s}} \left(\frac{h}{h_{\mathrm{s}}}\right)^{\alpha} = 37.82 \times \left(\frac{10}{15}\right)^{0.16} = 35.43\mathrm{m/s}$$

32.《66kV 及以下架空电力线路设计规范》（GB 50061—2010）第 6.0.3 条、表 6.0.3、第 6.0.7 条。

查表可知，空气清洁，海拔高度 1000m 及以下，35kV 线路悬垂绝缘子数量取 3 片，进行海拔修正，则：$N_{\mathrm{H}} \geqslant N[1 + 0.1(H - 1)] = 3 \times [1 + 0.1 \times (3 - 1)] = 3.15$，取 4 片。

另耐张绝缘子串数量为悬垂绝缘子数量加 1 片，故取 5 片。

33.《电力工程高压送电线路设计手册》（第二版）P180 表 3-3-1，《66kV 及以下架空电力线路设计规范》（GB 50061—2010）第 7.0.3 条、第 7.0.6 条。

最大弧垂：$f_{\mathrm{m}} = \dfrac{\gamma l^2}{8\sigma_0} = \dfrac{0.601 \times 9.8}{173.11} \times \dfrac{220^2}{8 \times 78.14} = 2.634\mathrm{m}$

相间间距：$D = 0.4L_{\mathrm{k}} + \dfrac{U}{110} + 0.65\sqrt{f_{\mathrm{m}}} = 0.4 \times 0.82 + \dfrac{35}{110} + 0.65\sqrt{2.634} = 1.701\mathrm{m}$

综上，根据第 7.0.6 条，不同回路不同相之间的最小水平距离应不小于 3m。

34.《电力工程高压送电线路设计手册》（第二版）P179 表 3-2-3、表 3-1-15，《66kV 及以下架空电力线路设计规范》（GB 50061—2010）第 4.0.9 条。

自重力比载：$\gamma_1 = \dfrac{g_1}{A} = \dfrac{9.81 \times 0.601}{173.11} = 0.034\mathrm{N/(m \cdot mm^2)}$

无冰时风比载：

$$\gamma_4 = \frac{0.625v^2 d\alpha\mu_{\mathrm{sc}}}{A} = \frac{0.625 \times 10^2 \times 0.75 \times 1.1 \times (17.1 + 0) \times 10^{-3}}{173.11}$$
$$= 0.0051\mathrm{N/(m \cdot mm^2)}$$

覆冰时风比载：$\gamma_5 = \sqrt{0.034^2 + 0.0051^2} = 0.0344\mathrm{N/(m \cdot mm^2)}$

35.《电力工程高压送电线路设计手册》（第二版）P182 表 3-4-2、表 3-3-4。

代表档距：$l_{\mathrm{r}} = \sqrt{\dfrac{l_1^3 + l_2^3 + l_3^3 + \cdots + l_n^3}{l_1 + l_2 + l_3 + \cdots + l_n}} = \sqrt{\dfrac{230^3 + 150^3 + 270^3 + 200^3}{230 + 150 + 270 + 200}} = 225.5\mathrm{m} < 230\mathrm{m}$

由题意可知，小于 230m 控制气象条件为最低气象工况，即取最低气温−34℃。

由题干条件"导线的破坏强度 290N/mm²"和"安全系数取 3"，可知最低点最大张力为：

$\sigma_{\mathrm{m}} = \dfrac{\sigma_{\mathrm{P}}}{K} = \dfrac{290}{3} = 96.67\mathrm{N/mm^2}$

题 36~40 答案：**BBBCB**

36.《火灾自动报警系统设计规范》（GB 50116—2013）第 5.2.2 条、第 6.2.2 条。

由第 5.2.2 条，办公建议宜选择点型感烟探测器；由表 6.2.2，面积 $S = 42 \times 3.5 = 147\mathrm{m^2} > 80\mathrm{m^2}$，$H < 6\mathrm{m}$，查表 $A = 60$，$R = 5.8\mathrm{m}$，则保护半径为：

$$R = \sqrt{5.8^2 - \left(\frac{3.5}{2}\right)^2} = 5.5\mathrm{m}$$

$$N \geqslant \frac{S}{KA} = \frac{42}{2 \times 5.5} = 3.8\text{，故取 4 个。}$$

37.《综合布线系统工程设计规范》（GB 50311—2016）第 3.6.3 条。

$$C = \frac{102 - H}{1 + D} \Rightarrow H = 102 - C(1 + D) = 102 - 20 \times (1 + 0.5) = 72\text{m}$$

38.《公共广播系统工程技术规范》（GB 50526—2021）第 3.5.4 条。

根据传输距离、负载功率、线路衰减和传输线路截面之间的关系：

$$S = \frac{2\rho L P}{U^2 (10^{\gamma/20} - 1)}$$

由于其他条件不变，故有：

$$\frac{1}{U_1^2 (10^{\gamma_1/20} - 1)} = \frac{1}{U_2^2 (10^{\gamma_2/20} - 1)} \Rightarrow \frac{1}{70^2 \times (10^{2/20} - 1)} = \frac{1}{100^2 \times (10^{\gamma_2/20} - 1)} \Rightarrow \gamma_2 = 1.04\text{dB}$$

39.《视频显示系统工程技术规范》（GB 50464—2008）第 4.2.1 条。

根据题意，最小视距 k 取 1380m，故像素中心距为：$P = \dfrac{H}{k} = \dfrac{10}{1380} \times 10^3 = 7.25\text{m}$

40.《民用建筑电气设计标准》（GB 51348—2019）附录 F 第 F.0.3 条。

由 $10 \lg W_E = L_P - L_s + 20 \lg r$，得到：

$$L_s = L_P - 10 \lg W_E + 20 \lg r = 90 - 10 \lg 120 + 20 \lg 20 = 95.23\text{dB}$$

2021 年专业知识试题答案（上午卷）

1. **答案：** D

   依据：《民用建筑电气设计标准》（GB 51348—2019）第 3.2.4 条～第 3.2.6 条，《建筑设计防火规范》（GB 50016—2014）第 10.1.2-5 条。

2. **答案：** D

   依据：《供配电系统设计规范》（GB 50052—2009）第 3.0.2 条、第 3.0.4-2 条。

3. **答案：** B

   依据：《工业与民用供配电设计手册》（第四版）P30 相关内容。

   当变压器负荷率 ≤85% 时，其功率损耗可以概略计算：$\dfrac{\Delta P_T}{\Delta Q_T} = \dfrac{0.01 S_c}{0.05 S_c} = 0.2$。

4. **答案：** D

   依据：《工业与民用供配电设计手册》（第四版）P38 "电容器额定电压的选择" 式（1.11-8）。

   并联电容器接入电网后引起的母线电压升高百分比为：$\dfrac{\Delta U}{U_b} = \dfrac{Q}{S_b} = \dfrac{0.24}{16} = 0.015 = 1.5\%$。

5. **答案：** C

   依据：《建筑照明设计标准》（GB 50034—2013）第 4.3.1 条及表 4.3.1。

6. **答案：** B

   依据：《建筑照明设计标准》（GB 50034—2013）第 3.3.2 条及表 3.3.2-5。

7. **答案：** B

   依据：《建筑照明设计标准》（GB 50034—2013）第 7.1.3-1 条。

8. **答案：** A

   依据：《消防应急照明和疏散指示系统技术标准》（GB 51309—2018）第 3.2.1-7 条。

9. **答案：** D

   依据：《20kV 及以下变电所设计规范》（GB 50053—2013）第 3.3.4-4 条。

10. **答案：** B

    依据：《有线电视网络工程设计标准》（GB/T 50200—2018）第 5.3.5 条。

11. **答案：** B

    依据：《安全防范工程技术标准》（GB 50348—2018）第 6.5.10 条。

12. **答案：** A

    依据：《民用建筑电气设计标准》（GB 51348—2019）第 20.2.6 条。

13. **答案：** C

    依据：《工业电视系统工程设计标准》（GB/T 50115—2019）第 4.3.1 条、第 4.3.2 条。

14. **答案：** A

  依据：《35kV～110kV 变电站设计规范》（GB 50059—2011）第 2.0.5 条。

15. **答案：** A

  依据：《低压配电设计规范》（GB 50054—2011）第 4.2.5 条及表 4.2.5。

16. **答案：** A

  依据：《交流电气装置的接地设计规范》（GB/T 50065—2011）第 5.1.6 条。

17. **答案：** D

  依据：《建筑物防雷设计规范》（GB 50057—2010）第 5.4.4 条。

18. **答案：** B

  依据：《建筑设计防火规范》（GB 50016—2014）第 8.1.7-1 条。

19. **答案：** B

  依据：《爆炸危险环境电力装置设计规范》（GB 50058—2014）第 5.2.2 条及表注、第 5.3.1 条、第 5.4.1 条。

20. **答案：** B

  依据：《电力工程电缆设计标准》（GB 50217—2018）第 4.1.13-3 条。

21. **答案：** B

  依据：《建筑物防雷设计规范》（GB 50057—2010）第 4.2.1 条、第 4.3.2 条、第 4.4.1 条、第 4.4.2 条。

22. **答案：** D

  依据：《建筑物防雷设计规范》（GB 50057—2010）第 5.3.4 条、第 5.3.6 条、第 5.3.7 条。

23. **答案：** D

  依据：《交流电气装置的接地设计规范》（GB/T 50065—2011）第 8.2.2-3 条。

24. **答案：** D

  依据：《爆炸危险环境电力装置设计规范》（GB 50058—2014）第 5.5.1 条、《低压配电设计规范》（GB 50054—2011）第 5.2.18 条、《建筑物防雷设计规范》（GB 50057—2010）第 6.1.2 条。

25. **答案：** A

  依据：《电力装置的继电保护和自动装置设计规范》（GB/T 50062—2008）第 4.0.2 条。

26. **答案：** D

  依据：《电力装置的继电保护和自动装置设计规范》（GB/T 50062—2008）第 15.1.1 条。

27. **答案：** C

  依据：《电力装置电测量仪表装置设计规范》（GB/T 50063—2017）第 3.1.3 条及表 3.1.3。

28. **答案：** B

  依据：《导体和电器选择设计技术规程》（DL/T 5222—2021）第 18.1.6 条。

29. 答案：A

依据：《66kV 及以下架空电力线路设计规范》（GB 50061—2010）第 4.0.11 条。

30. 答案：B

依据：《66kV 及以下架空电力线路设计规范》（GB 50061—2010）第 3.0.4 条。

31. 答案：B

依据：《66kV 及以下架空电力线路设计规范》（GB 50061—2010）第 5.2.3 条。

32. 答案：B

依据：《66kV 及以下架空电力线路设计规范》（GB 50061—2010）第 6.0.10 条及表 6.0.9。

$$S = 0.1 \times [1 + 0.01 \times (1200 - 1000)/100] = 0.102$$

33. 答案：B

依据：《电磁环境控制限值》（GB 8702—2014）表 1 公众暴露控制限值。

34. 答案：B

依据：《数据中心设计规范》（GB 50174—2017）第 4.1.1 条。

35. 答案：D

依据：《三相配电变压器能效限定值及能效等级》（GB 20052—2013）第 4.4 条及表 1。

36. 答案：C

依据：《建筑照明设计标准》（GB 50034—2013）表 3.3.2-6。

37. 答案：D

依据：《低压配电设计规范》（GB 50054—2011）第 3.1.4 条、第 3.1.12 条、第 3.2.13 条，《交流电气装置的接地设计规范》（GB/T 50065—2011）第 8.2.4 条。

38. 答案：C

依据：《钢铁企业电力设计手册》（下册）P488 表 26-41 二阶条件系统与三阶调节系统比较。

39. 答案：B

依据：《钢铁企业电力设计手册》（上册）P289 "6.2.1 变压器的运行性能"。

40. 答案：D

依据：《钢铁企业电力设计手册》（上册）P296 表 6-1 无功经济当量值。

41. 答案：AC

依据：《民用建筑电气设计标准》（GB 51348—2019）第 3.4.3 条。

42. 答案：ACD

依据：《供配电系统设计规范》（GB 50052—2009）第 5.0.11 条。

43. 答案：BCD

依据：《建筑设计防火规范》（GB 50016—2014）第5.1.1条、第10.1.1条。

44. **答案：AC**

依据：《建筑照明设计标准》（GB 50034—2013）第4.4.1条及表4.4.1。

45. **答案：ACD**

依据：《消防应急照明和疏散指示系统技术标准》（GB 51309—2018）第3.3.1条、第3.3.2条。

46. **答案：ABD**

依据：《建筑照明设计标准》（GB 50034—2013）第4.3.1条、第4.4.2条、第4.4.4条、第4.5.1条。

47. **答案：ABD**

依据：《综合布线系统工程设计规范》（GB 50311—2016）第4.1.4条。

48. **答案：AB**

依据：《火灾自动报警系统设计规范》（GB 50116—2013）第6.7.1条～第6.7.3条、第6.7.4-3条。

49. **答案：AD**

依据：《民用建筑电气设计标准》（GB 51348—2019）表23.4.3。

50. **答案：BC**

依据：《民用建筑电气设计标准》（GB 51348—2019）第20.4.9条。

51. **答案：ABD**

依据：《低压电气装置 第5-54部分：电气设备的选择和安装 接地配置和保护导体》（GB/T 16895.3—2017）第543.2.3条。

52. **答案：ACD**

依据：《建筑物防雷设计规范》（GB 50057—2010）第4.2.1条、第4.2.4条。

53. **答案：AD**

依据：《建筑物防雷设计规范》（GB 50057—2010）第4.3.8条、第4.5.6条、第5.4.7条。

54. **答案：ABC**

依据：《3～110kV高压配电装置设计规范》（GB 50060—2008）第5.1.7条。

55. **答案：ABC**

依据：《交流电气装置的接地设计规范》（GB/T 50065—2011）第3.2.1条。

56. **答案：AC**

依据：《交流电气装置的接地设计规范》（GB/T 50065—2011）第8.2.2-3条。

57. **答案：AB**

依据：《低压配电设计规范》（GB 50054—2011）第5.2.9条及表5.2.9。

58. **答案：ABD**

依据：《电力工程电缆设计标准》（GB 50217—2018）第3.6.4条、第3.7.2条、第5.1.3条、第5.1.9条。

59. 答案：ACD

依据：《电力工程直流系统设计技术规程》（DL/T 5044—2014）第 6.3.5-1 条、第 6.3.6-3 条、第 6.3.7-1 条、第 6.3.3 条。

60. 答案：AD

依据：《3～110kV 高压配电装置设计规范》（GB 50060—2008）第 5.5.5 条。

61. 答案：ACD

依据：《电力装置的继电保护和自动装置设计规范》（GB/T 50062—2008）第 3.0.3 条。

62. 答案：ABD

依据：《66kV 及以下架空电力线路设计规范》（GB 50061—2010）第 5.2.1 条。

63. 答案：ABC

依据：《66kV 及以下架空电力线路设计规范》（GB 50061—2010）第 6.0.14 条。

64. 答案：ABD

依据：《电力工程电缆设计标准》（GB 50217—2018）第 3.1.1 条。

65. 答案：ACD

依据：《电力工程电缆设计标准》（GB 50217—2018）第 3.4.1 条。

66. 答案：ABD

依据：《电力工程电缆设计标准》（GB 50217—2018）第 3.6.1-5 条、第 3.6.9-1 条、第 3.6.10-1 条、第 3.6.3-5 条。

67. 答案：ABC

依据：《电磁环境控制限值》（GB 8702—2014）表 1 公众暴露控制限值。

68. 答案：ABC

依据：《绿色建筑评价标准》（GB/T 50378—2019）第 6.1.5 条、第 7.1.4 条。

69. 答案：ACD

依据：《低压电气装置 第 4-44 部分：安全防护 电压骚扰和电磁骚扰防护》（GB 16895.10—2021）第 444.4.2 条、第 444.4.3.1 条。

70. 答案：ABD

依据：《电力工程电缆设计标准》（GB 50217—2018）第 3.6.1 条～第 3.6.3 条。

2021 年专业知识试题答案（下午卷）

1. **答案：** C

   依据：《民用建筑电气设计标准》（GB 51348—2019）附录 A。

2. **答案：** A

   依据：《工业与民用供配电设计手册》（第四版）P24 式（1.8-2）。

   $I_{st} = (KI_N)_{max} + I'_e = 7 \times 100 + 15 + 30 = 745A$

3. **答案：** A

   依据：《并联电容器装置设计规范》（GB 50227—2017）第 4.2.8 条。

4. **答案：** A

   依据：《工业与民用供配电设计手册》（第四版）P33 式（1.10-26）。

   $\Delta W_T = \Delta P_0 t + \Delta P_k \left(\dfrac{S_c}{S_N}\right)^2 \tau = 1500 \times 8760 + 8720 \times 0.7^2 \times 1400 = 19121920W$

5. **答案：** B

   依据：《建筑照明设计标准》（GB 50034—2013）表 5.3.12-2、表 5.3.11、表 5.3.8-1、表 5.3.6。

6. **答案：** B

   依据：《建筑照明设计标准》（GB 50034—2013）第 3.1.1-2 条。

7. **答案：** B

   依据：《建筑照明设计标准》（GB 50034—2013）第 5.5.2-2 条、第 5.5.3-1 条。

8. **答案：** D

   依据：《消防应急照明和疏散指示系统技术标准》（GB 51309—2018）第 3.2.3-3 条。

9. **答案：** D

   依据：《火灾自动报警系统设计规范》（GB 50116—2013）第 4.3.1 条。

10. **答案：** C

    依据：《民用建筑电气设计标准》（GB 51348—2019）第 19.9.7 条及条文说明。

11. **答案：** C

    依据：《民用建筑电气设计标准》（GB 51348—2019）第 17.2.7 条。

12. **答案：** D

    依据：《3～110kV 高压配电装置设计规范》（GB 50060—2008）第 5.1.1 条、第 5.1.4 条。

13. **答案：** D

    依据：《20kV 及以下变电所设计规范》（GB 50053—2013）第 4.2.1 条及表 4.2.1。

14. **答案：** D

依据：《交流电气装置的接地设计规范》（GB/T 50065—2011）第 4.3.4 条及表 4.3.4-2。

15. 答案：C

依据：《数据中心设计规范》（GB 50174—2017）第 8.4.6 条、第 8.4.7 条。

16. 答案：D

依据：《电流对人和家畜的效应 第 2 部分：特殊情况》（GB/T 13870.2—2016）第 4.4.1 条。

17. 答案：C

依据：《火力发电厂与变电站设计防火标准》（GB 50229—2019）第 11.1.1 条及表 11.1.1。

18. 答案：A

依据：《爆炸危险环境电力装置设计规范》（GB 50058—2014）第 5.5.3-1 条。

19. 答案：B

依据：《建筑物防雷设计规范》（GB 50057—2010）第 5.1.2 条及表 5.1.2。

20. 答案：B

依据：《建筑物防雷设计规范》（GB 50057—2010）第 6.4.4 条及表 6.4.4。

21. 答案：C

依据：《低压配电设计规范》（GB 50054—2011）第 3.2.14 条。

22. 答案：B

依据：《电力装置的继电保护和自动装置设计规范》（GB/T 50062—2008）第 11.0.2 条。

23. 答案：C

依据：《电力装置电测量仪表装置设计规范》（GB/T 50063—2017）第 8.2.3-1 条。

24. 答案：D

依据：《20kV 及以下变电所设计规范》（GB 50053—2013）第 6.2.7 条。

25. 答案：C

依据：《低压配电设计规范》（GB 50054—2011）第 5.1.2 条、第 5.1.6 条。

26. 答案：B

依据：《3～110kV 高压配电装置设计规范》（GB 50060—2008）第 5.1.1 条。

27. 答案：D

依据：《66kV 及以下架空电力线路设计规范》（GB 50061—2010）第 4.0.2 条。

28. 答案：B

依据：《66kV 及以下架空电力线路设计规范》（GB 50061—2010）第 5.3.1 条、第 5.3.2 条。

29. 答案：C

依据：《66kV 及以下架空电力线路设计规范》（GB 50061—2010）第 12.0.6-3 条。

30. 答案：C

依据：《电磁环境控制限值》（GB 8702—2014）表 1 公众暴露控制限值。

31. **答案：B**

依据：《民用建筑电气设计标准》（GB 51348—2019）第 22.1.1 条、第 22.1.4 条。

32. **答案：C**

依据：《用能单位能源计量器具配备和管理通则》（GB 17167—2006）第 4.3.2 条、第 4.3.3 条。

33. **答案：A**

依据：《工业与民用供配电设计手册》（第四版）P1532 式（1.10-26）。

$180 \times 12.143 + 560 \times 1.229 = 2874t$ 标准煤

34. **答案：D**

依据：《低压配电设计规范》（GB 50054—2011）第 3.1.9 条。

35. **答案：C**

依据：《建筑设计防火规范》（GB 50016—2014）第 3.7.4 条。

36. **答案：D**

依据：《建筑设计防火规范》（GB 50016—2014）第 10.1.1 条、第 10.1.2 条。

37. **答案：B**

依据：《消防应急照明和疏散指示系统技术标准》（GB 51309—2018）第 3.7.2 条～第 3.7.5 条。

38. **答案：D**

依据：《钢铁企业电力设计手册》（下册）P488 表 26-41 二阶条件系统与三阶调节系统比较。

39. **答案：B**

依据：《钢铁企业电力设计手册》（上册）P289 "6.2.1 变压器的运行性能"。

40. **答案：C**

依据：《钢铁企业电力设计手册》（上册）P296 表 6-1 无功经济当量值。

41. **答案：BD**

依据：《民用建筑电气设计标准》（GB 51348—2019）附录 A、《汽车库、修车库、停车场设计防火规范》（GB 50067—2014）第 9.0.1 条。

42. **答案：CD**

依据：《钢铁企业电力设计手册》（下册）P4、P5 "23.1.3 各种工作制电动机容量校验要求"。

43. **答案：ABC**

依据：《工业与民用供配电设计手册》（第四版）P466 "6.2.5 改善电压偏差的主要措施"。

44. **答案：AC**

依据：《消防应急照明和疏散指示系统技术标准》（GB 51309—2018）第 3.2.4 条。

45. **答案：** ACD

    依据：《消防应急照明和疏散指示系统技术标准》（GB 51309—2018）第 3.2.5 条及表 3.2.5。

46. **答案：** AC

    依据：《消防应急照明和疏散指示系统技术标准》（GB 51309—2018）第 3.2.1 条及表 3.2.1。

47. **答案：** ABD

    依据：《入侵报警系统工程设计规范》（GB 50394—2007）第 4.02 条、第 7.2.3 条、第 7.2.4 条。

48. **答案：** BCD

    依据：《民用建筑电气设计标准》（GB 51348—2019）第 15.4.6 条。

49. **答案：** BC

    依据：《交流电气装置的接地设计规范》（GB/T 50065—2011）第 8.1.2 条及表 8.1.2。

50. **答案：** BD

    依据：《建筑物防雷设计规范》（GB 50057—2010）第 4.3.5 条及条文说明。

51. **答案：** AB

    依据：《爆炸危险环境电力装置设计规范》（GB 50058—2014）第 3.2.1 条，《建筑物防雷设计规范》（GB 50057—2010）第 3.0.2 条、第 3.0.3 条,《民用建筑电气设计标准》（GB 51348—2019）第 11.2.3-1 条。

52. **答案：** ABD

    依据：《20kV 及以下变电所设计规范》（GB 50053—2013）第 2.0.3 条、第 2.0.4 条。

53. **答案：** ABD

    依据：《爆炸危险环境电力装置设计规范》（GB 50058—2014）第 5.5.1 条～第 5.5.3 条。

54. **答案：** BD

    依据：《建筑设计防火规范》（GB 50016—2014）第 9.0.2 条、第 9.0.3 条,《3～110kV 高压配电装置设计规范》（GB 50060—2008）第 5.5.4 条,《民用建筑电气设计标准》（GB 51348—2019）第 7.5.1-7 条、第 8.1.6 条。

55. **答案：** ACD

    依据：《电力工程电缆设计标准》（GB 50217—2018）第 3.4.1 条、第 3.4.9 条。

56. **答案：** ABD

    依据：《3～110kV 高压配电装置设计规范》（GB 50060—2008）第 3.0.2 条。

57. **答案：** ABC

    依据：《交流电气装置的接地设计规范》（GB/T 50065—2011）第 7.1.2 条、第 7.1.3 条。

58. **答案：** BCD

    依据：《3～110kV 高压配电装置设计规范》（GB 50060—2008）第 4.3.8 条。

59. **答案：** CD

依据: 《电力装置电测量仪表装置设计规范》（GB/T 50063—2017）第 3.4.5 条。

60. **答案:** AB

    依据: 《导体和电器选择设计技术规程》（DL/T 5222—2021）第 5.9.2 条。

61. **答案:** ACD

    依据: 《3～110kV 高压配电装置设计规范》（GB 50060—2008）第 2.0.6 条及条文说明。

62. **答案:** AB

    依据: 《66kV 及以下架空电力线路设计规范》（GB 50061—2010）第 8.1.8 条。

63. **答案:** ABD

    依据: 《66kV 及以下架空电力线路设计规范》（GB 50061—2010）第 4.0.1 条、第 4.0.3 条、第 4.0.8 条。

64. **答案:** ABC

    依据: 《电力工程电缆设计标准》（GB 50217—2018）第 3.3.2 条。

65. **答案:** AC

    依据: 《电力工程电缆设计标准》（GB 50217—2018）第 3.5.1 条、第 3.5.2 条、第 3.5.5 条、第 3.5.6 条。

66. **答案:** ABC

    依据: 《电力工程电缆设计标准》（GB 50217—2018）第 3.7.1 条、第 3.7.4 条、第 3.7.5 条、第 3.7.8 条。

67. **答案:** CD

    依据: 《建筑照明设计标准》（GB 50034—2013）第 4.3.2 条。

68. **答案:** AD

    依据: 无具体依据，建议结合《工业与民用供配电设计手册》(第四版)P457 "6.1 电能质量" 和 P1534 "16.2 节点设计" 等相关内容进行分析。

69. **答案:** ACD

    依据: 《钢铁企业电力设计手册》（下册）P337 表 25-17。

70. **答案:** ABD

    依据: 《工业与民用供配电设计手册》（第四版）P478 第 6.5.4 条。

2021 年案例分析试题答案（上午卷）

题 1~5 答案：**ACDBA**

1. 根据《20kV 及以下变电所设计规范》（GB 50053—2013）第 3.3.2 条：装有两台及以上变压器的变电所，当任意一台变压器断开时，其余变压器的容量应能满足全部一级负荷及二级负荷的用电。

低压母线联络开关闭合时，一级及二级负荷统计如下：

一级及二级负荷有功计算功率：$P_{12js} = 120 + 45 + 890 + 925 = 1980kW$

一级及二级负荷有功计算功率合计：$P_{12js\Sigma} = 1980 \times 0.7 = 1386kW$

一级及二级负荷无功计算功率：$Q_{12js} = 70 + 22 + 560 + 575 = 1227kvar$

一级及二级负荷无功计算功率合计：$Q_{12js\Sigma} = (1227 \times 0.75) - 375 = 545.25kvar$

总视在计算功率合计：$S_{12js\Sigma} = \sqrt{1386^2 + 545.25^2} = 1489.39kVA$

则单台变压器需承受的最小负荷率：$n = (1489.39/1250) \times 100\% = 119.15\%$

2.《工业与民用供配电设计手册》（第四版）P93、P94 "柴油发电机组容量选择的原则"。

在施工图阶段，可根据一级负荷、消防负荷以及某些重要二级负荷的容量进行选择，参考民用建筑，按稳定负荷计算发电机组容量。

消防状态下用电设备组	设备容量（kW）	需要系数 K_x	计算容量（kW）
消防应急照明和疏散指示系统用电（非消防状态时其用电可忽略）	30	1	30
消防排烟风机	300	0.9	270
消防泵	320	1	320
消防电梯	90	0.8	72
消防控制室用电设备	30	1	30
小计 1（$P_{1\Sigma}$）			722
非消防状态下用电设备组	设备容量（kW）	需要系数 K_x	计算容量（kW）
经营管理计算机系统及网络机房设备	200	0.9	180
公共区域、全日餐厅、宴会厅等备用照明	150	0.8	120
客用电梯	120	0.6	72
康体中心	80	0.8	64
厨房冷库	80	1	80
全日厨房	280	0.6	168
消防电梯	90	0.8	72
消防控制室用电设备	30	1	30
小计 2（$P_{2\Sigma}$）			786

由于 $P_{2\Sigma} > P_{1\Sigma}$，故柴油发电机组需要考虑的总有功计算功率接近 786kW。

3.《工业与民用供配电设计手册》（第四版）P39 式（1.11-11）。

并联电容器装置的实际输出容量：

$$Q_C' = Q_C \left(\frac{U_C}{U_N}\right)^2 (1-K) = 8 \times 60 \times \left(\frac{1.05 \times 380}{480}\right)^2 \times (1-7\%) = 310\text{kvar}$$

无功补偿后的视在功率：$S = \sqrt{1168^2 + (731-310)^2} = 1241.6\text{kVA}$

4.《工业与民用供配电设计手册》（第四版）P966 式（11.2-7）。

导线最大允许长度：

$$L \leqslant \frac{0.8U_0 S}{1.5\rho(1+m)I_k} k_1 k_2 = \frac{0.8 \times 220 \times 2.5}{1.5 \times 0.0185 \times (1+1) \times 16 \times (3\sim5)} = 99.1\text{m} \sim 165\text{m}$$

注：不考虑断路器的其他动作系数，可忽略《低压配电设计规范》（GB 50054—2011）第 6.2.4 条相关要求。

5.《钢铁企业电力设计手册》（上册）P302 例题 6 参考相关公式。

75kW 电动机效率：$\eta_1 = \frac{P_2}{P_1} = \frac{43}{94 \times 0.38 \times \sqrt{3} \times 0.81} = 0.858$

更换电动机的全年节电量：

$$G_d = P_2 \left(\frac{1}{\eta_1} - \frac{1}{\eta_2}\right) t = 43 \times \left(\frac{1}{0.858} - \frac{1}{0.95}\right) \times 4000 = 19413.6\text{kWh}$$

题 6～10 答案：**BCDBA**

6.《工业与民用供配电设计手册》（第四版）P315 表 5.2-3 回路持续工作电流。

$$I_{\max} = 1.05 \times \frac{S_N}{\sqrt{3}U_N} = 1.05 \times \frac{25000}{10.5 \times \sqrt{3}} = 1443.37\text{A}$$

注：应区分回路持续工作电流与回路额定电流，也可参见《电力工程电气设计手册 1 电气一次部分》P232 表 6-3 中相关内容。

7. 根据《工业与民用供配电设计手册》（第四版）P331 第 5.4.3-3 条，校验断路器的关合能力时，应计算短路电流峰值 i_p。

根据《工业与民用供配电设计手册》（第四版）P281～284 表 4.6-3、式（4.6-11）、式（4.6-12）、式（4.6-13），设 $S_B = 100\text{MV·A}$，$U_B = 1.05 \times 110 = 115\text{kV}$，主变压器采用分列运行方式，各元件的电抗标幺值为：

（1）系统电抗标幺值：$X_{S*} = \frac{S_j}{S_s} = \frac{100}{\sqrt{3} \times 25 \times 115} = 0.02$

（2）L2 线路电抗标幺值：$X_{L2*} = X_l \frac{S_B}{U_B^2} = 0.32 \times 36 \times \frac{100}{115^2} = 0.0871$

（3）变压器电抗标幺值：$X_{T*} = \frac{U_k\%}{100} \cdot \frac{S_B}{S_{nT}} = \frac{10.5}{100} \times \frac{100}{50} = 0.21$

（4）短路电流有名值：$I_{k1} = I_B \frac{1}{X_{\Sigma*}} = \frac{100}{\sqrt{3} \times 37} \times \frac{1}{0.02 + 0.0871 + 0.21} = 4.921\text{kA}$

（5）短路电流峰值：$i_p = 2.55 \times 4.921 = 12.548\text{kA}$

8. 根据《工业与民用供配电设计手册》（第四版）P281～284 表 4.6-3、式（4.6-11）～式（4.6-13），设 $S_B = 100\text{MVA}$，$U_B = 1.05 \times 110 = 115\text{kV}$，考虑到 1 号或 2 号电源失电时，低压母线联络开关闭合运

行时，10kV Ⅱ母线上为最大三相短路电流，应采用 1 号电源的相关参数计算，各元件的电抗标幺值为：

（1）系统电抗标幺值：$X_{S*} = \dfrac{S_j}{S_s} = \dfrac{100}{\sqrt{3} \times 20 \times 115} = 0.0251$

（2）L2 线路电抗标幺值：$X_{L2*} = X_l \dfrac{S_B}{U_B^2} = 0.32 \times 25 \times \dfrac{100}{115^2} = 0.0605$

（3）变压器电抗标幺值：$X_{T*} = \dfrac{U_k\%}{100} \cdot \dfrac{S_B}{S_{nT}} = \dfrac{17.5}{100} \times \dfrac{100}{50} = 0.35$

（4）短路电流有名值：$I''_{k1} = I_B \dfrac{1}{X_{\Sigma*}} = \dfrac{100}{\sqrt{3} \times 10.5} \times \dfrac{1}{0.0251 + 0.0605 + 0.35} = 12.62\text{kA}$

根据《工业与民用供配电设计手册》（第四版）P235 表 4.3-1 异步电动机机端短路时的短路电流：

（1）电动机反馈电流：$I''_{kM} = 3 \times 7 \times \dfrac{2.5}{10 \times \sqrt{3} \times 0.85 \times 0.8} = 4.457\text{kA}$

（2）最大三相总短路电流：$I''_k = I''_{k1} + I''_{kM} = 12.62 + 4.457 = 17.077\text{kA}$

9.《交流电气装置的接地设计规范》（GB/T 50065—2011）第 4.3.5-5 条、第 8.2.1-2 条及式（8.2.1）、附录 G。

PE 线截面积：$S = \dfrac{I}{k}\sqrt{t} = \dfrac{4.25 \times 1000}{70} \times \sqrt{0.7} = 50.80\text{mm}^2$

接地装置接地极截面积：$S' = 0.75 \times S = 0.75 \times 50.80 = 38.1\text{mm}^2$

10.《工业与民用供配电设计手册》（第四版）P605 式（7.7-6）及表 7.7-2。

电流互感器二次负荷：

$Z_b = \sum K_{rc} Z_r + K_{lc} R_l + R_c = 3 \times 0.05 + 3 \times 5.5 \times 0.05 + 0.1 = 1.075\Omega$

题 11～15 答案：**ADBDA**

11.《建筑物防雷设计规范》（GB 50057—2010）第 3.0.3 条、第 4.5.1 条、附录 A。

与建筑物接收相同雷击次数的等效面积（建筑物高度小于 100m）：

$A_e = \left[LW + 2(L + W)\sqrt{H(200 - H)} + \pi H(200 - H) \right] \times 10^{-6}$

$= \left[80 \times 60 + 2(80 + 60)\sqrt{18(200 - 18)} + 18\pi \times (200 - 18) \right] \times 10^{-6} = 0.03112$

建筑物年预计雷击次数：$N = k \times N_g \times A_e = 1.5 \times 0.1 \times 24 \times 0.03112 = 0.112$ 次

注：参考《建筑设计防火规范》（GB 50016—2014）第 3.1.1 条，丁类多层厂房不属于火灾危险场所。

12.《建筑物防雷设计规范》（GB 50057—2010）第 4.3.5 条、附录 E 第 E.0.2 条。

五层建筑的分流系数（$m = 5$，$n = 14$）：$k_{c5} = k_{c4} = \dfrac{1}{n} = \dfrac{1}{14}$

每根引下线连接的钢筋表面积总和：$S \geqslant 4.24k^2 = 4.24 \times \left(\dfrac{1}{14}\right)^2 = 0.0216\text{mm}^2$

13.《建筑物防雷设计规范》（GB 50057—2010）第 4.4.7 条、附录 E 之第 E.0.1 条。

根据第 E.0.1 条：引下线根数不少于 3 根，当接闪器成闭合环或网状的多根引下线时，分流系数 $k_c = 0.44$。

设备与防雷引下线允许的最小距离：$S_{a3} \geqslant 0.04 k_c l_x = 0.04 \times 0.44 \times (1 + 1.8) = 0.049\text{m}$

式中，l_x 为引下线从计算点到等电位连接点的长度，由于 LEB 与防雷引下线、环形人工接地极连接于同一点，故该点应为等电位点。

14.《建筑物防雷设计规范》（GB 50057—2010）附录 C 之第 C.0.2 条、《交流电气装置的接地设计规范》（GB/T 50065—2011）附录 A 第 A.0.2 条。

接地体的有效长度：$l_e = 2\sqrt{\rho} = 2 \times \sqrt{500} = 44.72\text{m}$

环形接地体的水平接地极的形状系数 $A = 1$，则冲击电阻：

$$R = \frac{\rho}{2\pi L}\left(\ln\frac{L^2}{hd} + A\right) = \frac{500}{2 \times 3.14 \times 44.72 \times 2}\left[\ln\frac{(44.72 \times 2)^2}{1 \times 0.02} - 0.18\right] = 11.32\Omega$$

15.《建筑物防雷设计规范》（GB 50057—2010）第 6.3.2 条及式（6.3.2-1）。

雷击点与屏蔽空间之间的平均距离：

$$S_a = \sqrt{H(2R - H)} + \frac{L}{2} = \sqrt{8 \times (2 \times 200 - 8)} + \frac{100}{2} = 106\text{m}$$

当建筑物和房间无屏蔽时所产生的无衰减磁场强度，应按下式计算：

$$H_0 = \frac{i_0}{2\pi S_a} = \frac{100000}{2 \times 3.14 \times 106} = 150.22\text{A/m}$$

题 16～20 答案：**CBACB**

16. 根据《交流电气装置的接地设计规范》（GB/T 50065—2011）第 8.2.4-1 条：PEN 应只在固定的电气装置中采用，铜的截面积不应小于 10mm^2，或铝的截面积不应小于 16mm^2。故①错误。

根据《低压配电设计规范》（GB 50054—2011）第 3.1.4 条：在 TN-C 系统中不应将保护接地中性导体隔离，严禁将保护接地中性导体接入开关电器。故②错误。

根据《低压配电设计规范》（GB 50054—2011）第 3.2.12-2 条：保护接地中性导体应首先接到保护导体设置的端子或母线上。故④错误。

17.《低压配电设计规范》（GB 50054—2011）第 3.2.14-2 条、附录 A。

保护导体截面积：$S_1 \geqslant \frac{I}{k}\sqrt{t} = \frac{7500}{143} \times \sqrt{0.4} = 33.17\text{mm}^2$

18.《工业与民用供配电设计手册》（第四版）P960 式（11.2-1）、P962 式（11.2-5）。

导体热稳定截面积最小值：$S_{\min} \geqslant \frac{I}{k}\sqrt{t} = \frac{1}{143}\sqrt{0.2 \times 10^6} = 3.13\text{mm}^2$，故取 4mm^2。

19. 设备 1 和设备 2 同时发生相线碰壳故障，则两设备壳间电压为线电压 $U_{AB} = 380\text{V}$。

设备 1 外壳的故障电压：$U_{f1} = \frac{380}{10 + 20} \times 10 = 126.67\text{V}$

设备 2 外壳的故障电压：$U_{f2} = \frac{380}{10 + 20} \times 20 = 253.33\text{V}$

20.《工业与民用供配电设计手册》（第四版）P36、P37 式（1.11-5）。

白天有功功率：$P_{\text{day}} = \eta S_N \cos\varphi = 0.7 \times 1000 \times 0.95 = 665\text{kW}$

白天无功功率（补偿后）：$Q'_{\text{day}} = \eta S_N \sin\varphi = 0.7 \times 1000 \times \sqrt{1 - 0.95^2} = 218.57\text{kvar}$

白天无功功率（补偿前）：$Q_{\text{day}} = 218.57 + 360 = 578.57\text{kvar}$

白天自然功率因数：$\cos\varphi_n = \frac{P_{\text{day}}}{S_n} = \frac{665}{\sqrt{665^2 + 578.57^2}} = 0.7544$

夜间有功功率：$P_{\text{night}} = \eta S_{\text{N}} \cos\varphi = 0.05 \times 1000 \times 0.9 = 45\text{kW}$

夜间无功功率（补偿前）：$Q_{\text{night}} = P_{\text{night}} \tan\varphi_{\text{n}} = 45 \times \tan(\arccos 0.7544) = 39.15\text{kvar}$

夜间无功补偿容量：$\Delta Q = Q_{\text{night}} - Q'_{\text{night}} = 39.15 - 1000 \times 5\% \times \sqrt{1 - 0.9^2} = 17.35\text{kvar}$

题 21～25 答案：**BBDAC**

21. 根据《工业与民用供配电设计手册》（第四版）P1091，热继电器的整定电流应接近但不小于电动机额定电流。

由三相电动机额定电流公式 $I_{\text{e}} = \dfrac{P}{\sqrt{3}U_{\text{N}} \cos\varphi}$ 可知，I_{N} 与 $\cos\varphi$ 成反比。

故继热继电器整定值：$I_{\text{h·set1}} = \dfrac{0.84}{0.96} I_{\text{e}} = 0.875 I_{\text{e}}$

注：根据《工业与民用供配电设计手册》（第四版）P1091 装有单独补偿电容器的电动机：当电容器接在热继电器之前时，对整定电流无影响。当电容器接在过负荷保护器件之后时，整定电流应计及电容电流之影响。补偿后的电动机电流可用有功电流和无功电流合成法计算，也可近似地取电动机额定电流乘以 0.95。

22.《工业与民用供配电设计手册》（第四版）P1105 式（12.1-7）。

导致交流接触器或继电器不能释放的控制线路临界长度：

$L_{\text{cr}} = \dfrac{500 P_{\text{h}}}{C U_{\text{N}}^2} \Rightarrow 0.4 = \dfrac{500 \times 20}{0.6 \times U_{\text{N}}^2} \Rightarrow U_{\text{N}} = 204.12\text{V}$

为得到线路最小的电压降，故 U_{N} 取小于 204V 的额定值，为 110V。

23. 无依据。由电流互感器二次侧允许最大电阻值和电阻率公式可知：

（1）电流互感器 LH1：

$R_{\text{LH1}} = R_{\text{A1}} + R_{\text{L1}} \Rightarrow \dfrac{P_{\text{LH1}}}{I_1^2} = \dfrac{P_{\text{A1}}}{I_1^2} + \rho \dfrac{2L_1}{S} \Rightarrow \rho \dfrac{2L_1}{S} = \dfrac{P}{1^2} - \dfrac{0.2P}{1^2} = 0.8P$

（2）电流互感器 LH2：

$R_{\text{LH2}} = R_{\text{A2}} + R_{\text{L2}} \Rightarrow \dfrac{P_{\text{LH2}}}{I_2^2} = \dfrac{P_{\text{A2}}}{I_2^2} + \rho \dfrac{2L_2}{S} \Rightarrow \rho \dfrac{2L_2}{S} = \dfrac{2P}{5^2} - \dfrac{0.4P}{5^2} = 0.064P$

故 $\dfrac{L_1}{L_2} = \dfrac{0.8P}{0.064P} = 12.5$

24.《工业与民用供配电设计手册》（第四版）P1128～P1132 式（12.2-3）、式（12.2-6）以及表 12.2-2、表 12.2-8。

根据表 12.2-2，起重机负荷持续率均为 40% 时，$K_{\text{cc}} = 0.96$。

滑触线计算电流：$I_{\text{c}} = 0.96 \times 3 \times (25 + 30) = 158.4\text{A}$

滑触线尖峰电流：$I_{\text{P}} = I_{\text{c}} + (K_{\text{st}} + K_{\text{cc}}) I_{\text{rMmax}} = 158.4 + (2 - 0.32) \times 65 = 267.6\text{A}$

查表 12.2-8，角钢规格为 $50\text{mm} \times 50\text{mm} \times 5\text{mm}$，滑触线相线中心间距为 250mm 时，角钢滑触线的外感抗值为 $0.17\Omega/\text{km}$。

滑触线的最大压降百分数：

$$\Delta u\% = \dfrac{\sqrt{3} \times 100}{U_{\text{n}}} I_{\text{P}} l (R \cos\varphi + X \sin\varphi)$$

$$= \dfrac{\sqrt{3} \times 100}{380} \times 267.6 \times \left(0.7 \times \dfrac{0.15}{2}\right) \times (0.86 \times 0.5 + 0.66 \times 0.866) = 6.41$$

其中，$X = 0.49 + 0.17 = 0.66\Omega/\text{km}$，$\sin\varphi = \sqrt{1 - 0.5^2} = 0.866$。

注：起重机大部分时间的工作都是由主钩完成，副钩为辅助吊钩，不纳入主回路电流计算。

25.《20kV 及以下变电所设计规范》（GB 50053—2013）第 6.2.7 条、表 4.2.1、表 4.2.4。

由变压器的平面图与剖面图可知，此为油浸变压器。

（1）根据第 4.2.4 条及表 4.2.4，变压器外廓与门间距 1000mm，与侧壁、后壁等其他间距为 800mm。

变压器室长最小值：$W_{\min} = 2400 + 1000 + 800 + 240 = 4440\text{mm} < W = 4500\text{mm}$，满足规范要求。

变压器室宽最小值：$T_{\min} = 2200 + 800 + 800 + 240 = 4040\text{mm} < T = 4200\text{mm}$，满足规范要求。

（2）根据第 6.2.7 条，配电装置室门和变压器室门的高度和宽度，宜按最大不可拆卸部件尺寸，高度加 0.5m、宽度加 0.3m 确定，其疏散通道门的最小高度宜为 2.0m，最小宽度宜为 750mm。

门宽最小值：$R_{\min} = 2200 + 300 = 2500\text{mm} < R = 3000\text{mm}$，满足规范要求。

（3）根据第 4.2.1 条及表 4.2.1：

①0.4kV 侧母线相间中心距最小值：$S_{\min} = 20 + 120 = 140\text{mm} > S = 135\text{mm}$，不满足规范要求。

②0.4kV 侧母线裸带电部分距离最小值（室内）：$V_{\min} = 2500\text{mm} > V = 2450\text{mm}$，不满足规范要求。

③10kV 侧母线裸带电部分距离最小值（室内）：$U_{\min} = 2500 + 950 + 150 = 3600\text{mm} > U = 3550\text{mm}$，不满足规范要求。

2021 年案例分析试题答案（下午卷）

题 1～5 答案：**ACDDB**

1.《照明设计手册》（第三版）P79 表 3-10。

根据表 5.5.1，仓库照度的参考平面及其高度为 1.0m 水平面：

（1）1/2 照度角：$\theta = \arctan\left(\dfrac{4/2}{6.5}\right) = 17.1°$

（2）距高比：$\dfrac{L}{H} = \dfrac{4}{6.5} = 0.615$

注:《建筑照明设计标准》（GB 50034—2013）表 5.5.1 中有关仓库照度的参考平面及其高度为 1.0m 水平面，距高比 L/H 为 0.727，与 1/2 照度角的结论不一致，不建议采用。

2.《照明设计手册》（第三版）P118 式（5-1）、P122 式（5-15）。

被照面法线与入射光线的夹角：$\theta = \arctan\left(\dfrac{3}{2.5}\right) = 50.19° \approx 50°$，查表可知 $I_\theta = 131\text{cd}$。

A 点实际水平照度：

$$E_\text{h} = \frac{\Phi K}{1000}\sum\varepsilon \times \frac{I_\theta}{R^2}\cos\theta = 2 \times \frac{400 \times 0.8}{1000} \times \frac{131}{3^2 + 2.5^2}\cos 50.19° = 3.52\text{lx}$$

3.《照明设计手册》（第三版）P145 式（5-39）。

平均照度：$E_\text{av} = \dfrac{E_\text{min} + E_\text{max}}{2} = \dfrac{280 + 340}{2} = 310\text{lx}$，且 $0.9 \times 310 = 279\text{lx} < 280\text{lx}$，$1.1 \times 310 = 341\text{lx} > 340\text{lx}$，满足规范要求。

平均照度时灯具数量：$N = \dfrac{E_\text{av}A}{\Phi UK} = \dfrac{310 \times 120}{3200 \times 0.8 \times 0.6} = 24.22$，取 24 盏。

平均照度时不均匀度：$U_\text{0av} = \dfrac{E_\text{min}}{E_\text{av}} = \dfrac{280}{310} = 0.903$

显然选项 C 有误，选项 A 和选项 B 不均匀度数据倒置，建议按 25 盏试算，平均照度值为：

$$E_\text{av} = \frac{NA}{\Phi UK} = \frac{25 \times 3200 \times 0.8 \times 0.6}{120} = 320\text{lx}$$

25 盏灯具时的不均匀度：$U_{05} = \dfrac{E_\text{min}}{E_\text{av}} = \dfrac{280}{320} = 0.875$

4.《照明设计手册》（第三版）P167 式（5-79）～式（5-81）。

导光管采光系统漫射器的设计输出光通量：

$$\Phi_\text{u} = E_\text{s} \times A_\text{t} \times \eta = 16500 \times 0.22 \times 0.74 = 2686.2\text{lm}$$

利用插值法，导光管利用系数 $CU = (0.93 + 0.88)/2 = 0.88$

导光管采用系统个数：$n \geqslant \dfrac{SE_\text{av}}{\Phi_\text{u} \times CU \times MF} = \dfrac{67 \times 300}{2686.2 \times 0.88 \times 0.9} = 9.45$ 套，取 10 套。

5.《照明设计手册》（第三版）P406、P407 图 18-10 有中央隔离带的车道上利用系数计算、例 18-1。

根据人行道侧曲线（内侧灯具）：$\dfrac{W}{h} = \dfrac{1.5}{10} = 0.15$，查表 $U_2 = 0.07$。

根据车行道侧曲线（内侧灯具）：$\dfrac{W}{h} = \dfrac{12.5 + 1.5}{10} = 1.4$，查表 $U_1 = 0.52$。

根据人行道侧曲线（外侧灯具）：$\dfrac{W}{h} = \dfrac{1.5 + 1.5 + 2.5}{10} = 0.55$，查表 $U_2' = 0.13$。

根据车行道侧曲线（外侧灯具）：$\dfrac{W}{h} = \dfrac{12.5 + 1.5 + 1.5 + 2.5}{10} = 1.8$，查表 $U_1' = 0.15$。

利用系数：$U = (0.52 - 0.07) + (0.15 - 0.13) = 0.47$

路面平均照度：$E_{av} = \dfrac{\Phi UKN}{SW} = \dfrac{2 \times 16000 \times 0.47 \times 0.65}{40 \times 12.5} = 19.552\text{lx}$

题 6～10 答案：**CACCB**

6.《电力工程电缆设计标准》（GB 50217—2018）附录 A～附录 D。

根据附录 A 之表 A，聚氯乙烯绝缘的持续工作最高允许温度为 70℃；根据表 D.0.1，直埋敷设时环境温度的载流量校正系数 $K_1 = 0.94$；根据表 D.0.3，土壤热阻系数对应的载流量校正系数 $K_2 = 0.87$。

聚氯乙烯绝缘电缆额定电流：$I_N = \dfrac{110}{0.38 \times \sqrt{3} \times 0.8 \times 1} = 208.91\text{A}$

电缆载流量修正值对应导体截面积：$I = \dfrac{208.91}{0.94 \times 0.87 \times 1.29} = 198.03\text{A}$，根据表 C.0.1-2，取 120mm²。

根据附录 B 式（B.0.1-1），经济密度对应导体截面积：$S = \dfrac{I_{max}}{j} = \dfrac{208.91}{1.22} = 171.23\text{mm}^2$，取 185mm²。

同时考虑满足满载负荷和经济截面积要求，电缆相线截面积取较大值 185mm²。

7.《钢铁企业电力设计手册》（下册）P297 式（6-35）。

无功补偿前：$\cos\varphi_1 = 0.8 \Rightarrow \sin\varphi_1 = 0.6$，$Q_1 = S\sin\varphi_1 = \dfrac{110}{0.8} \times 0.6 = 82.5\text{kvar}$

无功补偿后：$Q_2 = Q_1 - 50 = 82.5 - 50 = 32.5\text{kvar}$

$\sin\varphi_2 = \dfrac{Q_2}{S_2} = \dfrac{32.5}{\sqrt{110^2 + 32.5^2}} = 0.2833$，$\cos\varphi_2 = \dfrac{P}{S_2} = \dfrac{110}{\sqrt{110^2 + 32.5^2}} = 0.959$

根据式（6-35），$\Delta P = \left(\dfrac{P}{U}\right)^2 R\left(\dfrac{1}{\cos^2\varphi_1} - \dfrac{1}{\cos^2\varphi_2}\right) \times 10^{-3}$

满载时电源电缆线路有功功率损耗降低的比例：

$$\Delta P = \dfrac{\dfrac{1}{\cos^2\varphi_1} - \dfrac{1}{\cos^2\varphi_2}}{\dfrac{1}{\cos^2\varphi_1}} = \dfrac{\dfrac{1}{0.8^2} - \dfrac{1}{0.959^2}}{\dfrac{1}{0.8^2}} = 0.3041 = 30.41\%$$

8.《工业与民用供配电设计手册》（第四版）P33 表 1.10-2、式（1.10-1）。

由表 1.10-2，年最大负荷利用小时为 4000h，对应年最大负荷损耗小时数为 2750h。

年有功电能损耗：

$$W = 3I_n^2 R \times 10^{-3} t = 3 \times 200^2 \times 0.14 \times 0.15 \times 10^{-3} \times 2750 = 6930\text{kWh}$$

9.《工业与民用供配电设计手册》（第四版）P810、P811 "9.2.2.2 存在谐波电流时导体截面选择"、表 9.2-2、例 9.2-3。

根据表 9.2-2，计算电流校正系数 $K = 1$，按大于 50% 三次谐波含量计算，$I_{3h} = \dfrac{165 \times 3 \times 0.52}{1} = 257.4\text{A}$。

《电力工程电缆设计标准》（GB 50217—2018）附录 D 第 D.0.2 条。

不同环境温度下的载流量校正系数：$K = \sqrt{\dfrac{\theta_m - \theta_2}{\theta_m - \theta_1}} = \sqrt{\dfrac{90 - 40}{90 - 35}} = 0.953$

中性线实际载流量：$I'_{3h} = 257.4 \times 0.953 = 245.3\text{A}$，取 95mm^2。

10.《电力工程电缆设计标准》（GB 50217—2018）第 5.3.5 条表 5.3.5。

电缆外径之和：$D_1 = 0.1 + 0.1 + 0.05 + 0.05 + 0.05 + 0.05 = 0.4\text{m}$

查表 5.3.5，由左侧至右侧的电缆间距及与管道间距为：电缆与可燃气体管道间距 1.0m，35kV 电缆间距 0.25m，不同部门之间的电缆（一分厂与二分厂）间距 0.5m，35kV 与 10kV 电缆间距 0.1m，10kV 与 0.4kV 电缆间距 0.1m，0.4kV 与 0.4kV 电缆间距 0.1m，电缆与其他管道间距 0.5m。

电缆编号	1	2	3	4	5	6
电压等级（kV）	35	35	35	10	0.4	0.4
外径（mm）	100	100	50	50	50	50
所属部门	一分厂	一分厂	二分厂	二分厂	二分厂	二分厂
间距（m）	1.0	0.25（0.1）	0.5（0.1）	0.25（0.1）	0.1	0.1	0.5

注：括号内为采用隔板分隔时的最小允许距离。

$D_{\min} = 1.0 + 0.1 + 0.1 + 0.1 + 0.1 + 0.1 + 0.5 + D_1 = 2.4\text{m}$（采用隔板分隔，忽略隔板厚度）

$D_{\max} = 1.0 + 0.25 + 0.5 + 0.25 + 0.1 + 0.1 + 0.5 + D_1 = 2.9\text{m}$（未采用隔板分隔）

题 11～15 答案：**CBCCC**

11.《低压配电设计规范》（GB 50054—2011）第 4.2.5 条、表 4.2.5 和第 7.4.1 条。

根据第 7.4.1 条：除配电室外，无遮护的裸导体至地面的距离不应小于 3.5m；采用防护等级不低于现行国家标准《外壳防护等级（IP 代码）》（GB/T 4208）规定的 P2X 的网状遮拦时，不应小于 2.5m。网状遮拦与裸导体的间距不应小于 100mm，板状遮拦与裸导体的间距不应小于 50mm。

注：题干条件中设网状遮拦，故不属于无遮拦状态，不适用于 3.5m；仅网状遮拦的遮拦防护等级低于规范要求，故建议根据《低压电气装置 第 4-41 部分：安全防护 电击防护》（GB 16895.21—2012）第 B.3 条。

12. 根据《交流电气装置的接地设计规范》（GB/T 50065—2011）第 7.1.2 条，单相短路等效电路如下。

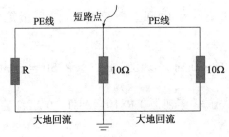

短路点的接触电压：$U_f = \dfrac{220}{(R\,/\!/\,10) + 10} \times 10 \geqslant 220 - 25 \Rightarrow R \leqslant 1.28\Omega$

13.《交流电气装置的接地设计规范》（GB/T 50065—2011）第 7.2.7 条。

额定剩余动作电流 $I_{\Delta n}$ 的最大值：$5I_{\Delta n} \leqslant \dfrac{50}{R} \Rightarrow I_{\Delta n} \leqslant \dfrac{50}{5 \times (5 + 0.2)} = 1.92\text{A}$

14.《低压配电设计规范》（GB 50054—2011）第3.2.16条、第3.2.14条。

（1）连接两个外露可导电部分导电的保护连接导体，其电导不应小于接到外露可导电部分的较小的保护导体的电导，本题不适用。

（2）连接外露可导电部分和装置外可导电的部分连接导体，其电导不应小于相应保护导体截面积 1/2 的导体所具有的电导，故 A 号、B 号水泵电动机与水管之间辅助等电位连接线导体截面积取 25mm^2。

（3）单独敷设的保护连接导体，其截面积应符合本规范第 3.2.14 条第 3 款的规定，A 号、B 号水泵电动机之间辅助等电位连接线导体截面积取 4.0mm^2。

15. 根据《民用建筑电气设计标准》（GB 51348—2019）第6.1.2-4条，民用建筑内的柴油发电机房应设置火灾自动报警系统和自动灭火设施，故（1）正确。

根据《人民防空地下室设计规范（限内部发行）》（GB 50038—2005）第7.2.11-2条，救护站、防空专业队工程、人员掩蔽工程、配套工程等防空地下室，当建筑面积之和大于 5000m^2 时，应设置柴油电站，故（2）正确。

根据《民用建筑电气设计标准》（GB 51348—2019）附录 A，三级医院的贵重药品冷库为二级负荷。

根据《供配电系统设计规范》（GB 50052—2009）第3.0.3条，（3）错误。

根据《火力发电厂与变电站设计防火标准》（GB 50229—2019）第 11.1.1 条、第 11.1.5 条，（4）正确。

题 16～20 答案：**BBBCC**

16. 根据《35kV～110kV 变电站设计规范》（GB 50059—2011）第2.0.6条，变电站内为满足消防要求的主要道路宽度应为 4.0m。主要设备运输道路的宽度可根据运输要求确定，并应具备回车条件。图中为 3.5m，此为错误1。

根据《3～110kV 高压配电装置设计规范》（GB 50060—2008）第5.5.4、第5.5.5条，110kV 电压等级，油量不小于 2.5t 的屋外油浸变压器之间的最小净距为 8m，当不满足要求时，应设置防火墙。图中防火间距为 7m，设置防火墙，防火墙长度应大于变压器贮油池两侧各 1m。图中为 0.5m，此为错误2。

根据《火力发电厂与变电站设计防火标准》（GB 50229—2019）第11.1.5条，总事故油池与油浸变压器配电装置室的防火间距不应小于 5m，图中距离不满足要求，此为错误3。

17.《3～110kV 高压配电装置设计规范》（GB 50060—2008）第5.1.1条。

110kV 系统为中性点有效接地系统，屋外配电装置，无遮拦裸导体至地面之间的安全净距为 $C = 3400\text{mm}$。

$H + 1000 - 200 \geqslant 3400\text{mm}$，故 $H \geqslant 2600\text{mm}$。

18.《电力工程电气设计手册 1 电气一次部分》P704、P705、P302 附图 10-11 及附 10-53。

根据《3～110kV 高压配电装置设计规范》（GB 50060—2008）第5.1.3条及表5.1.3，$A_1 = 900\text{mm}$。

$H_s = H + h/2 + H_{R3} + A_1 + r_3 = 6000 + 200 + 2300 + 900 + 720 = 10120\text{mm}$

注：题干中跳线半径 r_3 未明确。

19.《电力工程电气设计手册 1 电气一次部分》P699 附图 10-1 及附 10-5。

在大气过电压、风偏条件下，门形架上的最小间距为：

$$D \geqslant A_2 + 2(f_1 \sin \alpha_1 + f_2 \sin \alpha_2) + d \cos \alpha_2 + 2r = 1000 + 2 \times (300 \sin 10° + 800 \sin 20°) + 2 \times 9 = 1669.42\text{mm}$$

在最大工作电压、短路摇摆、风偏条件下，门形架上的最小间距为：

$$D \geqslant A_2 + 2(f_1 \sin \alpha_1 + f_2 \sin \alpha_2) + d \cos \alpha_2 + 2r = 500 + 2 \times (300 \sin 15° + 900 \sin 30°) + 2 \times 9 = 1573.29\text{mm}$$

取两者较大值，$L = 1669.42\text{mm}$。

20.《电力工程电缆设计标准》（GB 50217—2018）。

根据第 5.5.1 条，电缆支架两侧布置，电缆沟内通道的净宽尺寸为 500mm（沟深 800mm），图中净宽 400mm，此为错误 1。

根据第 5.5.2 条，35kV 三芯敷设的支架或吊架间距不小于 300mm，图中为 250mm，此为错误 2。

根据第 5.5.3-2 条，最小层支架、梯架或托盘距沟底垂直净距不宜小于 100mm，图中净距为 50mm，此为错误 3。

题 21～25 答案：**CADBC**

21.《钢铁企业电力设计手册》（下册）P291 式（6-14）、式（6-15）。

变压器负债率：$\beta = \dfrac{S_c}{S_N} = \dfrac{960/0.9}{2000} = 0.5333$

变压器有功功率损失率：$\Delta P\% = \dfrac{\Delta P}{P_1} = \dfrac{2.1 + 17.8 \times 0.5333^2}{960 + 2.1 + 17.8 \times 0.5333^2} \times 100\% = 0.74\%$

22.《钢铁企业电力设计手册》（下册）P292、P293 例 2。

变压器负债率：$\beta_1 = \dfrac{S_c}{S_{N1}} = \dfrac{960/0.9}{1600} = 0.6667$，$\beta_1 = \dfrac{S_c}{S_{N2}} = \dfrac{960/0.9}{2000} = 0.5333$

负载有功功率损耗：

$\Delta P_{k1} = \beta_1^2 P_{k1} = 0.6667^2 \times 14.5 = 6.444\text{kW}$，$\Delta P_{k2} = \beta_2^2 P_{k2} = 0.5333^2 \times 17.8 = 5.063\text{kW}$

全年运行时间 $t = 350 \times 24$h，全年最大负荷损耗小时 τ 为 7000h，电价按 0.8 元/kWh 计，则全年节约电费为：

$$W_d = [(1.64 - 2.1) \times 350 \times 24 + (6.444 - 5.063) \times 7000] \times 0.8 = 4642.4\text{kWh}$$

显然，大容量变压器运行比小容量变压器运行全年有更多能耗，全年电费也会上升。

以上计算过程，保留小数点后两位重新进行计算如下：

$$\Delta P_{k1} = \beta_1^2 P_{k1} = 0.67^2 \times 14.5 = 6.509\text{kW}, \quad \Delta P_{k2} = \beta_2^2 P_{k2} = 0.53^2 \times 17.8 = 5.0\text{kW}$$

$$W_d = [(1.64 - 2.1) \times 350 \times 24 + (6.509 - 5.0) \times 7000] \times 0.8 = 5359.2\text{kWh}$$

注：出题者应明确保留小数点后两位进行计算，否则结果偏差较大。

23.《钢铁企业电力设计手册》（下册）P291 6-14。

变压器负债率：$\beta_1 = \dfrac{S_c}{S_N} = \dfrac{960}{1600} = 0.6$

单台变压器时有功功率损耗：$\Delta P_1 = P_0 + \beta^2 P_k = 1.64 + 14.5 \times 0.6^2 = 6.86 \text{kW}$

变压器负债率：$\beta_2 = \dfrac{S_c}{S_N} = \dfrac{960}{1600 \times 2} = 0.3$

上式中，P_0 为空载损耗，反映变压器励磁支路的损耗，此损耗仅与变压器材质与结构有关，当 n 台变压器并联时，励磁损耗也加倍；P_k 为短路损耗，反映变压器绕组的电阻损耗，当 n 台变压器并联时，相当于电阻并联，总电阻折减，短路损耗也相应折减。

两台变压器并联时有功功率损耗：

$$\Delta P_2 = 2 \times P_0 + \beta^2 \frac{P_k}{2} = 2 \times 1.64 + \frac{14.5}{2} \times 0.3^2 = 3.93 \text{kW}$$

两种方案的变压器的功率损耗差：$\Delta P = \Delta P_1 - \Delta P_2 = 6.86 - 3.93 = 2.92 \text{kW}$

24.《电磁环境控制限值》（GB 8702—2014）表 1 公众暴露控制限值、第 4.2 条。

电场强度：$\displaystyle\sum_{i=1\text{Hz}}^{100\text{kHz}} \frac{E_i}{E_{li}} = \left(\frac{325}{200/50} + \frac{58}{200/250} + \frac{215}{200/350} \right) \times 10^{-3} = 0.53 < 1$，未超过限值。

磁感应强度：$\displaystyle\sum_{i=1\text{Hz}}^{100\text{kHz}} \frac{B_i}{B_{li}} = \left(\frac{11}{5/50} + \frac{4.2}{5/250} + \frac{11.3}{5/350} \right) \times 10^{-3} = 1.111 > 1$，超过限值。

25.《20kV 及以下变电所设计规范》（GB 50053—2013）第 6.1.6 条、第 6.1.7 条。

题中未明确设置了能将油排到安全场所的设施，故应设置容量为 100%变压器油量的储油池。

$$L = \frac{1250}{0.85 \times 10^3} = 1.47 \text{m}^3$$

题 26～30 答案：**BBABB**

26.《钢铁企业电力设计手册》（下册）P509 式（27-3）。

$M = K_1 K_2 [(DI + DO)C_1 + AIC_2 + AOC_3]$

A 回路容量：$M_A = 1.4 \times 1.15 \times 10 \times [(2 + 2) \times 10 + 1 \times 120 + 0]/1024 = 2.52 \text{kB}$

B 回路容量：

$M_B = 1.4 \times 1.15 \times 10 \times [(2 + 1) \times 10 + 2 \times 120 + 1 \times 250]/1024 = 3.27 \text{kB}$

C 回路容量：$M_C = 1.4 \times 1.15 \times n \times [(4 + 2) \times 10 + 0 + 0]/1024 = 0.094 n \text{kB}$

C 回路数量：$0.094n = 10(1 - 20\%) - 2.52 - 3.27 \Rightarrow n = 23.51 \text{kB}$

27. 无。

DI 点对应回路数：$5n = 10 \times 16 \times (1 - 10\%) - 12 \times 4 \Rightarrow n = 19.2$ 个

DO 点对应回路数：$2n = 5 \times 16 \times (1 - 10\%) - 12 \times 2 \Rightarrow n = 24$ 个

取两者较小值，即 19 个回路数。

28.《工业与民用供配电设计手册》（第四版）P1100 "12.1.11 交流电动机的控制回路"。

29.《钢铁企业电力设计手册》（下册）P50～P52 式（23-135）、式（23-139）、式（23-144）。

等效转矩：$M_{\text{mrms}} = \sqrt{\displaystyle\sum_{i=1}^{n} \frac{M_i^2 t_i}{t_i}} =$

$$\sqrt{\frac{2^2 \times 6 + 4^2 \times 2 + 8^2 \times 3 + 18^2 \times 2 + 14^2 \times 2 + 8^2 \times 3 + 4^2 \times 2 + 2^2 \times 6}{6 + 2 + 3 + 2 + 2 + 3 + 2 + 6}} = 7.686 \text{kN} \cdot \text{m}$$

负荷等效功率：$P_1 = \dfrac{M_1 n_N}{9550} \times 10^3 = \dfrac{975 \times 7.686}{9550} \times 10^3 = 784.70\text{kW}$

最大可利用转矩：

$$M_{\max} = k_1 k_u \lambda M_N = 0.9 \times 0.85^2 \times \dfrac{9.55 \times 1100}{975} \times 2.5 = 17.515\text{kN} \cdot \text{m} < 18\text{kN} \cdot \text{m}$$

30.《工业与民用供配电设计手册》（第四版）P1106 式（12.1-8）。

手册中吸合功率取额定功率 85%，计及电源负偏差 5%，按电压不超过 10% 校验控制线路长度，但题干中电压波动取 ±10%，即计及电源负偏差 10%，故应按电压不超过 5% 校验控制线路长度。

控制电缆的最大允许长度：$L_{\max} = \dfrac{5\% U_n^2}{\Delta U P_a} = \dfrac{5\% \times 220^2}{29 \times 300} \times 10^3 = 278.2\text{m}$

题 31～35 答案：**BCBAB**

31.《电力工程高压送电线路设计手册》（第二版）P174 表 3-1-15、P179 表 3-2-3。

自重力比载：$\gamma_1 = \dfrac{g_1}{A} = \dfrac{9.81 \times 0.601}{173.11} = 0.034\text{N/(m} \cdot \text{mm}^2)$

冰重力比载：$\gamma_2 = \dfrac{g_2}{A} = \dfrac{9.81 \times 0.9\pi \times 10 \times (10 + 17.1) \times 10^{-3}}{173.11} = 0.0434\text{N/(m} \cdot \text{mm}^2)$

查表 3-1-15，体型系数 $\mu_{sc} = 1.2$，则覆冰时风比载：

$$\gamma_5 = \dfrac{0.625 v^2 \alpha \mu_{sc}(d + 2\sigma) \times 10^{-3}}{A} = \dfrac{0.625 \times 10^2 \times 1 \times 1.2 \times (17.1 + 20) \times 10^{-3}}{173.11}$$
$$= 0.0161\text{N/(m} \cdot \text{mm}^2)$$

覆冰时综合比载：

$$\gamma_7 = \sqrt{(0.034 + 0.0434)^2 + 0.0161^2} = 0.0791\text{N/(m} \cdot \text{mm}^2)$$

32.《电力工程高压送电线路设计手册》（第二版）P179 表 3-2-3、P182 式（3-3-1）。

自重力比载：$\gamma_1 = \dfrac{g_1}{A} = \dfrac{9.81 \times 0.601}{173.11} = 0.034\text{N/(m} \cdot \text{mm}^2)$

由电线状态方程 $\sigma_{cm} - \dfrac{E \gamma_m^2 l^2}{24 \sigma_{cm}^2} = \sigma_c - \dfrac{E \gamma^2 l^2}{24 \sigma_c^2} - \alpha E(t_m - t)$ 可得：

$$\dfrac{290}{2.75} - \dfrac{80000 \times 0.034^2 \times 150^2}{24 \times (290/2.75)^2} = \sigma - \dfrac{80000 \times 0.034^2 \times 150^2}{24 \sigma^2} - 17.8 \times 10^{-6} \times 80000 \times (-40 - 0)$$

解得 $\sigma = 62.742\text{N/mm}^2$。

33.《电力工程高压送电线路设计手册》（第二版）P179 表（3-3-1）、P174 式（3-1-14）。

水平档距：$l_H = \dfrac{\dfrac{l_1}{\cos\beta_1} + \dfrac{l_2}{\cos\beta_2}}{2} = \dfrac{\dfrac{200}{\cos 17°} + \dfrac{230}{\cos 31°}}{2} = 238.73\text{m}$

电线单位长度上的风荷载：

$$g_H = 0.625 \alpha \mu_{sc}(d + 2\delta) \times (K_h v)^2 \times 10^{-3} = 0.625 \times 1 \times 1.1 \times (17.1 + 0) \times (1 \times 18)^2 \times 10^{-3}$$
$$= 3.81\text{N/m}$$

电线水平档距的风荷载：$W_x = g_H l_H \beta_c \sin^2\theta = 3.81 \times 238.73 \times 1 \times (\sin 75°)^2 = 848.62\text{N}$

《66kV 及以下架空电力线路设计规范》（GB 50061—2010）第 7.0.3 条、第 7.0.6 条。

34. 根据《电力工程高压送电线路设计手册》（第二版）P187 式（3-3-19），自重力比载：

$$\gamma_1 = \dfrac{g_1}{A} = \dfrac{9.81 \times 0.601}{173.11} = 0.034\text{N/(m} \cdot \text{mm}^2)$$

根据《66kV 及以下架空电力线路设计规范》（GB 50061—2010）第 7.0.2 条，架空线路设计用的平均气温采用 $-10℃$；根据第 5.2.4 条，年平均运行应力取最大张力的 25%。

$$l_{cr} = \sqrt{\frac{\frac{24}{E}(\sigma_m - \sigma_n) + 24\alpha(t_m - t_n)}{\left(\frac{\gamma_m}{\sigma_m}\right)^2 + \left(\frac{\gamma_n}{\sigma_n}\right)^2}}$$

$$= \sqrt{\frac{\frac{24}{80000}\left(\frac{290}{2.75} - \frac{290}{4}\right) + 24 \times 17.8 \times 10^{-6} \times [(-40) - (-10)]}{\left(\frac{0.034}{290/2.75}\right)^2 + \left(\frac{0.034}{290/4}\right)^2}}$$

$$= 158.82m$$

35.《电力工程高压送电线路设计手册》（第二版）P210 式（3-5-5）。

观测档弧垂 1：$f_{200} = f_{100}\left(\frac{l}{100}\right)^2 = 0.51 \times \left(\frac{200}{100}\right)^2 = 2.04m$

观测档弧垂 2：$f_{250} = f_{100}\left(\frac{l}{100}\right)^2 = 0.51 \times \left(\frac{250}{100}\right)^2 = 3.19m$

题 36～40 答案：**CABAC**

36.《火灾自动报警系统设计规范》（GB 50116—2013）第 6.2.15-2 条、第 12.4.3-3 条。

根据第 6.2.15-2 条，相邻两组探测器的水平距离不应大于 14m，探测器至侧墙水平距离不应大于 7m，且不应小于 0.5m，探测器的发射器和接收器之间的距离不宜超过 100m。

设置于大厅长边一侧：$N \geqslant \frac{40}{14} = 2.86$ 组，取 3 组。

设置于大厅短边一侧：$N \geqslant \frac{55}{14} = 3.92$ 组，取 4 组，最经济的方案取两者较小值，为 3 组。

根据第 12.4.3-3 条，当建筑高度超过 16m，但不超过 26m 时，宜在 6～7m 和 11～12m 处各增设一层探测器。

综上所述，共为 6 组。

37.《工业电视系统工程设计标准》（GB/T 50115—2019）第 4.5.1 条及条文说明。

GB 3174—1982 彩色电视广播标准规定，每帧图像为 625 行，去掉 50 行消隐之后，有效行数为 575 行，Kell 系数以 K 表示，对于逐行扫描，Kell 系数 K 约为 0.7，所以中国现行电视标准的垂直清晰度为 $575 \times 0.7 = 403$TVL/PH。若采用隔行扫描，垂直移动的物体损失约一半的垂直清晰度，因而需乘以约 0.6 的隔行因子，即隔行扫描的系数 $K = 0.7 \times 0.6 = 0.42$，故有效扫描行为 575 行的垂直清晰度相当于 $575 \times 0.42 = 241$ 电视线。

38.《民用建筑电气设计标准》（GB 51348—2019）第 16.4.4 条。
取 1.5dB，线路衰耗补偿系数为 $K_1 = 10^{1.5/10} = 1.41$。
扩音机的容量：$P = K_1 K_2 \sum P_0 = 1.41 \times 1.3 \times (30 \times 5 + 20 \times 8 + 20 \times 3) = 678.21W$

39.《公共广播系统工程技术规范》（GB 50526—2021）第 5.6.3 条及式（5.6.3）。
漏出声衰减即公共广播系统的应备声压级与服务区边界外 30m 处的声压级之差，故 $L_1 = L_a - L_m = 83 - 66 = 17$dB。

40.《视频显示系统工程技术规范》（GB 50464—2008）第 4.2.1 条及条文说明。

理想视距 = 1/2 最大视距，理想视距系数 k 一般取 2760；最小视距 = 1/2 理想视距，最小视距系数 k 一般取 1380。

最佳视距时，LED 屏幕最小面积：$S = \left(\dfrac{8.28}{2760}\right)^2 \times 1024 \times 768 = 7.1\text{m}^2$。

2022 专业知识真题答案（上午卷）

1. **答案：** A

   依据：《低压配电设计规范》（GB 50054—2011）第 4.3.7 条。

2. **答案：** C

   依据：《66kV 及以下架空电力线路设计规范》（GB 50061—2010）第 3.0.6 条。

3. **答案：** B

   依据：《66kV 及以下架空电力线路设计规范》（GB 50061—2010）第 5.2.3 条。

4. **答案：** A

   依据：《交流电气装置的过电压保护和绝缘配合设计规范》（GB/T 50064—2014）第 5.3.1 条。

5. **答案：** C

   依据：《导体和电器选择设计规程》（DL/T 5222—2021）第 3.0.15 条。

6. **答案：** B

   依据：《导体和电器选择设计规程》（DL/T 5222—2021）第 5.1.10 条。

7. **答案：** B

   依据：《电力装置电测量仪表装置设计规范》（GB/T 50063—2017）第 3.1.4 条。

8. **答案：** B

   依据：《20kV 及以下变电所设计规范》（GB 50053—2013）第 4.2.1 条。

9. **答案：** D

   依据：《20kV 及以下变电所设计规范》（GB 50053—2013）第 3.3.4-4 条。

   电能质量，即电压、频率和波形的质量，包括电压偏差、频率偏差、三相不平衡、电压波动与闪变、电压暂降与短时电压中断、供电中断、波形畸变、暂时和瞬态过电压等。

10. **答案：** C

    依据：《工业与民用供配电设计手册》（第四版）P457 相关内容。

11. **答案：** B

    依据：《电力工程直流电源系统设计技术规程》（DL/T 5044—2014）第 7.2.1 条。

12. **答案：** D

    依据：《电力装置的继电保护和自动装置设计规范》（GB/T 50062—2008）第 15.1.1 条。

13. **答案：** A

    依据：《爆炸危险环境电力装置设计规范》（GB 50058—2014）第 5.2.2-1 条。

14. **答案：** D

    依据：《交流电气装置的接地设计规范》（GB/T 50065—2011）第 4.4.5 条。

15. **答案：** C

依据：《电力工程直流电源系统设计技术规程》（DL/T 5044—2014）第 4.2.2-3 条。

16. **答案：** A

依据：《电流对人和家畜的效应 第 1 部分：通用部分》（GB/T 13870.1—2022）表 12。

17. **答案：** D

依据：《爆炸危险环境电力装置设计规范》（GB 50058—2014）第 5.4.1-5 条。

18. **答案：** D

依据：《低压配电设计规范》（GB 50054—2011）第 7.4.1 条。

19. **答案：** C

依据：《电力工程电缆设计标准》（GB 50217—2018）第 6.1.2 条。

20. **答案：** C

依据：《建筑物防雷设计规范》（GB 50057—2010）第 3.0.3 条、第 3.0.4 条。

21. **答案：** B

依据：《建筑物防雷设计规范》（GB 50057—2010）第 5.2.5 条～第 5.2.7 条、第 5.2.10 条。

22. **答案：** A

依据：《建筑物防雷设计规范》（GB 50057—2010）第 3.0.3 条、第 3.0.4 条。

23. **答案：** A

依据：《低压配电设计规范》（GB 50054—2011）第 5.2.9 条。

24. **答案：** C

依据：《低压配电设计规范》（GB 50054—2011）第 2.0.14 条。

25. **答案：** C

依据：《低压配电设计规范》（GB 50054—2011）第 3.2.10 条。

26. **答案：** D

依据：《钢铁企业电力设计手册》（下册）P23～24 表 21～表 23。

27. **答案：** D

依据：《钢铁企业电力设计手册》（下册）P1，23.1.1 直流电动机分为励磁（他励、串励、复励）、永磁。

28. **答案：** C

依据：《电力装置电测量仪表装置设计规范》（GB/T 50063—2017）第 3.1.4 条。

29. **答案：** A

依据：《工业与民用供配电设计手册》（第四版）P1545 相关内容。

30. **答案：** C

依据：《电能质量 电压波动和闪变》（GB/T 12326—2008）表 1。

31. **答案：** B

    依据：《建筑设计防火规范》（GB 50016—2014）（2018 年版）第 5.1.1 条、第 10.1.2 条。

32. **答案：** C

    依据：《工业与民用供配电设计手册》（第四版）P20 式（1.6-3）。

$$P_{eq} = 1.73 \times 15 + 12 \times 1.27 = 25.95 + 15.24 = 41.19 \text{kW}$$

33. **答案：** B

    依据：《工业与民用供配电设计手册》（第四版）P36 式（1.11-5）。

$$Q = P_c q_c = 800 \times 0.422 = 338 \text{kvar}$$

34. **答案：** D

    依据：《供配电系统设计规范》（GB 50052—2009）第 3.0.7 条。

35. **答案：** A

    依据：《照明设计手册》（第三版）P13 式（1-6）。

36. **答案：** C

    依据：《照明设计手册》（第三版）P14 式（1-7）。

37. **答案：** A

    依据：《照明设计手册》（第三版）P389 相关内容。

38. **答案：** C

    依据：《民用建筑电气设计标准》（GB 51348—2019）第 10.4.6 条、第 10.4.7 条。

39. **答案：** A

    依据：《民用建筑电气设计标准》（GB 51348—2019）第 14.2.2 条、第 14.2.3 条、第 14.2.5 条。

40. **答案：** C

    依据：《综合布线系统工程设计规范》（GB 50311—2016）第 4.4.1 条～第 4.4.3 条。

41. **答案：** CD

    依据：《3～110kV 高压配电装置设计规范》（GB 50060—2008）第 5.1.3 条及表 5.1.3。

42. **答案：** AB

    依据：《66kV 及以下架空电力线路设计规范》（GB 50061—2010）第 5.2.1 条。

43. **答案：** BD

    依据：《建筑照明设计标准》（GB 50034—2013）第 4.0.2 条～第 4.0.4 条。

44. **答案：** ABC

    依据：《并联电容器装置设计规范》（GB 50227—2017）第 5.3.1 条、第 5.3.2 条。

45. **答案：** BD

依据：《电力装置的继电保护和自动装置设计规范》（GB/T 50062—2008）第 15.1.5 条。

46. **答案：BC**

依据：《民用建筑电气设计标准》（GB 51348—2019）第 3.3.7 条。

47. **答案：ABD**

依据：《电力装置的继电保护和自动装置设计规范》（GB/T 50062—2008）第 15.2.1 条、第 15.2.2 条。

48. **答案：CD**

依据：《爆炸危险环境电力装置设计规范》（GB 50058—2014）第 5.4.1 条～第 5.4.3 条。

49. **答案：BCD**

依据：《电力设施抗震设计规范》（GB 50260—2013）第 6.7.4-1 条、第 6.7.7 条、第 6.7.8 条。

50. **答案：ABD**

依据：《建筑设计防火规范》（GB 50016—2014）（2018 年版）第 5.5.24-4～5 条，《消防应急照明和疏散指示系统技术标准》（GB 51309—2018）第 3.2.5 条及表 3.2.5。

51. **答案：ABC**

依据：《建筑设计防火规范》（GB 50016—2014）（2018 年版）第 10.1.5-2 条。

52. **答案：ABC**

依据：《民用建筑电气设计标准》（GB 51348—2019）第 13.9.1 条。

53. **答案：AB**

依据：《建筑物防雷设计规范》（GB 50057—2010）第 4.5.6.1-2～3 条。

54. **答案：ABC**

依据：《低压电气装置 第 5-54 部分：电气设备的选择和安装 接地配置和保护导体》（GB/T 16895.3—2017）第 543.2.3 条。

55. **答案：ACD**

依据：《低压配电设计规范》（GB 50054—2011）第 5.3.6-1 条、第 5.3.7 条、第 5.3.11 条、第 5.3.2 条，《低压电气装置 第 4-41 部分：安全防护 电击防护》（GB 16895.21—2020）第 414.1.1 条。

56. **答案：AC**

依据：《钢铁企业电力设计手册》（下册）P90 表 24-3、表 25-1。

57. **答案：CD**

依据：《钢铁企业电力设计手册》（下册）P90 表 24-3。

58. **答案：AC**

依据：《钢铁企业电力设计手册》（下册）P96 表 24-6。

59. **答案：AC**

依据：《建筑照明设计标准》（GB 50034—2013）第 4.3.3 条。

60. **答案：** ACD

    依据：《建筑照明设计标准》（GB 50034—2013）第 3.3.2 条。

61. **答案：** BC

    依据：《民用建筑电气设计标准》（GB 51348—2019）表 A15、表 23、表 21 和表 26。

62. **答案：** BC

    依据：《供配电系统设计规范》（GB 50052—2009）第 3.0.2 条。

63. **答案：** ACD

    依据：《人民防空地下室设计规范》（GB 50038—2005）（2023 年版）第 7.2.15 条。

64. **答案：** ACD

    依据：《建筑设计手册》（第三版）P16 相关内容。

65. **答案：** BCD

    依据：《建筑设计手册》（第三版）P47 相关内容。

66. **答案：** BC

    依据：《民用建筑电气设计标准》（GB 51348—2019）第 10.2.3 条。

67. **答案：** ACD

    依据：《消防应急照明和疏散指示系统技术标准》（GB 51309—2018）第 2.5 条。

68. **答案：** AB

    依据：《民用建筑电气设计标准》（GB 51348—2019）第 13.3.1-6 条，第 13.3.3-2、4 条，第 13.3.6-2 条。

69. **答案：** CD

    依据：《民用建筑电气设计标准》（GB 51348—2019）第 14.3.6-1、5、8 条。

70. **答案：** CD

    依据：《民用建筑电气设计标准》（GB 51348—2019）第 15.4.6-1～3 条。

2022 专业知识真题答案（下午卷）

1. **答案：** B

   依据：《20kV 及以下变电所设计规范》（GB 50053—2013）第 5.3.2 条。

2. **答案：** C

   依据：《66kV 及以下架空电力线路设计规范》（GB 50061—2010）第 4.0.11-3 条。

3. **答案：** D

   依据：《66kV 及以下架空电力线路设计规范》（GB 50061—2010）第 5.3.2 条。

4. **答案：** A

   依据：《66kV 及以下架空电力线路设计规范》（GB 50061—2010）第 5.2.3 条、第 8.1.13 条。

5. **答案：** D

   依据：《导体和电器选择设计规程》（DL/T 5222—2021）第 4.0.3 条表 4.0.3。

6. **答案：** D

   依据：《电力装置的继电保护和自动装置设计规范》（GB/T 50062—2008）第 15.1.1 条、第 15.1.3 条、第 15.1.5-2 条、第 15.1.5-3 条。

7. **答案：** D

   依据：《导体和电器选择设计规程》（DL/T 5222—2021）第 16.0.3 条。

8. **答案：** C

   依据：《供配电系统设计规范》（GB 50052—2009）第 6.0.12 条。

9. **答案：** B

   依据：《电力工程直流电源系统设计技术规程》（DL/T 5044—2014）第 3.2.2 条。

10. **答案：** A

    依据：《导体和电器选择设计规程》（DL/T 5222—2021）第 4.0.3 条表 4.0.3。

11. **答案：** B

    依据：《电力工程直流电源系统设计技术规程》（DL/T 5044—2014）第 3.5.6 条。

12. **答案：** C

    依据：《建筑物电子信息系统防雷技术规范》（GB 50343—2012）第 5.2.2 条及表 5.2.2-2。

13. **答案：** B

    依据：《电力工程直流电源系统设计技术规程》（DL/T 5044—2014）第 3.2.2 条。

14. **答案：** B

    依据：《建筑物防雷设计规范》（GB 50057—2010）第 5.2.4 条。

15. **答案：C**

依据：《3～110kV高压配电装置设计规范》（GB 50060—2008）第5.5.4条。

16. **答案：C**

依据：《民用建筑电气设计标准》（GB 51348—2019）第8.11.3条。

17. **答案：C**

依据：《低压配电设计规范》（GB 50054—2011）第3.2.10条。

18. **答案：B**

依据：《66kV及以下架空电力线路设计规范》（GB 50061—2010）第6.0.9条。

19. **答案：B**

依据：《建筑物防雷设计规范》（GB 50057—2010）第3.0.3-7条、第4.1.1条、第4.1.2条。

20. **答案：A**

依据：《工业与民用供配电设计手册》（第四版）P1297表13.10-9。

21. **答案：A**

依据：《交流电气装置的接地设计规范》（GB/T 50065—2011）第4.5.2条。

22. **答案：C**

依据：《供配电系统设计规范》（GB 50052—2009）第5.0.11条。

23. **答案：D**

依据：《建筑设计防火规范》（GB 50016—2014）（2018年版）第10.1.10条。

24. **答案：C**

依据：《爆炸危险环境电力装置设计规范》（GB 50058—2014）第3.4.2条及表3.4.2。

25. **答案：A**

依据：《钢铁企业电力设计手册》（下册）P5～6表23-2。

26. **答案：A**

依据：《电力装置电测量仪表装置设计规范》（GB/T 50063—2017）第3.6.1条、第3.6.3条、第3.6.4条、第3.6.6-2条。

27. **答案：B**

依据：《防止静电事故通用导则》（GB 12158—2006）第6.1.1条。

28. **答案：B**

依据：《电能质量 供电电压偏差》（GB/T 12325—2008）第4.1条～第4.3条。

29. **答案：A**

依据：《电力变压器能效限定值及能效等级》（GB 20052—2020）第3.1条。

30. **答案：B**

依据：《民用建筑电气设计标准》（GB 51348—2019）附录 A-13。

31. **答案：B**

依据：《民用建筑电气设计标准》（GB 51348—2019）附录 A-21、《供配电系统设计规范》（GB 50052—2009）第 3.0.3-1 条。

32. **答案：B**

依据：《供配电系统设计规范》（GB 50052—2009）第 3.0.5 条。

33. **答案：C**

依据：《照明设计手册》（第三版）P362（5）显色性能。

34. **答案：B**

依据：《建筑照明设计标准》（GB 50034—2013）第 7.2.9 条。

35. **答案：D**

依据：《照明设计手册》（第三版）P436 表 20-2。

36. **答案：A**

依据：《建筑设计防火规范》（GB 50016—2014）（2018 年版）第 10.3.4 条、第 10.3.5 条，《消防应急照明和疏散指示系统技术标准》（GB 51309—2018）第 3.2.9.2 条。

37. **答案：C**

依据：《民用建筑电气设计标准》（GB 51348—2019）第 18.1.2-7 条、第 18.14.2-2 条、第 18.14.5 条、第 18.14.6 条。

38. **答案：D**

依据：《火灾自动报警系统设计规范》（GB 50116—2013）第 5.2.7 条。

39. **答案：B**

依据：《民用建筑电气设计标准》（GB 51348—2019）第 16.2.1 条、第 16.2.10 条。

40. **答案：D**

依据：《民用建筑电气设计标准》（GB 51348—2019）第 18.7.1-14 条、第 18.7.2-1 条、第 18.7.3 条、第 18.10.2-1 条。

41. **答案：ABD**

依据：《交流电气装置的过电压保护和绝缘配合设计规范》（GBT 50064—2014）第 5.4.3 条、第 5.4.8 条、第 5.4.10 条。

42. **答案：AC**

依据：《交流电气装置的过电压保护和绝缘配合设计规范》（GB/T 50064—2014）第 5.3.1 条、第 5.3.4 条。

43. **答案：AC**

依据：《66kV 及以下架空电力线路设计规范》（GB 50061—2010）第 8.1.10 条。

44. **答案：BD**

依据：《电力装置的继电保护和自动装置设计规范》（GB/T 50062—2008）第 4.0.6 条。

45. **答案：ACD**

依据：《电力装置电测量仪表装置设计规范》（GB/T 50063—2017）第 3.4.5 条。

46. **答案：AC**

依据：《电力工程直流电源系统设计技术规程》（DL/T 5044—2014）第 4.1.1 条。

47. **答案：BC**

依据：《电力工程直流电源系统设计技术规程》（DL/T 5044—2014）第 4.1.2 条。

48. **答案：ACD**

依据：《交流电气装置的过电压保护和绝缘配合设计规范》（GB/T 50064—2014）第 4.1.11-4 条。

49. **答案：BD**

依据：《民用建筑电气设计标准》（GB 51348—2019）第 11.6.3 条及表 11.6.3。

50. **答案：BCD**

依据：《建筑物防雷设计规范》（GB 50057—2010）第 4.3.10 条。

51. **答案：AB**

依据：《低压配电设计规范》（GB 50054—2011）第 5.1 条。

52. **答案：ABC**

依据：《导体和电器选择设计规程》（DL/T 5222—2021）第 6.0.2 条。

53. **答案：ABD**

依据：《电力工程电缆设计标准》（GB 50217—2018）第 5.17 条、第 5.1.9 条。

54. **答案：ABC**

依据：《建筑物防雷设计规范》（GB 50057—2010）第 6.4.4 条及表 6.4.4。

55. **答案：AB**

依据：《低压电气装置 第 5-54 部分 电气设备的选择和安装 接地配置和保护导体》（GB/T 16895.3—2017）表 5.4.1。

56. **答案：ACD**

依据：《民用建筑电气设计标准》（GB 51348—2019）第 12.5.3 条、《低压配电设计规范》（GB 50054—2011）第 3.2.14-3 条。

57. **答案：CD**

依据：《建筑物防雷设计规范》（GB 50057—2010）第 4.2.1 条、第 4.2.4 条。

58. **答案：ACD**

依据：《钢铁企业电力设计手册》（下册）P89 第 24.1.1 节及相关内容。

59. **答案：** AD

    依据：《钢铁企业电力设计手册》（下册）P90 表 24-3。

60. **答案：** AC

    依据：《钢铁企业电力设计手册》（下册）P95 第 24.1.2 节及相关内容。

61. **答案：** ABD

    依据：《电能质量三相电压不平衡》（GB/T 15543—2008）第 3.1 条。

62. **答案：** BCD

    依据：《建筑设计防火规范》（GB 50016—2014）（2018 年版）第 10.1.2 条。

63. **答案：** AB

    依据：《人民防空地下室设计规范（限内部发行）》（GB 50038—2005）（2023 年版）第 7.2.4 条及表 7.2.4。

64. **答案：** ABC

    依据：《工业与民用供配电设计手册》（第四版）P15～16 相关内容。

65. **答案：** ABC

    依据：《建筑照明设计标准》（GB 50034—2013）第 3.1.2 条。

66. **答案：** BCD

    依据：《照明设计手册》（第三版）P191～192 教室照明和黑板照明相关内容，《建筑照明设计标准》（GB 50034—2013）第 5.3.7 条及表 5.3.7。

67. **答案：** BC

    依据：《建筑照明设计标准》（GB 50034—2013）第 4.1.4 条、第 4.3.2 条。

68. **答案：** ACD

    依据：《民用建筑电气设计标准》（GB 51348—2019）第 18.9.2 条。

69. **答案：** ABC

    依据：《民用建筑电气设计标准》（GB 51348—2019）第 15.4.2～3 条。

70. **答案：** CD

    依据：《综合布线系统工程设计规范》（GB 50311—2016）第 3.4.3 条。

2022 年案例分析试题答案（上午卷）

题 1～5 答案：**ABDBD**

1.《工业与民用供配电设计手册》（第四版）P10 需要系数法计算负荷。

变压器装机负荷：

$$S_t = \frac{S_C}{\beta} = \frac{1272.9}{0.7 \sim 0.85} = 1497.5 \sim 1818.4 \text{kV} \cdot \text{A}$$

故取 1600kV·A。

计算负荷率：

$$\beta = \frac{S_C}{S_t} = \frac{1272.9}{1600} = 79.6\%$$

2.《工业与民用供配电设计手册》（第四版）P10 式（1.4-6）。

变压器低压侧的计算电流：

$$I_{j2} = \frac{S_C}{\sqrt{3} U_n} = \frac{1272.9}{\sqrt{3} \times 0.38} = 1934 \text{A}$$

3.《工业与民用供配电设计手册》（第四版）P10 需要系数法计算负荷,《民用建筑电气设计标准》（GB 51348—2019）第 3.5.3 条。

剔除非平时使用的消防负荷，包括消防风机、消防泵房，则：

$P_c = 0.85 \times P_\Sigma = 0.85 \times 1080 = 918 \text{kW}$

$Q_c = 0.85 \times Q_\Sigma - 300 = 0.9 \times 677 - 300 = 309.12 \text{kvar}$

变压器低压侧的功率因数：

$$\cos\varphi_2 = \frac{P_c}{\sqrt{P_c^2 + Q_c^2}} = \frac{918}{\sqrt{918^2 + 309.12^2}} = 0.95$$

4.《工业与民用供配电设计手册》（第四版）P10 需要系数法计算负荷, P30 式（1.10-5）、式（1.10-6）。

低压侧计算负荷：$S_c = \sqrt{P_c^2 + Q_c^2} = \sqrt{972^2 + (645 - 330)^2} = 1021.15 \text{kvar}$

变压器负荷率 ≤ 85% 时，采用变压器损耗简易公式，则：

高压侧有功功率：$P_2 = P_1 + 0.01 S_c = 972 + 0.01 \times 1021.15 = 982 \text{kW}$

高压侧无功功率：$Q_2 = Q_1 + 0.05 S_c = 643 - 330 + 0.05 \times 1021.15 = 364.05 \text{kvar}$

变压器高压侧的视在计算功率 $S_2 = \sqrt{P_2^2 + Q_2^2} = \sqrt{982^2 + 364.05^2} = 1048 \text{kV} \cdot \text{A}$

5.《民用建筑电气设计标准》（GB 51348—2019）第 3.5.3 条、第 3.5.5 条。

消防负荷：$P_{1\Sigma} = 100 \times 1 + 200 \times 0.9 + 300 \times 1 + 90 \times 0.8 + 30 \times 1 = 682 \text{kW}$

平时负荷（含平时消防负荷）：

$P_{2\Sigma} = 100 \times 0.3 + 90 \times 0.8 + 30 \times 1 + 200 \times 0.9 + 250 \times 0.8 + 120 \times 0.6 + 100 \times 1 + 50 \times 0.9$
$\quad = 729 \text{kW}$

《工业与民用供配电设计手册》（第四版）P95 式（2.6-8）。

按稳定负荷计算柴油发电机组的最小容量：

$$P_{\text{Gmin}} = 1 \times \frac{729}{0.88 \times 0.8} = 1036\text{kW}$$

题 6～10 答案：**CDCBA**

6.《工业与民用供配电设计手册》（第四版）P281～P284 表 4.6-3、式（4.6-11）～式（4.6-13）。

设 $S_\text{B} = 500\text{MV} \cdot \text{A}$，$U_\text{B} = 1.05 \times 110 = 115\text{kV}$。

主变压器采用分列运行方式，各元件的电抗标幺值计算如下。

系统电抗标幺值：

$$X_{\text{S}*} = \frac{S_\text{j}}{S_\text{s}} = \frac{500}{500} = 1$$

L1 线路电抗标幺值：

$$X_{\text{L2}*} = X_l \frac{S_\text{B}}{U_\text{B}^2} = 0.4 \times 20 \times \frac{500}{115^2} = 0.302$$

变压器电抗标幺值：

$$X_{\text{T}*} = \frac{U_\text{k}\%}{100} \cdot \frac{S_\text{B}}{S_{\text{nT}}} = \frac{10.5}{100} \times \frac{500}{40} = 1.312$$

短路电流有名值：

$$I_{\text{k1}} = I_\text{B} \frac{1}{X_{\Sigma*}} = \frac{500}{\sqrt{3} \times 10.5} \times \frac{1}{1 + 0.302 + 1.312} = 10.51\text{kA}$$

短路电流峰值：

$$i_\text{p} = 2.55 \times 10.51 = 26.78\text{kA}$$

注：也可参见《电力工程电气设计手册 1 电气一次部分》P232 表 6-3 中的相关内容。

7.《工业与民用供配电设计手册》（第四版）P520 表 7.2-3 过电流保护内容。

过电流保护装置的一次动作电流：

$$I_{\text{op·k}} = K_{\text{rel}}K_{\text{con}}\frac{K_{\text{ol}}I_{\text{1rT}}}{K_\text{r}} = 1.2 \times \frac{1.3 \times 40 \times 10^3}{0.9 \times \sqrt{3} \times 110} = 363.9\text{kA}$$

注：表中保护装置动作电流为二次侧动作电流，一次动作电流应取消互感器变比参数。

8.《工业与民用供配电设计手册》（第四版）P523 式（7.2-1）、式（7.2-2）和平衡系数内容。

制动保护的电流平衡系数，对于变压器 Y 结线侧：

$$K_{\text{bal1}} = \frac{U_{\text{1n}} \times n_{\text{TA1}}}{S} = \frac{110 \times 250/5}{40 \times 10^3} = 0.138$$

对于变压器 D 结线侧：

$$K_{\text{bal2}} = \frac{\sqrt{3}U_{\text{2n}} \times n_{\text{TA2}}}{S} = \frac{\sqrt{3} \times 10.5 \times 2500/5}{40 \times 10^3} = 0.227$$

注：参考 P539 例题 7.2-2，计算时低压侧取基准电压，而非标称电压。

9.《工业与民用供配电设计手册》（第四版）P281～P284 表 4.6-3、式（4.6-11）～式（4.6-13），《工业与民用供配电设计手册》（第四版）P550 表 7.3-2 电流速断保护内容。

设 $S_\text{B} = 100\text{MV} \cdot \text{A}$，$U_\text{B} = 1.05 \times 110 = 115\text{kV}$，各元件的电抗标幺值计算如下。

系统电抗标幺值：

$$X_{\text{S}*} = \frac{S_\text{j}}{S_\text{s}} = \frac{I_\text{j}}{I_\text{s}} = \frac{5.5}{15} = 0.3667$$

L 线路电抗标幺值：

$$X_{L2^*} = X_l \frac{S_B}{U_B^2} = 0.12 \times 6 \times \frac{100}{10.5^2} = 0.653$$

短路电流有名值：

$$I_{k1} = I_B \frac{1}{X_{\Sigma^*}} = \frac{100}{\sqrt{3} \times 10.5} \times \frac{1}{0.3667 + 0.653} = 5.393kA$$

保护装置的动作电流：

$$I_{op \cdot k} = K_{rel} K_{con} \frac{I''_{2kmax}}{n_{TA}} = 1.2 \times 1 \times \frac{5393}{330/5} = 107.84A$$

10.《导体和电器选择设计规程》（DL/T 5222—2021）附录 B 第 B.2.2 条。

电阻的额定电压：

$$U_R \geqslant 1.05 \frac{U_N}{\sqrt{3}} = 1.05 \times \frac{10}{\sqrt{3}} = 6.06kV$$

发生故障时持续时间＜10s，过负荷系数按 10.5 倍考虑，则接地变压器的最小容量：

$$P_R = I_d \times U_R = \frac{600 \times 6.06}{10.5} = 346.3kW$$

题 11～15 答案：**BDCBB**

11.《建筑物防雷设计规范》（GB 50057—2010）第 4.2.1 条、第 5.4.4 条。

由第 5.4.4 条，可知埋深 1.0m ＞ 0.5m，①正确；

由第 4.2.1 条，可知

$h_x = 10 < 5R_i = 5 \times 10 = 50$，则 $S_{a1} \geqslant 0.4(R_i + 0.1h_x) = 0.4 \times (10 + 0.1 \times 10) = 4.4m$，则②错误；

$S_{e1} \geqslant 0.4R_i = 0.4 \times 10 = 4m$，则 $h + \frac{l}{2} = 16 + \frac{58}{2} = 45m < 5R_i = 5 \times 10 = 50m$，则③错误；

$S_{a2} \geqslant 0.2R_i + 0.03\left(h + \frac{l}{2}\right) = 0.2 \times 10 + 0.03 \times \left(16 + \frac{58}{2}\right) = 3.35m < 4m$，则④正确。

12.《建筑物防雷设计规范》（GB 50057—2010）第 4.2.3 条。

金属铠装电线埋地最小长度：$l \geqslant 2\sqrt{\rho} = 2\sqrt{500} = 44.72m$

13.《交流电气装置的接地设计规范》（GB/T 50065—2011）附录 A.0.1。

接地电阻：

$$R_V = \frac{\rho}{2\pi L}\left(\ln\frac{8L}{d} - 1\right) = \frac{500}{2 \times 3.14 \times 3}\left(\ln\frac{8 \times 3}{0.1 \times 0.84} - 1\right) = 123.5\Omega$$

14. 由电路基本原理可知：

设备 1 的工作电压：$U_1 = \frac{30}{30+70} \times 380 = 114V$

设备 2 的工作电压：$U_2 = \frac{70}{30+70} \times 380 = 266V$

15.《爆炸危险环境电力装置设计规范》（GB 50058—2014）第 5.4.1 条、附录 C。

由第 5.4.1-2 条可知 2 区的照明线路钢管配线铜芯最小截面积为 1.5mm²。

由第 5.4.1-6 条，30℃时 BV-3 × 1.5mm² 的载流量 $I_Z = 17.5 \geqslant 1.25 \times \ln(CB) = 1.25 \times 10 = 12.5A$，①正确；

由第 5.4.1-6 条，30℃时 BV-3 × 2.5mm² 的载流量 $I_Z = 24 \geqslant 1.25 \times \ln(CB) = 1.25 \times 16 = 20A$，②

正确；

由附录 C，洗涤汽油为ⅡAT3，乙醇为ⅡAT2，由于 T3 的引燃温度较低，则灯具应按ⅡAT3 考虑，则③错误；

由第 5.4.1-2 条可知 2 区的钢管螺纹旋合不应小于 5 扣，则④错误。

题 16～20 答案：BDBBD

16.《工业与民用供配电设计手册》（第四版）P300 式（4.6-21）、P368 式（5.5-61）。

三相短路冲击电流：$i_p = K_p\sqrt{2}I_k'' = 1.8 \times \sqrt{2} \times 20 = 50.91\text{kA}$

母排弯曲应力：

$$i_p = 1.73K_x i_p^2 \frac{l^2}{DW} 10^{-2} = 1.73 \times 1 \times 50.91^2 \times \frac{0.8^2}{0.2 \times 0.855 \times 10^{-6}} \times 10^{-2} = 167.82\text{MPa}$$

17.《电力工程电缆设计标准》（GB 50217—2018）第 5.1.17 条、第 5.1.18 条及附录 G。

电缆最小订货长度：$L = (1 + 10\%)L_j = 1.1 \times (200 + 1 \times 2 + 3 + 1 + 0.5 \times 2) = 227.7\text{m}$

18.《电力工程电缆设计标准》（GB 50217—2018）第 3.6.9 条、附录 C。

额定电流 $I_{r1} = \frac{60}{0.38 \times \sqrt{3}} = 91.16\text{A}$

中性线电流：$I_{r2} = 3 \times 91.16 \times 0.4 = 109.4\text{A}$

则四级断路器的额定电流应取较大者，故选择 160A；

三次谐波分量为 40% > 33%，则 $I_Z \geqslant \frac{109.4}{0.86} = 127.21\text{A}$。

由附录 C 中 C.0.1-2，$I_Z \geqslant 160/1.29 = 124\text{A}$，则选择截面积 50mm² 铜导体。

19.《爆炸危险环境电力装置设计规范》（GB 50058—2014）第 5.4.1-7 条，《民用建筑电气设计标准》（GB 51348—2019）第 8.1.6 条，《建筑设计防火规范》（GB 50016—2014）（2018 年版）第 6.2.9-3 条、第 10.1.10-2 条。

由 GB 50058—2014 第 5.4.1-7 条知，爆炸性环境的电缆，在架空、桥架敷设时电缆宜采用阻燃电缆，则①正确；

由 GB 51348—2019 第 8.1.6 条知，在有可燃物的闷顶和封闭吊顶内明敷的配电线路，应采用金属导管或金属槽盒布线，则②错误；

由 GB 50016—2014（2018 年版）第 6.2.9-3 条知，建筑内的电缆井、管道井在每层楼板处采用不低于楼板耐火极限的不燃材料或防火封堵材料封堵，则③错误；

由 GB 50016—2014（2018 年版）第 10.1.10-2 条知，消防配电线路暗敷时，应穿管并应敷设在不燃性结构内且保护层厚度不应小于 30mm，则④正确。

20.《工业与民用供配电设计手册》（第四版）P1128～P1132 式（12.2-3）、式（12.2-6）以及表 12.2-2、表 12.2-8。

起重机负荷持续率均为 25%，共 3 台，则 $K_{cc}' = 0.75$

滑触线计算电流：$I_c = K_{cc}' P_n = 0.75 \times 3 \times 105.5 = 237.38\text{A}$

滑触线尖峰电流：$I_p = I_c + (K_{st} + K_{cc})I_{rMmax} = 237.38 + (2 - 0.25) \times 165 = 526.13\text{A}$

滑触线电压降：

$$\Delta u\% = \frac{\sqrt{3} \times 100}{U_\mathrm{n}} I_\mathrm{P} l (R \cos \varphi + X \sin \varphi)$$

$$\Rightarrow 7 \geqslant \frac{\sqrt{3} \times 100}{380} \times 267.6 \times \left(0.7 \times \frac{L}{2}\right) \times (0.86 \times 0.5 + 0.66 \times 0.866)$$

$$\Rightarrow L \leqslant 0.425\mathrm{km} = 425\mathrm{m}$$

注：起重机大部分时间的工作都是由主钩完成，副钩为辅助吊钩，不纳入主回路电流计算。

题 21～25 答案：BBACD

21.《爆炸危险环境电力装置设计规范》（GB 50058—2014）第 5.4.1-2 条、第 5.4.1-6 条。

由表 5.4.1-2 可知，电力线路的钢管配线，2 区铜芯导体最小截面积为 $2.5\mathrm{mm}^2$；

由第 5.4.1-6 条可知，$I_\mathrm{Z} \geqslant 1.25 \times 6 = 7.5\mathrm{A}$，则 2 区铜芯导体最小截面积 $S_{\min} \geqslant 7.5/5.2 = 1.4\mathrm{mm}^2$

综上，取 $2.5\mathrm{mm}^2$。

22. 电路基本原理。

故障处的接触电压：

$$U_\mathrm{f} = 220 \times \frac{30}{10 + 30 + 1} = 161\mathrm{V}$$

23.《低压配电设计规范》（GB 50054—2011）第 5.2.5 条。

接触电压的线路电阻：

$$R = \frac{50}{I_\mathrm{a}} = \frac{50}{50} = 1\Omega$$

则接触电阻：

$$R_\mathrm{c} = \frac{1 - 0.2}{2} = 0.4\Omega$$

24.《工业与民用供配电设计手册》（第四版）P462～P463 式（6.2-11）、式（6.2-12）、表 6.2.5。

线路电压降：$\Delta u = 0.15 \times 134 \times 0.134\% = 2.69\%$

电压偏差：$\Delta u_x = 0 + 5 - (2.14 + 2.69) = 0.17$

25.《建筑设计防火规范》（GB 50016—2014）（2018 年版）第 10.2.1 条。

35kV 及以上架空电力线与单罐容积大于 $200\mathrm{m}^3$ 液化石油气储罐的最近水平距离不应小于 40m。

根据表 10.2.1，要求架空电力线与液化石油气储罐的最近水平距离为电杆（塔）高度的 1.5 倍，即
$1.5 \times 15 = 22.5\mathrm{m}$。

取较大者，则该储罐与架空线的最小水平距离为 40m。

2022 年案例分析试题答案（下午卷）

题 1～5 答案：**CDCBC**

1.《消防应急照明和疏散指示系统技术标准》（GB 51309—2018）第 3.2.8 条。

①②⑦⑧：应设置在敞开楼梯间、封闭楼梯间、防烟楼梯间、防烟楼梯间前室入口的上方。

③④：应设置在观众厅、展览厅、多功能厅和建筑面积大于 400m^2 的营业厅、餐厅、演播厅等人员密集场所疏散门的上方。

2.《照明设计手册》（第三版）P81～82 式（3-2）、表 3-18。

在 θ 方向的投影面积：$A_p = A_h \cos\theta = 1.25 \times 0.3 \times \cos 60° = 0.1875\text{m}^2$

平均亮度值：$L_\theta = \dfrac{I_\theta}{A_p} = \dfrac{90}{0.1875} = 480\text{cd/m}^2$

3.《照明设计手册》（第三版）P7 室形指数定义及式（1-9）、P145 式（5-39）。

室形指数：

$$\text{RI} = \frac{2S}{hl} = \frac{2 \times \pi \times 10^2}{5 \times \pi \times 20} = 2$$

平均照度：

$$E_{av} = \frac{N\phi Uk}{A} = \frac{32 \times 1800 \times 0.96 \times 0.8}{\pi \times 10^2} = 140.8\text{lx}$$

由题干图可知最小照度是 75lx，则照度均匀度：

$$U_0 = \frac{75}{140.8} = 0.53$$

4.《照明设计手册》（第三版）P401 表 18-18。

$W_{eff} = 15\text{m}$，$H = 10\text{m}$，$S = 30\text{m}$，则 $S = 30\text{m} < 3.5 \times 10 = 35\text{m}$，$H = 10\text{m} > 15 \times 0.6 = 9\text{m}$

对比表 18-18，对照半截光型的参数，应采用双侧对称布置。

5.《照明设计手册》（第三版）P136，《建筑照明设计标准》（GB 50034—2013）第 5.3.2 条。

会议室工作面 $h_x = 0.75\text{m}$，$X_1 = X_2 = \dfrac{4.5}{3-0.75} = 2$，$Y_1 = \dfrac{2.7}{3-0.75} = 1.2$，$Y_2 = \dfrac{0.45}{3-0.75} = 0.2$，则

$$f_{h1} = 0.55,\quad f_{h2} = 0.15$$

水平面照度 $E_{av} = 2L(f_{h1} - f_{h2}) = 2 \times 500 \times (0.55 - 0.15) = 400\text{lx}$

题 6～10 答案：**CDCCC**

6.《电能质量 公用电网谐波》（GB/T 14549—1993）附录 C5。

10kV 侧谐波电流：$I_h = \sqrt{I_{h1}^2 + I_{h2}^2 + 2I_{h1}I_{h2}\cos\theta_h} = \sqrt{10^2 + 5^2 + 2 \times 10 \times 5 \cos 0°} = 15\text{A}$

7.《电能质量 公用电网谐波》（GB/T 14549—1993）第 5.1 条表 2、附录 B 式（B1）。

基准短路容量为 $100\text{MV}\cdot\text{A}$ 时，$I_{hp} = 20\text{A}$

$$I_h = \frac{S_{k1}}{S_{k2}}I_{hp} = \frac{500}{100} \times 20 = 100\text{A}$$

8.《电能质量 公用电网谐波》（GB/T 14549—1993）附录 A 式（A4）。

公共连接点处注入电网谐波电流含量：$I_H = \sqrt{20^2 + 15^2 + 10^2 + 8^2} = 28.09A$

9.《电能质量 公用电网谐波》（GB/T 14549—1993）附录 C 式（C6）和表 C2。

$$I_{hi} = I_h \left(\frac{S_i}{S_t}\right)^{\frac{1}{\alpha}} = 120 \times \left(\frac{4}{40}\right)^{\frac{1}{1.2}} = 17.61A$$

10.《电能质量 公用电网谐波》（GB/T 14549—1993）附录 C5。

谐波电流：$I_{h1} = \sqrt{I_{h1}^2 + I_{h2}^2 + K_h I_{h1} I_{h2}} = \sqrt{7^2 + 16^2 + 0.72 \times 7 \times 16} = 19.64A$

题 11～15 答案：**BBBDD**

11.《3～110kV 高压配电装置设计规范》（GB 50060—2008）。

由表 5.4.5 可知，L_1、L_4 应不小于 800mm，850mm 满足要求；L_3 应为 1000mm，900mm 不满足要求。

由表 5.1.4 可知，L_2 应为 300mm，250mm 不满足要求。

12.《20kV 及以下变电所设计规范》（GB 50053—2013）。

由第 4.2.3 条可知，露天或半露天变压器供给一级负荷用电时，相邻油浸变压器的净距应不小于 5m，图中为 2m，不满足要求；

由第 4.2.2 条可知，变压器四周应设高度不低于 1.8m 的固定围栏或围墙，图中为 1.6m，不满足要求；

变压器外廊与围栏的净距不应小于 0.8m，图中为 0.9m，满足要求；

变压器底部距地面不小于 0.3m，图中为 0.35m，满足要求。

13.《并联电容器装置设计规范》（GB 50227—2017）。

由第 8.2.4 条可知，布置并联电容器组，应在其四周或一侧设置围护通道，围护通道宽度不宜小于 1.2m，图中为 1300mm，满足要求；

电容器在框架上双排布置时，框架互相之间或与墙之间应留出距离设置检修走道，走道宽度不宜小于 1m，图中为 1300mm，满足要求，但柜后 100mm，不满足要求；

由表 8.2.3 可知，排间距离 100mm，图中为 90mm，不满足要求；间距不小于 70mm，图中为 100mm，满足要求。

14.《低压配电设计规范》（GB 50054—2011）。

由第 4.2.1 条可知，配电箱底部抬高不小于 50mm，图中为 40mm，不满足要求；

由表 4.5.2-注 4 可知，落地配电柜后围护通道不小于 1m，图中仅有 100mm，不满足要求；

依据第 7.4.1 条，在裸导体采用防护遮拦的情况下，应选择 IP2X 的遮拦，才能满足 2.5m，题中防护等级仅为 IP1X，不满足要求。

15.《钢铁企业电力设计手册》（上册）P846 图 17-4。

1 位置为电压线圈，2 位置为常闭触点，3 位置为电流线圈，4 位置为常开触点。

题 16～20 答案：**CDDBA**

16.《电力工程直流电源系统设计技术规程》（DL/T 5044—2014）附录 C 式（C.1.3）。

蓄电池数量：$n \geqslant 1.05 \times \dfrac{U_n}{U_f} = 1.05 \times \dfrac{110}{2.27} = 50.9$，取 51 个（采用浮充电电压计算）

充电装置额定电压：$U = nU_{cm} = 51 \times 2.4 = 122.4\text{V}$

注：采用放电终止电压计算，充电装置额定电压为 124.8V，题中两个已知电压条件存在一定矛盾。

17.《电力工程直流电源系统设计技术规程》（DL/T 5044—2014）附录 C 第 C.2.3-7～11 条。

查表 C.3-3 的容量换算系数：$K_{1\min} = 1.18$，$K_{59\min} = 0.548$，$K_{60\min} = 0.52$，$K_{5s} = 1.27$

第一阶段计算容量：

$$C_{c1} = 1.4 \times \frac{19}{1.18} = 22.54\text{A} \cdot \text{h}$$

第二阶段计算容量：

$$C_{c2} = 1.4 \times \frac{19}{0.52} + \frac{12 - 19}{0.548} = 33.27\text{A} \cdot \text{h}$$

随机负荷计算容量：

$$C_r = \frac{I_r}{K_{cr}} = \frac{3}{1.27} = 2.36\text{A} \cdot \text{h}$$

蓄电池的计算容量：

$$C = C_{c2} + C_r = 33.27 + 2.36 = 35.63\text{A} \cdot \text{h}$$

18.《电力工程直流电源系统设计技术规程》（DL/T 5044—2014）附录 E 表 E.2-1。

按长期工作计算电流：

$$S_1 = \frac{3000}{110 \times 0.9} \times \frac{1}{2} = 15.15\text{mm}^2$$

按电压降计算电流：

$$S_2 = \frac{0.0184 \times 20 \times 2 \times 30.3}{110 \times 6.5\%} = 3.12\text{mm}^2$$

取较大者。

19.《工业与民用供配电设计手册》（第四版）P1020，11.9 保护电器级间的选择性。

依据 11.9.2：串联熔断体的过电流选择比为 1.6∶1，……，就可以实现有选择性熔断。

$$I_{set2} = 125 \times 1.6 = 200\text{A}$$

20.《钢铁企业电力设计手册》（上册）P292 式（6-18）。

变压器的铜损与铁损相等时，有功损耗最小时，则负载系数：$\beta = \sqrt{\dfrac{2430}{12000}} = 0.45$

有功功率负载：$P = 1600 \times 0.45 \times 0.85 = 612\text{kW}$

题 21～25 答案：**DCABB**

21.《钢铁企业电力设计手册》（下册）P1～P3 表 23-1。

由 $E = U - I_a R_a = C_e \Phi n$ 可得：

$$C_e \Phi = \frac{U - I_a R_a}{n} = \frac{220 - 60 \times 0.167}{954} = 0.22$$

理想空载转速：$n_s = \dfrac{220}{0.22} = 1000\text{r/min}$

22.《钢铁企业电力设计手册》（下册）P283 式（25-13）。

4 级电机，极对数为 2，则同步转速为：

$$n_0 = \frac{60f}{p} = \frac{60 \times 50}{2} = 1500 \text{r/min}$$

提升机属于恒转矩负载，$\beta = 0$，则

$$k_1 = \frac{P_s}{P_{2\max}} = s(1-s)^\beta = 0.52 \times (1-0.52)^0 = 0.52$$

提升机属于恒转矩负载，$\beta = 2$，则

$$k_2 = \frac{P_s}{P_{2\max}} = s(1-s)^\beta = 0.52 \times (1-0.52)^2 = 0.12$$

23.《钢铁企业电力设计手册》（下册）P387 图 26-19，P402 式（26-49）。

对比图 26-19 可知，题中电路图为三相零式（Y/y）整流电路，则计算如下。

一次视在功率：

$$S_{b1} = 3U_1 I_1 = 3 \times \frac{380}{\sqrt{3}} \times 0.471 \times \frac{60}{380/50} = 2454 \text{V} \cdot \text{A}$$

二次视在功率：

$$S_{b2} = 3U_2 I_2 = 3 \times \frac{50}{\sqrt{3}} \times 0.577 \times 60 = 2998 \text{V} \cdot \text{A}$$

额定视在功率（等值容量）：

$$S_b = \frac{2454 + 2998}{2} = 2726 \text{V} \cdot \text{A}$$

24.《钢铁企业电力设计手册》（下册）P1～3 表 23-1。

①图 1 为自然特性曲线；

②图 2 为不同转子电阻调速曲线；

③图 3 为变极调速曲线，但曲线 1 电动机定子的极对数应小于曲线 2 电动机定子的极对数；

④图 4 为 $U/f = C$ 的变频调速曲线。

因此，①④正确，②③错误。

25.《电气简图用图形符号 第 7 部分：开关、控制和保护器件》（GB/T 4728.7—2022）图例 S00244 和 S00311。

题 26～30 答案：**DBDDB**

26.《66kV 及以下架空电力线路设计规范》（GB 50061—2010）第 6.0.3 条、第 6.0.4 条、第 6.0.7 条。

由第 6.0.4 条可知，塔高超过 40m，则 $n = 3 + (50-40)/10 = 4$ 片。

悬垂绝缘子串：由第 6.0.7 条可知，$n \geqslant 4 \times [1 + 0.1 \times (1.32-1)] = 4.128$，取 5 片。

耐张绝缘子串，取 $5 + 1 = 6$ 片。

27.《66kV 及以下架空电力线路设计规范》（GB 50061—2010）第 6.0.15 条。

杆塔上地线对边导线的保护角宜采用 20°～30°，题干中为 32°，前者不满足。

《交流电气装置的过电压保护和绝缘配合设计规范》（GB/T 50064—2014）第 5.3.1-5 条，双地线线路，杆塔处两根地线间的距离不应大于导线与地线间垂直距离的 5 倍，则 $l = 5 \times 1.5 = 7.5$m，题干中为

8m，后者不满足。

28.《电力工程高压送电线路设计手册》（第二版）P179 表 3-2-3。

垂直比载：

$$\gamma_1 = \frac{g_1}{A} = \frac{9.8 \times 0.601}{173.11} = 0.034\text{N/(m·mm}^2)$$

等效风速：

$$v = \frac{30}{2} \times \left(\frac{15}{10}\right)^{0.16} = 16\text{m/s}$$

无冰时的风比载：

$$\gamma_4 = \frac{g_4}{A} = \frac{0.625v^2 d\alpha u_{sc} \times 10^{-3}}{A} = \frac{0.625 \times 16^2 \times 17.1 \times 0.75 \times 1.1 \times 10^{-3}}{173.11} = 0.013\text{N/(m·mm}^2)$$

内部过电压工况下的导线比载：

$$\gamma_5 = \sqrt{\gamma_1^2 + \gamma_4^2} = \sqrt{0.034^2 + 0.013^2} = 0.0365\text{N/(m·mm}^2)$$

29.《66kV 及以下架空电力线路设计规范》（GB 50061—2010）第 12.0.16 条表 12.0.16。

由图中两杆塔的距离 200m，得到最大弧垂：

$$f_m = 8.5 \times 10^{-5} \times L^2 = 8.5 \times 10^{-5} \times 200^2 = 3.4\text{m}$$

与公路之间的最小垂直距离：$S = 12 - 0.9 - 3.4 - 1 = 6.7$，查表 12.0.16，未达到 7m，不符合要求。

30.《电力工程高压送电线路设计手册》（第二版）P182 表 3-4-2、表 3-3-4。

代表档距：

$$l_r = \sqrt{\frac{l_1^3 + l_2^3 + l_3^3 + \cdots + l_n^3}{l_1 + l_2 + l_3 + \cdots + l_n}} = \sqrt{\frac{180^3 + 150^3 + 230^3 + 200^3}{180 + 150 + 230 + 200}} = 196.6\text{m}$$

最低气温 A	年平均气温 D	最大风 C	覆冰 B
$L_{AB} = 181.7$	$L_{DB} = 168$	$L_{CB} = 0$	
$L_{AC} = 292.3$	$L_{DC} = 416.8$		
$L_{AD} = 214.9$			

代表档距 196.6m > 临界档距 181.7m，故选择覆冰工况。

题 31～35 答案：**CBBBC**

31.《火灾自动报警系统设计规范》（GB 50116—2013）表 5.2.1、第 5.2.5-5 条、附录 C。

由第 5.2.5-5 条可知，发电机房应使用感温探测器；

由表 5.2.1 可知，高度 4.5m，可采用 A1、A2、B 型感温探测器；

由附录 C 可知，A1、A2 类典型应用温度为 25℃，B 类典型应用温度为 40℃。

32.《火灾自动报警系统设计规范》（GB 50116—2013）表 6.2.2 式（6.2.2）。

探测器数量：

$$N = \frac{S}{K \cdot A} = \frac{20 \times 26}{1 \times 100} = 5.2，取 6 个$$

33.《火灾自动报警系统设计规范》（GB 50116—2013）第 5.2.2 条、表 6.2.2。

由第 5.2.2 条可知,选用感烟探测器;查表 6.2.2 可知,保护半径 6.7m,查附录 E,$b = 4$,$a = 12.6$,则 $N = \frac{58 - 6.7/2}{12.6} = 4.34$ 个，取 5 个

34. 声强叠加公式。

$$L = 10\lg\left[10^{\left(\frac{63}{10}\right)} + 10^{\left(\frac{61}{10}\right)} + 10^{\left(\frac{59}{10}\right)}\right] = 66.1\text{dB}$$

35.《民用建筑电气设计标准》（GB 51348—2019）第 16.4.4 条。

功放容量：$P = K_1 K_2 \sum P_0 = 1.4 \times 2 \times (20 \times 3 + 30 \times 8 + 30 \times 3) = 1092\text{W}$

题 36～40 答案：**DCDBC**

36.《民用建筑电气设计标准》（GB 51348—2019）第 14.3.6-5 条。

第 14.3.6-5 条：监视场所的最低环境照度，宜高于摄像机最低照度（灵敏度）的 50 倍。

$E_1 = 0.06 \times 50 = 3\text{lx}$，$E_2 = 0.1 \times 50 = 5\text{lx}$

取较大者 5lx。

37.《综合布线系统工程设计规范》（GB 50311—2016）第 5.2.4 条及条文说明，表 19。

信息点数量配置   表 19

建筑物功能区	信息点数量（每一工作区）			备注
	电话	数据	光纤（双工端口）	
办公区（基本配置）	1 个	1 个	—	—
办公区（高配置）	1 个	2 个	1 个	对数据信息有较大的需求
出租或大客户区域	2 个或 2 个以上	2 个或 2 个以上	1 个或 1 个以上	指整个区域的配置量
办公区（政务工程）	2～5 个	2～5 个	1 个或 1 个以上	涉及内、外网络时

对数据信息有较大的需求时，办公区（高配置）每个工作区配置 1 个语音点、2 个数据点、1 个光纤双工端口。

38.《综合布线系统工程设计规范》（GB 50311—2016）第 5.2.7 条。

由第 5.2.7 条可知，至每个工作区 2 芯光缆，大客户工作区备份芯数不小于 2 芯，水平光缆宜按 4 芯或 2 根 2 芯配置。故 40 个工作区，需配置 80 根 2 芯光缆。

39.《视频显示系统工程技术规范》（GB 50464—2008）第 4.2.1 条及条文说明。

最佳视距值：$H = kP = 2760 \times 0.0018 = 4.968\text{m}$，取 5m

40.《民用建筑电气设计标准》（GB 51348—2019）第 18.7.1-10 条。

流量监测仪的安装位置，在直管段应满足上游为 10D，下游为 5D。

上游 10 × 400mm = 4000mm = 4m，下游 5 × 400mm = 2000mm = 2m，故仅③位置满足要求。

2023 年专业知识试题答案（上午卷）

1. **答案：** B

   依据：《供配电系统设计规范》（GB 50052—2009）第 5.0.9 条。

2. **答案：** B

   依据：《电力工程直流电源系统设计技术规程》（DL/T 5044—2014）第 4.1.1 条。

3. **答案：** D

   依据：《导体和电器选择设计规程》（DL/T 5222—2021）第 3.0.17 条表 3.0.17。

4. **答案：** C

   依据：《电力装置的继电保护和自动装置设计规范》（GB/T 50062—2008）第 15.1.3 条～第 15.1.5 条。

5. **答案：** D

   依据：《电力装置电测量仪表装置设计规范》（GB/T 50063—2017）第 3.1.4 条。

6. **答案：** D

   依据：《66kV 及以下架空电力线路设计规范》（GB 50061—2010）第 4.0.5 条。

7. **答案：** C

   依据：《电力工程直流电源系统设计技术规程》（DL/T 5044—2014）第 3.2.3 条。

8. **答案：** B

   依据：《建筑物防雷设计规范》（GB 50057—2010）第 5.3.4 条、第 5.4.7 条。

9. **答案：** B

   依据：《20kV 及以下变电所设计规范》（GB 50053—2013）第 4.2.3 条。

10. **答案：** C

    依据：《建筑物防雷设计规范》（GB 50057—2010）第 4.2.1 条。

11. **答案：** A

    依据：《电流对人和家畜的效应 第 1 部分：特殊情况》（GB/T 13870.1—2022）表 12。

12. **答案：** A

    依据：《低压配电设计规范》（GB 50054—2011）第 3.2.15 条。

13. **答案：** D

    依据：《爆炸危险环境电力装置设计规范》（GB 50058—2014）第 5.4.1 条。

14. **答案：** A

    依据：《66kV 及以下架空电力线路设计规范》（GB 50061—2010）第 6.0.9 条及表 6.0.9。

    最小间隙 $= 0.5 + 0.5 \times (3000 - 1000)/100 \times 1\% = 0.6\text{m}$

15. **答案：** A

    依据：《钢铁企业电力设计手册》（下册）P97 表 24-8。

16. **答案：** B

    依据：《钢铁企业电力设计手册》（下册）P310 表 25-11。

17. **答案：** C

    依据：《钢铁企业电力设计手册》（下册）P410 表 26-20。

18. **答案：** A

    依据：《低压配电设计规范》（GB 50054—2011）第 3.2.8 条。

19. **答案：** A

    依据：《通用用电设备配电设计规范》（GB 50055—2011）第 2.5.4 条。

20. **答案：** D

    依据：《通用用电设备配电设计规范》（GB 50055—2011）第 2.2.2 条。

21. **答案：** A

    依据：《数据中心设计规范》（GB 50174—2017）第 2.1.34 条。

22. **答案：** C

    依据：《建筑节能与可再生能源利用通用规范》（GB 55015—2021）第 5.2.1 条、第 5.2.4 条、第 5.2.9 条、第 5.2.11 条。

23. **答案：** D

    依据：《火灾自动报警系统设计规范》（GB 50116—2013）第 3.3.3 条。

24. **答案：** C

    依据：《安全防范工程技术标准》（GB 50348—2018）第 6.5.9 条。

25. **答案：** B

    依据：《工业与民用供配电设计手册》（第四版）P5 表 1.2-1。

26. **答案：** A

    依据：《建筑照明设计标准》（GB 50034—2013）第 7.2.12 条。

27. **答案：** C

    依据：《照明设计手册》（第三版）P146 式（5-44）。

28. **答案：** B

    依据：《照明设计手册》（第三版）P436 表 20-2。

29. **答案：** D

    依据：《安全防范工程技术标准》（GB 50395—2007）第 5.0.4 条。

    注：根据《安全防范工程通用规范》（GB 55029—2022），废止《安全防范工程技术标准》（GB 50395—2007）第 5.0.4（3）条（款）。

30. **答案：** C

   依据：《民用建筑电气设计标准》（GB 51348—2019）第 18.6.4 条。

31. **答案：** C

   依据：《民用建筑电气设计标准》（GB 51348—2019）第 15.3.4 条。

32. **答案：** C

   依据：《火灾自动报警系统设计规范》（GB 50116—2013）第 6.3.1 条、第 6.3.2 条。

33. **答案：** B

   依据：《20kV 及以下变电所设计规范》（GB 50053—2013）第 6.2.6 条。

34. **答案：** C

   依据：《民用建筑电气设计标准》（GB 51348—2019）第 12.5.11 条。

35. **答案：** B

   依据：《并联电容器装置设计规范》（GB 50227—2017）第 5.4.2 条。

36. **答案：** A

   依据：《建筑设计防火规范》（GB 50016—2014）（2018 年版）第 5.1.1 条、第 10.1.1 条、第 10.1.2 条。

37. **答案：** B

   依据：《工业与民用供配电设计手册》（第四版）P36 式（1.11-5）。

38. **答案：** B

   依据：《工业与民用供配电设计手册》（第四版）P36 式（1.11-5）。

39. **答案：** C

   依据：《建筑设计防火规范》（GB 50016—2014）（2018 年版）第 10.3.1 条、第 10.3.2 条、第 10.3.5 条。

40. **答案：** B

   依据：《3～110kV 高压配电装置设计规范》（GB 50060—2008）第 5.1.1 条。

41. **答案：** AD

   依据：《导体和电器选择设计规程》（DL/T 5222—2021）第 4.0.3 条。

42. **答案：** CD

   依据：《供配电系统设计规范》（GB 50052—2009）第 3.0.5-3 条。

43. **答案：** BCD

   依据：《电力装置的继电保护和自动装置设计规范》（GB/T 50062—2008）第 3.0.3 条。

44. **答案：** BD

   依据：《电力装置的继电保护和自动装置设计规范》（GB/T 50062—2008）第 9.0.5 条。

45. **答案：** BC

依据：《通用用电设备配电设计规范》（GB 50055—2011）第 2.3.5 条、第 2.3.7 条。

46. **答案**：ABD

   依据：《交流电气装置的过电压保护和绝缘配合设计规范》（GB/T 50064—2014）第 3.1.3 条。

47. **答案**：BC

   依据：《电力工程高压送电线路设计手册》（第二版）P597 相关内容。

48. **答案**：BC

   依据：《66kV 及以下架空电力线路设计规范》（GB 50061—2010）第 4.0.11-3 条。

49. **答案**：ABD

   依据：《建筑物防雷设计规范》（GB 50057—2010）第 4.2.2 条、第 4.5.3 条、第 4.3.10 条。

50. **答案**：ABD

   依据：《低压电气装置 第 4-41 部分：安全防护 电击防护》（GB/T 16895.21—2020）第 415.1 条附加保护：剩余电流保护器（RCD）。

51. **答案**：ABC

   依据：《消防应急照明和疏散指示系统技术标准》（GB 51309—2018）第 3.6.6 条。

52. **答案**：ACD

   依据：《钢铁企业电力设计手册》（下册）P90 表 26-33。

53. **答案**：AC

   依据：《钢铁企业电力设计手册》（下册）P2 表 23-1。

54. **答案**：ABC

   依据：《低压配电设计规范》（GB 50054—2011）第 3.1.9 条。

55. **答案**：BCD

   依据：《通用用电设备配电设计规范》（GB 50055—2011）第 2.1.2 条、第 2.1.3 条。

56. **答案**：BCD

   依据：《建筑节能与可再生能源利用通用规范》（GB 55015—2021）第 3.3.7 条。

57. **答案**：BCD

   依据：《低压电气装置 第 4-44 部分：安全防护 电压骚扰和电磁骚扰防护》（GB 16895.10—2021）第 444.1 条一般规则。

58. **答案**：AC

   依据：《会议电视会场系统工程设计规范》（GB 50635—2010）第 3.3.2 条。

59. **答案**：ABD

   依据：《建筑照明设计标准》（GB 50034—2013）第 4.4.1 条～第 4.4.3 条。

60. **答案**：BD

依据：《低压配电设计规范》（GB 50054—2011）第 3.2.5 条。

61. 答案：ACD

依据：《低压配电设计规范》（GB 50054—2011）第 4.3.2 条。

62. 答案：ACD

依据：《低压配电设计规范》（GB 50054—2011）第 7.1.1～4 条。

63. 答案：BCD

依据：《低压配电设计规范》（GB 50054—2011）第 7.2.7 条、第 7.2.9～11 条。

64. 答案：BCD

依据：《民用建筑电气设计标准》（GB 51348—2019）第 15.6.4 条、第 15.6.6 条。

65. 答案：ABC

依据：《综合布线系统工程设计规范》（GB 50311—2016）第 6.1.3 条。

66. 答案：ABC

依据：《火灾自动报警系统设计规范》（GB 50116—2013）第 10.1.2 条、第 10.1.3 条、第 10.2.3 条。

67. 答案：BCD

依据：《35kV～110kV 变电站设计规范》（GB 50059—2011）第 2.0.1 条、第 2.0.3 条、第 2.0.8 条。

68. 答案：ACD

依据：《民用建筑电气设计标准》（GB 51348—2019）第 6.1.2 条、第 6.1.11-3 条。

69. 答案：AD

依据：《建筑电气与智能化通用规范》（GB 55024—2022）第 3.1.3 条、第 3.1.4 条。

70. 答案：AC

依据：《民用建筑电气设计标准》（GB 51348—2019）附录 A、第 5.1.1 条、第 10.1.2 条。

2023 年专业知识试题答案（下午卷）

1. **答案：** C

   依据：《35kV～110kV 变电站设计规范》（GB 50059—2011）第 2.0.1 条。

2. **答案：** D

   依据：《工业与民用供配电设计手册》（第四版）第 6 章目录。电能质量主要指标包括电压偏差、电压波动和闪变、频率偏差、谐波（电压谐波畸变率和谐波电流含有率）和三相电压不平衡度等。有关电能质量共 6 本规范如下：

   a.《电能质量 供电电压偏差》（GB/T 12325—2008）

   b.《电能质量 电压波动和闪变》（GB/T 12326—2008）

   c.《电能质量 三相电压不平衡》（GB/T 15543—2008）

   d.《电能质量 暂时过电压和瞬态过电压》（GB/T 18481—2001）

   e.《电能质量 公用电网谐波》（GB/T 14549—1993）

   f.《电能质量 电力系统频率偏差》（GB/T 15945—2008）

   注：也可参考《电能质量 公用电网间谐波》（GB/T 24337—2009），但不属于大纲范围。

3. **答案：** A

   依据：《电力工程直流电源系统设计技术规程》（DL/T 5044—2014）第 6.2.1-8 条及表 6.2.1。

4. **答案：** A

   依据：《导体和电器选择设计规程》（DL/T 5222—2021）第 5.1.10 条。

5. **答案：** B

   依据：《导体和电器选择设计规程》（DL/T 5222—2021）第 3.0.13 条。

6. **答案：** C

   依据：《电力装置电测量仪表装置设计规范》（GB/T 50063—2017）第 8.2.5 条。

7. **答案：** B

   依据：《交流电气装置的过电压保护和绝缘配合设计规范》（GB/T 50064—2014）第 6.1.3 条、第 3.2.2-1 条：操作过电压的基准电压 $1.0\mathrm{p.u.} = \sqrt{2}U_\mathrm{m}/\sqrt{3}$

   则：110kV：$3.0\mathrm{p.u.} = 3 \times \sqrt{2} \times 126/\sqrt{3} = 308.6\mathrm{kV}$

   注：最高电压 U_m 可参考《标准电压》（GB/T 156—2017）第 3.3～3.5 条。

8. **答案：** B

   依据：《电力工程高压送电线路设计手册》（第二版）P444 相关内容。

9. **答案：** B

   依据：《电力工程直流电源系统设计技术规程》（DL/T 5044—2014）第 6.2.5 条及表 6.2.5。

10. **答案：** C

依据：《电力工程直流电源系统设计技术规程》（DL/T 5044—2014）表 E.2-2。

11. **答案：B**

依据：《建筑物防雷设计规范》（GB 50057—2010）第 3.0.2-2 条。

12. **答案：A**

依据：《汽车库、修车库、停车场设计防火规范》（GB 50067—2014）第 9.0.7 条。

13. **答案：B**

依据：《20kV 及以下变电所设计规范》（GB 50053—2013）第 4.1.3 条。

14. **答案：A**

依据：《3～110kV 高压配电装置设计规范》（GB 50060—2008）第 5.5.4 条及表 5.5.4。

15. **答案：C**

依据：《低压配电设计规范》（GB 50054—2011）第 3.2.10 条。

16. **答案：C**

依据：《钢铁企业电力设计手册》（下册）P96～97 第 24.1.2.3 节相关内容。

17. **答案：B**

依据：《工业与民用供配电设计手册》（第四版）P462 表 6.2-3 和表 6.2-4。

18. **答案：D**

依据：《钢铁企业电力设计手册》（下册）P7 表 23-2，S7 为连续周期工作制。

19. **答案：B**

依据：《低压配电设计规范》（GB 50054—2011）第 4.2.4 条。

20. **答案：A**

依据：《电力装置的继电保护和自动装置设计规范》（GB/T 50062—2008）第 9.0.3 条。

21. **答案：C**

依据：《公共广播系统工程技术标准》（GB/T 50526—2021）第 3.4.3 条。

22. **答案：A**

依据：《综合布线系统工程设计规范》（GB 50311—2016）第 3.5.1 条。

23. **答案：B**

依据：《工业与民用供配电设计手册》（第四版）P785。

若 BTTZ 电缆与其他电缆同路径敷设时，应选用 70℃的品种。

24. **答案：B**

依据：《照明设计手册》（第三版）P56 表 2-56。

25. **答案：C**

依据：《建筑照明设计标准》（GB 50034—2013）第 5.3.1 条、第 5.3.2 条、第 5.3.6 条、第 5.3.7 条。

26. 答案： B

依据：《民用建筑电气设计标准》（GB 51348—2019）第 10.5.8 条。

27. 答案： A

依据：《建筑照明设计标准》（GB 50034—2013）第 2.0.53 条。

28. 答案： D

依据：《火灾自动报警系统设计规范》（GB 50116—2013）第 6.1.1 条、第 6.1.3 条。

29. 答案： D

依据：《火灾自动报警系统设计规范》（GB 50116—2013）第 6.5.1 条～第 6.5.3 条。

30. 答案： C

依据：《35kV～110kV 变电站设计规范》（GB 50059—2011）第 2.0.5 条。

31. 答案： C

依据：《低压配电设计规范》（GB 50054—2011）第 6.2.4 条。

32. 答案： A

依据：《工业与民用供配电设计手册》（第四版）P281 表 4.6-3。

33. 答案： D

依据：《民用建筑电气设计标准》（GB 51348—2019）第 10.6.6 条。

34. 答案： D

依据：《供配电系统设计规范》（GB 50052—2009）第 3.0.4-2 条。

35. 答案： B

依据：《民用建筑电气设计标准》（GB 51348—2019）附录 A。

36. 答案： B

依据：《民用建筑电气设计标准》（GB 51348—2019）第 3.2.9 条～第 3.2.12 条。

37. 答案： B

依据：《工业与民用供配电设计手册》（第四版）P39 式（1.11-11）。

38. 答案： C

依据：《3～110kV 高压配电装置设计规范》（GB 50060—2008）第 2.0.10 条、第 5.1.7 条，《建筑设计防火规范》（GB 50016—2014）（2018 年版）第 3.4.1 条、第 5.4.15 条。

39. 答案： A

依据：《建筑物防雷设计规范》（GB 50057—2010）第 3.0.2 条、第 4.3.5 条。

40. 答案： C

依据：《20kV 及以下变电所设计规范》（GB 50053—2013）第 6.1.9 条。

41. **答案：BCD**

    依据：《3～110kV 高压配电装置设计规范》（GB 50060—2008）第 4.3.8 条。

42. **答案：BC**

    依据：《电力工程直流电源系统设计技术规程》（DL/T 5044—2014）第 4.1.2-1 条。

43. **答案：ABC**

    依据：《并联电容器装置设计规范》（GB 50227—2017）第 5.3.1 条。

44. **答案：ACD**

    依据：《电力工程电缆设计标准》（GB 50217—2018）第 3.7.3 条。

45. **答案：AB**

    依据：《66kV 及以下架空电力线路设计规范》（GB 50061—2010）第 8.1.16 条。

46. **答案：BC**

    依据：《电力工程高压送电线路设计手册》（第二版）P51 相关内容。

47. **答案：ABD**

    依据：《交流电气装置的接地设计规范》（GB/T 50065—2011）第 3.2.1 条、第 3.2.2 条。

48. **答案：BC**

    依据：《低压配电设计规范》（GB 50054—2011）第 5.3.3 条。

49. **答案：ACD**

    依据：《建筑设计防火规范》（GB 50016—2014）（2018 年版）第 5.5-23-7～8 条、第 10.3.3 条。

50. **答案：ABD**

    依据：《低压配电设计规范》（GB 50054—2011）第 5.3.3 条，《低压电气装置 第 4-41 部分：安全防护 电击防护》（GB/T 16895.21—2020）第 414.4.1 条、第 414.4.4 条、第 414.4.5 条。

51. **答案：ABD**

    依据：《电力工程电缆设计标准》（GB 50217—2018）第 7.0.14-1～4 条。

52. **答案：ACD**

    依据：《钢铁企业电力设计手册》（下册）P337 表 25-17 各种方式可调变频器比较表。

53. **答案：ABD**

    依据：《钢铁企业电力设计手册》（下册）P7～P8 第 23.2.1 条。

54. **答案：ACD**

    依据：《电力工程直流电源系统设计技术规程》（DL/T 5044—2014）第 3.2.1 条。

55. **答案：ABC**

    依据：《通用用电设备配电设计规范》（GB 50055—2011）第 3.2.9 条。

56. **答案：BCD**

依据：《电力变压器经济运行》（GB/T 13462—2008）第 4.1 条～第 4.4 条。

57. **答案：** ABD

    依据：《电能质量 供电电压偏差》（GB/T 12325—2008）附录 B.1。

58. **答案：** ABC

    依据：《火灾自动报警系统设计规范》（GB 50116—2013）第 3.2.4 条。

59. **答案：** ABC

    依据：《视频显示系统工程技术规范》（GB 50464—2008）第 4.4.1 条。

60. **答案：** BC

    依据：《建筑照明设计标准》（GB 50034—2013）第 3.3.6 条、《照明设计手册》（第三版）P54 表 2-53。

61. **答案：** AB

    依据：《工业与民用供配电设计手册》（第四版）P792 有关温升相关内容。

62. **答案：** AD

    依据：《建筑环境通用规范》（GB 55016—2021）第 3.3.11 条及条文说明。

63. **答案：** BCD

    依据：《照明设计手册》（第三版）P102 照度均匀度。

64. **答案：** ABC

    依据：《照明设计手册》（第三版）P389 机动车交通道路照明的评价指标。

65. **答案：** BCD

    依据：《民用建筑电气设计标准》（GB 51348—2019）第 14.4.5 条。

66. **答案：** BCD

    依据：《工业与民用供配电设计手册》（第四版）P279 表 4.6-1 电力系统可采取的限流措施。

67. **答案：** AB

    依据：《民用建筑电气设计标准》（GB 51348—2019）附录 A。

68. **答案：** ACD

    依据：《建筑设计防火规范（2018 年版）》（GB 50016—2014）第 10.1.7 条、《民用建筑电气设计标准》（GB 51348—2019）附录 A。

69. **答案：** BC

    依据：《供配电系统设计规范》（GB 50052—2009）第 3.0.2 条。

70. **答案：** ABD

    依据：《民用建筑电气设计标准》（GB 51348—2019）附录 A。

2023 年案例分析试题答案（上午卷）

题 1～5 答案：**BBCAB**

1.《民用建筑电气设计标准》（GB 51348—2019）附录 A、第 3.2.8 条，《汽车库、修车库、停车场设计防火规范》（GB 50067—2014）第 3.0.1 条。

由 GB 51348—2019 附录 A-12 知，藏书量小于 100 万册的图书馆为三级负荷。由附录 A-13 可知，丙级体育馆为二级负荷。

由 GB 50067—2014 第 3.0.1 条知，地下车库 15000m²，属于 I 类汽车库，再根据第 9.0.1-1 条，按一级负荷供电。

由 GB 51348—2019 第 3.2.8 条知，一级负荷应由双重电源供电，当一个电源发生故障时，另一个电源不应同时受到损坏，故选用方案二和方案三。

注：也可参考《供配电系统设计规范》（GB 50052—2009）第 3.0.2 条和《建筑电气与智能化通用规范》（GB 55024—2022）第 3.1.2 条。

2.《工业与民用供配电设计手册》（第四版）P10 式（1.4-1）～式（1.4-6）。

计算有功功率：
$$P_c = K_d P_\Sigma = 0.75 \times 100 + 0.7 \times 50 + 0.8 \times 30 + 0.6 \times 300 + 0.7 \times 150 + 0.8 \times 125 + 0.9 \times 20$$
$$= 537\text{kW}$$

计算无功功率：
$$Q_c = P_\Sigma \tan\varphi = 0.75 \times 100 \times 0.62 + 0.7 \times 50 \times 0.62 + 0.8 \times 30 \times 0.48 + 0.6 \times 300 \times 1.33 +$$
$$0.7 \times 150 \times 0.62 + 0.8 \times 125 \times 0.75 + 0.9 \times 20 \times 0.48 = 467.86\text{kvar}$$

变压器负荷率：
$$\beta = \frac{\sqrt{P_c^2 + Q_c^2}}{S_n} = \frac{\sqrt{(0.85 \times 573)^2 + (0.85 \times 468)^2}}{800} = 75.7\%$$

3.《工业与民用供配电设计手册》（第四版）P30 式（1.10-3）、式（1.10-4）。

有功功率损耗：
$$\Delta P_T = \Delta P_0 + \Delta P_k \left(\frac{S_c}{S_n}\right)^2 = 1.093 + 6.715 \times 0.9^2 = 6.532\text{kW}$$

无功功率损耗：
$$\Delta Q_T = \Delta Q_0 + \Delta Q_k \left(\frac{S_c}{S_n}\right)^2 = \frac{0.3}{100} \times 800 + \frac{6}{100} \times 0.9^2 \times 800 = 41.28\text{kvar}$$

变压器低压侧有功与无功损耗比：
$$\frac{\Delta P_T}{\Delta Q_T} = \frac{6.532}{41.28} = 15.8\%$$

4.《工业与民用供配电设计手册》（第四版）P35 式（1.11-3）。

5 次谐波谐振的电容器容量：
$$Q_{ch} = S_k \left(\frac{1}{h^2} - K\right) = (\sqrt{3} \times 0.4 \times 20) \times \left(\frac{1}{5^2} - 5\%\right) = -0.1386\text{Mvar}$$

5.《工业与民用供配电设计手册》(第四版)P10 式(1.4-6)、《低压配电设计规范》(GB 50054—2011)第 6.3.3 条。

WPM5 回路的计算电流：

$$I_c = \frac{P_c}{\sqrt{3}U_n\cos\varphi} = \frac{150 \times 0.7}{\sqrt{3} \times 0.38 \times 0.85} = 187.68A$$

根据 GB 50054—2011 第 6.3.3 条，$I_B \leqslant I_r \leqslant I_Z$，则 $187.68A \leqslant I_r$，排除选项 A。

变压器低压侧额定电流：

$$I_n = \frac{S_n}{\sqrt{3}U_n} = \frac{800}{\sqrt{3} \times 0.38} = 1215.5A$$

瞬动保护整定值 $I_i(6 - 10I_r)$ 不大于变压器低压侧额定电流的 2 倍，即 $I_i \leqslant 2 \times 1215.5 = 2431A$，排除选项 C、D。

题 6～10 答案：**CBCDC**

6.《民用建筑电气设计标准》(GB 51348—2019) 第 7.4.4 条和《低压配电设计规范》(GB 50054—2011) 第 6.3.3 条。

变压器低压侧计算电流：

$$I_r = \frac{60}{\sqrt{3} \times 0.38} = 91.16A$$

中性线计算电流：$I_{rn} = 91.16 \times 0.4 \times 3 = 109.4A$

根据 GB 50054—2011 第 6.3.3 条，$I_B \leqslant I_n \leqslant I_Z$，按中性线电流考虑，开关整定电流 $I_n = 160A$，则

$$S_1 \geqslant \frac{160}{3} = 53.3mm^2$$

按中性线选择截面：

$$I_{n\text{-}n} = \frac{91.16 \times 0.4 \times 3}{0.86} = 127.2A$$

则导体截面积：

$$S_2 \geqslant \frac{127.2}{3} = 42.4mm^2$$

综上，导体标称截面积为 70mm²。

由《低压配电设计规范》(GB 50054—2011) 第 3.2.14 条可知，PE 线截面积为 70/2 = 35mm²。

7.《电力工程电缆设计标准》(GB 50217—2018)。

由第 5.3.3-2 条知，电缆直埋敷设于非冻土地区，电缆外皮至地面深度，不得小于 0.7m，错误。

由第 5.3.5 条知，直埋敷设电缆不得平行敷设于地下管道的正上方或正下方，错误。

由表 5.3.5 知，电缆与道路边的允许最小距离为 1.0m，图中为 2m，满足要求；平行敷设时弱电电缆与 10kV 电缆的允许最小距离为 0.1m，图中为 0.9m，正确；平行敷设时电缆与建筑物基础之间的允许最小距离为 0.6m，图中为 2m，正确。

8.《电力工程电缆设计标准》(GB 50217—2018) 第 3.6.5 条、附录 A 及附录 D 表 D.0.1。

由第 3.6.5 条知，环境温度 30 + 5 = 35℃。由附录 A 可知，交联聚氯乙烯电缆最高允许温度为 90℃。

查表 D.0.1，修正系数 $k_1 = 1.05$，题干已知 $k_2 = 0.9$。

断路器整定电流：$I_n = 178 \times k_1 \times k_2 = 178 \times 1.05 \times 0.9 = 168.2A$

故选择标称电缆截面积为 70mm^2。

9.《火灾自动报警系统设计规范》（GB 50116—2013）第 11.2.2 条、《民用建筑电气设计标准》（GB 51348—2019）第 13.9.1-3 条、《电力工程电缆设计标准》（GB 50217—2018）第 7.0.5 条、《20kV 及以下变电所设计规范》（GB 50053—2013）第 4.1.8 条。

由 GB 50116—2013 第 11.2.2 条知，报警总线、消防应急广播和消防专用电话等传输线路应采用阻燃或阻燃耐火电线电缆。

由 GB 51348—2019 第 13.9.1-3 条知，一类高层建筑中的金融建筑、省级电力调度建筑、省（市）级广播电视、电信建筑及人员密集的公共场所，电线电缆燃烧性能应选用燃烧性能 B1 级。

由 GB 50217—2018 第 7.0.5 条知，地下变电站、地下客运或商业设施等人流密集环境中的回路，应选用低烟、无卤阻燃电缆。

由 GB 50053—2013 第 4.1.8 条知，供给一级负荷用电的两回电源线路的电缆不宜通过同一电缆沟，当无法分开时，应采用阻燃电缆，且应分别敷设在电缆沟或电缆夹层不同侧的桥（支）架上。

10.《电力工程电缆设计标准》（GB 50217—2018）P1128～P1132 式（12.2-3）、式（12.2-6）、式（12.2-8）及表 12.2-2。

滑触线计算电流：$I_c = K'_{cc}P_n = 0.75 \times 3 \times 105.5 = 237.4$A

滑触线尖峰电流：$I_p = I_c + (K_{st} - K_{cc})I_{rMmax} = 237.4 + (2 - 0.25) \times 165 = 526.13$A

滑触线电压降：$\Delta u\% = \dfrac{\sqrt{3} \times 100}{U_n}I_p l(R\cos\varphi + X\sin\varphi)$

$$= \frac{\sqrt{3} \times 100}{380} \times 526.13 \times 0.7 \times 200 \times 10^{-3} \times (0.1161 \times 0.5 + 0.1594 \times 0.866)$$
$$= 6.58\%$$

题 11～15 答案：**BBCAC**

11.《建筑物防雷设计规范》（GB 50057—2010）附录 A 第 A.0.1 条～第 A.0.3 条。

$H_1 = 40$m，扩展宽度 $D_1 = \sqrt{H(200 - H)} = \sqrt{40 \times (200 - 40)} = 80$m

$H_2 = 20$m，扩展宽度 $D_2 = \sqrt{H(200 - H)} = \sqrt{20 \times (200 - 20)} = 60$m

最远点 $80\text{m} = (60 + 20)\text{m}$，故 $H_1 = 40$m 扩展面积可覆盖 $H_2 = 20$m 扩展面积，按 $H_1 = 40$m 计算扩展面积：

$$A_e = [LW + 2(L + W)\sqrt{H(200 - H)} + \pi H(200 - H)] \times 10^{-6}$$
$$= [100 \times 60 + 2 \times (100 + 60) \times \sqrt{40 \times (200 - 40)} + 40\pi \times (200 - 40)] \times 10^{-6}$$
$$= 0.0517\text{m}^2$$

年预计雷击次数：$N = kN_gA_e = 1 \times 3 \times 0.0517 = 0.155$

12.《建筑物电子信息系统防雷技术规范》（GB 50343—2012）第 5.4.3 条的表 5.4.3-1、式（5.4.3-2）、式（5.4.3-3）。

由表 5.4.3-1 可知，需要保护的电子信息设备的耐冲击电压额定值：$U_w = 1.5$kV

由图 5.4.3-2 可知，有效保护水平：$U_{p/f} = U_p + \Delta U = U_p + 0.2U_p = 1.2U_p$

由图 5.4.3-3 可知，感应保护距离：

$$L_{po} = (U_w - U_{p/f})/k = \frac{(15 - 1.2 \times 1.0) \times 1000}{25} = 12\text{m}$$

13.《建筑物防雷设计规范》（GB 50057—2010）附录 D 滚球法确定接闪器的保护范围。

参考附图 D.0.2-侧视图，确定 AOB 轴线的保护范围中 AB 之间最低点高度，即俯视图中 O 点高度，设该点高度为 h_1。以 h_1 作为假想避雷针，按单支避雷针方式计算。

设 $h_1 < h_r = 60$m，由式（附 4.1）$r_x = \sqrt{h_1(2h_r - h_1)} - \sqrt{h_x(2h_r - h_x)}$，则

$$7.16 = \sqrt{h(2 \times 45 - h)} - \sqrt{3 \times (2 \times 45 - 3)}$$

求得 $h = 6.52$m，取 7m。

14.《建筑物防雷设计规范》（GB 50057—2010）。

由第 5.2.6 条及表 5.2.6 知，安装在水平面上的水平导体单根圆形导体固定支架的间距不宜大于 1000mm，图中 I 为 1500mm，故编号 I 错误。

由第 5.2.1 条及表 5.2.1 知，引下线、接闪带采用圆钢，直径最小为 8mm，故编号 III 和 IV 正确。

由第 4.3.3 条知，当建筑物的跨度较大，……，专设引下线的平均间距不应大于 18m。

周长 $S = 2 \times (5 + 11 + 10 \times 3 + 9 + 6 + 8 \times 7) = 234$m，$234/17 = 13.76 < 18$，故编号 II 正确。

15.《交流电气装置的接地设计规范》（GB/T 50065—2011）第 4.2.2 条、附录 C。

表面衰减系数：

$$C_S = 1 - \frac{0.091 - \rho/\rho_s}{2 \times h_s + 0.09} = 1 - \frac{0.091 - 210/300}{2 \times 0.1 + 0.09} = 0.907$$

由第 4.2.2 条知，考虑供电的连续性，单相接地条件下均可持续运行一段时间，故系统不是直接接地和低电阻接地。

则最大跨步电压：$U_S = 50 + 0.2\rho_s C_s = 50 + 0.2 \times 300 \times 0.907 = 104.4$V

题 16～20 答案：**DCABB**

16.《工业与民用供配电设计手册》（第四版）P281～P284 表 4.6-3、式（4.6-11）～式（4.6-13）。

设 $S_B = 100$MV·A，$U_B = 1.05 \times 6 = 6.3$kV，主变压器采用分列运行方式，各元件的电抗标幺值计算如下。

系统电抗标幺值：

$$X_{S*} = \frac{S_j}{S_s} = \frac{I_j}{I_s} = \frac{100/(37 \times \sqrt{3})}{25} = 0.062$$

线路电抗标幺值：

$$X_{L*} = X_l \frac{S_B}{U_B^2} = 8 \times 0.32 \times \frac{100}{37^2} = 0.187$$

变压器电抗标幺值：

$$X_{T*} = \frac{U_k\%}{100} \cdot \frac{S_B}{S_{nT}} = \frac{8}{100} \times \frac{100}{12.5} = 0.64$$

短路电流初始值：

$$I_{k1} = I_B \frac{1}{X_{\Sigma*}} = \frac{100}{\sqrt{3} \times 6.3} \times \frac{1}{0.062 + 0.187 + 0.64} = 10.30\text{kA}$$

17.《工业与民用供配电设计手册》（第四版）P300～P301 式（4.6-22）～式（4.6-26）。

电动机额定电流：

$$I_{\text{NM}} = \frac{1.6}{\sqrt{3} \times 6 \times 0.85 \times 0.8} = 0.226\text{kA}$$

短路电流峰值：

$$I_{\text{p}} = \sqrt{2}K_{\text{ps}}I_{\text{S}}'' + KK_{\text{pM}}I_{\text{M}}'' = \sqrt{2} \times (1.8 \times 10 + 1.1 \times 1.75 \times 6.5 \times 0.226 \times 4) = 41.45\text{kA}$$

18.《工业与民用供配电设计手册》（第四版）P583～P584 表 7.6-2，P1072 式（12.1-1）。

电动机额定电流：

$$I_{\text{rM}} = \frac{P_{\text{r}}}{\sqrt{3}U_{\text{r}}\eta\cos\varphi} = \frac{1600}{\sqrt{3} \times 6 \times 0.8 \times 0.85} = 226.4\text{A}$$

保护装置动作电流：

$$I_{\text{op} \cdot \text{K}} = K_{\text{rel}}K_{\text{jx}}\frac{K_{\text{st}}I_{\text{rM}}}{n_{\text{TA}}} = 1.3 \times 1 \times \frac{6.5 \times 226.4}{300/5} = 31.88\text{A}$$

灵敏度系数：

$$K_{\text{sen}} = \frac{I_{\text{k2min}}''}{I_{\text{op}}} = \frac{0.866 \times 800}{32 \times 300/5} = 3.74 > 2（满足要求）$$

19.《工业与民用供配电设计手册》（第四版）P598～P599 例题 7.6-1。

电动机热累计定值：

$$\tau = \frac{Q_{\text{n}}K_{\text{st}}^2 t_{\text{st}}}{Q_0} = \frac{50 \times 6.5^2 \times 4}{55} = 153.64\text{A}$$

20.《工业与民用供配电设计手册》（第四版）P333～P335 式（5.5-2）及图 5.5-1。

查图 5.5-1，计算导体有效距离系数 $k_{1\text{s}} = 0.95$，其中 $a/d = 200/10 = 20$（横坐标），$b/d = 100/10 = 10$（纵坐标）。

在同一平面内以中心线距离相等布置的硬导体，中间主导体最大受力：

$$F_{\text{m3}} = \frac{\sqrt{3}\mu_0 i_{\text{p}}^2 l}{4\pi a_{\text{m}}} = \frac{\sqrt{3} \times 4\pi \times 10^{-7} \times \left(1.85 \times \sqrt{2} \times 12 \times 1000\right)^2 \times 0.8}{4\pi \times 0.2/0.95} = 649.7\text{N}$$

题 21～25 答案：**CCCBB**

21.《爆炸危险环境电力装置设计规范》（GB 50058—2014）表 5.2.2-2。

由表 5.2.2-2 注知，e 型（增安型）不能频繁启动，故不可选用。

由表 C-120 知，H_2S 级别为 IIB，温度 T3，生产车间区域为 1 区爆炸性气体危险环境。由表 5.2.2-1 可知，选用"Ga"或"Gb"。

22.《建筑电气与智能化通用规范》（GB 55024—2022）第 4.6.4 条。

当电气分隔采用一台隔离变压器为一台用电设备供电时，应符合下列规定：

隔离变压器不应功能接地，②错误。

用电设备外露可导电部分严禁接地，④错误。

被分隔回路不应与地或其他回路保护导体及外露可导电部分连接，③错误。

23.《低压配电设计规范》（GB 50054—2011）第 5.2.15 条式（5.2.15）。

$$(0.2 + R)I_{\text{a}} \leqslant 50 \Rightarrow (0.2 + R) \times 5I_{\Delta n} \leqslant 50 \Rightarrow R \leqslant 9.8\Omega$$

24.《低压配电设计规范》（GB 50054—2011）第 3.2.14-3 条、第 3.2.16 条。

1 号风机电动机与风管之间辅助等电位连接线截面积：

$$S_1 \geqslant \frac{35}{2} = 17.5 \text{mm}^2，且 \geqslant 16 \text{mm}^2$$

故选 25mm²。

2 号风机电动机与风管之间辅助等电位连接线截面积：

$$S_2 \geqslant \frac{16}{2} = 8 \text{mm}^2，且 \geqslant 16 \text{mm}^2$$

故选 16mm²。

1 号风机电动机与 2 号风机电动机之间辅助等电位连接线截面积：

$$\min(25,16)，且 \geqslant 16 \text{mm}^2$$

故选 16mm²。

25.《火灾自动报警系统设计规范》（GB 50116—2013）第 7.3.3-3 条、《建筑电气与智能化通用规范》（GB 55024—2022）第 4.3.5 条、《防止静电事故通用导则》（GB 12158—2006）第 6.1.9 条、《建筑物防雷设计规范》（GB 50057—2010）第 3.0.4-4 条。

由 GB 50116—2013 第 7.3.3-3 条知，甲烷探测器应设置在厨房的顶部，丙烷探测器应设置在厨房下部，一氧化碳探测器可设置在厨房下部，也可设置在其他部位。①错误。

由 GB 55024—2022 第 4.3.5 条知，功能性开关电器不得采用隔离器。②错误。

由 GB 12158—2006 第 6.1.9 条知，在气体爆炸危险场所禁止使用金属链。③正确。

由 GB 50057—2010 第 3.0.4-4 条知，平均雷暴日 > 15d/a，高度 > 15m，孤立水塔建筑为三类防雷建筑。④正确。

2023 年案例分析试题答案（下午卷）

题 1～5 答案：**BBBAB**

1.《建筑电气与智能化通用规范》（GB 55024—2022）第 4.5.4 条、第 4.6.5 条。

由第 4.5.4 条知，当正常照明灯具安装高度在 2.5m 及以下，且灯具采用交流低电压供电时，应设置剩余电流动作保护电器作为附加防护。疏散照明和疏散指示标志灯安装高度在 2.5m 及以下时，应采用安全特低电压供电。

WL2 回路断路器未附带剩余电流动作保护电器（RCD），错误。

由第 4.6.5-2 条知，额定电流不超过 32A 的下列回路应装设剩余电流动作保护电器：

1）供一般人员使用的电源插座回路；

2）室内移动电气设备；

3）人员可触及的室外电气设备。

WL3 回路断路器未附带剩余电流动作保护电器（RCD），错误。

2.《照明设计手册》（第三版）P55 表 2-55 及注 2、P56 式（2-1）。

查表 2-55，三次谐波电流的谐波分量为 30%λ，其中 λ 为线路功率因数，本题 $\lambda = 0.96$。

输入总功率：

$$P_c = \frac{5 \times 75}{0.9} = 416.7\text{W}$$

输入总电流（基波）：

$$I_c = \frac{P_c}{U \cos\varphi} = \frac{416.7}{220\lambda} = \frac{1.894}{\lambda}$$

输入最大允许电流（三次谐波）：

$$I_{3c} = \frac{1.894}{\lambda} \times 30\% \times \lambda = 0.57\text{A}$$

3.《照明设计手册》（第三版）P126 式（5-21）和表 5-3，P131 式（5-26）。

$$\theta = \arctan\frac{D}{h} = \arctan\frac{1}{3.75 - 0.75} = 18.45°$$

则 θ 方向的光强为：$I'_\theta = 420\text{cd}$

$$\alpha = \arctan\frac{L}{\sqrt{h^2 + D^2}} = \arctan\frac{1.3}{\sqrt{1^2 + 3^2}} = 22.35°$$

水平方位系数为：AF = 0.357

$$E_{hP} = 2E_h = \frac{2\Phi I'_{\theta 0} K}{1000h}\cos^2\theta\,(AF) = \frac{2 \times 4250 \times 0.8 \times 420/1.3}{1000 \times (3.75 - 0.75)} \times \cos^2 18.45° \times 0.357 = 235\text{lx}$$

4.《照明设计手册》（第三版）P3 式（1-6）、式（1-7）。

A 与 B 表面亮度相同，则：

$$\frac{\rho E_A}{\pi} = \frac{\tau E_B}{\pi} \Rightarrow \frac{\rho E_A}{E_B} = \frac{\tau}{\rho} = \frac{0.3}{0.6} = 0.5$$

5.《照明设计手册》（第三版）P406 式（18-5）及例 18-1。

$$\frac{W_1}{h} = \frac{1.5}{10} = 0.15 \text{（依据人行道侧曲线），则照明利用系数} U_1 = 0.045$$

$$\frac{W_1 + W_2 + W_3 + W_2}{h} = \frac{1.5 + 1.0 + 12 + 1.0}{10} = 1.55 \text{（依据车道侧曲线），则照明利用系数} U_2 = 0.645$$

$$\frac{W_2 + W_3 + W_2}{h} = \frac{1.0 + 12 + 1.0}{10} = 1.40 \text{（依据车道侧曲线），则照明利用系数} U_3 = 0.622$$

$$U = U_1 + U_2 - U_3 = 0.045 + 0.645 - 0.622 = 0.068$$

$$E_{av} = \frac{N\Phi U}{SW} = \frac{8000 \times 0.068 \times 0.7}{1.5 \times 30} = 8.5 \text{lx}$$

题 6～10 答案：**CDAAB**

6.《电力工程直流电源系统设计技术规程》（DL/T 5044—2014）附录 C 第 C.1.1 条蓄电池个数选择，附录 G 式（G.1.1-1）。

蓄电池个数：

$$n = \frac{1.05 U_n}{U_f} = \frac{1.05 \times 110}{2.25} = 51.33 \text{ 个}$$

选择 52 个。

引出端子处的短路电流：

$$I_{DK} = \frac{U_n}{n(r_b + r_1)} = \frac{110}{52 \times (1.185 + 0.015)} \approx 1.76 \text{kA}$$

7.《电力工程直流电源系统设计技术规程》（DL/T 5044—2014）附录 A 式（A.3.6-1）、式（A.3.6-2）。

按事故停电时间的蓄电池放电率电流选择：$I_n \geqslant I_1 = 5.5 I_{10} = 5.5 \times \frac{100}{10} = 55\text{A}$

按保护动作选择性条件选择：$I_n \geqslant K_{c4} I_{n \cdot max} = 2 \times 40 = 80\text{A}$

取较大者。

8.《电力工程直流电源系统设计技术规程》（DL/T 5044—2014）附录 A 式（A.4.2-4）～式（A.4.2-5）、附录 G 式（G.1.1-1）。

蓄电池内电阻：

$$R_1 = \frac{110}{1800} = 0.061\Omega$$

蓄电池外导体电阻：

$$R_2 = \frac{0.0184 \times 2 \times 60}{35} = 0.063\Omega$$

忽略其他阻抗，S2 出口处短路电流：

$$I_{DK} = \frac{110}{0.061 + 0.063} = 887.1\text{A}$$

S2 最大额定电流：

$$I_n = \frac{887.1}{15 \times 1.05} = 56.32\text{A}$$

故断路器取值 50A。

9.《20kV 及以下变电所设计规范》（GB 50053—2013）第 6.2.7 条、《低压配电设计规范》（GB 50054—2011）第 4.2.5 条及表 4.2.5、《3～110kV 高压配电装置设计规范》（GB 50060—2008）第 5.4.4 条。

由 GB 50053—2013 第 6.2.7 条，门宽最低值为 1350 + 300 = 1350mm，图中为 1500mm，④错误。

由 GB 50054—2011 第 4.2.5 条及表 4.2.5 知，抽屉柜操作面屏前 1800mm，图中为 1500mm，⑤错误；屏侧通道不受限时为 1000mm，图中为 900mm，⑤、⑥错误。

由 GB 50060—2008 第 5.4.4 条知，①②正确；依据第 5.4.6 条，③正确。

10.《工业与民用供配电设计手册》（第四版）P622 式（7.9-1）、式（7.9-2）。

正常操作时所需容量：$C = K_{rel}(C_1 + C_3) = 1.2 \times (50 + 340) = 468V \cdot A$

事故操作时所需容量：$C' = K_{rel}(C_2 + C_3) = 1.2 \times (30 \times 2 + 340) = 1128V \cdot A$

取较大者。

题 11～15 答案：**CDCDA**

11. 本题考查处理实际问题的能力。

$n_1 = 3$，为单联双控开关进线（相线）1 根和开关出线 2 根，参考双控开关接线示意图。

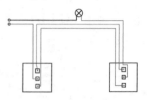

$n_2 = 5$，为左侧单联双控开关出线 2 根和右侧单联双控开关进线 1 根，中性线 1 根，PE 线 1 根。

$n_3 = 3$，为右侧单联双控开关出线 1 根，中性线 1 根，PE 线 1 根。

故有 2 项正确。

12.《工业与民用供配电设计手册》（第四版）P965 式（11.2-6）。

导体长度与导体电阻成正比，故最小短路电流按最远灯具的导体长度为依据进行计算，即：

$$L = 18 + 2 \times (4 + 4 + 3) + 4 + 5 = 49m$$

13.《工业与民用供配电设计手册》（第四版）P1462 图 15.2-12。

$$U_{f2} = U_{f1} + \frac{50}{2} = 30 + \frac{50}{2} = 55V$$

14.《工业与民用供配电设计手册》（第四版）P1462 图 15.2-11。

$$U_{f2} = 30 + 50 = 80V$$

15.《工业与民用供配电设计手册》（第四版）P1462 图 15.2-10。

故障电压不会传递给设备，故 U_{f2} 接近 0V。

题 16～20 答案：**CCACD**

16.《工业与民用供配电设计手册》（第四版）P311 表 5.1-1，P1586～P1587 的 16.4.3.3 电缆总成本。

由题中表格可知，导体标称截面积为 35mm² 和 50mm²，无法满足热稳定要求，故排除。

由电缆总成本经济分析，电缆总成本CT ＝ 初始投资 ＋ 生命周期运行成本，则：

导体标称截面积为 70mm² 时，$CT_1 = 9.8 + 8.3 = 18.1$ 万元

导体标称截面积为 95mm² 时，$CT_2 = 14.5 + 5.2 = 19.7$ 万元

故选择成本较低而经济性较高的 70mm²。

17.《电能质量 供电电压偏差》（GB/T 12325—2008）第 4.2 条式（A.1）。

20kV 及以下三相供电电压偏差为标称电压 ±7%，故不合格电压范围为 $U_n > 10.7V$ 和 $U_n < 9.3V$。

由题干附图 1 曲线可知，不合格电压持续时间：$T_1 = 2 \times 2 = 4h$

由题干附图 2 曲线可知，不合格电压持续时间：$T_2 = 3 \times 5 = 15\text{h}$

不合格电压总持续时间：$T = T_1 + T_2 = 4 + 15 = 19\text{h}$

电压合格率 $= \left(1 - \dfrac{\text{电压超限时间}}{\text{总运行统计时间}}\right) \times 100\% = \left(1 - \dfrac{19}{7 \times 24}\right) \times 100\% = 88.69\%$

18.《电能质量 三相电压不平衡》（GB/T 15543—2008）附录 A 式（A.3）。

一般：$\varepsilon_{\text{u2-1}} = \dfrac{\sqrt{3} I_2 U_2}{S_K} \times 100\% = \dfrac{\sqrt{3} \times 38 \times 10^3}{250 \times 6} \times 100\% = 0.26\%$

短时：$\varepsilon_{\text{u2-2}} = \dfrac{\sqrt{3} I_2 U_2}{S_K} \times 100\% = \dfrac{\sqrt{3} \times 145 \times 10^3}{250 \times 6} \times 100\% = 1.0\%$

19.《电力装置电测量仪表装置设计规范》（GB/T 50063—2017）第 3.1.5 条、附录 A 式（A.0.1-1）。

额定电流：$I_n = \dfrac{S_n}{\sqrt{3} U_n} = \dfrac{1600}{\sqrt{3} \times 10} = 92.4\text{A}$

由第 3.1.5 条可知，92.4/0.6667 = 138.56A，故选择接近值 0～150A。

20.《钢铁企业电力设计手册》（上册）P295 式（6-30）。

综合空载功率损失：$P_{Z0} = P_0 + K_Q Q_0 = 1.6 + 0.04 \times 0.85 \times 1600/100 = 2.144\text{kW}$

全年综合空载电能损耗：$P_y = 2.144 \times 8760 = 18781\text{kW} \cdot \text{h}$

题 21～25 答案：**CBCBD**

21.《钢铁企业电力设计手册》（下册）P6 表 23-6。

整个运行周期都有损耗，应为连续周期工作制 S6。

22.《电力装置的继电保护和自动装置设计规范》（GB/T 50062—2008）第 9.0.2 条～第 9.0.5 条。

由第 9.0.2 条知，2MW 及以上的电动机应装设纵联差动保护，②正确。

由第 9.0.3 条知，单相接地故障电流大于 5A，应装设有选择性的单相接地保护，④正确。

由第 9.0.4 条知，生产过程中易发生过负荷的电动机应装设过负荷保护，③正确。

由第 9.0.5 条知，对母线电压短时降低或中断，应装设电动机低电压保护，⑤正确。

23.《钢铁企业电力设计手册》（下册）P14 式（23-16）、式（23-17）。

电动机轴上的负载转矩：

$$M_i = \dfrac{M_e}{i\eta} = \dfrac{866.0}{(5 \times 0.95)/(3 \times 0.95)} = 64\text{N} \cdot \text{m}$$

24.《工业与民用供配电设计手册》（第四版）P482～P483 表 6.5-4 全压启动相关公式。

母线短路容量：

$$S_{\text{kmin}} = 50\text{MV} \cdot \text{A}$$

电动机额定容量：

$$S_{\text{rm}} = \sqrt{3} U_{\text{rm}} I_{\text{rm}} = \sqrt{3} \times 6 \times 182.6 \times 10^{-3} = 1.897\text{MV} \cdot \text{A}$$

电动机额定启动容量：

$$S_{\text{stM}} = k_{\text{st}} \cdot S_{\text{rm}} = 7 \times 1.897 = 13.28\text{MV} \cdot \text{A}$$

线路计算容量：

$$S_l = \frac{U_{av}^2}{X_l} = \frac{6.3^2}{0.02} = 1984.6 \text{MV} \cdot \text{A}$$

启动时启动回路额定输入容量：

$$S_{st} = \frac{1}{\frac{1}{S_{stM}} + \frac{1}{S_l}} = \frac{1}{\frac{1}{13.28} + \frac{1}{1984.6}} = 13.19 \text{MV} \cdot \text{A}$$

预接负荷无功功率：

$$Q_{fh} = 2 \text{Mvar}$$

母线电压相对值：

$$u_{stm} = u_s \frac{S_{km}}{S_{km} + Q_{fh} + S_{st}} = 1.05 \times \frac{50}{50 + 3 + 13.19} = 0.81$$

25.《钢铁企业电力设计手册》（下册）P15 式（23-22）。

电动机转速提升时间：

$$t_{12} = \frac{GD^2 n_N (n_2 - n_1)}{375 M_d} = \frac{150 \times (800 - 500)}{375 \times (50 - 30)} = 6\text{s}$$

题 26～30 答案：**BACCA**

26.《工业与民用供配电设计手册》（第四版）P960 式（11.2-1）、P1086 相关内容。

熔断器 R1 配电保护回路：

$$I_c = \frac{P_c}{\sqrt{3} U_n \cos\varphi} = \frac{10}{\sqrt{3} \times 0.38 \times 0.8} = 19\text{A}$$

熔体额定电流取 20A。

熔断器 R2 电动机保护回路：

$$I_{rm} = \frac{P_c}{\sqrt{3} U_n \cos\varphi\eta} = \frac{3}{\sqrt{3} \times 0.38 \times 0.8 \times 0.88} = 6.47\text{A}$$

熔体额定电流为 1.1×6.47=7.12A，取 10A。

注：电动机短路和接地故障保护器应优先选用 aM 熔断器，熔断体额定电流大于电动机额定电流，熔断体额定电流可取电动机额定电流的 1.1 倍左右。

27.《工业与民用供配电设计手册》（第四版）P1021～P1022 式（11.9-1）。

满足选择性要求断路器 K2 短路瞬时动作，即进行短路瞬时整定，而 K1 不瞬时动作，故进行短路短延时整定。

K2 的瞬时整定值：$I_{k2\text{-}set3} \geqslant 10 I_{dz}$

再由式（11.9-1）可知，K1 的短路短延时整定值：

$$I_{k1\text{-}set2} \geqslant 1.3 \times I_{k2\text{-}set3} = 1.3 \times 10 I_{dz} = 13 I_{dz}$$

28.《钢铁企业电力设计手册》（下册）P457 图 26-104、26.8 节相关内容。

调节时间：$t = 30 + 100 = 130\text{ms}$

29.《钢铁企业电力设计手册》（下册）P515 式（27-5）、式（27-6）。

扫描周期：$\omega = t_1 + t_2 + t_3 + t_4 + t_5 = 0 + 0 + 10 + 10 + 5 = 25\text{ms}$

输入滤波时间：$T_a = 5 + 25 = 30ms$

输出滤波时间：$T_d = 25 - 10 = 15ms$

整体响应时间：$T = 30 + 2 \times 25 + 15 = 95ms$

30. 输入点：正转 1 个，反转 1 个，限位开关 4 个，停止和过扭矩共用 1 个，共 7 个。

输出点：正转 1 个，反转 1 个，开、关、停止、开到位指示、关到位指示共 5 个，开、关过扭矩指示 2 个，共 9 个。

> 注：考场上这类没有直接依据完全依赖自身能力分析的题目，不建议考生选作和深究。

题 31～35 答案：**CDABB**

31.《66kV 及以下架空电力线路设计规范》（GB 50061—2010）第 7.0.3 条。

线间距离：

$$D_x = \sqrt{D_p^2 + \left(\frac{4}{3}D_z\right)^2} = \sqrt{(2-1.5)^2 + \left(\frac{4}{3} \times 2.5\right)^2} = 3.37$$

相间间距：

$$D \geqslant 0.4L_k + \frac{U}{110} + 0.65\sqrt{f_m} \Rightarrow 0.4 \times 0.82 + \frac{35}{110} + 0.65\sqrt{f_m} = 3.37$$

$$f_m \leqslant 13.29m$$

32.《电力工程高压送电线路设计手册》（第二版）P174 表 3-1-14、表 3-1-15，P179 表 3-2-3。

自重力荷载：

$$g_1 = 9.8p_1 = 9.8 \times 0.5266 = 5.164N/m$$

冰重力荷载：

$$g_2 = 9.8 \times 0.9\pi\delta(\delta + d) \times 10^{-3} = 9.8 \times 0.9\pi \times 5 \times (5 + 15.74) \times 10^{-3} = 2.871N/m$$

覆冰时的垂直荷载：

$$g_3 = g_1 + g_2 = 5.164 + 2.871 = 8.035N/m$$

覆冰时的风荷载：

$$g_5 = 0.625v^2(d + 2\delta)\alpha u_{sc} \times 10^{-3} = 0.625 \times 10^2 \times (15.74 + 2 \times 5) \times 0.75 \times 1.2 \times 10^{-3} = 1.448N/m$$

覆冰时的综合荷载：

$$g_6 = \sqrt{g_3^2 + g_5^2} = \sqrt{8.035^2 + 1.448^2} = 8.168N/m$$

33.《电力工程高压送电线路设计手册》（第二版）P179 表 3-2-3、P183 式（3-3-7）。

电线状态方程：

$$\sigma_m - \frac{\gamma_m^2 l^2 E}{24\sigma_m^2} = \sigma - \frac{\gamma^2 l^2 E}{24\sigma^2} - \alpha E(t_m - t)$$

$\gamma_m = 0.034N/(m \cdot mm^2)$，$\gamma = 0.035N/(m \cdot mm^2)$，求得 $\sigma_m = \frac{320}{2.75} = 116.4N/mm^2$

$t_m = -25°$，$t = 10°$，$\alpha = 18.9 \times 10^{-6}$，$E = 76000N/mm^2$

求得：$-\alpha E(t_m - t) = -18.9 \times 10^{-6} \times 76000 \times (-25 - 10) = 50.274$

代入电线状态方程，可知选 A。

34.《电力工程高压送电线路设计手册》（第二版）式（3-6-15）。

$$b_1 \leqslant (2.25 \sim 2.375) \times \frac{d}{v_m} \sqrt{\frac{T_{av}}{m}} \times 10^{-3} = (2.25 \sim 2.375) \times \frac{15.74}{5.6} \times \sqrt{\frac{149.73 \times \frac{320}{2.75}}{0.5266}} \times 10^{-3}$$

$$= 1.15 \sim 1.21 \text{m}$$

35.《电力工程高压送电线路设计手册》（第二版）P179 表 3-2-3、表 3-3-1。

自重力荷载：$g_1 = 9.8 p_1 = 9.8 \times 0.5266 = 5.164 \text{N/m}$

最大弧垂（平抛物线公式）：

$$f_m = \frac{\gamma l^2}{8\sigma_0 \cos\beta} = \frac{0.034 \times l^2}{8 \times 100 \times \cos 20°} = 10 \Rightarrow l = 470.2 \text{m}$$

题 36～40 答案：**CDCCD**

36.《综合布线系统工程设计规范》（GB 50311—2016）第 5.2.6 条及条文说明表 19。

信息点数量配置 表 19

建筑物功能区	信息点数量（每一工作区）			备注
	电话	数据	光纤（双工端口）	
办公室（基本配置）	1 个	1 个	—	—
办公区（高配置）	1 个	2 个	1 个	对数据信息有较大的需求
出租或大客户区域	2 个或 2 个以上	2 个或 2 个以上	1 个或 1 个以上	指整个区域的配置量
办公区（政务工程）	2 个～5 个	2 个～5 个	1 个或 1 个以上	涉及内、外网络时

办公区基本配置为一个工作区 2 个信息点，则线缆总箱数：

$$n = \frac{(26 + 66 \times 3) \times 2 \times 60 + 100 \times 12 \times 2 \times 45}{305} = 443 \text{ 箱}$$

37. 主干电缆的最大允许损耗：$95 - 4 - 15 - 4 - 1 - 22 \times 0.01 \times 19.7 = 6.667 \text{dB}$

主干电缆百米损耗最大允许值：

$$\frac{6.667}{(10 + 40 + 30)/100} = 8.33 \text{dB}$$

取小于 8.33 的 7.7，即同轴型号 75-12。

38.《综合布线系统工程设计规范》（GB 50311—2016）第 7.2.6 条～第 7.2.8 条，《民用建筑电气设计标准》（GB 51348—2019）第 23.2.9-5 条、第 21.5.5 条。

由 GB 50311—2016 第 7.2.6 条知，电信间的使用面积不应小于 5m²，图中电信间面积为 5.25m²，满足要求。

由 GB 50311—2016 第 7.2.7 条知，电信间室内温度应保持在 10～35℃，图中 10～40℃不满足要求，①错误。

由 GB 50311—2016 第 7.2.8 条知，电信间应采用外开防火门，净宽不应小于 0.9m，图中宽度 0.65m 不满足要求，②错误。

由 GB 51348—2019 第 23.2.9-5 条知，弱电间应避免靠近烟道，图中贴临，③错误。

由 GB 51348—2019 第 21.5.5 条可知，设备间及电信间应采用外开丙级防火门，图中满足要求。

39.《工业电视系统工程设计标准》（GB/T 50115—2019）第 5.2.3 条及条文说明表 1。

焦距 1：$f_1 = hL/H = 4.8 \times 3000/2400 = 6\text{mm}$

焦距 2：$f_2 = \mu L/W = 6.4 \times 3000/2400 = 8\text{mm}$

取较小值 6mm。

40.《火灾自动报警系统设计规范》（GB 50116—2013）第 4.2.3 条及条文说明。

雨淋系统的联动控制设计，应由同一报警区域内两只及以上独立的感温火灾探测器或一只感温火灾探测器与一只手动火灾报警按钮的报警信号，作为雨淋阀组开启的联动触发信号。

条文说明：雨淋阀组启动压力开关动作，联锁启动雨淋消防泵。